승강기기능사

필기

㈜에듀웨이 R&D연구소 편저

에듀웨이출판사 카페 도서인증 닉네임 기입란
(닉네임 기입하고 촬영한 후 카페에 방문하여 도서인증해 주세요)

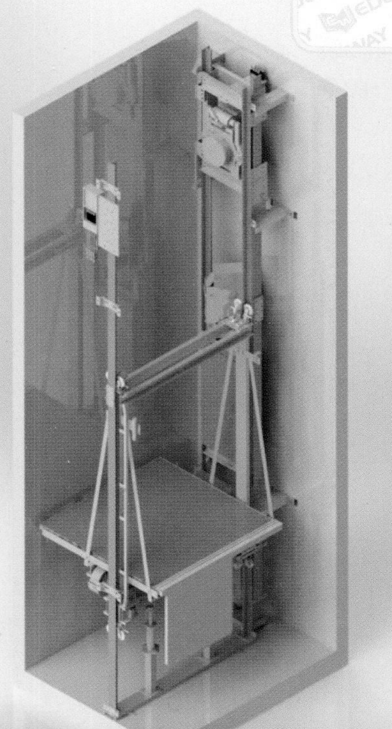

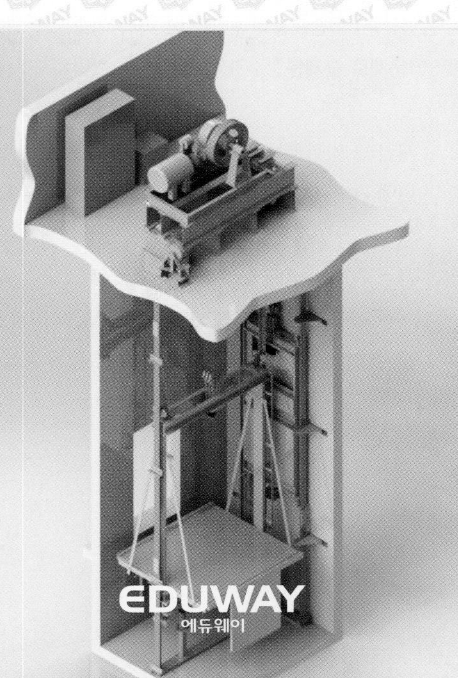

EDUWAY
에듀웨이

2014년 이후 승강기관련 법규가 바뀌었으며, 특히 2019년 3월부터 승강기 안전관리법 및 승강기 부품 등의 안전인증, 승강기 검사기준이 전부 또는 일부 개정되어 시행되었습니다. 이에 승강기 개론 및 일부 승강기 점검 · 검사에 대한 과년도 문제를 학습하는 것이 의미가 없어졌습니다. 이는 시행령의 세부규칙들이 전면적으로 개정되으므로 주의해서 학습해야 합니다.

승강기기능사는 다른 자격증에 비해 법령(법규) 관련 출제문항수가 많습니다. 이에 신규문제의 출제비율이 높은 편이며, 법령 공부가 필수적입니다.

승강기기능사 필기의 주요 특징은 다른 자격증에 비해 출제유형 및 과목별 출제문항수가 매 회마다, 개인마다 다릅니다. 법령(법규) 관련 출제문항수가 약 10~15 정도로 많습니다. 대충 넘어갈 부분이 아니라는 의미입니다. 특히 자체점검에 관련된 문항수가 약 보통 3~5문제입니다. 많을 경우 7문제까지 출제됩니다. 또한, 자체점검 문제는 기출보다 신규문제의 출제비율이 높은 편이므로 법령 공부가 필수적입니다.

대부분의 수험생이 어렵게 느껴지는 기계 · 전기 기초이론의 경우 약 7~8문항 정도 출제됩니다. 여기서 2~3문항 정도는 신규문제가 출제되므로 기초적인 내용 외에 이해하기 어려운 부분은 과감히 포기하고 다른 암기과목을 좀더 눈에 익히는 것이 좋습니다.

한국산업인력 2022년부터 NCS(국가직무능력표준) 학습모듈을 반영함에 따라 기출문제 외에 NCS 학습모듈의 내용이 추가되어 출제됩니다. 하지만 약 3~4문제로 출제문항수가 많지 않으니 지나치게 시간 할애를 하지 않도록 합니다.

2016년 4회부터 CBT(컴퓨터를 기반으로 한 시험)로 바뀌면서 횟차별, 장소별, 개인별로 문제가 다르게 출제되기 때문에 수험생마다 출제난이도가 다릅니다. 이에 기출위주의 학습보다 좀더 전반적인 이론 학습이 필요합니다.

집필 방향에 대하여...

이 교재는 지난 10여년간의 기출을 토대로 주요 이론을 다듬어 이해도를 향상시켰으며, 이미지 및 다이어그램, 이해를 돕는 여러 부가적인 설명 또한 이에 맞춰 재수록하였습니다. 따라서, 최근 출제유형을 충실히 따를 뿐만 아니라 기능사 시험에 있어 향후 출제될 부분까지 상세히 다루었습니다.

이 글을
놓치지 말고
반드시
읽어보세요!!

기출문제만 분석하고 파악해도 반드시 합격한다!

실전모의고사를 통해 출제유형을 반드시 파악하기 바랍니다.

이 책은 70~80점까지 목표로 합니다.

승강기기능사 필기는 독학이 충분히 가능하며, 대부분의 법규 문제는 승강기의 각 구성품의 기초 지식 및 구조, 설치위치를 바탕으로 하므로 전혀 문외안이라 먼저 기초 지식을 숙지할 것을 권장합니다.

본 교재의 실전모의고사는 최근 공개문제 및 CBT 문제를 분석하여 출제빈도가 높은 문제를 수록하였으니 학습 전 반드시 숙지하여 출제유형 및 출제 난이도를 점검하며 학습할 것을 권장합니다. 각 이론 뒤에 수록된 문제는 각 섹션별로 기출 및 주요 예상문제를 중심으로 수록하였으나, 전면개정된 법령의 경우 해당 법령을 적용한 문제로 대체하여 수록하였습니다.

마지막으로 이 책을 구입하신 독자님들에게 합격에 도움되길 바라며, 이 책이 나오기까지 도움을 주신 승강기전문 관계자 및 ㈜에듀웨이 임직원, 편집 전문위원, 디자인 실장님에게 지면을 빌어 감사드립니다. 본의 아니게 내용상 오류가 있거나 설명이 부족한 부분이 있으니 에듀웨이 카페를 통해 알려주시면 빠른 시일 내에 피드백을 드리도록 하겠습니다. 감사합니다.

㈜에듀웨이 R&D연구소 드림

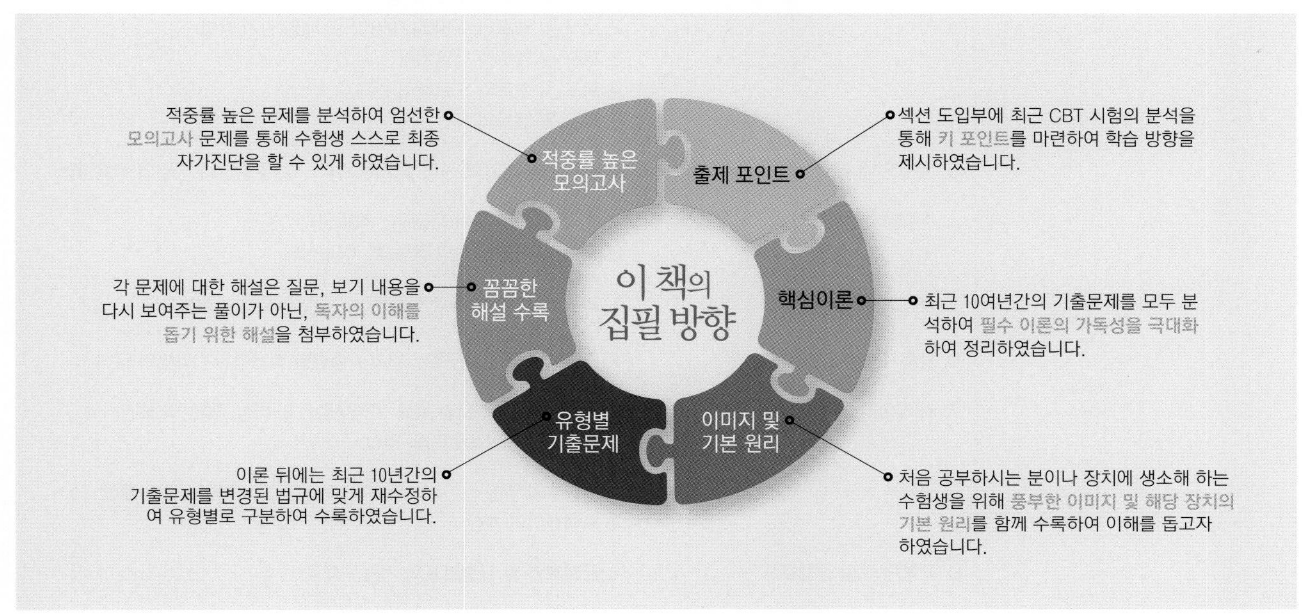
이 책의
집필 방향
적중률 높은 모의고사
적중률 높은 문제를 분석하여 엄선한 모의고사 문제를 통해 수험생 스스로 최종 자가진단을 할 수 있게 하였습니다.
출제 포인트
섹션 도입부에 최근 CBT 시험의 분석을 통해 키 포인트를 마련하여 학습 방향을 제시하였습니다.
꼼꼼한 해설 수록
각 문제에 대한 해설은 질문, 보기 내용을 다시 보여주는 풀이가 아닌, 독자의 이해를 돕기 위한 해설을 첨부하였습니다.
핵심이론
최근 10여년간의 기출문제를 모두 분석하여 필수 이론의 가독성을 극대화하여 정리하였습니다.
유형별 기출문제
이론 뒤에는 최근 10년간의 기출문제를 변경된 법규에 맞게 재수정하여 유형별로 구분하여 수록하였습니다.
이미지 및 기본 원리
처음 공부하시는 분이나 장치에 생소해 하는 수험생을 위해 풍부한 이미지 및 해당 장치의 기본 원리를 함께 수록하여 이해를 돕고자 하였습니다.

출제 기준표

Examination Question's Standard

- 시 행 처 | 한국산업인력공단
- 자격종목 | 승강기기능사
- 필기검정방법 | 객관식 (전과목 혼합, 60문항)
- 실기검정방법 | 작업형 (약 3시간 30분)
- 필기과목 | 승강기 개론, 안전 관리, 승강기 보수, 기계 · 전기 기초 이론
- 시험시간 | 1시간
- 합격기준 (필기 · 실기) | 100점을 만점으로 하여 60점 (필기시험은 60문제 중 36문제) 이상

★ 갯수 : 출제빈도를 나타냄

주요항목	세부항목	세세항목
1 승강기 개요	1. 승강기의 종류 ★	1. 용도 및 구동방식에 의한 분류 2. 속도 및 제어방식에 의한 분류 3. 기계실 유무에 따른 분류
	2. 승강기의 원리 ★	1. 엘리베이터의 원리 2. 에스컬레이터(무빙워크 포함)의 원리
	3. 승강기의 조작방식 ★	1. 반자동식 및 단식 자동식 2. 하강승합 전자동식 3. 양방향 승합 전자동식 4. 군 승합 전자동식 5. 군관리방식
2 승강기의 구조 및 원리	1. 구동기 ★★	1. 구동기의 종류별 특징 2. 구동기용 기어의 종류별 특징 3. 구동능력에 영향을 미치는 요소 4. 도르래 홈의 종류별 특징 5. 구동기용 전동기의 구비요건 6. 구동기용 전동기의 소요동력
	2. 매다는장치(로프 및 벨트) ★★	1. 로프 및 벨트의 구조 및 종류별 특징 2. 로프 및 벨트의 로핑(걸기)방법 및 래핑(감기)방법 3. 로프 및 벨트의 단말처리 4. 로프 및 벨트와 도르래의 관계 5. 로프 및 벨트의 요건
	3. 주행안내 레일 ★	1. 주행안내 레일의 규격 및 사용목적 2. 주행안내 레일의 적용방법
	4. 추락방지안전장치 ★	1. 추락방지안전장치의 종류 / 작동원리 / 용도 2. 추락방지안전장치의 작동 후 카의 상태
	5. 과속조절기 ★	1. 과속조절기의 종류 / 작동원리 / 각부의 명칭 / 작동속도
	6. 완충기 ★	1. 완충기의 종류 / 구조 / 원리 / 종류별 적용범위 / 각부의 명칭
	7. 카(케이지)와 카틀(케이지틀)	1. 카 / 카틀의 구조 및 주요 구성부품 2. 비상구출문의 요건 3. 경사봉(브레이스로드)의 역할
	8. 균형추 ★★	1. 균형추의 역할 2. 오버밸런스율의 계산 3. 트랙션비의 계산
	9. 균형체인 및 균형로프 ★	1. 균형체인 및 균형로프의 기능 / 재료

주요항목	세부항목	세세항목
3 승강기의 도어시스템	1. 도어시스템의 종류 및 원리 ★	1. 도어시스템의 종류 및 원리　2. 도어시스템의 용도
	2. 도어머신 장치 ★	1. 도어머신의 구조 및 성능　2. 도어머신의 구성부품
	3. 출입문잠금장치 및 클로저 ★★	1. 출입문잠금장치의 구조 및 원리　2. 도어클로저의 구조 및 원리
	4. 보호장치 ★	1. 출입문잠금장치　2. 문닫힘 안전장치
4 승강로와 기계실 및 기계류 공간	1. 승강로의 구조 및 깊이 ★	1. 승강로의 구조 및 여유 공간　2. 승강로에 설치 금지 설비
	2. 기계실 및 기계류공간의 제설비 ★	1. 기계실 및 기계류 공간의 구조 및 환경상태 2. 기계실 및 기계류 공간의 출입문 등 제설비
5 승강기의 제어	1. 직류승강기의 제어시스템 ★★	1. 워드-레오나드 제어방식의 원리　2. 정지레오나드 방식의 원리
	2. 교류승강기의 제어시스템 ★★	1. 교류1단 제어방식의 원리　2. 교류2단 제어방식의 원리 3. 교류 궤환 제어방식의 원리　4. VVVF 제어방식의 원리
6 승강기의 부속장치	1. 안전장치 ★★★	1. 리미트 스위치　2. 파이널 리미트스위치 3. 슬로다운 스위치　4. 종단층 강제감속장치 6. 과부하감지장치 및 피트정지장치　7. 역결상 검출장치 및 파킹 스위치 8. 권동식 로프이완 스위치 5. 튀어오름방지장치(록다운비상정지장치)
	2. 신호장치	1. 신호장치의 종류 및 용도
	3. 비상전원장치 ★★	1. 비상전원장치의 용도 및 구비요건　2. 비상전원의 공급방법
	4. 기타 보조장치 ★	1. 인터폰, 방범장치 표시장치　2. 각 층 강제정지운전 스위치
7 유압식 엘리베이터	1. 유압식 엘리베이터의 구조와 원리 ★	1. 유압식 엘리베이터의 구조 / 원리 / 종류 / 특징 2. 유압식 엘리베이터의 속도제어법
	2. 유압회로 ★	1. 미터인 회로/ 블리드오프 회로의 구조 및 특징
	3. 펌프와 밸브 ★★	1. 펌프의 종류 및 요건　2. 안전밸브 및 체크밸브의 기능 3. 차단밸브 및 럽쳐밸브의 기능　4. 유량제어밸브의 기능
	4. 잭(실린더와 램) ★	1. 잭(실린더와 램)의 구조 및 요건
8 에스컬레이터	1. 에스컬레이터의 구조 및 원리 ★	1. 에스컬레이터의 구조 및 주요부품　2. 에스컬레이터의 속도
	2. 구동장치 ★	1. 구동전동기 및 구동체인　2. 감속기 기어 및 브레이크
	3. 디딤판과 디딤판체인 및 난간과 손잡이 ★	1. 디딤판, 디딤판체인의 재질 및 구조　2. 내측판, 외측판 및 손잡이
	4. 안전장치 ★★	1. 구동체인 및 디딤판체인 안전장치　2. 비상정지 스위치 3. 스커트가드 안전스위치

주요항목	세부항목	세세항목	
9 특수승강기	1. 입체주차설비 ★★	1. 입체주차설비의 종류별 특징 / 설치기준 / 안전기준	
	2. 무빙워크 ★★	1. 무빙워크의 구조 및 정격속도	
	3. 유희시설 ★	1. 유희시설의 종류별 특징	
	4. 소형화물용 엘리베이터	1. 소형화물용 엘리베이터의 용도 및 구조	
	5. 주택용 엘리베이터	1. 주택용 엘리베이터의 구조 및 적재하중 2. 승강행정 및 안전장치	
	6. 휠체어리프트 ★	1. 휠체어리프트의 구조 및 안전장치	
10 승강기 안전기준 및 취급	1. 승강기 안전기준 ★★	1. 주로프, 도르래, 권동, 지지보 3. 전동기, 브레이크, 권상구동기 5. 유압장치	2. 카, 승강로, 기계실 4. 안전장치 및 전기회로
	2. 승강기 안전수칙 ★	1. 관리주체 / 운전자 / 이용자 준수사항	
	3. 승강기 사용 및 취급 ★★	1. 유지보수 및 법정검사 3. 사고 및 고장 보고	2. 자체점검 4. 중대 사고 및 고장
11 이상 시의 제현상과 재해방지	1. 이상상태의 제현상 ★	1. 이상상태의 인지 및 확인	
	2. 이상 시 발견조치 ★	1. 이상상태의 파악 3. 상급자 보고 및 근본 원인 규명	2. 이상상태 해소를 위한 긴급조치
	3. 재해 원인의 분석방법 ★	1. 안전점검표에 의한 분석법 3. 고장여파 분석법	2. 고장과정 분석법
	4. 재해 조사항목과 내용 ★	1. 재해사항 3. 대책 수립	2. 재해발생 과정 및 결과 파악
	5. 재해원인의 분류 ★	1. 물적 요인 및 인적 요인	2. 기술적 요인 및 관리적 요인
12 안전점검 제도	1. 안전점검 방법 및 제도 ★	1. 육안점검 및 기능점검	2. 정밀점검 및 자체점검
	2. 안전진단 ★	1. 작업방법의 진단	2. 작업장 및 설비 · 시설의 진단
	3. 안전점검 결과에 따른 시정조치 ★	1. 결과에 대한 조치	2. 시정의 확인
13 기계기구와 그 설비의 안전	1. 기계설비의 위험방지 ★	1. 회전체에 의한 위험방지 3. 운전시작신호의 명확화	2. 동력차단장치의 설치 4. 출입의 제한 및 안전수칙 준수
	2. 전기에 의한 위험방지 ★	1. 충전부 보호, 접지 및 절연 3. 방폭구조 장비의 사용 5. 활선작업시의 조치 7. 감전예방	2. 누전차단기설치 4. 정전작업시의 조치 6. 정전기 및 전자파 방지
	3. 추락 등에 의한 위험방지 ★	1. 작업발판 설치 및 안전대 사용	2. 사다리 사용 및 붕괴방지
	4. 기계 방호장치 ★	1. 방호장치의 구비조건	2. 동력전달 등의 방호
	5. 방호조치 ★	1. 보호구의 종류 및 구비요건 3. 전용보호구	2. 보호방법 및 보호구 지급관리

주요항목	세부항목	세세항목
14 승강기 제작기준	1. 전기식 엘리베이터 ★	1. 강도기준 및 로프 2. 도르래 및 레일 3. 허용응력 및 안전율 4. 승강로, 카, 도어, 지지보, 기계실 5. 안전장치 및 전기적인 회로
	2. 유압식 엘리베이터	1. 허용응력, 안전율, 체인, 플런저 2. 파워유닛, 밸브, 상부틈, 압력배관 3. 기계실 및 안전장치
	3. 에스컬레이터	1. 강도기준 및 구조 2. 허용응력 및 안전율 3. 적재하중 및 안전장치
15 승강기 검사기준	1. 기계실에서 행하는 검사 ★★	1. 기계실의 구조 및 설비 2. 수전반, 주개폐기, 제어반, 배선 3. 전동기, 브레이크, 권상구동기, 과속조절기 4. 추락방지안전장치, 유압파워유닛 5. 압력배관 및 안전밸브 6. 하중시험
	2. 카내에서 행하는 검사 ★★	1. 카와 승강로 벽과의 수평거리 2. 도어스위치 및 각종 부착물 3. 통화장치 및 비상등 조도 4. 비상운전 기능
	3. 카상부에서 행하는 검사 ★★	1. 카지붕의 피난공간 및 틈새와 비상구출문 2. 카 도어스위치 및 도어개폐상태 3. 안전스위치, 주로프 및 과속조절기로프 4. 상부 리미트 스위치류 5. 레일 및 도어 인터록 6. 승강로의 돌출물 등
	4. 피트 내에서 행하는 검사 ★★	1. 누수 및 청결상태 2. 하부 리미트 스위치류 3. 완충기 4. 완충기와 카 및 균형추의 거리 5. 이동 케이블 6. 과속조절기 로프 인장 상태 7. 피트의 피난공간 및 틈새
	5. 승강장에서 행하는 검사 ★	1. 승강장 문의 잠김 상태 2. 문 닫힘 안전장치의 작동상태 3. 승강장 위치표시기 4. 호출버튼 5. 파킹스위치 6. 에이프런 7. 소방구조용 엘리베이터의 표지 8. 호출장치
16 전기식 엘리베이터 주요 부품의 수리 및 조정에 관한 사항	1. 과속조절기	1. 진동, 소음, 베어링, 캐치 등의 보수 및 조정
	2. 주행안내 레일	1. 규격 확인, 보수 및 조정
	3. 추락방지안전장치	1. 작동확인, 보수 및 조정
	4. 카(케이지)와 카틀(케이지틀)	1. 카 바닥 및 카 벽 상태확인 등 보수 및 조정
	5. 균형추	1. 고정상태 확인 등 보수 및 조정
	6. 균형체인, 균형로프	1. 인장 및 고정상태 등 보수 및 조정
	7. 직·교류 제어 시스템	1. 개폐기, 계전기, 전동기 발열 확인 등 보수 및 조정
17 유압식 엘리베이터 주요 부품의 수리 및 조정에 관한 사항	1. 펌프와 밸브	1. 발열, 소음 및 진동, 누유, 작동 등 보수 및 조정
	2. 잭(실린더와 램)	1. 패킹, 누유상태 확인 등 보수 및 조정
	3. 압력배관	1. 취부, 작동 등 보수 및 조정
	4. 안전장치 및 제어장치	1. 작동 등 보수 및 조정

주요항목	세부항목	세세항목	
18 에스컬레이터의 수리 및 조정에 관한 사항	1. 구동장치	1. 조립 및 작동 등 보수 및 조정	
	2. 딤판 및 디딤판체인	1. 마모, 균열 등 보수 및 조정	
	3. 난간과 손잡이	1. 마모, 균열 등 보수 및 조정	
	4. 제어장치	1. 발열, 마모, 균열, 고정 등 보수 및 조정	
19 특수승강기의 수리 및 조정에 관한 사항	1. 입체주차설비	1. 입체주차설비의 마모, 부식, 작동 등 보수 및 조정	
	2. 무빙워크	1. 무빙워크의 마모, 부식, 균열 및 작동 등 보수 및 조정	
	3. 유희시설	1. 유희시설의 마모, 부식, 균열 및 작동 등 보수 및 조정	
	4. 소형화물용 엘리베이터	1. 소형화물용 엘리베이터 마모, 부식, 균열 및 작동 등 보수 및 조정	
	5. 주택용 엘리베이터	1. 주택용엘리베이터의 마모, 부식, 균열 및 작동 등 보수 및 조정	
	6. 휠체어리프트	1. 휠체어리프트의 마모, 부식, 균열 및 작동 등 보수 및 조정	
	7. 리프트	1. 리프트의 마모, 부식, 균열 및 작동 등 보수 및 조정	
20 승강기 재료의 역학적 성질에 관한 기초	1. 하중 및 응력 ★★	1. 하중과 응력의 종류 및 계산	
	2. 변형율 ★	1. 변형율의 종류 및 계산	
	3. 탄성계수 ★	1. 후크의 법칙과 탄성계수	
	4. 안전율 ★★★	1. 응력과 안전율	
	5. 힘 ★	1. 승강기에 작용하는 힘의 종류	
	6. 강재재료 및 빔	1. 빔의 종류	2. 굽힘응력과 모멘트
21 승강기 주요 기계요소별 구조와 원리	1. 링크기구 ★	1. 링크기구의 종류와 특성	
	2. 운동기구와 캠 ★	1. 운동기구의 원리와 캠의 역할	
	3. 도르래(활차)장치	1. 도르래(활차)의 종류와 특성	
	4. 치차	1. 치차의 종류와 특성	
	5. 베어링 ★★	1. 베어링의 종류와 특성	
	6. 로프(벨트포함)	1. 권상구동에 의한 소선의 응력	2. 탄성에 의한 연신율
	7. 기어 ★	1. 기어의 종류와 특징 3. 이의 크기 표시 방법 5. 기어의 주요 공식	2. 각 부의 명칭 4. 치형 간섭 및 언더컷
22 승강기 요소측정 및 시험	1. 측정기기의 사용방법과 원리 ★	1. 측정의 3요소 및 측정의 방법	2. 측정시 고려사항
	2. 기계요소 계측 및 원리 ★★	1. 버어니어 캘리퍼스의 사용법 3. 하이트 게이지의 사용법	2. 마이크로미터의 사용법 4. 한계 게이지의 사용법
	3. 전기요소 계측 및 원리 ★★	1. 계측기 기본 이론 2. 전압계, 전류계, 절연저항계, 멀티테스터, 접지저항계 등 사용법	

주요항목	세부항목	세세항목	
23 승강기 동력원의 기초 전기	1. 정전기와 콘덴서	1. 콘덴서와 정전용량, 저장에너지	2. 콘덴서의 접속 및 전기장
	2. 직류회로 및 교류회로 ★	1. 전기의 본질 3. 교류회로의 기초 5. RLC의 직 · 병렬회로 7. 3상교류 및 회로망에 대한 정리	2. 전기회로의 전압과 전류 4. 교류 전류에 대한 RLC의 작용 6. 교류전력 및 교류회로계산 8. 4단자망
	3. 자기회로 ★	1. 자기와 전류 및 자기회로	2. 자기장의 세기 및 자화곡선
	4. 전자력과 전자유도 ★	1. 전자력의 방향과 크기 3. 평행도체 사이에 작용하는 힘	2. 코일에 작용하는 힘 4. 전자유도 및 인덕턴스
	5. 전기보호기기	1. 개폐장치의 종류 및 역할	2. 차단기 조작 방식
24 승강기 구동 기계 · 기구 작동 및 원리	1. 직류전동기 ★	1. 직류전동기의 기본 이론 / 특성 / 출력 / 토크 특성 2. 직류전동기 속도제어법	
	2. 유도전동기 ★	1. 유도전동기의 기본 이론 / 특성 / 출력 / 토크 특성 2. 유도전동기 속도제어법	
	3. 동기전동기 ★	1. 동기전동기의 기본 이론 / 특성 3. 동기전동기의 출력토크 특성 등	2. 동기전동기의 운전에 관한 사항
25 승강기 제어 및 제어시스템의 원리 및 구성	1. 제어의 개념	1. 제어와 자동제어의 기초	2. 제어의 필요성 및 제어의 종류
	2. 제어계의 요소 및 구성 ★	1. 제어계의 구성 요소	
	3. 자동제어 ★	1. 자동제어의 종류 및 특성 3. 디지털 제어	2. 개방제어 및 되먹임 제어
	4. 시퀀스제어 ★★	1. 시퀀스 제어의 개요 3. 시퀀스 제어계 기본 회로 5. 시퀀스 응용 회로	2. 시퀀스 제어의 제어 요소 4. 신호 변환의 기본 회로
	5. 전자회로	1. 정류회로 및 증폭회로 3. 전자제어회로 및 전력제어 응용	2. 발진회로 및 디지털회로
	6. 반도체	1. 반도체의 성질 2. 다이오드 / 트랜지스터 / 특수반도체 소자의 종류 및 특성	
	7. 제어기기 및 제어회로	1. 제어용기기의 종류 및 특징 3. 유접점 회로 및 무접점 회로	2. 프로그램형 제어기의 종류와 특징
	8. 제어의 응용	1. 전압의 자동조정 3. 주파수의 자동조정	2. 속도의 자동조정 4. 서보기구

국가직무능력표준(NCS)를 기반으로 자격 내용을 직무 중심으로 개편했다고 하지만 시험에는 크게 반영되지 않았습니다.

한 눈에 살펴보는

필기응시절차

Accept Application - Objective Test Process

원서접수기간, 필기시험일 등… 큐넷 홈페이지에서 해당 종목의 시험일정을 확인합니다.

01 시험일정 확인

기능사검정 시행일정은 큐넷 홈페이지를 참조하거나 에듀웨이 카페에 공지합니다.

02 원서접수

1 큐넷 홈페이지(**www.q-net.or.kr**)에서 상단 오른쪽에 [로그인]을 클릭합니다.

2 '로그인 대화상자가 나타나면 아이디/비밀번호를 입력합니다.

※회원가입 : 만약 q-net에 가입되지 않았으면 회원가입을 합니다.
(이때 반명함판 크기의 사진(200kb 미만)을 반드시 등록합니다.)

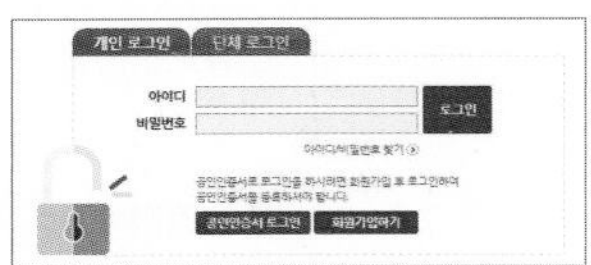

3 원서접수를 클릭하면 [자격선택] 창이 나타납니다. [접수하기]를 클릭합니다.

※ 원서접수기간이 아닌 기간에 원서접수를 하면 [현재 접수중인 시험이 없습니다.]이라고 나타납니다.

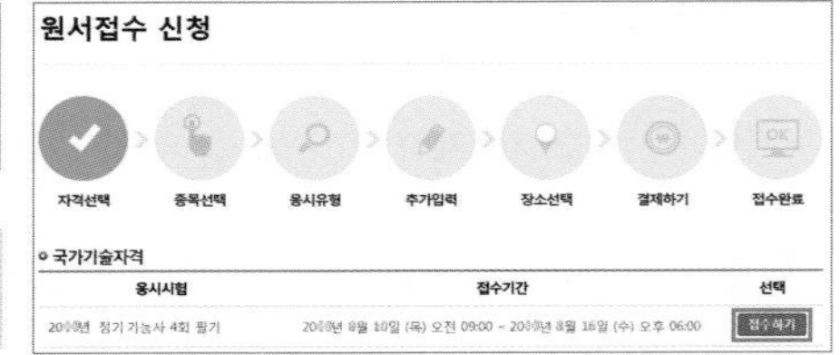

원서접수는 모바일(큐넷 전용 앱 설치) 또는 PC에서 접수하시기 바랍니다.

4 [종목선택] 창이 나타나면 응시종목명을 [승강기기능사]로 선택하고 [다음] 버튼을 클릭합니다. 간단한 설문 창이 나타나고 [다음] 버튼을 클릭하면 [응시유형] 창에서 [장애여부]를 선택하고 [다음] 버튼을 클릭합니다.

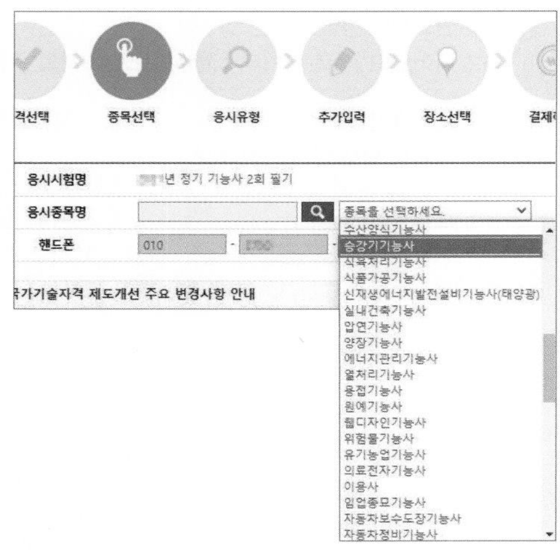

필기 시험은 1년에 4번 볼 수 있어요. 그리고 필기 합격자 발표일을 기준으로 2년 동안 필기시험이 면제됩니다.

5 [장소선택] 창에서 원하는 '지역, 시/군구/구'를 선택하고 조회 를 클릭합니다. 그리고 시험일자, 입실시간, 시험장소, 그리고 접수가능인원을 확인한 후 선택 을 클릭합니다. 결제하기 전에 마지막으로 다시 한 번 종목, 시험일자, 입실시간, 시험장소를 꼼꼼히 확인한 후 접수하기 를 클릭합니다.

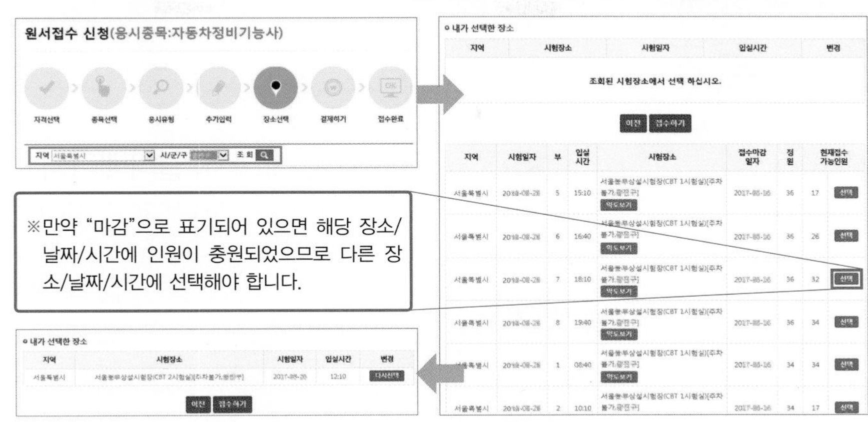

※만약 "마감"으로 표기되어 있으면 해당 장소/날짜/시간에 인원이 충원되었으므로 다른 장소/날짜/시간에 선택해야 합니다.

6 [결제하기] 창에서 검정수수료를 확인한 후 원하는 결제수단을 선택하고 결제를 진행합니다. (필기 : 14,500원 / 실기 : 77,800원)

마지막 수험표 확인은 필수!

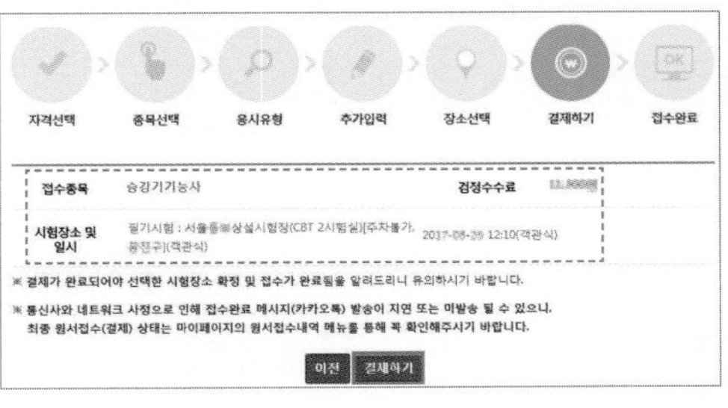

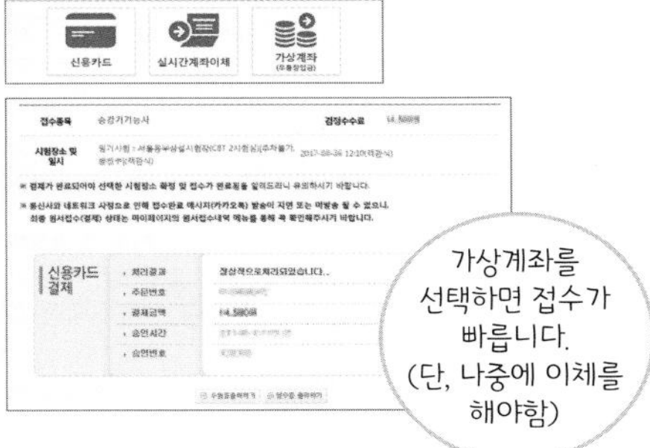

가상계좌를 선택하면 접수가 빠릅니다. (단, 나중에 이체를 해야함)

03 필기시험 응시

필기시험 당일 유의사항

1 **신분증은 반드시 지참**해야 하며(미지참 시 시험응시 불가), 필기구도 지참합니다(선택).

2 고사장에 고시된 시험시간 20분 전부터 입실이 가능합니다. (지각 시 시험 응시 불가) ※ 시험장소가 초행길이라면 시간을 넉넉히 두고 출발하세요.

3 CBT 방식(컴퓨터 시험 – 마우스로 정답을 클릭)으로 시행합니다.

4 문제풀이용 연습지는 해당 시험장에서 제공하므로 시험 전 감독관에 요청합니다. (연습지는 시험 종료 후 가지고 나갈 수 없습니다)

※ 기능사 시험에서는 공학용 계산기를 반드시 지참할 필요가 없습니다.

04 합격자 발표 및 실기시험 접수

- 합격자 발표 : 합격 여부는 필기시험 후 바로 알 수 있으며, 합격자 발표일에 큐넷의 '마이페이지'에서 '합격자발표 조회하기'에서 조회 가능
- 실기시험 접수 : 필기시험 합격자에 한하여 실기시험 접수기간에 Q-net 홈페이지에서 접수

※ 기타 사항은 큐넷 홈페이지(www.q-net.or.kr)를 방문하거나 또는 전화 1644-8000에 문의하시기 바랍니다.

이책의 구성과 특징

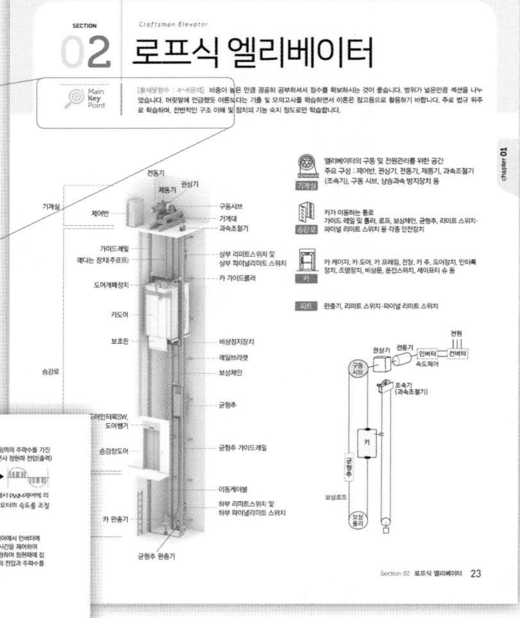

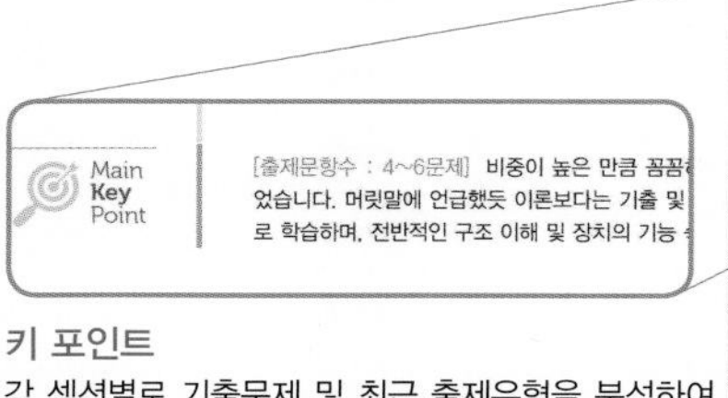

키 포인트

각 섹션별로 기출문제 및 최근 출제유형을 분석하여 반드시 학습해야 할 부분을 정리하여 학습 방향을 제시하였습니다.

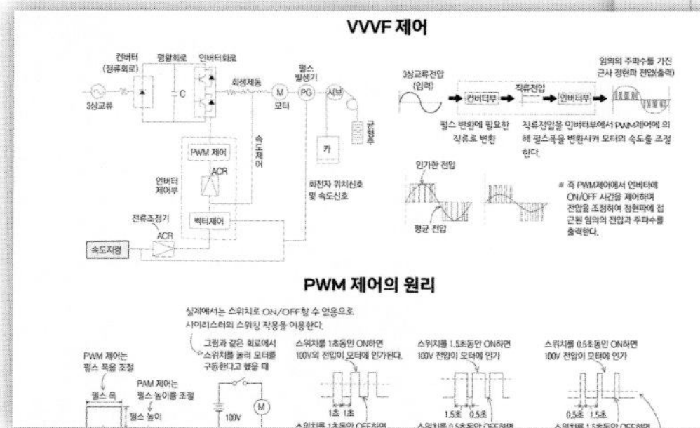

장치의 기본 원리 정리

해당 장치의 원리 또는 작동순서를 정리하여 이론 정립에 도움이 되도록 하였습니다.

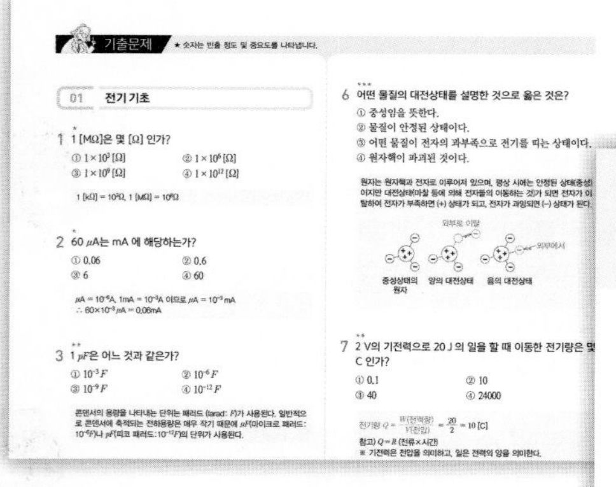

출제빈도 표기

기출 상단에 출제빈도 및 중요도를 표시하는 '★'를 두었습니다.

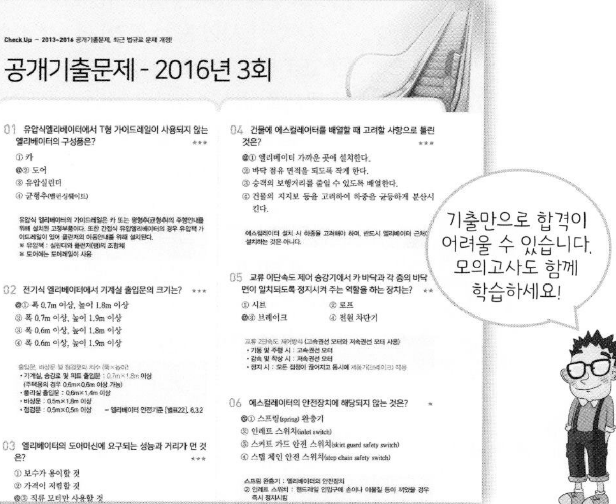

공개기출문제 - 2016년 3회
기출만으로 합격이 어려울 수 있습니다. 모의고사도 함께 학습하세요!

공개기출문제

이론 뒤에 15년간 기출문제를 출제기준에 맞춰 정리하였습니다. 변경된 법규문제는 개정된 내용으로 재수록 하였습니다.
또한, 2013~2016년까지 문제는 별도로 수록하였습니다.

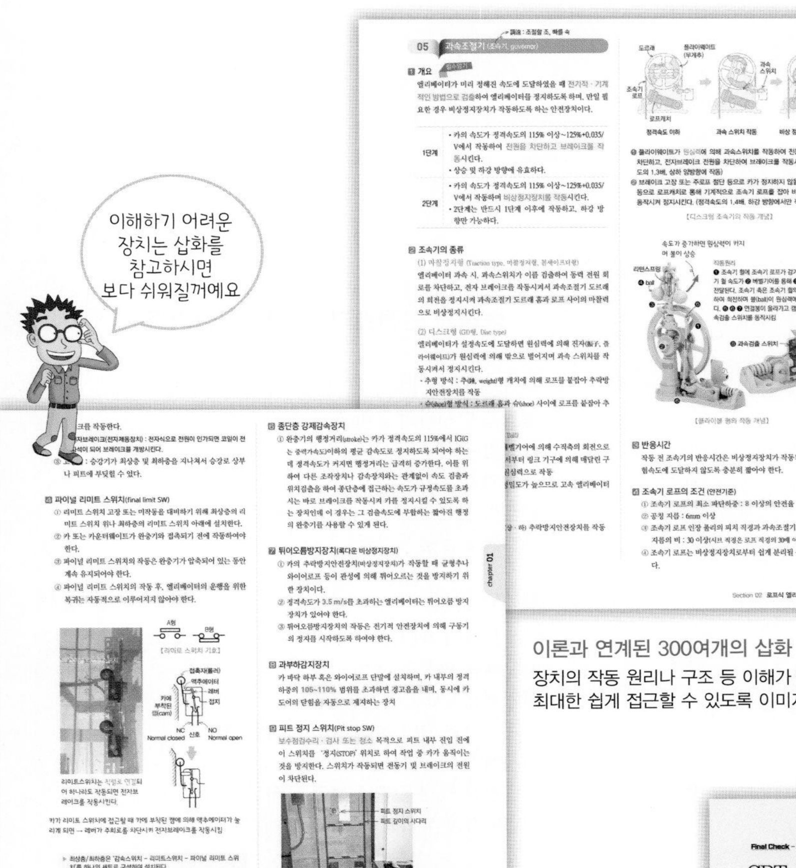

이해하기 어려운
장치는 삽화를
참고하시면
보다 쉬워질꺼예요

핵심이론요약

최근 기출문제의 내용을 분석하여 단문형 노트 형태로 깔끔하게 정리하여 가독성을 높였습니다. 반드시 숙지해야 할 부분은 '필수암기' 태그를 달았습니다.

이론과 연계된 300여개의 삽화

장치의 작동 원리나 구조 등 이해가 필요한 부분은
최대한 쉽게 접근할 수 있도록 이미지를 수록하였습니다.

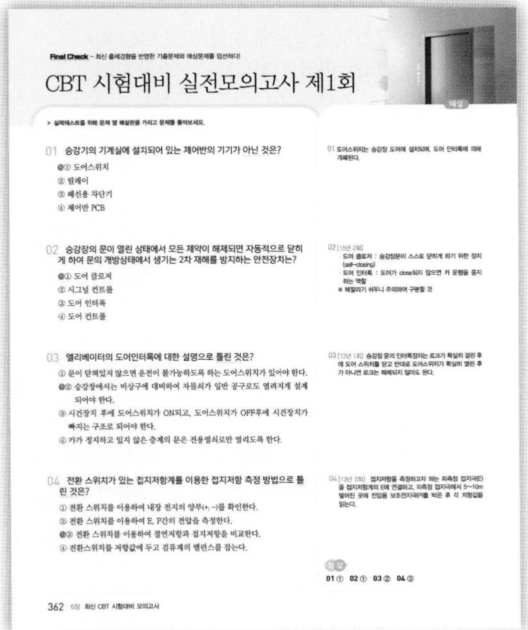

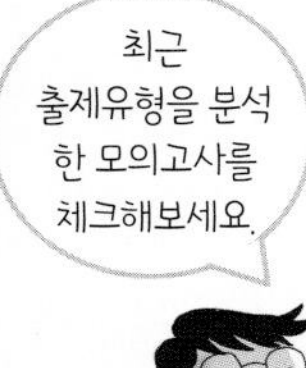

최근
출제유형을 분석
한 모의고사를
체크해보세요.

CBT 시험대비 실전모의고사

최근 CBT 시험을 토대로 출제될 가능성이 높은 문제를 따로 엄선하여 모의고사를 수록하였습니다.

상세한 해설

지문과 보기가 유사한 문제가 나올 경우를 대비하여 문제와 관련된 전반적인 내용도 함께 수록하여 문제의 요점을 파악하는데 도움이 되고자 하였습니다.

Craftsman Elevator

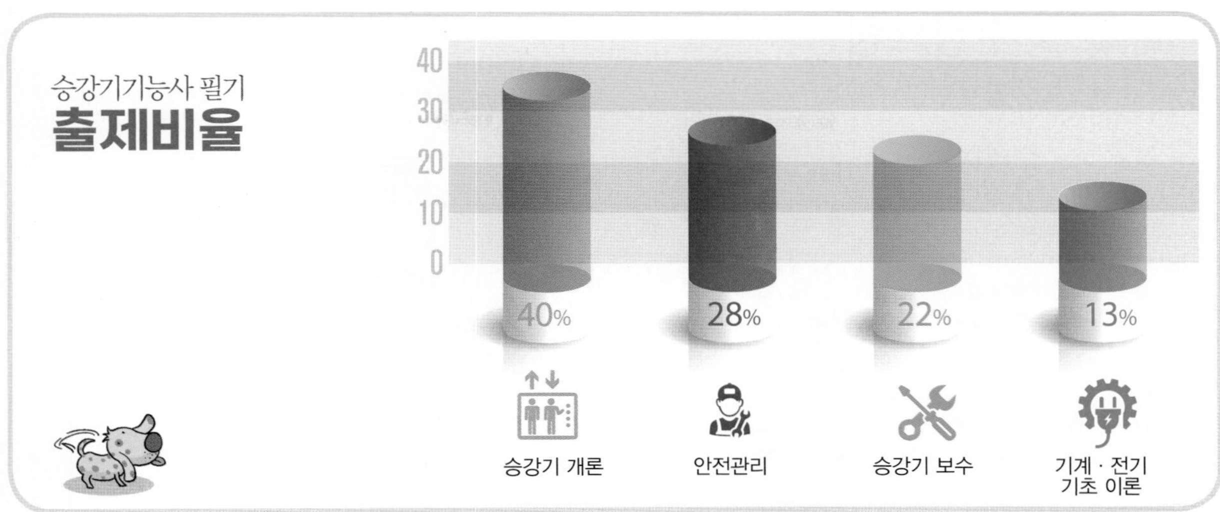

| 제3장 | 기계 · 전기 기초 이론

| 제4장 | 공개기출문제

| 제5장 | CBT 시험대비 실전모의고사

CBT 수검요령

computer-based testing

수시로 현재 [안 푼 문제 수]와 [남은 시간]를 확인하여 시간 분배합니다. 또한 답안 제출 전에 [수험번호], [수험자명], [안 푼 문제 수]를 다시 한번 더 확인합니다.

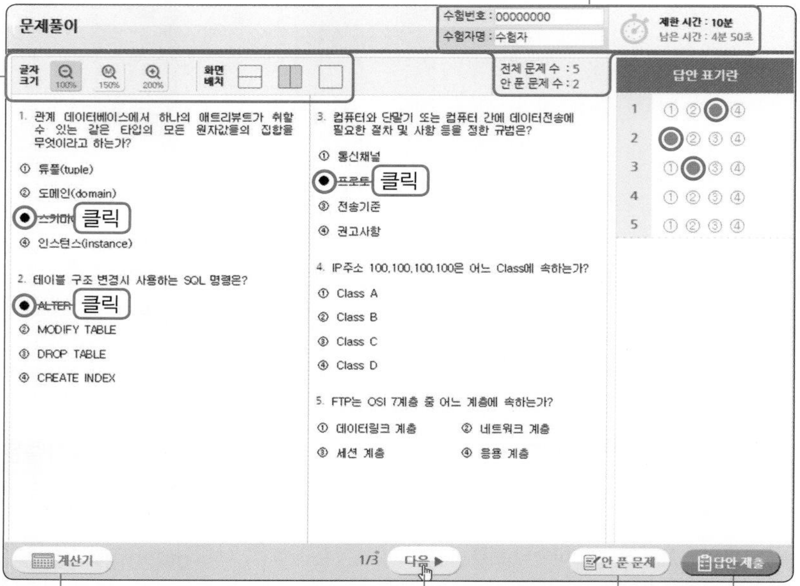

글자 크기 및 화면 배치 조정

시험을 보기 편한 글자 크기로 변경할 수 있으며, 한 화면에 문제 배열 방식을 2문제/2단/1문제로 조정할 수 있습니다.

정답 체크

문제의 번호에 정답을 클릭하거나 [답안 표기란]의 각 문제번호에 정답을 클릭합니다.

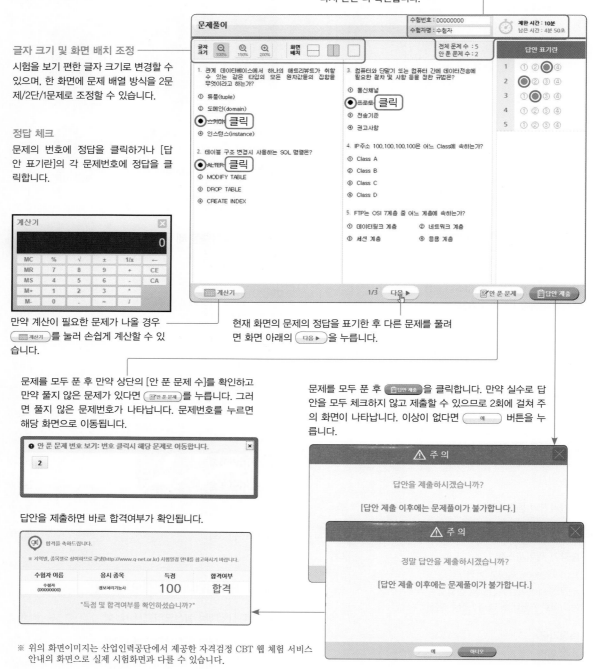

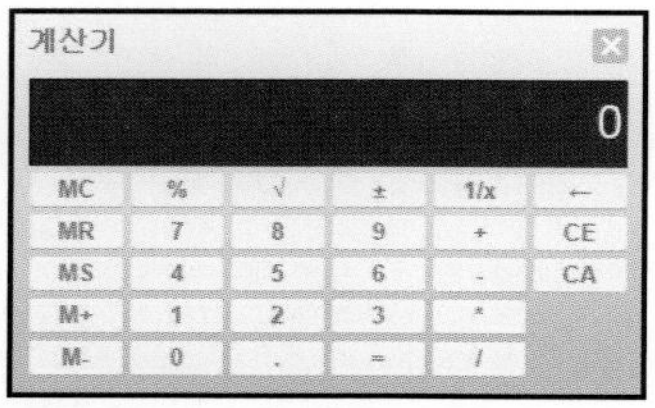

만약 계산이 필요한 문제가 나올 경우 (계산기)를 눌러 손쉽게 계산할 수 있습니다.

현재 화면의 문제의 정답을 표기한 후 다른 문제를 풀려면 화면 아래의 (다음 ▶)을 누릅니다.

문제를 모두 푼 후 만약 상단의 [안 푼 문제 수]를 확인하고 만약 풀지 않은 문제가 있다면 (안 푼 문제)를 누릅니다. 그러면 풀지 않은 문제번호가 나타납니다. 문제번호를 누르면 해당 화면으로 이동됩니다.

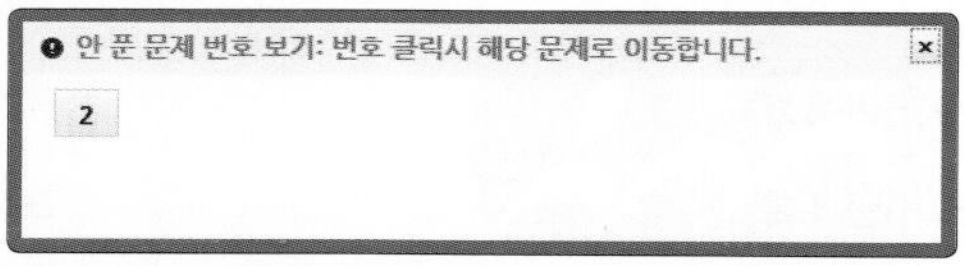

문제를 모두 푼 후 (답안 제출)을 클릭합니다. 만약 실수로 답안을 모두 체크하지 않고 제출할 수 있으므로 2회에 걸쳐 주의 화면이 나타납니다. 이상이 없다면 (예) 버튼을 누릅니다.

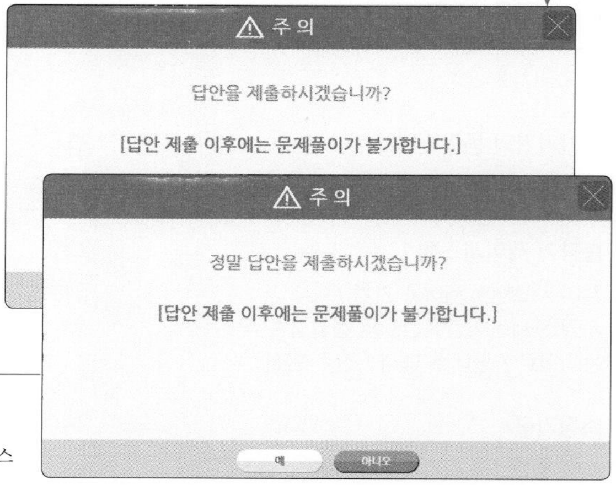

답안을 제출하면 바로 합격여부가 확인됩니다.

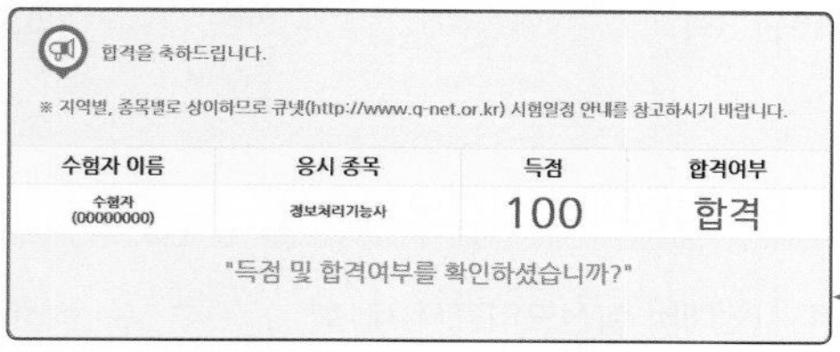

※ 위의 화면이미지는 산업인력공단에서 제공한 자격검정 CBT 웹 체험 서비스 안내의 화면으로 실제 시험화면과 다를 수 있습니다.

자격검정 CBT 웹 체험 서비스 안내

큐넷 홈페이지 우측하단에 'CBT 체험하기'를 클릭하면 CBT 체험을 할 수 있는 동영상을 보실 수 있습니다. (스마트폰에서는 동영상을 보기 어려우므로 PC에서 확인하시기 바랍니다)

※ 시험장에서 필기시험 전 약 20분간 CBT 시험요령을 설명해줍니다.

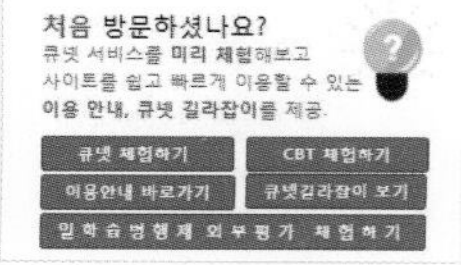

처음 방문하셨나요?
큐넷 서비스를 미리 체험해보고
사이트를 쉽고 빠르게 이용할 수 있는
이용 안내, 큐넷 길라잡이를 제공.
큐넷 체험하기
CBT 체험하기
이용안내 바로가기
큐넷길라잡이 보기

ELEVATOR
SYNOPSIS
CONSTRUCTION

CHAPTER 01

승강기 개론 및 보수

SECTION

01 승강기 개요 및 분류

Craftsman Elevator

[출제문항수 : 1문제] 전반적인 승강기의 분류를 체크해둡니다.

승강기의 분류

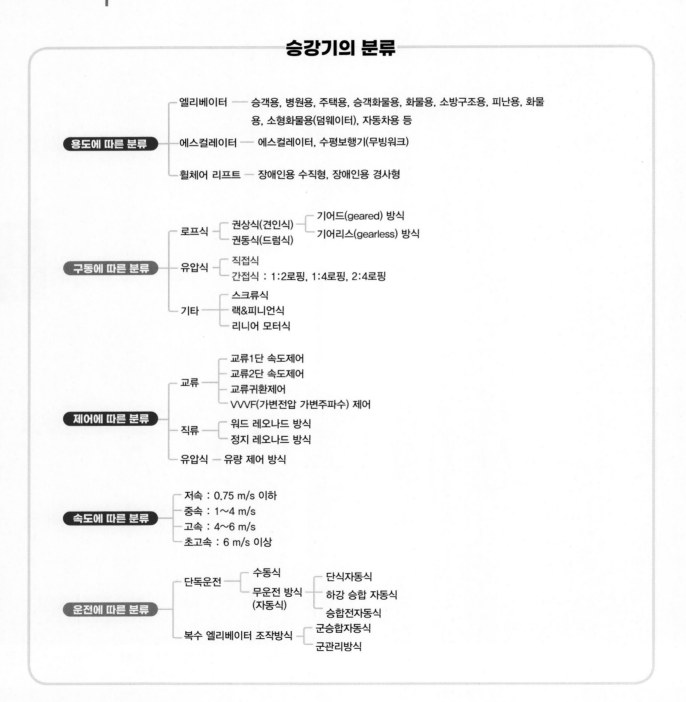

용도에 따른 분류
- 엘리베이터 — 승객용, 병원용, 주택용, 승객화물용, 화물용, 소방구조용, 피난용, 화물용, 소형화물용(덤웨이터), 자동차용 등
- 에스컬레이터 — 에스컬레이터, 수평보행기(무빙워크)
- 휠체어 리프트 — 장애인용 수직형, 장애인용 경사형

구동에 따른 분류
- 로프식
  - 권상식(견인식)
    - 기어드(geared) 방식
    - 기어리스(gearless) 방식
  - 권동식(드럼식)
- 유압식
  - 직접식
  - 간접식 : 1:2로핑, 1:4로핑, 2:4로핑
- 기타
  - 스크류식
  - 랙&피니언식
  - 리니어 모터식

제어에 따른 분류
- 교류
  - 교류1단 속도제어
  - 교류2단 속도제어
  - 교류귀환제어
  - VVVF(가변전압 가변주파수) 제어
- 직류
  - 워드 레오나드 방식
  - 정지 레오나드 방식
- 유압식 — 유량 제어 방식

속도에 따른 분류
- 저속 : 0.75 m/s 이하
- 중속 : 1~4 m/s
- 고속 : 4~6 m/s
- 초고속 : 6 m/s 이상

운전에 따른 분류
- 단독운전
  - 수동식
  - 무운전 방식(자동식)
    - 단식자동식
    - 하강 승합 자동식
    - 승합전자동식
- 복수 엘리베이터 조작방식
  - 군승합자동식
  - 군관리방식

01 승강기의 분류

1 용도에 의한 분류

> ▶ 승강기 정의(승강기 안전관리법)
> 건축물이나 고정된 시설물에 설치되어 일정한 경로에 따라 사람이나 화물을 승강장으로 옮기는 데에 사용되는 설비로서 구조나 용도 등의 구분에 따라 대통령령으로 정하는 설비를 말한다.

구분		종류 및 용도
엘리베이터	승객용	• 승객용 : 사람의 운송 • 승객 · 화물용 • 침대용 : 병원의 병상 운반 • 소방구조용 : 화재 등 비상 시 소화활동 및 구조활동에 적합 • 기타 : 장애인용, 소형(주택용), 전망용
	화물용	• 화물용 : 화물수송을 주목적으로 하며, 조작자 또는 화물 취급자 1인은 탑승 가능(적재용량 1톤 미만으로 사람이 탑승하지 않는 것은 제외) → 300kg 미만인 것으로 사람이 탑승하지 않은 엘리베이터는 제외 • 덤웨이터 : 사람이 탑승하지 않고 적재용량 **300kg** 이하의 소형화물(서적 · 음식물 등) 운반에 적합한 엘리베이터(다만, 바닥면적 0.5m^2 이하, 높이 0.6m 이하 검사에서 제외)
	자동차용	
에스컬레이터		• 에스컬레이터 : 계단형 디딤판을 동력으로 경사면을 오르내리는 것 • 수평보행기(무빙워크) : 평면의 디딤판을 동력으로 수평면 또는 경사면을 이동
휠체어리프트		• 장애인이 이용하기에 적합하게 제작된 것 • 경사형 : 계단의 경사면을 따라 동력으로 오르내리게 한 것 (예 지하철 계단 옆 휠체어리프트) • 수직형 : 수직인 승강로를 따라 동력으로 오르내리게 한 것 (※ 버스 등 교통수단에 설치된 휠체어리프트는 제외)

2 구동 방식에 의한 분류

(1) 로프(Rope)식

① 권상식(견인식, 트랙션식) : 와이어로프에 카(car)와 균형추를 매달아 전동기(권상기)로 승강시킨다.

② 권동식 : 권동(드럼)에 로프가 감기거나 풀리며 카를 승강 (주로 홈 엘리베이터와 같은 소규모에 사용)

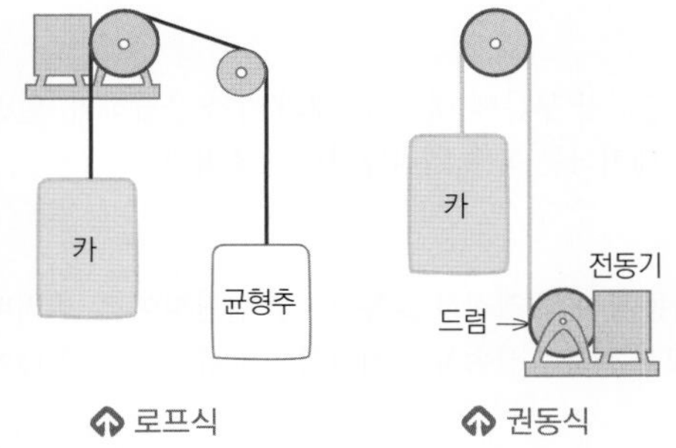

로프식　　권동식

▶ 자세한 설명은 31페이지 승강기의 제어 참조

(2) 유압식 (90페이지 추가 설명)

① 직접식 : 카 하부에 플런저(Plunger)를 직접 결합하여 플런저의 움직임이 카에 직접 전달

② 간접식 : 카는 와이어로프에 매달려 있고 플런저의 끝단에 설치된 시브(또는 스프로킷)에 걸려 있는 로프에 의하여 플런저의 움직임이 간접적으로 카에 전달

③ 팬터그래프식 : 유압잭에 의해 팬터그래프를 펼치거나 접어 카를 상승/하강 (예 공장 또는 건설현장, 창고 등에 이용)

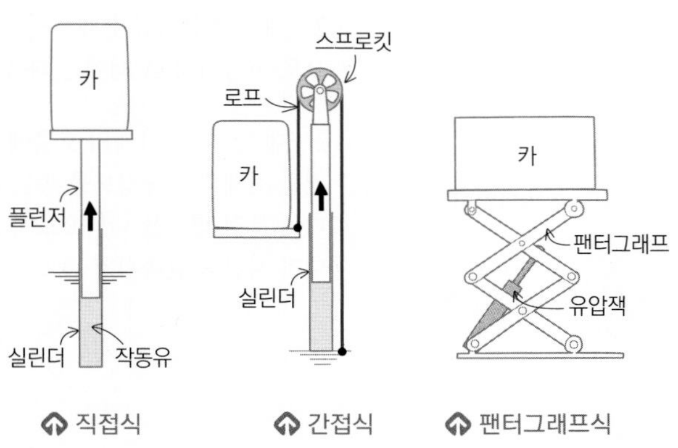

직접식　　간접식　　팬터그래프식

(3) 기타

① 리니어(Linear) 모터식 : 균형추 측에 리니어 모터를 설치하여 카를 승강 ('선'을 의미)

▶ 일반 모터가 회전운동을 하지만 리니어(linear) 모터는 직선운동을 한다.

② 스크류(Screw)식 : 볼트-너트 방식과 같이 나사형의 홈을 판 긴 기둥에 너트에 상당하는 슬리브를 카에 설치하여 슬리브를 회전시켜 카를 승강

③ 랙·피니언식 : 레일 대신 랙을, 카에 피니언을 설치하여 피니언을 회전시켜 카를 승강

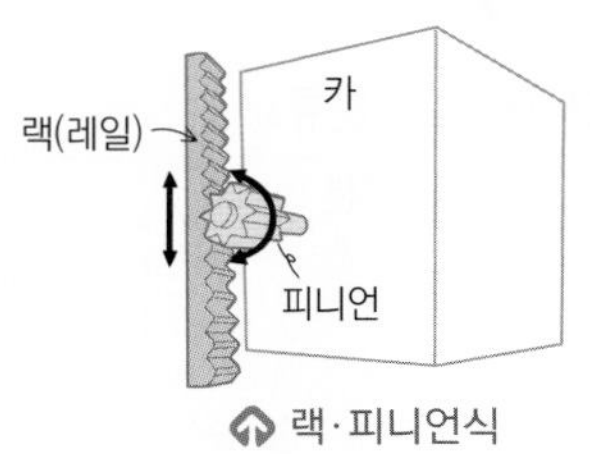

랙·피니언식

02 승강기의 운전방식

1 1대 조작방식

(1) 수동식

① 카 스위치 방식 : 운전자가 카의 작동을 모두 제어

② 신호 방식 : 운전자가 엘리베이터 도어의 개폐만 제어

(2) 자동식

단식 자동식 (SA, Single Automatic)	• 가장 간단한 자동식으로, 승강버튼 1개로 상승, 하강에 공통으로 사용 • 승강 자신이 자동적으로 시동·정지를 이루는 조작방식 • 먼저 눌러진 호출을 먼저 운전되고, 완료될 때까지 다른 호출에 응답하지 않음 • 화물용이나 자동차 리프트 등에 주로 사용
호출등록 자동식	• 단식 자동방식과 동일하며, 승강호출이 다수일 경우 가까운 층부터 순차적으로 응답하는 운전방식 • 자동차용 엘리베이터에 주로 사용
승합 전자동식 (SC, Selective Collective)	• 승장버튼이 2개(상승, 하강)으로 구별하고 여러 층에서 호출할 때 상승 운전 중일 때 상승 방향의 호출에만 차례로 응답하며, 더 이상의 상승호출이 없으면 운전방향을 바꾸어 하강 호출에만 차례로 응답하는 방식 • 중소 아파트, 사무실, 호텔, 병원 등
하강승합 전자동식 (DC, Down Collective)	• 하강우선 방식으로, 2층 이상의 승강장에 하강 버튼만 있다. • 중간층에서 윗층으로 갈 경우에도 일단 1층으로 내려온 후 다시 올라가는 방식

2 군 관리 방식(Group Supervisory)

군(群) : '1대 이상'을 의미

군승합 자동식	• 2~3대가 병설되었을 때 사용되는 조작방식으로 1개의 승강장 부름에 대하여 1대의 카가 응답하며, 일반적으로 부름이 없을 때에는 다음의 부름에 대비하여 분산대기하는 복수 엘리베이터의 조작방식
군 관리방식	• 3~8대 병설하여 1개의 호출에 대해 1대의 카가 응답 • 건물 전체의 교통정보를 종합 분석하여 교통수단의 변동에 대해 적절한 교통상태를 판단하여 각 엘리베이터에 운전 명령을 내림으로서 교통이 혼잡할 때에는 교통수요를 신속하게 처리하고 교통이 한산할 때에는 대기 시간을 단축시켜 줌

기출문제

★ 숫자는 빈출 정도 및 중요도를 나타냅니다.

★★★

1 전기식 엘리베이터의 속도에 의한 분류방식 중 고속 엘리베이터의 기준은?

① 1 m/s 초과
② 2 m/s 초과
③ 3 m/s 초과
④ 4 m/s 초과

> 속도에 의한 분류
> • 저속 : 0.75m/s 이하
> • 중속 : 1~4m/s
> • 고속 : 4~6m/s
> • 초고속 : 6m/s 이상

★

2 로프식 승강기로 짝지어진 것은?

① 견인식과 권동식
② 직접식과 간접식
③ 견인식과 직접식
④ 권동식과 간접식

★

3 권상기의 기어리스(Gearless) 방식에 대한 설명으로 옳지 않은 것은?

① 전동기의 회전축에 메인 시브를 장착한 방식
② 고속 승강기에 적용
③ 전동기의 회전을 감속하기 위해 웜기어 사용
④ 동력원은 VVVF 방식을 사용

> 기어리스 방식은 감속기어 없이 모터 회전축에 메인시브를 직접 장착하여 회전속도를 조정한다.
> 기어(geared) 방식의 경우 웜기어, 헬리컬기어를 이용하여 감속한다.

★★★

4 화물용 승강기에 대한 설명으로 옳지 않은 것은?

① 화물운반에 직접 종사하는 조작자 또는 화물취급자 1인 이외에는 탑승을 금한다.
② 경우에 따라서는 승객을 운송할 수 있다.
③ 허용 적재하중을 표시하여야 한다.
④ 주행 중에는 출입문이 개폐되어서는 아니된다.

> 화물용 승강기는 승객을 운송할 수 없다.

★★

5 승강기의 조작방식 중 가장 먼저 등록된 부름에만 응답하고, 그 운전이 완료될 때까지는 다른 부름에는 응답하지 않는 방식으로 화물용에 주로 사용되는 조작방식은?

① 복식 자동식
② 단식 자동식
③ 하강승합 전자동식
④ 승합 전자동식

> 단식 자동식의 특징은 운전 도중 다른 호출에는 응답하지 않는다.

★

6 가장 먼저 등록된 부름에만 응답하고 그 운전이 완료될 때까지는 다음 부름에 응답하지 않는 방식으로, 주로 화물용으로 사용되는 운전방식은?

① 단식 자동식
② 하강승합 전자동식
③ 군 승합 전자동식
④ 양방향 승합 전자동식

★

7 엘리베이터가 단독으로 설치되어 있다. 카와 홀에 호출이 여러 개 등록될 수 있으며 상승 시에는 상승방향 호출에 차례로 응답하며 하강 시에는 하강방향 호출에 차례로 응답하는 제어방식은?

① 싱글오토매틱방식
② 셀렉티브 콜렉티브 방식
③ 셀렉티브 콜렉티브 듀얼방식
④ 군관리방식

> Selective Collective 방식은 승합전자동방식으로, 각 층마다 여러 개의 상승/하강 호출이 있더라도 상승시에는 상승 호출에만 응답하며 하강 시에는 하강 호출만에만 응답하는 방식이다.

정답 1④ 2① 3③ 4② 5② 6① 7②

chapter 01

★

8 2~3대의 엘리베이터가 병설되었을 때 주로 사용되는 운전방식은?

① 단식 자동식
② 군 승합 전자동식
③ 양방향 승합 전자동식
④ 군 관리 방식

군(group) 승합방식은 2대 병렬로 나란히 설치된 운전방식으로 2대를 합리적으로 연동하여 승합전자동운전을 하는 방식이다.

★

9 단수(1대) 엘리베이터의 조작 방식과 관계가 없는 것은?

① 단식 자동식
② 하강승합 전자동식
③ 군승합 자동식
④ 승합 전자동식

군승합 자동식 호출버튼 1개로 2~3대를 제어하는 방식이다.

★

10 3~8대의 엘리베이터가 병설될 때 개개의 카를 합리적으로 운행하는 방식으로 교통수요의 변화에 따라 카의 운전내용을 변화시켜서 가장 적절하게 대응하게 하는 방식은?

① 군관리방식
② 군승합 전자동식
③ 양방향승합전자동식
④ 단식자동식

★★★

11 엘리베이터 도어의 개폐만이 운전자의 조작에 의해 이루어지고, 기타 카의 기동은 카내 버튼이나 승강장 버튼에 의해 이루어지는 조작방식은?

① 카 스위치 방식
② 신호방식
③ 단식자동식
④ 승합전자동식

★

12 승강기의 조작방식 중 일반적으로 가장 많이 사용하는 방식은?

① 카스위치식
② 단식자동방식
③ 승합전자동식
④ 하강승합전자동식

정답 8 ② 9 ③ 10 ① 11 ② 12 ③

SECTION

02 로프식 엘리베이터

Craftsman Elevator

Main **Key** Point

[출제문항수 : 4~6문제] 비중이 높은 만큼 꼼꼼히 공부하여 점수를 확보하시는 것이 좋습니다. 범위가 넓은만큼 섹션을 나누었습니다. 머릿말에 언급했듯 이론보다는 기출 및 모의고사를 학습하면서 이론은 참고용으로 활용하기 바랍니다. 주로 법규 위주로 학습하며, 전반적인 구조 이해 및 장치의 기능 숙지 정도로만 학습합니다.

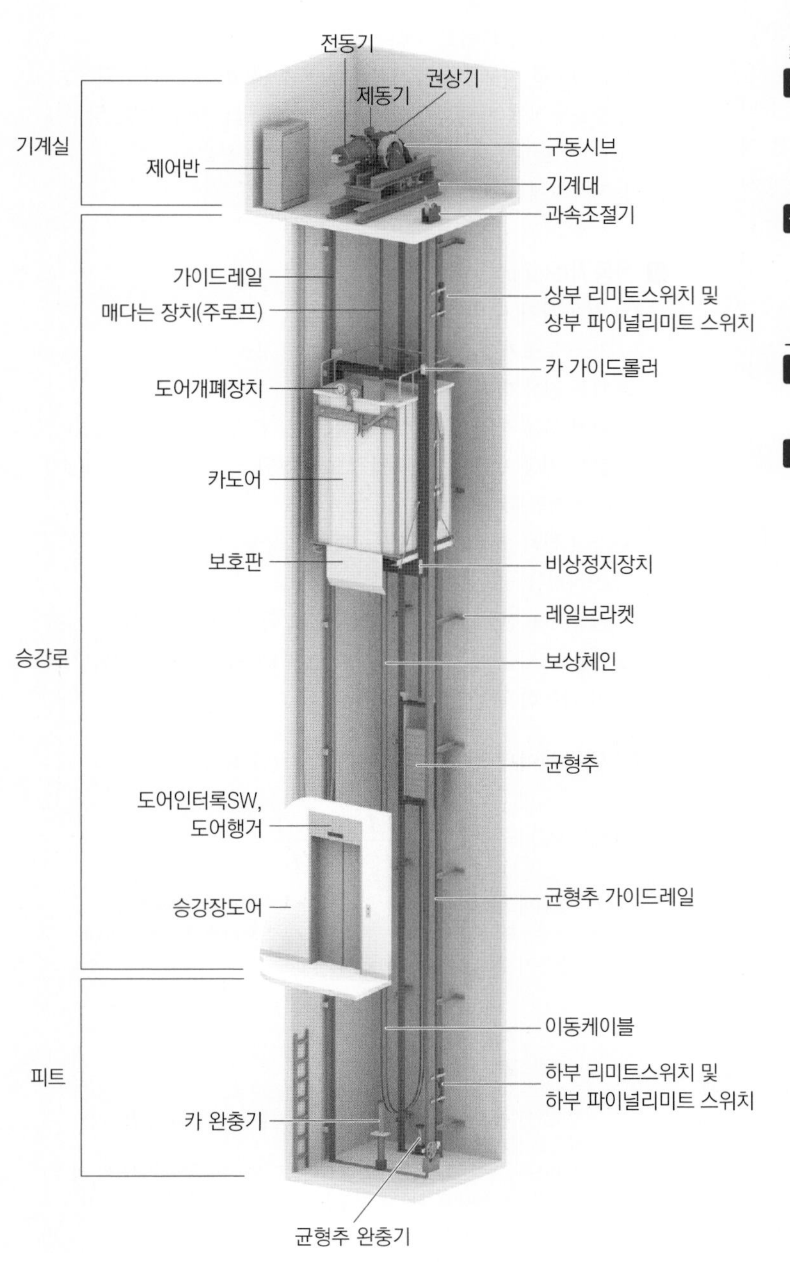

기계실

엘리베이터의 구동 및 전원관리를 위한 공간
제어반, 권상기, 전동기, 제동기, 과속조절기(조속기), 구동 시브, 상승과속 방지장치 등

승강로

카가 이동하는 통로
가이드 레일 및 롤러, 로프, 보상체인, 균형추, 리미트 스위치·파이널 리미트 스위치 등 각종 안전장치

카

카 케이지, 카 도어, 카 프레임, 천장, 카 주, 도어장치, 인터록장치, 조명장치, 비상문, 운전스위치, 세이프티 슈 등

피트

완충기, 리미트 스위치·파이널 리미트 스위치 등

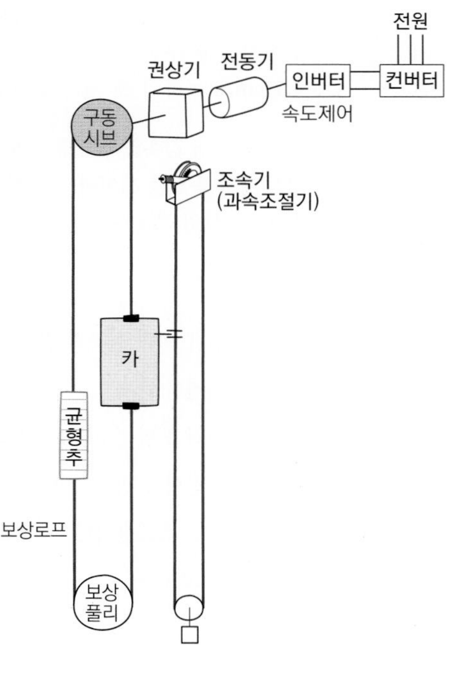

01 구동기(권상기, Traction Machine)

1 권상기 개요

① 전동기를 이용하여 와이어로프를 드럼에 감거나 풀어 카를 승강시키는 장치이다.

② 종류 : 권상식(트랙션), 권동식, 체인구동식

> ▶ 권상기 : 捲 : (돌돌 감아 말음) 권, 上 : (윗) 상
> → 물체를 감아 올리는 기계

2 트랙션식(권상식)

① 가장 일반적으로 사용하는 방식으로 로프를 시브(도르래)의 홈 사이에 걸쳐 마찰력을 이용하여 카 또는 균형추를 움직인다.
→ 로프의 미끄러짐과 로프 및 도르래의 마모가 발생한다.

② 구조 : 권상기의 출력축에 시브를 연결하고, 일정 간격을 유지하기 위해 도르래를 거쳐 한 쪽은 카, 반대쪽은 균형추를 매달아 전동기의 회전에 의해 시브를 정·역회전시켜 카를 승하강시킨다.

③ 일반적으로 카의 중량과 균형추의 중량이 다르므로 로프의 신장율이 다를 수 있다.

④ 트랙션식(권상식)의 특징
- 소요동력이 작다.
- 행정거리의 제한이 없다.
- 주로프 및 도르래의 마모가 일어나지 않는다.

⑤ 트랙션식(권상식)의 기어(감속기) 유무에 따른 분류

기어식 권상기	• 전동기의 일정한 회전을 기어(**감속기**)를 거쳐 감속시킨 후 구동시브에 동력이 전달되는 방식 • **1.75 m/s** 이하의 중·저속에 주로 이용
기어리스 권상기	• 기어를 거친 **감속없이** 교류 유도전동기(VVVF 방식)에서 속도를 제어하는 방식 • 2 m/s 이상의 고속에 사용

⑥ 권상기의 구조

전동기	공급 전원에 의해 회전력 발생
제동기	전동기 회전을 단속
감속기	전동기 회전을 일정 비율로 감속
메인시브	전동기 회전력을 전달받아 카를 견인
속도검출부	전동기 회전 속도를 검출

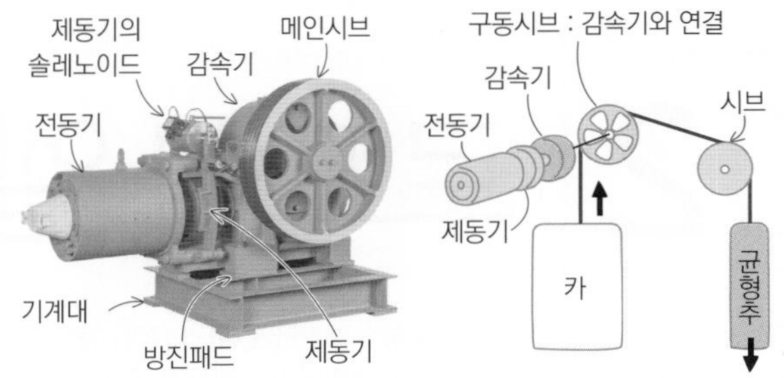

권상기의 구조

3 권동식

① 로프를 권동(드럼)에 감아 카를 상승시키는 방식이다.

② 저속, 소용량 엘리베이터에 사용 가능하다.

③ 미끄러짐은 트랙션식보다 작다.

④ 균형추를 사용하지 않으므로 소요 동력(권상동력)이 크다.

⑤ 승강행정에 따라 별도의 권동(드럼)이 필요하며, 높은 양정에는 사용이 어렵다.

⑥ 지나치게 로프를 감거나 풀면 위험하다.

4 전동기(Motor)

(1) 전동기가 구비 조건

① 기동 토크가 클 것 (처음 출발 시 강한 힘을 가질 것)

② 기동 전류가 작을 것

③ 회전 부분의 관성 모멘트가 적을 것 (회전을 지속하려는 성질)

④ 잦은 기동 빈도에 대해 열적으로 견딜 것 (냉각팬 설치, 내열성 높은 절연재료 사용)

⑤ 카의 정격 속도를 만족하는 회전 특성을 가져야 한다.
(오차범위 ±5~10%)

⑥ 권상기용 전동기는 1시간 정격으로 한다.(180 회/시간)

⑦ 기동토크는 속도 2 m/s 이하일 경우 0.05 g의 가속도에도 기동이 가능한 전동기 이어야 한다.

(2) 엘리베이터 전동기의 용량 (P_m) = 소요동력

$$P_m[\mathrm{kW}] = \frac{LVS}{6120\eta} = \frac{LV(1-F)}{6120\eta}$$

- L : 정격하중[kgf]
- V : 정격속도[m/min]
- S : 균형추의 불균형률
- F : 오버밸런스율(%/100)
- η : 전동기 종합효율(%/100)

> ▶ **오버밸런스율**
> - 균형추의 총 중량을 정할 때 빈 카의 자중에 적재하중의 몇 %를 더할 것인가를 나타내는 비율을 말하며, 통상 35~55%의 중량을 더한 값으로 설계한다.
> - 이 비율은 에너지의 효율과도 상관관계가 있으며, 와이어로프가 시브와 미끄러지지 않게 하는 권상비 개선에도 중요한 요인이다.

(3) 전동기의 슬립과 회전자 속도 (221페이지 추가 설명)

$$슬립\ S = \frac{N_S - N}{N_S}\ [\%] \qquad 동기속도\ N_S = \frac{120f}{P}$$

- N_S : 동기속도
- N : 회전자 속도
- f : 주파수
- P : 극수

5 감속기

전동기의 고회전을 일정 비율로 감속시키는 역할을 하며, 감속기 기어는 웜기어와 헬리컬 기어를 사용한다.

(1) 웜과 웜기어 ⟵ '벌레(worm)' 의 의미

① 두 축이 엇갈린 기어

② 작은 용량으로 큰 감속비(1/10~1/100)를 얻으며, 부하 용량이 크다.

③ 미끄럼 접촉이 주로 발생하여 소음이나 진동이 적다.

④ 평기어에 비해 효율이 나쁘다.

⑤ 마찰손실이 커 전달효율이 낮다.

⑥ 역전방지가 가능하다.(비틀림 각을 작게 할 때)

▶ 웜과 웜기어의 효율을 높이려면
- 웜 진입각을 크게 한다.
- 마찰계수를 낮게 하여야 한다.
- 웜의 리드를 크게 하고 지름을 작게 한다.
- 웜의 줄 수를 늘려서 리드각을 크게 해야 한다.

▶ **역회전 방지** : 웜에서 웜기어쪽으로 동력전달은 쉬우나 반대로 웜기어에서 웜쪽으로 동력전달은 어렵다. 즉, 한쪽 방향으로만 힘을 전달할 수 있다.

▶ **감속비가 큰 이유** : 웜기어의 잇수가 100개라면 웜을 100번 돌려야 웜기어가 한바퀴 회전한다. 그래서 운동속도를 느리게 바꿀 때 많이 사용된다. (→ 회전속도가 느린만큼 회전력은 강하다)

회전속도와 회전력(토크)는 반비례이므로

(2) 헬리컬 기어 ⟵ '나선형(helical)' 의 의미

① 두 축이 평행한 기어

② 고속 운전이 가능

③ 동일용량의 웜기어에 비해 크기가 작다.

④ 축간거리 조절 가능

⑤ 소음 및 진동이 적음

⑥ 최소 잇수가 평기어 보다 적음, 큰회전비 얻을 수 있음

⑦ 기어가 비틀려 있어 물림률이 좋음 → **스퍼기어보다 동력전달 좋음**

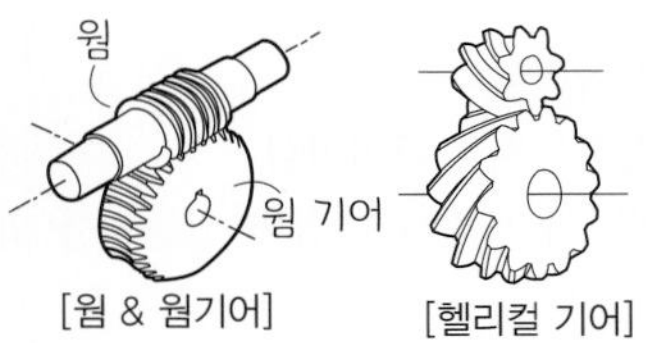

[웜 & 웜기어] [헬리컬 기어]

▶ 참고) 웜기어와 헬리컬 기어의 비교

구분	웜과 웜기어(웜 휠)	헬리컬 기어
전달효율	낮음	높음
소음	낮음	웜기어에 비해 크다
역구동	어려움	쉬움
속도	중저속용	고속용
가공	쉬움	어려움

6 전자브레이크(Brake)

① 운행 중 이상 시 안전하게 비상 정지시켜야 하며 평상시에 엘리베이터가 정지되어 있는 도중에 불균형한 카와 균형추의 중력에 의한 미끄러짐을 방지하고 정지시킨다.

② 승객용 엘리베이터는 **125%의 부하**, 화물용 엘리베이터는 **120%의 부하**로 전속력 하강중인 카를 안전하게 감속, 정지시킬 수 있어야 한다.

③ 제동 능력 : 감속도는 보통 0.1G 정도

④ 엘리베이터가 정지하고 있는 동안은 브레이크 스프링에 의하여 슈가 드럼을 잡고 있다가 기동 직전에 코일에 전류가 흐르면 브레이크가 개방되어 카가 움직인다.

⑤ 제동 시간

$$제동\ 시간\ t = \frac{S}{V}\ [\text{sec}]$$

- S : 제동 후 이동한 정지거리(m)
- V : 정격 속도(m/s)

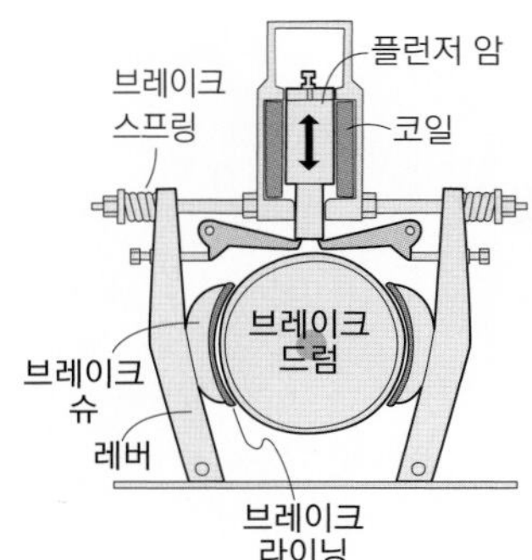

- 브레이크 드럼 : 전동기 축과 연결
- 브레이크 라이닝 : 드럼과 마찰을 일으켜 전동기를 고정시킴
- 브레이크 슈 : 라이닝 고정
- 플런저 : 브레이크 레버를 밀어서 브레이크를 개방
- 코일 : 자화되어 플런저를 이동시킴
- 브레이크 레버
- 브레이크 스프링
- 브레이크 로드

브레이크의 구조

▶ 기계대(Machine Beam)
- 권상기를 지지하는 보로써 카 자중, 균형추 및 카 용량에 충분히 견딜 수 있어야 하며, 기계실 옹벽에 견고하게 설치해야 한다.
- 권상기의 소음 및 진동이 카와 건축물에 전달되지 않고 엘리베이터의 주행 및 착상시 발생하는 충격 진동을 건물과 카내의 승객에게 전달되지 않도록 기계대에 방진 고무를 설치해야 한다.

기출문제

★ 숫자는 빈출 정도 및 중요도를 나타냅니다.

★★★
1 권동식 엘리베이터에 있어서 주로프의 최소 가닥수는?

① 1가닥　② 2가닥
③ 3가닥　④ 4가닥

★★★
2 권상기의 기준이 아닌 것은?

① 역구동이 잘 될 것
② 전동기 본체의 접지가 되어 있을 것
③ 주로프와의 사이에 슬립이나, 시브에 균열 등이 없을 것
④ 감속기구가 있는 것은 기어 톱니의 두께가 설치시의 7/8 이상일 것

★★
3 권상기의 구동방식의 분류로 구분하지 않은 것은?

① 트랙션식　② 권동식
③ 체인구동식　④ 전동기식

★
4 다음 중 권상기의 구성요소가 아닌 것은?

① 조속기　② 전동기
③ 감속기　④ 브레이크

> 권상기의 구성품 : 전동기, 제동기, 감속기, 메인시브, 기계대, 속도 검출부 등
> ※ 조속기는 구조상 권상기와 분리되어 있다.

★★
5 로프식 승강기로 짝지어진 것은?

① 직접식과 간접식
② 견인식과 권동식
③ 견인식과 직접식
④ 권동식과 간접식

★★★
6 웜기어(worm gear) 권상기와 비교하여 헬리컬기어(helical gear) 권상기의 특징으로 틀린 것은?

① 속도가 고속이다.
② 소음이 작다.
③ 효율이 높다.
④ 역구동이 가능하다.

★★★
7 엘리베이터용 전동기의 출력을 계산하고자 한다. 다음 식의 ( ) 안에 알맞은 것은?

$$\frac{\text{정격하중[kg]}\times(\quad)\times(1-\text{오버밸런스율}(\%/100))}{6120\times\text{총합효율}}\text{[kW]}$$

① 정격속도[m/min]　② 균형추 중량[kg]
③ 정격전압[V]　④ 회전속도[rpm]

★★★
8 엘리베이터 전동기 출력(P_m)의 계산식으로 옳은 것은?
(단, L : 정격하중, V : 정격속도, S : $1-F$ (F : 오버밸런스율), η : 총합효율이다.)

① $P_m = \dfrac{LVS}{6120\eta}$　② $P_m = \dfrac{\eta VS}{6120L}$
③ $P_m = \dfrac{6120\eta}{LVS}$　④ $P_m = \dfrac{LVS\eta}{6120}$

> $P_m = \dfrac{LV(1-F)}{6120\eta} = \dfrac{LV(1-F)}{102\eta}$
> 속도 V의 단위가 [m/min]일 때 / 속도 V의 단위가 [m/s]일 때

★
9 권상하중 1000[kgf], 권상속도 60[m/min]의 엘리베이터용 전동기의 최소 용량은 몇 [kW]인가?
(단, 권상장치의 효율은 70%, 오버밸런스율은 50%이다.)

① 5.5　② 7
③ 9.5　④ 11

> $P_m = \dfrac{LV(1-F)}{6120\eta}$
> $= \dfrac{1000\text{[kgf]}\times 60\text{[m/min]}\times(1-0.5)}{6120\times 0.7}$
> $= 7$ [kW]
>
> • L : 하중 [kgf]
> • V : 속도 [m/min]
> • F : 오버밸런스율 [%/100]
> • η : 장치의 효율 [%/100]

★★★
10 권상기의 브레이크 검사와 관계가 없는 것은?

① 로프의 이완을 확인한다.
② 이상음이 발생하는지를 확인한다.
③ 플런저는 정상으로 동작하는지를 확인한다.
④ 주행 중 브레이크 라이닝이 드럼과 마찰이 있는지를 확인한다.

정답 1 ② 2 ① 3 ④ 4 ① 5 ② 6 ② 7 ① 8 ① 9 ② 10 ①

★★★
11 권상기(Traction machine)의 점검사항이 아닌 것은?

① 진동, 소음, 운전 등 운전상황의 이상 유무를 살핀다.
② 오일(Oil)의 누설 유무를 점검하고 청소한다.
③ 브레이크 동작의 양호 여부를 점검하고 조정한다.
④ 과부하 검출장치의 동작 여부를 점검한다.

과부하 검출장치는 카 바닥하부 또는 와이어로프 단말에 설치하므로 권상기의 점검사항이 아니다.

★★
12 권동식 권상기의 특징과 거리가 먼 것은?

① 너무 감거나 또는 지나치게 풀 때 위험이 있다.
② 균형추를 사용하지 않기 때문에 소요 동력이 크다.
③ 승강행정이 달라질 때마다 다른 권동이 필요하다.
④ 도르래와 로프 사이의 미끄러짐이 크다.

권동식은 로프식 승강기에서 균형추를 없애고 줄 끝을 직접 권상기에 고정시켜 감아올리는 방식이므로 도르래와 로프 사이의 미끄럼이 거의 없다.

권동식 권상기의 단점

- 너무 감거나 또는 지나치게 풀 때 위험이 있다.
- 일반적으로 균형추를 사용하지 않기 때문에 권상동력이 크다.
- 승강행정이 달라질 때마다 다른 권동이 필요하고 특히 높은 행정은 곤란하다.

★
13 로프 권상의 설계에 고려되는 사항은?

① 카에 정격하중의 125%까지 실었을 때 카는 승강장 바닥 높이에서 미끄러짐 없이 유지되어야 한다.
② 무부하 또는 정격하중이 실려 있더라도, 비상 제동 시 카는 행정거리가 작아진 완충기를 포함하여 완충기의 설정 값을 초과하지 않는 값으로 감속되어야 한다.
③ 균형추가 완충기 위에 정지하고 있고 구동기는 “상승” 방향으로 회전하고 있을 때 빈 카를 들어 올리는 것이 가능하지 않아야 한다.
④ 로프의 공칭 직경은 12 mm 이상이어야 한다.

①~③은 로프 권상의 설계에 고려되는 사항이다.
※ 로프의 공칭 직경은 **8 mm** 이상이어야 한다.

★★
14 제동기의 구조 중 브레이크 슈의 특징이 아닌 것은?

① 윤활작용이 좋아야 한다.
② 높은 동작빈도에 잘 견디어야 한다.
③ 마찰계수가 안정되어 있어야 한다.
④ 라이닝에는 청동철사와 석면사를 넣어야 한다.

브레이크 슈는 제동(마찰)이 걸리는 부분이므로 마찰계수가 있어야 하며, 윤활작용이 있으면 미끄러진다.

★★★
15 엘리베이터의 제동기는 그 설치목적상 승객의 안전에 대단히 중요한 부품이다. 승용엘리베이터에 있어서는 몇 % 정도의 부하에서 전속 하강하는 차체를 위험없이 감속시킬 수 있어야 하는가?

① 80　　② 100
③ 110　　④ 125

브레이크는 자체적으로 카가 정격속도로 정격하중의 **125%**를 싣고 하강방향으로 운행될 때 구동기를 정지시킬 수 있어야 한다.

★★
16 균형추를 사용한 승객용 승강기에서 제동기(Brake)의 제동력은 적재하중의 몇 % 까지는 위험없이 정지가 가능하여야 하는가?

① 100　　② 110
③ 120　　④ 125

★★★
17 권상기의 브레이크 검사로서 틀린 것은?

① 로프의 이완을 확인한다.
② 이상음이 발생하는지를 확인한다.
③ 플런저는 정상으로 동작하는지를 확인한다.
④ 주행 중 브레이크 라이닝이 드럼과 마찰이 있는지를 확인한다.

권상기는 기계실 또는 승강로 최상부에 위치하며, 로프이완감지장치는 로핑방식에 따라 카상부 또는 카하부에 설치된다.
※ 로프이완감지장치는 카가 하강 중에 어떤 장애물에 의해 운행이 정지되어 주로프가 이완되는 경우 이를 감지하여 동력을 자동으로 차단하고 카를 정지시키는 장치

chapter 01

정답 11 ④ 12 ④ 13 ④ 14 ① 15 ④ 16 ④ 17 ①

02 메인시브 (main sheave, drive sheave, 구동시브)

1 개요

① 메인시브는 감속기 축에 고정되어 회전하여 로프를 움직여 카를 승강시킨다.

② 로프식 엘리베이터는 로프와 시브홈의 마찰에 의해 카를 상승시키므로 시브홈 모양이 로프수명, 승차감 등에 영향을 준다.

③ 재질 : 강인주철(내마모성이 있어야 함)

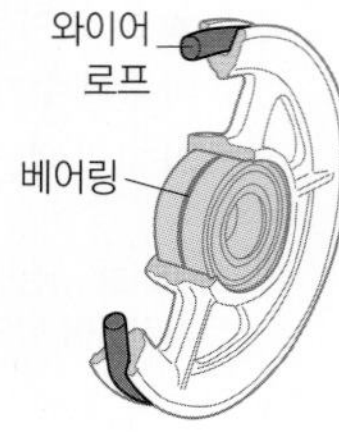

시브(sheave)

2 메인 시브의 크기 필수암기

① **시브 직경은 걸리는 로프 직경의 40배 이상** (단, 도르래에 로프가 걸리는 부분이 1/4 이하일 때 로프 직경의 36배가 가능)

② 시브 크기는 카 속도에 비례하고, 원주가 클수록 토크는 떨어진다.

③ 굽혀짐과 펴짐의 반복에 인한 로프 손상을 최소화

④ 시브의 직경 비율

	로프직경(mm)	도르레 최소직경(mm)
메인시브	8	320
	10	400
	12	480
	14	580
균형 도르래	균형로프에 사용되는 도르래는 32배 이상	

3 트랙션 능력(견인 능력)

① 미끄럼을 일으키는 한계 중량비(장력비)의 값을 말한다.

② 카 측과 균형추 로프의 중량비가 일정 한도를 초과하면 로프가 미끄럼을 일으킨다.

4 로프의 미끄러짐

① 메인 시브와 로프 사이의 미끄러짐은 엘리베이터의 견인 능력을 결정하는 중요한 요인이다.

② 시브와 로프의 미끄러짐은 메인 시브에 로프가 감기는 각도(권부각), 속도 변화율(가감 속도), 시브의 마찰력, 카와 균형추의 무게 비에 의하여 결정된다.

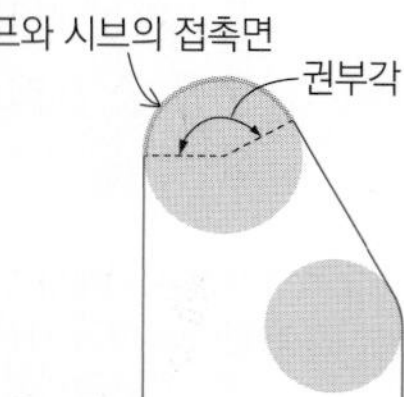

필수암기

▶ **로프가 미끄러지기 쉬운 조건**

- 카와 균형추에 작용하는 로프의 장력비(중량비) : 클수록 미끄러지기 쉽다.
- 카의 가·감속도(속도 변화율) : 클수록 미끄러지기 쉽다.
- 권부각(로프를 감는 각도) : 작을수록 미끄러지기 쉽다.
- 로프와 시브의 마찰계수(마찰력) : 작을수록 미끄러지기 쉽다.

5 시브 홈(Sheave Groove) 필수암기

① 로프가 걸리는 홈은 견인 능력을 결정하는 주 요인으로, 마찰계수 값은 도르래 재질이나 와이어로프 홈의 형상에 따라 다르다.

② 시브 홈의 형상 : 마찰계수(마찰력)가 큰 것이 좋지만 마찰계수가 크면 접촉면의 압력(면압)이 높아 와이어로프나 시브의 마모가 쉽다. (종류 : U홈, V홈, 언더컷 홈)

U홈	로프와의 접촉압(면압)이 적으므로 로프의 수명은 길어지지만 마찰력이 적어 와이어로프가 메인시브에 감기는 권부각을 크게 할 수 있는 더블랩 방식(double wrap)의 고속 기종 권상기에 많이 사용된다.
V홈	• 가공이 쉽고, 초기 마찰력이 우수 • 마찰력이 크고, 면압이 높다. → 구동력 전달을 크게 하기 위해 V홈이 적당하나 각도가 작으면 로프의 마모가 심해지므로 마찰계수가 감소한다.(구동력 감소 및 미끄럼 현상 증가)
언더컷 홈	• 로프 마모율 및 홈의 마모율은 다른 형과 유사하나, V홈과 같이 마모에 따른 마찰계수 감소를 방지하기 위해 시브 홈의 밑을 도려내어 마찰계수를 높여 구동력을 유지시킨다. • 주로 싱글 랩핑(1:1로핑)에 사용된다. • Full-Wrap Half-Wrap

[직선 V홈]

[변형 V홈]

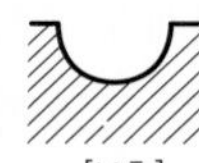
[U홈]

[언더컷홈]

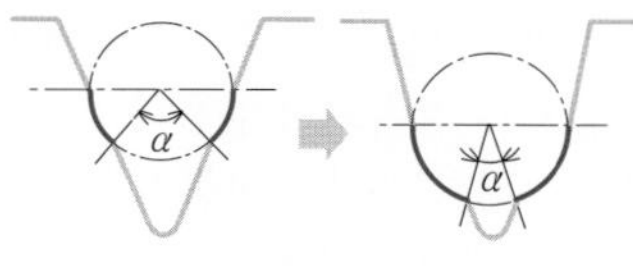

V형 홈 : 홈이 마모되면 α각이 작아지며 마찰구동력이 감소한다.

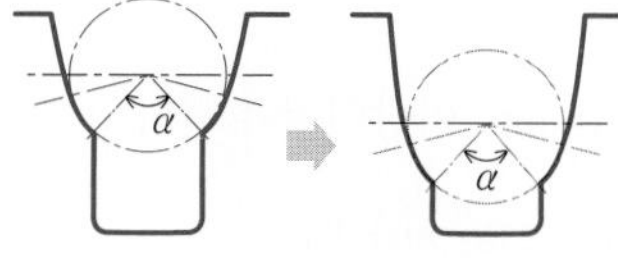

언더컷 홈 : 홈이 마모되어도 α각의 변화가 거의 없으므로 마찰구동력이 거의 같다.

▶ 마찰계수/ 트랙션능력 크기 순서

V홈 > 언더컷 형 > U홈

6 권상기용 도르래의 구비조건

① 도르래 홈 가장 바깥쪽에는 로프의 이탈을 방지하기 위하여 그루브 상단 가공면보다 높은 이탈방지턱이 있어야 한다. 단, 로프가 홈에 1/2 이상 묻히는 경우 또는 로프 이탈방지장치가 있는 경우에는 예외로 한다.

② 도르래의 안전율 : 최대 하중을 기준으로 10배 이상

③ 권상기 베어링의 수명 : 100% 부하 운전기준으로 25,000 시간 이상

④ 도르래의 림 부에는 회전체임을 표시하는 황색 페인트를 도포해야 한다.

⑤ 주 도르래와 보조 도르래의 측면 가장자리에는 노란색으로 안전표시를 해야 한다.

03 로프(wire rope)

1 주로프의 역할

주 로프는 권상기 시브의 회전력을 카에 전달하는 부품으로 카와 균형추를 매달아 지탱하고 도르래의 회전을 카의 운동으로 바꾸어 움직이는 역할을 한다.

2 와이어 로프의 구조

명칭	설명
소선	• 로프를 구성하는 1가닥의 선 • 스트랜드(strand)의 표면에 배열시킨 것을 외층 소선, 내측에 있는 것을 내층 소선이라고 함 • 엘리베이터의 주 로프용으로는 외층 소선에 경도가 다소 낮은 선재를 사용한 로프를 사용
스트랜드 (strand)	다수의 소선을 서로 꼰 것
심강 (섬유심)	천연 섬유(천연 마 등)와 합성 섬유로 로프의 중심을 구성한 것으로, 그리스(grease)를 함유하여 소선의 방청과 로프의 굴곡 시 소선 간의 윤활을 돕는다.

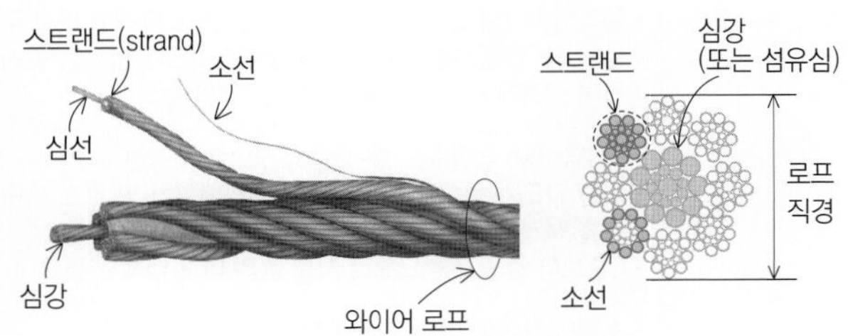

3 권상로프(주로프)의 교체기준

① 로프의 소손 및 윤활제(그리스) 부족으로 발청(녹가루)이 발생하는 경우

② 로프파단, 마모 및 편마모가 발생된 경우

③ 승강기 안전검사 기준에 부합하지 않는 경우

4 안전기준

① 현수 로프 풀리의 피치 직경 : 로프 직경의 25배 이상

② 현수 로프 및 체인은 풀리 홈 또는 스프라켓으로부터 이탈되지 않도록 보호되어야 한다.

③ 로프의 마모 및 파손 상태 기준

마모 및 파손상태	기준
마모 및 파손상태 기준 소선의 파단이 균등하게 분포되어 있는 경우	1 구성 꼬임(스트랜드)의 1 꼬임 피치* 내에서 파단 수 **4 이하** 필수암기
파단 소선의 단면적이 원래의 소선 단면적의 **70%** 이하로 되어 있는 경우 또는 녹이 심한 경우	1 구성 꼬임(스트랜드)의 1 꼬임 피치 내에서 파단 수 2 이하
소선의 파단이 1개소 또는 특정의 꼬임에 집중되어 있는 경우	소선의 파단총수가 1 꼬임 피치 내에서 6 꼬임 와이어로프 : 12 이하 8 꼬임 와이어로프 : 16 이하
마모부분의 와이어로프의 지름	마모되지 않은 부분의 와이어로프 직경의 90% 이상

*피치 : 1개 스트랜드의 꼬임 간의 거리

④ 로프 : **공칭 직경이 8 mm 이상**

→ 구동기가 승강로에 위치하고, 정격속도가 1.75 m/s 이하인 경우로서 행정안전부장관이 안전성을 확인한 경우에 한정하여 공칭 직경 6mm의 로프가 허용된다.

⑤ 로프 또는 체인 등의 가닥수 : **2가닥 이상**

⑥ 매다는 장치는 독립적일 것

⑦ 현수로프의 안전율 : **12 이상** (현수체인의 안전율 : 10 이상)

▶ **안전율**
- 로프사용 수명을 결정하는 중요한 항목
- 정격하중의 카가 최하층에 정지하고 있을 때 매다는 장치 1가닥의 최소 파단하중(N)과 이 매다는 장치에 걸리는 최대 힘(N) 사이의 비율

※ $\text{안전율} = \dfrac{\text{절단하중}}{\text{사용하중}}$

- 매다는 장치(로프, 벨트)의 안전율

구분	안전율
3가닥 이상의 로프(벨트)에 의해 구동되는 권상 구동 엘리베이터의 경우	**12** 이상
3가닥 이상의 6mm 이상, 8mm 미만의 로프에 의해 구동되는 권상 구동 엘리베이터의 경우	**16** 이상
2가닥 이상의 로프(벨트)에 의해 구동되는 권상 구동 엘리베이터의 경우	**16** 이상
로프가 있는 드럼 구동 및 유압식 엘리베이터의 경우	**12** 이상
체인에 의해 구동되는 엘리베이터의 경우	**10** 이상

⑧ 권상 도르래·풀리 또는 드럼의 피치직경과 로프(벨트)의 공칭 직경 사이의 비율 : 로프(벨트)의 가닥수와 관계없이 **40** 이상이어야 한다. 다만, 주택용 엘리베이터의 경우 30 이상
매다는 장치와 매다는 장치 끝부분 사이의 연결은 매다는 장치의 최소 파단하중의 80 % 이상을 견딜 수 있어야 한다.

⑨ **로프(벨트) 권상의 안전기준** : 카는 정격하중의 **125%**로 적재될 때 승강장 바닥 높이에서 미끄러짐 없이 정지상태가 유지되어야 한다.

5 와이어로프 단말처리 (소켓팅, socketing)

매다는 장치 끝부분은 자체 조임 쐐기형 소켓, 압착링 매듭법(ferrule secured eyes, 팀블), 주물 단말처리(베빗메탈)에 의해 카, 균형추/평형추의 마감 부분의 지지대에 고정되어야 한다.

종류	형태	효율
소켓 (socket)	와이어 끝단을 풀어 삽입한 후 배빗메탈을 녹여 주입시켜 고정 closed type open type	**100%**
딤블 (thimble)	슬리브 딤블	24mm 이하 : 95% 26mm 초과 : 92.5%
웨지(wedge)	웨지	75~90%
아이 스플라이스 (eye splice)		6mm ≥ : 85% 20mm ≥ : 75% 20mm < : 70%
클립(clip) 체결식	클립	55~60% (클립간격은 와이어 로프 직경의 5배)

▶ 시브, 스프로킷, 기어, 도르래의 구분
- 시브(sheave) : 도르래(풀리, pully)와 같은 의미이나 권상기 출력축에 연결된 도르래를 말한다.
- 스프로킷(sprocket) : 체인이나 궤도에 맞물려 움직이는 톱니를 가진 기어
- 기어(gear) : 톱니끼리 서로 맞물림

6 와이어로프의 꼬임 구분

보통 꼬임	• 스트랜드의 꼬임 방향과 로프의 꼬임방향이 **반대** • 소선과 외부의 접촉면이 짧아 마모 특성이 좀 나쁘지만 꼬임이 잘 풀리지 않아 일반적으로 많이 사용한다.
랭꼬임 (lang)	• 스트랜드의 꼬임 방향과 로프의 꼬임방향이 **동일** • 소선과 외부의 접촉면이 길어 마모 특성이 좋지만 꼬임이 잘 풀리고 킹크가 생기기 쉽다. → 킹크(kink) : 와이어로프의 변형 형상으로, 로프가 똑바로 곧게 뻗지 않고 와이어가 비틀러져 굽혀지는 현상 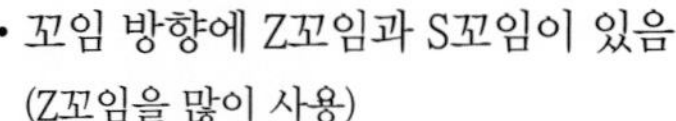 • 꼬임 방향에 Z꼬임과 S꼬임이 있음 (Z꼬임을 많이 사용) • 내마모성, 유연성, 내피로성이 우수

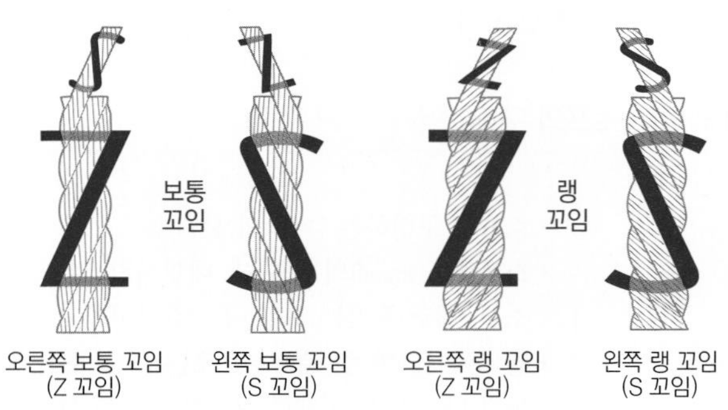

▶ 소선의 강도에 따른 분류
한국 산업 표준에는 로프의 소선 파단 하중에 따라 4종류(E, A, B, G종)로 구분하며, 엘리베이터의 주 로프에는 주로 8×S(19) E종 보통 Z꼬임이 많이 사용된다.

E종	• 소선의 표면에 아연도금 처리하지 않은 로프로서, 탄소량을 적게 하고, 경도를 낮게 한 것, 연성을 부여한 것 • 엘리베이터의 로프는 굴곡 횟수가 많고, 도르래와 마찰 구동을 하기 때문에 강도를 다소 낮추더라도 유연성을 좋게 하여 급격한 소선 파단을 예방하는 것이 좋다.
A종	• 1,620(N/㎟) 급의 강도를 지닌 소선으로 구성한 로프 • 파단 강도가 높으므로 초고층용 엘리베이터 및 로프 가닥수를 적게 하는 경우에 사용한다. • E종보다 경도가 높으므로 시브 홈의 마모 대책도 필요
G종	• 소선의 표면에 아연 도금을 한 로프 • 다습한 장소에 설치하는 경우에 사용

7 로프의 단말처리 요건

① 주로프의 걸어 맨 고정부위는 2중 너트로 견고히 조여야 한다.
② 주로프의 고정부위는 풀림방지를 위한 분할핀이 꽂혀 있어야 한다.
③ 모든 로프는 균등한 장력을 받고 있어야 한다.

8 와이어로프의 직경 측정

와이어로프의 직경 측정은 전 스트랜드를 포함하는 외접원의 지름을 측정한다.

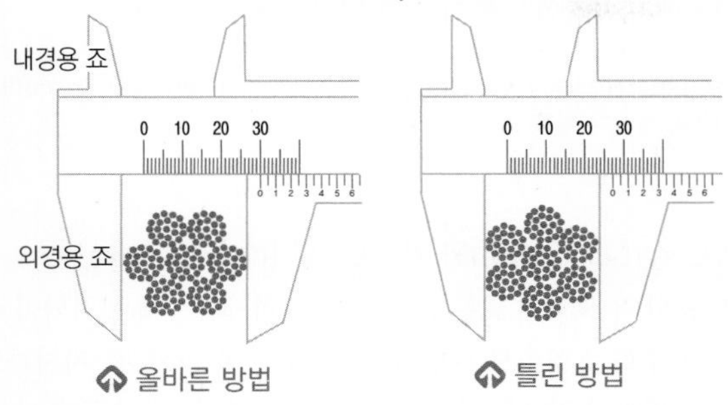

올바른 방법 / 틀린 방법

9 로프 거는 방법(로핑, Roping)

(1) 1:1 로핑

① 권상기의 도르래에 균형추와 카를 직접 연결하므로 로프 길이가 줄어들어 **권상속도가 가장 빠르다.**

② 카에 걸리는 하중에 권상기의 도르래가 받으므로 **하중 부담이 크다.**

③ 로프 장력 : 카 또는 균형추 중량과 로프 중량을 합한 것

(2) 2:1 로핑

① 1:1 로핑에서 중간에 또 다른 도르래를 추가한 것으로 로프 길이가 2배 늘어나 **권상속도가 느리다.**

② 카에 걸리는 하중이 분산되므로 권상기의 **도르래에 걸리는 하중 부담이 줄어든다.**

③ 2:1일 때의 로프 장력은 1:1의 절반이고, 도르래의 회전수가 같으면 카(또는 균형추)의 속도 역시 1:1의 절반이다.

→ 로프장력은 부하 측 중력의 1/2로 되며, 부하 측의 속도는 로프속도의 1/2이다.

④ 특징

- 권상기를 소형·경량화할 수 있다. (화물용에 사용)
- 로프량이 많아지고 로프 수명이 짧다.
- 이동 도르래는 효율을 낮추게 하므로 종합적인 효율이 저하된다.

(3) 기타

① 언더 슬링식의 2:1 로핑은 꼭대기 틈새를 작게 할 수 있는 장점 때문에 최근 기계실 없는 엘리베이터에 많이 적용한다.

② 3:1, 4:1, 6:1 로핑은 대용량 저속화물용 엘리베이터에 쓰이나, 로프길이가 길고 수명도 짧아져 효율이 떨어짐

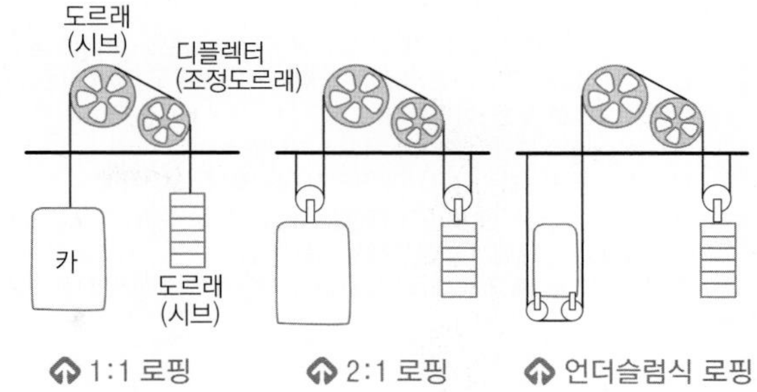

1:1 로핑 / 2:1 로핑 / 언더슬럼식 로핑

▶ 참고) **로핑 방식이 바뀌어도 권상기의 일량에는 변화가 없다.**
전체 일량은 '중량×거리'이므로 중량이 줄어들면 거리를 길게 해야하고, 중량이 늘어나면 거리는 짧아지므로 전체 일량은 동일하게 된다. 단지 큰 힘을 들여 빨리하느냐, 작은 힘으로 천천히 하느냐의 차이이다.

▶ 참고) **편향 도르래**(deflector, 디플렉터)
카의 크기에 따라 카와 균형추의 간격과 권부각을 조정하는 목적으로 사용된다.

10 시브에 로프를 감는 방법(Wraping)

싱글 랩 (single wrap)	• 주 도르래에 로프를 한번 감는 방식 • 저·중속에 사용
더블 랩 (double wrap)	• 로프를 한번 도르래에 건 다음 보조(편향) 도르래를 거쳐 한번 더 감는 방식 • U형 시브를 사용(고속)

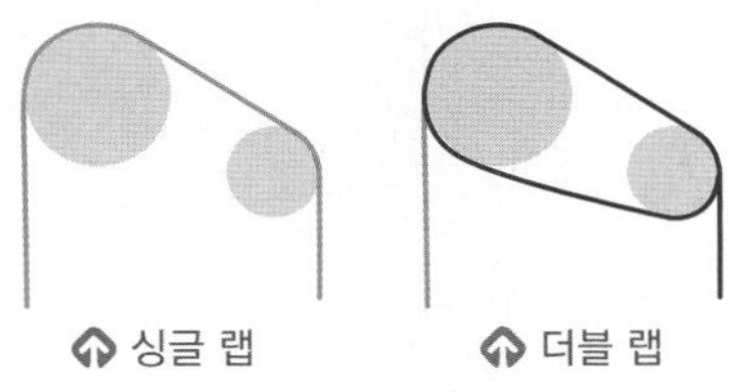

싱글 랩 / 더블 랩

① **시브의 직경은 주로프 직경의 40배 이상**(로프와 시브가 접히는 부분이 시브의 1/4 이하인 경우 주로프 직경의 36배 이상)

② 주로프는 **3가닥 이상**으로 하여야 한다.

→ 다만, 적재하중 500kg 이하이거나 권동식 또는 유압식인 경우에는 2가닥 이상으로 할 수 있다.

③ 권동식 덤웨이터에 있어서 카가 최하 정지위치에 있는 경우에는 주로프가 권동에 감기고 남는 권수는 1.5권 이상이어야 한다

④ 주로프의 끝부분은 1가닥마다 로프소켓에 바비트 채움을 하거나 체결식 로프소켓을 사용하여 고정하거나 체인의 끝부분은 1가닥마다 강제 고정구를 사용하여야 한다.

▶ 로프 취급 시 주의사항
- 로프는 드럼에 감긴 상태로 운반할 것
- 로프 풀기 : 로프가 감긴 드럼은 평편한 표면인 경우는 굴려도 되지만 그렇지 않은 경우 드럼의 중간에 파이프를 끼우고 들어 올린 상태에서 로프를 푸는 것이 좋다.
- 로프는 실내에 보관 (실외 보관 시 보호 커버를 씌울 것)
- 감긴 로프를 풀 때는 꺾이거나 끌리지 않도록 주의
- 측면으로 잡아당기면 로프가 변형될 수 있으므로 주의
- 로프가 꼬인 상태에서 잡아당기지 않도록 함
- 로프를 걸었을 때 자중에 의해 꼬임이 자연스러운 상태로 풀리도록 할 것

04 주행안내 레일(가이드 레일)

1 역할
① 카의 자중이나 화물에 의한 카의 기울어짐 방지
② 비상정지장치(추락방지안전장치) 작동 시 수직 하중을 유지
③ 카와 균형추를 양측에서 지지하며, 수직방향으로 안내

2 종류
① 일반적으로 단면이 T자형의 레일을 사용

필수암기

② 가이드 레일 1본의 표준길이는 **5m**이며, 단위길이 **1m**당 중량에 따라 5K, 8K, 13K, 18K, 30K로 구분한다.

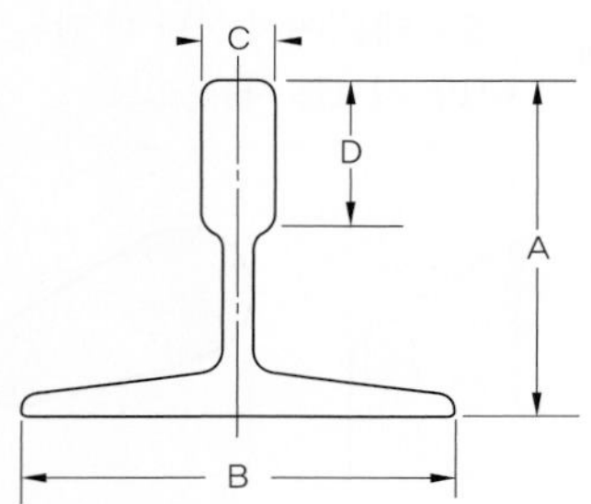

기호	레일 종류 (1m당 중량)	각부 치수(단위 : mm)			
		A	B	C(레일 폭)	D
8K	8kgf	56	78	10	26
13K	13kgf	62	89	16	32
18K	18kgf	89	114		38
24K	24kgf	89	127		50
30K	30kgf	108	140	19	51

주행안내 레일의 치수

▶ **레일 규격 결정 요소**
① 좌굴 하중 : 비상정지장치 작동 시 감속도가 커 좌굴을 일으키기 쉬움
② 수평 진동 : 지진 발생시 카나 균형추가 흔들려 가이드 슈를 통해 수평진동력 전달
③ 회전 모멘트 : 카에 화물적재가 불균형할 때 일시적 편하중 상태에 의해 발생

3 가이드 레일의 윤활
① 마찰저항을 줄이고 구동력을 줄이며 효율성의 향상을 위해 가이드 레일을 가능한 한 액체 마찰상태에 가깝게 작동한다.
② 가이드 레일 마모를 줄이고 레일 부식을 방지
③ 고속에서 마찰열을 줄이고 열 변형 방지

주유가 필요한 부품 : 균형추, 가이드슈, 가이드레일, 베어링, 기어, 기어박스 내부, 조속기 축 등

4 가이드 슈(Guide Shoe)와 가이드 롤러(Guide Roller)
① 카 틀의 각 모서리 또는 균형추의 상·하·좌·우에 설치되어 승강기 주행시 가이드 레일을 따라 카가 이동하도록 지지하도록 안내바퀴 역할을 하며, 카가 가이드 레일에서 이탈하지 않도록 한다.
② 저속용 승강기의 경우 가이드 슈를 사용하며, 고속 또는 대용량 승강기의 경우는 부드러운 주행과 마찰감소 등의 이유로 가이드 롤러를 주로 사용하고 있다.

필수암기

③ **가이드 슈** : 기름의 윤활을 받으면서 가이드 레일에 접촉해 미끄러지므로 슈가 오랜 시간 동안 사용하더라도 유막의 파괴 및 레일과 접촉의 변화 등이 발생하지 않도록 설치해야 하며, 가이드 슈 상부에 기름 공급기(급유기)를 설치한다.
④ **가이드 롤러** : 가이드 레일에 직접 접촉해 일정한 힘으로 접하므로 롤러가 레일에 알맞게 물렸는지, 정렬이 올바른지 검사해야 한다. 이 때 만일 가이드 레일에 접하는 힘이 과중할 경우, 가이드 롤러에 박리·파열 또는 이상 마모가 발생할 수 있다.

승강기에서 발생되는 소음·진동의 주요 발생 원인
- 권상기에서 발생
- 카의 주행 시 가이드 슈와 가이드레일(가이드레일의 정렬불량 및 변형)

가이드 롤러　　가이드 슈

02 메인시브 및 와이어 로프

★

1 엘리베이터용 로프의 특성으로 옳은 것은?

① 강도가 크고 유연성이 적어야 한다.
② 강도가 크고 유연성이 풍부하여야 한다.
③ 강도와 유연성이 적어야 한다.
④ 강도가 적고 유연성이 풍부하여야 한다.

★★

2 와이어 로프의 꼬임 방향에 의한 분류로 옳은 것은?

① Z 꼬기, S 꼬기
② Z 꼬기, T 꼬기
③ S 꼬기, T 꼬기
④ H 꼬기, T 꼬기

★★

3 주로프에 사용되는 로프의 꼬임방법 중 승강기에 주로 사용하는 것은?

① 보통 Z 꼬임
② 보통 S 꼬임
③ 랭그 Z 꼬임
④ 랭그 S 꼬임

★★

4 와이어 로프 클립의 체결방법으로 가장 적합한 것은?

① 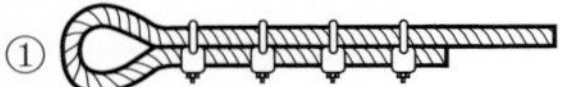

② 

③ 

④ 

클립의 새들(saddle)은 와이어로프가 힘을 받는 쪽에 있어야 한다.

★★

5 와이어로프 가공방법 중 효과가 가장 우수한 것은?

① 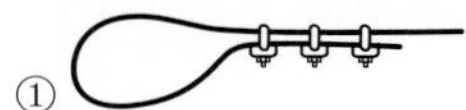

② 

③ 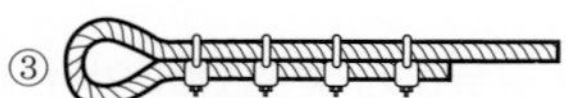

④ 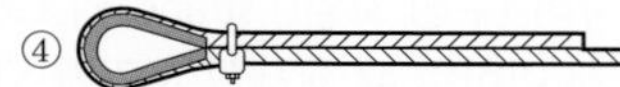

★★★

6 로프의 꼬임 방법과 거리가 먼 것은?

① 보통꼬임과 랭그꼬임이 있다.
② 보통꼬임은 스트랜드의 꼬는 방향과 로프의 꼬는 방향이 같다.
③ 보통꼬임은 소선과 외부의 접촉면이 짧고 마모의 영향은 다소 많다.
④ 보통꼬임은 잘 풀리지 않아 일반적인 경우에 많이 사용된다.

보통 꼬임	• 스트랜드의 꼬임방향과 로프의 꼬임방향이 반대 • 로프 표면의 소선과 외부와의 접촉길이가 짧아 마모가 빠른 편이지만 꼬임이 잘 풀리지 않아 일반적으로 많이 사용한다.
랭꼬임 (lang)	• 스트랜드의 꼬임방향과 로프의 꼬임방향이 같음 • 소선과 외부의 접촉면이 길어 마모 특성이 좋지만 꼬임이 잘 풀리고 킹크가 생기기 쉽다. • 꼬임 방향에 Z꼬임과 S꼬임이 있음 (Z꼬임을 주로 사용) • 내마모성, 유연성, 내피로성이 우수

★★★

7 와이어로프의 꼬는 방법에는 보통꼬임과 랭꼬임이 있다. 다음 설명 중 보통꼬임에 해당하는 것은?

① 스트랜드(소선을 꼰 밧줄가닥)의 꼬는 방향과 로프의 꼬는 방향이 반대인 것
② 스트랜드의 꼬는 방향과 로프의 꼬는 방향이 같은 것
③ 스트랜드의 꼬는 방향과 로프의 꼬는 방향이 일정 구간 같았다가 반대이었다가 하는 것
④ 스트랜드의 꼬는 방향과 로프의 꼬는 방향이 전체 길이의 반은 같고, 반은 반대인 것

정답 **2** 1 ② 2 ① 3 ① 4 ② 5 ④ 6 ② 7 ①

★★★

8 로프꼬임 방향과 특성에 대한 설명이 옳지 않은 것은?

① 보통꼬임은 스트랜드와 로프의 꼬는 방향이 반대이다.
② 랭꼬임은 스트랜드와 로프의 꼬는 방향이 같다.
③ 랭꼬임은 보통꼬임에 비해서 마모가 빠르다.
④ 보통꼬임은 잘 풀리지 않으므로 일반적으로 사용된다.

보통꼬임이 랭꼬임보다 마모가 빠르다.

★★

9 로프 상태가 소선의 파단이 균등하게 분포되어 있는 경우 가장 심한 부분에서 검사하여 1구성 꼬임(1 strand)의 1꼬임 피치 내에서 파단수가 몇 개 이하일 때 교체할 시기가 되었다고 판단하는가?

① 1 ② 2
③ 3 ④ 4

[전기식 엘리베이터의 구조] 현수로프와 조속기로프 등 로프의 마모 및 파손상태
소선의 파단이 균등하게 분포되어 있는 경우 : 1구성 꼬임(스트랜드)의 1꼬임 피치 내에서 파단 수 **4** 이하

★★★

10 주로프에서 심강이란?

① 로프의 중심부를 구성하며 천연의 마를 사용한다.
② 소선수를 말하며 합성섬유를 사용한다.
③ 제동력을 높이기 위해 소선에 기름을 먹인 것을 말한다.
④ Z꼬임으로 되어 있는 것을 말한다.

- 심강(섬유심, 스트랜드심, 로프심) : 로프의 중심선으로 합성섬유 또는 천연섬유를 사용한 것으로, 내부에 그리스를 함유시켜 소선간의 윤활작용을 하여 굴곡을 원활하게 하며, 방청작용도 한다.
- 'Z꼬임'은 스트랜드의 꼬임 방향을 말한다. (스트랜드 : 다수의 소선을 꼬은 다발)

★★★

11 로프식 승객용 승강기에서 권상 도르래의 피치직경은 로프(main rope) 직경의 몇 배 이상으로 하여야 하는가?

① 5
② 10
③ 40
④ 60

권상 도르래 · 풀리 또는 드럼의 피치직경과 로프(벨트)의 공칭 직경 사이의 비율은 로프(벨트)의 가닥수와 관계없이 **40** 이상이어야 한다. 다만, 주택용 엘리베이터의 경우 30 이상이어야 한다.

★★

12 로프식 승객용 승강기의 와이어 로프로 사용할 수 있는 것은?

① 이음매가 있는 것
② 와이어 로프의 한가닥에서 소선의 수가 20% 정도 절단된 것
③ 지름이 10% 정도 감소된 것
④ 윤활유가 베어 있는 것

① 이음매가 있는 와이어로프의 사용을 금한다.
② 로프소선은 1꼬임에서 소선이 10% 이상 절단되어 있지 않을 것
③ 지름이 공칭지름의 7% 이상 감소된 것
④ 심강은 로프나 스트랜드의 형태를 유지하며 로프의 마모나 부식을 방지하기 위하여 그리스를 저장하여 사용중에 내부로부터 이 그리스를 서서히 공급함과 동시에 로프의 유연성을 주는 목적으로 사용된다.

★★★

13 3가닥 이상의 로프(벨트)에 의해 구동되는 권상 구동 엘리베이터의 경우 안전율은 얼마 이상이어야 하는가?

① 4
② 10
③ 12
④ 16

매다는 장치의 안전율
- 3가닥 이상의 로프(벨트)에 의해 구동되는 권상 구동 엘리베이터의 경우 : **12**
- 3가닥 이상의 6 mm 이상 8 mm 미만의 로프에 의해 구동되는 권상 구동 엘리베이터의 경우 : 16
- 2가닥의 로프(벨트)에 의해 구동되는 권상 구동 엘리베이터의 경우: 16
- 로프가 있는 드럼 구동 및 유압식 엘리베이터의 경우 : 12
- 체인에 의해 구동되는 엘리베이터의 경우 : 10

★

14 로프식 엘리베이터에서 주로프의 끝부분은 몇 가닥 마다 로프 소켓에 바빗트 채움을 하거나 체결식 로프소켓을 사용하여 고정하여야 하는가?

① 1가닥
② 2가닥
③ 3가닥
④ 5가닥

주로프의 끝부분은 1가닥마다 로프소켓에 바빗트 채움을 하거나 체결식 로프 소켓을 사용하여 고정하여야 한다.

정답 8 ③ 9 ④ 10 ① 11 ③ 12 ④ 13 ③ 14 ①

★

15 주로프(권상로프)의 소켓팅에 관한 설명으로 틀린 것은?

① 바빗트를 채운 단부의 꼬임을 굽힌 부분이 명확히 보이도록 한다.
② 주로프의 고정금구는 이중너트로 견고히 한다.
③ 주로프의 고정금구를 채운 후 분할핀을 반드시 끼워야 한다.
④ 주로프 바빗트는 2단 붓기를 하여도 무방하다.

배빗메탈은 1회에 채워야 한다. 여러 번 나누면 굳는 속도가 달라 덩어리가 져 떨어질 수 있다.

★

16 전기식 엘리베이터의 현수장치에 대한 설명으로 틀린 것은?

① 현수로프의 안전율은 12 이상이어야 한다.
② 안전율은 카가 최대하중을 싣고 최하층으로 이동할 때 로프 1가닥의 최소 파단하중(N)과 로프에 걸리는 최대 힘(N) 사이의 비율이다.
③ 로프와 로프 단말 사이의 연결은 로프의 최소 파단하중의 80% 이상을 견뎌야 한다.
④ 권상도르래, 풀리 또는 드럼과 현수로프의 공칭 직경사이의 비는 스트랜드의 수와 관계없이 40 이상이어야 한다.

안전율은 카가 정격하중을 싣고 최하층에 정지하고 있을 때 로프 1가닥의 최소 파단하중(N)과 이 로프에 걸리는 최대 힘(N) 사이의 비율이다.

★

17 와이어로프 안전율의 산출공식으로 옳은 것은?

(단, F : 안전율, S : 로프 1가닥에 대한 제작사 정격 파단강도, N : 부하를 받는 와이어로프의 가닥수, W : 카와 정격하중을 승강로 안의 어떤 위치에 두고 모든 카 로프에 걸리는 최대정지부하 임)

① $F=\dfrac{S\cdot W}{N}$　② $F=\dfrac{N\cdot S}{W}$
③ $F=\dfrac{W}{S\cdot N}$　④ $F=\dfrac{N\cdot W}{S}$

안전율 $=\dfrac{\text{파단강도}}{\text{최대허용응력}}=\dfrac{N\cdot S}{W}$
파단강도 = 극한강도[kgf/mm²]
= 로프 1가닥에 대한 정격 파단강도×가닥수
$=N\cdot S$
최대정지부하 = 최대허용하중

★★★

18 카측의 총중량이 2400kgf이고, 카 주 2본의 단면적이 24cm²일 때 카 주의 안전율은? (단, 파단강도는 4100kgf/cm²이다.)

① 37　② 41
③ 45　④ 48

안전율 $=\dfrac{\text{파단강도}}{\text{허용응력}}=\dfrac{4100\ [\text{kgf/cm}^2]}{100\ [\text{kgf/cm}^2]}=41$

※ 응력 $=\dfrac{\text{중량(하중)}}{\text{면적}}=\dfrac{2400\ [\text{kgf}]}{24\ [\text{cm}^2]}=100\ [\text{kgf/cm}^2]$

★★

19 로프식 엘리베이터의 권상 도르래(Main Sheave)와 로프의 미끄러짐 관계를 설명한 것 중 옳지 않은 것은?

① 카의 가속도와 감속도가 클수록 미끄러지기 쉽다.
② 로프와 권상 도르래의 마찰계수가 작을수록 미끄러지기 쉽다.
③ 카와 균형추의 로프에 걸리는 중량비가 클수록 미끄러지기 쉽다.
④ 로프가 권상 도르래에 감기는 권부각이 클수록 미끄러지기 쉽다.

권부각은 로프와 시프에 접촉하는 각도, 로프가 감기는 각도를 말하며, 권부각이 작을수록 미끄러지기 쉽다.

▶ 미끄러지기 쉬운 조건
- 로프가 감기는 각도(권부각)가 적을수록
- 카의 감속도와 가속도가 클수록
- 카측과 균형추측의 로프에 걸리는 중량비가 클수록
- 로프와 시브의 마찰계수가 적을수록

★★★

20 트랙션(Traction)식 승강기에서 로프의 미끄러짐을 방지하기 위하여 고려해야 할 사항이 아닌 것은?

① 카측과 균형추측의 로프에 걸리는 장력비(중량비)
② 카의 가속도와 감속도
③ 시브의 크기
④ 로프의 감기는 각도인 권부각

정답 15 ④ 16 ② 17 ② 18 ② 19 ④ 20 ③

★★★
21 로프의 미끄러짐 현상을 줄이는 방법으로 틀린 것은?

① 권부각을 크게 한다.
② 가감속도를 완만하게 한다.
③ 보상체인이나 로프를 설치한다.
④ 카 자중을 가볍게 한다.

미끄러짐을 결정하는 요소

구분	미끄러지기 어려움	미끄러지기 쉬움
권부각(로프가 감기는 각도)	클수록	작을수록
카의 가·감속도	작을수록	클수록
중량비 (카 : 균형추)	작을수록	클수록
마찰계수	클수록	작을수록

보상로프 및 보상체인 : 카와 균형추에 연결되어 무게 불균형(중량비)을 보상한다. 카의 위치 변화에 따른 주로프의 무게 차로 카와 균형추의 무게불균형 변동이 크게 되었을 때 이를 보상한다.

★★★
22 버니어캘리퍼스를 사용하여 와이어 로프의 직경 측정방법으로 알맞은 것은?

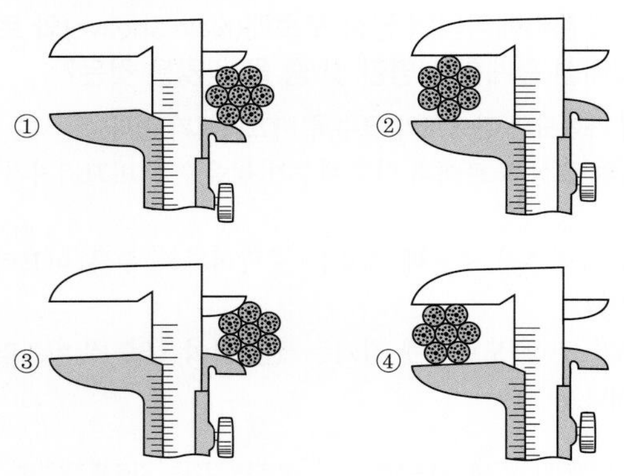

와이어로프의 직경 측정은 전 스트랜드를 포함하는 외접원의 지름(외경)을 측정한다.

★★
23 다음 중 권상기 도르래 홈의 형상에 속하지 않는 것은?

① U 홈 ② V 홈
③ R 홈 ④ 언더커트 홈

시브홈의 종류

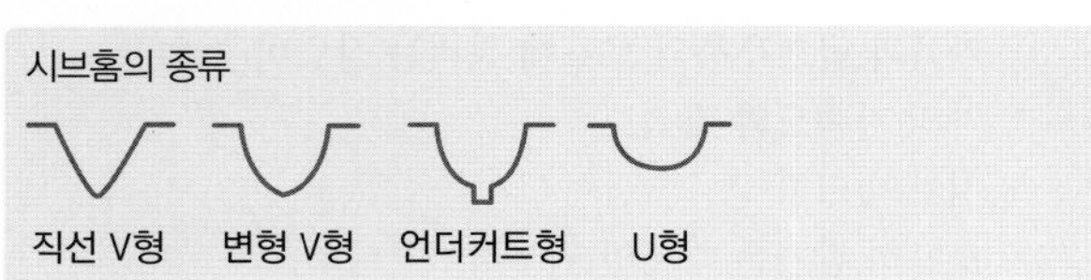

★★★
24 언더컷(under cut) 홈 시브에 대한 설명으로 틀린 것은?

① 로프와 시브의 마찰계수를 높히기 위한 것이다.
② 로프 마모율이 비교적 심하지 않다.
③ 주로 싱글 랩핑(1:1로핑)에 사용된다.
④ 홈의 형상은 시브 홈의 밑을 도려낸 것이다.

V홈 시브가 마찰력이 가장 크나, 각도가 작으면 로프의 마모가 심해져 마찰계수(마찰력)가 점차 감소하여 미끄럼(slip)이 발생한다. 그러므로 시브 홈의 밑을 도려낸 언더컷 홈을 두어 시브와 로프의 닿는 부위가 마모되어도 마찰력이 유지되도록 한다.

★★★
25 도르래의 로프홈에 언더컷(Under Cut)을 하는 목적은?

① 로프의 중심 균형
② 윤활 용이
③ 마찰계수 향상
④ 도르래의 경량화

언더컷형은 마모에 의한 마찰계수(마찰력) 감소를 방지하는 형태이다.

★
26 로프 소선에 따른 구분으로 도금용 소선을 사용하는 것은?

① E종 ② G종
③ A종 ④ B종

로프 소선의 구분

구분	파단하중 (kg/mm^2)	비고
E종	135	비도금
G종	150	도금 후 신선
A종	165	나선 및 도금 후 신선
B종	180	나선

★★
27 소선의 표면에 아연도금 처리하지 않은 로프로서 연성을 부여한 것은 다음 중 어느 것인가?

① E종 ② A종
③ G종 ④ D종

E종은 비도금 로프로 탄소량이 적고, 경도가 낮으며 연성이 가장 크다.
(연성이 큰 순서 : **E** > G > A > B > C)
※ 대신 인장강도는 E가 가장 작다.

정답 21 ④ 22 ② 23 ③ 24 ② 25 ③ 26 ② 27 ①

★★★

28 트랙션식 권상기에서 로프와 도르래의 마찰계수를 높이기 위해서 도르래 홈의 밑을 도려낸 언더커트 홈을 사용한다. 이 언터커트 홈의 결점은?

① 지나친 되감기 발생　② 균형추 진동
③ 시브의 이완　④ 로프 마모

★

29 그림은 메인시브(main sheave)에 대한 홈의 형상이다. 다음 설명 중 옳은 것은?

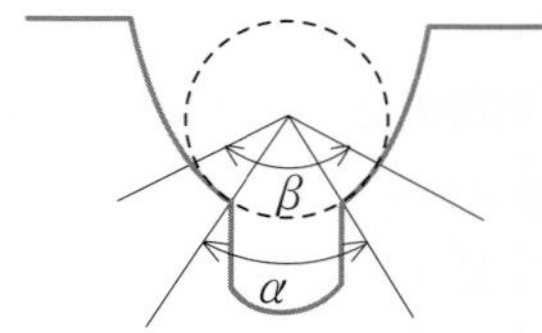

① α 값이 클수록 마찰계수와 홈압력이 작아진다.
② α 값이 클수록 마찰계수는 작아지나 홈압력이 커진다.
③ α 값이 클수록 마찰계수는 커지나 홈압력이 작아진다.
④ α 값이 클수록 마찰계수와 홈압력이 커진다.

그림은 언더컷 홈에 대한 것으로, α 값이 β 값과 같이 커지면 로프와 홈 사이에 접촉면이 넓어지므로 마찰계수(마찰력) 및 홈압력이 커진다. 참고로 언더컷 홈은 홈이 마모가 되어도 α 값의 변화가 거의 없으므로 마찰계수 변화가 적다.

★★★

30 엘리베이터용 주로프는 일반 와이어로프에서 볼 수 없는 몇 가지 특징이 있다. 이에 해당되지 않는 것은?

① 반복적인 벤딩에 소선이 끊어지지 않을 것
② 유연성이 클 것
③ 파단강도가 높을 것
④ 마모에 견딜 수 있도록 탄소량을 많게 할 것

금속에 탄소량이 많으면 강해지지만 취성(깨지는 성질)이 커지며, 유연성이 감소하는 단점이 있다.

★

31 사용 중인 와이어로프의 육안 점검사항과 거리가 먼 것은?

① 로프의 마모상태
② 변형부식 유무
③ 로프 끝의 풀림여부
④ 로프의 꼬임방향

★★★

32 주로프는 단말처리를 양호하게 해야 안전을 유지할 수 있다. 단말처리부분을 점검하여야 할 항목이 아닌 것은?

① 이중넛트의 풀림
② 분할핀 유무
③ 로프의 균등한 장력
④ 바빗트의 재질

바빗트의 재질은 점검사항이 아니다.
※ 바빗트(Babbit)는 와이어 로프를 카에 연결할 때 매듭을 짓거나 못을 박을 수 없으므로 로프 단말을 로프 소켓에 끼운 후 바빗트 금속(주석+아연)을 녹여 고정시킨 후 로프 소켓을 카에 연결한다.

chapter 01

★★★

33 권동 도르래나 풀리의 피치직경는 현수로프의 공칭직경의 몇 배 이상의 지름을 사용하는가?

① 10
② 20
③ 30
④ 40

[검사기준] 권상 도르래(도르래 또는 드럼)과 로프의 공칭직경 사이의 비는 스트랜드의 수와 관계없이 **40** 이상이어야 한다.

★★★

34 전기식 엘리베이터에서 도르래의 구조와 특징에 대한 설명으로 틀린 것은?

① 직경은 주로프의 50배 이상으로 하여야 한다.
② 주로프가 벗겨질 우려가 있는 경우에는 로프이탈방지장치를 설치하여야 한다.
③ 도르래 홈의 형상에 따라 마찰계수의 크기는 U홈 < 언더커트홈 < V홈의 순이다.
④ 마찰계수는 도르래 홈의 형상에 따라 다르다.

시브 직경은 주로프의 40배 이상으로 하여야 한다.

★★★

35 주로프를 걸어 맨 고정부위에 대한 설명으로 옳은 것은?

① 2중너트로 조이고, 분할핀이 꽂혀 있어야 한다.
② 스폿 용접하여 장력을 분산시킨다.
③ 바빗트를 채우고, 인장강도를 낮춘다.
④ 전기용접하여 적당한 탄력을 유지시킨다.

정답 28 ④ 29 ④ 30 ④ 31 ④ 32 ④ 33 ④ 34 ① 35 ①

★★★

36 매다는 장치(현수)의 구분에 따른 최소 안전율 기준수치의 연결이 틀린 것은?

① 3가닥 이상의 로프(벨트)에 의해서 구동되는 권상 구동 엘리베이터의 경우 : 12
② 3가닥 이상의 6mm 이상 8mm 미만의 로프에 의해 구동되는 권상 구동 엘리베이터의 경우 : 16
③ 2가닥 이상의 로프(벨트)에 의해 구동되는 권상 구동 엘리베이터의 경우 : 16
④ 로프가 있는 드럼 구동 및 유압식 엘리베이터의 경우 : 10

매다는 장치(로프, 벨트)의 안전율	
3가닥 이상의 로프(벨트)에 의해 구동되는 권상 구동 엘리베이터의 경우	12 이상
3가닥 이상의 6mm 이상, 8mm 미만의 로프에 의해 구동되는 권상 구동 엘리베이터의 경우	16 이상
2가닥 이상의 로프(벨트)에 의해 구동되는 권상 구동 엘리베이터의 경우	16 이상
로프가 있는 드럼 구동 및 유압식 엘리베이터의 경우	**12** 이상
체인에 의해 구동되는 엘리베이터의 경우	10 이상

★

37 트랙션 방식의 권상용 와이어 로프를 카 한 대에 3본 이상으로 하는 가장 큰 이유는?

① 시브의 마찰력을 적게 하기 위하여
② 위험률을 분산시키기 위하여
③ 드럼식 승강기에 비해 로프의 마모가 적기 때문에
④ 미관상 좋게 하기 위하여

★

38 권상 구동식 엘리베이터는 몇 %의 하중을 카에 적재하고 정격속도로 상승할 때와 하강할 때의 전류 차이가 정격하중의 균형량(오버밸런스율)에 따른 설계치의 범위 이내가 되도록 설치되어야 하는가?

① 50
② 100
③ 120
④ 150

[전기식 엘리베이터의 구조] 권상 구동식 엘리베이터는 **50%**의 하중을 카에 적재하고 정격속도로 상승할 때와 하강할 때의 전류 차이가 정격하중의 균형량(오버밸런스율)에 따른 설계치의 범위 이내가 되도록 설치되어야 한다.

★★

39 그림과 같이 주로프가 구동시브(main sheave) 및 빔풀리(beam pulley)를 거쳐 각각 카와 균형추에 고정되는 로핑 방식은?

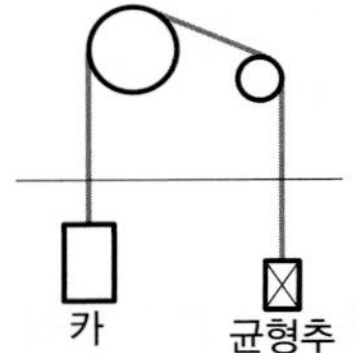

① 1 : 1 로핑
② 2 : 1 로핑
③ 3 : 1 로핑
④ 4 : 1 로핑

★★★

40 1 : 1 로핑에 비하여 2 : 1 로핑의 단점이 아닌 것은?

① 적재용량이 줄어든다.
② 로프의 수명이 짧아진다.
③ 로프의 길이가 길어진다.
④ 종합효율이 낮아진다.

1 1:1 로핑방식의 특징
- 권상기의 도르래에 균형추와 카를 직접 연결하므로 로프 길이가 줄어들어 권상속도가 빠르다.
- 카에 걸리는 하중에 권상기의 도르래가 받으므로 도르래 및 권상기에 하중부담이 크고, 많은 힘이 필요하다.
- 1 : 1 로핑 방법이 가장 간단하고 설치·교체가 편리하여 주로 쓰인다.

2 2:1 로핑방식의 특징
- 로프 길이가 2배 늘어나는 만큼 로프에 부담을 많이 주며, 권상속도는 느리다.
- 카에 걸리는 하중이 분산되므로 권상기의 도르래에 걸리는 하중부담이 줄어든다.
- 로프를 감는 양이 많아지므로 로프 수명이 짧고, 종합효율이 낮아진다.
- 2:1일 때의 로프 장력은 1:1의 절반이고, 도르래의 회전수가 같으면 카(또는 균형추)의 속도 역시 1:1의 절반이다.
- 적재중량이 큰 권상기에 많이 사용한다. (화물용에 사용)

★★★

41 1:1 로핑방식에 비해 2:1, 3:1, 4:1 로핑방식의 설명 중 옳지 않은 것은?

① 와이어로프의 수명이 짧다.
② 와이어로프의 총 길이가 길다.
③ 승강기의 속도가 빠르다.
④ 종합 효율이 저하된다.

1:1 로핑방식이 로프 길이가 가장 짧기 때문에 속도가 가장 빠르다.

정답 36 ④ 37 ② 38 ① 39 ① 40 ① 41 ③

★★★

42 카와 균형추에 대한 로프거는 방법으로 일반적으로 1:1 로핑방식을 사용하나 2:1 로핑방식을 적용하는 경우 그 목적으로 가장 적절한 것은?

① 로프의 수명을 연장하기 위하여
② 속도를 줄이거나 적재하중을 증가시키기 위하여
③ 로프를 교체하기 쉽도록 하기 위하여
④ 무부하로 운전할 때를 대비하기 위하여

★★

43 다음의 로핑(Roping) 방식 중 로프의 수명이 가장 긴 방식은?

① 1:1 반걸이형 ② 2:1 반걸이형
③ 1:1 전걸이형 ④ 2:1 전걸이형

03 가이드 레일(Guide rail)

★

1 카 또는 균형추의 상, 하, 좌, 우에 부착되어 레일을 따라 움직이고 카 또는 균형추를 지지해주는 역할을 하는 것은?

① 완충기 ② 중간 스토퍼
③ 가이드레일 ④ 가이드 슈

가이드 슈는 카 또는 균형추의 사방에 부착되어 레일을 감싸는 형태로, 레일로부터의 이탈을 방지한다.

★

2 카가 가이드 레일에서 벗어나지 않도록 안내 역할을 하는 것은?

① 완충기 ② 가이드 슈
③ 균형로프 ④ 세프티 슈

★★★

3 엘리베이터의 가이드 레일의 역할이 아닌 것은?

① 카의 심한 기울어짐을 막아준다.
② 승강로 내의 기계적 강도를 유지해 준다.
③ 비상정지장치가 작동했을 때 수직하중을 유지해준다.
④ 카와 균형추를 양측에서 지지하며, 수직방향으로 안내해준다.

★

4 가이드 레일의 설치에 대한 설명이 옳지 않은 것은?

① 카와 균형추의 승강로 평면내의 위치를 규제한다.
② 카의 기울어짐을 방지한다.
③ 비상멈춤시 수직하중을 유지시킨다.
④ 일반적으로 I형이 사용된다.

엘리베이터 레일의 단면은 'T'형이다.

★

5 승강기에 적용하는 가이드레일의 규격을 결정하는데 관계가 가장 적은 것은?

① 조속기의 속도
② 지진발생시 건물의 수평 진동력
③ 비상정지 발생 시 레일에 걸리는 좌굴하중
④ 불균형한 큰 하중을 내리고 올릴 때 카에 발생하는 회전모멘트

★★★

6 레일의 규격은 어떻게 표시하는가?

① 1m당 중량
② 1m당 레일이 견디는 하중
③ 레일의 높이
④ 레일 1개의 길이

★★

7 승강기에 사용되는 T형 가이드 레일 1본의 길이는 몇 m인가?

① 3 ② 5
③ 8 ④ 10

★★★

8 T형 가이드 레일에는 8K, 13K, 18K, 24K 레일이 있는데 8, 13, 18, 24라는 숫자는 무엇을 나타내는 것인가?

① 가이드 레일 1본의 무게
② 가이드 레일 1본의 길이
③ 가이드 레일 1m의 무게
④ 가이드 레일 5m의 무게

레일은 제조와 설치 시 승강로 내의 반입이 편리하도록 5m 단위로 제조 되는데 규격은 1m당 무게로 단위 표시한다.
※ 가이드 레일의 종류 : 8K, 13K, 18K, 24K, 37K, 50K

chapter 01

정답 42 ② 43 ③ 3 1 ④ 2 ② 3 ② 4 ④ 5 ① 6 ① 7 ② 8 ③

★
9 현재 적용되고 있는 가이드 레일의 종류가 아닌 것은?

① 8K ② 13K
③ 24K ④ 33K

★★★
10 가이드 레일의 규격에 관한 설명으로 틀린 것은?

① 일반적으로 쓰는 T형 레일의 공칭은 8, 13, 18, 24K 등이 있다.
② 대용량의 엘리베이터에서는 37, 50K 레일도 있다.
③ 레일의 표준길이는 6m이다.
④ 레일규격의 호칭은 마무리 가공전 소재의 1m당의 중량이다.

★★
11 가이드 레일의 분류 기준은?

① 단면적 ② 단위길이당 무게
③ 단면적당 무게 ④ 인장강도

가이드 레일의 분류기준은 1m당 무게이다.

★★★
12 일반적으로 사용되고 있는 승강기의 레일 중 13K, 18K, 24K 레일 폭의 규격에 대한 사항으로 옳은 것은?

① 3종류 모두 같다.
② 3종류 모두 다르다.
③ 13K와 18K는 같고 24K는 다르다.
④ 18K와 24K는 같고 13K는 다르다.

레일 종류

기호	레일 종류 (1m당 중량)	각부 치수(단위 : mm)			
		전체 높이	바닥 폭	레일 폭	레일 높이
8K	8kgf	56	78	10	26
13K	13kgf	62	89	16	32
18K	18kgf	89	114		38
24K	24kgf	89	127		50
30K	30kgf	108	140	19	51

★
13 로프식 엘리베이터의 가이드 레일 설치에서 패킹(보강재)이 설치된 경우는?

① 레일이 짧게 설치되어 보강할 경우
② 레일이 양 폭의 조정 작업을 할 경우
③ 철 구조물 등과 레일 브라켓의 간격을 줄일 경우
④ 철 구조물 등과 레일 브라켓의 간격조정 및 보강이 필요한 경우

★★
14 가이드 레일의 기능을 설명한 것으로 옳지 않은 것은?

① 카의 기울어짐을 방지
② 비상정지장치가 작동할 때 수평하중을 유지
③ 카와 균형추의 승강로내 위치 규제
④ 비상정지장치 작동 시 수직하중을 유지

★
15 가이드 레일의 보수 점검 항목이 아닌 것은?

① 레일의 급유상태
② 레일 및 브라켓의 오염상태
③ 브라켓 취부의 앵커 볼트 이완상태
④ 레일길이의 신축상태

브라켓이란 가이드 레일을 승강로 벽면에 고정하기 위한 부품으로 앵커 볼트를 잠궈 고정시킨다. 또한 가이드레일 상부에 레일과 가이드슈의 마찰을 적게하기 위해 급유장치가 설치되어야 한다.

★
16 레일에 녹 발생을 방지하고 카 이동시 마찰저항을 최소화하기 위하여 설치하는 기름통의 위치는?

① 레일 상부
② 카 상부 프레임 중간
③ 중간 스톱퍼
④ 카의 상하좌우

급유기(Lubricator, Oiler)
엘리베이터에서 가이드 레일에 윤활유를 도포하는 장치를 말한다. 주로 카의 상하좌우 가이드 슈 및 균형추의 상부 가이드 슈에 설치된다.

★★★
17 엘리베이터의 가이드 레일에 대한 점검 중 조인트부에 대한 점검항목이 아닌 것은?

① 브라켓트 고정상태 점검
② 클립 비틀림 및 볼트 조임상태 점검
③ 연결부위 단차 및 면차는 규정값 이하인지 점검
④ 로프텐션의 균일상태 확인

가이드 레일, 브라켓의 점검
가이드 레일의 손상이나 용접부의 불량 여부, 주행 중 이상음 발생 여부, 가이드 레일 고정용 레일 클립의 취부 여부, 볼트 너트의 이완 여부, 가이드 레일 이음판의 취부 볼트/너트의 이완 여부, 가이드 레일의 급유 상태, 가이드 레일 및 브래킷의 녹 발생 여부, 가이드 레일과 브래킷의 오염 여부, 브래킷 취부용 앵커 볼트의 이완 여부, 브래킷 용접부의 균열 여부 등

정답 9 ④ 10 ③ 11 ② 12 ① 13 ④ 14 ② 15 ④ 16 ④ 17 ④

調速 : 조절할 조, 빠를 속

05 과속조절기 (조속기, governor)

1 개요 필수암기

엘리베이터가 미리 정해진 속도에 도달하였을 때 **전기적·기계적인 방법으로 검출**하여 엘리베이터를 정지하도록 하며, 만일 필요한 경우 비상정지장치가 작동하도록 하는 안전장치이다.

1단계	• 카 속도가 정격속도의 115% 이상~125%+0.035/V에서 작동하여 전원을 차단하고 브레이크를 작동시킨다. • 상승 및 하강 방향에 유효하다.
2단계	• 카 속도가 정격속도의 115% 이상~125%+0.035/V에서 작동하며 비상정지장치를 작동시킨다. • 2단계는 반드시 1단계 이후에 작동하고, 하강 방향만 가능하다.

2 조속기의 종류

(1) 마찰정지형 (Traction type, 마찰정지형, 롤세이프티형)

엘리베이터 과속 시, 과속스위치가 이를 검출하여 동력 전원 회로를 차단하고, 전자 브레이크를 작동시켜서 과속조절기 도르래의 회전을 정지시켜 과속조절기 도르래 홈과 로프 사이의 마찰력으로 비상정지시킨다.

(2) 디스크형 (GD형, Governor Disc type)

엘리베이터가 설정속도에 도달하면 원심력에 의해 진자(振子, 플라이웨이트)가 원심력에 의해 밖으로 벌어지며 과속 스위치를 작동시켜서 정지시킨다.

- 추형 방식 : 추(錘, weight)형 캐치에 의해 로프를 붙잡아 추락방지안전장치를 작동
- 슈(shoe)형 방식 : 도르래 홈과 슈(shoe) 사이에 로프를 붙잡아 추락방지안전장치를 작동

(3) 플라이볼 형 (GF형, Governor Flyball type)

① 조속기 도르래의 회전을 베벨기어에 의해 수직축의 회전으로 변환하고, 이 축의 상부에서부터 링크 기구에 의해 매달린 구형(球形)의 진자작용하는 원심력으로 작동

② 구조가 복잡하지만 검출 정밀도가 높으므로 고속 엘리베이터에 많이 이용된다.

(4) 양방향 과속조절기

과속조절기의 캣치가 양방향(상 · 하) 추락방지안전장치를 작동

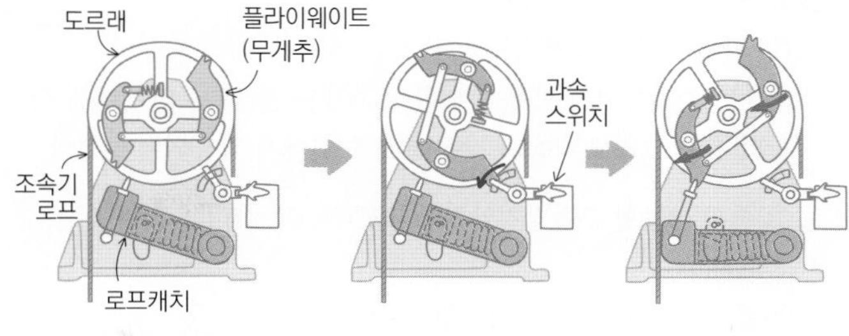
도르래
플라이웨이트
(무게추)
과속
스위치
조속기
로프
로프캐치

정격속도 이하 / 과속 스위치 작동 / 비상 정지 스위치 작동

❶ 플라이웨이트가 원심력에 의해 과속스위치를 작동하여 전동기의 전원을 차단하고, 전자브레이크 전원을 차단하여 브레이크를 작동시킨다.(정격속도의 1.3배, 상하 양방향에 작동)

❷ 브레이크 고장 또는 주로프 절단 등으로 카가 정지하지 않을 경우 2차 작동으로 로프캐치를 통해 기계적으로 조속기 로프를 잡아 비상정지장치를 동작시켜 정지시킨다. (정격속도의 1.4배. 하강 방향에서만 작동)

디스크형 조속기의 작동 개념

속도가 증가하면
원심력이 커지며 볼이 상승
리턴스프링
❹ ball
❸
❺
❶
❷
❻
작동원리
❶ 조속기 휠에 조속기 로프가 감겨져 있어 조속기 휠 속도가 ❷ 베벨기어를 통해 ❸ 조속기 축에 전달된다. 조속기 축은 조속기 휠의 속도에 비례하여 회전하며 볼(ball)이 원심력에 의해 올라간다. ❺❻❼ 연결봉이 올라가고 캠에 의해 ❽ 과속검출 스위치를 동작시킴
❽ 과속검출 스위치
❼

플라이볼 형의 작동 개념

3 반응시간

작동 전 조속기의 반응시간은 비상정지장치가 작동되기 전에 위험속도에 도달하지 않도록 충분히 짧아야 한다.

4 조속기 로프의 조건 (안전기준)

① 조속기 로프의 최소 파단하중 : **8** 이상의 안전율

② 공칭 지름 : 6mm 이상

③ 조속기 로프 인장 풀리의 피치 직경과 과속조절기 로프의 공칭 지름의 비 : **30** 이상(시브 직경은 로프 직경의 30배 이상)

④ 조속기 로프는 비상정지장치로부터 쉽게 분리될 수 있어야 한다.

5 과속조절기의 안전기준

(1) 과속조절기 정격속도

카 비상정지장치의 작동을 위한 조속기는 정격속도의 **115%** 이상의 속도 그리고 다음과 같은 속도 미만에서 작동되어야 한다.

① 즉시 작동형 추락방지안전장치(롤러로 잡는 타입을 제외) : 0.8m/s

② 추락방지안전장치(롤러로 잡는 타입) : 1m/s

③ 점차 작동형 추락방지안전장치(정격속도 1m/s 이하) : 1.5m/s

④ 점차 작동형 추락방지안전장치(정격속도 1m/s 초과) :

$$1.25 \cdot V + \frac{0.25}{V}$$

→ 정격속도 1m/s 시 ④에서 요구된 값에 가능한 가까운 작동속도의 선택이 추천된다.

→ 낮은 정격속도의 엘리베이터에 대해, ①에서 요구된 값에 가능한 낮은 작동속도의 선택이 추천된다.

▶ 조속기 스위치 일단 작동 시 자동으로 복귀되지 않아야 한다.

⑤ 과속조절기 로프의 최소 파단하중은 8 이상의 안전율을 확보해야 한다.

⑥ 과속조절기에는 추락방지안전장치의 작동과 일치하는 회전방향이 표시되어야 한다.

⑦ 과속조절기가 작동될 때, 과속조절기 로프의 인장력은 추락방지안전장치가 작동하는 데 '필요한 힘의 2배' 또는 '300 N' 중 큰 값 이상이어야 한다.

6 과속조절기(조속기)의 점검사항

① 각 지점부의 부착상태, 급유상태 및 조정 스프링의 약화 등이 없는지 확인한다.

② 조속기 스위치를 끊어놓고 제어반의 전원을 켰을 경우 안전회로가 차단되는지 확인한다. 또 스위치의 설치상태 및 배선단자에 이완이 없는지 확인한다.

③ 카 위에 타고 점검운전으로 승강로 안을 1회 왕복해 조속기로프에 발청, 마모, 파단 등이 없는지 확인한다. 또 조속기 텐션의 상태도 확인한다.

④ 도르래 홈의 마모상태를 확인한다. 도르래 윗면과 로프 윗면과의 치수가 윗면에서 3mm 떨어지면 교체한다.

필수암기

06 비상정지장치 (추락방지 안전장치)

1 개요

① 과속이 발생하거나 로프가 파단 될 경우, 주행안내 레일 상에서 엘리베이터의 카 또는 균형추를 정지시키고 그 정지 상태를 유지하기 위한 기계장치

② 매다는 장치의 파손, 즉 로프 등이 끊어지더라도 과속조절기의 차단속도에서 하강방향으로 작동하여 주행안내 레일을 잡아 정격하중의 카를 정지시킬 수 있고 카, 균형추 또는 평형추를 유지할 수 있는 추락방지안전장치가 설치되어야 한다.

③ 상승방향으로 작동되는 추가적인 기능을 가진 추락방지안전장치는 카의 상승과속방지장치에 사용될 수 있다.

2 추락방지안전장치의 종류

(1) 즉시 작동형(순간 정지식)

① 가이드레일을 감싸고 있는 블록과 레일 사이에, 롤러(roller)를 물려서 카를 정지시키는 구조이거나 로프에 걸리는 장력이 없어져서 로프의 처짐현상이 생겼을 때 바로 운전회로를 열고 비상정지장치를 작동시킨다.

② 카의 비상정지장치가 작동하였을 때, 카에 장착된 전기적 안전장치는 비상정지장치가 작동하는 순간에 또는 그 전에 전동기의 정지를 시작하여야 한다.

③ 작동 : 가이드레일을 감싸고 있는 블록과 레일 사이에 롤러를 물려 카를 정지시키는 구조이거나 로프에 걸리는 장력이 없어져 로프의 처짐이 생겼을 때 바로 운전회로를 열어 비상정치장치를 작동시켜 전동기를 정지

④ 정격속도가 저속에 주로 사용

슬랙 로프 세이프티 (Slack Rope Satety)
- 소형과 저속의 엘리베이터에 적용하며 로프에 걸리는 장력이 없어져 로프의 처짐 현상이 생길 때 비상장치를 작동
- 조속기를 설치할 필요가 없는 방식으로 주로 저속 화물용 및 유압식 엘리베이터에 사용

(2) 완충효과가 있는 즉시 작동형

주행안내 레일에서 거의 즉각적으로 충분한 제동 작용을 하는 추락방지안전장치나 카 또는 균형추에서의 반작용이 중간의 완충 시스템에 의해 제한된다.

(3) 점차 작동형

점진적으로 서서히 제동되는 구조로, 주행안내 레일에서 제동 작용에 의해 감속을 주는 추락방지안전장치로, 허용 가능한 값까지 카 또는 균형추의 작용하는 힘을 제한한다.

FGC형 (Flexible Guide Clamp)	레일을 조이는 힘이 동작부터 정지까지 일정하며, 구조가 간단하고 복구가 용이하다.
FWC형 (Flexible Wedge Clamp)	레일을 조이는 힘이 처음에는 약하다가 점차 정지력이 거리에 비례하여 증가하고, 정지 근처에서 일정해진다.

비상정지장치에 의해 정지할 경우 카 바닥의 수평도의 변화는 5% 이내이어야 한다.

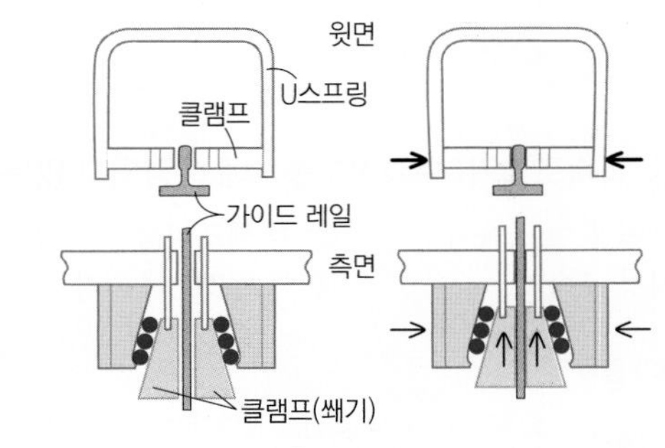

F.G.C형

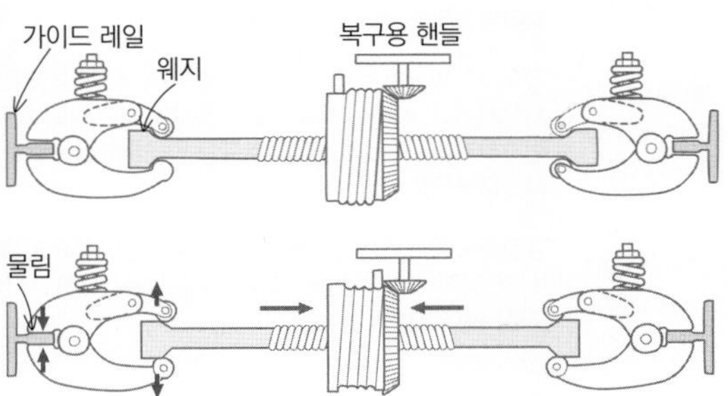

F.W.C형

3 추락방지안전장치의 사용조건

① 기본 조건

엘리베이터 정격속도	비상정지장치의 종류
1 m/s 초과	점차 작동형
1 m/s 이하	완충효과가 있는 즉시 작동형
0.75 m/s 이하	즉시 작동형

② **카, 균형추, 평형추에 여러 개의 추락방지안전장치가 설치된 경우에는 모두 점차 작동형**이어야 한다. (정격속도가 1 m/s 이하인 경우에는 즉시 작동형으로 할 수 있다.)

4 추락방지안전장치의 감속도

점차 작동형 추락방지안전장치는 정격하중의 카 또는 균형추 및 평형추가 자유 낙하할 때 작동하는 평균 감속도는 0.2 gn과 1 gn 사이에 있어야 한다.

5 추락방지안전장치의 복귀(해제)

① 카, 균형추 또는 평형추의 추락방지안전장치의 복귀 및 자동 재설정은 카, 균형추 또는 평형추를 들어 올리는 것에 의해서만 가능해야 한다.

② 추락방지안전장치의 복귀는 정격하중 이하의 모든 하중조건에 대해서 가능해야 한다.

③ 주 개폐기의 작동만으로 엘리베이터가 정상운행으로 복귀되지 않아야 한다.

6 추락방지안전장치의 조건

① 추락방지안전장치의 조(Jaw) 또는 블록(block)은 가이드 슈로 사용되지 않아야 한다.

② 추락방지안전장치가 조정 가능한 경우, 최종 설정은 봉인의 파단 없이는 재조정을 할 수 없도록 **봉인(표시)**되어야 한다.

③ 추락방지안전장치는 기계식으로만 작동되어야 한다.

→ 전기식, 유압식 또는 공압식으로 동작되는 장치에 의해 작동되지 않아야 한다.

④ 추락방지안전장치가 매다는 장치의 파단 또는 안전로프에 의해 작동되는 경우, 추락방지안전장치는 과속조절기의 작동속도에 상응하는 속도에서 작동된 것으로 한다.

7 추락방지안전장치의 전기적 확인

카 추락방지안전장치가 작동될 때, 카에 설치된 전기안전장치에 의해 추락방지안전장치가 작동하기 전 또는 작동순간에 구동기의 정지가 시작되어야 한다.

8 추락방지안전장치의 성능시험

① 주행안내(가이드) 레일의 윤활상태를 실제 사용상태와 같도록 한다.

② 비상정지의 시험 후 수평도와 정지거리를 측정한다.

③ 적용 최대 중량에 상당하는 무게를 적용한다.

05 과속조절기(조속기)

★★★
1 승강기의 과속조절기(조속기)란?

① 카의 속도를 검출하는 장치이다.
② 비상정지장치를 뜻한다.
③ 균형추의 속도를 검출한다.
④ 플런저를 뜻한다.

★★★
2 엘리베이터가 주행하는 중 정상속도 이상으로 주행하여 위험한 속도에 도달할 경우 이를 검출하여 강제적으로 엘리베이터를 정지시키는 장치는?

① 과속조절기(조속기)
② 유압 완충기
③ 과전류차단기
④ 역결상 릴레이

★★★
3 조속기에 대한 설명으로 가장 적당한 것은?

① 카의 정격속도가 미달될 때 정격속도가 되도록 전기적으로 작동하는 장치
② 카에 일정 속도 이상의 이상속도가 발생할 때 카의 속도를 검출하여 전기적·기계적으로 차단시키는 장치
③ 카 도어의 속도가 느릴 때 빠르게 해주는 장치
④ 카에 정격용량 이상의 무게가 검출되었을 때 이것을 알리는 장치

조속기는 엘리베이터의 운행속도를 기계적이고 전기적인 방법으로 동시에 검출하고 작동하는 안전장치

★★★
4 엘리베이터가 정격속도를 현저히 초과할 때 모터에 가해지는 전원을 차단하여 카를 정지시키는 장치는?

① 권상기 브레이크
② 가이드 레일(Guide Rail)
③ 권상기 드라이버
④ 조속기(Governor)

★★★
5 에스컬레이터에 전원의 일부가 결상되거나 전동기의 토크가 부족하였을 때 상승운전 중 하강을 방지하기 위한 안전장치는?

① 조속기
② 핸드레일 인입구 스위치
③ 구동체인 안전장치
④ 스커트가드 스위치

- 조속기 : 에스컬레이터의 과부하운전, 전동기의 전원의 결상 등이 발생되면 전동기의 토크부족으로 상승운전 중 하강이 일어날 수 있으므로 전동기축에 조속기를 설치하여 전원을 차단하고 브레이크가 걸린다.
- 핸드레일 인입구 스위치 : 핸드레일인입구에 이물질이 끼이는 경우에 이를 감지하여 에스컬레이터의 운행을 정지
- 구동체인 안전장치 : 구동체인이 늘어나거나 끊어지는 경우 에스컬레이터의 운행을 정지 또는 역주행을 방지하는 장치이다.

★★
6 다음 중 과속조절기(조속기)의 종류에 해당되지 않는 것은?

① 플라이볼 형 조속기 ② 롤 세프티형 조속기
③ 웨지형 조속기 ④ 디스크형 조속기

조속기의 종류

종류	설명
플라이볼형 (Fly ball) – GF형	조속기 도르래의 회전을 베벨기어에 통해 플라이볼에 전달되어 회전시킬 때 원심력에 의해 스위치가 작동된다. 구조가 복잡하지만 속도 검출의 정밀도가 높아 고속 엘리베이터에 주로 사용된다.
롤 세프티형 (Roll safety) – GR형	과속 시 과속스위치가 이를 검출하여 동력전원회로를 차단시키고, 전자브레이크를 작동시켜 도르래의 회전을 정지시키며, 도르래 홈과 로프 사이의 마찰력으로 비상 정지시킨다.
디스크형 – GD형	설정속도에 도달하면 원심력에 의해 진자(플라이웨이트)가 움직이고 과속 스위치를 작동시켜서 정지시킨다. (가장 많이 사용)

★★
7 조속기는 무엇을 이용하여 스위치의 개폐작용을 하는가?

① 조속기 로프 장력
② 원심력
③ 주로프 장력
④ 회전력

조속기는 링크로 연결된 한 쌍의 웨이트(weight)를 회전시켜 그 원심력을 이용하여 스위치가 닫히게 된다.

정답 5 1 ① 2 ① 3 ② 4 ④ 5 ① 6 ③ 7 ②

★★

8 엘리베이터의 이상 동작으로 정격속도보다 더 빠르게 주행하여 사고가 발생할 수도 있으나, 이를 방지하려고 일정 속도 이상이 되면 제어신호와 관계없이 기계적으로 제동시켜 주는 조속기가 있다. 이것은 어느 힘으로 작동되는 것인가?

① 구심력　② 원심력
③ 전자력　④ 충격력

엘리베이터의 고장으로 과속 하강 시, 제어신호와 관계없이 기계적으로 카를 정지시킬 때 조속기는 원심력으로 작동되어 스위치를 개폐한다.

★★

9 플라이 웨이트가 로프잡이를 동작시켜 로프잡이는 조속기 로프를 잡고 비상정지장치를 동작시키는 기구로 되어 있는 조속기는?

① 디스크형 조속기　② 플라이볼형 조속기
③ 롤 세프티형 조속기　④ 슬라이드형 조속기

디스크형 : 엘리베이터가 설정속도에 도달하면 원심력에 의해 진자(振子, 플라이웨이트)가 원심력에 의해 밖으로 벌어지며 과속 스위치를 작동시켜서 정지시킨다.

★★★

10 고속용 승강기에 가장 적합한 조속기는?

① 롤 세프티형(GR형)
② 디스크형(GD형)
③ 플라이볼형(GF형)
④ 플렉시블형(FGC형)

★

11 엘리베이터 조속기의 기능 및 구조에 관한 설명으로 옳지 않은 것은?

① 조속기 로프는 카와 같은 속도로 움직인다.
② 카의 과속을 검출하여 전원을 끊고 브레이크를 건다.
③ 고속형 엘리베이터에는 플라이볼형 조속기가 일반적으로 사용된다.
④ 카 비상정지장치를 위한 조속기 캐치는 적어도 정격 속도의 125% 이상에서 작동되어야 한다.

추락방지안전장치(비상정지장치)의 작동을 위한 과속조절기는 정격속도의 115% 이상의 속도에서 작동되어야 한다.

★★★

12 조속기 스위치를 설명한 것으로 옳은 것은?

① 일단 작동하면 자동으로 복귀되지 않는다.
② 작동 후 속도가 정상으로 복귀되면 스위치도 복구된다.
③ 일단 작동하면 교체하여야 한다.
④ 자동복귀되어도 작동하지 않는다.

카, 균형추 또는 평형추의 비상정지장치의 복귀 및 자동 재설정은 카, 균형추 또는 평형추를 들어 올리는 것에 의해서만 가능해야 한다.

★★★

13 전기식 엘리베이터에 사용되는 과속조절기(조속기) 로프는 가장 심한 마모부분의 와이어로프의 지름이 마모되지 않은 부분의 와이어로프 직경의 몇 % 미만일 때 교체해야 하는가?

① 95　② 97
③ 92　④ 90

마모부분의 와이어로프의 지름은 마모되지 않은 부분의 와이어로프 직경의 **90%** 이상이어야 하므로 90% 미만일 경우 교체해야 한다. (즉, 와이어로프 직경이 10% 이상 마모되거나 와이어로프 소선의 파단이 일정 수준 이상 마모가 되면 교체한다)

★★

14 조속기(과속조절기) 도르래의 회전을 베벨기어에 의해 수직축의 회전으로 이축의 상부에서부터 링크 기구에 의해 매달린 구형(球形)의 진장 작용하는 원심력으로 비상정지장치(추락방지안전장치)를 작동시키는 것은?

① 디스크형　② 마찰정지형
③ 플라이볼형　④ 양방향 조속기(과속조절기)

★★★

15 조속기(과속조절기)에 대한 설명으로 틀린 것은?

① 과속조절기는 비상정지장치(추락방지안전장치)의 작동과 일치하는 회전방향이 표시되어야 한다.
② 과속조절기의 로프 풀리의 피치 직경과 과속조절기의 로프의 공칭 직경 사이의 비는 30 이상이어야 한다.
③ 과속조절기 로프는 비상정지장치로부터 쉽게 분리되면 안 된다.
④ 과속조절기 로프는 인장풀리에 의해 인장되어야 한다.

승강기 검사기준 – [별표1] 전기식 엘리베이터의 구조
조속기 로프는 비상정지장치로부터 쉽게 분리될 수 있어야 한다.

chapter 01

정답 8 ② 9 ① 10 ③ 11 ④ 12 ① 13 ④ 14 ③ 15 ③

★★

16 조속기 로프의 공칭직경은 몇 mm 이상이어야 하는가?

① 6　　② 8
③ 12　　④ 16

조속기로프의 공칭 직경은 **6** mm 이상이어야 한다.

★★★

17 과속조절기(조속기) 로프의 안전율은 최소 얼마 이상이어야 하는가?

① 2　　② 4
③ 8　　④ 10

[과속조절기 안전기준]
과속조절기 로프의 최소 파단하중은 **8** 이상의 안전율을 확보해야 한다.

★

18 관성에 의한 원동기의 회전을 자동적으로 저지하는 것은?

① 권상기　　② 완충기
③ 조속기　　④ 제동기

★★★

19 마찰정지형 과속조절기(조속기)의 점검방법에 대한 설명으로 <u>틀린 것</u>은?

① 시브 홈의 마모상태를 확인한다.
② 카 위에 타고 점검운전을 하면서 과속조절기 로프의 마모 및 파단상태를 확인하지만, 로프 텐션의 상태는 확인할 필요가 없다.
③ 과속조절기 스위치를 끊어 놓고 안전회로가 차단됨을 확인한다.
④ 각 지점의 부착상태, 급유상태 및 조정 스프링의 약화 등이 없는지 확인한다.

카 위에 타고 점검운전으로 승강로 안을 1회 왕복해 조속기로프에 발청, 마모, 파단 등이 없는지 확인한다. 또 조속기 텐션의 상태도 확인한다.

06 추락방지안전장치(비상정지장치)

★★

1 비상정지장치에 관한 설명으로 <u>틀린 것</u>은?

① 한번 동작하면 복귀가 곤란하다.
② 종류는 순간식과 점진식이 있다.
③ 작동시험은 저속운전으로도 가능하다.
④ 비상정지장치의 작동장치는 가급적 카의 하부에 위치하여야 한다.

비상정지장치의 복귀는 제어반에서 점검운전하여 카를 상승시킨다. 이 때 10cm 정도 카를 상승시키면 한번 정지한다.

★★★

2 승강기의 비상정지장치에 대한 설명 중 <u>옳지 않은 것</u>은?

① 즉시 작동식과 점차 작동식이 있다.
② 점차 작동식에는 플랙시블 가이드 클램프형과 플랙시블 웨지 클램프형이 있다.
③ 비상정지장치의 정지거리는 제한이 있다.
④ 유압식 엘리베이터의 경우는 비상정지장치가 필요하지 않다.

비상정지장치는 동력방식에 관계없이 현수로프를 사용하는 엘리베이터의 필수장치이다. (간접식 유압엘리베이터의 경우 필요)

★

3 엘리베이터에 카의 비상정지장치를 설치할 때 점차 작동형이어야 하는 경우는?

① 정격속도 0.63 m/s 이하인 경우
② 정격속도 1 m/s 이하인 경우
③ 정격속도 1 m/s를 초과하는 경우
④ 정격속도 0.63 m/s를 초과하는 경우

- 정격속도 1 m/s를 초과하는 경우 : 점차 작동형
- 정격속도 1 m/s를 초과하지 않는 경우 : 완충효과가 있는 즉시 작동형
- 정격속도 0.63 m/s를 초과하지 않는 경우 : 즉시 작동형

정답 16 ① 17 ③ 18 ④ 19 ② 6 1 ① 2 ④ 3 ③

★★

4 카 비상정지장치가 작동될 때, 부하가 없거나 부하가 균일하게 분포된 카의 바닥은 정상적인 위치에서 기울기 한도는?

① 3 ② 5 ③ 7 ④ 9

카 비상정지장치가 작동될 때, 부하가 없거나 부하가 균일하게 분포된 카의 바닥은 정상적인 위치에서 5%를 초과하여 기울어지지 않아야 한다.

★★

5 로프식 엘리베이터의 비상정지장치 종류가 아닌 것은?

① FGC형 ② FWC형
③ 세미실형 ④ 순간식형

승강기의 비상정지장치의 종류 : FGC형, FWC형, 순간식형

★★★

6 엘리베이터 비상정지장치에 관한 설명 중 옳은 것은?

① F.W.C 형 비상정지장치의 동작곡선은 정지력이 정지 거리에 비례하여 정지할 때까지 커진다.
② F.G.C 형 비상정지장치는 레일을 죄는 힘이 동작시 부터 정지시까지 일정하다.
③ 가이드레일을 감싸고 있는 블록과 레일 사이에 롤러(roller)를 물려서 카를 정지시키는 구조이어야 한다.
④ 점차 작동형는 저속용 엘리베이터에 주로 사용한다.

① FWC (flexible wedge clamp)형 : 레일을 조이는 힘이 처음에는 약하게, 점차 강해지다가 얼마 후 일정치로 도달하는 구조
② FGC (flexible guide clamp)형 : 레일을 조이는 힘이 동작에서 정지까지 일정하게 비례
③ 즉시작동형(순간식형) 비상정지장치의 정지력과 거리는 비례
④ 점차 작동형은 카의 정격속도가 중·고속용에 주로 사용

★★★

7 비상정지장치(Safety Device)에 관한 설명 중 틀린 것은?

① 로프가 끊어지거나 고장 등으로 규정속도 이상으로 하강하는 경우 작동한다.
② 승강로 피트 하부가 사무실이나 통로로 사용되어 사람이 출입하는 곳이면 균형추 측에도 설치한다.
③ 점차 작동형 비상정지장치의 경우 정격하중의 카가 자유 낙하할 때 작동하는 평균 감속도는 0.2 gn과 1 gn 사이에 있어야 한다.
④ 전기식, 유압식 또는 공압식으로도 작동될 수 있다.

④ 비상정지장치는 기계식으로만 작동되어야 한다.

★

8 정격속도가 1 m/s인 엘리베이터에 사용되는 비상정지장치의 종류는?

① 완충효과가 있는 즉시 작동형
② 즉시 작동형
③ 점차 작동형
④ 플라이볼 작동형

★★

9 순간식 비상정지장치의 일종으로, 로프에 걸리는 장력이 없어져서 휘어짐이 생겼을 때 바로 운전회로를 차단하는 장치는?

① 조속기
② 슬랙 로프 세이프티
③ 브레이크
④ 상승방향 과속방지장치

슬랙 로프 세이프티(Slack Rope Satety) : 소형과 저속의 엘리베이터에 적용하며 로프에 걸리는 장력이 없어져 로프의 처짐 현상이 생길 때 즉시 운전회로를 열어 비상장치를 작동시킴 ※ Slack : '느슨함, 처짐'을 의미

★

10 즉시 작동형 비상정지장치가 적용되는 승강기는?

① 정격속도가 0.63 m/s 이하인 경우
② 정격속도가 1 m/s 초과하는 경우
③ 정격속도가 1 m/s 이하인 경우
④ 정격속도가 0.1 m/s 이하인 경우

★★

11 균형추에 추락방지안전장치를 설치해야 하는 경우는?

① 정격속도가 10m/s 이상인 승객용 엘리베이터
② 정격속도가 1m/s 이상인 승객용 엘리베이터
③ 피트 밑을 사무실 등의 어떤 용도로 사용 중일 때
④ 가이드 레일의 길이가 짧은 경우

「승강기안전부품 안전기준 및 승강기 안전기준」[별표22] 6.5.4에 따라 승강로 하부에 접근할 수 있는 경우, 피트의 기초는 5,000 N/m² 이상의 부하가 걸리는 것으로 설계되어야 하고, 균형추 또는 평형추에 추락방지안전장치가 설치되어야 한다.
※ 승강로 하부에 접근할 수 있는 공간이란 피트 바닥 직하부에 사람이 상주하는 공간 또는 상시 출입하는 통로나 공간을 의미한다.

정답 4 ② 5 ③ 6 ② 7 ④ 8 ① 9 ② 10 ① 11 ③

★★★

12 다음 중 비상정지장치와 관련이 없는 것은?

① FGC(flexible guide clamp)형 세이프티 기어
② 슬랙 로프 세이프티
③ 조속기
④ 턴버클

턴버클은 양쪽 고리에 케이블이나 로프를 고정시키고, 몸체를 돌려 장력을 조절하는 역할을 한다.

★★

13 점진식 비상정지장치에 대한 설명이다. 옳지 않은 것은?

① 레일을 죄는 힘이 동작시부터 정지시까지 일정한 것이 F.G.C형이다.
② 레일을 죄는 힘이 처음에는 약하게 하강함에 따라 강해지다가 얼마 후 일정값에 도달하는 것이 F.W.C형이다.
③ 현재 제조되고 있는 대부분은 F.W.C형이며, 그 이유는 구조가 간단하고 복구가 용이하기 때문이다.
④ 점진식은 정격속도가 1 m/s 이상인 승강기에 주로 사용한다.

F.G.C형은 구조가 간단하고 복구가 용이하여 대부분 사용된다.

★

14 비상정지장치(추락방지안전장치) 종류 중 F.G.C형 비상정지장치(추락방지안전장치)에 관한 설명으로 틀린 것은?

① 동작이 되면 복귀가 어렵다.
② 구조가 간단하고 공간을 적게 차지한다.
③ 점차 작동형 비상정지장치(추락방지안전장치)의 일종이다.
④ 레일을 죄는 힘은 동작 시부터 정지 시까지 일정하다.

구조가 단순하여 복귀가 용이하다.

★

15 가이드(주행안내) 레일을 감싸고 있는 블록과 레일 사이에 롤러를 물려서 카를 정지시키는 비상정지장치(추락방지안전장치)는?

① F.G.C형
② F.W.C형
③ 점차작동형
④ 즉시작동형

★★★

16 다음 중 F.G.C(Flexible Guide Clamp)형 비상정지장치의 정지력과 거리의 관계를 나타내는 것으로 알맞은 것은? (단, 가로축 : 거리, 세로축 : 정지력이다)

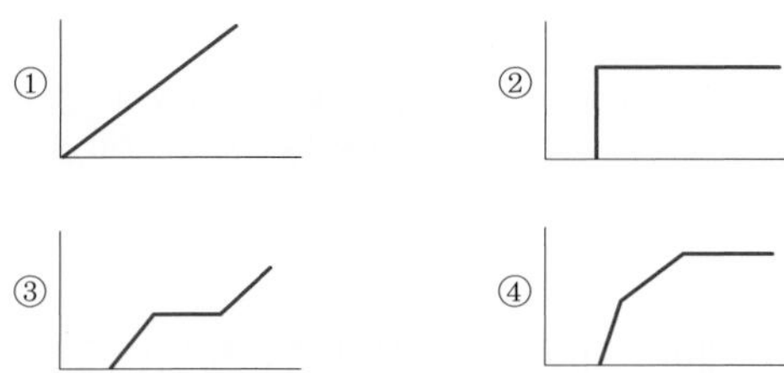

① 즉시 작동형
② F.G.C(Flexible Guide Clamp)형
④ F.W.C(Flexible Wedge Clamp)형

★★★

17 그림과 같은 동작곡선을 나타내는 비상정지장치 형식은?

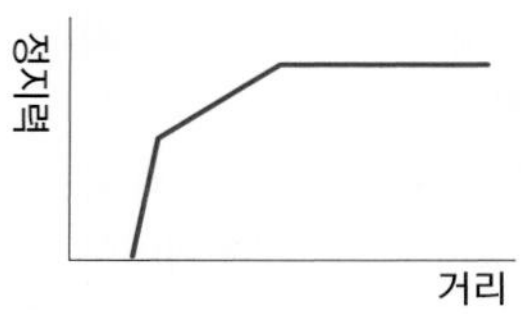

① 순차정지식
② F.G.C형
③ F.W.C형
④ 순간정지식

레일을 죄는 힘이 처음에는 약하게 하강함에 따라 강해지다가 일정값에 도달하므로 F.W.C형이다.

★★★

18 비상정지장치(추락방지안전장치)의 성능시험에 관한 설명 중 틀린 것은?

① 주행안내(가이드) 레일의 윤활상태를 실제 사용상태와 같도록 한다.
② 비상정지의 시험 후 수평도와 정지거리를 측정한다.
③ 비상정지의 시험 후 완충기의 파손 유무를 확인한다.
④ 적용 최대 중량에 상당하는 무게를 적용한다.

[09-1, 03-1, 02-5] 비상정지장치는 카 하부에 위치하여 카의 추락을 방지하므로 피트의 완충기와는 무관하다.

정답 12 ④ 13 ③ 14 ① 15 ④ 16 ② 17 ③ 18 ③

★★★

19 카 추락방지안전장치(비상정지장치)가 작동될 때, 무부하 상태의 카 바닥 또는 정격하중이 균일하게 분포된 부하 상태의 카 바닥은 정상적인 위치에서 최대 몇 %를 초과하여 기울어지지 않아야 하는가?

① 3
② 5
③ 7
④ 10

승강기안전부품 안전기준 및 승강기 안전기준 – [별표 22] 엘리베이터 안전기준
카 추락방지안전장치가 작동될 때, 무부하 상태의 카 바닥 또는 정격하중이 균일하게 분포된 부하 상태의 카 바닥은 정상적인 위치에서 **5%**를 초과하여 기울어지지 않아야 한다.

★★★

20 카 비상정지장치(추락방지안전장치)의 작동을 위한 조속기(과속조절기)는 정격속도의 몇 % 이상의 속도에서 작동해야 하는가?

① 105
② 110
③ 115
④ 120

[전기식 엘리베이터의 구조, 빈출]
카 비상정지장치를 위한 조속기는 적어도 정격속도의 **115%** 이상에서 작동하여야 한다.

★★★

21 균형추 측에도 비상정지장치를 설치해야 되는 경우는?

① 속도 2.5m/s 이상의 고속 승강기
② 정격 적재량 2000kg 이상의 승강기
③ 균형추측 하부에 완충기 설치를 생략하는 구조일 때
④ 승강로(피트) 아래를 사람이 출입하는 장소로 이용될 때

★

22 정격 속도가 0.5 m/s 인 화물용 엘리베이터의 비상정지장치 작동시의 카의 최대 속도는?

① 1.0 m/s
② 0.5 m/s
③ 0.575 m/s
③ 1.625 m/s

전기식 엘리베이터에서 카 비상정지장치의 작동을 위한 과속조절기는 정격속도의 **115%** 이상의 속도에서 작동되어야 한다.
$0.5 \times 1.15 = 0.575$ m/s

chapter 01

정답 19 ② 20 ③ 21 ④ 22 ③

07 균형추(Counter Weight)

1 균형추의 역할

카와의 균형을 유지하기 위해 카의 자중에 적재하중의 35~50%를 더한 중량을 보상시키기 위하여 카와 연결된 권상로프의 반대편에 연결된 중량물(블럭)을 말한다.

2 오버밸런스율(over balance)

① **균형추의 총중량을 정할 때 빈 카의 자중에 적재하중의 몇 %를 더 할 것인가를 나타내는 비율**을 말한다.

→ 엘리베이터의 사용용도에 따라 적재하중의 35~50%의 중량을 더한 값으로 설정하는데, 이 비율은 트랙션비에 큰 영향을 끼친다. 만약, 엘리베이터 카의 자중이 증가하면 트랙션비에 변화를 가져오게 되어, 권상용량의 초과로 인해 전동기에 과부하전류가 발생할 우려가 있다. 또 제동능력 저하로 인해 안전사고가 발생할 수 있다.

② 오버밸런스율은 트랙션비에 큰 영향을 끼친다.

균형추의 중량 = 카 자체하중 + $L \cdot F$

• L : 정격하중[kgf] • F : 오버밸런스율(%/100)

3 트랙션비(마찰비)

① 카측 로프가 매달고 있는 중량과 균형추측 로프가 매달고 있는 중량비(무게비)

② 트랙션비의 값이 낮아질수록 트랙션 능력은 좋아지고, 로프 수명이 길어진다.

③ 트랙션비의 계산 시는 적재하중, 카 자중, 로프 중량, 오버밸런스율 등을 고려하여야 한다.

▶ 승강행정이 길어지면 트랙션비가 커지고, 또 트랙션비가 1.35를 넘으면 로프가 시브에서 미끄러지기 쉬움

▶ 카의 자중이 증가되면 : 트랙션비에 변화를 가져오게 돼 권상용량의 초과로 인해 전동기에 과부하전류가 발생할 우려가 있으며 제동능력 저하로 인해 안전사고가 발생할 수 있다. 이외에도 카 자중은 카의 각 부재, 레일, 기계대, 로프 등 엘리베이터 모든 구조물의 안전율에 영향을 미치는 중요 요소이다.

(1) 전부하가 실린 카를 최하층에서 기동시의 트랙션비

① 카측의 중량 = 카 하중 + 적재하중 + 로프하중

② 균형추측의 중량 = 균형추의 중량(= 카 하중 + L·F)

③ 전부하 시 트랙션비 = $\dfrac{\text{카측의 중량}}{\text{균형추측의 중량}}$

(2) 빈 카가 최상층에서 하강시의 트랙션비

① 카측의 중량 = 카 하중

② 균형추측의 중량 = 균형추의 중량 + 로프하중

③ 무부하 시 트랙션비 = $\dfrac{\text{균형추측의 중량}}{\text{카측의 중량}}$

08 균형로프 (보상로프)

1 균형로프(compensating rope)의 필요성

① 균형체인이나 균형로프는 **카와 균형추 와이어로프 상호간의 위치변화에 따른 무게를 보상**하기 위한 것

→ 엘리베이터의 작동 중에 카측 및 균형추측의 와이어 로프의 길이는 일정하게 변화하여, 트랙션 시브의 양측에서 와이어 로프의 중량을 변화시킨다. 카가 가장 낮은 착륙 지점에 있을 때 와이어 로프의 중량은 대부분 카에 쏠리게 되고, 가장 높은 지점에 있을 때 로프의 중량은 대부분 균형추에 쏠리게 된다.

승강 높이가 크지 않을 경우 엘리베이터의 주행 성능에는 거의 영향을 미치지 않지만 리프트가 특정 높이를 초과하면 안정성에 심각한 영향을 줄 수 있으므로 높이 변화에 의한 카와 평형추의 무게 균형을 잡고, 주로프와 이동케이블의 균형을 맞추기 위해 설치한다.

② 주로 행정거리가 긴 경우나 정밀한 착상을 요구하는 고속엘리베이터 등에 사용되고 승차감, 착상오차 및 트랙션비를 개선한다.

→ 트랙션비 : 카측 와이어로프가 매달리고 있는 중량과 균형추측 와이어로프가 매달고 있는 중량의 비

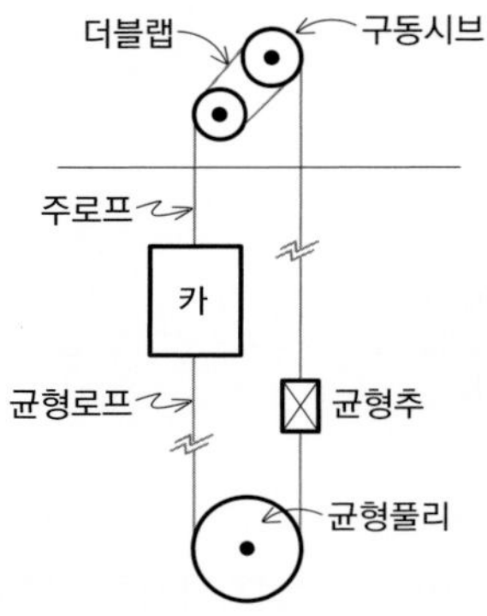

07 균형추

★

1 트랙션 머신 시브를 중심으로 카 반대편의 로프에 매달리게 하여 카 중량에 대한 평형을 맞추는 것은?

① 조속기 ② 균형체인
③ 균형추 ④ 완충기

★★★

2 균형추에 대한 설명으로 옳은 것은?

① 카측에 매달리고 있는 중량과 반대쪽에 매달린 중량의 차를 적게 하여 모터의 출력을 적게 하는 것으로 카의 반대쪽에 매달린 것을 말한다.
② 카측 무게의 밸런스를 잡기 위하여 카 하부에 카의 수평을 잡기 위해 부착한 것을 말한다.
③ 전동기의 평형을 유지하기 위하여 전동기의 수평을 맞추기 위해 사용하는 추이다.
④ 조속기 로프의 이탈 방지를 위하여 피트에 조속기 로프와 연결된 추이다.

★★★

3 승강기의 구동방식 중 균형추 방식에 해당하는 것은?

① 권상기에 드럼을 사용하여 감거나 풀어주는 방식
② 로프를 권동에 감거나 풀어주는 방식
③ 저 양정에 주로 사용하는 방식
④ 로프와 도르래 사이의 마찰력을 이용하여 카를 움직이는 방식

★★★

4 엘리베이터의 균형추는 보통 빈 케이지의 하중에 적재하중의 35~55%를 더한 값으로 하는데 이때 추가되는 값은?

① 케이지 부하율
② 추가 전부하율
③ 추가 마찰율
④ 오버밸런스율

균형추의 총중량은 빈 카의 자중에 그 승강기의 사용용도에 따라 정격적재하중의 35~55%의 중량을 더한 값으로 하는 것이 보통이다. 정격적재하중의 몇 %를 더할 것인가를 오버밸런스율이라 한다.

★★

5 균형추의 중량을 결정하는 계산식은?
(단, 여기서 L은 정격하중, F는 오버밸런스율이다.)

① 균형추 중량 = 카 자체하중 × L·F
② 균형추 중량 = 카 자체하중 + L·F
③ 균형추 중량 = 카 자체하중 × (L − F)
④ 균형추 중량 = 카 자체하중 + (L + F)

균형추의 중량 = 카 자체하중 + (정격적재하중×오버밸런스율)

★★

6 다음 중 균형추의 총 중량에 관한 설명으로 옳은 것은?

① 일반적으로 빈 카의 자체하중에 정격하중의 35~50%의 중량을 더한 값
② 일반적으로 빈 카의 자체하중에 정격하중을 제한 값
③ 일반적으로 빈 카의 자체하중에 정격하중을 더한 값
④ 일반적으로 빈 카의 자체하중에 정격하중을 35~50%의 중량을 제한 값

★

7 균형추의 무게 결정과 관계없는 것은?

① 카 자체하중
② 정격적재하중
③ 오버밸런스율
④ 속도

★★★

8 로프식 승강기의 균형추 무게를 계산하는 식은?
(단, 오버밸런스는 50%로 한다.)

① 카하중 + 카하중의 50%
② 카하중 + 적재하중의 50%
③ 적재하중의 150%
④ 적재하중의 50%

정답 7 1 ③ 2 ① 3 ④ 4 ④ 5 ② 6 ① 7 ④ 8 ②

★

9 균형추의 전체 무게를 산정하는 방법으로 옳은 것은?

① 카의 전중량에 정격 적재량의 40~50%를 더한 무게로 한다.
② 카의 전중량에 정격 적재량을 더한 무게로 한다.
③ 카의 전중량과 같은 무게로 한다.
④ 카의 전중량에 정격 적재량의 110%를 더한 무게로 한다.

★

10 엘리베이터 카측 로프가 매달고 있는 중량과 균형추측 로프가 매달고 있는 중량의 비를 '트랙션비'라 하는데, 이 값을 낮게 선택하면 어떤 효과가 있는가?

① 엘리베이터의 속도가 빨라진다.
② 엘리베이터의 진동이 감소한다.
③ 엘리베이터의 외관이 아름다워진다.
④ 엘리베이터의 로프 수명이 길어진다.

트랙션비의 값이 낮아질수록 트랙션 능력은 좋아진다.
트랙션비의 계산 시는 적재하중, 카 자중, 로프 중량, 오버밸런스율 등을 고려하여야 한다.

★

11 균형추의 점검 및 보수사항과 거리가 먼 것은?

① 각 웨이트편이 움직이지 않게 고정되어 있는지의 여부
② 각부의 조임상태는 양호한지의 여부
③ 가이드 슈가 지나치게 마모된 것은 없는지의 여부
④ 과속스위치의 취부가 양호한지의 여부

08 균형로프 · 균형체인

★★★

1 균형로프(Compensating Rope)의 역할로 옳은 것은?

① 주로프를 보강한다.
② 균형추의 이탈을 방지한다.
③ 카의 낙하를 방지한다.
④ 주로프와 이동케이블의 이동으로 변하는 하중을 보상한다.

균형체인이나 균형로프는 카와 균형추 와이어로프 상호간의 위치변화에 따른 무게를 보상하기 위한 것으로 주로 행정거리가 긴 경우나 정밀한 착상을 요구하는 고속엘리베이터 등에 사용되고 승차감, 착상오차 및 트랙션비(카측 와이어로프가 매달리고 있는 중량과 균형추측 와이어로프가 매달고 있는 중량의 비)를 개선하기 위한 장치다.

★★★

2 균형체인 또는 균형로프의 적용 목적은?

① 주로프(main rope) 무게를 보상하기 위해서
② 카 무게중심의 균형을 맞추기 위해서
③ 카의 무게를 보상하기 위해서
④ 탑승 승객의 무게를 보상하기 위해서

★★★

3 균형체인의 설치 목적으로 가장 알맞은 것은?

① 카의 진동을 방지하기 위해서 설치한다.
② 카의 추락을 방지하기 위해서 설치한다.
③ 이동 케이블과 로프의 이동에 따라 변화되는 하중을 보상하기 위해서 설치한다.
④ 균형추의 추락을 방지하기 위해서 설치한다.

★★★

4 균형체인이나 균형로프의 사용목적을 설명한 것으로 가장
적절한 것은?

① 카의 위치변화에 따른 주로프 무게의 차이에 의한 권상비 보상
② 카의 무게 및 적재하중 변화에 따른 권상비 보상
③ 카의 무게중심을 유지하기 위한 보상
④ 카의 승객의 승차감을 좋게 하기 위한 보상

★★★

5 균형로프에 대한 설명으로 옳은 것은?

① 주로 고속엘리베이터에 많이 사용하고 있다.
② 유압승강기에 많이 사용하고 있다.
③ 10층 미만의 로프식 승강기에 많이 사용하고 있다.
④ 화물용 승강기에만 주로 사용하고 있다.

★★★

6 균형체인과 균형로프의 점검사항이 아닌 것은?

① 연결부위의 이상마모가 있는지를 점검
② 이완상태가 있는지를 점검
③ 이상소음이 있는지를 점검
④ 양쪽 끝단은 카의 양측에 균등하게 연결되어 있는지를 점검

정답 9 ① 10 ④ 11 ④ 8 1 ④ 2 ① 3 ③ 4 ① 5 ① 6 ④

SECTION

Craftsman Elevator

03 카와 도어시스템

Main Key Point

[예상문항수 : 0~1문제] 이 섹션에서는 승강기 관리주체의 의무, 안전관리자의 직무범위를 구분하며 승객이 갇힌 경우의 대응 요령 등도 간과하지 말고 학습합니다.

01 카 & 카틀

1 카(car, cage)의 개요

① 카 내부 및 카 출입구의 유효높이 : **2m** 이상

→ 주택용 엘리베이터의 경우에는 1.8m 이상으로 할 수 있으며, 자동차용 엘리베이터의 경우에는 제외

② 카의 유효면적 : 승객의 탑승 및 화물의 적재가 가능한 카 바닥에서 위로 1m 높이에서 측정된 카의 면적을 말한다.

③ 카 면적은 카 바닥면 위로 1m 높이에서 마감된 부분을 제외하고 카 벽에서 카 벽까지의 내부 치수가 측정되어야 한다.

④ 카에 정상적으로 출입할 수 있는 승강로 개구부에는 승강장문이 제공되어야 하고, 카에 출입은 카문을 통해야 한다. 다만, 2개 이상의 카문이 있는 경우, 어떠한 경우라도 2개의 문이 동시에 열리지 않아야 한다.

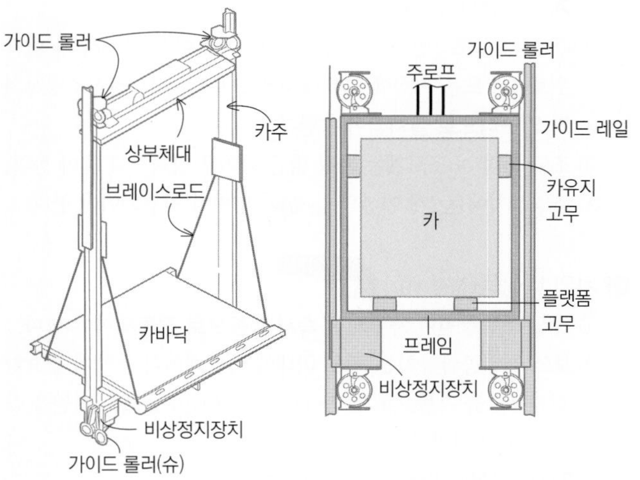

▶ 카 틀의 구조
- 상부 체대(Cross Head) : 카 틀에 로프를 매단 장치
- 하부 체대(Plank) : 틀을 지지
- 카 주(Stile) : 상부 체대와 카 바닥을 연결하는 2개의 지지대
- 가이드 슈 : 틀이 레일로부터 이탈하는 것을 방지
- 브레이스 로드(Brace Rod) : 카 바닥이 수평을 유지하도록 카 주와 연결

2 엘리베이터의 정격하중 및 정원

① 카의 과부하를 방지하기 위해 카의 유효 면적은 제한한다.
- 화물용 : 카 면적 1 m^2 당 250kg 이상
- 자동차용 : 카 면적 1 m^2 당 150kg 이상
- 주택용 : 카의 유효 면적은 1.4 m^2 이하이어야 하고, 다음과 같이 계산되어야 한다.

  → 유효면적 1.1 m^2 이하 : 1 m^2 당 195kg으로 계산(최소 159kg)

  → 유효면적 1.1 m^2 초과 : 1 m^2 당 305kg으로 계산

② 정원 : 다음 식에서 계산된 값을 가장 가까운 정수로 버림 한 값이어야 한다.

$$정원 = \frac{정격하중}{75}$$

카의 과부하를 방지하기 위해 정격하중과 최대 카의 유효 면적 사이의 관계에 따라 제한되어야 하며, 카의 과부하가 감지되어야 한다.

3 카의 강도

① 5 cm^2 면적의 원형이나 사각의 단면에 300 N의 힘을 균등하게 분산하여 카 내부에서 외부로 카 벽의 어느 지점에 수직으로 가할 때 카 벽의 기계적 강도는 다음과 같아야 한다.
- 1 mm를 초과하는 영구변형이 견뎌야 한다.
- 15 mm를 초과하는 탄성변형 없이 견뎌야 한다.

② 유리로 된 카 벽 : **접합유리**

카 상부의 강도 : 0.3×0.3 m 면적의 어느 지점에서나 최소 2,000N의 힘을 영구 변형 없이 견딜 수 있어야 한다.

4 에이프런(Apron)

카 문턱에는 승강장 유효 출입구 전폭에 걸쳐 에이프런이 설치되어야 한다. 수직면의 아랫부분은 수평면에 대해 60° 이상으로 아랫방향을 향하여 구부러져야 한다.

5 엘리베이터 카 내 조작반

① 행선버튼

② 도어 열림/닫힘 버튼

③ 비상연락버튼

④ 비상정지스위치 : 일반 승객의 사용을 방지하기 위해서 커버를 씌우져 있음

완충기의 최대압축하중은 완충기 높이의 90% 압축을 의미하며, 압축률을 더 낮은 값으로 만들 수 있는 완충기의 고정 요소는 고려하지 않는다.

6 엘리베이터의 수동운전반

엘리베이터 내부에는 수동운전, 운전수운전 등의 운전형태를 변경하는 스위치와 엘리베이터 카 내의 송풍기, 전등 등의 스위치가 내장되어 있으며 이러한 스위치들은 주로 관계자만 사용할 수 있도록 되어 있다.

운전 – 정지 스위치 (RUN/STOP)	• 운전상태로 있으며 엘리베이터가 움직일 수 있다. • 운전중 정지시킬 수 있으며 기준상 일반인이 사용하지 못하도록 내장되거나 키 스위치로 되어 있다.
수동 – 자동 스위치 (AUTO/HAND)	• 엘리베이터 운전형태를 자동 또는 수동으로 변경하는 스위치
도어정지 스위치 (DOOR/OFF)	• 도어의 자동동작을 정지시키는 스위치 • 스위치를 off하면 도어개폐장치의 전원이 차단되어 도어가 움직이지 않게 된다.

7 카 상부(지붕)의 설비

① 제어장치(점검운전)

② 정지장치

③ 콘센트

▶ 정지장치의 설치 장소
- 피트
- 카 지붕
- 카 내(도킹 운전이 가능)
- 풀리실
- 점검운전 장치
- 구동기 공간 외

8 카 지붕의 피난공간 및 틈새

① 피난공간이 카 지붕의 고정된 부품과 닿는 경우, 피난공간 모서리 하단부의 한쪽 면은 카 지붕에 고정된 부품을 포함하기 위해 폭 0.1m, 높이 0.3m 까지의 공간을 줄일 수 있다.

② 점검 등 유지관리 업무 수행을 위해 두 명 이상의 사람이 카 지붕 위에 있어야 하는 경우, 피난공간은 추가되는 사람마다 각각 제공되어야 한다.

③ 카가 따른 최고 위치에 있을 때 피난공간을 수용할 수 있는 유효 구역이 1개 이상 카 지붕에 있어야 한다.

9 비상구출문

카 천장에 비상구출문이 설치된 경우, 크기는 0.4×0.5m 이상이어야 한다.

→ 공간이 허용된다면, 유효 개구부의 크기는 0.5×0.7m가 바람직하다.

④ 하나의 승강로에 2대 이상의 엘리베이터가 있는 경우, 카 벽에 비상구출문을 설치할 수 있다. 다만, 카 간의 수평거리는 1 m를 초과할 수 없다.

⑤ 비상구출문에는 손으로 조작할 수 있는 잠금장치가 있어야 한다.

⑥ 비상구출문의 구조

카 천장	• 카 외부에서 열쇠 없이 열려야 함 • 카 내부에서는 비상장금해제 삼각열쇠로 열려야 함 • 카 내부방향으로 열리지 않아야 함
카 벽	• 카 외부에서 열쇠 없이 열려야 함 • 카 내부에서는 비상장금해제 삼각열쇠로 열려야 함 • 카 외부방향으로 열리지 않아야 함

⑦ 2대 이상의 엘리베이터가 동일 승강로에 설치되어 인접한 카에서 구출할 경우 서로 다른 카 사이의 수평거리는 **1m 이하**이어야 한다.

10 카의 전기조명

① 카는 문이 닫힌 채로 승강장에 정지하고 있을 때를 제외하고 **계속 조명**되어야 한다.

② 카에는 카 조작반 및 카 벽에서 100 mm 이상 떨어진 카 바닥 위로 1m 모든 지점에 **100 lx 이상**으로 비추는 전기조명장치가 **영구적으로 설치**되어야 한다.

③ 조도 측정 시 조도계는 가장 밝은 광원을 향하도록 해야 한다.

④ 조명장치에는 2개 이상의 등(燈)이 병렬로 연결되어야 한다.

11 카의 비상등(정전 시)

① 정상 조명전원이 차단되면 **즉시 자동으로 점등**되어야 한다.

② 보조 전원공급장치는 **60초 이내**에 엘리베이터 운행에 필요한 전력용량을 자동으로 발생시키도록 하되 수동으로 전원을 작동시킬 수 있어야 한다.

③ **2시간 이상** 운행시킬 수 있어야 한다.

④ 카의 비상등은 자동으로 재충전되는 **비상전원공급장치에 의해 5 lx 이상의 조도로 1시간 동안 전원이 공급**되어야 한다.

⑤ 비상등의 조명위치
- 카 내부 및 카 지붕에 있는 비상통화장치의 작동 버튼
- 카 바닥 위 1 m 지점의 카 중심부
- 카 지붕 바닥 위 1 m 지점의 카 지붕 중심부

기출문제

★ 숫자는 빈출 정도 및 중요도를 나타냅니다.

01 카와 카틀

★

1 카 틀(Car Frame)의 구성요소가 아닌 것은?

① 상부 체대 ② 하부 체대
③ 도어 체대 ④ 브레이스 로드

★★★

2 카 실(cage)의 구조에 관한 설명 중 옳지 않은 것은?

① 승객용 카의 출입구에는 정전기 장애가 없도록 방전코일을 설치하여야 한다.
② 카 천장에 비상구출구를 설치하여야 한다.
③ 구조상 경미한 부분을 제외하고는 불연재료를 사용하여야 한다.
④ 승객용은 한 개의 카에 두 개의 출입구 설치를 금지한다.

★

3 로프식 엘리베이터의 카 틀에서 브레이스 로드의 분담하중은 대략 어느 정도 되는가?

① 1/8 ② 3/8
③ 1/3 ④ 1/16

경사봉(브레이스 로드, 지지대)은 카의 전후좌우 4개소에 설치한다. 바닥하중의 **3/8**까지 균등하게 카 틀의 상부에서 하부까지 전달한다. 운반구를 얹어 놓는 하부 보는 그 위에 평평한 바닥 틀이 얹히고, 상부 보에는 로프가 연결된다.

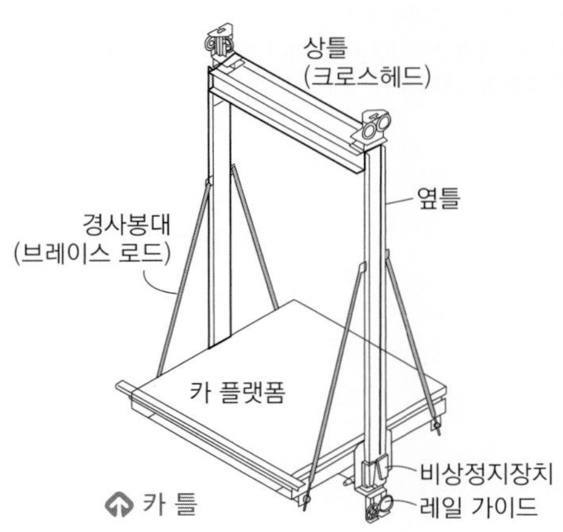

카 틀

★

4 엘리베이터의 카(car) 구조에 대한 설명 중 옳지 않은 것은?

① 카 내부는 구조상 경비한 부분을 제외하고는 불연재료로 만들거나 씌워야 한다.
② 카 천장에 설치된 비상구 출구는 카 내에서 열 수 없도록 잠금장치를 해야 한다.
③ 카 벽에 설치된 비상구 출구는 카 안쪽으로만 열리도록 한다.
④ 2개의 문이 설치된 경우에는 2개의 문이 동시에 열려 통로로 사용되는 구조이어야 한다.

카에는 2개 이상의 출입구를 설치할 수 있으나, 2개 이상의 문이 동시에 열려 통로로 사용되는 구조이어서는 아니된다.

★

5 카가 갖추어야 할 요소로 옳지 못한 것은?

① 카 주위벽은 방화구조로 되어 있어야 한다.
② 외부와의 연락 및 구출장치가 있어야 한다.
③ 환풍장치는 부착하지 않는다.
④ 비상등이 설치되어 있어야 한다.

★★★

6 다음 엘리베이터 조명에 대한 설명 중 괄호 안에 들어갈 수치는?

【보기】

카에는 자동으로 재충전되는 비상전원공급장치에 의해 (　) lx 이상의 조도로 1시간 동안 전원이 공급되는 비상등이 있어야 한다.

① 0.5 ② 1
③ 3 ④ 5

카에는 자동으로 재충전되는 비상전원공급장치에 의해 **5 lx** 이상의 조도로 1시간 동안 잔원이 공급되는 비상등이 있어야 한다.

★★★

7 카 내부의 적재하중을 감지하여 적재하중을 초과하면 경보를 울리고 출입문의 닫힘을 자동적으로 제지하는 장치는?

① 과부하 감지장치 ② 종점 스위치
③ 도어 안전장치 ④ 슬로다운 스위치

정답 **1** 1③ 2① 3② 4④ 5③ 6④ 7①

★★

8 과부하 감지장치의 작동에 따른 연계 작동에 포함되지 않는 것은?

① 카가 움직이지 않는다.
② 경보음이 울린다.
③ 통화장치가 작동된다.
④ 문이 닫히지 않는다.

정격 적재하중을 초과하여 적재(승차) 시 경보음이 울리고, 카가 정지상태이며, 문이 열린다. 또한 해소될 때까지 문 열림이 유지된다.

★★★

9 다음 중 승객·화물용 엘리베이터에서 과부하감지장치의 작동에 대한 설명으로 틀린 것은?

① 작동치는 정격 적재하중의 105~110%를 표준으로 한다.
② 적재하중 초과시 경보를 울린다.
③ 출입문을 자동적으로 닫히게 한다.
④ 카의 출발을 정지시킨다.

카 내의 적재하중이 초과되었음을 알려주는 과부하감지장치는 정격적재하중의 110%를 초과하기 전에 작동해야 한다.

★★★

10 적재하중을 초과하면 경보를 울리고 출입문의 닫힘을 자동적으로 제지하는 과부하 감지장치의 작동범위는 정격 적재하중의 몇 %를 표준으로 하는가?

① 100~105%
② 105~110%
③ 110~115%
④ 115~120%

★★★

11 엘리베이터의 자체점검기준에서 과부하감지장치의 작동감지에 대한 점검주기(회/월)는?

① 1/6
② 1/4
③ 1/3
④ 1/1

[15-5 기출] 자체점검기준
과부하감지장치와 같이 안전에 밀접한 항목은 월 1회 점검한다.

★

12 카의 조작방법별 구분에서 자동식이란?

① 전임 운전자 조작
② 관리식 조작
③ 운전자와 관리실 겸용 조작
④ 승객 자신 조작

★★★

13 승객용 엘리베이터의 카 및 승강장 문의 유효 출입구의 높이는 몇 m 이상이어야 하는가?

① 1.8
② 2.0
③ 2.6
④ 3.0

승강장문 및 카문의 출입구 유효 높이는 **2 m** 이상이어야 한다. 다만, 주택용 엘리베이터의 경우에는 1.8 m 이상으로 할 수 있으며, 자동차용 엘리베이터의 경우에는 제외한다.

★★★

14 카 출입구 또는 비상구출문에 대한 설명 중 틀린 것은?

① 카 출입구 이외에 비상구출구 및 환기구를 설치하여야 한다.
② 카 천장에 비상구출문이 설치된 경우, 유효 개구부의 크기는 0.3 m×0.3 m 이상이어야 한다.
③ 카 천장의 비상구출문은 카 외측으로 열게 되어 있다.
④ 하나의 승강로에 2대 이상의 엘리베이터가 있는 경우, 카 벽에 비상구출문을 설치할 수 있다.

② 카 천장에 비상구출문이 설치된 경우, 유효 개구부의 크기는 0.4 m × 0.5 m 이상이어야 한다.
③ 카 천장의 비상구출문은 카 외부에서 열쇠없이 열려야 하고, 카 내부에서는 비상잠금해제 삼각열쇠로 열려야 한다. (카 천장의 비상구출문은 카 내부방향으로 열리지 않아야 하고, 카 벽의 비상구출문은 카 외부방향으로 열리지 않아야 함)

정답 8 ③ 9 ③ 10 ② 11 ④ 12 ④ 13 ② 14 ②

02 도어 시스템의 종류 및 원리

1 도어 시스템의 종류

구분	형식	특징
중앙 개폐형	2CO, 4CO	• 가운데에서 양쪽으로 열림 • 승객용 엘리베이터
측면 개폐형 (가로열기)	1S, 2S, 3S	• 한 쪽 끝에서 시작해서 다른 쪽 끝으로 열림 • 카의 길이가 길다. • 화물용, 침대용(병원)
상하 개폐형 (Up Sliding)	2U, 3U	• 밑에서 위로 열림 • 자동차, 대형 화물용(전동덤웨이터) 등
스윙 도어 (미닫이 도어)	1 Swing, 2 Swing	

▶ 기호의 의미
- 숫자 : 문짝 수
- CO : Center Open (중앙열기)
- S 또는 SO : Side Open (가로열기)
- U 또는 UP : Up Sliding (상하열기)
- Swing : Swing Open (미닫이 도어)

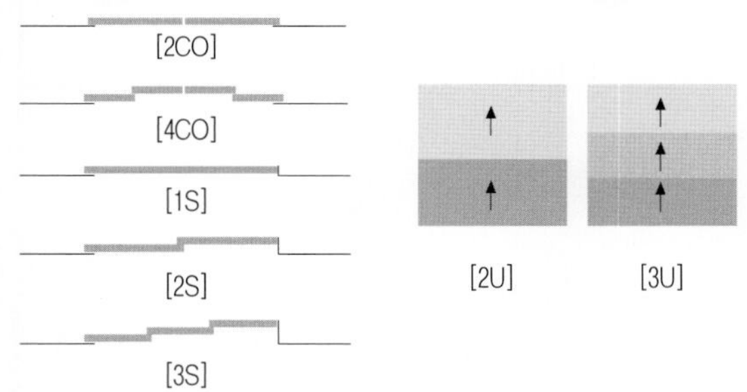

2 도어 시스템의 원리

① 구성 : 구동장치, 전달장치, 도어 판넬, 도어 슈, 링크, 행거 및 행거 롤러, 도어레일, 스러스트 롤러 등

② 도어 개폐 기본 원리 : 카 도어만 구동장치로 개폐하고, 승강장 도어는 기계적으로 카도어와 결합되어 함께 구동된다. 즉 승강장 도어는 카 도어에 의해 개폐된다.

③ 도어레일과 도어행거에 의해 원활히 개폐할 수 있도록 매달린 구조이다.

03 도어 장치

1 도어머신(Door machine)

[도어개폐장치]

① 도어개폐장치는 카 위에 설치되며, 도어 전동기의 회전을 감속시켜 암(arm) 또는 벨트(또는 체인)에 의해 카도어가 개폐된다.

② 클로즈 방향으로 전동기에 전류를 공급하여 도어가 열리지 않게 한다.

③ 카문의 개방 : 카가 운행 중일 때 카문의 개방은 50N 이상의 힘이 요구

④ 잠금해제구간에서 카가 비상 정지한 경우 카 내부에서 손으로 승강장문 및 카 문을 열 수 있어야 하고, 그 힘은 300N 이하이어야 한다.

⑤ 도어전동기 : 직류전동기, 교류전동기

⑥ 감속장치 : 웜기어 방식, 벨트(또는 체인) 방식

▶ 도어머신의 요구조건
- 동작이 원활하고 소음이 없을 것
- 카상부에 설치하기 위하여 소형, 경량일 것
- 동작횟수가 엘리베이터의 기동횟수의 2배가 되므로 보수가 용이할 것

2 도어레일(Door rail)과 도어행거(Door hanger)

① **도어레일** : 카 위에 레일을 설치하고, 레일 사이에 도어를 고정시킨 행거가 움직일 수 있도록 한다.

② **도어행거** : 도어가 고정된 부분이며, 도어 레일에서 벗어나는 것을 방지한다.
- 행거 롤러 : 도어 개폐시 소음을 감소시키기 위해 볼베어링과 플라스틱 등이 설치된다.
- 스러스트 롤러 : 행거 롤러가 구동되는 도어레일 아래에 위치하여 행거가 이탈되지 않도록 한다.

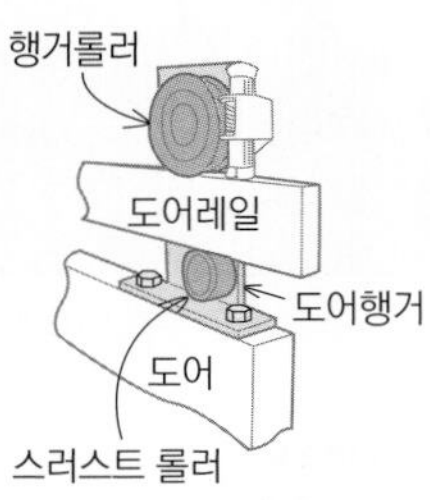

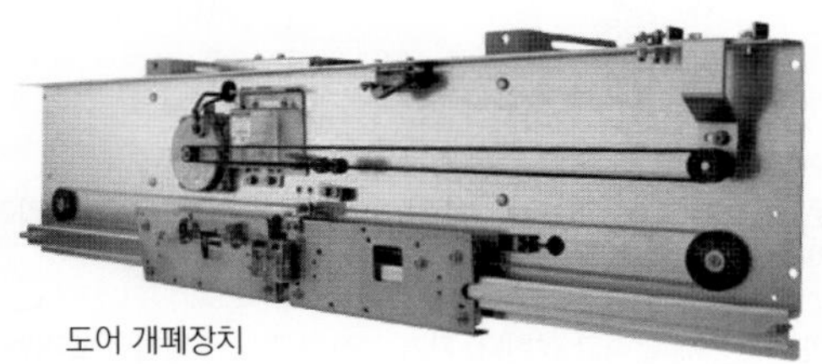
도어 개폐장치

chapter 01

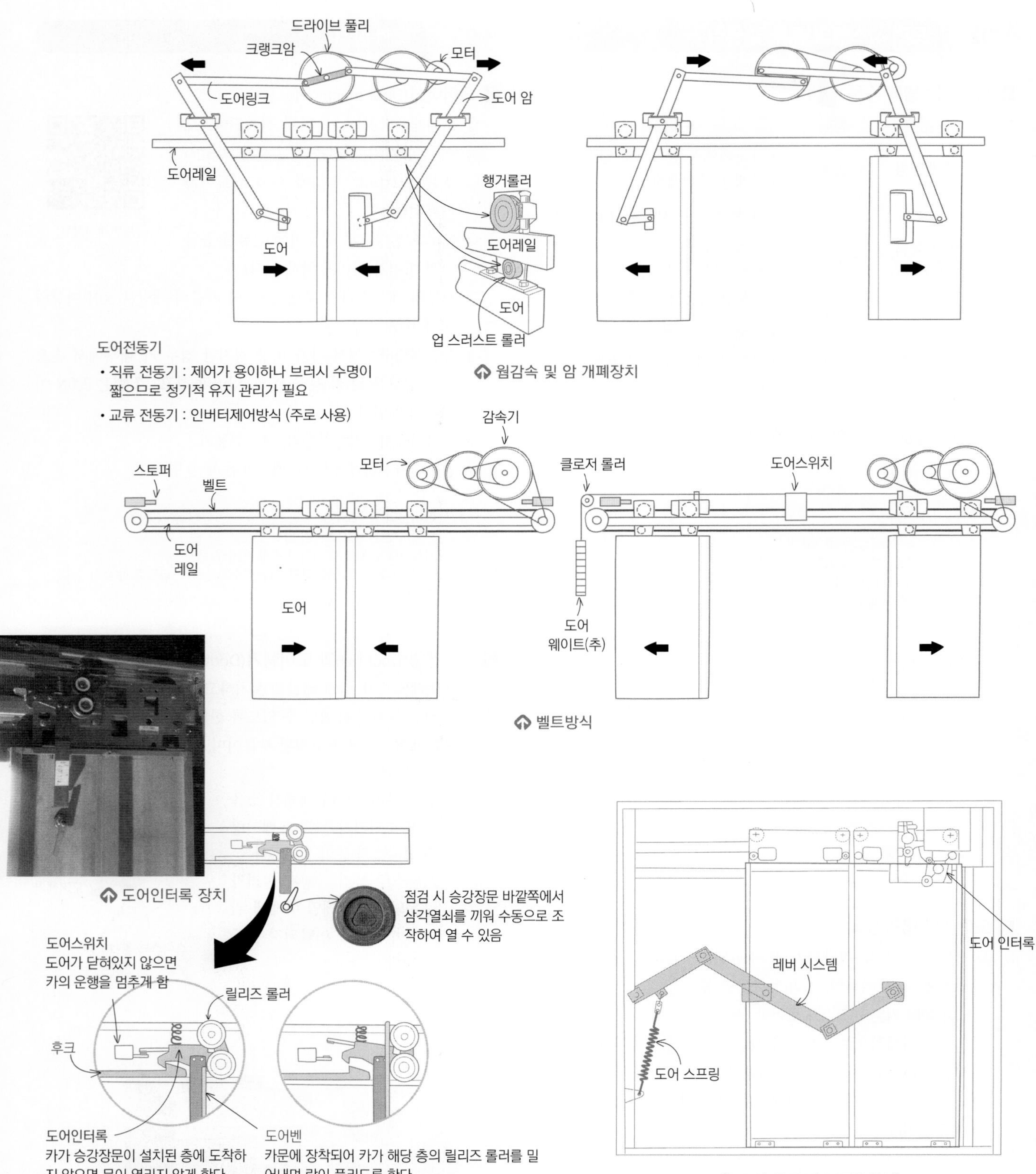

⟰ 웜감속 및 암 개폐장치

⟰ 벨트방식

⟰ 도어인터록 장치

⟰ 도어 클로저(스프링 방식)

승강장문은 카문에 의해 열리고 닫힌다. 카가 목적한 층에 도달하면 도어벤(카 문에 설치된 봉 형태)이 목표층의 승강장 문에 설치된 도어인터록을 해제하며 카문과 승강장문을 함께 열리도록 한다.

3 도어 안전장치 : 도어 인터록, 도어 스위치, 도어 클로저

① **도어 인터록** : 카가 정지하지 않는 층의 승강장 도어는 전용 열쇠를 사용하지 않으면 열리지 않도록 하는 **도어 록(잠금장치)**과 도어가 닫혀 있지 않으면 운전이 불가능하도록 하는 **도어 스위치**로 구성된다.

→ 도어 스위치 : 승강장 도어가 닫혀야만 카의 운전 가능하도록 한다. 즉, 카 도어가 열려있는 경우 엘리베이터가 운행되지 않도록 함

→ 도어록 장치가 확실히 걸린 후 도어 스위치가 들어가고, 또한 도어 스위치가 끊어진 후에 도어록이 열리는 구조로 하는 것이다.

→ 카가 목적한 층에 도달하면 카문에 설치된 시건장치(도어벤)가 승강장 도어 인터록을 해제하여 카문과 승강장문이 함께 열리게 됨 (도어벤은 전용열쇠에 의해 해제할 수 있음)

> ▶ 인터록(Interlock)의 의미
> 시스템 내에 1개 이상의 장치가 있을 때 하나의 장치가 작동될 때 다른 장치의 작동을 멈추게 한다.

② **도어 클로저**(Door closer) : 승강장 문이 열려있는 상태에서 발생하는 재해를 방지하기 위해 승강장 도어가 기계적으로 자동으로 닫히게 하는 장치이다.

- 스프링 클로저 : 스프링 장력을 통해 클로징(레버시스템과 도어스프링 및 도어체크를 조합)
- 중력식(웨이트 방식) : 추의 무게로 클로징(로프와 추를 사용하고 도어체크를 생략)

③ **도어 이탈방지장치** : 승강기 이용 시 승강장 문이 외부충격으로 인해 도어가 이탈하여 승객이 승장로로 추락하는 것을 방지해 주는 안전장치

④ **카도어 잠금장치** : 카의 운행 중 카의 내부에서 카 도어를 강제로 열지 못하도록 하는 장치

4 문 닫힘 안전장치 필수암기

① 도어가 닫히는 도중 출입하려고 할 때 도어와의 충돌방지 또는 출입구가 좁아져 발생할 수 있는 사고 방지를 위해 도어 사이의 이물질 검출장치를 설치하여 도어를 개방한다.

② 종류

구분	내용
세이프티 슈 (safety shoe) 접촉식	도어 가장자리(선단) 틀에 긴 막대모양의 슈를 설치하여 인체나 물체가 접촉될 때 도어 안쪽으로 들어가며 스위치를 작동시켜 도어를 개방한다.
광전 장치 비접촉식	일반상태에서는 투광기에서 수광기로 빔이 통과되며, 물체에 의해 빔이 차단될 때 도어를 개방
초음파 장치 비접촉식	초음파를 발신하여 되돌아오는 반사파를 검출하여 도어를 개방

5 실(sill)

① 도어의 하부에 위치하여 도어 레일 역할을 하는 장치

② 카문의 문턱과 승강장문의 문턱 사이의 수평거리는 35mm 이하이어야 한다.

③ 승강장문과 카문 전체가 정상 작동하는 동안 카문의 앞부분과 승강장문 사이의 수평거리가 0.12m 이하이어야 한다.

6 손끼임방지장치

① 도어가 동작될 때 도어 틈 사이로 손이 끼는 사고를 방지하기 위한 장치로 닫힐 때 뿐만 아니라 열릴 때 손끼임 발생 사고를 예방하는 도어 안전장치

② 설치검사 후 15년이 지난 승강기는 3년마다 정밀안전검사를 받아야 하며, 해당 정밀안전검사 시 손끼임 방지장치가 필수로 설치되어 있어야 함

04 승강장문 외

1 일반사항

① 엘리베이터 카로 출입할 수 있는 승강로 개구부에는 구멍이 없는 승강장문이 설치되어야 한다.

② 승강장문이 닫혀 있을 때 문짝 사이의 틈새(또는 문짝과 문설주, 인방 또는 문턱 사이의 틈새) : 6 mm 이하

→ 수직 개폐식 승강장문인 경우 : 10 mm까지

2 승강장문의 기계적 강도 (카의 강도와 동일)

① 잠금장치가 있는 승강장문이 잠긴 상태에서 5 cm^2 면적의 단면에 300 N의 힘을 균등하게 분산하여 문짝의 어느 지점에 수직으로 가할 때, 승강장문의 기계적 강도는 다음과 같아야 한다.

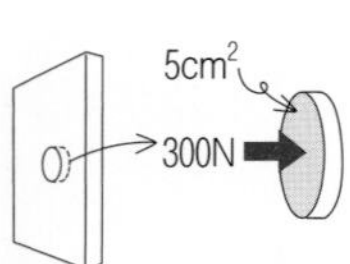

- 1 mm를 초과하는 영구변형이 없어야 한다.
- 15 mm를 초과하는 탄성변형이 없어야 한다.

② 수평 개폐식 및 접이식 문의 선행 문짝을 열리는 방향에서 가장 취약한 지점에 장비를 사용하지 않고 손으로 약 150 N의 힘을 가했을 때, 틈새는 6mm를 초과할 수 있으나 다음에서 규정한 수치는 초과할 수 없다.

- 측면 개폐식 문 : 30 mm
- 중앙 개폐식 문 : 45 mm

③ 유리문의 재질 : **접합유리** (KS L 2004)

④ 승강장문의 유효 출입구 높이과 폭

승강장문의 유효 출입구 높이	2 m 이상 (자동차용 엘리베이터는 제외)
승강장문의 유효 출입구 폭	카 출입구의 폭 이상 (양쪽 측면 모두 카 출입구 측면의 폭보다 50 mm를 초과하지 않아야 한다.)

3 수평 개폐식 문과 수직 개폐식 문

(1) 수평 개폐식 문 – 자동 동력 작동식 문

① 문이 닫히는 중에 사람이 출입구를 통과하는 경우 자동으로 문이 열리는 장치가 있어야 한다. 이 장치는 문이 닫히는 마지막 20 mm 구간에서 무효화 될 수 있다.

② 승강장문 또는 카문과 문에 견고하게 연결된 기계적인 부품들의 운동에너지는 평균 닫힘 속도로 계산되거나 측정했을 때 10 J 이하이어야 한다.

③ 문이 닫히는 것을 막는데 필요한 힘은 문이 닫히기 시작하는 1/3 구간을 제외하고 150 N을 초과하지 않아야 한다.

④ 문 닫힘 움직임이 방해되면 문은 다시 열려야 한다. 문 열림은 문이 완전히 열리는 것을 의미하지는 않으나 장애물이 제거될 수 있도록 다시 열려야 한다

⑤ 접이식 문이 열리는 것을 막는데 필요한 힘은 150 N을 초과하지 않아야 한다.

→ 문 닫힘을 저지하는 힘 : 150 N 이하

→ 문의 열림 방지에 필요한 힘 : 150 N 이하

⑥ 접이식 카문이 닫힐 때 문틀 홈 안으로 들어가는 경우, 접힌 문의 외측 모서리와 문틀 홈 사이의 거리는 15 mm 이상이어야 한다.

(2) 수직 개폐식 문 : 화물용, 자동차용에만 적용

동력 닫힘은 다음 조건을 만족하는 경우에만 사용되어야 한다.

① 문짝의 평균 닫힘 속도 제한 : 0.3 m/s 까지

② 카문은 구멍이 없어야 한다.

③ 문이 닫히는 동안 사람이나 물건이 끼이거나 끼려고 할 때 자동으로 문이 반전되어 열리는 문닫힘안전장치가 있어야 한다.

→ 다만, 반자동 동력 작동식 문의 경우, 카문은 승강장문이 닫히기 시작하기 전에 2/3 이상 닫혀야 한다.

4 승강장 조명

승강장에는 카 조명이 없더라도 이용자가 승강장문을 열고 엘리베이터에 탑승할 때 앞을 볼 수 있도록 **50 lx 이상**(바닥에서 측정)의 자연조명 또는 인공조명이 있어야 한다.

5 승강장문의 잠금

① 카 운행 중 정지 시점이 아닌 경우에는 모든 승강장문은 개방되지 않아야 한다. 이 때 승강장문이 확실히 닫히기 전까지 카가 운행되지 않아야 한다.

② 잠금 부품은 문이 열리는 방향으로 300 N의 힘을 가할 때 잠금 효력이 감소되지 않는 방법으로 물려야 한다.

③ 잠금장치는 문이 열리는 방향으로 다음과 같은 힘을 가할 때 영구변형 없이 견뎌야 한다.

- 수직 수평 개폐식 문 : 1,000 N
- 경첩이 있는 문 : 3,000 N

④ 잠금 작용 방식 : 중력, 영구자석 또는 스프링

02 도어시스템 일반

★★★

1 다음 중 도어 시스템(door system)의 종류가 아닌 것은?

① 2짝문 가로열기(2S) 방식
② 2짝문 중앙열기(CO) 방식
③ 가로열기와 상하열기 겸용 방식
④ 2짝문 상하열기 방식

구조 상 가로열기와 상하열기 겸용방식은 없다.

★★★

2 도어시스템의 종류를 기호로 분류한 것 중 틀린 것은?

① 중앙 두 짝문 열림 – 2CO
② 중앙 네 짝문 열림 – 4CO
③ 가로 두 짝문 열림 – 2SO
④ 상하 두 짝문 열림 – 2S

상하 열림은 U(UP)이며, 숫자는 문의 갯수을 말하므로 '상하 두 짝문 열림'은 2U이다. S(side) 또는 SO(side open)는 가로 열림을 의미한다.

★★★

3 중앙 개폐방식 승강장 도어를 나타내는 기호는?

① 2S　② UP
③ CO　④ SO

CO : Center Open

★★★

4 다음 중 자동차용 엘리베이터나 대형 화물용 엘리베이터에 주로 사용하는 도어 개폐방식은?

① CO　② SO
③ UD　④ UP

자동차용, 대형 화물용은 상하(U, UP)개폐방식을 이용한다.

★★

5 도어 열림방식 중 2S 오픈방식을 바르게 설명한 것은?

① 2매 측면 열림
② 2매 중앙 열림
③ 2매 위로 열림
④ 2매 위아래 열림

★

6 엘리베이터의 도어시스템을 분류할 때 1S, 2S, 3S 등으로 분류하였다. 여기에서 'S'가 의미하는 것은?

① 가로열기　② 상하열기
③ 외짝문　④ 2짝문

★★

7 엘리베이터의 도어시스템(door system)에 대한 설명으로 옳지 않은 것은?

① 승객용 엘리베이터에는 반드시 카도어가 설치되어야 하고 이것은 동력으로 개폐되어야 한다.
② 승객용 엘리베이터의 개폐방식으로는 중앙개폐형, 측면개폐형, 상하개폐형 등이 있다.
③ 침대용의 경우 카(car)의 길이가 길기 때문에 측면개폐형이 주로 적용된다.
④ 승객용 엘리베이터 카 도어에는 반드시 세이프티 슈(safety shoe)가 설치되어야 한다.

• 중앙 개폐형 : 승객용
• 측면 개폐형 : 화물용, 침대용
• 상하 개폐형 : 자동차용, 전동덤웨이터용 등
② 승객용은 중앙계폐형만 사용한다.

★

8 도어의 오픈방식 중 침대용이나 화물용에 주로 쓰이는 방식은?

① 중앙 개폐형
② 측면 개폐형
③ 상부 개폐형(상부 열림방식)
④ 상하 개폐형(상부 하부 열림방식)

측면 개폐형(사이드 오픈방식)은 한쪽에서 반대쪽으로 문이 열리는 방식으로, 침대용이나 소형화물용으로 주로 사용된다.

정답 2 1③ 2④ 3③ 4④ 5① 6① 7② 8②

03 도어 장치

★★

1 승강장 도어 구조에 해당되지 않는 것은?

① 착상 스위치함
② 도어 스위치
③ 행거 롤러
④ 도어 가이드 슈

★★★

2 엘리베이터가 카 도어의 구성 부품이 아닌 것은?

① 균형체인
② 세이프티 슈
③ 링크
④ 행거

균형체인이나 균형로프는 카와 균형추의 로프 상호간의 위치변화에 따른 무게를 보상하기 위한 것으로 주로 행정거리가 긴 경우나 정밀한 착상을 요구하는 고속엘리베이터 등에 사용한다.

★★

3 다음 중 엘리베이터 도어용 부품과 거리가 먼 것은?

① 행거 롤러
② 업스러스트 롤러
③ 도어 레일
④ 가이드 롤러

카에 고정된 가이드 롤러는 가이드 레일에 따라 이동할 수 있도록 하는 구성품이다.

★★★★

4 카의 문을 열고 닫는 도어머신에서 성능상 요구되는 조건이 아닌 것은?

① 작동이 원활하고 정숙하여야 한다.
② 카 상부에 설치하기 위하여 소형이며 가벼워야 한다.
③ 어떠한 경우라도 수동조작에 의하여 카 도어가 열려서는 안된다.
④ 작동횟수가 승강기 기동횟수의 2배이므로 보수가 쉬워야 한다.

비상 또는 정비·점검 시 수동조작에 의해 카 도어가 열릴 수 있도록 해야 한다.

★★

5 도어 머신이 갖추어야 할 요구 조건이 아닌 것은?

① 소형경량이고 가격이 저렴하여야 한다.
② 대형이고 무거워야 한다.
③ 동작이 원활하고 소음이 적어야 한다.
④ 고빈도의 작동에 대한 내구성이 강해야 한다.

★★★

6 도어머신의 성능으로 옳지 않은 것은?

① 작동이 원활하고 정숙할 것
② 카 상부에 설치하기 위하여 소형 경량일 것
③ 가격이 저렴할 것
④ 동작횟수가 승강기 기동횟수보다 적을 것

도어머신의 동작횟수가 승강기 기동횟수의 2배이다. (열리고 닫힘 → 이동 → 열리고 닫힘)

★

7 승강장에서 하는 검사 중 중앙개폐문의 경우 도어가 닫힌 상태에서 얼마 이상 열려지지 않아야 하는가?

① 25 mm　② 30 mm
③ 45 mm　④ 50 mm

수평 개폐식 및 접이식 문의 선행 문짝을 열리는 방향에서 가장 취약한 지점에 장비를 사용하지 않고 손으로 약 150 N의 힘을 가했을 때 틈새는 6mm를 초과할 수 있으나 다음에서 규정한 수치는 초과할 수 없다.
- 측면 개폐식 문 : 30 mm
- 중앙 개폐식 문 : 45 mm

★★★

8 전기식 엘리베이터에서 도어 가이드 슈에 대한 점검사항이 아닌 것은?

① 도어 개폐 시 실(문턱 홈)과의 간섭상태 점검
② 도어 가이드 슈의 마모상태 점검
③ 도어 가이드 슈 고정볼트의 조임상태 점검
④ 가이드 롤러의 고무 탄성상태 점검

①은 승강장문 이탈방지장치의 점검사항이다.
※ 실(sill, 문턱 홈) : 카 및 승강장 출입문의 바닥문턱(홀 실과 카 실로 구분됨). 도어의 하부에 위치하여 도어의 레일 역할을 하는 장치

정답 3 1 ① 2 ① 3 ④ 4 ③ 5 ② 6 ④ 7 ③ 8 ①

★★★
9 다음 중 엘리베이터 도어용 부품과 거리가 먼 것은?

① 행거 롤러
② 업스러스트 롤러
③ 도어 레일
④ 가이드 롤러

가이드 롤러 : 카의 상부에 설치되어 가이드에 밀착시켜 카 및 균형추를 안내하며, 충격을 완화하는 역할을 한다.

★★
10 다음은 무엇에 대한 설명인가?

【보기】
카가 정지하지 않는 층의 도어는 전용열쇠를 사용하지 않으면 열리지 않도록 하는 도어록과 문이 닫혀 있지 않으면 운전이 불가능하도록 하는 도어스위치로 구성되어 있다.

① 도어 인터록 ② 도어 클로저
③ 스윙 도어 ④ 도어 머신

★★
11 도어 인터록에 대한 설명으로 틀린 것은?

① 모든 승강장문에는 전용열쇠를 사용하지 않으면 열리지 않도록 하여야 한다.
② 도어가 닫혀있지 않으면 운전이 불가능하여야 한다.
③ 닫힘 동작 시 도어 스위치가 들어간 다음 도어록이 확실히 걸리는 구조이어야 한다.
④ 도어 인터록은 전동기가 정상적인 기동이 되기 전에 도어를 닫히 위치에 잠가야 한다.

도어록 장치가 확실히 걸린 후 도어 스위치가 들어가고, 또한 도어 스위치가 끊어진 후에 도어록이 열려야 한다.

★★
12 승강기 도어의 인터록의 설명 중 옳지 않은 것은?

① 도어가 닫힐 때 도어록의 장치가 확실히 걸린 후 도어 스위치가 ON된다.
② 중력이나 압축스프링에 의해서 확실한 연결장치로 도어를 잠긴 상태로 유지하여야 한다.
③ 승강장 도어가 완전히 닫히기 전에 카의 기동을 허용할 수 있도록 한다.
④ 도어가 열릴 때 도어스위치가 OFF 후에 도어록이 열려야 한다.

인터록은 도어가 완전히 닫힌 후 카의 기동을 허용한다.

★★★
13 승강장 문의 닫힘 작동시 도어록과 도어 스위치는?

① 도어 스위치가 접촉한 후에 도어록이 되도록 한다.
② 도어 록이 되고 난 후 도어 스위치가 접촉되어야 한다.
③ 순서에 관계없이 도어록이 작동하거나 도어 스위치 작동이 이루어지면 된다.
④ 도어 록가 도어 스위치가 동시에 작동되어야 한다.

★★★
14 도어 인터록의 설명으로 옳지 않은 것은?

① 카가 정지하지 않은 층의 도어는 전용 열쇠를 사용하지 않으면 열리지 않아야 한다.
② 전 층의 도어가 닫혀있지 않으면 운전이 되지 않아야 한다.
③ 도어가 닫힐 때에는 기계적인 시건장치가 먼저 걸린 후에 도어 스위치가 들어가야 한다.
④ 도어가 열릴 때에는 도어록이 먼저 해제된 후에 도어 스위치가 끊어져야 한다.

도어록(잠금장치)과 도어 스위치의 작동 순서
- 승강장 문이 닫힐 때 : 잠금장치 ON → 도어 스위치 ON
- 승강장 문이 열릴 때 : 도어 스위치 OFF → 잠금장치 OFF

★★★
15 도어 인터록의 작동순서로 맞는 것은?

① 도어가 열릴 때 잠금장치 풀림 후 도어스위치 OFF
② 도어가 열릴 때 잠금장치와 도어스위치가 동시에 OFF
③ 도어가 닫힐 때 잠금장치 걸림 후 도어스위치 ON
④ 도어가 닫힐 때 도어스위치 ON 후에 잠금장치 걸림

★★
16 도어 안전장치에 관한 설명 중 옳지 않은 것은?

① 도어 클로저는 승강장 문의 개방에서 생기는 재해를 막기 위한 장치이다.
② 도어 스위치는 승강장 문이 닫혀있지 않으면 운전이 불가능하게 하는 장치이다.
③ 세이프티 슈는 카 도어의 끝단에 설치하여 이물체가 접촉되면 도어를 반전시키는 장치이다.
④ 도어 인터록은 주행 중 카 도어가 열리지 않게 하는 장치이다.

도어 인터록은 승강장 문에 대한 안전장치이며, 주행 중 카 도어가 열리지 않게 하는 장치는 카도어 잠금장치이다.

정답 9 ④ 10 ① 11 ③ 12 ③ 13 ② 14 ④ 15 ③ 16 ④

chapter 01

★★
17 승강장 도어 인터록 장치의 설정 방법으로 옳은 것은?

① 인터록이 잠기기 전에 스위치 접점이 구성되어야 한다.
② 인터록이 잠김과 동시에 스위치 접점이 구성되어야 한다.
③ 인터록이 잠긴 후 스위치 접점이 구성되어야 한다.
④ 스위치에 관계없이 잠금 역할만 확실히 하면 된다.

★★★
18 도어 인터록에서 도어가 닫혀 있지 않으면 승강기 운전이 불가능하도록 한 것은?

① 파이널리미트 스위치
② 비상정지 스위치
③ 도어 스위치
④ 조속기 스위치

★
19 엘리베이터의 도어스위치 회로는 어떻게 구성하는 것이 좋은가?

① 병렬회로 ② 직렬회로
③ 직병렬회로 ④ 인터록회로

★★★
20 승강장의 문이 열린 상태에서 모든 제약이 해제되면 자동적으로 닫히게 하여 문의 개방상태에서 생기는 2차 재해를 방지하는 문의 안전장치는?

① 도어검출장치 ② 도어 스위치
③ 도어 클로저 ④ 도어 인터록

- 도어 클로저 : 승장장 문은 카가 도착했을 때는 열리지만, 카가 없을 때는 전기적인 힘이 없더라도 승강장 문이 자동으로 닫혀지도록 하여 승강장 문의 개방으로 생길 수 있는 2차 재해를 방지한다. (self-closing)
- 도어 인터록 : 카가 정지하지 않는 층의 도어는 비상키를 사용하지 않으면 열리지 않도록 하는 도어록과 문이 닫혀있지 않으면 안전회로를 차단시켜 승강기 운전이 불가능하도록 하는 도어 스위치로 구성되어 있다.

★★★
21 도어 클로저(Door Closer)의 역할은?

① 카의 문을 자동으로 닫아주는 역할
② 외부 문을 열어주는 역할
③ 전기적인 힘이 없어도 외부 문을 닫아주는 역할
④ 외부 문이 열리지 않게 하는 역할

보기 ①의 경우 '카의 문'이 아니라 '승강장 문'을 자동으로 닫아주는 역할이며, 도어 클로저는 전기적인 힘이 아닌 스프링 및 추를 이용한다.

★★★
22 승강장 문이 카 문과의 연동에 의해 열리는 방식에서는 자동적으로 승강장의 문이 닫히는 쪽으로 힘을 작동시키는 안전장치는?

① 트랙 브래킷
② 도어 행거
③ 도어 로크
④ 도어 클로저

★★★
23 도어 클로저에 대한 설명에 해당하지 않는 것은?

① 모든 층에 설치한다.
② 중력식(웨이트방식)과 스프링식이 있다.
③ 승강장 도어를 스스로 닫히게 하는 장치이다.
④ 도어가 열릴 때에도 기능을 담당한다.

도어 클로저는 승강장 도어의 닫힘 기능만 담당한다.

★★★
24 엘리베이터의 도어 슈의 점검을 위해 실시하여야 할 점검사항이 아닌 것은?

① 도어 슈의 마모상태 점검
② 가이드 롤러의 고무 탄력상태 점검
③ 슈 고정볼트의 조임상태 점검
④ 도어 개폐시 실과의 간섭상태 점검

★
25 도어 행거가 구비해야 할 조건 중 옳지 않은 것은?

① 행거 롤러는 도어레일과 접촉 시 내마모성과 함께 원활한 구동이 되어야 한다.
② 도어가 레일에서 벗어나는 것을 방지하는 장치가 있어야 한다.
③ 행거의 강도는 도어 무게의 2배에 해당하는 정지하중을 지탱하도록 제작되어야 한다.
④ 도어가 레일 끝을 이탈하는 것을 방지하는 스토퍼를 설치해야 한다.

정답 17 ③ 18 ③ 19 ② 20 ③ 21 ③ 22 ④ 23 ④ 24 ② 25 ③

★

26 승강기의 문에 관한 설명 중 틀린 것은?

① 문닫힘 도중에도 승강기의 버튼을 동작시키면 다시 열려야 한다.
② 문이 완전히 열린 후 최소 일정 시간 이상 유지되어야 한다.
③ 멈춤지역 이외의 지역에서 카 내의 문 개방 버튼을 동작시켜도 절대로 개방되지 않아야 한다.
④ 문이 일정 시간 후 닫히지 않으면 그 상태를 계속 유지하여야 한다.

엘리베이터 도어는 개방되어 있더라도 일정시간 후 닫혀져야 한다.

★★

27 도어머신에 관한 설명 중 틀린 것은?

① 주행 중에 카 도어가 열리지 않도록 하기 위하여 전류가 공급된다.
② 직류전동기만을 사용하여야 한다.
③ 소형 경량이어야 한다.
④ 동작횟수가 엘리베이터 기동횟수의 2배 정도이다.

도어머신의 구동전동기는 직류, 교류 모두 사용한다.
① 문이 닫히면 도어 스위치가 ON되어 카 도어가 열리기 않도록 한다.

★★

28 엘리베이터의 문이 닫힘으로서 운행회로가 구성되는 스위치는?

① 도어 스위치　② 과속 스위치
③ 비상정지 스위치　④ 종점(파이널) 스위치

문이 닫혀지지 않으면 회로가 차단되어 카의 운행이 안된다.

★★

29 잠금해제구간에서 카 문을 개방하는데 필요한 힘은 몇 N을 초과하지 않아야 하는가?

① 100 N　② 200 N
③ 250 N　④ 300 N

엘리베이터가 잠금해제구간에서 정지한다면, 손으로 승강장문 및 카문을 개방하는데 필요한 힘은 **300 N**을 초과하지 않아야 한다.

★★

30 승강장 도어와 문틀 사이의 여유간격은 몇 mm 이하 이어야 하는가? (단, 마모가 없을 경우)

① 6 mm　② 8 mm
③ 10 mm　④ 12 mm

카문이 닫혀 있을 때, 문짝사이의 틈새 또는 문짝과 문설주, 인방 또는 문턱 사이의 틈새는 **6 mm** 이하로 가능한 작아야 한다.

★

31 승객용 승강도어의 보수점검에 대한 설명으로 틀린 것은?

① 활동부는 주유하여 소음을 없애고 원활하게 동작을 하게 한다.
② 레일의 이물질을 제거한다.
③ 도어 롤러의 이상유무를 확인하여 불량품을 교체한다.
④ 도어의 열림이 원활하도록 시건장치를 제거한다.

승강장 문 잠금장치(시건장치)는 카가 정지하고 있지 않은 층의 승강장 문이 열리는 것을 방지하기 위하여 잠금 기능을 갖고 있으며, 승강장 문이 완전히 닫혀 있는지 여부를 제어반에 전달하여 만일 전층의 승강장 문 중 어느 한 층의 승강장 문이라도 확실히 닫히지 않아 도어 스위치가 ON되지 않았을 경우는 안전회로를 차단시켜 운행을 중단시키는 기능을 한다. 카가 정지하지 않은 승강장에서 승강장 문을 열려면 특수한 전용키로만 열려야 한다.

★★★

32 자동 동력 작동식 문에 대한 설명으로 틀린 것은?

① 문닫힘안전장치의 기능은 문이 닫히는 마지막 25 mm 구간에서 무효화 될 수 있다.
② 승강장문 및 문에 견고하게 연결된 기계 부품의 운동에너지는 평균 닫힘 속도에서 계산되거나 측정되어 10 J 이하이어야 한다.
③ 문이 닫히는 것을 막는데 필요한 힘은 문이 닫히기 시작하는 1/3 구간을 제외하고 150 N을 초과하지 않아야 한다.
④ 문이 닫히는 중에 사람이 출입구를 통과하는 경우 자동으로 문이 열리는 장치가 있어야 한다.

문닫힘안전장치의 기능은 문이 닫히는 마지막 20mm 구간에서 무효화 될 수 있다.

★★★

33 카 문의 안전보호장치인 세이프티 슈의 역할은?

① 문이 원활하게 열리도록 하는 역할
② 문의 개폐작동을 중지시키는 역할
③ 닫히는 문을 다시 열리게 하는 역할
④ 과부하시에 출발하지 못하도록 하는 역할

정답 26 ④ 27 ② 28 ① 29 ④ 30 ① 31 ④ 32 ① 33 ③

★★★

34 문닫힘 안전장치(door safety shoe)에 대한 설명으로 틀린 것은?

① 문이 닫힐 때 작동시키면 다시 열린다.
② 문이 열릴 때 작동시키면 즉시 닫힌다.
③ 문이 완전히 닫힌 상태에서는 작동하지 않는다.
④ 문이 열려 있을 때 작동시키면 닫혀지지 않는다.

세이프티 슈는 카 도어가 닫힐 때 사람이나 물체가 접촉하면 다시 열리게 하는 보호장치이며, 열릴 때는 무관하다.

★★

35 도어가 닫히는 도중에 승객이 출입하는 경우, 충돌사고 방지를 위하여 도어 선단에 검출장치를 부착하여 도어를 반전시킨다. 그 종류에 해당되지 않는 것은?

① 세이프티 슈
② 광전 장치
③ 초음파 장치
④ 인터록 장치

도어 보호장치
- 세이프티 슈 : 카 도어 앞에 설치하여 물체 접촉시 동작하는 장치
- 광전 장치 : 광선 빔을 이용한 비접촉식 장치
- 초음파 장치 : 초음파의 감지 각도를 이용한 장치

★★★

36 엘리베이터 도어의 세이프티 슈에 대한 점검사항이 아닌 것은?

① 슈의 작동상태
② 슈의 도어의 간격
③ 슈의 도어머신 캠스위치와의 캠
④ 도어 끝에서 슈의 나온 길이

★★★

37 카 도어의 끝단에 설치되어 이물체가 접촉되면 도어의 힘을 중지하고 도어를 반전시키는 접촉식 보호장치는?

① 도어 인터록
② 세이프티 슈
③ 광전장치
④ 초음파장치

★★★

38 엘리베이터 도어의 안전장치 중에서 접촉식 보호장치에 해당하는 것은?

① 세이프티 슈(safety shoe)
② 세이프티 레이(safety ray)
③ 광전 장치
④ 초음파 장치(ultrasonic sensor)

②~④ : 비접촉식 문닫힘 안전장치

★★

39 엘리베이터의 도어에는 승객의 안전을 보호하기 위해서 여러가지 장치가 설치되어 있는데 이에 해당하지 않는 것은?

① 스윙도어시스템에 의한 보호
② 세이프티 슈에 의한 보호
③ 광선 빔에 의한 검출
④ 초음파 장치에 의한 검출

★

40 승강기의 출입문에 관한 안전장치의 설명으로 옳은 것은?

① 승강장 도어 닫힘 확인스위치 접점과 카도어 닫힘 확인스위치 접점은 안전회로에 직렬로 연결한다.
② 승강장 도어 닫힘 확인스위치 접점은 안전회로와 직렬로, 카도어 닫힘 확인스위치 접점은 안전회로에 병렬로 연결한다.
③ 카도어 및 승강장 도어 닫힘 확인스위치 접점은 모두 안전회로에 병렬로 연결한다.
④ 승강장 도어 닫힘 확인스위치 접점만 안전회로에 직렬로 연결한다.

정답 34 ② 35 ④ 36 ③ 37 ② 38 ① 39 ① 40 ①

SECTION

04 승강로와 기계실

Craftsman Elevator

[예상문항수 : 0~1문제] 이 섹션에서는 안전관리 및 엘리베이터 안전기준에 대해 주로 출제됩니다. 엘리베이터의 안전장치는 필수로 암기하고 이론에 표기한 필수암기 및 밑줄 표기는 중점으로 체크합니다.

01 승강로의 구조

승강로에 설치되는 주요 설비
가이드레일, 레일 브라켓, 균형추, 와이어로프, 안전 스위치, 조속기 로프 인장 도르래, 완충기

① 승강장 출입구 바닥 앞부분과 카 바닥 앞부분과의 틈의 너비 : 4cm 이하

② **카 꼭대기 틈새**(상부 틈) : 카 상부에 타고 작업시 승강로 천장과 부딪치는 것을 방지한다.

③ **피트 깊이 : 정격속도가 빠를수록** 스트로크(행정)가 긴 완충기를 사용하고 충격을 흡수한다.

④ 카 문턱과 승강로 벽간 여유 간격 : 카와 승강로 벽과의 수평거리는 125mm 이하여야 한다.

⑤ 엘리베이터에 필요한 장치 외에는 어떠한 설비나 배관 배선을 설치할 수 없다.

⑥ 피트 바닥 하부를 통로나 다른 용도로 사용하려면 **균형추에도 비상정지장치를 설치**한다.

⑦ 1개 층에 대한 출입구는 카 1대에 대하여 앞·뒤로 2개의 출입구를 설치할 수 있으나 2개의 문이 동시에 열려서는 안된다.
→ 옥외나 지하철 엘리베이터에 주로 사용

02 승강로의 점검문 및 비상문

① 승강로의 점검문 및 비상문은 이용자의 안전 또는 유지보수를 위한 용도 외에는 사용되지 않아야 한다.

② 점검문 : 폭 0.6 m 이상, 높이 1.4 m 이상

③ 비상문 : 폭 0.35 m 이상, 높이 1.8 m 이상

④ 점검문 및 비상문은 **승강로 내부로 열리지 않아야 한다.**

⑤ 문에는 열쇠로 조작되는 잠금장치가 있어야 하며, 열쇠 없이 다시 닫히고 잠길 수 있어야 한다. 점검문 및 비상문은 문이 잠겨있더라도 승강로 내부에서 열쇠를 사용하지 않고 열릴 수 있어야 한다.

⑥ 점검문 및 비상문은 구멍이 없어야 하고, 승강장문과 동일한 기계적 강도를 만족하여야 한다.

▶ 참고) 연속되는 상·하 승강장문의 문턱간 거리가 11 m를 초과한 경우 중간에 비상문이 있어야 하고, 서로 인접한 카의 경우 비상구출문이 각각 있어야 한다.

03 기계실

1 일반

① 권상기 및 관련 설비를 설치하는 공간

② 구성 : 제어반, 권상기, 전동기, 제동기, 조속기 등

2 유효 높이 및 환기

① **작업구역에서 유효 높이 : 2.1 m 이상** 

→ 승강로 내부의 작업구역에서 다른 작업구역으로 이동하는 공간의 유효 높이 : 1.8 m 이상

② 유효 공간으로 접근하는 통로 폭 : 0.5 m 이상

③ 구동기의 회전부품 위의 유효 수직거리 : 0.3 m 이상

④ 실온은 5~40℃ 사이에서 유지

3 출입문

① 폭 0.7 m 이상, 높이 1.8 m 이상의 금속소재

② 구조 : **기계실 바깥쪽으로만 열리는 구조**이어야 한다.

③ 기계실 외부에서는 **열쇠로만 열리고**, 내부에서는 열쇠를 사용하지 않고 열릴 수 있어야 한다.

4 기계실 조명

① 승강로 조명
- 승강로에는 모든 문이 닫혀있을 때 카 지붕 및 피트 바닥 위로 **1 m 위치에서 조도 50 Lux 이상**의 영구적으로 설치된 전기조명이 있어야 한다.

② 기계실, 기계류 공간 및 풀리실의 조명
- 작업공간의 바닥 면 : **200 lx**
- 작업공간 간 이동 공간의 바닥면 : 50 lx

③ **기계실에는 바닥 면에서 200 lx** 이상을 비출 수 있는 영구적으로 설치된 전기 조명이 있어야 한다.

④ 조명 스위치 : 출입문 가까이에 적절한 높이로 설치

⑤ **1개 이상의 콘센트**가 있어야 한다.

5 제어반

① 안전운전에 필요한 **릴레이, 폐선용 차단기, 제어반 PCB, 전자 접촉기, 계전기 등**을 설치

② 수전반, 신호반, 제어반을 일체 수용하고 현장 및 원격 관리가 가능한 엘리베이터 제어신호 전송장치와 연결 가능한 구조

③ 제어반 내에 온도 감지기를 설치하여 30 ℃ 이상일 경우 환풍기가 자동으로 동작하도록 하며, 제어반 자체의 팬과 회로를 분리하고, 별도로 배선용 차단기를 설치한다.

6 주 개폐기

① 각 엘리베이터에는 엘리베이터에 공급되는 모든 전도체의 전원을 차단할 수 있는 주 개폐기가 있어야 한다.

▶ 주 개폐기의 설치 장소
- 기계실이 있는 경우 : 기계실
- 기계실이 없는 경우 : 제어반(승강로에 위치할 경우 제외)
- 제어반이 승강로에 위치할 경우 : 비상운전 및 작동시험을 위한 패널

② **주 개폐기에 의해 회로가 차단되지 않아야 하는 장치**
- 카 조명과 환기장치
- 카 지붕의 콘센트
- 기계류 공간 및 풀리실의 조명
- 기계류 공간, 풀리실 및 피트의 콘센트
- 승강로 조명

③ 역률 향상을 위한 캐패시터는 동력회로의 주 개폐기 앞에 연결되어야 한다.

7 과부하계전기

과부하, 과전류로부터 전원을 차단하여 승강기를 보호한다.

8 역결상 검출장치(릴레이)

전동기의 동력전원의 상(U-V-W)이 바뀌거나 결상(단상)이 되었을 때 전동기의 전원을 차단하고 브레이크를 작동시킴

→ 결상 증상 : 불평형 전류가 흐르거나 단상전력이 공급되어 전동기 코일의 과전류로 인한 화재발생은 물론 전력계통에 큰 피해를 준다.

필수암기

04 엘리베이터 안전장치

엘리베이터 안전장치의 종류

승강로, 기계실 및 기계실 공간	• 전자브레이크 • 조속기(과속조절기) • 비상정지장치 • 수동조작핸들 • 경보발생장치 / 소방운전 기능 • 도어스위치 및 도어잠김장치(인터록) • 종단층 감지 및 강제감속 장치 • 리미트 스위치 / 파이널 리미트 스위치 • 슬로다운 스위치(스토핑 스위치) • 피트정지장치 • 역결상 검출장치
카	• 비상구출구 • 카 상부 보호난간 • 비상통화장치 / 비상조명장치 • 추락방지 안전장치 • 과부하 방지장치(카 바닥 하부) • 소방운전 스위치
승강장	• 출입문 잠금장치 • 출입문 열쇠 • 파킹스위치 • 완충기

1 전자 브레이크

① 조속기와 연동된 전기적 안전장치로서, 전동기와 감속기(또는 메인시브) 사이에 설치되어 관성에 의한 전동기 회전력을 스프링 힘에 의해 기계적으로 제동하는 장치이며, 주행 시 전자석에 의해 브레이크를 개방시킨다.

② 카의 속도가 정격속도의 **115%** 이상의 속도에서 전동기 입력을 차단하고 제동장치를 작동시켜 카를 정지시켜야 한다.

2 수동조작 핸들

정전 등으로 엘리베이터가 중간층에서 정지시, 기계실에서 수동조작핸들을 사용하여 정지층의 레벨을 맞출 수 있어야 한다. 로프에는 카가 정지층에 정확히 도착하였는지를 기계실에서 확인할 수 있는 표시를 하여야 하며, 급제동이나 지진 기타의 진동에 의해 주로프가 벗어나지 않도록 로프 이탈방지 조치하여야 한다.

3 리미트 스위치(limit SW)

① 승강기가 최상층 이상 및 최하층 이하로 운행되지 않도록 엘리베이터의 초과운행을 방지하여 준다.

② 카가 리미트 스위치를 작동시키면 주회로를 차단시켜 전자브레이크를 작동한다.

→ 전자브레이크(전자제동장치) : 전자식으로 전원이 인가되면 코일이 전자석이 되어 브레이크를 개방시킨다.

③ 고장시 : 승강기가 최상층 및 최하층을 지나쳐서 승강로 상부나 피트에 부딪힐 수 있다.

4 파이널 리미트 스위치(final limit SW)

① 리미트 스위치 고장 또는 미작동을 대비하기 위해 최상층의 리미트 스위치 위나 최하층의 리미트 스위치 아래에 설치한다.

② 카 또는 카운터웨이트가 완충기와 접촉되기 전에 작동하여야 한다.

③ 파이널 리미트 스위치의 작동은 완충기가 압축되어 있는 동안 계속 유지되어야 한다.

④ 파이널 리미트 스위치의 작동 후, **엘리베이터의 운행을 위한 복귀는 자동적으로 이루어지지 않아야 한다**.

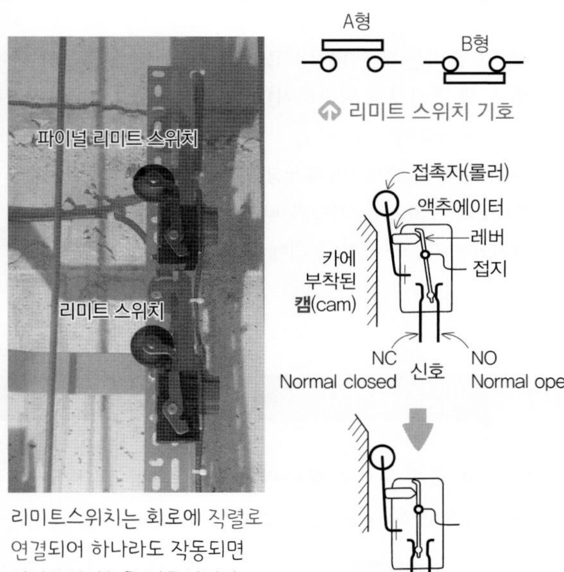

리미트스위치는 회로에 직렬로 연결되어 하나라도 작동되면 전자브레이크를 작동시킨다.

카가 리미트 스위치에 접근할 때 카에 부착된 캠에 의해 액추에이터가 눌리게 되면 → 레버가 주회로를 차단시켜 전자브레이크를 작동시킴

▶ 최상층/최하층은 '감속스위치 - 리미트스위치 - 파이널 리미트 스위치'를 하나의 세트로 구성하여 설치된다.

5 슬로우 다운(slow-down) 스위치

어떠한 이상원인으로 카가 감속되지 않고 최종 층을 지나칠 경우 이를 검출하여 강제적으로 감속 · 정비시키는 장치로서, 리미트 스위치 전에 설치한다.

6 종단층 강제감속장치

'중력가속도'를 의미

① 완충기의 행정거리(stroke)는 카가 **정격속도의 115%에서 1G 이하의 평균 감속도로 정지**하도록 되어야 하는데 정격속도가 커지면 행정거리는 급격히 증가한다. 이를 위하여 다른 조작장치나 감속장치와는 관계없이 속도 검출과 위치검출을 하여 종단층에 접근하는 속도가 규정속도를 초과 시는 바로 브레이크를 작동시켜 카를 정지시킬 수 있도록 하는 장치인데 이 경우는 그 검출속도에 부합하는 짧아진 행정의 완충기를 사용할 수 있게 된다.

7 튀어오름방지장치(록다운 비상정지장치)

① 카의 추락방지안전장치(비상정지장치)가 작동할 때 균형추나 와이어로프 등이 관성에 의해 튀어오르는 것을 방지하기 위한 장치이다.

② 정격속도가 **3.5 m/s**를 초과하는 엘리베이터는 튀어오름 방지장치가 있어야 한다.

③ 튀어오름방지장치의 작동은 전기적 안전장치에 의해 구동기의 정지를 시작하도록 하여야 한다.

8 과부하감지장치

카 바닥 하부 혹은 와이어로프 단말에 설치하며, 카 내부의 정격하중의 **105~110%** 범위를 초과하면 경고음을 내며, 동시에 카도어의 닫힘을 자동으로 제지시킨다.

9 피트 정지 스위치(Pit stop SW)

보수점검수리 · 검사 또는 청소 목적으로 피트 내부 진입 전에 이 스위치를 '정지(STOP)' 위치로 하여 작업 중 카가 움직이는 것을 방지한다. 스위치가 작동되면 전동기 및 브레이크의 전원이 차단된다.

chapter 01

⑩ 파킹스위치(Parking SW)

① 카를 승강장에서 휴지시킬 수 있게 설치한 것으로, 주로 기준층의 승강장에 키 스위치를 설치한다. 이 스위치를 사용하여 카를 휴지시킬 수 있다.

② 파킹스위치를 "휴지" 상태로 작동시키면 카가 자동으로 지정된 층으로 움직이고 지정된 층에 도착하면 카의 정상운전 제어장치는 무효화되어야 한다.

⑪ 권동식 로프이완 스위치

와이어로프의 장력을 검출하여 동력을 차단할 필요가 있을 때 설치하는 장치이다.

→ 스위치가 작동되지 않는 경우에 대비하여 주전력 회로를 차단하는 스톱모션(Stop Motion) 스위치를 설치하여야 한다.

⑫ 자동착상장치

① **층 감지 및 착상** : 카 버튼이나 승강장 호출 버튼에 응답하여 서비스를 할 경우 목적층의 레벨에 근접하였을 때 레일에 부착되어 있는 유도판을 카 상부의 센서가 통과하며 감지하여 감속 시작부터 착상 정지까지의 제어를 실시하는 장치이다.

② **착상방식** : 자석식(마그네틱), 광전식

▶ 수동 조작 핸들 : 정전으로 승강기가 중간층에 정지시 기계실에서 수동핸들 조작으로 사용층 레벨에 맞출 수 있도록 한다.

⑬ 문닫힘안전장치

문이 닫히는 동안 사람이 출입구를 통과하는 경우에 끼임을 방지하기 위해 자동으로 문을 다시 열기 시작해야 한다.

① 문닫힘안전장치는 문이 닫히는 마지막 15mm 구간에서 무효화 될 수 있다.

② 문닫힘안전장치(멀티빔 등)는 카문 문턱 위로 최소 25mm와 1,600mm사이의 전 구간에 걸쳐 감지할 수 있어야 한다.

③ 최소 50mm의 물체를 감지할 수 있어야 한다.

④ 문닫힘안전장치는 문 닫힘을 지속적으로 방해받는 것을 방지하기 위해 미리 설정된 시간이 지나면 무효화될 수 있다.

⑤ 문닫힘안전장치가 고장나거나 무효화된 경우, 엘리베이터가 계속 운행되면 문의 운동에너지는 4 J까지 제한되어야 하고, 음향신호장치는 문이 닫힐 때마다 작동되어야 한다.

⑥ 문닫힘안전장치는 카문 또는 승강장문에 각각 있을 수 있고, 어느 하나에만 있을 수 있으며, 문닫힘안전장치가 작동되면 카문과 승강장문이 동시에 열려야 한다.

⑦ 문이 닫히는 것을 막으면 문은 다시 열리기 시작하여야 한다.

→ 이 경우, 문이 완전히 열리는 것을 의미하지는 않으나 장애물을 제거할 수 있도록 어느 정도는 열려야 한다.

05 피트 내 구비장치 (안전기준) 필수암기

① 피트 출입문 및 피트 바닥에서 잘 보이고 접근 가능한 정지장치

② 콘센트

③ **피트의 피난공간** : 카가 최저 위치에 있을 때 피난공간이 1개 이상 있어야 한다. 피트 바닥과 카의 가장 낮은 부분 사이의 유효 수직거리는 0.5 m 이상이어야 한다.

④ 피난 공간에서 0.3m 떨어진 범위 이내에서 조작할 수 있는 영구적으로 설치된 점검운전 조작반

⑤ 피트 출입문 안쪽 문틀에서 수평으로 0.75m 이내 및 피트 출입층 바닥 위로 1m 이내에 설치된 승강로 조명의 점멸수단

06 신호장치

① 비상호출버튼 및 인터폰 : 고장, 정전·화재 등으로 카 내에 갇혔을 때 관리실과 연락하거나, 관리실에서 카 내에 연락하기 위한 통신장비

→ 비상상황에도 작동하도록 비상전원(배터리)를 사용

② 홀랜턴 : 카의 상승/하강을 나타내는 방향 표시등

③ 위치표시기 : 카 내부 승객에게 현재 위치(층)를 표시

07 비상전원장치

고장, 정전·화재 등으로 엘리베이터가 갑자기 정지되면 자동으로 카를 가장 가까운 승강장으로 운행시키는 장치를 말한다.

1 구비요건 필수암기

① 정전 시에 보조전원공급장치는 **60초 이내**에 엘리베이터 운행에 필요한 전력용량을 자동으로 발생시키도록 하되 수동으로 전원을 작동시킬 수 있어야 한다.

② 정전 시에 보조전원공급장치는 **2시간 이상** 운행시킬 수 있는 용량이어야 한다.

③ 카에는 자동으로 재충전되는 비상전원공급장치에 의해 **5lx 이상의 조도로 1시간 동안** 전원이 공급되는 비상등이 있어야 한다.

→ 이 비상등은 다음과 같은 장소에 조명되어야 하고, 정상 조명전원이 차단되면 즉시 자동으로 점등되어야 한다.

- 카 내부 및 카 지붕에 있는 비상통화장치의 작동 버튼
- 카 바닥 위 1 m 지점의 카 중심부
- 카 지붕 바닥 위 1 m 지점의 카 지붕 중심부

④ 비상통화장치와 동시에 사용될 경우, 그 비상전원 공급장치는 충분한 용량이 확보되어야 한다.

⑤ 배터리 등 비상전원은 충분한 용량을 갖춰야 하며, 방전이나 단선 또는 누전되지 않도록 유지 관리되어야 한다. (배터리일 경우 잔여용량 확인 장치 필요)

2 비상운전

① 카가 승강장에 도착하면 카문 및 승강장문이 자동으로 열려야 한다.

② 승객이 안전하게 빠져나가면(10초 이상) 카문 및 승강장문은 자동으로 닫히고 이후 정지상태가 유지되어야 한다. 이 경우 승강장 호출 버튼의 작동은 무효화 되어야 한다.

③ 정지 상태에서 카 내부 열림 버튼을 누르면 카문 및 승강장문은 열려야 하고, 승객이 안전하게 빠져나가면(10초 이상) 카문 및 승강장문은 자동으로 다시 닫히고, 이후 정지 상태가 유지되어야 한다.

④ 정상 운행으로의 복귀는 전문가의 개입에 의해 이뤄져야 한다. 다만, 정전으로 인한 정지는 전원이 복구되면 정상 운행으로 자동 복귀될 수 있다.

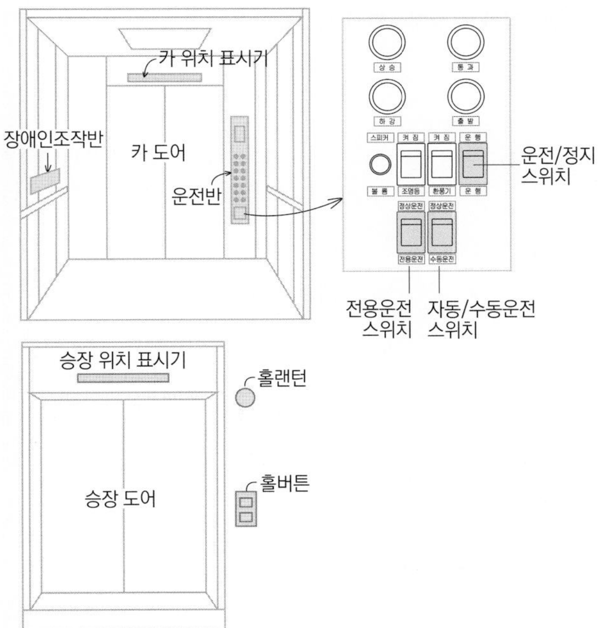

08 완충기 필수암기

1 종류

카 및 균형추의 직-하부에 설치된 안전장치로, 카 또는 균형추가 피트(승강로 바닥)에 낙하했을 때 충격을 완화하는 제동 역할을 하며 에너지 축적형(우레탄, 스프링식)과 에너지 분산형(유입식)으로 구분한다.

에너지 축적형	우레탄식	• 비선형 특성을 갖는 완충기 • 승강기 정격속도가 **1.0 m/s**를 초과하지 않는 곳에서 사용
	스프링식	• 선형 특성을 갖는 완충기 • 승강기 정격속도가 **1.0 m/s**를 초과하지 않는 곳에 사용
	기타	• 완충된 복귀 운동을 갖는 에너지 축적형 완충기는 승강기 정격속도 1.6 m/s를 초과하지 않는 곳에서 사용
에너지 분산형	유입식 (유압식)	• 승강기의 정격속도에 상관없이 사용

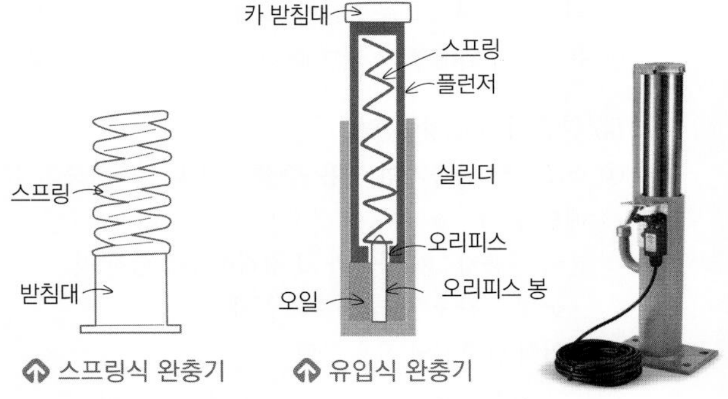

스프링식 완충기　유입식 완충기

2 완충기의 안전요건

(1) 비선형 특성을 갖는 완충기(우레탄식)

카의 질량과 정격하중, 또는 균형추의 질량으로 **정격속도의 115%의 속도**로 카 완충기에 충돌할 때에 다음 사항에 적합해야 한다.

① 감속도 1 gn 이하 (1gn = 9.81 m/s^2 = 중력가속도)

→ 2.5 gn을 초과하는 감속도는 0.04초 이내 일 것

② 카 또는 균형추의 복귀속도는 1 m/s 이하

③ 최대 피크 감속도 : 6 G 이하

④ 작동 후 영구적인 변형이 없을 것

완충기의 최대압축하중은 완충기 높이의 90% 압축을 의미하며, 압축률을 더 낮은 값으로 만들 수 있는 완충기의 고정 요소는 고려하지 않는다.

(2) 선형 특성을 갖는 완충기(스프링식)

① 총 행정 : **정격속도의 115%에 상응하는 중력 정지거리의 2배 이상**일 것 (다만, 행정은 65 mm 이상)

② 카 자중과 정격하중(또는 균형추의 무게)을 더한 값의 2.5~4배의 정하중으로 위에 규정된 행정이 적용되도록 설계

③ 카에 정격하중을 싣고 정격속도의 115%의 속도로 완충기에 충돌할 때, 다음 사항에 적합해야 한다.

- **감속도는 1gn 이하**

→ 2.5 gn을 초과하는 감속도는 0.04초 이내 일 것

- 작동 후에는 영구적인 변형이 없을 것

(3) 에너지 분산형 완충기(유입식(流入式) = 유압식(油壓式))

① 카 또는 균형추 낙하 시 오리피스를 통해 오일이 유입되며 하강에너지를 흡수·분산시킨다.

② 총 행정 : 정격속도 **115%**에 상응하는 중력 정지거리 이상일 것

③ 에너지 분산형 완충기의 요구조건 : 스프링식과 동일

④ 완충기 작동 후 완충기가 정상 위치에 복귀되어야만 엘리베이터가 정상적으로 운행될 수 있다.

⑤ 유체의 수위(레벨)가 쉽게 확인될 수 있는 구조일 것

(4) 완충기의 적용 중량

① 스프링식 완충기의 적용 중량 : 최대 압축하중의 1/4~1/2.5배의 범위

- 카 완충기 : 카 자중과 그 정격하중을 합한 것
- 균형추 완충기 : 균형추의 무게

② 유입식 완충기의 적용 중량

최소 적용 용량	최대 적용 용량
카 자중 + 75kgf	카 자중 + 적재하중

09 기타 보조장치

1 비상통화장치(인터폰)

① 승강로에서 작업하는 사람이 갇히게 되어 카 또는 승강로를 통해서 빠져나올 방법이 없는 경우, 이러한 위험이 존재하는 장소에 설치되어야 한다.

② 구출활동 중에 지속적으로 통화할 수 있는 양방향 음성통신이어야 한다.

③ 통신시스템이 연결된 후에는 갇힌 승객이 추가로 조작하지 않아도 통화가 가능하여야 한다.

2 방범장치

① 방범창 : 카 내에서의 범죄를 예방하기 위해 승강장에서 카 내부가 보이도록 투명한 창을 설치한 것으로, 주로 공동주택에 설치한다.

방범창

② 방범카메라 및 열추적감지기 : 카 내에서의 범죄 예방 및 위급상황을 감시하기 위한 장치

3 각층 강제정지장치(Each Floor Stop) 필수암기

아파트 등에서 주로 야간에 카내의 범죄활동 방지를 위해 각 층마다 강제로 정지하면서 목적층까지 주행

기출문제

★ 숫자는 빈출 정도 및 중요도를 나타냅니다.

01 승강로

★★

1 승강로의 구조로서 옳은 것은?

① 튼튼한 벽 또는 울타리에 의하여 외부 공간과 격리 되어서는 안된다.
② 엘리베이터에 필요한 배관설비 외에 설비는 하지 않아야 한다.
③ 안전성을 고려하여 운전 중인 균형추는 외부에서 접근이 가능하도록 한다.
④ 화재 시 승강로를 거쳐 다른 층과 연결이 가능하도록 한다.

> ① 외부 공간과 격리되어야 한다.
> ② 승강로는 엘리베이터에 필요한 배관설비 외에 급수배관·가스관 및 전선관 등의 설비는 하지 않아야 한다.
> ③ 카나 균형추에 접촉하지 않도록 되어야 한다.
> ④ 화재 시 승강로를 거쳐 다른 층으로 연소되지 않아야 한다.

★★

2 다음 중 승강로의 구조에 대한 설명 중 옳지 않은 것은?

① 1개층에 대한 출입구가 카 1대에 대하여 2개의 출입구를 설치할 수 있으나 2개의 문이 동시에 열려 통로로 사용되는 구조이어서는 안된다.
② 피트에는 피트의 깊이가 2m를 초과하는 경우 출입구를 설치할 수 있다.
③ 엘리베이터와 관계없는 급수배관·가스관 및 전선관 등을 설치하지 않아야 한다.
④ 균형추에 안전장치를 설치하고 피트바닥이 충분한 강도를 지니면 통로로 사용할 수 있다.

> 피트 깊이가 **2.5m**를 초과하는 경우에는 피트 출입문이 설치되어야 한다. [전기식 엘리베이터의 구조]

★

3 승강로에 설치되지 않는 것은?

① 슬로우 다운 스위치 (slow down switch)
② 가이드 레일 (guide rail)
③ 조속기 텐션시브 (governor tension sheave)
④ 탑승장 카 위치 표시장치 (hall position indicator)

> ④는 승강로비에 설치된다.

★★★

4 승강로의 벽 또는 울 및 출입문은 어떤 재료로 만들거나 씌워야 하는가?

① 불연재료 ② 난연재료
③ 준불연재료 ④ 내화재료

★

5 유리로 된 카 벽에 사용할 수 있는 유리 종류는?

① 망유리 ② 강화유리
③ 접합유리 ④ 배강도유리

> 유리로 된 카 벽은 KS L 2004에 적합한 접합유리이어야 한다.

★

6 승강기 기계실에 설비되어서는 아니되는 것은?

① 승강기 제어반 ② 환기설비
③ 옥탑 물탱크 ④ 조속기

★

7 엘리베이터의 기계실에 대한 설비가 잘못된 것은?

① 기계실 내부에 공간이 있어서 옥상 물탱크의 양수 설비를 하였다.
② 기계실은 내화성 구조로 하였다.
③ 기계실 면적은 승강로의 수평투영면적의 2배로 하였다.
④ 기계실 천정에는 2톤 이상의 하중에 견디는 후크를 설치하였다.

★

8 로프식 승강기의 기계실에 대한 설명 중 틀린 것은?

① 기계실에는 바닥 면에서 200 Lux 이상을 비출 수 있는 영구적으로 설치된 전기 조명이 있어야 한다.
② 조명 및 환기는 적당하고, 온도는 5~40℃로 유지하여야 한다.
③ 기계실의 출입문은 내부로 열리는 구조이어야 한다.
④ 기계실의 작업구역에서 유효 높이는 2 m 이상이어야 한다.

> 출입문은 기계실 외부로 완전히 열리는 구조이어야 한다.

정답 1 1 ② 2 ② 3 ④ 4 ① 5 ③ 6 ③ 7 ① 8 ③

★

9 기계실에 반드시 있어야 할 설비가 아닌 것은?

① 조명설비 ② 방음문
③ 환기설비 ④ 소화기

★

10 엘리베이터의 기계실 내부의 조도는 기기가 배치된 바닥면에서 몇 Lux 이상이어야 하는가?

① 50 ② 70
③ 100 ④ 200

★

11 로프식 엘리베이터의 기계실은 바닥면부터 천장 또는 보의 하부까지의 수직거리는 일반적인 경우 몇 m 이상으로 하여야 하는가?

① 1.5 ② 1.8
③ 2.1 ④ 2.3

★

12 일반적으로 피트에 설치되지 않는 것은?

① 균형추 ② 조속기
③ 완충기 ④ 인장 도르래

★

13 승용 승강기에서 기계실이 승강로 최상층에 있는 경우 기계실에 설치할 수 없는 것은?

① 제어반 ② 권상기
③ 균형추 ④ 조속기

★

14 엘리베이터 기계실의 설비가 아닌 것은?

① 전동기 ② 레일
③ 조속기 ④ 권상기

★★

15 승강기가 고장이 났을 경우 기계실에서 점검해야 할 사항이 아닌 것은?

① 전원공급상태 여부
② 케이지가 서 있는 위치 체크
③ 조속기 스위치 및 조속기 작동의 유무
④ 카의 하중 및 로프의 하중 체크

★★

16 카(car) 내에 위치하는 장치가 아닌 것은?

① 카 위치 표시기
② 카 운전조작반
③ 환기팬
④ 인터록 장치

인터록 장치는 승강장 문 위쪽에 설치된다.

★★

17 승강기용 제어반에 사용되는 릴레이의 교체기준으로 부적합한 것은?

① 릴레이 접점표면에 부식이 심한 경우
② 릴레이 접점이 마모, 전이 및 열화된 경우
③ 채터링이 발생된 경우
④ 리미트 스위치 레버가 심하게 손상된 경우

리미트 스위치는 제어반의 릴레이에 해당되지 않는다.

02 엘리베이터의 안전장치

★★★

1 로프식 엘리베이터의 안전장치와 거리가 먼 것은?

① 비상정지장치
② 균형추
③ 완충기
④ 브레이크

⊙ 전기식 엘리베이터의 주요 안전장치
과부하감지장치, 비상호출버튼 및 인터폰, 비상등
도어인터록(도어스위치), 조속기 및 비상정지장치, 전자브레이크
완충기, 문닫힘안전장치, 리미트/파이널리미트 스위치, 비상구출구 등

⊙ 유압식 엘리베이터의 주요 안전장치
럽처밸브, 안전밸브(릴리프밸브), 체크밸브, 로프늘어짐 안전장치, 바닥맞춤 보정장치, 실린더 이탈방지장치, 공전방지장치, 수동하강밸브 등

⊙ 에스컬레이터의 주요 안전장치
구동체인 안전장치, 스텝체인 안전장치, 핸드레일안전장치, 핸드레일 인입구 안전장치, 스커트가드 안전스위치, 비상정지스위치

정답 9 ② 10 ④ 11 ③ 12 ① 13 ③ 14 ② 15 ④ 16 ④ 17 ④ **2** 1 ②

★★
2 로프식 승강기에 필요하지 않은 안전장치는?

① 핸드레일 안전장치
② 완충기
③ 조속기
④ 파이널리미트 스위치

★
3 전기식 엘리베이터의 안전장치에 해당되지 않는 것은?

① 과부하감지장치
② 파이널리미트스위치
③ 조속기
④ 가이드레일

★★★
4 승강기의 안전장치에 관한 설명 중 옳지 않은 것은?

① 과부하 감지장치는 정격하중의 105~110%로 설정한다.
② 최종 리미트스위치는 리미트스위치 전에 설치하여 최상층이나 최하층을 지나쳐서 감속되지 않은 경우 카를 강제적으로 감속 또는 정지시킨다.
③ 튀어오름방지장치(록다운정지장치)는 3.5m/s를 초과하는 엘리베이터에 반드시 설치하여야 한다.
④ 파킹스위치는 주로 기준층의 승강장에 카스위치를 설치하여 카를 휴지 또는 재가동시킨다.

②는 슬로다운 스위치에 대한 설명이다.

★★
5 승강기의 안전장치에 관한 설명으로 틀린 것은?

① 작업 형편상 경우에 따라 일시 제거해도 좋다.
② 카의 출입문이 열려있는 경우 움직이지 않는다.
③ 불량할 때는 즉시 보수한 다음 작업한다.
④ 반드시 작업 전에 점검한다.

★★★
6 완충기의 행정거리를 줄이기 위하여 고속 엘리베이터에 사용되는 안전장치는?

① 리미트 스위치
② 파이널 리미트 스위치
③ 록다운 정지스위치
④ 종단층 강제감속장치

종단층 강제 감속장치
완충기의 행정거리(stroke)는 카가 정격속도의 115%에서 1g 이하의 평균 감속도로 정지하도록 되어야 하는데 정격속도가 커지면 행정거리는 급격히 증가한다.
이를 위하여 다른 장치와는 관계없이 속도 검출과 위치검출을 하여 종단층에 접근하는 속도가 규정속도를 초과시는 바로 브레이크를 작동시켜 카를 정지시킬 수 있도록 하는 장치인데 이 경우는 그 검출속도에 부합하는 짧아진 행정의 완충기를 사용할 수 있게 된다.

★★★
7 카 도어의 끝단에 설치되어 이물체가 접촉되면 도어의 힘을 중지하고 도어를 반전시키는 접촉식 보호장치는?

① 도어 인터록　② 세이프티 슈
③ 광전장치　④ 초음파장치

도어에 이물질이 접촉하므로 세이프티 슈가 되며, ③ ④는 비접촉식이다.

chapter 01

★★★
8 엘리베이터의 안정된 사용 및 정지를 위하여 승강장·중앙 관리실 또는 경비실 등에 설치되어 카 이외의 장소에서 엘리베이터 운행의 정지 조작과 재개조작이 가능한 안전장치는?

① 자동/수동 전환스위치
② 도어 안전장치
③ 파킹스위치
④ 카 운행정지스위치

파킹스위치는 지정층 또는 중앙관리실, 경비실 등에 설치하여 카의 정지/재개 조작을 가능하게 한다. 키 스위치를 조작하면 카가 지정층(보통 1층)으로 자동으로 이동하고 도착 후 정상운전제어가 불가능하다.

★★
9 엘리베이터의 인터폰 회로에 대한 설명으로 옳은 것은?

① 승객용 엘리베이터는 정전시에 부저 기능이 있어야 한다.
② 승객용 엘리베이터의 인터폰 회로는 운전용 회로와 동일한 케이블에 수용하지 않는다.
③ 승객용 엘리베이터의 인터폰 회로는 정전이 되면 통화 할 수 없는 회로로 하여야 한다.
④ 승객·화물용 엘리베이터는 인터폰이 필요하지 않다.

①,③ 승객용 엘리베이터는 정전시 비상통화가 가능해야 한다.
② 인터폰 회로는 비상시에 작동해야 하므로 운전용 회로와는 별도이어야 한다.
④ 승객용 엘리베이터에는 인터폰이 반드시 설치되어야 한다.

정답 2 ① 3 ④ 4 ② 5 ① 6 ④ 7 ② 8 ③ 9 ②

★★★
10 카 내에 갇힌 사람이 외부와 연락할 수 있는 장치는?

① 차임벨
② 인터폰
③ 위치표시램프
④ 리미트 스위치

★★★
11 다음 장치 중 카의 운행에 관계없는 것은?

① 조속기 캐치
② 승강장 도어의 열림
③ 과부하 감지 스위치
④ 통화장치

★★
12 승강기 카(car) 내부에 설치되는 것은?

① 유도착상장치　② 비상정지장치
③ 카 가이드 슈　④ 통화장치

★
13 홀 랜턴(hall lantern)을 바르게 설명한 것은?

① 단독 카일 때 사용하며 방향을 표시한다.
② 2대 이상일 때 많이 사용하며 위치를 표시한다.
③ 군관리방식에서 도착예보와 방향을 표시한다.
④ 카의 출발을 예보한다.

★
14 엘리베이터의 범죄 예방 장치가 아닌 것은?

① 각층 강제정지 장치
② 방범 운전 장치
③ 방범 카메라 모니터 장치
④ BGM 장치

★★★
15 승객이나 운전자의 마음을 편하게 해주고 주위의 분위기를 부드럽게 하기 위하여 설치하는 장치는?

① 통신장치　② 관제운전장치
③ 구출운전장치　④ BGM 장치

BGM 장치 : BackGround Music
예) 백화점 엘리베이터 승강기의 클래식 음악

★★★
16 승객용 엘리베이터에서 각층 강제정지 운전의 목적으로 가장 적합한 것은?

① 출·퇴근 시간대에 모든 층의 승객에게 골고루 서비스 제공
② 각 층의 도어장치 기능의 원활한 작동
③ 각 층의 도어장치 확인서 사용
④ 카 안의 범죄활동 방지

★★
17 카 상부에 설치되는 안전 스위치는?

① 비상안전 스위치　② 카 천장 스위치
③ 비상구출구 스위치　④ 카 비상점검 스위치

비상 시 외부에서 구출할 수 있도록 카 상부에는 카 밖으로 열리는 비상구출구이 있어야 하며, 비상구출구를 열었을 때에는 비상구출구 스위치가 작동하여 카가 움직이지 않아야 한다.

★
18 승강기에서 기계적으로 동작시키는 스위치가 아닌 것은?

① 조속기 스위치
② 도어 스위치
③ 인덕터 스위치
④ 승강로 종점 스위치

인덕터 스위치(레벨센서, 착상센서)
인덕터 스위치는 카에 부착되어 카의 위치를 검출하는 역할을 한다. 내장된 마그네틱의 자계에 검출물체(금속)가 가까워지면 전자유도에 의해 유도전류가 흐르며 검출하는 센서이다.

※ 인덕트(induct)는 마그네틱(자석)에 의해 유도되는 전류(전압)을 의미한다.

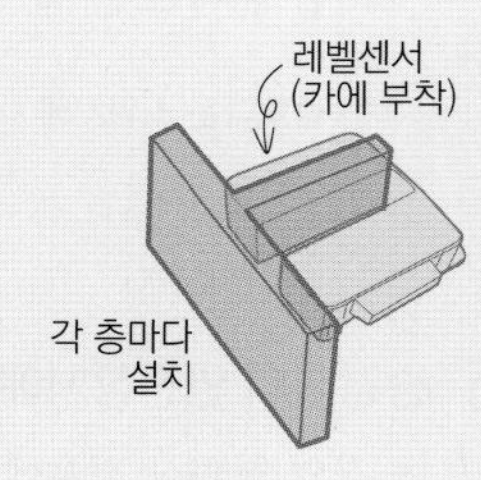

★★★
19 카가 최상층 및 최하층을 지나쳐 주행하는 것을 방지하는 것은?

① 리미트 스위치
② 균형추
③ 인터록 장치
④ 정지스위치

정답 10 ② 11 ④ 12 ④ 13 ③ 14 ④ 15 ④ 16 ④ 17 ③ 18 ③ 19 ①

★★
20 리미트 스위치가 작동하지 않을 경우 최상층 또는 최하층을 지나치지 않도록 하기 위해 설치하는 장치는?

① 리미트 스위치　② 비상정지장치
③ 피트 정지스위치　④ 파이널 리미트 스위치

> 파이널 리미트 스위치
> • 승강기의 카가 승강로의 상부에 있는 경우 천장에 충돌하는 것을 방지하기 위한 장치
> • 엘리베이터가 최하층을 통과했을 때 주전원을 차단시켜 엘리베이터를 정지시키며 상승, 하강 양방향 모두 운행이 불가능하게 하는 안전장치

★★
21 파이널 리미트 스위치의 작동은?

① 카가 완충기에 접촉된 후 작동하여야 한다.
② 카가 최하층 바닥을 지나면 즉시 작동하여야 한다.
③ 카가 완충기에 접촉하기 전에 작동하여야 한다.
④ 하강 제한스위치보다 먼저 작동하여야 한다.

> **승강기 안전장치 순서**
> 감속 스위치 → 리미트 스위치 → 파이널 리미트 스위치 → 완충기

★★
22 승강로에 설치되는 파이널 리미트 스위치(final limit switch)에 대한 설명 중 타당하지 않은 것은?

① 승강로 내부에 설치하고 카에 부착된 캠으로 조작시켜야 한다.
② 기계적으로 조작되어야 하며 작동 캠은 금속재 이어야 한다.
③ 파이널 리미트 스위치가 작동하면 카의 움직임은 어느 방향으로든지 움직일 수 없어야 한다.
④ 리미트 스위치가 설치되면 파이널 리미트 스위치는 불필요하다.

> 파이널 리미트 스위치는 리미트 스위치 고장 또는 미작동을 대비하기 위한 안전장치이므로 반드시 설치해야 한다.

★★
23 파이널 리미트스위치에 관한 설명 중 옳은 것은?

① 접점이 개방되면 통전이 중단되는 구조일 것
② 접점이 폐로되면 통전이 중단되는 구조일 것
③ 자기유지가 되는 구조일 것
④ 반드시 b접점으로 구성되는 구조일 것

> 작동 시 접점이 개방되어 주회로를 차단시켜 전자브레이크에 인가되었던 전원을 차단시켜 스프링 힘에 의해 기계적으로 제동시킨다.

★★
24 최종 리미트스위치의 요건 중 틀린 것은?

① 기계적으로 조작되어야 한다.
② 최종 리미트 스위치는 승강로 내에 설치하고 카에 부착된 캠(CAM)에 의하여 동작된다.
③ 접촉을 열기 위하여 스프링이나 중력 또는 그 복합에 의존하는 장치를 사용할 수 있다.
④ 최종 리미트스위치가 작동하면 정상적인 운전장치에 의하여 양방향 운행이 불가능해야 한다.

> 리미트스위치는 캠에 의해 접촉을 열리며, 스프링 등에 의해 다시 닫히는 구조이다.

★
25 아래 리미트스위치 기호의 접점 명칭은?

① 전기적 a접점
② 전기적 b접점
③ 기계적 a접점
④ 기계적 b접점

> 리미트스위치의 기호
> 기계적 a접점　기계적 b접점
> • a접점 : 평상 시 떨어져 있다가 누르는 힘에 의해 접점이 붙는다.
> • b접점 : 평상 시 붙어있다가 누르는 힘에 의해 접점이 떨어진다.

★★
26 록다운(lock down) 정지장치에 관한 설명으로 틀린 것은?

① 순간정지식 비상정지장치이다.
② 균형로프가 사용되는 경우에 필요한 장치이다.
③ 비상정지장치(추락방지안전장치) 작동 시에 필요한 안전장치이다.
④ 비상정지장치(추락방지안전장치) 작동 시 카가 튀어 오르지 않도록 설치한 안전장치이다.

> 록다운(lock down) 정지장치는 카의 비상정지장치(추락방지안전장치)가 작동할 때 균형추나 와이어로프 등이 관성에 의해 튀어 오르는 것을 방지하기 위한 안전장치다.

★
27 카의 추락방지안전장치(비상정지장치)가 작동할 때 균형추나 와이어로프 등이 관성에 의해 튀어 오르는 것을 방지하기 위하여 설치하는 장치는?

① 과전류차단기
② 과부하방지장치
③ 개문출발 방지장치
④ 튀어오름 방지장치(록다운 비상정지장치)

정답　20 ④　21 ③　22 ④　23 ①　24 ③　25 ④　26 ②　27 ④

★

28 승강기의 안전장치에 대한 설명으로 틀린 것은?

① 용도에 구분 없이 모든 승강기는 도어인터록을 설치한다.
② 화물용 승강기는 수동 운전 시 도어가 개방되었을 때도 운전이 가능하도록 한다.
③ 수동 운전 시 업다운(up down) 버튼조작을 중지하면 자동적으로 정지하여야 한다.
④ 로프식 승강기는 반드시 승강로 상부에 2차 정지 스위치를 설치할 필요가 있다.

> 용도 구분없이 모든 승강기는 수동 운전 시 도어 개방상태에서 운전이 불가능해야 한다.

★★★

29 엘리베이터의 카 안전장치(car safety device)의 점검사항으로 적당하지 않은 것은?

① 링크(link)가 자유롭게 움직이는가?
② 각 부의 볼트, 너트에 이완이 없는가?
③ 가이드레일(guide rail)과 클램프(clamp)사이의 간격이 적당한가?
④ 캠(cam)의 동작이 적절한가?

> 캠은 리미트스위치를 작동시키는 부품으로, 점검할 필요가 없다.

★★★

30 정전 시 카내 비상등의 밝기는 몇 룩스(lx) 이상이어야 하는가?

① 1 ② 5
③ 10 ④ 100

> 카에는 자동으로 재충전되는 비상전원공급장치에 의해 **5 lx** 이상의 조도로 1시간 이상 전원이 공급되는 비상등이 있어야 한다.

★★

31 슬로우다운 스위치(slow down switch)의 위치조정은 다음 중 어느 것이 올바른 조정상태인가?

① 자동착상장치가 작동한 후에 스위치가 작동하도록 조정한다.
② 자동착상장치보다 먼저 작동하도록 조정한다.
③ 자동착상장치와 동시에 작동하도록 조정한다.
④ 자동착상장치나 슬로다운 스위치의 어느 것이나 먼저 작동하여도 상관없으므로 임의로 조정한다.

> • 슬로우다운 스위치는 카가 종단층을 지나칠 때 이를 검출하여 강제로 카를 감속·정지시키는 장치이다. 이 스위치는 주로 리미트 스위치 전에 설치되어 있다.
> • 자동착상장치는 카가 목적층의 위치에 근접하였을 때 승강로내 유도판과 카의 유도릴레이가 맞대면 제어회로가 동작하여 자동적으로 착상시킨다.

03 완충기

★★★

1 카가 어떤 원인으로 최하층을 통과하여 피트에 도달했을 때 카에 충격을 완화시켜 주는 장치는?

① 리미트 스위치
② 조속기(과속조절기)
③ 비상정지장치(추락방지안전장치)
④ 완충기

★★

2 완충기에 대한 설명 중 옳지 않은 것은?

① 엘리베이터 피트부분에 설치한다.
② 케이지나 균형추의 자유낙하를 완충한다.
③ 스프링 완충기와 유입 완충기가 있다.
④ 엘리베이터의 속도가 낮은 곳에는 스프링 완충기가 사용된다.

> 완충기는 카(케이지)의 낙하를 완충하는 안전장치이며, 균형추의 낙하를 완충하는 것은 아니다.

★★★

3 정격속도가 1.5m/s인 엘리베이터의 완충기로는 어떤 것을 적용하는 것이 가장 좋은가?

① 스프링 완충기
② 유입 완충기
③ 기어식 완충기
④ 우레탄식 완충기

> • 우레탄식 완충기, 스프링 완충기 : 1.0 m/s 이하
> • 유입 완충기 : 승강기의 정격속도에 상관없음

정답 28 ② 29 ④ 30 ② 31 ① 3 1 ④ 2 ② 3 ②

★

4 완충기의 종류를 결정하는데 반드시 필요한 조건은?

① 승강기의 용량　② 승강기의 속도
③ 승강기의 용도　④ 카의 크기

★

5 완충기에 대한 설명 중 옳지 않은 것은?

① 에너지 축적형과 에너지 분산형이 있다.
② 엘리베이터의 속도가 1 m/s 이하인 경우 스프링 완충기가 사용된다.
③ 유압 완충기는 1G(9.8m/sec^2)를 넘지 않는 평균 감속도를 가져야 한다.
④ 스프링 완충기의 작용은 유체 저항에 의한다.

유체 저항을 이용하는 것은 유압 완충기이다.

★★★

6 완충기에 대한 설명으로 틀린 것은?

① 카가 어떤 원인으로 최하층을 통과하여 피트로 떨어졌을 때 충격을 완화하기 위하여 설치한다.
② 완충기는 카나 균형추의 자유낙하를 완충하기 위한 것은 아니다.
③ 용수철 완충기와 유압 완충기가 있다.
④ 승강기의 정격속도가 1m/s를 초과하면 운동에너지가 증가하므로 스프링 완충기를 사용한다.

스프링 완충기 : 정격속도가 1.0 m/s를 초과하지 않는 곳에 사용한다.

★

7 완충기에 관한 설명으로 옳은 것은?

① 완충기의 최대감속도는 2.5G를 초과하는 감속도가 일반적으로 0.1초를 넘지 않아야 한다.
② 완충기의 행정(stroke)은 카가 정격속도의 125%로 충돌했을 때 평균 감속도가 9.8m/s^2 이하가 되도록 한다.
③ 스프링 완충기는 1.6m/s 이상의 속도에 사용한다.
④ 스프링 완충기의 최대압축하중은 완충기 높이의 90% 압축을 의미한다.

① 2.5g를 초과하는 감속도는 0.04초 보다 길지 않아야 한다.
② 완충기의 행정은 카가 정격속도의 115%로 충돌했을 때 평균 감속도가 1g(9.8m/s^2) 이하가 되도록 한다.
③ 스프링 완충기는 1.0 m/s 이하의 속도에 사용한다.

★★

8 다음은 에너지 축적형 완충기에 대한 내용이다. 다음 (　) 안에 들어갈 내용으로 알맞은 것은?

【보기】

선형 특성을 갖는 완충기의 가능한 총 행정은 정격속도의 (　)%에 상응하는 중력 정지거리의 2배 (0.135v^2m) 이상이어야 한다. 다만, 행정은 (　)mm 이상이어야 한다.

① 115, 60　② 115, 65
③ 110, 60　④ 110, 60

선형 특성을 갖는 완충기의 가능한 총 행정은 정격속도의 **115%**에 상응하는 중력 정지거리의 2배 (0.135v^2m) 이상이어야 한다. 다만, 행정은 **65mm** 이상이어야 한다.

★

9 다음은 에너지 분산형 완충기의 조건이다. (　) 안에 들어갈 것은? (G : 중력가속도 9.8m/s^2)

【보기】

가) 카에 정격하중을 싣고 정격속도의 (　)%의 속도로 자유낙하하여 완충기에 충돌할 때, 평균 감속도는 1 gn 이하이어야 한다.
나) 2.5 gn를 초과하는 감속도는 0.04초보다 길지 않아야 한다.
다) 작동 후에는 영구적인 변형이 없어야 한다.

① 100　② 105
③ 110　④ 115

★

10 스프링식 또는 중력 복귀식 완충기는 완전히 압축한 상태에서 완전히 복귀할 때까지 요하는 복귀시간은 몇 초 이내이어야 하는가?

① 30
② 60
③ 90
④ 120

완충기가 스프링식 또는 중력 복귀식일 경우, 최대 **120**초 이내에 완전히 복귀되어야 한다.

정답 4 ② 5 ④ 6 ④ 7 ④ 8 ② 9 ④ 10 ④

★★★

11 다음 중 ( ) 안에 들어갈 내용으로 알맞은 것은?

【보기】

카가 유입완충기에 충돌했을 때 플런저가 하강하고 이에 따라 실린더 내에 기름이 좁은 (　　)을(를) 통과하면서 생기는 유체저항에 의해 완충작용을 하게 된다.

① 오리피스 틈새
② 실린더
③ 오일게이지
④ 플런저

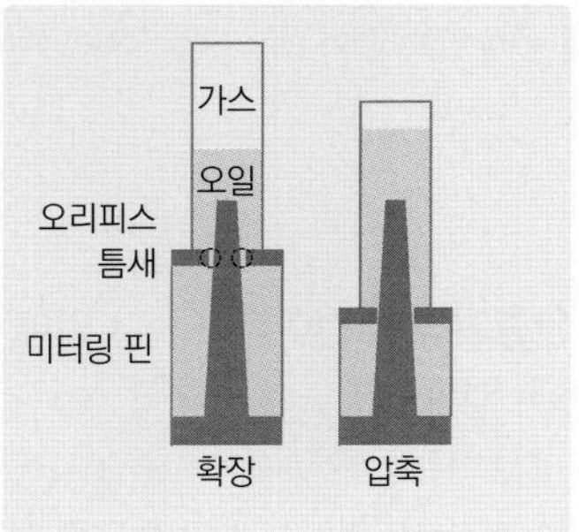

★

12 비선형 특성을 갖는 에너지 축적형 완충기가 카의 질량과 정격하중 또는 균형추의 질량으로 정격속도의 115%의 속도로 완충기에 충돌할 때에 대한 설명으로 틀린 것은?

① 카의 복귀속도는 1 m/s 이하이어야 한다.
② 작동 후에는 영구적인 변형이 없어야 한다.
③ 2.5 gn 초과하는 감속도는 0.4초 보다 길지 않아야 한다.
④ 최대 피크 감속도는 6 gn 이하이어야 한다.

2.5 gn를 초과하는 감속도는 0.04초 보다 길지 않아야 한다.

★★★

13 엘리베이터 자체점검기준에서 완충기에 대한 점검내용으로 옳은 것은?

① 로프, 체인이완감지장치 설치 및 작동상태
② 소화설비 비치 및 표적 상태
③ 잭 및 관련 부품의 설치 및 작동상태
④ 전기안전장치 작동상태

승강기 안전운행 및 관리에 관한 운영규정 – [별표 3] 자체점검기준
①~③은 유압시스템의 점검사항이다.

★★★

14 엘리베이터 완충기의 용도에 따라 적용하는 부품이 아닌 것은?

① 플런저　　② 유량조절밸브
③ 완충고무(우레탄)　　④ 스프링

완충기는 스프링식, 유압식, 우레탄식으로 구분되며, 플런저는 유압식 완충기의 부품에 해당한다.
※ 유량조절밸브는 유압식 엘리베이터의 파워유닛 구성요소이다.

★★★★

15 피트 바닥과 카 하부의 가장 낮은 부품 사이의 수직거리는 일반적으로 몇 m 이상이어야 하는가?

① 0.5　　② 1.0
③ 1.5　　④ 2.0

피트 바닥과 카의 가장 낮은 부분 사이의 유효 수직거리는 0.5 m 이상이어야 한다.

정답 11 ① 12 ③ 13 ④ 14 ② 15 ①

SECTION

Craftsman Elevator

승강기의 속도제어

[예상문항수 : 0~1문제] 이 섹션에서는 속도제어 분류는 반드시 암기하며, 각 제어의 특징 및 효율을 함께 숙지합니다. 각 제어 다이어그램은 이해를 위한 것으로 참고용으로만 활용하기 바랍니다.

승강기는 전동기로 구동되므로 승강기의 속도는 전동기의 속도제어에 의해 결정된다. 전동기에는 교류전원을 사용하는 유도전동기 및 직류전원을 사용하는 직류전동기 제어방식을 사용한다.

엘리베이터 속도제어 분류

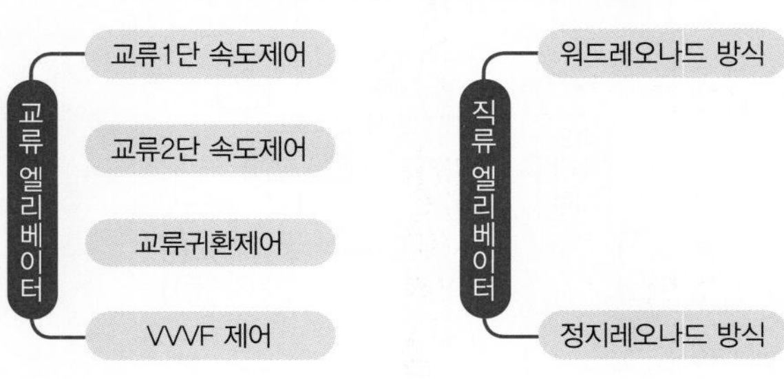

01 교류전원제어

3상 교류전압으로 구조가 간단한 유도전동기로 구동되며, 전동기의 속도제어에 의해 결정된다.

▶ 속도에 따른 제어 분류
- 0.5 m/s 이하 : 교류1단
- 0.5~1 m/s 이하 : 교류2단
- 0.75~1.75 m/s : 교류귀환

1 교류1단 속도제어 (0.5 m/s 이하)

① 모터에 의해 기동 및 운전을 하고, 정지는 모터의 전원을 끊고 제동기(브레이크)에 의한 기계적 방식으로 제어한다.

② 기계적 브레이크를 사용하므로 착상 오차*가 큰 단점이 있다.

③ 종류 : 직입기동방식, 저항기동방식*

④ 속도 제한 : 0.5m/s 이하

* 착상 오차
승강기가 정지했을 때 승장의 바닥면과 카 바닥면의 수준 차가 어느 정도인지를 말한다.

* 저항기동방식
기동시 전동기 입력측에 저항을 삽입하여 어느 정도 가속된 후 단락시켜 충격을 완화시킨다. 저항의 가감을 위한 전자개폐기의 접점 유지관리가 어려움
※ 감속할 때 저항이 큰 쪽으로 전환하면 전동기에 인가되는 전압이 낮아지므로 전동기의 회전속도가 낮아진다.

2 교류2단 속도제어 (0.5~1 m/s)

① 중속 엘리베이터에서 **고속권선(기동과 주행)과 저속권선(감속과 정지)**의 2단계로 속도제어

② 착상 지점에 근접하면 고속-저속 비율을 4 : 1로 감속시켜 전동기의 전원 접점을 차단시키고 브레이크를 걸어 정지시킴

③ 교류1단 속도제어에 비해 착상 오차를 줄일 수 있으나 층간 운전시간이 그만큼 길어지고 승차감이 떨어진다.

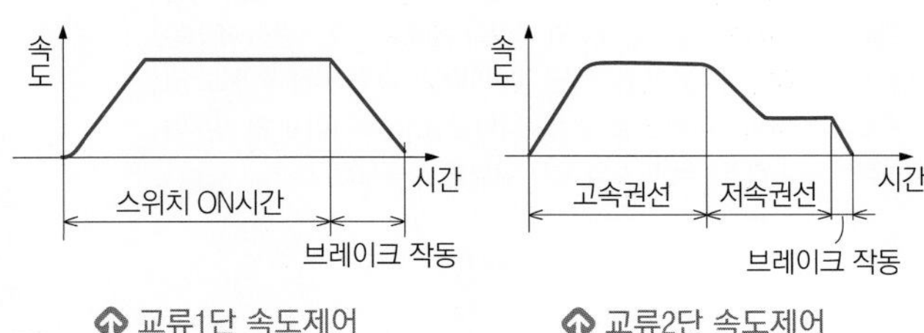

교류1단 속도제어 교류2단 속도제어

필수암기

❸ 교류귀환제어 (0.75~1.75 m/s)

① 카의 실제속도와 지령속도를 비교하여 **사이리스터의 점호각**을 바꾸어(위상을 제어) 속도를 제어한다.

② 유도전동기의 1차측 각 상에 사이리스터와 다이오드를 역병렬로 접속하여 역행 토크를 발생시킨다. 또한, 모터에 직류를 흐르게 하여 제동 토크를 발생시킨다.

필수암기

③ 속도 검출 발전기를 통해 실제속도를 검출하여 미리 정하여진 지령속도에 따라 정확하게 제어되므로 **승차감 및 착상정도가 우수**하다.

→ 가속 및 감속 시 카의 실속도를 속도발전기에서 검출하고, 그 전압과 속도지령장치로부터의 전압을 비교하여 지령값보다 카의 속도가 작은 경우 역행 사이리스터를 점호하여 증속시키고, 반대로 지령값보다 카의 속도가 큰 경우는 제동용 사이리스터를 점호하여 감속시킨다. 전속 주행중은 귀환제어를 하지 않고, 보통 교류모터로 카를 일정속도로 주행시킨다.

④ 교류 2단속도와 같은 저속주행시간이 없으므로 운전시간이 짧다.

사이리스터와 점호각

- 사이리스터(SCR)는 트랜지스터(205페이지 참조)와 마찬가지로 일종의 **전자스위치 역할**을 하는 반도체를 말한다. 아래 그림에 보듯 '게이트, 애노드, 캐소드'로 구성된다. 게이트에서 한번 전류가 흘러 스위칭 작용('점호'라 함)을 하면 게이트의 전류를 끊어도 애노드에서 캐소드로 전류가 계속 흐른다. 이때 교류 사인파에서 어느 지점에 전류를 흘리느냐에 따라 출력값이 달라진다. 이를 '**점호각**'이라 한다.
- 사이리스터가 정현파(사인파)의 파형이 입력되었을 때 어느 부분에서 Turn on될 지를 결정하는 각이다. 정현파는 0~360°까지 점호각을 조절할 수 있는데, 점호각 이후의 파형이 출력되어 출력량이 제어된다. 예를 들어, 점호각이 90° 라면 정현파에서 파형 시작 후 90도 되는 최대값 이후의 파형만 출력으로 나타난다. 점호각이 0° 인 경우에는 정현파의 입력부터 이후의 모든 파형을 출력시킨다.

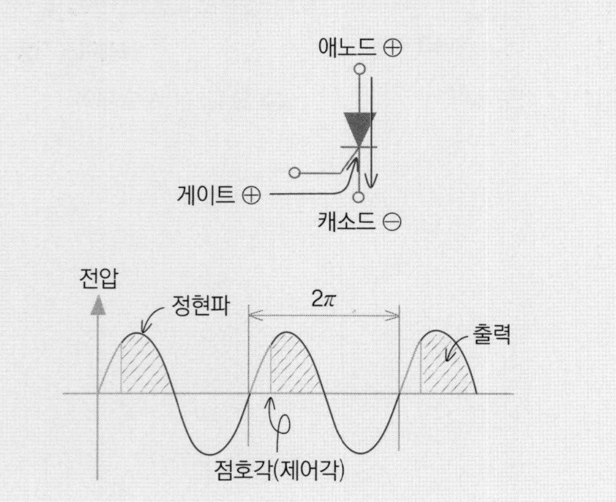

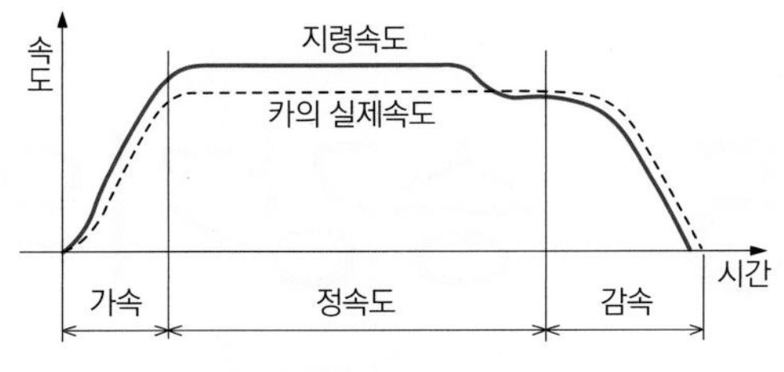

교류귀환속도곡선

교류귀환 제어

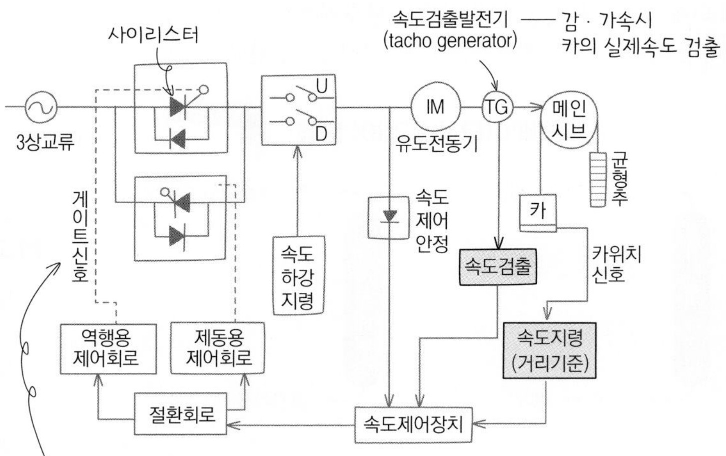

사이리스터는 게이트 신호를 점호(도통)시켜 애노드-캐소드 사이에 전류를 통하게 함

카의 실제속도를 검출하는 속도검출발전기의 전압과 속도지령장치의 전압을 비교하여 TG전압이 작으면 역행용 사이리스터를 점호(도통)시켜 카의 속도를 증속시킴
반대로, TG전압이 지령값보다 크면 제동용 사이리스터를 점호(도통)하여 카의 속도를 감속시킴 → 교류귀환제어방식은 카의 실제속도와 지령속도를 비교하여 사이리스터의 점호각을 바꾸는 방식이다.

4 VVVF 제어(Variable Voltage Variable Frequency, 가변전압 가변주파수) 

① **저속에서 초고속까지 광범위한 속도 제어 방식**으로, 인버터를 사용하여 유도 전동기의 속도를 제어하는 방식

② 가장 일반적인 방식으로, '인버터 제어'라고도 함

③ **교류전동기**에서 발생되는 속도와 토크의 **전압과 주파수를 동시에 변화**시켜 모터의 회전속도를 제어한다. (직류전동기와 동등한 제어성능을 갖는 방식)

④ 주요부는 컨버터(converter, 교류→직류)와 인버터(inverter, 직류→교류)로 구성

⑤ 인버터 속도제어방식 : 인버터 회로에 의한 부하출력파형을 정현파형이 되도록 제어하는 방식으로 다음의 제어법이 있다.

- **PWM**(Pulse Width Modulation, 펄스폭 변조) 제어법
- **PAM**(Pulse Amplitude Modulation, 진폭 변조) 제어법

⑥ PWM 방식이 PAM 방식보다 안정성, 응답성, 역률 등이 우수하고 특정의 저차 고조파성분의 제거가 용이하므로 일반적으로 이용되고 있다.

⑦ 다른 방식에 비해 유지보수가 쉽고, **소비전력이 적다.**

⑧ 속도에 대응하여 최적의 전압과 주파수로 제어하기 때문에 승차감이 양호하다.

> ▶ 이해) VVVF 제어의 속도제어의 특징
> - 교류 모터의 회전수는 주로 주파수에 의해 결정되는데, 기존에는 주파수를 가변하기가 어려웠지만 인버터 속도제어를 통해 직류를 자유로운 전압이나 주파수의 교류로 변환할 수 있는 VVVF 제어가 가능해져 교류 모터를 사용하여 직류 모터와 같은 성능을 낼 수 있다.
> - 교류 모터는 직류 모터에 비해 정류용 브러시가 불필요하며 소형, 경량화가 가능한 동시에 보수의 성력화(Maintenance free)가 가능하다.

VVVF 제어

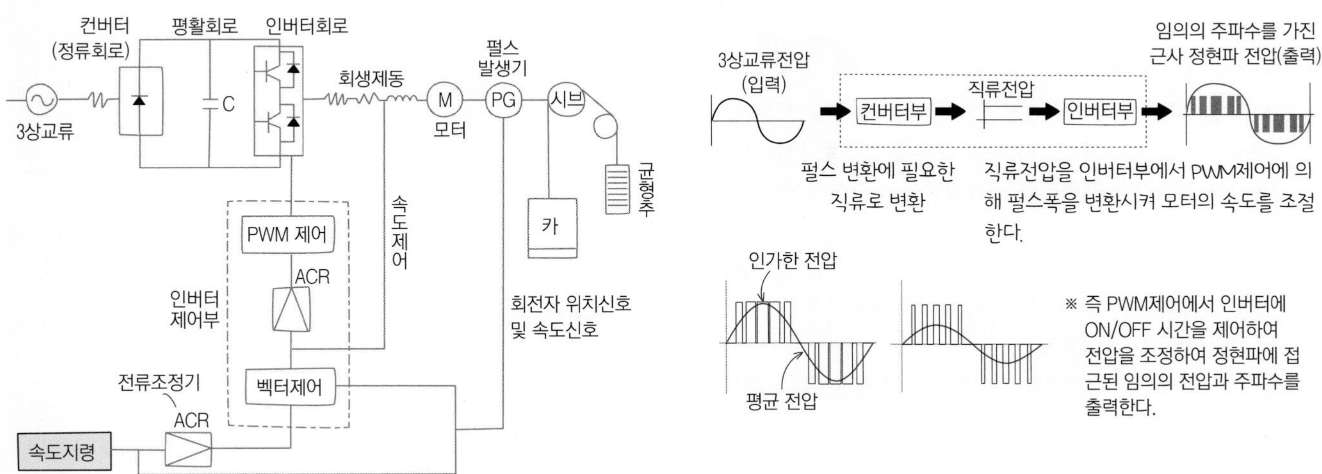

PWM 제어

스위치의 ON/OFF 시간을 통해 평균전압을 제어함

실제에서는 스위치로 ON/OFF할 수 없음으로 사이리스터의 스위칭 작용을 이용한다.

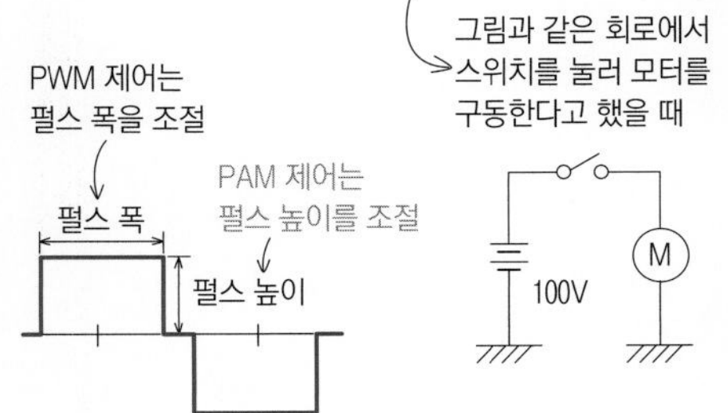

스위치를 1초동안 ON하면 100V의 전압이 모터에 인가된다.

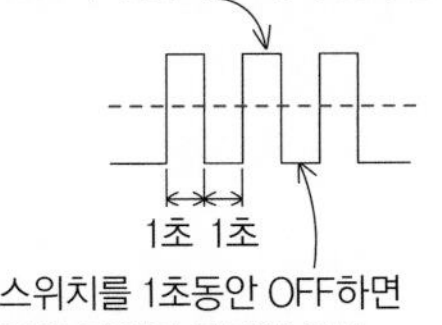

스위치를 1초동안 OFF하면 0V의 전압이 모터에 인가

※ 모터에 인가된 평균전압은 50V가 된다.

스위치를 1.5초동안 ON하면 100V 전압이 모터에 인가

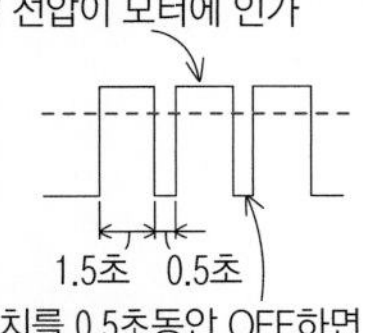

스위치를 0.5초동안 OFF하면 0V 전압이 모터에 인가

※ 모터에 인가된 평균전압은 75V가 된다.

스위치를 0.5초동안 ON하면 100V 전압이 모터에 인가

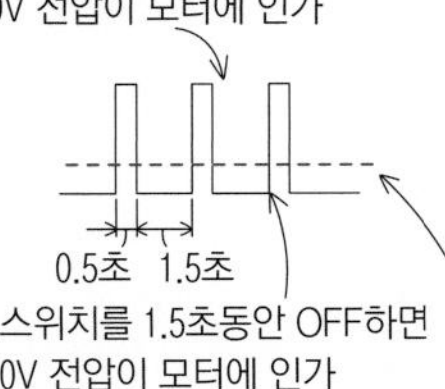

스위치를 1.5초동안 OFF하면 0V 전압이 모터에 인가

※ 모터에 인가된 평균전압은 25V가 된다.

02 직류전원제어

직류전원 속도제어는 전기자전압을 제어하는 방식이 일반적으로 사용하며, **워드레오나드 방식**과 **정지레오나드 방식**이 있다.

1 워드레오나드 방식 (Word Leonard)

① 직류 엘리베이터 속도제어에 널리 사용되는 방식이다.
② 구조 : 유도전동기(보조전동기) - 직류발전기 - 직류전동기(주 전동기)
③ 유도전동기와 직류발전기는 같은 축에 직결되어 있고 직류발전기의 직류출력을 직류전동기(주 전동기)의 전기자 단자에 공급한다.
④ 속도제어는 계자의 저항을 변화시켜 자계를 조절하고 따라서 발전기의 직류전압을 제어하여 주전동기의 속도를 조절한다.
⑤ '전동기-발전기(M-G)' 세트가 필요하므로 고가이며, 크기와 무게, 바닥 면적이 더 필요하다.
⑥ 효율이 높고 역회전 사용 가능하다.
⑦ 잦은 유지 보수

2 정지레오나드 방식 (정지식 워드레오나드 방식)

① 워드레오나드 방식에서 전동발전기 대신 사이리스터와 같은 정지형 반도체 소자를 사용하여 **교류를 직류로 변환**시킴과 동시에 **점호각을 제어**하여 직류전압을 변화시켜 속도를 제어한다.
② 엘리베이터에서는 정전과 역전의 두 방향으로 속도제어를 할 필요가 있으므로 사이리스터(Thyristor)의 출력으로 정부의 직류출력이 필요하게 된다.
③ 발전기 대신 사이리스터를 사용하므로 **손실이 적고, 유지보수가 용이**하다.

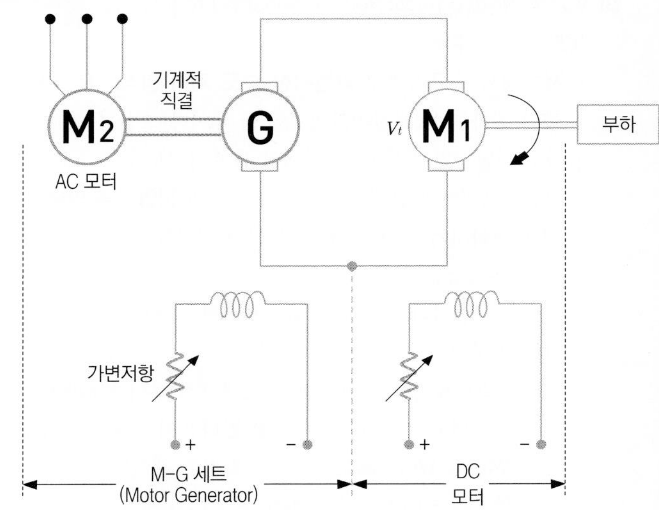

G(직류발전기)는 스스로 회전하지 못하는 타여자 방식이므로, M_2(보조 전동기)가 필요하며, 직류발전기의 계자저항을 감소시키면 → 계자전류 증가 → 자속 증가 → 유기기전력 증가 → M_1(메인 전동기) 속도가 증가함

기출문제

★ 숫자는 빈출 정도 및 중요도를 나타냅니다.

★★★

1 교류 엘리베이터의 속도제어방식이 아닌 것은?

① 교류1단 속도제어방식
② 교류2단 속도제어방식
③ 교류3단 속도제어방식
④ 교류귀환 전압제어방식

속도제어방식 분류
- 교류 : 교류1단, 교류2단, 교류귀환제어, VVVF제어(인버터제어, 가변전압 가변주파수 제어)
- 직류 : 정지 레오너드 방식, 워드-레오너드 방식

★★★

2 직류 엘리베이터의 제어방식이 아닌 것은?

① 정지 레오너드 방식
② 워드-레오너드 방식
③ 발전기의 계자전류 제어
④ 가변전압 가변주파수 제어

★★★

3 가변전압 가변주파수(VVVF)제어에 대한 설명으로 틀린 것은?

① 교류 엘리베이터 속도제어의 방법이다.
② 전동기는 교류 유도 전동기를 사용한다.
③ 인버터제어이다.
④ 직류 엘리베이터 속도제어 방법이다.

★★

4 다음 중 교류 엘리베이터의 속도제어 방식에 속하지 않는 것은?

① 워드레오나드 방식
② 교류귀환 전압제어
③ 교류1단 속도제어
④ 가변전압 가변주파수 제어

★★

5 다음 중 교류 1단 속도제어를 설명한 것으로 옳은 것은?

① 기동은 고속권선으로 행하고 감속은 저속권선으로 행하는 것이다.
② 모터의 계자코일에 저항을 넣어 이것을 증감하는 것이다.
③ 기동과 주행은 고속권선으로, 감속과 착상은 저속권선으로 행하는 것이다.
④ 3상 교류의 단속도 모터에 전원을 투입하므로서 기동과 정속운전을 하고 착상하는 것이다.

② : 교류1단 속도제어의 저항기동방식
①, ③ : 교류2단 속도제어
④ : 교류 1단 속도제어의 착상은 모터에 전원을 차단하고 기계적 브레이크를 사용한다.

⊙ 교류전압 속도제어 정리

구분	내용
교류1단 속도제어	모터에 의해 기동 및 정속운전을 하고, 정지는 전원을 끊고, 브레이크에 의한 기계적 방식으로 제동
교류2단 속도제어	중속 엘리베이터에서 고속권선(기동과 주행)과 저속권선(감속과 정지)의 2단계로 속도제어
교류 귀환제어	• 카의 실제속도와 지령속도를 비교하여 사이리스터(SCR)의 점호각를 바꿔 유도전동기의 속도를 제어 • 정확하게 제어하여 승차감 및 정지를 개선
VVVF 제어 (인버터 제어)	• Variable Voltage Variable Frequency (가변 전압, 가변 주파수) • 가장 일반적인 방식으로 컨버터와 인버터로 구성 • 교류전동기에서 발생되는 속도와 토크가 전압과 주파수에 따라 변한다. • 직류모터(우수한 속도 조절 및 범위)와 동등한 제어성능을 얻을 수 있다. • PAM 제어방식과 PWM 제어방식 • 저속~초고속까지 속도에 관계없이 광범위하게 제어

★

6 교류 엘리베이터의 전동기 특성으로 적당하지 않은 것은?

① 고빈도로 단속 사용하는데 적합한 것이어야 한다.
② 기동토크가 커야 한다.
③ 기동전류가 적어야 한다.
④ 회전부분의 관성모멘트가 커야 한다.

① 높은 사용빈도에 적합해야 한다.
② 멈추었던 카를 움직이는 힘이 커야 한다.
③ 멈추었던 카를 움직일 때 전류가 적을수록 좋다.
④ 관성모멘트란 회전하려는 물체가 계속 회전하려는 성질의 크기를 말하며, 카가 승강장에 정확하게 착상하기 위해 전동기가 즉시 멈추려면 관성모멘트가 작아야 한다.

정답 1 ③ 2 ④ 3 ④ 4 ① 5 ④ 6 ④

★★

7 3상 교류의 단속도 전동기에 전원을 공급하는 것으로 기동과 정속운전을 하고 정지 시 전원을 차단한 후 제동기에 의해 기계적으로 브레이크를 거는 제어방식은?

① 교류1단 속도제어
② 교류2단 속도제어
③ VVVF제어
④ 교류궤환 전압제어

★

8 교류 일단속도제어의 속도 적용범위는 착상오차를 고려하여 보통 몇 m/s 까지 적용하는가?

① 0.5 ② 0.75
③ 1 ④ 1.75

속도에 따른 교류제어 분류
- 0.5 m/s 이하 : 교류1단 제어
- 0.5~1 m/s : 교류2단 제어
- 0.75~1.75 m/s : 교류귀환 제어

★

9 교류 2단속도제어에서 고속권선으로 제어하지 않는 것은?

① 가속 ② 기동
③ 고속 주행 ④ 저속 주행

- 고속권선 : 기동, 가속, 고속
- 저속권선 : 감속, 저속

★★

10 교류 2단 속도제어방식으로 주로 사용되는 것은?

① 정지레오나드방식 ② 주파수 변환방식
③ 극수 변환방식 ④ 워드레오나드방식

교류 2단 속도제어방식은 3상 유도전동기의 **극수 변환**에 의해 2단으로 속도제어를 하는 방식으로 역회전은 3상 중 2상을 바꾸어 행한다.
※ 주파수 변환방식은 교류귀환 전압제어방식에 사용된다.

★★★

11 기동과 주행은 고속권선으로 하고, 감속과 착상은 저속으로 하며 착상지점에 근접하면 모든 접점을 끊고 동시에 브레이크를 거는 제어방식은?

① VVVF 제어방식
② 교류1단 제어방식
③ 교류2단 제어방식
④ 교류귀환 제어방식

★★★

12 중속 엘리베이터에서 고속권선과 저속권선으로 하는 속도제어는?

① 1단속도제어
② 2단속도제어
③ 궤환제어
④ VVVF속도제어

★★★

13 교류귀환 전압제어에 대한 설명으로 옳은 것은?

① 사이리스터 점호각을 바꾸어 유도전동기의 속도를 제어
② 모터의 전기회로에 저항을 넣어 속도를 제어
③ 2단 속도모터를 사용하여 기동을 고속권선으로, 착상을 저속권선으로 제어
④ 교류를 직류로 바꾸어 직류모터의 회전수를 제어

① 교류귀환 전압제어 (카의 실제속도와 지령속도를 비교하여 **사이리스터의 점호각을 바꾸어 유도전동기의 속도를 제어**)
② 교류1단 속도제어의 저항기동방식에 해당
③ 교류2단 속도제어에 해당
④ 정지레어나드 방식에 해당

★★★

14 교류 귀환제어에서는 무엇과 무엇을 비교하여 사이리스터의 점호각을 바꾸어 유도전동기의 속도를 제어하는가?

① 카의 실속도와 유도전동기의 속도
② 유도전동기의 속도와 지령속도
③ 지령속도와 카의 실속도
④ 카의 실속도와 조속기의 속도

귀환은 피드백을 의미한다. 즉 속도검출기를 통해 **카의 실제속도 값을 피드백하여 지령속도와 비교**하여 '지령속도 > 카의 실속도'이면 증속시키고, '지령속도 < 카의 실속도'이면 제동시킨다.

★★★

15 사이리스터의 점호각을 바꿔 유도전동기의 속도를 제어하는 방식은?

① 교류1단 제어
② 교류2단 제어
③ 교류귀환 제어
④ VVVF 제어

정답 7 ① 8 ① 9 ④ 10 ③ 11 ③ 12 ② 13 ① 14 ③ 15 ③

★★

16 교류 귀환제어방식에 관한 설명으로 옳은 것은?

① 카의 실속도와 지령속도를 비교하여 다이오드의 점호각을 바꿔 유도전동기의 속도를 제어한다.
② 유도전동기의 1차측 각 상에서 사이리스터와 다이오드를 병렬로 접속하여 토크를 변화시킨다.
③ 미리 정해진 지령속도에 따라 정확하게 제어되고 승차감 및 착상도가 개선되었다.
④ 교류 2단속도와 같은 저속주행시간이 없으므로 운전 시간이 길다.

> ① 카의 실속도와 지령속도를 비교하여 사이리스터의 점호각을 바꾸어 유도전동기의 속도를 제어한다.
> ② 유도전동기의 1차측 각 상에서 사이리스터와 다이오드를 역병렬로 접속하여 역행 토크를 변화시킨다.
> ④ 교류 2단속도와 같은 저속주행시간이 없으므로 운전시간이 짧다.

★★★

17 엘리베이터의 속도제어 중 VVVF 제어 방식의 특징에 대한 설명으로 틀린 것은?

① 소비전력을 줄일 수 있고 보수가 용이하다.
② 저속의 승강기에만 적용 가능하다.
③ 유도전동기의 전압과 주파수를 변환시킨다.
④ 직류전동기와 동등한 제어 특성을 낼 수 있다.

> VVVF 제어 방식은 저속에서 초고속까지 속도범위가 넓다.

★★★

18 교류 엘리베이터의 제어 방식 중 VVVF제어 방식이란?

① 가변전류 가변전압 제어방식
② 가변전압 가변주파수 제어방식
③ 가변전압 다이나믹브레이크 제어방식
④ 주파수 변화에 의한 제어방식

★★★

19 다음 중 전압과 주파수를 동시에 변화시켜 직류전동기와 동등한 제어성능을 얻을 수 있는 속도제어 방식은?

① 교류1단 제어
② 워드레오나드 제어
③ 교류귀환 제어
④ VVVF 제어

★★★

20 승강기의 가변전압 가변주파수 제어방식에서 인버터부의 제어시스템으로 옳은 것은?

① PWM ② PAM
③ PSM ④ IGBT

> **인버터의 속도제어방법**
> - **PWM**(Pulse Width Modulation, 펄스폭 변조) : 컨버터를 거친 일정한 출력전압에 전압과 출력시간(주파수)을 변화시켜 교류(AC)의 사인파와 유사한 출력을 얻어 유도전동기의 속도를 조절한다.
> - PAM(Pulse Amplitude Modulation, 펄스높이 변조) : 교류를 직류로 변환할 때 직류의 크기를 변환시켜 출력한다.

★

21 VVVF제어에서 3상의 교류를 일단 DC전원으로 변환시키는 것은?

① 인버터 ② 발전기
③ 전동기 ④ 컨버터

> **인버터의 구조**
> - 컨버터 : **3상 교류를 직류로 변환**시켜 일정한 전압을 얻도록 한다.
> - 평활회로 : 컨버터를 거친 직류를 콘덴서를 통해 평활한 직류로 변환한다.
> - 인버터 : 컨버터에서 변환한 직류를 가변전압, 가변주파수의 교류로 변환하여 유도전동기의 속도를 제어한다.

★★★

22 유도전동기에 인가되는 전압과 주파수를 동시에 변환시켜 직류전동기와 동등한 제어 성능을 얻을 수 있는 제어방식은?

① 인버터 제어방식
② 교류귀환 제어방식
③ 정지레오나드 방식
④ 워드레오나드 방식

> VVVF 제어(인버터 제어방식) → 유도전동기, **전압과 주파수를 변환**

★★★

23 저속, 중속, 고속, 초고속 등 속도에 관계없이 광범위하게 속도제어에 사용되는 방식으로 가장 알맞은 것은?

① VVVF 방식
② 교류 일단 속도제어
③ 정지 레오나드 방식
④ 워드 레오나드 방식

정답 16 ③ 17 ② 18 ② 19 ④ 20 ① 21 ④ 22 ① 23 ①

★

24 그림은 승강기 VVVF 제어회로의 일부이다. 회로의 설명 중 옳은 것은?

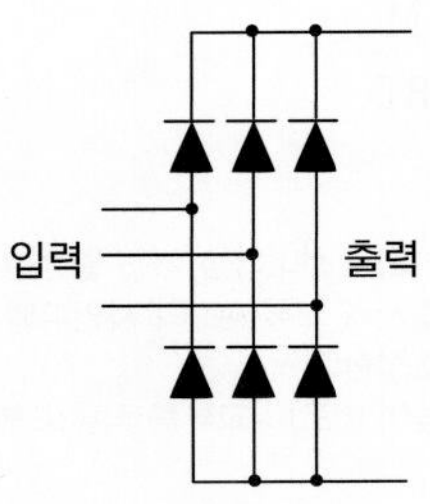

① 교류를 직류로 변환하는 회로이다.
② 교류의 PWM 제어회로이다.
③ 교류의 주파수를 변환하는 회로이다.
④ 교류의 전압을 변환하는 회로이다.

VVVF 제어회로
- 컨버터부 : 교류 → 직류
- 평활회로부 : 콘덴서를 이용하여 맥동을 완전한 직류에 가깝게 변환
- 인버터부 : 직류를 조정된 전압에 맞는 교류로 변환

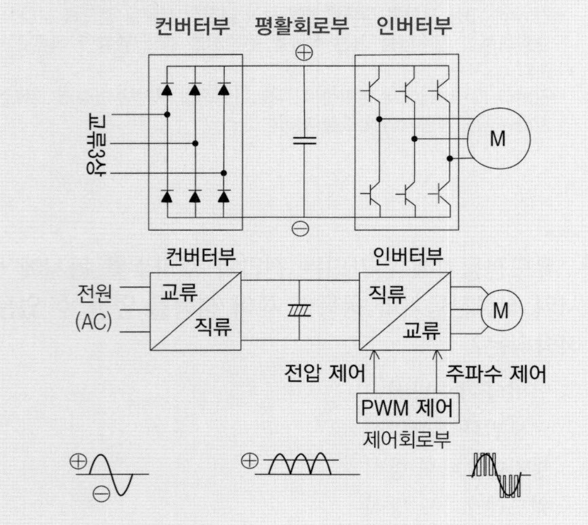

★★★

25 VVVF(Variable Voltage Variable Frequency) 제어의 설명으로 옳지 않은 것은?

① 전동기는 직류 전동기가 사용된다.
② 전압과 주파수를 동시에 제어할 수 있다.
③ 컨버터와 인버터로 구성되어 있다.
④ PAM 제어방식과 PWM 제어방식이 있다.

VVVF 제어는 **유도전동기**에 인가되는 전압과 주파수를 동시에 변환시켜 직류전동기와 동등한 제어성능을 얻을 수 있는 방식이다.

★★★

26 가변전압 가변주파수(VVVF) 제어방식 승강기의 특징이 아닌 것은?

① 워드레오나드 방식에 비해 유지보수가 쉽다.
② 교류2단 속도제어방식보다 소비전력이 적다.
③ 높은 기동전류로 기동하며 기동시에도 높은 토크를 낼 수 있다.
④ 속도에 대응하여 최적의 전압과 주파수로 제어하기 때문에 승차감이 양호하다.

VVVF 제어 방식은 비교적 **낮은 기동전류**에도 높은 토크를 낼 수 있으며, 빈번한 시동에도 충분히 견딜 수 있어야 한다.

★★

27 가변전압 가변주파수 제어방식과 관계가 없는 것은?

① PAM
② PWM
③ 컨버터
④ MG세트

MG세트(Motor-Generator Set)는 직류 엘리베이터의 워드-레오나드 방식과 관계가 있다.

★★★

28 직류 엘리베이터에서 워드레오나드 방식의 목적은?

① 계자자속를 조정하기 위하여
② 속도조절을 하기 위하여
③ 병렬운전을 하기 위하여
④ 정류를 좋게 하기 위하여

정지레오나드 방식은 워드레오나드의 구성 중 직류 발전기 대신 사이리스터를 이용하여 가변 직류 전압을 공급하여 **속도를 조절**한다.

⊙ 직류전압 속도제어 정리

워드 레오나드 방식 (M-G 방식)	유도전동기와 직류발전기를 같은 축에 직렬하여 유도전동기를 구동하여 발생된 직류출력을 직류 전동기의 전기자 단자에 공급
정지 레오나드 방식	워드 레오나드 방식에서 직류발전기 대신 사이리스터(정지형 반도체 소자)를 사용하여 교류를 직류로 변환시킴과 동시에 점호각을 제어하여 직류전압을 변화

정답 24 ① 25 ① 26 ③ 27 ④ 28 ②

★★★

29 워드레오나드 방식을 옳게 설명한 것은?

① 발전기의 출력을 직접 전동기의 전기자에 공급하는 방식으로 발전기의 계자를 강하게 하거나 약하게 하여 속도를 조절하는 것
② 직류 전동기의 전기자회로에 저항을 넣어서 이것을 변화시켜서 속도를 제어하는 것
③ 교류를 직류로 바꾸어 전동기에 공급하여 사이리스터의 점호각을 바꾸어 전동기의 회전수를 바꾸는 것
④ 기준속도의 패턴을 주는 기준전압과 전동기의 실제 속도를 나타내는 검출 발전기 전압을 비교하여 속도를 제어하는 것

워드레오나드 방식은 직류엘리베이터의 속도 제어방식으로, 전동기의 여자 전류를 최대로 하고 발전기 계자전류를 0에서 서서히 상승시키면 전동기는 저항 없이 기동된다. 이렇게 전동기의 속도를 단계없이 제어할 수 있어 에너지 소비면에서 효율이 가장 좋다.

★★★

30 직류 엘리베이터의 속도제어 방식에서 발전기의 계자전류를 제어하는 방식은?

① 워드레오나드 방식
② 정지 레오나드 방식
③ 귀환전압 제어방식
④ VVVF 제어방식

워드레오나드 방식의 기초 원리
직류 엘리베이터 속도제어에 사용되는 방식으로 기본 구조는 직류전동기를 구동하기 위한 전압을 직류발전기에서 공급받는다.
※ 발전기는 '계자-전기자'로 구성되며, **계자에 공급되는 전류**에 따라 전기자의 회전속도가 변한다.
※ 속도제어 원리(속도 증가) : 발전기 내의 계자저항 작게 → 발전기의 자계전류 증가 → 자속 증가 → 발전기의 유기기전력(전압) 증가 → 직류전동기 속도 증가

★★★

31 승강기의 속도제어방식 중 에너지(전력) 소비면에서 효율이 가장 좋은 것은?

① 사이리스터 워드레오나드방식
② 교류 2단속도 제어방식
③ 교류 귀환 제어방식
④ 직류 가변전압 제어방식

직류전동기는 교류전동기에 비해 우수한 속도응답성, 높은 효율, 우수한 기동성 등의 장점이 있으나 브러시 교체와 같은 정비성이 떨어지고, 비용이 큰 단점이 있다.
사이리스터 워드레오나드방식은 **정지 레오나드방식**을 말하며, 워드레오나드 방식의 발전기 대신에 사이리스터(반도체)를 사용하므로 에너지 손실이 적고, 유지보수가 용이하다.

chapter 01

정답 29 ① 30 ① 31 ①

SECTION 06

Craftsman Elevator

유압식 엘리베이터

[예상문항수 : 4~6문제] 이 섹션에서는 전반적으로 출제됩니다. 유압식 엘리베이터의 특징, 직 · 간접식의 특징 구분, 각 밸브의 역할 등 문제를 통해 충분히 숙지합니다.

01 유압식 엘리베이터의 개요

유압식 엘리베이터는 오일의 압력과 흐름을 이용하여 플런저를 밀어올리는 힘에 의해 카를 상승시키는 구조로 직접식, 간접식, 팬터그래프식이 있다.

1 유압식 엘리베이터의 특징

장점	단점
• 기계실의 배치가 자유롭다. • 기계실에 하부에 있어서 건물 꼭대기 부분에 하중이 작용하지 않는다. • **승강로 꼭대기 틈새(오버헤드)가 작아도 된다.** → 승강로 상부가 복잡하지 않고 별도의 공간이 필요하지 않는다.	• 실린더를 사용하기 때문에 행정거리와 속도에 제한이 있다. • 균형추가 없는 구조이므로 전동기 소요 동력이 크다. → 전기식의 경우 균형추가 카의 무게를 보상해주지만 유압식은 균형추가 없으므로 그만큼 펌프 구동력(즉, 전동기 동력)이 커진다. • 별도의 공회전 방지장치가 필요하다.

2 유압식 엘리베이터의 기본 작동

① 상승 시 - 전동기로 펌프를 구동하여 발생된 유압을 실린더로 보내어 실린더 내부의 플런저가 카를 밀어올림

② 하강 시 - 전동기를 구동하지 않고 실린더 내 유압을 조절하며 오일탱크로 되돌려 보냄

3 유압식 승강기의 구분 및 특징 : 직접식, 간접식, 팬터그래프식

구분	직접식	간접식	팬터그래프식
기본 구조	• 플런저 끝에 카를 설치하여 플런저의 동력을 직접 전달 • 실린더의 길이는 행정(stroke)길이와 동일	카는 와이어로프에 매달려 있고 플런저 상부에 설치된 시브에 걸려있는 로프에 의해 플런저 움직임이 간접적으로 카에 전달	• 카는 팬터그래프의 직상부에 설치되어 유압잭에 의해 팬터그래프를 펼치거나 접어 카를 상승/하강 • 예 공장 또는 건설현장, 창고 등에 이용 • 비상정지장치가 필요없다.
특징	• 승강로 소요 면적이 작고, 구조가 간단하다. • 실린더를 설치하기 위한 **보호관을 땅 속에 설치**해야 한다. → 설치가 어렵고, 실린더 점검이 어려움 • **비상정지장치가 필요없다.** • 부하에 의한 카 바닥의 빠짐이 작다.	• 승강로의 소요 면적이 커진다. • 실린더를 통상 지상에 설치하므로 **보호관이 불필요**하다. • **비상정지장치가 필요** • 부하에 의한 카 바닥의 빠짐이 크다. • 실린더 점검이 용이	

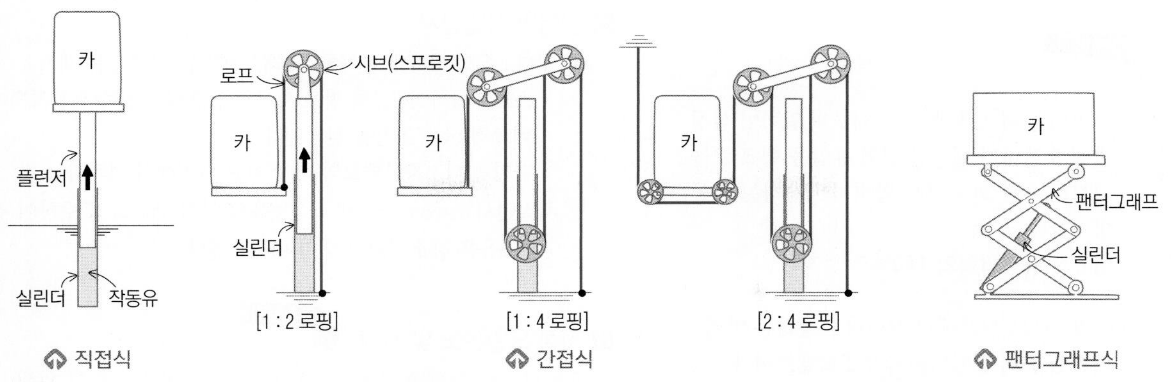

직접식 간접식 팬터그래프식

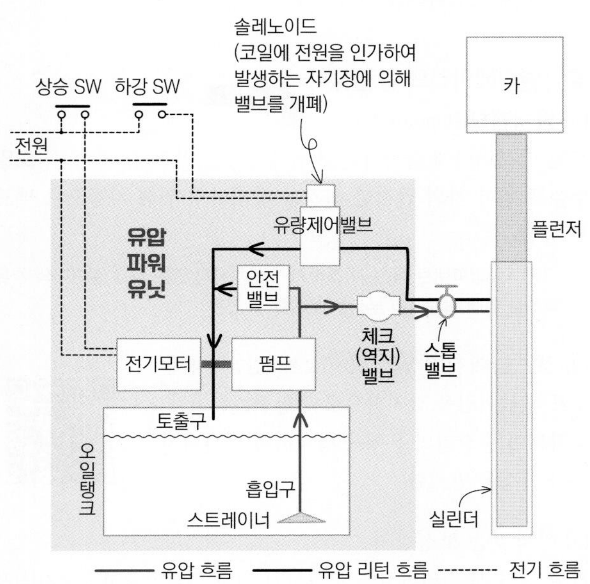

직접식 유압엘리베이터의 기본 구조

※ 각 밸브의 위치를 눈으로 익혀두자!

02 유압 파워 유닛

유압 파워 유닛이란 유압의 발생 및 제어를 위한 장치들의 모음으로 실린더(플런저)를 제외한 펌프, 전동기, 오일탱크, 각종 오일 제어밸브 등을 통칭한다.

1 오일펌프와 전동기

① 펌프 종류 : 원심식, 가변 토출량식, 강제 송류식(기어 펌프, 베인펌프, 스크류 펌프)

② **스크류 펌프(나사펌프)가 주로 사용**된다.

③ 펌프의 출력은 유압과 토출량에 비례한다.

④ 전동기는 3상 유도전동기를 사용한다.

▶ **스크류 펌프**(screw)의 특징
- 대유량을 연속적으로 이송 가능 – 송출유가 연속적으로 이송되어 진동 · 소음을 작고 고속운동에서도 매우 정숙함
- 압력 맥동이 없는 일정량의 기름을 토출

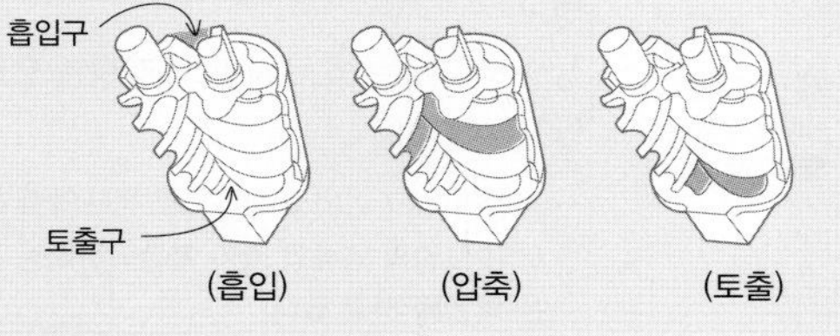

▶ **압력 맥동**
펌프 운전 중에 압력과 토출량이 주기적으로 큰 폭으로 변하며, 진동 및 소음을 발생하는 현상으로 운전상태가 매우 불안정해지는 현상이다.

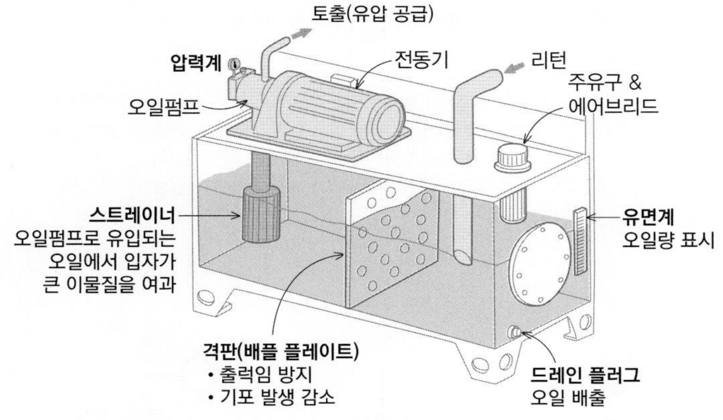

오일탱크의 구성품

2 밸브의 종류

1) 기본 밸브 

릴리프 밸브 (안전밸브)	• 일종의 압력조절 밸브로, 회로의 압력이 설정값에 도달하면 밸브를 열어 유압을 탱크로 돌려보내 유압 회로 내의 압력이 상승하는 것을 방지한다. • 법규상 **규정압력의 140%**로 설정
스톱 밸브 (게이트 밸브) 수도꼭지 연상	• 유압 파워유니트에서 실린더로 통하는 압력배관 도중에 설치되는 **수동조작밸브**이다. • 밸브를 닫으면 실린더의 기름이 탱크로 역류하는 것을 방지한다. • **유압장치의 보수, 점검 또는 수리**를 위해 실린더로 통하는 오일을 수동으로 차단
체크 밸브 (Check Valve, 역지 밸브)	• 한쪽 방향으로만 오일이 흐르게 하는 역저지밸브 • 상승방향에는 흐르지만 하강방향으로 흐르지 않도록 한다. → 정전이나 그 이외의 원인으로 펌프의 토출 압력이 떨어져 오일의 역류와 카가 자유낙하하는 것을 방지하는 역할을 하고 있다.

2) 유량제어밸브

하강용 유량제어밸브 : 플런저 하강 시 실린더에서 오일탱크로 돌아오는 오일 유량을 제어한다.

→ 정전 등으로 카가 층 중간에 정지하였을 경우 수동하강밸브를 열어 자중에 의해 안전하게 카를 하강시켜 승객을 구출할 수 있다.

▶ 참고) **상승용 유량제어밸브** : 펌프로부터 압력을 받은 오일이 대부분은 실린더로 올라가지만 일부는 상승용 전자밸브(솔레노이드 밸브)에 의해서 조정되는 유량제어 밸브를 통해 탱크로 리턴시킨다.
탱크에 되돌아오는 유량을 제어하여 실린더 측의 유량을 간접적으로 제어하는 밸브이다.

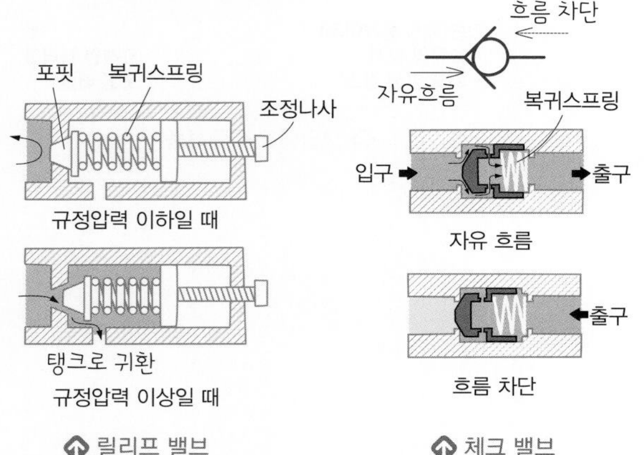

릴리프 밸브 　 체크 밸브

3 필터와 사일런서

① 필터 : 유압장치에 쇳가루, 모래, 먼지 등 이물질을 제거

• 스트레이너 : 탱크와 펌프 사이의 펌프의 흡입측에 설치되어 비교적 굵은 입자를 걸러낸다.

• 라인 필터 : 차단밸브와 하강 밸브 사이에서 여과하는 것

② **사일런서**(Silencer, 소음기) : 작동유의 압력 맥동을 흡수하여 진동, 소음을 감소시키기 위하여 사용된다.

4 적정 오일온도 및 관리 

유압회로의 적정 오일온도는 5~60℃로, 이를 유지하기 위해 오일쿨러 및 오일히터를 설치한다.

5 유압엘리베이터의 안전장치

(1) **럽처밸브**(Rupture V/V) 

오일이 실린더에 들어가는 지점에 설치되어 배관 파손 시 오일 누설로 인한 카의 급격한 하강을 방지하기 위해 자동으로 밸브가 닫힘

→ 고장 시) 압력배관 파손 시 조속기가 설치되지 않은 경우 실린더의 자유낙하로 카내 탑승자의 부상을 초래할 수 있음

(2) 로프늘어짐 안전스위치(로프이완감지장치)

로프의 늘어짐을 감지함으로써 안전스위치가 동작되어 승강기의 운행을 방지하여 실린더의 추가 하강을 방지함

(3) 바닥맞춤 보정장치

카의 정지 시 자연하강을 보정하기 위한 바닥맞춤보정장치(착상면을 기준으로 하여 75 mm 이내의 위치에서 보정할 수 있어야 함)

(4) 실린더(플런저) 이탈방지장치

실린더로부터 플런저의 이탈을 방지하기 위한 장치

→ 고장 시) 실린더로부터 플런저가 이탈되어 승강기가 추락

(5) 공전방지장치

전동기의 공회전을 방지

→ 고장 시) 압력 배관의 막힘 등의 원인으로 전동기가 계속 동작될 경우 모터의 열화로 절연이 파괴

(6) 플런저 리미트 스위치

간접식의 경우 로프 이상으로 신장된 경우에는 상승운전 시 플런저가 스토퍼에 닿아 정지하더라도 카가 최상층의 착상레벨에 도착하지 않을 경우 발생할 수 있다. 이 경우는 기계적 스토퍼에 의해 카가 급정지하게 되어 바람직하지 않다. 따라서 이것을 방지하기 위해 플런저가 스토퍼에 닿기 전에 전기적으로 정지시킬 필요가 있다.

→ 스토퍼 : 플런저 하단에 정지장치(스토퍼)를 설치하여 카가 어느 거리 이상 상승하는 것을 방지

6 압력 배관

① 유압 파워 유니트에서 실린더까지의 배관을 말한다.

② 압력배관의 접속 : 플랜지(Flange) 연결 등

③ 압력배관은 보통 압력배관용 탄소강관을 사용하고 방진고무 등으로 진동이 건물에 전달되지 않게 한다.

[플랜지]

03 유압 실린더

1 실린더(cylinder)

① 직접식 승강기의 길이 : 카의 행정 길이+여유 길이(500mm)

② 간접식에서는 로핑 방법(1:2, 1:4 등)에 따라 승강로 행정의 1/2, 1/4 등이 필요하다.

③ 층 높이가 높아서 행정거리가 긴 경우에는 실린더가 파손되기 때문에 **보호관 안에 설치**해야 한다.

2 플런저(plunger)

① 고하중, 고압 조건에 사용하기 위해 일반 실린더의 피스톤 대신 피스톤 헤드와 피스톤 로드의 직경을 같게 한 램형(ram) 구조의 실린더이다.

② 엘리베이터의 총하중이 걸리므로 하중을 견디기 위해 두꺼운 강관을 사용한다.

③ 유압 엘리베이터에 일반적으로 이용되는 단동식 실린더 램형 로드이다.

④ 플런저의 표면은 도금 또는 연마되어 정밀하게 가공되어 패킹을 손상하지 않아야 한다.

⑤ 메탈 : 플런저를 지지하고 안내하는 역할

⑥ 더스트 와이퍼 실(dust wiper seal) : 실린더 내부로 이물질의 침입를 방지

⑦ 패킹 : 플런저 왕복 시 실린더 내의 오일의 외부 누출 방지

▶ 개스킷 : 실린더 조립 시 고정부에서의 오일 누출 방지

▶ 플런저는 피스톤과 같이 실린더를 조합한 구조이며 지름이 작고 긴 형태로 큰 힘을 전달하는 곳에 사용한다.

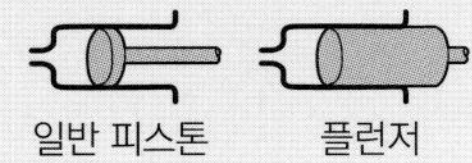

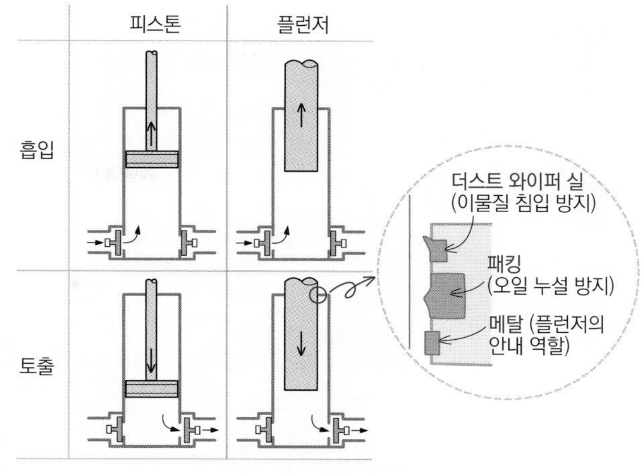

플런저의 기본 작동

04 유압식 엘리베이터의 속도 제어법

유압식 엘리베이터의 속도제어는 펌프의 구동에 의한 유량을 제어하거나 유량제어밸브에 의한 방식과 전동기를 VVVF 인버터 제어로 펌프 회전수를 제어하는 방식이 있다.

① 인버터(VVVF) 제어 : 전동기의 회전수를 VVVF 방식으로 제어하여 소정의 상승속도에 해당하는 펌프의 회전수가 되도록 제어하여 펌프에서 토출되는 작동유의 양을 가변제어

② 유량 제어 : 펌프에서 토출된 작동유를 유량제어밸브를 통해 균일한 유량으로 통해 상승속도를 일정하게 제어(미터인, 미터아웃, 블리드 오프회로)

구분	내용
미터인 (Meter In) 회로	• 유압제어밸브를 실린더 입구측에 설치 • 실린더에 유입하는 유량을 제어하여 속도를 조절
미터아웃 (Meter Out) 회로	• 유압제어밸브를 실린더 출구측에 설치 • 실린더에서 유출하는 유량을 제어하여 속도를 조절
블리드 오프 (Bleed Off) 회로	• 유압제어밸브를 실린더 입구측의 분기회로에 설치 • 실린더 입구측에서 불필요한 압유를 미리 배출시켜 작동효율이 높으나 정확한 속도제어는 어렵다.

▶ 용어 의미
- 미터(meter) : (오일의 양이 미리) 조정된, 계량된
- bleed off : (유압을 미리) 빼내다

▶ **유량제어밸브**(속도제어밸브)
교축밸브(유로의 단면적이 변화하여 유량을 조정)와 체크밸브(한쪽방향으로만 흐르게 하고 반대 흐름은 방지)로 구성

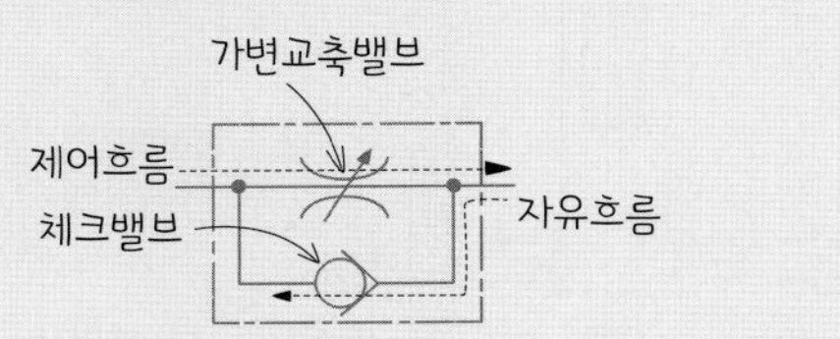

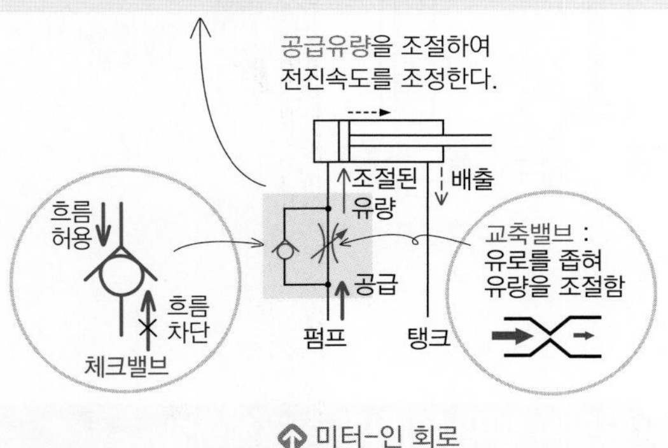

미터-인 회로
(meter-in)

배출유량을 조절하여
전진속도를 조정한다.

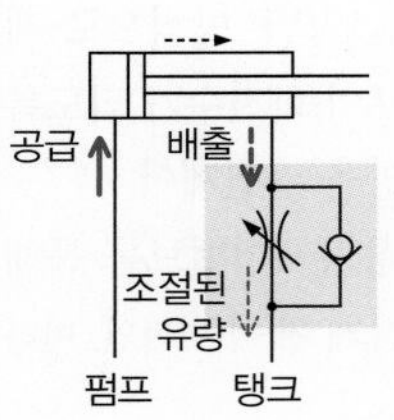

미터-아웃 회로
(meter-out)

유량제어밸브가 실린더 입구쪽 바이패스(분기) 관로에 실린더의 병렬로 설치하여 불필요한 압유를 미리 배출시켜 전진속도를 조정한다.

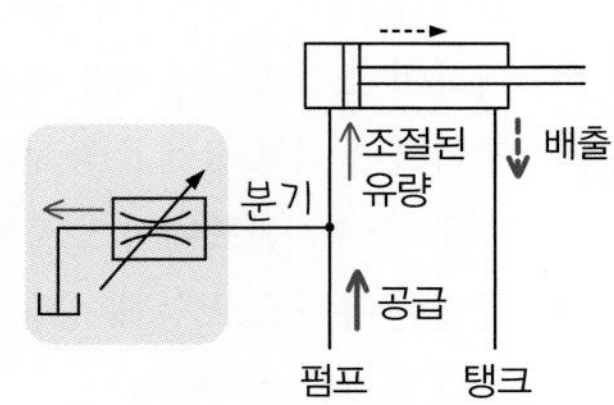

블리드-오프 회로
(bleed-off)

05 유압시스템의 점검

① 최상층에 있는 카의 전부하 압력
② 릴리프 밸브는 전 부하 압력의 140%에서 작동
③ 전 부하 압력의 200%를 유압시스템에 5분 동안 가해지는 경우, 압력의 강하 및 누유
④ 전 부하 압력의 200% 시험 후 유압 시스템의 무결성이 유지
⑤ 로프 또는 체인이 늘어지기 전에 더 이상 하강하지 않도록 자동으로 정지
⑥ 유압유의 과열방지장치
⑦ 카가 과속으로 하강할 때 럽처밸브 또는 유량제한장치 정격하중의 카를 정지

기출문제

★ 숫자는 빈출 정도 및 중요도를 나타냅니다.

★★★

1 유압펌프에 관한 설명 중 옳지 않은 것은?

① 펌프의 토출량이 크면 속도도 커진다.
② 진동과 소음이 작아야 한다.
③ 압력맥동이 커야 한다.
④ 일반적으로 스크류 펌프가 사용된다.

> ① '유량 = 속도×단면적'에서 유량은 속도에 비례한다.
> ③ 맥동이란 펌프의 토출압력이 어느 특정 범위에서 주기적으로 변화하여 운전상태가 매우 불안정해지는 현상으로, 맥동은 작을수록 좋다.

★★

2 유압식 엘리베이터에 관한 설명 중 옳지 않은 것은?

① 기계실의 배치가 자유롭다.
② 건물 꼭대기 부분에 하중이 걸리지 않는다.
③ 실린더를 사용하므로 행정거리와 속도에 한계가 있다.
④ 승강로 상부 틈새가 커야만 한다.

> **유압식 엘리베이터의 특징**
> • 유압식은 호스를 통해 실린더에 유압이 공급되므로 호스가 지나가는 공간만 있으면 된다. 그러므로 기계실의 배치가 자유롭다.
> • 로프식에 비해 승강로 상부에 기계적인 설비가 들어가지 않으므로 상부 틈새가 작아도 되며, 건물 꼭대기에 하중이 걸리지 않는다.

★★★

3 유압식 엘리베이터의 가장 큰 특징은?

① 고속 주행이 가능하다.
② 제어가 쉽다.
③ 고층에도 적용 가능하다.
④ 기계실의 위치가 자유롭다.

> **유압식 엘리베이터의 단점**
> • 전기식에 비해 운행높이와 속도에 제한이 있다. → 전기식에 비해 승강행정이 짧아 고층건물에 적용하기 어렵다.
> • 균형추를 사용하지 않으므로 모터 출력과 소비전력이 크다.
> • 오일 누설 등으로 인해 청결하지 않는다.
> • 유압을 이용하므로 전기보다는 정밀한 제어가 어렵다.

★★★

4 유압 엘리베이터의 특징에 해당되지 않는 것은?

① 기계실의 위치가 자유롭다.
② 승강로 꼭대기 틈새가 작아도 좋다.
③ 모터 출력과 소비전력이 작다.
④ 건물 꼭대기부분에 하중이 걸리지 않는다.

★★★

5 유압식 엘리베이터의 종류에 속하지 않는 것은?

① 직접식
② 간접식
③ 팬터그래프식
④ 권동식

> 유압식 엘리베이터의 종류 : 직접식, 간접식, 팬터그래프식

★

6 팬터그래프식은 어디에 해당하는 승강기인가?

① 스크류식 간접식 엘리베이터
② 간접식으로 구동하는 유압식 엘리베이터
③ 스크류식 직접식 엘리베이터
④ 직접식으로 구동하는 유압식 엘리베이터

> 팬터그래프식은 마름모형 구조물 한쪽에 실린더를 연결하여 직접 유압으로 상승시키는 것이다.

★★★

7 플런저 선단에 도르래를 놓고 로프 또는 체인을 통해 카를 올리고 내리는 유압식 엘리베이터의 종류는?

① 직접식
② 팬터그래프식
③ 간접식
④ 실린더식

★★★

8 그림과 같은 유압엘리베이터의 형식은?

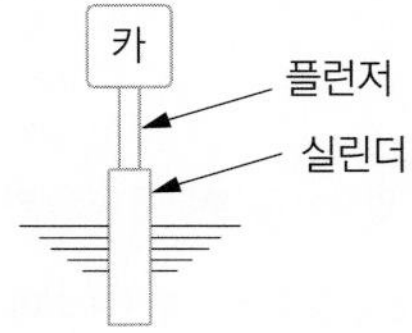

① 직접식
② 간접식(1 : 2 로핑)
③ 간접식(1 : 4 로핑)
④ 팬터 그래프식

> 직접식은 실린더의 플런저가 카를 직접 승강시키는 형식으로, 땅 속에 묻혀있다.

정답 1 ③ 2 ④ 3 ④ 4 ③ 5 ④ 6 ④ 7 ③ 8 ①

★★★

9 유압엘리베이터의 종류 중 직접식의 장점이 아닌 것은?

① 승강로 소요평면 수치가 작다.
② 안전장치가 불필요하다.
③ 부하에 의한 기능 손실이 적다.
④ 실린더를 넣는 보호관이 불필요하다.

직접식은 카가 피트까지 하강하기 위해 그 높이만큼 실린더를 땅에 매설되어야 하므로 보호관이 필요하다. (층고가 높으면 행정거리가 길어 실린더 파손 위험이 있으므로 보호관을 설치)

★★★

10 직접식 유압엘리베이터에서 실린더와 플런저가 들어가는 부분은?

① 스텝(디딤판)
② 플레트
③ 보호관(케이싱)
④ 유니트

실린더와 플런저는 실린더 보호관 내부에 있으며, 파워 유니트에는 실린더와 플런저가 포함되지 않는다.

★★★

11 간접식 유압엘리베이터의 특징이 아닌 것은?

① 실린더의 점검이 용이하다.
② 부하에 의한 카의 빠짐이 비교적 작다.
③ 승강로는 유압잭을 수용할 부분만큼 직접식보다 더 커지게 된다.
④ 실린더가 필요 이상으로 빠지지 않기 위한 비상정지장치가 필요하다.

간접식 유압 엘리베이터의 특징
- 실린더의 설치가 간단하고, 실린더의 점검이 용이하다.
- 비상정지장치가 필요하다.
- 기계실의 위치가 자유롭다.
- 주로 저속 승강기에 사용된다.
- 승강행정이 짧은 승강기에 사용된다.
- 간접식은 로프를 이용하며, 오일의 압축성 및 부하에 따른 **카 빠짐이 직접식에 비해 크다.**
- 유압잭을 수용할 부분이 필요하므로 승강로 소요평면이 커야 한다.
- 직접식과 달리 실린더를 넣는 보호관이 불필요하다.

★★★

12 간접식 유압엘리베이터에 대한 설명으로 옳지 않은 것은?

① 실린더의 설치가 간단하다.
② 실린더의 점검이 쉽다.
③ 비상정지장치가 필요하다.
④ 부하에 의한 카 바닥의 빠짐이 작다.

★★★

13 간접식 유압엘리베이터의 특징이 아닌 것은?

① 기계실의 위치가 자유롭다.
② 주로 저속 승강기에 사용된다.
③ 승강행정이 짧은 승강기에 사용된다.
④ 비상정치장치가 필요없다.

간접식 유압엘리베이터는 로프를 이용하므로 비상정지장치가 필요하며, 직접식 유압엘리베이터는 실린더의 플런저 위에 카를 올려놓은 구조이므로 비상정지장치가 필요없다.

★

14 간접식 유압승강기와 비교할 때 직접식 유압승강기에 반드시 설치해야 하는 것은?

① 비상정지장치
② 조속기
③ 전동기의 공회전 방지장치
④ 메인 로프

유압 엘리베이터는 압력 배관의 막힘으로 모터가 계속 동작될 경우 모터에 과부하로 오일 온도가 상승되어 열화를 촉진하므로 공회전 방지 장치가 설치된다. ①,②,④는 직접식의 구성품이 아니다.

★★

15 간접식 유압승강기의 주로프 가닥(본수)은 카 1대에 대하여 몇 본 이상인가?

① 1
② 2
③ 3
④ 4

로프 또는 체인의 최소 가닥은 다음과 같아야 한다.
- 간접식 엘리베이터의 경우 : 잭 당 **2**가닥
- 카와 평형추 사이의 연결의 경우 : 잭 당 2가닥

정답 9 ④ 10 ③ 11 ② 12 ④ 13 ④ 14 ③ 15 ②

★★★

16 유압 엘리베이터의 안전장치에 대한 설명으로 틀린 것은?

① 상승 시 유압은 상용압력의 140%가 넘지 않도록 조절하는 릴리프 밸브가 필요하다.
② 전동기의 공회전 방지장치를 설치하여야 한다.
③ 오일의 온도를 65~80℃로 유지하기 위한 장치를 설치하여야 한다.
④ 전원 차단 시 실린더 내의 오일의 역류로 인한 카의 하강을 자동 저지하는 장치를 설치하여야 한다.

> 오일 온도를 **5~60℃**로 유지시키기 위해 오일 쿨러(cooler) 및 오일 히터(heater)가 필요하다.

★

17 유압 엘리베이터에 있어서 정상적인 작동을 위하여 유지하여야 할 오일의 온도 범위는?

① 3℃~40℃　② 5℃~60℃
③ 7℃~80℃　④ 9℃~100℃

> 유압식 엘리베이터의 오일 적정 작동온도 범위 : **5~60**℃

★★★

18 유압 엘리베이터용 펌프로 소음이 적고 압력맥동이 적은 펌프는?

① 기어 펌프
② 스크류 펌프
③ 외접 펌프
④ 피스톤 펌프

> 스크류 펌프는 오일을 연속적으로 오일을 이송·압축할 수 있으며, 고속운동에서도 조용하고 압력맥동이 적은 장점이 있어 많이 사용된다.

★

19 유압 승강기에 사용되지 않는 펌프는?

① 기어 펌프
② 베인 펌프
③ 피스톤 펌프
④ 스크류 펌프

> 유압식 엘리베이터에는 강제송류식 펌프를 많이 사용되며 기어 펌프, 베인 펌프, 스크류 펌프(나사펌프) 등이 있다.
> ※ 피스톤 펌프는 고압·효율이 좋으나 맥동이 크고, 구조가 복잡하고 고가이며, 작동유량이 작아 소형장치에 주로 사용된다.

★★★

20 유압용 엘리베이터에 가장 많이 사용하는 펌프는?

① 기어 펌프
② 스크류 펌프
③ 베인 펌프
④ 피스톤 펌프

> **스크류 펌프의 장점**
> • 저유량, 고압의 양정에 적합하다.
> • 유체를 연속적으로 배출하므로 맥동이 적다.
> • 회전수가 낮아 마모가 적다.
> • 구조가 간단하고, 개방적이어서 운전·보수가 쉽다.

★

21 펌프의 출력에 대한 설명으로 옳은 것은?

① 압력에 비례하고 토출량에 반비례한다.
② 압력에 반비례하고 토출량에 비례한다.
③ 압력과 토출량에 비례한다.
④ 압력과 토출량에 반비례한다.

> 펌프의 출력 = 토출압력×토출량

★★

22 유압엘리베이터가 하강할 때의 작동유 흐름순서가 옳은 것은?

① 실린더 → 솔레노이드·체크밸브 → 유량제어밸브 → 탱크
② 탱크 → 체크밸브 → 유량제어밸브 → 탱크
③ 실린더 → 탱크 → 체크밸브
④ 탱크 → 유량제어밸브 → 솔레노이드·체크밸브 → 실린더

> 상승시에는 탱크·펌프 → 제어밸브 → 실린더로 흐르며
> 하강시에는 반대로 실린더에서 탱크로 리턴한다.

★★

23 유압식 엘리베이터의 유압 파워유니트(Power Unit)의 구성 요소가 아닌 것은?

① 펌프　② 유압실린더
③ 유량제어밸브　④ 체크밸브

> 파워유니트에는 탱크, 펌프, 모터, 안전밸브, 제어밸브, 스톱밸브 등이 있으며, 실린더 이전의 대부분의 유압장치 구성품이 해당된다.

chapter 01

정답 16 ③ 17 ② 18 ② 19 ③ 20 ② 21 ③ 22 ① 23 ②

★★

24 유압승강기의 안전장치에 대한 설명으로 옳지 않은 것은?

① 플런저 리미트 스위치는 플런저의 상하 행정을 제한하는 안전장치이다.
② 플런저 리미트 스위치 작동 시 상승방향의 전력을 차단하며, 반대방향으로 주행이 가능토록 회로가 구성되어야 한다.
③ 작동유 온도 검출 스위치는 기름탱크의 온도 규정치 80℃를 초과하면 이를 감지하여 카 운행을 중지시키는 장치이다.
④ 전동기 공전 방지장치는 타이머에 설정된 시간을 초과하면 전동기를 정지시키는 장치이다.

작동유 온도 검출 스위치는 작동유의 온도를 감지하여 파워유닛 내의 오일 쿨러의 구동팬을 동작시켜 냉각시킨다.

★★

25 유압 엘리베이터의 모터 구동에 관한 설명 중 맞는 것은?

① 상승 시에만 구동된다.
② 하강 시에만 구동된다.
③ 상승 시와 하강 시 모두 구동된다.
④ 부하의 조건에 따라 상승 시 또는 하강 시에 구동된다.

- 상승 시 : 전동기로 펌프를 구동하여 발생된 유압을 실린더로 보내어 실린더 내부의 플런저가 카를 밀어올림
- 하강 시 : 전동기를 구동하지 않고 실린더 내 유압을 조절하며 오일탱크로 되돌려 보냄

★

26 유압 승강기 압력배관에 관한 설명 중 옳지 않은 것은?

① 압력배관은 펌프 출구에서 안전밸브까지를 말한다.
② 지진 또는 진동 및 충격을 완화하기 위한 조치가 필요하다.
③ 압력배관으로 탄소강 강관이나 고압 고무호스를 사용한다.
④ 압력배관이 파손되었을 때 카의 하강을 제지하는 장치가 필요하다.

유압회로에서 압력이 작용하는 부분은 펌프 출구에서 실린더 입구까지이다.

★★

27 승객용 엘리베이터에서 주 전동기를 보호하는 과부하방지 장치와 같은 역할을 하는 것은?

① 체크 밸브　　② 릴리프 밸브
③ 다운 밸브　　④ 스톱 밸브

★★★

28 유압기기에서 릴리프 밸브의 설명으로 옳은 것은?

① 설정압력 이상으로 유압이 계속 높아질 때 폭발을 방지하는 안전밸브이다.
② 기름을 통과시키거나 정지시키거나 혹은 방향을 바꾸는 밸브이다.
③ 유량을 조절하고 정지시키는 밸브이다.
④ 압유의 유량(흐르는 속도)을 바꿈으로서 유압모터가 실린더의 움직이는 속도를 바꾸는 밸브이다.

② 방향제어밸브
③ 스톱밸브
④ 유량제어밸브

★★

29 유압 엘리베이터에서 릴리프 밸브(relief valve)가 작동하는 설정값은 보통 상용압력의 몇 %로 조정하여야 하는가?

① 115
② 125
③ 140
④ 145

압력 릴리프 밸브는 압력을 전 부하 압력의 **140%**까지 제한하도록 맞추어 조절되어야 한다. [유압식 엘리베이터의 구조]

★★★

30 유압 승강기의 기본 구성도이다. A부분에 해당되는 밸브의 명칭은?

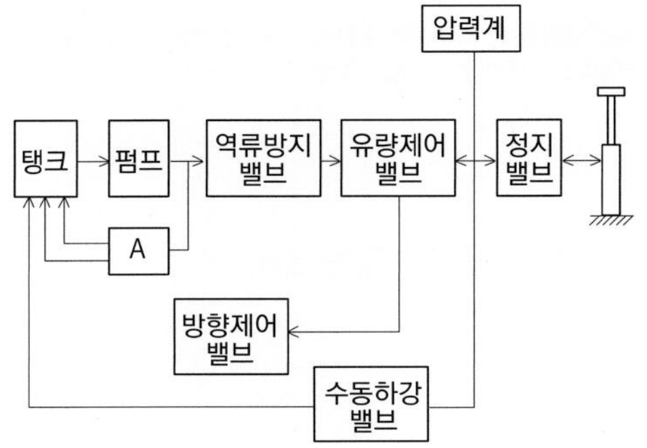

① 제어 밸브　　② 릴리프 밸브
③ 게이트 밸브　　④ 솔레노이드 밸브

일반적으로 릴리프 밸브는 펌프 출구(펌프 – 체크밸브 사이)에 설치되며, 장치 내 유압이 규정값 이상일 때 장치 보호를 위해 유압을 탱크로 보내는 역할을 한다.

정답 24 ③ 25 ① 26 ① 27 ② 28 ① 29 ③ 30 ②

★★★

31 유압승강기에 사용되는 안전밸브의 설명으로 옳은 것은?

① 승강기의 속도를 자동으로 조절하는 역할을 한다.
② 압력배관이 파열되었을 때 작동하여 카의 낙하를 방지한다.
③ 카가 최상층으로 상승할 때 더 이상 상승하지 못하게 하는 안전장치이다.
④ 작동유의 압력이 정격압력 이상이 되었을 때 작동하여 압력이 상승하지 않도록 한다.

> ① 권상기 엘리베이터 – 조속기에 대한 설명
> ② 럽처 밸브에 대한 설명
> ③ 파이널 리미트 스위치에 대한 설명

★★★

32 유압엘리베이터 유압회로에서 상승 운전 중 정전으로 펌프가 정지 시, 작동유가 역류해 카가 하강하는 것을 방지하는 것은?

① 릴리프밸브
② 스톱밸브
③ 유량제어밸브
④ 체크밸브

> 체크밸브는 한쪽 방향으로만 오일을 흐르게 하여 정전이나 그 이외의 원인으로 펌프의 토출압력이 떨어져 실린더 내의 오일이 역류하여 카가 자유낙하라는 것을 방지할 목적으로 설치된다. 이 기능은 로프식 엘리베이터의 전자브레이크와 유사하다. (32~34번 문제로 체크밸브 정리할 것)

★

33 유압식 승강기에서 로프식 승강기의 전자브레이크 역할을 하는 것은?

① 유량제어밸브
② 역저지밸브
③ 필터
④ 사일런서

> 역저지밸브는 체크밸브를 말한다.

★★★

34 한쪽 방향으로만 기름이 흐르도록 하는 밸브로서 상승방향으로는 흐르지만 역방향으로는 흐르지 않는 것은?

① 안전밸브
② 상승용 제어밸브
③ 체크밸브
④ 스톱밸브

★★★

35 유압 승강기에서 파워 유니트의 보수, 점검 또는 수리를 위해 실린더로 통하는 기름을 수동으로 차단시켜야 하는 것은?

① 역지밸브
② 스트레이너
③ 스톱밸브
④ 레벨링 밸브

> **스톱밸브**
> • 유압장치의 보수, 점검 또는 수리 시 사용
> • 실린더로 통하는 압력배관 도중에 설치되는 수동밸브
> • 밸브를 닫으면 실린더로 흐르는 오일을 차단

chapter 01

★★★

36 유압 엘리베이터를 고장수리할 때 가장 확실히 잠궈야 할 밸브는?

① 복합밸브
② 스톱밸브
③ 체크밸브
④ 릴리프밸브

★★★

37 유압 파워 유니트에서 실린더로 통하는 압력배관 도중에 설치되는 수동밸브로서, 이것을 닫으면 기름이 실린더에서 파워 유니트로 역류하는 것을 방지한다. 이 밸브의 명칭은 무엇인가?

① 역류제지밸브(check valve)
② 스톱밸브(stop valve)
③ 안전밸브(safety valve)
④ 럽쳐밸브(rupture valve)

★★

38 총 행정거리를 운행하는데 소요되는 시간을 초과하여 어떠한 이상현상으로 전동기가 계속 작동하는 것을 방지하기 위한 장치는?

① 공회전 방지장치
② 리미트스위치
③ 스톱퍼
④ 역지장치

정답 31 ④ 32 ④ 33 ② 34 ③ 35 ③ 36 ② 37 ② 38 ①

★★★

39 정전으로 인하여 카가 정지될 때 점검자에 의해 주로 사용되는 밸브는?

① 하강용 유량제어 밸브
② 스톱 밸브
③ 릴리프 밸브
④ 체크 밸브

상승 시에는 펌프가 구동되어 작동유를 실린더로 토출시키지만 하강시에는 하강용 유량제어밸브로서 탱크로 되돌려지는 유량을 조절해 카를 수동으로 하강시킨다.

★★

40 유압식 승강기의 바닥맞춤보정장치는 착상면을 기준으로 몇 mm 이내의 위치에서 보정 할 수 있어야 하는가?

① 70 ② 75
③ 85 ④ 90

바닥맞춤보정장치
카의 정지시에 있어서 자연하강을 보정하기 위한 것이다.
(착상면을 기준으로 하여 **75 mm** 이내의 위치에서 보정할 수 있어야 함)

★★★

41 유압 엘리베이터의 플런저에 관한 설명 중 틀린 것은?

① 상부에는 메탈이 설치되어 있다.
② 메탈 상부에는 패킹이 되어 있어 기름이 새지 않게 한다.
③ 플런저 표면은 약간 거칠게 되어 있어 메탈과의 마찰력을 크게 한다.
④ 플런저는 먼지나 이물질에 의해 상처받지 않게 주의하여야 한다.

① 실린더 상부에는 위치한 메탈은 플런저를 안내하는 역할을 한다.
② 메탈 상부에는 패킹을 설치하여 오일 누설을 방지한다.
④ 실린더 상부에는 더스트 실을 설치하여 먼지나 이물질 침입을 방지한다.

★★

42 유압식 엘리베이터에서 실린더와 체크밸브 또는 하강밸브 사이의 가요성 호스의 안전율 몇 이상이어야 하는가?

① 2 ② 4
③ 8 ④ 10

실린더와 체크밸브 또는 하강밸브 사이의 가요성 호스는 전 부하 압력 및 파열압력과 관련하여 안전율이 **8** 이상이어야 한다.

★

43 유압식 승강기에서 플런저의 안전을 위한 필요 조치가 아닌 것은?

① 플런저가 실린더로부터 이탈되지 않도록 하는 이탈 방지장치 설치
② 플런저에 과상승 방지장치 설치
③ 플런저의 상부에 배기장치 설치
④ 플런저의 여유 행정이 250mm 이상 되도록 충분한 여유 확보

★★★

44 유압식 승강기의 피트내에서 점검을 실시할 때 주의해야 할 사항으로 옳지 않은 것은?

① 피트내 조명을 점등한 후 들어갈 것
② 피트에 들어갈 때 기름에 미끄러지지 않도록 주의 할 것
③ 기계실과 충분한 연락을 취할 것
④ 피트에 들어갈 때는 승강로 문을 닫을 것

승강로의 점검문/비상문의 점검사항
- 잠금 장치의 정상 작동 여부
- 개폐 기능 정상 여부
- 승강로 내부로 열림 방지 기능 여부
- 스위치의 정상 작동 여부

★★★

45 유압엘리베이터의 파워 유니트(power unit)의 점검 사항으로 적당하지 않은 것은?

① 기름의 유출 유무
② 작동유(油)의 온도 상승 상태
③ 과전류 계전기의 이상 유무
④ 전동기와 펌프의 이상음 발생 유무

유압식 E/V의 파워유닛은 유압탱크, 모터, 유압펌프, 제어밸브 등으로 이루어져 유압의 발생 및 제어 역할을 한다.
※ 과전류 계전기(릴레이)는 제어반의 점검사항이다.
　– 과부하가 걸렸을 때 모터 등 회로 손상을 방지하기 위해 차단시킴

정답 39 ① 40 ② 41 ③ 42 ③ 43 ③ 44 ④ 45 ③

★★★

46 유압식 엘리베이터의 부품 및 특징에 대한 설명으로 옳지 않은 것은?

① 역저지밸브 : 정전이나 그 외의 원인으로 펌프의 토출 압력이 떨어져 실린더의 기름이 역류하여 카가 자유 낙하하는 것을 방지하는 역할을 한다.
② 스톱밸브 : 유압파워유니트와 실린더 사이의 압력배관에 설치되며 이것을 닫으면 실린더의 기름이 파워 유니트로 역류하는 것을 방지한다.
③ 스트레이너 : 역할은 필터와 같으나 일반적으로 펌프 출구쪽에 붙인 것을 말한다.
④ 사이렌서 : 자동차의 머플러와 같이 작동유의 압력맥동을 흡수하여 진동, 소음을 감소시키는 역할을 한다.

스트레이너는 펌프의 입구쪽에 설치되어 오일탱크의 입자가 큰 불순물을 제거하는 필터 역할을 한다.

★

47 엘리베이터용 유압회로에서 실린더와 유량제어밸브 사이에 들어갈 수 없는 것은?

① 스트레이너 ② 스톱밸브
③ 사일런서 ④ 라인필터

★★★

48 유압식 엘리베이터의 카가 심하게 떨리거나 소음이 발생하는 경우의 조치에 해당되지 않는 것은?

① 실린더 로드면의 굴곡 상태 확인
② 릴리프 설정 압력 조절
③ 실린더 내부의 공기 완전 제거
④ 리미트 스위치의 위치 조정

카의 떨림·소음은 리미트 스위치의 위치와는 무관하다.

★

49 유압 엘리베이터의 제어반에서 가능하지 못한 것은?

① 절연저항 측정
② 작동시 유압 측정
③ 전동기 전류 측정
④ 과전류 계전기의 작동 확인

유압 측정은 압력배관에서 측정한다.

★

50 그림은 유압 엘리베이터 중 1:2 로핑방식을 표시한 것이다. 유압실린더의 플런저가 1m 상승하면 엘리베이터 내의 승객은 어떻게 이동되겠는가?

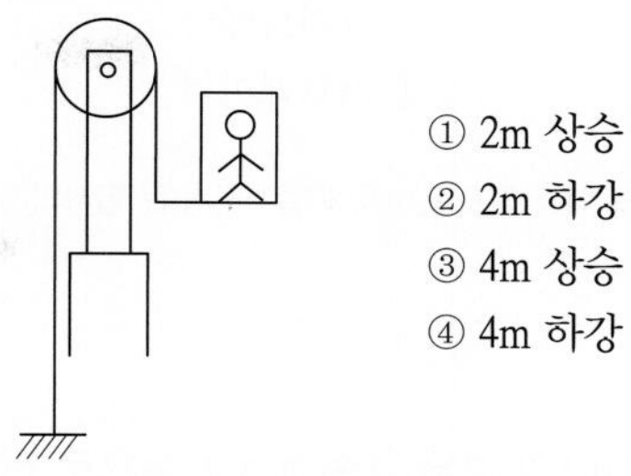

① 2m 상승
② 2m 하강
③ 4m 상승
④ 4m 하강

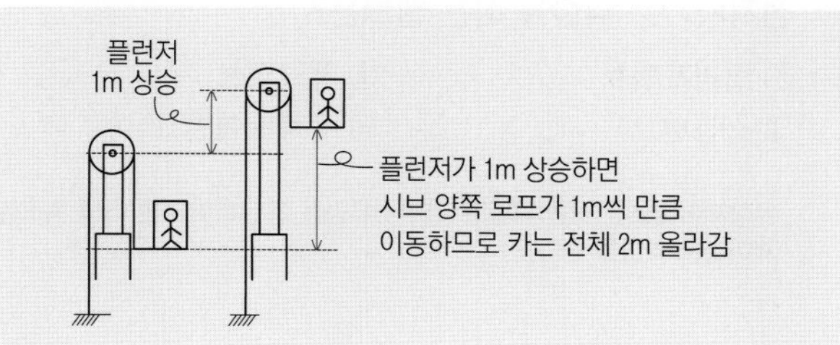
플런저
1m 상승
플런저가 1m 상승하면
시브 양쪽 로프가 1m씩 만큼
이동하므로 카는 전체 2m 올라감

★★★

51 작동유의 압력맥동을 흡수하여 진동·소음을 감소시키는 것은?

① 펌프
② 역류제지 밸브
③ 필터
④ 사일런서

★★

52 유압 잭의 부품이 아닌 것은?

① 사일런서
② 플런저
③ 패킹
④ 더스트 와이퍼

유압 잭(실린더)의 구성품 : 플런저, 패킹, 메탈, 더스트 와이퍼 등
※ 사일런서는 펌프에서 발생하는 맥동 및 소음을 감소하기 위한 장치이다.

정답 46 ③ 47 ① 48 ④ 49 ② 50 ① 51 ④ 52 ①

★

53 먼지나 모래, 콘크리트 파편 등의 이물질이 실린더 내에 들어가지 않도록 플런저의 표면에 밀착하여 이물질을 제거하는 것은?

① 패킹 ② 그랜드메탈
③ 더스트 와이퍼 ④ 스트레이너

스트레이너는 유압탱크 내에 펌프 입구쪽에 설치하여 큰 입자의 이물질을 거르는 역할을 한다.

★

54 유압식 엘리베이터의 경우 고속에서 저속으로 전환되어 정지시키는 역할을 하는 밸브는?

① 릴리프밸브 ② 체크밸브
③ 스톱밸브 ④ 유량제어밸브

유량제어밸브는 실린더에 유입되는 유량을 조절하여 실린더의 속도를 고 제어하는 역할을 한다.

★★★

55 유압 엘리베이터의 주요 배관상에 유량제어밸브를 설치하여 유량을 직접 제어하는 회로로서, 비교적 정확한 속도 제어가 가능한 유압회로는?

① 미터 인(Meter in) 회로
② 블리드 오프(Bleed off) 회로
③ 미터 아웃(Meter out) 회로
④ 유압 VVVF 제어회로

미터 인(Meter in) 회로는 실린더에 유입되는 유량을 직접 제어하므로 비교적 정확한 속도 제어가 가능하다.

★

56 블리드오프 회로를 사용한 제어방식의 설명으로 틀린 것은?

① 유량제어밸브를 파일럿 회로에 의해 제어하기 때문에 작동유의 온도나 압력 변화 등의 영향을 받기 쉽다.
② 카가 도착할 때 속도 조정이 용이하다.
③ 기동, 정지 시 쇼크가 적다.
④ 상승운전 시 효율이 높다.

블리드오프 회로는 실린더 입구 측의 불필요한 압유를 미리 배출하므로 작동효율(펌프 효율)이 좋고, 기동·정지시 충격이 적다. 그러나 부하 변동이 크고, 펌프의 용적 변화 및 오일의 온도 변화(점도 변화)에 의한 펌프 토출량의 변화 등으로 속도 조정이 어렵다.
※ 효율이 좋다는 의미는 펌핑에 필요한 동력손실이 적다.

★

57 유량제어밸브를 주 회로에서 분기된 바이패스 회로에 삽입한 것을 블리드 오프(bleed off) 회로라 한다. 이 회로에 관한 설명 중 옳은 것은?

① 비교적 정확한 속도 제어가 가능하다.
② 부하에 필요한 압력 이상의 압력이 발생한다.
③ 효율이 비교적 높다.
④ 미터인(Meter in) 회로라고도 한다.

블리드 오프 회로는 불필요한 압유(펌프에 의해 압력이 걸린 작동유)를 미리 배출하므로 미터인·미터아웃 회로에 비해 비교적 효율이 높으나 플런저 이송을 정확하게 조절하기 어렵다. (정확한 속도제어 부적합)

★

58 블리드 오프 유압회로에 대한 설명으로 틀린 것은?

① 정확한 속도제어가 곤란하다.
② 유량제어밸브를 주회로에서 분기된 바이패스회로에 삽입한 것이다.
③ 회전수를 가변하여 펌프에 가압되어 토출되는 작동유를 제어하는 방식이다.
④ 부하에 필요한 압력이상의 압력을 발생시킬 필요가 없어 효율이 높다.

블리드 오프 회로는 속도제어회로의 일종으로 유량제어밸브를 주회로에서 분기된 바이패스 회로이다. 실린더에 필요한 유압 이외의 오일을 미리 탱크로 바이패스하여 배출시키므로 열발생이 적고 작동효율이 높다.
유량변화 및 부하변동 등에 의한 펌프특성 변동이 실린더의 속도에 영향을 주므로 정확한 속도제어가 어렵다.

★

59 유압 엘리베이터의 실린더와 체크밸브 또는 하강밸브 사이의 가요성 호스는 전 부하 압력 및 파열 압력과 관련하여 안전율이 최소 얼마 이상이어야 하는가?

① 6
② 8
③ 10
④ 12

[유압식 엘리베이터의 구조] 실린더와 체크밸브 또는 하강밸브 사이의 가요성 호스는 전 부하 압력 및 파열압력과 관련하여 안전율이 **8** 이상이어야 한다.

정답 53 ③ 54 ④ 55 ① 56 ② 57 ③ 58 ③ 59 ②

★

60 유압 엘리베이터에서 카가 정지할 때 자연 하강을 보정하기 위한 바닥맞춤 보정장치를 설치하는데, 착상면을 기준으로 몇 mm 이내의 위치에서 보정할 수 있어야 하는가?

① 45
② 55
③ 65
④ 75

바닥맞춤 보정장치는 착상면 기준으로 **75 mm** 이내의 위치에서 보정할 수 있어야 한다.

★★★

61 승강기의 비상정지장치에 대한 설명 중 옳지 않은 것은?

① 즉시 작동식과 점차 작동식이 있다.
② 점차 작동식에는 플랙시블 가이드 클램프형과 플랙시블 웨지 클램프형이 있다.
③ 비상정지장치의 정지거리는 제한이 있다.
④ 유압식 엘리베이터의 경우는 비상정지장치가 필요하지 않다.

간접식 유압엘리베이터에는 비상정지장치가 필요하다.

★★

62 유압식 엘리베이터의 점검사항이 아닌 것은?

① 유압파워 유니트의 설치상태
② 유압파워 유니트의 체크밸브의 작동상태
③ 핸드레일 구동체인의 마모여부
④ 수동하강밸브를 열었을 때의 속도

★

63 유압 승강기의 기계실에서 행하는 검사대상이 아닌 것은?

① 펌프
② 전동기
③ 유압유 및 밸브
④ 플런저

★

64 유압식 엘리베이터에서 전동기 및 펌프의 시동 중 카가 출발되지 않는 원인으로 틀린 것은?

① 실린더 내부의 공기가 완전히 제거되지 않은 경우
② 카가 주행안내(가이드) 레일 또는 기타 부위에 끼는 경우
③ 릴리프의 조절변의 압력이 낮게 세팅되어 있는 경우
④ 차단밸브가 닫혀 있는 경우

실린더 내에 공기가 일부 포함되더라도 출발에는 영향이 없으나, 공기의 압축성 때문에 플런저의 작동이 지연되고 부드럽게 움직이지 않으며 정밀한 제어가 어렵다.

- 릴리프 밸브의 조절변은 조절밸브를 말하며, 압력을 조정하는 역할을 한다. 압력을 낮게 설정하면 낮은 압력에서 유압이 탱크로 복귀된다. 그러므로 플런저에 작용하는 압력이 낮아져 출발이 불가능해진다.
- 차단밸브(shut off valve)는 유압장치 내에 유체 흐름을 허용/차단한다.

chapter 01

★★★★

65 유압식 엘리베이터의 점검 시 플런저 부위에서 특히 유의하여 점검하여야 할 사항은?

① 제어밸브에서의 누유상태
② 플런저의 토출량
③ 플런저 표면조도 및 작동유 누설 여부
④ 플런저의 승강행정 오차

표면조도는 거칠기를 말하며, 작동유 누설에 영향을 미친다.
다른 보기도 연관이 있어보이나, 문제에서 플런저에 국한하므로 ③번이 적합하다. 플런저의 토출량, 승강행정 오차는 제어밸브 또는 오일 특성과 관련이 있다.

★★★

66 유압식 엘리베이터에서 정전으로 인하여 카가 층 중간에 정지될 경우 카를 안전하게 하강시키기 위하여 점검자가 주로 사용하는 밸브는?

① 체크 밸브
② 스톱 밸브
③ 릴리프 밸브
④ 하강용 유량제어 밸브

하강용 유량제어 밸브는 정전 등으로 카가 층 중간에 정지하였을 경우 수동하강밸브를 열어 자중을 이용하여 안전하게 카를 하강시켜 승객을 구출할 수 있다.

정답 60 ④ 61 ④ 62 ③ 63 ④ 64 ① 65 ③ 66 ④

SECTION 07

Craftsman Elevator

특수 승강기

Main Key Point

[예상문항수 : 1~2문제] 최근에는 기계식 주차장에 대한 출제비율이 낮으나 비상용 엘리베이터나 덤웨이터와 같은 특수 승강기에 대해서 자세히 알아둡니다.

01 기계식 주차장

1 수직 순환식 주차장치

(1) 주차방식

① 주차구획(주차에 사용되는 부분)에 자동차를 들어가도록 한 후 그 주차구획을 수직으로 순환 이동하여 자동차를 주차하도록 설계

② 수직면 내에 배열된 다수의 운반기를 순환 이동시켜 주차하는 방식으로 주차장치의 상하부에 대형기어를 설치하고, 운반기에 부착된 엔드리스체인을 구동기가 회전시켜서 주차

(2) 특징

① 승강기식에 비해서 평면효율이 약 10%정도 감소

② 자투리땅을 유용하게 활용할 수 있다.

③ 연속 입·출고시간이 빠름

④ 고장이 적고 간단한 구조로 신뢰성 확보

⑤ 소음 진동이 많음

⑥ 유지관리비가 많이 발생

▶ 자동차를 입 · 출고시키는 출입구의 위치에 따른 분류
- 하부승입식 : 주차장치의 최하부에서 자동차를 입 · 출고
- 중간승입식 : 주차장치의 최하층과 최상층의 중간부에서 자동차를 입 · 출고
- 상부승입식 : 장치의 최상부에서 자동차를 입 · 출고

2 수평 순환식 주차장치

(1) 주차방식

① 주차구획에 자동차를 들어가도록 한 후 그 주차구획을 수평으로 순환 이동하여 자동차를 주차하도록 설계

② 다수의 운반기를 1열, 2층 또는 그 이상으로 배열하여 임의의 두 층간의 양단에서 운반기를 승강 이동하여 순환이동시켜 주차

(2) 특징

① 빌딩 건물 지하를 유용하게 이용할 수 있다.

② 긴 형태의 건물에 적당한 방식

③ 주차장치를 기계 정밀도가 높음

▶ 양단의 순환방식에 의한 분류
- 원형순환식 : 장치의 양단부에서 운반기를 원호운동시켜 순환하는 방식
- 각형순환식 : 장치의 양단부에서 운반기를 수직으로 승강하여 순환하는 방식

3 다층순환식 주차장치

(1) 주차방식

① 주차구획에 자동차를 들어가도록 한 후 그 주차구획을 여러 층으로 된 공간에 아래, 위 또는 수평으로 순환 이동하여 주차

② 다수의 운반기를 1열, 2층, 또는 그 이상으로 배열하여 임의의 두 층간의 양단에서 운반기를 승강 이동하여 순환이동시켜 주차

(2) 특징

① 빌딩 건물 지하를 유용하게 이용할 수 있다.

② 긴 형태의 건물에 적당한 방식

③ 주차장치를 기계 정밀도가 높음

4 2단식 주차장치

(1) 주차방식

① 주차구획이 2층으로 배치되어 있고 출입구가 있는 층의 모든 주차구획을 주차장치 출입구로 사용할 수 있는 구조로서, 그 주차구획을 아래·위 또는 수평으로 이동하여 주차

② 운반기를 2단으로 배치하여 승강기 또는 수평이동을 통하여 주차

(2) 특징

다단식주차장치와 함께 1층의 모든 주차구획을 출입구로 사용할 수 있는 특징이 있는 주차장으로, 기계식주차장치의 출입구 전면에서 확보되어야 하는 전면공지 규정의 예외를 인정받는 종류이다.

> ▶ **주차방식에 따른 분류**
> - 단순2단식 : 2단식의 운반기 중 상단의 운반기를 단순 승강 이동 시켜 입·출고를 행하는 방식으로, 하단의 주차구획이 비어 있어야만 상단의 자동차를 하강하여 출고시킬 수 있는 단점이 있어 대형 주차장보다는 간이형이나 개인용에 적합
> - 피트식 : 단순식의 결점을 보완하기 위하여 피트를 파고 상단의 운반기를 동시에 승강하여 하단의 주차구획의 상황에 관계없이 입·출고가 가능
> - 승강횡행식 : 2단식으로 배열된 운반기 중 임의의 상단의 자동차를 출고시키고자 하는 경우, 하단의 운반기를 수평이동시켜 상단의 운반기가 하강이 가능

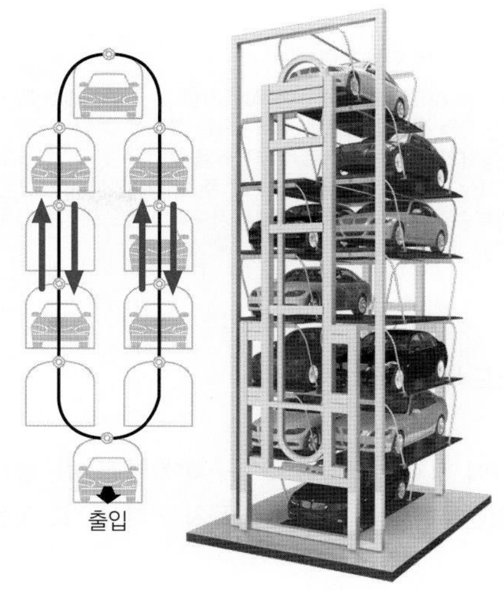

수직 순환식

5 다단식 주차장치

(1) 주차방식

① 주차구획이 3층 이상으로 배치되어 있고 출입구가 있는 층의 모든 주차구획을 주차장치 출입구로 사용할 수 있는 구조로서 주차구획을 아래·위 또는 수평으로 이동하여 주차

② 운반기를 3층 이상으로 배치하여 승강기 또는 수평이동을 통하여 자동차를 주차하는 방식

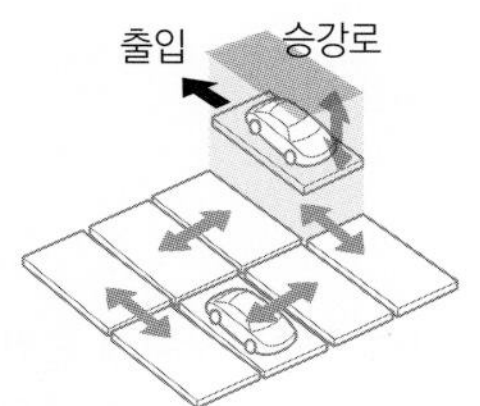

수평 순환식

(2) 특징

3층 이상으로 주차구획이 배치되어 있다는 점 외에는 2단식과 큰 차이점이 없으나 다단식에서는 단순승강식으로는 제작할 수 없다.

> ▶ **분류**
> - 피트식 : 하단의 주차구획의 상황에 관계없이 상단 운반기 내의 자동차를 입·출고 할 수 있도록 장치의 하부에 피트를 마련한 방식
> - 승강횡행식 : 다단으로 배열된 운반기중 임의의 상단에 자동차를 입·출고시키고자 하는 경우, 하단의 운반기의 승강이 가능하도록 하는 방식으로 최상단의 운반기 및 최하단의 운반기는 각각 승강 및 수평이동만 행하고, 중간부의 운반기는 승강 및 수평이동을 행한다.

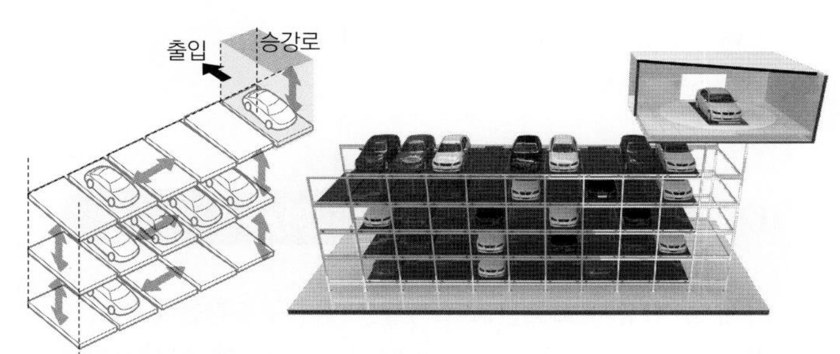

다층순환식

6 승강기식 주차장치

(1) 주차방식

① 여러 층으로 배치되어 있는 고정된 주차구획에 아래·위 이동할 수 있는 운반기에 의하여 자동으로 운반이동하여 주차

② 자동차를 주차시키는 주차구획과 장치의 입구와 주차구획과의 사이를 승강운행하는 승강기로 구성되어 승강기를 통해 자동차를 주차구획으로 운반 이동하는 방식

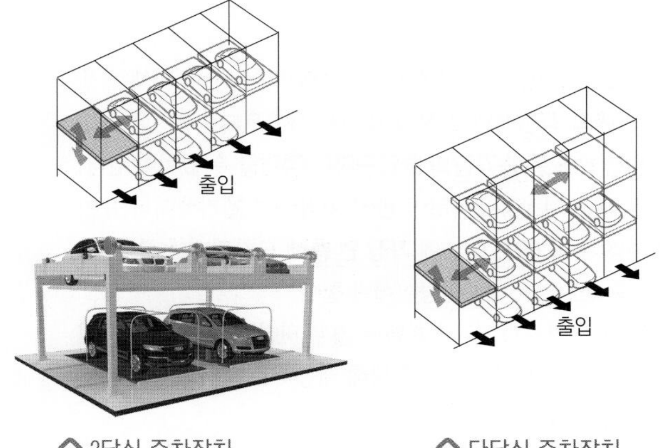

2단식 주차장치　　다단식 주차장치

▶ 승강기의 운행방식에 따른 분류

- 승강기식 : 승강기를 왕복승강시켜 자동차를 입·출고시키는 방식
- 종식 : 자동차의 전후 방향으로 주차구획을 설치한 것
- 횡식 : 자동차의 좌우 방향으로 주차구획을 설치한 것
- 승강기선회식 : 승강로의 원주방향으로 주차구획을 설치하고, 운반기를 왕복승강 이동시키는 동시에 주차구획 방향으로 자동차를 전환시켜 입·출고를 행하는 방식

7 승강기 슬라이드식 주차장치

(1) 주차방식

① 여러 개의 막에 배치된 고정된 주차구획에 아래, 위, 옆으로 이동할 수 있는 운반기에 의하여 자동차를 자동으로 이동시켜 주차

② 주차구획과 장치의 입구와 주차구획과의 사이를 승강운행하는 방식은 승강기식과 동일하나 차이점은 승강이동하는 동시에 수평이동하는 방식

8 평면 왕복 주차장치

(1) 주차방식

① 평면으로 배치되어 있는 고정된 주차구획에 운반기에 의하여 자동차를 운반 이동하여 주차하도록 설계한 주차장치

② 입고장소에 차를 승입하고, 차를 입고용 승강기에서 주차실까지 하강, 승강기로부터 주차실까지 주행대차 이송하고, 주행대차가 입고할 주차실까지 주행해서 주차

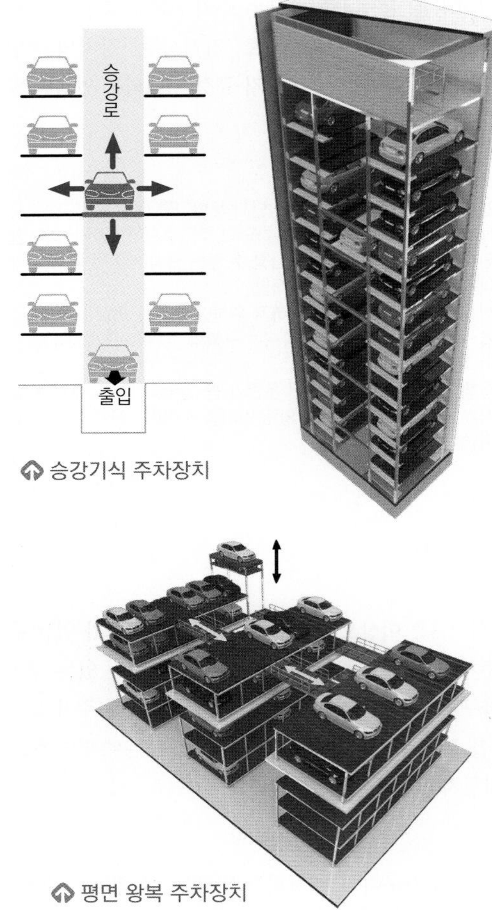

승강기식 주차장치

평면 왕복 주차장치

02 소방구조용(비상용) 엘리베이터

화재 등 비상시 소방관의 소화활동이나 구조활동에 적합하게 제조·설치된 엘리베이터(비상용승강기)로서 평상시에는 승객용 엘리베이터로 사용하는 엘리베이터를 말한다.

1 기본 요건

① 필요한 보호조치, 제어 및 신호가 추가되어야 하며, 화재 발생 시 **소방관의 직접적인 조작 아래**에서 사용된다.

② 소방운전 시 **모든 승강장의 출입구마다 정지**할 수 있어야 한다.

③ 소방관 접근 지정층에서 소방관이 조작하여 엘리베이터 문이 닫힌 이후부터 **60초 이내**에 **가장 먼 층**에 도착되어야 한다. 다만, 운행속도는 **1 m/s 이상**이어야 한다.

④ 승강장 층간 거리가 7 m 초과하는 경우 비상문을 설치할 수 있다. 층간거리는 자체탈출하기 위해 제공하는 사다리의 길이에 따라 연장될 수 있다.

▶ 소방구조용 엘리베이터의 크기

630kg의 정격하중을 갖는 폭 1,100mm, 깊이 1,400mm 이상이어야 하며, 출입구 유효 폭은 800mm 이상이어야 한다.

▶ 비상용 승강기와 피난용 승강기의 구분

구분	내용
비상용 승강기	• 화재 시 소방관의 화재진압과 인명구출을 목적으로 사용 • 건물 높이 31m 초과하는 건축물에는 승강용 E/V와 별도로 추가 설치 의무
피난용 승강기	• 평상시에는 승객용으로 사용하다가 화재 등 재난 발생 시 피난활동에 쓸 수 있게 제작된 승강기 • 일반 승강기보다 내화 · 배연 등 기준이 강화된 승강기로, 평상시는 일반용으로 사용하고 화재 발생시 피난용으로 사용 가능하다. • 비상용 승강기처럼 승용 승강기와 별도로 추가 설치되는 것이 아니라, 승용 승강기 중에 피난용의 성능이 갖추어진 승강기를 말한다.

※ 비상용과 피난용 모두 평상시에는 승객이나 화물용 승강기로 사용된다.

2 방화구획

① 모든 승강장문 전면에 방화 구획된 로비를 포함한 승강로 내에 설치되어야 한다.

② 공용 승강로에 소방구조용 엘리베이터를 다른 엘리베이터와 구분시키기 위한 중간 방화벽(내화구조)이 없는 경우에는 소방구조용 엘리베이터의 정확한 기능을 수행하기 위해 모든 엘리베이터 및 전기장치는 소방구조용 엘리베이터와 같은 방화조치가 되어야 한다.

3 비상구출문

카 지붕에 **0.5m×0.7m 이상의 비상구출문**이 있어야 한다.

→ 다만, 정격용량이 630kg일 경우 : 0.4m×0.5m 이상

4 전원공급

① 엘리베이터 및 조명의 전원공급시스템은 주 전원공급장치 및 보조(비상, 대기 또는 대체) 전원공급장치로 구성

② 주 전원공급과 보조 전원공급의 전선은 방화구획이 되어야 하고 서로 구분되어야 하며, 다른 전원공급장치와도 구분되어야 한다.

③ 보조 전원공급장치는 자가발전기에 교류예비전원으로서 다른 용도의 급전용량과는 별도로 소방구조용 엘리베이터의 전 대수를 동시에 운행시킬 수 있는 충분한 전력용량이 확보되어야 한다.

④ 보조 전원공급장치는 방화구획 된 장소에 설치되어야 한다.

⑤ 정전 시 : 보조 전원공급장치 사용

- **60초 이내**에 엘리베이터 운행에 필요한 전력용량을 자동적으로 발생시키도록 하되 수동으로 전원을 작동할 수 있어야 한다.
- 보조 전원공급장치로 **2시간 이상 작동**할 수 있어야 한다.

5 소방구조용 엘리베이터의 운행 방법

(1) 1단계 : 소방관 접근 지정층에서 승강장 호출스위치 작동

① 삼각열쇠 모양의 승강장 호출스위치를 '0'에서 '1'로 전환할 경우 정상운행 중인 엘리베이터는 문을 닫고 소방관 접근 지정층까지 멈추지 않고 이동된다. 또한, 카 내부 및 승강장에는 '비상운전' 신호를 표시한다.

→ 소방관 접근 지정층 방향으로 운행 중인 엘리베이터는 정지하지 않고 소방관 접근 지정층까지 운행된다.

→ 소방관 접근 지정층과 반대방향으로 운행 중인 소방구조용 엘리베이터는 가장 가까운 승강장에 정지된 후 문은 열리지 않고 소방관 접근 지정층으로 복귀된다.

② 카 내부에 비상통화가 가능해지고, 기계실과 승강로의 조명이 점등된다.

③ 소방관 접근 지정층에 도착한 소방구조용 엘리베이터의 승강장문 및 카문은 **열린 상태로 유지**된다.

(2) 2단계 : 소방관이 엘리베이터에 탑승하여 목적층까지 도달하기

① 카 내부의 운전판에 위치한 삼각열쇠 모양의 소방운전 스위치를 '0'에서 '1'로 전환하면 내부에서만 엘리베이터 운전이 가능해진다.

② 소방관의 안전을 위해 문닫힘 안전장치는 정상작동된다.

③ 소방관이 목적층의 버튼을 누르면 목적층까지 엘리베이터는 운행이 되며, 목적층에 도착하면 **카 문은 닫힌 상태로 정지**된다.

→ 만약 목적층 승강장에 화재가 발생된 상황일 경우 카 내부로의 화염전파를 방지하기 위함

④ 소방관이 열림버튼을 길게 눌러 카 문을 열어 구출활동을 한다.

▶ 참고
- 1단계에서 소방운전 스위치가 '1' 위치로 전환되기 전까지 2단계 운전으로 전환되지 않는다.
- 엘리베이터를 정상운전 상태로 하려면 : 소방운전 스위치를 '0'으로 다시 전환하고 카가 소방관 접근 지정층에 복귀되어야 한다.

▶ 소방구조용 엘리베이터의 전동기 : 워드레오나드 방식

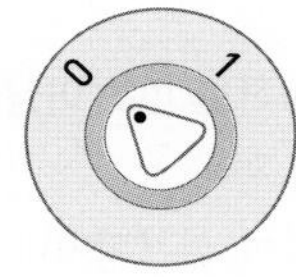

삼각열쇠 타입의 스위치
1 단계 – 소방관 접근 지정층 승강장에서의 카 호출스위치
2 단계 – 카 내 운전판의 소방운전 스위치

소방구조용 엘리베이터 사용설명과 비상구출방법

6 비상운전

① 기계적 수단 : 수동핸들로 150N의 힘으로 승강장으로 이동가능

② 전기적 수단 : 전원 공급은 고장이 발생한 후 1시간 이내에는 정격하중의 카를 인접한 승강장으로 이동시킬 수 있도록 충분한 용량을 가져야 한다. (속도 : 0.3 m/s 이하)

③ 정전 또는 고장으로 인해 엘리베이터가 갑자기 정지되면 자동으로 카를 가장 가까운 승강장으로 운행시키는 수단(자동구출운전 등)이 있어야 한다. (단, 수직 개폐식 문이 설치된 엘리베이터 또는 유압식 엘리베이터의 경우에는 제외)

chapter 01

03 장애인용 승강기

① 장애인용 엘리베이터는 장애인 접근이 가능한 통로에 연결하여 설치하되, 가급적 건축물 출입구와 가까이 설치한다.
② 정격하중 적재시 경사형 휠체어리프트의 카는 수평에서 **5°**이상 기울어지지 않아야 한다.
③ 승강기의 전면에는 1.4m×1.4m 이상의 활동공간이 확보되어야 한다.
④ 승강장 바닥과 승강기 바닥의 틈 : 3cm 이하
⑤ 승강기 내부의 유효바닥면적 : 폭 1.1m 이상, 깊이 1.35m 이상
⑥ 승강기 출입문의 통과 유효폭은 최소 0.8m 이상
(기존 건물의 경우에는 통과 유효폭을 0.9m 이상)
⑦ 호출버튼·조작반·통화장치 등 승강기의 안팎에 설치되는 모든 스위치의 높이는 바닥면으로부터 0.8m 이상 1.2m 이하의 위치에 설치되어야 한다.
⑧ 카 내부의 휠체어사용자용 조작반은 진입방향 우측면에 설치되어야 한다.
⑨ 조작설비의 형태는 버튼식으로 하되, 시각장애인 등이 감지할 수 있도록 층수 등이 점자로 표시되어야 하며, 조작반·통화장치 등에는 점자표지판이 부착되어야 한다.
⑩ 호출버튼 또는 등록버튼에 의하여 카가 정지하면 **10초 이상** 문이 열린 채로 대기해야 한다.
⑪ 각 층의 호출버튼 0.3m 전면에는 점형블록이 설치되거나 시각장애인이 감지할 수 있도록 바닥재의 질감 등을 달리해야 한다.
⑫ 카 내부 바닥의 어느 부분에서든 150 lx 이상의 조도가 확보되어야 한다.

04 피난용 승강기

피난용 엘리베이터에 필요한 보호조치, 제어 및 신호가 추가되어야 하며, 피난용 엘리베이터는 화재 등 재난발생시 통제자의 직접적인 조작아래에서 사용된다.

1 피난용 승강기 승강장의 구조

① 승강장의 출입구를 제외한 부분은 해당 건축물의 다른 부분과 내화구조의 바닥 및 벽으로 구획할 것
② 승강장은 각 층의 내부와 연결될 수 있도록 하되, 그 출입구에는 60+방화문 또는 60분방화문을 설치할 것 (이 경우 방화문은 언제나 **닫힌 상태를 유지**할 수 있는 구조이어야 한다.)
③ 실내에 접하는 부분은 불연재료로 할 것
④「건축물의 설비기준 등에 관한 규칙」에 따른 배연설비를 설치할 것

2 피난용승강기 기계실의 구조

① 출입구를 제외한 부분은 해당 건축물의 다른 부분과 내화구조의 바닥 및 벽으로 구획할 것
② 출입구에는 60+방화문 또는 60분방화문을 설치할 것

3 피난용승강기 전용 예비전원

① 정전시 피난용승강기, 기계실, 승강장 및 폐쇄회로 텔레비전 등의 설비를 작동할 수 있는 **별도의 예비전원 설비를 설치**할 것
② 예비전원은 초고층 건축물의 경우에는 2시간 이상, 준초고층 건축물의 경우에는 1시간 이상 작동이 가능한 용량일 것
③ 상용전원과 예비전원의 공급을 자동 또는 수동으로 전환이 가능한 설비를 갖출 것
④ 전선관 및 배선은 고온에 견딜 수 있는 내열성 자재를 사용하고, 방수조치를 할 것

05 덤웨이터

① 서적, 음식물 등 소형화물의 운반에 적합하게 제작된 화물용 엘리베이터
② 정격하중 : **300 kg** 이하, 정격속도 : **1 m/s** 이하
③ **사람이 출입할 수 없다.**
→ 경우에 따라 화물을 실은 1인만 탑승이 가능함
④ 수직에 대해 15° 이하의 경사진 가이드 레일 사이에서 권상이나 포지티브 구동장치 또는 유압장치에 의해 로프 또는 체인으로 현수되는 소형화물 수송
⑤ 덤웨이터의 속도 : 카의 주행로 중간에서 정격하중의 50%를 싣고 하강하는 카의 속도는 정격속도의 92% 이상 110% 이하이어야 한다.

기출문제

★ 숫자는 빈출 정도 및 중요도를 나타냅니다.

01 기계식 주차장치

★

1 기계식 주차장치의 일반적 분류 방법에 해당되지 않는 것은?

① 수직순환, 다층순환
② 다층순환, 수평순환
③ 수평순환, 엘리베이터방식
④ 곤도라방식, 수직전환

★

2 주차설비의 일반적인 분류 방법이 아닌 것은?

① 수직순환식 ② 승강기식
③ 평면왕복식 ④ 곤도라식

★

3 주차설비 중 자동차를 운반하는 운반기의 일반적인 호칭으로 사용되지 않는 것은?

① 카고, 리프트 ② 케이지, 카트
③ 트레이, 파레트 ④ 리프트, 호이스트

★★★

4 기계식 주차장치의 종류에서 순환방식에 속하지 않는 것은?

① 멀티순환방식
② 수평순환방식
③ 수직순환방식
④ 다층순환방식

★★★

5 2단으로 배열된 운반기 중 임의의 상단의 자동차를 출고 시키고자 하는 경우 하단의 운반기를 수평 이동시켜 상단의 운반기가 하강이 가능하도록 한 입체 주차설비는?

① 평면 왕복식 주차장치
② 승강기식 주차장치
③ 2단식 주차장치
④ 수직 순환식 주차장치

★★★

6 주차구획에 자동차를 들어가도록 한 후 그 주차 구획을 여러 층으로 된 공간에 아래 · 위 또는 수평으로 순환이동하여 자동차를 주차하도록 설계한 주차 방식은?

① 수직순환식
② 다층순환식
③ 수평순환식
④ 승강기식

★★★

7 주차구획을 평면상에 배치하여 운반기의 왕복이동에 의하여 주차를 행하는 주차설비방식은?

① 승강기 슬라이드식
② 수평순환식
③ 평면왕복식
④ 다층순환식

★★★

8 여러 층으로 배치되어 있는 고정된 주차구획에 상하로 이동할 수 있는 운반기에 의해 자동차를 운반 이동하여 주차하도록 설계된 주차장치는?

① 승강기식 주차장치
② 평면왕복식 주차장치
③ 수평순환식 주차장치
④ 승강기 슬라이드식 주차장치

★★★

9 수직면 내에 배열된 다수의 주차구획이 순환 이동하는 방식의 주차설비는 무엇인가?

① 다층순환식
② 수평순환식
③ 승강기식
④ 수직순환식

수직순환식 : 주차에 사용되는 부분(주차구획)에 자동차를 들어가도록 한 후 그 주차구획을 수직으로 순환이동하여 자동차를 주차하도록 설계한 주차장치

정답 **1** 1④ 2④ 3④ 4① 5③ 6② 7③ 8① 9④

★

10 자동차용 승강기에서 운전자가 항상 전진방향으로 차량을 입·출고할 수 있도록 해주는 방향 전환장치는?

① 턴 테이블 ② 카 리프트
③ 차량 감지기 ④ 출차 주의등

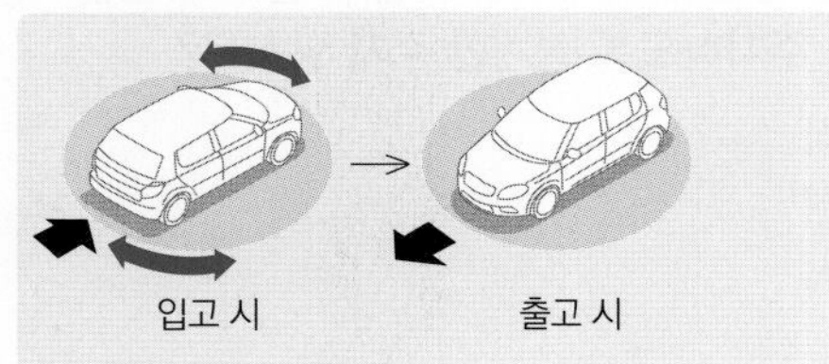

★★

11 기계식 주차설비를 할 때 승강기식인 경우 도르래 또는 드럼의 지름은 로프 지름의 몇 배 이상으로 하는가?

① 10배 ② 15배
③ 20배 ④ 30배

[기계식주차장치의 안전기준 및 검사기준 등에 관한 규정]
주차장치에 사용하는 시브 또는 드럼의 직경은 와이어로프가 시브 또는 드럼과 접하는 부분이 1/4 이하일 경우에는 로프직경의 12배 이상으로, 1/4 초과하는 경우에는 로프직경의 20배 이상으로 한다.
다만, 승강기식주차장치·승강기슬라이드식주차장치 또는 평면왕복식주차장치의 경우에는 승강구동용은 이를 와이어로프직경의 **30배 이상**으로 하고, 수평이동용은 이를 와이어로프직경의 20배 이상으로 하여야 한다.
※ 트랙션 시브의 직경은 승강구동용의 경우 와이어로프직경의 40배 이상으로 하고, 수평이동용의 경우 와이어로프직경의 30배 이상으로 하여야 한다.

★★★

12 자동차를 수용하는 주차구획과 자동차용 엘리베이터와의 조합으로 입체적으로 구성되며 자동차의 전방향으로 주차구획을 설치하는 것을 종식, 좌우 방향을 횡식이라 하는 주차 설비는?

① 수직 순환식 ② 수평 순환식
③ 평면 왕복식 ④ 엘리베이터식

★★★

13 주차장치 중 다수의 운반기를 2열 혹은 그 이상으로 배열하여 순환이동하는 방식은?

① 수직순환식 ② 다층순환식
③ 수평순환식 ④ 승강기식

★★★

14 주차구획을 평면상에 배치하여 운반기의 왕복이동에 의하여 주차를 행하는 주차설비방식은?

① 승강기 슬라이드식
② 수평순환식
③ 평면왕복식
④ 다층순환식

02 소방구조용(비상용) 엘리베이터

★★★

1 비상용 엘리베이터에 대한 설명 중 틀린 것은?

① 평상시에 승객용으로 사용할 수 있다.
② 1단계 소방운전 스위치로 승강기를 운전할 수 있다.
③ 비상용과 일반용 승강기를 나란히 배치할 수 없다.
④ 자가발전장치를 사용한 예비전원으로 운전 할 수 있다.

★★★

2 비상용 엘리베이터에 대한 설명으로 옳지 않은 것은?

① 평상시는 승객용 또는 승객·화물용으로 사용할 수 있다.
② 카는 비상운전시 반드시 모든 승강장의 출입구마다 정지할 수 있어야 한다.
③ 별도의 비상전원장치가 필요하다.
④ 카가 목적층에 도착하면 문이 열린 상태로 정지되어야 한다.

카가 목적층에 도착하면 문이 **닫힌 상태**로 정지되어야 한다.

★★★

3 비상용(소방용) 엘리베이터에 대한 설명으로 옳지 않은 것은?

① 카가 목적층에 도착하면 문이 닫힌 상태를 유지해야 한다.
② 정전 시 보조전원공급장치에 의해 60초 이내 엘리베이터 운행에 필요한 전력용량을 자동으로 발생시켜야 한다.
③ 소방관이 접근 지정층에서 30초 이내 가장 먼 층에 도착할 수 있어야 한다.
④ 카는 소방관 접근 지정층까지 이동하여 문이 열린 상태이어야 한다.

소방관이 접근 지정층에서 **60초 이내** 가장 먼 층에 도착할 수 있어야 한다.

정답 10 ① 11 ④ 12 ④ 13 ③ 14 ③ 2 1 ③ 2 ④ 3 ③

★★★

4 비상용 엘리베이터 카의 전원이 정전된 경우 예비전원에 의한 엘리베이터의 가동은 몇 시간 이상 작동할 수 있어야 하는가?

① 1　② 1.5
③ 2　④ 2.5

★★★

5 비상용 승강기에 대한 설명 중 옳지 않은 것은?

① 외부와 연락할 수 있는 전화를 설치하여야 한다.
② 예비전원을 설치하여야 한다.
③ 정전시에는 예비전원으로 작동할 수 있어야 한다.
④ 승강기의 운행속도는 2 m/s 이상으로 해야 한다.

소방관 접근 지정층에서 소방관이 조작하여 엘리베이터 문이 닫힌 이후부터 **60**초 이내에 가장 먼 층에 도착되어야 한다. 다만, 운행속도는 **1 m/s** 이상이어야 한다.

★★★

6 비상용 엘리베이터의 운행속도는 몇 m/s 이상으로 하여야 하는가?

① 0.5　② 1
③ 1.5　④ 2

★★★

7 비상용 엘리베이터 구조로 옳지 않은 것은?

① 엘리베이터의 운행속도는 1 m/s 이상이어야 한다.
② 카는 비상운전시 모든 승강장의 출입구마다 정지할 수 있어야 한다.
③ 정전시 예비전원에 의해 2시간 이상 가동할 수 있어야 한다.
④ 90초 이내에 엘리베이터 운행에 필요한 전력을 공급하여야 한다.

★★★

8 소방구조용(비상용) 엘리베이터는 정전 시 몇 초 이내에 운행에 필요한 전력용량을 자동적으로 발생시킬 수 있어야 하는가?

① 30　② 60
③ 90　④ 120

정전시에는 보조 전원공급장치에 의하여 엘리베이터를 다음과 같이 운행시킬 수 있어야 하다.
- **60**초 이내에 엘리베이터 운행에 필요한 전력용량을 **자동**으로 발생시키도록 하되 **수동**으로 전원을 작동시킬 수 있어야 한다.
- **2**시간 이상 운행시킬 수 있어야 한다.

★★

9 소방구조용 엘리베이터의 작동에 대한 설명으로 틀린 것은?

① 승강장의 호출스위치를 '0'에서 '1'로 조작하면 정상 운행 중인 엘리베이터는 기준층을 복귀된 후 문이 열린 상태로 대기한다.
② 카가 목적층에 도착하면 문이 열린 상태로 정지되어야 한다.
③ 기준층에 도착한 엘리베이터는 문닫힘 안전장치는 정상작동된다.
④ 승강장의 호출스위치를 '0'에서 '1'로 조작하면 모든 승강장 호출 및 카 내의 등록버튼은 작동되지 않아야 하고, 미리 등록된 호출은 취소되어야 한다.

엘리베이터 밖의 화재로 인한 보호를 위해 카가 목적층에 도착하면 문이 닫힌 상태로 정지되며, 소방관이 열림 버튼을 눌러 카 문을 열어 소방활동을 하도록 한다.

★

10 소방구조용(비상용) 엘리베이터의 구조에 대한 설명으로 틀린 것은?

① 기계실은 내화구조로 보호되어야 한다.
② 소방운전 시 모든 승강장의 출입구마다 정지할 수 있어야 한다.
③ 2개의 카 출입문이 있는 경우, 2개의 출입문이 동시에 개폐될 수 있어야 한다.
④ 보조전원공급장치는 방화구획된 장소에 설치되어야 한다.

2개의 카 출입문이 있는 경우, 소방운전 시 어떠한 경우라도 2개의 출입문이 동시에 열리지 않아야 한다.

★

11 화재 등 재난 발생 시 거주자의 피난활동에 적합하게 제조·설치된 엘리베이터로, 평상시에는 승객용으로 사용하는 엘리베이터는?

① 전망용 엘리베이터
② 피난용 엘리베이터
③ 소방구조용 엘리베이터
④ 승객화물용 엘리베이터

피난용 엘리베이터는 화재 등 재난 발생 시 거주자의 피난활동에 적합하게 제조·설치된 엘리베이터이다.

정답 4 ③　5 ④　6 ②　7 ④　8 ②　9 ②　10 ③　11 ②

03 덤웨이터 외

★★★

1 사람이 출입할 수 없도록 정격하중이 300 kg 이하이고 정격속도가 1 m/s 인 승강기는?

① 덤웨이터
② 비상용 엘리베이터
③ 승객·화물용 엘리베이터
④ 수직형 휠체어리프트

덤웨이터는 사람이 출입할 수 없도록 하고, 정격하중이 300 kg 이하의 화물을 운송 목적으로 정격속도가 1 m/s 이하이다.

★★

2 승강기의 용도별 분류에서 다음 중 사람이 <u>탑승할 수 없는</u> 승강기는?

① 덤웨이터
② 비상용 엘리베이터
③ 승용·화물용 엘리베이터
④ 장애인용 수직형 리프트

★★★

3 빈 칸의 내용으로 옳은 것은?

【보기】

덤웨이터(소형화물용 엘리베이터)는 사람이 탑승하지 않으면서 적재용량 (　　) kgf 이하인 것을 소형화물 운반에 적합하게 제작된 엘리베이터이다.

① 200
② 300
③ 400
④ 500

덤웨이터 : 사람이 탑승하지 않으면서 적재용량이 **300kg** 이하인 것으로서 소형화물(서적, 음식물 등) 운반에 적합하게 제작된 엘리베이터일 것. 다만, 바닥면적이 $0.5m^2$ 이하이고 높이가 0.6m 이하인 엘리베이터는 제외한다.

★

4 소형화물용 엘리베이터의 특징으로 <u>틀린 것은</u>?

① 사람의 탑승을 금지한다.
② 덤웨이터(dumbwaiter)라고도 한다.
③ 음식물이나 서적 등 소형 화물의 운반에 적합하게 제조되었다.
④ 케이지 바닥면적이 0.5제곱미터 이하이고, 높이가 0.6미터 이하인 것이다.

바닥면적이 $0.5m^2$ 이하이고 높이가 0.6m 이하인 엘리베이터는 제외한다.

★

5 전동 덤웨이터에 대한 설명으로 <u>틀린 것은</u>?

① 구조상 경미한 부분을 제외하고는 불연재료로 만들거나 씌워야 한다.
② 점검용 콘센트는 소방설비용 비상콘센트를 겸용하여 사용한다.
③ 일반적으로 기계실 천장의 높이는 1.8m 이상을 유지하여야 한다.
④ 서적, 음식물 등 소형화물의 운반에 적합하게 제작된 엘리베이터이다.

소방설비용 전원은 일반 전원들과 구분되어야 한다.

★

6 전동 덤웨이터의 안전장치에 대한 설명 중 옳은 것은?

① 출입구 문에 사람의 탑승금지 등의 주의사항은 부착하지 않아도 된다.
② 도어 인터록 장치는 설치하지 않아도 된다.
③ 로프는 일반 승강기와 같이 와이어로프 소켓을 이용한 체결을 하여야만 한다.
④ 승강로의 모든 출입구 문이 닫혀야만 카를 승강시킬 수 있다.

덤웨이터도 다른 승강기와 마찬가지로 도어인터록, 사람의 탑승 금지 등의 주의사항을 명시한 표지판, 기타 안전장치가 필수적이다.
③ 주로프의 체결방식은 일반 승강기와 같이 바빗트 채움식(와이어로프 소켓 이용) 외에 체결식(클램프 고정)을 사용한다.

정답 3 1 ① 2 ① 3 ② 4 ④ 5 ② 6 ④

★

7 전동 덤웨이터와 구조적으로 가장 유사한 것은?

① 간이 리프트
② 엘리베이터
③ 에스컬레이터
④ 수평보행기

간이 리프트와 전동 덤웨이터는 유사한 구조이지만 소형화물 운반만을 주목적으로 하며 운반구의 바닥면적이 1m² 이하이거나 천장높이가 1.2m 이하이다.

★★★

8 정전, 화재 등의 이유로 전원이 차단되었을 경우 정전등이 반드시 필요하지 않은 것은?

① 승객용 엘리베이터
② 덤웨이터
③ 승객·화물용 엘리베이터
④ 침대용 엘리베이터

사람이 탑승하는 엘리베이터나 주차설비에는 정전등, 비상통신장비 등이 반드시 설치되어야 한다.

★★

9 덤웨이터(소형 화물용 엘리베이터) 자체점검기준으로 카에 대한 점검내용으로 틀린 것은?

① 카의 재질 및 변형상태
② 자동 받침대 문턱이 설치된 경우 작동상태
③ 배관, 밸브 등의 이음 부위 및 누유상태
④ 승강로 벽과 충돌방지 수단의 상태

승강기 안전운행 및 관리에 관한 운영규정 – [별표 3] 자체점검기준
소형 화물용 엘리베이터의 카 점검내용
• 카의 재질 및 변형상태
• 에이프런의 설치상태
• 자동 받침대 문턱이 설치된 경우 작동상태
• 승강로 벽과 충돌방지 수단의 설치상태

★★★

10 경사형 휠체어리프트에서 정격하중 적재 시 카는 수평에서 몇 °이상 기울어지지 않아야 하는가?

① 1
② 2
③ 3
④ 5

정격하중 적재시 경사형 휠체어리프트의 카는 수평에서 5°이상 기울어지지 않아야 한다.

★★★

11 객석부분이 가변 축의 주위를 회전하는 것으로 회전운동 외에 승강운동도 할 수 있는 구조로 된 유희 시설물은?

① 회전목마
② 코스터
③ 회전그네
④ 옥토퍼스

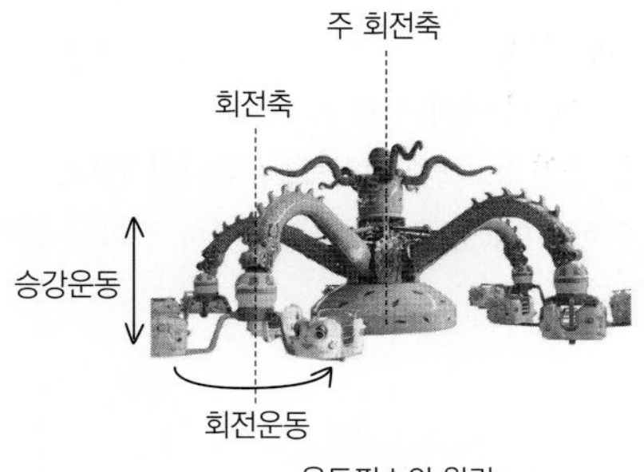

옥토퍼스의 원리

정답 7 ① 8 ② 9 ③ 10 ④ 11 ④

SECTION

Craftsman Elevator

08 에스컬레이터

[예상문항수 : 3문제] 에스컬레이터와 무빙워크의 경사각 및 공칭속도를 비교하여 숙지하고, 엘리베이터와 에스컬레이터의 안전장치를 비교하여 알아둡니다. 에스컬레이터 자체점검기준에서 1문제가 출제됩니다. 기출 및 모의고사 위주로 학습하며 이론은 참고용으로만 확인하기 바랍니다.

01 에스컬레이터의 개요

1 에스컬레이터 및 무빙워크의 종류

(1) 난간 폭에 의한 종류

난간 폭에 따라	수송 능력
800형	6,000명/시간
1,200형	9,000명/시간

(2) 승강양정에 의한 분류

① 수 m까지를 보통 '양정'이라 부르고, 10m정도까지를 중양정, 그 이상을 고양정이라 한다.

② 경사각은 30° 이하이며, 층고(승강양정)는 6m 이하의 높이에서 35°까지 허용한다.

> ▶ 양정과 행정
> • 양정(揚程) : 에스컬레이터의 수직 이동 거리
> • 행정(行程) : 엘리베이터의 최대 왕복 거리

2 법령상의 규제

(1) 경사도

① **에스컬레이터의 경사도 : 30° 이하**

→ 하강방향의 안전을 고려하여 30°를 초과하지 않아야 한다.

→ 다만, 높이가 6m 이하이고, 공칭속도가 0.5 m/s 이하인 경우에는 35°까지 증가

② **수평보행기(무빙워크)의 경사도 : 12° 이하** 필수암기

(2) 공칭속도

① 공칭 주파수 및 공칭 전압에서 **±5%**를 초과하지 않아야 함

② **에스컬레이터 및 무빙워크의 공칭속도**

구분(경사도에 따라)		기준 속도
에스컬레이터	30° 이하	**0.75 m/s** 이하
	30°~35°	0.5 m/s 이하
무빙워크		**0.75 m/s** 이하 → 다만, 승강장에서 팔레트 또는 벨트가 콤에 들어가기 전 1.6 m 이상의 수평주행구간이 있는 경우 공칭속도는 0.9 m/s까지 허용

(3) 기타

① **핸드레일의 속도가 디딤바닥과 동일한 방향, 동일한 속도**를 이동할 것

② 공칭속도가 0.5~0.65 m/s이거나 층고가 6m를 초과하는 경우, 이 길이는 1.2 m 이상이어야 한다.

→ 공칭속도가 0.65 m/s를 초과하는 경우, 길이는 1.6m 이상

③ 사람 또는 물건이 끼이거나 장애물에 충돌하는 일이 없을 것 (삼각부 가드판, 전락방지책, 낙하 방비망)

④ 비상시에 운전을 정지시키는 비상 정지버튼, 사람 또는 물건이 디딤바닥 난간부분에 끼었을 때 또는 디딤바닥의 체인이 끊겼을 경우에 정지시키는 안전장치를 설치할 것

02 에스컬레이터의 기본 구성

1 트러스

에스컬레이터의 기본 구조물로 하중과 진동을 충분히 견딜 수 있어야 한다. (안전율 : 5 이상)

2 구동장치

① 스텝을 구동시키는 메인 구동장치와 핸드레일을 구동시키는 핸드레일 구동장치는 서로 연동되어 같은 속도로 이동하여야 한다.

② 트러스의 하부에는 스텝 체인의 파단감지장치가 설치되어 있어 체인이 끊어지거나 이완된 경우에 전력을 차단시킨다.

③ 트러스 최상단 또는 그것에 인접한 기계실(상부 승장의 마루면 아래)의 구동기와 체인(또는 스퍼기어)에 의해 연동되는 메인 구동장치, 핸드레일 구동 장치, 전동기, 감속기, 브레이크 등으로 구성한다.

④ 기계실의 위치한 구동기의 동력을 통해 스텝 체인 및 핸드레일 체인을 통해 스텝(디딤판), 핸드레일을 구동된다.

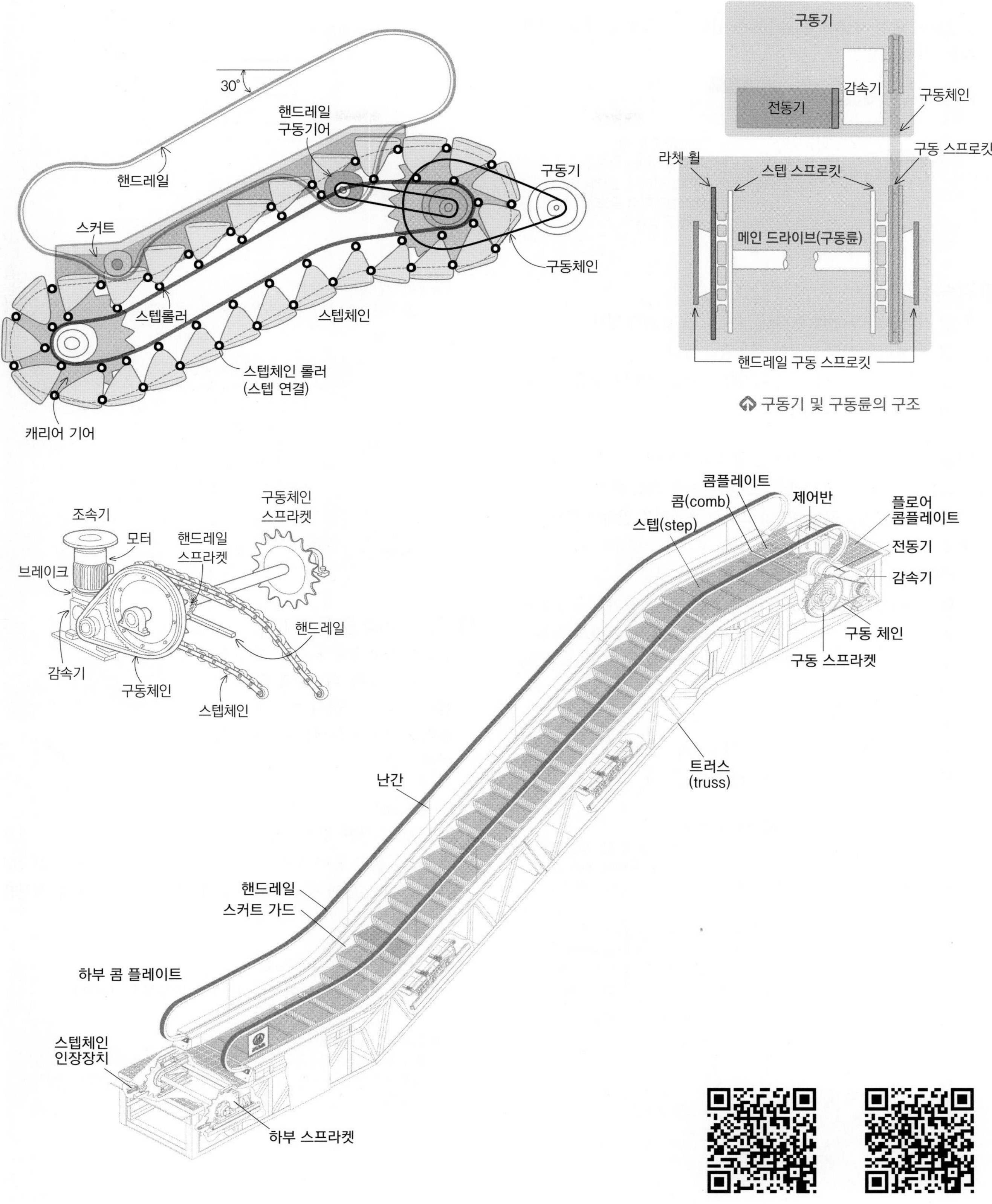
30°
핸드레일
구동기어
핸드레일
스커트
구동기
구동체인
스텝롤러
스텝체인
스텝체인 롤러
(스텝 연결)
캐리어 기어
구동기
감속기
전동기
구동체인
구동 스프로킷
라쳇 휠
스텝 스프로킷
메인 드라이브(구동륜)
핸드레일 구동 스프로킷
조속기
모터
브레이크
핸드레일
스프라켓
구동체인
스프라켓
핸드레일
감속기
구동체인
스텝체인
콤플레이트
콤(comb)
스텝(step)
제어반
플로어
콤플레이트
전동기
감속기
구동 체인
구동 스프라켓
트러스
(truss)
난간
핸드레일
스커트 가드
하부 콤 플레이트
스텝체인
인장장치
하부 스프라켓

구동기 및 구동륜의 구조

에스컬레이터 구조 및 작동원리

(1) 구동모터

구동모터 선정 시 결정 요인 : 수송 인원(가장 큰 요인), 속도, 경사 각도, 기계 효율

(2) 모터의 출력(소요동력) 

소요동력 $P = \dfrac{GVsin\theta \times \beta}{6120 \times \eta}$

- G : 적재하중 [ton]
- V : 에스컬레이터 속도 [m/s]
- θ : 에스컬레이터 경사도 [°]
- η : 에스컬레이터 총효율
- β : 승객 유입률

3 감속기 기어

① 웜 기어(worm gear)와 헬리컬 기어(helical gear)가 있다.
그 중 헬리컬 기어가 많이 사용되고 있다.

② 감속기 내부 구조상 기어 치차에 원활한 윤활막 형성을 하는 기어 구조이다.

4 디딤판: 스텝(에스컬레이터) 또는 팔레트(무빙워크)

① **스텝의 구성** : 스텝 트레드, 스텝 라이저, 스텝 롤러

② 디딤판의 속도 : **공칭속도의 ±5%**를 초과하지 않아야 한다.

③ 스텝 트레드는 운행방향에 ± 1°의 공차로 수평해야 한다.

④ **라이저**(riser) : 스텝의 수직면에 해당하는 부분

⑤ **데마케이션**(Demarcation) : 스텝과 스커트가드 사이의 틈새에 신체의 일부 또는 물건이 끼이는 것을 막기 위해 계단의 좌우난간 및 전방 끝에 노란색으로 도장하거나 노란 플라스틱을 끼운 테두리를 말한다.

⑥ **데크 보드** : 난간의 상부

⑦ 투명형은 내외 측 판넬 모두 강화 유리로 설치한다.

⑧ 외측 판은 내열 방화 재료를 사용한다.

▶ **스텝, 팔레트 또는 벨트와 스커트 사이의 틈새**
- 에스컬레이터 또는 수평보행기의 스커트가 스텝 및 팔레트 또는 벨트 측면에 위치한 곳에서 수평 틈새는 각 측면에서 **4 mm** 이하이어야 하고, 정확히 반대되는 두 지점의 양 측면에서 측정된 틈새의 합은 **7 mm** 이하이어야 한다.
- 수평보행기의 스커트가 팔레트 또는 벨트 위에서 마감되는 경우, 트레드 표면으로부터 수직으로 측정된 틈새는 4 mm 이하이어야 한다. 측면 방향에서 팔레트 또는 벨트의 움직임은 팔레트 또는 벨트의 측면과 스커트의 수직 돌출부 사이의 틈새를 만들지 않아야 하다.

▶ 에스컬레이터 및 무빙워크의 공칭 폭 : 0.58m 이상 1.1m 이하
경사도 6° 이하인 무빙워크 폭 : 1.65m까지 허용

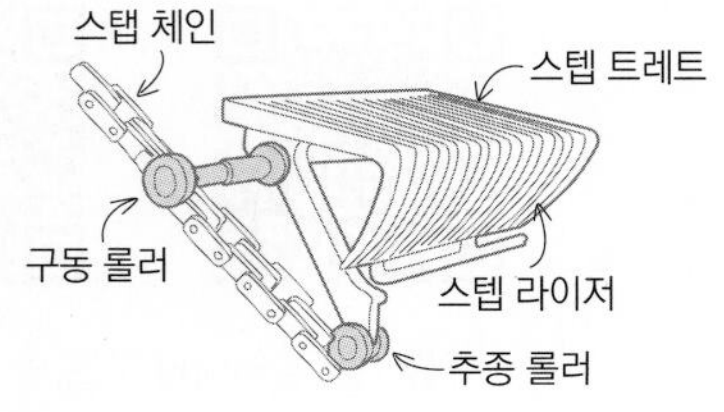

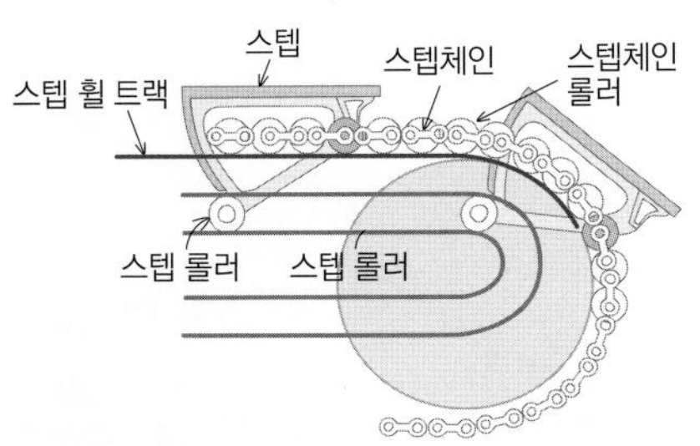

스텝체인과 스텝

▶ **천이구간의 곡률반경**
천이구간 : 경사부 ↔ 수평부의 전환 구간을 말한다.

구분	곡률반경
에스컬레이터	가) 상부 천이구간의 곡률반경 • 공칭속도 ≤ 0.5m/s(최대 경사도 35°) : 1m 이상 • 0.5m/s < 공칭속도 ≤ 0.65m/s(최대 경사도 30°) : 1.5m 이상 • 공칭속도 > 0.65m/s(최대 경사도 30°) : 2.6m 이상 나) 하부 천이구간의 곡률반경 • 공칭속도 ≤ 0.65m/s : 1m 이상 • 공칭속도 > 0.65m/s : 2m 이상
벨트식 무빙워크	0.4m 이상

5 콤(Comb)과 콤 플레이트

승강장에서 물체가 쉽게 끼어 들어가지 않도록 디딤판과 콤의 물림량은 4mm 이상이어야 하고, 맞물리는 부분의 틈새는 **4mm 이하**이어야 한다.

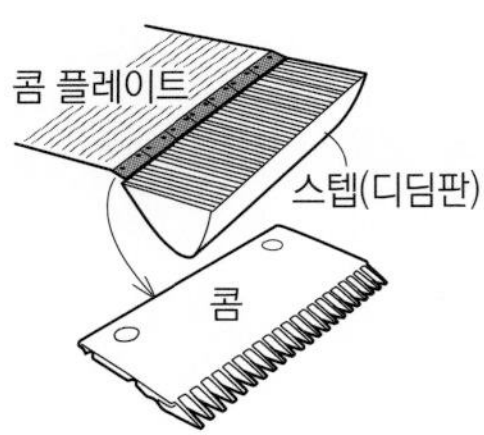

(1) 콤(Comb)

계단 또는 발판 윗면의 홈과 맞물려 발을 보호하기 위한 것으로, 만일 물건 등이 끼어서 과도한 힘이 걸린 경우에는 안전상 콤의 톱니 선단이 부러지도록 플라스틱 또는 알루미늄 재질을 사용한다.

(2) 콤 플레이트(Comb Plate)

승강구에 콤가 부착되어 있는 바닥판의 부분을 말한다.

▶ **승강장**(Landing Plate)
콤 플레이트와 커버 플레이트로 구성되며, 표면은 승객의 미끄러짐을 방지하기 위해 종 · 횡으로 홈이 파진 스테인레스 강판 에칭 구조로 되어 있다.

6 스텝체인(step chain)

① 스텝체인은 일종의 롤러 체인으로 스텝을 주행시키는 역할을 한다.

② 에스컬레이터의 좌우 체인의 링크 간격을 일정하게 유지하기 위하여 일정한 간격으로 스텝체인 축으로 연결되어 있으며, 스텝체인 축의 좌우에 스텝체인 롤러로 스텝의 앞쪽에 연결되어 스텝체인 구동 가이드 레일을 주행하게 된다.

③ **스텝체인 당김 도르래** : 스프링에 의해 잡아당겨져 스텝체인이 도중에 느슨하게 되지 않도록 장력을 주는 역할

7 난간과 핸드레일

① 난간 : 에스컬레이터의 스텝이 움직임에 따라 승객이 추락하지 않도록 설치한 측면의 벽이다.

▶ 난간 폭에 따른 분류
- 800형 : 좌우 난간 사이의 폭이 800mm (시간당 6,000명 수송)
- 1200형 : 좌우 난간 사이의 폭이 1200mm (시간당 9,000명 수송)

② 판넬형 에스컬레이터의 내측 판넬은 스테인리스로 제작하며 하부의 계단과 접하는 부분을 '스커트 판넬'이라고 한다.

③ 난간상부의 이동손잡이를 '핸드레일'이라고 한다.

④ 핸드레일 속도는 스텝 속도와 같아야 한다. 단, **핸드레일과 디딤판의 속도차이는 0~2% 이내**이어야 한다.

⑤ 핸드레일은 정상운행 중 운행방향의 반대편에서 450N의 힘으로 당겨도 정지되지 않아야 한다. (에스컬레이터 안전기준)

8 스커트 가드

① **스커트 가드**(skirt guarde) : 에스컬레이터 또는 수평보행기의 난간 하부에서 스텝과 인접한 측판으로 스텝과 난간 사이에 옷이나 신발 등이 끼는 것을 방지한다.

② **스커드 가드 디플렉터**(deflector, 안전 브러시) : 스커트 가드와 스텝 사이에 물체가 끼일 가능성을 최소화하는 안전장치

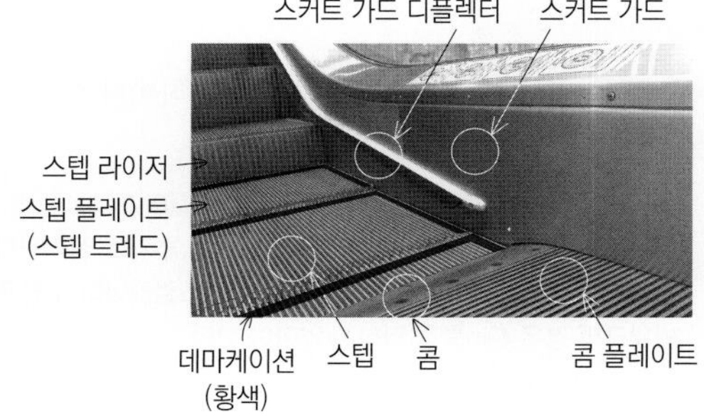

9 기계실 제어반

① 제어반은 주로 상부 승장 하부 내에 설치

② 전자계전기(릴레이), 전자접촉기(MC), 전자개폐기, 과부하계전기, 정류기 등 운전을 위한 장치로 구성

③ 전기설비의 절연저항

종류	절연저항
전도체 사이 또는 전도체와 대지 사이	1,000[Ω/V] 이상
동력회로 및 안전회로	0.5 MΩ 이상
제어, 조명 및 신호 등	0.25 MΩ 이상

03 에스컬레이터의 안전장치

필수암기

▶ 에스컬레이터의 역회전 방지장치
구동체인 안전장치, 스텝체인 안전스위치, 브레이크, 조속기

1 구동체인 안전장치

① 구동기와 메인 드라이브 사이의 구동체인이 늘어나거나 끊어진 경우 운행을 중지하고 역주행을 방지한다.

② 전동기를 정지시키는 스위치와 스텝 구동륜을 기계적으로 록(lock)하여 스텝의 움직임을 정지시키는 라쳇(ratchet) 장치로 구성되어 있다.

└ 한 쪽 방향으로만 회전하며 역방향 회전 방지

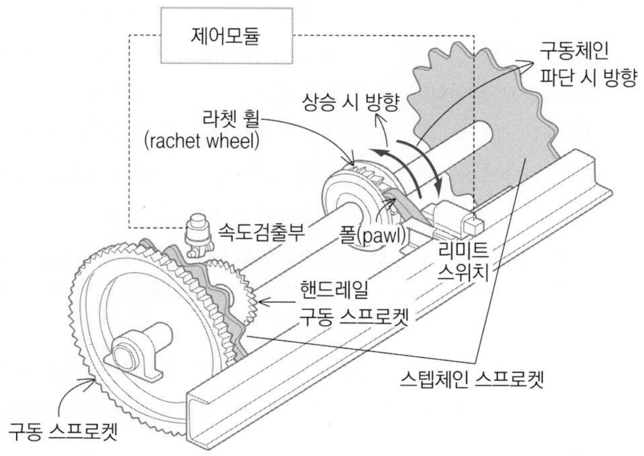

스텝 종동륜은 전체가 가이드 위에 고정되어 있어 종동장치는 스텝에 의해 항상 아래방향으로 잡아당겨 있기 때문에 스텝체인은 항상 일정의 장력을 받고 있다.

만약 스텝체인이 늘어나거나 절단되어 역방향으로 회전할 경우 라쳇 휠이 폴(Pawl)에 걸려 기계적으로 제동되고, 리미트 스위치를 작동시켜 에스컬레이터의 구동모터를 정지시킨다.

2 스텝체인 안전장치

에스컬레이터 하부에 좌우 1개씩 설치되며 스텝체인이 절단되거나 심하게 늘어날 경우 스텝 사이에 틈 발생 또는 빈 공간이 생길 염려가 있으므로 인장장치의 후방 움직임을 감지하여 구동모터의 전원을 차단하고, 브레이크를 작동시킨다.

> ▶ 스텝체인 인장장치
> 스텝체인이 느슨해지는 것을 방지하기 위해 장력을 주는 역할을 한다.

3 주 브레이크(제동기)

① 전동기 축을 직접 제동하는 방식으로, 구동기의 검사나 보수 시 혹은 전원을 차단시켰을 때 관성에 의한 전동기 회전을 자동으로 방지하기 위한 기계적인 안전장치이다.

② 정지거리는 무부하 상승의 경우 0.1~0.6m 이내로 하며, 너무 급히 정지시키면 승객이 넘어질 우려가 있으므로 최저거리를 정하고 있다.

③ 종류 : 드럼형, 디스크형, 밴드형

④ 제동 시 감속도는 1 m/s^2를 초과하지 않아야 한다.

> ▶ 주 브레이크의 작동 조건 : 주전원 공급 중단, 안전장치 이상 검출
> ▶ 정상적으로 브레이크가 작동하지 않는 경우 보조브레이크가 에스컬레이터 또는 무빙워크를 정지시켜야 한다. (에스컬레이터 안전기준)

4 보조 브레이크(전자 브레이크)

① 구동체인이 늘어나거나 절단될 경우 슈가 떨어지며 브레이크 라쳇(rachet)이 브레이크 휠에 걸려짐을 감지하거나 이상 원인으로 감겨지는 경우 이를 감지하여 강제로 정지시킨다.

② 상승운전 중이더라도 구동체인이 끊어질 경우 승객 하중에 의해 하강으로 인해 안전 위험이 있으므로, 구동체인이 늘어나거나 체인 절단을 감지하여 구동 스프로켓을 정지시킬 수 있도록 구동용 체인의 절단정지장치를 설치하던가 또는 기계적 제동장치나 보조브레이크(전자브레이크) 장치를 설치한다.

→ 구동장치에 설치된 근접스위치가 체인의 늘어짐과 절단상태 등을 감지하여 구동기에 공급되는 전력을 차단하고 전자브레이크를 작동시켜 에스컬레이터를 정지시킨다.

③ 정지버튼을 누르거나 또는 각종 안전장치가 작동하여 전원이 끊기면 동시에 전자석의 여자가 풀려 스프링 힘에 의해 에스컬레이터를 확실히 정지시킨다.

> ▶ 보조 브레이크의 작동 조건
> • 정상속도 대비 1.4배 과속 시
> • 스텝 역회전 운행 시
> • 구동체인 파단 시
> • 정전 시

5 조속기

① 비상시에는 즉시 정지시킬 수 있는 장치

② 승객이 너무 많이 탔거나, 혹은 전원 결상으로 모터의 토크가 부족하여 상승 운전 중에 하강하거나 하강 속도가 상승하지 않도록 모터축에 설치된 조속기가 작동하여 모터 전원을 끊고 머신 브레이크를 작동시킨다.

6 핸드레일 안전장치

핸드레일이 늘어남(이완)을 감지하여 에스컬레이터의 운전을 중지시키는 안전장치이다.

→ 핸드레일이 늘어나면 핸드레일 구동용 도르래와의 사이에 마찰력이 부족하여 스텝 속도와 달라지거나 심할 경우 운행을 중지시킨다.

7 핸드레일 인입구 안전장치(인레트 스위치)

핸드레일 인입구에 설치하여 핸드레일의 상하 곡부에서 난간 하부로 들어가는 곳에 물체가 끼인 경우(어린이의 손가락이 밑으로 빨려들어가는 등) 이를 감지하여 에스컬레이터의 운행을 정지시킨다.

8 콤 스위치

스텝과 콤 사이에 이물질이 끼이는 경우 이를 감지하여 에스컬레이터를 정지시킨다.

9 스커트가드 안전스위치(S.G.S)

① 스텝과 스커트가드 사이에 손·신발이 끼었을 때 그 압력(20~25kg)을 감지하여 에스컬레이터를 정지시키는 장치로서 스커트가드 상·하 부근의 좌·우에 2개씩 설치한다.

② 스텝과 스커트 가드 간격은 양면 포함 7mm 이하로 한다.

10 비상정지스위치(버튼)

① 에스컬레이터를 즉시 정지시켜야 할 경우에 사용한다.

② 비상시 쉽게 작동할 수 있도록 상하 승강장이 잘 보이는 곳에 설치한다.

③ 스위치 색상 : 적색

④ 버튼 또는 버튼 부근에는 "정지" 표시를 하여야 한다.

⑤ 스위치는 승강장 상·하부 모두 설치한다.

→ 층고가 12m를 초과하는 에스컬레이터 또는 길이가 40m를 초과하는 무빙워크는 승강로에 비상 정지 버튼스위치를 추가로 설치한다. 추가로 설치한 비상 정지 버튼 스위치의 간격은 에스컬레이터의 경우 15m, 무빙워크의 경우 40m를 초과하지 않아야 한다.

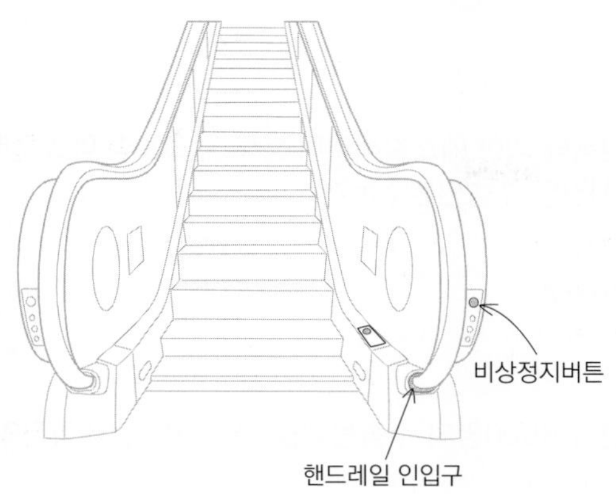

⑪ 삼각부 안내판

① 난간부와 교차하는 건축물 천장부 또는 측면부 등과의 사이에 생기는 삼각부에 사람의 머리 등 신체의 일부가 부딪히거나 끼이는 것을 방지한다.

→ 예외) 건축물의 천장부 또는 측면이 핸드레일로부터 50cm 이상 떨어져 있는 경우 또는 교차각이 45도를 초과하는 경우에는 막는 조치를 하지 않아도 됨

② 삼각부의 수직거리가 30cm되는 곳까지 막을 것

③ 탄력성 있는 재료로 마감처리

④ 막은 부위에 충돌을 경고하기 위한 25~35cm 전방에 신체에 손상이 없는 재질(아크릴 등)로 비 고정식 안전 보호판을 설치

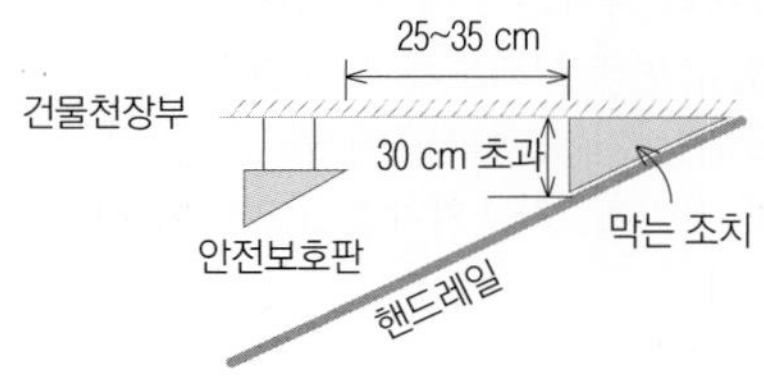

▶ 기타 안전장치
- 낙하물 방지망 : 에스컬레이터 사이에 물건 낙하 시 이를 받기 위한 망
- 손잡이 설비 : 에스컬레이터 주위의 단(높이 1100㎜)에 물건이 굴러도 멈추게 하는 설치

⑫ 방화 셔터 연동 안전장치(셔터 리미터 스위치)

에스컬레이터 운행 중 화재 시 에스컬레이터 상부 승강구쪽에 설치된 방화용 셔터가 동작하면 승객이 넘어지고 계단 위에서 충돌하여 대형사고가 일어날 가능성이 높다. 이에 대한 대책으로 방화 셔터가 닫힐 때 에스컬레이터의 운전을 자동으로 차단시킨다.

⑬ 이상속도 안전장치

에스컬레이터가 정격 속도보다 **20%** 이상 또는 **20%** 이하의 속도로 이상 운행될 때 이를 감지하여 에스컬레이터를 정지

▶ **주 브레이크의 작동 조건**
주전원 공급 중단, 안전장치 이상 검출

▶ **스텝 미싱 검출 장치**
스텝이 주행 중 탈락되었을 때 이를 감지하여 에스컬레이터를 정지

04 무빙워크

❶ 구동장치 필수암기

수평이나 약간의 경사로(**12°** 이하)에 설치한 보행 보조용

→ 스텝 면이 고무 제품으로 된 것과 금속의 표면 가공을 하여 미끄럽지 않도록 한 것은 15°까지 허용

❷ 공칭속도 필수암기

① 무빙워크의 공칭속도 : **0.75 m/s** 이하

② 팔레트(또는 벨트)의 폭 : **1.1 m** 이하

③ 승강장에서 팔레트 또는 벨트가 콤에 들어가기 전 1.6 m 이상의 수평주행구간이 있는 경우 공칭속도는 0.9 m/s까지 허용

05 에스컬레이터(무빙워크) 자체점검기준

→ 156페이지 참조

chapter 01

기출문제

★ 숫자는 빈출 정도 및 중요도를 나타냅니다.

01 에스컬레이터의 개요

★

1 에스컬레이터의 800형, 1200형이라 부르는 것은 무엇을 기준으로 한 것인가?

① 난간폭 ② 계단의 폭
③ 속도 ④ 양정

★

2 에스컬레이터의 종류 중 수송능력에 따른 분류에 해당되는 것은?

① 700형 ② 800형
③ 900형 ④ 1100형

에스컬레이터의 공칭 수송능력에 따른 분류(난간폭에 따라)
- 800형(스텝 폭 800mm) : 6000명/시간
- 1200형(스텝 폭 1200mm) : 9000명/시간

★

3 에스컬레이터의 난간 폭에 의한 분류 중 폭 800형의 공칭 수송 능력은?

① 10000인/시간 ② 9000인/시간
③ 8000인/시간 ④ 6000인/시간

★

4 다음 (가), (나)에 들어갈 내용으로 옳은 것은?

【보기】
에스컬레이터는 난간폭에 따라 800형과 1200형이 있다.
시간당 수송능력은 800형은 (가)명, 1200형은 (나)명이다.

① (가) 800, (나) 1200
② (가) 4000, (나) 6000
③ (가) 5000, (나) 8000
④ (가) 6000, (나) 9000

★

5 1,200형 엘리베이터의 시간당 수송능력(명/시간)은?

① 1,200 ② 4,500
③ 6,000 ④ 9,000

★

6 난간폭에 의한 에스컬레이터 분류 중 800형 에스컬레이터의 시간당 수송인원수는?

① 5000명 ② 3600명
③ 6000명 ④ 8000명

★

7 시간당 9000명의 수송능력을 가진 에스컬레이터의 형식은?

① 800형 ② 900형
③ 1000형 ④ 1200형

★

8 백화점에서 가장 많이 사용되고 있는 에스컬레이터의 형식은?

① 600형 ② 900형
③ 1000형 ④ 1200형

★★★

9 건물에 에스컬레이터를 배열할 때 고려할 사항 중 관계가 가장 적은 것은?

① 엘리베이터 가까운 곳에 설치한다.
② 바닥 점유 면적을 되도록 작게 한다.
③ 탄 채로 지나간 승객의 보행거리를 줄인다.
④ 건물의 지지보, 기둥위치를 고려하여 하중을 균등하게 분산시킨다.

★

10 일승객의 승계가 용이하며, 상부층계에 고객을 유도하기 쉬운 에스컬레이터의 배치는?

① 단열 승계형 ② 복합 승계형
③ 교차 승계형 ④ 단열 겹침형

단열 승계형은 한 줄의 에스컬레이터를 설치하여 한 방향으로 차례로 이어 타며 올라가는 방식이다. 에스컬레이터에 탑승하면 자연스럽게 상부층으로 고객을 유도하기 쉽다.

정답 **1** 1 ① 2 ② 3 ④ 4 ④ 5 ④ 6 ③ 7 ④ 8 ④ 9 ① 10 ①

★★★

11 경사도가 30° 이하인 에스컬레이터의 공칭속도는 몇 [m/s] 이하로 하여야 하는가?

① 0.5 m/s
② 0.75 m/s
③ 1.5 m/s
④ 1.75 m/s

• 경사도가 **30°** 이하일 때 : **0.75 m/s** 이하
• 경사도 30° 초과, 35° 이하일 때 : 0.5 m/s 이하
※ 무빙워크 : 12° 이하, 0.75 m/s 이하
※ 공칭속도 : 무부하 조건에서 장치를 운전할 때 스텝, 팔레트 또는 벨트의 움직이는 방향에서의 속도

★★★

12 에스컬레이터의 경사도는 주로 몇 도(°) 이하로 설치되고 있는가?

① 15 ② 25
③ 30 ④ 45

에스컬레이터의 경사도는 **30°**를 초과하지 않아야 한다. 다만, 높이가 6m 이하이고 공칭속도가 0.5 m/s 이하인 경우에는 경사도를 35°까지 증가시킬 수 있다. ※ 무빙워크의 경사도 : 12° 이하

★

13 에스컬레이터의 경사도를 35° 이하로 할 수 있는 기준으로 옳은 것은?

① 층고가 4m 이하일 때
② 층고가 5m 이하일 때
③ 층고가 6m 이하일 때
④ 층고가 7m 이하일 때

★★

14 에스컬레이터의 제작기준으로 맞지 않는 것은?

① 경사도는 일반적인 경우 30° 이하로 한다.
② 핸드레일의 속도는 디딤판과 동일 속도로 한다.
③ 경사도가 30° 이하일 때 공칭속도는 1 m/s 이하로 한다.
④ 물건이 에스컬레이터의 각 부분에 끼이거나 부딪치는 일이 없도록 안전한 구조이어야 한다.

• 경사도가 30° 이하 : 0.75 m/s 이하
• 경사도가 30° 초과, 35° 이하 : 0.5 m/s 이하

★★★

15 에스컬레이터에 대한 설치기준으로 옳지 않은 것은?

① 승강구에서 디딤판의 승강을 정지시킬 수 있는 장치가 필요하다.
② 경사도가 30° 이하일 경우 1.75m/s 이하이어야 한다.
③ 경사도가 30°를 초과하고 35° 이하일 경우 0.5m/s 이하이어야 한다.
④ 디딤판의 양쪽에는 난간을 설치한다.

02 에스컬레이터의 기본 구성

★

1 에스컬레이터의 계단은 계단체인에 의해 연결되어 순환되는데 이것을 안전하게 순환시키는 것은 계단 자체의 구조와 그것에 설치되어 있는 것으로서 롤러를 안내하는 것은?

① 레일 ② 스프링
③ 트러스 ④ 라이저

★★

2 에스컬레이터의 디딤판과 스커트 가드와의 간격은 안전을 위하여 몇 mm 로 하는가?

① 2~5 ② 3~7
③ 5~8 ④ 6~9

★★★

3 다음 중 에스컬레이터에서 디딤판과 같은 속도로 움직이게 설계 되어야 하는 것은?

① 핸드레일 ② 브레이크휠
③ 스커트가드 ④ 스프라켓

★★★

4 에스컬레이터에서 스텝 체인은 일반적으로 어떻게 구성되어 있는가?

① 좌·우 각 1개씩 있다.
② 좌·우 각 2개씩 있다.
③ 좌측에 1개, 우측에 2개 있다.
④ 좌측에 2개, 우측에 1개 있다.

에스컬레이터에서 스텝(계단식) 체인은 좌·우 각 1개씩 구성되어 있다.

정답 11 ② 12 ③ 13 ③ 14 ③ 15 ② **2** 1 ① 2 ① 3 ① 4 ①

★★★

5 에스컬레이터의 비상정지버튼의 설치위치는?

① 기계실에 설치한다.
② 상부 승강장 입구에 설치한다.
③ 하부 승강장 입구에 설치한다.
④ 상·하부 승강장 입구에 설치한다.

★★★

6 에스컬레이터 및 수평보행기의 비상정지스위치에 관한 설명으로 옳지 않은 것은?

① 상하 승강장의 잘 보이는 곳에 설치한다.
② 색상은 적색으로 하여야 한다.
③ 장난 등에 의한 오조작 방지를 위하여 잠금장치를 설치하여야 한다.
④ 버튼 또는 버튼 부근에는 "정지" 표시를 하여야 한다.

비상정지스위치에는 정상운행 중에 임의로 조작하는 것을 방지하기 위해 보호덮개가 설치되어야 한다. 그 보호 덮개는 비상시에는 쉽게 열리는 구조이어야 한다.

★

7 에스컬레이터의 구동장치가 아닌 것은?

① 감속기
② 구동체인
③ 트러스
④ 구동 스프로켓

구동장치 : 모터, 구동체인, 구동 스프로켓, 감속기, 조속기, 브레이크 등

★★

8 에스컬레이터의 구동장치가 아닌 것은?

① 구동기
② 스텝체인 구동장치
③ 핸드레일 구동장치
④ 구동체인 안전장치

구동장치 : 모터, 감속기, 브레이크, 구동체인, 스텝체인 구동장치, 핸드레일 구동장치, 구동 스프로켓
에스컬레이터는 구동기에 의해 스텝체인 구동장치 및 핸드레일 구동장치가 동작한다.
※ 구동체인 안전장치는 구동체인이 늘어나거나 끊어지는 경우 역주행 방지장치에 해당한다.
참고) 그 외 안전장치 : 스텝체인 안전장치, 핸드레일인입구스위치, 콤스위치, 스커트가드안전스위치 등

★★

9 에스컬레이터의 구동장치에 관한 설명으로 틀린 것은?

① 스탭 구동장치와 핸드레일 구동장치는 서로 연동되어 같은 속도로 이동하여야 한다.
② 스탭 체인 안전장치가 설치되어 체인이 끊어지면 전원을 차단하여야 한다.
③ 감속기는 효율이 높아 에너지를 절약할 수 있는 웜기어를 사용하며, 헬리컬 기어는 사용하지 않는다.
④ 구동장치에는 브레이크를 설치하여야 한다.

역전의 위험을 방지하기 위하여 웜기어가 주로 사용되었지만, 최근에는 구동효율을 높은 헬리컬 기어를 채택하고 있다.

★★

10 다음 중 에스컬레이터의 구동 전동기의 용량을 계산할 때 고려할 사항으로 거리가 먼 것은?

① 디딤판의 높이
② 속도
③ 경사각도
④ 기계효율

소요동력 $P = \frac{GVsin\theta \times \beta}{6120 \times \eta}$

- G : 적재하중 [ton]
- V : 에스컬레이터 속도 [m/s]
- θ : 에스컬레이터 경사도 [°]
- η : 에스컬레이터 총효율(기계효율)
- β : 승객 유입률

★

11 다음 중 에스컬레이터의 구동전동기(Motor) 용량 계산 시 고려하지 않아도 되는 것은?

① 속도
② 에스컬레이터의 총합효율
③ 승강장의 길이
④ 경사각도

구동모터 선정 시 결정 요인 : 수송 인원(가장 큰 요인), 속도, 경사각도, 총합 효율(기계 효율)

★

12 에스컬레이터의 구동용 모터를 선정할 때 가장 큰 결정 요인은?

① 승강 높이　② 승강 속도
③ 기계실 크기　④ 수송 인원

정답 5 ④ 6 ③ 7 ③ 8 ④ 9 ③ 10 ① 11 ③ 12 ④

★★

13 에스컬레이터의 구동체인이 규정치 이상으로 늘어났을 때 일어나는 현상은?

① 안전레버가 작동하여 하강은 되나 상승은 되지 않는다.
② 안전레버가 작동하여 브레이크가 작동하지 않는다.
③ 안전레버가 작동하여 무부하시는 구동되나 부하시는 구동되지 않는다.
④ 안전레버가 작동하여 안전회로 차단으로 구동되지 않는다.

★

14 에스컬레이터 난간과 핸드레일의 점검사항이 아닌 것은?

① 접촉기와 계전기의 이상 유무를 확인한다.
② 가이드에서 핸드레일의 이탈 가능성을 확인한다.
③ 표면의 균열 및 진동여부를 확인한다.
④ 주행 중 소음 및 진동여부를 확인한다.

★★

15 에스컬레이터 스텝의 구성요소가 아닌 것은?

① 콤
② 크리트
③ 라이저
④ 디딤판

콤(comb)은 승강장의 구성요소이며, 탑승 지점 또는 하차 지점의 승강장 발판과 스텝이 만나는 지점의 장착되어 이물질이 기계실이나 승강로에 침입하지 못하도록 한다.

★

16 다음 중 에스컬레이터 디딤판 체인 및 구동 체인의 안전율로 알맞은 것은?

① 5 이상
② 7 이상
③ 8 이상
④ 10 이상

모든 구동부품의 안전율은 정적 계산으로 **5** 이상이어야 한다.

★★★

17 에스컬레이터의 디딤판과 스커트 가드의 틈새는 승강로의 총길이에 걸쳐서 한쪽이 몇 mm 이하 이어야 하는가?

① 2
② 3
③ 4
④ 7

에스컬레이터 또는 수평보행기의 스커트가 스텝 및 팔레트 또는 벨트 측면에 위치한 곳에서 수평 틈새는 각 측면에서 **4mm** 이하이어야 한다.

★★★

18 에스컬레이터 또는 수평보행기의 스커트가 스텝 및 팔레트 또는 벨트 측면에 위치한 곳에서 수평 틈새는 각 측면에서 몇 mm 이하이어야 하는가?

① 4 mm 이하
② 5 mm 이하
③ 6 mm 이하
④ 7 mm 이하

★★★

19 에스컬레이터의 디딤판과 스커트 가드와의 틈새는 양쪽 모두 합쳐서 최대 얼마이어야 하는가?

① 5 mm 이하
② 7 mm 이하
③ 9 mm 이하
④ 10 mm 이하

에스컬레이터 또는 수평보행기의 스커트가 스텝 및 팔레트 또는 벨트 측면에 위치한 곳에서 수평 틈새는 각 측면에서 **4mm** 이하이어야 하고, 정확히 반대되는 두 지점의 양 측면에서 측정된 틈새의 합은 **7mm** 이하이어야 한다.

★

20 에스컬레이터의 기계실에서 작업할 수 있는 것은?

① 구동체인 안전장치
② 브레이크
③ 스커트가드 안전스위치
④ 스텝체인 장력

에스컬레이터 하부 기계실의 스텝체인 장력장치에서 스텝을 설치한다. [NCS 학습모듈 – 에스컬레이터 설치, 62페이지]

정답 13 ④ 14 ① 15 ① 16 ① 17 ③ 18 ① 19 ② 20 ④

★

21 에스컬레이터의 하중시험을 하고자 할 때 옳은 방법은?

① 적재하중 50%의 하중을 싣고 운행
② 적재하중 100%의 하중을 싣고 운행
③ 적재하중 110%의 하중을 싣고 운행
④ 적재하중을 싣지 않고 운행

> 하중 시험은 적재하중을 싣지 않은 경우에만 검사한다.
> [NCS 학습모듈 – 에스컬레이터 점검 78페이지]

★★★

22 에스컬레이터의 상·하 승강장 및 디딤판에서 점검할 사항이 아닌 것은?

① 이동용 손잡이
② 구동기 브레이크
③ 스커트 가드
④ 안전방책

★★★

23 에스컬레이터의 난간 및 스텝에 대한 점검사항이 아닌 것은?

① 난간조명 또는 발판 조명이 있을 때 조명램프의 점등 상태와 보호 덮개의 파손여부
② 3각부 안전보호판의 취부상태
③ 연동용 체인의 늘어짐 및 마모여부
④ 발판과 스커트 가드 사이의 간격

★★★

24 에스컬레이터의 제어장치에 관한 설명 중 옳지 않은 것은?

① 방화셔터가 핸드레일 반환부의 선단에서 2m 이내에 있는 에스컬레이터는 그 셔터와 연동하여 작동해야 한다.
② 전원의 상이 바뀌면 주행을 멈출 수 있는 장치가 필요하다.
③ 제어반의 각종 단자나 부품의 상태가 양호한지 확인한다.
④ 감속기의 오일 온도가 60℃를 넘을 경우 정지장치가 필요하다.

> 에스컬레이터 승강장 근처에 방화셔터가 있을 경우 핸드레일 반환부의 선단에서 2m 이내에 있으면 에스컬레이터는 셔터의 폐쇄개시와 연동하여 정지하여야 한다.
> 오일 온도가 60℃ 넘는다고 운행 중이던 에스컬레이터를 반드시 정지해서는 안되며, 적정 온도를 유지하기 위해 오일쿨러로 제어하지만, 일시적으로 고온이 되는 것은 무방하다.

★

25 에스컬레이터의 절연저항 및 접지저항에 관한 설명이다. 다음 중 틀린 것은?

① 회로의 사용전압이 400V 이하의 것은 50MΩ 이하
② 회로의 사용전압이 400V를 초과하는 것은 10MΩ 이하
③ 동력회로 및 안전회로의 전도체와 접지 사이 0.5MΩ 이상
④ 제어, 조명 및 신호 등 전도체와 접지 사이 0.25MΩ 이상

> 회로의 사용전압이 400V 이하인 것 : 100MΩ 이하

★★★

26 에스컬레이터의 유지관리에 관한 설명으로 옳은 것은?

① 계단식 체인은 굴곡반경이 적으므로 피로와 마모가 크게 문제시 된다.
② 계단식 체인은 주행속도가 크기 때문에 피로와 마모가 크게 문제시 된다.
③ 구동체인은 속도, 전달동력 등을 고려할 때 마모는 발생하지 않는다.
④ 구동체인은 녹이 슬거나 마모가 발생하기 쉬우므로 주의해야 한다.

★★★

27 다음 중 에스컬레이터를 수리할 때 지켜야 할 사항으로 적당하지 않은 것은?

① 상부 및 하부에 사람이 접근하지 못하도록 단속한다.
② 작업 중 움직일 때는 반드시 상부 및 하부를 확인하고 복창한 후 움직인다.
③ 주행하고자 할 때는 작업자가 안전한 위치에 있는지 확인한다.
④ 동작시간을 게시한 후 시간이 되면 동작시킨다.

★★★

28 에스컬레이터의 상·하 승강장 및 디딤판에서 점검할 사항이 아닌 것은?

① 이동용 손잡이
② 구동기 브레이크
③ 스커트 가드
④ 안전방책

정답 21 ④ 22 ② 23 ③ 24 ④ 25 ① 26 ④ 27 ④ 28 ②

★★★

29 에스컬레이터의 이동용 손잡이에 대한 안전점검 사항이 아닌 것은?

① 균열 및 파손 등의 유무
② 손잡이의 안전마크 유무
③ 디딤판 속도와의 동일 유무
④ 손잡이가 드나드는 구멍의 보호장치 유무

★

30 에스컬레이터에서 동력회로 및 안전회로의 절연저항은 몇 MΩ 이상이어야 하는가?

① 0.25　② 0.5
③ 0.75　④ 1

- 전도체간 사이, 전도체와 대지 사이의 절연저항 : 1,000 [Ω/V] 이상
- 동력회로 및 안전회로의 절연저항 : 0.5 MΩ 이상
- 기타 회로(제어, 조명, 신호 등)의 절연저항 : 0.25 MΩ 이상

★★ [참조]

31 에스컬레이터의 브레이크 장치의 조건에 대한 설명으로 틀린 것은?

① 보조 브레이크는 전자식이어야 한다.
② 주 브레이크는 전압 공급이 중단될 때 자동으로 작동되어야 한다.
③ 균일한 감속 및 정지 상태(제동 운전)를 지속할 수 있어야 한다.
④ 에스컬레이터의 출발 후에는 브레이크 시스템의 개방을 감시하는 장치가 설치되어야 한다.

보조 브레이크는 기계적(마찰) 형식이어야 한다.

★ [참조]

32 최대 경사도 35°의 경사부에서 수평부로 전환되는 상부 천이구간의 곡률반경으로 옳은 것은?

① 0.5 m/s 이하인 경우 : 1.5m 이상
② 0.5 m/s 초과인 경우 : 1.5m 이상
③ 0.5 m/s 이하인 경우 : 1m 이상
④ 0.5 m/s 미만인 경우 : 2m 이상

- 공칭속도 $V \le 0.5$ m/s (최대 경사도 35°) : 1 m 이상
- 0.5 m/s $<$ 공칭속도 $V \le 0.65$ m/s (최대 경사도 30°) : 1.5 m 이상
- 공칭속도 $V > 0.65$ m/s (최대 경사도30°) : 2.6 m 이상

★★★

33 에스컬레이터의 감속기로 최근에 가장 많이 사용되는 기어는?

① 웜기어
② 헬리컬 기어
③ 평기어
④ 랙-피니언 기어

헬리컬 기어는 기어 전달 구조상 웜기어보다 저진동이며, 효율이 좋으며, 소음 또한 줄어들어 많이 사용되고 있다.

★★★

34 에스컬레이터의 구동장치에 관한 설명으로 옳지 않은 것은?

① 스텝 구동장치의 핸드레일 구동장치는 서로 연동되어 같은 속도로 이동해야 한다.
② 스텝체인 안전장치가 설치되어 체인이 끊어지면 전원을 차단해야 한다.
③ 감속기는 효율이 높아 에너지를 절약할 수 있는 웜기어를 사용하며, 헬리컬 기어는 사용하지 않는다.
④ 구동장치에는 브레이크를 설치해야 한다.

감속기에서 헬리컬 기어는 기어의 잇면이 닿는 면적이 높아 정숙하고 전달 효율이 높다.

★★★ [기출 변형]

35 에스컬레이터가 정격하중으로 하강하는 중 브레이크가 작동될 경우 감속도의 기준은?

① 1 m/s² 이하
② 2 m/s² 이하
③ 3 m/s² 이하
④ 10 m/s² 이하

[검사 기준] 에스컬레이터의 제동 능력
운행 방향에서 하강 방향으로 움직이는 에스컬레이터에서 측정된 감속도는 브레이크 시스템이 작동하는 동안 **1 m/s²** 이하이어야 한다.

정답 29 ② 30 ② 31 ① 32 ③ 33 ② 34 ③ 35 ①

★★★

36 에스컬레이터의 구조에 대한 설명으로 틀린 것은?

① 경사도는 30도 이하로 한다.
② 핸드레일의 속도가 디딤바닥과 동일한 속도를 유지하도록 한다.
③ 스텝 양 측면의 합이 10mm 이하이어야 한다.
④ 사람 또는 물건이 시설부분 사이에 끼이거나 부딪치는 일이 없도록 안전한 구조이어야 한다.

스텝 양쪽 측면에서 측정된 틈새의 합이 7mm를 초과하지 않아야 한다. (즉, 7mm 이하이어야 한다.)

★★★

37 에스컬레이터의 구동기 브레이크 작동은 적재하중을 싣지 않고 상승할 때 디딤의 정지거리는 몇 m 정도인가?

① 0.1~0.6m
② 0.6~1.0m
③ 1.0~1.4m
④ 1.5~1.8m

★★

38 에스컬레이터의 스텝체인에 대한 설명 중 옳은 것은?

① 주행속도가 대단히 빠르고 피로파괴의 염려가 매우 많아 매일 점검하여야 한다.
② 굴곡반경이 크므로 마모는 별로 문제가 되지 않는다.
③ 녹이 슬 염려가 별로 없어서 주의가 불필요하다.
④ 모래나 먼지의 침입을 막을 수 있으므로 이에 대해서는 염려하지 않아도 된다.

★★★

39 에스컬레이터의 자체점점기준에서 전기안전장치의 관한 사항이 아닌 것은?

① 손잡이 인입구 끼임 감지의 작동상태
② 의도되지 않은 운행방향 역전 감지의 작동상태
③ 정지스위치 설치상태 및 작동상태
④ 에스컬레이터와 방화셔터의 연동 작동상태

④는 에스컬레이터의 주변장치에 관한 점검이다.

★★★

40 에스컬레이터의 검사기준에 관한 사항으로 옳지 않은 것은?

① 디딤판과 상하 승강장의 물림이 충분하여야 한다.
② 구동기의 브레이크는 정격하중을 싣고 상승할 때 디딤판의 정지거리가 0.1~0.9m 정도이어야 한다.
③ 승강장에 근접하여 설치한 방화샷터가 닫히기 시작하면 에스컬레이터가 운전 불가능으로 되어야 한다.
④ 핸드레일은 하강운전 중 상부의 타는 곳에서 약 15kg의 인력으로 수평으로 당겨도 멈추지 않아야 한다.

★

41 에스컬레이터에서 안전회로는 이상이 없으나 운전스위치를 작동시켜도 운전되지 않았을 때는 어느 부분을 점검하는 것이 가장 타당한가?

① 자동회로
② 정지버튼회로
③ 과부하계전기
④ 핸드레일 구멍의 안전스위치

★

42 발판(STEP)과 스커트가드의 간격은 몇 mm 이내 정도로 하는가 ?

① 0.1~0.5　② 2~5
③ 6~10　④ 11~15

★★★

43 에스컬레이터에서 계단식 체인은 일반적으로 어떻게 구성되어 있는가?

① 좌·우 각 1개씩 있다.
② 좌·우 각 2개씩 있다.
③ 좌측에 1개, 우측에 2개 있다.
④ 좌측에 2개, 우측에 1개 있다.

★★★

44 에스컬레이터 디딤판 체인의 안전율로 알맞은 것은?

① 5 이상
② 7 이상
③ 8 이상
④ 10 이상

정답 36 ③ 37 ① 38 ② 39 ④ 40 ② 41 ① 42 ② 43 ① 44 ①

★★★

45 에스컬레이터에서 핸드레일(hand rail)의 속도는 일반적으로 어떻게 하고 있는가?

① 0.75 m/s로 하고 있다.
② 스텝(step) 속도와 같이 한다.
③ 스텝 속도의 1/3 정도로 한다.
④ 스텝 속도의 2/3 정도로 한다.

★★

46 에스컬레이터의 핸드레일에 관한 설명 중 틀린 것은?

① 핸드레일은 디딤판과 속도가 일치해야 하며 역방향으로 승강하여야 한다.
② 정상운행 중 운행방향의 반대편에서 450 N의 힘으로 당겨도 정지되지 않아야 한다.
③ 뉴얼 안에 들어가는 핸드레일 인입구에는 손가락 및 손의 끼임을 방지하는 가이드가 설치되어야 한다.
④ 핸드레일이 핸드레일의 가이드로부터 이탈되지 않는 방법으로 안내되고 인장되어야 한다.

핸드레일은 디딤판과 속도가 일치해야 하며, 정방향으로 승강하여야 한다.

★

47 에스컬레이터의 디딤판을 제거하고 작업을 할 때 작업자는 디딤판을 제거한 어느 쪽에서 작업을 하는 것이 가장 안전하며 효율적인가?

① 뒤쪽에서
② 옆쪽에서
③ 핸드레일 위에서
④ 앞, 뒤에 걸쳐 서서

★★

48 에스컬레이터의 구동체인이 규정값 이상으로 늘어져 있을 경우에 나타나는 현상은?

① 브레이크가 작동하지 않는다.
② 안전회로가 차단되어 구동되지 않는다.
③ 상승만 가능하다.
④ 하강만 가능하다.

구동체인이 늘어지거나 절단될 경우 구동체인 안전장치에 의해 감지하여 스프라켓의 역회전을 기계적으로 제지하고, 안전스위치에 의해 전동기 전원을 차단시킨다.

★★★

49 에스컬레이터 구동장치 점검사항에 해당되지 않는 것은?

① 구동체인의 이완 여부
② 브레이크 작동 상태
③ 스텝과 핸드레일 속도 차이
④ 각부의 볼트 및 너트의 풀림 상태

스텝과 핸드레일 속도차이는 핸드레일의 점검사항이다.

★★

50 에스컬레이터 브레이크 시스템의 점검사항이 아닌 것은?

① 라이닝의 마모상태
② 솔레노이드 및 감지스위치 확인
③ 비상정지스위치 작동여부
④ 오일 오염 여부

브레이크 시스템과 비상정지스위치와는 무관하다.

정답 45 ② 46 ① 47 ① 48 ② 49 ③ 50 ③

03 에스컬레이터의 안전장치

★★

1 에스컬레이터의 안전장치가 아닌 것은?

① 스텝체인 안전장치
② 플런저 이탈 방지장치
③ 핸드레일 안전장치
④ 역회전 방지장치

에스컬레이터 안전장치
역회전 방지장치(구동체인 안전장치, 브레이크, 조속기), 스텝체인 안전스위치, 핸드레일 안전장치, 인레트 스위치, 스커트가드 스위치, 스커트 디플렉터, 비상정지 스위치, 구동체인 절단 검출 스위치, 자동운전장치, 경보 운전 정지스위치, 콤 플레이트 안전장치, 방화셔터 운전 안전장치, 삼각부 안내판, 이상속도 안전장치 등
※ 플런저 이탈 방지장치 : 유압식 엘리베이터의 안전장치

★★★

2 에스컬레이터의 안전장치에 해당되지 않는 스위치는?

① 인렛트 스위치(inlet switch)
② 비상 정지 스위치(emergency switch)
③ 업다운 키 스위치(up down key switch)
④ 스커트가드 안전스위치(skirt guard safety switch)

- 핸드레일 인입구(인렛트) 스위치 : 핸드레일 인입구에 이물질이 끼이는 경우에 이를 감지하여 에스컬레이터를 정지
- 비상 스위치 : 사고 발생 시 신속한 정지를 위해 승강구 상·하부에 설치
- 스커트가드 안전스위치 : 스커트가드와 스텝 측면의 틈새에 이물질이 낄 때 이를 감지하여 정지

※ 업다운 키 스위치 : 카 내의 조작반에 위치한 승강 조작 스위치

★

3 에스컬레이터 안전장치 스위치의 종류에 해당하지 않는 것은?

① 비상정지 스위치
② 게이트 스위치
③ 구동체인 절단 검출 스위치
④ 스커트 가드 스위치

★★★

4 에스컬레이터의 안전장치가 아닌 것은?

① 핸드레일 안전장치 ② 구동체인 안전장치
③ 카 도어 안전장치 ④ 스커트가드 안전장치

카 도어 안전장치는 엘리베이터의 안전장치이다.

★★★

5 에스컬레이터의 안전장치가 아닌 것은?

① 구동체인 안전장치
② 스텝체인 안전장치
③ 스커트가드 안전장치
④ 피트 정지 안전장치

피트 정지 안전장치는 엘리베이터의 안전장치이다.

★★★

6 에스컬레이터의 안전장치가 아닌 것은?

① 역회전 방지장치
② 스텝체인 안전장치
③ 역류 제지장치
④ 핸드레일 안전장치

역류 제지장치(체크밸브)는 유압식 엘리베이터의 안전장치이다.

★★★

7 에스컬레이터의 안전장치에 해당하지 않는 것은?

① 스텝 체인 안전 스위치(step chain safety switch)
② 스프링(spring) 완충기
③ 인레트 스위치(inlet switch)
④ 스커트가드(skirt guard) 안전장치

★★★

8 에스컬레이터의 스커트 가드판과 스텝 사이에 인체의 일부나 옷, 신발 등이 끼었을 때 동작하여 에스컬레이터를 정지시키는 안전장치는?

① 스텝체인 안전장치
② 스커트가드 안전장치
③ 구동체인 안전장치
④ 핸드레일 안전장치

스커트가드 안전장치는 스커트가드 패널에 일정 이상의 힘(20~25kg)이 가해지면 안전장치가 작동하여 에스컬레이터의 운행을 정지시킨다.

정답 3 1② 2③ 3② 4③ 5④ 6③ 7② 8②

★★★

9 에스컬레이터의 역회전 방지장치가 아닌 것은?

① 구동체인 안전장치 ② 브레이크
③ 조속기 ④ 스커트가드

역회전 방지장치
- 구동체인 안전장치 : 구동체인이 끊어지거나 구동기의 기어가 파손되는 경우, 초기 설정된 운행방향으로부터 스텝(또는 벨트)의 방향이 변경될 때 이를 감지하여 모터를 정지시킨다.
- 브레이크 : 전원이 끊기는 동시에 전동기 축을 제동하는 전자브레이크이다.
- 조속기 : 전동기 토크부족 등에 의해 상승운전 중에 하강(역회전)을 방지하기 위해 전원을 차단하고 전동기를 정지시킨다.

★★★

10 에스컬레이터가 상승 도중 갑자기 역전하여 하강하였을 경우의 원인으로 볼 수 없는 것은?

① 구동체인 안전스위치의 고장
② 브레이크의 고장
③ 스커트 가드 안전스위치의 고장
④ 스텝체인 안전스위치의 고장

참고) ④ 스텝체인 안전스위치 : 구동체인 안전스위치와 마찬가지로 스텝체인이 절단되거나 느슨해졌을 때 동력을 차단시킨다.

★★★

11 에스컬레이터에 전원에 일부가 결상되거나 전동기의 토크가 부족하였을 때 상승운전 중 하강을 방지하기 위한 안전장치는?

① 조속기
② 스커트가드 스위치
③ 구동체인 안전장치
④ 핸드레일 인입구 안전장치

승객이 너무 많이 탔거나(과부하), 혹은 전원이 결상되었을 경우에 모터 토크가 부족하여 상승 운전 중에 하강하거나 하강 운전의 속도가 상승하는 일도 없지 않으므로 이에 대비하여 조속기를 모터 축에 연결하여, 조속기가 작동하면 전원을 차단시키고 기계 브레이크를 작동시킨다.

★★★

12 에스컬레이터의 안전장치에 관한 설명으로 틀린 것은?

① 승강장에서 디딤판의 승강을 정지시키는 것이 가능한 장치이다.
② 사람이나 물건이 핸드레일 인입구에 꼈을 때 디딤판의 승강을 자동적으로 정지시키는 장치이다.
③ 상하 승강장에서 디딤판과 콤플레이트 사이에 사람이나 물건이 끼이지 않도록 하는 장치이다.
④ 디딤판체인이 절단 되었을 때 디딤판의 승강을 수동으로 정지시키는 장치이다.

디딤판체인 절단 시 역주행을 방지하기 위해 자동으로 정지시킨다.

★★

13 에스컬레이터의 비상정지 버튼스위치의 설치 장소로 옳은 것은?

① 승강장 상부에만 설치한다.
② 승강장 하부에만 설치한다.
③ 승강장 상·하부 모두에 설치한다.
④ 기계실에 설치한다.

만일 사고가 일어나면 신속히 정지시켜야 하므로 승강장 상·하부에 비상정지 스위치를 설치하고 있다.

★★★

14 에스컬레이터에 바르게 타도록 디딤판 위의 황색 또는 적색으로 표시한 안전마크는?

① 스텝체인
② 테크보드
③ 데마케이션
④ 스커트 가드

데마케이션(demarcation) : '경계'를 의미하며, 사고방지를 위해 노란선으로 표시한 선을 말한다.
※ 난간 상부에는 데크보드, 난간 하부에는 스커트 가드가 있다.

★★★

15 에스컬레이터의 핸드레일에 관한 설명 중 틀린 것은?

① 핸드레일은 스텝과 속도가 일치해야 하며 역방향으로 승강하여야 한다.
② 핸드레일의 늘어남을 방지하기 위하여 와이어를 삽입하여 사용하기도 한다.
③ 핸드레일 인입구에 적절한 보호장치가 설치되어 있어야 한다.
④ 핸드레일 인입구에 이물질 및 어린이의 손이 끼이지 않도록 안전스위치가 있어야 한다.

핸드레일은 디딤판과 속도와 작동 방향이 같아야 한다.

정답 9 ④ 10 ③ 11 ① 12 ④ 13 ③ 14 ③ 15 ①

★★★

16 에스컬레이터와 층 바닥이 교차하는 곳에 손이나 머리가 끼거나 충돌하는 것을 방지하기 위한 안전장치는?

① 셔터운동 안전장치
② 스커트가드 안전장치
③ 스텝체인 안전장치
④ 삼각부 보호판

★★

17 에스컬레이터와 윗층 바닥과의 교차하는 협각에 설치하는 안전물은?

① 셔터연동장치
② 삼각부 안내판
③ 핸드레일 안전장치
④ 비상정지스위치

★

18 에스컬레이터 난간부와 교차하는 건축물 천장부 또는 측면부 등과의 사이에 생기는 3각부에 사람의 머리 등 신체의 일부가 끼이는 것을 방지하기 위하여 그림과 같이 3각부가 형성되지 않도록 3각부의 틈새를 막는 등의 조치를 하여야 한다. 그림 중에서 A의 길이는?

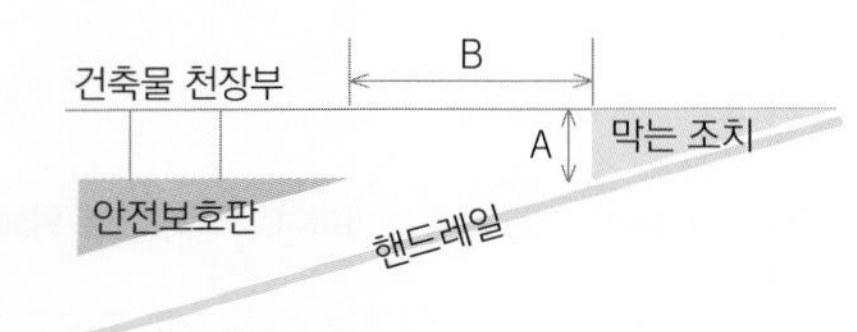

① 20cm 초과　　② 25cm 초과
③ 30cm 초과　　④ 35cm 초과

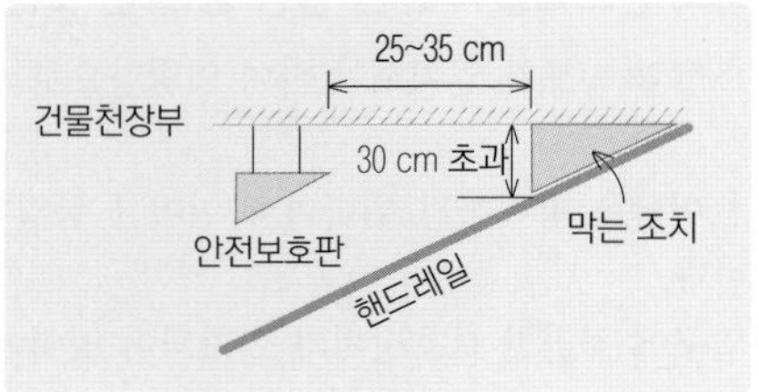

★★★

19 에스컬레이터의 구조로서 적당하지 않은 것은?

① 사람이 3각부에 충돌하는 것을 경고하기 위하여 안전보호판을 부착한다.
② 경사도는 일반적인 경우 35°를 초과하지 않아야 한다.
③ 스텝은 핸드레일의 속도에 반비례하도록 한다.
④ 스텝의 폭은 0.58m 이상, 1.1m 이하이어야 한다.

스텝은 핸드레일의 속도와 동일해야 한다.

★★★

20 핸드레일이 난간 하부로 들어가는 곳에 물체가 끼인 경우에 에스컬레이터를 정지할 목적으로 핸드레일 인입구에 설치하는 안전장치는?

① 인렛트 스위치
② 스커트가드 안전스위치
③ 구동체인 안전장치
④ 스탭 이상 검출장치

★★★

21 에스컬레이터의 안전장치 중 터미널부와 바닥사이에 물체가 끼인 경우에 에스컬레이터를 정지할 목적으로 핸드레일 마지막 노출부위에 설치한 안전장치는?

① 인렛트 스위치
② 전자제동기
③ 과전류차단기
④ 스탭 이상 검출장치

★★★

22 핸드레일 인입구에 손이나 이물질이 끼었을 때 즉시 작동하여 에스컬레이터를 정지시키는 장치는?

① 핸드레인 스위치
② 구동체인 안전장치
③ 조속기
④ 핸드레일 인입구 안전장치

★★★

23 다음 중 에스컬레이터의 디딤판의 승강을 자동으로 정지시키는 장치가 작동하지 않는 경우는?

① 디딤판 체인이 절단되었을 때
② 승강장 근처에 설치한 방화셔터가 닫히기 시작할 때
③ 3각부 안전보호판에 이물질이 접촉되었을 때
④ 디딤판과 콤이 맞물리는 지점에 물체가 끼였을 때

① 디딤판 체인 안전장치
② 방화셔터 연동 안전장치(셔터 리미터 스위치)
④ 콤플레이트 스위치

정답 16 ④　17 ②　18 ③　19 ③　20 ①　21 ①　22 ④　23 ③

★

24 다음 중 에스컬레이터의 안전장치가 아닌 것은?

① 디딤판 체인이 절단되었을 때 작동하는 장치
② 디딤판과 콤(Comb)이 맞물리는 지점에 물체가 끼었을 때 작동하는 장치
③ 디딤판에 정격하중의 110%의 하중을 실었을 때 작동하는 장치
④ 승강장에 근접하여 설치한 방화셔터 등이 닫히기 시작할 때 작동하는 장치

> ① 스텝체인 안전장치
> ② 콤 스위치
> ④ 방화셔터 운전 안전장치

★★

25 에스컬레이터의 비상정지스위치의 설치 위치를 바르게 설명한 것은?

① 디딤판과 콤(comb)이 맞물리는 지점에 설치한다.
② 리미트 스위치에 설치한다.
③ 상·하부 승강구 입구에 설치한다.
④ 승강로의 중간부에 설치한다.

> 비상정지스위치는 승강구 상·하 입구에 설치한다.

★★★

26 다음 중 에스컬레이터 및 수평보행기의 비상정지스위치에 관한 설명으로 옳지 않은 것은?

① 상하 승강장의 잘 보이는 곳에 설치한다.
② 색상은 적색으로 하여야 한다.
③ 장난 등에 의한 오조작 방지를 위하여 잠금장치를 설치하여야 한다.
④ 버튼 또는 버튼 부근에는 "정지" 표시를 하여야 한다.

> 장난 등에 의한 오조작 방지를 위해 덮개를 설치하지만 잠금장치를 설치해서는 안된다.

★★★

27 에스컬레이터의 안전장치에 관한 설명으로 옳지 않은 것은?

① 승강장에서 디딤판의 승강을 정지시키는 것이 가능한 장치이다.
② 사람이나 물건이 핸드레일 인입구에 끼였을 때 디딤판의 승강을 자동적으로 정지시키는 장치이다.
③ 상하 승강장에서 디딤판과 콤플레이트 사이에 사람이나 물건이 끼이지 않도록 하는 장치이다.
④ 디딤판체인이 절단 되었을 때 디딤판의 승강을 수동으로 정지시키는 장치이다.

> 스텝체인 안전장치 : 스텝체인이 절단되거나 심하게 늘어날 경우 인장장치의 후방 움직임을 감지하여 구동모터의 자동으로 전원을 차단하고 브레이크를 작동시킨다.

★★★

28 다음 중 에스컬레이터에 설치하여야 하는 안전장치가 아닌 것은?

① 승강장에서 디딤판의 승강을 정지키시는 것이 가능한 장치
② 적재하중을 초과하면 경보를 울리고 승강을 자동적으로 정지시키는 장치
③ 동력이 차단되었을 때 관성에 의한 전동기의 회전을 자동적으로 제지하는 장치
④ 디딤판과 콤(Comb)이 맞물리는 지점에 물체가 끼였을 때 디딤판의 승강을 자동적으로 정지시키는 장치

★★★

29 에스컬레이터에서 사람이 탑승하여 운행하던 중 구동체인이 절단되었을 때 작동되는 장치가 아닌 것은?

① 브레이크 래치
② 전자브레이크
③ 구동체인 안전장치
④ 하부 안전스위치

> 구동체인 안전장치는 구동체인이 과다하게 늘어나거나 절단될 경우 전동기를 정지시킴과 동시에 브레이크 래칫(기계적인 제동으로 스텝이 하강하는 것을 방지)이 작동하여 에스컬레이터를 안전하게 정지시켜 사고를 예방한다.
> 전자브레이크는 급정지 시 승객이 넘어지는 사고를 방지하기 위해 정지거리 및 시간 간격, 작동상태를 제어한다.

정답 24 ③ 25 ③ 26 ③ 27 ④ 28 ② 29 ④

04 수평보행기(무빙워크)

★★★

1 수평보행기의 구조물이 아닌 것은?

① 내측판
② 스탭
③ 균형추
④ 핸드레일

★★★

2 무빙워크의 공칭속도는 몇 m/s 이하이어야 하는가?

① 0.5 ② 0.75
③ 1 ④ 0.9

- 무빙워크의 공칭속도 : **0.75 m/s** 이하
- 팔레트 또는 벨트의 폭이 1.1 m 이하이고, 승강장에서 팔레트 또는 벨트가 콤에 들어가기 전 1.6 m 이상의 수평주행구간이 있는 경우 공칭속도는 0.9 m/s까지 허용된다.

★★★

3 수평보행기의 경사도는 몇 도 이하로 하여야 하는가?

① 12 ② 18
③ 25 ④ 30

수평보행기의 경사도는 **12°** 이하이어야 한다.

★★★

4 벨트식 무빙워크의 경우, 경사부에서 수평부로 전환되는 천이구간의 곡률반경은 최대 몇 m 이상으로 하여야 하는가? (단, 팔레트(디딤판)식이 아닌 경우이다.)

① 0.1 ② 0.2
③ 0.3 ④ 0.4

[에스컬레이터 및 무빙워크 안전기준]
벨트식 무빙워크의 천이구간에서의 곡률반경 : **0.4m** 이상
※ 천이구간 : 경사주행구간에서 수평주행구간으로 바뀌는 구간으로 디딤판과 디딤판의 경계부분을 말한다.

★

5 수평보행기에 대한 설명으로 틀린 것은?

① 경사도는 일반적으로 12° 이하로 하여야 한다.
② 콤을 벗어나는 팔레트의 전면 끝부분 및 콤에 들어가는 팔레트의 후면 끝부분은 각도의 변화 없이 0.4 m 이상이어야 한다.
③ 벨트식 수평보행기의 경우, 경사부에서 수평부로 전환되는 천이구간의 곡률반경은 1 m 이상이어야 한다.
④ 운행방향에서 하강방향으로 움직이거나 또는 수평으로 움직이는 수평보행기에서 측정된 감속도는 브레이크 시스템이 작동하는 동안 1 m/s^2 이하이어야 한다.

벨트식 수평보행기의 경우, 경사부에서 수평부로 전환되는 천이구간의 곡률반경은 **0.4m** 이상이어야 한다.

★★★

6 평면의 디딤판을 동력으로 오르게 한 것으로, 경사도가 12° 이하로 설치된 것은?

① 에스컬레이터
② 덤웨이터(소형화물 엘리베이터)
③ 경사형 리프트
④ 수평보행기(무빙워크)

- 에스컬레이터의 경사도 : 30° 초과하지 않도록 (높이가 6m 이하이고 공칭속도가 0.5 m/s 이하인 경우에는 경사도를 35°까지 증가)
- 수평보행기의 경사도 : **12°** 이하

★★

7 수평보행기의 구배가 일정 각도 이상이면 속도를 제한하고 있다. 그 이유로 옳은 것은?

① 전동기의 부담을 줄이기 위하여
② 승객의 안전을 확보하기 위하여
③ 소비 전력을 낮추기 위하여
④ 트러스 외 안전율을 확보하기 위하여

★★

8 수평보행기(무빙워크)의 안전장치에 해당되지 않는 것은?

① 스텝체인 안전스위치
② 스커트 가드 안전스위치
③ 비상정지스위치
④ 핸드레일 인입구 안전스위치

정답 4 1③ 2② 3① 4④ 5③ 6④ 7② 8②

ELEVATOR's SAFETY n INSPECTION STANDARD

CHAPTER 02

승강기 안전관리 및 자체점검기준

□ 승강기 안전기준 □ 재해와 안전 □ 승강기 자체점검기준

SECTION

01 승강기 안전기준

Craftsman Elevator

[예상문항수 : 0~1문제] 이 섹션에서는 승강기 관리주체의 의무, 안전관리자의 직무범위를 구분하며 승객이 갇힌 경우의 대응 요령 등도 간과하지 말고 학습합니다.

01 승강기 안전관리 일반

1 목적

승강기의 제조·수입 및 설치에 관한 사항과 승강기의 안전인증 및 안전관리에 관한 사항 등을 규정함으로써 승강기의 안전성을 확보하고, 승강기 이용자 등의 생명·신체 및 재산을 보호함을 목적으로 한다.

▶ 산업안전관리란 산업재해를 예방하기 위한 기술적, 교육적, 관리적 원인을 파악하고 예방하는 수단과 방법이다.

승강기 유지관리자

- 관리주체 — 승강기에 대한 관리책임이 있는 자
- 운행관리자 — 관리주체로부터 선임되어 직접 승강기 운행 업무를 관리하는 자
- 유지보수자 — 안전 장치의 이상유무와 기능 및 성능저하 방지

※ 운전자 : 관리주체로부터 선임되어 직접 승강기를 운전하는 자
※ 이용자 : 승강기를 탑승하여 이용하는 자

2 유지관리

설치검사를 받은 승강기가 그 설계에 따른 기능 및 안전성을 유지할 수 있도록 하는 안전관리 활동을 말한다.

① 주기적인 점검
② 승강기 또는 승강기부품의 수리
③ 승강기부품의 교체
④ 그 밖에 행정안전부장관이 승강기의 기능 및 안전성의 유지를 위하여 필요하다고 인정하여 고시하는 안전관리 활동

3 승강기 관리주체(소유자)의 의무

① 승강기 안전관리자의 선임의무 : 안전관리자를 선임하거나 관리주체가 승강기를 관리할 것
→ 다만, 승강기 관리주체가 직접 승강기를 관리하는 경우에는 안전관리자를 임명하지 않아도 됨
→ 선임·변경 시 3개월 이내에 행정안전부장관에게 그 사실을 통보

② 승강기 안전관리자를 지도·감독
③ 승강기 안전관리자 선임 후 3개월 이내 승강기관리교육을 받게 할 것 (또는 관리주체가 교육을 받을 것)
④ 자체점검 결과 승강기 결함 발견 시 즉시 보수하여야 하며, 보수가 끝날 때까지 해당 승강기의 운행을 중지하여야 한다.
⑤ 관리주체(소유자)의 의무
⑥ 승강기 정기검사 : 년 1회
⑦ 자체점검 : 월 1회 이상 실시
→ 참고 : 승강기 관리주체는 해당 승강기에 대해 유자격자가 자체점검을 실시하고 그 점검 기록을 작성하여 2년간 보존해야 함

▶ 승강기 관리주체란
① 승강기 소유자
② 다른 법령에 따라 승강기 관리자로 규정된 자
③ ① 또는 ②에 해당하는 자와의 계약에 따라 승강기를 안전하게 관리할 책임과 권한을 부여받은 자 (승강기 안전관리자를 의미함)

▶ 관리주체의 유지관리 사항
- 자체점검
- 승강기 또는 승강기부품의 수리
- 승강기 부품의 교체
- 승강기에 갇힌 이용자의 신속한 구출을 위한 활동
- 청소 등 승강기의 청결상태 유지
- 승강기 안전검사의 입회 및 보조 활동
- 유지관리업체 선정

4 승강기 안전관리자의 직무범위

① 승강기 운행 및 관리에 관한 **규정 작성**
② 승강기 사고 또는 고장 발생에 대비한 **비상연락망**의 작성 및 관리
③ 유지관리업자로 하여금 자체점검을 대행하게 한 경우 **유지관리업자에 대한 관리·감독**

④ 중대한 사고 또는 중대한 고장의 통보
⑤ 승강기 내에 갇힌 이용자의 신속한 구출을 위한 승강기 조작 피난용 엘리베이터의 운행
⑥ 승강기 내에 갇힌 이용자의 신속한 구출을 위한 승강기의 조작에 관한 사항
⑦ 피난용 엘리베이터의 운행
⑧ 그 밖에 승강기 관리에 필요한 사항으로서 행정안전부장관이 정하여 고시하는 업무

▶ 승강기 안전관리자의 일상점검 사항
- 기계실 출입문의 잠금 상태
- 기계실 온도 및 환기장치의 작동상태
- 엘리베이터·휠체어리프트 호출버튼 및 등록버튼의 작동상태
- 표준 부착물의 부착상태
- 엘리베이터 비상통화장치의 작동상태
- 기계실 출입문 및 승강장문 등 비상열쇠의 관리상태
- 그 밖에 관리주체가 승강기 안전운행에 필요하다고 정하는 사항

※ 승강기의 안전운행에 지장이 있다고 판단하는 경우에는 즉시 해당 승강기의 운행을 중지시키고 관리주체에게 보고할 것

▶ 주요변경 또는 사고 후의 검사 및 시험 항목

변경사항	• 정격속도 • 정격하중	• 카 자중 • 행정거리
변경사항 및 교체사항	• 도어잠금장치 • 가이드레일 • 권상기 • 완충기	• 도어 • 제어시스템 • 비상정지장치 • 조속기

02 승강기 검사

1 근거법령

『승강기 안전관리법』 제28조에 따라 승강기의 제조·수입업자는 설치를 끝낸 승강기에 대하여 설치검사를 받아야 하고, 같은 법 제32조에 따라 관리주체는 안전검사(정기·수시·정밀안전 검사)를 받아야 한다.

2 검사의 종류

설치검사 (15일 이내)	• 승강기 설치 이후 실시하는 검사
정기검사	• 설치검사 후 정기적으로 하는 검사 • 검사주기 : 2년 이하
수시검사	• 승강기의 종류, 제어방식, 정격속도, 정격용량 또는 왕복운행거리를 변경한 경우 • 승강기의 제어반 또는 구동기를 교체한 경우 • 승강기 사고 발생 후 수리한 경우 • 관리주체가 요청하는 경우
정밀안전검사	• 정기검사 또는 수시검사 결과 결함원인이 불명확하여 사고예방과 안전성 확보를 위하여 정밀안전검사가 필요하다고 인정된 경우 • 승강기 결함으로 중대한 사고 또는 중대한 고장이 발생한 경우 • 설치검사를 받은 날부터 15년이 지난 경우 - 정밀안전검사를 받고 그 후 3년마다 정기적으로 정밀안전검사를 받아야 한다. • 기타 승강기 성능 저하로 안전을 위협할 우려가 있는 경우

03 승강기 이용자의 준수사항 (주요 부분)

1 엘리베이터

① 검사에 불합격 하였거나 운행이 정지된 엘리베이터의 경우에는 임의로 이용하지 않아야 한다.
② 화물용 엘리베이터의 경우에는 화물 취급자 또는 조작자 한 명만 탑승해야 한다.
③ 소형화물용 엘리베이터의 경우에는 탑승하지 않아야 한다.

2 에스컬레이터 또는 무빙워크

① 디딤판의 노란 안전선 안에 탑승하여 에스컬레이터 또는 무빙워크를 이용해야 한다.
② 화물을 디딤판 위에 올려놓지 말아야 한다(단, 수평보행기 제외).
③ 에스컬레이터 또는 경사형 무빙워크를 이용할 때에는 손잡이를 잡고 이용해야 한다.
④ 쇼핑카트를 가지고 무빙워크를 이용하는 경우에는 출구에서 힘껏 쇼핑카트를 밀어주어야 한다.
⑤ 유모차 등은 접어서 지니고 타야 하며, 수레 등은 싣지 말아야 한다. 다만, 에스컬레이터에 탑재 가능하도록 특수한 구조로 안전하게 설치된 경우에는 그러하지 아니한다(단, 수평보행기 제외).

3 휠체어리프트 이용자

① **경사형 휠체어리프트의 경우에는 임의로 조작하지 않아야 하며, 승강기 안전관리자 등 관리자의 도움을 받아 이용해야 한다.**
② 전동 스쿠터 또는 전동 휠체어에 탑승한 이용자가 휠체어리프트에 탑승하면 전동 스쿠터 또는 전동 휠체어의 시동을 꺼야 한다.
③ 정전이나 고장 등으로 휠체어리프트가 움직이지 않는 경우에는 비상경보장치나 비상통화장치 등으로 구조 요청을 한 후 침착하게 기다려야 하며, 임의로 탈출을 시도하지 않아야 한다.

4 운전자의 준수사항

① 질병, 피로 등을 느꼈을 때는 운행관리자 또는 관리주체에게 그 사유를 보고하고 운전에 관계하지 않아야 한다.
② 술에 취한 채 또는 흡연하면서 운전하지 말아야 한다.
③ 정원 또는 적재하중을 초과하지 말아야 한다.
④ 운전 중 고장사고가 발생했을 때 또는 우려가 있다고 판단될 때에는 즉시 운전을 중지하고 운행관리자 또는 관리주체에게 보고한 후 그 지시에 따라야 한다.
⑤ 운전 종료시는 정해진 층에 카를 정지시켜 정지 스위치를 내리고, 출입문을 잠근 다음 운행관리자 또는 관리주체에게 보고하여야 한다.

04 승객이 갇힌 경우의 대응요령

① 엘리베이터 내 인터폰을 통하여 갇힌 승객을 안심시킨다.
② 구출할 때까지 문을 열거나 탈출을 시도하지 말 것을 당부한다.
③ 엘리베이터의 위치를 확인한다. - 감시반 및 승장의 위치표시기
④ 컴퓨터 제어방식인 경우 엘리베이터 주전원을 껐다가 다시 켜서 CPU를 RESET시킨다.
⑤ 전원을 차단한다.
⑥ 카가 있는 층에서 승장 도어키를 이용하여 카의 유무를 확인한다.
⑦ 카 도어가 열려있지 않으면 카도어를 손으로 연다.
⑧ 카의 하부에 빈 공간이 있는 경우에는 구출시 승객이 승강로로 추락할 염려가 있으므로 반드시 승객의 손을 잡고 구출해야 한다.

→ 구출작업 시 시스템 불안전 상태의 엘리베이터도어가 열려 있음에도 불구하고 움직이는 경우가 있어 사고의 위험이 있으므로 반드시 전원을 차단한 상태에서 구출작업을 해야 한다.

▶ 층간에 걸려서 구출하기 어려운 경우
- 카가 정지할 수 있는 가장 가까운 승강장에 위치하도록 권상기를 수동으로 조작한다.
  → 이 작업은 반드시 2명 이상의 훈련된 인원이 실시해야 한다.
- 엘리베이터의 착상위치는 메인로프 또는 조속기 로프에 표시가 되어 있으므로 그 위치에서 정지시킨다.
- 해당 승강장에 있는 구조자가 승객을 안전하게 구출한다.
  → 수동핸들을 사용하여 카를 움직이는 것은 사고의 위험이 있으므로 가능한 한 보수업체가 도착하기를 기다리는 것이 바람직하다.

05 승강기의 운행 및 사고 조사

1 장애인용 승강기의 운행

관리주체 또는 승강기 안전관리자는 장애인용 승강기를 이용하려는 사람으로부터 운행 요청을 받은 경우에는 소속 직원 등으로 하여금 승강기를 조작하게 하여 안전하게 이동할 수 있도록 조치하여야 한다. → 장애인 스스로 조작하지 말 것

2 사고 보고

관리주체(유지관리업자 포함)는 승강기 사고 또는 고장이 발생한 경우 '한국승강기안전공단'에 통보할 것

1. 사람이 죽거나 다치는 등 대통령령으로 정하는 중대한 사고
2. 출입문이 열린 상태에서 승강기가 운행되는 경우 등 대통령령으로 정하는 중대한 고장

기출문제

★ 숫자는 빈출 정도 및 중요도를 나타냅니다.

★
1 승강기 운행관리자의 직무가 아닌 것은?

① 고장 및 수리에 관한 기록 유지
② 사고발생에 대비한 비상연락망의 작성 및 관리
③ 사고 시의 사고 보고
④ 고장 시의 긴급 수리

운행관리자의 임무
승강기시설 안전관리법 규정에 의하여 관리주체로부터 선임되어 다음과 같은 승강기 일상관리 업무를 수행해야 한다.
- 운행관리규정의 작성 및 유지관리
- 고장·수리 등에 관한 기록 유지
- 사고발생에 대비한 비상연락망의 작성 및 관리
- 인명사고시 긴급조치를 위한 구급체계 구성 및 관리
- 승강기 사고시 사고보고
- 승강기 표준부착물 관리

★
2 안전관리자의 직무사항이 아닌 것은?

① 안전작업 교육 계획의 수립 및 실시
② 근로환경보건에 관한 조사
③ 재해 원인의 조사와 대책 수립
④ 작업의 안전에 관한 교육 및 훈련

안전관리자의 직무 범위
- 안전교육계획의 수립 및 실시
- 사업장 순회 점검·지도 및 조치의 건의
- 산업재해 발생의 원인 조사 및 재발 방지를 위한 기술적 지도·조언
- 자율안전 확인대상 기계·기구 등 구입 시 적격품의 선정

★★
3 다음 중 안전점검의 종류가 아닌 것은?

① 순회 점검 ② 정기 점검
③ 특별 점검 ④ 일상 점검

안전 점검의 종류
- 정기 점검 : 일정한 시일을 정하여 실시하는 점검(예 주간·월간 점검)
- 일상 점검 : 수시 점검으로 작업 전, 작업 중, 작업 후 점검
- 특별 점검 : 설비의 변경 또는 고장 수리 시

★★
4 어떤 기간을 두고 행하는 안전 점검의 종류는?

① 임시 점검 ② 정기 점검
③ 특별 점검 ④ 일상 점검

★
5 다음 중 정기점검에 해당되는 점검은?

① 일상점검 ② 월간점검
③ 수시점검 ④ 특별점검

★★★
6 승강기 관리주체가 행하여야 할 사항으로 틀린 것은?

① 승강기를 안전하게 유지관리를 하여야 한다.
② 안전관리자를 선임하여야 한다.
③ 승강기 검사를 받아야 한다.
④ 안전관리자가 선임되면 관리주체는 별도의 관리를 할 필요가 없다.

- 승강기 관리주체는 승강기의 기능 및 안전성이 지속적으로 유지되도록 법에 정하는 바에 따라 해당 승강기를 안전하게 유지관리하여야 한다.
- 승강기 관리주체는 승강기의 안전관리자가 안전하게 승강기를 관리하도록 지휘 · 감독하여야 한다.

★
7 승강기 운전자가 준수하여야 할 사항으로 옳지 않은 것은?

① 술에 취한 채 또는 흡연하면서 운전하지 말아야 한다.
② 정원 또는 적재하중을 초과하여 태우지 말아야 한다.
③ 질병, 피로 등을 느꼈을 때는 즉시 약을 복용하고 근무한다.
④ 운전 중 사고가 발생한 때에는 즉시 운전을 중지하고 관리주체에 보고한다.

★
8 에스컬레이터 이용자의 준수사항과 관련이 없는 것은?

① 옷이나 물건 등이 틈새에 끼이지 않도록 주의하여야 한다.
② 화물은 디딤판 위에 반드시 올려놓고 타야 한다.
③ 디딤판 가장자리에 표시된 황색 안전선 밖으로 발이 벗어나지 않도록 하여야 한다.
④ 핸드레일을 잡고 있어야 한다.

화물을 디딤판 위에 올려놓지 말아야 한다.

★★
9 재해 발생 시 사고조사의 목적으로 가장 중요한 것은?

① 기계적, 전기적 결함을 찾아 제작자의 책임 부여
② 사고자 책임 여부를 확인하기 위해
③ 관리자와 운행자의 업무 수행자 책임
④ 사고원인을 규정하여 유사 재해 대책 수립

정답 1 ④ 2 ② 3 ① 4 ② 5 ② 6 ④ 7 ③ 8 ② 9 ④

SECTION

02

Craftsman Elevator

재해와 안전

[예상문항수 : 2~3문제] 이 섹션에서는 재해발생의 형태, 직·간접적 원인, 하인리히의 5요소, 일상점검/정기점검/특별점검/임시점검 구분 등 전반적으로 숙지하기 바랍니다.

01 이상상태의 제현상

1 산업재해의 정의

노무 제공자가 업무에 관계되는 건설물·설비·원재료·가스·증기·분진 등에 의하거나 작업 또는 그 밖의 업무로 인하여 사망 또는 부상하거나 질병에 걸리는 것을 말한다.

▶ **산업안전관리** : 산업재해를 예방하기 위한 기술적·교육적·관리적 원인을 파악하고 예방하는 수단과 방법이다.

2 재해조사 목적

동종재해를 두 번 다시 반복하지 않도록 재해의 원인이 되었던 **불안전한 상태와 불안전한 행동**을 발견하고, 이것을 다시 분석·검토해서 적절한 예방대책을 수립하기 위하여 한다.

3 재해발생 형태

① 충돌 : 사람이 정지된 물체에 부딪친 경우
② **협착**(끼임) : 중량물을 들어 올리거나 내릴 때 손이나 발이 중량물과 지면 등에 끼어 발생하는 재해
③ 전도 : 근로자가 작업 중 **미끄러지거나 넘어져서** 발생하는 재해
④ 추락 : 근로자가 높은 곳에서 떨어져 발생하는 재해
⑤ **낙하·비래** : 물건이 주체가 되어 사람이 맞은 경우
⑥ **감전** : 전기 접촉이나 방전에 의해 사람이 충격을 받는 경우

4 작업시작 전 안전점검

① 인적인 면 – 건강상태, 기능상태, 안전교육 등
② 물적인 면 – 기계기구설비, 공구, 보호장비, 전기시설 등
③ 관리적인 면 – 작업내용, 작업순서, 긴급시 조치, 작업방법, 안전수칙 등
④ 환경적인 면 – 작업 장소, 조명, 온도, 분진 등

02 재해의 원인 필수암기

1 직접적 원인

불안전한 행동 (약 88%)	• **재해의 인적 원인** • 재해 발생 원인으로 가장 높은 비율을 차지 • 안전조치의 불이행 • 안전장치의 무효화(기능 제거) • 위험한 상태의 조장(만듦) • 불안전한 상태 방치 • 복장·보호구의 결함 • 운전 중인 기계장치의 손질 • 위험한 장소에 접근·출입 • 운전 등의 실패(속도 등) • 잘못된 동작 등
불안정한 상태 (약 10%)	• **재해의 물적 원인** • 기계(공구)의 결함 • 방호장치(조치)의 결함 • 불안전한 환경 • 작업장소·작업환경·작업방법의 결함 등

▶ 재해의 요인(하인리히의 5요소)
선천적이거나 후천적인 소질의 영향에 따른 유전과 환경의 영향, 성격과 신체적인 결함으로 생기는 심신의 결함, 불안전한 행동 및 상태

간접 원인	1단계	사회적 환경과 유전적 요소
	2단계	개인적인 성격상의 결함
직접 원인	3단계	불안전한 행동, 불안전한 상태
	4단계	사고의 발생
	5단계	재해(상해 및 손실·피해)

2 간접적 원인

① 기술적 원인 : 건물, 기계 장치 설계불량, 구조, 재료의 부적합, 생산공정 부적당, 점검, 정비, 보존불량
② 교육적 원인 : 안전의식부족, 안전수칙오해, 경험훈련미숙, 교육 불충분
③ 신체적 원인
④ 정신적 원인
⑤ 관리적 원인 : 안전관리 조직결함, 안전수칙 미제정, 작업준비 불충분, 작업지시부적당

3 불가항력의 원인

천재지변(지진, 태풍, 홍수 등), 인간이나 기계의 한계로 인한 불가항력 등

> ▶ **재해 발생 원인 비율 순서**
> 불안전행동 > 불안정한 상태 > 불가항력
>
> ▶ **재해 누발자 유형**
> • 상황성 누발자 : 작업의 어려움, 기계설비의 결함, 주의력 집중 혼란, 심심에 근심 등
> • 습관성 누발자 : 재해경험으로 인한 재발우려에 의한 불안상태(슬럼프)
> • 소실성 누발자 : 재해의 소실적 요인을 지님
> • 미숙성 누발자 : 기능미숙이나 환경에 미적응할 경우

03 사고예방 원칙과 대책

1 사고예방의 4원칙

① 손실 우연의 원칙
② 원인 계기의 원칙
③ 예방 가능의 원칙
④ 대책 선정의 원칙

2 사고예방 대책의 5단계 (하인리히의 사고예방 5단계)

① 제1단계 : 안전관리 조직
② 제2단계 : 사실의 발견(현상 파악)
→ 자료 수집, 작업 공정분석(위험확인), 정기검사 조사실시
③ 제3단계 : 분석 및 평가(검토)
→ 재해조사분석, 안전성진단평가, 작업환경측정
④ 제4단계 : 시정방법의 선정(대책 선정)
→ 기술적, 관리적, 교육적 개선안 3E 적용
(Engineering, Education, Enforcement)
⑤ 제5단계 : 시정방법의 적용(재평가, 후속조치)

> ▶ **작업 표준의 목적**
> 위험요인의 제거, 작업의 효율화, 손실요인의 제거

3 재해 발생 시 조치순서

긴급처리 → 재해조사 → 원인강구 → 대책수립 → 실시 → 평가

4 이상상태 발견 시 처리절차

작업중단 → 관리자에 통보 → 이상상태 제거 → 재발방지대책 수립

04 안전점검

1 안전점검의 목적

① 기계·기구 설비의 안정성 확보(결함이나 불안전 조건의 제거)
② 설비의 안전한 상태유지 및 본래의 성능 유지
③ 근로자의 안전한 행동상태의 유지
④ 작업안전 확보 및 생산성 향상

2 점검주체자와 점검내용

① 안전보건관리책임자 : 작업환경의 점검
② 관리감독자 : 소속작업에 사용되는 기계기구 및 설비의 안전 보건 점검
③ 안전관리자 : 사업장 순회점검
④ 보건관리자 : 전체환기 및 국소배기장치 등에 관한 설비 점검
⑤ 작업자 : 작업시간 전 점검

3 안전점검의 분류

(1) 점검시기에 따른 구분 

일상점검 (수시점검)	• **작업 전·중·종료 후에 수시로 실시하는 점검** • 기계기구 및 설비 작업장 등 전반적인 사항에 대하여 그 정상여부를 확인 • 관리감독자나 작업자가 실시
정기점검	• **일정한 기간**을 정하여 대상 기계기구 및 설비를 점검 • 주요부분의 마모, 부식, 손상 등 상태변화의 이상유무를 기계를 정지시킨 상태에서 점검 • 관리 감독자나 안전관리자 등 일정한 자격요건을 갖춘 자가 실시
특별점검	• 기계기구 및 설비의 신설, 이동 교체 시 기계설비의 이상유무 점검 • **설비 변경 또는 고장 수리 시**
임시점검	• 기계설비의 갑작스런 이상 발견 시 실시

4 점검방법의 종류

① 육안 점검
② 기능 점검
③ 기기 점검
④ 정밀 점검

5 점검실시 대상

관리적 사항	기술적 사항
• 안전관리조직 체계 • 안전활동 • 안전교육 • 안전점검 • 안전수칙	• 유해위험 설비 • 작업환경 • 안전장치 • 보호구 • 정리정돈 • 운반설비 • 위험물, 방화관리

6 안전관리자의 직무 범위

① 안전교육계획의 수립 및 실시
② 사업장 순회 점검·지도 및 조치의 건의
③ 산업재해 발생의 원인 조사 및 재발 방지를 위한 기술적 지도·조언
④ 자율 안전 확인 대상 기계·기구 등 구입시 적격품의 선정

7 안전점검의 순서

실태 파악 → 결함 발견 → 대책 결정 → 대책 실시

① 실태 파악 : 생산라인의 전반적인 관찰 속에서 일정한 리듬을 파악한다.
② 결함 발견 : 불안전한 상태와 불안전한 행동을 예측하고 결함을 찾아낸다.
③ 대책 결정 : 이상 상태 발견 시 그 결함을 시정하기 위한 대책을 결정한다.
④ 대책 실시 : 그 원인을 분석하고 근원적인 조치를 강구한다.

05 산업재해조사

1 재해조사의 목적

① 재해원인규명
② 적절한 대책수립
③ 동종재해, 유사재해 방지 → 궁극적으로 사고의 재발 방지
④ 재해조사를 하므로서 원인을 분석 평가, 대책 수립하여 동종 유사재해 발생 방지

2 재해조사의 원칙

① 조기착수 : 재해발생 후 벌리 착수하여 조사 종료시까지 현장 보존
② 사실의 수집 : 재해현장의 상황을 기록
(사진, 도면작성, 피해자의 설명 등)
③ 정확성의 확보 : 냉정한 판단, 조사의 순서 방법 효율성 있게 진행

3 산업재해 발생보고

산업재해로 사망자 또는 3일 이상 휴업이 필요한 부상을 입거나 질병에 걸린 사람이 발생한 경우 산업재해조사표를 작성하여 관할 지방 노동관서의 장에게 제출한다.

4 재해조사 순서

1 단계 : 긴급(응급) 조치
2 단계 : 재해 조사
3 단계 : 원인 강구
4 단계 : 대책 수립
5 단계 : 대책 실시계획
6 단계 : 실시
7 단계 : 평가

5 재해방지의 4원칙

예방가능의 원칙	• 재해는 원칙적으로 원인만 제거하면 예방이 가능 • 인재(98%)는 미연에 방지 가능 • 재해 예방에 중점을 두는 것은 '예방가능의 원칙'에 기초
손실우연의 원칙	• 손실은 사고 발생시 사고 대상의 조건에 따라 달라지므로 손실은 우연성에 의해 결정 • 재해방지에 있어 근본적으로 중요한 것은 손실의 유무에 관계없이 사고의 발생을 미리 방지하므로서 손실도 없게 되는 것이다.

원인계기의 원칙	• 모든 사고는 반드시 원인이 존재 • 사고와 손실은 우연적 관계이지만 사고와 원인은 필연적 관계 • 사고발생원인 분류 간접 원인 – 교육적(Educatiojn) 원인 (70%) – 관리적(Enforcement) 원인 (20%) – 기술적(Engineering) 원인 (10%) 직접 원인 – 불안전행동(88%) – 불안전상태(10%) – 천재지변(2%)
대책선정의 원칙	• 재해예방을 위한 안전대책은 반드시 존재 • 재해 원인은 각기 다르므로 원인을 정확히 규명하여 대책 선정 및 실시 • 3E 대책 – 기술적(Engineering) 대책 – 교육적(Education) 대책 – 관리적(Enforcement) 대책

06 기계·기구 기타 설비에 의한 위험 예방

1 원동기, 회전축 등의 위험 방지

① 기계의 원동기, 회전축, 기어, 풀리, 벨트 등 근로자에게 위험을 줄 수 있는 부위에는 덮개·울·슬리브 및 건널다리 등을 설치한다.

② 건널다리에는 높이 90cm 이상인 손잡이 및 미끄러지지 않는 구조의 발판을 설치해야 한다.

③ 회전축, 기어, 풀리, 벨트 등에 부속하는 키 및 핀 등의 고정구는 묻힘형이나 덮개를 설치하여야 한다.

④ 벨트의 이음 부분에는 돌출된 고정구를 사용해서는 안 된다.

2 기계의 동력차단장치

① 동력으로 작동되는 기계에는 스위치·클러치 및 벨트 이동 장치 등 동력차단장치를 설치하여야 한다. 다만, 연속하여 하나의 집단을 이루는 기계로써 공통의 동력차단장치가 있거나 공정 도중에 인력에 의한 원재료의 송급과 인출 등이 필요 없는 때에는 그러하지 아니한다.

② 절단·인발(引拔)·압축·꼬임·타발(打拔) 또는 굽힘 등의 가공을 하는 기계의 경우 동력차단장치를 근로자가 작업위치를 이동하지 아니하고 조작할 수 있는 위치에 설치하여야 한다.

3 운전시작 신호

운전을 시작함에 있어 근로자에게 위험을 미칠 우려가 있을 때에는 일정한 신호 방법과 당해 근로자에게 신호할 자를 정하고 당해 근로자에게 신호하도록 해야 한다.

4 출입의 금지

기계 기구의 덤프, 램 리프트 포트, 암 등이 불시에 하강 가능성이 있는 장소에서는 방책을 설치하여 근로자가 출입하지 못하도록 조치한다. (다만, 수리·점검은 예외)

5 방호장치의 해체 금지

① 사업주는 위험한 기계·기구 또는 설비에 설치한 방호장치를 해체하거나 사용을 정지하여서는 아니된다. 다만, 방호장치의 수리·조정 및 교체 등의 작업을 하는 때에는 그러하지 아니한다.

② 방호장치의 수리·조정 또는 교체 등의 작업을 완료한 후에는 즉시 방호장치를 원상태로 하여야 한다.

6 사다리식 통로의 구조 안전수칙

① 견고한 구조로 할 것

② 발판의 간격은 동일하게 할 것

③ 발판과 벽과의 사이는 15cm 이상의 간격을 유지할 것

④ 사다리가 넘어지거나 미끄러지는 것을 방지하기 위한 조치를 할 것

⑤ 사다리의 상단은 걸쳐놓은 지점으로부터 60cm 이상 올라가도록 할 것

⑥ 사다리식 통로의 길이가 10m 이상인 때에는 5m 이내마다 계단참을 설치할 것

⑦ 이동식 사다리식 통로의 기울기는 75° 이하로 할 것

⑧ 고정식 사다리식 통로의 기울기는 90° 이하로 하고 높이 7m 이상인 경우 바닥으로부터 높이가 2.5m 되는 지점부터 등받이울을 설치할 것

▶ 사다리의 종류 필수암기
- 도전성이 있는 금속제 사다리 – 전기작업에 사용해서는 안됨
- 미끄럼 방지장치가 있는 사다리
- 니스(도료)를 칠한 사다리
- 셀락(shellac)을 칠한 사다리 – 셀락은 천연코팅제를 말함

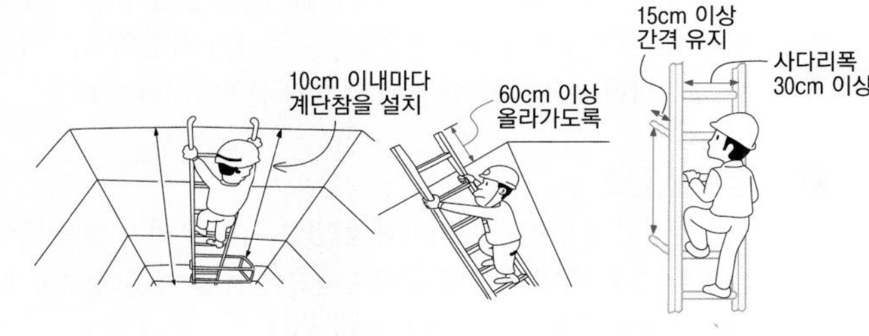

7 복장

① 동작되는 기계에 두발 또는 피복이 물려 들어가지 않도록 모자를 착용해야 한다.
② 기계의 회전하는 날에 손이 딸려 들어가지 않도록 하기 위해 소매가 나풀거리지 않게 손목에 맞게 착용하고, 장갑은 벗는다.

07 전기에 의한 위험방지

1 감전예방을 위한 주의사항

감전사고 요인이 되는 것은 다음과 같으므로 이에 대하여 특별히 주의를 하여 충분한 준비를 하고 작업하여야 한다.

① 충전부에 직접 접촉될 경우나 안전거리 이내로 접근하였을 경우
② 전기 기계·기구나 공구 등의 절연열화, 손상, 파손 등에 의한 표면누설로 인하여 누전되어 있는 것에 접촉, 인체가 통로로 되었을 경우
③ 콘덴서나 고압케이블 등의 잔류전하에 의할 경우
④ 전기기계나 공구 등의 외함과 권선간 또는 외함과 대지간의 정전 용량에 의한 분압전압에 의할 경우
⑤ 지락전류 등이 흐르고 있는 전극 부근에 발생하는 전위경도에 의할 경우
⑥ 송전선 등의 정전유도 또는 유도전압에 의할 경우
⑦ 오조작 및 자가용 발전기 운전으로 인한 역송전의 경우
⑧ 낙뢰 진행파에 의할 경우

2 누전차단기의 설치

누전차단기는 누전(지락) 사고 시 전류가 인체에 위험할 정도로 흐르게 되면 0.03초 내에 전원 측 전류를 자동적으로 차단하여 감전재해를 사전에 방지하도록 하는 것으로, 교류 600[V] 이하의 저압 전로에서 감전사고, 전기화재 및 전기기계·기구의 손상을 방지하기 위해 사용한다.

3 방폭구조 장비의 사용

① 방폭(防爆) : 폭발을 방지하는 것을 말한다. 가스, 인화물질이 정전기나 충격으로 발생한 약한 스파크에 곧바로 인화되며 그 불꽃은 큰 폭발로 이어질 수 있다.
② 폭발을 방지하기 위해 산업현장에서 사용되는 기계설비에는 방폭을 위한 기능과 구조가 적용된다.
③ 산업 현장에서 전류를 전달하는 접촉자, 히터, 불을 밝히는 조명 및 각종 전기 장치는 방폭 기능을 설치해 사용한다.

4 정전작업 시 취하여야 할 조치

① 단락 접지 기구를 사용하여 단락 접지
② 전류전하의 방전 조치
③ 통행금지에 관한 표지판 부착

필수암기

08 보호구

보호구란 작업자가 신체에 직접 착용하여 감전, 전기화상 등 물리적·기계적·화학적 위험요소로부터 몸을 보호하기 위한 보호장구를 말한다.

① 안전모 : 낙하물에 의한 피해 방지, 감전·화상·충격 등을 방지
② 안전대 : 높이 또는 깊이 2m 이상의 추락할 위험이 있는 장소에서의 작업
③ 안전화 : 물체의 낙하·충격, 물체에 끼임, 감전 또는 정전기의 대전(帶電)에 의한 위험이 있는 작업
④ 보안경 : 물체가 날아 흩어질 위험이 있는 작업
⑤ 보안면 : 용접작업 시 불꽃이나 물체가 날아 흩어질 위험이 있는 작업
⑥ 안전장갑 : 감전의 위험이 있는 작업
⑦ 방열복 : 고열에 의한 화상 등의 위험이 있는 작업
⑧ 귀마개 : 약 90dB 이상의 소음에 청력을 보호

09 산업안전 색채 및 안전보건 표지

▶ 산업안전 표지의 종류
금지표지, 경고표지, 지시표지, 안내표지

1 산업안전 색채와 용도

빨간색	• 제1종 위험(금지, 긴급정지, 경고) • 화학물질 취급 장소에서의 유해·위험경고
필수암기 **노란색**(황색)	• 제2종 위험(주의, 경고) • 화학물질 취급 장소 이외의 위험 경고 • 충돌, 추락 등 위험경고, 기계 방호물
주황색	• 재해나 상해가 발생하는 장소의 위험 표시
청색	• 제3종 위험(주의, 지시)
흑색	• 방향표시(보조)
녹색	• 안전지도, 안전위생, 비상구 및 피난소, 사람 또는 차량의 통행표지
백색	• 주의표지(보조)
자주색(보라)	• 방사능 위험 표시

2 금지표지

바탕은 흰색, 기본모형은 빨간색, 관련 부호 및 그림은 검은색

출입금지	보행금지	차량통행금지	사용금지
직진금지×	출입금지×		취급주의×
탑승금지	**금연**	**화기금지**	**물체이동금지**

3 경고표지

① 바탕은 노란색, 기본모형, 관련 부호 및 그림은 검은색
② 바탕은 무색, 기본모형은 빨간색(검은색도 가능)

인화성물질 경고	산화성물질 경고	폭발성물질 경고	급성독성 물질 경고
화재주의×			
부식성물질 경고	**방사성 물질 경고**	**고압전기 경고**	**매달린 물체 경고**
낙하물 경고	**고온 경고**	**저온 경고**	**몸균형 상실 경고**
레이저광선 경고	**발암성·변이원성·생식독성·전신독성·호흡기 과민성 물질 경고**		**위험장소 경고**

4 지시표지

바탕은 파란색, 관련 그림은 흰색

보안경 착용	방독마스크 착용	방진마스크 착용	보안면 착용	안전모 착용
귀마개 착용	**안전화 착용**	**안전장갑 착용**	**안전복 착용**	

5 안내표지

바탕은 녹색, 관련 부호 및 그림은 흰색

녹십자표지	응급구호표지	들것	세안장치
비상용기구	**비상구**	**좌측비상구**	**우측비상구**
비상용기구			

10 작업환경과 작업복

1 작업장의 조명

① 초정밀 작업 : 조도 750lux 이상
② 정밀 작업 : 300lux 이상
③ 보통 작업 : 150lux 이상
④ 그 밖의 작업 : 75lux 이상

2 보안경 착용

① 유해광선, 유해약물, 칩의 비산(飛散)(→ 날아서 흩어짐)으로부터 눈을 보호
② 연삭작업, 드릴작업, 용접작업 등에 착용
③ 변속기, 차축, 종속기어장치 등 차체 아래에서의 작업 시

3 귀마개 착용

① 단조작업, 제관작업, 연마작업 등
② 공기압축기가 가동되는 기계실 내에서 작업

4 작업복 착용

① 재해로부터 작업자의 몸을 지키기 위해서 착용
② 방염성, 불연성 재질로 제작
③ 몸에 맞고 동작이 작업하기 편하도록 제작
④ 투피스 작업복 사용 시 상의를 하의 안으로 넣어 상의 끝이 노출되지 않도록 하며, 소매는 가급적 좁게 하여 장치에 걸리거나 지장을 주지 않아야 한다.
⑤ 주머니가 적고, 팔이나 발이 노출되지 않는 것이 좋다.
⑥ 주머니에 공구를 넣지 않는다.

▶ 옷에 묻은 먼지를 털 때에는 먼저털이개, 손수건, 솔 등을 이용하여 먼지가 날리지 않도록 한다.

5 안전대

고소(高所) 작업 시 작업발판 등 기타 추락방호조치가 곤란한 경우 작업자는 반드시 안전대를 착용하여야 한다. 안전대는 벨트식, 안전그네식이 있다.

등급	사용 구분
1종	U자걸이 전용
2종	1개걸이 전용
3종	U자걸이, 1개걸이 공용
4종	안전블록
5종	추락방지대

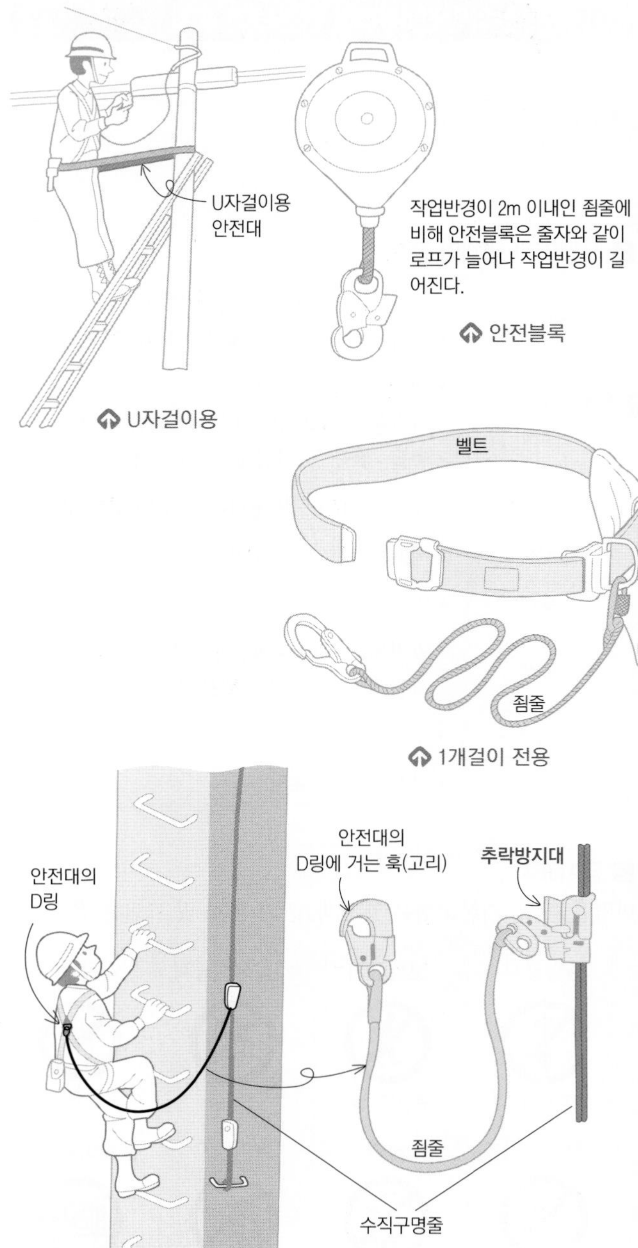

U자걸이용

안전블록

1개걸이 전용

기출문제

★ 숫자는 빈출 정도 및 중요도를 나타냅니다.

★
1 원동기, 회전축 등에는 위험방지 장치를 설치하도록 규정하고 있다. 설치방법에대한 설명으로 옳지 않은 것은?

① 위험 부위에는 덮개, 울, 슬리브, 건널다리 등을 설치
② 키 및 핀 등의 기계요소는 묻힘형으로 설치
③ 벨트의 이음 부분에는 돌출된 고정구로 설치
④ 건널다리에는 안전난간 및 미끄러지지 아니하는 구조의 발판 설치

벨트의 이음부에는 돌출된 고정구가 설치되면 안된다.

★
2 안전한 작업을 위하여 고려하여야 할 사항이 아닌 것은?

① 조작 장치는 관계작업자가 조작하기 쉬울 것
② 구동기구를 가진 기계는 사이클의 마지막과 처음에 시간적 지연을 가질 것
③ 급정지 장치가 작동했을 때 리셋트 되지 않는 한 동작되지 않을 것
④ 조작을 가능한 한 복잡하게 하여 관계자가 아니면 동작시키지 못하게 할 것

조작을 가능한 한 쉽게 한다.

★
3 전기 안전기준으로 옳지 않은 것은?

① 전기코드는 물이나 습기에 안전한 것이어야 한다.
② 전기위험설비에는 위험 표시를 해야 한다.
③ 전기설비의 감전, 누전, 화재, 폭발방지를 위해 매년 1회 이상 점검한다.
④ 감전의 위험이 있는 작업을 할 때에는 통전시간을 명시하고 관계 근로자에게 미리 주지시킨다.

전기설비는 정기점검을 받는다.

★
4 재해의 발생 순서로 옳은 것은?

① 이상상태 – 불안전 행동 및 상태 – 사고 – 재해
② 이상상태 – 사고 – 불안전 행동 및 상태 – 재해
③ 이상상태 – 재해 – 사고 – 불안전 행동 및 상태
④ 재해 – 이상상태 – 사고 – 불안전 행동 및 상태

★
5 사고 예방의 기본 4원칙이 아닌 것은?

① 원인 계기의 원칙
② 대책 선정의 원칙
③ 예방 가능의 원칙
④ 개별 분석의 원칙

사고 예방의 4원칙 (암기 : 손예진대원)
- 손실 우연의 원칙
- 예방 가능의 원칙
- 대책 선정의 원칙
- 원인 계기의 원칙

★
6 사다리를 사용하는 작업에서 안전수칙에 어긋나는 행위는?

① 위험 및 사용금지의 표찰이 붙어서 결함이 있는 사다리를 사용할 때는 주의하면서 사용한다.
② 사다리 밑 끝이 불안전하거나 3m 이상의 높은 곳이면 다른 사람으로 하여금 붙들게 하고 작업한다.
③ 사다리를 문 앞에 설치할 때는 문을 완전히 열어놓거나 잠가야 한다.
④ 사다리 설치 시에는 사다리의 밑바닥과 사다리 길이를 고려하여 어느 정도 벽에서 떨어지게 한다.

결함이 있는 사다리는 사용하지 않는다.

★★★
7 사고 발생 빈도에 영향을 미치지 않는 것은?

① 작업시간
② 작업자의 연령
③ 작업숙련도 및 경험년수
④ 작업자의 거주지

★
8 정전기 제거 방법으로 옳지 않은 것은?

① 설비 주변의 공기를 가습한다.
② 설비의 금속 부분을 접지한다.
③ 설비에 정전기 발생 방지 도장을 한다.
④ 설비의 주변에 자외선을 쪼인다.

정전기 발생 방지대책 : 접지, 가습, 방지도장, 보호구 착용, 대전방지제 사용

정답 1 ③ 2 ④ 3 ③ 4 ① 5 ④ 6 ① 7 ④ 8 ④

★★★
9 안전점검의 주목적으로 옳은 것은?

① 안전작업표준의 적절성을 점검하는 데 있다.
② 시설장비의 설계를 점검하는 데 있다.
③ 법 기준에 대한 적합 여부를 점검하는 데 있다.
④ 위험을 사전에 발견하여 시정하는 데 있다.

안전점검의 목적은 안전에 관한 제반사항을 점검하여 위험요소를 제거하는 것이다.

★★★
10 안전점검의 목적에 해당되지 않는 것은?

① 생산위주로 시설 가동
② 결함이나 불안전 조건의 제거
③ 기계·설비의 본래 성능 유지
④ 합리적인 생산관리

안전점검의 목적
- 기계·기구 설비의 안정성 확보(결함이나 불안전 조건의 제거)
- 설비의 안전한 상태유지 및 본래의 성능 유지
- 근로자의 안전한 행동상태의 유지
- 작업안전 확보 및 생산성 향상

★★
11 안전점검 시의 유의사항으로 옳지 않은 것은?

① 여러가지의 점검방법을 병용하여 점검한다.
② 과거의 재해발생 부분은 고려할 필요 없이 점검한다.
③ 불량 부분이 발견되면 다른 동종의 설비도 점검한다.
④ 발견된 불량 부분은 원인을 조사하고 필요한 대책을 강구한다.

과거의 재해발생 부분은 고려한다.

★★★
12 산업재해의 원인으로 볼 수 없는 것은?

① 인적 원인
② 물적 원인
③ 고의적 원인
④ 관리적 원인

산업재해의 원인 : 인적, 물적, 관리적 원인

★★★
13 산업재해의 간접원인에 해당되지 않는 것은?

① 기술적 요인
② 인적 원인
③ 교육적 원인
④ 정신적 원인

산업재해의 간접원인 : 관리적, 정신적, 신체적, 교육적, 기술적 원인

★★★
14 다음 중 안전사고 발생요인이 가장 높은 것은?

① 불안전한 상태와 행동
② 개인의 개성
③ 환경과 유전
④ 직접 원인

★★
15 작업현장에서 재해의 원인으로 가장 높은 것은?

① 작업환경
② 장비의 결함
③ 작업순서
④ 불안전한 행동

★★★
16 재해의 집적 원인은 인적 원인과 물적 원인으로 구분할 수 있다. 다음 중 물적 원인에 해당하는 것은?

① 복장, 보호구의 잘못 사용
② 정서 불안
③ 작업환경의 결함
④ 위험물 취급 부주의

불안전한 상태(물적 원인)
- 개인 보호구 미착용
- 불안전한 자세
- 위험장소 접근
- 운전 중인 기계장치 수리
- 정리정돈 불량
- 안전장치 무효화
- 불안전한 적재 및 배치
- 개인의 감정(정서 불안)

정답 9 ④ 10 ① 11 ② 12 ③ 13 ② 14 ① 15 ④ 16 ③

17 ★★ 산업현장에서 안전을 확보하기 위해 인적문제와 물적 문제에 대한 실태를 파악하여야 한다. 다음 중 인적 문제에 해당되는 것은?

① 기계 자체의 결함
② 안전교육의 결함
③ 보호구의 결함
④ 작업 환경의 결함

18 ★ 근로자에게 위험이 미칠 우려가 있는 개구부 등에는 추락을 방지하기 위한 방호조치를 하도록 하고 있다. 다음 추락을 방지하기 위한 방호조치를 하도록 하고 있다. 다음 중 방호조치에 속하지 않는 것은?

① 안전 난간
② 울
③ 손잡이
④ 사다리

19 ★ 다음 중 사고방지를 위한 5단계 중 가장 먼저 조치해야 할 사항은?

① 사실의 발견
② 안전조직
③ 분석평가
④ 대책의 선정

> 사고예방 대책의 기본원리 5단계
> • 1단계 : 안전관리조직 (안전기구)
> • 2단계 : 현상파악 (사실의 발견)
> • 3단계 : 원인규명 (분석평가)
> • 4단계 : 대책의 선정 (시정 방법의 선정)
> • 5단계 : 목표 달성 – 시정책적응(3E)
> ※ 3E : 기술(Engineering), 교육(Education), 관리(Enforcement)

20 ★ 안전사고 방지의 기본원리 중 3E를 적용하는 단계는?

① 1단계 ② 2단계
③ 3단계 ④ 5단계

> 시정책적응(3E)
> 기술(Engineering), 교육(Education), 관리(Enforcement)

21 ★★★ 작업 시 이상상태를 발견할 경우 처리절차가 옳은 것은?

① 관리자에 통보 → 작업중단 → 이상상태 제거 → 재발방지 대책 수립
② 작업중단 → 이상상태 제거 → 관리자에 통보 → 재발방지 대책 수립
③ 작업중단 → 관리자에 통보 → 이상상태 제거 → 재발방지 대책 수립
④ 관리자에 통보 → 이상상태 제거 → 작업중단 → 재발방지 대책 수립

22 ★ 재해 발생 시 조치순서로서 가장 알맞은 것은?

① 긴급처리 → 재해조사 → 원인강구 → 대책수립 → 실시 → 평가
② 긴급처리 → 원인강구 → 대책수립 → 실시 → 평가 → 재해조사
③ 긴급처리 → 재해조사 → 대책수립 → 실시 → 원인강구 → 평가
④ 긴급처리 → 재해조사 → 평가 → 대책수립 → 원인강구 → 실시

23 ★ 이상 발견 시 취할 순서로 옳은 것은?

① 발견 - 점검 - 조치 - 수리 - 확인
② 발견 - 점검 - 확인 - 수리 - 조치
③ 발견 - 조치 - 수리 - 점검 - 확인
④ 발견 - 조치 - 점검 - 확인 - 수리

24 ★★ 안전점검 및 진단순서가 맞는 것은?

① 실태 파악 → 결함 발견 → 대책 결정 → 대책 실시
② 실태 파악 → 대책 결정 → 결함 발견 → 대책 실시
③ 결함 발견 → 실태 파악 → 대책 실시 → 대책 결정
④ 결함 발견 → 실태 파악 → 대책 결정 → 대책 실시

25 ★★★ 산업재해의 간접 원인에 해당하지 않는 것은?

① 기술적 요인 ② 인적 원인
③ 교육적 원인 ④ 정신적 원인

> 산업재해의 간접 원인
> 관리적, 정신적, 신체적, 교육적, 기술적 원인

chapter 02

정답 17 ② 18 ④ 19 ② 20 ④ 21 ③ 22 ① 23 ① 24 ① 25 ②

26 ★★ 승강기 보수자가 승강기 카와 건물벽 사이에 끼었다. 이 재해의 발생 형태는?

① 협착 ② 전도
③ 마찰 ④ 질식

재해 발생 형태
추락, 전도, 충돌, 낙하, 협착(물건이 끼워진 상태)

27 ★★ 작업 내용에 따라 지급해야 할 보호구로 옳지 않은 것은?

① 보안면 : 물체가 날아 흩어질 위험이 있는 작업
② 안전장갑 : 감전의 위험이 있는 작업
③ 방열복 : 고열에 의한 화상 등의 위험이 있는 작업
④ 안전화 : 물체의 낙하, 물체의 끼임 등이 있는 작업

- 물체가 날아 흩어질 위험이 있는 작업 : 보안경
- 보안면 : 작업시에 발생하는 각종 비산물과 유해한 액체로부터 안면, 목부위를 보호하기 위한 것이다. 또한 유해한 광선으로부터 눈을 보호하기 위해 단독으로 착용하거나 보안경 위에 겹쳐 착용한다.

28 ★★★ 산업재해의 발생 원인으로 불안전한 행동이 많은 사고의 원인이 되고 있다. 이에 해당되지 않은 것은?

① 위험장소 접근
② 안전장치 기능 제거
③ 복장, 보호구 잘못 사용
④ 작업장소 불량

불안전한 행동 (인적 원인)
- 위험장소 접근
- 안전장치의 기능 제거
- 복장, 보호구의 잘못 사용
- 기계기구 잘못 사용
- 운전 중인 기계장치의 손질
- 불안전한 속도 조작
- 불안전한 자세
- 불안전한 상태 방치
- 정서 불안
- 위험물 취급 부주의

※ 작업장소 불량은 불안전한 상태(물적 원인)에 해당한다.

29 ★ 재해의 직접 원인은 인적 원인과 물적 원인으로 구분할 수 있다. 다음 중 물적 원인에 해당하는 것은?

① 복장, 보호구의 잘못 사용
② 정서 불안
③ 작업환경의 결함
④ 위험물 취급 부주의

작업환경의 결함은 불안전한 상태로 물적 원인이다.

30 ★ 안전점검의 주목적으로 옳은 것은 ?

① 안전작업표준의 적절성을 점검하는 데 있다.
② 시설장비의 설계를 점검하는 데 있다.
③ 법 기준에 대한 적합 여부를 점검하는 데 있다.
④ 위험을 사전에 발견하여 시정하는 데 있다.

안전점검의 목적은 안전에 관한 제반사항을 점검하여 위험요소를 제거하는 데 있다.

31 ★ 방호장치 중 과도한 한계를 벗어나 계속적으로 작동하지 않도록 제한하는 장치는?

① 크레인 ② 리미트 스위치
③ 윈치 ④ 호이스트

리미트 스위치는 과도한 한계를 벗어나 계속적으로 작동하지 않도록 제한하는 장치이다. (limit = '제한'의 의미)

32 ★★★ 높은 곳에서 전기 작업을 위한 사다리작업을 할 때 안전을 위하여 절대 사용해서는 안 되는 사다리는?

① 미끄럼 방지 장치가 있는 사다리
② 도전성이 있는 금속제 사다리
③ 니스(도료)를 칠한 사다리
④ 셸락(shellac)을 칠한 사다리

도전성 – 전도성(전기가 잘 흐르는)을 의미
※ 셸락(shellac) : 화학성분인 니스와 달리 인체에 무해한 천연 코팅제 역할을 한다.

33 ★ 전기 안전대책의 기본 요건에 해당되지 않는 것은?

① 정전방지를 위해 활선작업 유도
② 전기시설의 안전처리 확립
③ 취급자의 안전자세 확립
④ 전기설비의 접지 실시

활선작업이란 전기가 흐르는 상태에서의 작업을 말한다.

정답 26 ① 27 ① 28 ④ 29 ③ 30 ④ 31 ② 32 ② 33 ①

34 ★ 안전 작업모를 착용하는 주요 목적이 아닌 것은?

① 화상 방지
② 비산물로 인한 부상 방지
③ 종업원의 표시
④ 감전의 방지

비산물(떨어지거나 흩어져 날아오는 물체) 또는 감전, 화상, 추락 등의 위험 방지를 위해 안전모를 착용한다.

35 ★ 사업장에 승강기의 조립 또는 해체작업을 할 때 조치하여야 할 사항과 거리가 먼 것은?

① 작업을 지휘하는 자를 선임하여 지휘자의 책임 하에 작업을 실시할 것
② 작업 할 구역에는 관계근로자외의 자의 출입을 금지시킬 것
③ 기상상태의 불안정으로 인하여 날씨가 몹시 나쁠 때에는 그 작업을 중지시킬 것
④ 사용자의 편의를 위하여 야간작업을 하도록 할 것

36 ★★ 감전에 영향을 주는 1차적 감전 요소가 아닌 것은?

① 통전전류의 크기
② 통전 경로
③ 음파의 크기
④ 통전 시간

전격재해의 1차적 감전요소 : 통전전류의 크기, 통전 경로, 통전시간, 전원의 종류

37 ★ 일반적으로 교류의 감전 전류값이 100mA일 때의 인체에 미치는 영향 정도는?

① 약간의 자극을 느낀다.
② 상당한 고통이 온다.
③ 근육에 경련이 일어난다.
④ 심장은 마비증상을 일으키며 호흡도 정지한다.

교류의 감전 전류값이 100mA일 때 심장은 마비증상을 일으키며 호흡도 정지한다.

38 ★★★ 회전 중의 파괴 위험이 있는 연마기의 숫돌은 어떤 장치를 하여야 하는가?

① 차단 장치 ② 전도 장치
③ 덮개 장치 ④ 개폐 장치

연삭기의 숫돌에는 작업 시 발생하는 칩, 비산물 방지를 위해 투명판이나 국소배기를 위한 덮개 장치를 한다.

39 ★★★ 감전사고의 원인이 되는 것과 관계없는 것은?

① 콘덴서의 방전코일이 없는 상태
② 전기기계기구나 공구의 절연파괴
③ 기계기구의 빈번한 기동 및 정지
④ 정전작업시 접지가 없어 유도전압이 발생

기계의 작동/정지는 감전사고와 관계가 없다.

40 ★ 전기적 문제로 볼 때 감전사고의 원인으로 볼 수 없는 것은?

① 전기기구나 공구의 절연파괴
② 장시간 계속 운전
③ 정전작업 시 접지를 안한 경우
④ 방전코일이 없는 콘덴서의 사용

감전사고의 원인
- 전기기구나 공구의 절연파괴로 인한 직·간접 접촉
- 충전부에 직접 접촉될 경우나 안전거리 이내로 접근하였을 때
- 콘덴서나 고압케이블 등의 잔류전하에 의할 경우
- 전기기계나 공구 등의 외함과 권선간 또는 외함과 대지간의 정전용량에 의한 분압전압에 의할 경우
- 지락전류 등이 흐르고 있는 전극 부근에 발생하는 전위경도에 의할 경우
- 송전선 등의 정전유도 또는 유도전압에 의할 경우
- 오조작 및 자가용 발전기 운전으로 인한 역송전의 경우
- 낙뢰 진행파에 의할 경우

41 ★ 사다리 작업의 안전 지침으로 적당하지 않은 것은?

① 상부와 하부가 움직이지 않도록 고정되어야 한다.
② 사다리를 다리처럼 사용해서는 안된다.
③ 부서지기 쉬운 벽돌 등을 받침대로 사용해서는 안 된다.
④ 사다리 상단은 작업장으로부터 120cm 이상 올라가야 한다.

사다리의 상단은 걸쳐놓은 지점으로부터 **60cm** 이상 올라가도록 해야 한다.

정답 34 ③ 35 ④ 36 ③ 37 ④ 38 ③ 39 ③ 40 ② 41 ④

42 방호장치에 대한 근로자 준수 사항이 아닌 것은?

① 방호장치의 기능이 상실된 것을 발견하면 지체없이 사업주에게 신고한다.
② 방호장치에 이상이 있을 때 근로자가 즉시 수리한다.
③ 방호장치의 해제 사유가 소멸된 때에는 지체없이 원상으로 회복한다.
④ 방호장치를 해제하고자 할 경우에는 사업주의 허가 후 해제한다.

43 다음 중 방호장치의 기본 목적으로 가장 옳은 것은?

① 먼지 흡입 방지
② 기계 위험 부위의 접촉 방지
③ 작업자 주변의 사람 접근 방지
④ 소음과 진동 방지

방호장치의 기본 목적은 기계 위험 부위의 접촉 방지하기 위한 것이다.

44 안전 작업모를 착용하는 주요 목적이 아닌 것은?

① 화상 방지 ② 비산물로 인한 부상 방지
③ 종업원의 표시 ④ 감전의 방지

안전모는 물체가 떨어지거나 날아올 위험 또는 근로자가 감전되거나 추락할 위험이 있는 작업을 할 때 착용한다.

45 동력으로 운전하는 기계에 작업자의 안전을 위하여 기계마다 설치하는 장치는?

① 수동스위치 장치 ② 동력 차단 장치
③ 동력 장치 ④ 동력 전도 장치

동력으로 작동되는 기계에는 스위치·클러치 및 벨트 이동장치 등 동력 차단 장치를 설치하여야 한다.

46 스패너를 힘주어 돌릴 때 지켜야 할 안전사항이 아닌 것은?

① 스패너 자루에 파이프를 끼워 힘껏 조인다.
② 주위를 살펴보고 조심성 있게 조인다.
③ 스패너를 밀지 않고 당기는 식으로 사용한다.
④ 스패너를 조금씩 여러 번 돌려 사용한다.

47 위해·위험방지를 위하여 방호조치가 필요한 기계기구에 대한 방호조치의 짝으로 옳은 것은?

① 리프트 - 조속기
② 에스컬레이터 - 파킹장치
③ 크레인 - 역화방지기
④ 승강기 - 과부하 방지장치

과부하 감지장치 : 카 내부의 적재하중을 감지하여 적재하중이 넘으면 경보를 울려 출입문의 닫힘을 자동적으로 제지(105~110%)

48 전기재해의 직접적인 원인과 관련이 없는 것은?

① 회로 단락 ② 충전부 노출
③ 접속부 과열 ④ 접지판 매설

접지는 인체감전 방지하기 위한 시설이다.

49 아크용접기의 감전방지를 위해서 부착하는 것은?

① 자동전격 방지 장치
② 중심점 접지 장치
③ 과전류 계전 장치
④ 리미트 스위치

자동전격 방지 장치는 감전을 방지하기 위해 설치한다.

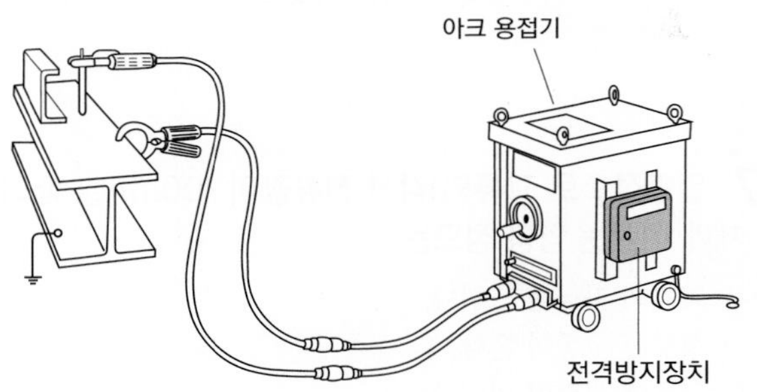

정답 42 ② 43 ② 44 ③ 45 ② 46 ① 47 ④ 48 ④ 49 ①

SECTION

Craftsman Elevator

03 승강기 자체점검기준

Main Key Point

[예상문항수 : 3~7문제] 이 섹션의 출제문항수가 다소 많을 수 있으며 대부분 매 회마다 신규문제가 출제됩니다. 점검기준을 모두 암기하기보다는 해당 장치의 특징·구조·위치 등을 이해하면 점검기준이 아닌 것을 찾을 수 있습니다. 안전에 직결되거나 안전에 필수장치는 주로 월 1회이므로 체크하기 바랍니다. 점검주기는 가끔 출제됩니다.

01 엘리베이터 자체점검기준

1 기계류 공간

(1) 기계류 공간-일반사항 (점검주기 : 회/월 이하 동일)

점검항목	점검내용	점검방법	점검주기
출제 주개폐기	• 설치 및 작동상태	육안	1/3
접근	• 피트 및 기계류 공간 등의 접근	육안	1/3
안전표시	• 기계류 공간 등의 안전표시	육안	1/6
오일쿨러	• 오일쿨러 설치 및 작동상태	육안	1/6
출제 비상운전 및 작동시험을 위한 장치	• 조명의 점등상태 및 조도	측정	1/3
	• 기능 및 작동상태	시험	1/1
	• 수동 비상운전수단 설치 및 작동상태	시험	1/1
	• 자동구출운전의 설치 및 작동상태	시험	1/1
통신	• 승강로(피트) 비상통화장치의 설치 및 작동상태	시험	1/1
환경	• 누수 및 청결상태	육안	1/1
감속기	• 윤활유의 유량 및 노후상태	육안	1/3
	• 감속기·관련 부품의 노후, 작동상태	육안	1/1
	• 이상 소음 및 진동 발생상태	육안	1/3
도르래	• 도르래·관련 부품의 마모, 노후상태	육안	1/1
	• 도르래 홈의 마모상태	측정	1/3
베어링, 전동기	• 베어링/ 전동기 및 관련 부품의 노후·작동상태	육안	1/1
	• 이상 소음 및 진동 발생상태	육안	1/3

(2) 기계실 내의 기계류 출제

점검내용	점검방법	점검주기
• 용도 이외의 설비 비치 여부	육안	1/3
• 출입문의 설치 및 잠금상태	육안	1/3
• 바닥 개구부 낙하방지수단의 설치상태	육안	1/6
• 환기 상태	육안	1/3
• 조명 점등상태 및 조도	측정	1/3
• 콘센트의 설치상태	육안	1/3
• 양중용 지지대 및 고리에 허용하중 표시 상태	육안	1/6

(3) 승강로 내의 기계류

점검항목	점검내용	점검방법	점검주기
승강로 내 작업공간	작업공간의 확보상태	육안	1/6
카 내 또는 카 상부 작업공간	• 기계적인 장치의 설치·작동상태	시험	1/1
	• 점검문의 설치·작동상태	시험	1/1
피트 내 작업공간	• 기계적인 장치의 설치·작동상태	시험	1/1
	• 피트 출입문의 경우, 전기안전장치 작동상태	시험	1/1
	• 피트 탈출 수직틈새의 확보상태	시험	1/1
플랫폼 위의 작업공간	• 플랫폼 전기안전장치와 플랫폼	시험	1/1
	접근 점검문의 설치·작동상태	시험	1/1
	• 점검운전 조작반의 설치·작동상태		
	• 플랫폼에 최대 허용하중 표시상태	육안	1/6
승강로 외부 작업공간	• 점검문의 설치·작동상태	시험	1/1
	• 조명의 점등상태 및 조도	측정	1/3
	• 양중용 지지대 및 고리에 허용하중 표시상태	육안	1/6

(4) 승강로 외부 기계류

점검내용	점검방법	점검주기
• 엘리베이터와 관계없는 타 설비의 비치 여부	육안	1/6
• 출입문의 잠금·설치상태	육안	1/3
• 환기 상태	육안	1/6
• 조명의 점등상태 및 조도	시험	1/3
• 콘센트의 설치상태	육안	1/3

(5) 풀리 공간 – 풀리실 출제

점검내용	점검방법	점검주기
• 출입문의 잠금·작동상태	시험	1/3
• 바닥 개구부 낙하방지수단의 설치상태	육안	1/3
• 정지장치의 설치·작동상태	시험	1/1
• 조명의 점등상태·조도	측정	1/3
• 콘센트의 설치상태	육안	1/3

2 승강로

(1) 기계류 공간–일반사항

점검항목	점검내용	점검방법	점검주기
출제 피트 내 설비	• 점검운전 조작반의 작동	시험	1/1
	• 피트 내 정지장치의 설치·작동	시험	1/1
	• 피트 점검운전스위치 작동·복귀	시험	1/3
	• 튀어오름 방지장치의 설치·작동	시험	1/3
	• 피트 내 누수·청결	육안	1/3
틈새 및 여유거리	• 상·하부공간, 피난공간 확보	육안	1/6
	• 피난공간 자세 유형 표지 부착	육안	1/3
출제 승강로 내의 보호	• 밀폐식 승강로 개구부 등 설치	육안	1/3
	• 균형추(평형추) 칸막이 설치	육안	1/3
	• 피트 내 카간 칸막이 설치	육안	1/3
	• 반–밀폐식 승강로 접근방지 및 보호수단	육안	1/3
	• 승강로 환기	육안	1/3
	• 풀리의 로프 고정장치 설치	측정	1/6
	• 도르래, 풀리 및 스프로킷의 보호 조치	육안	1/3
	• 균형추(평형추) 추락방지안전장치 작동	육안	1/3
	• 타 설비 비치 여부	육안	1/6
	• 출입문·비상문 및 점검문의 설치 및 작동	육안	1/1
	• 편향 도르래 등의 추락방지안전장치 설치	육안	1/6
완충기	• 카측·균형추측 완충기의 고정·설치	육안	1/1
	• 카측·균형추측 완충기의 전기안전장치 작동	시험	1/1
	• 완충기받침대 고정 및 설치상태	육안	1/1
조명 및 콘센트	• 승강로 내 조명의 점등상태·조도	측정	1/3
	• 피트 콘센트 설치	육안	1/3
주행안내 레일	• 주행안내 레일의 고정·설치	육안	1/3
승강장문	• 문짝과 문짝, 문틀 또는 문턱 사이의 틈새	측정	1/1
	• 승강장문 유리 사용 시 손상	육안	1/3
	• 어린이 손끼임방지 수단 설치	육안	1/1
	• 승강장문, 관련 부품의 설치·작동	육안	1/1
균형추	• 균형추의 고정·설치	육안	1/3

3 카, 점검운전 및 접근허용

점검항목	점검내용	점검방법	점검주기
출제 카	• 유리가 사용된 카 벽의 손잡이 고정 설치	육안	1/3
	• 카 내부의 표기	육안	1/3
	• 비상통화장치의 작동	시험	1/1
	• 조명의 점등상태 및 조도	측정	1/3
	• 비상등 조도 및 작동	측정	1/1
	• 과부하감지장치 설치 및 작동	시험	1/1
	• 에이프런 고정 및 설치	육안	1/3
	• 카 내 버튼의 설치 및 작동	시험	1/1
	• 카 내 층 표시장치 등 작동	육안	1/1
출제 카 상부	• 점검운전 조작반,정지장치 및 콘센트의 작동	시험	1/1
	• 점검운전 제어시스템 작동	시험	1/1
	• 비상등의 조도 및 작동	측정	1/1
	• 보호난간의 고정상태 및 청결상태	육안	1/3
카문	• 문짝과 문짝, 문틀 또는 문턱 사이의 틈새	측정	1/1
	• 어린이 손끼임방지 수단 설치	측정	1/1
	• 카 문턱과 승강장 문턱사이의 거리	측정	1/3
	• 문의 개폐방식이 조합된 경우 문간 틈새	측정	1/3
	• 카문 및 관련 부품의 설치·작동	육안	1/1

점검항목	점검내용	점검방법	점검주기
출제 승강장 문 및 카문의 시험	• 문닫힘안전장치의 설치·작동	시험	1/1
	• 문 열림버튼의 작동	시험	1/1
	• 문 벌어짐 틈새의 설치	시험	1/1
	• 승강장 점등상태 및 조도	시험	1/1
	• 승강장문 비상해제장치 작동	시험	1/1
	• 승강장문 닫힘 확인장치 설치·작동	시험	1/1
	• 승강장문 잠금장치 설치·작동	시험	1/1
	• 카문 잠금장치 설치·작동	시험	1/1
	• 카문 닫힘 확인장치 설치·작동	시험	1/1
	• 수동개폐식 문의 "카 있음" 표시	육안	1/6
승강장	• 승강장의 층 표시	육안	1/1
	• 승강장 호출버튼의 작동	시험	1/1

4 매다는 장치, 보상수단, 제동 및 권상

점검항목	점검내용	점검방법	점검주기
로프(벨트)	• 로프(벨트)의 마모 및 파단 • 로프(벨트) 단말부의 고정·설치 • 로프(벨트) 간 장력 균등상태	측정 육안 시험	1/3
체인	• 체인의 결합상태(핀, 링크 등) • 체인 끝 부분의 지지대 고정 • 체인 간 장력 균등상태	육안 육안 시험	1/3
이완감지	• 매다는 장치의 이완감지 작동상태	시험	1/1
보상수단	• 보상수단의 고정·설치 • 인장 또는 튀어오름 방지장치의 설치	육안 육안	1/3
권상/제동	• 권상도르래의 마모상태 • 브레이크의 권상/제동 상태 • 브레이크 및 관련 부품의 설치·작동	측정 시험 육안	1/1

5 안전회로

점검항목	점검내용	점검방법	점검주기
안전접점 및 회로	• 파이널 리미트 스위치의 설치·작동 • 정지장치의 설치·작동 • 강제감속장치의 설치·작동 • 전기안전장치 작동	시험	1/1

6 카 및 균형추의추락방지안전장치와 과속에 대한 보호

점검항목	점검내용	점검방법	점검주기
카 추락방지 안전장치	• 추락방지안전장치 설치·작동	시험	1/1
	• 추락방지안전장치 작동 시 카의 수평도	측정	1/3
	• 전기안전장치 설치·작동	시험	1/1
카측 과속조절기	• 과속조절기 전기안전장치 작동	시험	1/3
	• 인장 풀리 설치	육안	1/3
	• 로프 마모 및 파단	측정	1/3
균형추(평형추) 추락방지안전장치의 설치·작동		시험	1/1
균형추/평형추 과속조절기	• 과속조절기 전기안전장치 작동	시험	1/1
	• 인장 풀리 설치	육안	1/1
	• 로프 마모 및 파단상태	측정	1/3
멈춤 쇠 장치	• 멈춤 쇠 장치 설치·작동	시험	1/1
	• 멈춤 쇠 장치와 각 층의 지지대 설치	시험	1/1
전기적 크리핑 방지시스템의 작동		시험	1/1
카의 상승과속방지장치 설치·작동 등		시험	1/1
카의 개문출발방지장치 설치·작동 등		시험	1/1

7 주행성능 측정

점검항목	점검내용	점검방법	점검주기
일반적인 주행시험	• 카의 주행 속도	측정	1/3
	• 승강장에 정지 시 착상 정확도	측정	1/1
유압시스템의 점검	• 유압시스템 관련 밸브 설치·작동	시험	1/1
	• 로프, 체인이완감지장치 설치·작동	시험	1/1
	• 유압유의 온도감지장치 작동	육안	1/1
	• 유압탱크 설치상태 및 유량상태	육안	1/6
	• 배관, 밸브 등의 이음/고정 및 부식/누유	육안	1/1
	• 수동펌프 설치·작동	시험	1/1
	• 소화설비 비치·표기	육안	1/6
	• 잭 및 관련 부품의 설치·작동	시험	1/1

8 보호장치

점검항목	점검내용	점검방법	점검주기
전동기의 과열보호장치 작동		시험	1/3
전동기 구동시간제한장치 작동		시험	1/3
조명 및 콘센트의 과전류 보호		시험	1/3

9 전기적 보호

점검항목	점검내용	점검방법	점검주기
접지에 의한 절연저항	• 전동기 및 조명의 절연저항	측정	1/1
출제 전기배선	• 전기배선(이동케이블 등) 설치·손상 • 모든 접지선의 연결상태 • 카문 및 승강장문의 바이패스 기능	육안 육안 시험	1/3 1/3 1/3

10 장애인용 엘리베이터 추가요건

점검항목	점검내용	점검방법	점검주기
승강장의 공간	승강장 문턱과 카 문턱 사이의 거리	측정	1/1
조작설비	• 호출버튼, 조작반, 통화장치 등의 작동상태 • 조작반, 통화장치 등에 점자 표시 여부	시험 육안	1/1 1/3
기타설비	• 손잡이, 거울 등의 설치상태 • 신호장치, 표시장치 등의 작동상태 • 문열림 대기시간 • 카내 및 승강장의 조명 점등상태 및 조도	육안 시험 측정 측정	1/3 1/1 1/1 1/3

11 소방구조용 엘리베이터 추가요건

점검항목	점검내용	점검방법	점검주기
건축물의 요건	모든 출입구마다 정지되는지 여부	시험	1/3
전기장치의 물에 대한 보호 피트 침수 방지수단 설치·작동		육안	1/3
소방관의 구출	• 카 외부 구출수단 • 자체 구출수단	육안 육안	1/3 1/3
제어 시스템	• 소방운전 스위치의 설치·작동 • 소방운전 작동 시 안전장치 작동 • 1단계, 2단계 소방운전 시 작동 • 소방통화시스템의 작동	시험 시험 시험 시험	1/3 1/3 1/3 1/3

12 피난용 엘리베이터 추가요건

점검항목	점검내용	점검방법	점검주기
건축물의 요건	통제자의 직접 조작 여부	시험	1/3
전기장치의 물에 대한 보호 피트 침수 방지수단 설치·작동		육안	1/3
탑승자의 구출	• 카 외부 구출수단 • 자체 구출수단	육안 육안	1/3 1/3
제어 시스템	• 피난운전 스위치의 설치·작동 • 피난운전 스위치 작동 시 엘리베이터 관련 설비의 작동 • 피난통화시스템 작동상태 적합성	시험 시험 시험	1/3 1/3 1/3

02 경사형 엘리베이터 자체점검기준

1 기계류 공간

엘리베이터 자체점검기준과 동일하나, '오일쿨러' 부분 삭제됨

2 승강로

점검항목	점검내용	점검방법	점검주기
피트 내 설비	• 피트 침수 방지수단 설치·작동 • 피트 점검운전스위치 작동 후 복귀상태 • 정지장치 설치·작동 • 콘센트 및 조명점멸장치 작동 • 튀어오름 방지장치의 설치·작동 • 피트 내 누수 및 청결상태	시험 시험 시험 육안 시험 육안	1/3 1/3 1/3 1/3 1/3 1/3
틈새 및 여유거리	• 상·하부공간, 피난공간 확보	육안	1/6
완충기	• 카측·균형추측 완충기의 고정 및 설치 • 카측·균형추측 완충기의 전기안전장치 작동 • 완충기받침대 고정 및 설치상태	육안 시험 육안	1/1 1/1 1/1

승강로 내의 보호	• 밀폐식 승강로 개구부 등의 손상 여부 확인 • 균형추(평형추) 간막이 설치상태 • 피트 내 카간 칸막이 설치상태 • 반-밀폐식 승강로 접근방지 및 보호수단 • 승강로 환기 상태 • 풀리의 로프 고정장치 설치상태 • 도르래, 풀리 및 스프로킷의 보호 조치상태 • 균형추(평형추) 추락방지안전장치 작동상태 • 승강로 내 유리 사용 시 손상상태 • 타 설비 비치 여부	육안 육안 육안 육안 육안 측정 육안 육안 육안 육안	1/3 1/3 1/3 1/3 1/3 1/6 1/3 1/3 1/3 1/6
조명 및 콘센트	• 승강로 내 조명의 점등상태·조도 • 피트 콘센트 설치	측정 육안	1/3 1/3
주행안내 레일	주행안내 레일의 고정·설치	육안	1/3
승강장문	• 문짝과 문짝, 문틀 또는 문턱 사이의 틈새 • 승강장문 유리 사용 시 손상 • 어린이 손끼임방지 수단 설치 • 승강장문, 관련 부품의 설치·작동	측정 육안 육안 육안	1/1 1/3 1/1 1/1
균형추	균형추의 고정·설치	육안	1/3

3 카, 점검운전 및 접근허용

엘리베이터 자체점검기준과 동일

4 매다는 장치, 보상수단, 제동 및 권상

엘리베이터 자체점검기준과 동일

5 안전회로

엘리베이터 자체점검기준과 동일

6 카 및 균형추의추락방지안전장치와 과속에 대한 보호

점검항목	점검내용	점검방법	점검주기
카 추락방지 안전장치	• 추락방지안전장치 설치·작동 • 추락방지안전장치 작동 시 카의 수평도 • 전기안전장치 설치·작동	시험 측정 시험	1/1 1/3 1/1
카 측 과속조절기	• 과속조절기 전기안전장치 작동 • 인장 풀리 설치 • 로프 마모 및 파단	시험 육안 측정	1/3 1/3 1/3
균형추(평형추) 추락방지안전장치의 설치·작동		시험	1/1
균형추/평형추 과속조절기	• 과속조절기 전기안전장치 작동 • 인장 풀리 설치 • 로프 마모 및 파단상태	시험 육안 측정	1/1 1/1 1/3
카의 상승과속 방지장치	• 상승과속방지장치 설치·작동 • 상승과속방지장치 전기안전장치 작동	시험 시험	1/1 1/1
카의개문 출발 방지 장치	• 개문출발방지장치 설치·작동 • 개문출발방지장치 전기안전장치 작동	시험 시험	1/1 1/1

7 주행성능 측정

점검항목	점검내용	점검방법	점검주기
일반적인 주행시험	• 카의 주행 속도 • 승강장에 정지 시 착상 정확도	측정 측정	1/3 1/1

8 보호장치

엘리베이터 자체점검기준과 동일

9 전기적 보호

점검항목	점검내용	점검방법	점검주기
접지에 의한 절연저항	• 전동기 및 조명의 절연저항	측정	1/1
전기배선	• 전기배선(이동케이블 등) 설치·손상 • 모든 접지선의 연결상태	육안 육안	1/3 1/3

10 장애인용 엘리베이터 추가요건

점검항목	점검내용	점검방법	점검주기
승강장의 공간	승강장 문턱과 카 문턱 사이의 거리	측정	1/3
조작설비	• 호출버튼, 조작반, 통화장치 등의 작동상태 • 조작반, 통화장치 등에 점자 표시 여부	시험 육안	1/1 1/3
기타설비	• 손잡이, 거울 등의 설치상태 • 신호장치, 표시장치 등의 작동상태 • 문열림 대기시간 • 카내 및 승강장의 조명 점등상태 및 조도	육안 시험 측정 측정	1/3 1/1 1/1 1/3

03 에스컬레이터(무빙워크) 자체점검기준

1 일반사항

(점검주기 : 회/월 이하 동일)

점검항목	점검내용	점검방법	점검주기
안전표시	사용표지판 및 안내문 등 표시	육안	1/3
수동핸들 지침	• 수동핸들의 사용지침서 비치 • 수동핸들의 운항방향 표시	육안	1/3
기계류 접근 출입문 안내	구동 및 순환장소 출입문 안내문구의 표시	육안	1/3
비상정지 장치 표시	비상정지장치의 표시	육안	1/3
유지보수 및 점검 중 접근방지 수단의 비치상태		육안	1/3
운행방향 표시장치의 설치·작동		육안	1/1

2 주변장치

점검항목	점검내용	점검방법	점검주기
접근금지 장치의 설치·작동		측정	1/3
미끄럼 방지장치의 설치·작동		측정	1/3
인접한 손잡이 및 장애물로부터의 보호	• 막는 조치 및 안전보호판 설치 • 수직 디플렉터 설치	측정 육안	1/1 1/1
승강장 공간	• 출구 자유공간의 확보여부 • 진입방지대, 고정 안내 울타리 등의 설치	측정 측정	1/6 1/6
방화셔터 인근의 에스컬레이터 에스컬레이터와 방화셔터의 연동 작동		시험	1/6
연속되는 에스컬레이터 사이 공간	에스컬레이터/무빙워크 사이의 공간이 충분하지 않은 경우, 추가 비상정지장치의 작동상태	육안	1/3
조명	• 콤 교차점 바닥에서의 조도 출제 • 구동··순환 장소 및 기기 공간의 조명 점등상태 및 조도	육안 측정	1/1 1/3

3 조명, 절연 및 접지

점검항목	점검내용	점검방법	점검주기
조명 절연저항		측정	1/1
접지 연속성 (제어반 접지상태, 정전기 방지조치)		육안	1/3

4 틈새 출제

점검항목	점검내용	점검방법	점검주기
디딤판 주행안내 시스템의 설치		측정	1/1
디딤판	• 연속되는 2개의 스텝/팔레트 틈새 • 디딤판과 스커트 각 측면 틈새 • 트레드 홈의 설치상태	측정	1/1
손잡이	• 손잡이 측면과 가이드 측면 사이의 틈새 • 손잡이의 설치	측정	1/3

5 전기안전장치 출제

점검항목	점검내용	점검방법	점검주기
유지점검/보수용 정지스위치 구동 및 순환장소의 정지스위치 설치·작동		시험	1/1
승강장의 비상정지장치 정지스위치 설치상태 및 작동상태		시험	1/1
과부하	전류/온도 증가 시 전동기 전원차단	시험	1/1
안전장치의 감지	• 과속 감지의 작동 • 의도되지 않은 운행방향 역전 감지의 작동 • 보조 브레이크 미작동 감지의 작동 • 디딤판을 직접 구동하는 부품의 파손 또는 늘어짐 감지의 작동 • 디딤판 체인 인장장치의 움직임 감지의 작동 • 콤 끼임 감지의 작동 • 연속되는 에스컬레이터/무빙워크의 정지 감지의 작동 • 손잡이 인입구 끼임 감지의 작동 • 스텝/팔레트 처짐 감지의 작동 • 스텝/팔레트 누락 감지의 작동 • 주 브레이크 미작동 감지의 작동 • 손잡이의 속도 편차 감지의 작동 • 점검용 덮개 열림 감지의 작동 • 수동핸들의 설치 감지의 작동 • 유지보수 정지장치 감지의 작동 • 점검운전 제어반에서 정지장치의 작동 감지 • 쇼핑 카트 및 수하물 카트 접근방지를 위한 이동식 진입방지대 감지장치의 작동상태	시험	1/1

6 운전장치

점검항목	점검내용	점검방법	점검주기
출제 점검운전 제어반	• 작동 및 운행방향 표시 • 이동케이블 연결 콘센트의 설치	육안 육안	1/3 1/3
수동 기동 운전	작동 및 운행방향 표시상태	시험	1/3
자동 기동운전 -미리 정해진 방향으로 기동	• 준비운전에 의한 자동 기동 작동 • 시각 신호시스템(표시)의 작동 • 반대방향 출입 감지의 작동 • 승강장의 이용자를 감지하는 수단의 작동	시험 육안 시험 육안	1/1 1/1 1/1 1/1

7 디딤판, 손잡이, 난간 및 주변보호

점검항목	점검내용	점검방법	점검주기
디딤판 주행	디딤판과 구조 부품과의 간섭 여부	육안	1/1
손잡이 주행	손잡이와 구조 부품과의 간섭 여부	육안	1/1
끼임방지 수단	스커트 디플렉터 설치	육안	1/3
추락방지 수단	• 기어오름 방지장치 설치 • 접근금지 장치 설치 • 미끄럼 방지장치 설치	육안	1/1
쇼핑카트	진입방지를 위한 접근방지대 설치	육안	1/1
출제 옥외용 추가요건	• 지지설비의 부식 상태 • 강수에 대한 보호조치 설치·작동 • 난방시스템의 작동 • 배수 및 정화시설의 작동 • 야간조명의 작동	육안	1/6

8 주행성능 및 정지거리

점검항목	점검내용	점검방법	점검주기
속도, 전류 및 정지거리	무부하 상태의 디딤판 및 손잡이의 속조 및 전류 정지거리의 적합성	시험	1/1
보조 브레이크	보조 브레이크의 설치 및 작동 상태	시험	1/1

▶ 소형 화물용 엘리베이터, 수직형 휠체어리프트, 경사형 휠체어리프트의 자체점검기준은 출제되지 않아 삭제했습니다.

기출문제

★ 숫자는 빈출 정도 및 중요도를 나타냅니다.

★★★

1 엘리베이터 자체점검기준에서 승강로 내의 보호에 대한 점검내용으로 틀린 것은?

① 문닫힘 안전장치의 설치 및 작동상태
② 승강로 환기 상태
③ 밀폐식 승강로 개구부 등 설치상태
④ 출입문·비상문 및 점검문의 설치 및 작동상태

승강로 내의 보호
- 밀폐식 승강로 개구부 등 설치상태
- 균형추(평형추) 칸막이 설치상태
- 피트 내 카간 칸막이 설치상태
- 반-밀폐식 승강로 접근방지 및 보호수단
- 승강로 환기 상태
- 풀리의 로프 고정장치 설치상태
- 도르래, 풀리 및 스프로킷의 보호 조치상태
- 균형추(평형추) 추락방지안전장치 작동상태
- 타 설비 비치 여부
- 출입문 · 비상문 및 점검문의 설치 및 작동상태
- 편향 도르래 등의 추락방지안전장치 설치상태

※ ① : 승강장문 및 카문의 시험

★★★

2 엘리베이터의 자체점검기준에서 카 상부에 대한 점검내용으로 틀린 것은?

① 점검운전 제어시스템 작동 상태
② 점검운전 조작반, 정지장치 및 콘센트의 작동상태
③ 유압탱크 설치상태 및 유량상태
④ 비상등의 조도 및 작동상태

카 상부에 대한 점검
- 점검운전 조작반, 정지장치 및 콘센트의 작동상태
- 점검운전 제어시스템 작동상태
- 비상등의 조도 및 작동상태
- 보호난간의 고정상태
- 청결상태

※ ③은 유압탱크는 주로 피트에서의 점검에 해당한다.

★★

3 엘리베이터의 카 상부에서 하는 검사가 아닌 것은?

① 조속기 로프의 설치상태
② 비상정지장치의 연결기구 작동상태
③ 레일 및 브래킷의 마모상태
④ 조속기 작동상태

카 상부에서의 검사
- 조속기 로프의 설치상태
- 비상정지장치의 연결기구 작동상태
- 가이드 레일 및 브래킷의 손상·마모상태 및 레일 클립의 조임상태
- 도어 인터록스위치(도어스위치)의 동작상태
- 도어개폐장치의 설치상태
- 비상구출구 스위치 동작상태

★★

4 다음 중 카 상부에서 하는 검사가 아닌 것은?

① 비상구출구 스위치의 작동상태
② 도어개폐장치의 설치상태
③ 조속기로프의 설치상태
④ 조속기로프 인장장치의 작동상태

조속기로프 인장장치는 승강로 하부(피트)에 위치한다.

★

5 자체점검기준에서 카 상부에서의 점검이 아닌 것은?

① 점검운전 제어시스템 작동상태
② 점검운전 조작반, 정지장치 및 콘센트의 작동상태
③ 조속기의 작동상태
④ 비상등의 조도 및 작동상태

- 점검운전 조작반, 정지장치 및 콘센트의 작동상태
- 점검운전 제어시스템 작동상태
- 비상등의 조도 및 작동상태
- 보호난간의 고정상태 및 청결상태

★

6 승강기를 자체 점검할 때 거리가 먼 항목은?

① 와이어로프의 손상 유무
② 비상정지장치의 이상 유무
③ 가이드레일의 상태
④ 클러치의 이상 유무

승강기 자체 점검항목
- 와이어로프의 손상 유무
- 비상정지장치의 이상 유무
- 가이드레일 상태
- 브레이크 및 제어장치

정답 1 ① 2 ③ 3 ④ 4 ④ 5 ③ 6 ④

★

7 카 상부에서 점검할 때 주의해야 할 사항으로 적당하지 않은 것은?

① 정상부에 충돌하지 않도록 주의해야 한다.
② 카를 운전할 때는 카의 고정부분을 차단 할 필요가 없다.
③ 카 위에서 작업시 안전스위치를 차단 할 필요가 없다.
④ 카 위에서 점검할 때는 자동운전은 절대로 하지 말아야 한다.

★★

8 엘리베이터의 카 상부에서 행하는 검사가 아닌 것은?

① 가이드 레일의 손상 유무
② 비상구출구 스위치의 작동 여부
③ 인터록 스위치의 작동 여부
④ 전동기 절연상태 검사

★★★

9 엘리베이터 자체점검기준에서 풀리실에 대한 점검내용으로 틀린 것은?

① 과부하 감지장치 설치 및 작동상태
② 바닥 개구부 낙하방지수단의 설치상태
③ 출입문의 잠금 및 작동상태
④ 조명의 점등상태 및 조도상태

풀리실의 자체점검 사항
- 출입문의 잠금 및 작동상태
- 바닥 개구부 낙하방지수단의 설치상태
- 조명의 점등상태 및 조도상태
- 콘센트의 설치상태

※ 과부하 감지장치 : 카 바닥하부 또는 와이어로프 단말에 설치하여 승차인원 또는 적재하중을 감지하여 정격무게 초과(105~110%) 시 경보음을 발생케 하고, 동시에 카도어의 닫힘을 저지시키고 카를 출발시키지 않도록 한다.

★★★

10 엘리베이터 자체점검기준에서 전기배선에 대한 점검사항으로 틀린 것은?

① 전기배선(이동케이블 등) 설치 및 손상상태
② 이상 소음 및 진동 발생 상태
③ 카문 및 승강기문의 바이패스 기능
④ 모든 접지선의 연결상태

전기배선과 이상소음 및 진동 발생과는 거리가 멀다.

★★★

11 엘리베이터 자체점검기준에서 피트 내 설비에 대한 점검내용으로 틀린 것은?

① 도르래 홈의 마모상태
② 피트 내 누수 및 청결상태
③ 튀어오름 방지장치의 설치 및 작동상태
④ 콘센트 및 조명점멸장치 작동상태

피트 내 설비에 대한 점검
- 점검운전 조작반의 작동상태
- 피트 내 정지장치의 설치 및 작동상태
- 피트 점검운전스위치 작동 후 복귀상태
- 튀어오름 방지장치의 설치 및 작동상태
- 피트 내 누수 및 청결상태

※ 도르래는 기계류 공간에서의 점검사항이다.

★★★

12 전기식 엘리베이터의 자체점검 중 피트에서 하는 점검항목장치가 아닌 것은?

① 완충기
② 측면 구출구
③ 하부 파이널 리미트 스위치
④ 조속기로프 및 기타의 당김 도르래

피트 내 점검항목
- 완충기 및 완충기 오일
- 조속기 로프 및 당김 도르래
- 하부 파이널 리미트 스위치
- 카 비상 멈춤 정지스위치
- 카 및 균형추와 완충기와의 거리, 균형추 밑부분 틈새

※ 측면 구출구는 카 측면에 비상구를 말한다.

★★★

13 엘리베이터 자체점검기준에서 비상운전 및 작동시험을 위한 장치에 대한 점검내용으로 틀린 것은?

① 자동구출운전의 설치 및 작동상태
② 오일쿨러 설치 및 작동상태
③ 조명의 점등상태 및 조도
④ 수동 비상운전수단의 설치 및 작동상태

비상운전 및 작동시험을 위한 장치
- 조명의 점등상태 및 조도
- 기능 및 작동상태
- 수동 비상운전수단의 설치 및 작동상태
- 자동구출운전의 설치 및 작동상태

※ 오일쿨러는 유압 엘리베이터의 기계류 공간에서의 점검사항이다.

정답 7 ③ 8 ④ 9 ① 10 ② 11 ① 12 ② 13 ②

★★
14 엘리베이터 자체점검기준에서 매다는 장치에 대한 점검내용이 아닌 것은?

① 로프(벨트)의 마모 및 파단
② 로프(벨트)의 이음부 결합상태
③ 체인 끝 부분의 지지대 고정
④ 로프(벨트) 단말부의 고정·설치

체인은 핀, 링크 등 결합상태를 점검해야 하지만, 로프(벨트)는 이음부가 있어서는 안된다.

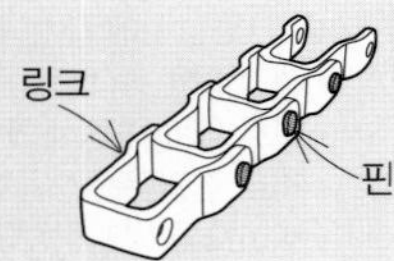

★★★
15 엘리베이터의 자체점검기준에 따라 기계실 내 기계류에 대한 점검 내용을 올바르지 않은 것은?

① 용도 이외의 설비 비치 여부
② 피트 탈출 수직틈새의 확보상태
③ 조명 점등상태 및 조도
④ 바닥 개구부 낙하방지수단의 설치상태

기계실 내 기계류에 대한 점검
- 용도 이외의 설비 비치 여부
- 출입문의 설치 및 잠금상태
- 바닥 개구부 낙하방지수단의 설치상태
- 환기 상태
- 조명 점등상태·조도, 콘센트의 설치상태
- 양중용 지지대 및 고리에 허용하중 표시상태

★★★
16 엘리베이터 자체점검기준에서 기계실 내의 기계류에 대한 점검내용으로 옳은 것은?

① 보호난간의 고정상태
② 과부하감지장치 설치 및 작동상태
③ 양중용 지지대 및 고리에 허용하중 표시 상태
④ 균형추의 고정 및 설치상태

① 카 상부의 점검
② 카의 점검
④ 완충기의 균형추 점검

★
17 전기식 엘리베이터의 자체점검항목이 아닌 것은?

① 스커트가드 ② 브레이크
③ 가이드레일 ④ 비상정지장치

스커트가드는 에스컬레이터의 구성품이다.

★
18 전기식 엘리베이터에서 자체점검주기가 가장 긴 것은?

① 권상기의 감속기어
② 권상기 베어링
③ 브레이크 라이닝
④ 고정 도르래

① 권상기의 감속기어 : 3개월마다
② 권상기 베어링 : 6개월마다
③ 브레이크 라이닝 : 1개월마다
④ 고정 도르래 : 12개월마다

★★★
19 전기식 엘리베이터의 자체점검기준에서 과부하감지장치의 작동감지에 대한 점검주기(회/월)는?

① 1/6 ② 1/4
③ 1/3 ④ 1/1

과부하감지장치와 같이 안전에 밀접한 항목은 월 1회 점검한다.

★★★
20 카 상부에서의 작업시 안전수칙으로 잘못된 것은?

① 외부인이 접근하지 못하도록 해야 한다.
② 운전 선택 스위치는 자동으로 한다.
③ 로프를 손으로 잡지 않도록 한다.
④ 신발은 미끄러지지 않는 작업화를 신어야 한다.

운전 스위치를 수동(점검)으로 한다.

★
21 카 상부에 탑승하여 작업할 때 지켜야 할 사항으로 틀린 것은?

① 정전스위치를 차단한다.
② 카 상부에 탑승하기 전 작업등을 점등한다.
③ 탑승 후에는 외부 문부터 닫는다.
④ 자동스위치를 점검쪽으로 전환한 후 작업한다.

★
22 피트 바닥에서 점검할 항목이 아닌 것은?

① 카와 완충기의 거리
② 조속기와 로프 설치 상태
③ 하부 파이널 리미트 스위치
④ 이동 케이블

정답 14 ② 15 ② 16 ③ 17 ① 18 ④ 19 ④ 20 ② 21 ① 22 ②

23 ★ 피트 내에서 행하여지는 검사가 아닌 것은?

① 카와 완충기 사이의 간격검사
② 완충기의 오일(Oil) 적정 여부 검사
③ 와이어 로프의 장력검사
④ 하부의 강제감속스위치 상태 검사

> 피트 내 검사
> • 피트스위치 동작 여부
> • 완충기 취부상태 양호 여부
> • 카 및 균형추와 완충기의 거리
> • 균형로프 및 부착부 설치 상태
> • 하부 리미트 스위치 / 하부파이널리미트 스위치의 설치·동작 상태
> • 이동 케이블의 손상 여부
> ※ 이동 케이블 : 카를 따라 이동하는 전원 및 제어 케이블

24 ★ 피트 내에서 행하는 검사가 아닌 것은?

① 피트스위치 동작 여부
② 하부 파이널스위치 동작 여부
③ 완충기 취부상태 양호 여부
④ 상부 파이널스위치 동작 여부

25 ★ 피트에서 하는 검사가 아닌 것은?

① 완충기의 설치상태
② 하부 리미트 스위치류 설치상태
③ 균형로프 및 부착부 설치상태
④ 비상구출구 설치상태

26 ★★ 유압식 승강기의 피트내에서 점검을 실시할 때 주의해야 할 사항으로 틀린 것은?

① 피트 내 조명을 점등한 후 들어갈 것
② 피트에 들어갈 때 기름에 미끄러지지 않도록 주의 할 것
③ 기계실과 충분한 연락을 취할 것
④ 피트에 들어갈 때는 승강로 문을 닫을 것

27 ★ 유압식 엘리베이터 자체 점검 시 피트에서 하는 점검항목 장치가 아닌 것은?

① 체크밸브 ② 플런저
③ 이동케이블 및 부착부 ④ 하부 파이널리미트 스위치

> 체크밸브는 유압파워유닛 내에 포함된다.

28 ★★★ 엘리베이터 자체점검기준에서 기계실의 주개폐기에 대한 점검내용으로 옳은 것은?

① 오일쿨러 설치 및 작동상태
② 베어링 및 관련 부품의 노후와 작동상태
③ 설치 및 작동상태
④ 윤활유의 유량 및 노후상태

> ① 기계류 공간 : 유압식 엘리베이터의 유압파워유닛 점검
> ② 기계류 공간 : 전동기, 권상기(감속기) 등
> ④ 기계류 공간의 감속기

29 ★★ 에스컬레이터(무빙워크) 자체점검기준에서 디딤판에 대한 점검내용으로 틀린 것은?

① 디딤판과 스커트 각 측면의 틈새
② 전류·온도 증가 시 전동기 전원차단 상태
③ 트레드 홈의 설치상태
④ 연속되는 2개의 스탭/팔레트의 틈새

> 에스컬레이터의 디딤판
> • 연속되는 2개의 스텝/팔레트의 틈새
> • 디딤판과 스커트 각 측면의 틈새
> • 트레드 홈의 설치상태
> ※ 전동기와 디딤판 점검과는 거리가 멀다.

30 ★★★ 에스컬레이터 자체점검기준에서 전기안전장치의 점검내용으로 틀린 것은?

① 전류/온도 증가 시 전동기 전원차단 상태
② 정지스위치 설치상태 및 작동상태
③ 이동케이블 연결 콘센트의 설치상태
④ 구동 및 순환장소의 정지스위치 설치 및 작동상태

> ③은 운전장치(점검운전 제어반)의 점검에 해당한다.

31 ★★★ 에스컬레이터(무빙워크) 자체점검기준에서 6개월에 1회 점검하는 사항이 아닌 것은?

① 진입방지대, 고정 안내 울타리 등의 설치상태
② 에스컬레이터와 방화셔터의 연동 작동상태
③ 출구 자유공간의 확보 여부
④ 승강장 추락위험 예방조치의 설치 및 고정상태

> ①은 1개월에 1회 점검사항이다.

정답 23 ③ 24 ④ 25 ④ 26 ④ 27 ① 28 ③ 29 ② 30 ③ 31 ①

★★★
32 승강기 자체점검기준에 따라 매월 1회 육안으로 검사해야 하는 항목이 아닌 것은?

① 감속기 윤활유의 유량 및 노후상태
② 전동기 및 관련 부품의 노후 및 작동상태
③ 도르래 및 관련 부품의 마모 및 노후상태
④ 베어링 및 관련 부품의 노후 및 작동상태

엘리베이터 기계류의 점검 중 감속기 윤활유의 유량 및 노후상태는 3개월마다 1회 검사해야 한다.

★★★
33 에스컬레이터(무빙워크) 자체점검기준에서 끼임방지수단에 대한 점검내용으로 옳은 것은?

① 기어오름 방지장치 설치상태
② 스커트 디플렉터 설치상태
③ 손잡이와 구조 부품관의 간섭 여부
④ 디딤판과 구조 부품관의 간섭 여부

① 기어오름 방지장치 : 에스컬레이터 아래층 바닥에서 약 1m 높이의 난간 바깥쪽에 설치하는 장치로, 아이들이 핸드레일 손잡이에 매달려 올리가다 떨어지는 것을 예방하기 위해 설치한다.
② 스커트 디플렉터(안전 브러시, 끼임방지장치) : 끼임 사고를 방지하기 한 후 스커트 가드와 스텝 사이에 브러시를 설치

★★★
34 덤웨이터(소형 화물용 엘리베이터) 자체점검기준으로 카에 대한 점검내용으로 틀린 것은?

① 카의 재질 및 변형상태
② 자동 받침대 문턱이 설치된 경우 작동상태
③ 배관, 밸브 등의 이음 부위 및 누유상태
④ 승강로 벽과 충돌방지 수단의 상태

소형 화물용 엘리베이터의 카 점검내용
- 카의 재질 및 변형상태
- 에이프런의 설치상태
- 자동 받침대 문턱이 설치된 경우 작동상태
- 승강로 벽과 충돌방지 수단의 설치상태

★★★
35 엘리베이터 자체점검기준에서 완충기에 대한 점검내용으로 옳은 것은?

① 로프, 체인이완감지장치 설치 및 작동상태
② 소화설비 비치 및 표적 상태
③ 잭 및 관련 부품의 설치 및 작동상태
④ 전기안전장치 작동상태

①~③은 유압시스템의 점검이다.

★★★
36 에스컬레이터(무빙워크) 자체점검기준에서 추락방지수단에 대한 점검 내용으로 틀린 것은?

① 기어오름 방지장치 설치상태
② 미끄럼 방지장치 설치상태
③ 진입방지를 위한 접근방지대 설치상태
④ 접금금지 장치 설치상태

추락방지수단
- 기어오름 방지장치 설치상태
- 접근금지 장치 설치상태
- 미끄럼 방지장치 설치상태

※ ③은 쇼핑카트의 점검에 해당한다.

★★★
37 엘리베이터의 자체점검기준에서 전기배선에 대한 점검내용으로 틀린 것은?

① 카문 및 승강장문의 바이패스 기능
② 이상 소음 및 진동 발생 상태
③ 모든 접지선의 연결 상태
④ 전기배선(이동케이블 등) 설치 및 손상 상태

정답 32 ② 33 ② 34 ③ 35 ④ 36 ③ 37 ②

ELEVATOR
MATERIAL & ELECTRICAL
BASICS

CHAPTER

03

기계·전기 기초 이론

SECTION

Craftsman Elevator

01 재료의 역학 기초

Main **Key** Point

[예상문항 : 2~4문제] 이 섹션에서는 응력, 변형률, 응력과 안전율에 대한 문제가 자주 출제됩니다. 계산문제가 있어 어렵게 느껴질 수 있으나 기초 개념만 있으면 크게 어렵지 않으니 문제를 통해 숙지합니다.

01 기본 단위

1 SI 단위(국제단위계)와의 비교

구분	SI	MKS	CGS
길이(거리)	m	m	cm
질량	kg	kg	g
시간	s		
온도	K(켈빈)		
힘	N	$N, kg \cdot m/s^2$	$dyn, g \cdot m/s^2$
압력(응력)	Pa	N/m^2	dyn/cm^2
에너지, 일	J(주울)	J	erg
일률	W	W	erg/s
넓이	m^2	m^2	cm^2
부피	m^3	m^3	cm^3
속도	m/s	m/s	cm/s
가속도	m/s^2	m/s^2	cm/s^2
평면각	rad		

2 기초 공식

구분	설명
힘(무게) $\underset{\text{힘}}{F} = \underset{\text{질량}}{m} \times \underset{\text{가속도}}{a}$	• $1[kgf] = 9.8[kg \cdot m/s^2] = 9.8[N]$ → 1kg의 질량을 9.8m/s²의 가속도로 움직이는 힘 • $1[N] = 1[kg \cdot m/s^2]$
일(토크, 모멘트) $\underset{\text{일}}{W} = \underset{\text{힘}}{F} \times \underset{\text{거리}}{s}$ (무게)	• $1[kgf \cdot m] = 9.8[N \cdot m] = 9.8[J]$ → 1kgf (또는 9.8N)의 무게를 1m 움직이는 힘 • $1[erg] = 1[dyn \cdot cm]$ • $1[J] = 1[N \cdot m] = 107[dyn \cdot cm]$
마력(일률, 동력) $HP = \dfrac{\text{일}}{\text{시간}} = \dfrac{W}{t}$	• $1[PS] = 75[kgf \cdot m/s] \fallingdotseq 736[W]$ • $1[HP] = 550[lbf \cdot ft/s] \fallingdotseq 746[W]$ • $1[kW] = 102[kgf \cdot m/s]$ • $1[W] = 1[J/sec] = 1[N \cdot m/s] = 1/9.8[kgf \cdot m/s]$
압력 $P = \dfrac{\text{힘}}{\text{면적}} = \dfrac{F}{A}$	• $1[Pa] = 1[N/m^2] = 1/9.8[kgf/m^2]$ • $1[kgf/cm^2] = 14.2[psi]$

▶ N(뉴톤) : SI단위로 질량 1kg의 물체를 1[m/s²]의 중력가속도로 움직이는 힘을 의미한다.
즉, 1 [kgf] = 9.8 [kg · m/s²] = 9.8 [N]
1 [N] = 1/9.8 [kgf]

① $1J = 1N \cdot m$ (1N의 힘으로 물체를 1m 만큼 움직이는데 소비하는 일의 양) $= 1kg \cdot m^2/s^2 = 0.24cal$ $(1N = 1kg \cdot m/s^2)$

② $1W = 1N \cdot m/s = 1J/s$

③ $1PS = 75kgf \cdot m/s \fallingdotseq 736N \cdot m/s \fallingdotseq 736W$
$\fallingdotseq 0.736kW$ $(1kW = 1.36PS = 102kgf \cdot m/s)$

02 힘의 표현과 하중의 분류

1 힘의 표현

힘은 작용점, 방향, 크기로 표현한다.

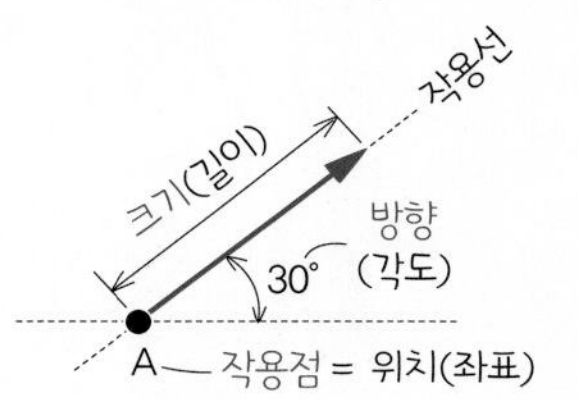

• 크기 : 길이로 표시
• 방향 : 화살표와 각도로 표시
• 작용점 : 좌표로 표시(x, y)
※ 힘의 표시는 벡터로 표시함

2 하중이 작용하는 방향에 따른 분류

종류	설명
인장하중 및 압축하중	축방향으로 늘어나거나 수축하려는 하중
전단하중	축방향에 대해 수직으로 작용하여 재료를 절단하려는 하중
굽힘하중	재료의 축선에 대해 수직으로 작용하여 굽힘을 일으키는 하중
비틀림하중	하중이 축중심으로부터 작용하여 축에 비틀림을 일으키는 하중

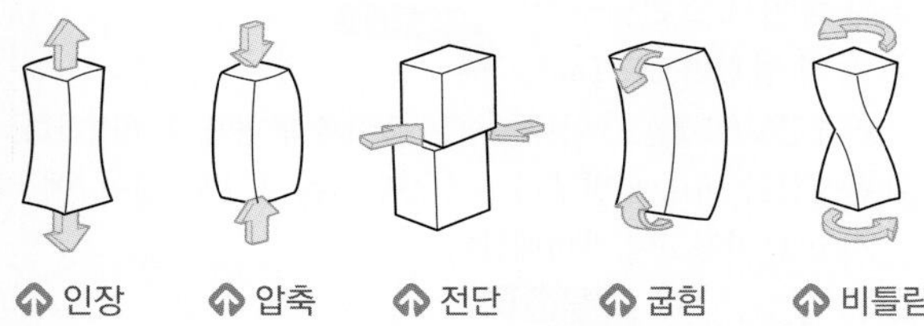

3 작용방법에 따른 하중의 분류

(1) 정하중

시간에 따라 변하지 않는 하중 (예 붙박이 선반, 벽걸이 시계)

(2) 동하중

시간에 따라 변하는 하중 (예 다리 위를 달리는 자동차)

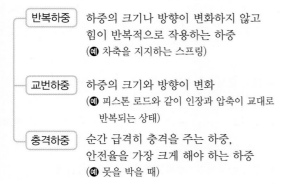

- **반복하중**: 하중의 크기나 방향이 변화하지 않고 힘이 반복적으로 작용하는 하중 (예 차축을 지지하는 스프링)
- **교번하중**: 하중의 크기와 방향이 변화 (예 피스톤 로드와 같이 인장과 압축이 교대로 반복되는 상태)
- **충격하중**: 순간 급격히 충격을 주는 하중, 안전율을 가장 크게 해야 하는 하중 (예 못을 박을 때)

4 하중의 분포에 따른 하중의 분류

① 집중하중 : 한 점에 집중되어 가해지는 하중

② 분포하중 : 재료의 어느 범위 내에 단위 면적당 균일하게 작용하는 하중

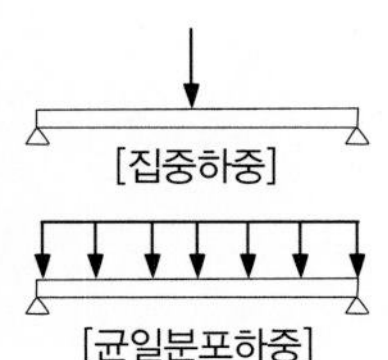

03 응력과 변형률

1 응력(σ) 필수암기

① 물체에 하중을 가했을 때 내부에서 이 하중에 대해 발생하는 저항력을 말하며, 단위면적당 작용하는 힘이다.

→ '하중 = 힘 = 외력'이라는 개념에서 압력과 단위가 같다.

$$응력(\sigma) = \frac{하중(N)}{단면적(m^2)}$$

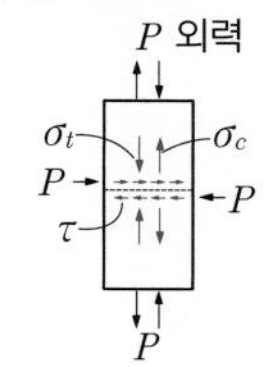

② 종류 : 인장응력(σ_t), 압축응력(σ_c), 전단응력(τ)

③ 응력의 단위 : Pa, N/m^2, kg/m^2

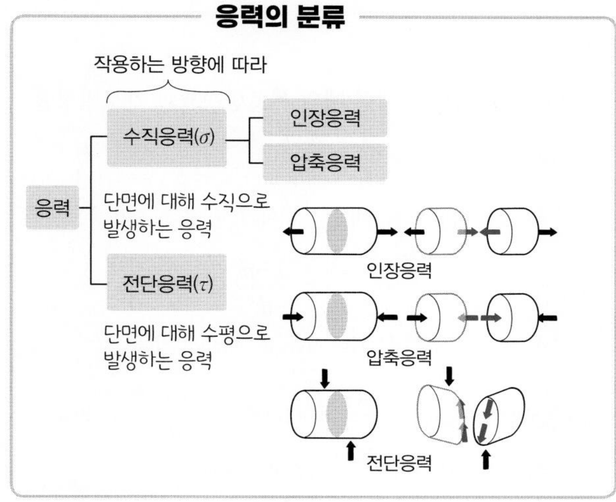

2 수직응력과 전단응력

① 수직응력(법선응력) : 하중이 단면에 수직하게 작용

(주로 인장하중 또는 압축하중을 받았을 때)

② 전단응력(접선응력) : 하중이 단면에 평형하게 작용

(주로 전단하중을 받았을 때)

$$수직응력(\sigma) = \frac{P_{수직}}{A},\ 전단응력(\tau) = \frac{P_{평행}}{A}$$

▶ 수직응력과 전단응력의 개념

수직응력은 단면에 수직방향, 전단응력은 단면방향으로 작용

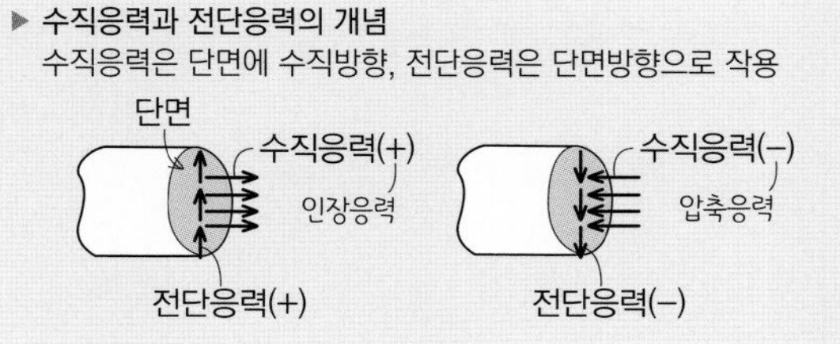

3 변형률(Strain) : 변형량을 원래 길이로 나눈 값

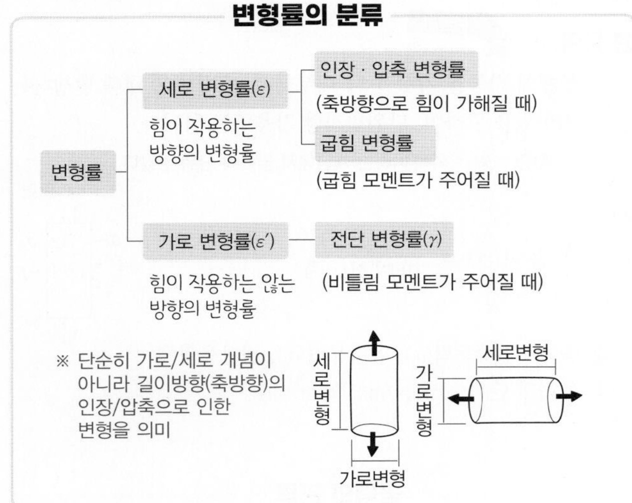

변형률의 분류
변형률
세로 변형률(ε)
힘이 작용하는 방향의 변형률
인장 · 압축 변형률
(축방향으로 힘이 가해질 때)
굽힘 변형률
(굽힘 모멘트가 주어질 때)
가로 변형률(ε′)
힘이 작용하는 않는 방향의 변형률
전단 변형률(γ)
(비틀림 모멘트가 주어질 때)
※ 단순히 가로/세로 개념이 아니라 길이방향(축방향)의 인장/압축으로 인한 변형을 의미
세로변형
가로변형

(1) 축방향 힘이 가해질 때의 세로변형률과 가로변형률

① 세로변형률$(\varepsilon) = \dfrac{\lambda}{l_0} = \dfrac{l-l_0}{l_0}$ ※인장 : $\lambda = l - l_0$ 압축 : $\lambda = l_0 - l$

λ : 길이 변형량, l_0 : 변형 전 길이, l : 변형 후 길이

② 가로변형률$(\varepsilon') = -\dfrac{\delta}{d} = \dfrac{d'-d}{d}$

δ : 지름 변형량, d : 원래 지름, d' : 늘어난 지름

③ 단면수축률$(\phi) = \dfrac{A_0-A}{A_0}\times 100\% = \dfrac{{d_0}^2-d^2}{{d_0}^2}\times 100\%$

A_0 : 변형 전 단면적 A : 변형 후 단면적
d_0 : 변형 전 지름 d : 변형 후 지름

④ 전단변형률$(\varepsilon_s) = \dfrac{\lambda_S}{l} = tan\gamma \fallingdotseq \gamma$

λ_S : 전단 변형량, l : 변의 길이, γ : 전단각

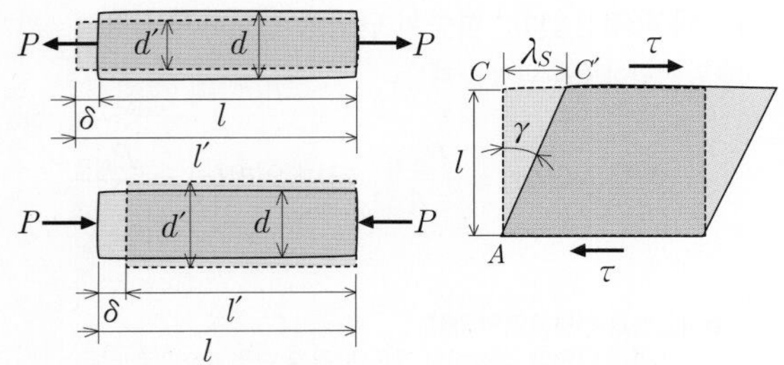

(2) 포아송비(Poisson's ratio)

① 가로변형률을 세로변형률로 나눈 값 (암기 : 프가세)

② 재료의 크기와 형태에 무관한 재료 고유의 값으로 무차원

포아송비를 +값으로 만들기 위해

$$\text{포아송비}(\nu) = -\frac{\varepsilon'}{\varepsilon} = \frac{\frac{\Delta d}{d}}{\frac{\Delta l}{l}} = \frac{\Delta d\cdot l}{\Delta l\cdot d} = \frac{1}{m}$$

ε' : 가로변형률, ε : 세로변형률 m : 포아송 수

포아송 수(m) : '포아송의 비'의 역수 $= \dfrac{1}{\nu}$

4 훅의 법칙과 탄성계수(E)

필수암기

(1) 훅의 법칙(Hook's Law)

① 비례한도(탄성한도) 이내에서는 응력과 변형률이 비례한다.

② 탄성한도 이내에 발생하는 신장량 δ는 힘 P와 길이 l에 비례하고 단면적 A에 반비례한다.

(2) 탄성계수(E) 필수암기

① 재료 고유의 상수값으로, 재료가 하중(응력, N/m²)을 받았을 때 얼마만큼 변형하느냐, 즉 변화하기 어려운 정도를 나타내며, 클수록 쉽게 변형되지 않는다.

$$\text{탄성계수 } E = \frac{\text{응력}(\sigma)}{\text{변형률}(\varepsilon)}\ [\text{N/m}^2],\ \sigma = E\cdot\varepsilon$$

② 세로 탄성계수 = 종탄성계수 = 영률(Young's Modulus)

$$E = \frac{\sigma}{\varepsilon} = \frac{Pl}{A\lambda}\ [\text{N/m}^2] \qquad (\sigma = \frac{P}{A},\ \varepsilon = \frac{\lambda}{l})$$

③ 가로 탄성계수 = 횡탄성계수 = 전단 탄성계수

$$G = \frac{\tau}{\gamma} \qquad (\tau : \text{전단응력},\ \gamma : \text{전단 변형률})$$

④ 체적 탄성계수 : 수직응력과 체적변형률과의 비

5 응력-변형률 선도 필수암기

연강의 시험편에 인장 시험기에 걸어 하중을 작용시키면 재료는 변형된다. 이와 같이 하중에 따른 변형량을 나타낸 것을 말한다.

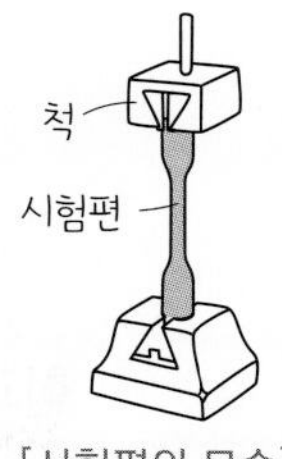

[시험편의 모습]

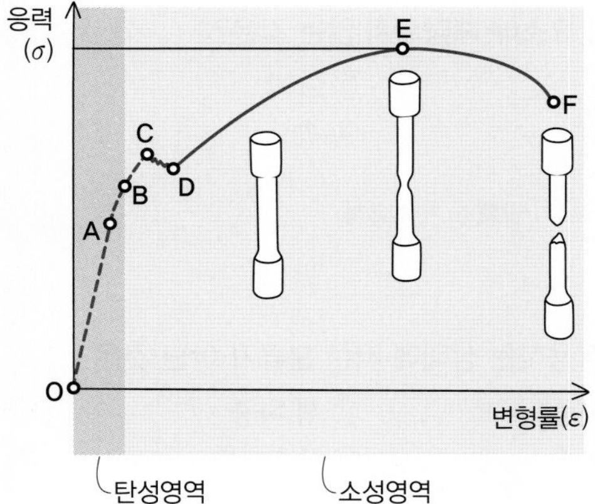

- - - - - - 탄성영역 : 물체가 응력에 비례하여 변형되며, 응력을 제거하면 원상태로 돌아감

——— 소성영역 : 물체가 더 이상 응력에 비례하여 변형되지 않으며, 응력을 제거해도 원상태로 돌아가지 않음

- 비례한도(A) : 변형이 응력에 비례하여 증가
- 탄성한도(B) : 하중을 제거했을 때 변형률 없이 원상태로 회복
- 상·하 항복점(C, D) : 응력변화는 거의 없고 변형률만 증가
- **인장강도, 극한강도**(E) : 인장강도를 넘으면 하중을 제거해도 재료가 계속 변형
- 파단점(F) : 극한강도를 넘어 파괴되기까지의 응력

▶ 극한강도(인장강도) > 항복응력 > 탄성한도 > 허용응력(사용응력)

04 응력과 안전율

1 재료의 강도에 따른 응력 필수암기

① 사용응력 : 기계나 구조물에 실제로 사용하는 응력으로 허용응력보다 작거나 같다.
② 허용응력 : 안전상 허용할 수 있는 최대응력(발생해도 지장이 없는 한계응력)
③ 항복응력 : 항복점에서의 응력, 즉 탄성변형이 일어나는 한계응력
④ 극한강도 : 재료가 견딜 수 있는 최대응력
⑤ 파단강도 : 파단점에서의 응력

2 안전율

재료의 극한강도와 허용응력과의 비

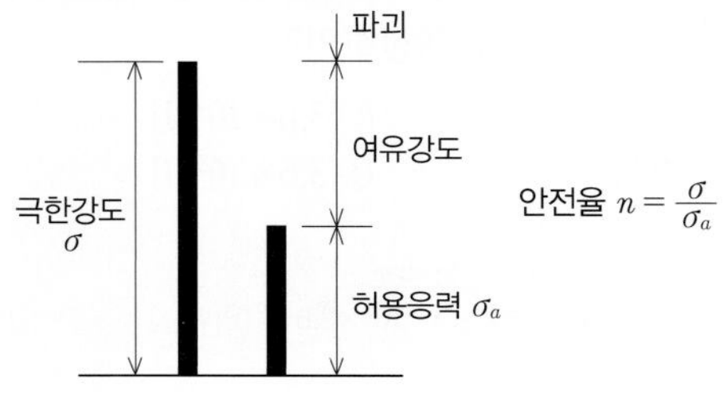

안전율 $n = \frac{\sigma}{\sigma_a}$

$$\text{연성재료의 안전율}(S) = \frac{\text{극한강도}}{\text{허용응력}}$$

→ 안전율은 1보다 커야 한다.
→ 취성재료의 안전율은 극한강도 대신 인장강도가 기준강도가 됨

▶ 참고) 엘리베이터·에스컬레이터의 안전율
카가 정격하중을 싣고 최하층에 정지하고 있을 때 로프(또는 체인) 1가닥의 최소 파단하중(N)과 이 로프(또는 체인)에 걸리는 최대 힘(N) 사이의 비율

구분	내용
엘리베이터	• 현수로프, 체인 및 벨트 : 8 이상 (현수로프 : 12 이상, 현수체인 : 10 이상, 조속기로프 : 8 이상) • 균형로프, 균형체인 또는 균형벨트와 같은 보상수단 : 5 이상
에스컬레이터	• 연결부를 포함한 벨트 : 5 이상 • 모든 구동부품 : 5 이상

기출문제

★ 숫자는 빈출 정도 및 중요도를 나타냅니다.

01 기초 단위

★
1 질량 1g의 물체에 $1 cm/sec^2$의 가속도를 주는 힘은?

① 1N ② 1J
③ 1erg ④ 1dyne

뉴톤[N]은 물질의 질량을 끌어당기는 지구 중력을 양으로 측정한 것이다. 이는 $1[kg \cdot m/s^2]$은 1kg(또는 g)의 질량을 갖는 물체를 $1 m/s^2$(또는 $1 cm/s^2$)만큼 가속시키는데 필요한 힘이다.

★★
2 1 kWh를 줄(Joule)로 환산하면?

① 3.6×10^3 [J] ② 3.6×10^4 [J]
③ 3.6×10^5 [J] ④ 3.6×10^6 [J]

1[J] = 1[N·m] = 1[W·s]이므로
1kWh = 1000W×3600s = $10^3 \times 3.6 \times 10^3$[W·s] = 3.6×10^6[J]

★★
3 1 HP(마력)을 W(와트)로 환산하면?

① 746 [W] ② 756 [W]
③ 765 [W] ④ 860 [W]

1 HP = 746 W, 1 PS = 736 W

★
4 동력 3730W는 약 몇 마력인가?

① 3 ② 5 ③ 7 ④ 10

1HP = 746W이므로, $\frac{3730}{746}$ = 5HP (HP : 마력의 단위)

★★
5 1 J /s 와 같은 것은?

① 1 cal ② 1 A
③ 860 cal ④ 1 W

1 [W] = 1 [N·m/s] = 1 [J/s]

02 힘과 하중

★
1 힘의 3대 요소에 해당되지 않는 것은?

① 방향 ② 크기
③ 작용점 ④ 속도

힘의 3대 요소 : 방향, 크기, 작용점

★
2 하중이 작용하는 상태에 따른 분류가 아닌 것은?

① 전단하중 ② 휨 하중
③ 압축하중 ④ 충격하중

하중이 작용하는 상태에 따른 분류 : 인장·하중, 굽힘, 전단, 비틀림

★★★
3 하중의 시간변화에 따른 분류가 아닌 것은?

① 충격하중 ② 반복하중
③ 전단하중 ④ 교번하중

하중의 시간변화에 따른 분류 : 정하중, 동하중(충격하중, 반복하중, 교번하중)

★★
4 매우 느리게 가해지는 크기가 일정한 하중이며, 가해진 상태에서 정지하고 있는 하중은?

① 정하중 ② 동하중
③ 교번하중 ④ 반복하중

★★
5 엘리베이터의 로프와 같이 하중의 크기와 방향이 일정하게 되풀이 작용하는 하중은?

① 집중하중 ② 분포하중
③ 반복하중 ④ 충격하중

정답 **1** 1 ① 2 ④ 3 ① 4 ② 5 ④ **2** 1 ④ 2 ④ 3 ③ 4 ① 5 ③

03 응력과 변형률

★★★
1 응력은 단위 면적당 가해지는 힘으로서, 가해지는 하중의 종류에 따라 구분된다. 다음 중 응력의 구분으로 옳지 않은 것은?

① 휨응력 ② 안전응력
③ 전단응력 ④ 압축응력

★★★
2 재료의 응력이란?

① $응력 = \frac{하중}{변형된\ 길이}$ ② $응력 = \frac{단면적}{변형된\ 길이}$

③ $응력 = \frac{하중}{단면적}$ ④ $응력 = \frac{변형된\ 길이}{단면적}$

★★★
3 물체에 하중이 작용할 때, 그 재료 내부에 생기는 저항력을 내력이라 하고 단위면적당 내력의 크기를 응력이라 하는데 이 응력을 나타내는 식은?

① $\frac{단면적}{하중}$ ② $\frac{하중}{단면적}$

③ 단면적×하중 ④ 하중 − 단면적

★★
4 응력(stress)의 단위는?

① kcal/h ② %
③ kg/cm^2 ④ kg·cm

응력은 압력의 단위와 동일하다.

★★★
5 인장응력을 가장 옳게 설명한 것은?

① 재료내부에 인장힘이 발생하여 갈라지는 균열현상
② 재료외부에 인장힘이 발생하여 갈라지는 균열현상
③ 재료가 외력을 받아 인장되려고 할 때 재료 내에서 생기는 응력
④ 재료가 내력을 받아 인장되려고 할 때 재료 내에서 생기는 응력

응력이란 외력을 받을 때 재료 내에 발생하는 내력을 말하며, 인장응력은 인장하려는 외력을 받을 때 재료 내에 발생하는 내력이다.

★★★
6 인장(압축)응력 σ에 관한 공식으로 옳은 것은? (단, P : 집중하중, A : 단면적, W : 등분포하중, λ : 변형량, l : 평면간 거리이다.)

① $\sigma = \frac{P}{A}$ ② $\sigma = \frac{\lambda}{l}$

③ $\sigma = \frac{W}{A}$ ④ $\sigma = \frac{W}{l}$

★★
7 지름이 36mm인 짧고 둥근막대에 40000 N의 압축하중을 가했을 때 압축응력은?

① 약 20 N/mm^2
② 약 30 N/mm^2
③ 약 40 N/mm^2
④ 약 50 N/mm^2

$응력 = \frac{W}{A} = \frac{40000\ N}{0.785 \times 36\ mm^2} ≒ 40\ N/mm^2$

(0.785 → $\frac{\pi}{4}$)

★★★
8 응력과 변형률에 관련된 설명 중 올바른 것은?

① 탄성한계 내에서 변형률과 응력은 반비례한다.
② 포와송비는 세로변형률과 가로변형률의 곱으로 나타낸다.
③ 응력은 단위부피당 내력의 크기를 말한다.
④ 변형률은 응력이 작용하여 발생한 변형량과 변형 전 상태량과의 비를 말한다.

① 탄성한계 내에서 변형률과 응력은 비례한다.

② $포와송비 = \frac{1}{포와송수(m)} = \frac{가로(횡방향)\ 변형률}{세로(종방향)\ 변형률}$

③ 응력 : 단위면적당 작용하는 내력(힘)의 크기 [kgf/cm^2]

④ $변형률 = \frac{변형량(변형\ 후\ 상태량 - 변형\ 전\ 상태량)}{변형\ 전\ 상태량}$

★★
9 응력에 대한 설명으로 옳은 것은?

① 좌굴응력은 단순응력이다.
② 인장응력과 압축응력은 수직응력이다.
③ 비틀림응력은 수직응력의 일종이다.
④ 굽힘응력은 전단응력에 의하여 생긴다.

재료가 인장되거나 압축되는 것은 주로 수직으로 압력이 가할 때이다.

정답 3 1② 2③ 3② 4③ 5③ 6③ 7③ 8④ 9②

chapter 03

10 다음 중 응력을 가장 크게 받는 것은? (단, 다음 그림은 기둥의 단면 모양이며, 가해지는 하중 및 힘의 방향은 같다.)

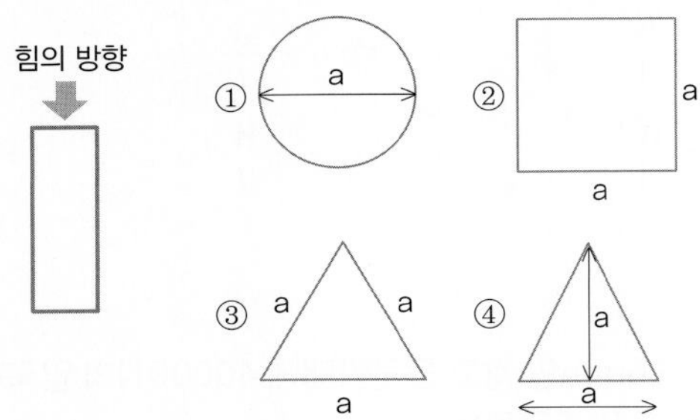

> a = 1을 대입하여 단면적 값을 비교하면
>
> ① $\frac{\pi}{4} \times 1^2 = 0.785$ ② $1 \times 1 = 1$, ④ $2 \times (1 \times \frac{1}{2}) = 1$
>
> ③ 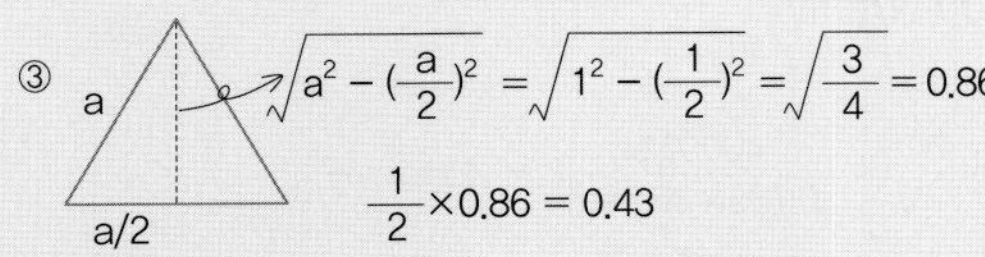
>
> $\sqrt{a^2 - (\frac{a}{2})^2} = \sqrt{1^2 - (\frac{1}{2})^2} = \sqrt{\frac{3}{4}} = 0.86$
>
> $\frac{1}{2} \times 0.86 = 0.43$
>
> 응력 $= \frac{W}{A}$이므로 단면적이 가장 적은 ③의 응력이 가장 크다.

11 가로 a, 세로 b인 직사각형의 단면을 갖는 봉이 하중 P를 받아 인장되었다. 이 봉에 작용한 인장응력을 구하는 식은?

① $\frac{a \times b^2}{P}$ ② $\frac{P}{a \times b^2}$
③ $\frac{a \times b}{P}$ ④ $\frac{P}{a \times b}$

12 재료를 그림과 같은 상태로 절단할 때 작용하는 하중은?

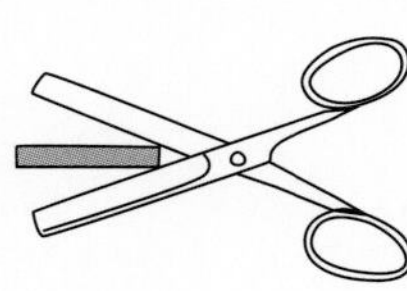

① 인장 하중
② 압축 하중
③ 전단 하중
④ 휨 하중

13 그림과 같이 물체에 하중(W_S)을 작용시키면 단면에 수평으로 작용하는 응력(τ)을 무엇이라고 하는가?

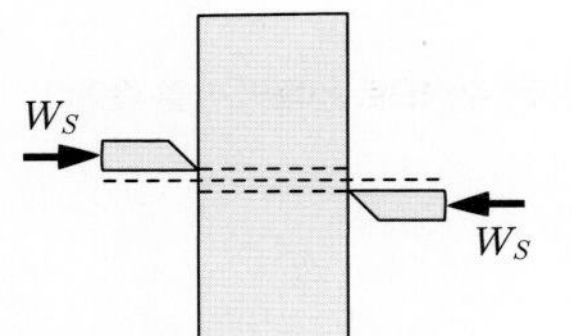

① 인장응력
② 전단응력
③ 압축응력
④ 경사응력

14 그림과 같은 구조물에 자동차가 정지하여 있다. ⓐ와 ⓑ의 구조물에 가장 많이 작용하는 하중은?

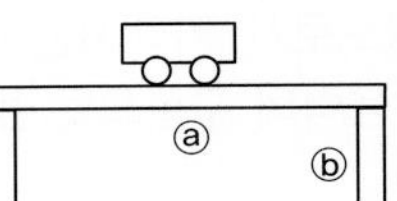

① 인장 하중, 압축 하중
② 압축 하중, 전단 하중
③ 휨 하중, 압축 하중
④ 전단 하중, 인장 하중

15 자전거의 페달에 작용하는 하중은?

① 비틀림하중
② 휨하중
③ 교번하중
④ 인장하중

> 교번하중 : 반복 하중 중, 크기 뿐만 아니라 방향도 변하는 하중

16 탄소강의 응력변형곡선에서 항복점을 나타내는 점은?

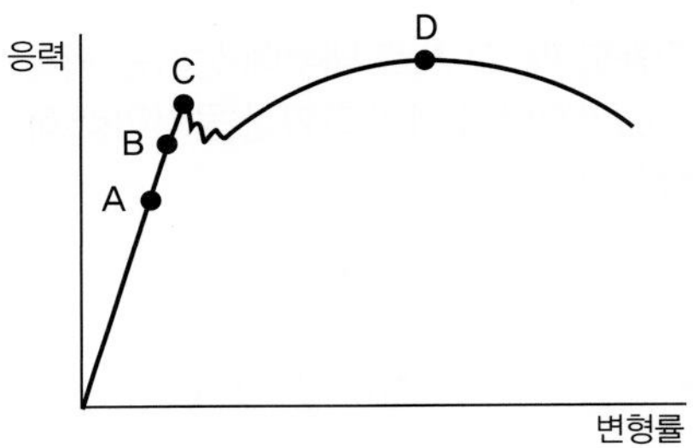

① A ② B
③ C ④ D

> A : 비례한도 B : 탄성한도
> C : 항복점 D : 극한강도

17 '비례한도 내에서 응력과 변형률은 비례한다.' 이것은 무슨 법칙인가?

① 뉴톤의 법칙
② 운동의 법칙
③ 후크의 법칙
④ 가우스의 법칙

> 비례한도(Proportional Limit)란 응력은 변형률에 비례하여 커지지만 한도(Limit)이 있다는 의미로, 이를 '후크의 법칙'이라 한다.

정답 10 ③ 11 ④ 12 ③ 13 ② 14 ③ 15 ③ 16 ③ 17 ③

★★
18 연강의 응력-변형률 선도에서 후크의 법칙(hook's law)이 성립되는 구간으로 알맞은 것은?

① 극한강도
② 항복점
③ 소성변형
④ 비례한도

★★
19 응력-변형률 선도에서 하중의 크기가 적을 때 변형이 급격히 증가하는 점을 무엇이라 하는가?

① 항복점
② 피로한도점
③ 응력한도점
④ 탄성한계점

항복점 : 응력(하중)이 증가하지 않는데도 변형률이 크게 증가하는 지점

★★★
20 응력 변형률에서 허용응력이 커지면 반비례적으로 적어지는 것은?

① 경사응력
② 사용응력
③ 극한강도
④ 실제 변형률

★★★
21 응력-변형률 선도에서 재료가 견딜 수 있는 최대응력을 무엇이라 하는가?

① 비례한도
② 탄성한도
③ 항복점
④ 극한강도

- 비례한도 : 응력에 따른 변형률도 비례하여 증감하는 최대응력
- 탄성한도 : 비례한도 전후에 부과된 하중을 제거했을 때 변형없이 원상 회복되는 탄성변형의 최대응력
- 항복점 : 응력(하중)이 증가하지 않는데도 변형률이 크게 증가하는 점의 응력
- 극한강도(인장강도) : 재료가 파괴되지 않고 견딜 수 있는 최대응력

★★★
22 다음 강도 중 상대적으로 값이 가장 작은 것은?

① 파괴강도
② 극한강도
③ 항복응력
④ 허용응력

★
23 길이 50mm의 원통형의 봉이 압축되어 0.0002의 변형률이 생겼을 때, 변형 후의 길이는 몇 mm 인가?

① 49.98mm
② 49.99mm
③ 50.01mm
④ 50.02mm

변형률 $= \dfrac{\text{길이 변형량}}{\text{원래 길이}} = 0.0002$

길이 변형량(수축량) = 50mm×0.0002 = 0.01mm

※ 50−0.01=49.99mm

★
24 길이가 300mm 인 봉이 인장력을 받아 1.5mm 늘어났을 때 길이 방향 변형률은?

① 5.0×10^{-3}
② 55.0×10^{-3}
③ 61.33×10^{-3}
④ 1.33×10^{-3}

변형률 $= \dfrac{\text{길이 변형량}}{\text{원래 길이}} = \dfrac{1.5\text{ mm}}{300\text{ mm}} = 0.005 = 5 \times 10^{-3}$

기초 알아두기) 소수점을 10^{-x} 형태로 표현하기

$0.002 = 2 \times 10^{-3}$

소수점이 '1' 뒤에 놓이려면 3번 이동해야 한다.
1칸은 '10'을 의미하며, 1×10^{-3}로 표현한다.

★★
25 길이 1m의 봉이 인장력을 받고 0.2mm 만큼 늘어났다. 인장변형률은 얼마인가?

① 0.0001
② 0.0002
③ 0.0004
④ 0.0005

변형률 $= \dfrac{\text{길이 변형량}}{\text{원래 길이}} = \dfrac{0.2\text{mm}}{100\text{mm}} = 0.0002$

정답 18 ④ 19 ① 20 ③ 21 ④ 22 ④ 23 ② 24 ① 25 ②

★★
26 길이 60cm, 지름 2cm의 연강 환봉을 2000N의 힘으로 길이방향으로 잡아당길 때 0.018cm가 늘어난 경우 변형률(strain)은?

① 0.0003 ② 0.003
③ 0.009 ④ 0.09

$변형률 = \frac{길이\ 변형량}{원래\ 길이} = \frac{0.018}{60} = 0.0003$

★★★
27 길이가 1m인 황동봉에 인장하중이 작용하여 길이가 1.007m로 늘어났다면 이 때 보의 변형률은 얼마인가?

① 0.001 ② 0.003
③ 0.005 ④ 0.007

$변형률 = \frac{길이\ 변형량}{원래\ 길이} = \frac{1.007-1}{1} = 0.007$

★
28 인장시험 전의 지름이 15mm이고, 시험 후 파단부의 지름이 13mm 일 때 단면 수축률은 약 몇 % 인가?

① 13.33 ② 24.89
③ 36.66 ④ 49.78

$단면수축률 = \frac{단면적\ 변형량}{원래\ 단면적} = \frac{15^2-13^2}{15^2} \times 100\% = 24.89\%$

★★★
29 안전율에 관한 식은?

① $\frac{허용응력}{극한강도}$ ② $\frac{극한강도}{허용응력}$
③ $\frac{허용응력}{탄성한도}$ ④ $\frac{탄성한도}{허용응력}$

★★
30 연강의 인장강도가 3600kg/cm²일 때 이것을 안전율 6으로 사용하면 허용응력은 몇 kg/cm²인가?

① 36 ② 60
③ 360 ④ 600

연강은 극한강도 대신 인장강도로 안전율을 고려한다.
$안전율 = \frac{인장강도}{허용응력} \rightarrow 6 = \frac{3600}{허용응력} \rightarrow 허용응력 = 600$

★★★
31 기계 및 구조물의 안전율에 대한 설명 중 옳지 않은 것은?

① 구조물의 안전율이 1 일 때 가장 안전하다.
② 재료의 극한강도를 허용응력으로 나눈 값이다.
③ 단위는 무명수이다.
④ 구조물을 시공할 때에는 안전율 이상으로 하여야 한다.

$안전율 = \frac{극한강도}{허용응력}$ 이므로 1이라면 허용응력이 극한강도이 같다는 의미이다. 즉, 허용할 수 있는 응력이 파괴 직전의 재료가 감당하는 최대 응력과 같으므로 위험하다.
※ 안전율은 1보다 클 때 안전 (안전율 ≤ 1 : 위험)

★★★
32 승강기의 카 프레임의 단면적 30cm²에 걸리는 무게가 2400kgf이고 사용재료의 인장강도가 4000kgf/cm² 일 때 안전율은 얼마인가?

① 16 ② 50
③ 80 ④ 133

❶ $(허용)응력 = \frac{2400kgf}{30cm^2} = 80kgf/cm^2$
❷ $안전율 = \frac{인장강도}{허용응력} = \frac{4000}{80} = 50$

★
33 25kN의 압축하중을 받는 짧은 연강의 둥근봉이 있다. 연강의 인장강도가 45N/mm² 이고, 안전율이 3이라면 허용응력은 몇 N/mm² 인가?

① 10 ② 15
③ 60 ④ 135

$안전율 = \frac{극한강도(인장강도)}{허용응력} \rightarrow 3 = \frac{45}{허용응력} \rightarrow 허용응력 = 15$

★★
34 인장강도가 400kg/cm²인 재료를 사용응력 100kg/cm²로 사용하면 안전계수는?

① 1 ② 2
③ 3 ④ 4

안전계수는 안전율과 같다. $안전율 = \frac{인장강도}{허용응력} = \frac{400}{100} = 4$

정답 26 ① 27 ④ 28 ② 29 ② 30 ④ 31 ① 32 ② 33 ② 34 ④

35 ★★★ 인장강도가 430 N/mm^{2}인 주철의 안전율이 10이면 허용응력은 몇 N/mm^{2}인가?

① 4300　② 21.5
③ 2150　④ 43.0

안전율 $S = \frac{\text{인장강도}}{\text{허용응력}} = \frac{430}{\text{허용응력}} = 10$, 허용응력 = 43

36 ★★ 재료의 종변형률 ε 이란?

① $\varepsilon = \frac{\text{변형된 길이}}{\text{원래의 길이}}$　② $\varepsilon = \frac{\text{하중}}{\text{원래의 길이}}$
③ $\varepsilon = \frac{\text{원래의 길이}}{\text{변형된 길이}}$　④ $\varepsilon = \frac{\text{하중}}{\text{응력}}$

37 ★★★ 어떤 물체의 영률(Young's modulus)이 작다는 것은?

① 안전하다는 것이다.
② 불안전하다는 것이다.
③ 늘어나기 쉽다는 것이다.
④ 늘어나기 어렵다는 것이다.

영률(탄성계수, 탄성률)은 물체를 양쪽에서 잡아 늘일 때 물체의 늘어나는 정도와 변형되는 정도를 말하며, 재료 고유의 강성을 나타낸다. 영률이 클수록 강도가 크다는 것을 의미이다.

38 ★ 다음 중 탄성률이 가장 큰 것은?

① 스프링　② 섬유질
③ 금강석　④ 진흙

탄성률(탄성계수)가 클수록 재료의 강도가 크다. (잘 늘어나지 않는다)

39 ★★★ 포아송 비에 해당하는 식은?

① $\frac{\text{가로변형률}}{\text{세로변형률}}$　② $\frac{\text{세로변형률}}{\text{가로변형률}}$
③ $\frac{\text{가로변형률}}{\text{부피변형률}}$　④ $\frac{\text{세로변형률}}{\text{부피변형률}}$

포와송비 : 재료 내부의 수직 응력에 의한 가로변형률과 세로변형률의 비를 말한다.

40 ★★★ 단면이 60mm×35mm인 장방형 보에 발생하는 압축응력이 5 N/mm^{2}일 경우 몇 kN의 압축력이 작용하는가?

① 5.75 kN　② 10.5 kN
③ 21.0 kN　④ 42.0 kN

압축응력 $\sigma = \frac{P}{A}$, $P = \sigma A = 5\times(60\times35) = 10500\text{ N} = 10.5\text{ kN}$

41 ★★ 지름이 4cm, 길이가 4m인 환봉에 6000kgf의 인장력을 받아서 길이가 0.20cm 늘어나고 지름이 0.0008cm 줄어들었을 때 재료의 내부에 생기는 인장응력(σ)은 약 몇 kgf/cm^{2}인가?

① 42.4　② 47.7
③ 424.4　④ 477.5

인장응력 $\sigma = \frac{\text{하중}(P)}{\text{단면적}(A)} = \frac{P}{(\pi/4)\times d^2}$ [kgf/cm^2]
$= \frac{6000\text{ kgf}}{0.785\times4^2\text{ cm}^2} = 477.7\text{ kgf/cm}^2$

※ 변형률이 아닌 응력을 묻는 문제임에 주의한다.

42 ★ 시편 지름이 D = 14mm, 평행부가 60mm, 표점거리는 50 mm, 인장하중이 P = 9930 N 일 때 인장응력 σ(N/mm^2) 및 연신율 ε(%)은 약 얼마인가?
(단, 절단 후의 표점거리 l = 64.3mm이다.)

① $\sigma = 64.5$, $\varepsilon = 28.6$
② $\sigma = 64.5$, $\varepsilon = 38.6$
③ $\sigma = 54.5$, $\varepsilon = 38.6$
④ $\sigma = 54.5$, $\varepsilon = 28.6$

인장응력(σ) $= \frac{\text{인장하중(P)}}{\text{단면적(A)}} = \frac{9930\text{ N}}{0.785\times14^2\,[\text{mm}^2]} \fallingdotseq 64.5\text{ N/mm}^2$
연신율(ε) $= \frac{\text{변형량}(\lambda)}{\text{원래길이}(l)}\times100\% = \frac{64.3-50}{50}\times100 = 28.6\ \%$

정답 35 ④ 36 ① 37 ③ 38 ③ 39 ① 40 ② 41 ④ 42 ①

43 ★★★ 재료의 성질을 나타내는 세로탄성계수(영률 E)의 단위가 맞는 것은?

① N
② N/cm^2
③ N·m
④ N/cm

영률(탄성계수) : 물체가 응력(Stress)에 대해 길이가 어떻게 변화하는 지는 나타내는 계수로서, 물체의 고유한 성질이다.
'응력 = 탄성계수/변형률'이며, 압력의 단위와 동일하다.

44 ★★ 강 구조물 재료에서 인장강도(σ_u), 허용응력(σ_a), 사용응력(σ_w)과의 관계로 다음 중 적합한 것은?

① $\sigma_u > \sigma_a \geq \sigma_w$
② $\sigma_u > \sigma_w \geqq \sigma_a$
③ $\sigma_w > \sigma_u \geq \sigma_a$
④ $\sigma_w > \sigma_a \geqq \sigma_u$

인장(극한)강도 > 항복점 > 탄성한도 > 허용응력 ≥ 사용응력
허용응력 : 재료를 사용할 때 허용할 수 있는 최대 응력
사용응력 : 실제로 안전하게 사용할 때 재료에 작용하는 응력

45 ★ 어떤 물체가 받는 마찰력은 접촉하는 상태의 마찰계수와 어떤 것의 곱에 비례하는가?

① 속도
② 가속도
③ 수직력
④ 수평력

46 ★ 좌굴을 일으키는 원인이 아닌 것은?

① 축선이 휘었을 때
② 재질이 강철일 때
③ 재질이 불균일할 때
④ 편심하중이 작용할 때

좌굴(挫屈, buckling)이란 기둥과 같이 부재가 축방향으로 힘을 가했을 때 어느 한계를 넘으면 휘는 성질을 말한다.

47 ★★ 지름 2cm, 길이 4m인 봉이 축인장력 400kg을 받아 지름이 0.001mm 줄어들고, 길이는 1.05mm 늘어났다. 이 재료의 포와송수 m은 얼마인가?

① 3.25
② 4.25
③ 5.25
④ 6.25

$$\text{포와송수 } m = \frac{\text{세로 변형률}}{\text{가로 변형률}} = \frac{\dfrac{\text{세로 변형량}}{\text{원래 길이}}}{\dfrac{\text{가로 변형량}}{\text{원래 지름}}} = \frac{\dfrac{1.05}{4000}}{\dfrac{0.001}{20}}$$

$$= \frac{1.05 \times 20}{4000 \times 0.001} = 5.25$$

48 ★ 스프링의 세기를 나타내는 것은?

① 스프링의 전체 길이
② 스프링의 탄성계수
③ 스프링의 강도
④ 스프링의 유효길이

탄성계수는 스프링이 얼마나 잘 늘어나는지를 나타낸 것으로 스프링의 세기를 나타낸다.

49 ★★★ 재료의 안전성을 고려하여 허용할 수 있는 최대응력을 무엇이라 하는가?

① 주 응력　② 사용 응력
③ 수직 응력　④ 허용 응력

정답 43 ② 44 ① 45 ③ 46 ② 47 ③ 48 ② 49 ④

SECTION

Craftsman Elevator

02 기계요소별 구조와 원리

[예상문항 : 0~1문제] 이 섹션에서는 약 1문항 정도만 출제되며 최소한 기출 및 모의고사 위주로 학습하며 개념을 숙지합니다.

01 링크와 캠 기구

1 링크(Link) 기구

① 3개 이상의 서로 연결된 링크(막대)를 핀으로 연결하고, 링크의 회전운동, 직선운동, 왕복운동 등으로 동력 전달을 변환시키는 기구이다.

② 링크기구의 구성요소
- 크랭크 : 고정절의 둘레를 회전시킴
- 연결봉(커넥터 로드)
- 레버 : 고정절의 둘레가 제한적 왕복운동 또는 직선운동

③ 특징 : 마찰에 의한 동력손실이 적고 동력을 확실하게 전달한다.

④ 링크장치의 이용
- 자전거 : 다리의 상하 운동 → 스프로킷을 회전
- 발재봉틀 : 발판의 상하 운동 → 벨트·바퀴를 회전
- 내연기관 : 피스톤의 왕복 운동 → 크랭크축을 회전
- 선풍기 : 전동기의 회전운동 → 몸체가 좌우로 왕복운동
- 자동차의 자재 이음 : 일직선상에 있지 않은 두 축에 회전 운동 전달

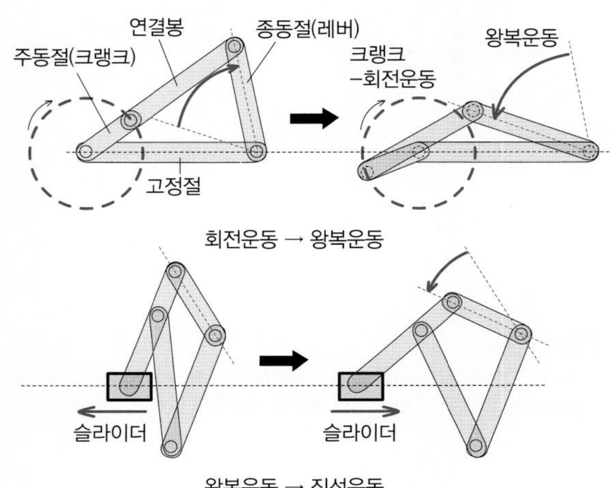

4절 링크장치의 운동 예

2 캠(cam) 기구

① 특수모양의 원동절을 이용하여 회전운동을 직선운동(또는 왕복운동)으로 변환시키는 기구를 말한다.

② 구성요소 : 원동절(캠), 종동절, 고정절

③ 캠의 종류

평면 캠	• 접촉 부분이 평면운동을 하는 캠 • 판 캠, 정면 캠, 직선운동 캠, 삼각 캠
입체 캠	• 입체 표면에 여러 모양의 홈이나 단면을 만들어 복잡한 운동을 할 수 있게 한 캠 • 단면 캠, 원통 캠, 원뿔 캠, 구형 캠, 경사 캠

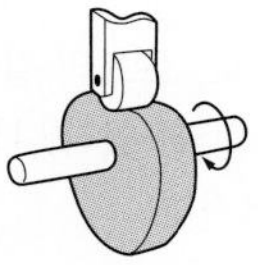

판 캠
가장자리가 굽은 모양으로, 캠을 회전시키면 접촉자는 주기적인 직선운동을 변경한다.

정면 캠
판 캠의 내부를 파내어 홈을 종동절의 롤러를 끼워 직선운동을 변경한다. 롤러 이탈이 적어 동력전달이 확실한 장점이 있다.

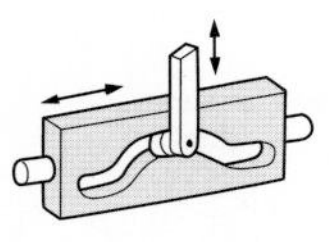

직선 캠
원동절이 왕복직선운동을 하는 캠

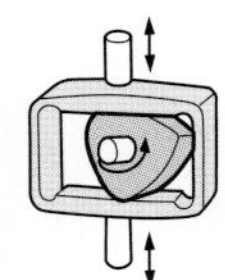

삼각 캠
삼각모양의 원동캠을 회전시면 프레임이 직선상하운동을 한다.

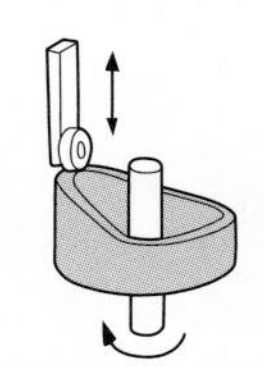

단면 캠

원통 캠
원통 표면에 안내 홈을 가공하여 주동절을 회전시켜 종동절이 평행한 직선왕복운동을 함

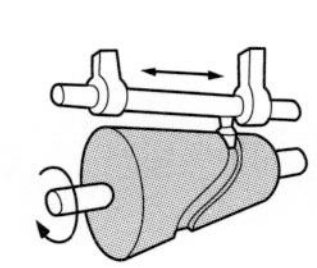

원뿔 캠(원추 캠)
원통형과 유사하며, 차이점은 종동절이 각도를 이루어 직선왕복운동을 함

chapter 03

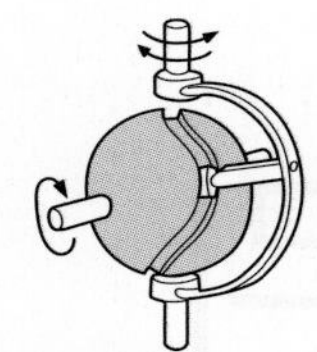

구형 캠(구면 캠)
구의 표면에 안내홈을 가공하여 종동절이 좌우 요잉운동(제한된 회전운동)을 함

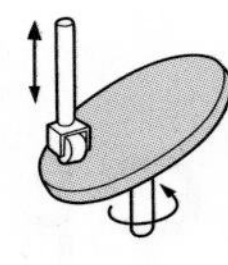

경사판 캠
단면 판을 기울여 회전시켜 종동절이 직선왕복운동을 함

02 도르래(활차)와 벨트

1 도르래

로프와 도르래를 조합하여 작은 힘으로 큰 하중을 움직일 수 있는 장치

① 단활차 : 도르래 1개만을 사용

정활차 (고정도르래)	• 힘의 방향만 변환 ($P = W$) • 힘의 이득이 없음
동활차	하중을 위로 올릴 경우 1/2의 힘으로 올릴 수 있다.($P = 2W$)

② 복활차 : 정활차와 동활차를 조합한 것으로, 로프의 길이가 길어지지만 동일한 하중을 작은 힘으로 올릴 수 있다. 복활차는 동활차의 수가 많을수록 2^n 배 힘이 적어진다.

복활차의 올리는 힘 $P = \dfrac{W}{2^n}$

- W : 하중
- n : 동활차의 갯수

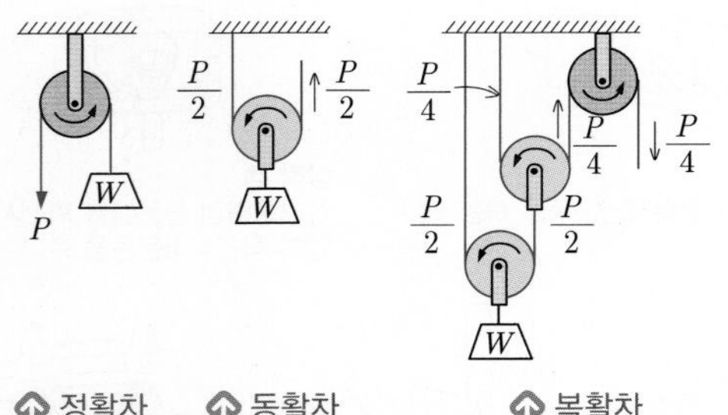

정활차 동활차 복활차

2 V벨트

① 단면 : 사다리꼴 형

② V벨트의 종류 : M, A, B, C, D, E형

→ 단면적 및 인장강도는 M형에서 E형으로 갈수록 커진다.

M 10.0 5.5 | A 12.5 9.0 | B 16.5 11.0 | C 22.0 14.0 | D 31.5 19.0 | E 38.0 25.5

③ 호칭번호 : 유효길이를 inch로 표시

④ V벨트 전동장치의 특징

- 마찰력이 평벨트보다 크고, 미끄럼이 적다.
- 속도비가 크다.(1 : 7)
- 이음이 없으므로 전체가 균일한 강도를 갖는다.
- 작은 인장력으로 큰 회전력을 전달한다.
- 평벨트처럼 벗겨질 염려가 적다.
- 풀리의 지름이 작거나, 풀리 사이의 중심거리(축간거리)가 짧은 곳에 주로 사용한다.
- 운전이 정숙하고, 충격 완화 효과가 있다.
- 초기 장력을 주기 위해 중심거리 조정장치가 필요
- 엇걸이(십자걸이)는 불가능하다.

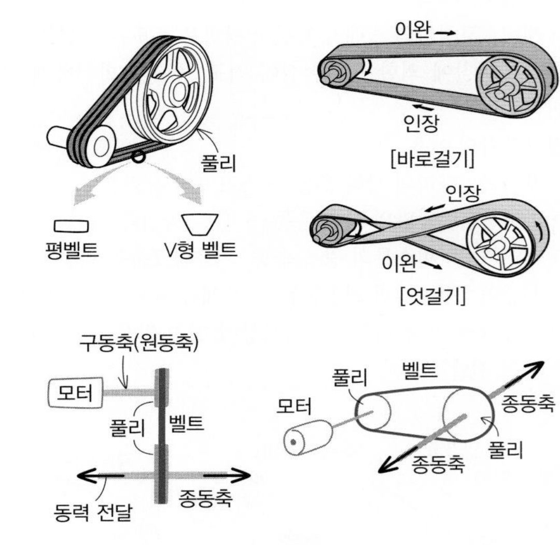

▶ **풀리(Pully)**
동력 전달 축 또는 전달 받는 축의 끝에 설치된 도르래 형태의 휠(wheel)을 말하며, 풀리 사이에 벨트를 이용하여 동력이 전달된다.

03 베어링

1 베어링(bearing)이란

회전축 또는 왕복 운동하는 축을 지지하여 운동을 원활하게 하고 축에 작용하는 하중에 견디는 부품

2 베어링 재료의 구비조건

① 마찰 저항이 적을 것(마찰계수는 적을 것)
② 강도가 클 것
③ 내마모성, 내식성, 내열성, 피로강도, 열전도성이 클 것

3 베어링의 종류

① 구름(rolling) 베어링 : 볼 또는 롤러 모양으로 축과 점 접촉 또는 선 접촉을 하여 마찰면적이 작다(마찰계수가 작다).

> • 기본 정격 하중 : 구름 베어링이 정지상태에서 견딜 수 있는 최대 하중
> • 동정격 하중 : 구름 베어링이 회전 중에 견딜 수 있는 최대 하중

② 미끄럼(sliding) 베어링 : 축(저널)과 베어링이 면 접촉을 하여 마찰면적이 넓어 마찰이 크므로 베어링과 저널의 접촉면에 윤활유 막을 두고 있다. 엔진의 크랭크축과 같이 비교적 큰 힘을 받는 곳에 사용된다.

③ 미끄럼 베어링과 구름베어링의 비교 필수암기

기준	미끄럼 베어링	구름베어링
크기	바깥지름은 작고 폭이 큼	폭은 작으나 지름이 큼
구조	간단	전동체(볼, 롤러)가 있어 복잡
충격흡수	강하다	약하다
회전	고속회전	저속회전
마찰	마찰면적이 크므로 마찰계수가 크다. 기동마찰이 크다.	마찰면적이 작으므로 마찰계수가 작다. 기동마찰이 작다.
기동토크	유막형성이 늦은 경우 크다	작다
과열	많다	적다
진동소음	적다	크다
하중	레이디얼 하중	레이디얼 하중 + 스러스트 하중 ← 축방향으로 작용하는 하중
강성	정밀 베어링에서는 축심의 변동가능성이 있음	축심의 변동이 작다
규격화	자체 제작(호환성 낮음)	표준형 양산품(호환성 높음)
윤활법	오일 윤활 : 낙하(적하) 급유법, 패드 급유법, 비말 급유법, 분무 급유법 등	그리스 윤활

> ▶ 큰 힘을 받칠 수 있는 순서
> 미끄럼 베어링(면 접촉) > 구름 베어링(선 접촉) > 볼 베어링(점 접촉)

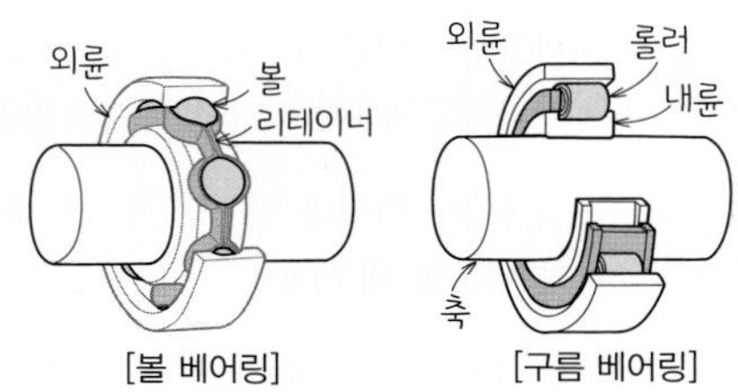

[볼 베어링] [구름 베어링]

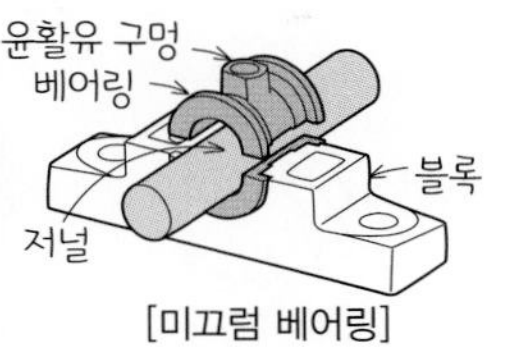

[미끄럼 베어링]

4 베어링의 기본 구성 및 호칭번호

① 저널 : 베어링과 접촉하고 있는 축 부분
② 리테이너 : 베어링의 볼 간격을 유지하도록 끼워져 있는 부품
③ 호칭번호

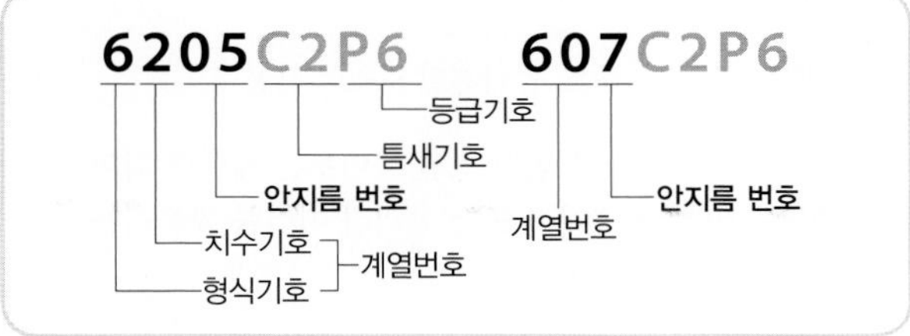

④ 베어링의 수명 : 베어링의 내륜, 회륜 또는 회전체에 최초의 손상이 일어날 때까지의 회전수나 시간

chapter 03

04 기어

1 기어의 종류

(1) 평행축 기어

스퍼기어 (평기어)	• 잇줄이 평행한 직선의 원통기어 • 제작 용이, 동력전달용으로 많이 사용
헬리컬 기어	• 잇줄이 나선형 원통기어 • 맞물림의 좋아 효율이 좋고, 운전이 정숙 • 큰 동력 전달 및 고속 운전에 적합
더블헬리컬 기어	• 비틀림이 다른 헬리컬 기어를 조합 • 스러스트(축방향력)이 발생하지 않음
내접기어 (외접기어)	• 원통기어 한쌍을 어긋난 축 사이의 운동전달에 이용할 때 사용
래크	• 회전운동을 직선운동으로 바꾸는데 사용

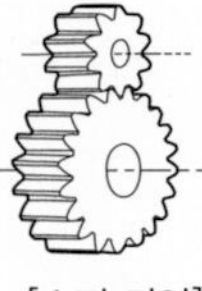
[스퍼 기어]

[헬리컬 기어]

[더블 헬리컬 기어]

[내접 기어]

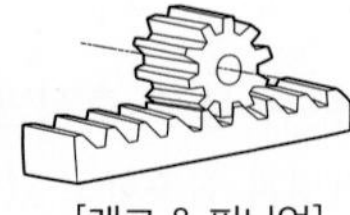
[래크 & 피니언]

(2) 교차축 기어 (암기 : 벨크스)

베벨기어	• 주로 동력전달용으로 사용
크라운기어	• 피치면이 평면을 이루는 베벨형 기어 • 평기어 또는 헬리컬 기어를 맞물리는 원판 모양
스파이럴 베벨기어	• 잇줄이 곡선이며 비틀림각을 가짐 • 강도가 있고 운전이 정숙

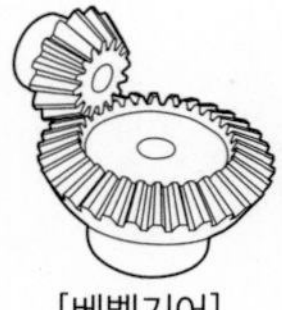
[베벨기어]

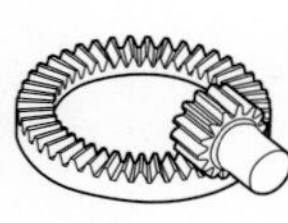
[크라운 기어]

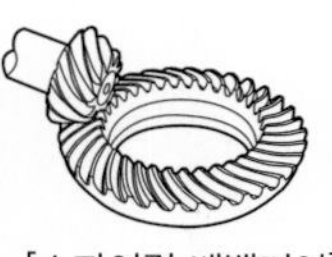
[스파이럴 베벨기어]

(3) 두 축이 평행하지도, 교차하지도 않음 (암기 : 벌레(웜)하나)

나사 기어 (스크류기어)	원통기어 한쌍을 어긋난 축 사이의 운동전달에 이용할 때 사용
하이포이드 기어	• 스파이럴 베벨 기어에서 구동피니언을 링기어 중심보다 10~20% 낮게 옵셋시킴 • 기어 물림률이 크므로 강도가 향상되고, 운전이 정숙 • 차동기어장치의 감속기어에 사용
웜기어 (웜&웜휠)	• 감속비가 가장 크다. • 운전 정숙(베벨기어에 비해 정숙) • 역회전 방지 기능

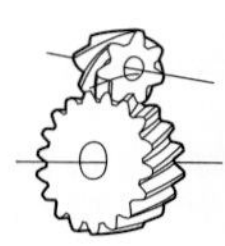
[나사 기어]

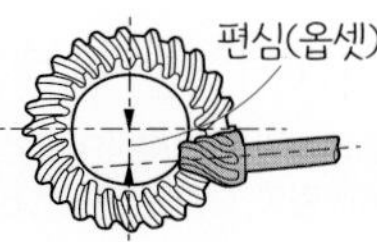

[하이포이드 기어]

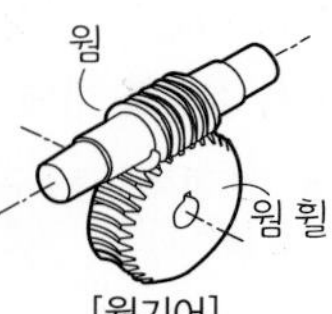

[웜기어]

2 기어 각 부의 명칭

피치원	두 쌍의 기어가 맞물리는 점(피치점)을 이은 가상의 원
이끝원	이끝을 연결한 가상의 원(기어의 바깥지름)
이뿌리원	이뿌리를 연결한 가상의 원(기어의 안지름)
이끝 높이	피치원에서 이끝원까지의 길이
이뿌리 높이	피치원에서 이뿌리원까지의 길이
이두께	피치원에서 측정한 이의 두께

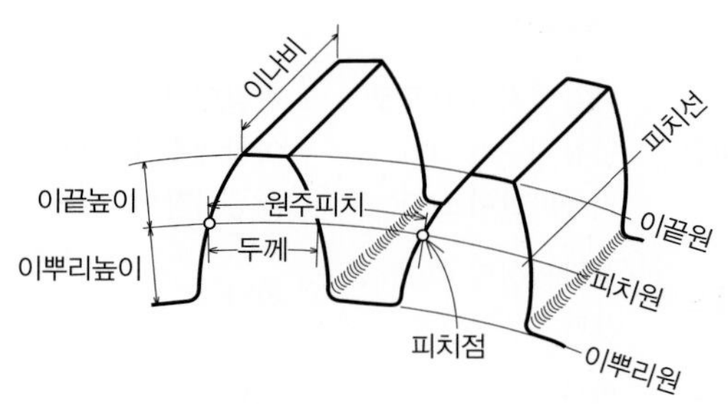

3 기어의 모듈, 지름피치, 원주피치

① 모듈(Module) : 기어 이의 크기를 나타내는 것으로, 모듈이 크다는 것은 이의 크기가 크다는 것을 의미한다.

② 지름피치 값이 작을수록 이의 크기는 작아진다.

- 모듈$(M) = \dfrac{\text{피치원 지름}(PCD)}{\text{잇수}(Z)}$
- 피치원 지름 = 모듈(M) × 잇수(Z)
- 이끝원 지름 $(D) = PCD + 2M = M(Z+2)$
  (기어 바깥지름)
- 원주피치 $(CP) = \dfrac{\pi \times PCD}{Z} = \pi \times M$ ← 피치원의 원둘레 / 잇수

※ 원둘레 = 원주피치×기어 잇수

4 속도비(기어비)와 중심거리

'피치원 지름(D) = 모듈(m)×잇수(Z)'이므로

- 속도비 $i = \dfrac{N_2}{N_1} = \dfrac{D_1}{D_2} = \dfrac{Z_1}{Z_2} = \dfrac{T_1}{T_2}$ －①
- 기어비 $R = \dfrac{Z_2}{Z_1} = \dfrac{D_2}{D_1} = \dfrac{T_2}{T_1} = \dfrac{N_1}{N_2}$ －②

※ N_1 : 원동기어 회전수, N_2 : 종동기어 회전수
D_1 : 원동기어 지름, D_2 : 종동기어 지름
Z_1 : 원동기어 잇수, Z_2 : 종동기어 잇수
T_1 : 원동기어 토크, T_2 : 종동기어 토크

구분	원동차	종동차
회전수	N_1	N_2
잇수	Z_1	Z_2
피치원의 지름	D_1	D_2

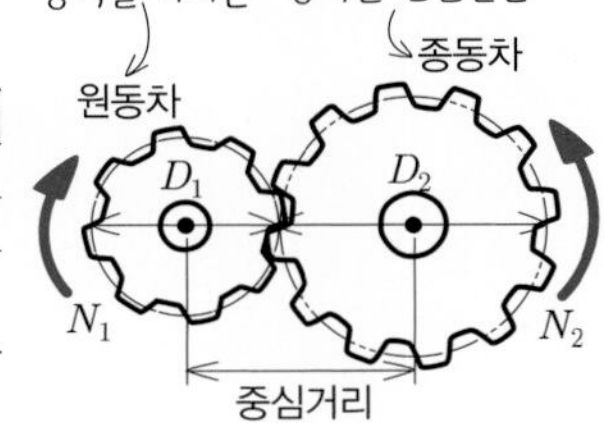

속도비 : 서로 맞물려 돌아가는 두 기어의 회전수 비를 말한다. 기어의 속도비는 종동 기어의 회전수에 비례하며, 종동 기어의 피치원 지름과 잇수에 반비례이다.

- 중심거리 $C = \dfrac{D_1 \pm D_2}{2} = \dfrac{m(Z_1 \pm Z_2)}{2}$

※ 피니언은 주로 원동기어, 즉 모터(전동기) 끝에 고정되어 구동을 일으키는 기어를 말하며, 크기가 작다.

05 전동기의 일과 동력 구하기

1 직선운동에서의 일과 일률

① 일(W) : 힘×이동거리 [kgf·m 또는 N·m] (1[kgf] = 9.8[N])

② 동력(출력, P) : 단위시간당 하는 일

$$\text{일}(W) = \text{힘}(F) \times \text{이동거리}(s)$$

$$\text{일률}(P) = \frac{\text{일}}{\text{시간}} = \frac{\text{힘} \times \text{거리}}{\text{시간}} = \text{힘}(F) \times \text{속도}(v)$$

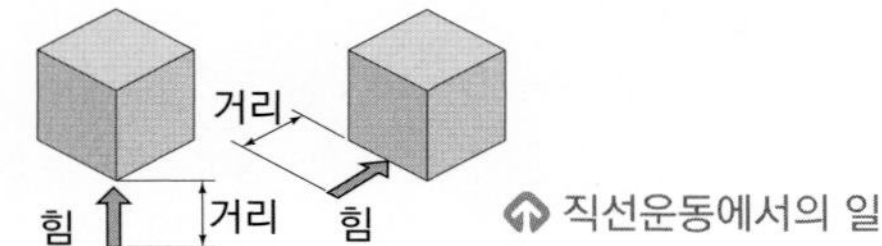

직선운동에서의 일

2 회전운동에서의 일과 동력

힘 F에 의해 A지점에서 B지점까지 이동했을 때 일 $W = F \times s$로 표현하며, 이를 토크로 나타낼 수 있다.

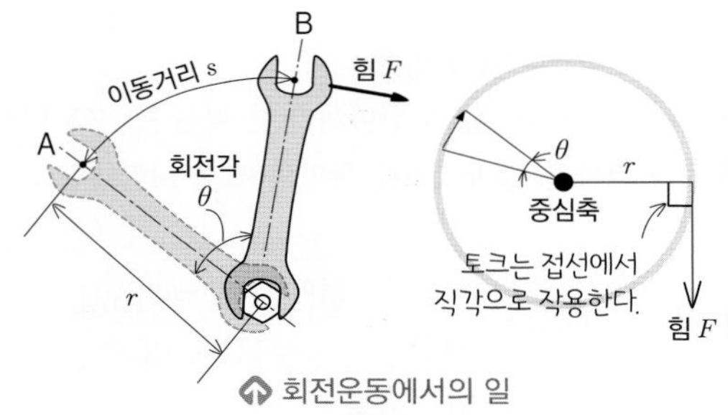

회전운동에서의 일

$$\text{일}(W) = F \times s = F \times (r \times \theta) = T \times \theta$$

$$\text{동력}(P) = \frac{W}{t} = \frac{T \times \theta}{t} = T \times \omega$$

T : 토크, r : 회전반경, θ : 회전각도[rad], ω : 각속도[rad/s]

▶ **토크(T, Torque, 돌림힘, 회전력)**
- 어떤 물체에 힘을 가해 회전시켰을 때의 필요한 힘을 말한다. 또한, 토크는 축을 비트는 모멘트(힘×거리) 즉, 비틀림 모멘트와 같은 의미이기도 하다.

▶ **토크의 단위**
- 1[N · m] : 회전체의 중심축에서 1m 떨어진 곳에 1N의 힘을 수직으로 가했을 때 축에 발생하는 힘
- 1[kgf · m] = 9.8[N · m]

chapter 03

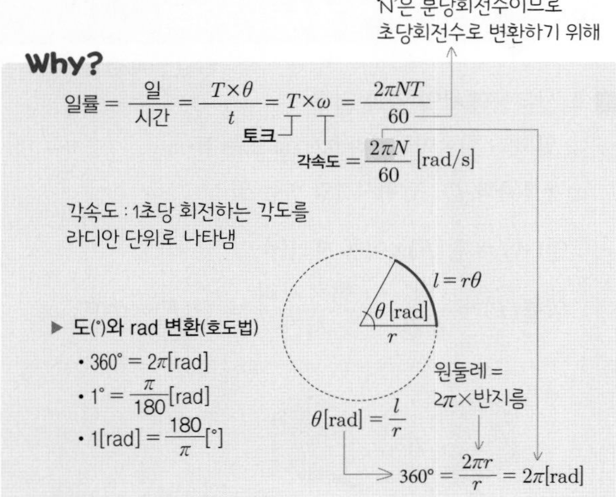

각속도 : 1초당 회전하는 각도를
라디안 단위로 나타냄

▶ 도(°)와 rad 변환(호도법)
• 360° = 2π[rad]

따라서, 동력(일률)은 다음과 같이 나타낼 수 있다.

$$P = T\times\omega = T\times\frac{2\pi N}{60}\ [\mathrm{N\cdot m/s}] = \frac{2\pi NT}{60}\ [\mathrm{W}]$$

3 동력(Horse Power, 마력, 일률)

일률(단위시간 당 일량)을 말 한마리가 한 일을 PS, kW 단위로 변환한 것을 말하며, 영마력(HP), 불마력(PS)을 나타낸다.

$$\text{마력}[\mathrm{kgf\cdot m/s}] = \frac{\text{일}}{\text{시간}} = \frac{\text{힘}[\mathrm{kgf}]\times\text{거리}[\mathrm{m}]}{\text{시간}[\mathrm{sec}]}$$

$$= \text{힘}\times\text{속도}$$

[PS] 단위를 요구할 때 : $\dfrac{\text{힘}[\mathrm{kgf}]\times\text{거리}[\mathrm{m}]}{75\times\text{시간}[\mathrm{sec}]}$

→ 1PS = 75kgf · m/s이므로

참고) 1HP = 76kgf · m/s = 746W = 0.746kW

75kgf
1m
1초 동안
1마력[ps]이란 '일 = 힘×거리'에서
1초 동안 75kgf 무게를 1m 이동하는데
필요한 일량을 표시한 것이다.

1마력으로 1시간 동안 한 일을 열량으로 환산하면

$1[\mathrm{PS}] = \dfrac{75\times3600}{427} = 632.3[\mathrm{kcal/h}]$ (1kcal = 427kgf · m)

재정리 : 동력 공식 유도하기

▶ 힘(토크, 회전력)과 회전수[N]가 제시될 때 동력 구하기

• 동력 = 힘[kgf]×속도[m/s] = [kgf · m/s]

= **모멘트(토크)**[kgf · m]×**각속도**[rad/s]

RPM을 초당회전수로 바꾸므로 (1min = 60s)

각속도 = $\dfrac{\text{각도}}{\text{시간}} = \dfrac{\text{RPM}}{60}\times2\pi$

$$= T\ [\mathrm{kgf\cdot m}]\times\frac{2\pi N}{60}[\mathrm{rad/s}] = \frac{2\pi NT}{60}\ [\mathrm{kgf\cdot m/s}]$$

➡ 문제에서 PS 단위를 요구할 때

$$\frac{2\pi TN}{75\times60} = \frac{TN}{716.5}\ [\mathrm{PS}]$$

→ 1[PS] = 75[kgf·m/s]이므로

➡ 문제에서 kW 단위를 요구할 때

$$\frac{2\pi TN}{102\times60} = \frac{TN}{974.5}\ [\mathrm{kW}]$$

→ 1[kW] = 102[kgf·m/s]이므로

정리) 동력을 구하는 문제가 나오면

• 동력 = 힘×속도
• 동력 = 토크×각속도

공식에 대입하여 단위를 변경한다.

기출문제 ★ 숫자는 빈출 정도 및 중요도를 나타냅니다.

★★★
1 몇 개의 막대가 서로 연결되어 회전, 요동, 왕복운동을 하도록 구성한 것은?

① 캠 장치
② 커플링 장치
③ 기어 장치
④ 링크 장치

★★★
2 다음 중 4절 링크기구를 구성하고 있는 요소로 알맞은 것은?

① 고정 링크, 크랭크, 레버, 슬라이더
② 가변 링크, 크랭크, 기어, 클러치
③ 고정 링크, 크랭크, 고정레버, 클러치
④ 가변 링크, 크랭크, 기어, 슬라이더

★★★
3 운동을 전달하는 장치로 옳은 것은?

① 절이 회전하는 것을 레버라 한다.
② 절이 요동하는 것을 슬라이더라 한다.
③ 절이 회전하는 것을 크랭크라 한다.
④ 절이 진동하는 것을 캠이라 한다.

- 크랭크 : 고정절의 둘레를 360도 회전운동을 하는 것
- 레버 : 고정절 둘레에서 요동(제한적 왕복운동)을 하는 것
- 슬라이더 : 고정절 둘레에서 직선왕복운동을 하는 것

★★★
4 링크장치에서 고정절의 둘레를 회전운동하는 링크는?

① 로드 ② 레버
③ 크랭크 ④ 슬라이더

★★★
5 레버, 크랭크를 이용한 것은?

① 송풍기 ② 수동절단기
③ 발 재봉틀 ④ 선반

발 재봉틀은 일반적인 4절 링크장치와 반대로 발페달을 밟아 레버의 왕복운동을 크랭크의 회전운동으로 바꾸어 동력을 전달하는 방식이다.
참고) 발재봉틀의 원리 – 3분 이후 시청할 것

★★★
6 캠의 운동특성과 거리가 먼 것은?

① 부등속운동
② 주기적인 운동
③ 제동운동
④ 상하좌우운동, 직선운동, 왕복운동

부등속운동 : 캠의 형상이 아래와 같이 일정하지 않으므로 속도가 일정하지 않는다.

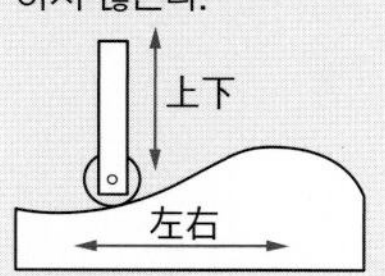

★★★
7 캠이 가장 많이 사용되는 경우는?

① 요동운동을 직선운동으로 할 때
② 왕복운동을 직선운동으로 할 때
③ 회전운동을 직선운동으로 할 때
④ 상하운동을 직선운동으로 할 때

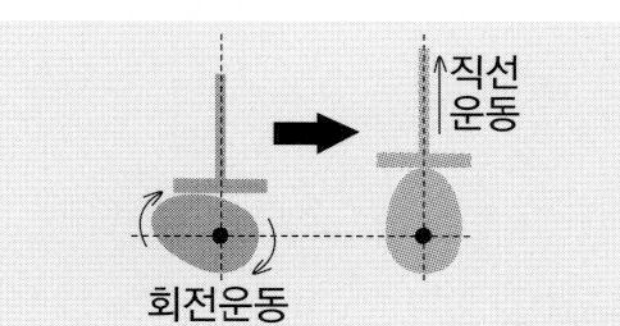

★★★
8 특수한 모양을 가진 원동절에 회전운동 또는 직선운동을 주어서 이것과 짝을 이루고 있는 중동절이 복잡한 왕복 직선 운동이나 왕복 각운동 등을 하게 하는 것은?

① 캠 기구
② 웜 기어
③ 클러치
④ 래크

- 캠 기구는 특수한 모양을 한 원동절을 회전·직선운동을 주어 종동절이 (직선)왕복 또는 제한적 왕복운동을 하도록 한다.
- 클러치 : 동력을 전달 또는 차단시킨다.
- 래크 : 기어의 종류로 회전운동을 직선운동으로 변화시킨다.

정답 1 ④ 2 ① 3 ③ 4 ③ 5 ③ 6 ③ 7 ③ 8 ①

chapter 03

9 실제의 캠이 아닌 것은?

① 원통 캠　② 쌍곡선 캠
③ 구형 캠　④ 와이퍼 캠

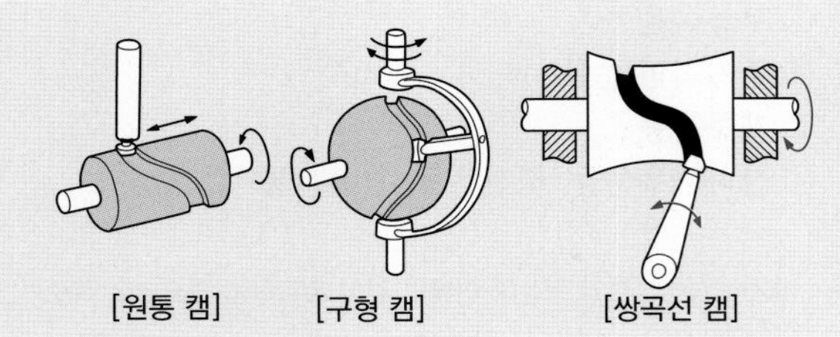

10 입체 캠에 해당하는 것은?

① 단면 캠　② 정면 캠
③ 직동 캠　④ 판 캠

• 평면 캠 : 요크 캠, 정면 캠, 판 캠, 직동 캠
• 입체 캠 : 단면 캠, 원뿔 캠, 사판 캠, 원통 캠, 구면 캠

11 기계장치에서 2개 이상의 부분을 결합할 때 사용되는 결합용 기계 요소로만 나열된 것은?

① 리벳, 핀, 베어링
② 키, 기어, 스프링
③ 클러치, 핀, 체인
④ 볼트, 너트, 리벳

• 결합용 : 나사(볼트, 너트), 리벳, 핀, 키
• 전달용 : 마찰차, 기어, 캠, 링크, 벨트, 체인
• 축용 : 축(차축, 전동축, 크랭크축), 베어링
• 관용 : 파이프, 파이프 이음, 밸브
• 기타 : 스프링, 브레이크

12 다음 중 기어의 장점이 아닌 것은?

① 마찰계수가 크다.
② 정확한 속도비를 얻는 데 유리하다.
③ 동력전달이 확실하다.
④ 내구성이 우수하다.

기어는 마찰계수(마찰력)가 작아야 한다. 마찰계수가 크다는 것은 마찰에 의해 기어가 회전하기 어렵다는 의미이다.

13 기어의 장점으로 틀린 것은?

① 동력전달이 확실하게 이루어진다.
② 마찰계수가 대단히 커서 부드럽게 움직인다.
③ 기계적 강도가 커서 안정적이다.
④ 호환성이 뛰어나고 정밀도가 높다.

14 다음 중 기어의 특성과 거리가 먼 것은?

① 운동 전달의 확실성이 있다.
② 높은 정도의 속도비를 얻을 수 있다.
③ 낮은 속도에서 전동력이 크다.
④ 충격을 흡수하는 성질이 매우 우수하다.

기어는 충격에 약한 단점이 있다.

15 접촉면을 기준으로 하여 그 원주에 이를 만들어 서로 물림에 따라 운동을 전달하게 하는 것은?

① 베어링
② 스프링
③ 기어
④ 커플링

두 쌍의 기어의 맞물리는 원주에 해당하는 가상의 원을 따라 기어의 이가 맞물리며 운동을 전달한다.

16 그림과 같은 축의 모양을 가지는 기어는?

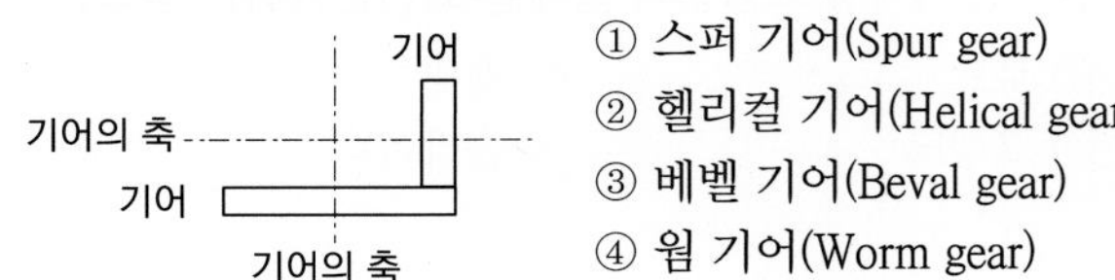

① 스퍼 기어(Spur gear)
② 헬리컬 기어(Helical gear)
③ 베벨 기어(Beval gear)
④ 웜 기어(Worm gear)

• 기어의 축이 교차하는 기어에는 베벨기어, 크라운기어, 스파이럴 베벨기어 등이 있다.
• 스퍼기어와 헬리컬기어는 축이 평행하다.
• 웜기어는 두 축이 평행하지도, 교차하지도 않는다.

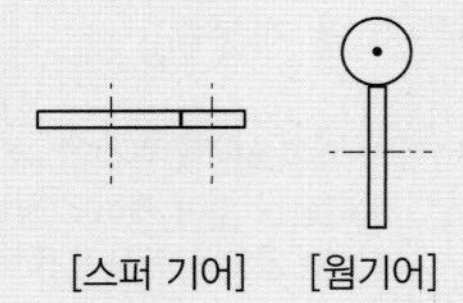

[스퍼 기어]　[웜기어]

정답 9 ④　10 ①　11 ④　12 ①　13 ②　14 ④　15 ③　16 ③

17 ★ 서로 맞물려 있는 한 쌍의 기어에서 잇수가 많은 것을 기어라 하고 잇수가 적은 것을 무엇이라고 하는가?

① 캠
② 피니언
③ 베이링
④ 클러치

두 기어가 맞물릴 때 피니언 기어는 잇수가 적고, 동력축에 연결되어 있다.

18 ★★★ 헬리컬 기어의 설명으로 적절하지 않은 것은?

① 진동과 소음이 크고 운전이 정숙하지 않다.
② 회전시에 측압이 생긴다.
③ 스퍼기어보다 가공이 힘들다.
④ 이의 물림이 좋고 연속적으로 접촉한다.

헬리컬 기어는 평기어(스퍼기어)에 비해 진동과 소음이 작고 운전이 정숙한다.

19 ★★★ 서로 물린 한 쌍의 기어에 잇면 사이의 간격을 무엇이라 하는가?

① 백래시 ② 이뿌리면
③ 이 사이 ④ 지름피치

▶ 백래시(backlash)
한 쌍의 기어가 원활하게 회전되려면 기어 사이에 약간의 틈새가 필요하며 이를 백래시라 한다.(기어 사이가 물린 상태에서 기어를 흔들어 보면 약간의 유격을 느낄 수 있다)

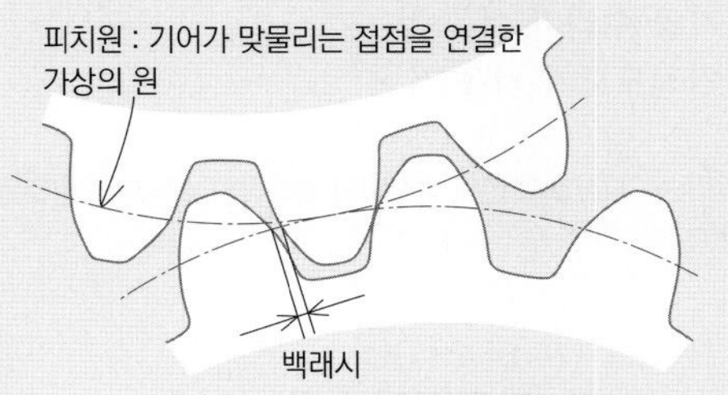

20 ★★ 잇수가 50, 모듈 3인 스퍼기어의 외경(이끝원 지름)은 몇 mm 인가?

① 126 ② 132 ③ 156 ④ 180

바깥지름은 이끝원 지름을 말하므로
이끝원 지름 $D = mZ + 2m = m(Z+2) = 3(50+2) = 156$

21 ★★★ 피치원의 지름을 D[mm], 모듈을 m 이라 하면, 잇수 Z 는?

① $Z = \frac{m}{\pi D}$ ② $Z = \frac{\pi D}{m}$

③ $Z = \frac{m}{D}$ ④ $Z = \frac{D}{m}$

모듈 $m = \frac{\text{피치원 지름}(D)}{\text{잇수}(Z)} \rightarrow Z = \frac{D}{m}$

22 ★★★ 잇수가 60개, 피치원의 지름이 180mm 일 때 모듈은 몇 mm 인가?

① 2 ② 3
③ 4 ④ 5

모듈 $m = \frac{\text{피치원 지름}(D)}{\text{잇수}(Z)} \rightarrow \frac{180}{60} = 3$

23 ★★★ 그림과 같이 기어가 물려 있을 때 다음 설명 중 옳지 않은 것은? (단, 원동축의 회전수를 N_1, 종동축의 회전수를 N_2, 각각의 잇수를 Z_1, Z_2 각각의 피치원의 지름을 D_1, D_2, 중심거리는 C 이다.)

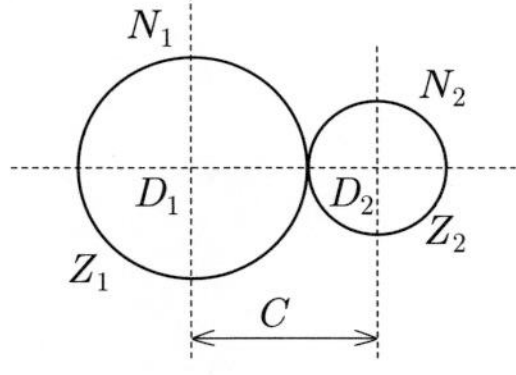

① 두 기어의 회전방향은 반대이다.
② 속도비는 $i = \frac{N_1}{N_2} = \frac{D_1}{D_2} = \frac{Z_1}{Z_2}$ 이다.
③ 중심거리는 $C = \frac{(D_1+D_2)}{2}$ 이다.
④ $D_1 > D_2$ 이면, $N_1 < N_2$ 인 관계가 성립한다.

① 서로 맞물린 기어는 회전방향이 반대이다.
② 속도비 $i = \frac{N_2}{N_1} = \frac{D_1}{D_2} = \frac{Z_1}{Z_2}$
④ 속도비에 따르면 지름과 회전수는 반비례 관계이다.

chapter 03

정답 17 ② 18 ① 19 ① 20 ③ 21 ④ 22 ② 23 ②

★★★
24 벨트식 전동장치에서 작은 풀리 지름이 200[mm], 큰 풀리 지름이 500[mm]이다. 작은 풀리가 500[rpm] 회전할 때 큰 풀리의 회전수 [rpm]는?

① 200　　② 350
③ 500　　④ 1000

$$\text{속도비} = \frac{\text{작은 풀리 지름}}{\text{큰 풀리 지름}} = \frac{\text{큰 풀리 회전수}}{\text{작은 풀리 회전수}}$$

$$\frac{\text{큰 풀리 회전수}}{500} = \frac{200}{500} \rightarrow \text{큰 풀리 회전수} = 200\ [\text{rpm}]$$

이해 풀리의 지름이 클수록 회전하는 거리가 길어지므로 느리다.

★★
25 모듈이 2, 잇수가 각각 38, 72인 두 개의 표준 평기어가 맞물려 있을 때 축간거리는 몇 mm 인가?

① 110　　② 150
③ 165　　④ 250

$$\text{축간거리} = \frac{m(Z_1+Z_2)}{2} = \frac{2\times(38+72)}{2} = 110$$

★★★
26 기어장치에서 지름피치의 값이 커질수록 이의 크기는?

① 같다.
② 커진다.
③ 작아진다.
④ 무관하다.

$\text{지름 피치} = \frac{\text{잇수}}{\text{피치원 지름}}$ 이므로, 지름 피치가 커지려면 잇수가 많아지거나 피치원 지름이 작아지므로 이의 크기는 작아진다.

★★★
27 웜과 웜기어에 대한 설명 중 틀린 것은?

① 감속비가 크다.
② 감속기, 윈치 등에 사용한다.
③ 역회전이 가능하다.
④ 물림이 원활하다.

웜과 웜기어의 주요 특징
- 웜이 구동하고 웜기어가 피동된다.
- 다른 기어에 비해 감속비가 크다.
- 웜과 웜기어는 서로 90° 각도로 회전되므로 브레이크 역할을 하여 웜기어에 의해 웜의 역회전이 불가능하다.
- 물림이 원활하고 정숙하다.
- 기어 효율이 낮다.

★★★
28 웜과 웜기어의 전동효율을 높이려면?

① 마찰각을 크게, 마찰계수를 작게 한다.
② 마찰각과 마찰계수를 작게 하고 나사각을 크게 한다.
③ 마찰각은 작게, 마찰계수와 나사각을 크게 한다.
④ 마찰각을 크게 하고 나사각은 작게 한다.

웜기어의 효율을 높이려면 웜 진입각을 크게, 마찰계수를 낮게 하거나 웜의 줄 수를 늘려서 리드각을 크게해야 한다. 진입각을 크게 하기 위해서는 웜의 피치원 지름을 작게 하여야 하고 웜 휠의 피치원 지름을 증가시킨다.
- 웜 진입각을 크게 할 경우 – 웜 진입각을 치면의 접촉 마찰각보다 작게 하면 웜을 회전시킬 수 없다.
- 마찰계수가 증가하면 효율이 감소한다.

★★★
29 웜과 웜휠에 대한 설명으로 틀린 것은?

① 헬리컬 기어에 비해 효율이 떨어진다.
② 다른 기어에 비하여 소음이 크다.
③ 큰 감속비를 얻을 수 있다.
④ 역구동되기 힘들다.

① 미끄럼 마찰운동을 하는 구조이므로 다른 기어에 비해 전달효율이 떨어진다.
② 접촉에 의해 동력을 전달하므로 소음이나 진동이 적다.
④ 치면의 진행각이 적을 경우 웜휠로 웜을 회전할 수 없어 역구동되기 힘들다.

★★★
30 베어링의 구비조건이 아닌 것은?

① 마찰저항이 적을 것
② 강도가 클 것
③ 가공 수리가 쉬울 것
④ 열전도도가 적을 것

베어링은 회전으로 인해 마찰열이 발생하기 쉬우므로 방열을 위해 열전도도가 커야 한다.

★
31 베어링의 수명을 옳게 설명한 것은?

① 베이링의 내륜, 외륜에 최초의 손상이 일어날 때까지의 마모각
② 베어링의 내륜, 회륜 또는 회전체에 최초의 손상이 일어날 때까지의 회전수나 시간
③ 베어링의 회전체에 최초의 손상이 일어날 때까지의 마모각
④ 베어링의 내륜, 외륜에 3회 이상의 손상이 일어날 때까지의 회전수나 시간

정답 24 ①　25 ①　26 ③　27 ③　28 ②　29 ②　30 ④　31 ②

32 ★★ 구름 베어링(Rolling Bearing)이 미끄럼 베어링(Sliding Bearing)에 비해 좋지 않은 점은?

① 신뢰성
② 윤활방법
③ 마멸
④ 기동저항

구름 베어링은 전동륜과 궤도륜이 점접촉이나 선접촉을 하기 때문에 충격에 약하고 소음이 발생한다. 또한 마멸 및 마찰저항이 적고 기동저항과 발열도 작아 고속회전에 사용되지만 신뢰성이 좋지 않다. 또한 윤활에 있어서 그리스 영구주입방식을 하여 윤활이 용이하다.
미끄럼 베어링은 면접촉을 하기 때문에 구름 베어링에 비해 마멸 및 마찰저항이 크지만 신뢰성이 좋다. 오일 주입방식으로 윤활 장치 및 윤활 기밀이 필요하다.

33 ★ 구름 베어링의 특징에 관한 설명으로 틀린 것은?

① 고속회전이 가능하다.
② 마찰저항이 작다.
③ 설치가 까다롭다.
④ 충격에 강하다.

구름 베어링은 점 또는 선 접촉을 하므로 충격에 약하다.

34 ★★★ 구름 베어링이 회전 중에 견딜 수 있는 최대하중을 무엇이라고 하는가?

① 정등가 하중
② 동등가 하중
③ 정정격 하중
④ 동정격 하중

구름 베어링이 회전 중에 견딜 수 있는 최대 하중을 동정격 하중이라 한다.

35 ★ 베어링과 축, 플런저와 실린더 등과 같이 서로 접촉하면서 운동하는 접촉면이 마찰을 적게 하기 위해 사용되는 것으로 가장 적합한 것은?

① 냉매 ② 절삭유
③ 윤활유 ④ 냉각수

베어링과 축, 플런저와 실린더 등의 운동부의 접촉면은 윤활유를 공급하여 마찰을 줄여야 한다.

36 ★ 미끄럼 베어링과 비교한 구름 베어링의 특징이 아닌 것은?

① 폭은 작으나 지름이 크게 된다.
② 충격흡수력이 우수하다.
③ 기동토크가 적다.
④ 표준형 양산품으로 호환성이 높다.

미끄럼 베어링은 구름 베어링에 비해 접촉 면적을 넓어 충격흡수가 좋으나, 구름베어링은 접촉면적이 작아 충격흡수력이 약하다.

37 ★ 다음 중 동력전달장치가 아닌 것은?

① 기어
② 변압기
③ 체인
④ 컨베이어

38 ★ 전동기로 어떤 물체를 300 N·m의 토크로 분당 1000회 전시키려고 한다. 이 때 모터의 필요한 동력은 몇 kW 인가? (단, 효율은 100%이다)

① 31.4 ② 41.9
③ 314 ④ 419

동력(L) = 힘×속도 = 토크×각속도 = 토크×$\frac{2\pi N}{60}$

$= 300[\text{N}\cdot\text{m}]\times\frac{2\pi\times 1000}{60}[\text{rad/s}] = 31400\ [\text{N}\cdot\text{m/s}]$

∴ 1[N·m/s] = 1[W] 이므로, 31400 [W] = 31.4 [kW]

39 ★ 교차하는 두 축의 운동을 전달하기 위하여 원추형으로 만든 기어는?

① 스퍼 기어 ② 헬리컬 기어
③ 웜 기어 ④ 베벨 기어

베벨 기어

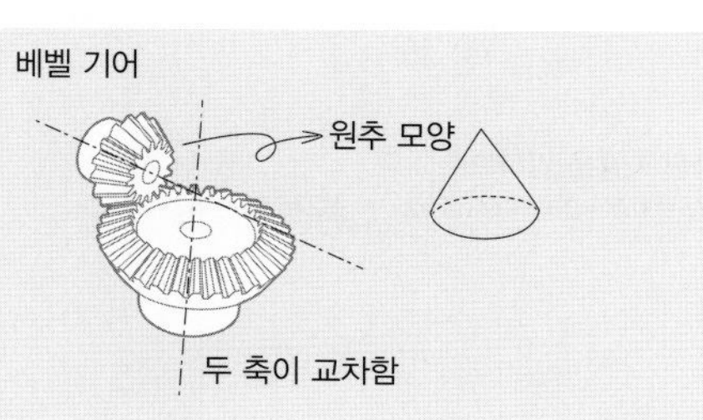

정답 32 ① 33 ④ 34 ④ 35 ③ 36 ② 37 ② 38 ① 39 ④

chapter 03

40 ★ 평행한 두 축 사이에 회전을 전달시키는 기어는?

① 원통 웜기어
② 헬리컬 기어
③ 직선베벨기어
④ 하이포이드 기어

41 ★ 표준 평기어의 잇수가 100개이고, 피치원의 지름이 400mm인 경우 이 기어의 모듈은?

① 2　② 3
③ 4　④ 5

모듈 $m = \frac{\text{피치원 지름(D)}}{\text{잇수(Z)}} = \frac{400}{100} = 4$

42 ★ 표준 스퍼 기어에서 기어의 잇수가 25개, 피치원의 지름이 75mm일 때 모듈은 얼마인가?

① 3　② 9.42
③ 0.33　④ 6

모듈 $m = \frac{\text{피치원 지름(D)}}{\text{잇수(Z)}} = \frac{75}{25} = 3$

43 ★ 이끝원의 지름이 126mm, 잇수가 40인 기어의 모듈은?

① 3　② 4
③ 5　④ 6

이끝원의 지름 $D = PCD + 2m$, 피치원의 지름 $PCD = m \times Z$
$D = mZ+2m = m(Z+2)$, $126 = m(40+2)$, $m = 3$

44 ★ 잇수 Z=24, 모듈 M=2의 표준 평기어의 바깥지름은?

① 52　② 48
③ 42　④ 26

바깥지름은 이끝원 지름을 말하므로
이끝원의 지름 $D = mZ+2m = m(Z+2) = 2(24+2) = 52$

45 ★ 모듈 3, 잇수 30인 표준 스퍼기어의 외경은 몇 mm인가?

① 85　② 96
③ 105　④ 116

이끝원의 지름 $D = mZ+2m = m(Z+2) = 3(30+2) = 96$

46 ★ 회전수 1500 rpm인 3줄 웜이 잇수 30개인 웜휠 (웜기어)에 물려 돌고 있다면 이때 웜휠의 회전수는?

① 50 rpm　② 150 rpm
③ 180 rpm　④ 280 rpm

속도비 $i = \frac{\text{웜 회전수}(N_2)}{\text{웜기어 회전수}(N_1)} = \frac{\text{웜기어 잇수}(Z_1)}{\text{웜 잇수}(Z_2)} = \frac{30}{3}$

웜기어 회전수 $= \frac{3}{30} \times 1500 = 150$ rpm　※ 웜기어 : 입력, 웜 : 출력

47 ★ 회전수 2000 rpm에서 최대토크가 35 N·m로 계측된 축의 전달동력은 약 몇 kW인가?

① 7.3　② 10.3
③ 15.3　④ 20.3

동력(P) = 힘×속도 = 토크×각속도 = 토크$\times\frac{2\pi N}{60}$
$= 35[\text{N·m}] \times \frac{2\pi \times 1000}{60}$ [rad/s]
= 7330 [N·m/s] = 7330 [W] = 7.3[kW]
∴ 1[N·m/s] = 1[W] 이므로, 31400 [W] = 31.4 [kW]

48 ★ 전달동력 30kW, 회전수 200rpm인 전동축에서 토크 T는 약 몇 N·m인가?

① 107　② 146
③ 1070　④ 1430

동력(P) = 토크×각속도 = 토크$\times\frac{2\pi N}{60}$
30,000 [W] = 토크[N·m]$\times\frac{2\pi \times 200}{60}$ [/s]
토크 $= \frac{30000 \times 60}{2\pi \times 200} \fallingdotseq 1433$ [N·m]
※ 1[W] = 1[N·m/s]

정답 40 ② 41 ③ 42 ① 43 ① 44 ① 45 ② 46 ② 47 ① 48 ④

SECTION

Craftsman Elevator

03 전기·전자 기초

[예상문항 : 2~3문제] 이 섹션은 출제문항수에 비해 학습분량이 많으므로 최소한 기출 및 모의고사 위주로 학습합니다. [필수암기] 부분은 가급적 암기하기 바라며, 이해가 어려운 부분은 과감하게 포기하고 다른 섹션이나 다른 과목에 시간을 할애하기 바랍니다.

01 전기 기초

1 전위

① 전위 : 단위 양(+)전하가 갖는 전기력에 의한 퍼텐셜 에너지

→ 기준점으로부터 전기장 내의 한 지점까지 단위 양(+)전하를 옮기는데 필요한 일을 그 지점에서의 전위라고 함

② 전하량이 q인 전하를 기준점으로부터 전기장 내의 한 지점까지 옮기는데 W만큼의 일을 했을 때 그 지점에서의 전위V는 다음과 같다.

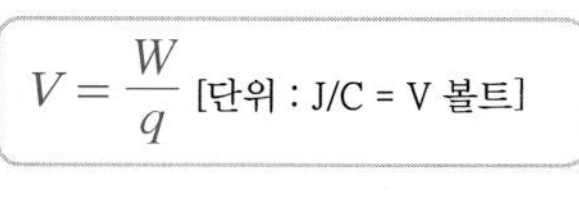

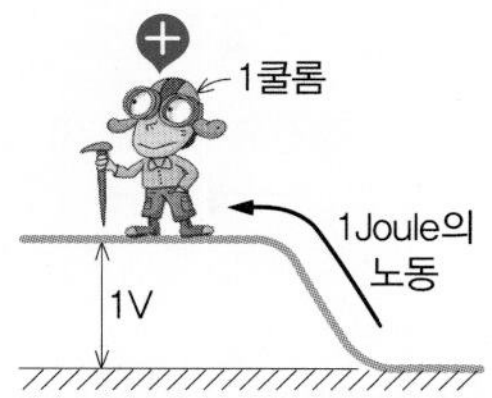

- 전위는 양(+) 전하에 가까울수록 높고, 음(−) 전하에 가까울수록 낮다.
- 양(+)전하는 전위가 높은쪽에서 낮은쪽으로 전기력을 받고, 음(−)전하는 전위가 낮은쪽에서 높은쪽으로 전기력을 받는다.

2 전압 = 전위차(V)

① 도체에 전류가 흐르는 압력, 도체 내 임의의 두 점 사이의 위치에너지(전위차)를 말한다.

② 1[V] : 1[Ω]의 저항을 갖는 도체에 1[A]의 전류가 흐르는 것

③ 전압의 단위 : [V]

→ 10^6V = 1MV(메가볼트), 10^3V = 1kV, 10^{-3}V = 1mV(밀리볼트), 10^{-6}V = 1μV

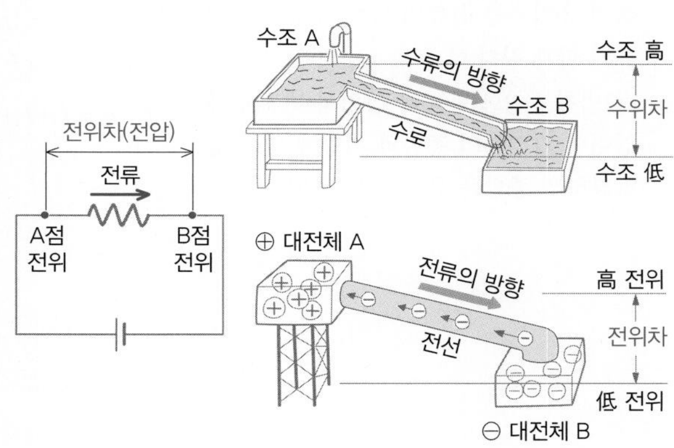

3 전류(I) : 전기를 띤 입자(전하)의 흐름

① 물질은 원자핵(+)과 전자(−)로 이뤄지는데 빛이나 전원 등의 외부 에너지에 의해 전자가 이탈되면 자유전자가 된다. 이 전자의 흐름(즉, 전기의 흐름)을 전류라 한다.

→ 전자의 흐름방향 : ⊖ → ⊕, 전류의 흐름방향 : ⊕ → ⊖

- 전자 : 대표적인 (−)전하로, (−)전기의 성질을 가지고 있는 입자
- 양성자 : 대표적인 양전하로 (+)전기의 성질을 가지고 있는 입자

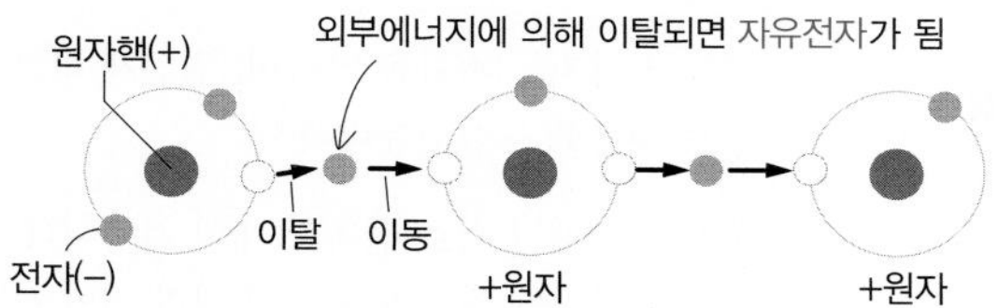

전압을 걸어주면 자유전자가 이동하여 다른 + 원자로 이동하면서 중성이 되려는 속성으로 인해 전자가 연속적으로 이동된다.

전류는 전자의 이동이다

② 전류의 단위 : 암페어(Ampere), 표기 : [A]

③ 1[A] : 1쿨롬의 전기가 1초 동안 도선의 한 단면을 통과했을 때 흐르는 전류의 세기 필수암기

$$전류의\ 세기\ I = \frac{전하량(Q)}{시간(t)} \quad (단위 : 1[A] = \frac{1[C]}{1[s]})$$

④ 전류의 열작용 : 전류가 흐르면 전자들이 한 방향으로 이동하며 원자핵과 충돌하는데, 이 충돌로 인해 발생하는 저항성분을 말한다.

4 저항(R)

① 전자의 움직임(전류의 흐름)을 방해하는 요소이다.

→ 저항이 크면 전류가 작다.

② 저항의 단위 : [Ω]

③ 1[Ω] : 1[A]가 흐를 때 1[V]의 전압을 필요로 하는 도체의 저항

④ 고유 저항[Ωm, μΩm] : 형상 및 온도가 일정할 때 물질마다 가지는 일정한 저항값을 말한다. (물질은 재질, 형상, 농도에 따라 변함)

chapter 03

⑤ 온도와 저항의 관계 : 비례 관계

⑥ 도체에 따른 저항

$$R = \rho \frac{l}{A} [\Omega]$$

- ρ : 고유저항, 저항률 [Ω·m]
- l : 도체의 길이 [m]
- A : 도체의 단면적 [m²]

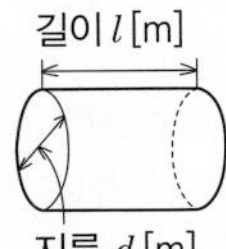

▶ 병렬저항의 총 저항은 한 개의 저항보다도 작아진다.

▶ 저항의 접속에 따른 각 저항의 전류·전압 상태
- 직렬 : 전류 일정, 전압 변동
- 병렬 : 전압 일정, 전류 변동

⑦ 저항의 종류

고유 저항	• 단위 : Ωcm, μΩcm • 형상 및 온도가 일정할 때 물질마다 가지는 일정한 저항값을 말한다. • 물질은 재질, 형상, 농도에 따라 변한다.
절연 저항	절연체가 가지는 저항을 말하며, 절연체 밖으로 흐르는 전류를 누설전류라 한다.
접촉 저항	• 도체와 도체가 서로 접촉할 때의 저항이다. • 접촉된 부분에 전류가 흐르게 되면 전압 강하가 생기고 열이 발생한다. • 접촉 면적, 도체의 종류, 압력, 부식 상태에 따라 달라진다. • 와셔 사용, 단자의 도금, 접점 청소 등으로 접촉저항을 감소시킨다.

5 전기회로의 상태 종류

① 폐회로(closed circuit) : 회로의 끊김이 없이 전류가 흐르는 것. 예를 들면, 12V의 ⊕ 전원이 중간의 저항 요소에서 소모되어 ⊖ 전원(접지)에 0V로 되돌아오는 회로

② 단선 회로(개방 회로) : 회로가 끊겨 전류가 흐를 수 없는 회로

③ 단락 : ⊕ 전원이 저항 요소를 거치지 않고 ⊖ 전원(접지)에 연결되는 상태로, 회로에 저항이 거의 없을 때 과전류가 흘러 회로의 고장 및 화재를 일으킬 수 있다.

6 전압강하

① 두 전위차 지점 사이에 저항을 직렬로 연결된 회로에서 전류가 흐를 때 전류가 각 저항을 통과할 때마다 옴의 법칙(I·R)만큼의 전압이 떨어지는 현상이다.

② 각 부하 요소(전구, 모터 등), 배선, 단자, 배선 접속부, 스위치 등에서 전압강하가 발생한다.

7 전기회로의 부하

저항, 인덕턴스(코일), 정전용량(콘덴서, 커패시턴스)

① 저항 : 전류 흐름을 방해하는 요소

② 인덕턴스 : 코일에서 전류 흐름을 방해하는 요소로, 기전력이 발생되어 흐름을 방해함

③ 정전용량 : 콘덴서가 전하를 충전할 수 있는 능력을 말하며, 전하의 충전으로 전압의 변화를 방해함

부하		직렬연결	병렬연결
저항	R[Ω]	$R_t = R_1 + R_2$	$R_t = \frac{R_1 \times R_2}{R_1 + R_2}$
인덕턴스(코일)	L[H]	$L_t = L_1 + L_2$	$L_t = \frac{I_1 \times I_2}{I_1 + I_2}$
정전용량(콘덴서)	C[F]	$C_t = \frac{C_1 \times C_2}{C_1 + C_2}$	$C_t = C_1 + C_2$

8 옴(Ohm)의 법칙

도체에 흐르는 전류(I)는 전압(V)에 비례하고, 그 도체의 저항(R)에 반비례한다.

▶ 옴의 법칙 암기법

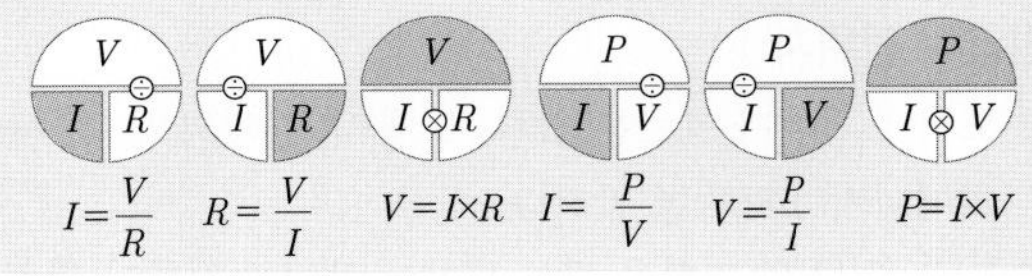

9 키르히호프의 법칙(Kirchhoff's Law)

필수암기

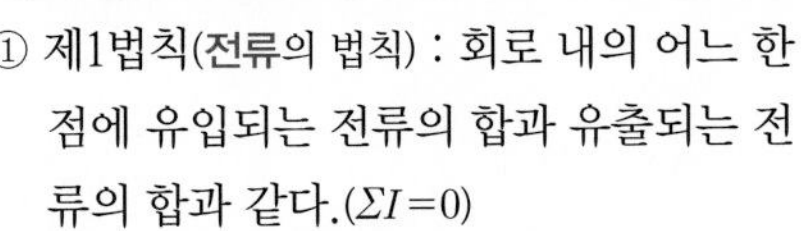

① 제1법칙(전류의 법칙) : 회로 내의 어느 한 점에 유입되는 전류의 합과 유출되는 전류의 합과 같다.($\Sigma I = 0$)

② 제2법칙(전압의 법칙) : 임의의 폐회로에 있어서 기전력의 총합과 저항에 의한 전압강하의 총합은 같다.($\Sigma V = \Sigma IR$)

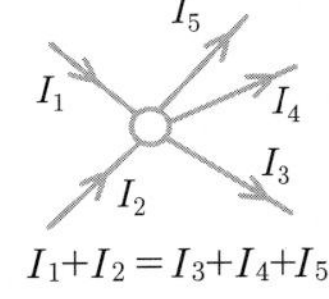

회로의 저항 연결에 따른 전압과 전류

	직렬연결	병렬연결
	I_1, V_1 I_2, V_2 $R_1[\Omega]$ $R_2[\Omega]$ I $E[\text{V}]$	I_1, V_1 $R_1[\Omega]$ I I_2, V_2 $R_2[\Omega]$ $E[\text{V}]$
저항	$R = R_1+R_2$ (직렬일 때 저항은 늘어날수록 커진다)	$R = \frac{R_1 \times R_2}{R_1+R_2}$ (병렬일 때 저항은 늘어날수록 작아진다)
전압	$V = V_1+V_2 = I_1R_1+I_2R_2 = IR_1 + IR_2 = I(R_1+R_2)$	$V = V_1 = V_2$ (병렬일 때 전압은 회로 어디에나 항상 일정하다)
전류	$I = I_1 = I_2$ (직렬일 때 전류는 회로 어디에나 항상 일정하다)	$I = I_1+I_2 = \frac{V_1}{R_1}+\frac{V_2}{R_2} = V(\frac{1}{R_1}+\frac{1}{R_2})$ (각각의 병렬회로의 전류 V_1, V_2는 전체 전류보다 작아진다)
분압법칙과 분류법칙	직렬에서 전류가 일정하다($I = I_1$)라고 했으므로 $\frac{V}{R} = \frac{V}{R_1+R_2} = \frac{V_1}{R_1}$, $V_1 = \frac{R_1}{R_1+R_2}V$ ← 분압법칙 만약 위 그림에서 $R_1 = 4\Omega$, $R_2 = 6\Omega$, $V = 10V$일 때 R_1에 걸리는 전압 V_1은 $\frac{4}{4+6} \times 10 = 4V$가 된다.	병렬에서 전압이 일정하다($V = V_1$)라고 했으므로 $IR = I \times \frac{R_1 \times R_2}{R_1+R_2} = I_1R_1$, $I_1 = \frac{R_2}{R_1+R_2}I$ ← 분류법칙 만약 위 그림에서 $R_1 = 4\Omega$, $R_2 = 6\Omega$, $I = 10A$일 때 R_1에 걸리는 전류 I_1은 $\frac{6}{4+6} \times 10 = 6A$가 된다.

- 분압법칙 : 전압은 저항에 비례하므로 전체저항에 대한 자신의 저항의 비만큼 분배된다.
- 분배법칙 : 전류는 저항에 반비례하므로 전체저항에 대한 다른 저항의 비만큼 분배된다.

chapter 03

▶ 저항의 직 · 병렬회로에서 전압, 전류, 합성저항 구하기

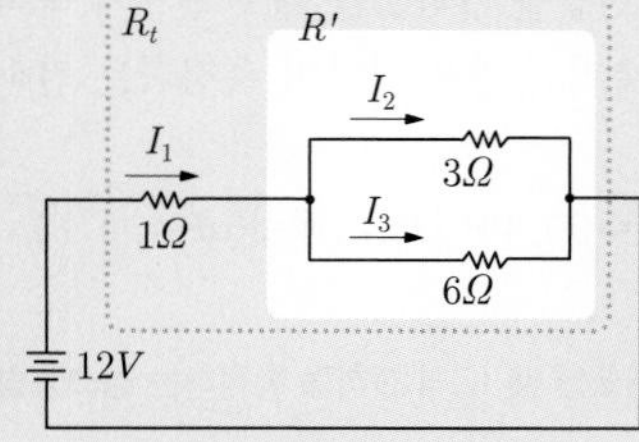

구분	전체	1Ω	3Ω	6Ω
전체 저항	(A)[Ω]			
전류	(B)[A]	(C)[A]	(D)[A]	(E)[A]
전압	12[V]	(F)[V]	(G)[V]	(H)[V]

전하량 보존 법칙 : 저항(부하)을 직렬로 연결한 회로에서는 어느 지점에서나 흐르는 전류의 세기는 모두 같다.

병렬저항의 합성저항(R') 구하기	전체 합성저항(R_t)	전체 전류	각 저항에 걸리는 전압	각 저항에 걸리는 전류
$R' = \frac{1}{\frac{1}{3}+\frac{1}{6}} = \frac{3 \times 6}{3+6} = 2\Omega$	$R_t = 1\Omega+2\Omega$ $= 3\Omega$	$I = \frac{V}{R} = \frac{12}{3} = 4A$ ※ 전하량 보존 법칙에 의해 1Ω과 $R'\Omega$에 흐르는 전류는 $4A$로 같다.	[$V = IR$ 적용] • 1Ω에 걸리는 전압 : $4A \times 1\Omega = 4V$ • R'에 걸리는 전압 : $4A \times 2\Omega = 8V$ ※ 병렬 연결된 3Ω과 6Ω에 걸리는 전압은 $8V$로 같다.	[$I = \frac{V}{R}$ 적용] • 1Ω에 걸리는 전류 : I = 전체전류 $4A$ • 3Ω에 걸리는 전류 : $I = \frac{8V}{3\Omega} = \frac{8}{3}A$ • 6Ω에 걸리는 전류 : $I = \frac{8V}{6\Omega} = \frac{4}{3}A$

A : 3Ω, B : $4A$, C : $4A$, D : $8/3A$, E : $4/3A$, F : $4V$, G : $8V$, H : $8V$

10 전력, 전력량, 주울열(열량)

① 전기에너지(E) : 전류가 흐를 때(전자의 이동) 만들어지는 에너지(단위 : J)이며, $1\text{ J} = 1\text{V}_{전압} \times 1\text{A}_{전류} \times 1\text{s}_{초}$로 표시한다.

→ 전기에너지의 크기는 발열량(전류가 공급한 전기에너지를 열에너지로 전환)을 통해 구한다.

$$1\,[\text{J}] = V \cdot I \cdot t\,(\text{초})$$

② **전력**(P) : 1초동안 전하(전기)가 하는 일(단위 : W, kW) 또는 단위 시간 동안 전기기구에 공급되는 전기에너지로, 전기에너지를 시간으로 나눈 값(단위 : J/s)이다.

→ 저항에 전류가 흐를 때 전기적인 일률(일의 크기)이라고도 한다.

$$\text{전력} = \frac{\text{전기에너지}}{\text{시간}} = \frac{\text{전압} \times \text{전류} \times \text{시간}}{\text{시간}} = VI$$

$$\text{전력 } P[W] = V \times I = (R \times I) \times I = I^2 \times R$$

$$= V \times I = V \times \frac{V}{R} = \frac{V^2}{R}$$

(V : 전압, I : 전류, R : 저항)

③ **전력량** : 전기기구가 일정시간 동안 사용한 전력의 양을 말하며, $P \times h$(시간, hour)로 단위는 Wh, kWh이다.

$$1\,[\text{Wh}] = P \times h = V \cdot I \cdot t\,(\text{시간}) = I^2Rt = \frac{V^2}{R}t$$

④ **전류에 의해 발생되는 열(주울의 법칙)** : 저항이 있는 물체에 전류가 흐르면 열이 발생하며, 발생되는 열의 양을 발열량이라 한다. 저항 R에 전류 I를 t초 동안 흘렸을 때 발생되는 열량(H)을 '줄열(발열량)'이라고 한다.

$$\text{발열량 } H = P \times t\,[\text{J}]$$
$$= V \times I \times t\,[\text{J}]$$
$$= I^2Rt\,[\text{J}]$$
$$= 0.24 \times P \times t\,[\text{cal}]$$
$$= 0.24 \times \frac{V^2}{R}t\,[\text{cal}]$$

- P : 전력
- V : 전압
- t : 시간
- I : 전류
- R : 저항

▶ 열량의 단위 환산
- 1 [J] = 0.24 [cal]
- 1 [cal] = 4.186 [J]
- 1 [kWh] = 860 [kcal]

02 콘덴서(capacitor, 커패시터)

1 개요

① 2장의 금속판 사이에 부도체(유전체)를 끼워 만든 것으로, 전원을 연결하면 금속판에 전하가 축적된다.

② 직류 전압을 가하면 각 전극에 전하(전기)를 저장

→ 콘덴서 용량만큼 저장된 후 전류가 더 이상 흐르지 못함

③ 교류에서는 직류성분을 차단하고 교유성분만 통과

▶ 참고) 전원에 따른 콘덴서의 성질

콘덴서를 물통이라고 가정하면 직류는 한방향으로만 흐르므로 처음에는 아무 것도 없는 빈 상태이지만, 전하가 쌓여 차면 전원부와 콘덴서 전압이 같아지며 전류가 더 이상 흐르지 못한다.

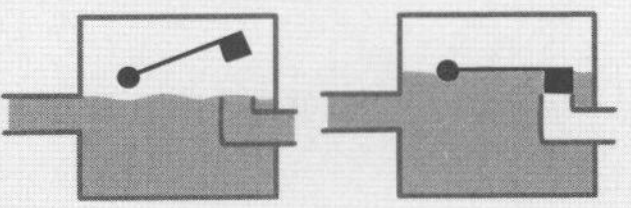

하지만 교류는 극성이 바뀌면서 흐르므로 다시 전위차가 발생되어 전류가 흐른다. 이렇게 교류전원의 극성이 반복적으로 바뀌면서 콘덴서는 충/방전을 반복하며 교류를 통과시킨다.

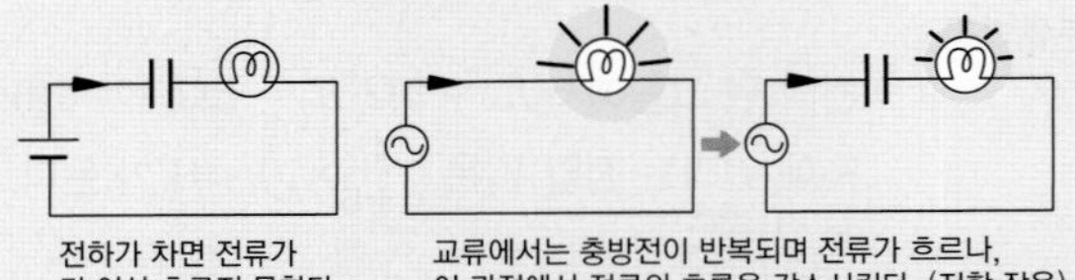

전하가 차면 전류가
더 이상 흐르지 못한다.
교류에서는 충방전이 반복되며 전류가 흐르나,
이 과정에서 전류의 흐름을 감소시킨다. (저항 작용)

직류전원을 연결할 때

교류전원을 연결할 때

2 정전용량(커패시턴스)

① 정전용량 : 콘덴서에 전압을 가하였을 때 콘덴서가 축적할 수 있는 전하 용량, 즉 축적 용량을 말하며 축적되는 전하는 전압이 비례한다.

② 정전용량의 단위 : 패럿(F), 마이크로 패럿($\mu F = 10^{-6}F$), 피코 패럿($pF = 10^{-12}F$)

→ 1 [F] : 1V의 전압을 가했을 때 1C의 전하를 축적하는 정전용량

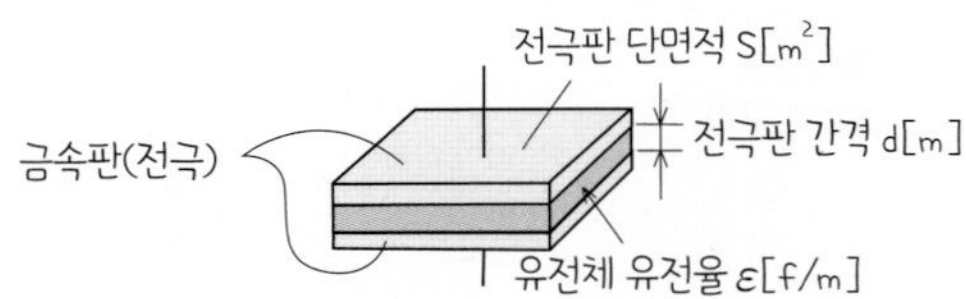

$$\text{전하량 } Q = CV\,[C]$$

$$\text{정전용량 } C\,[F] = \varepsilon \frac{S}{d}$$

$$= 8.85 \times 10^{-12} \times \varepsilon_r \frac{S}{d}$$

- Q : 축적되는 전기량(전하량)
- C : 비례상수(정전용량)
- V : 가해지는 전압(전위차)
- ε : 유전율(절연도)
- ε_r : 비유전율
- S : 전극판 면적[m²]
- d : 전극판 간의 거리[m]

③ 정전용량(Q)을 크게 하려면 : 비유전율은 크게, 전극판 면적은 크게, 전극판 간의 거리는 작게 한다.

3 콘덴서의 합성연결

직류회로에서 콘덴서의 직렬연결은 저항의 병렬연결과 같고, 콘덴서의 병렬연결은 저항의 직렬연결과 같다.

$$C_{직렬} = \frac{C_1 \times C_2}{C_1 + C_2},\ C_{병렬} = C_1 + C_2$$

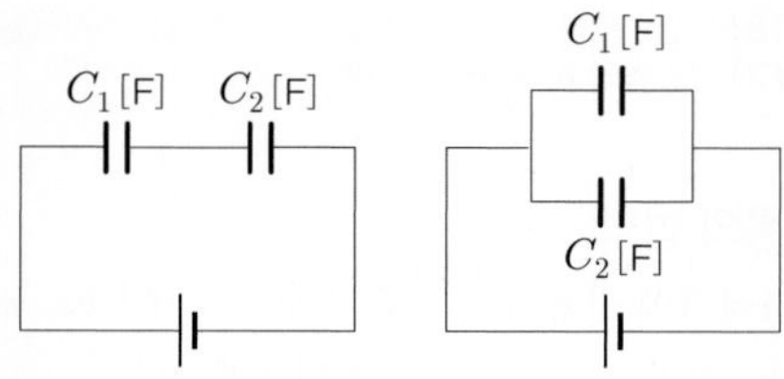

03 전기장

1 전하와 전하량

① 전하 : 전기를 가지고 있는(전기가 짊어진 것) 최소한의 단위, 또는 전자의 유무에 의해 생기는 전기적 성질을 말하며, 전하의 크기를 전하량(전기량)이라 한다.

② 전하량(Q) : 전하(전기)를 띠는 정도를 나타내는 양, 단위는 C(쿨롬)으로 표현

2 쿨롱의 법칙

① **전기력** : 전하 사이에 작용하는 힘으로 같은 종류의 전하 사이에는 서로 미는 척력이 작용하고, 다른 종류의 전하 사이에는 서로 당기는 인력이 작용한다.

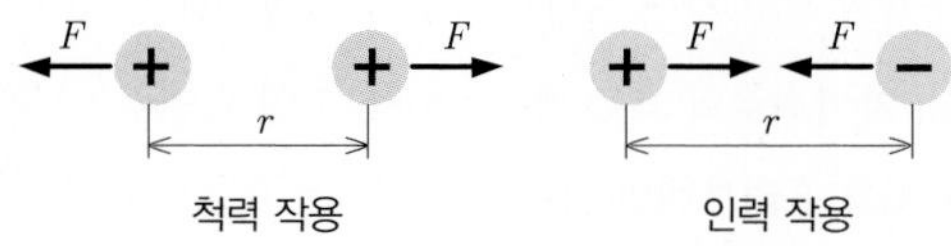

척력 작용　　　인력 작용

② **전기장의 쿨롱의 법칙** : 두 전하 사이에 작용하는 전기력의 크기는 두 전하량의 곱에 비례하고, 거리의 제곱에 반비례한다. 또한 힘의 방향은 전하가 서로 다르면 흡인력, 같으면 반발력이 생긴다.

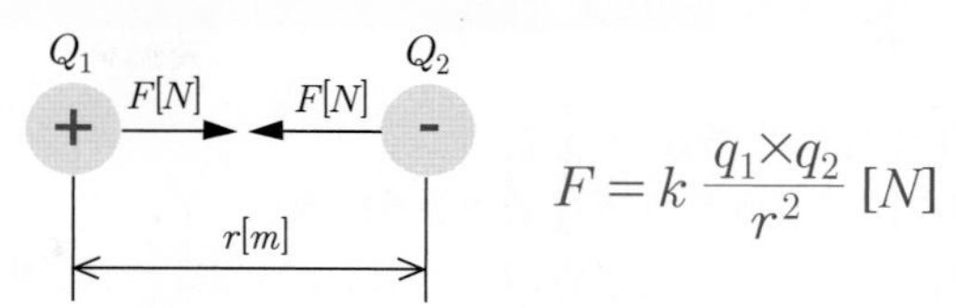

$$F = k\frac{q_1 \times q_2}{r^2}\ [N]$$

- F : 정전용량, 전기력 [N]
- k : 쿨롱상수 (전하 사이의 매질(공기, 진공 등)에 따른 상수값)
  ($k = 9.0 \times 10^9 N \cdot m^2/C^2$: 진공 사이에서의 쿨롱상수)
- Q_1, Q_2 : 두 대전체의 전하량(전기량) [C]
- r : 자극 사이의 거리[m]

→ 전기력을 구하는 문제는 나오지 않지만 관계를 묻는 문제는 나올 수 있다.

3 전기장

① 전기장 : 전하 주위에 **전기력이 작용하는 공간**으로, 방향과 크기가 있는 벡터량이다.

② 전기장의 세기 : 전기장 속에서 단위 양전하(+1C)가 받는 전기력의 크기이다. 전기장 속에 놓인 전하 $+q$가 받는 전기력의 크기가 F이면, 전기장의 세기 E는 다음과 같다.

4 전기력선

① 전기장 속에 놓인 단위 양(+) 전하가 받는 힘의 방향을 연속적으로 이은 선

② (+)전하에서 출발하여 (−) 전하로 들어간다.

③ 중간에 끊어지거나 교차 또는 분리되지 않는다.

④ 같은 방향으로 흐르는 자력은 서로 반발한다.

⑤ 전지력선의 한 점에서 그은 접선의 방향은 그 점에서의 전기장 방향이다.

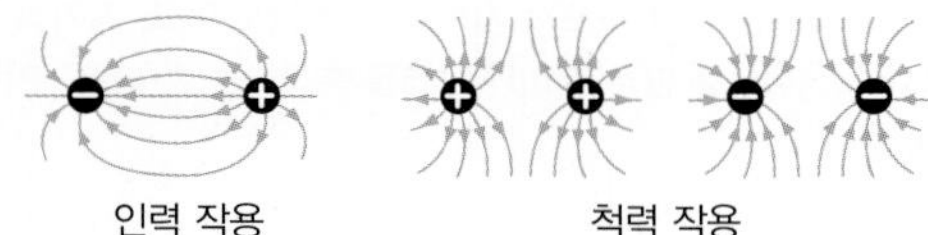

인력 작용　　　척력 작용

5 가우스의 정리

전하와 전기력선과의 관계를 정리한 것으로, 전체 전하량 Q를 둘러싼 폐곡면을 관통하여 나가는 전기력선의 총수는 다음과 같다.

필수암기

전기력선의 총수 $N = \frac{Q}{\varepsilon}$ ← Wb/m² 단위는 T(테슬러)를 대신함

→ 전기장에 수직인 방향의 단위면적에 통과하는 전기력선의 수는 전기장의 세기와 같다.

04 자속과 자기장

1 자기의 성질과 특성

① **자기** : 자성체 등이 쇠를 끌어당기는 성질

② **자성체** : 자기적 성질을 가지는 물질(강자성체 : 니켈, 철, 코발트, 망간 등)

→ 자기유도(자기화) : 막대자석에 철가루를 가까이 하면 철가루에 자기가 나타나는 현상으로, 철가루는 자화되어 자성을 갖는다.

③ **자극** : 자석이 쇠붙이를 끌어당기는 힘은 양 끝에서 가장 강하며 이 양끝을 자극이라 한다.

④ **자력** : 서로 다른 두 극 사이에 작용하는 자석의 힘은 흡인력, 같은 자극 사이에 작용하는 자석의 힘은 반발력이 작용한다.

⑤ **자기장(자계)** : 자기력이 미치는 공간

⑥ **자력선** : 막대자석의 N극과 S극 간에 발생하는 가상의 선

⑦ **자계강도** : 단위 자기량을 가지는 물체에 작용하는 자기력의 크기

→ 자기량 : 자극의 세기 [Wb]

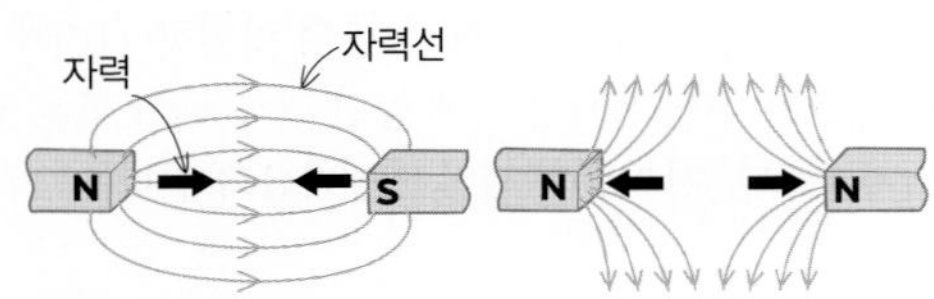

자기력은 N극에서 S극으로 이동

자기력의 흡입과 반발

2 자속과 자속밀도

① **자속(ϕ)** : 자력선의 수 또는 자기선속(자기다발)을 말한다. 자속의 단위는 웨버(Wb)이다.

② **자속밀도** : 단위면적당(1 m²) 통과하는 자력선의 수(자속)

→ 자극 m[Wb]에는 자극이 발생한 반경 r[m]만큼의 자기장이 형성된다. 이때 자극에서 나오는 자속 ϕ = m[Wb]이고, 자기장 면적 $S = 4\pi r^2$[m²]이므로 반경 r[m]의 구면을 통과하는 자속밀도 B는 다음 식과 같다.

$$자속밀도\ B[T] = \frac{\phi\ [\mathrm{Wb}]}{A\ [m^2]}$$ ← Wb/m² 단위는 T(테슬러)를 대신함

→ 즉, 자기장의 세기는 1 m²당 얼마만큼의 자기력선이 존재하는가를 나타내며, 자속은 '자기장의 세기×면적'으로 표현할 수 있다.

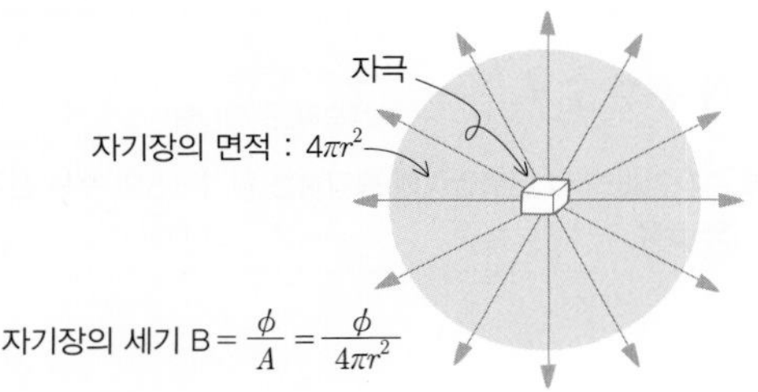

③ **자기장의 세기**(H) : 자속밀도는 다르게 표현하면 자기장의 세기(크기) H[AT/m]에 투자율을 곱한 값이다. ($B = \mu H$ [T])

④ **투자율**(μ) : 물질에 따라 자력선이 통과하기 쉬운가의 여부를 나타내는 상수

→ 진공 투자율 $\mu_0 = 4\pi\times10^{-7}$[H/m]이며, 비투자율 μ_0 = 1이다.

▶ **투자율과 비투자율**

- 진공 중의 투자율(μ_0) : 진공상태에서 자기장이 얼마나 잘 통과할 수 있는지 나타내는 정도
- 진공 중의 투자율(μ_0)을 기준으로 어느 물질의 투자율이 몇 배가 되는가를 나타내는 값을 비투자율(μ_S)이라고 한다.

$$\mu_S = \frac{\mu}{\mu_0} \rightarrow \mu = \mu_0\mu_S$$

- 공기 투자율은 진공 투자율과 거의 같으므로 공기의 비투자율은 1이다. 참고) 규소강의 비투자율 = 1000

3 자기에 관한 쿨롱의 법칙

진공 중에서 두 자극간에 작용하는 힘 F는 자극의 세기 m_1, m_2의 곱이 비례하고 자극간의 거리 r의 제곱에 반비례한다.

$$F = \frac{1}{4\pi\mu_0}\cdot\frac{m_1\times m_2}{r^2} = 6.33\times10^4\times\frac{m_1\times m_2}{r^2}\ [N]$$

- F : 두 자극 간에 미치는 힘 [N]
- μ_0 : 진공의 투자율 [H/m] = $4\pi\times10^{-7}$ [H/m]
- m_1, m_2 : 자극의 세기 [Wb]
- r : 자극 사이의 거리[m]

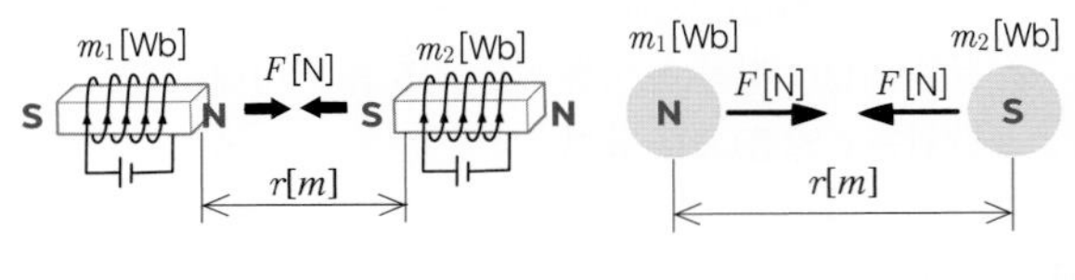

4 자화 곡선과 히스테리시스 곡선

자기장의 세기와 자속밀도의 관계를 구하기 위해 환형 철심에 코일을 N회 감고 가변 저항기로 전류를 변화할 수 있도록 한다.

여기서, 자기회로의 자로 길이 : l[m], 코일의 권수 : N회 일 때 전류 I[A]를 흘려보내면 자기장의 세기는 $H[AT/m] = \frac{NI}{l}$이며, 투자율을 μ라고 하면 $B = \mu H$이다.

또한, 철심의 단면적을 A [m²], 발생한 자속을 ϕ [Wb]라고 하면 자속밀도는 $B = \frac{\phi}{A}$이다. 필수암기

히스테리시스 곡선 : 자성체의 자기장 세기 H의 변위를 자속 밀도 B의 변화로 나타낸 것이다.

→ 히스테리시스 : 이력 현상을 뜻하며, 어떤 길을 걸어왔는가에 따라 현재가 결정된다는 의미이다.

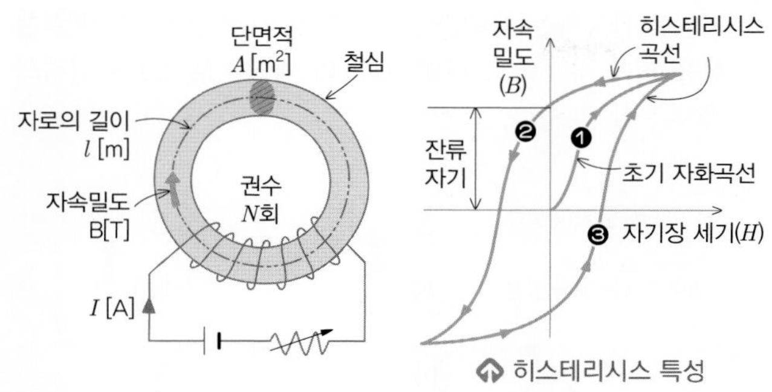

히스테리시스 특성

5 자기회로와 전기회로의 비교

자기회로는 자속이 통과하는 회로를 말하며, 자기회로의 기자력→기전력, 자속→전류, 자기저항→전기저항의 대응 관계이다.

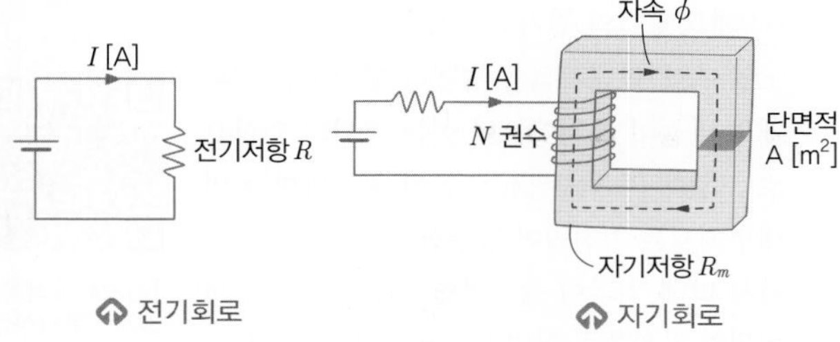

전기회로　　자기회로

(1) 자기회로와 전기회로의 비교

전기회로	자기회로
전하량 Q [C]	자기량 m
전류 I [A]	자속 ϕ [Wb]
기전력 [V] : 전류를 흐르게 하는 힘	기자력 F : 자속을 발생시키는 힘 F = 권수 × 전류($N \times I$) [AT]
전기저항 R $R = \dfrac{\text{도체의 길이}}{\text{도전율} \times \text{단면적}} = \dfrac{l}{\sigma A}[\Omega]$	자기저항(Reluctance) R_m $R_m = \dfrac{\text{자로의 길이}}{\text{투자율} \times \text{단면적}} = \dfrac{l}{\mu A}$ [H⁻¹] '역' 헨리의 의미 [1/H]
옴의 법칙 $I = \dfrac{V}{R}$	자기회로의 옴의 법칙 $\phi = \dfrac{F}{R_m} = \dfrac{NI}{R_m}$ [Wb]
쿨롱의 법칙(전기) $F = 9\times10^9 \cdot \dfrac{q_1 \times q_2}{r^2} = \dfrac{1}{4\pi\varepsilon_0\varepsilon_s} \cdot \dfrac{q_1 \times q_2}{r^2}$	쿨롱의 법칙(자기) $F = 6.33\times10^9 \cdot \dfrac{m_1 \times m_2}{r^2} = \dfrac{1}{4\pi\mu_0\mu_s} \cdot \dfrac{q_1 \times q_2}{r^2}$

(2) 기자력

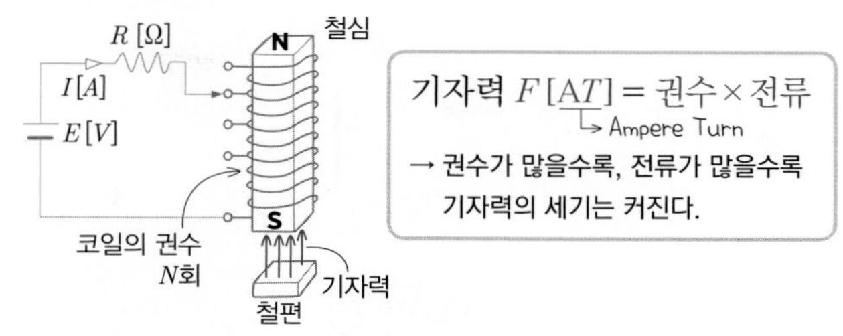

05 전류에 의한 자기현상

1 앙페르의 오른나사 법칙

(1) 무한 직선 도체에서의 전류 방향과 자기장 방향

도체에 전류를 흘리면 도체 주변에 원형으로 자기장이 형성되고, 그 자기장은 회전한다. 이때 나사의 진행방향이 전류의 방향이고, 자기장의 방향은 오른쪽이다.

(2) 환형코일(솔레노이드)과 원형코일에서의 전류 방향과 자기장 방향

환형 솔레노이드는 둥근 모양의 철심에 도체(코일)이 여러 번 감겨진 형태이고, 원형코일은 원 모양의 도체 형태로 오른나사 법칙의 반대로 엄지가 자기장 방향, 나머지 손가락이 전류 방향이다. 이 법칙은 전자유도에 적용된다.

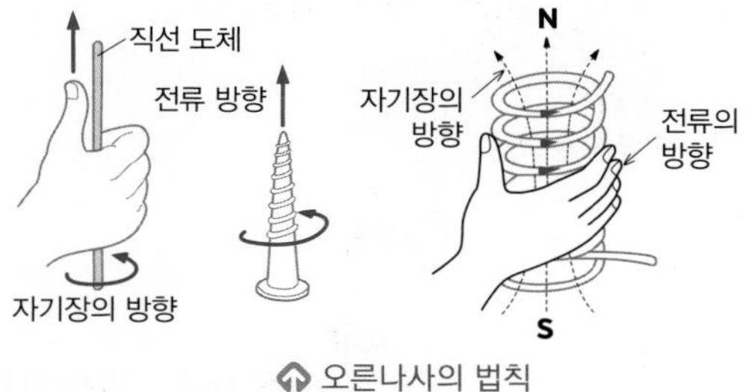

오른나사의 법칙

직류전동기에서는 오른나사의 법칙에 의해 전류가 방향이 바뀌면(극성을 바꾸면) 자기장 방향 즉 회전방향이 바뀐다.

2 도체별 자기장의 세기

도체 종류	자기장의 세기	비고
무한 직선	$H = \dfrac{I}{2\pi r}$	r : 직선 도체로부터의 거리
직선 솔레노이드	$H = n_0 I$	n_0 : 단위길이당 권수
환상 솔레노이드	$H = \dfrac{NI}{2\pi r}$	r : 원 중심에서 도체의 중심까지의 거리
원형 코일	$H = \dfrac{NI}{2r}$	r : 원형 코일의 반지름

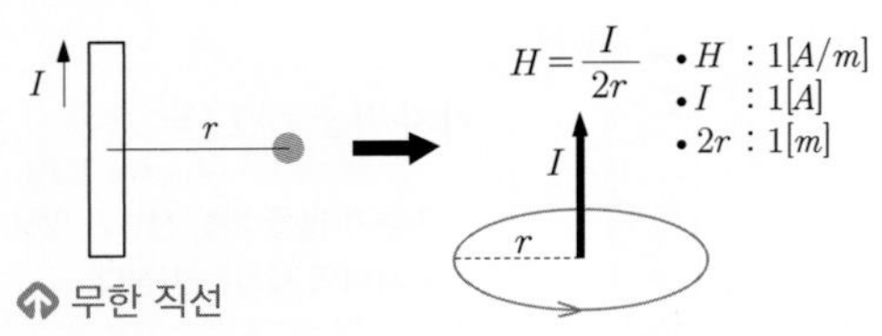

무한 직선

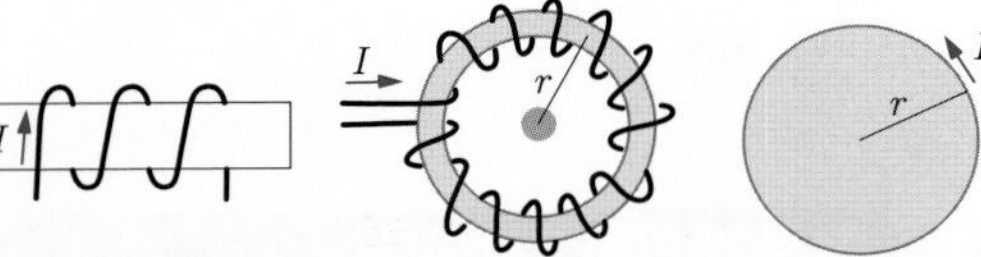

직선 솔레노이드 · 환상 솔레노이드 · 원형 코일

내부에만 자기장이 발생되고, 내부의 자기장은 균등하고 분배된다.

3 플레밍의 왼손법칙 (전동기의 원리)

① 자기장 속에 도체를 수직으로 놓고 도체에 전류를 흘리면 도체에 힘이 작용한다. 이 힘을 전자력이라고 하며, 전자력의 방향은 자기의 방향과 전류의 방향에 따라 결정된다.

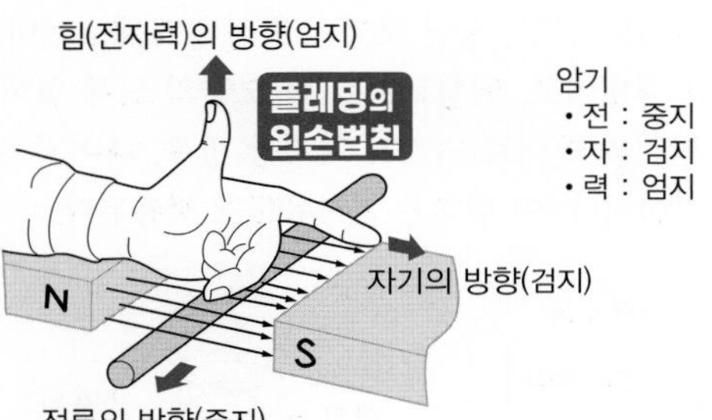

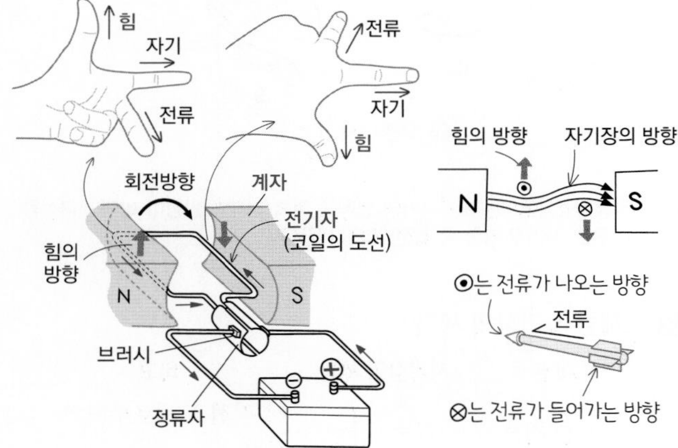

② 전자력의 크기

> **전자력** $F = BIl$ [N]
>
> $F = BIl\ sin\theta$ [N]
>
> 도체가 자기장과 θ의 각도로 놓였을 때의 전자력의 크기
>
> • B : 전기장의 세기 [T]
> • I : 전류 [A]
> • l : 도선 길이 [m]

4 페러데이의 전자 유도작용와 렌츠의 법칙

코일을 관통하는 자속을 변화시킬 때 기전력이 발생하는 현상을 전자 유도라고 하며, 렌츠의 법칙으로 유도기전력의 방향을 알 수 있다.

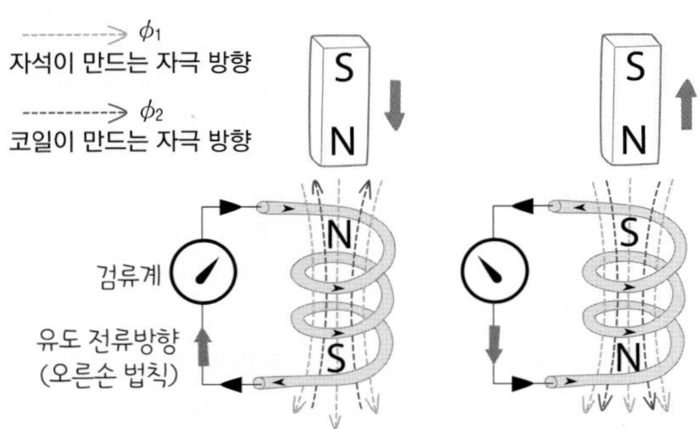

(1) 페러데이의 전자유도작용

코일 속에 막대자석을 넣었다 뺐다하면 검류계의 바늘이 움직이는데 이는 자석의 영향으로 코일에 자속(자력선의 수)이 증가하며 코일 내부에서는 기전력이 발생한다.

[전자유도작용]
출처 : 우프선생

다시 말해, N극이 접근하면 코일에 N극이 형성되어 자석을 밀어내려고 하고(척력), 다시 N극을 멀리하면 S극이 형성되어 자석을 잡아당기는(인력) 힘이 발생한다. 코일에 이러한 자력이 발생하면 전류가 발생된다.

코일은 변화를 싫어한다. (오지마! 가지마!)

(2) 렌츠의 법칙 (전자기유도의 방향에 관한 법칙)

전자유도에서 발생된 유도기전력(전류)은 자속의 변화(증감)를 방해하는 방향으로 흐른다. (→ 자기장이 변화해서 기전력이 발생)

≒ 전압

(3) 전자유도에 의해 발생된 유도 기전력의 크기와 방향

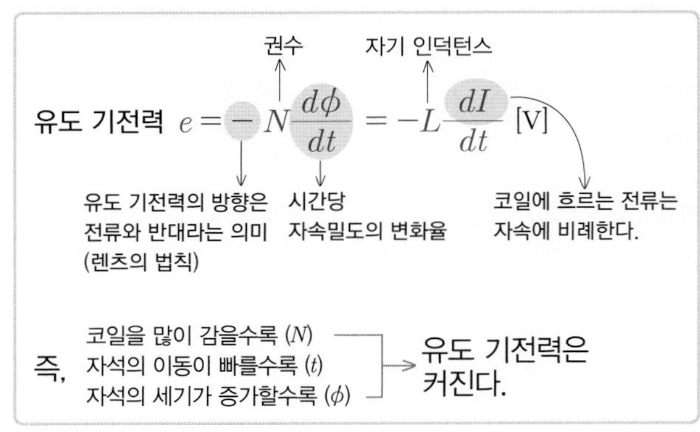

권수
자기 인덕턴스
유도 기전력 $e = -N\frac{d\phi}{dt} = -L\frac{dI}{dt}$ [V]
유도 기전력의 방향은 전류와 반대라는 의미 (렌츠의 법칙)
시간당 자속밀도의 변화율
코일에 흐르는 전류는 자속에 비례한다.
즉, 코일을 많이 감을수록 (N)
자석의 이동이 빠를수록 (t)
자석의 세기가 증가할수록 (ϕ)
유도 기전력은 커진다.

5 자기 인덕턴스(self-inductance, L)

① 자기 인덕턴스(L)은 코일 고유의 값으로, 코일의 권수와 형태 및 철심의 존재 여부 등에 의해 정해지는 상수이다. (단위 : 헨리 H)

② 자기 인덕턴스(L)은 코일에 흐르는 전류의 변화에 의해 생기는 자기 유도의 크기를 나타낸다. 즉, 코일의 자기 유도 능력 정도를 나타내는 양이 된다.

③ '1H'의 자기인덕턴스란

- 1[A]의 전류가 변화하여 1[V]의 기전력이 유도될 때, 그 코일의 자기 인덕턴스는 1[H]이다.
- 1[A]의 전류가 변화했을 때 자력이 1Wb 변화했을 때를 말한다.

필수암기

자기 인덕턴스 $L = \dfrac{N\phi}{I}[\mathrm{H}]$ L : 권수, I : 전류

6 전자 에너지

코일에 전류가 흐르면 코일 주위에 자기장을 발생시켜 전자 에너지를 저장하게 된다.

필수암기

코일의 저장 에너지 $W = \dfrac{1}{2}LI^2$ [J] L : 자기 인덕턴스, I : 전류

→ 코일에 저장되는 에너지는 $v(t) = -L\dfrac{dI}{dt}$이며,

순간 전력 $p(t) = v(t) \cdot I(t) = L\dfrac{dI}{dt} \cdot I(t)$

따라서, 저장된 에너지의 변화량은 $dW = d(t)dt = LI(t)d(t)$

이 식을 I에 대하여 적분하면 $W = \dfrac{1}{2}LI^2$이다.

7 플레밍의 오른손법칙 (발전기의 원리)

자속 내에서 도체의 운동에 의한 유도 기전력의 방향은 플레밍의 오른손 법칙에 따라 결정되며, 발전기의 원리에 해당한다.

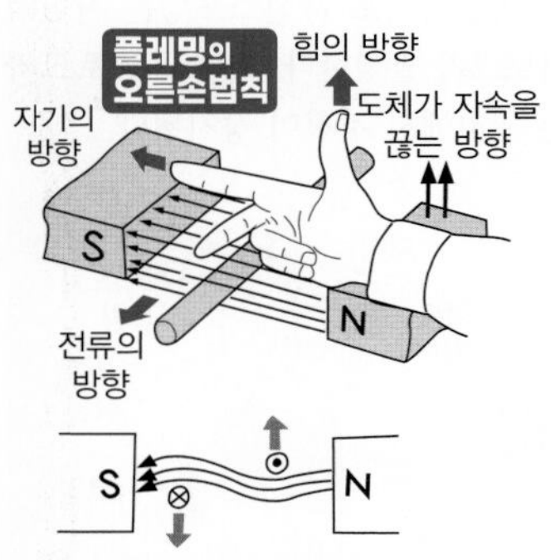

⊙는 전류가 흐를 때의 기호로, 앞쪽으로 흐르며, ⊗는 반대쪽으로 흐른다.

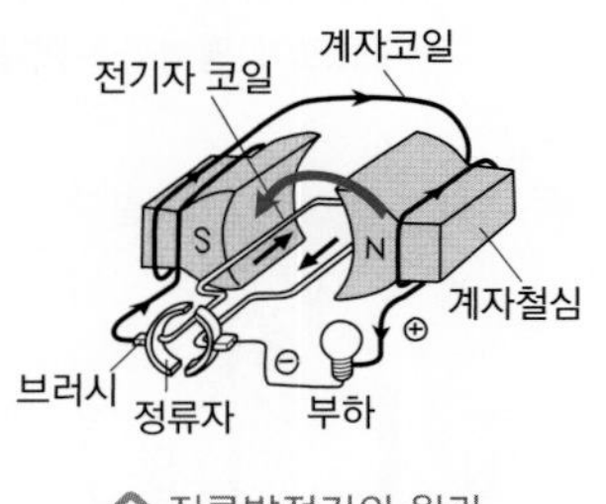

직류발전기의 원리

8 전기자 반작용

① 직류기에 부하를 접속하면 전기자 전류에 의해 생기는 자속이 계자의 자속 분포를 왜곡시켜 전동기 속도나 발전기의 전압 변동율 등에 영향을 미침

② 영향

- 주자속이 감소(감자작용)
  (전동기 : 토크감소, 발전기 : 기전력 감소)
- 자기적 중성축 이동
  (발전기 : 회전방향, 전동기 : 회전반대방향)
- 브러시에 불꽃발생(정류불량의 원인)

③ 방지대책

- 보상권선 설치 : 주자극 표면에 설치
- 보극 설치 : 경감법으로 중성축에 설치
- 브러시 위치를 전기적 중성점인 회전방향으로 이동

필수암기

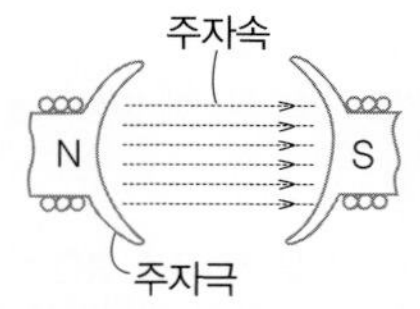

전기자 권선에 전류가 흐르지 않을 때는 주자속이 직선방향으로 흐른다.

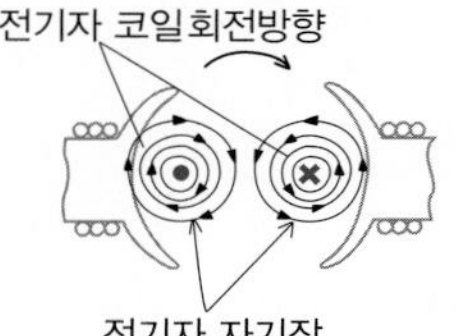

전기자에 전류를 흐르면 전기자에 자계가 형성된다.

전기자 자속의 방향과 반대가 되어 주자속의 방향이 왜곡되어 중성축이 이동한다.

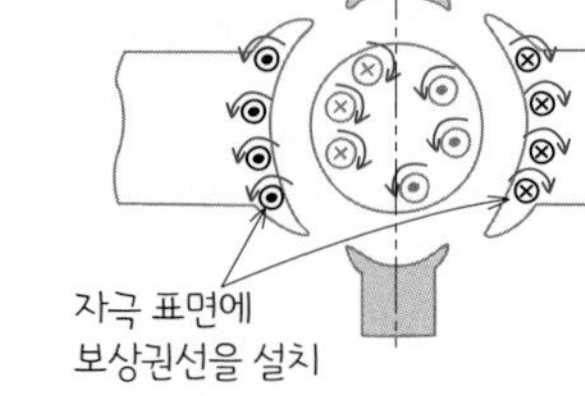

전기자반작용 방지

06 손실의 종류

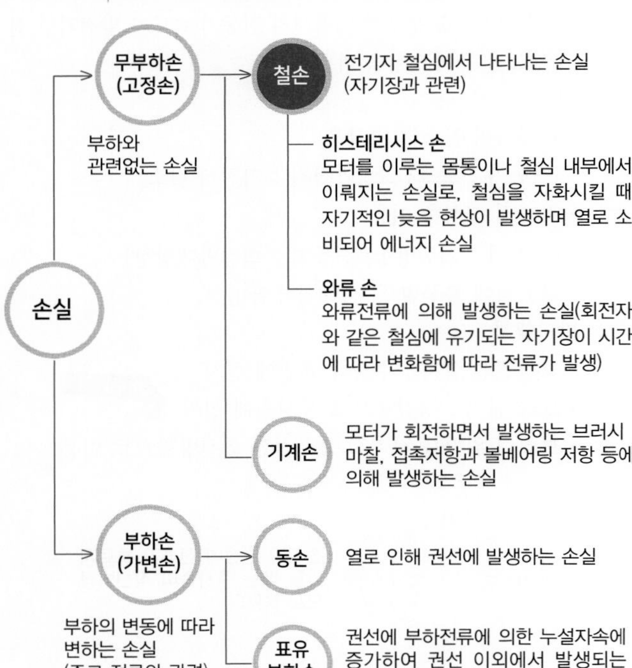

손실
무부하손 (고정손)
부하와 관련없는 손실
철손
전기자 철심에서 나타나는 손실 (자기장과 관련)
히스테리시스 손
모터를 이루는 몸통이나 철심 내부에서 이뤄지는 손실로, 철심을 자화시킬 때 자기적인 늦음 현상이 발생하며 열로 소비되어 에너지 손실
와류 손
와류전류에 의해 발생하는 손실(회전자와 같은 철심에 유기되는 자기장이 시간에 따라 변화함에 따라 전류가 발생)
기계손
모터가 회전하면서 발생하는 브러시 마찰, 접촉저항과 볼베어링 저항 등에 의해 발생하는 손실
부하손 (가변손)
부하의 변동에 따라 변하는 손실 (주로 전류와 관련)
동손
열로 인해 권선에 발생하는 손실
표유 부하손
권선에 부하전류에 의한 누설자속에 증가하여 권선 이외에서 발생되는 와전류로 인한 손실

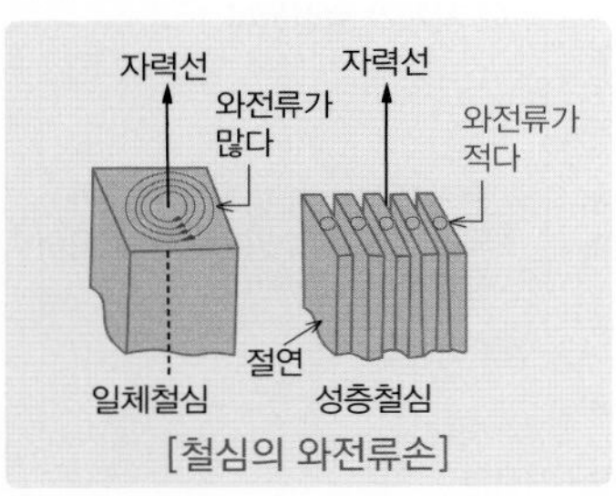

자력선
와전류가 많다
자력선
와전류가 적다
절연
일체철심
성층철심

[철심의 와전류손]

07 측정계기

대표적으로 사용되는 전기측정계기에는 멀티미터, 전류계와 전압계, 메거 측정기가 있으며, 아날로그 측정방식으로는 크게 가동 코일형과 가동 철편형 계기가 있다.

▶ 대표적인 측정계기의 측정범위

회로시험기 (멀티미터)	직류 전류 및 전압, 교류 전압, 저항 (교류전류는 측정불가)
메거(절연저항)	교류 전압, 절연저항, 누전
후크메타 (클램프 미터)	직류·교류전압, 교류 전류 및 전압, 저항 (직류전류는 측정불가) ※ 배선을 절단할 필요없이 측정 가능
볼트미터	전압
휘트스톤 브리지	저항
스토로브스코프	모터회전수 측정 (측정물에 직접 접속하지 않고 측정)
오실로스코프	주파수, 전압, 위상

필수암기

1 가동 코일형 계기

① 직류 전류계와 직류전압계에 사용

② 원통 형상의 철심에 감겨진 코일이 자석 N극과 S극 간에 놓여지고 스프링에 의해 지지된 구조이다.

2 가동 철편형 계기

① 직류, 교류 모두 사용 가능(주로 교류에 사용)

② 코일 내에 가동철편과 고정철편이 있으며, 회로에 전류가 흐르면 전류가 코일에 흘러 오른나사 법칙에 의해 자속이 발생된다. 이 자속은 가동철편과 고정철편을 자화시켜 N극과 S극이 생긴다. 따라서 양 철편은 반발하고 가동 철편에 구동토크가 발생하여 지침을 회전시킨다.

③ 가동 코일형의 판스프링과 마찬가지로 나선스프링은 지침의 회전을 복귀시키려는 제어토크가 발생한다. 이때 구동토크와 제어토크가 평형을 이루는 위치에서 지침이 정지된다.

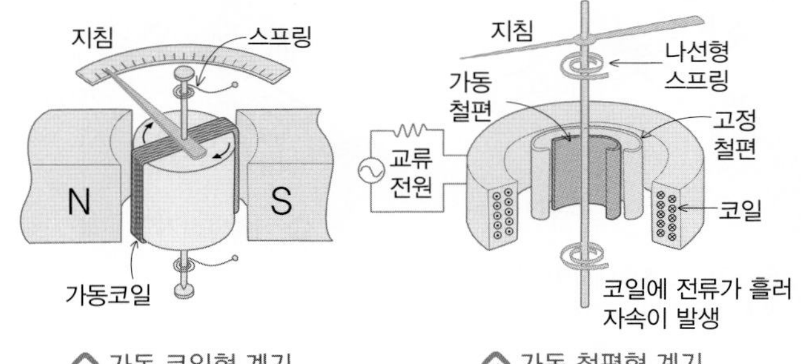

지침
스프링
N
S
가동코일
지침
나선형 스프링
가동 철편
고정 철편
교류 전원
코일
코일에 전류가 흘러 자속이 발생

가동 코일형 계기
가동 철편형 계기

전류계와 전압계의 접속

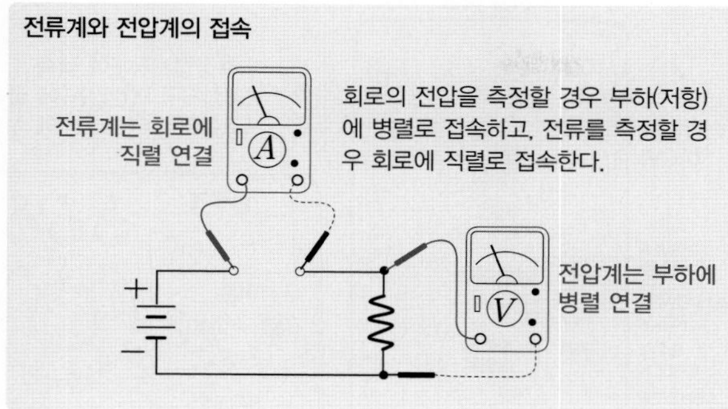

전류계는 회로에 직렬 연결
회로의 전압을 측정할 경우 부하(저항)에 병렬로 접속하고, 전류를 측정할 경우 회로에 직렬로 접속한다.
전압계는 부하에 병렬 연결

3 배율기와 분류기 필수암기

① **배율기 : 전압의 측정 범위를 확대**하기 위해 **전압계**에 저항을 **직렬로** 접속한 것을 말한다.

$$\text{배율}(m) = \frac{V_{(\text{측정하려는 전압})}}{V_{V(\text{전압계의 표기값})}} = \frac{R_V + R_m}{R_V} = 1 + \frac{R_m}{R_V}$$

$$R_m = (m-1)R_V$$

• R_m : 배율기 저항, • R_V : 전압계 내부저항

▶ **배율기의 개념 이해**

예를 들어, 내부 저항이 1[Ω], 10[V]용 전압계로 100[V]를 측정하고 싶다고 가정해보자.

배율기가 없다면 전압계는 터져버린다. 하지만 배율기 저항을 직렬로 추가하면 전체 저항이 커지므로 높은 전압을 측정할 수 있다. (오옴의 법칙에 의하면 전압은 저항에 비례하므로)

여기서, 배율기 저항을 9[Ω]으로 하면 전체 저항은 1+9 = 10[Ω]이다.

이 때, 배율기의 배율$(m) = \frac{\text{전체 저항}}{\text{전압계의 내부저항}}$

→ 전체저항 = 배율기 저항(R_m) + 전압계 내부저항(R_V)

즉, 배율이 10배(V = IR에 의해)가 되므로 100[V]를 측정할 수 있다.

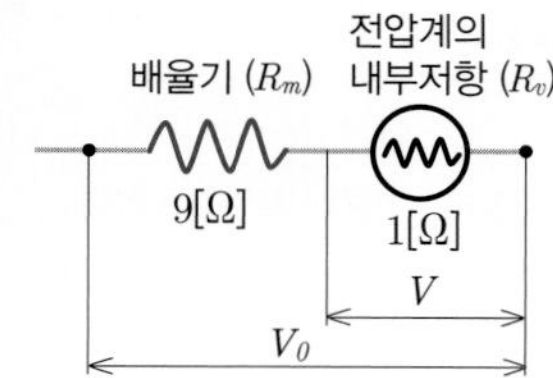

V_o : 측정하고자 하는 전압
V : 전압계에 가하는 전압
R_v : 전압계의 내부저항
R_m : 배율저항의 저항값

배율기

② **분류기 : 전류의 측정 범위를 확대**하기 위해 **전류계**에 저항을 **병렬로** 접속

$$\text{배율}(m) = \frac{I_{(\text{회로 전류})}}{I_{a(\text{전류계의 전류값})}} = \frac{R_V + R_s}{R_s} = 1 + \frac{R_V}{R_s}$$

$$R_S = \frac{R_V}{m-1}$$

• R_V : 전류계의 내부저항, • R_s : 분류기의 저항

▶ **분류기의 개념 이해**

예를 들어, 1[A]까지만 측정할 수 있는 전류계로 10[A]를 측정하려고 할때 분배기의 저항을 구하려면?

저항을 병렬로 연결하면 전류는 각 저항으로 나뉘어지므로 전류계의 내부저항에 대해 분류기 저항을 병렬 연결한다.

저항을 병렬연결했을 때 분류기에 흐르는 전류는 분류법칙(189페이지 참조)을 통해 구할 수 있다.

회로의 전류를 I_0, 전류계의 전류를 I라고 했을 때

분류법칙에 의해 $I = \frac{R_S}{R_V + R_S} \times I_0$

이 때 분류기의 배율$(m) = \frac{I_0}{I} = \frac{R_V + R_S}{R_S} = 1 + \frac{R_V}{R_S} \rightarrow R_S = \frac{R_V}{m-1}$

즉, R_V=1 일 때 배율을 10배로 하려면 $\frac{1}{9}$ [Ω]의 R_S를 병렬로 연결한다.

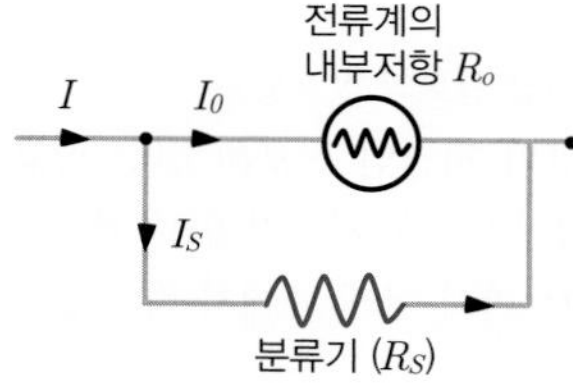

I : 측정하고자 하는 전류
I_o : 전류계에 흐르는 전류
I_S : 분류기 저항에 흐르는 전류
R_o : 전류계의 내부저항
R_s : 분류저항의 저항값

분류기

4 저항 측정

① 접지저항 측정 : 콜라슈 브리지, 접지저항계

② 휘트스톤 브리지 : 4개의 저항(P, R, Q, X)에 검류계를 접속하여 **미지의 저항을 측정**하기 위한 회로로써 브리지의 평형 조건 $PR = QX$(마주보는 변의 곱은 서로 같다.)

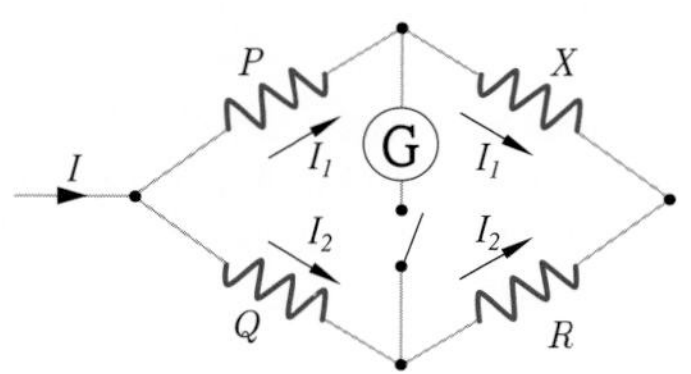

휘트스톤 브리지 회로

5 절연저항과 접지저항 측정

▶ 용어 해설
- 절연저항 : 전선피복과 같이 전류가 흐르면 안되는 부위의 저항을 말하며, 클수록 좋다.
- 접지저항 : 전기기기의 외함과 같이 감전의 우려가 있는 부분과 대지를 연결한 저항을 말하며, 작을수록 좋다.(감전 방지를 위해 누전전류가 대지로 빠르게 흘러야 하므로 저항이 크면 안됨)

※ 접지저항 측정기의 출력은 교류, 절연저항 측정기의 출력은 직류이다.

(1) 절연저항 측정(메거 테스터기, megger)

① 측정법
- 측정 전 전원을 내린다. (전로 누전 확인 시)
- 배터리 체크 후 리드봉을 측정기에 연결
- 수동식 : 검정 리드봉을 접지단자 등에 물리고, 셀렉터 스위치를 MΩ에 놓고 Power 적색 리드봉을 POWER ON하면 오른쪽 상부에 발광 다이오드가 깜빡거리며 배전반 등의 절연저항을 측정한다.

절연저항계 사용법

▶ 메거 테스터의 셀렉터 스위치 모드
배터리 체크, 부저(도통), MΩ Power Lock, MΩ(수동), ACV(교류 전압 측정)

② 전기설비기술기준 제52조 (저압 전로의 절연성능)
- 전기사용 장소의 사용전압이 저압인 전로의 전선 상호 간 및 전로와 대지 사이의 절연저항은 개폐기 또는 과전류 차단기로 구분할 수 있는 전로마다 아래 표에서 정한 값 이상이어야 한다.
- 또한, 측정 시 영향을 주거나 손상을 받을 수 있는 SPD 또는 기타 기기 등은 측정 전에 분리시켜야 하고, 부득이하게 분리가 어려운 경우에는 시험 전압을 250V DC로 낮추어 측정할 수 있지만 절연저항 값은 1MΩ 이상 이어야 한다.

전로의 사용전압	DC 시험전압	절연저항
SBLV 및 PELV	250	0.5
FELV, 50W 이하	500	1.0
50W 초과	1,000	1.0

[주] 특별저압(extra low voltage : 2차 전압이 AC 50V, DC 120V 이하)으로 SELV(비접지회로 구성) 및 PELV(접지회로 구성)은 1차와 2차가 전기적으로 절연된 회로, FELV는 1차와 2차가 전기적으로 절연되지 않은 회로

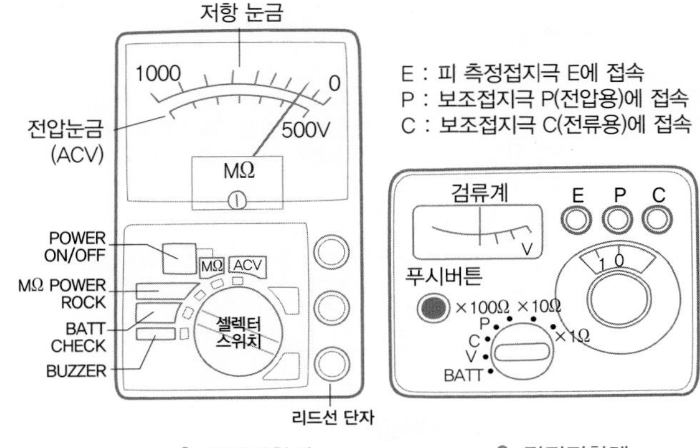

절연저항계 접지저항계

(2) 접지저항 측정법

① 접지저항을 측정하고자 하는 지점에 피측정 접지극 **E**를 박고, 피측정 접지극에서 10m 지점에 보조 접지극 **C**(전류용)를 박는다. 그리고 보조 접지극 C를 박은 지점에서 다시 10m 지점에 보조 접지극 **P**(전압용)를 박는다.

② 접저저항계의 배터리 용량 상태를 점검한다.

③ 전환스위치를 **V**로 전환하고 대지전압(E P 사이의 전압)이 허용치 이하인지 확인한다.

④ 전환스위치를 [Ω]으로 전환하고 푸시버튼을 누른 상태에서 다이얼을 돌려 검류계의 바늘이 '0'을 지시할 때(밸런스) 다이얼의 값(접지저항 측정치)을 읽는다.

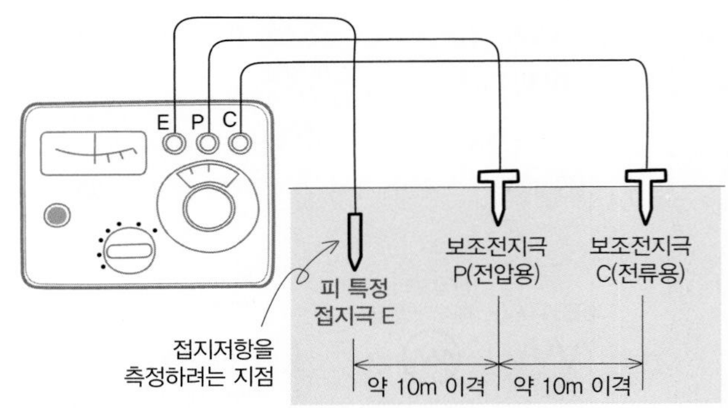

6 후크메타(클램프 타입 전류계)

① 배선을 절단하지 않고 클램프 속에 배선을 삽입하여 측정할 수 있다.

② 1차측에 교류전류가 흐르면 철심에 감겨진 2차 코일에 전자유도작용에 의해 발생되는 기전력을 통해 전선에 흐르는 전류를 측정한다.

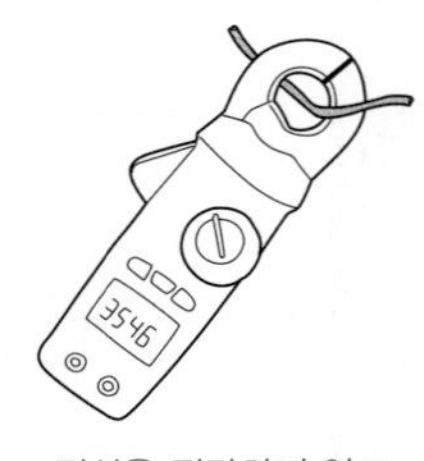
전선을 절단하지 않고 DC, AC, 전류 측정이 가능하다.

08 교류(AC) 이해

1 직류와 교류

① 직류 : 시간의 변화에 따라 크기와 방향이 일정한 전압·전류

② 교류 : 시간의 변화에 따라 크기와 방향이 주기적으로 변하는 전압·전류 → 교류파형은 정현파 또는 사인파 형태를 가진다.

2 교류의 개념

그림과 같이 AC 콘센트에 전구를 꽂으면 전구는 점등과 소등이 반복된다.

→ 실제 가정용 교류는 약 60Hz의 주파수이며, 이는 1초당 60사이클(회) 전류가 변화하며 점등·소등이 반복되지만 눈의 잔상효과에 의해 느껴지지 않는다.

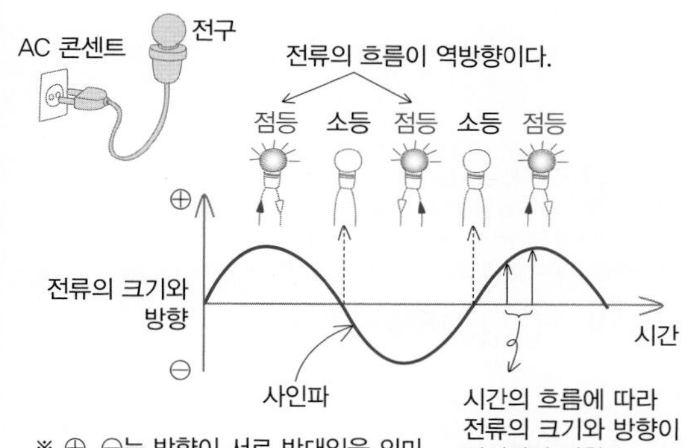

※ ⊕, ⊖는 방향이 서로 반대임을 의미

3 교류의 발생

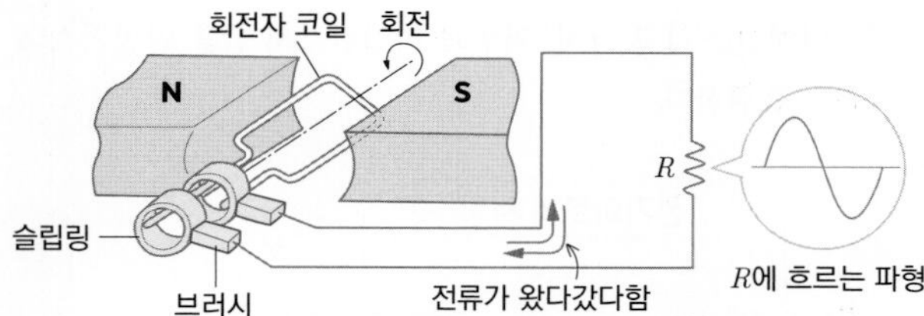

N극과 S극 사이에 코일을 두고, 이것을 회전하면 유도기전력(교류)이 발생한다. 이 기전력은 코일 끝에 접촉된 슬립링과 브러시를 통해 밖으로 인출되는데, 교류는 코일의 회전위치에 따라 저항(부하) R에 반복적으로 방향을 바꾸어 흐르게 된다.

4 교류발전기의 개념

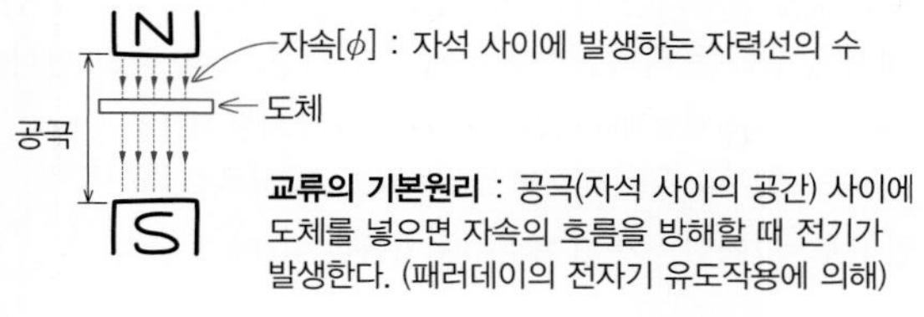

교류의 기본원리 : 공극(자석 사이의 공간) 사이에 도체를 넣으면 자속의 흐름을 방해할 때 전기가 발생한다. (패러데이의 전자기 유도작용에 의해)

⬇ 연속적인 전기 발생을 위해 도체를 회전형으로 대체하면

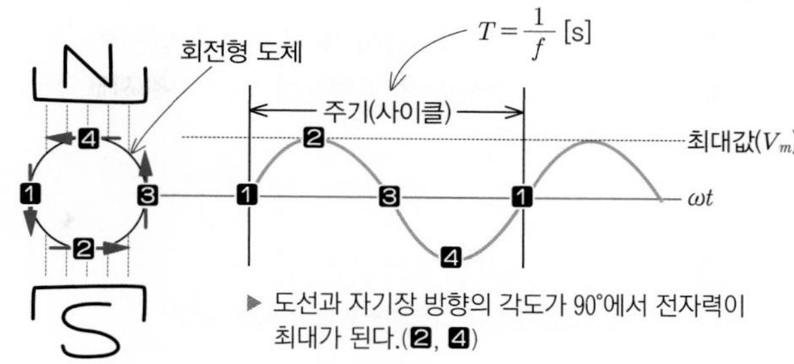

▶ 도선과 자기장 방향의 각도가 90°에서 전자력이 최대가 된다.(2, 4)

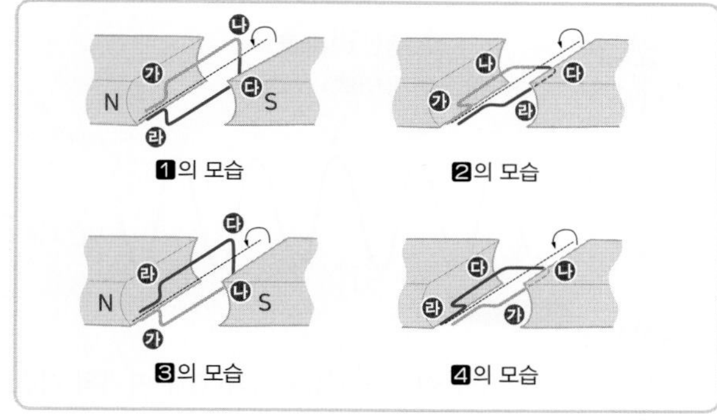

⬇ 이 때 발생되는 전기는

유도기전력 $e = Blv\,sin\theta$
$= V_m\,sin\theta$

- B : 자속밀도
- l : 도체 길이
- v : 도체의 운동속도
- V_m : 파형의 최대값[V]

※ 자속밀도(B) : 공극 사이의 면적당 자속

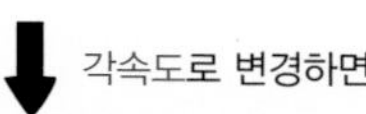
각속도로 변경하면

발생 전압 $V = V_m\,sin\omega t$

각속도는 한 바퀴 돌릴 때(2π[rad])의 시간(t[s])을 말하므로 다음과 같이 나타낼 수 있다.

각속도 $\omega = \frac{각도(\theta)}{시간(t)}$ → $\theta = \omega t$

※ 정현파 교류는 코일의 회전에 의해 발생되며, 코일의 회전 각도에 따라 달라진다. 이 회전 각도를 '각속도' 또는 '각주파수'라 한다.

⬇ 어느 회전지점에서의 위상을 적용하면 (+ : 위상이 앞선다, - : 위상이 뒤진다)

순시값 $V = V_m sin(\omega t + \theta)$

V_m : 파형의 최대값[V], ω : 각주파수[rad/s], θ : 위상[rad]

최대값, 실효값과의 관계

$V_m = \sqrt{2}V$, 실효값 $V = \frac{V_m}{\sqrt{2}}$

즉, $V = V\sqrt{2}\,sin(\omega t + \theta)$ (순시값 V, 최대값 $V\sqrt{2}$, 실효값 V)

chapter 03

5 주파수와 주기

① 주파수(f) : 1초 동안 사이클이 몇 번 반복되었는가?

② 주기(T) : 1 사이클에 몇 초 걸렸는가?

③ 주파수와 주기의 관계

> **주파수** $f = \dfrac{1}{T}$ [Hz]　　T : 주기 [s]
>
> ※ 60Hz : 전동기가 1초에 60바퀴를 돈다.(60cycle/s)

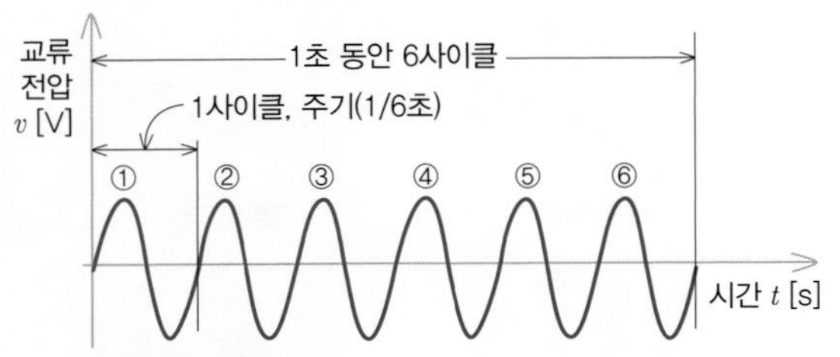

6 위상차 필수암기

동일한 주파수의 2개 이상의 교류전압과 전류 사이의 시간차를 말한다.

① $v_1 = V_m sin\omega t$ [V]

② $v_2 = V_m sin(\omega t+\theta)$ [V]

③ $v_3 = V_m sin(\omega t-\theta)$ [V]

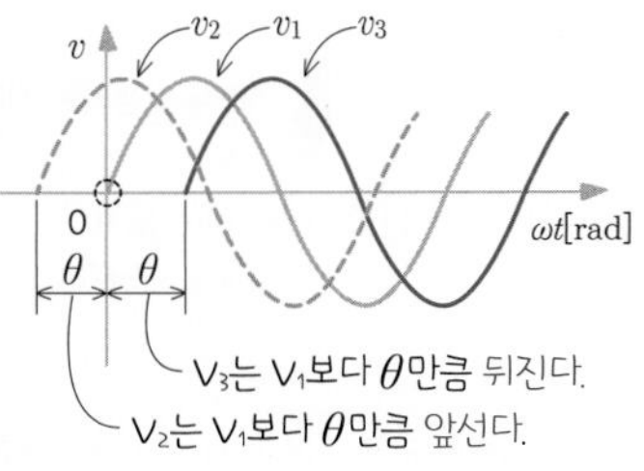

즉, v_2와 v_3사이에는 2θ만큼의 위상차가 있다.

> ▶ **호도법**(각도→라디안)
>
> 호도법은 호의 길이가 반지름의 몇 배인지를 각도로 나타낸 방식으로, 1 [rad]이란 '$r=l$' 일 때 이루는 각이다. 전기회로에서는 라디안[rad]을 사용한다.
>
> $\theta\,[\text{rad}] = \dfrac{\text{호의 길이 }(l)}{\text{반지름 }(r)}$
>
> • $360° = \dfrac{2\pi r}{r} = 2\pi$ 원둘레 $= 2\pi \times$ 반지름
>
> • $1° = \dfrac{\pi}{180}$ [rad],　$1[\text{rad}] = \dfrac{180}{\pi}[°]$

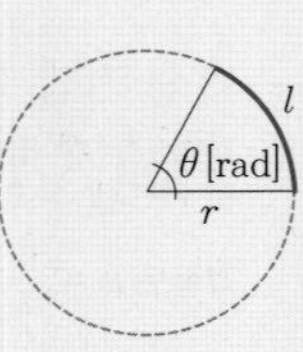

7 교류의 표시법(최대값, 실효값, 평균값)

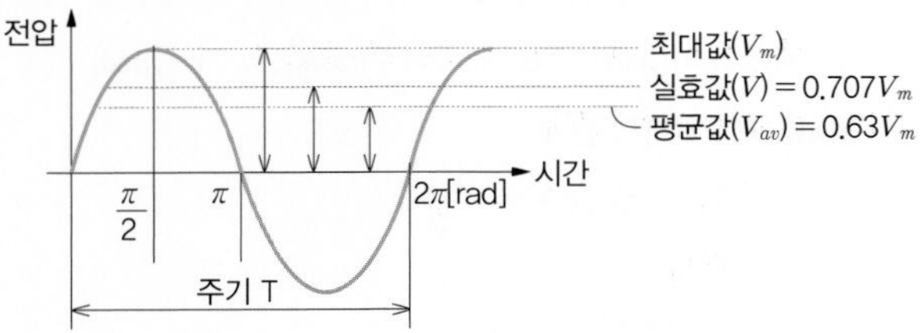

최대값	교류파형의 순시값 중 가장 큰 값(V_m)
순시값	교류는 시간에 따라 계속 변하는데, 이때 어떤 임의의 순간에서의 전압이나 전류의 크기의 값 $E = V_m sin(\omega t+\theta)[V]$, $i = I_m sin(\omega t+\theta)[A]$
평균값	• 순시값의 1주기 동안의 평균으로 교류의 크기를 나타낸 값 • 교류를 직류로 정류했을 때 값 $V_{av} = \dfrac{2}{\pi}V_m = 0.637V_m[V]$
실효값	• 실제로 직류와 같은 효율을 내는 값 • 전압계나 전류계로 측정한 값 • 교류의 크기를 교류와 동일한 일을 하는 직류의 크기로 바꿔 나타낸 값 $V = \dfrac{1}{\sqrt{2}}V_m = 0.707V_m[V]$

> ▶ **파고율과 파형률**
>
> • 파고율 : 최대값이 어느 정도 영향을 주는지에 대한 비율
> (즉, 파형의 날카로움 정도의 비율)
>
> • 파형률 : 비정현파의 파형 편평도를 의미(즉, 파형의 출렁이는 비율)
>
> 파고율 $= \dfrac{\text{최대값}}{\text{실효값}}$, 파형률 $= \dfrac{\text{실효값}}{\text{평균값}}$

8 임피던스와 리액턴스

① 전기회로의 저항 요소로 저항(R), 코일(L), 콘덴서(C)가 있다. 이 3가지 중 직류에서는 R만 저항 요소가 되고, 교류회로에서는 R, L, C 모두 저항 요소로 작용한다. 이때 L, C의 저항값을 '리액턴스'라고 하며, 저항과 리액턴스의 합을 임피던스 Z [Ω]로 표현한다.

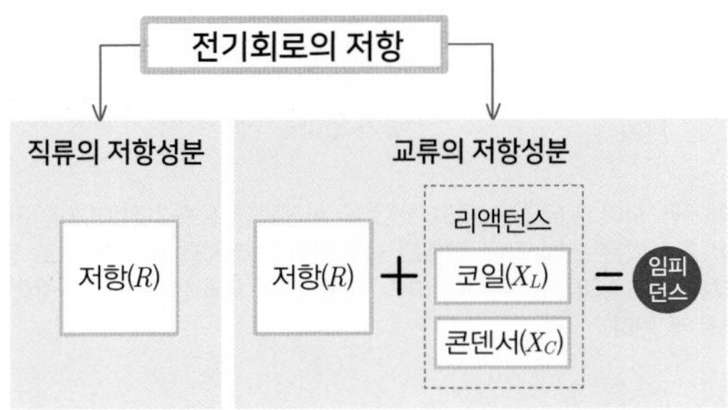

② 코일에서 발생되는 리액턴스를 유도성 리액턴스(X_L), 콘덴서에서 발생되는 리액턴스를 용량성 리액턴스(X_C) 라고 한다.

→ X_L : 전자유도법칙에 따라 발생하는 자속에 의한 저항

→ X_C : 콘덴서는 전하를 담는 용량이 있는 그릇으로 생각하자.

③ 참고로, 리액턴스가 '0'이 될 때 역률은 100%가 된다.

> ▶ **교류의 옴 법칙**
> 직류에서 옴법칙은 $V = IR$이며, 교류에서는 $V = IZ$ 이다.
> 즉, Z는 '임피던스'라 하고, 저항을 의미하며 $R + jX$로 표현한다.
> (X : 리액턴스)

9 합성교류회로(직렬회로)의 개념

저항끼리의 합성저항값은 쉽게 구할 수 있지만, 코일과 콘덴서의 전압과 전류는 위상의 변화로 인해 저항-코일의 합성저항값은 다음 식을 적용해야 한다.

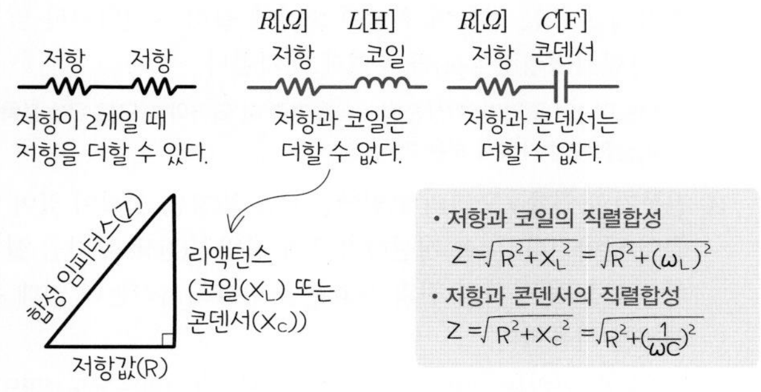

> ▶ **저항과 리액턴스의 차이**
> • 공통점 : 전류의 흐름을 방해
> • 차이점 : 저항-전력을 소모, 코일-저항의 역할(전력소모×)

10 공진회로

R-L-C 회로의 $Z = R + j(\omega L - \frac{1}{\omega C})$에서 $\omega L = \frac{1}{\omega C}$ 가 같게 되어 리액턴스가 서로 상쇄되어 입력 임피던스가 순저항($Z = R$)으로만 나타나는 회로로, 전압과 전류가 동상이 되는 조건을 말한다.

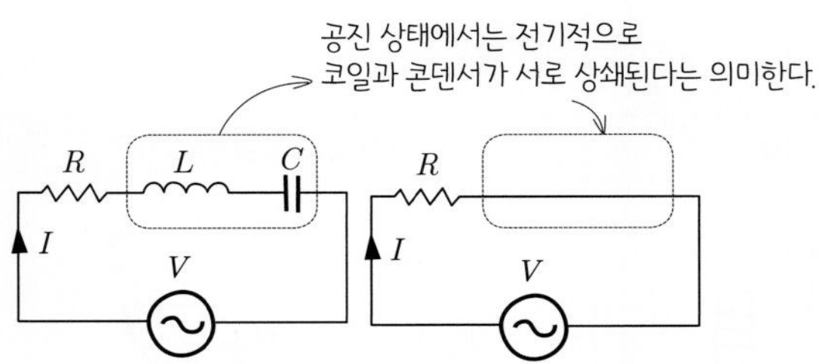

11 3상 교류회로

① 대칭 3상 교류 : 기전력의 크기, 주파수, 파형이 같으며 $\frac{2}{3}\pi$[rad] 위상차(120°)를 갖는 3상 교류를 말한다.

② 3상 교류는 자기장 내에 3개의 코일을 120° 간격으로 배치하여 반시계 방향으로 회전시키면 3개의 사인파 전압이 발생한다.

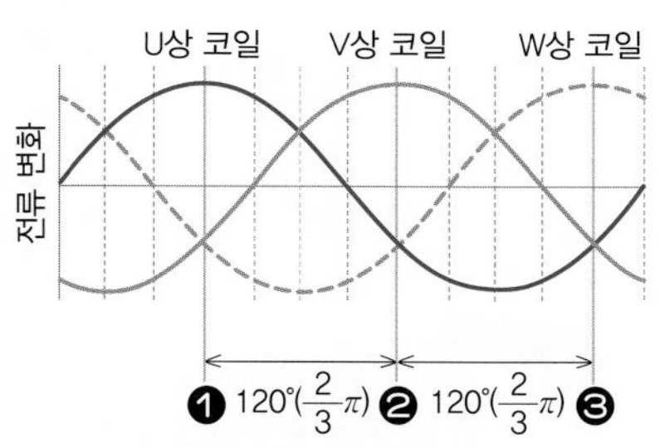

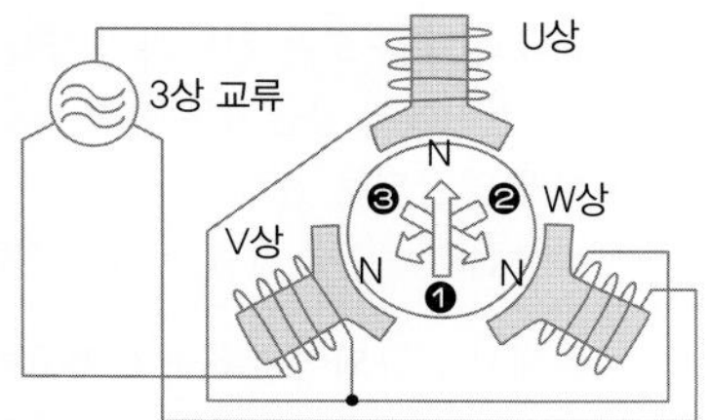

12 3상교류의 결선 회로 – Y결선과 Δ결선

① 선간전압, 선간전류 : 두 상간의 전압 또는 전류차

② 상전압·상전류 : 한 상에 걸리는 전압 또는 전류

③ Y결선과 Δ결선의 전압과 전류 관계

	선간전압(V_L)과 상전압(V_P)의 관계	선전류(I_L)과 상전류(I_P)의 관계
Y결선	선간전압 = $\sqrt{3}$상전압	$I_L = I_P$
Δ결선	$V_L = V_P$	$V_L = \sqrt{3}\,V_P$

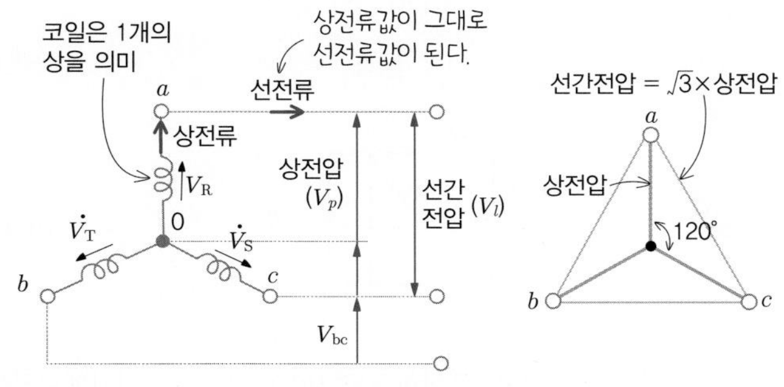

• 상전압(V_p) : 0–a, 0–b, 0–c의 상에 대한 전압
• 선간전압(V_l) : a–b, a–c, b–c 사이의 전압

Y결선

chapter 03

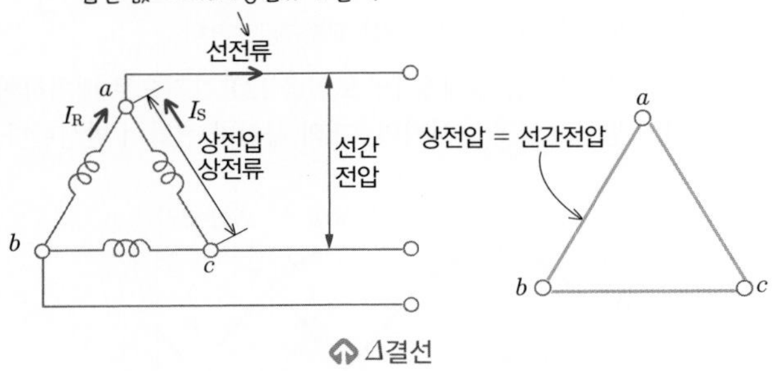

Δ결선

⑬ 교류 전력

필수암기

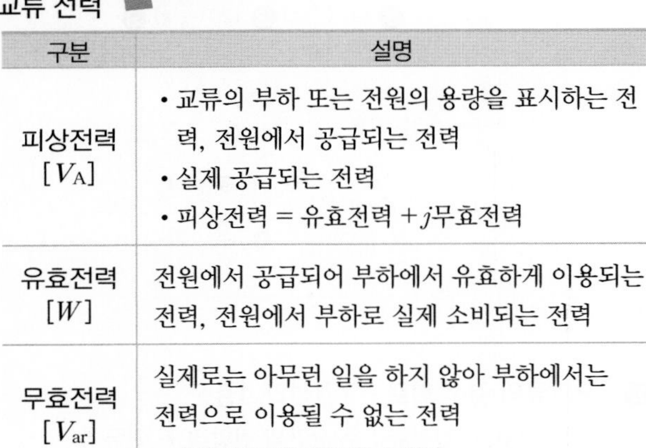

구분	설명
피상전력 $[V_A]$	• 교류의 부하 또는 전원의 용량을 표시하는 전력, 전원에서 공급되는 전력 • 실제 공급되는 전력 • 피상전력 = 유효전력 + j무효전력
유효전력 $[W]$	전원에서 공급되어 부하에서 유효하게 이용되는 전력, 전원에서 부하로 실제 소비되는 전력
무효전력 $[V_{ar}]$	실제로는 아무런 일을 하지 않아 부하에서는 전력으로 이용될 수 없는 전력 → 실제로 아무런 일도 할 수 없다.

⑭ 역률(Power Factor)

① 피상전력 중에서 유효전력으로 사용되는 비율

→ 유효전력(실제로 사용된 전력)을 피상전력(전원에서 공급된 총 전력)을 나눈 값으로, 전기기기에 실제로 걸리는 전압과 전류가 얼마나 유효하게 일했는지를 나타내는 비율의 값을 '역률'이라 한다.

② 역률의 표현

$$\text{역률} = \frac{\text{유효전력}}{\text{피상전력}} = \frac{\text{유효전력}}{\text{전압} \times \text{전류}} = \frac{VIcos\theta}{VI} = cos\theta$$

③ '역률의 개선'이란 : 부하의 역률을 1에 가깝게 높이는 것으로, 소자에 흐르는 전류의 위상이 소자에 걸리는 전압보다 앞서는 콘덴서(용량성 부하)를 부하에 첨가한다.

→ 역률이 1이 되려면 '피상전력＝유효전력'이 되어야 하므로 유효전력을 피상전력에 가깝게 하는 것이다.

④ 전동기와 역률 : 모터의 코일에는 유도성(지상) 성질이 있어 역률이 낮아진다. 이를 개선하기 위해 용량성(진상) 부하를 설치하여 유도성 부하의 전력 무효분을 유효화시키는데 이때 콘덴서를 사용한다.

→ 전력용 콘덴서는 역률 개선용 콘덴서로 모터의 코일은 유도성이므로 지상 무효전력을 발생한다. 이에 상응하는 진상 무효전력을 인가하여 상쇄시키기 위해 사용된다.

09 기본 교류회로

❶ 교류에서의 옴 법칙

(1) 단일소자회로(R, L, C 기본회로)의 특성

	저항 $R[\Omega]$	인덕턴스(코일) $L\,[H]$	정전용량(콘덴서) $C\,[F]$
기본 회로	교류 전원, i[A], v[V], $R[\Omega]$, e[V], $e=v$	$i=\sqrt{2}Isin\omega t[A]$, $e[V]$, 인덕턴스 L[H]	i, $V=\sqrt{2}Esin\omega t$, 정전용량 C[F]
저항 작용	전류의 흐름을 제한하여 전기에너지는 열에너지로 소비	전기에너지를 자기에너지로 바뀌는 성질이 있으며, 역기전력이 발생하여 전류의 흐름을 제한	에너지를 전하의 형태로 축적하며 전류의 흐름을 제한

	저항 $R[\Omega]$	인덕턴스(코일) $L\,[H]$	정전용량(콘덴서) $C\,[F]$
파형	v[V] i[A] 전압파형 전류파형 0 ωt[rad] 위상차가 없음 (전압파형과 전류파형이 동상이다)	v[V] i[A] 전압파형 전류파형 $\frac{\pi}{2}$ π 2π ωt[rad] 전류는 전압보다 $\frac{\pi}{2}$[rad] 뒤진다.	v[V] i[A] 전압파형 전류파형 $\frac{\pi}{2}$ π 2π ωt[rad] 전류는 전압보다 $\frac{\pi}{2}$[rad] 앞선다.
벡터도	R $v,\ i$이 동상(동축)	v L 90° i 전류가 전압보다 $\frac{\pi}{2}$[rad] 뒤짐	C i 90° v 전류가 전압보다 $\frac{\pi}{2}$[rad] 앞섬
위상 관계	저항에 전류가 흐르면 전압도 함께 움직인다. **전압과 전류가 동위상(동상)** (위상의 변화가 없다 = 상이 같다)	인덕터(induct)는 '유도하다'라는 의미로, 전류는 직선방향으로 흐를 때 가장 저항이 작으나 코일을 따라 전류가 '유도'되어 원래 흐르는 방향이나 크기가 바뀌면 그 반대의 기전력을 만들어 변화를 막으려 하는데 코일은 이 전류의 흐름을 방해하려는 성질이 있다. 그래서 코일에서는 **전류가 90° 뒤진다.**(지상전류)	커패시트(capacite)는 '용량, 용적'의 의미로, 커패시터는 전하를 담는 그릇을 말한다. 전하는 전류에 비례하므로 전류가 먼저 쌓인 후 그 뒤에 전압이 흐르게 되므로 **전류가 90° 앞선다.**(진상전류)
리액턴스	$R[\Omega]$ 순저항 ※ 주파수와 무관하다.	유도성 리액턴스 (코일의 저항성분) $X_L[\Omega] = \omega L = 2\pi f L$ ω : 각속도, f : 주파수, L : 인덕턴스[H] 유도성 리액턴스 : 코일이 전류를 제한하는 것 (직류 흐름 원활, 교류 흐름 방해, 주파수에 비례)	용량성 리액턴스 (콘덴서의 저항성분) $X_C[\Omega] = \frac{1}{\omega C} = \frac{1}{2\pi f C}$ ω : 각속도, f : 주파수, C : 정전용량 용량성 리액턴스 : 콘덴서가 전류를 제한하는 것 (직류 흐름 방해, 교류 흐름 원활, 주파수에 반비례)
전류	$I = \frac{V}{R}$ (단, V, I는 실효값을 사용)	$I = \frac{V}{X_L} = \frac{V}{2\pi f L}$	$I = \frac{V}{X_C} = V \times 2\pi f C$

(2) R, L, C의 합성회로

	R-L 직렬	R-C 직렬	R-L-C 직렬	R-L 병렬	R-C 병렬	R-L-C 병렬
임피던스 (Z)	$\sqrt{R^2+X_L^2}$ $=\sqrt{R^2+(\omega L)^2}$	$\sqrt{R^2+X_C^2}$ $=\sqrt{R^2+(\frac{1}{\omega C})^2}$	$\sqrt{R^2+X^2}$ $=\sqrt{R^2+(\omega L-\frac{1}{\omega C})^2}$	$\frac{1}{\sqrt{(\frac{1}{R})^2+(\frac{1}{\omega L})^2}}$	$\frac{1}{\sqrt{(\frac{1}{R})^2+(\omega C)^2}}$	$\frac{1}{\sqrt{(\frac{1}{R})^2+(\frac{1}{\omega L}-\omega C)^2}}$
전류	$\frac{V}{\sqrt{R^2+(\omega L)^2}}$	$\frac{V}{\sqrt{R^2+(\frac{1}{\omega C})^2}}$	$\frac{V}{\sqrt{R^2+(\omega L-\frac{1}{\omega C})^2}}$	$V\times\sqrt{(\frac{1}{R})^2+(\frac{1}{\omega L})^2}$	$V\times\sqrt{(\frac{1}{R})^2+(\omega C)^2}$	$V\times\sqrt{(\frac{1}{R})^2+(\frac{1}{\omega L}-\omega C)^2}$
위상관계	전류가 $\theta°$ 뒤짐 (지상)	전류가 $\theta°$ 앞섬 (진상)	$\omega L > \frac{1}{\omega C}$(유도성) $\omega L < \frac{1}{\omega C}$(용량성) $\omega L = \frac{1}{\omega C}$(공진)	전류가 $\theta°$ 뒤짐 (지상)	전류가 $\theta°$ 앞짐 (진상)	$\frac{1}{\omega L} > \omega C$(용량성) $\frac{1}{\omega L} < \omega C$(유도성) $\frac{1}{\omega L} = \omega C$(공진)

10 반도체 기초

1 반도체의 종류

진성 반도체	• 순수한 4가 원소로 공유결합 → 최외각전자가 4개 있는 원소 (실리콘, 게르마늄)
P형 반도체	• 순수한 4가 원소에 3가 원소를 첨가 → 최외각전자가 3개 있는 원소 (붕소, 갈륨, 인듐 등) • 전자가 부족하여 ⊕를 띄게 됨
N형 반도체	• 순수한 4가 원소에 5가 원소을 첨가 → 최외각전자가 5개 있는 원소 (안티몬, 비소, 인 등) • 전자가 많으므로 ⊖ 을 띄게 됨

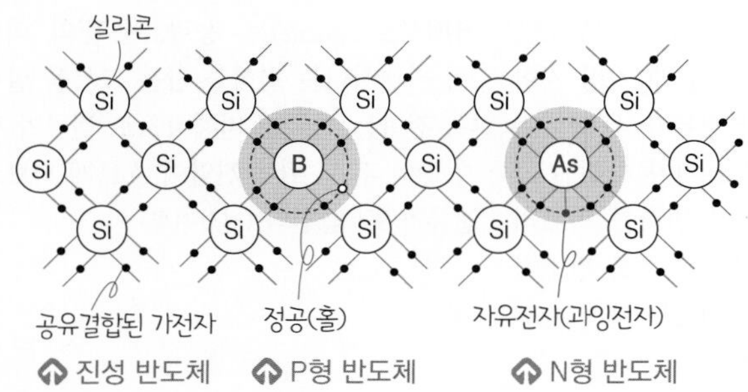

진성 반도체 P형 반도체 N형 반도체

2 다이오드(Diode)

① 다이오드는 한 쪽 방향으로만 전류가 흐를 수 있는 정류작용을 하거나 역전류를 방지해서 회로 보호 역할을 한다.

② 다이오드는 P형 반도체와 N형 반도체가 마주 대고 접합한 것으로 P형 반도체와 N형 반도체의 접합부를 '공핍층'이라 한다.

③ 종류

발광 다이오드	• 순방향으로 전류를 가하면 빛을 냄 • 전기장치의 표시부분이나 조명용으로 사용
포토 다이오드	• 발광 다이오드와 반대로, 빛를 받으면 전기가 흐르는 소자로 빛의 강도에 비례하는 전압을 만들어 냄 • 각종 센서의 수신부 또는 리모컨·화재경보기 등에 사용
제너 다이오드	• 주로 정전압 장치에 쓰이며 전압을 일정하게 유지하는 역할 • 일반 다이오드와 다르게 역방향으로 전압을 걸어서 사용한다. → 역방향으로 일정 전압 이상을 가하면 제너항복 현상이 일어나서 전류가 흐른다. 하지만 전압은 일정하게 유지되는 특성을 이용하여 정전압 장치에 쓰인다.

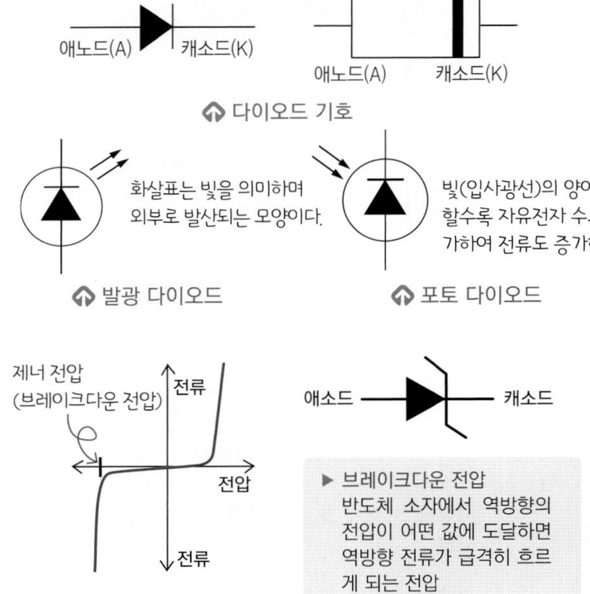

다이오드 기호

발광 다이오드 포토 다이오드

▶ 브레이크다운 전압
반도체 소자에서 역방향의 전압이 어떤 값에 도달하면 역방향 전류가 급격히 흐르게 되는 전압

제너 다이오드

④ 다이오드의 원리

▶ **전압을 가하지 않을 때**
P형 반도체에는 정공(전자가 없는 빈 자리)이, N형 반도체에는 자유전자만 존재하는 독립 상태이다.

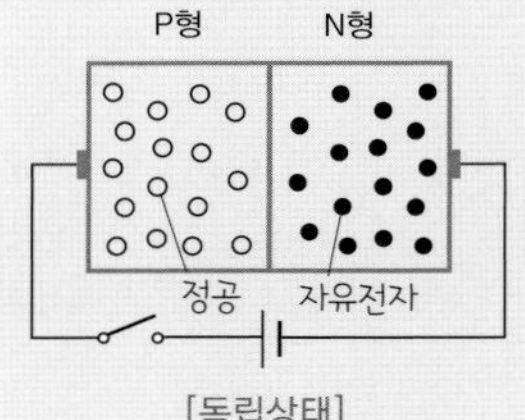

[독립상태]

▶ **순방향 특성**
P형에는 ⊕, N형에는 ⊖을 접속하면 → P형의 정공은 ⊕의 반발로 N형으로 유입되고, N형의 자유전자는 ⊖의 반발로 P형으로 유입된다. → 다이오드에 전류가 흐른다.
※ P형은 ⊕를 띠고, N형은 ⊖을 띠기 때문이다.

▶ **역방향 특성**
P형에는 ⊖, N형에는 ⊕을 접속하면 → P형의 정공은 ⊕의 인력작용으로 P형으로 유입되고, N형의 자유전자는 ⊖의 인력작용으로 N형으로 유입됨 → 경계면에는 정공이나 전자가 거의 없는 공핍층(평형상태)이 생겨 전류가 흐르지 못함

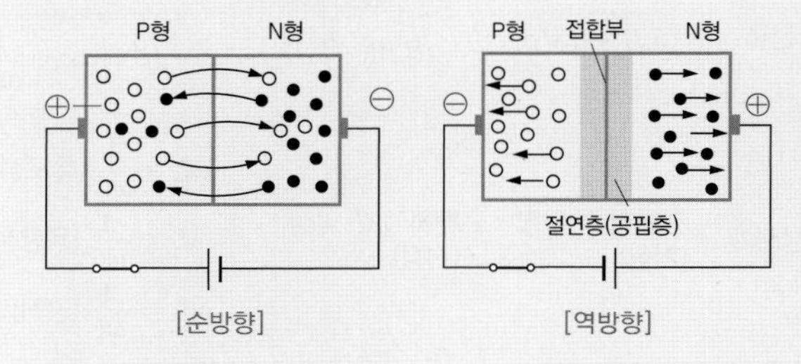

[순방향] [역방향]

❸ 트랜지스터(TR, Transistor)

① 트랜지스터는 PN 접합에 P형 또는 N형 반도체를 결합한 것으로, PNP형과 NPN형의 2가지가 있다.

② 각 반도체의 인출된 단자(리드)를 이미터(Ⓔ, Emitter), 컬렉터(Ⓒ, Collector), 베이스(Ⓑ, Base)라고 한다.

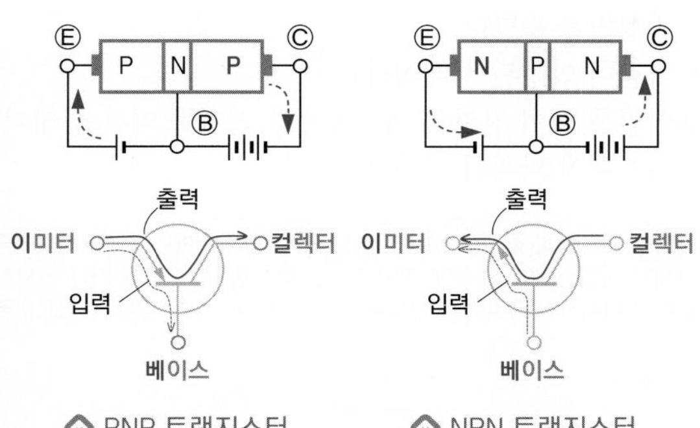

PNP 트랜지스터 / NPN 트랜지스터

③ 트랜지스터의 주요 기능(스위칭, 증폭)
- 스위칭 작용 : 베이스에 흐르는 미소 전류를 단속(ON/OFF)하여 컬렉터와 이미터 사이에 흐르는 전류를 단속한다.
- 증폭 작용 : 베이스에 흐르는 전류를 증가시켜 컬렉터와 이미터 사이에 흐르는 전류량을 증폭할 수 있다.

④ 트랜지스터의 장점
- 내부전압 강하가 적다.
- 수명이 길고 내부의 전력손실이 적다.
- 소형 경량이며, 기계적으로 강하다.

[NPN 트랜지스터의 개념이해]

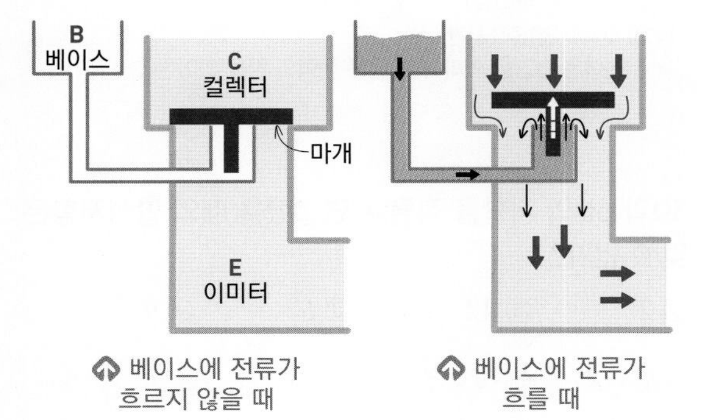

베이스에 전류가 흐르지 않을 때 / 베이스에 전류가 흐를 때

스위칭작용

베이스라는 작은 물통에 소량의 물(전압)을 보내면 수압에 의해 마개를 들어올려 열린다(스위칭 작용) → 마개가 열리며 컬렉터 물통에 있던 다량의 물이 마개 사이로 흘러 이미터로 흐른다.
→ 이 때 베이스의 물과 컬렉터의 물이 합쳐져 이미터로 흐른다.
즉, 컬렉터에서 이미터로 전류가 흐르려면 베이스에서 이미터로 미소 전류를 흘려 보내 스위치 작용을 해야 한다.

증폭작용

베이스에 흐르는 물(전류)을 조절하면 마개의 열림을 조절하여 컬렉터에서 이미터로 흐르는 물의 양(전류의 세기)를 변화시킬 수 있다.

❹ 사이리스터(SCR, 실리콘 제어 정류소자)

① 3개 이상의 PN접합으로, PNPN 또는 NPNP 접합으로 4층 구조로 구성되어 스위칭 작용을 한다.

② 구성 단자

⊕ 쪽	⊖ 쪽	제어 단자
애노드(Ⓐ)	캐소드(Ⓚ)	게이트(Ⓖ)

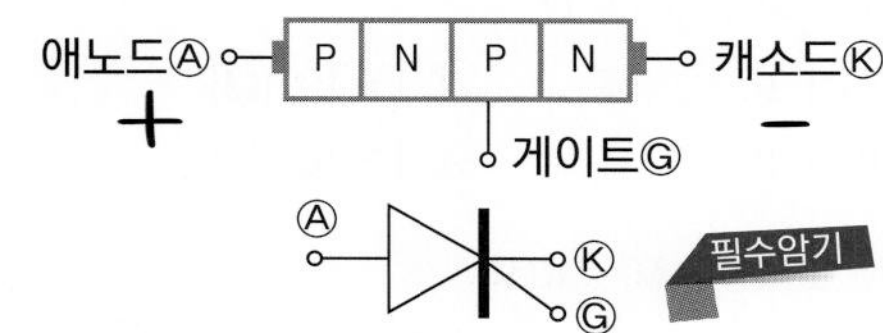

③ 게이트에 미소전류를 가하면 애노드-캐소드 사이에 전류가 통하여, 게이트 전류를 제어하여 전력 제어용(전압제어) 장치에 사용된다.(즉, 게이트에 ⊕, 캐소드에 ⊖ 전류를 흘려보내면 애노드와 캐소드 사이가 순간적으로 도통)

④ 애노드와 캐소드 사이가 도통된 것은 게이트 전류를 제거해도 계속 도통이 유지되며, 애노드 전위를 0으로 만들어야 해제된다.(게이트 신호를 차단해도 ON상태를 유지)

⑤ 순방향 : 애노드 또는 게이트에서 캐소드로 흐르는 상태를 말한다.

기출문제

★ 숫자는 빈출 정도 및 중요도를 나타냅니다.

01 전기 기초

★
1 1 [MΩ]은 몇 [Ω] 인가?

① 1×10^3 [Ω]　　② 1×10^6 [Ω]
③ 1×10^9 [Ω]　　④ 1×10^{12} [Ω]

> 1 [kΩ] = 10^3Ω, 1 [MΩ] = 10^6Ω

★
2 60 μA는 mA 에 해당하는가?

① 0.06　　② 0.6
③ 6　　④ 60

> μA = 10^{-6}A, 1mA = 10^{-3}A 이므로 μA = 10^{-3} mA
> ∴ $60\times10^{-3}\mu$A = 0.06mA

★★
3 1 pF은 어느 것과 같은가?

① $10^{-3}F$　　② $10^{-6}F$
③ $10^{-9}F$　　④ $10^{-12}F$

> 콘덴서의 용량을 나타내는 단위는 패러드 (farad: F)가 사용된다. 일반적으로 콘덴서에 축적되는 전하용량은 매우 작기 때문에 μF(마이크로 패러드: $10^{-6}F$)나 pF(피코 패러드: $10^{-12}F$)의 단위가 사용된다.

★
4 물질 내에서 원자핵의 구속력을 벗어나 자유로이 이동할 수 있는 것은?

① 원자　　② 중성자
③ 양자　　④ 자유전자

> 자유전자는 원자로부터 해방되어 자유롭게 돌아다닐 수 있다.

★★★
5 전류를 지속적으로 흐르게 하는 힘을 무엇이라 하는가?

① 전압　　② 전하
③ 자기력　　④ 자기장

> • 전압 : 전류를 흐르게 하는 힘
> • 전류 : 단위시간 동안 흐른 전하(전자)의 양

★★★
6 어떤 물질의 대전상태를 설명한 것으로 옳은 것은?

① 중성임을 뜻한다.
② 물질이 안정된 상태이다.
③ 어떤 물질이 전자의 과부족으로 전기를 띠는 상태이다.
④ 원자핵이 파괴된 것이다.

> 원자는 원자핵과 전자로 이루어져 있으며, 평상 시에는 안정된 상태(중성)이지만 대전상태(마찰 등에 의해 전자들의 이동하는 것)가 되면 전자가 이탈하여 전자가 부족하면 (+) 상태가 되고, 전자가 과잉되면 (–) 상태가 된다.

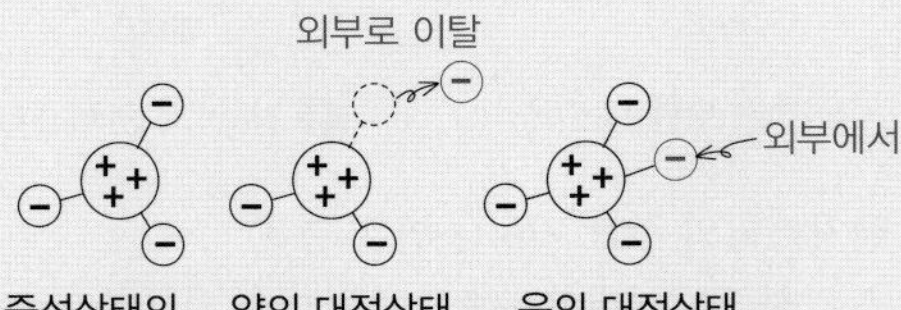

★★
7 2 V의 기전력으로 20 J 의 일을 할 때 이동한 전기량은 몇 C 인가?

① 0.1　　② 10
③ 40　　④ 24000

> 전기량 $Q = \frac{W(\text{전력량})}{V(\text{전압})} = \frac{20}{2} = 10$ [C]
> 참고) $Q = It$ (전류×시간)
> ※ 기전력은 전압을 의미하고, 일은 전력의 양을 의미한다.

★★
8 3Ω과 6Ω의 저항을 직렬로 연결했을 때의 합성저항은 몇 Ω 인가?

① 2　　② 4.5　　③ 6　　④ 9

> 직렬 저항 = 3+6 = 9 Ω

★★★
9 옴의 법칙으로 옳은 것은?

① $V=I^2R$　　② $I=V^2/R$
③ $R=V/I$　　④ $R=I/V$

> $V = IR,\ R = \frac{V}{I},\ I = \frac{V}{R}$

정답 **1** 1 ② 2 ① 3 ④ 4 ④ 5 ① 6 ③ 7 ② 8 ④ 9 ③

★★
10 저항 100Ω에 5A의 전류가 흐르게 하는데 필요한 전압은?

① 220V ② 300V
③ 400V ④ 500V

$V = IR = 5[A] \times 100[\Omega] = 500\ [V]$

★
11 10Ω의 저항에 3A의 전류가 흐를 때 발생되는 전압강하는 몇 [V] 인가?

① 0.3 ② 3.3
③ 30 ④ 90

$V = IR = 3\,[A] \times 10\,[\Omega] = 30\,[V]$
전압강하는 저항 양단 간의 전위차, 즉 해당 저항에 걸리는 전압을 말한다.

★★★
12 두 개의 동일한 저항을 병렬로 연결하였을 때의 합성 저항은?

① 하나의 저항의 2배이다.
② 하나의 저항과 같다.
③ 하나의 저항의 2/3가 된다.
④ 하나의 저항의 1/2이 된다.

두 개의 동일한 저항을 병렬로 연결하면 저항은 1/2이 되고, 직렬로 연결하면 2배가 된다.

★★★
13 회로에서 합성저항 R은 몇 [Ω] 인가?

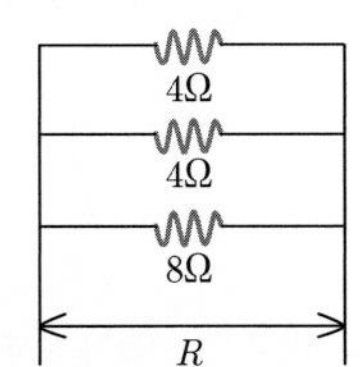

① 1.6 Ω
② 4.5 Ω
③ 6.0 Ω
④ 8.0 Ω

팁) 3개의 병렬합성저항을 한번에 계산하기보다 2개의 병렬 합성저항으로 나누어 계산하면 편리하다.

2개의 병렬 합성저항을 구할 때 $\frac{R_1 \times R_2}{R_1 + R_2}$ 로 구하면

4[Ω] 2개의 병렬 합성저항값 $= \frac{4 \times 4}{4+4} = 2\ [\Omega]$

2[Ω], 8[Ω]의 병렬 합성저항값 $= \frac{2 \times 8}{2+8} = 1.6\ [\Omega]$

★★★
14 120Ω의 저항 4개를 접속하여 얻을 수 있는 가장 작은 저항값은?

① 10Ω ② 20Ω
③ 30Ω ④ 40Ω

저항들을 접속하는 방식에는 병렬, 직렬, 병렬-직렬이 있으며, 가장 작은 저항접속값은 병렬이다. 동일한 값을 갖는 저항을 병렬연결할 때 갯수가 많을수록 저항값은 작아진다.
또한, 동일한 저항값의 병렬저항값 $= \frac{\text{저항값}}{\text{저항 갯수}} = \frac{120}{4} = 30\Omega$

★★
15 10Ω과 15Ω의 저항을 병렬로 연결하고 50A의 전류를 흘렸다면, 10Ω의 저항쪽에 흐르는 전류는 몇 A 인가?

① 10 ② 15
③ 20 ④ 30

병렬 합성저항일 때 한 쪽 저항에 흐르는 전류는 분류법칙으로 구할 수 있다.
분류법칙에 의해 $I_{10} = I_{\text{Total}} \times \frac{R_{15}}{R_{10}+R_{15}} = 50 \times \frac{15}{10+15} = 30\ [A]$

★★★
16 200V 전압에서 소비전력 100W인 전구의 저항은?

① 100[Ω] ② 200[Ω]
③ 300[Ω] ④ 400[Ω]

$P = VI = V \times \frac{V}{R} = \frac{V^2}{R}\ \rightarrow\ 100 = \frac{200^2}{R}\ \rightarrow\ R = 400[\Omega]$

★★★
17 저항 100Ω의 전열기에 5A의 전류를 흘렸을 때 전력은 몇 W인가?

① 20 ② 100
③ 500 ④ 2500

$P = VI = I^2R = 5^2 \times 100 = 2500[W]$

★
18 3분간 876,000J의 일을 하였다면 소비전력은 약 몇 W가 되는가?

① 4867W ② 9734W
③ 146000W ④ 292000W

W(와트)는 1초(S) 동안 1줄(J)의 일을 하는 일률의 단위이다. ($1\ W = 1\ J/S$)
$\frac{876000}{3 \times 60} \fallingdotseq 4867\ [J/s] \fallingdotseq 4867\ [W]$

정답 10 ④ 11 ③ 12 ④ 13 ① 14 ③ 15 ④ 16 ④ 17 ④ 18 ①

19 ★ 그림과 같은 회로에서 A-B 단자에서의 등가저항은 몇 [Ω] 인가?

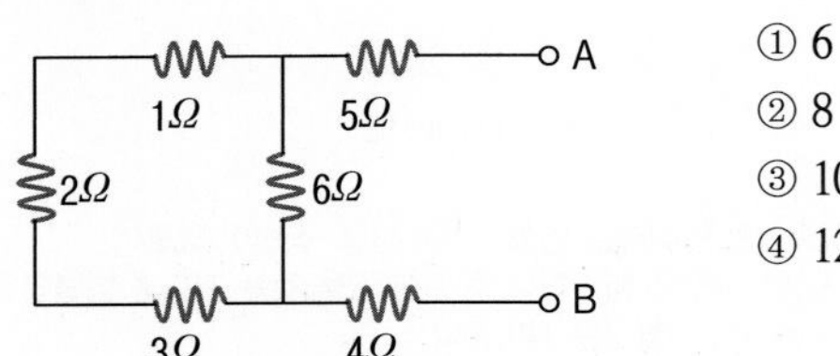

① 6
② 8
③ 10
④ 12

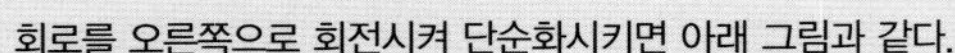

회로를 오른쪽으로 회전시켜 단순화시키면 아래 그림과 같다.

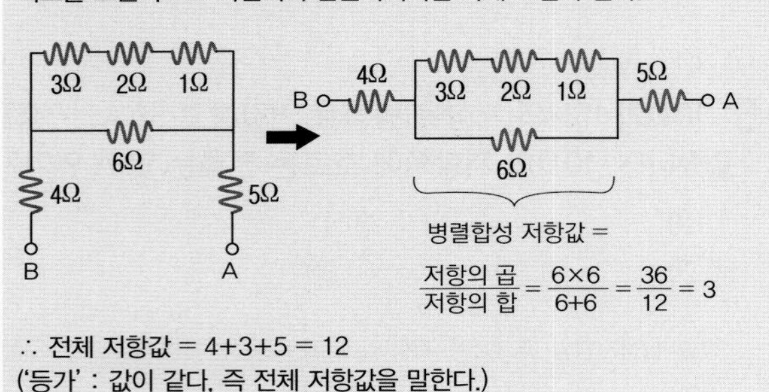

$\dfrac{\text{저항의 곱}}{\text{저항의 합}} = \dfrac{6\times6}{6+6} = \dfrac{36}{12} = 3$

∴ 전체 저항값 = 4+3+5 = 12
('등가' : 값이 같다. 즉 전체 저항값을 말한다.)

20 ★★ 그림과 같은 2개의 저항 R_1, R_2를 병렬로 접속하고 전압 V를 가할 때 I_1은 몇 A인가? (단, 회로의 전체 전류는 I이다)

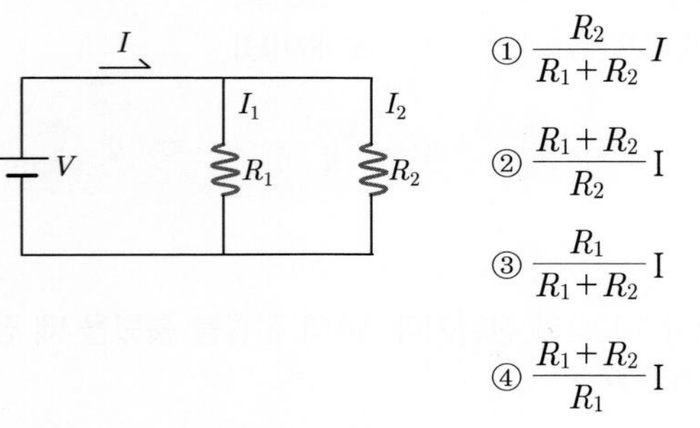

① $\dfrac{R_2}{R_1+R_2}I$

② $\dfrac{R_1+R_2}{R_2}I$

③ $\dfrac{R_1}{R_1+R_2}I$

④ $\dfrac{R_1+R_2}{R_1}I$

회로는 아래 그림과 같이 표현할 수 있으며, 분류법칙(자세한 설명은 본문 참고)에 의해 답은 1번이다.

$I_1 = \dfrac{R_2}{R_1+R_2}\times I$

21 ★★★ 다음 회로에서 전류는?

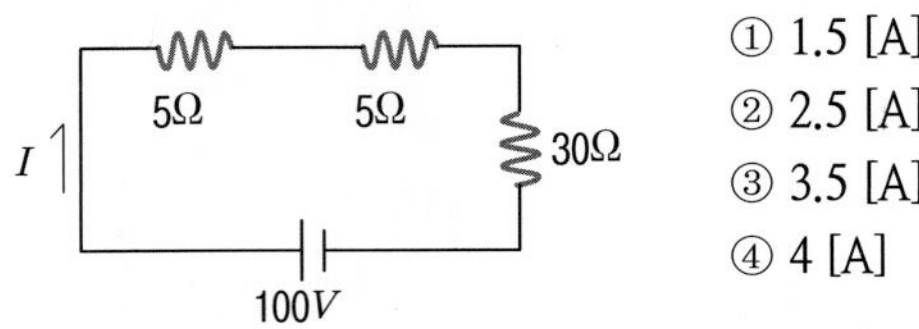

① 1.5 [A]
② 2.5 [A]
③ 3.5 [A]
④ 4 [A]

❶ : 직렬합성저항 = 5 + 5 + 30 = 40 Ω
❷ : 오옴의 법칙에 의해 $V = IR \rightarrow I = \dfrac{V}{R} = \dfrac{100}{40} = 2.5$ A

22 ★★★ 그림의 회로에서 전류 I_1은 약 몇 A 인가?

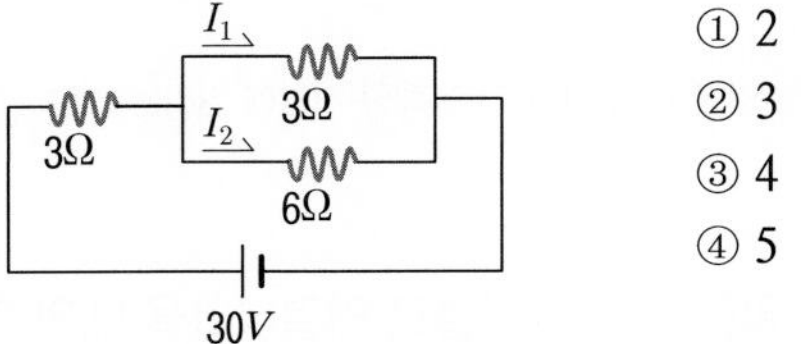

① 2
② 3
③ 4
④ 5

풀이 과정 : ❶ 전체 합성저항 구하기 → ❷ 전체전류 구하기 → ❸ 분류법칙에 의해 I_1 구하기

❶ : 병렬합성저항 = $\dfrac{\text{곱}}{\text{합}} = \dfrac{3\times6}{3+6}$ = 2이므로 전체 합성저항값 = 3+2 = 5Ω
❷ : 오옴의 법칙에 의해 $V = IR \rightarrow I_t = \dfrac{V}{R} = \dfrac{30}{5} = 6$ A
❸ : 분류법칙에 의해 $I_1 = \dfrac{R_2}{R_1+R_2}\times I_t = \dfrac{6}{3+6}\times 6 = \dfrac{36}{9} = 4$ A

23 ★★★ 어떤 백열전등에 100V 의 전압을 가하면 0.2A의 전류가 흐른다. 이 전등의 소비전력은 몇 W 인가?

(단, 부하의 역률은 1 이다.)

① 10
② 20
③ 30
④ 40

P[W] = VI = 100×0.2 = 20
역률이 1이라는 것은 '무효전력이 존재하지 않는다', '전류가 모두 일에 사용되었다'는 의미이다. 모터나 형광등과 달리 전구는 역률의 거의 1이다.

24 ★★ 전류의 열작용과 관계있는 법칙은?

① 옴의 법칙
② 줄의 법칙
③ 플레밍의 법칙
④ 키르히호프의 법칙

도체에 전류를 흘리면 열이 발생하며 이에 관한 법칙을 줄의 법칙(Joule's law)이라 한다.

정답 19 ④ 20 ① 21 ② 22 ③ 23 ② 24 ②

★★
25 용량이 1 kW인 전열기를 2시간 동안 사용하였을 때 발생한 열량은?

① 430 kcal ② 860 kcal
③ 1728 kcal ④ 2000 kcal

발열량 $H = 0.24 \times P$ [W]$\times t$ [s] = 0.24×1×(2×3600) = 1728 kcal

★★
26 250 Ω의 저항에 2A의 전류가 1분간 흐를 때 발생하는 열량은 몇 cal 인가?

① 14400 ② 62000
③ 72000 ④ 86000

발열량 $H = 0.24\, I^2Rt$ = 0.24×2²×250×60 = 14400 cal

★★★
27 "회로망에서 임의의 접속점에 흘러 들어오고 흘러 나가는 전류의 대수합은 '0' 이다."의 법칙은?

① 키로히호프의 법칙
② 가우스의 법칙
③ 줄의 법칙
④ 쿨롱의 법칙

키로히호프의 법칙

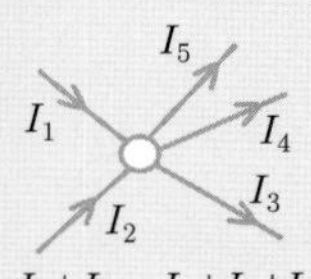

$I_1+I_2=I_3+I_4+I_5$

★
28 진공 중에서 1 Wb인 같은 크기의 두 자극을 1 m 거리에 놓았을 때 작용하는 힘은 몇 N 인가?

① 6.33×10^3 ② 6.33×10^4
③ 6.33×10^5 ④ 6.33×10^8

쿨롱의 법칙

$F = \frac{1}{4\pi\mu_0}\frac{m_1m_2}{r^2} = 6.33\times10^4\times\frac{m_1m_2}{r^2}$ [N]

└> 진공에서의 투자율 = $4\pi\times10^{-7}$

$m_1 = m_2 = 1$ [Wb], 거리(r) = 1 이므로 $F = 6.33\times10^4$

★★
29 자기저항에 관한 설명 중 옳은 것은?
(단, 자기회로 = l, 자로의 단면적 = A, 투자율 = μ 이다.)

① 자기회로의 l 에 반비례하고, A와 μ의 곱에 비례한다.
② 자기회로의 l 에 비례하고, A와 μ의 곱에 비례한다.
③ 자기회로의 l 에 반비례하고, A와 μ의 곱에 반비례한다.
④ 자기회로의 l 에 비례하고, A와 μ의 곱에 반비례한다.

자기저항 $R_m = \frac{l}{\mu A}$

- 자기저항(R_m) : 자속을 방해하는 정도
- 자로의 길이 : l
- 자로의 단면적 : A
- 투자율 : μ

★★
30 전선의 길이를 고르게 2배로 늘리면 단면적은 1/2로 된다. 이때의 저항은 처음의 몇 배가 되는가?

① 4배 ② 2배
③ 0.5배 ④ 0.25배

$R = \rho\frac{l}{A}$ [Ω], $R_2 = \rho\frac{2l}{\frac{1}{2}A} = 4\times\rho\frac{l}{A} = 4R$

ρ : 도체의 고유저항 [Ω·m], l : 길이[m] A : 단면적[m²]

★★
31 전선의 길이를 고르게 2배로 늘리면 저항은 몇 배가 되는가? (단, 체적은 일정하다)

① 2배 ② 4배
③ 1/2배 ④ 1/4배

체적이 일정한 조건에서 길이를 2배 늘린다면 단면적은 1/2이 되므로 30번 문제와 같이 저항은 4배가 된다.

★★
32 전류의 흐름을 안전하게 하기 위하여 전선의 굵기는 가장 적당한 것으로 선정하여 사용하여야 한다. 전선의 굵기를 결정하는데 반드시 고려하지 않아도 되는 사항은?

① 전압강하 ② 허용전류
③ 기계적 강도 ④ 외부온도

전선굵기 선정 : 전압강하, 허용전류, 기계적 강도
- 전압강하 : 전류가 흐를 때 전선의 저항성분에 의해 발생하는 손실을 말하며, 전압강하는 전선 굵기에 반비례한다.
- 허용전류 : 전선 굵기에 따라 전선에 흐를 수 있는 최대 전류
- 기계적 강도 : 전선의 튼튼함 정도

정답 25 ③ 26 ① 27 ① 28 ② 29 ④ 30 ① 31 ② 32 ④

★★★
33 다음 중 전하량의 단위는?

① C　　② A
③ V　　④ Ω

전하량(전기량)의 단위 : 쿨롱 [C]

★★★
34 두 자극 사이에 작용하는 힘은 두 자극의 세기의 곱에 비례하고 두 자극 사이의 거리의 제곱에 반비례한다는 법칙은?

① 패러데이의 법칙
② 쿨롱의 법칙
③ 렌츠의 법칙
④ 플레밍의 법칙

전하[Q]란 대전된 물체가 가지는 전기의 양을 말하며, 2개의 전하량을 Q_1, Q_2, 거리를 r[m], 두 전하 사이에 작용하는 힘을 F이라 할 때 쿨롱의 법칙은 $F\,[N] = k\,\frac{Q_1Q_2}{r^2}$

★★★
35 두 전하 사이에서 작용하는 힘(쿨롱의 법칙)을 설명한 것은?

① 두 전하의 곱에 반비례하고 거리에 비례한다.
② 두 전하의 곱에 반비례하고 거리의 제곱에 비례한다.
③ 두 전하의 곱에 비례하고 거리에 반비례한다.
④ 두 전하의 곱에 비례하고 거리의 제곱에 반비례한다.

정전용량 $C\,[F] = k\,\frac{Q_1 \times Q_2}{r^2}$
k : 비례상수, $Q_1 \cdot Q_2$: 두 대전체의 전하량, r : 자극 사이의 거리

★★★
36 콘덴서의 정전용량이 증가되는 경우를 모두 나열한 것은?

【보기】
ⓐ 전극의 면적을 증가시킨다.
ⓑ 비유전율이 큰 유전체를 사용한다.
ⓒ 전극사이의 간극을 증가시킨다.
ⓓ 콘덴서에 가하는 전압을 증가시킨다.

① ⓐ　　② ⓐ,ⓑ
③ ⓐ,ⓑ,ⓒ　　④ ⓐ,ⓑ,ⓒ,ⓓ

★★★
37 콘덴서의 용량을 크게 하는 방법으로 옳지 않은 것은?

① 극판의 면적을 넓게 한다.
② 극판의 간격을 좁게 한다.
③ 극판 간에 넣는 물질은 비유전율이 큰 것을 사용한다.
④ 극판 사이의 전압을 높게 한다.

정전용량 $C\,[F] = \varepsilon\,\frac{S}{d}$
ε : 유전율(절연도), S : 극판 면적 [cm^2], d : 극판 간의 거리 [cm]
정전용량을 크게하려면 : 극판의 면적을 넓게, 극판 간격을 좁게, 비유전율이 큰 절연체를 사용

★★★
38 평행판 콘덴서에 있어서 콘덴서의 정전용량은 판 사이의 거리와 어떤 관계인가?

① 반비례　　② 비례
③ 불변　　④ 2배

★★★
39 평형판 콘덴서에 있어서 판의 면적을 동일하게 하고 정전 용량은 반으로 줄이려면 판 사이의 거리는 어떻게 하여야 하는가?

① 4배로 줄인다.
② 반으로 줄인다.
③ 2배로 늘린다.
④ 4배로 늘린다.

정전용량 $C\,[F] = \varepsilon\,\frac{S}{d}$,　$\frac{C_1}{2} = \varepsilon\,\frac{S}{d_1}$이므로 $d_1 = 2d$

★★★
40 그림과 같은 콘덴서의 합성정전용량 [F]은?

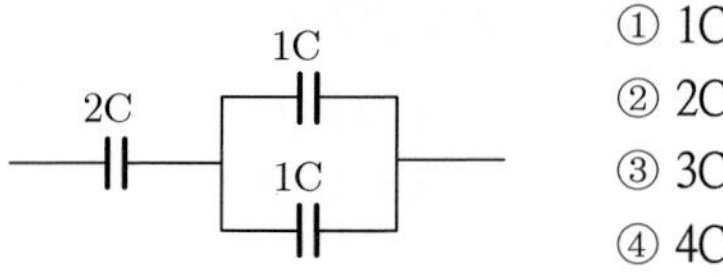

① 1C
② 2C
③ 3C
④ 4C

콘덴서의 합성정전용량 : 병렬일 때 $C_1 + C_2$, 직렬일 때 $\frac{C_1 \times C_2}{C_1 + C_2}$
먼저 병렬 합성정전용량을 구하면 $1+1 = 2\,[C]$
직렬 합성정전용량 $= \frac{2\times2}{2+2} = 1[C]$

정답 33 ① 34 ② 35 ④ 36 ② 37 ④ 38 ① 39 ③ 40 ①

★★★

41 정전용량 C_1, C_2, C_3를 병렬로 접속하였을 때의 합성정전용량은?

① $\dfrac{1}{C_1+C_2+C_3}$ ② $C_1+C_2+C_3$

③ $\dfrac{1}{C_1}+\dfrac{1}{C_2}+\dfrac{1}{C_3}$ ④ $\dfrac{C_1\cdot C_2\cdot C_3}{C_1+C_2+C_3}$

★★★

42 다음 회로에서 A, B 간의 합성용량은 몇 μF인가?

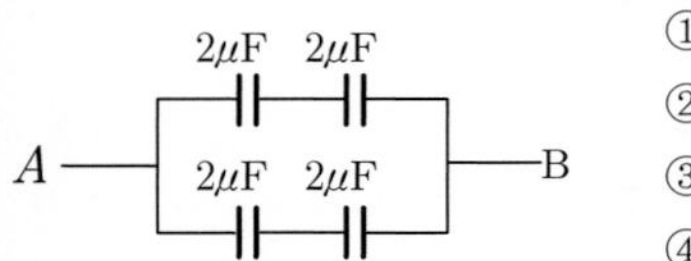

① 1
② 2
③ 4
④ 8

> 먼저 직렬 합성정전용량 $= \dfrac{2\times2}{2+2} = 1\,[\mu F]$
> 1 $[\mu F]$의 병렬 합성정전용량을 구하면 $1+1=2\,[\mu F]$

★

43 회로에서 콘덴서의 합성정전용량 C 는 몇 [F] 인가?

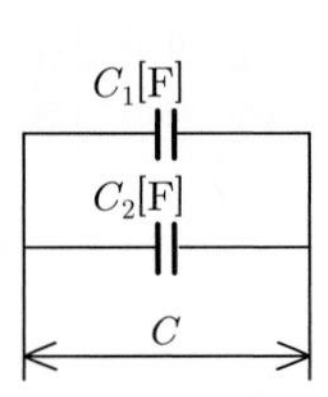

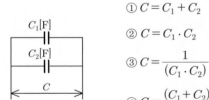

① $C=C_1+C_2$

② $C=C_1\cdot C_2$

③ $C=\dfrac{1}{(C_1\cdot C_2)}$

④ $C=\dfrac{(C_1+C_2)}{(C_1\cdot C_2)}$

★

44 50μF의 콘덴서에 200V, 60Hz의 교류 전압을 인가했을 때, 흐르는 전류[A]는?

① 약 2.56 ② 약 3.77
③ 약 4.56 ④ 약 5.28

> C(콘덴서)만 있는 회로에서
> 용량성 리액턴스 $Xc=\dfrac{1}{2\pi fC}=\dfrac{1}{2\pi\times60\times0.00005}=53\,\Omega$
> 전류 $I=\dfrac{V}{Xc}=\dfrac{200}{53}\fallingdotseq 3.77$ [A] f : 주파수, C : 정전용량
> ※ 1 μF = 10^{-6} F

02 교류와 직류

★

1 정현파에서 최대값이 V_m, 평균값이 V_{av}일 때 실효값은?

① $\sqrt{2}V_m$ ② $\dfrac{2}{\pi}V_{av}$

③ $\dfrac{1}{\sqrt{2}}V_m$ ④ $\dfrac{\pi}{2}V_{av}$

> 실효값$(V_{rms})=\dfrac{1}{\sqrt{2}}V_m$, 평균값$(V_{av})=\dfrac{2}{\pi}V_m$ (V_m : 최대값)

★★

2 정현파 교류의 실효값은 최대값의 몇 배인가?

① π ② $2/\pi$
③ $1/\sqrt{2}$ ④ $\sqrt{2}$

★

3 100V, 100W 전구의 전압의 평균값은 약 몇 V 인가?

① 90 ② 100
③ 111 ④ 141

> 100V은 실효값을 의미하며,
> 교류전압의 실효값$(V_{rms})=\dfrac{1}{\sqrt{2}}V_m$, 교류전압의 평균값$(V_{av})=\dfrac{2}{\pi}V_m$ 이다.
> 여기서, V_m은 최대값이다.
> 그러므로 평균값 $=\dfrac{2}{\pi}V_m=\dfrac{2}{\pi}\sqrt{2}\,V_{rms}\fallingdotseq 0.9\times100=90$ V

★★★

4 Y 결선의 상전압이 V [V]이다. 선간전압은?

① 3V ② $\sqrt{3}$ V
③ V/3 ④ V2/3

Y결선과 Δ결선의 전압과 전류 관계

	선간전압과 상전압	선전류과 상전류
Y결선	선간전압 = $\sqrt{3}$ 상전압	선전류 = 상전류
Δ결선	선간전압 = 상전압	선전류 = $\sqrt{3}$ 상전류

암기) Y는 선간전압이 $\sqrt{3}$ 배 높고, Δ는 선전류가 $\sqrt{3}$ 배 높다.

chapter 03

정답 41 ② 42 ② 43 ① 44 ② **2** 1 ③ 2 ③ 3 ① 4 ②

★★★
5 3상전원의 결선방법에서 Y결선 및 Δ결선방법의 전압과 전류의 관계가 옳은 것은?

① Y결선 : 선간전압 = $\sqrt{3}$ 상전압, 선전류 = $\sqrt{3}$ 상전류
② Y결선 : 선간전압 = $\sqrt{3}$ 상전압, 선전류 = 상전류
③ Δ결선 : 선간전압 = $\sqrt{3}$ 상전압, 선전류 = $\sqrt{3}$ 상전류
④ Δ결선 : 선간전압 = $\sqrt{3}$ 상전압 , 선전류 = 상전류

★★★
6 전압 $v = 100\sqrt{3}\sin(\omega t+\alpha)$와
전류 $i = 20\sqrt{2}\sin(\omega t-\alpha)$의 상차각은?

① ωt ② 0
③ α ④ 2α

상차각이란 사인파의 전압과 전류의 위상차를 말한다.

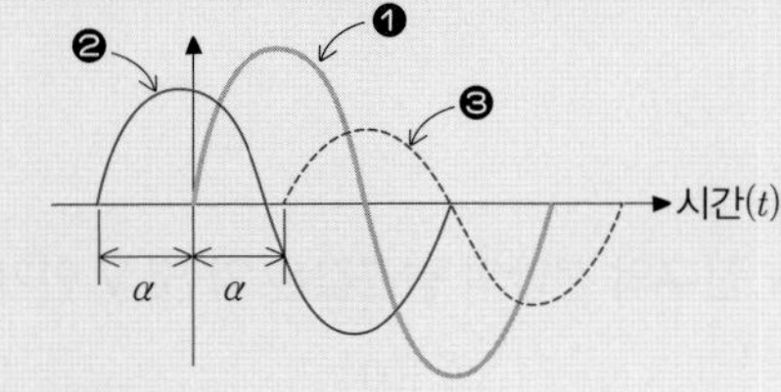

시간에 따른 전압값

❶ $v(t) = sin(\omega t)$ ⟶ $v(t) = \sin(\omega t+0)$으로 표현한다.
즉, 사인파 곡선이 0부터 시작한다.
❷ $v(t) = sin(\omega t+\alpha)$ ⟶ $v(t) = \sin(\omega t)$에서 $\alpha°$ 앞선다
❸ $v(t) = sin(\omega t-\alpha)$ ⟶ $v(t) = \sin(\omega t)$에서 $\alpha°$ 뒤진다

즉, 문제에서 전압은 α 만큼 앞서고, 전류는 α 만큼 뒤진다.
그러므로 위상차는 $\alpha-(-\alpha) = 2\alpha$
※ 문제에서 $100\sqrt{3}$, $20\sqrt{2}$ 은 사인파형의 기울기를 의미한다.

★★★
7 $V_1 = 100\sin(\omega t-A/6)$, $V_2 = 100\sin(\omega t-A/3)$에서 어느 쪽이 얼마 만큼 위상이 뒤져 있는가?

① V_1이 V_2보다 A/6 [rad] 만큼 위상이 뒤진다.
② V_1이 V_2보다 A/3 [rad] 만큼 위상이 뒤진다.
③ V_2가 V_1보다 A/6 [rad] 만큼 위상이 뒤진다.
④ V_2가 V_1보다 A/3 [rad] 만큼 위상이 뒤진다.

앞 문제를 참고하여 뒤진 위상의 차이는 V_1-V_2 = A/6 − A/3 = − A/6 이 되므로 V_2-V_1 = A/6 즉, V_2가 V_1보다 A/6[rad]만큼 위상이 뒤진다.

★★★
8 그림과 같은 회로에서 입력이 단상 60Hz 상용전원이라면 출력파형은 어느 것인가?

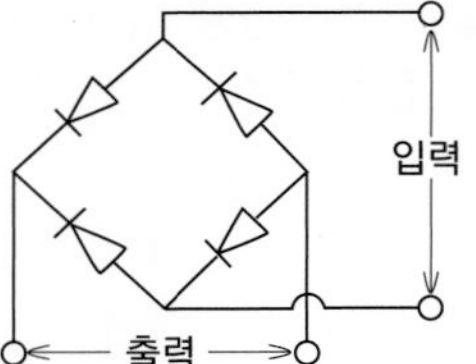

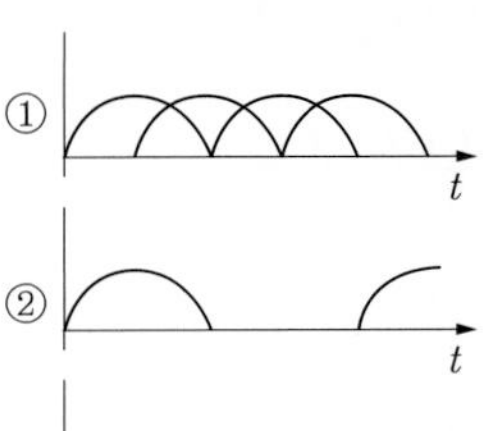

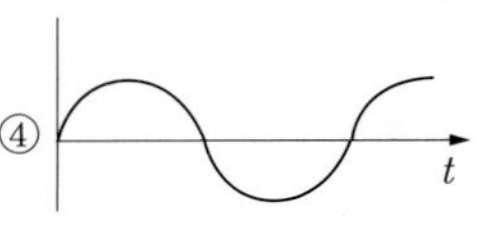

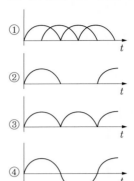

회로는 브리지회로(단상전파정류회로)를 나타낸다.
① 3상단파정류 ② 단상반파정류 ④ 교류파형(입력)

★★
9 그림과 같은 입력과 출력전압에 해당하는 정류회로는?

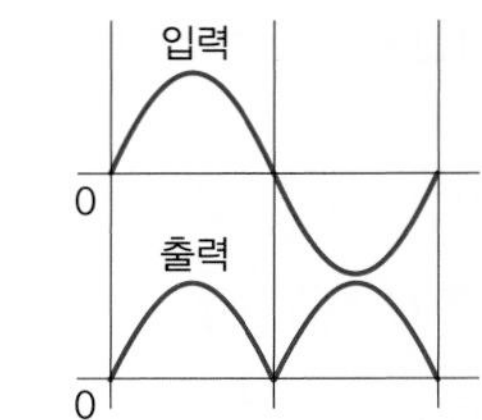

① 단상 반파정류
② 단상 전파정류
③ 3상 반파정류
④ 3상 전파정류

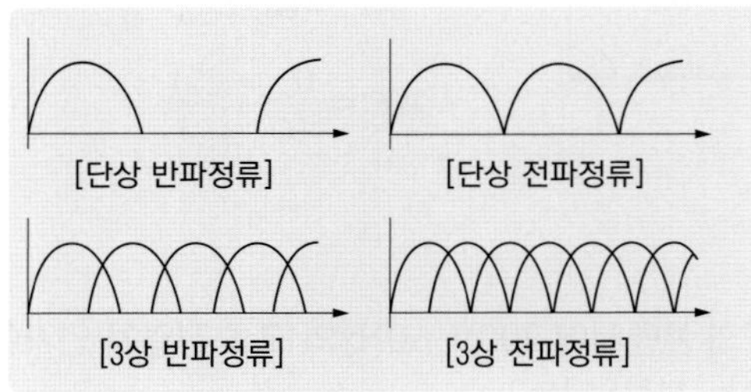

★
10 RLC직렬회로에서 직렬 공진시 최대가 되는 것은?

① 전압 ② 전류
③ 저항 ④ 주파수

R-L-C 직렬회로에서의 공진

공진이란 X_L(유도성 리액턴스)와 X_C(용량성 리액턴스)의 크기가 같을 때 발생된다. 즉, $Z = \sqrt{R^2+(X_L-X_C)^2} = \sqrt{R^2} = R$

$I = \frac{V}{Z}$에서 $Z = R$ 일 때(최소) 전류는 최대가 된다.

정답 5 ② 6 ④ 7 ③ 8 ③ 9 ② 10 ②

★
11 그림은 단상 교류전압을 전파정류한 파형이다. 이에 대한 설명 중 틀린 것은?

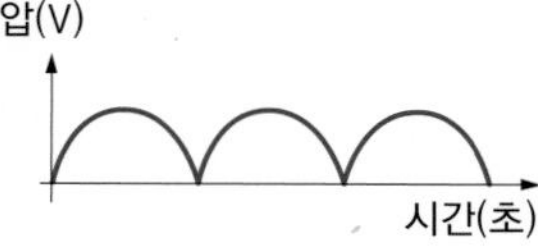

① 다이오드 4개로 이와 같은 출력을 얻을 수 있다.
② 평활회로를 사용하지 않더라도 이 전압 그대로 계전기를 동작시킬 수 있다.
③ 이 전압파형은 DC전압이므로 회로구성 시 (+), (−) 극성을 고려하여야 한다.
④ 콘덴서를 사용하여 다시 교류전원으로 환원시킬 수 있다.

그림의 파형은 전파정류회로나 브리지 회로(다이오드 4개)를 통해 나타나는 직류파형(맥류)이다. 이 파형상태로 직류전원으로 사용할 수 있으나, 콘덴서의 충·방전을 이용하여 평활하여 직류에 가까운 파형으로 변환한다.

★
12 그림에서 전류 I는 몇 A 인가?

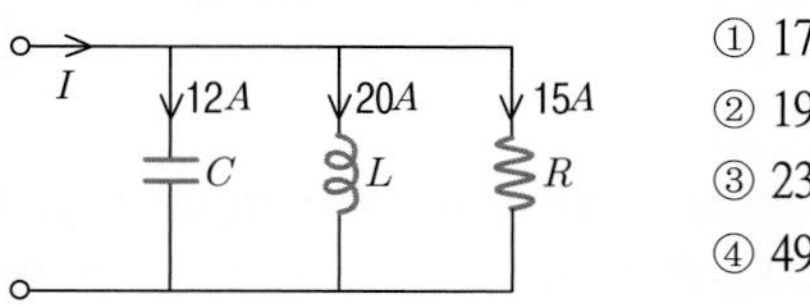

① 17
② 19
③ 23
④ 49

R-L-C 병렬회로에서의 전류

$Z = \sqrt{R^2+(X_L-X_C)^2} = \sqrt{15^2+(20-12)^2} = \sqrt{289} = 17$

$I = \frac{V}{Z} = \frac{220}{17} = 4.4$ A

★
13 그림과 같이 220V, 60Hz의 사인파 교류를 가했을 때 전류값은 몇 A 인가?

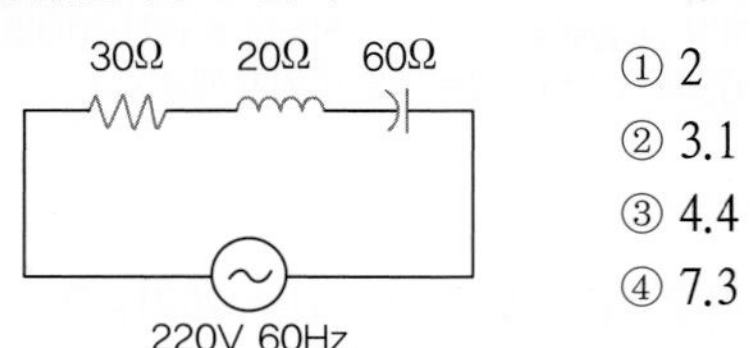

① 2
② 3.1
③ 4.4
④ 7.3

R-L-C 회로에서의 임피던스

$Z = \sqrt{R^2+(X_L-X_C)^2} = \sqrt{30^2+(20-60)^2} = \sqrt{2500} = 50\ \Omega$

R : 저항, X_L : 유도성 리액턴스(코일), X_C : 용량성 리액턴스(콘덴서)

$I = \frac{V}{Z} = \frac{220}{50} = 4.4$ A

★★★
14 교류 회로에서 전압과 전류의 위상이 동상인 회로는?

① 저항만의 조합회로
② 저항과 콘덴서의 조합회로
③ 저항과 코일의 조합회로
④ 콘덴서와 콘덴서만의 조합회로

저항만의 회로에서는 전압과 전류의 위상이 동상이다.

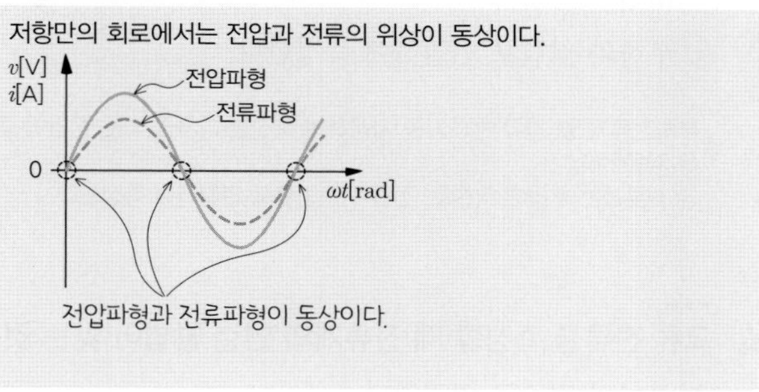

03 전기 측정 및 기타

★★★
1 다음 중 회로시험기로 측정할 수 없는 것은?

① 직류 전류
② 직류 전압
③ 저항
④ 주파수

주파수는 오실로스코프로 측정할 수 있다.

★★★
2 다음 중 전류를 측정할 수 있는 것은?

① 후크메타
② 볼트메타
③ 휘트스톤 브리지
④ 메거

멀티미터(회로시험기)	직류 전류 및 전압, 교류 전압, 저항
메거(절연저항)	교류 전압, 절연저항, 누전
후크메타(클램프 미터)	직·교류 전압, 교류 전류, 저항
볼트메타	전압
휘트스톤 브리지	저항

chapter 03

정답 11 ④ 12 ① 13 ③ 14 ① 3 1 ④ 2 ①

★★★
3 **전류계를 사용하는 방법으로 옳지 않은 것은?**

① 부하전류가 클 때에는 배율기를 사용하여 측정한다.
② 전류가 흐르므로 인체가 접촉되지 않도록 주의하면서 측정한다.
③ 전류값을 모를 때에는 높은 값에서 낮은 값으로 조정하면서 측정한다.
④ 부하와 직렬로 연결하여 측정한다.

부하전류가 클 경우 분류기를 사용하여 측정한다. 배율기는 전압이 클 경우 사용한다.
④ 전류계는 부하에 직렬로, 전압계는 병렬로 연결하여 측정한다.

★★★
4 **교류 전류를 측정할 때 전류계의 연결 방법이 맞는 것은?**

① 부하와 직렬로 연결한다.
② 부하와 직·병렬로 연결한다.
③ 부하와 병렬로 연결한다.
④ 회로에 따라 달라진다.

★★★
5 **측정계기로서 메거의 용도를 옳게 설명한 것은?**

① 전동기의 권선저항을 측정하는 계기이다.
② 절연저항을 측정하는 계기이다.
③ 접지저항을 측정하는 계기이다.
④ 일반 계측기로는 측정할 수 없는 저항이나 전류를 측정하는 계기이다.

메거(megger)옴 테스터는 절연저항 측정 시 사용한다. (절연저항이란 절연체에 전압을 가했을 때 나타나는 전기저항으로 흔히 전선이나 코일의 누전상태를 말하며, 메거는 이러한 누전상태를 찾는 측정기이다)

★★★
6 **절연저항을 측정하는 계기는?**

① 훅온미터 ② 휘트스톤브리지
③ 회로시험기 ④ 메거

★
7 **전기기기의 충전부와 외함 사이의 저항은?**

① 절연저항 ② 접지저항
③ 고유저항 ④ 브리지저항

절연저항이란 절연물이 가지는 전기저항을 말하며, 전류가 도체에서 절연물을 통해 다른 충전부나 케이스 등으로 누설되는 경로의 저항을 의미한다.

★★★
8 **옥내 전등선의 절연저항을 측정하는데 가장 적절한 측정기는?**

① 메거
② 휘스톤브리지
③ 콜라우시 브리지
④ 켈빈더블 브리지

★★
9 **접지저항계를 이용한 접지저항 측정 방법으로 틀린 것은?**

① 전환 스위치를 이용하여 내장전지의 양부(+, -)를 확인한다.
② 전환 스위치를 이용하여 E, P 간의 전압을 측정한다.
③ 전환 스위치를 저항값에 두고 검류계의 밸런스를 잡는다.
④ 전환 스위치를 이용하여 절연저항과 접지저항을 비교한다.

접지저항 측정 시 배터리 용량, 대지전압(E, P 사이의 전압)이 허용치 이하인지 확인하고 측정버튼을 눌러 접지 저항치를 읽는다. 접지저항계와 절연저항과는 무관하며, 절연저항은 절연저항계로 측정한다.

★
10 **주전원이 380V인 엘리베이터에서 110V전원을 사용하고자 강압 트랜스를 사용하던 중 트랜스가 소손되었다. 원인 규명을 위해 회로시험기를 사용하여 전압을 확인하고자 할 경우 회로시험기의 전압 측정범위 선택스위치의 최초 선택위치로 옳은 것은?**

① 회로시험기의 110V미만
② 회로시험기의 110V이상 220V미만
③ 회로시험기의 220V이상 380V미만
④ 회로시험기의 가장 큰 범위

회로시험기로 전압, 전류, 저항 등을 측정할 때 측정값을 예측할 수 없는 경우 전환스위치를 가장 큰 범위로 놓는다. 부적절한 범위(레인지)로 측정하면 회로시험기가 고장나거나 타버리는 경우가 있기 때문이다.

★★★
11 **배전반용 계기로 가장 많이 사용되는 계기는?**

① 가동코일형
② 가동철편형
③ 열선형
④ 전류역계형

배전반용 계기는 주로 가동철편형의 교류 전류계와 전압계를 사용한다. 가동철편형은 비교적 큰 전류를 측정할 수 있으며, 실효값을 나타내며 주로 교류전용계기로 사용된다.

정답 3 ① 4 ① 5 ② 6 ④ 7 ① 8 ① 9 ④ 10 ④ 11 ②

★★★
12 다음 중 측정계기의 눈금이 균일하고, 구동토크가 커서 강도가 좋으며 외부의 영향을 적게 받아 가장 많이 쓰이는 아날로그 계기 눈금의 구동방식은?

① 영구 자석과 전류에 의한 자기장 사이의 힘
② 두 전류에 의한 자기장 사이의 힘
③ 자기장 내에 있는 철편에 작용하는 힘
④ 충전된 물체사이에 작용하는 힘

문제는 가동코일형 계기를 나타낸 것으로 영구자석이 만드는 자기장 내에 가동 코일을 놓고, 코일에 측정하고자 하는 전류를 흘려 이 전류와 자기장 사이에 전자력이 발생한다. 이 전자력을 구동토크로 한 계기이다.

★★★
13 교류·직류 양용이며, 고정 코일에 흐르는 전류와 가동 코일에 흐르는 전류 상호간의 전자력으로 작동하는 계측 기기의 종류는?

① 열전형
② 가동코일형
③ 가동철편형
④ 전류력계형

전류력계형 계기의 특징
- 고정 코일에 흐르는 전류로 자기장을 만들므로 가동 코일형에 비하여 자기장이 약하고, 또한 외부 자기장의 영향을 받기 쉬우므로 계기에 자기 차폐를 하여야 한다.
- 이 계기는 실효값을 지시하며, 직류로 눈금 교정을 할 수 있으므로 사용 주파수 교류의 표준용으로 사용할 수 있다.
- 직류와 교류를 같은 눈금으로 측정할 수 있다.
- 코일의 인덕턴스에 의한 주파수의 영향이 크다.
- 1[A]이상의 전류에서는 온도 보상 및 주파수 보상을 하여야 한다.
- 계기의 소비 전력이 크고, 구조가 다소 복잡하다.
- 자기 가열의 영향이 비교적 크므로 주의가 필요하다.

★★★
14 다음 그림에서 스위치를 닫고, 열 때 전류계 눈금의 현상은?

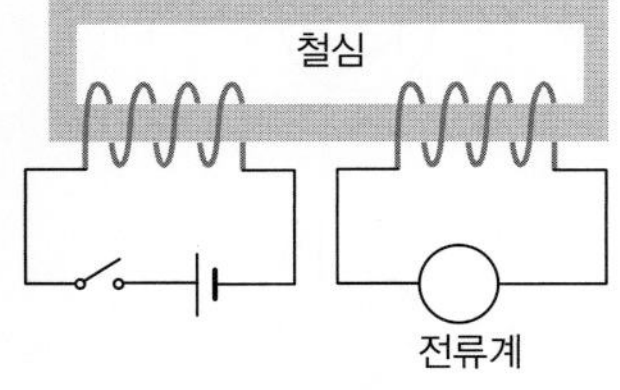

① 스위치를 닫을 때만 움직인다.
② 스위치를 열 때만 움직인다.
③ 스위치를 닫을 때, 열 때 모두 움직인다.
④ 스위치를 닫을 때, 열 때 모두 움직이지 않는다.

★★★
15 전압의 측정범위를 확대하기 위하여 전압계에 직렬로 접속하는 회로는?

① 계전기
② 분류기
③ 배율기
④ 압축기

- 배율기 : 저항을 직렬로 추가하여 전압의 측정범위를 확대
- 분류기 : 저항을 병렬로 추가하여 전류의 측정범위를 확대

★
16 최대눈금이 200V, 내부저항이 20000Ω 인 직류 전압계가 있다. 이 전압계로 최대 600V 까지 측정하려면 외부에 직렬로 접속할 저항은 몇 [kΩ] 인가?

① 20
② 40
③ 60
④ 80

이 문제는 배율기에 대한 것으로 전압계의 측정범위를 3배(200→600)로 확대하므로 배율 $m = 3$이다.
배율기 저항 $R_m = (m-1)R = (3-1)\times 20\ k\Omega = 40\ k\Omega$
별해) 배율기는 전압계에 저항을 직렬로 연결한 것이므로 다음과 같이 구할 수 있다.

$$I = \frac{V}{R} = \frac{200V}{20k\Omega} = \frac{600V}{(20+\alpha)k\Omega} \rightarrow 10 = \frac{600}{20+\alpha} \rightarrow$$

$$20+\alpha = 60 \rightarrow \alpha = 40\ k\Omega$$

★★
17 전기 시설물의 절연을 확인하는데 도움이 되지 않는 것은?

① 절연저항 측정
② 부하전류 측정
③ 누설전류 측정
④ 절연내력 측정

정답 12 ① 13 ④ 14 ③ 15 ③ 16 ② 17 ②

chapter 03

04 반도체

★★★
1 반도체로 만든 PN 접합은 무슨 작용을 하는가?

① 증폭작용
② 발진작용
③ 정류작용
④ 변조작용

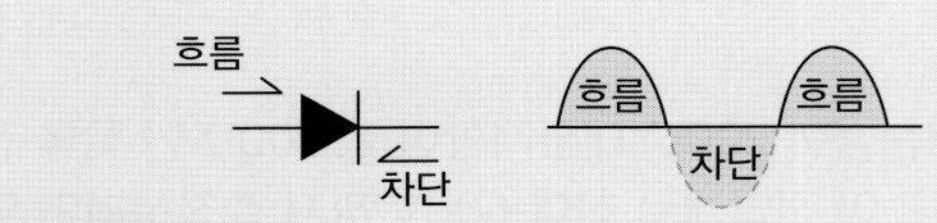

용어 해설
① 증폭 : 전압 등을 증가시킴
② 발진 : 진동 전류가 일단 흐르기 시작하면 그것을 지속시키도록 작용
③ 정류 : 한 방향으로만 전류가 흐르게 하는 작용(교류를 직류로)
④ 변조 : 파형의 3요소(진폭, 주파수, 위상)를 하나 이상 바꾸어 원하는 파형으로 바꾸는 작용

★
2 반도체에서 공유결합을 할 때 과잉전자를 발생시키는 반도체는?

① P형 반도체
② N형 반도체
③ 진성 반도체
④ 불순물 반도체

- 진성 반도체 : 실리콘(Si)으로만 구성된 반도체로 모든 원자가 공유결합을 하고 있으므로 자유전자가 없다.(즉 전류가 흐르지 못함)
- 불순물 반도체 : 진성 반도체에서 전류를 흐르도록 하기 위해 인위적으로 불순물(인, 붕소)를 첨가하여 자유전자(또는 정공)의 갯수를 늘려 전도율을 높여준다.
  - N형 반도체 : 진성반도체에 인을 첨가하여 자유전자를 증가시킴
  - P형 반도체 : 진성반도체에 붕소를 첨가하여 정공을 증가시킴

★★
3 P형 반도체와 N형 반도체 또는 반도체와 금속을 접합시키면 전류가 한쪽 방향으로는 잘 흐르나 반대 방향으로는 잘 흐르지 않는 정류작용을 한다. 이와 같은 원리를 이용한 것은?

① 다이오드 ② CdS
③ 서미스터 ④ 트라이액

★★★
4 트랜지스터, IC 등의 반도체를 사용한 논리소자를 스위치로 이용하여 제어하는 시퀀스 제어방식은?

① 전자개폐기제어
② 유접점제어
③ 무접점제어
④ 과전류계전기제어

①, ②, ④는 기계적 접점 방식이다.

★★★
5 다이오드, 트랜지스터 등의 반도체 스위칭 회로를 무슨 회로라 하는가?

① 전자개폐기회로
② 유접점회로
③ 무접점회로
④ 과전류계전기회로

무접점회로
다이오드나 트랜지스터는 기계적 접점이 없는 반도체 소자로 다음과 원리로 스위칭 작용을 한다.
- 다이오드 : 전류의 순방향 흐름은 허용하고(ON), 역방향 흐름은 차단(OFF)시킨다.
- 트랜지스터 : 베이스(B)에서 전류를 보내면, 컬렉터(C)에서 이미터(E)로 전류가 흐르고(ON), B의 전류를 차단하면 C에서 E로의 전류흐름을 차단시킨다.

※ ①, ④도 접점이 있는 기계적 스위칭 장치이다.

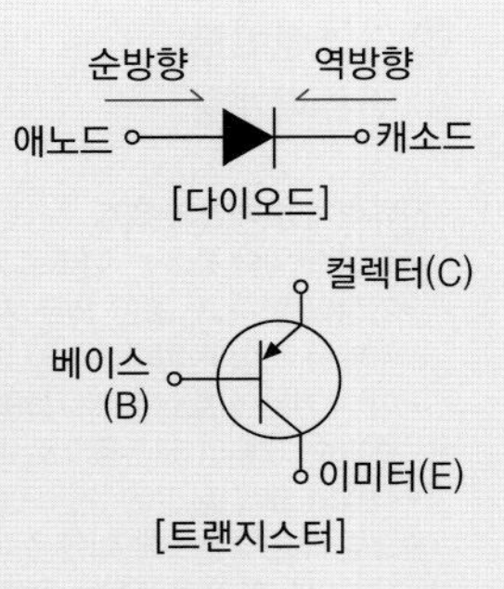

★
6 PNP형 트랜지스터의 기호는?

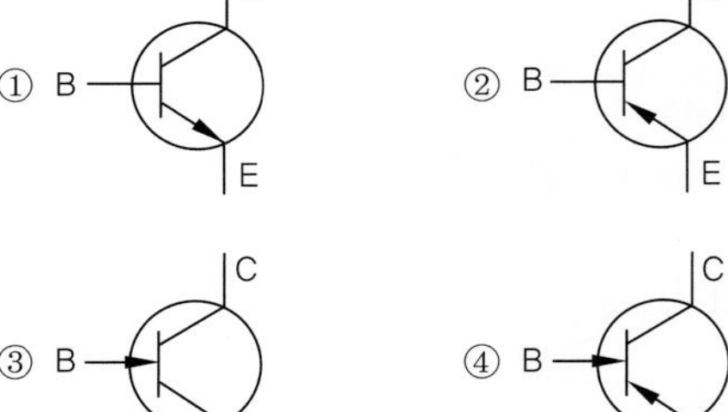

① : NPN형 트랜지스터, ② : PNP형 트랜지스터

정답 **4** 1③ 2④ 3① 4③ 5③ 6②

7 ★★★ 주로 많이 사용하는 전력제어용 사이리스터 소자는?

① TR ② THR
③ SCR ④ SBR

사이리스터란 전력 제어용 반도체 스위칭 소자를 말한다.
① TR : 트랜지스터
② THR : 열동형 과부하 계전기(Thermal Overload) – 모터를 과부하로부터 보호하기 위해 전자접촉기에 붙여서 사용한다.

8 ★ 그림과 같은 심벌의 명칭은?

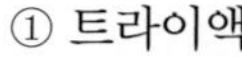

① 트라이액
② 사이리스터
③ 다이오드
④ 트랜지스터

사이리스터의 기호이다. A : 애노드, G : 게이트, K : 캐소드

9 ★★ SCR의 게이트 작용은?

① 소자의 ON-OFF 작용
② 소자의 도통 제어 작용
③ 소자의 브레이크 다운 작용
④ 소자의 브레이크 오버 작용

SCR은 게이트에 전류를 보내(ON) 애노드–캐소드 사이의 도통을 제어한다. 하지만 게이트의 전류를 OFF하더라도 애노드–캐소드 사이에 OFF는 제어하지 못한다.(이를 경우 애노드 전위를 0으로 해야 OFF가 됨)

10 ★★ 반도체 사이리스터에 의한 속도제어에서 제어조건이 되지 않는 것은?

① 위상 ② 토크
③ 전압 ④ 주파수

정지레오나드 방식
워드레오나드 방식(유도전동기–직류발전기 세트)의 전동–발전기 대신에 사이리스터를 사용하여 교류를 직류로 변환시킴과 동시에 점호각을 바꾸어 직류전압을 변화시켜 모터의 속도를 제어한다.
※ 점호각 : 교류 주파수의 위상을 제어하여 지연시키는 시간

11 ★ 2단자 반도체 소자로 서지전압에 대한 회로 보호용으로 사용되는 것은?

① 터널 다이오드
② 서미스터
③ 베리스터
④ 버랙터 다이오드

베리스터(varistor, variable resistor)
2개의 전극을 갖는 전자 부품으로, variable(가변) resision(저항)을 의미한다. 즉, 두 단자 사이에 낮은 전압을 인가하면 저항이 높지만, 높은 전압이 인가되면 저항이 낮아지는 성질을 가진다. 이 성질을 이용하여 다른 전자 부품을 높은 전압(서지 전압)으로부터 보호하기 위한 바이패스로 이용된다.

12 ★ 아래 그림은 트랜지스터를 사용한 무접점 스위치이다. 부하의 저항값이 10Ω, 트랜지스터 전류이득 β = 100일 때 부하에 흐르는 전류는? (단, V_{in}은 트랜지스터가 포화되는 전압을 가하고 다른 조건은 무시한다.)

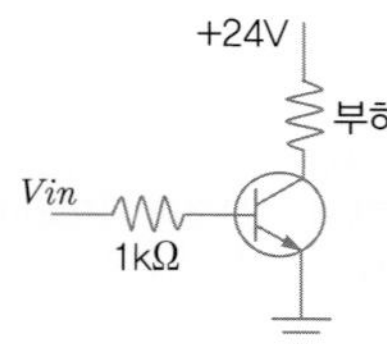

① 0.024 [A]
② 0.24 [A]
③ 2.4 [A]
④ 24 [A]

입력전압이 24V이며, 부하저항이 10Ω 이므로

오음의 법칙에 의해 $\frac{24}{10}$ = 2.4 [A]

별해)
❶ V_{in} = 24V 이므로 베이스 전류 = 24/1000 = 0.024 [A]
❷ 전류이득(hFE, β_{DC}) = $\frac{\text{컬렉터 전류}}{\text{베이스 전류}}$; 100 = $\frac{\text{컬렉터 전류}}{0.024}$
컬렉터 전류 = 100×0.024 = 2.4 [A]
※ 이 문제는 기출이지만 출제빈도가 매우 낮으므로 이해가 어려우면 넘어가세요.

정답 7 ③ 8 ② 9 ② 10 ② 11 ③ 12 ③

chapter 03

SECTION

04 전기기기의 동작·원리

Craftsman Elevator

Main Key Point

[예상문항 : 1~3문제] 이 섹션도 마찬가지로 문항수에 비해 학습분량이 많고 난이도가 높습니다. 이론보다 기출 및 모의고사 위주로 자주 출제되는 부분을 학습합니다. 이해하기 어려운 부분에서 지나치게 시간을 뺏지말고 다른 암기과목에서 점수를 획득하기 바랍니다.

전기기기의 기본개념

1. 개요

- 기계적 에너지와 전기 에너지 간의 에너지 변환 장치로 주로 자기장 기반의 에너지 변환 원리를 이용한다.
- 자기장 방향, 집중도 조정, 자류 통로 형성에 강자성체(큰 투자율을 갖는 강철)를 이용한다.
- 기계적 움직임 등으로 인해 코일에 쇄교하는 자속량이 변화될 때, 전기-기계 에너지 변환이 발생하는 등

2. 전기기기의 구분

용도별(에너지 변환 형태) 구분

발전기	• 기계에너지 → 전기에너지 • 자속에서 회전하는 도체에 기전력이 유도되어 발전 • 교류 발전기 : 단상 발전기, 3상 발전기 • 직류 발전기
전동기	• 전기에너지 → 기계에너지 • 강한 자속 하에 내부권선에 흘린 전류와 상호작용으로 토크(회전력)가 발생

전동기의 구분

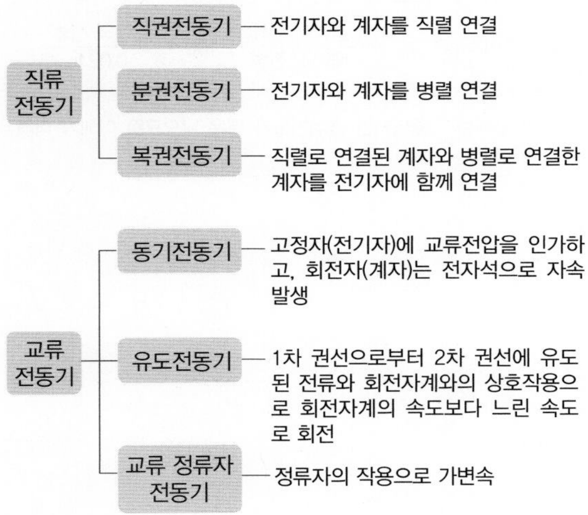

직류 전동기
직권전동기 — 전기자와 계자를 직렬 연결
분권전동기 — 전기자와 계자를 병렬 연결
복권전동기 — 직렬로 연결된 계자와 병렬로 연결한 계자를 전기자에 함께 연결
교류 전동기
동기전동기 — 고정자(전기자)에 교류전압을 인가하고, 회전자(계자)는 전자석으로 자속 발생
유도전동기 — 1차 권선으로부터 2차 권선에 유도된 전류와 회전자계와의 상호작용으로 회전자계의 속도보다 느린 속도로 회전
교류 정류자 전동기 — 정류자의 작용으로 가변속

▶ 교류발전기와 동기전동기 / 직류발전기와 직류전동기의 차이
구조는 같으나, 전기로 동력을 발생시키냐 동력을 이용하여 전기를 발생시키냐의 차이가 있음

01 직류전동기

1 직류전동기의 기본 구성 및 역할

구성 : 전기자(회전자), 계자, 정류자, 브러시 등

전기자 (armature, 電機子, 회전자)
- 전기자 철심(자기회로를 만듦)+ 전기자 권선(회전력 발생)
- 계자가 만들어낸 자속(ϕ)을 끊어 플레밍의 왼손법칙을 통해 토크 발생

계자 (pole, 자극, 고정자)
- 전동기 하우징에 고정
- 계자철심+계자코일(계자권선)
- 자속(전자석)을 만듦
- 방식 : 직류 직권식

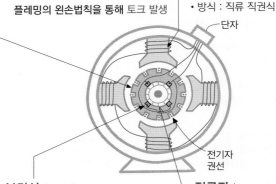

단자

전기자 권선

브러시 (brush)
- 정류자와 접촉하여 직류 전원을 전기자 코일에 전달하는 역할

정류자 (commutator)
- 회전축이 한 방향으로만 회전하도록 전류 방향을 변경

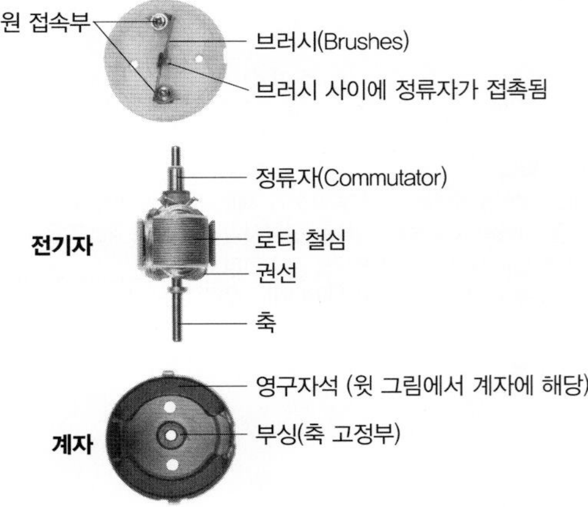

소형 직류전동기의 구조

2 직권전동기의 특성

(1) 역기전력 : **전동기에서 소비하는 기전력**

$$역기전력\ E[V] = \frac{PZ}{60a}\phi N = K\phi N = V - I_aR_a$$

P : 극수, Z : 전기자 도체 총수, a : 병렬회로수, ϕ : 자속, N : 회전수[rpm]
I_a : 전기자 전류, R_a : 전기자 저항

※ $\frac{PZ}{60a}$는 이미 설계된 요소이므로 변경이 어려우며, 고유상수 K로 표기한다.

➡ 역기전력은 자속과 회전수로 변경할 수 있다.

→ 참고) 자기유도기전력 : 발전기(전기자)에서 만들어진 기전력

R_a, I_a는 전기자 내의 저항, 전기자에 발생된 전류를 말한다. 실제로는 전기자 내에 존재하지만 회로상 외부로 표현한다.

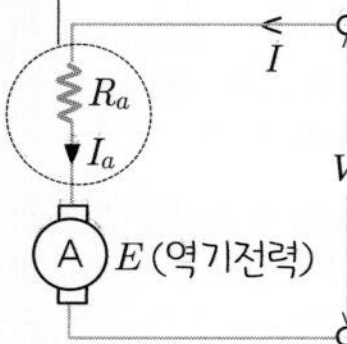

단자전압(V)에서 전기자 저항을 거쳐 역기전력이 발생한다. ($E < V$)
$V = E + I_aR_a$, 즉 $E = V - I_aR_a$

전동기의 기전력과 단자전압

(2) 직류전동기의 속도제어방법  필수암기

역기전력 $E = K\phi N$에서

직류전동기의 회전속도 $N = K\frac{E}{\phi} = K\frac{V - I_aR_a}{\phi}$

➡ 이 공식에서 전압, 자속, 저항을 변경하면 속도가 제어된다.

① 전압 제어법(V)
② 계자 제어법(ϕ)
③ 저항 제어법(R_a)

구분	설명
전압 제어법	광범위한 속도 제어가 가능하며 운전효율이 좋음 ▶ 워드레오나드 제어법 • 광범위한 속도제어가 가능 • 정토크 가변속의 용도에 적합 • 제철용 압연기나 엘리베이터 등에 사용 ※ 정지 레오나드 방식 : 전동발전기 대신 사이리스터를 이용하여 제어하는 방법
계자 제어법	• 정출력 가변속도의 용도에 적합한 속도제어법 • 계자 저항기의 저항을 증가하면 회전속도는 증가
저항 제어법	기동저항기를 제어

3 직류전동기의 분류

(1) 여자 방식에 따라 분류

계자에 공급하는 전기를 외부에서 가져오냐(타여자), 스스로 만드냐(자여자)에 따라 구분된다. 또한 자여자에는 직권식, 분권식, 복권식으로 나뉜다.

→ '여자(勵磁)'란 : 자기화(磁氣化), 즉 계자 코일에 전류를 흐르게 하여 자속이 발생하는 것

직류 전동기
- 타여자 방식
  - 계자권선과 전기자 권선이 분리된 구조
  - 일정한 속도 특성을 가지며, 압연기, 대형 권상기, 크레인, 엘리베이터의 전동기로 사용
  - 계자전류가 '0'이 되면 회전속도가 무한대로 되어 매우 위험하다.
- 자여자 방식
  - 계자권선과 전기자 권선이 동일한 전원에 접속된 구조
  - 종류 : 직권, 분권, 복권(계자와 전기자의 연결방식에 따라)

(2) 자여자 방식의 분류 필수암기

직권식	• 기동 회전력이 크고, 부하 증가 시 회전속도가 낮아짐 • 회전속도의 변화가 크다. • 무부하 회전시 위험속도에 도달될 수 있으므로 무부하 운전을 금지한다. → 직권 전동기의 속도 $N = K\frac{V - I_a(R_a + R_s)}{\phi}$ [rpm] 에서 무부하시에 I_f(계자전류)가 작아져 자속 ϕ가 0에 가까워지면 속도는 커진다. • 전동차, 기중기, 크레인 등에 사용
분권식	• 회전속도가 일정(정속도 운전)하며 기동토크가 약함
복권식	• 기동시에는 직권식과 같은 기동 토크가 크고, 기동 후에는 분권식과 같은 일정한 회전속도를 가짐 • 가동복권 : 2개의 계자권선이 만드는 기자력이 서로 합해지도록 접속된 것 • 차동복권 : 2개의 계자권선이 만드는 기자력이 서로 상반되게 접속된 것 • 크레인, 엘리베이터, 공작기계, 공기압축기 등

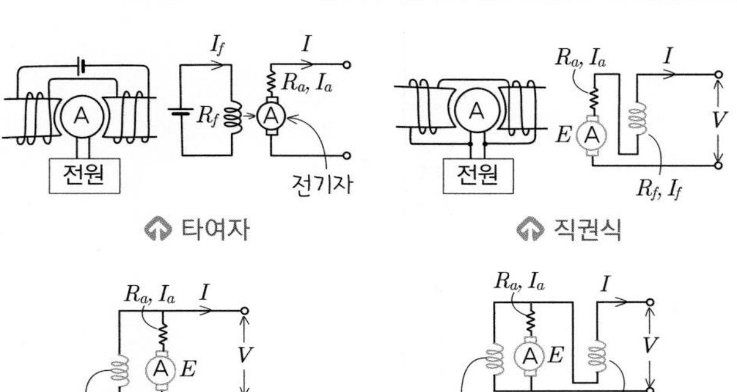

타여자 직권식

분권식 복권식

chapter 03

토크 변동률 순서 : 직권 > 가동복권 > 분권 > 차동복권 (직가분차)

4 직류전동기의 제동법

구분	설명
발전 제동 (다이내믹 브레이킹)	전동기가 가지고 있는 운동 에너지를 전기 에너지로 변환시켜 열에너지로 소비하는 방법
회생 제동	발전제동에서 발생된 전기에너지를 소비시키지 않고 전원으로 변환시키는 제동
역상 제동 (플러깅)	전동기를 전원에 접속한 상태에서 전기자 접속을 반대로 하여 회전반대방향으로 역토크를 발생시켜 급속히 제동

5 직류전동기의 기동과 역전

① 기동 : 직류전동기는 기동기를 전기자 회로에 직렬로 연결하여 기동 전류를 억제시켜 속도가 증가함에 따라 저항을 천천히 감소시켜 기동한다.

② 역전 : 계자회로나 전기자 회로 중 한 쪽의 접속을 바꾸어 회전자계의 방향을 변경시킨다.

▶ 직류전동기의 기동법
전류가 계자로 갈 수 있게 한다.
- 계자전류 최대 : 계자 저항기의 저항을 0으로 한다.
- 기동전류 제한 : 기동저항기의 저항을 조정한다.

02 교류전동기(동기 전동기, 유도전동기)

1 동기전동기

(1) 동기전동기의 특징

① 회전자가 항상 동기속도로 회전하는 전동기

② 동기속도 이외의 속도에서는 토크를 낼 수 없다.

③ 기동토크가 없다. ⇨ 기동장치 또는 기동법 필요

④ 역률 1로 운전할 수 있으며 앞선 역률도 가능 ⇨ 동기조상기 원리

⑤ 저속도 대용량의 전동기 ⇨ 대형송풍기, 압축기, 압연기, 분쇄기

▶ 동기 전동기와 유도 전동기의 비교
- **유도기** : 고정자에만 전류를 인가하여 회전자계를 발생시키고 그 회전자계가 회전자에 유도전류를 유도시켜 회전자계와 회전자의 전류의 상호 작용에 의해 회전한다. 회전자계의 속도(동기속도)와 회전자가 실제로 회전하는 속도 차이를 슬립(slip)이라 한다.
- **동기기** : 고정자에는 유도기와 같게 또는 비슷하게 권선을 감고 회전자에도 권선을 감아 전류를 흘려준다. 마치 회전자에 자석이 하나 있는 것처럼 권선을 감아서 고정자의 회전자계를 쫓아 같은 속도로 회전한다.

동기 전동기는 슬립이 없기 때문에 회전자계의 속도로 돌수 있어 동기 전동기라 부른다. 유도기는 슬립으로 인해 동기속도로 돌수가 없다.

	동기 전동기	유도 전동기
고정자	권선에 전류를 흘리면 회전자계가 발생	
회전자	회전자가 자석으로 되어있어 N/S극이 서로 당기거나 밀어내는 작용에 의해 고정자(전기자)의 회전자계에 따라 동일한 속도로 회전	회전자가 철판으로 고정자에 의해 발생한 자계로 회전자에 유도된 전기(변압기와 유사)에 의해 회전
슬립	고정자와 회전자 사이에는 속도차가 없다.	고정자와 회전자 사이의 회전속도 차이로 인해 슬립이 발생

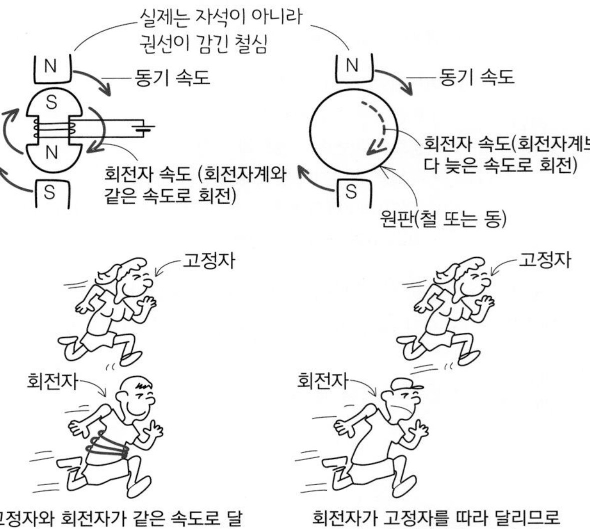

고정자와 회전자가 같은 속도로 달린다. (동기 = synchronous 同期)

회전자가 고정자를 따라 달리므로 고정자보다 회전자가 조금 늦다.

동기 전동기 | 유도 전동기

(2) 동기속도 

$$동기속도\ N_s = \frac{120f}{P}[rpm] \qquad f: 주파수,\ P: 극수$$

▶ **이해** 극수와 회전수의 관계

2극인 동기기가 1초에 1회전 시 각 상의 주파수는 1[Hz]가 유기되고, n회전 시 유기되는 주파수는 n[Hz]가 된다.

즉, 주파수 $f = \frac{P}{2} \times n$[Hz]이며,

RPM은 분당회전수이므로

초당회전수로 변환하면 $\times \frac{1}{60}$ 을 하면

$f = \frac{P}{2} \times \frac{N_s}{60} = \frac{P \times N_s}{120},\ Ns = \frac{120f}{P}$

동기 전동기는 슬립이 없기 때문에 회전자계의 속도로 회전하여 동기 전동기라 부른다. 유도기는 슬립으로 인해 동기속도로 회전할 수 없다.

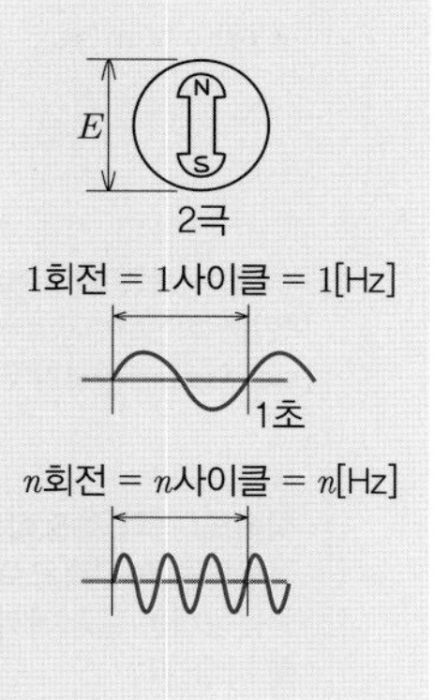

2 유도전동기

(1) 유도전동기의 특징

① 교류를 이용하며 쉽게 전원을 얻을 수 있다.

② 슬립이 적고, 정속도 전동기로써 부하 변화에 대해 속도 변동이 적다.

③ 직류 전동기에 비해 구조가 간단하고, 견고하여 고장이 적다.

④ 가격이 저렴하고 취급이 간단하다.(예 가정용 선풍기)

(2) 유도 전동기의 원리 - 아라고의 원판

그림처럼 동원판 사이에 말굽자석을 끼우고 말굽자석을 회전시키면 원판도 함께 따라서 돌아간다는 원리

(예 아날로그형 전력량 계량기)

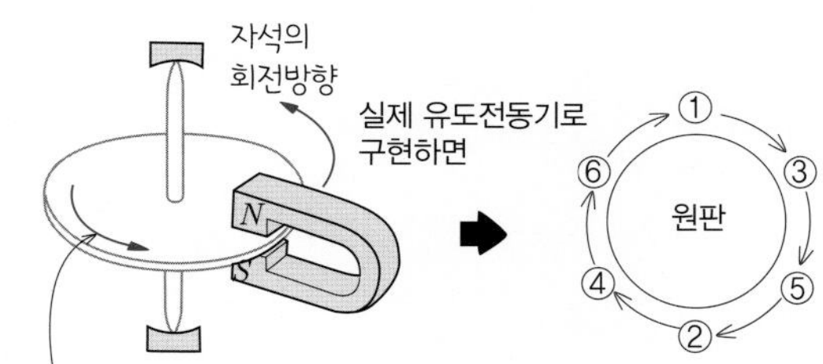

- 말굽자석 → 고정된 3상 권선으로 교체 : 3상 교류를 흘려 발생하는 회전자속을 이용
- 원판 → 권선이 감겨진 원통형 철심(회전자)으로 교체

원판 주변에 코일을 감은 후 전류를 흘리면
1에 N극, 2에 S극 → 3에 N극, 4에 S극 → 5에 N극, 6에 S극 → … 이런 식으로 시간에 따라 빠르게 변화시키면 마치 자석을 회전시키는 것과 같이 되어 가운데 원판(축)을 회전시킨다.

(3) 유도전동기의 구조

① 유도전동기의 원리 : 회전자기장

고정자 (1차권선)	• 회전자계 발생 • 고정자 권선법 : 2층권(분포권, 단절권)
회전자 (2차권선)	• 유도 전류 발생 • 권선형 : 슬립링이 있는 유도전동기

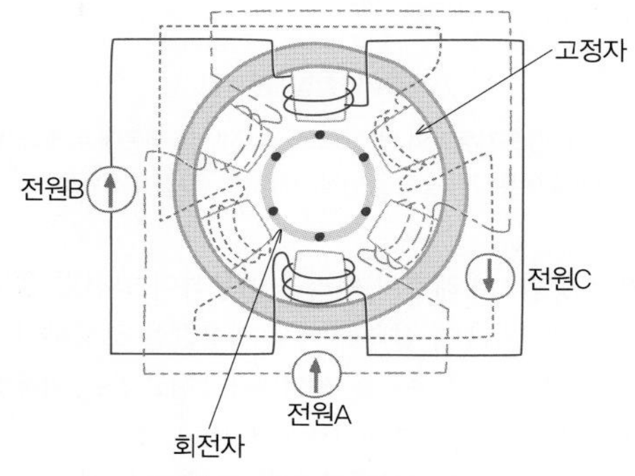

유도전동기의 구조

② 회전자에 따른 유도전동기의 구분

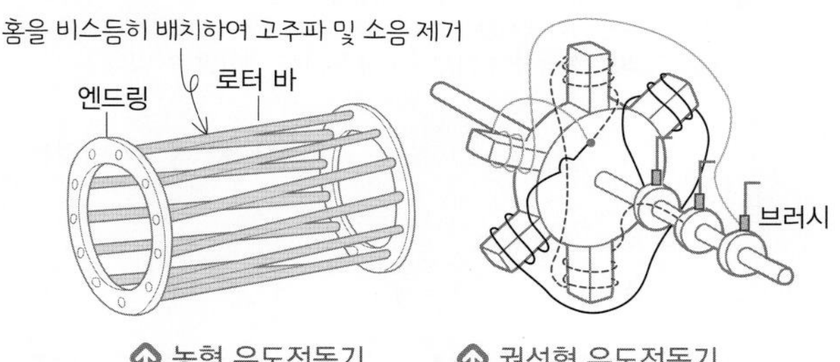

농형 유도전동기　　권선형 유도전동기

(4) 슬립 : 동기속도와 회전자 속도차의 비율

→ 유도전동기의 손실율을 의미

$$슬립\ S = \frac{동기속도 - 회전자속도}{동기속도} = \frac{N_s - N}{N_s}$$ 필수암기

$$회전자\ 속도\ N = (1-S)N_s = (1-S)\frac{120f}{P}$$ 필수암기

- 동기속도 : 회전자계가 만드는 회전수
- 회전속도 : 회전자계를 따라 회전하는 전기자의 회전수

▶ 슬립에 따른 동기속도(N_s)와 회전자속도(N)

일반적인 슬립 상태	$0 < S < 1$
정지 ($N = 0$)	$S = 1$
이상적인 슬립 ($N_S = N$)	S = 0

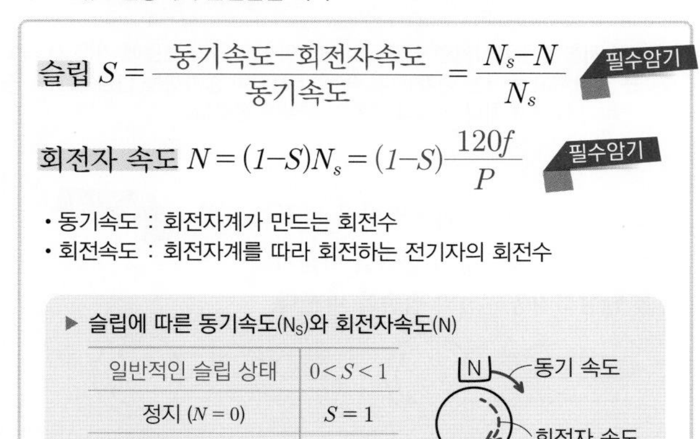

chapter 03

(5) 유도전동기의 속도제어법

주파수제어, 극수 변환법, 전압제어, 2차 저항법, 2차 여자법 

구분	속도 제어
농형	주파수 제어법, 극수 변환법, 전압 제어법, 종속법 앞의 '슬립' 공식에서 회전자속도 $N=(1-S)\dfrac{120f}{P}$ (1−S) ← 전압 제어, f ← 주파수 제어, P ← 극수변환법, 종속법 전압 제어 : 유도전동기의 발생토크는 1차전압의 제곱에 비례하며, 토크 변화를 이용하여 슬립을 변화시켜 제어 (슬립 $S \propto 1/V^2$)
권선형	• 2차 저항법 : 비례추이 원리를 이용하여 권선형 유도전동기의 2차축에 접속한 외부 저항값을 조정하여 슬립을 변화시켜 속도를 제어(특징 : 쉽고 간단, 기동법에도 사용, 저항에 의한 손실로 효율 저하) • 2차 여자법 : 2차 저항법의 저항 조정 대신 계자 전류를 변경하기 위해 2차 여자전압을 제어시킴

▶ **이해** 비례추이 ⟵ '비례해서 변해간다'는 의미
권선형 유도전동기에서는 외부에 2차 저항을 달아 슬립에 따라 손실율을 임의로 조작하여 회전속도나 토크를 제어할 수 있다.

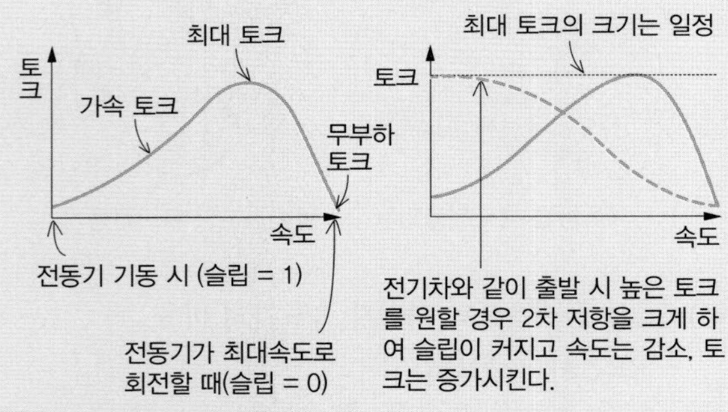

2차 저항을 증가시키면 슬립도 비례하여 증가하기 때문에 기동 시 속도는 작아지고 토크는 증가된다. 즉, 2차 저항이 증가하는 만큼 슬립도 증가하기 때문에 최대 토크의 크기는 항상 일정하다.

(6) 교류전동기의 회전방향을 바꾸는 방법 

① 3상 : 3상 중 2상의 접속을 바꾼다.

② 단상 : 기동권선의 접속을 바꾼다.

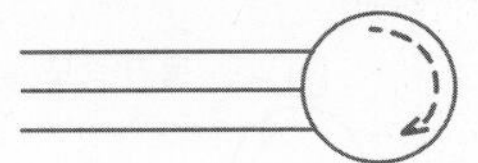 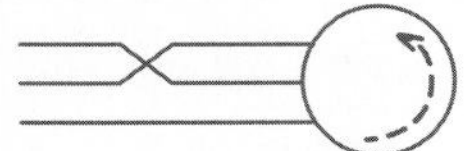

03 전동기 출력

전동기의 출력(동력) P는 '토크×각속도'에 의해 구한다.

$$\underset{(\text{단위 : N·m/s})}{\text{전동기의 출력 } P} = \text{힘} \times \text{속도} = \underset{(\text{단위 : N·m})}{\text{토크}(T)} \times \underset{(\text{단위 : /s})}{\text{각속도}(\omega)}$$

$$= T \times \frac{2\pi N}{60} = \frac{TN}{9.55} \ [N : \text{회전수}]$$

각속도는 분당 회전수(N)로 나타내면 이와 같이 변환되는데, N은 '1분당 얼마만큼 회전하는가[rpm]'로 의미한다. 또한, 분당회전수[rpm]를 초당회전수[rps, /s]로 변환하기 위해 '60'으로 나눈다.

▶ **각속도(ω)와 호도법**
각속도란 회전축으로부터 물체의 원둘레가 회전하는 속도를 말하며, 원운동하는 물체에서 시간 변화률에 대한 얼마만큼의 각이 움직이냐를 나타낸다.

$\omega = \dfrac{d\theta}{dt}$

호도법(각도→라디안)은 호의 길이가 반지름의 몇 배인지를 각도로 나타낸 방식으로, 1 [rad]이란 '$r=l$' 일 때 이루는 각이다.

$\theta\,[\text{rad}] = \dfrac{\text{호의 길이 }(l)}{\text{반지름 }(r)}$

• $360° = \dfrac{2\pi r}{r} = 2\pi$ ← 원둘레 $= 2\pi \times$ 반지름

• $1° = \dfrac{\pi}{180}$ [rad], $1[\text{rad}] = \dfrac{180}{\pi}$[°]

기출문제 ★ 숫자는 빈출 정도 및 중요도를 나타냅니다.

01 전동기 일반

★
1 전기 에너지를 기계적 에너지로 변환시키는 것은?

① 발전기 ② 정류기
③ 전동기 ④ 변류기

★★★
2 정속도 전동기에 속하는 것은?

① 타여자 전동기 ② 직권 전동기
③ 분권 전동기 ④ 가동복권 전동기

전동기의 종류 : 직권 전동기(토크 증대), 분권 전동기(속도 일정)

★★
3 승강기에 주로 사용되는 전동기는?

① 콘덴서 전동기 ② 단상유도 전동기
③ 동기 전동기 ④ 3상유도 전동기

3상 유도 전동기는 시동 토크가 높고 속도 조절이 적절하며 과부하 용량이 적은 장점이 있다.

★
4 자기력선의 설명 중 틀린 것은?

① 밀도는 그 점의 자계 강도를 나타낸다.
② S극에서 출발하여 N극에서 끝난다.
③ 같은 방향으로 흐르는 자력은 서로 반발한다.
④ 서로 교차하지 않는다.

자기력선은 N극에서 출발하여 S극으로 끝난다.

★
5 자기력선의 성질을 설명한 것 중 옳지 않은 것은?

① 자기력선은 자석의 N극에서 시작한다.
② 자기력선은 자석의 S극에서 끝난다.
③ 자기력선은 N극과 S극을 말한다.
④ 자기력선은 상호간에 교차하지 않는다.

자기력선은 자석 등이 만드는 자기장의 크기와 방향을 나타내는 선을 말한다.

★★
6 전기력선이 작용하는 공간은?

① 자기 모멘트(magnetic moment)
② 전자석(electromagnet)
③ 전기장(electric field)
④ 전위(electric potential)

전기력선 양전하에서 출발하여 음전하로 모여지는 가상의 선으로 대전체 주위에 발생하는 자기장을 나타내는 한 방법이다.

★★★
7 Q(C)의 전하에서 나오는 전기력선의 총수는?

① Q ② εQ
③ $\frac{\varepsilon}{Q}$ ④ $\frac{Q}{\varepsilon}$

가우스의 정리
전하와 전기력선과의 관계를 정리한 것으로, 전체 전하량 Q [C]를 둘러싼 폐곡면을 통과하여 나가는 전기력선의 총수(N)는 다음과 같다.

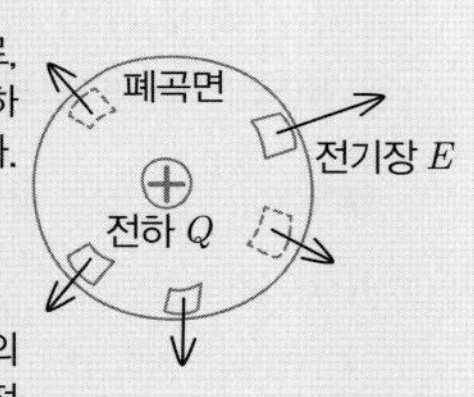

$N = \frac{Q}{\varepsilon}$ 개 (ε : 전하 주위 매질의 유전율)

점 전하(Q)로부터 전기력선의 수는 전기장의 세기와 같으므로 가우스의 정리를 통해서 전기장의 세기를 구할 수 있다.

★★
8 권수 N의 코일에 I [A]의 전류가 흘러 자속 ϕ [Wb]가 생겼다면 자기인덕턴스 L은 몇 H 인가?

① $L = \frac{\phi I}{N}$ ② $L = IN\phi$
③ $L = \frac{N\phi}{I}$ ④ $L = \frac{IN}{\phi}$

자기 인덕턴스(Self-Inductance)
• 코일에 전류가 흐를 때 자기장이 발생되는데 이 자기장에 의해 코일 스스로 전류의 변화(흐름)를 방해하는 성질
• 자기 인덕턴스 $L = \frac{N\phi}{I}$ [H, 헨리] (N : 코일 권수, ϕ : 자속, I : 전류)
※ 자기 인덕턴스는 권수가 많을수록, 자속이 클수록, 전류가 적을수록 커진다.

정답 **1** 1 ③ 2 ③ 3 ④ 4 ② 5 ③ 6 ③ 7 ④ 8 ③

9 ★ 반지름 r(m), 권수 N의 원형 코일에 I(A)의 전류가 흐를 때 원형 코일 중심전의 자기장의 세기(AT/m)는?

① $\frac{NI}{r}$ ② $\frac{NI}{2r}$

③ $\frac{NI}{2\pi r}$ ④ $\frac{NI}{4r}$

자기장의 세기 (H)

• 직선 도체 : $H = \frac{I}{2\pi r}$ [AT/m]

• 원형 코일 : $H = \frac{NI}{2r}$ [AT/m]

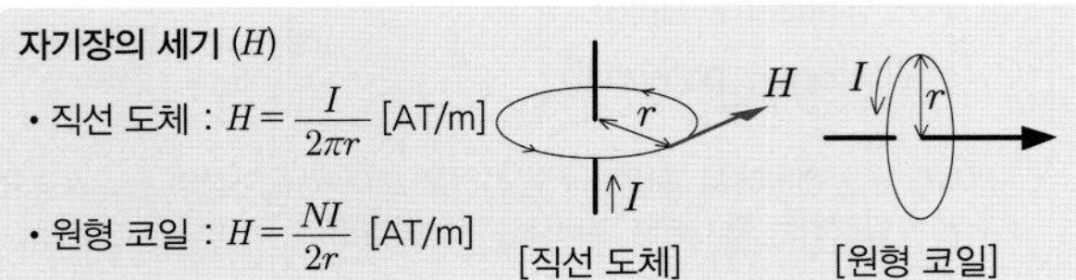

10 ★★★ 유도기전력의 크기는 코일의 권수와 코일을 관통하는 자속의 시간적인 변화율과의 곱에 비례한다는 법칙은 무엇인가?

① 패러데이의 전자유도 법칙
② 앙페르의 주회 적분의 법칙
③ 전자력에 관한 플레밍의 법칙
④ 유도 기전력에 관한 렌츠의 법칙

패러데이의 전자유도 법칙
유도 기전력 $E = -N\frac{\Delta\phi}{\Delta t}$[V] ($\frac{\Delta\phi}{\Delta t}$: 자속의 시간 변화율)
(N : 코일의 권수, $\Delta\phi$: 자속 변화량[Wb], Δt : 시간[s])

11 ★★★ 20H의 자체 인덕턴스를 가지는 코일의 전류가 0.1초 사이에 1A만큼 변하면 유도 기전력은 몇 V 인가?

① 2V
② 20V
③ 200V
④ 2000V

유도 기전력 $E = -N\frac{\Delta\phi}{\Delta t}$[V] $= -L\frac{\Delta I}{\Delta t}$[V]
(N : 권선수, $\Delta\phi$: 자속 변화량[Wb], L : 자기 인덕턴스[H], ΔI : 전류 변화량[A], Δt : 시간[s])

$\therefore E = -L\frac{\Delta I}{\Delta t}$[V] $= -20$[H]$\times\frac{1[A]}{0.1[s]} = -200$[V]

※ 기전력이 형성될 때 자속(ϕ)을 방해하는 방향으로 발생되므로 (−)는 '방향'에 관한 것이며, 기전력 크기와는 무관하다.

12 ★★ 권수가 400인 코일에서 0.1초 사이에 0.5Wb의 자속이 변화 한다면 유도 기전력의 크기는 몇 V 인가?

① 100 ② 200
③ 1000 ④ 2000

유도 기전력 $E = -N\frac{\Delta\phi}{\Delta t}$[V] $= -L\frac{\Delta I}{\Delta t}$[V]
(N : 권선수, $\Delta\phi$: 자속 증가분[Wb], L : 자기 인덕턴스[H], ΔI : 전류 변화량[A], Δt : 시간[s])

$E = -N\frac{\Delta\phi}{\Delta t}$[V] $= -400\times\frac{0.5[Wb]}{0.1[s]} = -2000$[V]

13 ★ 자기인덕턴스 4H의 코일에 5A의 전류가 흐를 때 축적되는 에너지는 몇 [J]인가?

① 20 ② 50
③ 80 ④ 100

코일에 축적되는 에너지 $W[J] = \frac{1}{2}LI^2 = \frac{1}{2}\times4\times5^2 = 50$
(L : 자기인덕턴스 [H], I : 전류)
참고) 콘덴서에 축적되는 에너지 $W[J] = \frac{1}{2}CV^2$
(C : 정전용량 [F], V : 전압)

14 ★★★ 코일에 전류가 흘러 그 말단에 역기전력을 일으킬 때 전류의 방향과 유도 기전력의 방향에 관계되는 법칙은?

① 렌츠의 법칙
② 플레밍의 왼손법칙
③ 키르히호프의 법칙
④ 패러데이의 법칙

렌츠의 법칙 : 유도 전류에 의한 자기장의 방향은 자기장의 변화를 방해하는 방향으로 발생한다.

15 ★★★ 전동기의 회전방향과 관계가 있는 법칙은?

① 렌츠의 법칙
② 페러데이의 법칙
③ 플레밍의 왼손법칙
④ 플레밍의 오른손법칙

• 전동기의 원리 : 플레밍의 왼속법칙
• 발전기의 원리 : 플레밍의 오른손법칙
• 교류발전기의 원리 : 렌츠의 법칙

정답 9 ② 10 ① 11 ③ 12 ④ 13 ② 14 ① 15 ③

★★
16 그림과 같이 자기장 안에서 도선에 전류가 흐를 때, 도선에 작용하는 힘의 방향은? (단, 전선 가운데 점 표시는 전류의 방향을 나타낸다.)

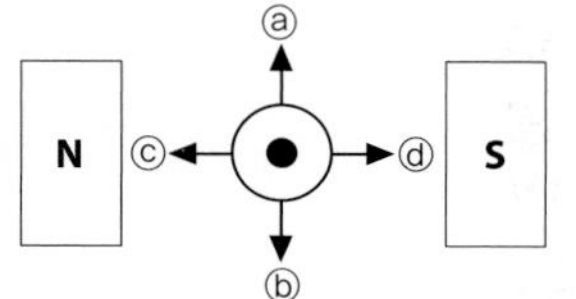

① ⓐ방향
② ⓑ방향
③ ⓒ방향
④ ⓓ방향

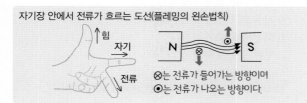

자기장 안에서 전류가 흐르는 도선(플레밍의 왼손법칙)
힘
자기
전류
N
S
⊗는 전류가 들어가는 방향이며
⊙는 전류가 나오는 방향이다.

★★
17 플레밍의 왼손법칙에서 엄지손가락의 방향은 무엇을 나타내는가?

① 자장 ② 전류
③ 힘 ④ 기전력

★
18 그림과 같이 코일에 전류를 흘리면 자력선은 A, B, C, D 중 어느 방향인가?

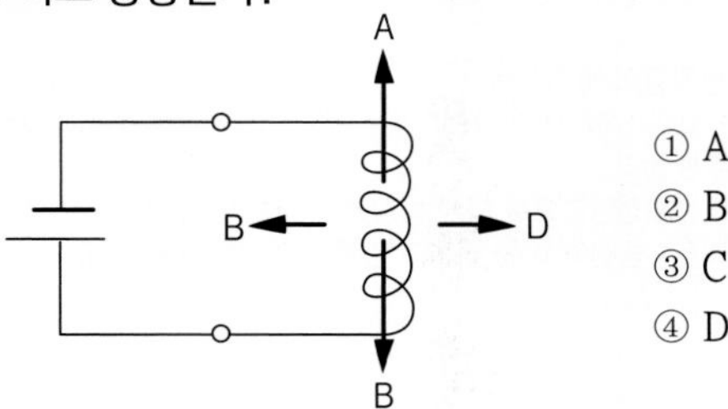

① A
② B
③ C
④ D

오른나사의 법칙 : 자계의 방향과 전류의 방향은 정해진 것이 아니라 어느 쪽의 방향에도 전류와 자기장의 방향이 될 수 있다.

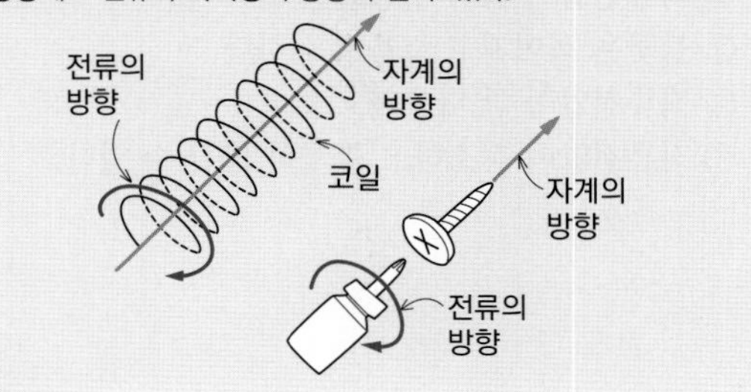

★★★
19 전자력 $F = BIl$ [N]과 관계가 깊은 것은?

① 렌츠의 법칙
② 플레밍의 오른손 법칙
③ 오른나사 법칙
④ 플레밍의 왼손 법칙

- 플레밍의 왼손 법칙(전동기 원리) : $F = BIl$[N]
  (B : 자속밀도, I : 전류, l : 도체의 길이)
  → 자기장(B) 내에 존재하는 도체에 전류(I)를 흘리면 도체가 운동(F)한다.
- 플레밍의 오른손 법칙(발전기 원리) : $e = vBl$ [V]
  (B : 자속밀도, I : 전류, v : 도체의 속도)
  → 자장(B) 내에서 도체를 움직이면(v) 전류(I)가 흘러 기전력(e)가 발생한다.

★
20 전동기의 절연내력 시험방법으로 옳은 것은?

① 권선과 외함 간에 시험전압을 인가
② 권선과 대지 간에 시험전압을 인가
③ 외함과 대지 간의 절연저항 측정
④ 중성선의 접지저항 측정

02 직류기

★★★
1 다음 중 직류기의 3요소에 해당하는 것은?

① 계자, 전기자, 보극
② 계자, 브러시, 정류자
③ 계자, 전기자, 정류자
④ 보극, 보상권선, 전기자권선

직류기의 3요소 : 전기자, 계자, 정류자

★★
2 전기기기에서 전기자의 주된 역할은?

① 정류 ② 자속 발생
③ 기전력 유기 ④ 정속도 유지

전기자 (Armature)
- 발전기, 전동기 등 전기기기에서 계자에서 발생된 자속을 끊어 전압(기전력)이 유도되는 부분
- 계자에서 만들어진 자속과 상대 운동을 하며 유도 기전력이 발생

정답 16 ① 17 ③ 18 ① 19 ④ 20 ② 2 1 ③ 2 ③

★★★

3 토크가 크고 무부하가 되어도 위험한 속도가 되지 않기 때문에 크레인, 엘리베이터, 공장기계, 공기 압축기 등의 운전에 적합한 전동기는?

① 직권 전동기 ② 복권 전동기
③ 분권 전동기 ④ 타여자 전동기

직류전동기의 구분

구분	내용
직권전동기	기동력이 크고 부하에 따라 자동적으로 속도가 증감될 뿐 아니라, 유입전력이 제한되기 때문에 전철, 공작기계 등에 사용
분권전동기	부하에 의한 속도 변화가 작은 정속도 운전으로, 계자조정기에 의하여 쉽게 광범위로 그 속도를 제어할 수 있다. 압연기, 제지, 권선기 등에 사용
복권전동기	가동복권전동기는 속도변동률이 분권 전동기보다 큰 반면, 기동토크가 크고 무구속속도에 도달할 염려가 없기 때문에 크레인, 엘리베이터, 공작기계, 공기압축기 등에 널리 이용

★★★

4 직류 분권전동기가 사용되지 않는 것은?

① 압연기의 보조용 전동기
② 환기용 송풍기
③ 선박용 펌프
④ 엘리베이터

★★★

5 부하전류의 변화가 있을 때, 속도 변화가 가장 큰 직류전동기는? (단, 전원전압은 일정하다)

① 직권 전동기
② 분권 전동기
③ 복권 전동기
④ 타여자 전동기

- 직권전동기 : 토크 ↑, 속도변화 ↑
- 분권전동기 : 토크 ↓, 속도변화 일정(정속도)

★★

6 다음 중 부하의 변화에 대한 회전속도의 변동이 적은 정속도 전동기에 속하는 것은?

① 타여자전동기
② 직권전동기
③ 분권전동기
④ 가동복권전동기

★★

7 정속도 전동기에 속하는 것은?

① 타여자 전동기
② 직권 전동기
③ 분권 전동기
④ 가동복권 전동기

★

8 직류 분권전동기에서 보극의 역할은?

① 회전수를 일정하게 한다.
② 기동토크를 증가시킨다.
③ 회전력을 증가시킨다.
④ 정류를 양호하게 한다.

보극의 역할 → 불꽃없는 정류를 얻는데 가장 유효한 방법

★

9 직류기에서 전기자 반작용의 영향이 아닌 것은?

① 주자속이 감소한다.
② 전기적 중성축이 이동한다.
③ 기계적인 효율이 좋다.
④ 브러시와 정류자편에 불꽃이 발생한다.

전기자 반작용
전기자 전류에서 의해 발생된 전기자 자속이 계자의 주자속을 왜곡시키며 감소하는 현상으로 ①~③이 발생된다.

▶ 전기자 반작용의 방지대책
- 보상권선 설치 : 전기자와 직렬 연결하여 전기자 전류와 반대방향의 전류를 흐르게 한다.
- 보극 설치 : 회전방향으로 다른 방향의 극성을 연결한다.
- 브러시 이동 : 중성축 이동 방향과 같은 방향으로 이동한다.

★

10 브러시는 자극의 중성축에 설치하는데 중성축에서 브러시를 이동시켰을 때 발생하는 현상은?

① 직류전압이 갑자기 증가된다.
② 불꽃은 적어지고 소음이 심하다.
③ 직류전압이 안 나온다.
④ 직류전압이 감소하고 불꽃이 생길 수 있다.

정답 3 ② 4 ④ 5 ① 6 ③ 7 ③ 8 ④ 9 ③ 10 ④

★
11 직류기의 효율이 최대가 되는 조건은?

① 부하손 = 고정손
② 기계손 = 동손
③ 동손 = 철손
④ 와류손 = 히스테리시스손

직류기의 효율을 높이는 방법 : 부하손(가변손)과 고정손을 같게해주고, 변압기에서는 철손과 동손을 같게 하여준다. 고정손은 부하가 증감하여도 항상 발생하는 일정한 손실을 말하고, 부하손(가변손)은 부하가 증감에 따라 변하는 손실을 말한다.

★★★
12 직류 전동기의 속도제어법이 아닌 것은?

① 저항 제어법
② 주파수 제어법
③ 전압 제어법
④ 계자 제어법

직류 전동기 회전수

$N=K\frac{V-I_aR_a}{\phi}$

※ 직류 전동기의 속도제어법
→ 전압, 저항, 계자 제어

- K : 전동기의 고유상수
- V : 단자 전압
- R_a : 전기자 저항
- I_a : 전기자 전류
- ϕ : 자속(계자에서 발생)

★★
13 직류 전동기의 속도 제어방법이 아닌 것은?

① 극수 변환법 ② 계자 제어법
③ 저항 제어법 ④ 전압 제어법

★★★
14 유도전동기의 속도제어법이 아닌 것은?

① 주파수 제어법 ② 계자 제어법
③ 2차 저항법 ④ 2차 여자법

▶ 유도전동기의 속도제어법
- 주파수 제어법(f) : 주파수를 변화시켜 동기속도를 바꾸는 방법(VVVF 제어)
- 극수 제어법 : 권선의 접속을 바꾸어 극수를 바꾸면 단계적이지만 속도를 바꿀 수 있다.
- 2차 저항법 : 권선형 유도 전동기에서 비례추이를 이용한다.
- 2차 여자법 : 2차 저항제어를 발전시킨 형태로 저항에 의한 전압강하 대신에 반대의 전압을 가하여 전압강하가 일어나도록 한 것으로 효율이 좋다.

▶ 속도제어 비교
- 직류전동기 : 전압, 저항, 계자 제어법
- 유도전동기 : 주파수 제어, 극수 제어, 2차 저항, 2차 여자

★★★
15 직류 전동기의 제동법이 아닌 것은?

① 저항제동 ② 발전제동
③ 역전제동 ④ 회생제동

직류 전동기의 제동법 : 발전제동, 역전제동, 회생제동

★★★★
16 직류전동기에서 자속이 감소되면 회전수는 어떻게 되는가?

① 불변 ② 정지
③ 감소 ④ 증가

직류전동기 속도(회전수) $N=\frac{V-I_aR_a}{K\phi}$

식에서 전압(V)에 비례, 저항(R_a)에 반비례, 자속(ϕ)에 반비례한다.
즉, 자속이 감소할수록 증가한다.

추가 질문) 직류전동기에서 전기자 전류가 증가하면 회전수는? 감소

★
17 직류 분권전동기의 계자저항을 운전 중에 증가시킬 때의 현상으로 옳은 것은?

① 자속 증가 ② 속도 감소
③ 속도 증가 ④ 부하 증가

계자저항 증가 → 계자전류 감소, 자속 감소 → 회전속도 증가

03 교류기

★
1 다음 중 교류전동기는?

① 분권전동기 ② 타여자전동기
③ 유도전동기 ④ 차동복권전동기

★
2 일반적으로 승강기에 가장 많이 사용하는 전동기는?

① 3상 유도전동기 ② 콘덴서 전동기
③ 동기전동기 ④ 단상 유도전동기

정답 11 ① 12 ② 13 ① 14 ② 15 ① 16 ④ 17 ③ 3 1 ③ 2 ①

★★★★
3 유도전동기의 회전수 [rpm]를 계산하는 공식은?
(단, P는 극수이고, f는 주파수로서 단위는 Hz이다.)

① $\frac{120P}{f}$　② $\frac{2\pi f}{P}$　③ $\frac{120f}{P}$　④ $\frac{P}{2\pi f}$

동기속도 $N_s = \frac{120f}{P}$ (f : 주파수, P : 극수)

★★★
4 6극, 50Hz의 3상 유도전동기의 동기속도(rpm)는?

① 500　② 1000
③ 1200　④ 1800

동기속도 $Ns = \frac{120f}{P} = \frac{120 \times 50}{6} = 1000$

★★★
5 유도전동기의 명판에 다음과 같이 기록되어 있는 경우 전동기의 극수는 몇 극인가?

【보기】
• 전압 200V　• 주파수 60Hz
• 출력 15kW　• 회전수 900rpm

① 4　② 6　③ 8　④ 10

회전수 $Ns = \frac{120f}{P}$ (f : 주파수, P : 극수) → $P = \frac{120 \times 60}{900} = 10$

★★★
6 4극인 유도 전동기의 동기속도가 1800 rpm일 때 전원 주파수[Hz]는?

① 50　② 60　③ 70　④ 80

동기속도 $Ns = \frac{120f}{P}$ → $1800 = \frac{120f}{4}$ → $f = \frac{1800 \times 4}{120} = 60$

★★★
7 유도 전동기의 동기속도는 무엇에 의하여 정해지는가?

① 전원의 주파수와 전동기의 극수
② 전원 전압과 전류
③ 전원의 주파수와 전압
④ 전동기의 극수와 전류

★★★
8 유도전동기에서 동기속도 N_S와 극수 P와의 관계로 옳은 것은?

① $N_S \propto P$　② $N_S \propto P^2$
③ $N_S \propto 1/P$　④ $N_S \propto 1/P^2$

동기속도는 '1/극수'에 비례한다.

★★★★
9 유도전동기의 동기속도가 N_S, 회전수가 N이라면 슬립(S)은?

① $\frac{N_S - N}{N} \times 100$　② $\frac{N_S - N}{N_S} \times 100$

③ $\frac{N}{N_S - N} \times 100$　④ $\frac{N_S}{N_S + N} \times 100$

슬립(slip)이란 미끄럼을 의미하며, 유도전동기에서의 미끄럼이란 동기속도(Ns)와 실제 회전속도(N)와의 차이의 비율을 의미한다. 즉 동기속도를 기준으로 동기속도에서 회전수를 뺀 값의 비율이다.

★★★
10 단상 유도전동기의 동기속도가 2000rpm이고, 회전속도가 1910rpm일 때 슬립은 몇 % 인가?

① 4　② 4.5
③ 5　④ 5.5

슬립 $S = \frac{N_S - N}{N_S} = \frac{2000 - 1910}{2000} \times 100 = 4.5\%$

★★★★
11 유도전동기에서 슬립이 1이란 전동기의 어느 상태인가?

① 유도 제동기의 역할을 한다.
② 유도 전동기가 전부하 운전 상태이다.
③ 유도 전동기가 정지 상태이다.
④ 유도 전동기가 동기속도로 회전한다.

슬립(= $\frac{\text{동기속도} - \text{회전속도}}{\text{동기속도}}$)이 '1'이 되려면
회전속도(전동기의 회전수)가 0이 되어야 한다. 즉, '정지상태'이다.
• S=0 : 손실없음 ($Ns = N$)
• S=1 : 손실 100% ($N = 0$) → 정지
• 정상적인 손실 범위 : $0 < S < 1$

정답 3 ③　4 ②　5 ④　6 ②　7 ①　8 ③　9 ②　10 ②　11 ③

★★★
12 주파수 60Hz, 슬립 0.02이고 회전자 속도가 588rpm인 3상 유도전동기의 극수는?

① 12 ② 16
③ 4 ④ 8

슬립 $S = \frac{Ns-N}{Ns} \rightarrow 0.02 = \frac{Ns-588}{Ns} \rightarrow Ns = \frac{588}{1-0.02} = 600$
$Ns = \frac{120f}{P} \rightarrow P = \frac{120\times60}{600} = 12$

★★
13 유도전동기의 속도 $N = 120f(1-s)/P$ 에서 속도를 변화시키는 방법이 아닌 것은?

① 슬립 s를 변화시키는 방법
② 극수 P를 변화시키는 방법
③ 상수 120을 변화시키는 방법
④ 주파수 f를 변화시키는 방법

전동기 회전자의 속도 $N = \frac{120f}{P}(1-S)$
※ 상수 120은 극수와 회전수 사이에서 변하지 않는다.
• S : 슬립률(%/100)
• f : 주파수
• P : 극수

★★★★
14 유도전동기의 속도제어방법이 아닌 것은?

① 전원 전압을 변화시키는 방법
② 극수를 변화시키는 방법
③ 주파수를 변화시키는 방법
④ 계자저항을 변화시키는 방법

유도전동기의 속도제어
회전자 속도 $N = (1-S)Ns = (1-S)\frac{120f}{P}$
(S: 슬립, Ns: 동기속도, f: 주파수, P: 극수)

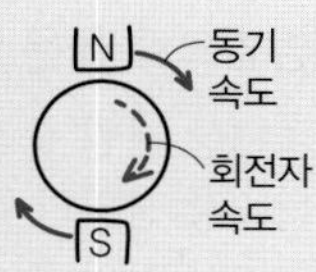

➡ 이 공식에서 슬립(S), 주파수(f), 극수(P)를 변경하여 속도를 제어한다. 이때 슬립은 2차 저항을 넣어 비례추이를 이용하여 변경하거나 전압을 변화시켜 변경한다.

직류전동기의 속도제어
유기기전력 $E = K\phi N$에서 (K: 고유상수, ϕ: 자속, N: 회전수[rpm])
직류전동기의 속도 $N = K\frac{E}{\phi} = K\frac{V-I_aR_a}{\phi}$

➡ 이 공식에서 전압(V), 자속(ϕ), 저항(R_a)를 변경하여 속도를 제어한다. 전압 제어법(V), 계자 제어법(ϕ), 저항 제어법(R_a)

★★★
15 220V 60Hz의 교류 전원에서 슬립이 4%인 2극 단상 유도전동기의 속도 N은 몇 [rpm]인가?

① 6912 ② 3456
③ 3744 ④ 1056

전동기 회전자의 속도 $N = \frac{120f}{P}(1-S)$
$N = \frac{120\times60}{2}(1-0.04) = 3456$
• S : 슬립률(%/100)
• f : 주파수
• P : 극수

★
16 교류엘리베이터용 유도전동기의 극수가 4이고 슬립이 0.03일 때 이 유도전동기의 회전속도는 약 몇 rpm 인가?

① 1656 ② 1712
③ 1746 ④ 1856

유도전동기의 속도제어
회전자속도 $N = (1-S)Ns = (1-S)\frac{120f}{P}$
(S: 슬립, Ns: 동기속도, f: 주파수, P: 극수)
$N = (1-0.03)\frac{120\times60}{4} = 1746$
※ 이 문제에서 주파수가 주어지지 않았으나 통상 60Hz 교류를 사용하므로 60을 대입한다.

★
17 어떤 교류 전동기의 회전속도가 1200 rpm이라고 할 때 전원주파수를 10% 증가시키면 회전속도는 몇 [rpm]이 되는가?

① 1080 ② 1200
③ 1320 ④ 1440

전동기 회전속도 $N = \frac{120f}{P}(1-S)$에서 극수나 슬립이 동일하고
주파수가 10%(1.1) 증가하므로 1200×1.1 = 1320rpm 증가한다.

★★
18 토크 10[kg·m], 회전수 500rpm인 전동기의 축동력은?

① 약 2kW ② 약 5kW
③ 약 10kW ④ 약 20kW

전동기의 출력 P = 토크(T)×각속도(ω) $= T\times\frac{2\pi N}{60} = \frac{TN}{9.55}$
$= \frac{10\times500}{9.55} = 523.56$ [kg·m/s]
1 kW = 102 kg·m/s 이므로 $\frac{523.56}{102} \fallingdotseq 5$ kW

chapter 03

정답 12 ① 13 ③ 14 ④ 15 ② 16 ③ 17 ③ 18 ②

19 ★★ 3kW, 1425rpm인 3상 유도전동기의 전부하 토크는 약 몇 N·m 인가?

① 10 ② 20
③ 30 ④ 40

전동기 출력(동력) P = 힘×속도 = 토크×각속도 = 토크$(T) \times \frac{2\pi N}{60}$ → $\frac{TN}{9.55}$

1[W] = 1[N·m/s] 이므로

3000 [N·m/s] = $\frac{\text{토크[N·m]} \times 1425\text{[rpm]}}{9.55}$

토크 = $\frac{3000 \times 9.55}{1425}$ = 20 [N·m]

이 문제는 유도전동기에 국한된 문제가 아니라 일반적인 전동기의 동력(출력)에 관한 것으로, 토크와 회전수와의 관계를 묻는 문제다. 전기기능사 출제유형으로 다소 난이도가 높다.

20 ★★ 전동기의 역률을 개선하기 위하여 사용되는 것은?

① 저항기
② 전력용 콘덴서
③ 직렬리액터
④ 트립코일

역률이란
- 전동기에 공급되는 피상전력(유효전력+무효전력)에 대한 유효전력(실제로 일을 하는데 소비되는 전력)의 비율 (무효전력: 실제로 쓰이지 않는 전력)
- 역률이 좋다는 것은 '1'에 가까워지는 것을 말한다. (전력손실 감소)
- 모터나 변압기 등 코일성분이 많은 기기일수록 역률이 낮고, 백열등이나 전열기 등 순수저항성분의 전기기기일수록 역률이 좋다.
- 즉 코일성분이 많은 기기는 콘덴서를 부착하여 역률을 개선시킨다.

※ 전력용 콘덴서(SC) : 코일에 흐르는 전류, 즉 리액턴스 성분을 상쇄시켜 역률을 개선하는 목적

21 ★★ 다음 중 역률이 가장 좋은 단상 유도전동기로서 널리 사용되는 것은?

① 분상 기동형
② 반발 기동형
③ 콘덴서 기동형
④ 셰이딩 코일형

단상 유도전동기의 기동법
① 분상 기동형 : 기동토크가 작고, 역률이 낮다.
② 반발 기동형 : 기동토크가 크고, 속도변화가 크다.
③ 콘덴서 기동형 : 기동토크가 크고, 역률이 좋다.
④ 셰이딩 코일형 : 기동토크가 작고, 역률·효율이 낮다. (가정용)
※ 기동 토크의 크기 : 반발 > 콘덴서 > 분상 > 셰이딩

22 ★ 발전기 및 변압기를 보호하기 위하여 사용되는 차동계전기는 어느 고장 부분을 검출하는 것인가?

① 내부 고장보호
② 권선의 층간단락
③ 선로의 접지
④ 권선의 온도상승

차동계전기는 변압기의 내부 고장 시 1차 전류와 2차 전류의 차이를 이용한 변압기 전기보호장치이다.

23 ★ 엘리베이터의 소요전력이 가장 큰 때는?

① 기동할 때
② 감속할 때
③ 주행속도로 무부하 상승할 때
④ 주행속도로 무부하 하강할 때

24 ★★★ 3상 유도전동기의 회전방향을 바꾸기 위한 방법은?

① 3상에 연결된 3선을 순차적으로 전부 바꾸어 주어야 한다.
② 2차 저항을 증가시켜 준다.
③ 1상에 SCR을 연결하여 SCR에 전류를 흐르게 한다.
④ 3상에 연결된 임의의 2선을 바꾸어 결선한다.

역상제동 : 3상 교류전동기는 3상 중 2상의 접속을 바꾸어 회전방향을 바꿀 수 있다.

25 ★★★★ 3상 교류방식에 사용되는 전동기의 회전 방향을 바꾸는 방법으로 옳은 것은?

① 3상 전원 중 임의의 2상의 접속을 바꾼다.
② 3상 전원의 주파수를 바꾼다
③ 3상 전원 중 1상을 단선시킨다.
④ 3상 전원 중 2상을 단락시킨다.

26 ★★ 3상 유도 전동기가 역상제동(plugging)이란?

① 플러그를 사용하여 전원에 연결하는 방법
② 운전 중 2선의 접속을 바꾸어 접속함으로써 상의 회전을 바꾸어 제동하는 법
③ 단상 상태로 기동 할 때 일어나는 현상
④ 고정자와 회전자의 상수가 일치하지 않을 때 일어나는 현상

정답 19 ② 20 ② 21 ③ 22 ① 23 ① 24 ④ 25 ① 26 ②

★
27 엘리베이터에 가장 많이 사용되는 3상 유도전동기의 전력 공급에 대한 그림에서 전동기의 회전방향을 현재의 반대 방향으로 하고자 할 때, 옳은 방법은?

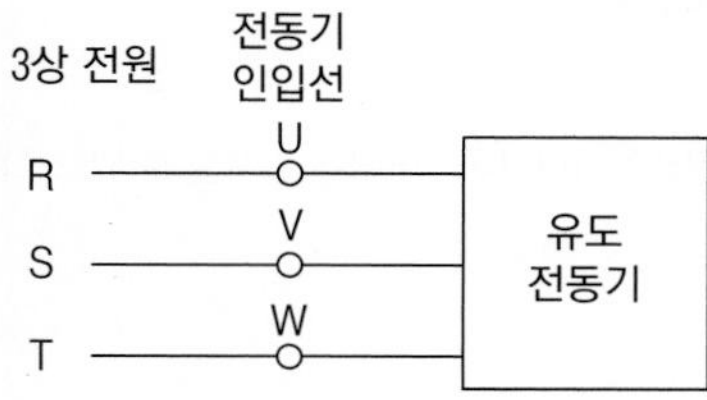

① R상은 V선으로, S상은 W선으로, T상은 V선으로 변경 연결한다.
② R상은 W선으로, S상은 V선으로, T상은 V선으로 변경 연결한다.
③ R상은 그대로 두고 S상은 W선으로, T상은 V선으로 변경 연결한다.
④ R상은 잠시 U선과 분리하였다가 U선과 재연결한다.

★★★
28 3상 유도전동기가 역회전할 때의 대책으로 옳은 것은?

① 퓨즈를 조사한다.
② 전동기를 교체한다.
③ 3선을 모두 바꾸어 결선한다.
④ 3선의 결선 중 임의의 2선을 바꾸어 결선한다.

★
29 3상 유도전동기에 대한 설명 중 틀린 것은?

① 권선형 전동기는 속도 조절이 가능하다.
② 동기속도로 운전할 수 있다.
③ 동기기에 비하여 구조가 튼튼하고 고장이 적다.
④ 직접 기동할 때는 기동전류가 많이 흐른다.

동기속도로 운전한다는 것은 고정자의 속도(동기속도)와 회전자 속도가 같다는 의미로, 동기전동기에 해당한다. 이와 달리 유도전동기는 회전자 속도가 고정자속도보다 늦게 회전한다.

★★★
30 전동기용 퓨즈의 주된 사용 목적은?

① 역전의 경우에 기동전류의 차단
② 누설전류의 차단
③ 절연저항의 감소
④ 기동전류의 통전 및 과전류 보호

★
31 다음 그림은 교류 전동기 제어회로의 일부이다. 저항의 주된 역할은?

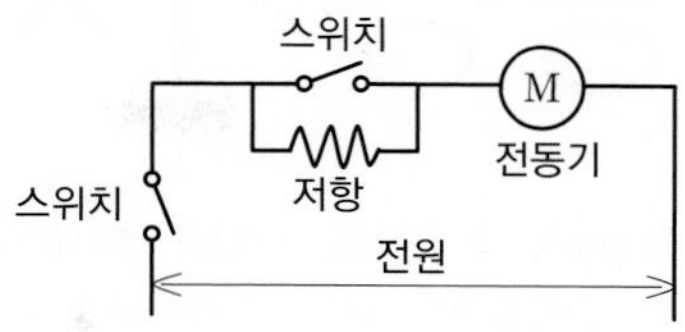

① 전동기의 역회전을 방지한다.
② 전동기의 기동전류를 낮게 한다.
③ 전동기가 정속도로 운전할 때 필요하다.
④ 전동기를 완전히 정지할 때 필요하다.

비례추이 – 권선형 유도전동기의 제어 (속도와 토크)
유도전동기는 외부에 가변저항을 달아 슬립에 따른 손실율을 임의로 조작하여 회전속도나 토크를 제어한다. 즉, 기동초기에 가변저항값을 크게하여 기동전류를 낮게하여 토크(돌림힘)을 크게하고, 기동 후에는 가변저항값을 작게하여 회전속도를 정상상태로 빨리 도달하게 한다.

★
32 부하를 증가시키면서 전동기의 회전수는 일반적으로 떨어진다. 그 떨어지는 속도변동의 정도를 나타내는 속도변동률은?

① $S=\dfrac{N_0-N_m}{N_m}\times 100\%$

② $S=\dfrac{N_0+N_m}{N_m}\times 100\%$

③ $S=\dfrac{N_m-N_0}{N_m}\times 100\%$

④ $S=\dfrac{N_0}{N_m}\times 100\%$

★
33 직류발전기에서 무부하일 때의 전압을 V_0[V], 정격부하일 때의 전압을 V_n[V]라 하면, 전압변동률은 몇 % 인가?

① $\dfrac{V_0-V_n}{V_0}\times 100$

② $\dfrac{V_0-V_n}{V_n}\times 100$

③ $\dfrac{V_n-V_0}{V_0}\times 100$

④ $\dfrac{V_n-V_0}{V_n}\times 100$

정답 27 ③ 28 ④ 29 ② 30 ④ 31 ② 32 ① 33 ②

chapter 03

SECTION

Craftsman Elevator

05 승강기 제어시스템

[예상문항 : 0~1문제] 이 섹션의 출제문항수는 많지 않으나 전반적인 개념이해가 필요합니다. 다소 어렵게 느껴질 수 있으므로 이론 전체를 학습하기 보다 기출 및 모의고사 위주로 학습하기 바랍니다.

01 제어 시스템

① 제어 : 어떤 목적에 적합하도록 대상에 조작을 가하는 것
② 제어대상 : 의도대로 조작하고자 하는 물리계
③ 제어장치 : 제어대상과 결합하여 제어를 수행하는 장치

1 제어의 분류

▶ 제어계의 종류
개회로(개방) 제어계, 폐루프(되먹임) 제어계

▶ 목표값에 의한 분류

정치제어 (Fixed value control)	• 목표값이 시간적으로 변화하지 않고 일정한 제어 • 일정한 목표값을 유지하는 것으로 프로세스 제어, 자동조정이 이에 해당
추치제어 (Follow-up control)	목표값이 크기나 시간에 따라 변화하는 제어 • **추종 제어** : 목표값이 시간적으로 임의로 변함 • **프로그램 제어** : 목표값의 변화가 미리 정해져 있어 정해진대로 변함 (엘리베이터) • **비율 제어** : 입력이 변해도 일정한 비율로 유지하도록 제어함

▶ 제어량에 의한 분류

프로세서 제어	• 공정제어 또는 정치제어(목표값이 일정) • 응답속도가 느리다. • 온도, 유량, 압력, 액위, 농도, 밀도, 습도, pH 등
서보기구	• 물체의 기계적 위치, 방향, 자세 등을 제어량으로 하는 추치제어로, 임의의 설정치에 대해 추종하는 형태 • 선박이나 항공기의 자동조정, 로켓의 자세제어, 공작기계의 제어 등의 사용
자동조정	• 목표값이 시간에 따라 변화하는 경우의 제어 • 전압, 전류, 주파수, 회전속도, 역률, 힘 등 전기적·기계적 양

2 개회로 제어계(개루프 제어계), Open loop control

① 제어 동작이 출력과 관계없이 순차적으로 진행
② 구조 간단, 조작 용이, 경제적, 설비 저렴
③ 제어 동작이 출력과 관계가 없어 오차가 많이 생기며, 이 오차를 교정할 수 없다.
④ 시퀀스(Sequence) 제어가 이에 해당한다.
→ 시퀀스 제어 : 미리 정해진 순서에 따라 각 단계를 순차적으로 진행시켜 나가는 자동제어

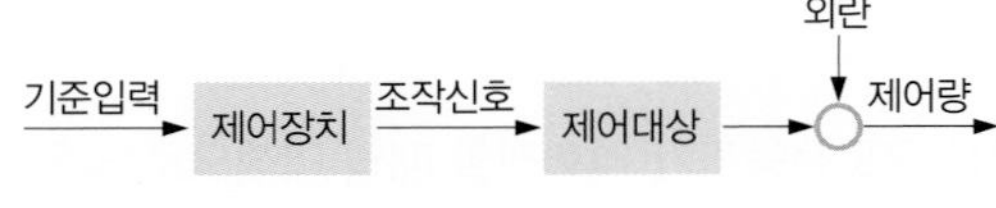

개루프 제어계

▶ 시퀀스제어의 분류

순서제어	정해놓은 순서에 의해 각 단계별로 동작의 완료를 검출기를 통해 확인한 후 다음 단계의 동작을 실행 (컨베이어 장치, 공작기계, 자동조립기계)
시간제어	정해놓은 시간에 의해 검출기를 사용하지 않고 시간경과에 따라 다음 단계의 동작을 실행 (세탁기, 신호기, 네온사인 등)
조건제어	정해놓은 조건에 의해 (입력조건에 따라) 여러가지 제어를 실행 (자동판매기, 엘리베이터, 가로등)

3 폐회로 제어계(피드백 제어계, 되먹임 제어), Closed loop control

① 출력이 목표값과 일치하는가를 비교하여 일치하지 않을 경우에는 그 차이에 비례하는 정정동작 신호를 제어계에 보내어 오차를 수정
② 검출부와 비교부(입력과 출력을 비교)를 갖는 제어
③ 폐회로 제어계의 특징
• 목표값에 대한 정확성이 증가한다.
• 입력과 출력을 비교하는 장치가 있어야 한다.
• 대역폭이 증가한다.
• 제어계의 특성변화에 대한 입력대 출력비의 감도가 감소한다.
• 구조가 복잡하고 설치비가 많이 든다.

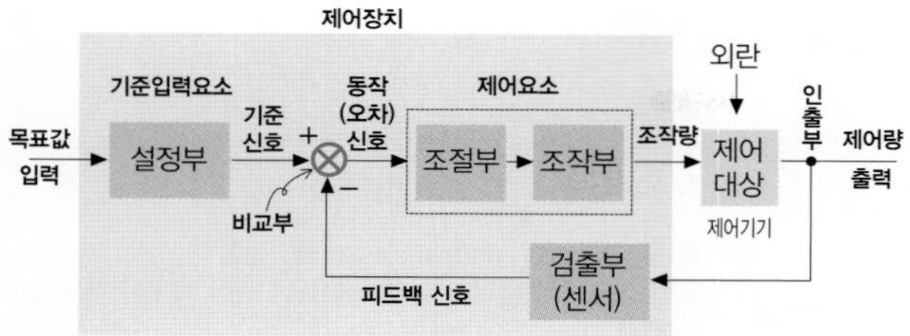

피드백 제어

④ 폐회로 제어계의 구성 요소

종류	설명
목표값	제어량이 어떤 값을 취하도록 외부에서 주어지는 값
기준입력 요소	목표값에 비례하는 신호인 기준입력 신호를 발생시키는 장치
동작신호	목표값과 제어량 사이에 나타나는 편차값으로 제어요소의 입력신호
제어요소	조절부와 조작부로 구성되며, 동작신호를 조작량으로 변환하는 장치
조절부	제어계가 작용을 하는데 필요한 신호를 만들어 조작부에 보내는 장치
조작량	제어량을 조정하기 위해 제어요소가 제어대상에 주는 양
제어대상	제어의 대상으로 제어하려고 하는 기계의 전체 또는 일부
외란	제어량의 변화를 일으키는 신호, 제어계의 상태를 교란하는 외적 요인
제어량	제어계의 출력으로 제어대상에 속하는 양, 제어대상을 제어하는 것을 목적으로 하는 물리량
검출부	제어량을 검출하여 비교부에 출력신호를 공급
비교부	목표값과 제어량의 신호를 비교하여 제어동작에 필요한 신호를 만들어 내는 부분

피드백 제어 흐름 설명

02 제어용 기기

1 수동 스위치

① 복귀형 수동 스위치 : 조작 중에만 접점 상태가 변하고 조작을 중지하면 스프링에 의해 원래상태로 복귀(푸시버튼 스위치)

② 유지형 수동 스위치 : 조작하면 접점의 개폐상태가 그대로 유지(토글 스위치, 텀블러 스위치, 선택 스위치)

2 검출 스위치

제어대상의 상태나 변화를 검출하기 위한 것으로 위치, 액면, 온도, 전압 등의 제어량을 검출하여 동작제어의 입력신호로 사용한다.

종류		설명
접촉형	마이크로 스위치 또는 리밋스위치	접촉자로 외부의 변위를 검출하여 전기 접점의 개폐
	리드 스위치	자석을 이용하여 자력성분이 있는 물체가 가까이 가면 금속이 자화되어 붙는 성질을 이용
	압력 스위치	설정한 압력에 이르면 동작하는 스위치
비접촉형	근접 스위치	금속체나 자성체를 가까이 하면 코일의 맴돌이 전류로 발생된 전압을 증폭하여 접점을 개폐
	플로트 스위치	물탱크(수조) 등의 수위를 검출하는 스위치로, 부력을 이용하여 리밋스위치의 접점을 개폐
	광전 스위치	포토다이오드(투광기), 포토트랜지스터(수광기)의 사이에 지나가는 물체를 감지하여 물품의 갯수를 세거나 다른 기계의 동작을 제어
	온도 스위치	바이메탈, 열전대 등을 이용하여 온도 변화를 전기적으로 검출하여 설정 온도에 도달했을 때 동작

필수암기

3 주요 감지형 센서

① 포텐셔미터 : 위치 변화를 전압으로 변환

② 태코제너레이션 : 속도를 전압으로 변환

③ 광 트랜지스터 : 광량을 전류로 변환

④ 초음파 센서 : 초음파를 이용한 거리 검출

⑤ 인코더 : 모터 등 회전축에 장착하여 속도 및 위치 정보 검출

검출 스위치의 작동 원리

03 시퀀스 제어

1 시퀀스 접점 구분

① 유접점 시퀀스 : 릴레이(계전기)에 의해 제어하는 회로로, 물리적 접점에 의해 진동이나 충격, 서지전압에 약해 무접점에 비해 수명이 짧다.

② 무접점 시퀀스 : 가동접점이 없는 반도체 스위치 소자(다이오드, 트랜지스터, 사이리스터, IC 등)를 사용하며, PLC회로에서 주로 사용, 동작속도가 빠르고 수명이 길고 소형화가 가능

2 시퀀스 회로 기호 필수암기

구분	기호	레더방식	
		a접점	b접점
수동조작 자동 복귀형 스위치		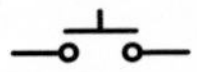	
	누르고 있는 동안에는 ON/OFF되지만, 버튼에서 손을 떼면 복귀스프링에 의해 초기상태도 즉시 복귀하는 접점(푸시버튼 스위치)		
유지형 스위치 (수동 접점)			
	한번 동작시킨 후 원상태로 복귀시키려면 외력을 가해야만 변환되는 접점(점등스위치, 토글스위치 등)		
리밋스위치 (기계적 접점)			
	기계적 운동부분과 접촉하여 조작되는 접점(리밋스위치, 마이크로스위치)		
한시동작 순시복귀	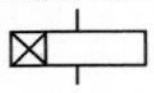		
	전원 입력 후 설정된 시간만큼 지연한 후 동작하고 전원이 내려가면 즉시 복귀하는 접점 (On Delay Timer)		
순시동작 한시복귀	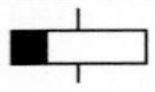	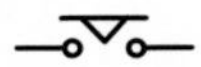	
	전원 입력 후 즉시 동작하고 전원이 내려가면 설정된 시간 후에 복귀하는 접점 (Off Delay Timer)		

▶ 타이머의 종류

순시동작 순시복귀	• 전원 입력 시 바로 동작하고, 전원 OFF 시 바로 복귀 • 릴레이를 해당한다.
순시동작 한시복귀	• 전원 입력 시 바로 동작하고, 전원 OFF 시 설정시간 후에 복귀 • OFF delay timer
한시동작 순시복귀	• 전원 입력 시 설정시간 후 동작하고, 전원 OFF 시 바로 복귀 • ON delay timer(주로 사용)
순시동작 순시복귀	• 전원 입력 시 설정시간 후 동작하고, 전원 OFF 시 설정시간 후 복귀

▶ 접점의 분류

a접점	• Arbeit contact ; normal open ; NO 접점 • 일반(normal) 상태에서 열려져 있다가 버튼을 누르는 등 작동에 의해 회로를 닫는(연결하는) 접점
b접점	• Break contact ; normal close ; NC 접점 • 일반 상태에서 닫혀져 있다가 접점이 열려 회로를 개방하는 접점 예 냉장고 문을 닫으면 냉장고 실내등이 꺼지고, 열면 켜짐
c접점	• Chang-over contact ; 전환 접점 • a접점과 b접점을 모두 갖는 접점으로 일반 상태에서는 공통 접점 ①과 ③이 붙어 있다가, 버튼을 누르면 ①과 ②가 붙는 접점

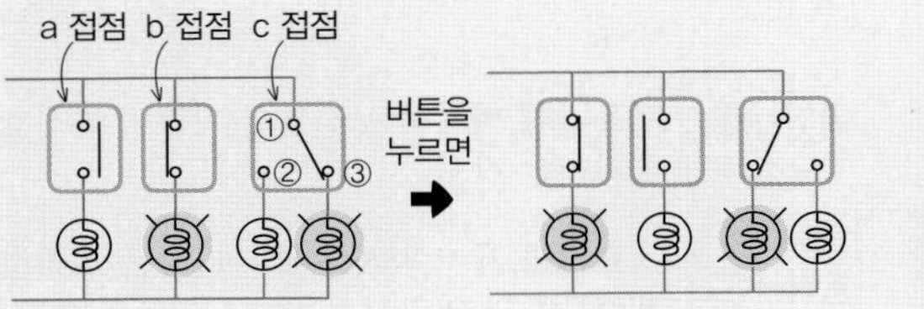

a 접점 b 접점 c 접점

버튼을 누르면

3 릴레이의 종류 필수암기

종류	설명
보조 릴레이	전류가 흐르면 코일이 자화되어 접점을 개폐하는 장치(주로 소형 용량에 사용)
전자 접촉기 (MC)	• 릴레이과 마찬가지로 전자석을 이용하나 주로 3상 전동기와 같은 중대형용에 사용 • 일반 릴레이보다 대전류에 견딜 수 있도록 되어 있으며, 고전압에 따른 서지(surge) 방지 역할도 포함
열동 계전기 (THR, thermal relay)	• 전동기 장치의 필수 부품으로, 주로 과부하 보호용으로 사용 • 정격전류 이상의 과부하가 흐르면 발생된 열에 의해 바이메탈이 스위치가 닫아 접점을 자동으로 차단한다.
전자개폐기 (MS)	전자접촉기(MC)와 열동형과부하계전기(THR)을 일체화한 것
타이머	전류가 흐르면 여자되어 사용자의 설정시간 이후에 접점을 개폐하거나 또는 전류를 차단시켰을 때 설정시간 이후에 접점을 개폐시킨다.
플리커 릴레이	일정 시간마다 전류를 흐르게 하는 상태와 그렇지 않은 상태를 반복하는 릴레이, 즉 깜빡임을 의미한다.

종류	설명
온도 계전기	온도가 규정보다 올라가거나 내려가는 것을 막기 위해 사용

→ 서지(surge) : 갑작스런 조작 등으로 인해 단기간에 전압이나 전류 등이 과도하게 커지는 현상으로 회로가 파괴될 수 있다.

릴레이는 접점과 코일로 이뤄진 일종의 전자석과 같은 개폐기로, ㉢-㉣에 전류가 흐르면 코일이 자화되어 ㉠-㉡의 접점이 닫히는 전자스위치이다.

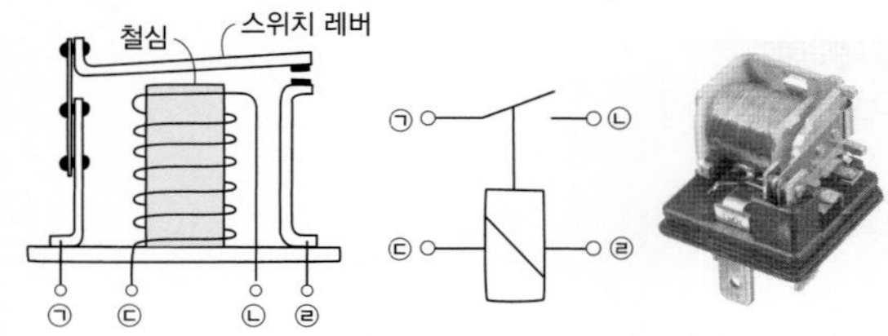

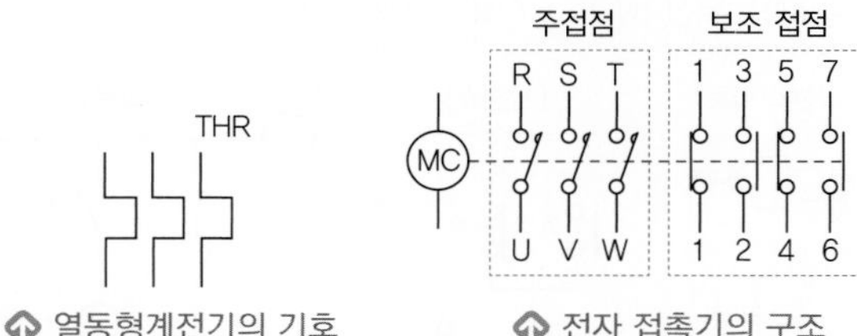

열동형계전기의 기호

전자 접촉기의 구조

4 시퀀스회로의 응용

자기유지회로 (기억회로)	입력신호가 제거되어도 릴레이 내부 코일의 자기(자화)가 계속 유지되어 전기기기(모터나 램프 등)가 계속 작동됨 → 즉, 푸시버튼을 누른 후 떼어도 램프가 점등상태를 유지하려는 회로
우선순위회로	자기유지회로에서 기동버튼(PB1), 정지버튼(PB2)을 동시에 누를 경우 어떤 동작을 먼저 우선으로 할 것인지 따라 달라진다. 정지우선 회로는 PB1과 PB2를 동시에 눌렀을 때 회로가 연결되지 않지만, 기동우선 회로는 PB1과 PB2를 동시에 눌렀을 때 회로가 연결되지 않지만 PB1을 통해 회로가 연결된다.
인터록 회로	기기의 보호와 조작자의 안전을 주목적으로 하는 회로로, 2개 이상의 동작을 하는 회로에서 하나의 신호가 먼저(先) 입력되면 우선 동작하게 하고, 다른 신호의 동작은 정지시킨다.

04 블록선도의 전달함수 필수암기

① 블록선도 : 전달함수와 신호의 관계를 나타낸 것
② 전달함수란 시스템의 입력 $R(s)$과 출력 $C(s)$의 관계를 나타내며, 입력을 출력으로 변환하는 함수를 말하며 블록 내에 있다.
(임의의 함수 $G(s)$, $H(s)$로 표현함)
③ 신호의 흐름방향 : 화살표에 의해 표시

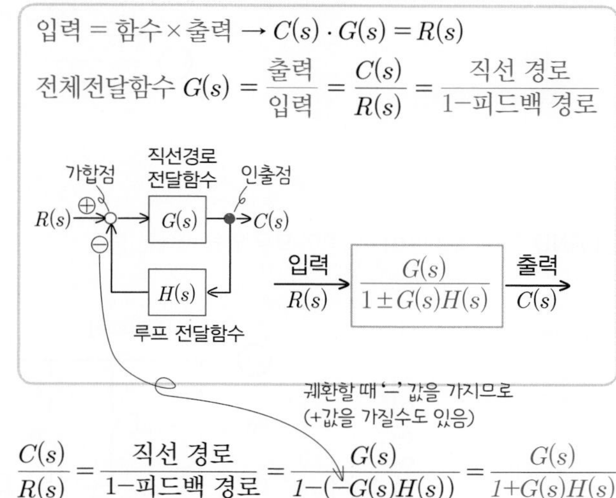

궤환할 때 '−' 값을 가지므로 (+값을 가질수도 있음)

$$\frac{C(s)}{R(s)} = \frac{\text{직선 경로}}{1-\text{피드백 경로}} = \frac{G(s)}{1-(-G(s)H(s))} = \frac{G(s)}{1+G(s)H(s)}$$

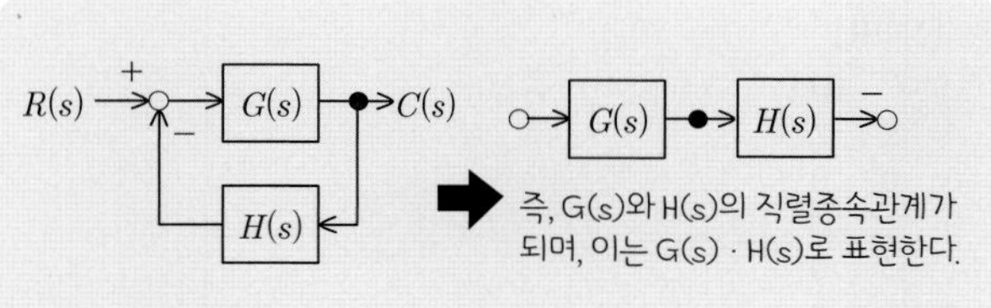

피드백 제어의 전달함수 공식의 유도과정

chapter 03

05 논리회로 필수암기

1 YES 회로 : 입력이 존재할 때에만 출력도 존재

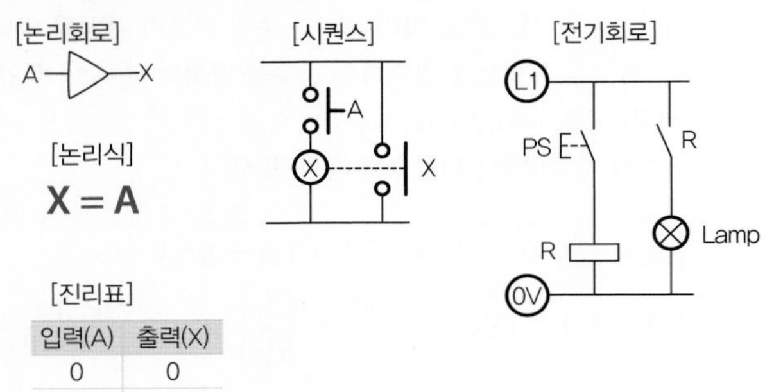

[논리식]

$X = A$

[진리표]

입력(A)	출력(X)
0	0
1	**1**

2 NOT 회로(논리부정) : 입력이 존재하지 않을 때에만 출력이 존재

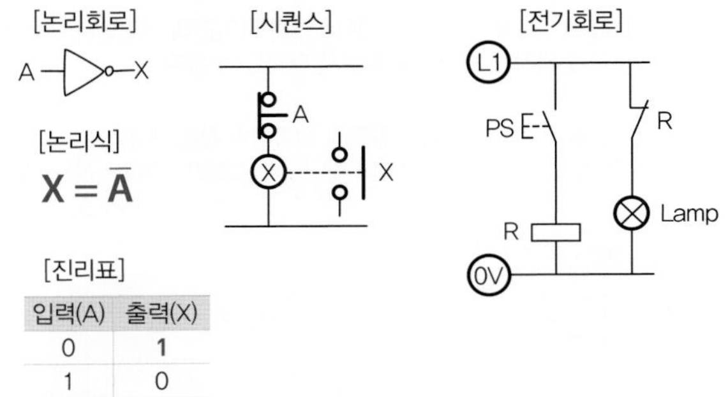

[논리식]

$X = \overline{A}$

[진리표]

입력(A)	출력(X)
0	**1**
1	0

3 AND 회로(직렬 연결) : 입력이 모두 있을 때에만 출력

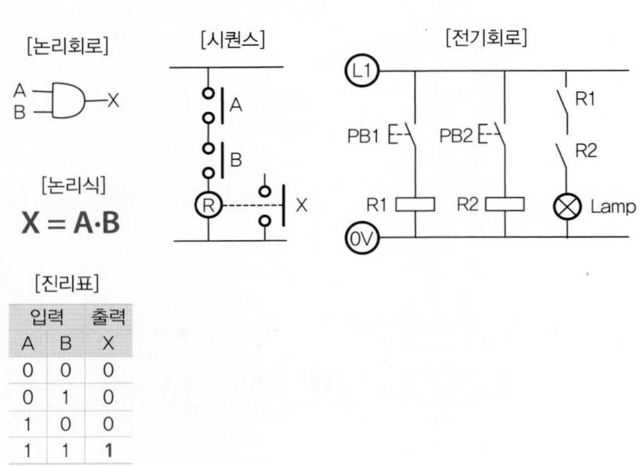

[논리식]

$X = A \cdot B$

[진리표]

입력		출력
A	B	X
0	0	0
0	1	0
1	0	0
1	1	**1**

4 NAND 회로 : 입력이 모두 있을 때에만 출력 없음

AND의 부정 (NOT + AND = NAND)

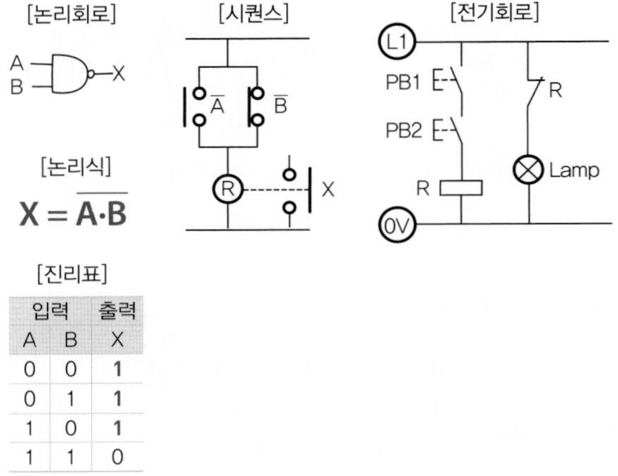

[논리식]

$X = \overline{A \cdot B}$

[진리표]

입력		출력
A	B	X
0	0	**1**
0	1	**1**
1	0	**1**
1	1	0

5 OR 회로(병렬 연결) : 입력이 하나라도 있으면 출력

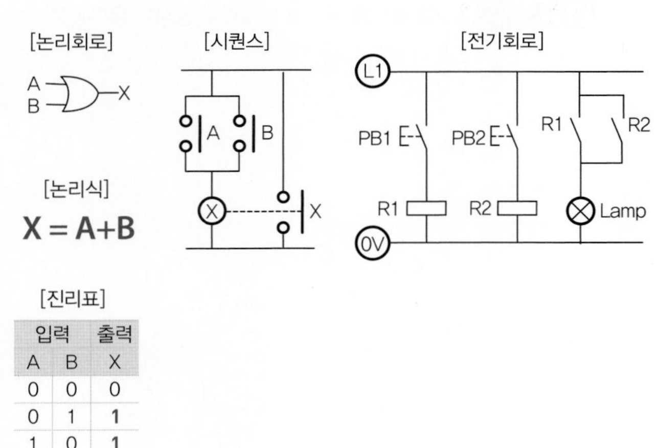

[논리식]

$X = A + B$

[진리표]

입력		출력
A	B	X
0	0	0
0	1	**1**
1	0	**1**
1	1	**1**

6 NOR 회로 : 입력이 하나라도 있으면 출력 없음

OR의 부정 (NOT + OR = NOR)

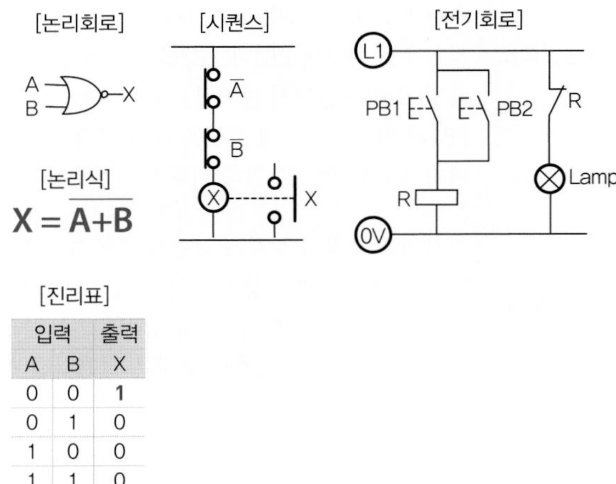

[논리식]

$X = \overline{A + B}$

[진리표]

입력		출력
A	B	X
0	0	**1**
0	1	0
1	0	0
1	1	0

06 불대수 법칙 필수암기

하나의 명제가 참 또는 거짓인지를 판단하는데 이용하는 수학적인 방법으로, 1과 0로만 표현하여 처리하는 2진 논리회로로 구성되었으며 이를 간략하게 표현할 때 사용한다.

종류	설명	
0과 1의 법칙	• $A+0=A$ → OR회로이므로 A가 1이면 출력은 1, A가 0이면 0이다. • $A\cdot1=A$ → AND회로이므로 A가 1이면 출력은 1, A가 0이면 0이다. • $A+1=1$ → OR회로이므로 A에 관계없이 출력은 1이다. • $A\cdot0=0$ → AND회로이므로 A에 관계없이 출력은 0이다. • $A+\overline{A}=1$ → OR회로이므로 둘 중 하나가 1이면 출력은 1이다. • $A\cdot\overline{A}=0$ → AND회로이므로 둘 중 하나가 0이면 출력은 0이다.	
동일법칙 (항등법칙)	• $A+A=A$ → OR회로이므로 둘 다 1이면 1, 둘 다 0이면 0이다. • $A\cdot A=A$ → AND회로이므로 둘 다 1이면 1, 둘 다 0이면 0이다.	
교환법칙	• $A+B=B+A$ • $A\cdot B=B\cdot A$ → OR회로는 직렬연결, AND회로는 병렬연결이며 순서가 바뀌어도 출력은 같다.	
분배법칙	• $A\cdot(B+C)=A\cdot B+A\cdot C$	• $A+(B\cdot C)=(A+B)\cdot(A+C)$
드 모르간의 정리	• $\overline{A+B}=\overline{A}\cdot\overline{B}$	• $\overline{A\cdot B}=\overline{A}+\overline{B}$
흡수법칙	• $A+A\cdot B=A(1+B)=A$	• $A+(\overline{A}\cdot B)=(A+\overline{A})\cdot(A+B)=A+B$

불대수 쉽게 이해하기

chapter 03

07 진수 변환 (10진수 ↔ 2진수) 필수암기

1 10진수를 2진수로 – 예제1

10진수 25를 2진수로 변환하면 $25_{(10)} \rightarrow 11001_{(2)}$가 된다.

몫을 2로 나누어 떨어질 때까지 계속 나눈다.

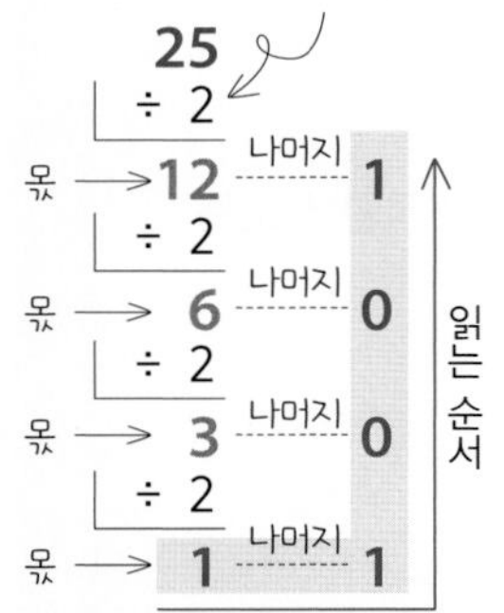

2 10진수를 2진수로 – 예제2

10진수 11를 2진수로 변환하면 $11_{(10)} \rightarrow 1011_{(2)}$가 된다.

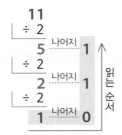

11
÷ 2
5 나머지 1
÷ 2
2 나머지 1
÷ 2
1 나머지 0
읽는 순서

3 2진수를 10진수로 – 예제3

2진수 11001을 10진수로 변환하면 $11001_{(2)} \rightarrow 25_{(10)}$가 된다.

← 뒤에서부터 $2^0, 2^1, 2^2, 2^3, 2^4, \cdots$을 곱한다.

$$1\times2^4+1\times2^3+0\times2^2+0\times2^1+1\times2^0$$
$$=16+8+0+0+1$$
$$=25$$

참고) $2^4=2\times2\times2\times2=16$
$2^3=2\times2\times2=8$
$2^0=1$ (모든 수의 0승은 1이다.)

4 2진수를 10진수로 – 예제4

2진수 1011를 10진수로 변환하면 $1100_{(2)} \rightarrow 11_{(10)}$가 된다.

$$1\times2^3+0\times2^2+1\times2^1+1\times2^0$$
$$=8+0+2+1$$
$$=11$$

01 제어 및 제어회로

★★★
1 자동제어계의 구비조건이 아닌 것은?

① 검출부
② 비교부
③ 검파부
④ 조작부

자동제어계의 구성
기준입력요소, 조절부, 조작부, 제어대상, 검출부, 비교부

★
2 시퀀스 제어장치에 속하지 않는 것은?

① 직류전동기
② 무접점 논리소자
③ 유접점 릴레이
④ 반도체 집적회로

시퀀스 제어
미리 정해진 순서나 일정한 논리에 의하여 동작을 순차대로 진행하는 방식으로, 어떠한 기계나 장치의 시동, 정지, 운전상태의 변경 또는 제어계에서 얻고자 하는 목표값의 변경 등을 미리 정해진 순서에 따라 행하는 것이다. 대표적으로 어떤 상태가 되면 스위치 등이 닫히거나 열리는 접점 회로에 주로 사용된다.
직류전동기는 대표적인 피드백(되먹임) 제어장치로, 입력한 전류값과 실제 출력값을 비교하여 최종적으로 원하는 회전속도에 근접하도록 한다.

★★★
3 출력단의 신호를 입력단으로 되먹임하는 제어는?

① 시퀀스 제어
② 피드백 제어
③ 열린 루프 제어
④ 정성 제어

시퀀스 제어와 피드백 제어

제어	회로 특성	제어량	특성
시퀀스 제어(논리판단 제어)	열린 루프 제어	정성적 제어	연속성
피드백 제어(되먹임 제어)	닫힌 루프 제어	정량적 제어	목표값

시퀀스 제어의 예) 엘리베이터, 자판기, 세탁기 등

★★★
4 시퀀스 제어에 있어서 기억과 판단기구 및 검출기를 가진 제어방식은?

① 시한 제어
② 순서 프로그램 제어
③ 조건 제어
④ 피드백 제어

피드백 제어는 입력값을 기억하고 출력값을 검출하여 다시 입력값과 비교하여 판단한다.

★★★
5 되먹임 제어계 목표값의 성질에 의한 분류이다. <보기>에서 옳게 연결한 것은?

㉠ 목표값이 시간적으로 변하지 않고 일정한다. ㉡ 목표값이 시간적으로 임의로 변한다. ㉢ 목표값의 변화가 미리 정해져 있어 정해진대로 변한다.	ⓐ 추종 제어 ⓑ 프로그램 제어 ⓒ 정치 제어

① ㉠-ⓑ, ㉡-ⓒ, ㉢-ⓐ
② ㉠-ⓑ, ㉡-ⓐ, ㉢-ⓒ
③ ㉠-ⓒ, ㉡-ⓐ, ㉢-ⓑ
④ ㉠-ⓐ, ㉡-ⓑ, ㉢-ⓒ

- 추종 제어 : 목표의 변화를 추종하여 목표값이 변화하는 제어로, 목표값이 시간에 따라 변화한다.
- 프로그램 제어 : 미리 정해진 프로그램에 따라 제어량을 변화시키는 제어 (예 열차 운전, 산업로보트 운전, 엘리베이터 자동조정)
- 정치 제어 : 목표값이 시간에 대하여 변화하지 않는 제어 (어떤 일정한 목표값으로 유지하는 것을 목적으로 함)

★★★
6 자동제어계의 상태를 교란시키는 외적인 신호는?

① 동작신호
② 외란
③ 목표량
④ 피드백 신호

외란이란 제어시스템에 외부적인 환경으로 제어량에 영향을 미치는 외적인 요인(신호)을 말한다.

정답 **1** 1 ③ 2 ① 3 ② 4 ④ 5 ③ 6 ②

★★★
7 되먹임 제어에서 가장 중요한 장치는?

① 입력과 출력을 비교하는 장치
② 응답속도를 느리게 하는 장치
③ 응답속도를 빠르게 하는 장치
④ 안정도를 좋게 하는 장치

피드백(되먹임) 제어는 오차를 줄이기 위하여 입력값을 출력값과 비교하여 최종적으로 목표값에 일치시키는 것을 말한다.

★
8 직류전동기의 회전수를 일정하게 유지하기 위하여 전압을 변화시킬 때 전압은 어디에 해당하는가?

① 조작량
② 제어량
③ 목표값
④ 제어대상

- 조작량 : 제어량을 조정하기 위해 제어장치가 제어대상에 주는 양 (전압)
- 제어량 : 제어되어야 할 출력량 (회전수)

★★★
9 다음 중 되먹임 제어계의 기본 구성 요소가 아닌 것은?

① 검출부
② 조작부
③ 수신부
④ 조절부

되먹임 제어(피드백 제어)의 기본 구성요소
설정부, 비교부, 조절부, 조작부, 검출부, 인출부

★★
10 피드백 제어에서 반드시 필요한 장치는?

① 조작기
② 비교기
③ 검출기
④ 조절기

피드백 제어는 신호를 그 입력 신호로 되돌림으로써 제어량의 값을 목표값과 비교하여 그들을 일치시키도록 정정 동작을 하는 제어로서, 비교기는 목표치와 제어량에서 인출한 신호를 서로 비교해서 제어동작을 일으키는데 필요한 정보를 가진 신호를 만들어 내는 부분으로 반드시 필요한 장치이다.

★★
11 피드백 제어계에서 제어요소를 나타낸 것으로 가장 알맞은 것은?

① 검출부와 조작부
② 조절부와 조작부
③ 검출부와 조절부
④ 비교부와 검출부

피드백은 자동제어 장치에서 기계나 장치 등 제어 대상물의 동작에 대하여 목표치와의 편차가 끊임없이 검사되어 제어장치에 신호로 되돌려 보내지는 것으로 조절부와 조작부로 이루어진다. (본문 다이어그램 확인)

★★
12 시퀀스 회로에서 일종의 기억회로라고 할 수 있는 것은?

① AND 회로
② OR 회로
③ 자기유지회로
④ NOT 회로

자기유지회로 : 푸시버튼을 한번 누른 후(입력), 푸시버튼을 놓아도 입력신호가 계속 유지(기억)되는 회로이다.

★★★
13 운전자가 없는 엘리베이터의 자동제어는?

① 정치제어
② 추종제어
③ 프로그래밍 제어
④ 비율제어

자동제어의 목표값에 의한 분류
❶ 정치제어 : 목표값이 시간에 따라 변화하지 않는 일정한 제어
❷ 추치제어 : 목표값의 크기나 위치가 시간에 따라 변화하는 값을 제어
– 추종제어, 프로그램제어, 비율제어

추종제어	제어량에 의한 분류 중 서보 기구에 해당하는 값을 제어 (예 추적레이더, 유도미사일)
프로그램 제어	미리 정해진 시간적 변화에 따라 정해진 순서대로 제어 (예 엘리베이터, 자판기)
비율제어	목표값이 어떠한 비율에 따라서 변화하는 제어 (예 보일러 자동연소장치, 콘크리트의 모래, 시멘트, 자갈, 물의 비율 조정)

정답 7 ① 8 ① 9 ③ 10 ② 11 ② 12 ③ 13 ③

★
14 엘리베이터의 자동제어시스템에서 속응성이란?

① 제어의 신뢰성을 말한다.
② 시간에 따른 과도현상의 변화를 말한다.
③ 제어계의 목표값이 변하는 속도특성을 말한다.
④ 목표값이 변경될 경우 피제어량이 새로운 목표값에 도달하는 속도 응답성이다.

- 속응성(속도 응답성)이란 장치가 어느 정상 상태에서 다음의 정상 상태로 옮길 때 그 중간 상태에 있는 시간(과도 시간)의 길고 짧음을 나타낸다.
- 속도에 응답하는 성질을 말한다.
- 시간이 짧을수록 속응성이 크다고 한다.

★★★
15 다음 그림과 같은 제어계의 전체 전달함수는?

(단, H(s) = 1이다.)

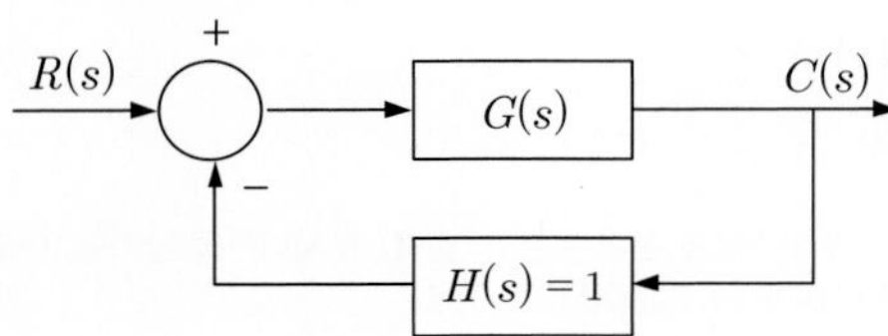

① $\dfrac{1}{G(s)}$　② $\dfrac{1}{1+G(s)}$

③ $\dfrac{G(s)}{1+G(s)}$　④ $\dfrac{G(s)}{1-G(s)}$

블록선도(신호흐름선도)의 전체 전달함수 T(s) 구하기
피드백 신호흐름선도는 그림과 같이 표현하며 전체 전달함수를 구하는 공식은 다음과 같다.

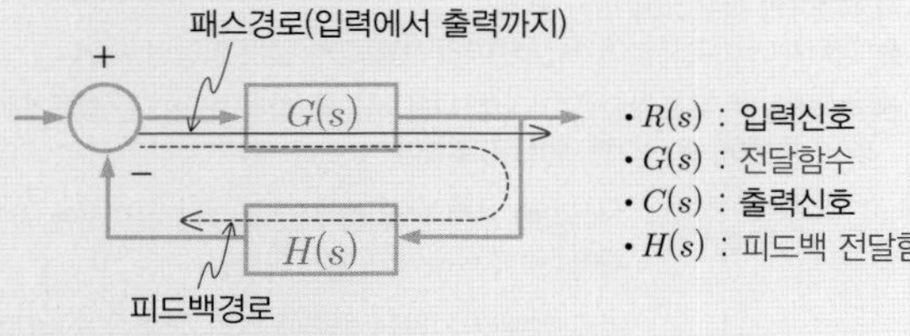

$T(s) = \dfrac{\text{패스경로에 포함된 전달함수}}{1 - \text{피드백경로에 포함된 전달함수}} = \dfrac{G(s)}{1 - G(s) \cdot H(s)}$

블록선도가 직렬종속일 때 두 전달함수를 곱한다.

피드백 신호가 − 값이고, $H(s)$가 1이므로

$\therefore T(s) = \dfrac{G(s)}{1 - [-G(s) \cdot 1]} = \dfrac{G(s)}{1 + G(s)}$

※ 피드백 신호흐름선도의 전체전달함수 유도과정은 다소 복잡하여 생략하며, 위의 공식을 암기하자.

★★
16 클리퍼(clipper) 회로에 대한 설명으로 가장 적절한 것은?

① 교류회로를 직류로 변환하는 회로
② 사인파를 일정한 레벨로 증폭시키는 회로
③ 구형파를 일정한 레벨로 증폭시키는 회로
④ 파형의 상부 또는 하부를 일정한 레벨로 자르는 회로

클리퍼(clipper)회로
클리퍼 회로는 출력 전압의 상한 및 하한 레벨을 제한한다.

★★★
17 승강기의 안전회로는 어떻게 구성하는 것이 좋은가?

① 병렬 회로
② 직렬 회로
③ 직병렬 회로
④ 인터록 회로

승강기의 안전회로는 대부분 스위칭 작동으로 구성되며, 스위치는 직렬로 구성될 때 바로 전원 등을 차단시킬 수 있다.

★★★
18 전압, 전류, 주파수, 회전속도 등 전기적, 기계적 양을 주로 제어하는 것으로서 응답속도가 대단히 빨라야 하는 것이 특징인 제어는?

① 프로세스 제어
② 서보 기구
③ 자동 조정
④ 프로그램 제어

자동제어계의 구성
- 프로세스 제어 : 플랜트나 생산공정 중의 상태량을 제어량으로 하는 제어 (온도, 유량, 압력, 액위, 농도, 밀도 등)
- 자동 조정 제어 : 전기적, 기계적 양을 주로 제어하는 것으로서, 응답속도가 대단히 빨라야 한다.(전압, 전류, 주파수, 회전속도, 힘 등)
- 프로그램 제어 : 미리 정해진 순서에 따라 목표값이 변함
- 서보 제어 : 기계적 변위를 제어량으로 해서 목표값의 임의의 변화에 추종하도록 구성된 제어계(물체의 위치, 방위, 자세 등)

※ 제어량 : 어떤 시스템에서 최종적으로 도출한 결과량

정답 14 ④ 15 ③ 16 ④ 17 ② 18 ③

02 논리회로

★★★
1 논리합 회로는 어떤 것인가?

① AND 회로
② OR 회로
③ NAND 회로
④ NOT 회로

> • 논리합 : OR 회로
> • 논리곱 : AND 회로
> • 논리 부정 : NOT 회로
> • 배타적 논리합 : NOR 회로
> • 배타적 논리곱 : NAND 회로

★★★
2 표와 같은 진리표에 대한 논리회로는?

A	B	X
0	0	0
0	1	0
1	0	0
1	1	1

① OR
② NOR
③ AND
④ NAND

> 모두 입력되어야 출력이 되므로 AND 회로이다.

★★★
3 그림과 같은 논리기호의 논리식은?

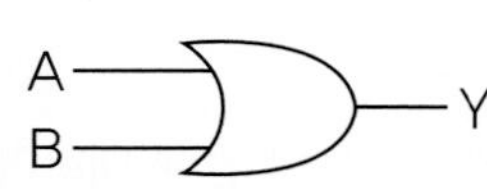

① $Y = \overline{A} + \overline{B}$
② $Y = \overline{A} \cdot \overline{B}$
③ $Y = A \cdot B$
④ $Y = A + B$

> 기호는 논리합(OR회로)을 나타내며, '+(合)'로 표현한다.

★★★
4 다음 심벌이 나타내는 논리게이트는?

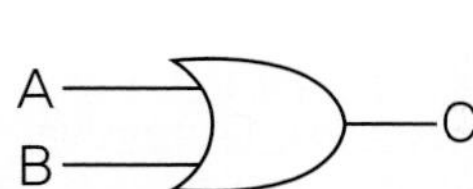

① AND
② OR
③ NAND
④ NOT

★★★
5 그림과 같은 논리회로는?

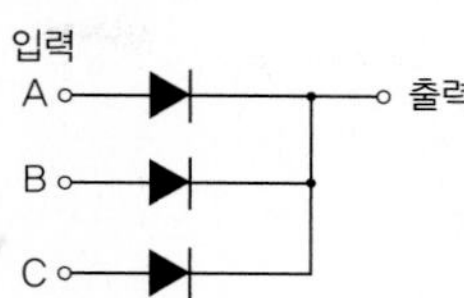

① NOT 회로
② NOR 회로
③ OR 회로
④ NAND 회로

> 입력이 병렬형태이면 OR회로이다. 만약 직렬형태이면 AND회로이다. 그림은 다이오드의 입력상태를 표현한 것이다.

★★★
6 다음 그림과 같은 논리회로는?

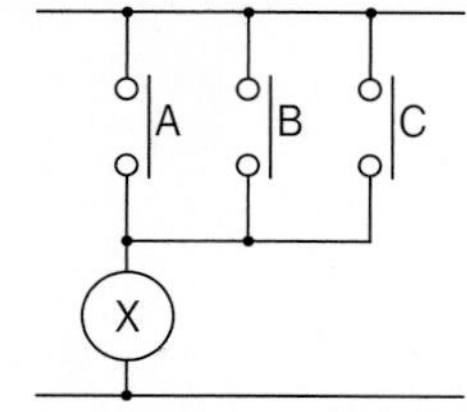

① AND 회로
② OR 회로
③ NOT 회로
④ NAND 회로

> 5번과 동일하다. 다만 A·B·C는 스위치, X는 출력(램프나 전동기)을 표시한다. A·B·C 스위치 중 하나만 닫혀도 램프나 전동기가 동작된다.

★★★
7 다음 회로와 원리가 같은 논리기호는?

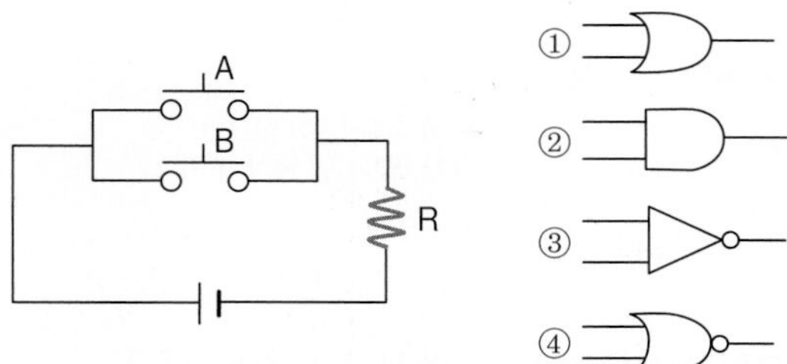

> A, B는 푸시버튼을 의미하며 둘 중 하나라도 누르면(입력되면) 출력되므로 OR회로에 해당한다. ① OR, ② AND, ③ NOT, ④ NOR

★
8 그림과 같이 입력이 A와 B인 회로도에서 출력 Y는?

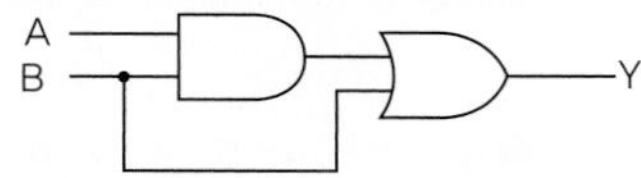

① $A \cdot B$
② $(A \cdot B) \cdot B$
③ $(A+B)+B$
④ $(A \cdot B)+B$

> A와 B는 직렬회로(AND회로)이며, 다시 B와는 OR 회로로 접속된다.

정답 **2** 1② 2③ 3④ 4② 5③ 6② 7① 8④

★★★
9 논리식의 불 대수에 관한 법칙 중 틀린 것은?

① $A \cdot A = A$
② $0 \cdot A = 1$
③ $A + A = A$
④ $1 + A = 1$

② AND 회로(직렬)에서 A값이 0이든 1이든 관계없이 0이 있으면 출력은 항상 0이다. (※ '+'는 OR(병렬) 회로이다)

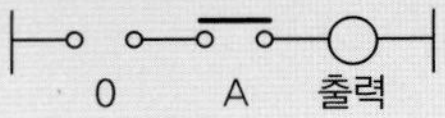

★
10 불 대수 법칙으로 틀린 것은?

① $A + 1 = 1$
② $A \cdot 1 = A$
③ $A + \overline{A} = A$
④ $A \cdot \overline{A} = 0$

③ $A + A = 1$

★★★
11 불 대수 식 Y = ABC + AC를 간소화 시키면?

① ABC ② AC
③ BC ④ AB

$Y = ABC + AC = AC(B + 1) = AC$
└OR 회로에서 1이 있으면 B값에 관계없이 항상 '1'이다.

★★
12 그림과 같은 논리회로에서 출력 X의 식은?

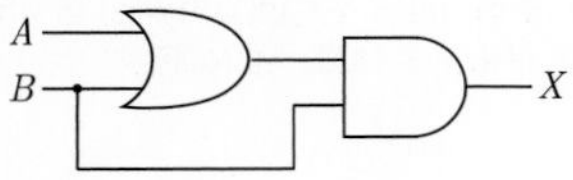

① $X = A$
② $X = B$
③ $X = A + B$
④ $X = A \cdot B$

그림은 $(A + B) \cdot B$로 표현할 수 있으며, 불대수 법칙에 의해 다음과 같이 정리할 수 있다.

$(A + B) \cdot B$
$= A \cdot B + B \cdot B$
$= A \cdot B + B$
$= B$

❶ 분배법칙 $(A + B) \cdot B = A \cdot B + B \cdot B$
❷ 동일법칙 $B \cdot B = B$
❸ 동일법칙 $A \cdot B + B = (1 + A)B = B$ ($1 + A$ → 1)

★★
13 제어 시스템의 과도응답 해석에 가장 많이 쓰이는 입력의 모양은? (단, 가로축이 시간임)

① 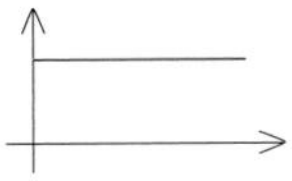
② 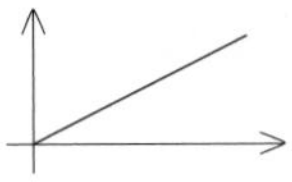
③ 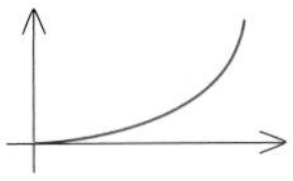
④ 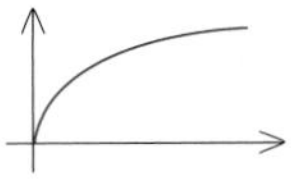

과도응답 : 출력이 정상상태가 되기까지의 응답
시스템에 입력을 가했을 때 원하는 최종 출력(이를 정상응답이라고 함)까지 가는 과정에서 초기에 변화하는 값을 '과도응답'이라 하며, 그 모양은 옆 그림과 유사한 형태이다.

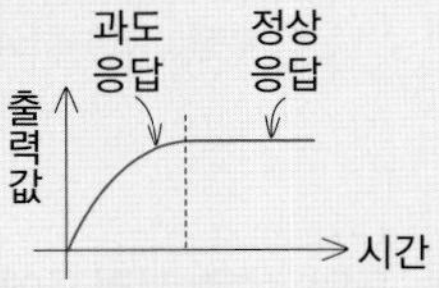

하지만 이 문제는 '과도해석을 위한 기준입력'을 묻는 것으로 ①이 정답이다. ④는 출력(응답)에 해당한다.
※ 참고) ① 계단입력 ② 등속입력 ③ 등가속입력

★★
14 어떤 제어계에서 입력신호를 가한 다음 출력신호가 정상상태에 도달할 때까지의 응답은?

① 정상 응답
② 선형 응답
③ 과도 응답
④ 시간 응답

★★★★
15 자동 제어계에서 과도응답 중 상승시간에 대하여 설명한 것은?

① 응답이 목표값의 10%에서 90%에 도달하는데 필요한 시간
② 응답이 목표값의 50%에 도달하는데 필요한 시간
③ 응답이 목표값의 특정 백분율 이내에 도달하는데 필요한 시간
④ 응답이 목표값의 100%에 도달하는데 필요한 시간

- 지연시간 : 최종값의 50%에 도달하는데 필요한 시간
- 상승시간 : 최종값의 10%에서 90%에 도달하는데 필요한 시간
- 정정시간 : 최종값의 특정 백분율 이내에 들어가는데 필요한 시간 (보통 ±2~5%)

정답 9 ② 10 ③ 11 ② 12 ② 13 ① 14 ③ 15 ①

16 ★ 전자석을 이용하지 않은 것은?

① 계전기
② 전자 개폐기
③ 솔레노이드 밸브
④ 리미트 스위치

- 계전기(릴레이) : 코일을 자화시켜 접점을 붙게 함
- 전자 개폐기 : 계전기와 유사한 원리로 코일을 자화시켜 접점을 붙게 함
- 솔레노이드 밸브 : 코일을 자화시켜 밸브를 붙게 함

17 ★★ 전동기에 설치되어 있는 THR은?

① 과전류 계전기
② 과전압 계전기
③ 역상 계전기
④ 열동 계전기

열동계전기의 기호는 Thermal Relay의 'TH' 'R'의 합성어이다.
열동계전기(써멀 릴레이)는 부하에 과전류가 흐르면 발열이 발생하여 자동으로 접점을 열어 전원을 차단시킨다.

- 熱動 : 열에 의해 작동
- 繼電器 : 전원의 공급 여부에 따라 전자석의 여자(勵磁, 접촉) 또는 무여자(無勵磁, 개방) 시 전기적 접점을 이용할 수 있도록 하는 기기

18 ★ 전자력에 의하여 접점을 개폐하는 기능을 가진 것은?

① 열동 계전기
② 전자 계전기
③ 리미트 스위치
④ 유지형 수동스위치

전자 계전기(릴레이)는 작은 전류를 보내어 코일을 자화시켜 전자력을 이용하여 접점을 닫게하여 큰 전류가 흐르게 하고, 전류를 차단시켜 전자력이 없어지면 리턴스프링에 의해 접점이 열리는 구조이다.

19 ★★★ 배선용 차단기의 영문 문자기호는?

① S
② DS
③ THR
④ MCCB

- S : 스위치(개폐기)
- DS : 단로기 – 무부하 전로개폐(Disconnecting S/W)
- THR : 열동계전기 (과부하 시 과전류로 인한 전동기 소손 방지)
- MCCB : 배선용 차단기(Molded Case Circuit Breaker)

20 ★ 스위치 및 릴레이 작동상태를 점검하는 것이 아닌 것은?

① 저항의 파손상태 확인
② 융착된 금속접점 유무 확인
③ 코일의 절연물 소손상태 확인
④ 접점의 마모상태 확인

21 ★★ 다음 리미트 스위치의 기호 명칭은?

① 전기적 a접점
② 전기적 b접점
③ 기계적 a접점
④ 기계적 b접점

기계적 a접점　　기계적 b접점

22 ★ 다음 중 수동조작 자동 복귀형 접점에 해당하는 것은?

①
②
③
④

① 유지형 접점　　② 자동복귀접점 a접점
③ 기계적 접점(리미트 스위치) a접점　　④ 한시동작접점 a접점

23 ★★★ 논리회로에 사용되는 인버터(interter)란?

① NOT 회로　　② X-OR 회로
③ OR 회로　　④ AND 회로

NOT 게이트는 출력이 입력과 반대되는 값을 가지는 논리소자이다. 인버터는 직류를 교류로 변환하는 장치이지만 논리회로에서는 NOT 회로를 일컫는다.
※ 어휘) invert : '반전'을 의미

정답 16 ④　17 ④　18 ②　19 ④　20 ①　21 ④　22 ②　23 ①

SECTION

06 측정기구

Craftsman Elevator

[예상문항 : 0~1문제] 반드시 매 회 출제되지 않으나 기출 및 모의고사 위주로 학습하기 바랍니다. 측정기의 구분 및 종류와 역할 위주로 암기합니다. 버니어캘리퍼스와 마이크로미터의 측정법도 크게 어렵지 않으니 숙지합니다.

01 측정 일반

1 측정의 분류

① 직접 측정(절대 측정) : 버니어 캘리퍼스나 마이크로미터 등의 측정기기를 이용하여 대상 물체의 치수를 직접 측정하는 방법

② 간접 측정(비교 측정) : 블록 게이지나 링 게이지 등의 기준기와 대상 물체와의 차이에서 다이얼 게이지 등의 계측기로 치수를 산출하는 방법

→ 기준기의 형상이나 치수가 정해져 있는 만큼 측정이 쉬운 반면, 측정 범위가 한정된다는 단점이 있다.

2 측정오차 

대상물체의 참값(실제값)과 측정값과의 차이 (오차 = 측정값 − 참값)

① 계통오차(계기오차) : 어떤 원인으로 인해 측정값에 치우침을 주는 오차

- 계기오차 : 영점의 오차
- 환경오차 : 측정 시의 온도, 습도, 압력 등에 의한 오차
- 개인오차 : 측정자의 측정 습관에 따른 오차

② 우연오차 : 확인 불가한 원인으로 측정값에 나타나는 오차 (측정기에 부착된 먼지 등)

③ 과실오차 : 측정자의 경험 부족이나 조작 오류에 의한 오차

▶ **영점조정**
계기오차(측정계기를 장시간 사용 시 스프링의 탄성피로 등)에 의해 발생한 오차를 보정하는 것

▶ **공차**
측정값과 실제 값(참값) 사이에는 일정한 오차가 발생하며, 허용 오차의 최대 치수와 최소 치수의 차

▶ **정확도**
측정하거나 계산된 양이 실제값과 얼마나 가까운 지를 나타내는 기준으로 치우침(참값과 모평균과의 차이)의 작은 정도

▶ **정밀도**
여러 번 측정하거나 계산하여 그 결과가 서로 얼마나 가까운지를 나타내는 기준으로, 측정값의 흩어짐이 작은 정도

3 아베의 원리

'측정물과 표준자의 눈금면의 측정방향이 일직선 상에 배치했을 때 측정 시 오차가 적다'는 원리이다.

→ 외측 마이크로미터는 눈금과 측정 위치가 동일선 상에 있는데 비해, 버니어 캘리퍼스는 눈금과 측정 위치가 떨어져 있어 외측 마이크로미터는 아베의 원리를 따르지만, 버니어 캘리퍼스는 이 원리를 따르지 않는다. 따라서 측정 정도는 외측 마이크로미터가 더 높다고 볼 수 있다.

▶ 아베의 원리에 맞는 측정기

아베의 원리에 맞는 측정기	마이크로미터, 직선 자 등
아베의 원리에 맞지 않는 측정기	하이트 게이지, 버니어 캘리퍼스, 다이얼 게이지 등

02 측정기의 종류

필수암기

1 길이 측정

분류		주요 측정기
선 측정	전장 측정	• 강철자/줄자 • 버니어 캘리퍼스 • 마이크로미터 등
	비교 측정	• 다이얼게이지 • 미니미터 • 옵티미터 • 전기/공기 마이크로미터
단면 측정	표준 게이지	• 표준 블록 게이지 • 표준 원통 게이지 • 표준 캘리퍼스형 게이지 • 표준 테이퍼 게이지 • 표준 나사 게이지
	한계 게이지	• 축용 한계 게이지 • 구멍용 한계 게이지

분류		주요 측정기
단면 측정	기타 게이지	• 간극 게이지 • 반지름 게이지 • 센터 게이지 • 피치 게이지 • 와이어 게이지 • 드릴 게이지

2 각도 외 측정

분류		주요 측정기
각도 측정	고정 각도측정	• 직각자 • 분할대 등
	눈금있는 각도측정	• 사인바 • 분도기 • 오토콜리메이션 등
면 측정	평면도 측정 – 옵티컬 플랫 표면거칠기 측정 – 표면거칠기	
나사 측정	유효지름 측정 – 나사 마이크로미터 나사산각도 – 투영검사기	

3 미소 이동량의 확대 지시장치

측정기	변환·확대 방식
마이크로미터	나사
다이얼 게이지	기어
미니미터	레버
옵티미터	광학
전기 마이크로미터	전기용량의 변화
공기 마이크로미터	공기 유출량(유량)에 의한 압력 변화

▶ 비교 측정기
- 다이얼게이지 : 기어장치로 미소변위를 확대하여 평면도, 진원도 등을 측정
- 옵티미터 : 광학적으로 미소범위 확대 측정 (렌즈로 확대)
- 미니미터 : 레버 확대기구(지레나 톱니바퀴 원리) 이용하여 길이를 마이크로미터 단위로 측정

▶ 옵티미터

표준 치수의 물체와 측정하고자 하는 물체의 치수 차이를 광학적(光學的)으로 확대하여 정밀하게 측정하는 비교 측정기

03 주요 측정기

1 버니어 캘리퍼스

① 길이 측정 – 외경, 내경, 깊이(단차)

② 버니어 캘리퍼스의 눈금은 어미자와 아들자의 조합으로 읽는다. 아들자는 어미자 눈금 하나를 20분할한 것으로, 보통 0.05 mm 단위까지 측정할 수 있다.

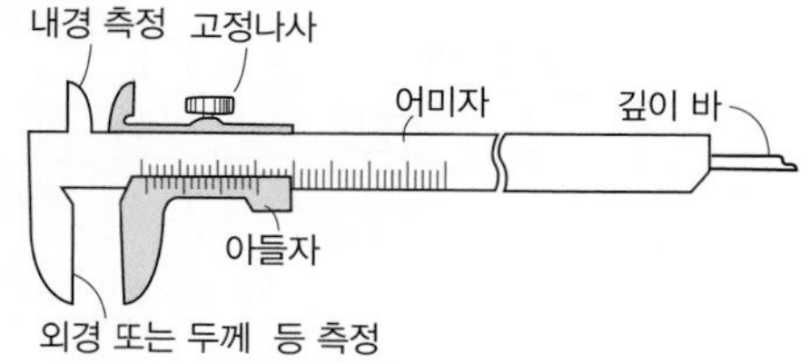

버니어 캘리퍼스의 구조

③ 눈금 읽는 법

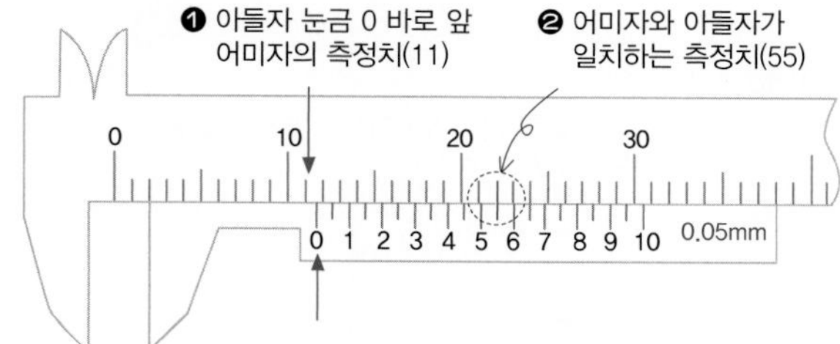

측정치는 어미자 눈금(정수값)과 아들자 눈금(소수값)의 값을 더해서 구한다.
- 어미자 눈금 : 아들자 눈금 0 앞의 눈금을 읽는다. (11 mm)
- 아들자 눈금 : 어미자와 아들자가 일치하는 지점의 눈금을 읽는다. (0.55 mm)
- 전체값 : 11 + 0.55 = 11.55 mm

④ 주의사항 및 취급
- 운동 중인 일감을 측정해서는 안 된다.
- 양측정면과 미끄럼 면을 깨끗이 닦고 각 부분에 흠이나 먼지가 없는지를 확인하고 양측정면을 맞추어서 마모에 의한 흠을 조사함과 동시에 눈금이 정확하게 0을 표시하고 있는가를 확인한다.
- 버니어 캘리퍼스는 가능한 죠(jaw)의 안쪽(본척에 가까운 쪽)을 택해서 측정하는 것이 좋다.
- 눈금의 읽음은 시차를 염두에 두고 눈금으로부터 직각의 위치에서 읽도록 한다.

버니어 캘리퍼스, 마이크로미터 사용법

2 마이크로미터

① 길이 측정 - 외경, 내경, 깊이

② 피치가 정확한 나사를 이용한 치수 측정 기구로 스핀들의 일부분에 정확한 수나사가 있으며, 나사가 1회전하면 1피치 전진하는 것을 이용한다.

③ 버니어캘리퍼스와 유사하게 딤블(아들자)와 슬리브(어미자)의 눈금을 읽어 측정한다. 최소 측정값 0.01mm한다.

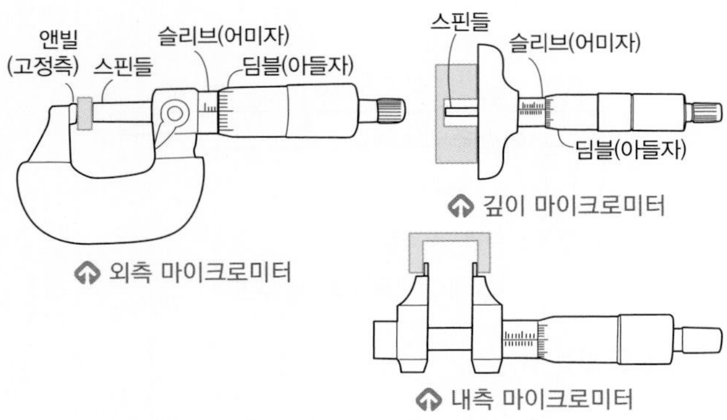

외측 마이크로미터

깊이 마이크로미터

내측 마이크로미터

④ 눈금 읽는 법

① 슬리브와 딤블이 만나는 지점의 슬리브 눈금을 읽는다 : 7.5[mm]

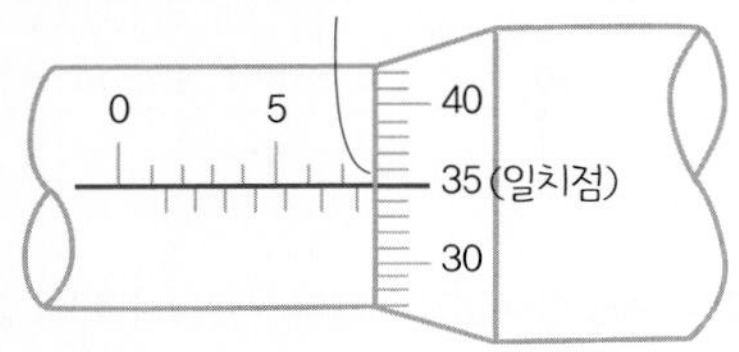

② 예를 들어 딤블의 최소 눈금이 1/100이라고 할 때 슬리브 눈금과 일치하는 점을 찾아 '딤블 눈금수×딤블 최소눈금' = 35×(1/100) = 0.35[mm]

③ : ①+② = 7.5+0.35 = 7.85[mm]

3 하이트(hight) 게이지

금긋기용 공구로 가공물의 중심을 잡거나 가공물을 이동시켜 평행선을 그을 때 사용

스케일과 베이스 및 서피스 게이지를 하나로 합한 구조로, 높이 측정 및 스트라이버로 금긋이 용도로 사용한다.

① HM형 하이트 게이지 : 견고하여 금긋기 작업에 적당하고 슬라이더가 홈형이며, 영점 조정이 불가능하다.

② HB형 하이트 게이지 : 버니어가 슬라이더에 나사로 고정되어 있어 버니어의 영점 조정 가능

③ HT형 하이트 게이지 : 표준형으로 주로 사용, 어미자가 이동 가능

④ 다이얼 하이트 게이지 : 버니어 대신 다이얼 게이지를 부착하여 눈금확인 및 영점 조정 용이

4 다이얼(dial) 게이지

대표적인 비교 측정기로 래크와 피니언 운동을 이용하여 미소한 변위를 확대하여 눈금판의 바늘로 변위량을 지시한다.

> 비교 측정기 : 직접 길이 등을 측정하는 것이 아니라 변화량을 측정하는 것
> ※ 다이얼게이지는 간접적으로 길이 측정이 가능하다.

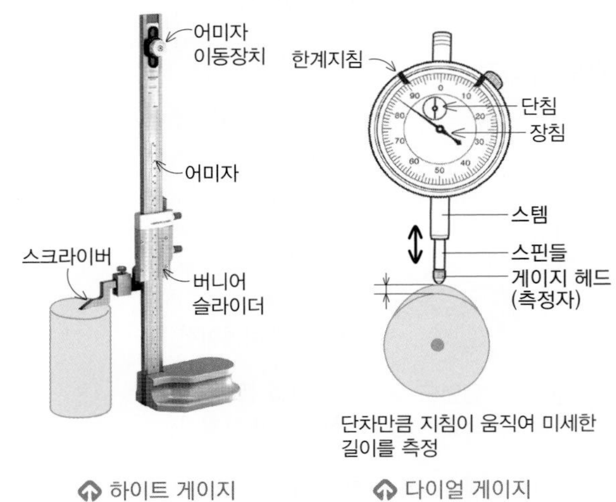

하이트 게이지

다이얼 게이지

5 블록(block) 게이지 - '게이지 블록'이라고도 함

① 단면측정기로 직육면체의 합금 공구강으로 면이 정확하게 평형한 평면으로 두께가 호칭치수로 되어 있으며, 비교측정의 기준 게이지로 사용된다.

② 사용법 : 블록 게이지를 천 등으로 깨끗이 닦은 후 옵티컬 플랫(측정면의 돌기 여부 확인) 확인 후 두께에 따라 블록을 밀착(3mm 이상은 밀착 후 회전) 결합시켜 조합한 형태로 필요한 치수를 만든다.

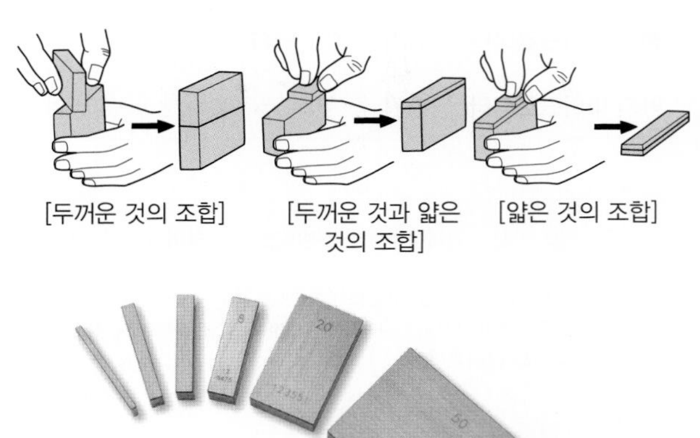

6 한계(limit) 게이지

① 제품의 오차한계를 특정하는 게이지로, 정밀도에 따라 최소·최대 치수 범위를 정하고 그 범위 안에 들어가도록 가공하기 위해 사용
② 종류 : 구멍용(플러그 게이지), 축용(스냅 게이지)
③ 사용법 : 최소, 최대 치수에 따라 정지측, 통과측을 두어 정지측에는 제품이 들어가지 않고, 통과측에 제품이 들어가도록 한다.

7 사인 바(sine bar)

블록게이지 등을 병용하여 삼각함수의 사인(sine)을 이용하여 각도를 측정(또는 설정)하는 측정기

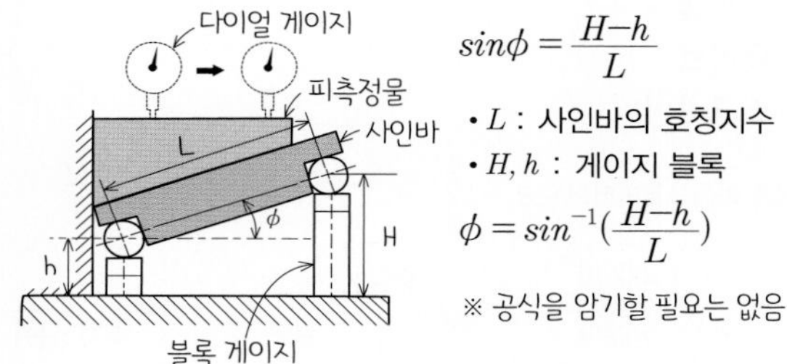

$sin\phi = \frac{H-h}{L}$

- L : 사인바의 호칭지수
- H, h : 게이지 블록

$\phi = sin^{-1}(\frac{H-h}{L})$

※ 공식을 암기할 필요는 없음

8 와이어(wire) 게이지

철사의 지름을 재는데 사용하는 게이지 원판 주위에 철사의 번호에 해당하는 치수의 구멍이 가공되어 있음

9 수준기

각도, 평면 정도를 측정. 유리관 속에 에틸 또는 알코올 등을 봉입하고 약간의 기포를 남겨놓은 것으로 수준기를 대상물에 밀착 후 기울기에 따라 기포의 위치에 따라 수평 여부를 확인하는 측정기이다.

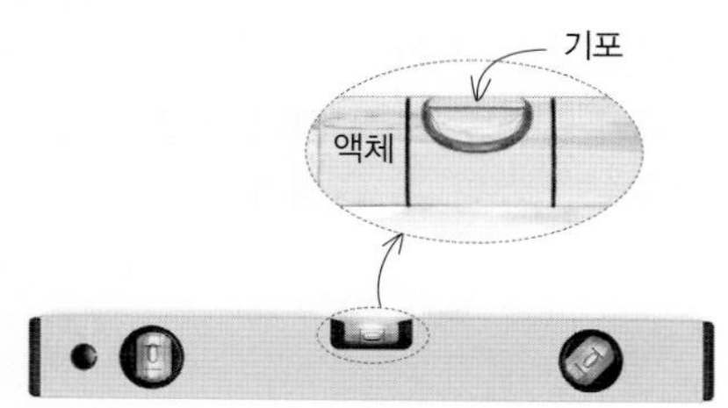

10 광학 측정기

① 옵티컬 플랫(optical flat) : 광학 유리를 연마하여 만든 매우 정밀한 평면판으로 편평도, 평행도를 측정한다. 블록 게이지나 마이크로미터 등 래핑(랩 연마)한 작은 면에 옵티컬 플랫을 측정면에 접촉시키고 헬륨 광선같은 단색광을 비추어 나타나는 간섭무늬의 수로 측정한다. 비교적 작고, 정밀도가 높은 측정물의 평면도 검사에 사용한다.
② 윤곽 투영기(profile projector) : 광학적으로 확대한 뒤 스크린 위에 물체의 형상을 투영하여 윤곽의 형상이나 치수를 검사·측정한다.
③ 오토 콜리메이터(auto collimator) : 망원경의 원리와 콜리메이터의 원리(입사광선을 평행하게 해줌)를 조합하여 미소각도나 면을 측정하는 광학 장치이다.

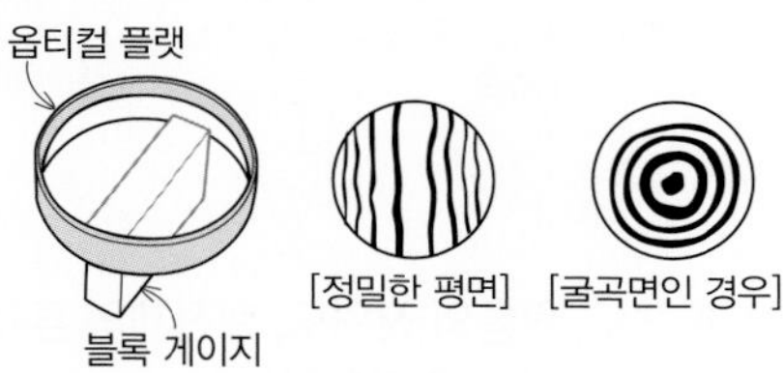

정밀한 평면일 경우 간섭무늬가 평행인 직선으로 나타나고,
그 밖의 무늬일 경우 불규칙한 원형의 간섭무늬가 나타난다.

옵티컬 플랫

chapter 03

기출문제

★ 숫자는 빈출 정도 및 중요도를 나타냅니다.

★★★
1 측정계기의 오차의 원인으로서 장시간의 통전 등에 의한 스프링의 탄성피로에 의하여 생기는 오차를 보정하는 방법으로 가장 알맞은 것은?

① 정전기 제거　② 자기 가열
③ 저항 접속　④ 영점 조정

★★
2 계측기의 오차 중 측정기 자체 결함과 측정 장치나 사용자에 대한 환경의 영향 등에 의한 오차는?

① 절대오차　② 과실오차
③ 계통오차　④ 우연오차

계통오차의 종류 : 계기오차, 환경오차, 개인오차

★★
3 피측정물의 치수와 표준치수와의 차를 측정하는 것은?

① 버니어캘리퍼스
② 마이크로미터
③ 하이트 게이지
④ 다이얼 게이지

다이얼 게이지는 측정물 길이의 직접 측정보다 길이 변화를 비교 측정을 통한 회전축의 휨 등을 측정하는 도구이다. 즉, 측정물의 정확한 치수 측정이 아닌 치수 변화여부를 측정하여 평행도 등을 측정한다.
※ ①~③ : 치수(길이)를 직접 측정

★★★
4 다음 중 일감의 평행도, 원통의 진원도, 회전체의 흔들림 정도 등을 측정할 때 사용하는 측정기기는?

① 버니어캘리퍼스
② 하이트게이지
③ 마이크로미터
④ 다이얼게이지

★
5 회전축의 흔들림 검사에 가장 적합한 측정기는?

① 게이지 블록
② 버니어 캘리퍼스
③ 마이크로미터
④ 다이얼 게이지

★★
6 판의 두께를 가장 정밀하게 측정할 수 있는 것은?

① 줄자
② 직각자
③ R 게이지
④ 마이크로미터

★
7 마이크로미터의 구조에서 구성부품에 속하지 않는 것은?

① 앤빌
② 스핀들
③ 슬리브
④ 스크라이버

외측 마이크로미터의 구조

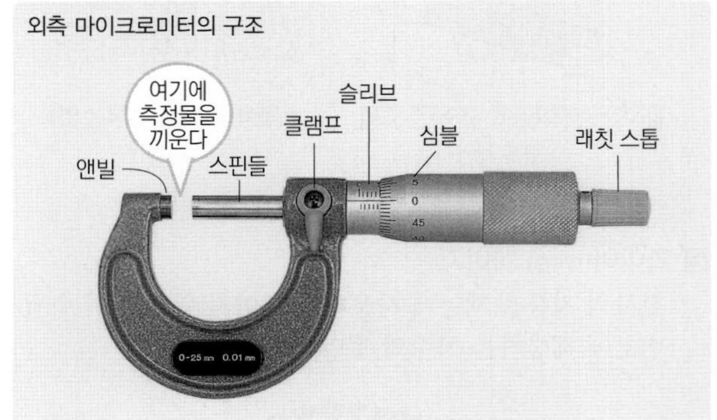

★★★
8 길이 측정에 사용되는 측정기의 설명 중 옳지 않은 것은?

① 다이얼 게이지 : 기어를 이용
② 옵티미터 : 광학 확대장치 이용
③ 미니미터 : 전기용량의 변화를 이용
④ 마이크로미터 : 나사를 이용

미니미터 : 레버 확대기구(지레나 톱니바퀴 원리)를 이용하여 길이를 마이크로미터(μm) 단위로 측정

★★
9 마이크로미터를 이용하여 측정 가능한 것은?

① 미세한 전류
② 작은 길이
③ 진동
④ 미세한 압력

정답 1 ④ 2 ③ 3 ④ 4 ④ 5 ④ 6 ④ 7 ④ 8 ③ 9 ②

10 ★ 측정부의 눈금이 아들자와 어미자의 형태로 되어있지 않은 것은?

① 다이얼 게이지
② 버니어 캘리퍼스
③ 마이크로미터
④ 하이트 게이지

• 버니어 캘리퍼스 : 어미자, 아들자
• 하이트 게이지 : 어미자, 아들자
• 마이크로미터 : 슬리브(어미자), 딤블(아들자)

11 ★ 다이얼 게이지에 대하여 바르게 설명한 것은?

① 움직임을 지침의 회전 변위로 변환시켜 눈금을 읽을 수 있는 길이 측정기이다.
② 작은 무게의 단위를 확대하여 1/100 까지 확대하여 알 수 있는 측정기이다.
③ 소음을 10~10000Hz까지 정확하게 알 수 있는 측정기이다.
④ 저항을 0.001~100Ω까지 정확하게 측정하는 측정기이다.

12 ★ 길이 측정에 적합하지 않은 것은?

① 버니어 캘리퍼스
② 마이크로미터
③ 하이트 게이지
④ 수준기

13 ★ 다음의 계측기 중 측정물에 직접 접촉하지 않고 측정이 가능한 계측기는?

① 오실로스코프
② 마이크로미터
③ 절연 저항계
④ 스트로보스코프

빛을 점멸시켜 주기적으로 회전이나 진동 등의 움직이는 반복 현상을 마치 정지한 상태처럼 보이게 하여 회전체의 회전수를 관측하는 장치이다.

14 ★ 다음 중 각도 측정기가 아닌 것은?

① 서피스 게이지
② 사인 바
③ 분도기
④ 만능 각도기

서피스 게이지 : 공작물에 금을 긋거나 둥근 막대의 중심을 구할 때 사용

15 ★★ 다음 측정기 중 각도측정기로 알맞은 것은?

① 버니어캘리퍼스
② 사인 바
③ 수준기
④ 마이크로미터

• 사인 바 : 대표적인 각도 측정기
• 수준기 : 수준기 중간에 유리관을 두고, 유리관 안에 알코올과 같은 액체를 약 95%~98% 정도 채우면 발생되는 공기층(기포)이 측정기가 기울어짐에 따라 이동된다. 즉 기포의 위치로 수평도 또는 경사각을 알 수 있다.

16 ★★ 사인 바의 크기는?

① 전체 길이
② 아래면의 길이
③ 양쪽 롤러의 중심거리
④ 양쪽 롤러의 원주길이

17 ★ 그림은 무슨 게이지 인가?

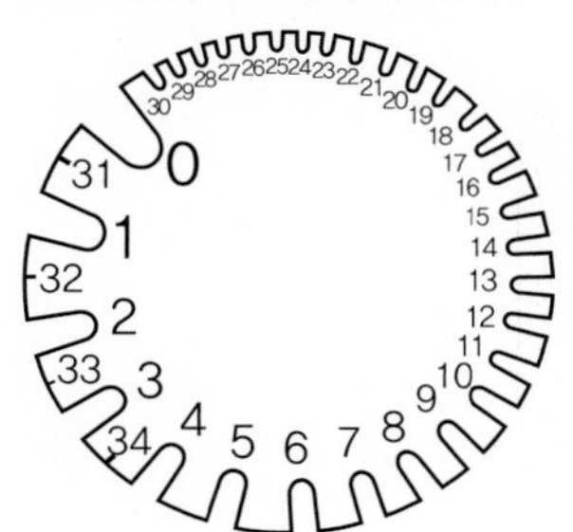

① 틈새게이지
② 피치게이지
③ 와이어게이지
④ 센터게이지

와이어게이지 : 홈 사이에 와이어를 넣어 지름 크기를 측정할 수 있다.

정답 10 ① 11 ① 12 ④ 13 ④ 14 ① 15 ② 16 ③ 17 ③

chapter 03

18 ★★★ 그림은 마이크로미터로 어떤 치수를 측정한 것이다. 치수는 몇 mm 인가?

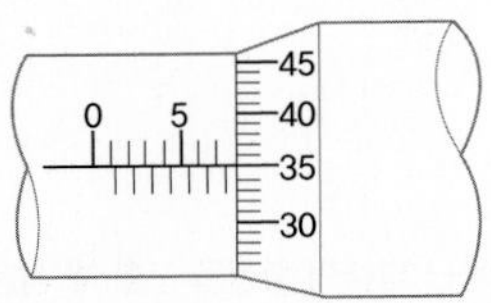

① 0.785
② 5.35
③ 7.35
④ 7.85

마이크로미터의 최소 눈금은 0.01이며,
슬리브 눈금에서 7.5mm,
딤블 눈금에서 35×0.01=0.35mm 이므로
7.5+0.35=7.85mm로 읽는다.

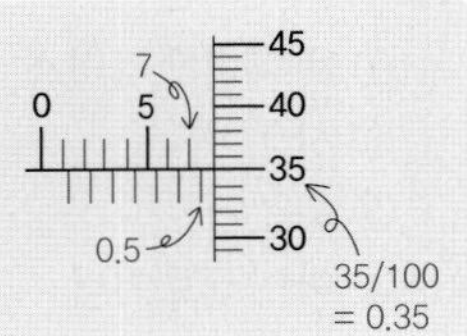

19 ★★★ 그림은 마이크로미터의 눈금 확대도이다. 측정값[mm]으로 가장 알맞은 것은?

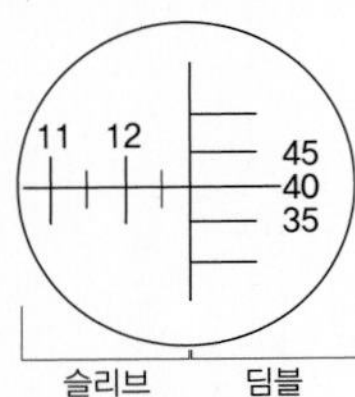

① 12.40
② 12.90
③ 13.40
④ 13.90

마이크로미터의 최소눈금은 0.01이며, 슬리브 눈금에서 12.5mm, 딤블의 눈금에서 40×0.01 = 0.4mm이므로 12.5+0.4 = 12.9mm로 읽는다.

20 ★ 원통부분의 축심과 기준축심의 오차의 크기이며, 표시기호 ◎로 나타내는 측정법은?

① 원통도
② 진원도
③ 위치도
④ 동심도

- 원통도(/○/) : 「얼마나 둥근가」와 「얼마나 곧은가」를 지정
- 진원도(○) : 「얼마나 둥근지」를 지정
- 동심도(◎) : 데이텀에 대해 「2개의 원통 축이 동축인 것(중심 축이 어긋나지 않음)」을 지정
- 위치도(⊕) : 데이텀에 대해 「얼마나 정확한 위치에 있는가」를 지정

※ 데이텀 : 대상 물체의 자세 공차나 위치 공차, 윤곽도 등을 지정하려면 명확한 기준이 필요한데, 그 기준이 말한다. 데이텀은 '이론적이며 이상적인 형체'로 실존하지 않는다.

정답 18 ④ 19 ② 20 ④

CHAPTER

04

공개기출문제

2013~2016 공개문제

공개기출문제 - 2013년 1회

01 유압식 엘리베이터를 구조에 따라 분류할 때 해당되지 않는 것은? ★★★

① 펌프식 ② 간접식
③ 팬터그래프식 ④ 직접식

유압식 엘리베이터의 구조적 분류 : 직접식, 간접식, 팬터그래프식

02 교류 엘리베이터 제어방식에 관한 설명 중 옳지 않은 것은? ★★★

① 교류 일단속도제어는 30 m/min 이하에 적용한다.
② VVVF 제어는 전압과 주파수를 동시에 제어하는 방식이다.
③ 교류 귀환제어는 사이리스터의 점호각을 바꾸어 유도전동기의 속도를 제어하는 방식이다.
④ 교류 이단속도제어방식은 교류 일단속도제어보다 착상오차가 큰 것이 단점이다.

교류 일단속도제어방식은 정지 시 브레이크만 이용하므로 착상오차가 큰 반면, 교류 이단속도제어방식은 정지 시 저속권선을 사용한 후 브레이크를 사용하므로 착상오차가 작다.

03 스프링 완충기는 정격속도가 몇 m/s를 초과하지 않는 곳에 사용하는가? ★

① 0.5 ② 1.0
③ 2.0 ④ 정격속도에 상관없다.

[승강기 안전기준 – 별표 12. 완충기 안전기준]

에너지 축적형	우레탄식 완충기 – 비선형 특성을 갖는 완충기로, 승강기 정격속도가 1.0 m/s를 초과하지 않는 곳에 사용
	스프링 완충기 – 선형 특성을 갖는 완충기로, 승강기 정격속도가 **1.0 m/s**를 초과하지 않는 곳에 사용
	완충된 복귀 운동을 갖는 에너지 축적형 완충기 – 승강기 정격속도가 1.6 m/s를 초과하지 않는 곳에 사용
에너지 분산형	유압 완충기 – 승강기의 정격속도에 상관없이 사용할 수 있는 완충기

04 카 내부의 명판에 반드시 표기해야 할 내용이 아닌 것은? ★

① 승강기 번호
② 승강기 안전인증 번호 및 표시
③ 승강기 관리자명
④ 정격하중(kg) 및 정원(인승)

카 내부 명판의 표기사항
- 제조 · 수입업자의 명(또는 법인 명칭)
- 승강기 번호
- 승강기안전인증 번호 및 표시
- 정격하중(kg) 및 정원(인승)

05 로프의 공칭 직경은 얼마 이상이어야 하는가? (단, 정격속도가 1.75 m/s 이하로 행정안전부장관이 안전성을 확인한 경우는 제외한다.) ★★★

① 6 ② 7
③ 8 ④ 10

로프 : 공칭 직경이 **8 mm** 이상이어야 한다. 다만, 구동기가 승강로에 위치하고, 정격속도가 1.75 m/s 이하인 경우로서 행정안전부장관이 안전성을 확인한 경우에 한정하여 공칭 직경 6 mm의 로프가 허용된다.
※ 조속기로프의 공칭 직경 : 6mm 이상

06 일반 승객용 엘리베이터의 도어머신에 요구되는 구비조건이 아닌 것은? ★★

① 작동이 원활하고 조용할 것
② 방수 및 내화구조일 것
③ 카 상부에 설치하기 위해 소형 경량일 것
④ 작동이 확실해야 할 것

도어머신의 구비조건
- 작동이 원활하고 정숙하여야 한다.
- 카 상부에 설치하기 위하여 소형이며 가벼워야 한다.
- 작동 회수가 승강기 기동 회수의 2배이므로 보수가 쉬워야 한다.

정답 01 ① 02 ④ 03 ② 04 ③ 05 ③ 06 ②

07 과부하 감지장치(Over Load Switch)의 검출 범위로 맞는 것은? ★★★

① 정격하중의 10% 이하
② 정격하중의 20% 이하
③ 정격하중의 30% 이하
④ 정격하중의 40% 이하

> 과부하는 최소 75 kg으로 계산하여 정격하중의 **10%**를 초과하기 전에 검출되어야 한다.

08 엘리베이터 권상기의 구성 요소가 아닌 것은? ★★★

① 감속기
② 브레이크
③ 비상정지장치
④ 전동기

> 권상기의 구성요소 : 전동기, 과속조절기(조속기), 감속기, 브레이크 등

09 승강로 내에서 카를 상하로 주행 안내하고 주행 중 카에 전달되는 진동을 감소시켜 주는 역할을 하는 것은? ★★★

① 가이드 슈
② 완충기
③ 중간 스토퍼
④ 가이드 레일

> 가이드 슈 또는 가이드 롤러는 카 또는 균형추에 부착되어 카 및 균형추가 레일을 따라 움직이도록 안내해주는 장치이다.

10 전기식 엘리베이터에 사용되는 과속조절기(조속기) 로프는 가장 심한 마모부분의 와이어로프의 지름이 마모되지 않는 부분의 와이어로프 직경의 몇 % 미만일 때 교체해야 하는가? ★★★

① 60　② 70
③ 80　④ 90

> 승강기안전부품 안전기준 및 승강기 안전기준 – [별표 22] 엘리베이터 안전기준
> • 마모부분의 와이어로프의 지름 : 마모되지 않은 부분의 와이어로프 직경의 **90%** 이상이어야 한다.

11 조속기가 있는 엘리베이터의 정격속도 1 m/s일 때, 카의 비상정지장치(완충효과가 있는 즉시 작동형)가 작동하는 속도는 몇 m/s 이상이어야 하는가?

① 1　② 1.15
③ 1.25　④ 1.5

> 카 비상정지장치의 작동을 위한 조속기는 정격속도의 **115%** 이상의 속도이어야 한다. 즉, $1 \times 1.15 = 1.15$ m/s
> ※ 정격속도가 1 m/s를 초과할 경우 : $1.25V + 0.25/V = 1.25 + 0.25 = 1.5$

12 여러 층으로 배치되어 있는 고정된 주차구획에 상하로 이동할 수 있는 운반기에 의해 자동차를 운반 이동하여 주차하도록 설계된 주차장치는? ★★

① 승강기식 주차장치
② 평면왕복식 주차장치
③ 수평순환식 주차장치
④ 승강기 슬라이드식 주차장치

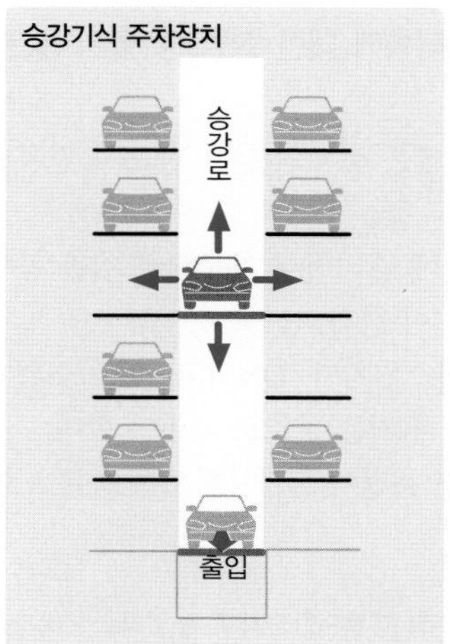

13 균형추(counter weight)의 중량을 구하는 식은? (단, 오버밸런스율은 0.45로 한다.)

① 카 무게 + 정격하중 × 0.45
② 카 무게 × 0.45
③ 카 무게 + 정격 하중
④ 카 무게

> 균형추의 무게 = 카의 자체하중 + (정격하중 × 오버밸런스율)

정답 07 ① 08 ③ 09 ① 10 ④ 11 ② 12 ① 13 ①

chapter 04

14 에스컬레이터 스텝체인의 안전율은 얼마 이상이어야 하는가? ★★★

① 5　　② 10
③ 15　　④ 20

[에스컬레이터의 안전율] 스텝체인 및 연결부를 포함한 벨트 : **5** 이상

15 엘리베이터 자체점검기준에서 전기배선에 대한 점검 내용으로 틀린 것은? ★★★

① 이상 소음 및 진동 발생 상태
② 카문 및 승강장문의 바이패스 기능
③ 전기배선(이동케이블 등) 설치 및 손상상태
④ 모든 접지선의 연결상태

[자체점검기준]
전기배선 점검과 소음·진동 발생과는 다소 거리가 멀다.

16 엘리베이터의 도어인터록에 대한 설명 중 옳지 않은 것은? ★★★

① 카가 정지하고 있지 않은 층계의 문은 반드시 전용열쇠로만 열려져야 한다.
② 승강장에서는 비상시에 대비하여 자물쇠가 일반 공구로도 열려지게 설계되어야 한다.
③ 시건장치 후에 도어스위치가 ON되고, 도어스위치가 OFF후에 시건장치가 빠지는 구조로 되어야 한다.
④ 문이 닫혀있지 않으면 운전이 불가능하도록 하는 도어스위치가 있어야 한다.

승강장문은 비상 또는 점검·수리 시 특수한 형태로 된 열쇠로 열리게 해야 하고, 일반공구로 열리지 못하도록 해야 한다.

17 층고가 6m 이하이고, 공칭속도가 0.5m/s 이하인 경우 에스컬레이터의 경사도는 몇 도까지 증가시킬 수 있는가? ★★★

① 30　　② 40
③ 33　　④ 35

승강기안전기준부품 안전기준 및 승강기 안전기준 – [별표 24] 에스컬레이터 구조 – 5.2.2 경사도
에스컬레이터의 경사도 α는 30°를 초과하지 않아야 한다. 다만, 층고가 6 m 이하이고, 공칭속도가 0.5 m/s 이하인 경우에는 경사도를 **35°**까지 증가시킬 수 있다.

18 1200형 에스컬레이터의 시간당 수송능력은? ★

① 3000명　　② 6000명
③ 9000명　　④ 12000명

난간 폭에 의한 분류
• 1200형(1200mm) : 공칭 수송 능력은 **9,000** 명/시간
• 800형(800mm) : 공칭 수송 능력은 6,000 명/시간

19 엘리베이터의 안전율 기준으로 틀린 것은? ★

① 2가닥 이상의 로프(벨트)에 의해 구동되는 권상 구동 엘리베이터의 경우 : 16 이상
② 체인에 의해 구동되는 엘리베이터의 경우 : 10 이상
③ 로프가 있는 드럼 구동 및 유압식 엘리베이터의 경우 : 12 이상
④ 3가닥 이상의 로프(벨트)에 의해 구동되는 권상 구동 엘리베이터의 경우 : 10 이상

매다는 장치(로프, 벨트)의 안전율

3가닥 이상의 로프(벨트)에 의해 구동되는 권상 구동 엘리베이터	**12** 이상
3가닥 이상의 6mm 이상, 8mm 미만의 로프에 의해 구동되는 권상 구동 엘리베이터	16 이상
2가닥 이상의 로프(벨트)에 의해 구동되는 권상 구동 엘리베이터	16 이상
로프가 있는 드럼 구동 및 유압식 엘리베이터	12 이상
체인에 의해 구동되는 엘리베이터	10 이상

20 전기식 엘리베이터의 과부하방지장치에 대한 설명으로 틀린 것은? ★★★

① 엘리베이터 주행 중에는 오동작을 방지하기 위해 과부하방지장치 작동은 유효화되어 있어야 한다.
② 과부하방지장치의 작동치는 정격 적재하중의 110%를 초과하지 않아야 한다.
③ 과부하방지장치의 작동상태는 초과하중이 해소되기까지 계속 유지되어야 한다.
④ 적재하중 초과시 경보가 울리고 출입문의 닫힘이 자동적으로 제지되어야 한다.

엘리베이터 주행 중 오동작을 방지하기 위해 과부하방지장치의 작동은 무효화되어 있어야 한다. 즉, 엘리베이터 주행 중에는 과부하가 감지되어도 카가 멈추어서는 안된다.

정답 14 ① 15 ① 16 ② 17 ④ 18 ③ 19 ④ 20 ①

21 과속 또는 매다는 장치가 파단 될 경우 주행안내 레일 상에서 카, 균형추 또는 평형추를 하강방향에서 정지시키고 그 정지 상태를 유지하기 위한 기계적 장치는? ★★★

① 추락방지안전장치(비상정지장치)
② 인터록장치
③ 로프처짐 감지장치
④ 과속조절기

22 아파트 등에서 주로 야간에 카내의 범죄활동 방지를 위해 설치하는 것은? ★★★

① 파킹스위치
② 슬로다운 스위치
③ 각층 강제 정지운전 스위치
④ 록다운 비상정지 장치

각층 강제 정지운전 스위치는 야간과 같이 특정시간대에 엘리베이터를 각 층에 강제로 정지시켜 카 내의 범죄를 방지하는 장치이다.

23 사고예방대책 기본 원리 5단계 중 3E를 적용하는 단계는? ★★

① 1단계 ② 2단계
③ 3단계 ④ 5단계

사고예방대책 기본 원리 5단계
1단계: 안전에 대한 목표 설정 및 계획수립
2단계: 불안전한 요소 발견 (안전점검, 사고조사, 안전회의 등)
3단계: 평가·원인 분석
4단계: 효과적인 개선방법 선정(기술적 개선, 교육적 개선, 제도 개선)
5단계: 시정책의 적용 (3E)
- 기술적 대책 (안전설계, 설비개선, 작업기준)
- 교육적 대책 (안전교육, 교육훈련 실시)
- 규제적 대책 (안전기준 설정, 규칙 및 규정 준수 등)

24 다음 엘리베이터 조명에 대한 설명 중 괄호 안에 들어갈 장치는? ★★★

> 카에는 자동으로 재충전되는 비상전원장치에 의해 ( ) lx 이상의 조도로 1시간 동안 전원이 공급되는 비상등이 있어야 한다.

① 0.5 ② 1 ③ 3 ④ 5

[엘리베이터의 안전기준]
카에는 자동으로 재충전되는 비상전원공급장치에 의해 5 lx 이상의 조도로 1시간 동안 전원이 공급되는 비상등이 있어야 한다.

25 에스컬레이터의 안전장치에 해당되지 않는 스위치는? ★★

① 업다운키 스위치(up down key switch)
② 비상정지 스위치(emergency switch)
③ 인렛트 스위치(inlet switch)
④ 스커트가드 안전스위치(skirt guard safety switch)

② 비상 시 수동 정지 스위치
③ 손잡이 부위의 안전스위치
④ 디딤판과 스커트 가이드 사이에 이물질 등이 낄 경우 정지

26 승강기 관리주체는 해당 승강기에 대하여 행정안전부장관이 실시하는 검사를 받아야 한다. 다음 중 해당되는 검사가 아닌 것은? ★★

① 완성검사
② 정기검사
③ 수시검사
④ 특별검사

[승강기 안전관리법]
- 설치검사 : 승강기의 제조 · 수입업자가 승강기의 설치를 끝낸 경우에 받는 검사
- 정기검사 : 설치검사 이후 정기적으로 하는 검사
- 수시검사
  - 승강기의 종류, 제어방식, 정격속도, 정격용량 또는 왕복운행거리를 변경한 경우
  - 승강기의 제어반 또는 구동기를 교체한 경우
  - 승강기 사고가 발생하여 수리한 경우
- 정밀안전검사
  - 정기검사 또는 수시검사 결과 결함의 원인이 불명확하여 사고예방과 안전성 확보를 위하여 행정안전부장관이 정밀안전검사가 필요하다고 인정하는 경우
  - 승강기의 결함으로 중대한 사고 또는 중대한 고장이 발생한 경우
  - 설치검사를 받은 날부터 15년이 지난 경우
  - 기타 행정안전부장관이 정밀안전검사가 필요하다고 인정한 경우

27 사고예방의 기본 4원칙이 아닌 것은? ★★★

① 대책 선정의 원칙
② 개별 분석의 원칙
③ 원인 계기의 원칙
④ 예방 가능의 원칙

사고예방의 기본 4원칙 (→ 암기법 : 손예(진) 대원)
① 손실 우연의 원칙 : 사고의 결과 생기는 손실은 우연히 발생함
② 예방 가능의 원칙 : 천재지변을 제외한 모든 재해는 예방이 가능
③ 대책 선정의 원칙 : 재해는 적합한 대책이 선정되어야 함
④ 원인 계기의 원칙 : 재해는 직접 원인과 간접 원인이 연관되어 일어남

정답 21 ① 22 ③ 23 ④ 24 ④ 25 ① 26 ④ 27 ②

28 승강기 관리주체가 행하여야 할 사항으로 틀린 것은? ★★★

① 승강기를 안전하게 유지관리를 하여야 한다.
② 승강기 검사를 받아야 한다.
③ 안전관리자를 선임하여야 한다.
④ 안전관리자가 선임되면 관리주체는 별도의 관리를 할 필요가 없다.

> 승강기 안전관리법
> 관리주체가 승강기 안전관리자를 선임하는 경우, 관리주체는 승강기 안전관리자가 안전하게 승강기를 관리하도록 지도 · 감독하여야 한다.

29 감전사고로 의식을 잃은 환자에게 가장 먼저 취하여야할 조치로 옳은 것은? ★★

① 인공호흡을 시킨다.
② 음료수를 흡입시킨다.
③ 의복을 벗긴다.
④ 몸에서 피가 나오도록 유도한다.

30 재해 누발자의 유형이 아닌 것은? ★

① 미숙성 누발자
② 상황성 누발자
③ 습관성 누발자
④ 자발성 누발자

> **재해 누발자의 유형**
> • 미숙성 누발자 : 기능 미숙, 환경 미숙
> • 상황성 누발자 : 작업의 어려움, 기계설비 결함, 환경상 집중 부족, 근심
> • 습관성 누발자 : 신경과민, 일종의 슬럼프
> • 소질성 누발자 : 주의력 산만, 지속 불능, 저지능, 주의력 부족, 부정확 등

31 승강로 내부 작업구역의 유효 높이는 몇 m 이상이어야 하는가? ★

① 1.8
② 2.1
③ 2.5
④ 3.5

> [별표 22. 엘리베이터 안전기준]
> • 기계실, 승강로 및 피트 출입문 : 높이 **1.8 m** 이상, 폭 0.7 m 이상
> • 풀리실 출입문 : 높이 1.4 m 이상, 폭 0.6 m 이상
> • 비상문 : 높이 1.8 m 이상, 폭 0.5 m 이상
> • 점검문 : 높이 0.5 m 이하, 폭 0.5 m 이하

32 카 추락방지안전장치(비상정지장치)가 작동될 때, 무부하 상태의 카 바닥 또는 정격하중이 균일하게 분포된 바닥은 정상적인 위치에서 몇 %를 초과하여 기울어지지 않아야 하는가? ★★★

① 3 ② 5 ③ 7 ④ 10

> [별표 22. 엘리베이터 안전기준]
> 카 추락방지안전장치가 작동될 때, 무부하 상태의 카 바닥 또는 정격하중이 균일하게 분포된 부하 상태의 카 바닥은 정상적인 위치에서 **5%**를 초과하여 기울어지지 않아야 한다.

33 균형체인 또는 균형로프의 역할로 적절하지 않은 것은? ★★★

① 승차감을 개선하기 위해 설치한다.
② 착상오차를 개선하기 위해 설치한다.
③ 고층용 엘리베이터에서 소음을 개선하기 위해 설치한다.
④ 카와 균형추 상호간의 위치변화에 따른 와이어로프 무게를 보상하기 위한 것이다.

34 엘리베이터용 유압회로에서 실린더와 유량제어밸브 사이에 들어갈 수 없는 것은? ★★★

① 스트레이너 ② 스톱밸브
③ 사이렌서 ④ 라인필터

> 스트레이너는 오일탱크에 저장된 오일을 펌프로 흡입할 때 입자가 큰 이물질을 거르는 필터이다.

35 다음 그림의 엘리베이터 로핑방법으로 옳은 것은? ★★★

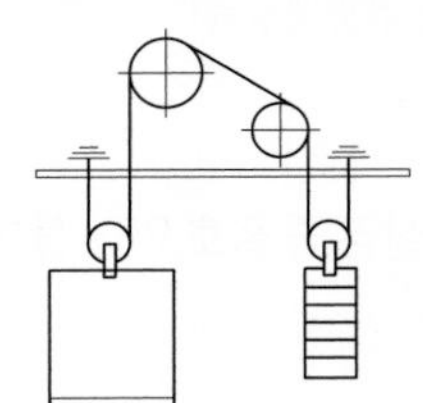

① 1 : 1 로핑
② 2 : 1 로핑
③ 3 : 1 로핑
④ 4 : 1 로핑

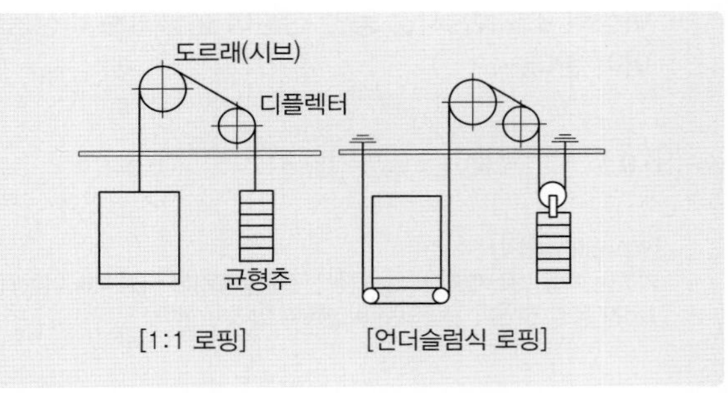

정답 28 ④ 29 ① 30 ④ 31 ① 32 ② 33 ③ 34 ① 35 ②

36 소방구조용(비상용) 엘리베이터에 대한 설명으로 맞는 것은? ★★★

① 소방운전 시 모든 승강장의 출입구마다 정지할 수 있어야 한다.
② 소방관 접근 지정층에 있는 비상용 엘리베이터의 카문 및 승강장문은 닫힌 상태로 계속 유지하고 있어야 한다.
③ 승강장문이 여러 개일 경우 방화 구획된 로비가 하나 이상의 승강장문 전면에 위치해야 한다.
④ 소방관 접근 지정층에서 소방관이 조작하여 엘리베이터 문이 닫힌 이후부터 60초 이내 가장 가까운 층에 도착되어야 한다.

> ② 소방관 접근 지정 층에 있는 비상용 엘리베이터의 카문 및 승강장문은 열린 상태로 계속 유지하고 있어야 한다.
> ③ 모든 승강장문 전면에 방화 구획된 로비를 포함한 승강로 내에 설치되어야 한다.
> ④ 소방관 접근 지정층에서 소방관이 조작하여 엘리베이터 문이 닫힌 이후부터 **60**초 이내에 가장 먼 층에 도착되어야 한다. 다만, 운행속도는 1 m/s 이상이어야 한다.

37 완충효과가 있는 즉시 작동형 비상정지장치의 정격속도는 몇 m/s 이하인가? ★★★

① 0.5　　② 0.63
③ 1.0　　④ 1.5

> [별표 22. 엘리베이터 안전기준] 다른 형식의 비상정지장치

사용 조건	형식
정격속도 1 m/s 초과	점차 작동형
정격속도 1 m/s 이하	완충효과가 있는 즉시 작동형
정격속도 0.63 m/s 이하	즉시 작동형
여러 개의 비상정지장치가 설치된 경우	점차 작동형
균형추 또는 평형추의 비상정지장치	점차 작동형 (다만, 정격속도가 1 m/s 이하인 경우 : 즉시 작동형)

38 무빙워크(수평보행기)의 경사도는 특수한 경우를 제외하고 몇 도 이하로 하여야 하는가? ★★★

① 12　　② 18
③ 25　　④ 30

> • 에스컬레이터의 경사도 : 30° 이하
> • 무빙워크의 경사도 : **12°** 이하

39 비상구출문에 대한 설명으로 틀린 것은? ★★★

① 카 천장에 비상구 출문이 설치된 경우, 유효 개구부의 크기는 0.3m × 0.3m 이상이어야 한다.
② 카 천장의 비상구 출문은 카 내부에서 비상잠금해제 삼각열쇠로 열려야 한다.
③ 카 천장의 비상구 출문은 카 외부에서 열쇠없이 열려야 한다.
④ 카 천장의 비상구 출문은 카 내부 방향으로 열리지 않아야 한다.

> 승강기안전부품 안전기준 및 승강기 안전기준 – [별표 22] 엘리베이터 안전기준
> 카 천장에 비상구출문이 설치된 경우, 유효 개구부의 크기 **0.4×0.5m** 이상이어야 한다.

40 엘리베이터의 비상정지장치에 대한 보수점검 사항이 아닌 것은? ★★★

① 세이프티 링크 기구에 이완이나 용접이 벗겨지는 일은 없는지 점검
② 세이프티 링크 스위치와 캠의 간격 점검
③ 마찰 댐퍼의 스프링 및 볼트 변형 등 점검
④ 과속스위치의 접점 및 작동 점검

> 과속스위치의 접점 및 작동 점검은 조속기의 점검 사항이다.

41 카 실내에서 행하는 검사가 아닌 것은? ★★★

① 카 내 버튼의 설치 및 작동상태
② 비상통화장치의 작동상태
③ 조명의 점등상태 및 조도
④ 출입문·비상문 및 점검문의 설치 및 작동상태

> [자체점검기준] **카의 점검기준**
> • 유리가 사용된 카 벽의 손잡이 고정 설치
> • 카 내부의 표기
> • 비상통화장치의 작동
> • 조명의 점등상태 및 조도
> • 비상등 조도 및 작동
> • 과부하감지장치 설치 및 작동
> • 에이프런 고정 및 설치
> • 카 내 버튼의 설치 및 작동
> • 카 내 층 표시장치 등 작동
> ※ ④는 '승강로 내의 보호'에 대한 점검사항이다.

chapter 04

정답 36 ① 37 ③ 38 ① 39 ① 40 ④ 41 ④

42 기계실에서 점검할 항목이 아닌 것은? ★★★

① 수전반 및 주개폐기
② 가이드 롤러
③ 절연저항
④ 제동기

가이드 롤러는 카 상부에서의 점검에 해당한다.

43 승객용 엘리베이터에서 자동으로 동력에 의해 문을 닫는 방식에서의 문닫힘 안전장치의 기준에 부적합한 것은? ★

① 문닫힘 동작시 사람 또는 물건이 끼일 때 문이 반전하여 열려야 한다.
② 문닫힘 안전장치 연결전선이 끊어지면 문이 반전하여 닫혀야 한다.
③ 문닫힘 안전장치의 종류에는 세이프티슈, 광전장치, 초음파장치 등이 있다.
④ 문닫힘 안전장치는 카 문이나 승강장 문에 설치되어야 한다.

문닫힘 안전장치의 연결전선이 끊어지면 문이 반전하여 열리는 구조이어야 한다.

44 카를 승강장에서 휴지조작, 재개조작이 가능하도록 지정층의 승강장에 설치하는 장치는? ★★★

① 신호장치
② 비상전원장치
③ 파킹장치
④ 관제운전장치

파킹스위치(키 스위치)는 승강장·중앙관리실 또는 경비실 등에 설치되어 엘리베이터 운행의 휴지조작과 재개조작이 가능하여야 한다.

45 에스컬레이터의 이동식 핸드레일의 경우, 운행 전구간에서 디딤판과 핸드레일 속도차의 범위는? ★★

① 0~1% 이하
② 0~2% 이하
③ 0~3% 이하
④ 0~4% 이하

스텝, 팔레트 또는 벨트의 실제 속도와 관련하여 동일 방향으로 0~2%의 공차가 있는 속도로 움직이는 핸드레일이 설치되어야 한다.

46 균형체인과 균형로프의 점검사항이 아닌 것은? ★★

① 연결부위의 이상 마모가 있는지를 점검
② 이완상태가 있는지를 점검
③ 이상소음이 있는지를 점검
④ 양쪽 끝단은 카의 양측에 균등하게 연결되어 있는지를 점검

- 로프(벨트) 마모 및 파단상태
- 로프(벨트) 단말부의 고정 및 설치상태
- 로프(벨트) 간 장력 균등상태
- 체인의 결합상태(핀, 링크 등)
- 체인 끝부분의 지지대 체결상태
- 체인 간 장력 균등상태

47 엘리베이터용 승강장 도어 표기를 "2S"라고 한 때 숫자 "2"와 문자 "S"가 나타내는 것은? ★★★

① "2" : 도어의 형태, "S" : 중앙열기
② "2" : 도어의 매수, "S" : 중앙열기
③ "2" : 도어의 형태, "S" : 측면열기
④ "2" : 도어의 매수, "S" : 측면열기

2 : 도어 수, S : Side(측면 열기)

48 회전축에서 베어링과 접촉하고 있는 부분은? ★

① 핀 ② 저널
③ 베어링 ④ 체인

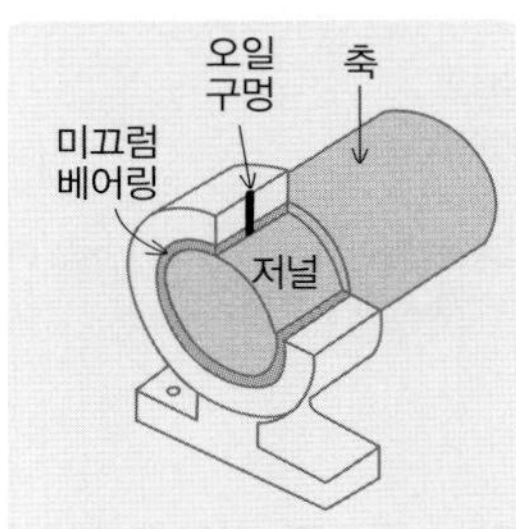

49 되먹임제어에서 꼭 필요한 장치는? ★★★

① 응답속도를 느리게 하는 장치
② 응답속도를 빠르게 하는 장치
③ 안정도를 좋게 하는 장치
④ 입력과 출력을 비교하는 장치

되먹임제어는 피드백제어를 말하며, 시스템의 출력과 기준 입력을 비교하고, 그 차이(오차)를 감소시키도록 하는 작동시키는 동작을 말한다.

정답 42 ② 43 ② 44 ③ 45 ② 46 ④ 47 ④ 48 ② 49 ④

50 유도전동기의 속도를 변화시키는 방법이 아닌 것은? ★★★

① 용량을 변화시킨다.
② 슬립 s를 변화시킨다.
③ 극수 P를 변화시킨다.
④ 주파수 f를 변화시킨다.

유도전동기의 속도 $N=(1-s)N_S=(1-s)\frac{120f}{p}$
f : 주파수[Hz], p : 전동기의 극수, p : 전동기의 극수, s : 슬립
∴ 전동기의 속도를 변화시키려면 전동기의 극수 P, 전원주파수 f, 슬립 s를 변경하여야 한다.

51 직류전동기에서 자속이 감소되면 회전수는 어떻게 되는가? ★★★

① 불변 ② 정지
③ 감소 ④ 증가

직류전동기 속도(회전수) $N=\frac{V-I_aR_a}{K\phi}$
식에서 전압(V)에 비례, 저항(R_a)에 반비례, 자속(ϕ)에 반비례한다.
즉, 자속이 감소할수록 증가한다.

52 전기의 본질에 대한 설명으로 틀린 것은? ★

① 전자는 음(−)의 전기를 띤 입자이다.
② 양성자는 양(+)의 전기를 띤 입자이다.
③ 중성자는 전기를 띠지 않지만 질량은 전자와 거의 같다.
④ 전기량의 크기는 양성자와 같다.

중성자는 전기(전하)를 띠지 않으며,
질량은 양성자와 거의 같다.

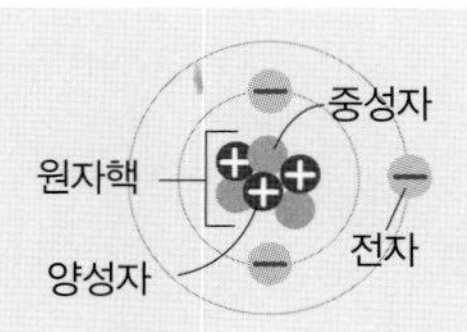

53 다음 중 길이를 측정하는 측정기가 아닌 것은? ★★★

① 버니어 캘리퍼스 ② 마이크로미터
③ 사인바 ④ 높이게이지

길이 측정 : 버니어 캘리퍼스, 마이크로미터, 높이게이지, 다이얼게이지
※ 사인바 : 각도 측정

54 연결대의 등급과 사용구분이 옳게 짝지어진 것은? ★★★

① 2종 : 1개걸이, U자걸이 공용
② 3종 : 안전블록
③ 1종 : U자걸이 전용
④ 4종 : 1개걸이 전용

[빈출]
• 1종 : U자걸이 전용
• 2종 : 1개 걸이 전용
• 3종 : U자 걸이, 1개 걸이 공용
• 4종 : 안전블록
• 5종 : 추락방지대

55 감전사고의 원인이 되는 것과 관계없는 것은? ★★★

① 기계기구의 빈번한 기동 및 정지
② 정전작업 시 접지가 없어 유도전압이 발생
③ 전기기계기구나 공구의 절연파괴
④ 콘덴서의 방전코일이 없는 상태

정전작업이란 전기기계·기구 또는 전로의 설치 · 해체 · 정비 · 점검으로부터 감전 또는 설비 오동작을 방지하기 위해 작업 구간을 정전시켜 수행하는 작업이다.
정전작업 전 (1) 작업전 전원차단, (2) 전원투입의 방지, (3) 작업장소의 무전압 여부 확인, (4) 단락 접지, (5) 작업장소의 보호의 안전수칙이 필요하다.

56 그림은 마이크로미터로 어떤 치수를 측정한 것이다. 치수는 약 몇 mm 인가? ★★★

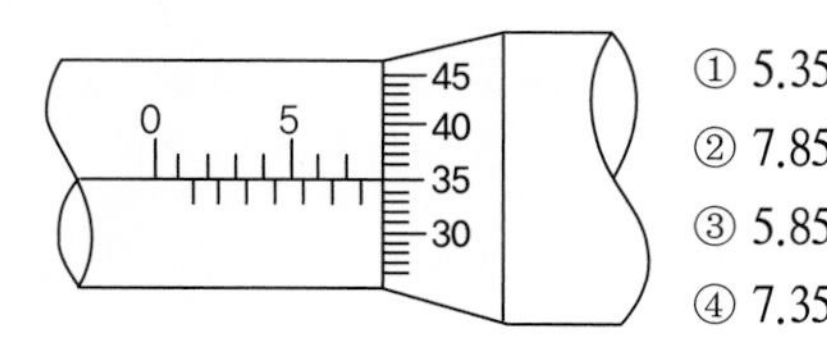

① 5.35
② 7.85
③ 5.85
④ 7.35

슬리브(어미자)의 눈금은 7.5이며,
딤블(아들자)의 눈금은 0.35(= 35/100) 이므로
7+0.5+0.35 = 7.85

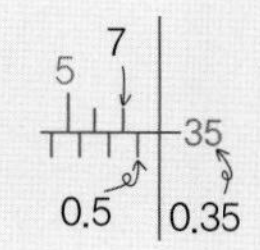

정답 50 ① 51 ④ 52 ③ 53 ③ 54 ③ 55 ① 56 ②

chapter 04

57 다음 응력에 대한 설명 중 옳은 것은? ★★★

① 단면적이 일정한 상태에서 외력이 증가하면 응력은 작아진다.
② 단면적이 일정한 상태에서 하중이 증가하면 응력은 증가한다.
③ 외력이 일정한 상태에서 단면적이 작아지면 응력은 작아진다.
④ 외력이 증가하고 단면적이 커지면 응력은 증가한다.

응력 : 단위면적당 작용하는 외력(하중)의 크기 (kgf/cm^2)

$$\text{응력}(\sigma) = \frac{\text{하중(P)}}{\text{단면적(A)}}$$

단면적이 일정한 상태란 의미는 값이 그 값이 동일하다는 의미이다. 만약 단면적이 1이라고 했을 때 하중이 증가하면 응력도 증가한다.

58 2V의 기전력으로 80J의 일을 할 때 이동한 전기량(C)은? ★★★

① 0.4
② 4
③ 40
④ 160

$W[\mathrm{J}] = V[\mathrm{V}] \times Q[\mathrm{C}] = VIt$ (전압×전류×시간)
$80 = 2 \times Q$
$Q = 40$

59 자기저항의 단위로 맞는 것은? ★★★

① Ω
② AT/Wb
③ ϕ
④ Wb

자기저항은 자기력에 대하여 전기저항과 유사한 물리량을 말하며, 단위는 AT/Wb(Ampare Turn/Wb) 또는 역 헨리(H^{-1})이다.
① 저항 ③ 자속의 기호 ④ 자속의 단위
※ 참고) 자기장(자계)의 세기 : AT/m

60 길이 60cm, 지름 2cm의 연강 환봉을 2000N의 힘으로 길이방향으로 잡아당길 때 0.018cm가 늘어난 경우 변형률(strain)은? ★★★

① 0.0003
② 0.003
③ 0.009
④ 0.09

$$\text{변형률} = \frac{\text{길이 변형량}}{\text{원래 길이}} = \frac{0.018}{60} = 0.0003$$

정답 57 ② 58 ③ 59 ② 60 ①

공개기출문제 - 2013년 2회

01 추락방지안전장치 등의 작동을 위한 과속조절기는 정격속도의 몇 % 이상의 속도에서 작동되어야 하는가? ★★★

① 105% ② 110%
③ 115% ④ 120%

추락방지안전장치 등의 작동을 위한 과속조절기는 정격속도의 **115%** 이상의 속도에서 작동되어야 한다.

02 승강장의 문이 열린 상태에서 모든 제약이 해제되면 자동적으로 닫히게 하여 문의 개방에서 생기는 2차 재해를 방지하는 것은? ★★★

① 도어 인터록 ② 도어 클로저
③ 도어 머신 ④ 도어 행거

도어 클러저는 승강장에 카가 없을 경우 승강장 문을 자동으로 닫히게 하여 승강장 문이 개방되어 발생하는 2차 재해를 방지한다.

03 승강기의 카 상부에서 행할 수 없는 점검은?

① 카 천정 조명등의 상태
② 비상 구출구의 상태
③ 카 도어 스위치의 설치 상태
④ 상부의 리미트 스위치의 설치 상태

카 천정 조명등의 상태는 카 실내의 점검이다.

04 로프식 엘리베이터에서 주 로프가 절단되었을 때 일어나는 현상이 아닌 것은? ★★★

① 조속기(governor)의 과속 스위치가 작동된다.
② 비상정지장치(safety device)가 작동된다.
③ 조속기 로프에 카(car)가 매달린다.
④ 조속기의 캣치가 작동한다.

주 로프가 절단되면 1차로 조속기의 플라이웨이트가 과속 스위치를 작동시켜 모터 및 브레이크 전원을 차단시키며, 2차로 로프캐치로 통해 기계적으로 조속기 로프를 잡아 비상정지장치를 작동시켜 정지시킨다.

05 엘리베이터용 권상기 브레이크에 대한 설명으로 옳은 것은? ★

① 주동력 전원공급 또는 제어회로에 전원공급이 차단되는 경우 수동으로 작동되어야 한다.
② 관성에 의한 원동기의 회전을 제지할 수 있어야 한다.
③ 승객용 엘리베이터는 110%의 부하로 하강 중 감속·정지할 수 있어야 한다.
④ 카의 감속도는 비상정지장치의 작동 또는 카가 완충기에 정지할 때 발생되는 감속도를 초과해야 한다.

[승강기검사기준 – 전기식 엘리베이터의 구조]
- 주동력 전원공급 또는 제어회로에 전원공급이 차단되는 경우 자동으로 작동되어야 한다.
- 전자-기계 브레이크는 자체적으로 카가 정격속도로 정격하중의 125%를 싣고 하강방향으로 운행될 때 구동기를 정지시킬 수 있어야 한다.
- 카의 감속도는 비상정지 장치의 작동 또는 카가 완충기에 정지할 때 발생되는 감속도를 초과하지 않아야 한다.

06 수직면 내에 배열된 다수의 주차구획이 순환 이동하는 방식의 주차설비는 무엇인가? ★★★

① 다층순환식
② 수평순환식
③ 승강기식
④ 수직순환식

기계식 주차장치의 종류 – 주차구획의 이동에 따라
(주차구획이란 : 자동차가 탑차되는 부분)
- 다층순환식 : 주차구획을 다층으로 된 공간에 상하 또는 수평으로 순환이동
- 수평순환식 : 수평면 내에 배열된 다수의 주차구획이 수평으로 순환이동
- 수직순환식 : 수직면 내에 배열된 다수의 주차구획이 순환 이동
- 승강기식 : 다층으로 배치된 고정된 주차구획에 상하로 이동할 수 있는 승강기(운반기)에 의해 차량을 자동으로 운반 이동
- 2단식 : 2단으로 배치된 주차구획을 상하 또는 수평·상하로 순환 이동

정답 01 ③ 02 ② 03 ① 04 ③ 05 ② 06 ④

07 직접식 유압 엘리베이터의 특징으로 옳지 않은 것은? ★★★

① 승강로의 소요 평면 치수가 작고, 구조가 간단하다.
② 비상정지장치가 필요하다.
③ 부하에 의한 바닥 침하가 적다.
④ 실린더 보호관을 땅속에 설치할 필요가 있다.

직접식 유압 엘리베이터는 카가 실린더의 피스톤(플런저)에 장착되어 카는 플런저의 상승 높이와 같은 높이로 상승한다.
※ 비상정지장치는 로프를 사용하는 간접식에 필요하다.

08 에스컬레이터의 경사도가 30°를 초과하고 35° 이하일 때 공칭 속도는 얼마 이어야 하는가? ★★

① 0.1 m/s 이하
② 0.75 m/s 이하
③ 0.5 m/s 이하
④ 1 m/s 이하

[별표 3. 에스컬레이터 및 무빙워크의 구조]
• 경사도 30° 이하 – 0.75 m/s 이하
• 경사도 30° 초과, 35° 이하 – **0.5 m/s** 이하

09 엘리베이터의 완충기에 대한 설명 중 옳지 않은 것은? ★★

① 에너지 축적형과 에너지 분산형으로 구분한다.
② 선형 특성을 갖으며, 정격속도 1.0 m/s 이하는 스프링 완충기가 사용된다.
③ 비선형 특성을 갖으며, 정격속도 1.0 m/s 이하는 우레탄식 완충기가 사용된다.
④ 스프링 완충기의 작용은 유체저항에 의한다.

[승강기 안전기준 – 별표 12. 완충기 안전기준]

구분	내용
에너지 축적형	우레탄식 완충기 – 비선형 특성을 갖는 완충기로, 승강기 정격속도가 1.0 m/s를 초과하지 않는 곳에 사용
	스프링 완충기 – 선형 특성을 갖는 완충기로, 승강기 정격속도가 1.0 m/s를 초과하지 않는 곳에 사용
	완충된 복귀 운동을 갖는 에너지 축적형 완충기 – 승강기 정격속도가 1.6 m/s를 초과하지 않는 곳에 사용
에너지 분산형	유압 완충기 – 승강기의 정격속도에 상관없이 사용할 수 있는 완충기

유체저항을 이용한 것은 유압식 완충기이다.

10 엘리베이터의 로프 거는 방법에서 1:1에 비하여 3:1, 4:1 또는 6:1로 하였을 때 나타나는 현상으로 옳지 않은 것은? ★★

① 로프의 수명이 짧아진다.
② 로프의 길이가 길어진다.
③ 속도가 빨라진다.
④ 종합적인 효율이 저하된다.

1:1에서 로프 장력은 카(또는 균형추)의 중량과 로프의 중량을 합한 것이지만, 2:1 일 때는 그 절반이 된다. 쉽게 말하자면 같은 힘으로 두 배의 무게를 들어 올릴 수 있지만, 속도가 1/2로 줄어든다. 대용량·저속 화물엘리베이터는 3:1, 4: 1, 5:1, 6:1도 사용되지만 다음과 같은 결점이 있다.
• 로프의 수명이 짧다.
• 로프의 길이가 길게 된다.
• 이동 도르래는 효율을 낮추므로 종합적인 효율이 저하된다.

11 기계실의 작업구역의 유효 높이는 몇 이상이어야 하는가? ★★★

① 1.5m ② 2.1m
③ 2m ④ 3m

기계실의 작업구역의 유효 높이 : 2.1m 이상

12 도어 사이에 이물질이 있는 경우 도어를 반전시키는 안전장치가 아닌 것은? ★

① 세이프티 슈
② 세이프티 디바이스
③ 세이프티 레이
④ 초음파 장치

세이프티 디바이스는 추락방지안전장치(비상정지장치)를 의미한다.

13 로프 소선의 파단강도에 따라 구분되는 로프 중에서 파단강도가 높기 때문에 초고층용 엘리베이터나 로프가닥 수를 적게 하고자 하는 경우에 쓰이는 것은? ★

① A종 ② B종
③ E종 ④ G종

로프 소선의 파단강도에 의한 분류
• E종 – 일반 엘리베이터에 사용
• A종 – 파단강도가 높아 초고층용 엘리베이터나 로프가닥수를 적게 하고자 하는 경우 등에 사용
• B종 – 강도·경도가 A종보다 높아 엘리베이터에서 거의 사용하지 않음
• G종 – 소선 표면에 아연도금하여 녹 발생을 방지

정답 07 ② 08 ② 09 ④ 10 ③ 11 ② 12 ② 13 ①

14 사이리스터의 점호각을 바꿔 유도전동기의 속도를 제어하는 방식은? ★★★

① 교류 1단제어
② 교류 2단제어
③ 교류 귀환제어
④ VVVF제어

교류 귀환제어 : 카의 실속도와 지령속도를 비교하여 사이리스터의 점호각을 바꿔 유도전동기의 속도를 제어하는 방식으로 미리 정해진 지령속도에 따라 속도를 제어하여 승차감 및 착상감이 좋다. (귀환 : 카의 실속도 신호를 피드백(귀환) 받는다는 의미)

15 승강기가 어떤 원인으로 피트에 떨어졌을 때 충격을 완화하기 위하여 설치하는 것은?

① 조속기　② 비상정지장치
③ 완충기　④ 제동기

16 엘리베이터 전원이 정전이 될 경우 카내 비상등에 관한 설명 중 타당하지 않은 것은?

① 비상등은 정상 조명전원이 차단되면 즉시 자동으로 점등되어야 한다.
② 조도는 1 Lux 미만이어야 한다.
③ 비상등에는 1시간 동안 전원이 공급되어야 한다.
④ 비상등은 카 내부 및 카 지붕에 있는 비상통화장치의 작동 버튼을 조명해야 한다.

[별표 22. 엘리베이터 안전기준]
카에는 자동으로 재충전되는 비상전원공급장치에 의해 **5 Lx** 이상의 조도로 **1**시간 동안 전원이 공급되는 비상등이 있어야 한다. 이 비상등은 다음과 같은 장소에 조명되어야 하고, 정상 조명전원이 차단되면 즉시 자동으로 점등되어야 한다.
가) 카 내부 및 카 지붕에 있는 비상통화장치의 작동 버튼
나) 카 바닥 위 1 m 지점의 카 중심부
다) 카 지붕 바닥 위 1 m 지점의 카 지붕 중심부

17 승강기의 자체점검 항목이 아닌 것은? ★

① 브레이크
② 주행안내 레일
③ 권과방지장치
④ 비상정지장치

권과방지장치 : 와이어로프가 너무 많이 감기거나 풀리는 것을 방지하며, 자체검사기준 항목이 아니다.

18 승강기를 보수 점검할 경우 보수점검의 내용이 틀린 것은? ★★

① 메인 로프와 시브의 마모를 줄이기 위해 그리스를 주기적으로 충분하게 주입한다.
② 권동기의 기어오일을 확인하고 부족시 주유한다.
③ 레일 가이드 슈의 오일을 확인하여 부족시 보충하고 구동체인에는 그리스를 주입한다.
④ 도어슈, 도어클로저, 체인 등에서 소음이 발생할 때 링크부위를 그리스로 주입하고 볼트와 너트가 풀린 곳을 확인하고 조인다.

그리스 주입시 로프와 시브 사이에 마찰력이 감소되어 미끄러진다.

19 엘리베이터의 안정된 사용 및 정지를 위하여 승강장 및 중앙관리실 또는 경비실 등에 설치되어 엘리베이터 운전의 휴지조작과 재운행조작이 가능한 안전장치는? ★★

① 자동/수동 전환스위치
② 도어 안전장치
③ 파킹스위치
④ 비상정지스위치

[전기식 엘리베이터의 구조]
파킹스위치는 승강장 및 중앙관리실 또는 경비실 등에 설치되어 엘리베이터 운전의 휴지 조작과 재운행 조작이 가능하여야 한다.
• 자동/수동 전환스위치 : 카 내 운전조작반 버튼 아래에 별도의 key로 열 수 있는 곳에 설치되어 있다. 피트 점검 등을 위해 수동으로 전환한다.
• 비상정지스위치 - 카 아래에 설치되어 규정속도 이상으로 하강 시 작동하는 안전장치

20 균형로프, 균형체인 또는 균형벨트와 같은 보상수단은 몇 이상의 안전율을 가지고 견딜 수 있어야 하는가? ★★★

① 3　② 5
③ 7　④ 9

[전기식 엘리베이터의 구조]
균형로프, 균형체인 또는 균형벨트와 같은 보상수단 및 보상수단의 부속품은 영향을 받는 모든 정적인 힘에 대해 **5** 이상의 안전율을 가지고 견딜 수 있어야 한다. 카 또는 균형추가 운행구간의 최상부에 있을 때 보상수단의 최대 현수무게 및 인장 풀리조립체(있는 경우) 전체 무게의 1/2의 무게가 포함되어야 한다.

정답 14 ③ 15 ③ 16 ② 17 ③ 18 ① 19 ③ 20 ②

21 엘리베이터의 승강장문 및 카문에 대한 설명 중 옳지 않은 것은? ★

① 카에 정상적으로 출입할 수 있는 승강로 개구부에는 승강장문이 제공되어야 하고, 카에 출입은 카문을 통해야 한다.
② 2개 이상의 카문이 있는 경우, 2개의 문이 동시에 열릴 수 있어야 한다.
③ 승강장문 및 카문이 닫혀 있을 때, 문짝 간 틈새나 문짝과 문틀(측면) 또는 문턱 사이의 틈새는 6mm 이하이어야 한다.
④ 주택용 엘리베이터를 제외하고 승강장문 및 카문의 출입구 유효 높이는 2m 이상이어야 한다.

2개 이상의 카문이 있는 경우, 어떠한 경우라도 2개의 문이 동시에 열리지 않아야 한다.

22 엘리베이터 카 도어머신에 요구되는 성능이 아닌 것은? ★★★

① 작동이 원활하고 정숙할 것
② 카 상부에 설치하기 위해 소형 경량일 것
③ 동작회수가 엘리베이터 기동회수의 2배이므로 보수가 용이할 것
④ 어떠한 경우라도 수동으로 카 도어가 열려서는 안될 것

닫혀진 상태에서 정전되었을 때 구출을 위해 도어를 열 수 있어야 한다.

23 엘리베이터 카 내부에서 실시하는 검사가 아닌 것은? ★★★

① 외부와 연결하는 통화장치의 작동상태
② 정전시 예비조명장치의 작동상태
③ 리미트 스위치의 작동상태
④ 도어스위치의 작동상태

리미트 스위치는 피트 또는 카 상부에서 하는 검사이다.

24 도르래의 직경은 주로프 직경의 최소 몇 배 이상으로 해야 하는가? ★★★

① 10　② 20
③ 30　④ 40

도르래의 직경은 주로프 직경의 **40**배 이상으로 하여야 한다.

25 균형추 또는 평형추의 비상정지장치 중 점차작동형을 사용해야 하는 경우는? ★★★

① 정격속도 1m/s를 초과할 경우
② 정격속도 1m/s를 초과하지 않을 경우
③ 정격속도 0.63m/s를 초과하지 않을 경우
④ 정격속도 0.5m/s를 초과할 경우

- 정격속도 1 m/s 초과하는 경우 : 점차작동형
- 정격속도 1 m/s 초과하지 않는 경우 : 완충효과가 있는 즉시 작동형
- 정격속도 0.63 m/s 초과하지 않는 경우 : 즉시 작동형
- 카에 여러 개의 비상정지장치가 설치된 경우 : 모두 점차 작동형

26 엘리베이터의 안전율 기준으로 틀린 것은? ★★

① 2가닥 이상의 로프(벨트)에 의해 구동되는 권상 구동 엘리베이터의 경우 : 16 이상
② 체인에 의해 구동되는 엘리베이터의 경우 : 10 이상
③ 로프가 있는 드럼 구동 및 유압식 엘리베이터의 경우 : 12 이상
④ 3가닥 이상의 로프(벨트)에 의해 구동되는 권상 구동 엘리베이터의 경우 : 10 이상

매다는 장치(로프, 벨트)의 안전율

3가닥 이상의 로프(벨트)에 의해 구동되는 권상 구동 엘리베이터	**12** 이상
3가닥 이상의 6mm 이상, 8mm 미만의 로프에 의해 구동되는 권상 구동 엘리베이터	16 이상
2가닥 이상의 로프(벨트)에 의해 구동되는 권상 구동 엘리베이터	16 이상
로프가 있는 드럼 구동 및 유압식 엘리베이터	12 이상
체인에 의해 구동되는 엘리베이터	10 이상

27 유압식 엘리베이터에 대한 설명으로 옳지 않은 것은? ★★

① 실린더를 사용하기 때문에 행정거리와 속도에 한계가 있다.
② 균형추를 사용하지 않으므로 전동기의 소요동력이 커진다.
③ 건물 꼭대기 부분에 하중이 많이 걸린다.
④ 승강로의 꼭대기 틈새가 작아도 좋다.

카가 플런저에 직접 결합되거나 플런저·시브를 통해 로프에 의해 동력이 전달되므로 건물 꼭대기 부분에 하중이 작용하지 않는다.

정답 21 ② 22 ④ 23 ③ 24 ④ 25 ① 26 ④ 27 ③

28 매다는(현수) 장치 중 로프의 공칭 직경은 최소 몇 mm 이상이어야 하는가? (단, 행정안전부장관이 안전성을 확인한 경우는 제외한다)

① 4　　② 5
③ 8　　④ 10

승강기안전기준부품 안전기준 및 승강기 안전기준 – [별표 22] 엘리베이터의 안전기준
- 로프의 공칭 직경이 **8 mm** 이상 (다만, 구동기가 승강로에 위치하고, 정격속도가 **1.75 m/s** 이하인 경우로서 행정안전부장관이 안전성을 확인한 경우에 한정하여 공칭 직경 6 mm의 로프가 허용된다.)
- 로프 또는 체인 등의 가닥수는 2가닥 이상

29 엘리베이터 카의 속도를 검출하는 장치는? ★★★

① 배선용 차단기
② 전자 접촉기
③ 제어용 릴레이
④ 조속기

30 유압 엘리베이터의 안전장치에 대한 설명으로 틀린 것은? ★★

① 상승 시 유압은 상용압력의 140%가 넘지 않도록 조절하는 릴리프 밸브가 필요하다.
② 오일의 온도를 65~80℃로 유지하기 위한 장치를 설치하여야 한다.
③ 전동기의 공회전 방지장치를 설치하여야 한다.
④ 전원 차단시 실린더내의 오일의 역류로 인한 카의 하강을 자동 저지하는 장치를 설치하여야 한다.

오일쿨러나 히터를 설치하여 **5~60℃**를 유지한다.
③ 모터의 과열로 인한 절연 파괴 등을 방지하기 위해 공전방지장치를 설치
④ 체크밸브에 관한 설명이다.

31 교류 엘리베이터 제어 방식이 아닌 것은? ★★★

① VVVF 제어방식
② 정지 레오나드 제어방식
③ 교류 귀환 제어방식
④ 교류 2단 속도 제어방식

(정지) 워드레오나드 제어방식은 직류 엘리베이터의 속도제어에 사용된다.

32 가이드 레일의 보수점검 사항 중 틀린 것은?

① 녹이나 이물질이 있을 경우 제거한다.
② 레일 브래킷의 조임상태를 점검한다.
③ 레일 클립의 변형 유무를 체크한다.
④ 조속기 로프의 미끄럼 유무를 점검한다.

33 에스컬레이터의 800형, 1200형이라 부르는 것은 무엇을 기준으로 한 것인가? ★★

① 난간 폭
② 계단 폭
③ 속도
④ 양정

800형, 1200형은 난간 폭(mm)에 의한 구분이다. – 핸드레일 중심 간 거리

34 에스컬레이터와 건물의 빔 또는 에스컬레이터를 교차 승계형 배열로 설치했을 경우에 생기는 협각부에 끼는 것을 방지하기 위해서 설치하는 것은? ★★★

① 역결상 검출장치
② 스커트가드 판넬
③ 리미트 스위치
④ 삼각부 보호판

35 에스컬레이터의 경사각은 일반적으로 몇 도(°) 이하로 하여야 하는가? ★★★

① 10
② 20
③ 30
④ 40

에스컬레이터 경사각은 **30°**를 초과하지 않아야 한다. 다만, 층고가 6m 이하이고, 공칭속도가 0.5m/s 이하인 경우 경사도를 35°까지 증가시킬 수 있다.

chapter 04

정답 28 ③ 29 ④ 30 ② 31 ② 32 ④ 33 ① 34 ④ 35 ③

36 에스컬레이터의 구동체인이 절단되었을 때 승객의 하중에 의해 갑자기 하강방향으로 움직일 수 있는 사고를 방지하는 역회전 방지장치는? ★★★

① 스커트 가드 안전장치
② 핸드레일(손잡이)
③ 스텝(디딤판) 체인
④ 구동체인 안전장치

에스컬레이터의 전기적 안전장치

구동체인 스위치	구동체인이 끊어질 경우 역회전 방지
스탭체인 스위치	스탭체인이 늘어난 경우 작동
스탭주행 스위치	스탭 간 이물질이 낀 경우 작동
스커트가드 스위치	스커트와 스텝 간 이물질이 낀 경우 스커트 가드 패널에 일정 압력이상이 가해져서 동작
전자제동 스위치	동력이 끊어질 경우 동작
과전류 스위치	전동기에 과부하 전류가 흐를 시에 동작
역전감지 스위치	과부하로 인한 역전 운행을 막아주는 안전장치

37 유압식 엘리베이터의 유압 파워유니트(Power unit)의 구성요소가 아닌 것은? ★★★

① 펌프
② 유압실린더
③ 유량제어밸브
④ 체크밸브

유압 파워유니트는 유압실린더에 공급되기 전의 유압의 발생 및 제어 장치(전동기, 펌프, 제어밸브, 안전밸브, 체크밸브 등)들의 조합이다.

38 엘리베이터 제어반에 설치되는 기기가 아닌 것은? ★★

① 배선용 차단기
② 전자 접촉기
③ 리미트 스위치
④ 제어용 계전기

리미트 스위치는 승강로 벽면에 설치된다.

39 회전운동을 하는 유희시설에 해당되지 않는 것은? ★★★

① 코스터
② 문로켓트
③ 오토퍼스
④ 해적선

40 승강기 안전관리자의 직무가 아닌 것은? ★★

① 승강기 운행 및 관리에 관한 규정 작성
② 사고발생에 대비한 비상연락망의 작성 및 관리
③ 사고 시의 사고 보고
④ 고장 시 긴급 수리

승강기 안전관리자의 직무 범위(승강기 안전관리법 시행규칙 제48조)
- 승강기 운행 및 관리에 관한 규정 작성
- 승강기 사고 또는 고장 발생에 대비한 비상연락망의 작성 및 관리
- 유지관리업자로 하여금 자체점검을 대행하게 한 경우 유지관리업자에 대한 관리 및 감독
- 중대한 사고 또는 중대한 고장의 통보
- 승강기 내에 갇힌 이용자의 신속한 구출을 위한 승강기 조작(승강기관리 교육을 받은 경우만 해당)
- 피난용 엘리베이터의 운행(승강기관리교육을 받은 경우만 해당)
- 그 밖에 승강기 관리에 필요한 사항으로서 행정안전부장관이 정하여 고시하는 업무

41 안전점검의 종류가 아닌 것은? ★

① 정기점검 ② 특별점검
③ 순회점검 ④ 수시점검

안전점검의 종류 : 정기점검(계획점검), 수시점검(일상점검), 특별점검(정밀점검), 임시점검(이상 발견 시)

42 산업재해(사고)조사 항목이 아닌 것은?

① 재해원인 물체
② 재해발생 날짜, 시간, 장소
③ 재해책임자 경력
④ 피해자 상해정도 및 부위

43 재해 원인에 대한 설명으로 옳지 않은 것은? ★★★

① 불안전한 행동과 불안전한 상태는 재해의 간접원인이다.
② 불안전한 상태는 물적원인에 해당된다.
③ 위험장소의 접근은 재해의 불안전한 행동에 해당된다.
④ 부적당한 조명, 온도 등 작업환경의 결함도 재해원인에 해당된다.

불안전한 행동(인적원인)과 불안전한 상태(물적원인)는 재해의 직접원인이다. ④는 간접원인에 해당

정답 36 ④ 37 ② 38 ③ 39 ① 40 ④ 41 ③ 42 ③ 43 ①

44 재해 원인을 분류할 때 인적 요인에 해당되는 것은? ★★

① 방호장치의 결함
② 안전장치의 결함
③ 보호구의 결함
④ 지식의 부족

인적요인(불안전한 행동)
1. 지식의 결함이나 부족
2. 생리적 원인 – 피로, 신체적 결함, 수면부족 등
3. 심리적 원인 – 안전태도의식 부족, 착각, 오조작, 걱정, 억측, 망각 등

45 재해가 발생되었을 때의 조치순서로서 가장 알맞은 것은? ★★★

① 긴급처리 → 재해조사 → 원인강구 → 대책수립 → 실시 → 평가
② 긴급처리 → 원인강구 → 대책수립 → 실시 → 평가 → 재해조사
③ 긴급처리 → 재해조사 → 대책수립 → 실시 → 원인강구 → 평가
④ 긴급처리 → 재해조사 → 평가 → 대책수립 → 원인강구 → 실시

46 기계 설비의 기계적 위험에 해당되지 않는 것은?

① 직선운동과 미끄럼운동
② 회전운동과 기계 부품의 튀어나옴
③ 재료의 튀어나옴과 진동 운동체의 끼임
④ 감전, 누전 등 오통전에 의한 기계의 오작동

기계의 자체의 직접적인 위험으로 협착, 끼임, 절단, 물림, 회전말림이 있으며, 감전·누전 등은 비기계적 위험의 전기적 위험에 해당한다.

47 물건에 끼여진 상태나 말려든 상태는 어떤 재해인가? ★★★

① 추락
② 전도
③ 협착
④ 낙하

48 중량물을 달아 올릴 때 와이어로프에 가장 힘이 크게 걸리는 각도는?

① 45°　　② 55°
③ 65°　　④ 90°

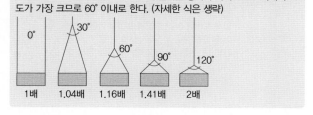

그림과 같이 각도가 커질수록 로프에 걸리는 장력이 커지므로 보기에서 90도가 가장 크므로 60° 이내로 한다. (자세한 식은 생략)

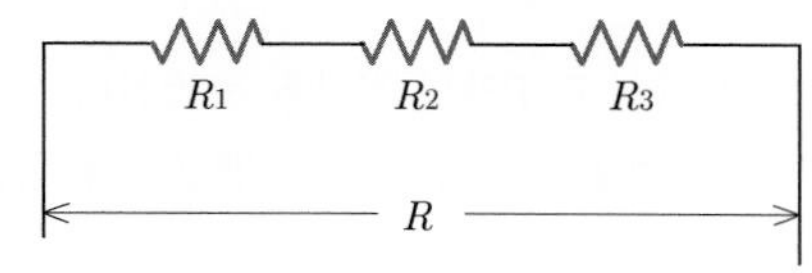

49 그림의 회로에서 전체의 저항값 R을 구하는 공식은?

R_1　R_2　R_3
R

① $R = R_1 + R_2 + R_3$
② $R = R_1 \times R_2 \times R_3$
③ $R = \dfrac{1}{R_1} + \dfrac{1}{R_2} + \dfrac{1}{R_3}$
④ $R = \dfrac{1}{\dfrac{1}{R_1} + \dfrac{1}{R_2} + \dfrac{1}{R_3}}$

① : 직렬합성저항, ④ : 병렬합성저항

50 길이 1m의 봉이 인장력을 받고 0.2mm 만큼 늘어났다. 인장변형률을 얼마인가?

① 0.0001
② 0.0002
③ 0.0004
④ 0.0005

$\text{인장변형률} = \dfrac{\text{변형된 길이}}{\text{원래 길이}} = \dfrac{0.2\text{ mm}}{1000\text{ mm}} = 0.0002$

정답 44 ④ 45 ① 46 ④ 47 ③ 48 ④ 49 ① 50 ②

51 입체(실체) 캠이 아닌 것은? ★

① 원통 캠　② 경사판 캠
③ 판 캠　④ 구면 캠

캠의 구분

평면 캠	• 접촉 부분이 평면운동을 하는 캠 • 판 캠, 정면 캠, 접선 캠, 직선운동 캠, 삼각 캠
입체 캠	• 입체 표면에 여러 모양의 홈이나 단면을 만들어 복잡한 운동을 할 수 있게 한 캠 • 단면 캠, 원통 캠, 원뿔 캠, 구형 캠, 경사 캠

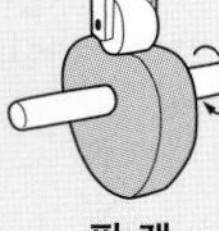
판 캠

52 전환 스위치가 있는 접지저항계를 이용한 접지저항 측정 방법으로 틀린 것은? ★★

① 전환 스위치를 이용하여 절연저항과 접지저항을 비교한다.
② 전환 스위치를 이용하여 E, P간의 전압을 측정한다.
③ 전환 스위치를 저항값에 두고 검류계의 밸런스를 잡는다.
④ 전환 스위치를 이용하여 내장 전지의 양부(+, -)를 확인한다.

접지저항계는 절연저항과는 무관하며, E, P간의 전압이 허용치일 때 검류계의 바늘이 0을 가르킬 때 접지저항의 눈금을 읽는 방식이다.
자세한 설명은 본문 참조. [재출제율 낮음]

53 정현파 교류의 실효치는 최대치의 몇 배인가? ★

① π 배　② $\frac{2}{\pi}$ 배
③ $\sqrt{2}$ 배　④ $\frac{1}{\sqrt{2}}$ 배

정현파 교류의 표시 [재출제율 낮음]

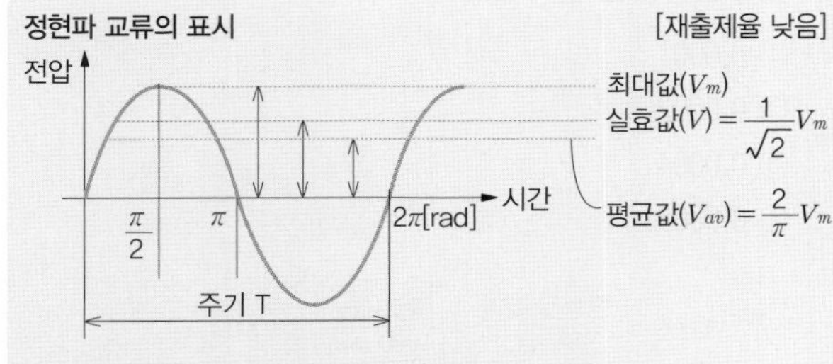

• 최대값 : 교류파형의 순시값 중 가장 큰 값(V_m)
• 실효값 : 교류와 동일한 일을 하는 직류의 크기로 바꿔 나타낸 값
• 평균값 : 순시값의 1주기 동안의 평균으로 교류의 크기를 나타낸 값

54 NAND 게이트 3개로 구성된 논리회로의 출력값 E는? ★

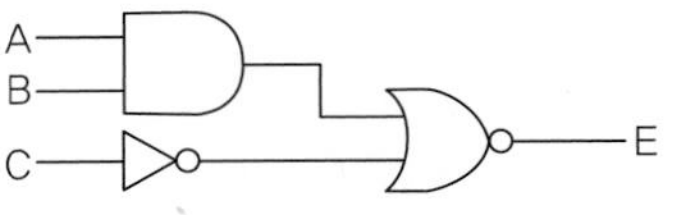

① $AB+\overline{C}$
② $A+B+\overline{C}$
③ $(A+B)+\overline{C}$
④ $AB\overline{C}$

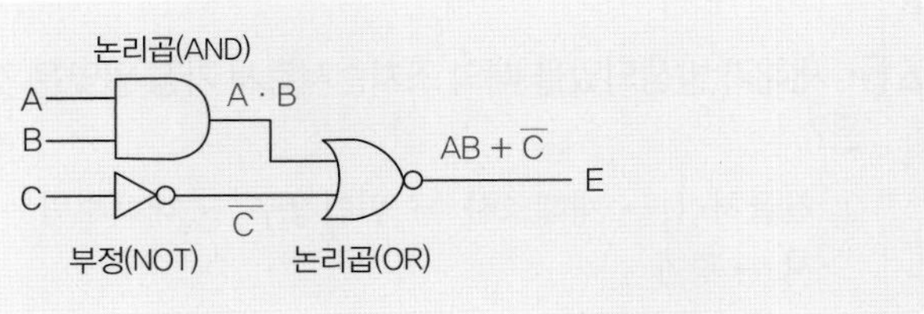

55 2축이 만나는(교차하는) 기어는? ★

① 나사(Screw) 기어
② 베벨 기어
③ 웜 기어
④ 하이포이드 기어

• 평행축 기어 : 스퍼기어, 헬리컬 기어, 내접기어, 래크
• 교차축 기어 : 베벨기어, 크라운 기어, 스파이럴 기어
• 두 축이 평행하지도 교차하지도 않는 기어 : 나사기어, 하이포이드 기어, 웜기어

56 체인의 종류가 아닌 것은? ★

① 링크 체인
② 롤러 체인
③ 리프 체인
④ 베어링 체인

체인의 종류 : 롤러체인, 오프셋체인, 사일런트 체인, 리프체인(균형체인) 등

정답 51 ③　52 ①　53 ④　54 ①　55 ②　56 ④

57 자기저항의 단위로 옳은 것은? ★★★

① Wb
② AT/Wb
③ Ω
④ ϕ

자기저항(R_m)은 전기회로의 옴의 법칙과 유사하게 자기회로의 옴의 법칙을 적용하여 구한다.

즉, 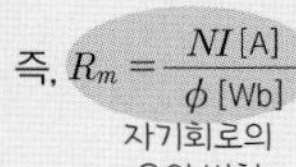 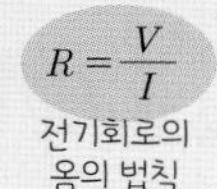

$R_m = \dfrac{NI\,[\text{A}]}{\phi\,[\text{Wb}]}$ 자기회로의 옴의 법칙

$R = \dfrac{V}{I}$ 전기회로의 옴의 법칙

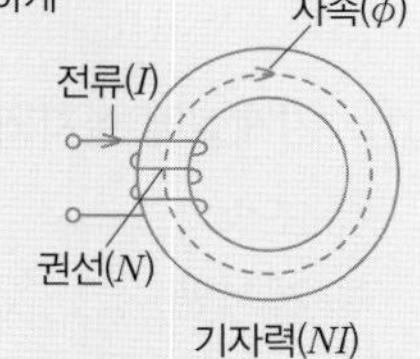

① Wb : 자속의 단위(웨버)
④ ϕ : 자속의 기호

58 직류전동기에서 자속이 감소되면 회전수는 어떻게 되는가? ★★★

① 불변
② 정지
③ 감소
④ 증가

직류전동기 속도(회전수) $N = \dfrac{V - I_a R_a}{K\phi}$

식에서 전압(V)에 비례, 저항(R_a)에 반비례, 자속(ϕ)에 반비례한다.
즉, 자속이 감소할수록 증가한다.

59 어떤 전열기의 저항이 200 Ω이고, 여기에 전류 15 A가 흘렀다면 소비되는 전력은 몇 kW인가? ★★

① 25
② 55
③ 35
④ 45

전력 $P = VI = (I \times R) \times I = I^2R = 15^2 \times 200 = 45000$ [W] = 45 [kW]

60 3상 유도전동기에서 슬립 S의 범위는? ★★★

① $0 < S < 1$
② $0 > S > -1$
③ $2 > S > 1$
④ $-1 < S < 1$

슬립은 유도전동기의 동기속도(Ns)에서 실제 회전속도(N)와의 차이의 비율을 말한다.

슬립 $S = \dfrac{Ns - N}{Ns}$

식에서 N이 **0**(정지상태 또는 기동 시)일 때, 즉 $S = $ **1**이고,
$Ns = N$ 일 때, 즉 $S = 0$이다. 그러므로 슬립은 정지상태에서 회전속도가 동기속도와 가까울 때 사이의 범위이다.

정답 57 ② 58 ④ 59 ④ 60 ①

공개기출문제 - 2013년 3회

01 유압엘리베이터의 작동유의 적정온도의 범위는? ★

① 30℃ 이상, 70℃ 이하
② 30℃ 이상, 80℃ 이하
③ 5℃ 이상, 90℃ 이하
④ 5℃ 이상, 60℃ 이하

비교) 기계실 내 적정온도 : 5~60℃

02 레일의 규격은 어떻게 표시하는가? ★★★

① 1m당 중량
② 1m당 레일이 견디는 하중
③ 레일의 높이
④ 레일 1개의 길이

레일의 규격은 1m당 중량에 따라 13K, 18K, 24K, 30K로 구분한다.

03 상·하 승강장 및 디딤판에서 하는 검사가 아닌 것은?

① 구동체인 안전장치
② 디딤판과 핸드레일 속도차
③ 핸드레일 인입구 안전장치
④ 스커트 가드 스위치 작동상태

구동체인 안전장치는 구동체인이 늘어나거나 끊어진 경우 에스컬레이터 운행 정지 및 역구동을 방지하는 장치로, 기계실에서 하는 검사이다.

04 엘리베이터 구조물의 진동이 카로 전달되지 않도록 하는 것은?

① 과부하 검출장치
② 방진고무
③ 맞대임고무
④ 도어 인터록

05 기계실에 설치되지 않는 것은?

① 조속기 ② 권상기
③ 제어반 ④ 완충기

완충기는 승강로의 피트에 설치된다.

06 1,200형 엘리베이터의 시간당 수송능력(명/시간)은? ★★

① 1,200 ② 4,500
③ 6,000 ④ 9,000

난간 폭에 의한 분류
- 1200형 : 공칭 수송 능력은 9,000명/시간
- 800형 : 공칭 수송 능력은 6,000명/시간

07 자동차용 엘리베이터나 대형 화물용 엘리베이터에 주로 사용하는 도어 개폐방식은? ★★★

① CO ② SO
③ UD ④ UP

차량용·화물용 엘리베이터는 일반적으로 상하 개폐형이며, U·UP로 표시한다.

08 도어관련 부품 중 안전장치가 아닌 것은? ★★★

① 도어 머신 ② 도어 스위치
③ 도어 인터록 ④ 도어 클로저

- 도어 머신 : 도어 개폐
- 도어 스위치 : 도어가 닫혀있지 않으면 운전이 불가능하도록 함
- 도어 인터록 : 카가 정지하지 않은 층의 승강장문은 전용열쇠를 사용하지 않으면 열리지 않게 함
- 도어 클로저 : 승강장 문의 개방에서 생기는 재해를 막기 위한 장치

정답 01 ④ 02 ① 03 ① 04 ② 05 ④ 06 ④ 07 ④ 08 ①

09 발전기의 계자전류를 조절하여 발전기의 발생 전압을 임의로 연속적으로 변화시켜 직류모터의 속도를 연속적으로 광범위하게 제어하는 방식은? ★★★

① 사이리스터 제어방식
② 여자기 제어방식
③ 워드레오나드 방식
④ 피드백 제어방식

워드레오나드 방식은 직류 E/V 속도제어에 널리 사용되는 방식으로 기본 구조는 직류전동기 구동을 위한 전압을 직류발전기에서 공급받는다.
속도제어 원리(속도 증가) : 발전기 내의 계자저항↓ → 발전기의 자계전류↑ → 자속↑ → 발전기의 유기기전력(전압)↑ → 직류전동기 속도↑
∴ 저항을 연속적으로 변화시킬 수 있으므로 발전기의 발생전압도 연속적으로 변화되며, 따라서 모터의 속도를 광범위하게 제어할 수 있다.

10 고속 엘리베이터의 일반적인 속도 m/s 범위는? ★

① 0.6~1
② 1~4
③ 4~6
④ 6 이상

- 저속 : 0.75m/s 이하
- 중속 : 1~4m/s
- 고속 : 4~6m/s
- 초고속 : 6m/s 이상

11 균형체인, 균형로프 또는 균형벨트 등이 보상수단으로 사용되는 조건에 해당하는 것은? ★

① 정격속도가 3.0 m/s 이하인 경우
② 정격속도가 1.75 m/s를 초과하는 경우
③ 정격속도가 3.0 m/s를 초과하는 경우
④ 정격속도가 3.5 m/s를 초과하는 경우

[별표 22. 엘리베이터 안전기준] 보상수단

속도	보상수단
3.0 m/s 이하	체인, 로프, 벨트 등
3.0 m/s 초과	로프
3.5 m/s 초과	추가로 튀어오름방지장치가 설치 (튀어오름방지장치가 작동되면 구동기의 정지가 시작되어야 함)
1.75 m/s 초과	인장장치가 없는 보상수단은 회전하는 부근의 근처에서 가이드 봉 등으로 안내되어야 한다.

12 무빙워크(수평보행기)의 경사각이 몇 도(°) 이하이어야 하는가? ★

① 6° ② 8°
③ 10° ④ 12°

- 에스컬레이터의 경사도 : 30° 초과하지 않도록(높이가 6m 이하이고, 공칭속도가 0.5 m/s 이하인 경우에는 경사도를 35°까지 증가)
- 수평보행기의 경사도 : **12°** 이하

13 전기식 엘리베이터에 사용되는 와이어로프, 롤러체인 등 현수 수단에 대한 설명으로 틀린 것은? ★★

① 로프는 공칭 직경이 8 mm 이상이어야 하고, 2가닥 이상이어야 한다.
② 권상도르래, 풀리 또는 드럼과 현수로프의 공칭 직경사이의 비는 스트랜드의 수와 관계없이 40 이상이어야 한다.
③ 매다는 장치와 매다는 장치 끝부분 사이의 연결은 매다는 장치의 최소 파단하중의 80% 이상을 견딜 수 있어야 한다.
④ 현수체인의 안전율은 8 이상이어야 한다.

[엘리베이터의 안전기준] 매다는 장치의 안전율
- 3가닥 이상의 로프(벨트)에 의해 구동되는 권상 구동 엘리베이터의 경우 : 12
- 3가닥 이상의 6 mm 이상 8 mm 미만의 로프에 의해 구동되는 권상 구동 엘리베이터의 경우 : 16
- 2가닥의 로프(벨트)에 의해 구동되는 권상 구동 엘리베이터의 경우 : 16
- 로프가 있는 드럼 구동 및 유압식 엘리베이터의 경우 : 12
- 체인에 의해 구동되는 엘리베이터의 경우 : 10

14 교류 귀환제어방식에 관한 설명으로 옳은 것은? ★★★

① 카의 실속도와 지령속도를 비교하여 다이오드의 점호각을 바꿔 유도전동기의 속도를 제어한다.
② 유도전동기의 1차측 각 상에서 사이리스터와 다이오드를 병렬로 접속하여 토크를 변화시킨다.
③ 미리 정해진 지령속도에 따라 제어되므로 승차감 및 착상도가 좋다.
④ 교류 이단속도와 같은 저속주행시간이 없으므로 운전 시간이 길다.

① 카의 실속도와 지령속도를 비교하여 사이리스터의 점호각을 바꿔 유도전동기의 속도를 제어한다.
② 유도전동기의 1차측 각 상에서 사이리스터와 다이오드를 역병렬로 접속하여 역행 토크를 변화시킨다.
④ 교류 2단속도와 같은 저속주행시간이 없으므로 운전 시간이 짧다.

정답 09 ③ 10 ③ 11 ① 12 ④ 13 ④ 14 ③

15 기동력전원이 어떤 원인으로 상이 바뀌거나 절상이 되는 경우 이를 감지하여 전동기의 전원을 차단하고 브레이크를 작동시키는 장치는?

① 역결상 검출장치
② 록다운 정지장치
③ 파킹 스위치
④ 리미트 스위치

> 역결상 계전기 : 역·결상 시 전원을 차단하여 모터의 역회전 방지를 위해 전원을 차단시킨다. (제어반에 설치됨)

16 레일을 죄는 힘이 처음에는 약하게 작용하고 하강함에 따라 점점 강해지다가 얼마 후 일정한 값에 도달하는 추락방지안전장치(비상정지장치) 방식은? ★★

① 즉시 작동형 추락방지안전장치
② 로프이완 추락방지안전장치
③ FGC형 추락방지안전장치(Flexible guide clamp)
④ FWC형 추락방지안전장치(Flexible wedge clamp)

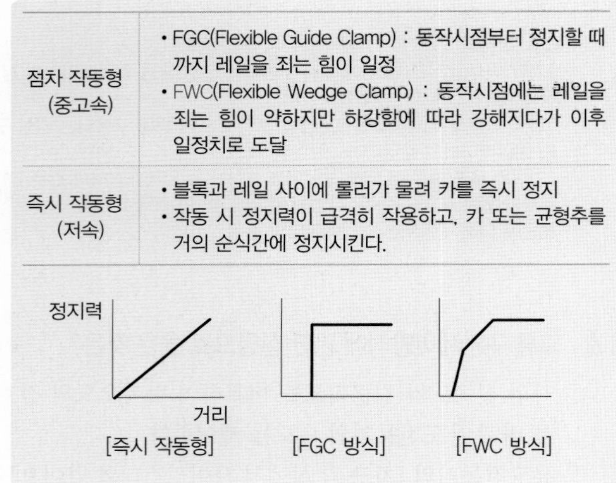

점차 작동형 (중고속)	• FGC(Flexible Guide Clamp) : 동작시점부터 정지할 때까지 레일을 죄는 힘이 일정 • FWC(Flexible Wedge Clamp) : 동작시점에는 레일을 죄는 힘이 약하지만 하강함에 따라 강해지다가 이후 일정치로 도달
즉시 작동형 (저속)	• 블록과 레일 사이에 롤러가 물려 카를 즉시 정지 • 작동 시 정지력이 급격히 작용하고, 카 또는 균형추를 거의 순식간에 정지시킨다.

17 엘리베이터의 속도가 규정치 이상이 되었을 때 작동하여 동력을 차단하고 비상정지를 작동시키는 기계장치는? ★★

① 구동기
② 조속기
③ 완충기
④ 도어스위치

18 엘리베이터의 추락방지안전장치(비상정지장치)에 대한 설명으로 옳은 것은? ★★

① 비상정지장치는 유압식 엘리베이터에는 필요없다.
② 피트 아래를 사무실 또는 통로등으로 사용하는 경우에는 카측에만 설치해야 한다.
③ 현수로프가 끊어지더라도 조속기 작동속도에서 하강 방향으로 작동하여 가이드 레일을 잡아 정격하중의 카를 정지시킬 수 있는 안전장치이다.
④ 비상정지장치는 기계식, 전기식, 유압식 또는 공압식으로 동작되어야 한다.

> ① 간접식 유압식 엘리베이터도 로프를 이용하므로 비상정지장치가 필요하다.
> ② 피트 아래를 사무실 또는 통로등으로 사용하는 경우에는 카측 뿐만 아니라 균형추측에서 설치해야 한다.
> ④ 비상정지장치는 기계식으로만 동작되어야 한다.

19 추락방지안전장치에 대한 설명 중 옳지 않은 것은? ★★

① 감속도는 정격하중을 적재한 카 또는 균형추/평형추가 자유 낙하할 때 점차 작동형 추락방지안전장치의 평균 감속도는 0.2g에서 1g 사이에 있어야 한다.
② 속도 1 m/s 초과 시에는 즉각적으로 제동작용을 하는 즉시 작동형이 사용된다.
③ 로프식 엘리베이터나 간접식 유압 엘리베이터 등에 필요하다.
④ 추락방지안전장치가 작동된 후 정상 복귀는 전문가(유지보수업자 등)의 개입이 요구된다.

[별표 22. 엘리베이터 안전기준] 다른 형식의 비상정지장치에 대한 사용 조건

사용조건	형식
정격속도 1 m/s 초과	점차 작동형
정격속도 1 m/s 이하	완충효과가 있는 즉시 작동형
정격속도 0.63 m/s 이하	즉시 작동형
여러 개의 비상정지장치가 설치된 경우	점차 작동형
균형추 또는 평형추의 비상정지장치	점차 작동형 (다만, 정격속도가 1 m/s 이하인 경우 : 즉시 작동형)

승강로 피트 하부에 접근할 수 있는 공간이 있는 경우 균형추 또는 평형추에 비상정지장치가 설치되어야 한다.

정답 15 ① 16 ④ 17 ② 18 ③ 19 ②

20 승강로의 벽 일부에 한국산업규격에 알맞은 유리를 사용할 경우 다음 중 적합한 것은? ★★★

① 감광유리
② 방탄유리
③ 일반유리
④ 접합유리

21 이동식 핸드레일은 운행 전 구간에서 디딤판과 핸드레일의 속도 차는 몇 %인가? ★

① 0~2
② 3~4
③ 5~6
④ 7~8

스텝, 팔레트 또는 벨트의 실제 속도와 관련하여 동일 방향으로 **0~2%**의 공차가 있는 속도로 움직이는 핸드레일이 설치되어야 한다.

22 엘리베이터 정전 시 카 내를 조명하여 승객의 불안을 줄여주는 조명에 대한 설명으로 옳은 것은? ★

① 카 바닥 위 0.5m 지점의 카 중심부로 100lx 이상의 밝기이어야 한다.
② 카 바닥 위 1m 지점의 카 중심부로 100lx 이상의 밝기이어야 한다.
③ 카 바닥 위 1m 지점의 카 중심부로 5lx 이상의 밝기이어야 한다.
④ 카 바닥 위 1m 지점의 카 중심부로 50lx 이상의 밝기이어야 한다.

[별표 22. 엘리베이터 안전기준]
비상등은 비상전원공급장치에 의해 **5 lx** 이상의 조도로 1시간 동안 다음 위치에 비추어야 한다.

- 카 내부 및 카 지붕에 있는 비상통화장치의 작동 버튼
- 카 바닥 위 1 m 지점의 카 중심부
- 카 지붕 바닥 위 1 m 지점의 카 지붕 중심부

참고) 엘리베이터 조명 : 카에는 카 조작반 및 카 벽에서 100 mm 이상 떨어진 카 바닥 위로 1 m 모든 지점에 100 lx 이상으로 비추는 전기조명장치가 영구적으로 설치되어야 함

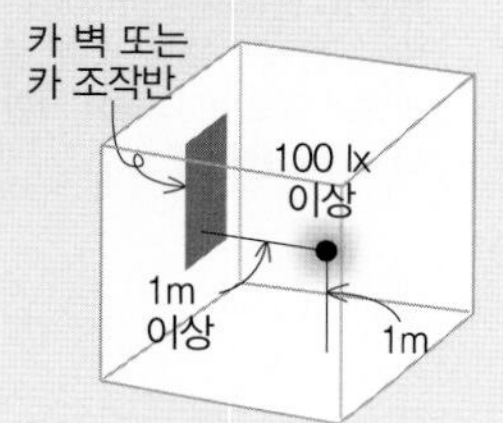

23 엘리베이터의 균형추는 보통 빈 케이지의 하중에 적재하중의 35~55%를 더한 값으로 하는데 이때 추가되는 값은? ★★★

① 케이지 부하율
② 추가 전부하율
③ 추가 마찰율
④ 오버밸런스율

균형추의 총중량은 빈 카의 자중에 그 승강기의 사용용도에 따라 정격적재하중의 35~55%의 중량을 더한 값으로 하는 것이 보통이다. 정격적재하중의 몇 %를 더할 것인가를 '오버밸런스율'이라 한다.

24 승강로 작업 시 착용하는 보호구로 알맞지 않은 것은? ★★★

① 안전모
② 안전대
③ 핫스틱
④ 안전화

핫스틱 : 절연재료로 만든 막대 도구를 말한다. 고전압이 흐르는 배선을 직접 작업할 경우 감전 방지를 위해 막대 끝의 툴을 이용한다.

25 엘리베이터의 운행속도를 기계적이고 전기적인 방법으로 동시에 검출하고 작동하는 안전장치는? ★★★

① 제동기
② 비상정지장치
③ 조속기
④ 브레이크

정격속도 초과 시 카의 속도를 검출하여 과속스위치를 작동시켜 전동기의 동력을 차단시키고, 그럼에도 불구하고 과속상태로 추락하면 비상정지장치를 작동시켜 카를 정지시킨다.

26 카 상부 작업 시의 안전수칙으로 옳지 않은 것은? ★

① 작업개시 전에 작업등을 켠다.
② 이동 중에 로프를 손으로 잡아서는 안된다.
③ 운전 선택스위치는 자동으로 설치한다.
④ 안전스위치를 작동시켜 안전회로를 차단시킨다.

운전 선택스위치를 수동 위치로 한다.

정답 20 ④ 21 ① 22 ③ 23 ④ 24 ③ 25 ③ 26 ③

27 권상식 엘리베이터에서 현수로프의 안전율이란? ★

① 카가 정격하중을 싣고 최하층에 정지하고 있을 때 로프 1가닥의 최소 파단하중(N)과 이 로프에 걸리는 최대 힘(N) 사이의 비율이다.
② 카가 최대하중을 싣고 최상층에 정지하고 있을 때 로프 1가닥의 최소 파단하중(N)과 이 로프에 걸리는 최대 힘(N) 사이의 비율이다.
③ 카가 최대하중을 싣고 이동할 때 로프 1가닥의 최소 파단하중(N)과 이 로프에 걸리는 최대 힘(N) 사이의 비율이다.
④ 카가 정격하중을 싣고 최상층에 정지하고 있을 때 로프 1가닥의 최대 파단하중(N)과 이 로프에 걸리는 최소 힘(N) 사이의 비율이다.

28 엘리베이터 자체점검기준에서 전기배선에 대한 점검 내용으로 틀린 것은? ★★★

① 이상 소음 및 진동 발생 상태
② 카문 및 승강장문의 바이패스 기능
③ 전기배선(이동케이블 등) 설치 및 손상상태
④ 모든 접지선의 연결상태

승강기 안전운행 및 관리에 관한 운영규정 – [별표 3] 자체점검기준
전기배선 점검과 소음·진동 발생과는 다소 거리가 멀다.

29 문 닫힘 안전장치의 동작 중 부적합한 것은? ★★

① 사람이나 물건이 도어 사이에 끼이게 되면 도어의 닫힘 동작이 중단되고 열림 동작으로 바뀌게 되는 장치이다.
② 문 닫힘 안전장치는 엘리베이터의 중요한 안전장치로 동작이 확실해야 된다.
③ 정지를 작동시키면 즉시 도어의 열림 동작이 멈추어야 한다.
④ 닫힘 동작이 멈춘 후에는 즉시 열림 동작에 의하여 도어가 열려야 한다.

문 닫힘 안전장치(safety shoe)는 사람이나 물건이 탑승 중 카문이 닫힐 때 카문 사이에 끼이면 이물질 여부를 감지하여 닫히던 카문이 즉시 정지하고 다시 열린다.

30 에스컬레이터의 구조로서 옳지 않은 것은? ★

① 콤은 이물질이 낄 때 콤의 빗살이 이물질을 저지하면서 스텝, 팔레트 또는 벨트의 홈에 물린 채로 있게 하거나, 또는 콤의 빗살이 깨지도록 설계되어야 한다
② 콤의 빗살은 스텝, 팔레트의 홈에 맞물려야 한다.
③ 경사도는 30° 이하로 하며, 층고가 6m 이하이고 공칭속도가 0.5 m/s 이하인 경우 35°까지 증가시킬 수 있다.
④ 에스컬레이터의 이용자 운송구역에서 스텝 트레드는 운행방향에 ±3°의 공차로 수평해야 한다.

에스컬레이터의 이용자 운송구역에서 스텝 트레드는 운행방향에 ±1°의 공차로 수평해야 한다.

31 유압식 엘리베이터의 체크 밸브에 대한 설명에 해당하는 것은? ★★★

① 작동유의 압력이 140%를 넘지 않도록 하는 밸브이다.
② 수동으로 카를 하강시키기 위한 밸브이다.
③ 카의 정지 중이나 운행 중 작동유의 압력이 떨어질 때 카가 역행하는 것을 방지하는 밸브이다.
④ 파워 유니트의 보수, 점검 또는 수리를 위해 실린더로 통하는 오일을 수동으로 차단한다.

① 안전밸브(릴리프 밸브)
② 수동 강하 밸브
④ 스톱 밸브

32 압력배관 작업에 사용되는 배관이음방식에 해당되지 않는 것은? ★★

① 관용나사를 사용한 나사이음
② 일반나사를 사용한 나사이음
③ 플랜지 이음
④ 용접이음

배관을 연결하는 방식에는 나사에 의한 방법, 용접에 의한 방법, 플랜지에 의한 방법이 있으며, 나사에 의한 방법은 관용나사를 사용한다.

[플랜지]

[관용 나사]

정답 27 ① 28 ① 29 ③ 30 ④ 31 ③ 32 ②

33 비상용(소방구조용) 엘리베이터는 정전 시 몇 초 이내에 엘리베이터 운행에 필요한 전력용량이 자동적으로 발생되어야 하는가? ★★

① 60 ② 90
③ 120 ④ 150

정전 시 보조전원장치에 의하여 60초 이내에 엘리베이터 운행에 필요한 전력용량을 자동으로 발생시켜야 하며 2시간 이상 운행이 가능해야 한다.

34 엘리베이터 제어장치의 보수점검 및 조정방법으로 틀린 것은? ★

① 절연저항 측정
② 전동기의 진동 및 소음
③ 저항기의 불량 유무 확인
④ 각 접점의 마모 및 작동상태

제어장치는 제어반에 관한 것으므로 전동기는 무관하다.

35 엘리베이터 자체점검기준에서 피트 내 설비에 대한 점검 내용으로 틀린 것은? ★★★

① 도르래 홈의 마모상태
② 피트 내 누수 및 청결상태
③ 튀어오름 방지장치의 설치 및 작동상태
④ 콘센트 및 조명점멸장치 작동상태

승강기 안전운행 및 관리에 관한 운영규정 – [별표 3] 자체점검기준
- 점검운전 조작반의 작동상태
- 피트 내 정지장치의 설치 및 작동상태
- 피트 점검운전스위치 작동 후 복귀상태
- 튀어오름 방지장치의 설치 및 작동상태
- 피트 내 누수 및 청결상태

※ 도르래는 기계류 공간에서의 점검사항이다.

36 레일은 5m 단위로 제조되는데 T형 가이드 레일에서 13K, 18K, 24K, 30K를 바르게 설명한 것은? ★★★

① 가이드 레일 형상
② 가이드 레일 길이
③ 가이드 레일 1m의 무게
④ 가이드 레일 5m의 무게

가이드 레일 규격은 1m 당 중량을 기준으로 한다.

37 로프식 승객용 엘리베이터에서 자동착상장치가 고장났을 때의 현상으로 볼 수 없는 것은? ★

① 고속에서 저속으로 전환되지 않는다.
② 최하층으로 직행 감속되지 않고 완충기에 충돌하였다.
③ 어느 한쪽 방향의 착상오차가 100mm 이상 일어난다.
④ 호출된 층에 정지하지 않고 통과한다.

자동착상장치는 제동 시 층 사이에 제동되어 승객이 카 내에 갇히는 것을 방지하기 위해 보조제동장치를 가동시켜 인접층까지 저속 운행될 수 있도록 한다.

38 강도가 다소 낮으나 유연성을 좋게 하여 소선이 파단되기 어렵고 도르래의 마모가 적게 제조되어 엘리베이터에 사용되는 소선은? ★

① E종
② A종
③ G종
④ D종

로프 소선의 파단강도에 의한 분류
- E종 – 일반 엘리베이터에 사용
- A종 – 파단강도가 높아 초고층용 엘리베이터나 로프가닥수를 적게하고자 하는 경우 등에 사용
- B종 – 강도·경도가 A종보다 높아 엘리베이터에서 거의 사용하지 않음
- G종 – 소선 표면에 아연도금하여 녹 발생을 방지

39 점검문 및 비상문에 대한 설명으로 틀린 것은? ★★

① 점검문은 폭 0.6 m 이상, 높이 1.4 m 이상이어야 한다.
② 연속되는 승강장문 문턱사이의 거리가 11 m를 초과할 경우에는 중간에 비상문이 설치되어야 한다.
③ 점검문 및 비상문은 문이 잠겨있더라도 승강로 내부에서 열쇠를 사용하지 않고 열릴 수 있어야 한다.
④ 점검문 및 비상문은 승강로 내부로 열리는 구조이어야 한다.

점검문 및 비상문은 승강로 외부로 열리는 구조이어야 한다.

정답 33 ① 34 ② 35 ① 36 ③ 37 ② 38 ① 39 ④

40 베어링의 구비 조건이 아닌 것은? ★★★

① 마찰 저항이 적을 것
② 강도가 클 것
③ 가공수리가 쉬울 것
④ 열전도도가 적을 것

베어링은 부하를 많이 받거나 고속으로 회전하므로 발생하는 열을 방출하기 위해 열전도성이 좋아야 한다.

41 회전축에서 베어링과 접촉하고 있는 부분을 무엇이라고 하는가? ★★★

① 저널
② 체인
③ 베어링
④ 핀

13년 1회 48번 해설 참조

42 후크의 법칙을 올바르게 표현한 것은? ★★★

① 응력과 변형률은 비례 관계이다.
② 변형률과 탄성계수는 비례 관계이다.
③ 응력과 변형률은 반비례 관계이다.
④ 응력과 탄성계수는 반비례 관계이다.

후크의 법칙 : 비례한도 내에서 응력과 변형률은 비례 관계이다.

43 전자유도현상에 의한 유도기전력의 방향을 정하는 것은? ★★

① 플레밍의 오른손법칙
② 옴의 법칙
③ 플레밍의 왼손법칙
④ 렌츠의 법칙

① 플레밍의 오른손법칙(발전기의 원리) – 전자유도에 의해 생기는 유도전류의 방향을 나타내는 법칙
③ 플레밍의 왼손법칙(전동기의 원리) – 자기장의 전류에 미치는 힘의 방향을 나타내는 법칙
④ 렌츠의 법칙(유도 전압의 방향) : 전자유도현상에 의해 코일에 흐르는 유도전류는 자석의 운동을 방해하는 방향(자속의 변화를 방해하는 방향)으로 흐른다.

44 매다는 장치와 로프와 매다는 장치 끝부분 사이의 연결은 매다는 장치의 최소 파단하중의 몇 %를 견딜 수 있어야 하는가? ★★

① 50%
② 80%
③ 100%
④ 120%

매다는 장치와 매다는 장치 끝부분 사이의 연결은 매다는 장치의 최소 파단하중의 **80 %** 이상을 견딜 수 있어야 한다.

45 제어시스템의 과도응답 해석에 가장 많이 쓰이는 입력 모양은? (단, 가로축은 시간이다.) ★

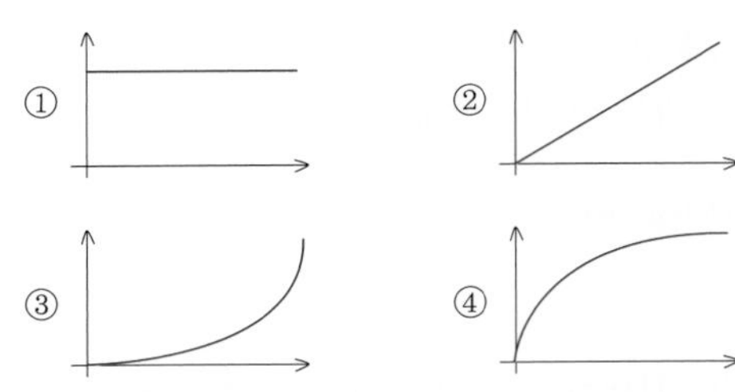

과도응답이란 출력이 정상상태가 되기 전까지 걸리는 시간에 나타나는 응답을 말한다. 정상상태가 되려면 안정적인 직선모양으로 갖추어야 한다.

46 인장(파단)강도가 400 kg/cm^{2}인 재료를 사용응력 100 kg/cm^{2}로 사용하면 안전계수는? ★★★

① 1
② 2
③ 3
④ 4

안전계수(안전율) $= \frac{\text{재료 강도}}{\text{응력 또는 하중}} = \frac{\text{인장강도}}{\text{사용응력}} = \frac{400}{100} = 4$

알아두기) 파단 방지를 위해 안전계수는 1.0보다 커야 한다. 보통 안전계수는 1~10 값이 사용된다.

정답 40 ④ 41 ① 42 ① 43 ④ 44 ② 45 ① 46 ④

47 변형량과 원래 치수와의 비를 변형률이라 하는데 다음 중 변형률의 종류가 아닌 것은? ★★★

① 가로 변형률
② 세로 변형률
③ 전단 변형률
④ 전체 변형률

변형률 : 가로 변형률, 세로 변형률, 전단 변형률

48 그림과 같은 회로의 합성저항 R은 몇 Ω인가? ★★★

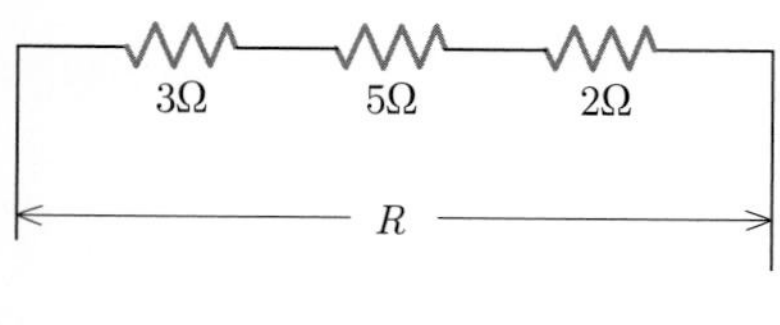

① 3/10　　② 10/3
③ 3　　④ 10

직렬연결 합성저항 $R = 3 + 5 + 2 = 10$

49 되먹임제어에서 반드시 필요한 장치는? ★★★

① 입력과 출력을 비교하는 장치
② 응답속도를 느리게 하는 장치
③ 응답속도를 빠르게 하는 장치
④ 안정도를 좋게 하는 장치

되먹임 제어(피드백 제어)는 것인데, 시스템의 출력과 기준 입력을 비교하고, 그 차이(오차)를 감소시키도록 하는 작동시키는 동작을 말한다.

50 접지저항을 측정하는데 적합하지 않은 것은? ★

① 절연저항계
② Wenner 4전극법
③ 어스 테스터
④ 콜라우시 브리지법

절연이란 전류가 누설되지 않도록 저항을 높이는 것을 말하며, 절연저항계(메거)는 전선의 피복이나 전동기 등 전기기기의 절연상태를 측정한다.

51 동일 규격의 축전지 2개를 병렬로 접속하면 전압과 용량의 관계는 어떻게 되는가? ★

① 전압과 용량이 모두 반으로 줄어든다.
② 전압과 용량이 모두 2배가 된다.
③ 전압은 반으로 줄고 용량은 2배가 된다.
④ 전압은 변하지 않고 용량은 2배가 된다.

• 병렬 : 전압은 동일, 용량은 2배
• 직렬 : 전압은 2배, 용량은 동일

52 직류전동기의 속도 제어법이 아닌 것은? ★★★

① 계자 제어법
② 전류 제어법
③ 저항 제어법
④ 전압 제어법

직류 전동기의 속도제어법

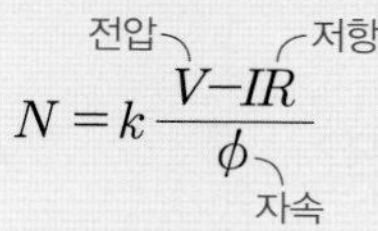

$$N = k\frac{V-IR}{\phi}$$

• 전압 제어 : 전동기에 인가되는 전압의 크기를 제어(광범위한 속도제어 가능, 효율 우수, 워드레오나드 방식, 정토크 제어)
• 계자 제어 : 계자의 자속을 제어하기 위해 계자 전류를 조절한다.
• 저항 제어 : 전기자와 직렬로 연결된 저항을 제어

53 안전검사 시의 유의사항으로 옳지 않은 것은? ★

① 여러가지의 점검방법을 병용하여 점검한다.
② 과거의 재해 발생 부분은 고려할 필요 없이 점검한다.
③ 불량부분이 발견되면 다른 동종의 설비도 점검한다.
④ 발견된 불량부분은 원인을 조사하고 필요한 대책을 강구한다.

54 전기적 문제로 볼 때 감전사고의 원인으로 볼 수 없는 것은? ★

① 전기기구나 공구의 절연파괴
② 장시간 계속 운전
③ 정전작업 시 접지를 안 한 경우
④ 방전코일이 없는 콘덴서를 사용

정답 47 ④ 48 ④ 49 ① 50 ① 51 ④ 52 ② 53 ② 54 ②

55 재해의 발생 순서로 옳은 것은? ★★★

① 이상상태 – 불안전 행동 및 상태 – 사고 – 재해
② 이상상태 – 사고 – 불안전 행동 및 상태 – 재해
③ 이상상태 – 재해 – 사고 – 불안전 행동 및 상태
④ 재해 – 이상상태 – 사고 – 불안전 행동 및 상태

하인리히 도미노 이론
- 이상상태(사회적 환경 및 유전적요소, 개인적 결함)
- 불안전 행위 또는 불안전 상태
- 사고
- 재해

56 엘리베이터의 안전장치에 관한 설명으로 틀린 것은? ★

① 작업 형편상 경우에 따라 일시 제거해도 좋다.
② 카의 출입문이 열려 있을 경우 움직이지 않는다.
③ 불량할 때는 즉시 보수한 다음 작업한다.
④ 반드시 작업 전에 점검한다.

57 사고예방의 기본 4원칙이 아닌 것은? ★★★

① 예방 가능의 원칙
② 대책 선정의 원칙
③ 원인 계기의 원칙
④ 개별 분석의 원인

[09–1] 사고예방의 기본 4원칙 (→ 암기법 : 손예(진) 대원)
① 손실 우연의 원칙 : 사고의 결과 생기는 손실은 우연히 발생함
② 예방 가능의 원칙 : 천재지변을 제외한 모든 재해는 예방이 가능
③ 대책 선정의 원칙 : 재해는 적합한 대책이 선정되어야 함
④ 원인 계기의 원칙 : 재해는 직접 원인과 간접 원인이 연관되어 일어남

58 에스컬레이터 사고 발생 중 가장 많이 발생하는 원인은? ★

① 과부하
② 기계불량
③ 이용자의 부주의
④ 작업자의 부주의

59 전기화재의 원인이 아닌 것은? ★

① 누전
② 단락
③ 과전류
④ 케이블 연피

60 안전대의 등급과 사용구분이 올바르게 짝지어진 것은? ★★★

① 4종 : 1개걸이 전용
② 3종 : 안전블록
③ 2종 : 1개걸이, U자걸이 공용
④ 1종 : U자걸이 전용

- 1종 : U자걸이 전용(전주에 주로 사용)
- 2종 : 1개걸이 전용(발판 확보)
- 3종 : 1개걸이, U자걸이 공용
- 4종 : 안전블록(안전그네만 사용)
- 5종 : 추락방지대

정답 55 ① 56 ① 57 ④ 58 ③ 59 ④ 60 ④

공개기출문제 - 2014년 1회

01 교류 엘리베이터의 제어방법이 아닌 것은? ★★★

① 워드레오나드방식 제어
② 교류일단속도 제어
③ 교류이단속도 제어
④ 교류귀환 제어

워드레오나드방식 제어는 직류전동기의 공급전압을 조정하여 속도를 제어하는 방식이다.

02 기계식 주차설비의 설치기준에서 모든 자동차의 입출고 시간으로 맞는 것은?

① 입고시간 60분 이내, 출고시간 60분 이내
② 입고시간 90분 이내, 출고시간 90분 이내
③ 입고시간 120분 이내, 출고시간 120분 이내
④ 입고시간 150분 이내, 출고시간 150분 이내

[기계식주차장치의 안전기준 및 검사기준 등에 관한 규정]
주차장치에 수용할 수 있는 자동차를 모두 입고하는데 소요되는 시간과 이를 모두 출고하는데 소요되는 시간은 각각 2시간 이내이어야 한다.

03 엘리베이터 기계실의 구조에 대한 설명으로 적합하지 않은 것은? ★

① 기계실 내부에 공간이 있어서 옥상 물탱크의 양수설비를 하였다.
② 당해 건축물의 다른 부분과 내화구조로 구획하였다.
③ 바닥 면에서 200 lx 이상을 비출 수 있는 전구조명이 영구적으로 설치되어 있다.
④ 기계실의 출입문은 외부로 완전히 열리는 구조이다.

[전기식 엘이베이터의 구조]
기계실은 엘리베이터 이외의 목적으로 사용되지 않아야 한다.

04 다음 중 회전운동을 하는 유희시설이 아닌 것은? ★★

① 해적선
② 로터
③ 비행탑
④ 워터슈트

05 정전시 비상전원장치의 비상조명의 점등조건은? ★★

① 정전시에 자동으로 점등
② 고장시 카가 급정지하면 점등
③ 정전시 비상등스위치를 켜야 점등
④ 항상 점등

06 구조에 따라 분류한 유압 엘리베이터의 종류가 아닌 것은? ★★★

① 직접식 ② 간접식
③ 팬터그래프식 ④ VVVF식

VVVF(가변전압 가변주파수)식은 교류 전동기의 제어방식이다.

07 에스컬레이터의 비상정지스위치의 설치 위치로 옳은 것은? ★★

① 디딤판과 콤(comb)이 맞물리는 지점에 설치한다.
② 리미트 스위치에 설치한다.
③ 상·하부의 승강구에 설치한다.
④ 승강로의 중간부에 설치한다.

비상정지스위치는 일반적으로 상·하부의 승강구에 설치한다.

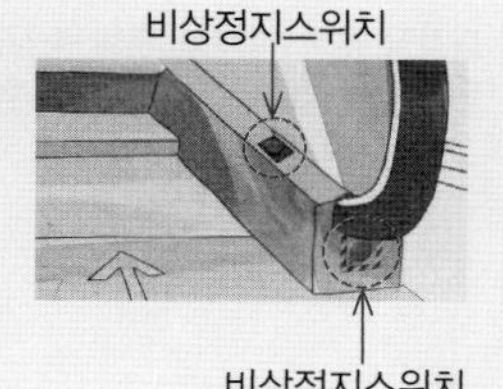

정답 01 ① 02 ③ 03 ① 04 ④ 05 ① 06 ④ 07 ③

chapter 04

08 엘리베이터의 분류법에 해당되지 않는 것은? ★

① 구동방식에 의한 분류
② 속도에 의한 분류
③ 크기에 의한 분류
④ 용도 및 종류에 의한 분류

09 조속기의 종류가 아닌 것은? ★

① 롤세이프티형 조속기
② 디스크형 조속기
③ 플렉시블형 조속기
④ 플라이볼형 조속기

조속기의 종류 : 롤세이프티형, 디스크형, 플라이볼형

10 균형로프의 주된 사용 목적은? ★★★

① 카의 소음진동을 보상
② 카의 위치 변화에 따른 주 로프무게를 보상
③ 카의 밸런스 보상
④ 카의 적재하중 변화를 보상

균형로프는 카의 승강로 상부/하부쪽에 있을 때 주로프가 한쪽으로 치우쳐 무게의 불균형이 커지므로 이를 보상하기 위한 것이다.

11 엘리베이터의 도어시스템에 관한 설명 중 틀린 것은? ★★★

① 승강장 도어 록킹장치와는 별도로 카 도어 록킹장치를 설치하는 것도 허용된다.
② 승강장 도어는 비상시를 대비하여 일반 공구로 쉽게 열리도록 한다.
③ 승강기 도어용 모터로 직류 모터뿐만 아니라 교류 모터도 사용된다.
④ 자동차용이나 대형 화물용 엘리베이터는 상승(상하) 개폐 방식이 많이 이용된다.

승강장 추락 방지를 위해 승강장 도어는 쉽게 열리지 않도록 한다. 점검 등에서만 열릴 수 있도록 특수한 형태의 열쇠로 열리는 구조이어야 한다.

12 피트에 설치되지 않는 것은? ★★

① 인장 도르래
② 조속기
③ 완충기
④ 균형추

피트는 승강로에서 최하층 승강장 아랫 부분을 말하며, 카 및 균형추 완충기, 하부 (파이널) 리미트스위치, 조속기 인장장치가 설치되어 있다.

13 조속기의 캐치가 작동되었을 때 로프의 인장력에 대한 설명으로 적합한 것은? ★

① 300N 이상과 비상정지장치를 거는데 필요한 힘의 1.5배를 비교하여 큰 값 이상
② 300N 이상과 비상정지장치를 거는데 필요한 힘의 2배를 비교하여 큰 값 이상
③ 400N 이상과 비상정지장치를 거는데 필요한 힘의 1.5배를 비교하여 큰 값 이상
④ 400N 이상과 비상정지장치를 거는데 필요한 힘의 2배를 비교하여 큰 값 이상

[전기식 엘리베이터의 구조]
조속기가 작동될 때, 조속기에 의해 생성되는 조속기 로프의 인장력은 다음 두 값 중 큰 값 이상이어야 한다.
가) 최소한 비상정지장치가 물리는데 필요한 값의 2배
나) 300 N

14 무빙워크의 공칭속도는 얼마 이하로 하여야 하는가? ★

① 0.55 m/s ② 0.65 m/s
③ 0.75 m/s ④ 0.95 m/s

[에스컬레이터 및 무빙워크의 구조]
무빙워크의 공칭속도는 **0.75 m/s** 이하이어야 한다

15 승강장문이 닫혀 있을 때 문짝사이의 틈새 기준은?

① 1 mm 이하 ② 3 mm 이하
③ 6 mm 이하 ④ 10 mm 이하

[전기식 엘리베이터의 구조]
승강장문이 닫혀 있을 때 문짝사이의 틈새 또는 문짝과 문설주, 인방 또는 문턱 사이의 틈새는 **6 mm** 이하로 가능한 작아야 한다.

정답 08 ③ 09 ③ 10 ② 11 ② 12 ④ 13 ② 14 ③ 15 ③

16 교류 엘리베이터에서 카의 실속도와 지령속도를 비교하여 사이리스터의 점호각을 바꿔 유도전동기의 속도를 제어하는 방식은? ★★★

① 교류1단 속도제어
② 교류2단 속도제어
③ 교류귀환 전압제어
④ 가변전압 가변주파수 방식

> **교류 엘리베이터의 속도제어 (필수암기)**
> ① 교류1단 : 기동·주행 –모터에 전원 공급 , 정지 – 전원 차단, 브레이크
> ② 교류2단 : 기동·주행 – 1단 속도, 감속, 정지 – 2단 속도
> ③ 교환귀환 : 실속도와 지령속도 비교, 사이리스터 점호각 바꿈
> ④ VVVF : 전압과 주파수를 동시 변환

17 엘리베이터의 완충기에 대한 설명 중 옳지 않은 것은? ★★★

① 엘리베이터 피트부분에 설치한다.
② 완충기 작동 후 완충기가 정상 위치에 복귀되어야만 엘리베이터가 정상적으로 운행될 수 있다.
③ 스프링 완충기와 유압 완충기가 가장 많이 사용된다.
④ 스프링 완충기는 엘리베이터의 속도가 1.0 m/s 이상의 경우에 주로 사용된다.

> 완충기에는 에너지 축적형(우레탄식, 스프링식, 완충된 복귀운동을 갖는 에너지 축적형), 에너지 분산형(유압 완충기)이 있다.
> • 우레탄식·스프링식 : 정격속도 **1.0 m/s** 이하
> • 완충된 복귀운동을 갖는 에너지 축적형 : 정격속도 1.6 m/s 이하
> • 유압 완충기 : 정격속도에 관계 없음

18 평면의 디딤판을 중력으로 오르내리게 한 것으로, 경사도가 12° 이하로 설계된 것은? ★★★

① 수평보행기(무빙워크)
② 경사도 리프트
③ 에스컬레이터
④ 덤웨이터(소형화물용 엘리베이터)

[15–4] 주요 비교

	경사도	정격속도
수평보행기(무빙워크)	12° 이하	0.75 m/s 이하
경사형 휠체어리프트	75° 이하	0.15 m/s 이하
에스컬레이터	30° 이하	0.75 m/s 이하
	30° 초과	0.5 m/s 이하

19 승객용 엘리베이터의 시브가 편마모되었을 때 그 원인을 제거하기 위해 어떤 것을 보수, 조정하여야 하는가? ★★★

① 완충기
② 조속기
③ 균형체인
④ 로프의 장력

> 시브 편마모의 원인은 로프 장력이 일정하지 않아 시브 좌우에 걸리는 로프 하중이 균일하지 못할 경우 발생된다.

20 엘리베이터가 정격속도를 현저히 초과할 때 모터에 가해지는 전원을 차단하여 카를 정지시키는 장치는? ★★

① 권상기 브레이크
② 가이드 레일
③ 권상기 드라이버
④ 조속기

21 카가 최하층에 수평으로 정지되어 있는 경우 카의 완충기의 거리에 완충기의 행정을 더한 수치는? ★★

① 균형추의 꼭대기 틈새보다 작아야 한다.
② 균형추의 꼭대기 틈새의 2배이어야 한다.
③ 균형추의 꼭대기 틈새와 같아야 한다.
④ 균형추의 꼭대기 틈새의 3배이어야 한다.

> [승강기 정밀안전 검사기준]
> 완충정지 성능 : 카가 최하층에 수평으로 정지되어 있는 경우에 카와 완충기의 거리에 완충기의 충격정도를 더한 수치는 균형추의 꼭대기틈새보다 작아야 한다.

22 승강기의 제어반에서 점검할 수 없는 것은? ★★★

① 전동기 회로의 절연 상태
② 주접촉자의 접속 상태
③ 결선단자의 조임 상태
④ 조속기 스위치의 작동 상태

> 조속기는 기계실, 구동기 및 풀리 공간에서 하는 점검

정답 16 ③ 17 ④ 18 ① 19 ④ 20 ④ 21 ① 22 ④

23 피트 내에서 행하는 검사가 아닌 것은? ★★★

① 피트 스위치 작동 여부
② 하부 파이널스위치 동작 여부
③ 완충기 취부상태 양호 여부
④ 상부 파이널스위치 동작 여부

> 상부 파이널스위치는 승강로(또는 카 위)에서 점검한다.

24 승강기 운행관리자의 임무가 아닌 것은? ★★★

① 승강기 비상열쇠 관리
② 자체점검자 선임
③ 운행관리규정의 작성 및 유지관리
④ 승강기 사고시 사고보고 관리

유지관리 주체별 임무

관리주체(소유자)의 임무	• 승강기 정기검사의 신청 • 운행관리자의 선임 및 지도·감독 • 유지보수업체 선정 • 자체검사자 선임
운행관리자의 임무	• 운행관리규정의 작성 및 유지관리 • 고장·수리 등에 관한 기록 유지 • 사고발생에 대비한 비상연락망의 작성 및 관리 • 인명사고시 긴급조치를 위한 구급체계 구성 및 관리 • 승강기 사고시 사고보고리 • 승강기 표준부착물 관리 • 승강기 비상열쇠 관리
유지보수자의 임무	• 정기적 자체점검 • 예방정비(마모 및 노후부품 적기 교체) • 고장발생시 응급조치

25 스텝체인 절단 검출장치의 점검항목이 아닌 것은? ★

① 검출스위치의 동작여부
② 검출스위치 및 캠의 취부상태
③ 암, 레버장치의 취부상태
④ 종동장치 텐션스프링의 올바른 치수여부

> 암, 레버장치는 구동체인 절단 검출장치의 점검항목이다.
> ※ 다소 난이도가 있는 문제로 출제빈도가 매우 낮음

26 엘리베이터용 모터에 부착되어 있는 로터리 엔코더의 역할은? ★★

① 모터의 소음 측정
② 모터의 진동 측정
③ 모터의 토크 측정
④ 모터의 속도 측정

> 로터리 엔코더는 모터축에 연결하여 모터축의 회전속도(회전각)를 측정하여 모터 속도를 정밀하게 제어하는 역할을 한다.

27 스텝체인 안전장치에 대한 설명으로 알맞은 것은? ★★★

① 스커트가드 판과 스텝 사이에 이물질의 끼임을 감지하여 안전 스위치를 작동시키는 장치이다.
② 스텝과 스텝 사이에 이물질의 끼임을 감지하는 장치이다.
③ 스텝체인이 절단되거나 늘어남을 감지하는 장치이다.
④ 상부 기계실내 작업시에 전원이 투입되지 않도록 하는 장치이다.

> ① 스커트 스위치 ② 스텝주행 안정장치

28 스프링 완충기를 사용한 경우 카가 최상층에 수평으로 정지되어 있을 때 균형추와 완충기와의 최대거리는? ★

① 300 mm ② 600 mm
③ 900 mm ④ 1200 mm

> 카가 최상층/최하층에서 수평으로 정지되어 있을 때의 균형추와 완충기와의 거리
> • 스프링 완충기와 카측 : 600 mm
> • 스프링 완충기와 균형추측 : **900 mm**

29 전기식 엘리베이터에서 카 비상정지장치의 작동을 위한 조속기는 정격속도 몇 % 이상의 속도에서 작동되어야 하는가? ★★★

① 220 ② 200
③ 115 ④ 100

> [법규]
> 전기식 엘리베이터에서 카 비상정지장치의 작동을 위한 조속기는 정격속도 **115%** 이상의 속도에서 작동되어야 한다.

정답 23 ④ 24 ② 25 ③ 26 ④ 27 ③ 28 ③ 29 ③

30 에스컬레이터의 구동 전동기의 용량을 결정하는 요소로 거리가 가장 먼 것은? ★★★

① 속도　② 경사각도
③ 적재하중　④ 디딤판의 높이

E/S 모터의 출력 $= \dfrac{GVsin\theta \times \beta}{120 \times \eta}$

- G : 적재하중 [kgf]
- V : 에스컬레이터 속도 [m/s]
- θ : 에스컬레이터 경사도 [°]
- η : 종합 효율
- β : 승객 유입률

31 에스컬레이터에 바르게 탑승하도록 디딤판 위의 황색 또는 적색으로 표시한 안전마크는? ★★

① 스텝체인　② 테크보드
③ 데마케이션　④ 스커트 가드

32 추락방지안전장치(비상정지장치)가 작동될 때, 승강기 카 바닥면의 수평도의 기준은 얼마인가?

① 1% 이하　② 3% 이하
③ 5% 이하　④ 10% 이하

[전기식 엘리베이터의 구조]
카 바닥의 기울기 : 카 비상정지장치가 작동될 때, 부하가 없거나 부하가 균일하게 분포된 카의 바닥은 정상적인 위치에서 5%를 초과하여 기울어지지 않아야 한다.

33 압력배관에 대한 설명으로 옳지 않은 것은? ★

① 건물벽 관통부에는 가급적 사용하지 않는다.
② 파워 유닛에서 실린더까지는 압력배관으로 연결하도록 한다.
③ 진동이 전물에 전달되지 않도록 방진고무를 넣어서 건물에 고정시킨다.
④ 압력 고무호스는 여유가 없어야 하며 일직선으로 연결되어 있어야 한다.

고무호스에 압력이 가해지면 수축되므로 5~8% 여유가 있어야 한다.

34 전기식 엘리베이터에서 주로프에 관한 설명으로 틀린 것은? ★

① 직경은 항상 공칭지름이 12mm 이상이어야 한다.
② 완성된 로프의 꼬임 길이는 로프 공칭 지름의 6.75배를 초과해서는 안된다.
③ 주로프의 안전율이 12 이상이어야 한다.
④ 끝부분은 1본마다 로프소켓에 바빗트 채움을 하거나 체결식 로프소켓을 사용하여 고정하여야 한다.

[전기식 엘리베이터의 구조]
로프는 공칭 직경이 8 mm 이상이어야 한다.

35 유압식 엘리베이터의 파워 유닛(power unit)의 점검사항으로 적당하지 않은 것은? ★★

① 기름의 유출 유무
② 작동유(oil)의 온도 상승 상태
③ 과전류 계전기의 이상 유무
④ 전동기와 펌프의 이상음 발생 유무

유압식 엘리베이터의 파워유닛은 유압탱크, 모터, 유압펌프, 제어밸브 등으로 이루어져 유압의 발생 및 제어 역할을 한다.
※ 과전류 계전기(과전류 릴레이)는 제어반의 점검사항이다.
　– 과부하가 걸렸을 때 모터 등 회로 손상을 방지하기 위해 차단시킴

36 주차구획이 3층 이상으로 배치되어 있고 출입구가 있는 층의 모든 주차구획을 주차장치 출입구로 사용할 수 있는 구조로서, 그 주차 구획을 아래·위 또는 수평으로 이동하여 자동차를 주차하도록 설계한 주차장치는? ★★★

① 수평순환식
② 다층순환식
③ 다단식 주차장치
④ 승강기 슬라이드식

기계식 주차장치의 종류
(주차구획이란 : 주차에 사용되는 부분)
- 다층순환식 : :주차구획에 자동차를 들어가도록 한 후 그 주차구획을 여러 층으로 된 공간에 아래·위 또는 수평으로 순환 이동하여 주차
- 다단식 주차장치 : 주차구획이 3층 이상으로 배치되어 있고 출입구가 있는 층의 모든 주차구획을 주차장치 출입구로 사용할 수 있는 구조로서 구 주차구획을 아래·위 또는 수평으로 이동하여 주차
- 수평순환식 : 주차구획주차구획에 자동차를 들어가도록한 후 그 주차구획을 수평으로 순환 이동하여 주차
- 승강기식 : 여러 층으로 배치되어 있는 고정된 주차구획에 아래·위 이동할 수 있는 운반기에 의하여 자동차를 자동으로 운반이동하여 주차

chapter 04

정답 30 ④ 31 ③ 32 ③ 33 ④ 34 ① 35 ③ 36 ③

37 엘리베이터에서 기계적으로 작동시키는 스위치가 아닌 것은? ★

① 도어 스위치
② 조속기 스위치
③ 인덕터 스위치
④ 승강로 종점 스위치

> 인덕터 스위치는 층간 레벨 오차를 최소화하기 위해 카의 상하 위치를 검출하는 비접촉형 감지기이다.

38 스크류(Screw) 펌프에 대한 설명으로 옳은 것은? ★★★

① 나사로 된 모터가 서로 맞물려 돌 때, 축방향으로 기름을 밀어내는 펌프
② 2개의 기어가 회전하면서 기름을 밀어내는 펌프
③ 케이싱의 캠형 속에 편심한 로터에 수개의 베인이 회전하면서 밀어내는 펌프
④ 2개의 플런저를 동작시켜서 밀어내는 펌프

> ② 기어 펌프 ③ 베인 펌프 ④ 플런저 펌프

39 재해 발생 과정의 요건이 아닌 것은? ★★

① 사회적 환경과 유전적인 요소
② 개인적 결함
③ 사고
④ 안전한 행동

> **재해 발생 과정**
> 1. 사회적 환경과 유전적인 요소
> 2. 개인적 결함
> 3. 불안전한 행동과 상태 (직접 원인)
> 4. 사고
> 5. 재해

40 천장 내에 안전표지판을 부착하는 이유로 가장 적합한 것은? ★★★

① 작업방법을 표준화하기 위하여
② 작업환경을 표준화하기 위하여
③ 기계나 설비를 통제하기 위하여
④ 비능률적인 작업을 통제하기 위하여

41 안전점검 중 어떤 일정기간을 정해 두고 행하는 점검은? ★★

① 수시점검
② 정기점검
③ 임시점검
④ 특별점검

> **안전 점검의 종류**
> • 일상 점검 : 작업 전·중·후 수시로 하는 점검
> • 정기 점검 : 일정기간을 정하여 실시
> • 특별 점검 : 설비의 신설 또는 교체 후 실시
> • 임시 점검 : 설비의 갑작스런 이상 발견 시 실시

42 그림과 같은 경고표지는? ★★

① 낙하물 경고
② 고온 경고
③ 방사성물질 경고
④ 고압전기 경고

[낙하물 경고]

[고온 경고]

[방사성물질 경고]

43 안전 작업모를 착용하는 목적에 있어서 안전관리와 관계가 없는 것은?

① 종업원의 표시
② 화상의 방지
③ 감전의 방지
④ 비산물로 인한 부상방지

44 감전이나 전기화상을 입을 위험이 있는 작업에 반드시 갖추어야 할 것은? ★★★

① 보호구
② 구급용구
③ 위험신호장치
④ 구명구

> 구명구 : 바닥나 강 등에서 물에 빠진 사람을 구조하는데 사용하는 기구

정답 37 ③ 38 ① 39 ④ 40 ② 41 ② 42 ④ 43 ① 44 ①

45 휠체어 리프트 이용자가 승강기의 안전운행과 사고방지를 위하여 준수해야 할 사항과 거리가 먼 것은? ★★★

① 전동휠체어 등을 이용할 경우에는 운전자가 직접 이용할 수 있다.
② 정원 및 적재하중의 초과는 고장이나 사고의 원인이 되므로 엄수하여야 한다.
③ 휠체어 사용자 전용이므로 보조자 이외의 일반인은 탑승하여서는 안 된다.
④ 조작반의 비상정지스위치 등을 불필요하게 조작하지 말아야 한다.

휠체어 등을 이용할 경우 관리자에 통보하여 관리자가 운전해야 한다.

46 추락대책수립의 기본방향에서 인적 측면에서의 안전대책과 관련이 없는 것은? ★★★

① 작업 지휘자를 지명하여 집단작업을 통제한다.
② 작업의 방법과 순서를 명확히 하여 작업자에게 주지시킨다.
③ 작업자의 능력과 체력을 감안하여 적당한 배치를 한다.
④ 작업대와 통로 주변에는 보호대를 설치한다.

추락재해대책에는 인적, 물적, 산업안전 기준상 대책이 있으며, ④는 물적 측면에 대한 대책에 해당된다.

47 안전점검 시 에스컬레이터의 운전 중 점검 확인사항에 해당되지 않는 것은?

① 운전 중 소음과 진동 상태
② 스텝에 작용하는 부하의 작동 상태
③ 콤 빗살과 스텝 홈의 물림 상태
④ 핸드레일과 스텝의 속도차이 유무

48 입력신호 A, B가 모두 "1"일 때만 출력값이 "1"이 되고, 그 외에는 "0"이 되는 회로는? ★★★

① AND 회로 ② OR 회로
③ NOT 회로 ④ NOR 회로

- A, B 모두 입력될 때 출력되려면 입력이 직렬회로(AND회로)이어야 함
- A, B 입력이 하나라도 있으면 출력되려면 입력이 병렬회로(OR회로)이어야 함

49 하중이 작용하는 방향에 따른 분류에 속하지 않는 것은? ★

① 압축 하중 ② 인장 하중
③ 교번 하중 ④ 전단 하중

교번하중은 하중이 작용하는 속도에 따른 구분 중 동하중에 속한다.

50 다음 중 응력이 단위로 옳게 표시된 것은? ★★★

① N/m ② N/m^2
③ N · m ④ N

응력은 단위면적(mm^2, cm^2, m^2, …) 당 작용하는 힘(N)이다.

51 전력량 1 kWh는 몇 줄(Joule)인가? ★

① 3.6×10^4 [J] ② 3.6×10^5 [J]
③ 3.6×10^6 [J] ④ 3.6×10^7 [J]

1 Wh = 3600 J = 3.6×10^3 J, 1 kWh = 3.6×10^6 J

52 3Ω, 4Ω, 6Ω의 저항을 병렬 접속할 때 합성저항은 몇 Ω인가? ★★★

① $\frac{1}{3}$ ② $\frac{4}{3}$
③ $\frac{5}{6}$ ④ $\frac{3}{4}$

A, B 2개 저항을 병렬합성저항 $R=\frac{A\times B}{A+B}$이므로

- 3Ω, 4Ω 의 병렬합성저항 $=\frac{3\times4}{3+4}=\frac{12}{7}$
- $\frac{12}{7}$Ω, 6Ω 의 병렬합성저항 $=\frac{\frac{12}{7}\times6}{\frac{12}{7}+6}=\frac{\frac{72}{7}}{\frac{54}{7}}=\frac{72}{54}=\frac{4}{3}$

53 회전축에 가해지는 하중이 마찰저항을 작게 받도록 지지하여 주는 기계요소는?

① 클러치 ② 베어링
③ 커플링 ④ 축

chapter 04

정답 45 ① 46 ④ 47 ② 48 ① 49 ③ 50 ② 51 ③ 52 ② 53 ②

54 RLC 직렬회로에서 최대전류가 흐르게 되는 조건은?

① $\omega L^2 - \frac{1}{\omega C} = 0$

② $\omega L^2 + \frac{1}{\omega C} = 0$

③ $\omega L - \frac{1}{\omega C} = 0$

④ $\omega L + \frac{1}{\omega C} = 0$

RLC 직렬회로의 전류는 다음과 같다.
$I = \sqrt{(\frac{1}{R})^2 + (\frac{1}{\omega L} - \omega C)^2}$
여기서, 임피던스 $(\frac{1}{\omega L} - \omega C) = 0$일 때 전류가 최대가 된다.

55 배선용 차단기의 기호(약호)는? ★★★

① S ② DS
③ THR ④ MCB

① S : Switch
② DS : Disconnecting Switch (단로기)
③ THR : Thermal Relay (열동 계전기)
④ MCCB : Molded Case Circuit Breaker (배선용 차단기)

56 직류전동기의 속도제어방법이 아닌 것은? ★★★

① 저항제어
② 전압제어
③ 계자제어
④ 주파수제어

출제빈도 높음

57 되먹임 제어에서 가장 필요한 장치는? ★★★

① 입력과 출력을 비교하는 장치
② 응답속도를 느리게 하는 장치
③ 응답속도를 빠르게 하는 장치
④ 안정도를 좋게 하는 장치

58 그림과 같은 심벌의 명칭은?

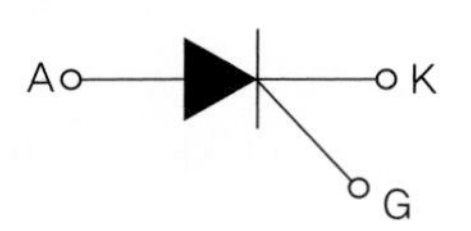

① TRIAC
② SCR
③ DIODE
④ DIAC

기호는 A(애노드), K(캐소드), G(게이트)로 구성된 사이리스터(SCR)이다.

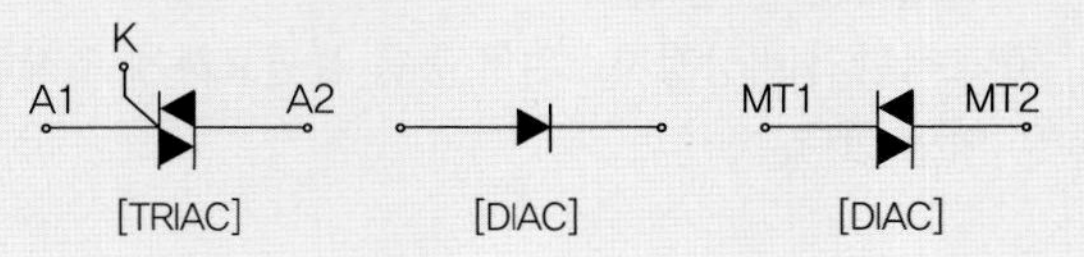

59 권수가 400인 코일에서 0.1초 사이에 0.5 Wb의 자속이 변화한다면 유도기전력의 크기는 몇 V인가?

① 100
② 200
③ 1000
④ 2000

유도기전력 $e = N\frac{d\phi}{dt} = 400 \times \frac{0.5\,\text{Wb}}{0.1\,\text{s}} = 2000\,\text{V}$
N : 코일 권수, $d\phi$: 자속변화량[Wb], dt : 시간변화량

60 엘리베이터 전원공급 배선회로의 절연저항 측정으로 가장 적당한 측정기는? ★★★

① 휘트스톤 브리지
② 메거
③ 콜라우시 브리지
④ 켈빈더블 브리지

① 휘트스톤 브리지 : 정밀저항 측정(평형조건을 이용한 총저항 측정)
③ 콜라우시 브리지 : 접지저항 측정
④ 켈빈더블 브리지 : 1Ω 이하의 저저항의 측정(전압강하 이용)

정답 54 ③ 55 ④ 56 ④ 57 ① 58 ② 59 ④ 60 ②

공개기출문제 - 2014년 2회

01 엘리베이터에 반드시 운전자가 있어야 운행이 가능한 조작방식은? ★★

① 반자동방식
② 단식자동방식
③ 승합전자동방식
④ ATT조작방식과 단식자동방식

반자동방식은 카도어의 개폐만 운전자에 의해 이루어지며, 진행방향 및 정지층의 결정은 자동방식과 마찬가지로 카 내 또는 승강장 버튼에 의해 이루어진다.
※ ATT조작방식 : ATT 스위치를 켜면 카 내의 운전자 조작에서만 운행
※ 무운전 방식 : 단식자동방식, 승합전자동방식

02 도어 인터록 장치의 구조로 가장 옳은 것은? ★★★

① 도어 스위치가 확실히 걸린 후 도어 인터록이 들어가야 한다.
② 도어 스위치가 확실히 열린 후 도어 인터록이 들어가야 한다.
③ 도어록 장치가 확실히 걸린 후 도어 스위치가 들어가야 한다.
④ 도어록 장치가 확실히 열린 후 도어 스위치가 들어가야 한다.

도어록 장치가 확실히 걸린 후 도어 스위치가 ON되어야 한다.

03 직접식 유압엘리베이터의 장점이 되는 항목은?

① 실린더를 보호하기 위한 보호관을 설치할 필요가 없다.
② 승강로의 소요평면 치수가 크다.
③ 부하에 의한 카 바닥의 빠짐이 크다.
④ 비상정지장치가 필요하지 않다.

유압식, 전기식 모두 조속기 및 비상정지장치는 필요하다.

04 트랙션 머신 시브를 중심으로 카 반대편의 로프에 매달리게 하여 카 중량에 대한 평형을 맞추는 것은? ★

① 조속기
② 균형체인
③ 완충기
④ 균형추

05 카가 어떤 원인으로 최하층을 통과하여 피트에 도달했을 때 카의 충격을 완화시켜 주는 장치는? ★★★

① 완충기
② 비상정지장치
③ 조속기
④ 과부하감지장치

06 소방구조용(비상용) 엘리베이터에 대한 설명으로 옳지 않은 것은? ★★★

① 소방관이 조작하여 엘리베이터 문이 닫힌 이후부터 60초 이내에 가장 먼 층에 도착하여야 된다.
② 카는 소방운전 시 모든 승강장의 출입구마다 정지할 수 있어야 한다.
③ 별도의 보조 전원공급장치가 방화구획 된 장소에 설치되어야 한다.
④ 운행속도는 10 m/s 이상이어야 한다.

운행속도는 1 m/s 이상이어야 한다.

07 승객과 운전자의 마음을 편하게 해주기 위하여 설치하는 장치는? ★★★

① 파킹 장치 ② 통신 장치
③ 조속기 장치 ④ BGM 장치

출제빈도 높음

정답 01 ① 02 ③ 03 ④ 04 ④ 05 ① 06 ④ 07 ④

chapter 04

08 3상 교류의 단속도 전동기에 전원을 공급하는 것으로 기동과 정속운전을 하고 정지는 전원을 차단한 후 제동기에 의해 기계적으로 브레이크를 거는 제어방식은? ★★★

① 교류1단 속도제어
② 교류2단 속도제어
③ VVVF제어
④ 교류귀환 전압제어

② 교류2단 속도제어 : 속도제어를 2단계로 구분하여, 기동 및 주행은 고속권선으로, 감속 및 착상은 저속권선으로 한다.(정지는 브레이크)
③ VVVF제어 : 가변전압 가변주파수 제어의 의미로, 전압과 주파수를 연속적으로 변화시켜 속도를 제어
④ 교류귀환 전압제어 : 카의 실제속도와 지령속도를 비교하여 사이리스터의 점호각을 변경하여 속도를 제어

09 구동체인이 늘어나거나 절단되었을 경우 아래로 미끄러지는 것을 방지하는 안전장치는? ★★★

① 스텝체인 안전장치
② 정지스위치
③ 인입구 안전장치
④ 구동체인 안전장치

구동체인 안전장치는 에스컬레이터의 구동체인이 늘어나거나 절단되어 느슨하게 판단된 경우, 이것을 검출하여 즉시 전동기를 정지시키는 장치이다. 전동기 정지 스위치와 스텝 구동륜의 기계적인 록(lock)을 위한 라쳇(ratchet) 장치로 구성되어 있다.

10 트랙션 권상기의 설명 중 옳지 않은 것은? ★★★

① 기어식과 무기어식 권상기가 있다.
② 행정거리의 제한이 없다.
③ 소요동력이 크다.
④ 지나치게 감기는 현상이 일어나지 않는다.

트랙션 권상기는 로프를 감는 권동식에 비해 소요동력은 적고 권과(지나치게 감기는 현상)가 일어나지 않는다. 또한, 승강행정에 있어 10m 이하로 제한이 있는 권동식에 비해 트랙션식은 승강행정 제한이 없다.

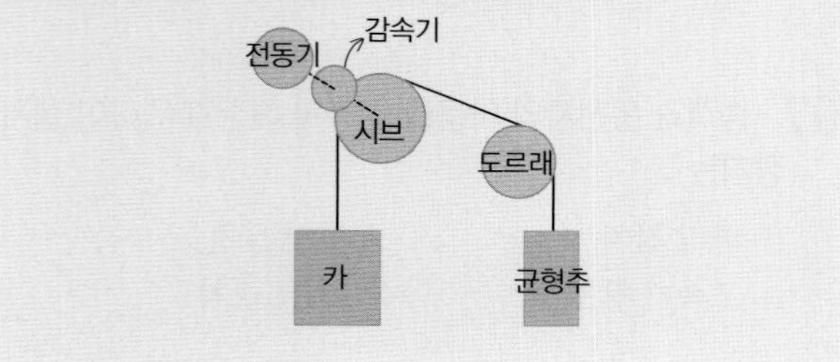

11 조속기에서 과속스위치의 작동원리는 무엇을 이용한 것인가? ★★★

① 회전력
② 원심력
③ 조속기 로프
④ 승강기의 속도

카 속도가 빨라지면 원심력에 의해 조속기의 플라이웨이트가 밖으로 벌어지며, 과속스위치를 작동하여 전동기의 입력전원을 차단시킨다.

12 승강장 도어의 측면 개폐방식의 기호는? ★★★

① A ② CO
③ S ④ T

구분	형식	특징
중앙 개폐형	2CO, 4CO	가운데에서 양쪽으로 열림
측면 개폐형 (가로열기)	1S, 2S, 3S	한 쪽 끝에서 시작해서 다른 쪽 끝으로 열림
상하 개폐형	2U, 3U	밑에서 위로 열림
스윙 도어	1 Swing, 2 Swing	

13 회전운동을 하는 유희시설이 아닌 것은? ★★★

① 관람차 ② 비행탑
③ 회전목마 ④ 모노레일

모노레일은 하나의 레일 위에 카를 움직여 즐기는 방식이다.

14 전기식 엘리베이터 기계실의 구비조건으로 틀린 것은? ★★★

① 기계실의 크기에서 작업구역의 유효높이는 2.5m 이상이어야 한다.
② 기계실에는 소요설비 이외의 것을 설치하거나 두어서는 안된다.
③ 유지관리에 지장이 없도록 조명 및 환기 시설은 승강기 검사기준에 적합하여야 한다.
④ 출입문은 외부인의 출입을 방지할 수 있도록 잠금장치를 설치하여야 한다.

[엘리베이터 안전기준]
기계실 작업구역의 유효높이 : 2.1m 이상

정답 08 ① 09 ④ 10 ③ 11 ② 12 ③ 13 ④ 14 ①

15 카 내부의 유효높이는 몇 m 이상이어야 하는가? ★★★

① 2.0　　② 1.8
③ 1.5　　④ 1.2

기계실 작업구역의 유효 높이는 **2 m**(또는 2.1m) 이상

16 T형 가이드레일의 공칭 규격이 아닌 것은? ★★★

① 8K　　② 14K
③ 18K　　④ 24K

T형 가이드레일의 공칭 규격 : 8K, 13K, 18K, 24K, 30K

17 유입완충기의 부품이 아닌 것은?

① 완충고무　　② 플런저
③ 스프링　　④ 유량조절밸브

유입완충기는 완충고무, 플런저, 스프링, 실린더 등으로 구성된다. 실린더 내 오리피스를 통과하며 발생하는 유체저항에 의해 완충작용을 한다. 유량조절밸브는 유압장치의 구성품으로 유량을 조절하여 속도를 제어한다.

18 전기식 엘리베이터 기계실의 조도는 기기가 배치된 바닥 면에서 몇 lx 이상이어야 하는가? ★★

① 150　　② 200
③ 250　　④ 300

엘리베이터의 주요 조명
- 기계실 : 바닥 면에서 **200 lx** 이상
- 승강로 : 카 지붕 또는 피트 바닥에서 1 m 떨어진 곳에서 50 lx
- 승강장 : 50 lx 이상 (바닥에서 측정)
- 카 : 카 바닥 위로 1 m 모든 지점에 100 lx 이상

19 기계식 주차장치의 안전기준 및 검사기준 등에 관한 규정상 기초 및 구조 검사항목에 대한 검사기준으로 틀린 것은?

① 볼트의 이완·탈락 및 부식이 없을 것
② 기초 콘크리트의 과도한 균열이나 파손 및 침하가 없을 것
③ 브러시의 상태가 양호할 것
④ 주차철골의 균열·파손 및 침하가 없을 것

[기계식주차장치의 안전기준 및 검사기준 등에 관한 규정]
③은 에스컬레이터에 대한 설명이다.

20 다음 중 엘리베이터 자체 점검 시 점검 항목으로 크게 중요하지 않는 사항은? ★

① 브레이크장치
② 와이어로프 상태
③ 비상정지장치
④ 각종 계전기의 명판 부착 상태

21 카 천장의 비상구출문이 개방되었을 때 발생되는 현상 중 옳은 것은? ★★

① 주행 중에 비상구출문가 개방되어도 계속 운전한다.
② 비상구출문이 개방되면 카는 언제든지 중단되는 구조이다.
③ 비상구출문이 개방되면 카 내에 조명이 꺼진다.
④ 비상구출문 개방 유무에 관계없이 운행에 영향을 주지 않는다.

[엘리베이터의 안전기준]
카 천장의 비상구출문은 카 천장의 밖(카 위)에서 카 내부로 열리는 구조로 내부에서는 비상잠금해제 삼각열쇠를 이용해야만 열린다. 비상구출문에는 잠금장치가 있어 문이 열리면 카 운행이 중단되고, 문이 닫혀야 카의 운행이 재개된다.

22 가이드 레일(guide rail)의 역할이 아닌 것은? ★★★

① 카 자체의 기울어짐을 방지
② 비상정지장치가 작동시 수직하중을 유지
③ 승강로의 기계적 강도를 보강
④ 균형추의 승강로 평면내의 위치를 규제

가이드 레일은 카와 균형추의 승강로 평면 내에 위치를 규제하고, 레일을 따라 승강할 수 있도록 함으로써 기울어짐을 방지한다. 또한 비상정지장치가 작동할 때도 수직하중을 유지시켜준다.

23 전기식 엘리베이터 로프는 공칭직경 몇 mm 이상으로 몇 가닥 이상이어야 하는가? ★★★

① 8mm, 2가닥　　② 8mm, 3가닥
③ 12mm, 2가닥　　④ 12mm, 3가닥

[엘리베이터의 안전기준] 매다는 장치(현수)
- 로프 공칭직경 : **8mm** 이상 (다만, 구동기가 승강로에 위치하고, 정격속도가 1.75 m/s 이하인 경우 안정성을 확인한 경우 6mm 허용)
- 로프 또는 체인의 가닥수 : **2**가닥 이상

정답 15 ① 16 ② 17 ④ 18 ② 19 ③ 20 ④ 21 ② 22 ③ 23 ①

24 승강기에 적용하는 가이드 레일의 규격을 결정하는데 관계가 가장 적은 것은? ★

① 조속기의 속도
② 지진 발생시 건물의 수평진동력
③ 비상정지장치의 작동시 작용할 수 있는 좌굴하중
④ 불균형한 큰 하중이 적재될 때 작용하는 회전 모멘트

가이드 레일의 치수 결정 요소 : 좌굴하중, 수평진동력, 회전모멘트

25 간접식 유압엘리베이터의 특징이 아닌 것은? ★★★

① 부하에 의한 카의 빠짐이 비교적 작다.
② 실린더의 점검이 용이하다.
③ 승강로는 실린더를 수용할 부분만큼 더 커지게 된다.
④ 비상정지장치가 필요하다.

플런저가 직접 카를 승강하는 직접식과 달리 간접식은 동력이 로프에 의해 시브를 통해 카를 승강하는 방식으로, ②~④ 외에 로프의 늘어짐으로 인해 부하에 의한 카 바닥의 빠짐이 직접식에 비해 크다.

26 핸드레일 인입구에 손이나 이물질이 끼었을 때 즉시 작동하여 에스컬레이터를 정지시키는 장치는? ★★★

① 핸드레일 안전장치
② 구동체인 안전장치
③ 조속기
④ 핸드레일 인입구 안전장치

핸드레일 인입구 안전장치(인레트 스위치)는 핸드레일의 상하 곡부에서 난간 하부로 들어가는 곳에 물체가 끼인 경우(어린이의 손가락이나 이물질이 빨려들어가는 등) 이를 감지하여 에스컬레이터의 운행을 정지시킨다.

27 2대 이상의 엘리베이터가 동일 승강로에 설치되어 인접한 카에서 구출할 경우 서로 다른 카 사이의 수평거리는 몇 m 이하이어야 하는가? ★★

① 0.35 ② 0.5
③ 0.75 ④ 1

[전기식 엘리베이터의 구조]
2대 이상의 엘리베이터가 동일 승강로에 설치되어 인접한 카에서 구출할 수 있도록 카 벽에 비상구출문이 설치될 수 있다. 다만, 카 간의 수평거리는 **1 m**를 초과할 수 없다.

28 승강장 도어 인터록장치의 설정 방법으로 옳은 것은? ★★★

① 인터록이 잠기기 전에 스위치 접점이 구성되어야 한다.
② 인터록이 잠김과 동시에 스위치 접점이 구성되어야 한다.
③ 인터록이 잠긴 후 스위치 접점이 구성되어야 한다.
④ 스위치에 관계없이 잠금 역할만 확실히 하면 된다.

도어록 도어 인터록 장치가 잠김 후 도어 스위치가 ON이 되어야 하며, 도어 스위치가 OFF 후 도어록이 열리는 구조이어야 한다.
- 인터록 : 카가 해당 층에 도착하지 않으면 승강장 문이 열리지 않도록 함
- 도어 스위치 : 인터록과 도어가 닫혀있지 않으면 엘리베이터 운행이 불가능하도록 함

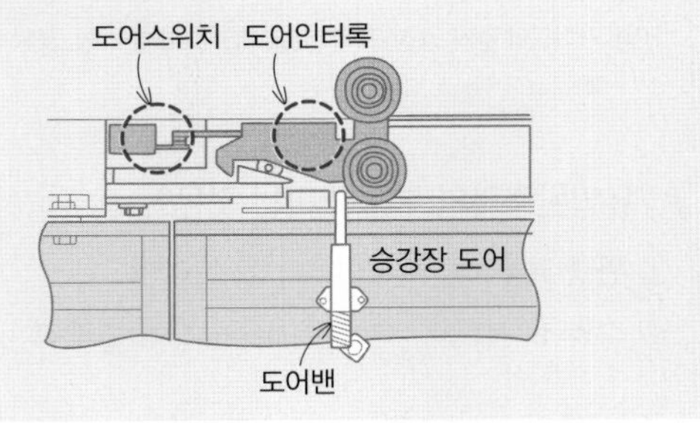

29 교류 2단속도 제어에 관한 설명으로 틀린 것은? ★★★

① 기동 시 저속권선 사용
② 주행 시 고속권선 사용
③ 감속 시 저속권선 사용
④ 착상 시 저속권선 사용

교류 2단속도 제어
- 기동·고속 시 : 고속 권선
- 감속·착상 시 : 저속 권선

30 승강기에 균형체인을 설치하는 목적은? ★★★

① 균형추의 낙하 방지를 위하여
② 주행 중 카의 진동과 소음을 방지하기 위하여
③ 카의 무게 중심을 위하여
④ 이동케이블과 로프의 이동에 따라 변화되는 무게를 보상하기 위하여

균형체인(균형로프)는 카의 위치 변화로 인해 이동케이블과 로프가 이동함에 따라 주로프의 무게가 카 또는 균형추에 중량이 쏠리므로 이에 대해 무게 균형을 보정하기 위해 주로프의 무게에 해당하는 체인(로프)을 설치하여 승차감, 착상오차, 트랙션 개선을 위해 사용된다.

정답 24 ① 25 ① 26 ④ 27 ④ 28 ③ 29 ① 30 ④

31 유압장치의 보수, 점검, 수리 시에 사용되고, 일명 게이트 밸브라고도 하는 것은? ★★★

① 스톱밸브 ② 사이렌서
③ 체크밸브 ④ 필터

스톱밸브(게이트 밸브) : 유압장치의 보수·점검·수리 시 실린더로 통하는 배관에 설치하여 유체의 흐름을 차단하는 역할을 한다.

32 승객의 구출 및 구조를 위한 카 상부 비상구출문의 크기는 얼마 이상이어야 하는가? ★★

① 0.2m×0.2m
② 0.4m×0.5m
③ 0.5m×0.5m
④ 0.25m×0.3m

[엘리베이터의 안전기준] 카 천장에 비상구출문이 설치된 경우, 유효 개구부의 크기는 **0.4×0.5 m** 이상이어야 한다. (다만, 공간이 허용된다면, 유효 개구부의 크기는 0.5×0.7 m가 바람직하다.

33 유압용 엘리베이터에서 가장 많이 사용하는 펌프는? ★★★

① 기어 펌프
② 스크류 펌프
③ 베인 펌프
④ 피스톤 펌프

스크류 펌프는 간단한 구조, 용이한 운전 및 보수, 우수한 효율, 균일한 흐름, 저소음, 저진동, 고속에 적합하여 가장 많이 사용한다.

34 다음 중 에스컬레이터를 수리할 때 지켜야 할 사항으로 적절하지 않은 것은? ★

① 상부 및 하부에 사람이 접근하지 못하도록 단속한다.
② 작업 중 움직일 때는 반드시 상부 및 하부를 확인하고 복명 복창한 후 움직인다.
③ 주행하고자 할 때는 작업자가 안전한 위치에 있는지 확인한다.
④ 작동시간을 게시한 후 시간이 되면 작동시킨다.

수리시간을 알 수 없으므로 수리를 완료한 후 작동시켜야 한다.

35 카 실(cage)의 구조에 관한 설명 중 옳지 않은 것은? ★★★

① 구조상 경미한 부분을 제외하고는 불연재료를 사용하여야 한다.
② 카 천장에 비상구출문을 설치하여야 한다.
③ 승객용 카의 출입구에는 정전기 장애가 없도록 방전 코일을 설치하여야 한다.
④ 승객용은 한 개의 카에 두 개의 출입구를 설치할 수 있는 경우도 있다.

케이지 내부에 위치한 운전패널(버턴부)의 회로가 정전기로 인해 소손될 우려가 있으므로 방전코일을 설치한다.

36 에스컬레이터의 점검에 관한 설명으로 옳은 것은? ★★★

① 스텝 트레드는 운행방향에 ±3°의 공차로 수평해야 한다.
② 스텝과 스텝(팔레트와 팔레트) 사이 간격이 5mm 초과 여부를 점검한다.
③ 스커트 가드와 스텝 사이의 틈새는 승강로 전 길이에 걸쳐 한쪽이 5mm 이하이어야 하고 양쪽을 합쳐 10mm 이하이어야 한다.
④ 이상속도 안전장치는 에스컬레이터 운행속도가 정격속도보다 20% 이상 또는 이하일 때 정지하여야 한다.

① 스텝 트레드는 운행방향에 ±1°의 공차로 수평해야 한다.
② 스텝과 스텝(팔레트와 팔레트) 사이 간격이 6mm 초과 여부를 점검한다.
③ 스커트 가드와 스텝 사이의 틈새는 승강로 전 길이에 걸쳐 한쪽이 4mm 이하이어야 하고 양쪽을 합쳐 7mm 이하이어야 한다.

37 유압엘리베이터의 카가 심하게 떨거나 소음이 발생하는 경우의 조치에 해당되지 않는 것은? ★★★

① 실린더 내부의 공기 완전 제거
② 실린더 로드면의 굴곡 상태 확인
③ 리미트 스위치의 위치 수정
④ 릴리프 세팅 압력 조정

실린더 내부의 공기 유입이나 릴리프 밸브의 고압은 진동이나 소음을 발생하기 쉽다.
리미트 스위치는 승강기 최상층/최하층을 지나쳐 승강기 상부나 피트에 충돌하는 것을 방지하는 역할을 하므로 진동이나 소음과는 무관하다.

정답 31 ① 32 ② 33 ② 34 ④ 35 ③ 36 ④ 37 ③

38 물질 내에서 원자핵의 구속력을 벗어나 자유로이 이동할 수 있는 것은? ★★

① 분자 ② 자유전자
③ 양자 ④ 중성자

원자는 원자핵(+)과 전자(−)로 이루어지는데, 원자핵과 전자의 갯수가 동일하여 균형을 이룬다. 하지만 원자로부터 떨어져 나온 자유전자는 다른 원자에 이동하며 전기가 흐르는 원인이 된다.

39 RLC 소자의 교류회로에 대한 설명 중 틀린 것은? ★★★

① R만의 회로에서 전압과 전류의 위상은 동상이다.
② L만의 회로에서 저항성분은 유도리액턴스 X_L이라 한다.
③ C만의 회로에서 전류는 전압보다 위상이 90° 앞선다.
④ 유도성 리액턴스 $X_L = 1/\omega L$이다.

유도성 리액턴스 $X_L = \omega L = 2\pi fL$
(ω : 각속도, f : 주파수, L : 코일의 인덕턴스)
유도성 리액턴스 : 코일에 작용하는 저항의 개념으로 주파수(f)가 커지면 유도성 리액턴스도 커지며, 각속도와 주파수의 관계는 '$\omega = 2\pi f$'이다.

40 동기발전기의 전기자 권선법 중 분포권의 장점이 아닌 것은?

① 기전력 파형 개선
② 누설리액턴스 감소
③ 과열 방지
④ 기전력 감소

권선법이란 전기자의 슬롯에 코일을 감는 방법을 말하며, 집중권(1개의 코일을 2개의 슬롯에만 집중 권선)과 분포권(여러 슬롯에 코일을 고르게 분포하도록 권선)이 있다.
• 분포권의 장점 : 고조파 개선(파형 개선), 누설리액턴스 감소, 열 발산 우수
• 분포권의 단점 : 유기기전력 감소

41 다음 중 절연저항을 측정하는 계기는? ★★★

① 회로시험기
② 메거
③ 훅온미터
④ 휘트스톤브리지

메거(megger)는 절연저항 측정 계기이다.

42 전기기기의 충전부와 외함 사이의 저항은 어떤 저항인가?

① 브리지저항 ② 접지저항
③ 접촉저항 ④ 절연저항

충전부와 외함 사이에는 전류가 흐르지 않아야 하므로 절연저항이 커야 한다.

43 교류회로에서 유효전력이 P [W]이고, 피상전력이 P_a [VA]일 때 역률은? ★

① $\sqrt{P+P_a}$ ② $\dfrac{P}{P_a}$
③ $\dfrac{P_a}{P}$ ④ $\dfrac{P}{P+P_a}$

역률 : 피상전력(P_a)에 대한 유효전력(P)의 비율
• 피상전력 : 부하(저항)에 공급되는 전력 (= 유효전력 + 무효전력)
• 유효전력 : 부하(저항)에 실제로 소비되는 전력 (= 소비전력)
• 무효전력 : 실제 부하(저항)에서 사용할 수 없는 전력

44 안전상 허용할 수 있는 최대응력을 무엇이라고 하는가? ★★★

① 안전율 ② 허용응력
③ 사용응력 ④ 탄성한도

파괴강도 > 극한강도(인장강도) > 항복응력 > 탄성한도 > 허용응력(≥ 사용응력)
• 파단강도 : 파단점에서의 응력
• 극한강도 : 재료가 견딜 수 있는 최대응력
• 항복응력 : 항복점에서의 응력 즉 탄성변형이 일어나는 한계응력
• 허용응력 : 기계나 구조물을 안전하게 사용하는데 허용할 수 있는 최대 응력으로 사용응력(실제로 사용)보다 크거나 같다.

45 다음 유도전동기의 제동방법이 아닌 것은? ★

① 극수제동 ② 회생제동
③ 발전제동 ④ 단상제동

유도전동기의 제동법 : 회생제동, 단상제동, 발전제동, 역상제동
• 회생제동 : 전동기의 운동에너지를 전기에너지로 바꾸어 그 출력을 전원으로 되돌리며 제동
• 발전제동 : 운동에너지를 전기에너지로 변환하고 이를 다시 열에너지로 소비해서 운동에너지를 감소시켜 제동
• 단상제동 : 유도전동기의 1차측 코일에 단상전원을 인가하고, 2차측 코일의 저항으로 제동
• 역상제동 : 전동기 3상전원 중 2상의 접속을 바꾸어 역토크를 발생시켜 제동

정답 38 ② 39 ④ 40 ④ 41 ② 42 ④ 43 ② 44 ② 45 ①

46 회전운동을 직선운동, 왕복운동, 진동 등으로 변환하는 기구는? ★

① 링크기구　② 슬라이더
③ 캠　④ 크랭크

[14-2] 캠과 링크기구의 차이
- 캠 : 축의 회전운동을 직선운동이나 회전운동으로 변환하는데 국한
- 링크 기구 : 직선운동, 왕복운동, 요동운동 등이 서로 상대적으로 전달한다. (예를 들면, 회전운동 → 왕복운동, 왕복운동 → 직선운동 또는 요동운동으로 변환)

참고) 링크기구의 구성요소 : 고정링크, 크랭크(회전운동), 레버(요동운동), 슬라이더(직선운동)

47 전지 내부저항 0.5Ω이고, 기전력 1.5V인 전지를 부하저항 2.5Ω에 연결할 때, 전지 양단의 전압 V는? ★

① 1.25　② 2
③ 2.5　④ 3

전지 내에 있는 기전력 $E=I\times(R+r)$
(R : 외부저항, r : 건전지 내부저항)

$I=\frac{E}{R+r}=\frac{1.5}{0.5+2.5}=0.5A,$

$V=IR=0.5\times2.5=1.25$

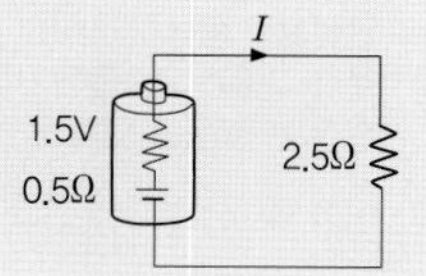

48 엘리베이터의 권상기에서 일반적으로 저속용에는 적은 용량의 전동기를 사용하여 큰 힘을 내도록 하는 동력 전달방식은 ★★★

① 웜 및 웜기어　② 헬리컬 기어
③ 스퍼어 기어　④ 피니언과 래크 기어

권상기에는 주로 웜기어(이미지 참조), 헬리컬 기어를 사용한다. 웜기어의 특징은 비교적 큰 감속비를 얻을 수 있고, 역전을 방지한다. 또한, 입력축에 작은 힘으로 출력축에 토크를 증가시킬 수 있다.

49 정밀성을 요하는 판의 두께를 측정하는 것은? ★★

① 줄자　② 직각자
③ R게이지　④ 마이크로미터

보기의 다른 계측기와 달리 마이크로미터는 0.001mm(1μm)까지 읽을 수 있다.

50 주파수 60Hz, 슬립 0.02이고 회전자 속도가 588rpm 인 3상 유도전동기의 극수는? ★★★

① 12　② 16
③ 4　④ 8

슬립 $S=\frac{Ns-N}{Ns}$ → $0.02=\frac{Ns-588}{Ns}$ → $Ns=\frac{588}{1-0.02}=600$

$Ns=\frac{120f}{P}$ → $P=\frac{120\times60}{600}=12$

(Ns : 동기속도, N : 회전자 속도, f : 주파수, P : 극수)

51 후크의 법칙을 옳게 설명한 것은? ★★★

① 응력과 변형률은 반비례 관계이다.
② 응력과 탄성계수는 반비례 관계이다.
③ 응력과 변형률은 비례 관계이다.
④ 변형률과 탄성계수는 비례 관계이다.

후크의 법칙은 탄성한도(비례한도) 내에서는 응력(하중)이 커질수록 변형량은 정비례한다는 법칙이다.

52 다음 중 정기점검에 해당되는 점검은? ★★★

① 일상점검
② 월간점검
③ 수시점검
④ 특별점검

안전점검의 종류
- 일상점검 – 작업이나 운행 전의 일상적인 수시점검
- 정기점검 – 일정 기간을 정한 후 점검(주간점검, 월간점검, 연간점검)
- 특별점검 – 지진, 지반 이상 등 천재지변이 발생된 경우

53 안전사고의 발생요인으로 심리적인 요인에 해당되는 것은? ★★★

① 감정
② 극도의 피로감
③ 육체적 능력 초과
④ 신경계통의 이상

②~④ : 생리적 요인
※ 심리적인 원인 : 착각, 착오, 망각, 걱정, 감정, 무의식 행동 등

정답 46 ③ 47 ① 48 ① 49 ④ 50 ① 51 ③ 52 ② 53 ①

54 작업자의 재해 예방에 대한 일반적인 대책으로 맞지 않는 것은? ★

① 계획의 작성
② 엄격한 작업감독
③ 위험요인의 발굴 대처
④ 작업지시에 대한 위험 예지의 실시

55 엘리베이터로 인하여 인명 사고가 발생했을 경우 안전(운행)관리자의 대처사항으로 부적합한 것은? ★

① 의약품, 들것, 사다리 등의 구급용구를 준비하고 장소를 명시한다.
② 구급을 위해 의료기관과의 비상연락체계를 확립한다.
③ 전문 기술자와의 비상연락체계를 확립한다.
④ 자체점검에 관한 사항을 숙지하고 기술적인 사고 요인을 검사하여 고장 요인을 제거한다.

56 추락에 의하여 근로자에게 위험이 미칠 우려가 있을 때 비계를 조립하는 등의 방법에 의하여 작업발판을 설치하도록 되어 있다. 높이가 몇 m 이상인 장소에서 작업을 하는 경우에 설치하는가? ★★

① 2 ② 3
③ 4 ④ 5

고소작업(높은 곳에서의 작업)에 따른 추락방지를 위해 **2m** 이상의 높이에서 작업할 경우 의무적으로 추락방지에 필요한 조치를 하도록 규정한다.

57 다음 중 불안전한 행동이 아닌 것은? ★★★

① 방호조치의 결함
② 안전조치의 불이행
③ 위험한 상태의 조장
④ 안전장치의 무효화

'불안전한 행동'은 사람에 의해 발생하는 인적 요인이며, ①은 '불안전한 상태'에 해당한다.
※ 불안전한 행동과 불안전한 상태는 사고유발의 직접원인에 해당한다.

58 재해의 직접원인에 해당되는 것은? ★★★

① 안전지식의 부족
② 안전수칙의 오해
③ 작업기준의 불명확
④ 복장, 보호구의 결함

복장 보호구 결함은 직접 원인 중 불안전한 상태에 해당한다.
①, ② : 간접원인 – 교육적 원인
③ : 간접원인 – 관리적 원인

59 다음 중 방호장치의 기본 목적으로 가장 옳은 것은? ★

① 먼지 흡입 방지
② 기계 위험 부위의 접촉방지
③ 작업자 주변의 사람 접근방지
④ 소음과 진동 방지

방호장치는 위험기계·기구의 위험 한계 내에서의 안전성을 확보하기 위한 장치를 말한다. 예를 들면, 우측 그림과 고속절단기의 경우 안전사고가 일어날 수 있는 부위를 덮개 등을 설치한다.

방호덮개
연삭날

60 인체에 전격의 위험을 결정하는 주된 인자가 아닌 것은? ★

① 통전전류의 크기
② 통전경로
③ 음파의 크기
④ 통전시간

전격(전기 충격)에 영향을 주는 요인

1차 요인	통전전류 크기, 전원 종류(AC, DC), 통전경로, 통전시간, 주파수 및 파형
2차 요인	전압의 크기, 인체의 조건(저항), 주변환경

정답 54 ② 55 ④ 56 ① 57 ① 58 ④ 59 ② 60 ③

공개기출문제 - 2014년 3회

01 기계실에 설치할 설비가 아닌 것은? ★

① 완충기 ② 권상기
③ 조속기 ④ 제어반

완충기는 승강로 하부에 설치된다.

02 가변전압 가변주파수 제어방식과 관계가 없는 것은? ★★★

① PAM ② VVVF
③ 인버터 ④ MG 세트

가변전압 가변주파수(VVVF) 제어방식은 인버터–컨버터로 구성되며, PAM(Pulse Amplitude Modulation, 펄스진폭변조)에 의해 사이리스터 등을 이용한 위상제어나 초퍼회로로 정전압원의 전압을 가변시키고 인버터부에서는 주파수만 가변시킨다.
MG 세트는 워드 레오나드 방식에 해당한다. 전동기와 발전기를 결합한 형태로 전원의 전압, 위상 및 주파수를 변환한다.

03 일반적인 에스컬레이터 경사도는 몇 도(°)를 초과하지 않아야 하는가? ★★★

① 25° ② 30°
③ 35° ④ 40°

일반적인 에스컬레이터 경사도는 **30°**를 초과하지 않아야 한다.

04 사람이 출입할 수 없도록 정격하중이 300 kg 이하이고 정격속도가 1 m/s 인 승강기는? ★

① 덤웨이터
② 비상용 엘리베이터
③ 승객·화물용 엘리베이터
④ 수직형 휠체어리프트

덤웨이터는 사람이 출입할 수 없도록 하고, 정격하중이 300 kg 이하의 화물을 운송 목적으로 정격속도가 1 m/s 이하이다.

05 엘리베이터가 최종단층을 통과하였을 때 엘리베이터를 정지시키며 상승, 하강 양방향 모두 운행이 불가능하게 하는 안전장치는? ★★★

① 슬로다운 스위치
② 파킹 스위치
③ 피트 정지스위치
④ 파이널 리미트 스위치

- 파이널 리미트 스위치 : 카가 리미트 스위치를 지나쳐서 현저하게 초과 승강하는 경우 승강기를 정지시키는 스위치
- 슬로다운 스위치 : 리미트 스위치 전에 설치하여 최상층(또는 최하층)의 감속 구간에서 충분히 감속이 될 수 있도록 함
- 피트 정지스위치 : 점검·보수 등을 위해 피트 진입 시 카 운행을 정지
- 파킹 스위치 : 주로 1층 호출버튼 근처에 키를 두어 해당 승강장에 카를 파킹시킴

06 에스컬레이터의 안전율에 대한 기준으로 옳은 것은? ★

① 트러스와 빔에 대해서는 5 이상
② 트러스와 빔에 대해서는 10 이상
③ 체인류에 대해서는 6 이상
④ 체인류에 대해서는 8 이상

- 트러스와 빔 : 5 이상
- 디딤판 체인 및 구동체인 : 5 이상

07 전동기의 회전을 감속시키고 암이나 로프 등을 구동시켜 승강기 문을 개폐시키는 장치는? ★★★

① 도어 인터록
② 도어머신
③ 도어 스위치
④ 도어 클로저

도어인터록 : 카가 정지하지 않은 층의 도어는 전용열쇠로만 열리는 도어록과 도어가 닫혀있지 않으면 카 운전이 안되도록 하는 도어스위치로 구성

정답 01 ① 02 ④ 03 ② 04 ① 05 ④ 06 ① 07 ②

08 고속의 엘리베이터에 많이 이용되는 조속기는? ★★★

① 롤 세프티형
② 디스크형
③ 플랙시블형
④ 플라이볼형

저속 : 디스크형, 고속 : 플라이볼형
플라이볼형은 구조가 복잡하지만 정밀도가 높아 고속에 많이 사용된다.

09 에스컬레이터 또는 수평보행기에 모두 설치해야 하는 것이 아닌 것은? ★★★

① 제동기
② 스커트가드 안전장치
③ 디딤판체인 안전장치
④ 구동체인 안전장치

무빙워크의 안전장치는 에스컬레이터와 거의 같지만 구조상 스텝과 스커트 가드의 사이에 끼는 사고는 거의 없으므로 에스컬레이터에 있는 스커트 가드 스위치는 불필요하다.

10 승강장문의 출입구 유효 폭은 카 출입구의 폭 이상으로 하되, 양쪽 측면 모두 카 출입구 측면의 폭보다 몇 mm를 초과하지 않아야 하는가? ★★★

① 50
② 60
③ 70
④ 80

[엘리베이터 안전기준] 승강장문의 출입구 유효 폭은 카 출입구 폭 이상으로 하되, 카 출입구 폭보다 **50mm**를 초과하지 않아야 한다.

11 피트 바닥과 카의 가장 낮은 부품 사이의 수직거리는 몇 m 이상이어야 하는가? ★★★

① 2.0
② 1.5
③ 0.5
④ 1.0

[승강기안전부품 안전기준 및 승강기 안전기준 – 별표 22. 엘리베이터의 안전기준]
피트 바닥과 카의 가장 낮은 부분 사이의 유효 수직거리는 **0.5 m** 이상이어야 한다.

12 화재 시 소화 및 구조활동에 적합하게 제작된 엘리베이터는? ★

① 덤웨이터
② 비상용 엘리베이터
③ 전망용 엘리베이터
④ 승객·화물용 엘리베이터

13 유압회로의 구성요소 중 역류 제지 밸브(check valve)의 설명으로 올바른 것은? ★★★

① 압력맥동이 적고 소음과 진동이 적은 스크류 펌프가 많이 사용된다.
② 회로의 압력이 상용압력의 140%를 초과하면 바이패스 회로를 열어 압력상승을 방지한다.
③ 탱크로 되돌려지는 유량을 제어하여 플런저의 상승속도를 간접적으로 처리하는 밸브이다.
④ 한쪽 방향으로만 기름이 흐르도록 하는 밸브로서 기름이 역류하여 카가 낙하하는 것을 방지한다.

① 펌프에 관한 설명
② 릴리프 밸브가 관한 설명
③ 유량제어밸브(블리드 오프 회로)에 과한 설명

14 전기식 엘리베이터에서 카에 여러 개의 비상정지장치가 설치된 경우의 비상정지장치는? ★

① 평시 작동형 ② 즉시 작동형
③ 점차 작동형 ④ 순간 작동형

[승강기검사기준 – 전기식 엘리베이터의 구조]
다른 형식의 비상정지장치에 대한 사용조건
- E/V의 정격속도가 1 m/s 초과하는 경우 점차 작동형이어야 한다.
- 카에 여러 개의 비상정지장치가 설치된 경우에는 모두 점차 작동형이어야 한다.
- 균형추 또는 평형추의 비상정지장치는 정격속도가 1 m/s를 초과하는 경우 점차 작동형이어야 한다. (1 m/s 이하인 경우에는 즉시 작동형으로 할 수 있다.)

15 엘리베이터의 소유자나 안전(운행)관리자에 대한 교육내용이 아닌 것은?

① 엘리베이터에 관한 일반지식
② 엘리베이터에 관한 법령 등의 지식
③ 엘리베이터의 운행 및 취급에 관한 지식
④ 엘리베이터의 구입 및 가격에 관한 지식

정답 08 ④ 09 ② 10 ① 11 ③ 12 ② 13 ④ 14 ③ 15 ④

16 엘리베이터의 문 닫힘 안전장치 중에서 카 도어의 끝단에 설치하여 이물체가 접촉되면 도어의 닫힘이 중지되는 안전장치는? ★★

① 광전장치
② 초음파장치
③ 세이프티 슈
④ 가이드 슈

세이프티 슈(safety shoe)는 엘리베이터 카문의 선단에 설치되는 안전장치로, 문이 닫혀질 때 사람 또는 물체가 여기에 닿으면 도어의 닫힘을 중지하고, 반전하여 열리도록 한다.

17 권상기 도르래 홈에 대한 설명 중 옳지 않은 것은? ★

① 마찰계수의 크기는 U홈 < 언더커트 홈 < V홈 순이다.
② U홈은 로프와의 면압이 작으므로 로프의 수명은 길어진다.
③ 언더커트 홈의 중심각이 작으면 트랙션 능력이 크다.
④ 언더커트 홈은 U홈과 V홈의 중간적 특성을 갖는다.

① '압력(면압) = 하중/면적'에서 로프에 작용하는 하중이 일정할 때 면적(도르래의 홈과 로프가 맞닿은 부분)이 적을수록 압력이 커지며, 이 압력은 마찰계수(구동마찰력, 트랙션 능력과 관계)에 비례한다. 그러므로 V홈이 가장 크고, U홈이 가장 작다.
② U홈은 도르래 홈과 로프와 닿는 부위가 가장 커 압력(면압)이 작다.
③ 중심각은 도르래의 홈과 로프가 맞닿은 부분 사이의 간격을 말하며, 작을수록 구동마찰력(트랙션 능력)이 떨어진다.

홈과 로프가 맞닿은 부분에 작용하는
압력에 의해 구동력이 발생

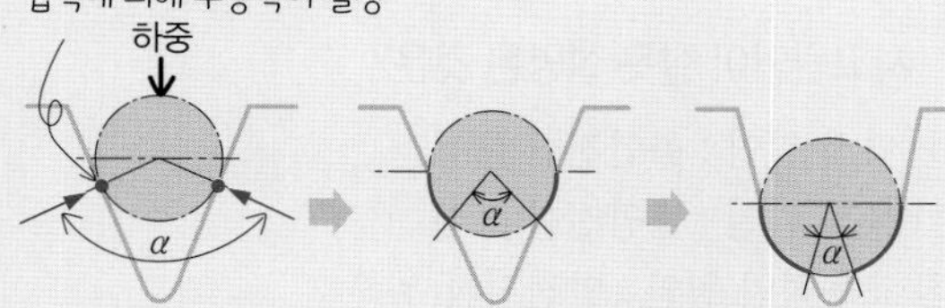

V형 홈은 초기에 면압은 크지만 마모할수록 α각이 작아지며 마찰구동력(트랙션 능력)이 감소한다.

U형 홈은 로프와 홈이 닿는 면적이 크므로 '압력(면압) = 하중/면적'에 의해 마찰구동력이 작다.

18 FGC(Flexible Guide Clamp)형 비상정지장치의 장점은? ★★★

① 카의 정격속도 1m/s 이하에서 사용한다.
② 구조가 간단하고 복구가 용이하다.
③ 레일을 죄는 힘이 초기에는 약하나, 하강함에 따라 강해진다.
④ 평균 감속도를 0.5g으로 제한한다.

① 점차작동형 비상정지장치는 카의 정격속도 1m/s 이상에서 사용한다.
③ FWC형(Flexible Wedge Clamp)에 대한 설명이다. (FGC형은 동작 시부터 정지 시까지 레일을 조이는 힘이 일정하다)
④ 평균 감속도 : 0.2~1.0g으로 제한한다.

19 승강로의 점검문과 비상문에 관한 내용으로 틀린 것은? ★★★

① 이용자의 안전과 유지보수 이외에는 사용하지 않는다.
② 비상문은 폭 0.35m 이상, 높이 1.8m 이상이어야 한다.
③ 점검문 및 비상문은 승강로 내부로 열려야 한다.
④ 트랩방식의 점검문일 경우는 폭 0.5m 이하, 높이 0.5m 이하여야 한다.

[전기식 엘리베이터의 구조]
승강로의 점검문 및 비상문
- 점검문 : 폭 0.6 m 이상, 높이 1.4 m 이상(트랩 방식의 문일 경우에는 폭 0.5 m 이하, 높이 0.5 m 이하)
- 비상문 : 폭 0.35 m 이상, 높이 1.8 m 이상
- 점검문 및 비상문은 승강로 내부로 열리지 않아야 한다. (즉, 승강로 내부에서 열릴 수 있는 구조)

20 로프가 있는 드럼 구동 및 유압식 엘리베이터에서 현수로프 안전율은 몇 이상이어야 하는가? ★★★

① 8 ② 9
③ 11 ④ 12

[엘리베이터의 안전기준] **매다는 장치의 안전율**
- 3가닥 이상의 로프(벨트)에 의해 구동되는 권상구동 E/V : 12
- 3가닥 이상의 6mm 이상 8 mm 미만의 로프에 의해 구동되는 권상 구동 엘리베이터의 경우 : 16
- 2가닥의 로프(벨트)에 의해 구동되는 권상구동 E/V: 16
- 로프가 있는 드럼 구동 및 유압식 E/V: **12**

※ 참고) 체인에 의해 구동되는 E/V : 10
※ 참고) 과속조절기(조속기) : 8

정답 16 ③ 17 ③ 18 ② 19 ③ 20 ④

21 정전 시 카 내 비상등에 관한 설명으로 틀린 것은? ★★★

① 조도는 5 lx 이상이어야 한다.
② 카 바닥 위 1 m 지점의 카 중심부를 점등해야 한다.
③ 정전 후 60초 이내에 점등되어야 한다.
④ 1시간 동안 전원이 공급되어야 한다.

[엘리베이터의 안전기준] **정전 시 비상등**
- 자동으로 재충전되는 비상전원공급장치에 의해 작동되어야 한다.
- **5 lx** 이상의 조도로, **1**시간 동안 전원이 공급되는 비상등이 있어야 한다.
- 정상 조명전원이 차단되면 즉시 자동으로 점등되어야 한다.
- 조명 위치
  - 카 내부 및 카 지붕에 있는 비상통화장치의 작동 버튼
  - 카 바닥 위 1 m 지점의 카 중심부
  - 카 지붕 바닥 위 1 m 지점의 카 지붕 중심부

22 승강기의 안전점검시 체크사항과 가장 거리가 먼 것은? ★

① 각종 안전장치가 유효하게 작동될 수 있도록 조정되어 있는지의 여부
② 정격용량을 초과한 과부하의 적재 여부
③ 소비 전력량의 정도
④ 승강기 운전 및 사용법 숙지 여부

23 다음 중 전기재해에 해당되는 것은? ★★★

① 동상 ② 협착
③ 전도 ④ 감전

- 협착 : 프레스, 기어 등 기계·기구에 물림, 말려들어감, 끼임 등을 말함
- 전도 : 작업 중 미끄러지거나 넘어져 발생하는 상해

※ 참고) 3대 다발 재해 : 추락, 전도, 합착

24 승강기 보수의 자체점검 시 취해야 할 안전조치 사항이 아닌 것은?

① 보수작업 소요시간 표시
② 보수 계약 기간 표시
③ "보수 중"이라는 사용금지 표시
④ 작업자명과 연락처의 전화번호

'승강기 검사 및 관리에 관한 운용요령' 제19조(보수점검시 안전관리) 제1항에 의해 관리주체는 다음 각호의 안전조치를 취한 후 작업하도록 규정함
- '보수·점검중' 이라는 사용금지 표시
- 보수·점검 소요시간
- 보수·점검자명 및 보수·점검자 연락처(전화번호 등)

25 재해 발생의 원인 중 가장 높은 빈도를 차지하는 것은? ★★★

① 열량의 과잉 억제
② 설비의 배치 착오
③ 과부하
④ 작업자의 작업행동 부주의

산업재해 발생의 직접 원인의 88%는 불완전한 행동이고, 10%는 불완전한 상태, 나머지 2%는 불가항력적인 원인이다. ④는 불안전한 자세 동작에 해당한다.

※ 재해 발생의 원인

직접 원인	불안전한 행동 (인적 원인)	• 위험장소의 접근 • 안전장치의 기능 제거 • 복장, 보호구의 잘못 사용 • 기계장치의 잘못 사용 • 운전 중 기계장치의 손질 (수리, 청소 등) • 불안전한 조작 • 불안전한 자세 동작 • 불안전한 상태 방치 • 감독 및 연락 불충분 등
	불안전한 상태 (물적 원인)	• 물(物) 자체의 결함 • 안전방호장치의 결함 • 복장, 보호구의 결함 • 물(物)의 배치 및 작업장소 결함 • 생산공정의 결함 • 경계표시 설비의 결함 등
간접 원인	• 기술적 원인 • 교육적 원인 • 작업관리상의 원인	

26 사고원인이 잘못 설명된 것은? ★★

① 인적 원인 : 불안전한 행동
② 물적 원인 : 불안전한 상태
③ 교육적인 원인 : 안전지식 부족
④ 간접 원인 : 안전보호구 미착용

27 감전에 영향을 주는 1차적 감전 요소가 아닌 것은? ★★

① 통전시간 ② 통전전류의 크기
③ 인체의 조건 ④ 전원의 종류

전격(전기 충격)에 영향을 주는 요인	
1차 요인	통전전류 크기, 전원 종류(AC, DC), 통전경로, 통전시간, 주파수 및 파형
2차 요인	전압의 크기, 인체의 조건(저항), 주변환경

정답 21 ③ 22 ③ 23 ④ 24 ② 25 ④ 26 ④ 27 ③

28 작업시 이상 상태를 발견한 경우 처리절차가 옳은 것은? ★★★

① 작업 중단 → 관리자에 통보 → 이상상태 제거 → 재발방지대책수립
② 관리자에 통보 → 작업 중단 → 이상상태 제거 → 재발방지대책수립
③ 작업 중단 → 이상상태 제거 → 관리자에 통보 → 재발방지대책수립
④ 관리자에 통보 → 이상상태 제거 → 작업 중단 → 재발방지대책수립

작업 중 이상 상태 발견 시 가장 먼저 작업을 중단한 후 관리자에 통보해야 한다.

29 기계실에 승강기를 보수하거나 검사시의 안전수칙에 어긋나는 것은? ★★★

① 전기장치를 검사할 경우는 모든 전원스위치를 ON 시키고 검사한다.
② 규정복장을 착용하고 소매끝이 회전물체에 말려 들어가지 않도록 주의한다.
③ 가동부분은 필요한 경우를 제외하고는 움직이지 않도록 한다.
④ 브레이크 라이너를 점검할 경우는 전원스위치를 OFF시킨 상태에서 점검하도록 한다.

전기장치 점검 시 부득이한 경우가 아니면 전원스위치를 OFF 상태로 한다.

30 기계설비의 위험방지를 위해 보전성을 개선하기 위한 사항과 거리가 먼 것은? ★

① 안전사고 예방을 위해 주기적인 점검을 해야 한다.
② 고가의 부품인 경우는 고장발생 직후에 교환한다.
③ 가동율을 높이고 신뢰성을 향상시키기 위해 안전 모니터링 시스템을 도입하는 것은 바람직하다.
④ 보전용 통로나 작업장의 안전 확보는 필요하다.

보전성이란 기계설비 고장 시 쉽게 제 기능으로 복원하는 것을 말하며, 보전성을 개선하기 위해 고장 원인을 미연에 방지·제거하기 위한 조정, 점검, 검사, 교환 등의 일련의 과정이 필요하다. (이를 '예방보전'이라 함)

31 카 상부에 탑승하여 작업할 때 지켜야 할 사항으로 옳지 않은 것은? ★★★

① 정전스위치를 차단한다.
② 카 상부에 탑승하기 전 작업등을 점등한다.
③ 탑승 후에는 외부 문부터 닫는다.
④ 자동스위치를 점검 쪽으로 전환한 후 작업한다.

카 상부에서의 작업 시 스위치 조작
• 운전/정지(RUN/STOP) → STOP으로 변경
• 자동/수동(AUTO/HAND) → 카의 운전을 수동(점검)으로 변경

32 비상용 엘리베이터에 사용되는 권상기의 도르래 교체기준으로 부적합한 것은? ★★★

① 도르래에 균열이 발생한 경우
② 제조사가 권장하는 크리프량을 초과하지 않은 경우
③ 도르래 홈의 마모로 인해 슬립이 발생한 경우
④ 도르래 홈에 로프자국이 심한 경우

크리프 : 소재에 일정한 하중이 가해진 상태에서 시간의 경과에 따라 소재의 변형이 계속되는 현상
제조사 권장 크리프량을 초과하지 않을 경우 교체하지 않는다.

33 기계실이 있는 엘리베이터의 승강로 내에 설치되지 않는 것은? ★★★

① 균형추
② 완충기
③ 이동 케이블
④ 조속기

완충기는 피트 내에 위치한다.

34 카 내에서 행하는 검사에 해당되지 않는 것은? ★★★

① 카 시브의 안전상태
② 카 내의 조명상태
③ 비상 통화장치
④ 운전반 버튼의 동작상태

카 시브(도르래)의 점검은 카 상부에서 행한다.

정답 28 ① 29 ① 30 ② 31 ① 32 ② 33 ② 34 ①

35 카와 균형추에 대한 로프거는 방법으로 2:1 로핑방식을 사용하는 경우 그 목적으로 가장 적절한 것은? ★★★

① 로프의 수명을 연장하기 위하여
② 속도를 줄이거나 적재하중을 증가하기 위하여
③ 로프를 교체하기 쉽도록 하기 위하여
④ 무부하로 운전할 때를 대비하기 위하여

로핑 방식에 따른 차이
1:1 로핑 : 권상기의 도르래에 균형추와 적재함(카)를 직접 연결하므로 로프의 길이가 줄어든다. 로프의 길이가 줄어드는 만큼 권상속도는 빨라진다. 그러나 카 하중을 그대로 권상기의 도드래가 받기 때문에 도르래에 부담이 커지는 단점이 있다.

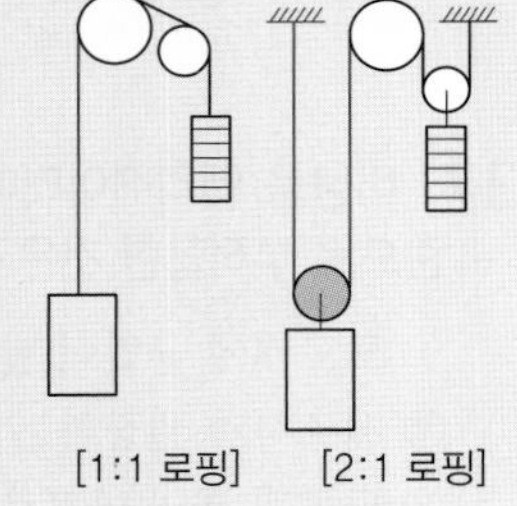

반면 2:1 로핑은 권상기의 도로래와 균형추 및 적재함(카)를 직접 연결하지 않고 또 다른 도르래를 통하여 연결하게 된다.
2:1 로핑은 1:1 로핑에 비해 로프의 길이가 2배로 늘어나므로 1:1 로핑 보다 속도가 늦어진다. 그러나 2:1 로핑은 적재함에 걸리는 하중이 추가로 설치되는 도르래에 분산되기 때문에 권상기의 도르래에는 하중의 부담이 절반으로 줄어든다. (즉, 적재하중을 증가시킬 수 있음)

36 에스컬레이터의 핸드레일에 관한 설명 중 틀린 것은? ★★★

① 핸드레일은 디딤판과 속도가 일치해야 하며 역방향으로 승강하여야 한다.
② 정상운행 동안 핸드레일이 핸드레일 가이드로부터 이탈되지 않아야 한다.
③ 핸드레일 인입구에 적절한 보호장치가 설치되어 있어야 한다.
④ 핸드레일 인입구에 이물질 및 어린이의 손이 끼이지 않도록 안전스위치가 있어야 한다.

핸드레일은 디딤판과 속도가 일치해야 하며 동일 방향으로 승강하여야 한다.

37 롤 세프티형 조속기의 점검방법에 대한 설명으로 틀린 것은? ★★★

① 각 지점부의 부착상태, 급유상태 및 조정 스프링에 약화 등이 없는지 확인한다.
② 조속기 스위치를 끊어 놓고 안전회로가 차단됨을 확인한다.
③ 카 위에 타고 점검운전을 하면서 조속기 로프의 마모 및 파단상태를 확인하지만, 로프 텐션의 상태는 확인할 필요가 없다.
④ 시브 홈의 마모상태를 확인한다.

조속기의 로프 장력 상태도 점검대상이다.

38 유압 엘리베이터의 전동기는? ★★

① 상승시에만 구동된다.
② 하강시에만 구동된다.
③ 상승시와 하강시 모두 구동된다.
④ 부하의 조건에 따라 상승시 또는 하강시에 구동된다.

유압 E/V의 전동기는 펌프를 작동시켜 유압을 발생하는 역할을 하므로 상승시에만 구동시켜 유압을 실린더에 공급하고, 하강시에는 오일을 실린더에서 배출시킨다.

39 유압식 엘리베이터의 속도제어에서 주회로에 유량제어밸브를 삽입하여 유량을 직접 제어하는 회로는? ★★★

① 미터오프 회로
② 미터인 회로
③ 블리드오프 회로
④ 블리드인 회로

유압장치의 속도제어 회로에는 미터인(meter-in), 미터아웃(meter-out), 블리드 오프(bleed-off) 방식이 있으며 지문의 내용은 미터-인, 미터-아웃에 해당한다.
※ 블리드 오프 방식은 실린더 입구측의 분기회로에 유량제어밸브를 병렬로 설치한 것이다.

40 일종의 압력조정 밸브로 회로의 압력이 상용압력의 140% 이상 높아지게 되면 바이패스 회로를 여는 밸브는? ★★★

① 사일렌서
② 스톱 밸브
③ 안전 밸브
④ 체크 밸브

안전 밸브(릴리프 밸브)는 유압회로의 구성품으로 유압이 상용압력(규정압력)의 약 **140%**(유압 엘리베이터의 경우)를 초과하면 유압탱크로 바이패스시켜 회로 내 압력을 규정값으로 조정하는 역할을 한다.
① 사일렌서 : 펌프나 제어밸브에서 발생하는 진동·소음을 감소시킴
② 스톱 밸브 : 유체의 흐름을 개폐
④ 체크 밸브 : 역방향 흐름을 제한

정답 35 ② 36 ① 37 ③ 38 ① 39 ② 40 ③

41 플라이볼 형 조속기의 구성요소에 해당되지 않는 것은?

★★★

① 플라이 웨이트
② 로프캐치
③ 플라이 볼
④ 베벨기어

조속기의 종류 : 롤 세이프티형, 디스크형, 플라이볼형
플라이 웨이트(flyweight)는 디스크형에 해당하며, 플라이볼 형의 플라이볼의 역할을 한다.

42 승강기용 제어반에 사용되는 릴레이의 교체기준으로 부적합한 것은?

★★★

① 릴레이 접점표면에 부식이 심한 경우
② 릴레이 접점이 마모, 전이 및 열화된 경우
③ 채터링이 발생된 경우
④ 리미트 스위치 레버가 심하게 손상된 경우

릴레이는 주로 접점 부분이 손상될 경우 교체해야한다. 리미트 스위치와는 무관하다.
※ 채터링 : 접점의 떨림을 말함

43 와이어로프 클립(wire rope clip)의 체결방법으로 가장 적합한 것은?

★★

①
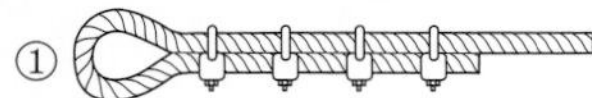

②
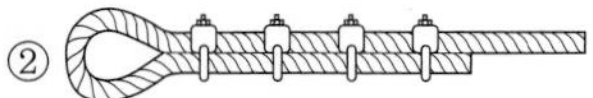

③
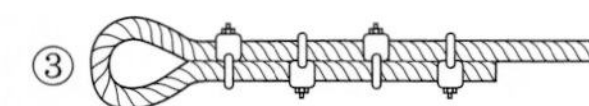

④
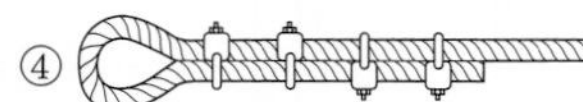

클립의 새들(saddle)은 와이어로프가 힘을 받는 쪽에 있어야 한다.

44 출력단의 신호를 입력단으로 되먹임하는 제어는?

★★★

① 시퀀스 제어
② 피드백 제어
③ 열린 루프 제어
④ 정성 제어

시퀀스 제어와 피드백 제어

제어	회로 특성	제어량		특성
시퀀스 제어	열린 루프 제어	정성적 제어	논리판단 제어	연속성
피드백 제어	닫힌 루프 제어	정량적 제어	되먹임 제어	목표값

시퀀스 제어의 예 – 엘리베이터, 자판기, 세탁기 등

45 에스컬레이터의 안전장치에 관한 설명으로 틀린 것은?

★★★

① 승강장에서 디딤판의 승강을 정지시키는 것이 가능한 장치이다.
② 사람이나 물건이 핸드레일 인입구에 꼈을 때 디딤판의 승강을 자동적으로 정지시키는 장치이다.
③ 상하 승강장에서 디딤판과 콤플레이트 사이에 사람이나 물건이 끼이지 않도록 하는 장치이다.
④ 디딤판체인이 절단 되었을 때 디담판의 승강을 수동으로 정지시키는 장치이다.

디딤판체인이 절단되었을 때 디담판의 승강을 자동으로 정지시키는 장치이다.

46 에스컬레이터 구동기의 공칭속도는 몇 %를 초과하지 않아야 하는가?

★★★

① ±1　　② ±3
③ ±5　　④ ±8

[에스컬레이터 및 무빙워크의 구조]
- 에스컬레이터의 공칭 속도
  - 경사도 30° 이하 : 0.75 m/s 이하
  - 경사도 30° 초과, 35° 이하 : 0.5 m/s 이하
- 공칭속도는 공칭주파수 및 공칭전압에서 ±5%를 초과하지 않아야 한다.

47 전류 I [A]와 전하 Q [C] 및 시간 t[초]와의 상관관계를 나타낸 식은?

★★

① $I=\frac{Q}{t}$ [A]　　② $I=\frac{t}{Q}$ [A]
③ $I=\frac{Q^2}{t}$ [A]　　④ $I=\frac{Q}{t^2}$ [A]

전류는 단위 시간(초) 동안에 흐르는 전하의 양을 말한다.

정답 41 ① 42 ④ 43 ② 44 ② 45 ④ 46 ③ 47 ①

chapter 04

48 전기력선의 성질 중 옳지 않은 것은?

① 양전하에서 시작하여 음전하에서 끝난다.
② 전기력선의 접선방향이 전장의 방향이다.
③ 전기력선은 등전위면과 직교한다.
④ 두 전기력선은 서로 교차한다.

② 전기력선의 접선방향이 전장(전기력이 작용하는 공간)의 방향이다.
③ 등전위면 : 전위가 같은 점을 연결한 곡면으로 전기장과 직교한다.
④ 전기력선은 교차하지 않는다.

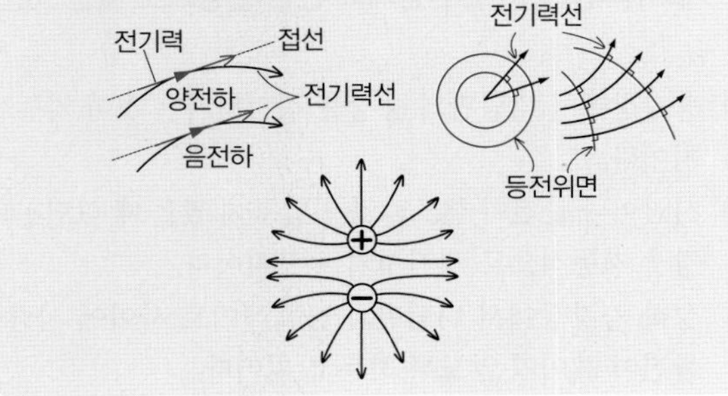

49 크레인, 엘리베이터, 공작기계, 공기압축기 등의 운전에 가장 적합한 전동기는? ★

① 직권 전동기
② 분권 전동기
③ 차동복권 전동기
④ 가동복권 전동기

지문은 가동복권 전동기에 대한 것으로, 직권과 분권의 중간 특성으로 기동 토크가 크고, 경부하에서 위험하게 급속히 속도가 상승하지 않는 특징이 있다.

참고) 전동기의 비교 (토크 및 속도) – 직가분차

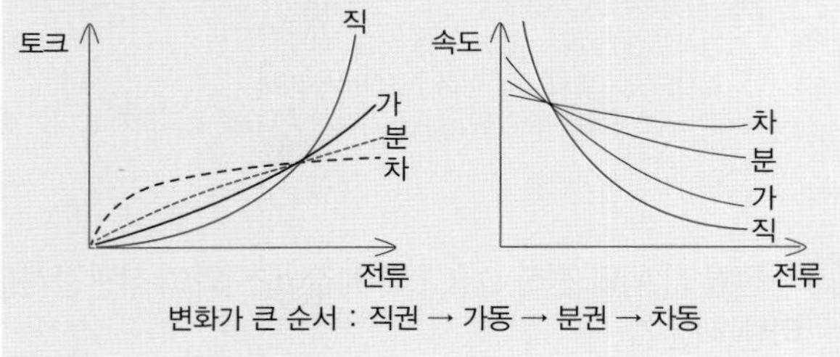

변화가 큰 순서 : 직권 → 가동 → 분권 → 차동

50 끝이 고정된 와이어로프 한쪽을 당길 때 와이어로프에 작용하는 하중은? ★

① 인장하중 ② 압축하중
③ 반복하중 ④ 충격하중

51 응력을 옳게 표현한 것은? ★★★

① 단위길이에 대한 늘어남
② 단위체적에 대한 질량
③ 단위면적에 대한 변형률
④ 단위면적에 대한 힘

응력 $\sigma = \frac{W}{A}$ (W : 하중, A : 단면적) – 단위면적당 힘(또는 하중)

52 그림과 같은 시퀀스도와 같은 논리회로의 기호는? ★★★

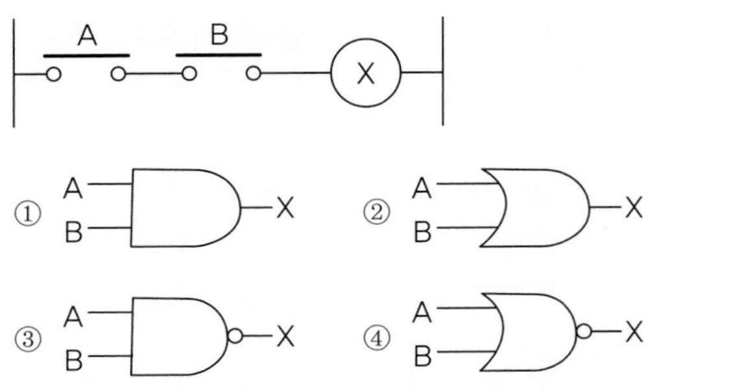

A, B는 입력신호, X는 출력신호를 의미하며, 입력신호가 직렬로 연결되어 있으므로 AND 회로에 해당한다.
① AND 회로 ② OR 회로 ③ NAND 회로 ④ NOR회로

참고) 입력신호가 병렬로 연결되어 있으면 OR 회로에 해당한다.

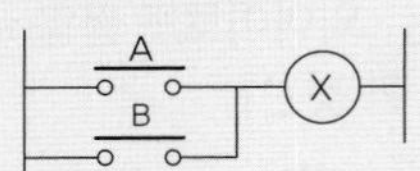

53 다음과 같은 기호는? ★★

① 플로트레스 스위치
② 리미트 스위치
③ 텀블러 스위치
④ 누름버튼 스위치

스위치의 기호

	A접점	B접점
플로트레스 스위치		
리미트 스위치		
텀블러 스위치		
누름버튼 스위치		

정답 48 ④ 49 ④ 50 ① 51 ④ 52 ① 53 ②

54 기어, 풀리, 플라이 휠을 고정시켜 회전력을 전달시키는 기계요소는? ★

① 키 ② 와셔
③ 베어링 ④ 클러치

키(key)는 기어, 풀리, 플라이 휠을 회전축에 고정시켜 회전력을 전달시킨다.

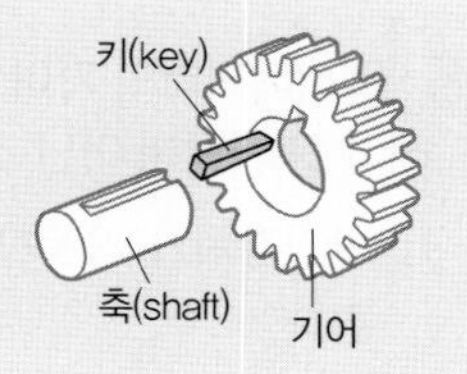

55 포와송비에 대한 설명으로 옳은 것은? ★★★

① 세로변형률을 가로변형률로 나눈 값이다.
② 가로변형률을 세로변형률로 나눈 값이다.
③ 세로변형률과 가로변형률을 곱한 값이다.
④ 세로변형률과 가로변형률을 더한 값이다.

포와송비 $= \frac{\text{가로변형률}}{\text{세로변형률}}$
(재료가 하중을 받아 변형할 때 가로방향의 변형률이 크고, 세로방향의 변형률이 작다. 포와송비는 가로변형률을 세로변형률로 나눈 값으로 재료의 변형 정도를 상수로 표현한 것이다)

56 다음 중 직류전압의 측정범위를 확대하여 측정할 수 있는 계기는? ★★★

① 변압기
② 배율기
③ 분류기
④ 변류기

배율기와 분류기

	목적	방법
배율기	직류전압의 측정범위를 확대하기 위해	전압계에 저항을 직렬로 접속
분류기	직류전류의 측정범위를 확대하기 위해	전류계에 저항을 병렬로 접속

57 자기인덕턴스 L [H]의 코일에 전류 I [A]를 흘렸을 때 코일에 축적되는 에너지 W [J]를 나타내는 공식으로 옳은 것은?

① $W = LI^2$ ② $W = \frac{1}{2}LI^2$
③ $W = L^2I$ ④ $W = \frac{1}{2}L^2I$

- 코일에 축적되는 에너지 $W = \frac{1}{2}LI^2$
- 콘덴서에 축적되는 에너지 $W = \frac{1}{2}CV^2$

58 다음 중 3상 유도전동기의 회전방향을 바꾸는 방법은? ★★★

① 두 선의 접속 변환
② 기상보상기 이용
③ 전원의 주파수 변환
④ 전원의 극수 변환

3상 유도전동기에 입력되는 3선 중 2선의 접속을 바꾸어 회전방향을 변경한다.

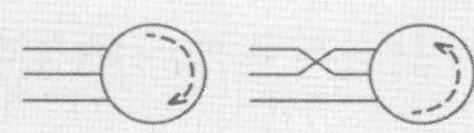

59 자극 수 4, 전기자 도체 수 400, 각 자극의 유효자속 수 0.01Wb, 회전수 600rpm인 직류발전기가 있다. 전기자권수가 파권인 경우 유기기전력(V)은? (단, 병렬회로 수 : 2) ★

① 40 ② 70
③ 80 ④ 100

직류전동기의 유도기전력 $E = \frac{pZ}{60a}\phi N = \frac{4 \times 400}{60 \times 2} \times 0.01 \times 600 = 80\,V$

p : 자극 수, Z : 전기자 도체 수, ϕ : 자속, N : 회전수, a : 병렬회로 수

60 하중의 시간변화에 따른 분류가 아닌 것은? ★★

① 충격하중 ② 반복하중
③ 전단하중 ④ 교번하중

- 충격 하중 : 하중이 짧은 시간에 갑자기 작용하는 하중
- 반복 하중: 하중이 한쪽방향으로만 계속해서 주기적으로 반복하는 하중
- 교번 하중 : 하중의 크기와 방향에 따라 인장과 압축 혹은 굽힘과 비틀림이 두 곳 이상의 방향으로 상호 주기적으로 반복하는 하중 (예 자동차 바퀴축)

정답 54 ① 55 ② 56 ② 57 ② 58 ① 59 ③ 60 ③

공개기출문제 - 2015년 1회

01 전기식 엘리베이터 기계실의 실온 범위는? ★

① 5~70℃ ② 5~60℃
③ 5~50℃ ④ 5~40℃

기계실의 적정 온도 : 5~40°C

02 교류 엘리베이터의 제어방식이 아닌 것은? ★★★

① 교류 1단 속도 제어방식
② 교류귀환 전압 제어방식
③ 가변전압 가변주파수(VVVF) 제어방식
④ 교류상환 속도 제어방식

▶ 교류 엘리베이터의 제어방식
- 교류 1단 또는 2단 속도 제어방식
- 교류귀환 제어방식
- VVVF 제어방식

▶ 직류 엘리베이터의 제어방식 : 레오나드방식

03 전기식 엘리베이터에서 카 비상정지장치의 작동을 위한 조속기는 정격속도 몇 % 이상의 속도에서 작동되어야 하는가? ★★★

① 220 ② 200
③ 115 ④ 100

비상정지장치의 작동을 위한 조속기는 정격속도의 115% 이상의 속도에서 작동되어야 한다.

04 다음 중 승강기 도어시스템과 관계없는 부품은? ★★★

① 브레이스 로드 ② 연동로프
③ 캠 ④ 행거

브레이스 로드(경사봉, brace rod, side brace)는 카 구조물의 비틀림을 방지하기 위해 카 프레임을 보완하는 지지대를 말한다.
※ 카 틀 구성요소 : 상·하부체대, 가이드슈, 카주, 브레이스 로드

05 엘리베이터의 가이드레일에 대한 치수를 결정할 때 유의해야 할 사항이 아닌 것은? ★★★

① 안전장치가 작동할 때 레일에 걸리는 좌굴하중을 고려한다.
② 수평진동에 의한 레일의 휘어짐을 고려한다.
③ 케이지에 회전모멘트가 걸렸을 때 레일이 지지할 수 있는지 여부를 고려한다.
④ 레일에 이물질이 끼었을 때 배출을 고려한다.

[14년 3회] 해설 생략

06 카가 최상층 및 최하층을 지나쳐 주행하는 것을 방지하는 것은? ★★★

① 리미트 스위치
② 균형추
③ 인터록 장치
④ 정지스위치

카의 경로 이탈을 방지하기 위해 최상층 및 최하층에 리미트 스위치를 두어 카의 운전을 차단시킨다.

07 사람이 탑승하지 않으면서 적재용량 300kg 이하의 소형 화물 운반에 적합하게 제작된 엘리베이터는? ★★

① 덤웨이터
② 화물용 엘리베이터
③ 비상용 엘리베이터
④ 승객용 엘리베이터

덤웨이터(dumbwaiter)
사람이 탑승하지 않고 적재용량 300kg 이하의 화물을 운반하는 소 하물 전용 엘리베이터를 말한다.

정답 01 ④ 02 ④ 03 ③ 04 ① 05 ④ 06 ① 07 ①

08 승강기에 사용되는 전동기의 소요 동력을 결정하는 요소가 아닌 것은? ★★

① 정격적재하중
② 정격속도
③ 종합효율
④ 건물길이

엘리베이터 모터의 소요동력

$$\text{모터의 소요동력} = \frac{LVS}{6120\eta} = \frac{LV(1-F)}{6120\eta}$$

- L : 정격하중 [kgf]
- V : 정격속도 [m/min]
- S : 균형추의 불균형률
- F : 오버밸러스율 [%/100]
- η : 전동기 종합효율 [%/100]

09 유압 엘리베이터의 동력전달 방법에 따른 종류가 아닌 것은? ★★

① 스크류식　② 직접식
③ 간접식　④ 팬터그래프식

스크류식은 유압펌프의 종류에 해당한다.
※ 동력전달방법 종류 : 직접식, 간접식, 팬터그래프식
※ 유압펌프의 종류 : 기어펌프, 베인펌프, 피스톤펌프, 스크류펌프, 원심펌프 등

10 와이어로프의 꼬는 방법 중 보통꼬임에 해당하는 것은? ★★★

① 스트랜드의 꼬는 방향과 로프의 꼬는 방향이 반대인 것
② 스트랜드의 꼬는 방향과 로프의 꼬는 방향이 같은 것
③ 스트랜드의 꼬는 방향과 로프의 꼬는 방향이 일정구간 같았다가 반대이었다가 하는 것
④ 스트랜드의 꼬는 방향과 로프의 꼬는 방향이 전체 길이의 반은 같고 반은 반대인 것

- 보통꼬임 : 스트랜드의 꼬는 방향과 로프의 꼬는 방향이 다름
- 랭꼬임 : 스트랜드의 꼬는 방향과 로프의 꼬는 방향이 같음

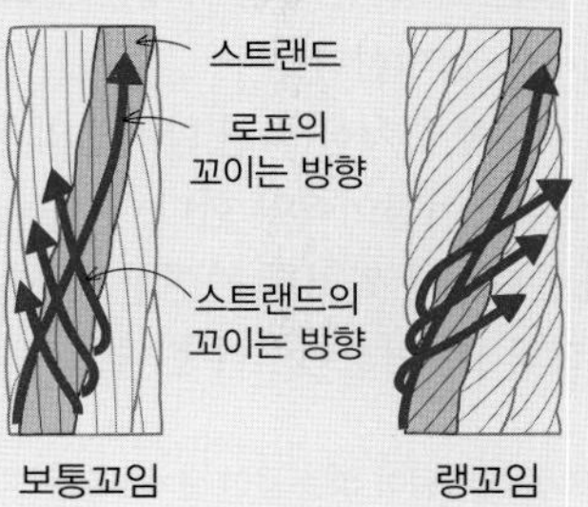

11 카의 실제 속도와 속도지령장치의 지령속도를 비교하여 사이리스터의 점호각을 바꿔 유도전동기의 속도를 제어하는 방식은? ★★★

① 사이리스터 레오나드 방식
② 교류귀환 전압제어방식
③ 가변전압 가변주파수 방식
④ 워드 레오나드 방식

교류귀환 전압제어방식의 원리
카의 지령속도에 미리 설정한 후 실제 속도가 지령속도보다 낮으면 역행 사이리스터를 점호(신호를 줌)하여 증속시키고, 반대로 실제속도가 크면 제동용 사이리스터를 점호하여 감속시킨다.
※ 점호 : 사이리스터의 gate에 신호를 주는 것을 말하며, 점호각이란 점호를 주는 각(시간)을 말한다.

12 상승하던 에스컬레이터가 갑자기 하강방향으로 움직일 수 있는 상황을 방지하는 안전장치는? ★★★

① 스텝체인
② 핸드레일
③ 구동체인 안전장치
④ 스커트 가드 안전장치

상승하던 에스컬레이터가 역방향 진행 방지에는 구동체인 안전장치, 조속기, 머신 브레이크가 있다.

13 승강장문의 유효 출입구 높이는 몇 m 이상이어야 하는가? (단, 자동차용 엘리베이터는 제외) ★★★

① 1　② 1.5
③ 2　④ 2.5

승강장 문의 출입구 높이는 **2m** 이상으로 한다. (주택용일 경우 1.8m 이상으로 할 수 있으며, 자동차용은 제외함)

14 승객용 엘리베이터에서 일반적으로 균형체인 대신 보상로프를 사용하는 정격속도의 범위는? ★★★

① 3m/s 초과　② 3m/s 이하
③ 5m/s 초과　④ 5m/s 이하

- 정격속도 3m/s 이하 : 체인, 로프 또는 벨트
- 정격속도 3m/s 초과 : 보상로프

chapter 04

정답 08 ④ 09 ① 10 ① 11 ② 12 ③ 13 ③ 14 ①

15 유압 엘리베이터의 유압 파워유니트와 압력배관에 설치되며, 이것을 닫으면 실린더의 기름이 파워유니트로 역류되는 것을 방지하는 밸브는? ★★★

① 스톱 밸브
② 럽쳐 밸브
③ 체크 밸브
④ 릴리프 밸브

스톱 밸브(Stop V/V, Gate V/V)는 유압 파워유니트에서 실린더로 통하는 압력배관 도중에 설치되는 수동밸브로서, 이것을 닫으면 실린더의 기름이 파워유니트로 역류하는 것을 방지하는 것이다. 이 밸브는 유압장치의 보수, 점검 또는 수리 등을 할 때에 사용된다.

저자의 변) 체크밸브도 역류 방지 역할을 하나, 구조상 차이가 있으며 유체의 압력과 디스크의 무게에 의해 작동된다.

16 유압식 엘리베이터에서 고장수리 할 때 가장 먼저 차단해야 할 밸브는? ★★★

① 체크 밸브
② 스톱 밸브
③ 복합 밸브
④ 다운 밸브

17 수직순환식 주차장치를 승입방식에 따라 분류할 때 해당되지 않는 것은? ★★★

① 하부 승입식
② 중간 승입식
③ 상부 승입식
④ 원형 승입식

수직순환식 주차장치는 주로 면적이 좁고 높이가 높은 승강로를 이용하여 차를 순환시켜 주차시킨다. 승입위치(주차입구의 위치)에 따라 상부, 하중, 중간 승입식으로 구분된다.

18 로프식(전기식) 엘리베이터용 조속기의 점검사항이 아닌 것은? ★★

① 진동소음상태
② 베어링 마모상태
③ 캣치 작동상태
④ 라이닝 마모상태

라이닝 마모상태는 제동기의 점검사항이다.

19 무빙워크의 경사도는 몇 도 이하 이어야 하는가? ★★★

① 30 ② 20
③ 15 ④ 12

무빙워크의 경사도 : **12°** 이하

20 엘리베이터의 권상기 시브 직경이 500 mm이고 주와이어로프 직경이 12 mm이며, 1:1 로핑방식을 사용하고 있다면 권상기 시브의 회전속도가 1분당 약 56회일 경우 엘리베이터 운행속도는 약 몇 m/min가 되겠는가?

① 45 ② 60
③ 90 ④ 120

개념 이해) 엘리베이터의 운행속도는 시브에 감긴 로프가 얼마의 속도로 이동하냐를 말하며, 이는 시브에 감긴 로프의 회전속도(V_r)와 같다. 즉 '로프의 원둘레 길이×회전수 = π×(시브의 지름 + 로프의 지름)×회전수'와 같다.

선행 이해) m/min으로 구하기 위해 mm 단위를 m 단위로 변경한다. 또한 1분당 약 56회는 56rpm을 나타낸다.

$V_r = \pi \times (0.5m + 0.012m) \times 56rpm = 90$ [m/min]

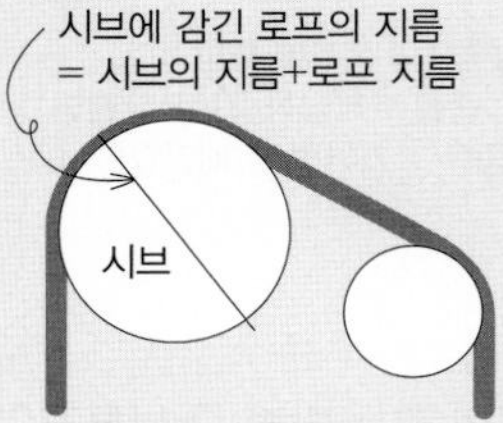

※ 기초 공식) 원둘레 길이 = π×원의 지름

※ 만약 문제에서 '로프의 원둘레'가 제시되지 않으면 '시브의 원둘레×회전수'로 대략적인 속도를 추측할 수 있다. - 재출제율 거의 없음

21 전기식 엘리베이터의 카내 환기시설에 관한 내용 중 틀린 것은? ★★★

① 구멍이 없는 문이 설치된 카에는 카의 위·아랫부분에 환기구를 설치한다.
② 구멍이 없는 문이 설치된 카에는 반드시 카의 윗부분에만 환기구를 설치한다.
③ 카의 윗부분에 위치한 자연 환기구의 유효면적은 카의 허용면적의 1% 이상이어야 한다.
④ 카의 아랫부분에 위치한 자연환기구의 유효면적은 카의 허용면적의 1% 이상이어야 한다.

엘리베이터의 카에 구멍이 없는 문이 설치된 경우 카의 위·아래 부분에 환기구를 설치한다.

정답 15 ① 16 ② 17 ④ 18 ④ 19 ④ 20 ③ 21 ②

22 다음 중 승강기 제동기의 구조에 해당되지 않는 것은? ★★★

① 브레이크 슈　② 라이닝
③ 코일　④ 워터슈트

승강기 제동기의 구조

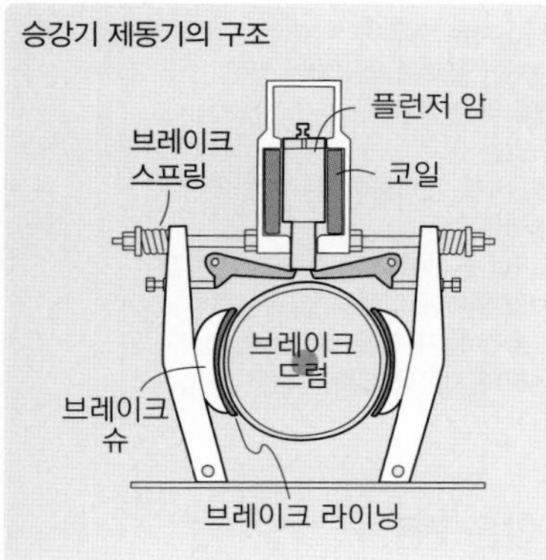

23 추락을 방지하기 위한 2종 안전대의 사용법은? ★★★

① U자걸이 전용
② 1개걸이 전용
③ 1개걸이, U자걸이 겸용
④ 2개걸이 전용

안전대의 종류
- 1종 : U자걸이 전용
- 2종 : 1자걸이 전용
- 3종 : 1자걸이, U자걸이 공용
- 4종 : 안전블록
- 5종 : 추락방지대

24 설비재해의 물적 원인에 속하지 않는 것은? ★★★

① 교육적 결함(안전교육의 결함, 표준작업방법의 결여 등)
② 설비나 시설에 위험이 있는 것(방호 불충분 등)
③ 환경의 불량(정리정돈 불량, 조명 불량 등)
④ 작업복, 보호구의 불량

물적 원인은 물체 자체의 결함 및 설비·시설 불량, 환경 불량, 작업복·보호구 등 결함 등을 말한다.
※ 교육적 결함은 인적 원인에 해당한다.

25 다음 중 안전사고 발생 요인이 가장 높은 것은? ★★★

① 불안전한 상태와 행동
② 개인의 개성
③ 환경과 유전
④ 개인의 감정

①은 직접적인 원인으로 발생 요인이 가장 높으며, ②~④는 간접 원인이다.

26 인체에 통전되는 전류가 더욱 증가되면 전류의 일부가 심장부분을 흐르게 된다. 이때 심장이 정상적인 맥동을 못하며 불규칙적으로 세동을 하게 되어 결국 혈액이 순환에 큰 장애를 일으키게 되는 현상(잔류)을 무엇이라 하는가?

① 심실세동전류
② 고통한계전류
③ 가수전류
④ 불수전류

심실세동전류
통전전류가 증가하여 심장에 흐르는 전류가 특정값에 도달하면 심장이 경련을 일으켜 정상 맥동이 뛰지 않게 되어 심실이 미세한 수축이 수백회 반복하여 혈액을 내보내지 못한다. 이 상태는 사망의 위험이 크다.
- 고통한계전류 : 전류의 흐름에 따라 고통을 참을 수 있는 한계 전류치
- 가수전류 : 감전 후 스스로 전원에서 이탈할 수 있는 전류
- 불수전류 : 생명에 위험은 없지만 통전경로의 근육이 경련을 일으키며, 신경이 마비되어 신체운동이 자유롭지 않게 되어 스스로 전원에서 이탈할 수 없는 전류

27 감전 사고로 의식불명이 되었던 환자가 물을 요구할 때의 방법으로 적당한 것은? ★

① 냉수를 주도록 한다.
② 온수를 주도록 한다.
③ 설탕물을 주도록 한다.
④ 물을 천에 묻혀 입술에 적시어만 준다.

의식이 완전히 회복되지 않은 상태에서 물 섭취 시 기도로 들어갈 수 있으므로 입술을 적시는 정도로 갈증을 해소시킨다.

정답 22 ④ 23 ② 24 ① 25 ① 26 ① 27 ④

28 전기(로프)식 엘리베이터의 안전장치와 거리가 먼 것은? ★★★

① 비상정지장치
② 조속기
③ 도어인터록
④ 스커트 가드

스커트 가드(skirt guide)는 에스컬레이터의 안전장치이다.

29 승강기 자체점검의 결과 결함이 있는 경우 조치가 옳은 것은? ★

① 즉시 보수하고, 보수가 끝날 때까지 운행을 중지
② 주의 표지 부착 후 운행
③ 점검결과를 기록하고 운행
④ 제한적으로 운행하고 보수

30 에스컬레이터의 이동용 손잡이에 대한 안전점검 사항이 아닌 것은? ★

① 균열 및 파손 등의 유무
② 손잡이의 안전마크 유무
③ 디딤판과의 속도차 유지 여부
④ 손잡이가 드나드는 구멍의 보호장치 유무

③ 디딤판과의 속도차가 일정해야 한다.
④ 핸드레일 인입구는 보호장치를 갖추어 손이 빨려들어가는 것을 방지해야 한다.

31 작업 감독자의 직무에 관한 사항이 아닌 것은? ★★

① 작업감독 지시
② 사고보고서 작성
③ 작업자 지도 및 교육 실시
④ 산업재해시 보상금 기준 작성

32 엘리베이터 전동기에 요구되는 특성으로 옳지 않은 것은? ★

① 충분한 제동력을 가져야 한다.
② 운전상태가 정숙하고 고진동이어야 한다.
③ 카의 정격속도를 만족하는 회전특성을 가져야 한다.
④ 높은 기종빈도에 의한 발열에 대응하여야 한다.

33 산업재해 중에서 전기접촉이나 방전에 의해 사람이 충격을 받는 경우를 재해형태별로 분류하면 무엇인가? ★★★

① 감전 ② 전도
③ 추락 ④ 화재

- 전도 : 사람, 장비가 넘어지는 경우
- 충돌 : 사람,장비가 정지한 물체에 부딪치는 경우
- 낙하 : 떨어지는 물체에 맞는 경우
- 비래 : 날아온 물체에 맞는 경우
- 붕괴 및 도괴 : 적재물, 비계, 건축물이 무너지는 경우
- 협착 : 물체의 사이에 끼인 경우
- 감전 : 전기에 접촉되거나 방전에 의해 충격을 받는 경우
- 파열 : 용기 또는 장치가 외력에 의해 파열되는 경우
- 무리한 동작 : 무거운 물건 들기, 몸을 비틀어 작업하기 등
- 이상 온도 접촉 : 고온이나 저온에 접촉한 경우

34 급유가 필요하지 않은 곳은? ★

① 호이스트 로프(hoist rope)
② 조속기(governor) 로프
③ 가이드 레일(guide rail)
④ 웜 기어(worm gear)

조속기의 로프캐쳐와 로프의 마찰력에 의해 비상정지장치가 동작되므로 급유 시 미끄러지므로 급유해서는 안된다.
※ 가이드레일에 급유기를 통해 윤활유를 도포한다.

35 승강기의 트랙션비를 설명한 것 중 옳지 않은 것은? ★

① 카 측 로프가 매달고 있는 중량과 균형추측 로프가 매달고 있는 중량의 비율
② 트랙션비를 낮게 선택해도 로프의 수명과는 전혀 관계가 없다.
③ 카측과 균형추측에 매달리는 중량의 차를 적게 하면 권상기의 전동기 출력을 적게 할 수 있다.
④ 트랙션비는 1.0 이상의 값이 된다.

트랙션비 (마찰비, traction ratio)
- 카측 로프의 중량과 균형추측 로프의 중량의 비를 말한다. 트랙션비는 **1.0** 이상의 값을 가지며 트랙션비가 낮으면 로프의 수명이 길게 된다.
- 트랙션비가 높으면 로프와 도르래와의 마찰력이 작아지고 전동기의 출력을 크게 할 수 있다.

정답 28 ④ 29 ① 30 ② 31 ④ 32 ② 33 ① 34 ② 35 ②

36 엘리베이터에서 와이어로프를 사용하여 카의 상승과 하강을 전동기를 이용한 동력장치는? ★★

① 권상기
② 조속기
③ 완충기
④ 제어반

권상기는 전동기의 동력을 이용하여 와이어로프로 카를 승강시키는 역할을 한다.

37 스텝과 스커트 사이에 끼임의 위험을 최소화 하기 위한 장치는? ★★★

① 콤
② 뉴얼
③ 스커트
④ 스커트 디플렉터

에스컬레이터의 스텝과 스커트 가드 사이에 스커트 디플렉터(안전브러시)를 설치하여 끼임의 위험성을 최소화한다.

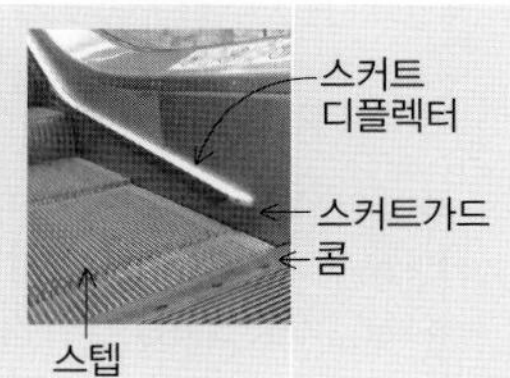

38 3상 유도전동기에 전류가 전혀 흐르지 않을 때의 고장 원인으로 볼 수 있는 것은? ★★★

① 1차측 전선 또는 접속선 중 한선이 단선되었다.
② 1차측 전선 또는 접속선 중 2선 또는 3선이 단선되었다.
③ 1차측 또는 2차측 전선이 접지되었다.
④ 전자접촉기의 접점이 한 개 마모되었다.

유도전동기는 변압기와 같이 1차 권선(고정자)과 2차 권선(회전자)가 있으며, 1차 권선에 3상 전력을 넣고 전자유도작용에 의해 2차의 회전자가 회전하는 원리이다. 그러므로 1차측 전선이 단선될 경우 전류가 흐르지 않는다.

39 무빙워크 이용자의 주의표시를 위한 표시판 또는 표지내에 표시되는 내용이 아닌 것은? ★★★

① 손잡이를 꼭 잡으세요.
② 카트는 탑재하지 마세요.
③ 걷거나 뛰지 마세요.
④ 안전선 안에 서 주세요.

40 유도전동기의 동기속도가 n_s, 회전수가 n 일 때 슬립(S)은? ★★★

① $\dfrac{n_s+n}{n_s}\times 100$ ② $\dfrac{n_s-n}{n_s}\times 100$

③ $\dfrac{n_s}{n_s-n}\times 100$ ④ $\dfrac{n_s}{n_s+n}\times 100$

슬립은 유도전동기의 특징으로, 동기속도(n_s)와 회전자의 회전속도(n)가 동일하지 않을 때 발생한다. 즉, 슬립은 **동기속도에 대한 '동기속도－회전자의 회전속도(회전수)'의 비**를 나타낸다.
• 동기속도 : 회전자계가 만드는 속도
• 회전속도 : 회전자계에 따라 회전하는 전기자의 회전수

41 장애인용 엘리베이터의 경우 호출버튼에 의하여 카가 정지하면 몇 초 이상 문이 열린 채로 대기하여야 하는가? ★★

① 8초 이상 ② 10초 이상
③ 12초 이상 ④ 15초 이상

장애인용 엘리베이터는 호출버튼에 의해 카가 정지하면 **10초 이상** 문이 열린 채로 대기해야 한다.

42 카 도어록이 설치되어 사람의 힘으로 열 수 없는 경우나 화물용 엘리베이터의 경우를 제외하고 엘리베이터의 카 바닥 앞부분과 승강로 벽과의 수평거리는 일반적인 경우 그 기준을 몇 m 이하로 하도록 하고 있는가? ★★

① 0.15 ② 0.20
③ 0.30 ④ 0.35

엘리베이터 안전기준
승강로 내측과 카 문턱, 카 문틀 또는 카문의 모서리 사이의 수평거리는 승강로 전체 높이에 걸쳐 **0.15 m** 이하이어야 한다.

43 유압식 엘리베이터에서 바닥맞춤보정장치는 몇 mm 이내에서 작동상태가 양호하여야 하는가? ★

① 25 ② 50
③ 75 ④ 90

바닥맞춤보정장치는 카의 정지시에 있어서 자연하강을 보정하기 위한 것이다. 착상면을 기준으로 하여 **75 mm** 이내의 위치에서 보정할 수 있어야 한다.

정답 36 ① 37 ④ 38 ② 39 ② 40 ② 41 ② 42 ① 43 ③

44 전기식 엘리베이터에서 기계실 내의 조명, 환기상태 점검 시에 운전을 중지하고 긴급수리를 해야 하는 경우는? ★

① 천정, 창 등에 비가 침입하여 기기에 악영향을 미칠 염려가 있는 경우
② 실내에 엘리베이터 관계 이외의 물건이 있는 경우
③ 조도, 환기가 부족한 경우
④ 실온 0℃ 이하 또는 40℃ 이상인 경우

45 공칭속도 0.5m/s 무부하 상태의 에스컬레이터 및 하강방향으로 움직이는 제동부하 상태의 에스컬레이터의 정지거리는? ★★★

① 0.1m에서 1.0m 사이
② 0.2m에서 1.0m 사이
③ 0.3m에서 1.3m 사이
④ 0.4m에서 1.5m 사이

제동기의 정지거리
무부하 상태의 에스컬레이터 및 하강 방향으로 움직이는 제동부하 상태의 에스컬레이터에 대한 정지거리는 다음과 같다.

공칭속도[m/s]	정지거리[m]
0.50	**0.2~1.0**
0.65	0.3~1.3
0.75	0.4~1.5

46 과부하감지장치에 대한 설명으로 틀린 것은? ★

① 과부하감지장치가 작동하는 경우 경보음이 울려야 한다.
② 엘리베이터 주행 중에는 과부하감지장치의 작동이 무효화되어서는 안된다.
③ 과부하감지장치가 작동한 경우에는 출입문의 닫힘을 저지하여야 한다.
④ 과부하감지장치는 초과하중이 해소되기 전까지 작동하여야 한다.

과부하는 75kg의 최소와 함께 정격하중에 대해 **10%**를 초과하는 경우 발생되는 것이 고려되어야 한다.

▶ 과부하 시 작동사항
- 청각 및 시각적인 신호에 의해 카 내 이용자에게 알려야 한다.
- 자동 동력 작동식 문은 완전히 개방되어야 한다.
- 수동 작동식 문은 잠금해제 상태를 유지해야 한다.
- 이 상태는 초과하중이 해소되기까지 계속되어야 한다.
- 엘리베이터의 주행중에는 오동작을 방지하기 위하여 과부하감지장치의 작동이 무효화되어야 한다.

47 전자접촉기 등의 조작회로를 접지하였을 경우, 당해 전자접촉기 등이 폐로될 염려가 있는 것의 접속방법으로 옳은 것은? ★★★

① 코일과 접지측 전선 사이에 반드시 개폐기가 있을 것
② 코일의 일단을 접지측 전선에 접속 할 것
③ 코일의 일단을 접지하지 않는 쪽의 전선에 접속할 것
④ 코일과 접지측 전선 사이에 반드시 퓨즈를 설치할 것

제어용 변압기 2차측의 1선이 접지되는 제어회로에서 전자접촉기 등의 조작회로를 접지하였을 경우 당해 전자접촉기 등이 폐로될 우려가 있는 것은 다음과 같이 전로에 접속되어야 한다.
- 코일의 한 끝은 접지측의 전선에 접속할 것
- 코일과 접지 측 전선과의 사이에는 개폐기가 없을 것

48 T형 레일의 13K 레일 높이는 몇 mm인가? ★

① 35　　② 40
③ 56　　④ 62

레일의 단면치수 (소수점 이하 반올림)

종류	기호	각부 치수[mm]			
		A	B	C	D
8kgf	8K	56	78	10	26
13kgf	13K	**62**	89	16	32
18kgf	18K	89	114	16	38
24kgf	24K	89	127	16	50
30kgf	30K	108	140	19	50

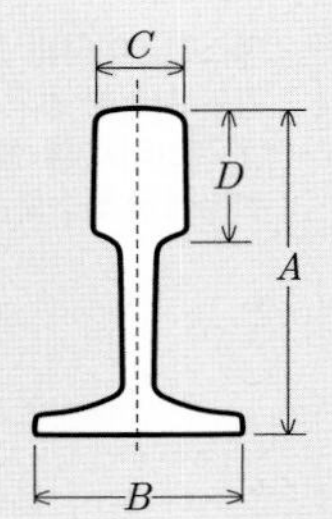

49 일감의 평행도, 원통의 진원도, 회전체의 흔들림 정도 등을 측정할 때 사용하는 측정기기는? ★★★

① 버니어캘리퍼스
② 하이트게이지
③ 마이크로미터
④ 다이얼게이지

다이얼게이지의 측정
- 평면의 평행도
- 진원도 – 원형 형태의 기하학적으로 올바른 원에서 벗어난 크기
- 회전체의 흔들림 – 원형축의 휨 정도

① 버니어캘리퍼스 : 물체의 외경, 내경, 깊이 등을 0.05mm 정도의 정확도로 측정할 수 있는 기구
② 하이트게이지 : 높이 측정, 금긋기에 사용
③ 마이크로미터 : 물체의 외경, 두께, 내경, 깊이 등을 마이크로미터(μm) 정도까지 측정

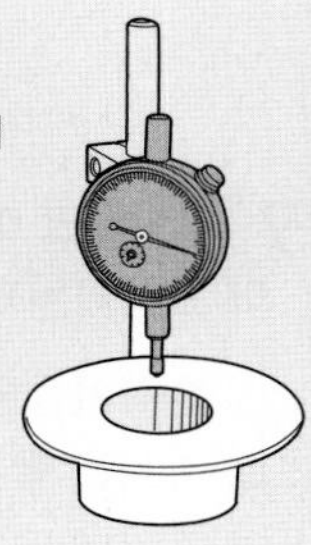

정답 44 ① 45 ② 46 ② 47 ② 48 ④ 49 ④

50 정전용량이 같은 두 개의 콘덴서를 병렬로 접속하였을 때의 합성용량은 직렬로 접속하였을 때의 몇 배인가? ★★★

① 2
② 4
③ 1/2
④ 1/4

콘덴서의 직렬 합성 용량 = 저항의 병렬 합성
콘덴서의 병렬 합성 용량 = 저항의 직렬 합성

직렬접속 : $C_{직렬} = \dfrac{1}{\dfrac{1}{C_1}+\dfrac{1}{C_2}} = \dfrac{1}{\dfrac{C_1+C_2}{C_1 \cdot C_2}} = \dfrac{C_1 \cdot C_2}{C_1+C_2}$

병렬접속 : $C_{병렬} = C_1+C_2$

C_1, C_2를 각각 1[F]이라고 가정했을 때

$C_{직렬} = \dfrac{1}{2}$, $C_{병렬} = 2$ 이므로 $\dfrac{2}{\dfrac{1}{2}} = 4$, 즉 4배가 된다.

51 전동기를 동력원으로 많이 사용하는데 그 이유가 될 수 없는 것은? ★

① 안전도가 비교적 높다.
② 제어조작이 비교적 쉽다.
③ 소손사고가 발생하지 않는다.
④ 부하에 알맞은 것을 쉽게 선택할 수 있다.

전동기는 연료 구동 기관이나 유압을 이용한 동력원보다 안정성이 크며, 제어조작, 부하 선택 및 정비의 용이성 등이 있다.

52 그림과 같은 지침형(아날로그형) 계기로 측정하기에 가장 알맞은 것은? (단, R은 지침의 0점을 조절하기 위한 가변저항이다.) ★★

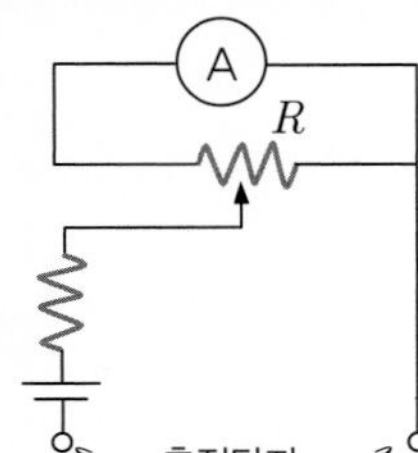

① 전압
② 전류
③ 저항
④ 전력

아날로그 멀티미터의 저항 측정 시 리드봉끼리 서로 맞대고(단락시키고) 지시침이 저항눈금의 0점에 일치하도록 조정한 후 측정대상의 입력단자와 가변저항기에 연결시켜 눈금을 읽는다.

53 물체에 외력을 가해서 변형을 일으킬 때 탄성한계 내에서 변형의 크기는 외력에 대해 어떻게 나타나는가? ★★★

① 탄성한계 내에서 변형의 크기는 외력에 대하여 반비례한다.
② 탄성한계 내에서 변형의 크기는 외력에 대하여 비례한다.
③ 탄성한계 내에서 변형의 크기는 외력과 무관한다.
④ 탄성한계 내에서 변형의 크기는 일정한다.

어떤 물체에 외력을 가할 때 탄성한계 내에서는 외력의 커질수록 비례하여 물체의 변형은 커지고, 다시 외력을 감소시키면 변형은 감소된다. (연상 : 고무의 늘어남)
탄성한계를 벗어날 경우 한번 외력이 가해지고 감소해도 변형은 회복되지 않고 영구 변형이 된다. (연상 : 고무줄을 계속 늘리면 끊어짐)

54 권수 N의 코일에 I[A]의 전류가 흘러 권선 1회의 코일에서 자속 ϕ[Wb]가 생겼다면 자기인덕턴스 L는 몇 [H]인가? ★★★

① $L = \dfrac{\phi I}{N}$

② $L = IN\phi$

③ $L = \dfrac{N\phi}{I}$

④ $L = \dfrac{NI}{\phi}$

자기 인덕턴스에 대한 이해

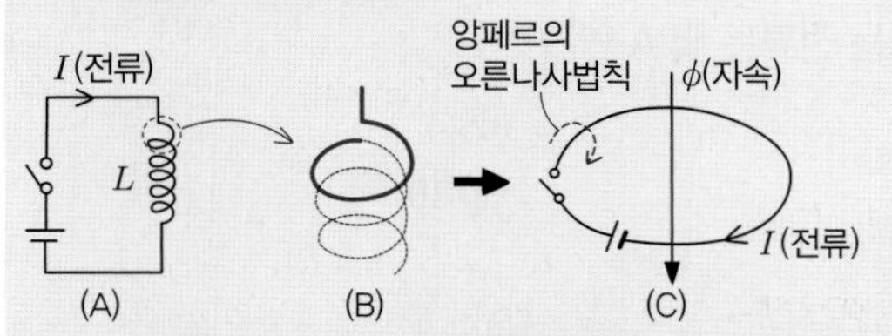

(A)와 같이 여러 가닥의 코일이 연결된 회로에서 (B)와 같이 1가닥만 고려할 때 (C)와 같이 표현할 수 있다. 이 때 전류가 시계방향으로 흐를 때 앙페르의 오른나사법칙에 의해 자기장의 방향은 아래로 향한다.

1가닥의 자속 크기 : $\phi = LI$ 이며
N가닥의 자속 크기 : $N\phi = LI$ 이 된다.

∴ 코일 전체의 자기 인덕턴스 $L = \dfrac{N\phi}{I}$ 로 표현할 수 있다.

※ 자기 인덕턴스(L)는 코일의 전류흐름을 방해하는 요소이며 단위는 H(헨리)이다. (→ 전류는 직선방향으로 흐를 때 저항이 작으나 코일을 따라 흐를 때 그 흐름을 방해하는 성질이 있다)

참고) L은 코일의 저항 개념이므로 오옴의 법칙 $V = IR$에서 $V = LI$ 로 표현할 수 있으며, LI에 의해 전압이 발생된다. 이것을 기전력(E)이라고 한다.

chapter 04

정답 50 ② 51 ③ 52 ③ 53 ② 54 ③

55 직류 분권전동기에서 보극의 역할은? ★

① 회전수를 일정하게 한다.
② 기동토크를 증가시킨다.
③ 정류를 양호하게 한다.
④ 회전력을 증가시킨다.

> **전기자 반작용과 방지대책**
> 직류기에서 전기자 권선에 전류가 흐르지 않을 경우 주 자속은 직선방향으로 흐르나 전류가 흐르면 전기자에 자계가 발생되어 주 자속의 방향이 왜곡되어 중성축이 이동하게 된다. 이것을 '전기자 반작용'이라 하며, 주자속감소(효율감소) 및 중성축 이동으로 정류가 딜레이 또는 부족하게 된다.
> 전기자 반작용의 방지대책 : 보상권선 설치, 보극 설치, 브러시 중성축 이동

56 다음 강도 중 상대적으로 값이 가장 작은 것은? ★★★

① 파괴강도
② 극한강도
③ 항복응력
④ 허용응력

> 파괴강도 > 극한강도(인장강도) > 항복응력 > 탄성한도 > 허용응력 (≥ 사용응력)
> - 파단강도 : 파단점에서의 응력
> - 극한강도 : 재료가 견딜 수 있는 최대응력
> - 항복응력 : 항복점에서의 응력 즉 탄성변형이 일어나는 한계응력
> - 허용응력 : 기계나 구조물을 안전하게 사용하는데 허용할 수 있는 최대 응력으로 사용응력(실제로 사용)보다 크거나 같다.

57 저항이 50Ω인 도체에 100V의 전압을 가할 때 그 도체에 흐르는 전류는 몇 A 인가? ★★★

① 2　　② 4
③ 8　　④ 10

> 오옴의 법칙 $I = \frac{E}{R} = \frac{100}{50} = 2[A]$

58 A, B는 입력, X를 출력이라 할 때 OR회로의 논리식은? ★★★

① $\overline{A} = X$　　② $A \cdot B = X$
③ $\overline{A+B} = X$　　④ $A \cdot B = X$

> OR 회로는 입력이 하나라도 있으면 출력되며, '+'로 표현한다.
> (1+0 = 1, 0+1 = 1, 1+1 = 1)
> ② : AND 회로, ④ : NAND 회로

59 시퀀스 회로에서 일종의 기억회로라고 할 수 있는 것은? ★

① AND회로
② OR회로
③ NOT회로
④ 자기유지회로

> 자기유지회로는 스위치를 누르고 떼어도 램프, 전동기, 릴레이 등이 점등상태 또는 여자상태가 계속 유지되는 것을 말하며, 한번 입력된 신호는 다른 해제 신호가 있기까지는 유지되므로 기억 회로라고도 한다.

60 그림과 같은 활차장치의 옳은 설명은?
(단, 그 활차의 직경은 같다.) ★

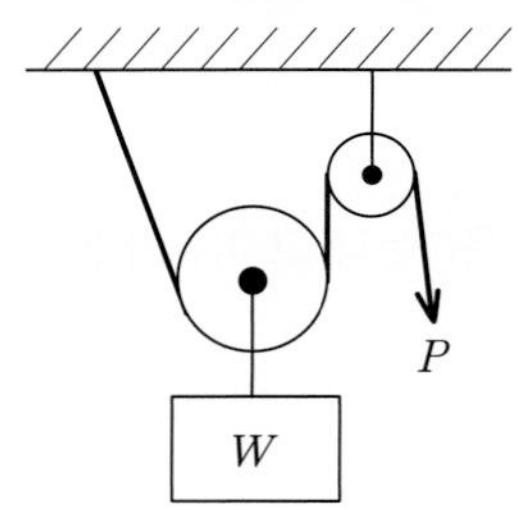

① 힘의 크기는 W=P이고, W의 속도는 P속도의 1/2이다.
② 힘의 크기는 W=P이고, W의 속도는 P속도의 1/4이다.
③ 힘의 크기는 W=2P이고, W의 속도는 P속도의 1/2이다.
④ 힘의 크기는 W=2P이고, W의 속도는 P속도의 1/4이다.

> P=W/2 에서 W = 2P이며, $h' = 2h$이므로
> $h = \frac{1}{2}h'$, 즉 W의 속도 $= \frac{1}{2} \times$P의 속도이다.
> (속도 = '이동거리/시간'이므로 동일시간 동안 이동거리가 1/2이므로 속도도 1/2이 된다)

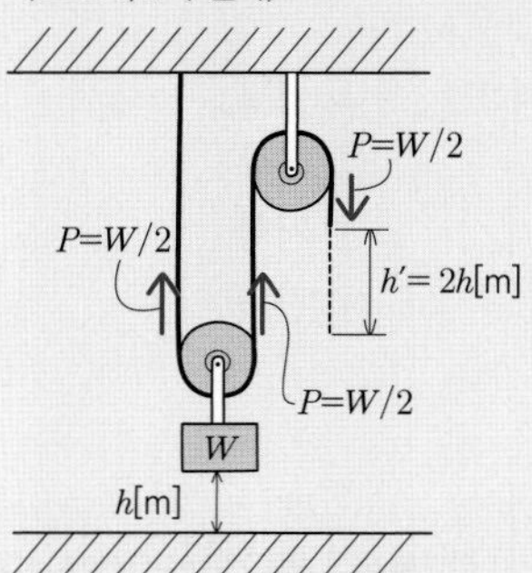

정답　55 ③　56 ④　57 ①　58 ③　59 ④　60 ③

공개기출문제 - 2015년 2회

01 카의 문을 열고 닫는 도어머신에서 성능상 요구되는 조건이 아닌 것은? ★★★

① 작동이 원활하고 정숙하여야 한다.
② 카 상부에 설치하기 위하여 소형이며 가벼워야 한다.
③ 어떠한 경우라도 수동조작에 의하여 카 도어가 열려서는 안된다.
④ 작동 회수가 승강기 기동회수의 2배이므로 보수가 쉬워야 한다.

> ① 작동이 원활하고 정숙하여야 한다.
> ② 카 상부에 설치하기 위하여 소형이며 가벼워야 한다.
> ④ 승강기 도어의 작동횟수가 승강기 기동횟수보다 2배(열고, 닫힘)이다.

02 다음 중 에스컬레이터의 종류를 수송 능력별로 구분한 형태로 옳은 것은? ★

① 1200형과 900형
② 1200형과 800형
③ 900형과 800형
④ 800형과 600형

> 공칭 수송능력에 따른 분류
> • 800형(스텝 폭 800mm) : 수송능력 6000[명/시간]
> • 1200형(스텝 폭 1200mm) : 수송능력 9000[명/시간]

03 승강장 도어가 닫혀 있지 않으면 엘리베이터 운전이 불가능 하도록 하는 것은? ★★★

① 승강장 도어스위치
② 승강장 도어행거
③ 승강장 도어인터록
④ 도어 슈

> • 승강장 도어스위치 : 문이 닫혀 있지 않으면 엘리베이터 운전 금지
> • 승강장 도어인터록 : 카가 승강장문이 해당 층에 도착하지 않으면 승강장 문 개방 금지(단, 비상·점검 시 비상키로 잠금을 해제한 후 개방 가능)

04 유압장치의 보수, 점검 또는 수리 등을 할 때에 사용되는 것은? ★★★

① 안전밸브
② 유량제어밸브
③ 스톱밸브
④ 필터

> • 스톱밸브 : 유압 파워 유닛(펌프, 오일탱크 등)과 실린더 사이에 설치하여 보수, 점검 또는 수리 시 수동으로 닫아 실린더의 오일이 탱크로 역류하는 것을 방지하여 카(실린더)의 하강 움직임을 방지하는 역할을 한다.
> • 안전밸브 : 유압라인의 규정압 이상의 압력을 제거
> • 유량제어밸브 : 유량을 조절하여 속도를 제어

05 로프식 엘리베이터에서 도르래의 구조와 특징에 대한 설명으로 틀린 것은? ★★★

① 공칭 직경은 주로프의 50배 이상으로 하여야 한다.
② 주로프가 벗겨질 우려가 있는 경우에는 로프이탈방지장치를 설치하여야 한다.
③ 도르래 홈의 형상에 따라 마찰계수의 크기는 U홈 < 언더커트홈 < V홈의 순이다.
④ 마찰계수는 도르래 홈의 형상에 따라 다르다.

> 권상 도르래, 풀리 또는 드럼의 피치직경과 로프(벨트)의 공칭 직경 사이의 비율은 로프의 가닥수와 관계없이 **40** 이상이어야 한다. (단, 주택용일 경우 30 이상)

06 교류 엘리베이터에 사용되는 VVVF 제어란? ★★★

① 전압을 변환시킨다.
② 주파수를 변환시킨다.
③ 전압과 주파수를 변환시킨다.
④ 전압과 주파수를 일정하게 유지시킨다.

> VVVF : Variable(가변) Voltage(전압) Variable(가변) Frequency(주파수)
> VVVF 제어는 전압과 주파수를 일시에 변환

chapter 04

정답 01 ③ 02 ② 03 ① 04 ③ 05 ① 06 ③

07 단식자동방식(single automatic)에 관한 설명 중 옳은 것은? ★★★

① 같은 방향의 호출은 등록된 순서에 따라 응답하면서 운행한다.
② 승강장 버튼은 오름, 내림 공용이다.
③ 주로 승객용에 사용된다.
④ 1개 호출에 의한 운행중 다른 호출 방향이 같으면 응답한다.

> 단식자동방식
> • 승강장 버튼은 오름, 내림이 하나로 공용이다.
> • 첫번째 호출에만 응답하여 운전되며, 방향에 관계없이 다른 호출을 받지 않는다. 즉, 호출 중인 층에 도달하기 전까지 같은 방향의 다른 호출에는 응답하지 않는다.
> • 화물용에 일부 사용한다.

08 승강장의 문이 열린 상태에서 모든 제약이 해제되면 자동적으로 닫히게 하여 문의 개방상태에서 생기는 2차 재해를 방지하는 문의 안전장치는? ★★★

① 시그널 컨트롤
② 도어 컨트롤
③ 도어 클로저
④ 도어 인터록

> 도어 클로저는 도어의 안전장치로, 승장 도어가 열린 상태에서 모든 제약이 풀리면 자동으로 도어가 닫히도록 하여 도어 열림을 인한 2차 사고를 방지한다.

09 카가 어떤 원인으로 최하층을 통과하여 피트에 도달했을 때 카에 충격을 완화시켜 주는 장치는? ★★★

① 완충기
② 비상정지장치
③ 조속기
④ 리미트 스위치

10 카 문턱 끝과 승강로 벽과의 간격으로 알맞은 것은? ★★★

① 0.12m 이하 ② 0.13m 이하
③ 0.14m 이하 ④ 0.15m 이하

> 승강로 내측과 카 문턱, 카 문틀 또는 카 문의 닫히는 모서리 사이의 수평거리는 승강로 전체 높이에 걸쳐 **0.15 m** 이하이어야 한다.

11 승강로의 벽 일부에 한국산업표준에 알맞은 유리를 사용할 경우 다음 중 적합하지 않은 것은? ★★★

① 망유리
② 강화유리
③ 접합유리
④ 감광유리

> 한국산업규격의 승강로 유리 : 망유리, 강화유리, 접합유리 및 복층유리(16mm 이상)

12 가이드 레일의 역할에 대한 설명 중 틀린 것은? ★★★

① 카와 균형추를 승강로 평면 내에서 일정궤도상에 위치를 규제한다.
② 일반적으로 가이드 레일은 H형이 가장 많이 사용된다.
③ 카의 자중이나 화물에 의한 카의 기울어짐을 방지한다.
④ 비상 멈춤이 작동할 때의 수직하중을 유지한다.

> 엘리베이터의 가이드 레일은 T형을 가장 많이 사용한다.

13 에스컬레이터에 관한 설명 중 틀린 것은? ★★★

① 1200형 에스컬레이터의 1시간당 수송인원은 9000명이다.
② 경사도가 30° 이하일 경우 공칭속도는 0.75m/s 이하이어야 한다.
③ 승강 양정(길이)로 고양정은 10m 이상이다.
④ 경사도는 수평으로 25도 이내이어야 한다.

> 에스컬레이터의 경사도는 수평으로 **30°** 이내이어야 한다.
> 다만, 높이가 6 m 이하이고 공칭속도가 0.5m/s 이하인 경우에는 경사도를 35°까지 증가시킬 수 있다.

14 중속 엘리베이터의 속도는 몇 m/s인가? ★★

① 1~4
② 4~6
③ 6 이상
④ 1~6

> • 저속 : 0.75m/s 이하
> • 중속 : 1~4m/s
> • 고속 : 4~6m/s
> • 초고속 : 6m/s 이상

정답 07 ② 08 ③ 09 ① 10 ④ 11 ④ 12 ② 13 ④ 14 ①

15 유압식 엘리베이터의 특징으로 틀린 것은? ★★★

① 기계실을 승강로와 떨어져 설치할 수 있다.
② 플런저에 스토퍼가 설치되어 있기 때문에 오버헤드가 작다.
③ 적재량이 크고 승강행정이 짧은 경우에 유압식이 적당하다.
④ 소비전력이 비교적 작다.

동력 소비율에 있어 전동식이 가장 작다. (유압식 엘리베이터에 비해 약 70% 작다) 또한 전동식은 회생제동 기능으로 하강 시 에너지를 절약할 수 있다.
참고) 에너지 효율 : 교류제어식 > 직류제어식 > 유압제어식

16 전동 덤웨이터와 구조적으로 가장 유사한 것은? ★★★

① 수평보행기
② 엘리베이터
③ 에스컬레이터
④ 간이 리프트

간이 리프트와 전동 덤웨이터는 유사한 구조이지만 소형화물 운반만을 주 목적으로 하며 운반구의 바닥면적이 $1m^2$ 이하거나 천장높이가 1.2m 이하이다.

17 과부하 감지장치의 용도는?

① 속도 제어용
② 과하중 경보용
③ 속도 변환용
④ 종점 확인용

과부하 감지장치는 카의 규정 하중를 벗어나면 경보를 울리도록 하고 도어가 닫히지 않도록 한다.
① 속도 제어용 : 조속기
③ 속도 변환용 : 교류1단(저항 제어), 교류 2단(고속권선 → 저속권선), 교류귀환(사이리스터의 점호각 변환), VVVF(주파수 제어), 워드레오나드(직류발전기의 직류전압을 변화), 정지레오나드(사이리스터의 점호각 제어)
④ 종점 확인용 : 파이널 리미트 스위치

18 승강기 설치보수작업에서 발생되는 위험에 해당되지 않는 것은?

① 물리적 위험
② 접촉적 위험
③ 화학적 위험
④ 구조적 위험

19 "승강기의 조속기" 란? ★★★

① 카의 속도를 검출하는 장치이다.
② 비상정지장치를 뜻한다.
③ 균형추의 속도를 검출한다.
④ 플런져를 뜻한다.

조속기는 제동기 고장이나 로프의 끊어짐 등 비상상황에서 카가 정격속도 이상으로 낙하(과속)할 경우 카의 속도를 검출한다. 이를 따라 1차로 제동기를 작동시키고, 2차로 비상정지장치를 통해 카의 레일을 잡아 정지시킨다.

20 간접식 유압엘리베이터의 특징이 아닌 것은? ★★★

① 실린더를 설치하기 위한 보호관이 필요하지 않다.
② 실린더 점검이 용이하다.
③ 비상정지장치가 필요하다.
④ 로프의 늘어짐과 작동유의 압축성 때문에 부하에 의한 카 바닥의 빠짐이 비교적 적다.

직접식과 간접식의 주요 차이

구분	직접식	간접식
카의 속도	~ 0.75 m/s	~ 1 m/s
로프 및 로핑	×	필요(1 : 2 또는 2 : 4)
카 바닥 빠짐	작다	크다
비상정지장치	×	○
유압실린더 보호관	○	×

② 직접식은 실린더가 피트 아래로 묻히므로 점검이 어렵고, 간접식은 실린더가 피트 위에 설치되므로 점검이 용이하다.
※ 카 바닥의 빠짐 : 카의 하중 및 하강속도에 의해 카가 일시적으로 밑으로 내려갔다가 올라오는 것을 말한다.

21 승강기의 문(Door)에 관한 설명 중 틀린 것은? ★★★

① 문 닫힘 도중에도 승강장의 버튼을 동작시키면 다시 열려야 한다.
② 문이 완전히 열린 후 최소 일정 시간 이상 유지되어야 한다.
③ 착상구역 이외의 위치에서는 카내의 문개방 버튼을 동작시켜도 절대로 개방되지 않아야 한다.
④ 문이 일정 시간 후 닫히지 않으면 그 상태를 계속 유지하여야 한다.

승강도어는 모든 제약이 풀리면 도어 클로저에 의해 일정시간 후 기계적으로 닫혀지도록 한다.
③ 카 도어 잠금장치를 포함한 도어 벤 조립체를 적용하여 정전 등 비상 상황에서 카가 지정된 위치를 벗어나 임의의 위치에서 정지하는 등 어떤 상황에서도 카 도어의 임의 개방을 기계적으로 차단시킨다.

정답 15 ④ 16 ④ 17 ② 18 ③ 19 ① 20 ④ 21 ④

chapter 04

22 로프식 엘리베이터의 카 틀에서 브레이스 로드의 분담 하중은 대략 어느 정도 되는가?

① 1/8
② 3/8
③ 1/3
④ 1/16

브레이스 로드(Brace Rod)는 카 바닥(Platform) 하중의 **3/8**까지 카 틀의 상부에서 하부까지 전달되도록 한다.

23 승강장 도어 문턱과 카 문턱과의 수평거리는 몇 mm 이하여야 하는가? ★★★

① 125
② 120
③ 50
④ 35

[엘리베이터 안전기준]
- 카문의 문턱과 승강장문의 문턱 사이의 수평거리는 **35 mm** 이하이어야 한다.
- 승강장문과 카문 전체가 정상 작동하는 동안, 카문의 앞 부분과 승강장문 사이의 수평 거리는 0.12m 이하이어야 한다.

24 에스컬레이터의 디딤판과 스커트 가드와의 틈새는 양쪽 모두 합쳐서 최대 얼마이어야 하는가? ★★★

① 5mm 이하
② 7mm 이하
③ 9mm 이하
④ 10mm 이하

에스컬레이터 또는 수평보행기의 스커트가 스텝 및 팔레트 또는 벨트 측면에 위치한 곳에서 수평 틈새는 각 측면에서 4mm 이하이어야 하고, 정확히 반대되는 두 지점의 양 측면에서 측정된 틈새의 합은 **7 mm** 이하이어야 한다.

25 조속기(Governor)의 작동상태를 잘못 설명한 것은? ★★★

① 카가 하강 과속하는 경우에는 일정 속도를 초과하기 전에 조속기 스위치가 동작해야 한다.
② 조속기의 캣치는 일단 동작하고 난 후 자동으로 복귀되어서는 안 된다.
③ 조속기의 스위치는 작동 후 자동 복귀된다.
④ 조속기 로프가 장력을 잃게 되면 전동기의 주회로를 차단시키는 경우도 있다.

조속기의 과속스위치는 카가 정격속도의 **130%** 초과 시 제1동작으로 작동되어 전동기와 브레이크에 입력되는 전원을 차단하는 역할을 한다. 그러므로 정격속도가 130% 초과인 경우 계속해서 스위치가 켜져 있어야 전원이 차단된다.

26 다음 중 엘리베이터 감시반에 필요하지 않은 장치는? ★★★

① 현재 엘리베이터의 하중 표시장치
② 현재 엘리베이터의 운행방향 표시장치
③ 현재 엘리베이터의 위치 표시장치
④ 엘리베이터의 이상 유무 확인 표시장치

하중의 경우 과부하 감지장치를 이용하여 카의 규정 하중를 벗어나면 경보를 울리도록 하고, 현 법규상 하중 표시장치는 없다.

27 조속기의 보수점검 등에 관한 사항과 거리가 먼 것은? ★★★

① 층간 정지 시, 수동으로 돌려 구출하기 위한 수동핸들의 작동검사 및 보수
② 볼트, 너트, 핀의 이완 유무
③ 조속기 시브와 로프 사이의 미끄럼 유무
④ 과속스위치 점검 및 작동

①은 비상 구출에 해당되며, 조속기를 조작하는 것이 아니라 모터축이나 플라이휠에 수동핸들을 끼워 서서히 돌려 카를 가까운 층으로 이동시킨다.

28 실린더를 검사하는 것 중 해당하지 않는 것은? ★★★

① 패킹으로부터 누유된 기름을 제거하는 장치
② 공기 또는 가스의 배출구
③ 더스트 와이퍼의 상태
④ 압력배관의 고무호스는 여유가 있는지의 상태

고무호스의 여유는 검사대상이 아니며, 실린더와 배관과의 연결상태를 점검해야 한다.
※ 더스트 와이퍼 : 실린더 내에 먼지 또는 불순물의 침입 방지

정답 22 ② 23 ④ 24 ② 25 ③ 26 ① 27 ① 28 ④

29 비상용 승강기는 화재발생시 화재 진압용으로 사용하기 위하여 고층빌딩에 많이 설치하고 있다. 비상용 승강기에 반드시 갖추지 않아도 되는 조건은? ★★★

① 비상용 소화기
② 예비전원
③ 전용 승강장 이외의 부분과 방화구획
④ 비상운전 표시등

> 비상용 승강기는 소방구조용 엘리베이터를 말하며, 화재발생 시 사용하기 위한 것으로 다음 조건이 필요하다.
> • 주전원이 차단되어도 예비전원으로 작동할 수 있어야 한다.
> • 운전 중 비상운전 표시등이 점등되어야 한다.
> • 화재로부터 안전 확보를 위해 방화구획이 설정되어야 한다.
> • 정격속도가 1m/s 이상되어야 한다.
> ※ 비상용 소화기의 경우 반드시 갖추어야 할 조건은 아니다.

30 정전 시 카 바닥 위 1m 지점의 카 중심부의 조도는 몇 lx 이상이어야 하는가? ★★★

① 100 ② 10
③ 5 ④ 2

> [엘리베이터 안전기준]
> 정전 시 카에는 자동으로 재충전되는 비상전원공급장치에 의해 **5 lx** 이상의 조도로 1시간 동안 전원이 공급되는 비상등이 있어야 한다. 이 비상등은 다음과 같은 장소에 조명되어야 하고, 정상 조명전원이 차단되면 즉시 자동으로 점등되어야 한다.
> • 카 내부 및 카 지붕에 있는 비상통화장치의 작동 버튼
> • 카 바닥 위 1 m 지점의 카 중심부
> • 카 지붕 바닥 위 1 m 지점의 카 지붕 중심부
>
> 참고) 카에는 카 조작반 및 카 벽에서 100mm 이상 떨어진 카 바닥 위로 1m 모든 지점에 100 lx 이상으로 비추는 전기조명장치가 영구적으로 설치되어야 한다.

31 에스컬레이터 승강장의 경고 및 주의표시에 대한 설명 중 틀린 것은?

① 주의표지판 또는 표지는 견고한 재질로 만들어야 한다.
② 주의표지판은 쉽게 이해할 수 있는 그림이나 문자로 표기되어야 한다.
③ 주의표지판의 크기는 80mm×80mm 이하의 그림으로 표시되어야 한다.
④ 주의표지판의 바탕은 흰색, 도안은 흑색, 사선은 적색이다.

> [에스컬레이터 및 수평보행기의 구조]
> 주의표지판의 크기는 80mm×100mm 이상이어야 한다.

32 가이드 레일의 보수 점검 항목이 아닌 것은? ★★★

① 브래킷 취부의 앵커 볼트 이완상태
② 레일 및 브래킷의 오염상태
③ 레일의 급유상태
④ 레일길이의 신축상태

> **가이드 레일의 점검 항목**
> • 가이드레일과 브라켓의 체결볼트 조임상태
> • 레일 및 브래킷의 오염 및 균열상태
> • 레일의 급유상태
> • 가이드레일의 녹 요철 제거
> • 레일 클립의 변형 여부

33 보수 기술자의 올바른 자세로 볼 수 없는 것은?

① 신속, 정확 및 예의 바르게 보수 처리한다.
② 보수를 할 때는 안전기준보다는 경험을 우선시한다.
③ 항상 배우는 자세로 기술향상에 적극노력한다.
④ 안전에 유의하면서 작업하고 항상 건강에 유의한다.

34 조속기로프의 공칭직경은 몇 mm 이상이어야 하는가? ★★★

① 5
② 6
③ 7
④ 8

> 조속기 로프의 공칭 지름은 **6mm** 이상이어야 한다.

35 전기식 엘리베이터에서 자체점검주기가 가장 긴 것은? ★★★

① 권상기의 감속기어
② 권상기 베어링
③ 브레이크 라이닝
④ 고정 도르래

> ① 권상기의 감속기어 : 3개월마다
> ② 권상기 베어링 : 6개월마다
> ③ 브레이크 라이닝 : 1개월마다
> ④ 고정도르래 : **12**개월마다

정답 29 ① 30 ③ 31 ③ 32 ④ 33 ② 34 ② 35 ④

36 정격속도 1 m/s를 초과하는 엘리베이터에 사용되는 비상정지장치의 종류는? ★★★

① 점차 작동형
② 즉시 작동형
③ 디스크 작동형
④ 플라이볼 작동형

정격속도	비상정지장치
1.0m/s 초과	점차작동형
1.0m/s 이하	완충효과가 있는 즉시작동형
0.63m/s 이하	즉시작동형
무관	유압식 비상정지장치

37 유압잭의 부품이 아닌 것은? ★★

① 사일런서 ② 플런저
③ 패킹 ④ 더스트 와이퍼

유압잭의 구조

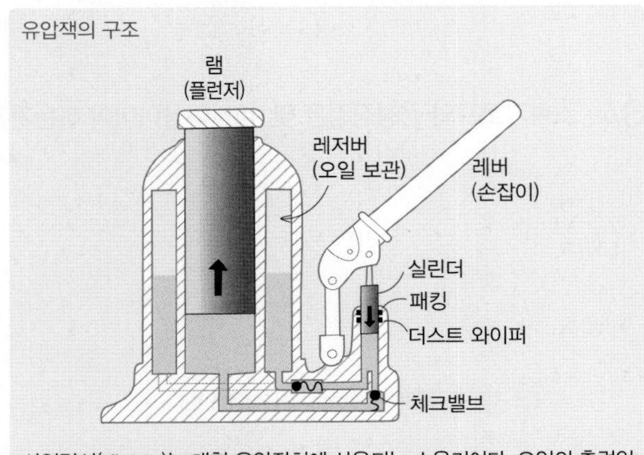

사일런서(silence)는 대형 유압장치에 사용되는 소음기이다. 오일의 출렁임으로 발생하는 맥동 및 소음을 감소시키는 역할을 한다.

38 인체의 전기저항에 대한 것으로 피부저항은 피부에 땀이 나 있는 경우는 건조시에 비해 피부저항이 어떻게 되는가?

① 2배 증가
② 4배 증가
③ 1/12 ~ 1/20 감소
④ 1/25 ~ 1/30 감소

인체도 전기적 관점에서 일종의 저항이다. 인체저항의 전기저항은 내부저항과 피부저항으로 구분하며 피부저항은 통상 약 5000Ω이며, 물이 젖을 경우 약 1/12~1/20까지 감소하여 통전의 위험이 있다.

39 안전사고의 발생요인으로 볼 수 없는 것은?

① 피로감
② 임금
③ 감정
④ 날씨

40 작업의 특수성으로 인해 발생하는 직업병으로서 작업 조건에 의하지 않은 것은?

① 먼지
② 유해 가스
③ 소음
④ 작업 자세

41 재해 원인 분류 중 간접적 원인이 아닌 것은? ★★★

① 신체적 원인
② 교육적 원인
③ 불안전 행동
④ 관리적 원인

- 간적적 원인 : 기술적 원인, 교육적 원인, 신체적 원인, 정신적 원인, 관리적 원인
- 직접적 원인 : 불안정한 상태, 불안정한 행동

42 전기감전에 의하여 넘어진 사람에 대한 중요 관찰사항과 거리가 먼 것은? ★

① 의식 상태
② 호흡 상태
③ 맥박 상태
④ 골절 상태

43 재해 조사의 요령으로 바람직한 방법이 아닌 것은?

① 재해 발생 직후에 행한다.
② 현장의 물리적 증거를 수집한다.
③ 재해 피해자로부터 상황을 듣는다.
④ 의견 충돌을 피하기 위하여 반드시 1인이 조사하도록 한다.

정답 36 ① 37 ① 38 ③ 39 ② 40 ④ 41 ③ 42 ④ 43 ④

44 승강기 관리주체가 행하여야 할 사항으로 틀린 것은? ★★★

① 안전(운행)관리자를 선임하여야 한다.
② 승강기에 관한 전반적인 관리를 하여야 한다.
③ 안전(운행)관리자가 선임되면 관리주체는 별다른 관리를 할 필요가 없다.
④ 승강기의 유지보수에 대한 위임 용역 및 감독을 하여야 한다.

> 승강기 관리주체의 의무사항
> - 안전검사 : 정기검사, 수시검사, 정밀안전검사
> - 월1회 이상 자체점검
> - 본인 또는 안전관리자에게 승강기 관리교육 수료
> - 승강기 이용자가 사망 또는 1주 이상 입원치료, 3주 이상 치료가 필요한 상해 발생 시 공단의 장에게 통보
>
> ※ 승강기 관리주체 : 승강기 소유자, 승강기 관리 책임을 위임 받은 자

45 사업장에서 승강기의 조립 또는 해체작업을 할 때 조치하여야 할 사항과 거리가 먼 것은? ★★★

① 작업을 지휘하는 자를 선임하여 지휘자의 책임 하에 작업을 실시할 것
② 작업 할 구역에는 관계근로자외의 자의 출입을 금지시킬 것
③ 기상상태의 불안정으로 인하여 날씨가 몹시 나쁠 때에는 그 작업을 중지시킬 것
④ 사용자의 편의를 위하여 야간작업을 하도록 할 것

46 재해원인의 분류에서 불안정한 상태(물적원인)가 아닌 것은? ★★★

① 안전방호장치의 결함
② 작업환경의 결함
③ 생산공정의 결함
④ 불안전한 자세 결함

> 산업재해의 원인 중 직접 원인에는 불안전한 행동, 불안전한 상태가 있다.
> - 불안전한 행동 : 불안전한 자세, 위험한 장소의 출입, 작업자의 실수, 보호구 미착용 등 안전수칙 미준수, 부적당한 작업복 착용, 작업자의 피로 등
> - 불안정한 상태 : 방호장치의 결함, 불안정한 작업환경 및 생산공정, 기계(공구)의 결함, 안전장치 결여 등

47 운동을 전달하는 장치로 옳은 것은? ★★★

① 절이 수평왕복하는 것을 '레버'라고 한다.
② 절이 요동하는 것을 '슬라이더'라고 한다.
③ 절이 회전하는 것을 '크랭크'라고 한다.
④ 절이 진동하는 것을 '캠'이라 한다.

> ① 레버는 절이 제한적 왕복운동을 한다.
> ② 슬라이더는 수평왕복운동을 한다.

48 헬리컬 기어의 설명으로 적절하지 않은 것은? ★★

① 진동과 소음이 크고 운전이 정숙하지 않다.
② 회전시에 축압이 생긴다.
③ 스퍼기어보다 가공이 힘들다.
④ 이의 물림이 좋고 연속적으로 접촉한다.

> 헬리컬 기어의 특징
> - 잇줄이 나선형 원통기어
> - 맞물림의 좋아 효율이 좋다.
> - 스퍼기어처럼 축이 평행하다.
> - 스퍼기어에 비해 운전이 정숙하다.
> - 큰 힘을 전달하거나 고속 운전에 적합하다.
> - 가공이 어렵고, 톱니가 비틀어져 있어 축압(축방향의 압력)이 발생한다.

49 평행판 콘덴서에 있어서 콘덴서의 정전용량은 판 사이의 거리와 어떤 관계인가? ★

① 반비례
② 비례
③ 불변
④ 2배

> 콘덴서의 정전용량
> - 축적되는 전기량은 가해지는 전압에 비례한다.
> - 정전용량은 금속판 사이의 절연체 절연도 및 금속판 면적에 비례하고, 금속판 사이의 거리에는 반비례한다.

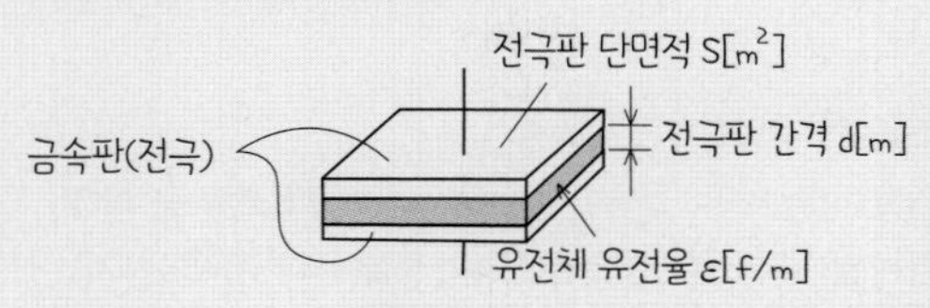

정답 44 ③ 45 ④ 46 ④ 47 ③ 48 ① 49 ①

chapter 04

50 복활차에서 하중 W인 물체를 올리기 위해 필요한 힘(P)은? (단, n은 동활차의 수이다.) ★

① $P=W+2^n$
② $P=W-2^n$
③ $P=W\times 2^n$
④ $P=W/2^n$

정활차는 힘의 방향만 변환하고 동활차는 하중을 올릴 때 1/2의 힘으로 줄어든다. 복활차는 정활차와 동활차의 조합을 이용한 것으로, 동활차 갯수가 증가할수록 2^n씩 힘이 줄어든다.
힘 $P=\frac{W}{2^n}$ (W : 하중, n : 동활차 갯수) ※ 출제빈도 낮음

51 유도 전동기의 동기속도는 무엇에 의하여 정해지는가? ★★★

① 전원의 주파수와 전동기의 극수
② 전력과 저항
③ 전원의 주파수와 전압
④ 전동기의 극수와 전류

유도전동기의 동기속도 $N_s\,[\text{rpm}]=\frac{120f}{p}$
f : 주파수[Hz], p : 전동기의 극수
※ 공식에 관한 문제는 자주 출제되므로 암기하자!

52 반지름 r(m), 권수 N의 원형 코일에 I(A)의 전류가 흐를 때, 원형 코일 중심점의 자기장의 세기 H(AT/m)는?

① $\frac{NI}{r}$
② $\frac{NI}{2r}$
③ $\frac{NI}{2\pi r}$
④ $\frac{NI}{4\pi r}$

원형코일 중심점의 자기장 세기
원형코일 1가닥의 $H=\frac{I}{2r}$ 이므로, n가닥의 $H=N\frac{I}{2r}$ 이다.
함께 알아두기 1) 원형 코일 전류의 중심에서의 자기장 세기는 전류(I)에 비례하고, 원형도선의 반지름(r)에 반비례한다.
※ 이 공식은 '비오-사바르의 법칙'에 의해 유도되는 것으로, 자세한 공식유도는 생략합니다.

53 유도전동기에서 슬립이 '1' 이란 전동기의 어느 상태인가? ★★★

① 유도 제동기의 역할을 한다.
② 유도 전동기가 전부하 운전 상태이다.
③ 유도 전동기가 정지 상태이다.
④ 유도 전동기가 동기속도로 회전한다.

슬립이란 동기속도에 대한 동기속도와 회전자 속도의 차이 비율을 말한다.
슬립 $S=\frac{N_s-N}{N_s}$ (N_s : 동기속도, N : 회전자속도)
여기서, 슬립이 '**1**'이 되기 위해서는 N이 '**0**'이어야 한다. 이것은 전동기가 회전자가 회전하지 않은 상태 즉, 정지된 상태를 말한다.
함께 알아두기) • 무부하 운전 시 : 슬립 = 0
• 일반 부하 시 : 0 < 슬립 < 1

54 물체에 하중이 작용할 때, 그 재료 내부에 생기는 저항력을 내력이라 하고 단위면적당 내력의 크기를 응력이라 하는데 이 응력을 나타내는 식은? ★★★

① 단면적×하중
② $\frac{\text{하중}}{\text{단면적}}$
③ $\frac{\text{단면적}}{\text{하중}}$
④ 하중 − 단면적

응력 $\sigma=\frac{W}{A}$ (W : 하중, A : 단면적)
※ 응력은 하중에 의한 재료내부에 생기는 저항력이고, 압력은 외부에 발생하는 것으로, 그 힘이 내부에 전해지면 압축 응력과 인장 응력, 전단 응력 등으로 표현한다.

55 유도전동기의 속도제어방법이 아닌 것은? ★★★

① 전원 전압을 변화시키는 방법
② 극수를 변화시키는 방법
③ 주파수를 변화시키는 방법
④ 계자저항을 변화시키는 방법

유도전동기와 직류전동기의 속도제어방법

유도전동기	주파수 제어, 전압 제어, 극수 변환
직류전동기	전압 제어, 계자 제어, 저항 제어

정답 50 ④ 51 ① 52 ② 53 ③ 54 ② 55 ④

56 다음 중 교류전동기는? ★

① 분권전동기
② 타여자전동기
③ 유도전동기
④ 차동복권전동기

직류전동기와 교류전동기의 종류

직류전동기	• 타여자 방식 • 자여자 방식(직권, 분권, 복권, 가동복권, 차동복권)
교류전동기	• 동기전동기 • 유도전동기(단상, 3상)

57 자동제어계의 상태를 교란시키는 외적인 신호는? ★★★

① 제어량
② 외란
③ 목표량
④ 피드백 신호

① 제어량 : 제어대상의 출력(회전수, 온도 등)
② 외란 : 상태를 바꾸려는 외적인 요소
③ 목표량 : 입력신호, 기준입력값
④ 피드백 신호(되먹임 신호) : 제어량을 목표량과 비교하기 위해 제어량이 다시 비교부(조절부)에 순환되는 신호

58 50μF의 콘덴서에 200V, 60Hz의 교류 전압을 인가했을 때, 흐르는 전류 [A]는? ★★★

① 약 2.56
② 약 3.77
③ 약 4.56
④ 약 5.28

개념 이해) 콘덴서에 교류전압이 인가되었을 때 전류를 구하려면, 먼저 콘덴서의 저항성분인 용량성 리액턴스를 구하고, 교류의 오옴 법칙에 의해 전류를 구할 수 있다.

❶ 용량성 리액턴스(콘덴서의 저항성분)

$$Xc = \frac{1}{\omega C} = \frac{1}{2\pi fC}$$

(ω : 각속도, f : 주파수[Hz], C : 정전용량[F])

❷ 용량성 리액턴스의 전류 구하기

$$I = \frac{V}{Xc} = V \times 2\pi fC = 200 \times 2\pi \times 60 \times 50 \times 10^{-6} \fallingdotseq 3.77[A]$$

$1\mu F = 10^{-6}F$

직류의 오옴의 법칙 '$I = V/R$'과 동일한 의미

59 영(Young)률이 커지면 어떠한 특성을 보이는가? ★★★

① 안전하다.
② 위험하다.
③ 늘어나기 쉽다.
④ 늘어나기 어렵다.

영률(E)이란 '탄성계수'라고도 하며, 재료가 하중을 받았을 때 얼마만큼 변형하느냐, 변화하기 어려운 정도를 나타내며, 영률이 클수록 쉽게 변형되지 않는다.

$$E = \frac{\sigma}{\varepsilon} \left(\sigma : 응력 = \frac{하중}{단면적},\ \varepsilon : 세로변형률 = \frac{길이변형량}{원래\ 길이}\right)$$

60 와이어 로프의 사용하중이 5000kgf이고, 파괴하중이 25000kgf일 때 안전율은? ★★★

① 2.5
② 5.0
③ 0.2
④ 0.5

안전율(S)이란 재료의 허용하중(또는 사용하중)에 대한 극한하중(또는 파괴하중)의 비를 말한다.

$$S = \frac{인장강도}{사용하중} = \frac{파괴하중}{사용하중} = \frac{25000}{5000} = 5.0$$

정답 56 ③ 57 ② 58 ② 59 ④ 60 ②

chapter 04

공개기출문제 - 2015년 3회

01 조속기의 설명에 관한 사항으로 틀린 것은? ★★★

① 과속조절기 로프의 최소 파단하중은 5 이상의 안전율을 확보해야 한다.
② 조속기는 조속기 용도로 설계된 와이어로프에 의해 구동되어야 한다.
③ 조속기에는 비상정지장치의 작동과 일치하는 회전방향이 표시되어야 한다.
④ 과속조절기 로프 인장 풀리의 피치 직경과 과속조절기 로프의 공칭 지름의 비는 30 이상이어야 한다.

과속조절기 로프의 최소 파단하중은 **8** 이상의 안전율을 확보해야 한다.

02 전기식 엘리베이터 기계실의 구조에서 구동기의 회전부품 위로 몇 m 이상의 유효수직거리가 있어야 하는가?

① 0.2
② 0.3
③ 0.4
④ 0.5

[엘리베이터 안전기준] 보호되지 않은 회전부품 위로 0.3m 이상의 유효수직거리가 있어야 한다.

03 균형추의 중량을 결정하는 계산식은? ★★★
(여기서, L은 정격하중, F는 오버밸런스율이다)

① 균형추의 중량 = 카 자체하중 + (L×F)
② 균형추의 중량 = 카 자체하중 × (L×F)
③ 균형추의 중량 = 카 자체하중 + (L+F)
④ 균형추의 중량 = 카 자체하중 + (L−F)

개념 이해) **오버밸런스율**
균형추의 총중량은 빈 카의 자중에 적재하중(정격하중)의 몇 %를 더 할 것인가를 나타내는 비율로, 승용은 45%, 화물용은 50%를 적용한다.

04 승강기가 최하층을 통과했을 때 주전원을 차단시켜 승강기를 정지시키는 것은? ★★★

① 완충기
② 조속기
③ 비상정지장치
④ 파이널 리미트 스위치

05 엘리베이터의 정격속도 계산 시 무관한 항목은?

① 감속비
② 편향도르래
③ 전동기 회전수
④ 권상도르래 직경

엘리베이터의 정격속도(V) 공식
V = 시브의 원둘레×시브의 회전수×감속비
$= \pi D \times N \times i$
(D : 도르래 직경, N : 전동기 회전수[Hz], i : 감속비)

개념 이해) 엘리베이터의 속도 = 시브의 회전속도
시브의 회전속도는 도르래의 원둘레가 얼마만큼 회전하느냐를 말한다. 또한 시브의 회전수는 전동기 회전수에서 감속기의 감속비를 거친 회전수를 말한다.

06 다음 중 도어 시스템의 종류가 아닌 것은? ★★★

① 2짝문 상하열기방식
② 2짝문 가로열기(2S)방식
③ 2짝문 중앙열기(CO)방식
④ 가로열기와 상하열기 겸용방식

도어 개폐방식의 종류
• 중앙 개폐식 : 2CO, 4CO – 승용
• 측면 개폐식 : 1S, 2S, 3S – 화물용, 침대용
• 상승 개폐식 : 2UP, 3UP – 자동차용, 대형화물용
※ 숫자 : 도어 갯수, S :가로열기, CO : 중앙열기
※ 도어는 가로열기와 상하열기가 동시에 되지 않는다.

정답 01 ① 02 ② 03 ① 04 ④ 05 ② 06 ④

07 엘리베이터용 도어머신에 요구되는 성능이 아닌 것은? ★★

① 가격이 저렴할 것
② 보수가 용이할 것
③ 작동이 원활하고 정숙할 것
④ 기동회수가 많으므로 대형일 것

도어는 엘리베이터 기동횟수의 2배가 되므로 유지관리가 용이해야 한다.

08 여러 층으로 배치되어 있는 고정된 주차구획에 아래·위로 이동할 수 있는 운반기에 의하여 자동차를 자동으로 운반 이동하여 주차하도록 설계한 주차장치는? ★★★

① 2단식
② 승강기식
③ 수직순환식
④ 승강기슬라이드식

09 전기식 엘리베이터의 속도에 의한 분류방식 중 고속엘리베이터의 기준은? ★★★

① 2 m/s 이상
② 2 m/s 초과
③ 3 m/s 이상
④ 4 m/s 초과

속도에 의한 분류
- 저속 : 0.75m/s 이하
- 중속 : 1~4m/s
- 고속 : 4~6m/s
- 초고속 : 6m/s 이상

10 교류 엘리베이터의 제어방식이 아닌 것은? ★★★

① 교류일단 속도제어방식
② 교류귀환 전압제어방식
③ 워드레오나드방식
④ VVVF 제어방식

- 교류식 엘리베이터 : 교류일단 속도제어, 교류이단 속도제어, 교류귀환 전압제어, VVVF 제어
- 직류식 엘리베이터 : 워드레오나드방식, 정지레오나드 방식

11 에스컬레이터의 구동체인이 규정치 이상으로 늘어났을 때 일어나는 현상은? ★★★

① 안전레버가 작동하여 브레이크가 작동하지 않는다.
② 안전레버가 작동하여 하강은 되나 상승은 되지 않는다.
③ 안전레버가 작동하여 안전회로 차단으로 구동되지 않는다.
④ 안전레버가 작동하여 무부하시는 구동되나 부하시는 구동되지 않는다.

에스컬레이터 구동체인 안전장치
에스컬레이터의 구동체인이 느슨하게 판단된 경우, 이것을 검출하여 즉시 전동기의 회전을 정지시키고 계단을 정지시키는 장치이다. 이것은 전동기를 정지시키는 스위치와 계단 구동륜을 기계적으로 록(lock)하여 스텝의 움직임을 정지시키는 래칫(ratchet) 장치로 구성되어 있다.

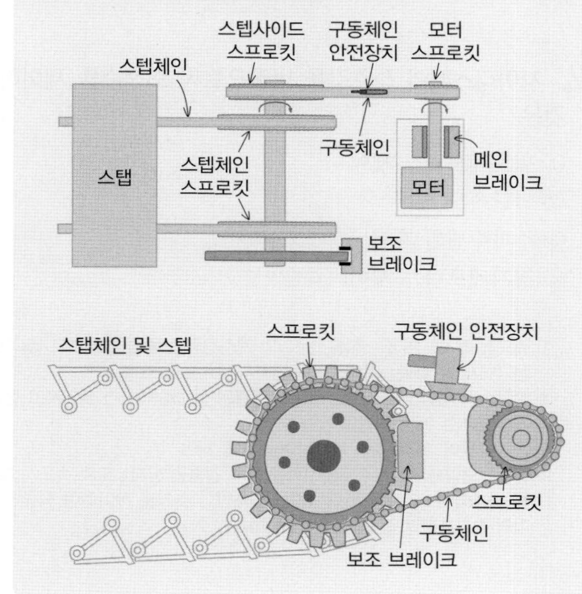

12 카 비상정지장치의 작동을 위한 조속기는 정격속도의 몇 % 이상의 속도에서 작동해야 하는가? ★★★

① 105
② 110
③ 115
④ 120

[전기식 엘리베이터의 구조] 카 비상정지장치의 작동을 위한 조속기는 정격속도의 **115%** 이상의 속도에서 작동해야 한다.

정답 07 ④ 08 ② 09 ④ 10 ③ 11 ③ 12 ③

chapter 04

13 엘리베이터의 카 및 균형추 완충기 중 에너지 분산형 완충기의 총 행정은 정격속도의 몇 %에 상응하는 중력 정지거리 이상이어야 하는가? ★★★

① 100%
② 105%
③ 110%
④ 115%

- 에너지 축적형 완충기
  - 선형 특성 완충기 : 완충기의 가능한 총 행정은 정격속도의 **115 %**에 상응하는 중력 정지거리의 2배 이상
  - 비선형 특성 완충기 : 카의 질량과 정격하중, 또는 균형추의 질량으로 정격속도의 **115 %**의 속도
- 에너지 분산형 완충기 : 완충기의 가능한 총 행정은 정격속도 **115 %**에 상응하는 중력 정지거리 이상

14 사이리스터의 점호각을 바꿈으로써 회전수를 제어하는 것은? ★★

① 워드레오나드 제어
② 일단속도 제어
③ 주파수변환 제어
④ 정지레오나드 제어

① 워드레오나드 제어 : 직류전동기의 계자전류는 일정하게 하고, 직류발전기에서 발생되는 직류전압을 변화시켜 속도를 조정
② 일단속도 제어 : 초기에는 저항이 연결된 상태로 속도가 늦어지고 점차 가속 후에는 저항 연결을 끊는 방식
③ VVVF 제어 : 주파수를 제어하여 속도를 제어
④ 정지레오나드제어 : 속도발전기를 통해 검출된 실제속도와 속도지령값을 비교하여 사이리스터의 게이트신호인 점호각을 제어하여 직류전동기의 전기자전압 즉 공급전압을 변화시킴

15 와이어로프 가공방법 중 효과가 가장 우수한 것은? ★★

①
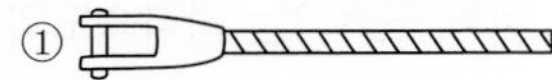

②

③
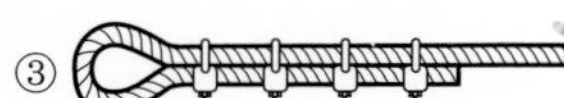

④

① 소켓(socket) – 100%
② 심블(thimble) – 최대 95%
③ 클립(clip) – 75~80%
④ 아이스플라이스 – 최대 90%

16 실린더에 이물질이 흡입되는 것을 방지하기 위하여 펌프의 흡입측에 부착하는 것은? ★★

① 필터
② 사일렌서
③ 스트레이너
④ 더스트와이퍼

오일탱크에서 입자가 큰 이물질을 걸러내기 위하여 펌프로 유입되는 관에 스트레이너를 설치한다.

17 1분간 수송인원이 150명, 1인의 중량은 75kg, 층높이가 3.6m, 에스컬레이터의 총합효율이 0.5일 때 이 에스컬레이터에 사용하여야 할 전동기의 소요동력은 약 몇 kW인가?

① 11.0
② 13.3
③ 8.8
④ 24.5

에스컬레이터 모터의 소요동력

$$\text{모터의 소요동력} = \frac{\text{1분간의 수송인원} \times \text{1명의 중량} \times \text{층높이}}{\text{엘리베이터 총합효율}}$$

$$= \frac{150/\text{min} \times 75\text{kg} \times 3.6\text{m}}{0.5} = 81{,}000\ [\text{kg}\cdot\text{m/min}]$$

$$= \frac{81{,}000}{60} = 1350\ [\text{kg}\cdot\text{m/s}] \rightarrow \frac{1350}{102}\ [\text{kW}] = 13.3$$

1 [kW] = 102 [kgf·m/s], 1 [ps] = 75 [kgf·m/s]

18 간접식 유압엘리베이터의 특징으로 틀린 것은? ★★★

① 실린더의 점검이 용이하다.
② 비상정지장치가 필요하지 않다.
③ 실린더를 설치하기 위한 보호관이 필요하지 않다.
④ 승강로는 실린더를 수용할 부분만큼 더 커지게 된다.

직접식과 간접식의 주요 차이

구분	직접식	간접식
카의 속도	~ 45m/min	~ 60m/min
로프 및 로핑	×	필요(1 : 2 또는 2 : 4)
카 바닥 빠짐	작다	크다
비상정지장치	×	○
유압실린더 보호관	○	×

19 카 내에 갇힌 사람이 외부와 연락할 수 있는 장치는? ★

① 차임벨
② 인터폰
③ 리미트스위치
④ 위치표시램프

정답 13 ④ 14 ④ 15 ① 16 ③ 17 ② 18 ② 19 ②

20 전기기기의 외함 등이 절연이 나빠져서 전류가 누설되어도 감전사고의 위험이 적도록 하기 위하여 어떤 조치를 하여야 하는가? ★★

① 접지를 한다.
② 도금을 한다.
③ 퓨즈를 설치한다.
④ 영상변류기를 설치한다.

기기 외함의 누전을 전선을 통해 접지시켜 전위차를 0V가 되도록 함으로써 감전을 방지한다.

21 재해 누발자의 유형이 아닌 것은? ★★★

① 미숙성 누발자
② 상황성 누발자
③ 습관성 누발자
④ 자발성 누발자

재해 누발자의 유형
- 미숙성 누발자 : 기능 미숙, 환경 미숙
- 상황성 누발자 : 작업의 어려움, 기계설비 결함, 환경상 집중 부족, 근심
- 습관성 누발자 : 신경과민, 일종의 슬럼프
- 소질성 누발자 : 주의력 산만, 지속 불능, 저지능, 주의력 부족, 부정확 등

22 승강기 보수 작업 시 승강기의 카와 건물의 벽사이에 작업자가 끼인 재해의 발생 형태에 의한 분류는? ★★★

① 협착
② 전도
③ 방심
④ 접촉

23 재해원인 중 생리적인 원인은? ★★★

① 작업자의 피로
② 작업자의 무지
③ 안전장치의 고장
④ 안전장치 사용의 미숙

재해의 원인을 인간적, 기계적, 환경적, 관리적으로 구분할 때 인간적 원인은 다음과 같다.
- 심리적 원인 : 주변 동작, 걱정, 망각, 착오 등
- 생리적 원인 : 피로, 수면부족 등

24 추락에 의한 위험방지 중 유의사항으로 틀린 것은? ★★★

① 승강로 내 작업시에는 작업공구, 부품 등이 낙하하여 다른 사람을 해하지 않도록 할 것
② 카 상부 작업 시 중간층에는 균형추의 움직임에 주의하여 충돌하지 않도록 할 것
③ 카 상부 작업 시에는 신체가 카상부 보호대를 넘지 않도록 하며 로프를 잡을 것
④ 승강장 도어 키를 사용하여 도어를 개방할 때에는 몸의 중심을 뒤에 두고 개방하여 반드시 카 유무를 확인하고 탑승할 것

와이어로프의 윤활유로 인해 미끄러질 수 있으므로 로프를 잡지 않는다.
※ 와이어로프의 윤활유의 기능 : 마찰 및 마모 감소, 방청 작용

25 안전보호기구의 점검, 관리 및 사용방법으로 틀린 것은? ★

① 청결하고 습기가 없는 장소에 보관한다.
② 한번 사용한 것은 재사용을 하지 않도록 한다.
③ 보호구는 항상 세척하고 완전히 건조시켜 보관한다.
④ 적어도 한달에 1회 이상 책임있는 감독자가 점검한다.

26 작업장에서 작업복을 착용하는 가장 큰 이유는? ★

① 방한
② 복장 통일
③ 작업능률 향상
④ 작업 중 위험 감소

27 기계운전 시 기본안전수칙이 아닌 것은? ★

① 작업범위 이외의 기계는 허가 없이 사용한다.
② 방호장치는 유효 적절히 사용하며, 허가 없이 무단으로 떼어놓지 않는다.
③ 기계가 고장이 났을 때에는 정지, 고장표시를 반드시 기계에 부착한다.
④ 공동 작업을 할 경우 시동할 때에는 남에게 위험이 없도록 확실한 신호를 보내고 스위치를 넣는다.

정답 20 ① 21 ④ 22 ① 23 ① 24 ③ 25 ② 26 ④ 27 ①

28 감전 상태에 있는 사람을 구출할 때의 행위로 틀린 것은?

① 즉시 잡아 당긴다.
② 전원 스위치를 내린다.
③ 절연물을 이용하여 떼어 낸다.
④ 변전실에 연락하여 전원을 끈다.

피해자가 계속하여 전기설비에 접촉되어 있다면 우선 그 설비의 전원을 신속히 차단하고, 절연 고무장갑 또는 고무장화 등을 착용한 후 구출한다.

29 운행 중인 에스컬레이터가 어떤 요인에 의해 갑자기 정지하였다. 점검해야 할 에스컬레이터 안전장치로 틀린 것은?

★★

① 승객검출장치
② 인레트 스위치
③ 스커트 가드 안전 스위치
④ 스텝체인 안전장치

② 인레트 스위치 : 핸드레일 인입구에 설치하여 핸드레일이 난간하부로 들어 갈 때 어린이 손 낌 검출
③ 스커트 가드 안전 스위치 : 스텝 사이에 신체 일부 혹은 옷, 신발 등이 끼였을 때 안전 스위치 작동
④ 스텝체인 안전장치 : 스텝체인이 늘어나거나 끊어지면 디딤판 체인 인장장치의 후방 움직임을 감지하여 구동기 모터의 전원 차단하고 기계적으로 브레이크 작동. 하부기계실에 설치

30 과속조절기(조속기) 로프의 공칭 지름(mm)은 얼마 이상이어야 하는가?

★★★

① 6　② 8
③ 10　④ 12

[전기식 엘리베이터의 구조]
- 조속기로프의 공칭 직경은 **6 mm** 이상이어야 한다.
- 조속기로프 풀리의 피치 직경과 조속기로프의 공칭 직경 사이의 비는 30 이상이어야 한다.

31 가이드 레일의 규격(호칭)에 해당되지 않는 것은? ★★★

① 8K　② 13K
③ 15K　④ 18K

가이드 레일의 규격 (길이 1m의 공칭하중)
- 보통 공칭 **8K, 13K, 18K** 또는 24K레일, 30K 레일이 사용
- 대용량의 엘리베이터 : 35K레일 이상

32 승강기 완성검사 시 에스컬레이터의 공칭속도가 0.5m/s인 경우 제동기의 정지거리는 몇 m 이어야 하는가?

① 0.20m에서 1.00m 사이
② 0.30m에서 1.30m 사이
③ 0.40m에서 1.50m 사이
④ 0.55m에서 1.70m 사이

제동기의 정지거리
무부하 상태의 에스컬레이터 및 하강 방향으로 움직이는 제동부하 상태의 에스컬레이터에 대한 정지거리는 다음과 같다.

공칭속도(m/s)	정지거리
0.5	0.2~1.0 m
0.65	0.3~1.3 m
0.75	0.4~1.5 m

33 전기식 승용승강기에 대한 사항 중 틀린 것은?

① 카 내에는 외부와 연락되는 통화장치가 있어야 한다.
② 카 내에는 용도, 적재하중(최대 정원) 및 비상시 조치 내용의 표찰이 있어야 한다.
③ 기계실·기계류 공간 또는 풀리실 내부의 문은 삼각열쇠를 사용해야만 열리는 구조이어야 한다.
④ 카바닥은 5% 이하로 수평이 유지되어야 한다.

기계실·기계류 공간 또는 풀리실 내부에서는 문이 잠겨 있더라도 열쇠를 사용하지 않고 열릴 수 있어야 한다.

34 엘리베이터의 자체점검기준에 따라 기계실 내 기계류에 대한 점검 내용을 올바르지 않은 것은?

① 용도 이외의 설비 비치 여부
② 피트 탈출 수직틈새의 확보상태
③ 조명 점등상태 및 조도
④ 바닥 개구부 낙하방지수단의 설치상태

승강기 안전운행 및 관리에 관한 운영규정 – [별표 3] 자체점검기준
기계실 내 기계류에 대한 점검
- 용도 이외의 설비 비치 여부
- 출입문의 설치 및 잠금상태
- 바닥 개구부 낙하방지수단의 설치상태
- 환기 상태
- 조명 점등상태 및 조도
- 콘센트의 설치상태
- 양중용 지지대 및 고리에 허용하중 표시상태

정답 28 ① 29 ① 30 ① 31 ③ 32 ① 33 ③ 34 ②

35 감속기의 기어 치수가 제대로 맞지 않을 때 일어나는 현상이 아닌 것은?

① 기어의 강도에 악영향을 준다.
② 진동 발생의 주요 원인이 된다.
③ 카가 전도할 우려가 있다.
④ 로프의 마모가 현저히 크다.

기어 치수가 맞지 않으면 마모, 소음, 진동 등의 원인이 되며, 감속기와 로프의 마모와는 무관하다.

36 전기식 엘리베이터 자체점검 중 피트에서 하는 점검항목에서 과부하감지장치에 대한 점검 주기(회/월)는? ★★★

① 1/1
② 1/3
③ 1/4
④ 1/6

카의 점검 중 과부하감지장치 설치 및 작동상태는 월 1회이다.

37 버니어캘리퍼스를 사용하여 와이어 로프의 직경 측정방법으로 알맞은 것은? ★★★

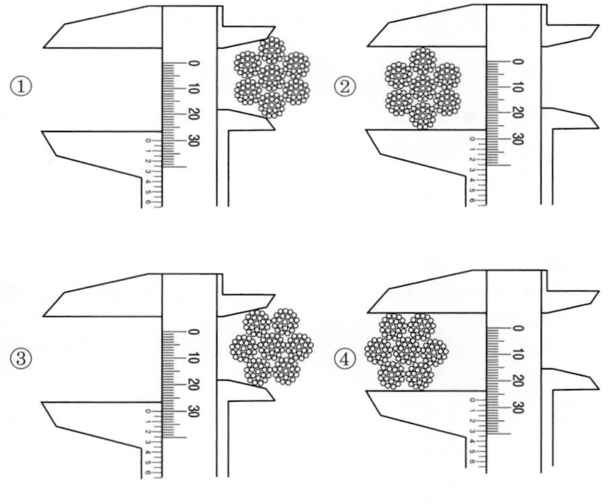

와이어로프의 직경 측정은 전 스트랜드를 포함하는 외접원의 지름을 측정한다.

38 승강기 완성검사 시 전기식 엘리베이터에서 기계실·기계류 공간 및 풀리실의 조명은 기기가 배치된 바닥면에서 몇 lx 이상인가? ★★

① 50　　② 100
③ 150　　④ 200

[별표 22. 엘리베이터 안전기준]
- 작업공간의 바닥면 : **200 lx**
- 작업공간 간 이동공간의 바닥면 : 50 lx

39 유압식 엘리베이터의 제어방식에서 펌프의 회전수를 소정의 상승속도에 상당하는 회전수로 제어하는 방식은? ★

① 가변전압가변주파수 제어
② 미터인회로 제어
③ 블리드오프회로 제어
④ 유량밸브 제어

VVVF 제어방식은 교류전동기의 속도를 전압과 주파수를 동시에 가변시켜 제어하며, 유압식에서는 이러한 교류전동기의 속도제어를 통해 펌프의 회전수를 조절한다.

40 에스컬레이터(무빙워크) 자체점검기준에서 끼임방지수단에 대한 점검내용으로 옳은 것은?

① 기어오름 방지장치 설치상태
② 스커트 디플렉터 설치상태
③ 손잡이와 구조 부품관의 간섭 여부
④ 디딤판과 구조 부품관의 간섭 여부

① 기어오름 방지장치 : 에스컬레이터 아래층 바닥에서 약 1m 높이의 난간 바깥쪽에 설치하는 장치로, 아이들이 핸드레일 손잡이에 매달려 올리가다 떨어지는 것을 예방하기 위해 설치한다.
② 스커트 디플렉터(안전 브러시, 끼임방지장치) : 끼임 사고를 방지하기 한 후 스커트 가드와 스텝 사이에 브러시를 설치

41 소방구조용(비상용) 엘리베이터의 운행속도는 몇 m/s 이상으로 하여야 하는가? ★★★

① 0.1　　② 0.5
③ 1　　④ 2

[별표 22. 엘리베이터 안전기준]
소방구조용 엘리베이터는 소방관 접근 지정층에서 소방관이 조작하여 엘리베이터 문이 닫힌 이후부터 **60**초 이내에 가장 먼 층에 도착되어야 한다. 다만, 운행속도는 **1 m/s** 이상이어야 한다.

정답 35 ④ 36 ① 37 ② 38 ④ 39 ① 40 ② 41 ③

42 도어 시스템(열리는 방향)에서 S로 표현되는 것은? ★★★

① 중앙열기 문
② 가로열기 문
③ 외짝 문 상하열기
④ 2짝 문 상하열기

도어 개폐방식의 종류
- 중앙 개폐식(중앙열기) : 2CO, 4CO – 승용
- 측면 개폐식(가로열기) : 1S, 2S, 3S – 화물용, 침대용
- 상승 개폐식 : 2UP, 3UP – 자동차용, 대형화물용

43 다음 중 카 상부에서 하는 검사가 아닌 것은? ★★★

① 비상구출문 스위치의 작동상태
② 도어개폐장치의 설치상태
③ 조속기로프의 설치상태
④ 조속기로프 인장장치의 작동상태

카 상부 점검 항목
- 주로프 / 조속기 로프의 설치 및 마모상태
- 안전스위치 작동상태
- 과부하 방지장치의 동작상태
- 비상구출문의 스위치 동작상태
- 레일 및 브래킷의 설치 및 마모상태
- 도어개폐장치의 설치장치 등

조속기로프
인장장치

※ 조속기로프 인장장치는 승강로 하부(피트)에서의 점검사항이다.

44 디스크형 조속기의 점검방법으로 틀린 것은? ★

① 로프잡이의 움직임은 원활하며 지점부에 발청이 없으며 급유상태가 양호한지 확인한다.
② 레버의 올바른 위치에 설정되어 있는지 확인한다.
③ 플라이 볼을 손으로 열어서 각 연결 레버의 움직임에 이상이 없는지 확인한다.
④ 시브홈의 마모를 확인한다.

③은 플라이볼 형 과속조절기(조속기)에 해당한다.

45 도르래의 로프홈에 언더커트(Under Cut)를 하는 목적은?

① 로프의 중심 균형
② 윤활 용이
③ 마찰계수 향상
④ 도르래의 경량화

V홈에 비해 U홈은 마찰계수가 낮으므로 홈 밑을 도려내어 로프와 도르래 홈의 접촉면압을 높여 마찰계수(권상능력)를 향상시킨다.
※ 마찰계수의 크기 : U홈 < 언더커트홈 < V홈

46 에스컬레이터의 스텝 폭이 1m이고 공칭속도가 0.5m/s인 경우 수송능력(명/h)은? ★★

① 3000
② 5500
③ 6000
④ 6500

에스컬레이터 안전기준에 따른 수송능력

스텝 폭	공칭속도(m/s)	수송능력(명/h)
0.6m	0.5	3,600
1.0m		6,000

47 유도전동기의 속도제어법이 아닌 것은? ★★

① 2차 여자제어법
② 1차 계자제어법
③ 2차 저항제어법
④ 1차 주파수제어법

유도전동기의 속도제어법
- 농형 유도전동기 속도제어법 – 극수변환법, 1차전압제어법, 1차 주파수제어법
- 권선형 유도전동기 속도제어법 – 2차저항제어법, 2차여자법, 종속속도제어법

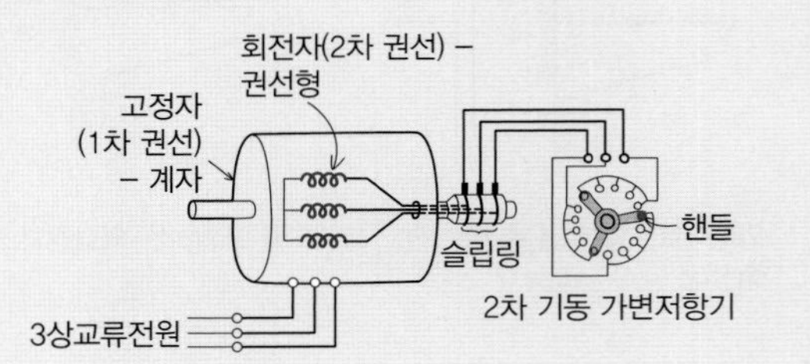

정답 42 ② 43 ④ 44 ③ 45 ③ 46 ③ 47 ②

48 그림과 같이 자기장 안에서 도선에 전류가 흐를 때, 도선에 작용하는 힘의 방향은? (단, 전선 가운데 점 표시는 전류의 방향을 나타낸다.) ★

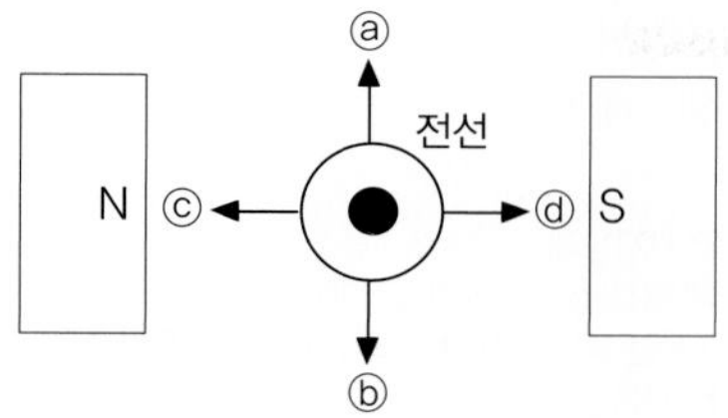

① ⓐ방향　　② ⓑ방향
③ ⓒ방향　　④ ⓓ방향

플레밍의 왼손법칙

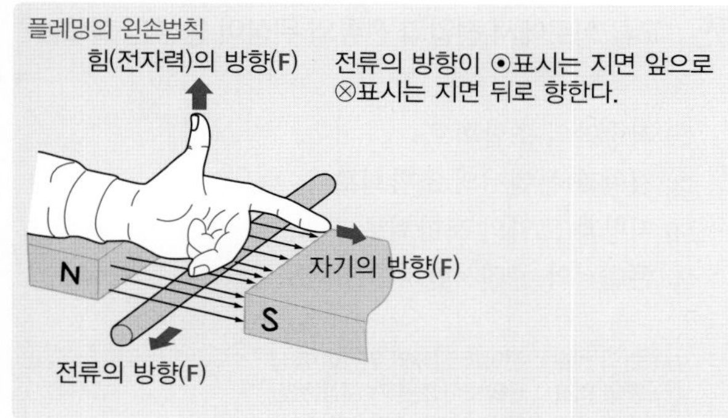

49 6극, 50Hz의 3상 유도전동기의 동기속도(rpm)는? ★★★

① 500
② 1000
③ 1200
④ 1800

유도전동기의 동기속도(N_S)

$$N_S[\text{rpm}] = \frac{120f}{p} = \frac{120\times 50}{6} = 1000[\text{rpm}]$$

- f : 주파수
- p : 극수

50 다음 중 역률이 가장 좋은 단상 유도전동기로서 널리 사용되는 것은? ★

① 분상 기동형
② 반발 기동형
③ 콘덴서 기동형
④ 셰이딩 코일형

역률과 콘덴서

역률이란 : 교류회로에서 유효전력을 피상전력(= 유효전력+무료전력)으로 나눈 값을 나타낸다. 즉 무효전력이 커지면 '0'에 가까워져 역률이 나쁘고, 무효전력이 작아지면 '1'에 가까워 역률이 좋아진다.

- 유효전력 : 실제로 일을 하는 전력
- 무효전력 : 인덕터나 캐퍼시터에 의해 일을 하지 않은 전력으로 전류가 전압보다 위상이 앞서거나(진상전류) 뒤설 때 발생한다.(지상전류)

※ 콘덴서 기동형은 코일(인턱터)에 의해 지상전류가 발생하므로 콘덴서를 이용하여 진상시킨다. 따라서 무료전력을 최소화시켜 역률을 향상시킨다.

51 Q(C)의 전하에서 나오는 전기력선의 총 수는? ★★★

① Q
② εQ
③ $\dfrac{\varepsilon}{Q}$
④ $\dfrac{Q}{\varepsilon}$

가우스의 정리

전하와 전기력선의 관계를 정리한 것으로, 전체 전하량 Q를 둘러싼 폐곡면을 관통하여 나가는 전기력선의 총수(N)는 다음과 같다. 또한 전기력의 수는 전기장의 세기와 같다.

$N = \dfrac{Q}{\varepsilon}$ (Q :전하, ε : 유전율)

※ 전기력선(Line of Electric Force) : 전기장의 모습을 시각적으로 알 수 있도록 그린 선으로 양전하에서 균일하게 방출하고, 음전하로 균일하게 흡수하는 모습을 한다.

※ 유전율 : 콘덴서와 같이 두 극판 사이에 진공일 때는 +전하는 −전하로 흐르지만, 두 극판 사이에 어떤 물질을 삽입하면 +전하가 물질로 인해 전류를 차단하고 전하를 저장하는데 이를 유전율이라 한다. (물질의 전하 저장 능력)

chapter 04

정답 48 ① 49 ② 50 ③ 51 ④

52 그림에서 지름 400mm의 바퀴가 원주방향으로 25kg의 힘을 받아 200rpm으로 회전하고 있다면, 이때 전달되는 동력은 몇 kg·m/sec 인가? (단, 마찰계수는 무시한다.) ★★★

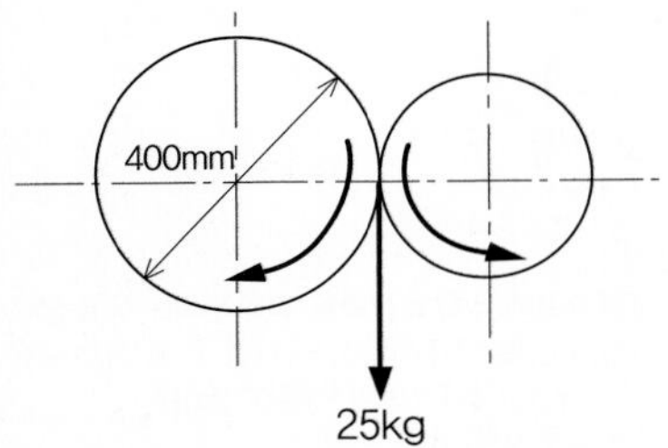

① 10.47 ② 78.5
③ 104.7 ④ 785

동력 H = 힘×속도 = 힘×(원둘레 길이×회전수)
개념 이해) 동력은 어떤 힘으로 얼마만큼의 속도로 움직이냐를 나타내며, 원의 속도는 원둘레가 얼마만큼 회전하느냐를 말한다.

동력 $H = 25\ [\text{kgf}] \times 0.4\pi\ [\text{m}] \times \dfrac{200}{60}\ [/\text{s}] = 104.7\ [\text{kgf}\cdot\text{m/s}]$

※ 원둘레 길이 = 지름×π = 2×반지름×π
※ [kg·m/sec] 단위를 물으므로 400mm → 0.4m 단위로 200rpm(분당 회전수) → 200/60 rps(/s, 초당 회전수) 단위로 변경한다.

53 다음 중 다이오드의 순방향 바이어스 상태를 의미하는 것은? ★

① P형 쪽에 (−), N형 쪽에 (+) 전압을 연결한 상태
② P형 쪽에 (+), N형 쪽에 (−) 전압을 연결한 상태
③ P형 쪽에 (−), N형 쪽에 (−) 전압을 연결한 상태
④ P형 쪽에 (+), N형 쪽에 (+) 전압을 연결한 상태

다이오드의 순방향

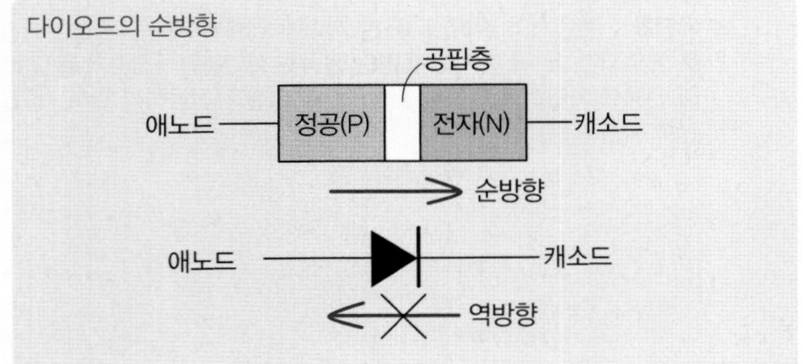

54 요소와 측정하는 측정기구의 연결로 틀린 것은? ★★★

① 길이 : 버니어캘리퍼스
② 전압 : 볼트미터
③ 전류 : 암미터
④ 접지저항 : 메거

접지저항 : 접지저항계
절연저항 : 메거(Megger, 절연저항계)
※ 메거는 고전압(500V, 1000V)의 저항을 측정하므로 주로 MΩ(메가오옴) 단위를 사용한다.
※ 용어) 절연저항 :전선과 같은 절연체에 전압을 가했을 때 나타나는 전기저항)

55 교류 회로에서 전압과 전류의 위상이 동상인 회로는? ★★★

① 저항만의 조합회로
② 저항과 콘덴서의 조합회로
③ 저항과 코일의 조합회로
④ 콘덴서와 콘덴서만의 조합회로

- R만의 회로 : 전압과 전류의 위상이 동상
- L만의 회로 : 전압보다 전류가 지상(뒤짐)
- C만의 회로 : 전압보다 전류가 진상(앞섬)
- R−L 회로 : 전류가 지상
- R−C 회로 : 전류가 진상

56 전선의 길이를 고르게 2배로 늘리면 단면적은 1/2로 된다. 이 때의 저항은 처음의 몇 배가 되는가? ★★

① 4배
② 3배
③ 2배
④ 1.5배

저항의 공식 2가지 (회로의 저항, 도선의 저항)

❶ $R = \dfrac{V}{I}$, ❷ $R = \rho \dfrac{l}{A}$

- ρ : 도선의 고유저항
- l : 도선의 길이
- A : 도선의 단면적

$R_1 = \rho \dfrac{l}{A}$ 에서 변형하면 $R_2 = \rho \dfrac{2l}{A/2} = \rho \dfrac{4l}{A} = 4R_1$

정답 52 ③ 53 ② 54 ④ 55 ① 56 ①

57 아래의 회로도와 같은 논리기호는? ★★★

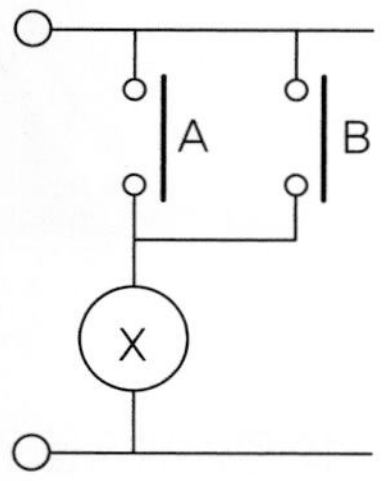

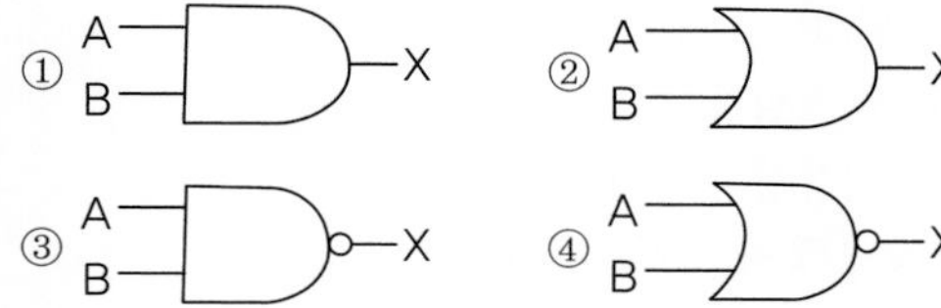

회로도는 A, B 중 하나라도 입력되면 출력(X)되므로 OR 회로임을 알 수 있다.
① AND 회로 ② OR 회로
③ NAND 회로 ④ NOR 회로
참고) AND 회로 : A, B 모두 입력되어야 출력되는 회로이다.

58 구름베어링의 특징에 관한 설명으로 틀린 것은? ★★

① 고속회전이 가능하다.
② 마찰저항이 작다.
③ 설치가 까다롭다.
④ 충격에 강하다.

구름 베어링과 미끄럼 베어링의 주요 차이

구분	구름베어링	미끄럼베어링
구조 및 설치	복잡	간단
마찰계수(마찰)	작다	크다
충격	약함	강함
회전	고속	저속
마찰	작다	크다
윤활장치 유무	없음	있음
진동·소음	전동체와 궤도면의 정밀도에 따라 발생	일반적으로 작다.
기동토크	작다	크다

※ 구름베어링(볼베어링·롤러베어링)은 점 접촉이며, 미끄럼베어링은 면 접촉이므로 구름베어링이 마찰면적이 적어 고속에 적합하지만, 공진속도를 벗어나면 미끄럼베어링이 고속회전에 적합하다.(다소 논란의 여지가 있지만 표 내용대로 정리한다)

59 응력(stress)의 단위는? ★★

① kcal/h
② %
③ kg/cm^2
④ kg·cm

응력은 재료에 힘(외력)을 가했을 때, 그 크기에 대응하여 재료 내에 생기는 저항력을 말하며, 단위는 압력과 같다.

$$\text{응력} = \frac{\text{하중 [kgf]}}{\text{단면적 [cm}^2\text{]}}$$

60 동력을 수시로 이어주거나 끊어주는 데 사용할 수 있는 기계요소는? ★★

① 클러치
② 리벳
③ 키이
④ 체인

클러치는 자동차의 예를 들면, 엔진의 동력을 바퀴에 전달되거나 전달을 끊어주는 역할을 한다.
- 키(key) : 기어(또는 풀리)와 같은 회전체를 축에 고정시켜 축의 회전운동을 기어 등에 전달하는 역할을 한다.
- 리벳 : 두 판재(알루미늄판 등)을 결합하기 위한 연성 금속핀으로, 리벳을 끼우고 다른 한쪽을 때려 접합시킨다.

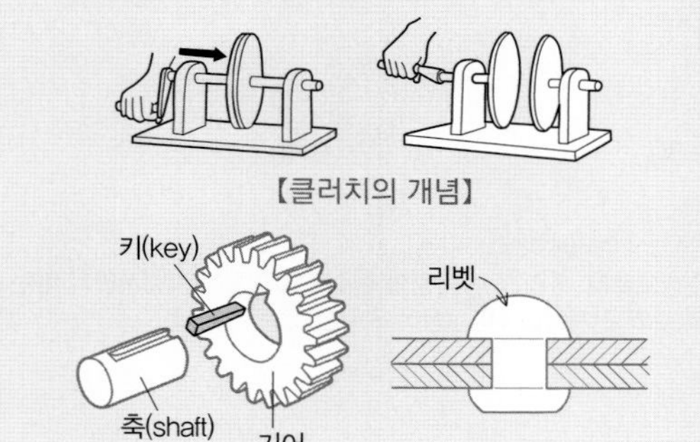

【클러치의 개념】

정답 57 ② 58 ④ 59 ③ 60 ①

공개기출문제 - 2016년 1회

01 엘리베이터의 유압식 구동방식에 의한 분류로 틀린 것은? ★★

① 직접식
② 간접식
③ 스크류식
④ 팬터그래프식

유압식 구동방식
- 직접식 : 유압(플런저)으로 카를 직접 구동
- 간접식 : 플런저에 도르래를 설치하고, 와이어로프를 이용하여 플런저의 움직임에 따라 카를 간접 구동
- 팬터그래프식 : ✕ 형태의 틀에 유압을 가하여 상승시키는 것으로 주로 공장, 창고나 작업용에 사용한다.

※ 스크류식은 펌프의 분류에 해당된다.

02 권상도르래, 풀리 또는 드럼과 현수로프의 공칭 직경사이의 비는 스트랜드의 수와 관계없이 얼마 이상이어야 하는가? ★★★

① 10　② 20
③ 30　④ 40

[전기식 엘리베이터의 구조]
권상도르래, 풀리 또는 드럼과 현수로프의 공칭 직경사이의 비는 스트랜드의 수와 관계없이 **40** 이상이어야 한다.

03 가이드 레일의 사용 목적으로 틀린 것은? ★

① 집중하중 작용 시 수평하중을 유지
② 비상정지장치 작동 시 수직하중을 유지
③ 카와 균형추의 승강로 평면내의 위치 규제
④ 카의 자중이나 화물에 의한 카의 기울어짐 방지

가이드 레일은 엘리베이터 등의 카, 균형추를 일정한 위치로 안내하는 궤도를 말하며, 양 끝을 잡아주므로 기울어짐을 방지한다.
레일에 작용하는 외력에는 집중하중이나 비상정지장치 작동시의 수직하중, 지진시의 수평지진하중이 있다.

04 아파트 등에서 주로 야간에 카내의 범죄활동 방지를 위해 설치하는 것은? ★★★

① 파킹스위치
② 슬로다운 스위치
③ 록다운 비상정지 장치
④ 각층 강제 정지운전 스위치

각층 강제 정지운전 스위치
엘리베이터를 이용한 범죄의 방지를 목적으로 설치한 안전장치로, 카가 목적층에 도달하기 까지 중간에 버튼을 누르지 않더라도 각 층마다 카를 정지시키고 문이 개폐되도록 한다.

05 레일의 규격을 나타낸 그림이다. 표 안의 빈 칸 ⓐ, ⓑ에 맞는 것은 몇 kg 인가? ★

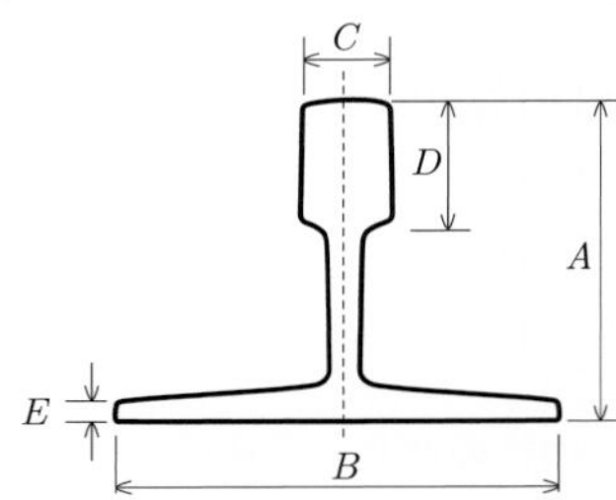

공칭 [mm]	8kg	ⓐ	18kgf	ⓑ	30kg
A	56	62	89	89	108
B	78	89	114	127	140
C	10	16	16	16	19
D	26	32	38	50	51
E	6	7	8	12	13

① ⓐ 10, ⓑ 26
② ⓐ 12, ⓑ 22
③ ⓐ 13, ⓑ 24
④ ⓐ 15, ⓑ 27

정답　01 ③　02 ④　03 ①　04 ④　05 ③

06 다음 중 주유를 해서는 안되는 부품은? ★★★

① 균형추
② 가이드슈
③ 가이드레일
④ 브레이크 라이닝

제동기의 브레이크 라이닝은 브레이크 드럼과의 마찰력을 이용하여 제동 역할을 하므로 주유하면 마찰력(마찰계수)가 저하되어 미끄러진다.

07 중앙 개폐방식의 승강장 도어를 나타내는 기호는? ★★★

① 2S ② CO
③ UP ④ SO

도어 개폐방식의 종류
- 중앙 개폐식 : 2CO, 4CO (Center Opening)
- 측면 개폐식 : 1S, 2S, 3S (Side Opening)
- 상승 개폐식 : 2UP, 3UP (Up Opening)

※ 숫자 : 도어 갯수

08 압력맥동이 적고 소음이 적어서 유압식 엘리베이터에 주로 사용되는 펌프는? ★★★

① 기어 펌프
② 베인 펌프
③ 스크류 펌프
④ 릴리프 펌프

스크류 펌프는 케이싱(casing) 내에 나사모양의 로터(회전자)를 회전시키고 오일이 이 사이를 통과하며 압력을 증대시킨다. 스크류 펌프는 구조상 오일 자체의 출렁임이 적어 맥동·소음이 적다. 또한 운전이 정숙하여 고압용에 사용된다.

09 에스컬레이터의 역회전 방지장치로 틀린 것은? ★★★

① 조속기
② 스커트 가드
③ 기계 브레이크
④ 구동체인 안전장치

스커트 가드 : 에스컬레이터의 내측판과 스텝 사이에 신발이나 옷자락 등이 끼어 발생하는 사고를 방지하기 위한 브러시

10 엘리베이터 도어 사이에 끼이는 물체를 검출하기 위한 안전장치로 틀린 것은? ★★★

① 광전 장치 ② 도어클로저
③ 세이프티 슈 ④ 초음파 장치

문닫힘 안전장치
- 접촉방식 : 세이프티 슈
- 비접속방식 : 광전장치, 초음파장치 등

11 기계실을 승강로의 아래쪽에 설치하는 방식은?

① 정상부형 방식
② 횡인 구동 방식
③ 베이스먼트 방식
④ 사이드머신 방식

- 정상부형(오버헤드형, Overhead) : 승강로 직상부에 권상기(기계실)을 설치(가장 합리적이고 경제적임)
- 베이스먼트형(Basement) : 승강로의 최하부에 인접하여 권상기를 설치
- 사이드머신형(Side machine) : 승강로 중간부에 인접하여 권상기를 설치

12 가장 먼저 누른 호출버튼에 응답하고 운전이 완료될 때까지 다른 호출에 응답하지 않는 운전방식은? ★★★

① 승합 전자동식
② 단식 자동방식
③ 카 스위치방식
④ 하강 승합 전자동식

13 에스컬레이터 각 난간의 꼭대기에는 정상운행 조건하에서 스텝, 팔레트 또는 벨트의 실제 속도와 관련하여 동일방향으로 몇 %의 공차가 있는 속도로 움직이는 핸드레일이 설치되어야 하는가? ★★

① 0~2 ② 4~5
③ 7~9 ④ 10~12

[에스컬레이터 및 수평보행기의 구조]
각 난간의 꼭대기에는 정상운행 조건 아래에서 스텝, 팔레트 또는 벨트의 실제 속도와 관련하여 동일 방향으로 −0% ~ +2%의 공차가 있는 속도로 움직이는 핸드레일이 설치되어야 한다.

chapter 04

정답 06 ④ 07 ② 08 ③ 09 ② 10 ② 11 ③ 12 ② 13 ①

14 3상 유도전동기의 회전 방향을 바꾸는 방법으로 옳은 것은? ★★★

① 3상 전원의 주파수를 바꾼다.
② 3상 전원 중 1상을 단선시킨다.
③ 3상 전원 중 2상을 단락시킨다.
④ 3상 전원 중 임의의 2상의 접속을 바꾼다.

단상에 방향성 즉 회전방향 조정이 불가하나, 3상의 경우 임의의 2상 접속을 바꾸어 회전방향을 바꿀 수 있다.

15 트랙션 권상기의 특징으로 틀린 것은? ★★★

① 소요동력이 작다.
② 행정거리의 제한이 없다.
③ 주로프 및 도르래의 마모가 일어나지 않는다.
④ 권과(지나치게 감기는 현상)를 일으키지 않는다.

트랙션 권상기는 로프를 도르래(시브)의 홈 사이의 걸쳐 마찰력을 이용하여 카 및 균형추를 움직이므로 마모가 일어난다.

16 승강기식 주차장치 · 승강기슬라이드식 주차장치 또는 평면왕복식 주차장치에서 운반기를 지지하는 체인 또는 와이어로프는 몇 본 이상으로 하여야 하는가?

① 1 ② 2
③ 3 ④ 4

[기계식주차장치의 안전기준 및 검사기준 등에 관한 규정]
승강기식주차장치 · 승강기슬라이드식주차장치 또는 평면왕복식주차장치에서 운반기를 지지하는 체인 또는 와이어로프는 2본 이상으로 하여야 한다.

17 작동유의 압력맥동을 흡수하여 진동, 소음을 감소시키는 것은? ★

① 펌프
② 필터
③ 사일런서
④ 역류제지 밸브

사일런서(silencer, 소음기)는 유압펌프의 출구에는 고압의 유압에서 발생되는 맥동에 의한 진동, 소음을 감소시키는 역할을 한다.

18 정지 레오나드 방식의 내용으로 틀린 것은? ★

① 워드 레오나드 방식에 비하여 유지보수가 어렵다.
② 워드 레오나드 방식에 비하여 손실이 적다.
③ 사이리스터를 사용하여 교류를 직류로 변환한다.
④ 모터의 속도는 사이리스터의 점호각을 바꾸어 제어한다.

직류 엘리베이터의 속도제어	
워드 레오나드 방식	• 유도전동기 – 직류발전기 – 직류전동기 • 유도전동기와 직류발전기가 같은 축에 직결되어 있어, 직류발전기의 출력으로 직류전동기의 전기자 단자에 공급 • 발전기의 계자 전류를 조절하여 발생전압을 변화시켜 직류전동기의 속도를 제어 • 유도전동기–발전기 세트가 필요하므로 고가이며, 크기와 무게, 바닥 면적이 더 필요 • 효율이 높고 역회전 사용 가능 • 광범위한 속도제어가 가능(고속엘리베이터) • 잦은 유지 보수
정지 레오나드 방식	• 워드 레오나드 방식의 발전기 대신에 사이리스터를 사용하여 교류를 직류로 변환시킴과 동시에 사이리스터의 점호각을 제어하여 직류전압을 변화시켜 속도를 제어한다. • 발전기 대신에 사이리스터를 사용하므로 손실이 적고, 유지보수가 용이

19 화재 시 조치사항에 대한 설명 중 틀린 것은? ★★★

① 비상용 엘리베이터는 소화활동 등 목적에 맞게 동작시킨다.
② 빌딩 내에서 화재가 발생할 경우 반드시 엘리베이터를 이용해 비상탈출을 시켜야 한다.
③ 승강로에서의 화재 시 전선이나 레일의 윤활유가 탈 때 발생되는 매연에 질식되지 않도록 주의한다.
④ 기계실에서의 화재 시 카내의 승객과 연락을 취하면서 주전원 스위치를 차단한다.

건물높이 31m 초과 시 승용 승강기와 별도로 재난대비용(비상용) 승강기를 추가 설치해야 하며, 화재 발생 시 필요에 따라 비상용 승강용(또는 승용 승강기, 계단 등)을 이용하여 비상탈출 시켜야 한다.

20 전기식 엘리베이터의 자체점검항목이 아닌 것은? ★

① 스커트가드 ② 브레이크
③ 가이드레일 ④ 비상정지장치

스커트가드는 에스컬레이터의 구성품이다.

정답 14 ④ 15 ③ 16 ② 17 ③ 18 ① 19 ② 20 ①

21 안전점검 체크 리스트 작성 시의 유의사항으로 가장 타당한 것은? ★

① 일정한 양식으로 작성할 필요가 없다.
② 사업장에 공통적인 내용으로 작성한다.
③ 중점도가 낮은 것부터 순서대로 작성한다.
④ 점검표의 내용은 이해하기 쉽도록 표현하고 구체적이어야 한다.

22 산업재해의 발생원인 중 불안전한 행동이 많은 사고의 원인이 되고 있다. 이에 해당되지 않는 것은? ★★★

① 위험장소 접근
② 작업 장소 불량
③ 안전장치 기능 제거
④ 복장 보호구 잘못 사용

산업재해의 직접 원인에는 불안전한 행동, 불안전한 상태가 있다.
불안전한 행동은 작업자의 행위에 따른 사고원인으로 ①, ③, ④가 해당되며, ②는 불안전한 상태에 해당한다.

불안전한 상태	• 물체 자체의 결함 • 복장, 설비, 장비, 도구, 안전보호장치(보호구 등)의 결함 • 물체의 배치 및 작업장소의 결함 • 생산공정의 결함 • 작업환경의 결함
불안전한 행동	• 복장, 안전보호장치(보호구 등)의 미착용 또는 착용 불량 • 불안전한 조작, 불안전한 자세나 위치 • 결함이 있는 장비, 도구 사용 • 불안전한 상태의 방치 • 위험장소 접근

23 재해의 직접 원인 중 작업환경의 결함에 해당되는 것은? ★★

① 위험장소 접근
② 작업순서의 잘못
③ 과다한 소음 발산
④ 기술적, 육체적 무리

① 직접원인 중 불안전한 행동
② 간접원인 중 기술적 원인
③ 직접원인 중 작업환경의 결함
④ 간접원인 중 교육적·신체적 원인

24 추락방지를 위한 물적 측면의 안전대책과 관련이 없는 것은? ★

① 발판, 작업대 등은 파괴 및 동요되지 않도록 견고하고 안정된 구조이어야 한다.
② 안전교육훈련을 통해 작업자에게 추락의 위험을 인식시킴과 동시에 자율적 규제를 촉구한다.
③ 작업대와 통로는 미끄러지거나 발에 걸려 넘어지지 않게 평평하고 미끄럼 방지성이 뛰어난 것으로 한다.
④ 작업대와 통로 주변에는 난간이나 보호대를 설치해야 한다.

②는 인적 측면에 해당한다.

25 높은 곳에서 전기작업을 위한 사다리작업을 할 때 안전을 위하여 절대 사용해서는 안 되는 사다리는? ★★★

① 니스(도료)를 칠한 사다리
② 셸락(shellac)을 칠한 사다리
③ 도전성 있는 금속제 사다리
④ 미끄럼 방지장치가 있는 사다리

도전성 있는 금속제 사다리는 통전에 의한 감전 위험이 있다.
※ 셸락(shellac) : 절연재료로 사용하는 천연 코팅제이다.

26 전동 덤웨이터의 안전장치에 대한 설명 중 옳은 것은? ★★

① 도어 인터록 장치는 설치하지 않아도 된다.
② 승강로의 모든 출입구 문이 닫혀야만 카를 승강시킬 수 있다.
③ 출입구 문에 사람의 탑승금지 등의 주의사항은 부착하지 않아도 된다.
④ 로프는 일반 승강기와 같이 와이어로프 소켓을 이용한 체결을 하여야만 한다.

덤웨이터는 출입구의 도어 인터록, 사람의 탑승 금지 등의 주의사항을 명시한 표지판, 기타 안전장치가 필수적이다.
④ 주로프의 체결방식은 일반 승강기와 같이 바빗트 채움식(와이어로프 소켓 이용) 외에 체결식(클램프 고정)을 사용한다.

정답 21 ④ 22 ② 23 ③ 24 ② 25 ③ 26 ②

27 전기화재의 직접적인 원인이 아닌 것은? ★

① 저항
② 누전
③ 단락
④ 과전류

전기화재의 직접 원인 : 과전류, 단락, 누전, 지락, 접속불량, 절연열화, 정전기, 열적 경과(다리미), 낙뢰
- 누전 : 전류 누설으로 인해 과전류가 흘러 화재 발생
- 단락(합선) : 전기회로의 선간저항이 0에 가까워져 과전류로 인한 화재 발생
- 과전류(과부하) : 전선이나 전기기기 등의 허용전류를 초과한 전류가 흘러 손상되거나 화재가 발생 우려

28 안전점검의 목적에 해당되지 않는 것은?

① 합리적인 생산관리
② 생산위주의 시설 가동
③ 결함이나 불안전 조건의 제거
④ 기계·설비의 본래 성능 유지

29 다음에서 일상점검의 중요성이 아닌 것은?

① 승강기 품질유지
② 승강기의 수명연장
③ 보수자의 편리도모
④ 승강기의 안전한 운행

30 전기식 엘리베이터의 자체점검 중 피트에서 하는 점검항목장치가 아닌 것은? ★★

① 완충기
② 측면 구출구
③ 하부 파이널 리미트 스위치
④ 조속기로프 및 기타의 당김 도르래

피트 내 점검항목
- 완충기 및 완충기 오일
- 조속기 로프 및 당김 도르래
- 하부 파이널 리미트 스위치
- 카 비상 멈춤 정지스위치
- 카 및 균형추와 완충기와의 거리, 균형추 밑부분 틈새

※ 측면 구출구는 카 측면에 비상구를 말한다.

31 유압식 엘리베이터의 피트 내에서 점검을 실시할 때 주의해야 할 사항으로 틀린 것은? ★

① 피트 내 비상정지스위치를 작동 후 들어 갈 것
② 피트 내 조명을 점등한 후 들어갈 것
③ 피트에 들어갈 때는 승강로 문을 닫을 것
④ 피트에 들어갈 때 기름에 미끄러지지 않도록 주의할 것

피드 출입 시 승강로 문을 닫는 것에 대한 언급은 없다.

32 전기식 엘리베이터의 경우 기계실에서 검사하는 항목과 관계없는 것은? ★★

① 전동기
② 인터록 장치
③ 권상기의 도르래
④ 권상기의 브레이크 라이닝

도어인터록 장치는 카 상부에서의 점검항목이다.

33 에스컬레이터의 경사도가 30° 이하일 경우에 공칭속도는? ★★

① 0.75 m/s 이하
② 0.80 m/s 이하
③ 0.85 m/s 이하
④ 0.90 m/s 이하

- 경사도가 30° 이하일 때 : **0.75** m/s 이하
- 경사도 30° 초과, 35° 이하일 때 : 0.5 m/s 이하

34 에스컬레이터(무빙워크) 자체점검기준에서 추락방지수단의 점검사항이 아닌 것은? ★★

① 스커트 디플렉터 설치상태
② 기어오름 방지장치 설치상태
③ 접근금지 장치 설치상태
④ 미끄럼 방지장치 설치상태

①은 에스컬레이터(무빙워크) 자체점검기준에서 '끼임방지수단'의 점검에 해당한다.

정답 27 ① 28 ② 29 ③ 30 ② 31 ③ 32 ② 33 ① 34 ①

35 승강로에 관한 설명 중 틀린 것은? ★

① 승강로는 안전한 벽 또는 울타리에 의하여 외부공간과 격리되어야 한다.
② 승강로는 화재시 승강로를 거쳐서 다른 층으로 연소 될 수 있도록 한다.
③ 엘리베이터에 필요한 배관 설비외의 설비는 승강로내에 설치하여서는 안 된다.
④ 승강로 피트 하부를 사무실이나 통로로 사용할 경우 균형추에 비상정지장치를 설치한다.

승강로는 화재 시 승강로를 거쳐 다른 층으로 연소되지 않아야 한다.

36 승강기 완성검사 시 전기식 엘리베이터의 카 문턱과 승강장문 문턱 사이의 수평거리는 몇 mm 이하이어야 하는가? ★★

① 35 ② 45
③ 55 ④ 65

카와 카 출입구를 마주하는 벽 사이의 틈새
- 승강로의 내측면과 카 문턱, 카 문틀 또는 카문의 닫히는 모서리 사이의 수평거리 : 0.15m 이하
- 카 문턱과 승강장문 문턱 간 수평거리 : **35mm** 이하
- 카문과 닫힌 승강장문 사이의 수평거리 또는 문이 정상 작동하는 동안 문 사이의 접근거리 : 0.12m 이하

37 파워유니트를 보수 · 점검 또는 수리할 때 사용하면 불필요한 작동유의 유출을 방지할 수 있는 밸브는? ★★★

① 사일런스
② 체크밸브
③ 스톱밸브
④ 릴리프밸브

- 스톱밸브 : 유압 파워 유닛(펌프, 오일탱크 등)과 실린더 사이에 설치하여 보수, 점검 또는 수리 시 수동으로 닫아 실린더의 오일이 탱크로 역류하는 것을 방지하여 카의 하강 움직임을 방지하는 역할을 한다.
- 안전밸브 : 유압라인의 규정압 이상의 압력을 제거시킴
- 유량제어밸브 : 유량을 조절하여 속도를 제어함

38 웜기어 오일(worm gear oil)에 관한 설명으로 틀린 것은?

① 매월 교체하여야 한다.
② 반드시 지정된 것만 사용한다.
③ 규정된 수준을 유지하여야 한다.
④ 웜기어가 분말이나 먼지로 혼탁해지면 교체한다.

감속기 윤활유의 교환 시기는 운전 조건에 따라 달라질 수 있기 때문에 교체 주기를 정의할 수 없으나, 감속기 제조업체에서는 최초 설치된 후 500시간(약 2개월)이 지나면 오일을 교환해주고 이후 매 8개월마다 교환을 권장하고 있다. 오일의 점도가 낮아질 경우 윤활효과가 떨어져 기어 또는 베어링에 좋지 못한 영향을 미치므로 정기적인 교체가 필요하다.

39 기계실에 대한 설명으로 틀린 것은? ★

① 출입구 자물쇠의 잠금장치는 없어도 된다.
② 관리 및 검사에 지장이 없도록 조명 및 환기는 적절해야 한다.
③ 주로프, 조속기로프 등은 기계실 바닥의 관통부분과 접촉이 없어야 한다.
④ 권상기 및 제어반은 기둥 및 벽에서 보수관리에 지장이 없어야 한다.

기계실 출입문은 보수관리 및 방재를 고려하여 잠금장치가 있는 금속제 문을 설치하여야 한다.

40 카 상부에서 행하는 검사가 아닌 것은? ★★★

① 완충기 점검
② 주로프 점검
③ 가이드 슈 점검
④ 도어개폐장치 점검

완충기는 승강로 하부(피트)에서의 점검사항이다.

41 고속 엘리베이터에 많이 사용되는 조속기는? ★★★

① 점차 작동형 조속기
② 롤 세이프티형 조속기
③ 디스크형 조속기
④ 플라이볼형 조속기

플라이볼형 조속기는 구조가 복잡하지만 검출 정밀도가 높으므로 고속 엘리베이터에 많이 사용된다.

정답 35 ② 36 ① 37 ③ 38 ① 39 ① 40 ① 41 ④

42 도어머신에 대한 설명 중 틀린 것은? ★★

① 작동이 원활하고 소음이 없어야 한다.
② 작동회수는 엘리베이터 기동회수의 2배 정도이므로 보수가 쉬워야 한다.
③ 감속장치는 기어에 의한 방식도 사용되고 있다.
④ 보수를 용이하게 하기 위해 DC 모터를 사용한다.

> ③ 감속장치 : 웜기어 방식, 벨트(또는 체인) 방식
> ④ DC 모터는 구조상 정류자와 브러시가 접촉되므로, 브러시 마모로 인해 수명이 짧아 잦은 보수가 필요하다.

43 에스컬레이터(무빙워크 포함)의 비상정지스위치에 관한 설명으로 틀린 것은? ★★★

① 색상은 적색으로 하여야 한다.
② 상하 승강장의 잘 보이는 곳에 설치한다.
③ 버튼 또는 버튼 부근에는 "정지" 표시를 하여야 한다.
④ 장난 등에 의한 오조작 방지를 위하여 잠금장치를 설치하여야 한다.

> 상하 승강장 입구에 잘 보이는 곳에 적색으로 설치하며, 적색 표시를 해야 한다. 비상정지이므로 쉽게 사용되어야 하므로 잠금장치를 설치하면 안되지만 임의 조작 방지를 위해 보호덮개가 설치되어 있다.

44 와이어 로프의 구성요소가 아닌 것은? ★★

① 소선 ② 심강
③ 킹크 ④ 스트랜드

> **와이어 로프의 구성**
>
> 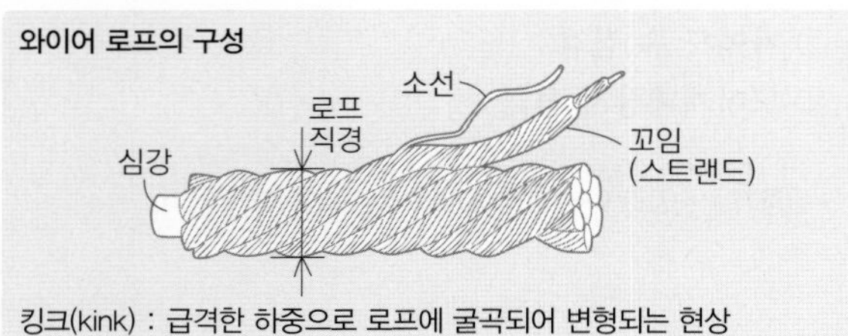
>
>
> 킹크(kink) : 급격한 하중으로 로프에 굴곡되어 변형되는 현상

45 권상기의 관련된 설명 중 틀린 것은? ★★

① 헬리컬 기어식이 웜 기어식보다 효율이 더 높다.
② 일반적으로 권상 도르래의 지름은 주로프 지름의 40배 이상을 적용한다.
③ 권동식은 균형추를 사용하지 않기 때문에 로프식보다 권상동력이 크다.
④ 권상 도르래에 로프가 감기는 각도가 클수록 승강기가 미끄러지기 쉽다.

> 로프가 감기는 각도가 작을수록 로프와 도르래의 마찰 면적이 적어지므로 미끄러지기 쉽다.
>
> 참고) **미끄러지기 쉬운 조건**
> • 로프가 감기는 각도가 작을수록
> • 로프와 도르래의 마찰계수가 작을수록
> • 카의 가속도와 감속도가 클수록
> • 견인비(트랙션비)가 클수록

46 와이어로프를 엘리베이터에 적용시킬 때의 설명으로 틀린 것은? ★★

① 로프는 3가닥 이상이어야 한다.
② 로프는 공칭 직경이 8mm 이상이어야 한다.
③ 로프와 로프 단말 사이의 연결을 로프의 최소 파단하중의 90% 이상을 견뎌야 한다.
④ 권상도르래, 풀리 또는 드럼과 현수로프의 공칭 직경사이의 비는 스트랜드의 수와 관계없이 40 이상이어야 한다.

> [전기식 엘리베이터의 구조]
> 로프와 로프 단말 사이의 연결을 로프의 최소 파단하중의 **80%** 이상을 견뎌야 한다.

47 직류전동기의 회전수를 일정하게 유지하기 위하여 전압을 변화시킬 때 전압은 어디에 해당되는가? ★★

① 조작량 ② 제어량
③ 목표값 ④ 제어대상

> • 조작량 : 회전수를 일정하게 하기 위해 변화시킨 전압값
> • 목표값 : 전동기에 인가되는 초기 전압값
> • 제어량 : 조작량을 제어대상(직류전동기)에 인가했을 때 나타내는 결과값(회전수)

48 직류발전기의 구조로서 3대 요소에 속하지 않는 것은? ★

① 계자 ② 보극
③ 전기자 ④ 정류자

> 직류발전기의 3대 기본요소
> • 계자 : 여자(계자가 자화)가 되어 자속을 만듦
> • 전기자 : 계자에서 만들어진 자속을 끊어 유도기전력을 유도
> • 정류자 : 전기자에서 유도됨 AC 기전력을 DC 전압으로 변환
> ※ 보극 : 전기자 반작용(전기자의 전류에 의해 계자에 영향을 미침)의 방지대책으로 계자에 보극을 설치

정답 42 ④ 43 ④ 44 ③ 45 ④ 46 ③ 47 ① 48 ②

49 체크밸브(non-return valve)에 관한 설명 중 옳은 것은? ★

① 하강 시 유량을 제어하는 밸브이다.
② 오일의 압력을 일정하게 유지하는 밸브이다.
③ 오일의 방향이 한쪽방향으로만 흐르도록 하는 밸브이다.
④ 오일의 방향이 양방향으로 흐르는 것을 제어하는 밸브이다.

체크밸브는 한쪽방향으로만 흐르도록 하고, 역류를 방지하는 역할을 한다.

50 높이 50mm의 둥근 봉이 압축하중을 받아 0.004 의 변형률이 생겼다고 하면, 이 봉의 높이는 몇 mm 인가? ★

① 49.80　② 49.90
③ 49.98　④ 48.99

변형률이란 원래길이 대비 얼마만큼 변형되었는지를 나타낸다.

$$\text{압축 변형률} = \frac{\text{원래 길이} - \text{변형 길이}}{\text{원래 길이}} = \frac{50 - \text{변형 길이}}{50} = 0.004$$

$50 - \text{변형 길이} = 0.004 \times 50 = 0.2$

$\therefore \text{변형 길이} = 50 - 0.2 = 49.8$

참고) $\text{인장 변형률} = \frac{\text{변형 길이} - \text{원래 길이}}{\text{원래 길이}}$

51 기어의 언더컷에 관한 설명으로 틀린 것은? ★

① 이의 간섭현상이다.
② 접촉면적이 넓어진다.
③ 원활한 회전이 어렵다.
④ 압력각을 크게 하여 방지한다.

언더컷(undercut)　※ 최근 출제안됨

- 기어와 피니언이 맞물릴 때 접촉점이 간섭점 범위에 있을 때 기어 이의 간섭으로 피니언 이뿌리가 깎이는 현상으로, 기어의 잇수가 적거나 잇수비가 매우 클 때 발생한다.
- 언더컷의 방지책 : 이의 높이↓, 압력각을 크게하여 물림률 향상, 전위기어 제작, 피니언의 잇수를 한계 잇수 이상으로 제작

※ 압력각 : 기어가 힘을 전달하는 각도
(두 기어의 피치원과 작용선이 이루는 각)

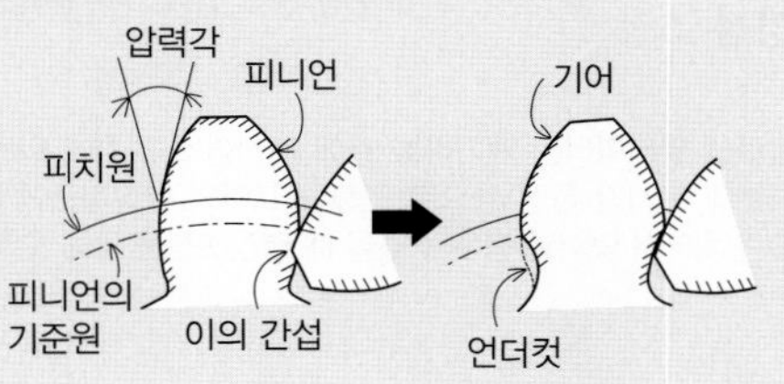

52 기계 부품 측정 시 각도를 측정할 수 있는 기기는? ★

① 사인바
② 옵티컬 플랫
③ 다이얼게이지
④ 마이크로미터

사인바 : 길이를 측정하여 직각삼각형의 삼각함수를 이용한 계산에 의하여 임의 각을 측정하는 도구다.
※ 옵티컬 플랫 : 광학유리를 연마하여 무늬를 통해 재료의 평편도를 측정
※ 다이얼게이지 : 측정물의 길이를 직접 측정하는 것이 아니라 길이를 비교하기 위한 도구

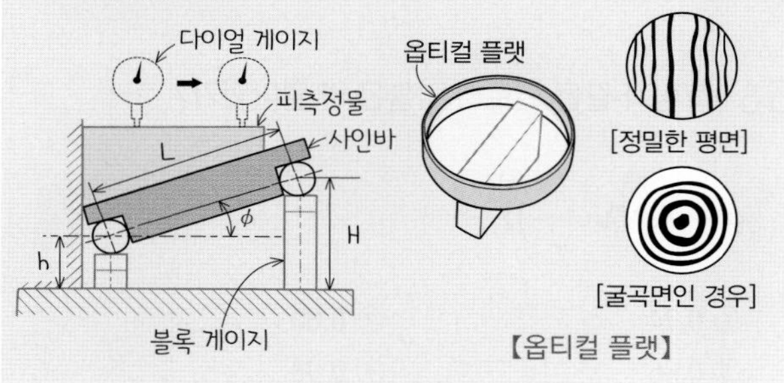

53 그림과 같은 논리기호의 논리식은? ★

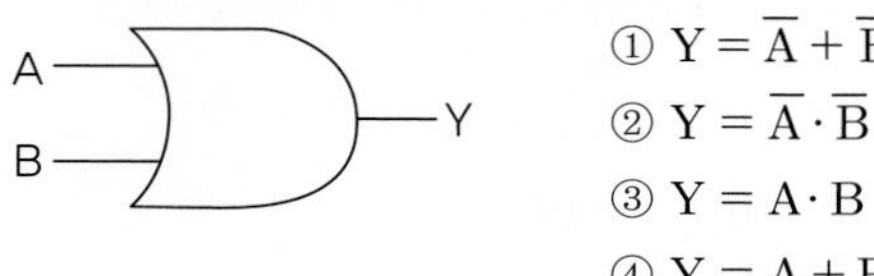

① $Y = \overline{A} + \overline{B}$
② $Y = \overline{A} \cdot \overline{B}$
③ $Y = A \cdot B$
④ $Y = A + B$

그림의 논리회로는 OR회로를 나타내며, 논리식은 Y = A+B 이다.
참고) ③ AND 회로

54 평행판 콘덴서에 있어서 판의 면적을 동일하게 하고 정전용량은 반으로 줄이려면 판 사이의 거리는 어떻게 하여야 하는가?

① 1/4로 줄인다.
② 반으로 줄인다.
③ 2배로 늘린다.
④ 4배로 늘린다.

정전용량 $C\,[\text{F}] = \varepsilon \frac{A}{d}$　※ 최근 출제안됨

- ε : 비유전율(절연도)　• A : 전극판 면적[m^2]
- d : 전극판 간의 간격[m]

위 식에서 C와 d는 반비례이므로 C를 1/2 줄이려면 d를 **2**배 늘려야 한다.

정답 49 ③ 50 ① 51 ② 52 ① 53 ④ 54 ③

chapter 04

55 유도 전동기에서 동기속도 N_S와 극수 p와의 관계로 옳은 것은? ★

① $Ns \propto p$
② $Ns \propto 1/p$
③ $Ns \propto p^2$
④ $Ns \propto 1/p^2$

유도전동기의 동기속도(N_S)

$N_S[\text{rpm}] = \frac{120f}{p}$ • f : 주파수 • p : 극수

공식에 따르면 극수는 동기속도에 반비례한다. 즉, 극수가 많을수록 모터 회전속도가 느려진다.

56 그림과 같은 회로의 역률은 약 얼마인가?

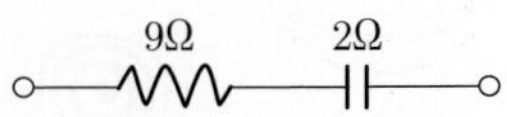

① 0.74
② 0.80
③ 0.86
④ 0.98

R–C 회로의 역률($\cos\theta$) 계산하기 최근 출제안됨

역률이란 전력이 얼마만큼 잘 사용하느냐의 비율을 말한다. 즉, 입력된 전력(피상전력, 이론상의 전력)에서 실제로 사용된 전력(유효전력)의 비이다.

저항이 R [Ω], 리액턴스 X [Ω]이 직렬로 접속된 부하에서 역률은

$$역률(\cos\theta) = \frac{R}{\sqrt{R^2+X^2}} = \frac{9}{\sqrt{9^2+2^2}} = \frac{9}{\sqrt{85}} \fallingdotseq 0.976$$

$$역률 = \frac{유효전력(P)}{피상전력(P_a)} = \frac{VI\cos\theta}{VI} = \cos\theta$$

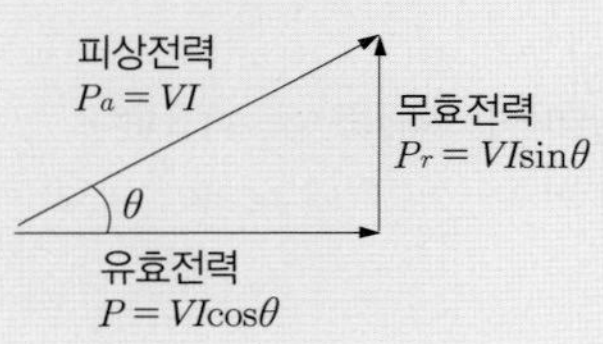

57 안전율의 정의로 옳은 것은? ★★

① $\frac{허용응력}{극한강도}$
② $\frac{극한강도}{허용응력}$
③ $\frac{허용응력}{탄성한도}$
④ $\frac{탄성한도}{허용응력}$

$안전율 = \frac{기준강도}{허용응력} > 1$

기준강도는 설계상 허용할 수 있는 응력을 넘는 여유 강도를 포함한 강도로 인장강도, 극한강도, 항복강도 등을 말하며, 일반적으로 주철과 같은 취성이 있는 재료의 안전율은 극한강도(인장강도)/허용응력을 말한다.

58 전기기기에서 E종 절연의 최고 허용온도는 몇 ℃ 인가?

① 90
② 105
③ 120
④ 130

내열에 따른 절연재료 구분 ※ 최근 출제안됨

절연 종별	Y	A	E	B	F	H	C
허용최고온도	90	105	**120**	130	155	180	180 초과

- Y : 종류 중 가장 타기 쉬운 재료
- E : 가장 많이 사용하는 에나멜선용 폴리우레탄, 에폭시 수지 등
- C : 유리섬유를 무기재료(시멘트)와 조합한 것으로 가장 타기 어려움

59 정속도 전동기에 속하는 것은? ★★

① 직권 전동기
② 분권 전동기
③ 타여자 전동기
④ 가동복권 전동기

직류전동기(자여자방식)의 구분

구분	구조	특징
직권식	계자와 전기가 직렬 연결	기동 토크↑, 회전 불균일
분권식	계자와 전기가 병렬 연결	정속도 운전
복권식	계자와 전기가 직렬 및 병렬 연결	직권에 비해 속도가 일정하며, 분권에 비해 토크가 큼

- 전동기의 기본 원리 : 계자(고정)에서 만들어진 자속에 의해 전기자(회전)가 회전
- 자여자 전동기 : 계자와 전기자가 연결되어 있어 전기자를 거친 전원이 계자를 구동시킴
- 타여자 전동기 : 계자와 전기자가 분리되어 별도 전원으로 계자를 여자(자화)시켜 자속을 만듦

60 측정계기의 오차의 원인으로서 장시간의 통전 등에 의한 스프링의 탄성피로에 의하여 생기는 오차를 보정하는 방법으로 가장 알맞은 것은? ★

① 정전기 제거
② 자기 가열
③ 저항 접속
④ 영점 조정

아날로그 멀티미터는 계기바늘 끝에 나선형 스프링에 의해 원위치로 복귀하는데 장시간 통전 등으로 인해 스프링의 탄성피로에 의해 계기바늘이 0 위치에서 벗어날 경우가 있을 때 영점조정을 통해 오차를 보정한다.

정답 55 ② 56 ④ 57 ② 58 ③ 59 ② 60 ④

공개기출문제 - 2016년 2회

01 엘리베이터용 트랙션식 권상기의 특징이 아닌 것은?
★★★

① 소요동력이 작다.
② 균형추가 필요 없다.
③ 행정거리에 제한이 없다.
④ 권과를 일으키지 않는다.

권상식(트랙션식, traction) 권상기
로프를 시브(모터 연결) 및 도르래에 걸고 카와 균형추를 연결하여 카와 균형추를 승강하는 구조로, 균형추는 카와 반대방향으로 움직이며 카의 움직임을 부드럽게 해준다.

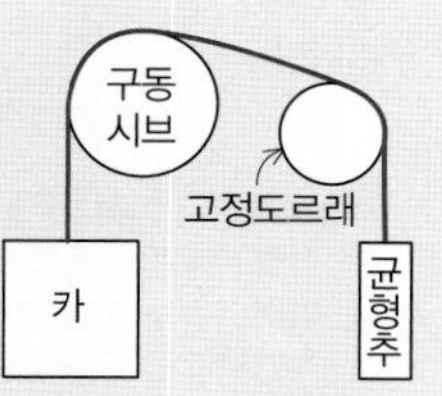

권동식(드럼식) 권상기의 특징
- 균형추가 없으므로 소요동력이 크다.
- 지나치게 감기거나 풀리기 때문에 위험하다.
- 승강행정에 따라 별도 권동(Drum)이 필요하며 높은 양정에는 사용할 수 없다.

02 비상용 엘리베이터의 정전 시 예비전원의 기능에 대한 설명으로 옳은 것은?
★★★

① 30초 이내에 엘리베이터 운행에 필요한 전력용량을 자동적으로 발생하여 1시간 이상 작동하여야 한다.
② 40초 이내에 엘리베이터 운행에 필요한 전력용량을 자동적으로 발생하여 1시간 이상 작동하여야 한다.
③ 60초 이내에 엘리베이터 운행에 필요한 전력용량을 자동적으로 발생하여 2시간 이상 작동하여야 한다.
④ 90초 이내에 엘리베이터 운행에 필요한 전력용량을 자동적으로 발생하여 2시간 이상 작동하여야 한다.

비상용(소방용) 승강기는 화재 등으로 인해 정전될 경우를 대비하여 예비전원으로 구동되어야 하며, 예비전원은 **60**초 이내에 엘리베이터 운행에 필요한 전력용량을 자동적으로 발생하여 **2**시간 이상 작동하여야 한다.

03 카가 최상층 및 최하층을 지나쳐 주행하는 것을 방지하는 것은?
★★★

① 균형추
② 정지 스위치
③ 인터록 장치
④ 리미트 스위치

- 리미트 스위치 : 승강기가 최상층 또는 최하층을 초과하여 승강하는 경우 승강기를 정지시키는 스위치
- 파이널 리미트 스위치 : 승강기가 리미트 스위치를 지나쳐서 현저하게 초과 승강하는 경우 승강기를 정지시키는 스위치

04 스텝 폭 0.8m, 공칭속도 0.75m/s 인 에스컬레이터로 수송할 수 있는 최대 인원의 수는 시간 당 몇 명인가?

① 3600
② 4800
③ 6000
④ 6600

[에스컬레이터 안전기준] 에스컬레이터(무빙워크)의 최대수송능력

디딤판 폭	공칭속도[m/s]		
	0.5	0.65	0.75
0.6	3600	4400	4900
0.8	4800	5900	6600
1	6000	7300	8200

05 카 문턱과 승강장문 문턱 사이의 수평거리는 몇 mm 이하이어야 하는가?
★★

① 12
② 15
③ 35
④ 125

카 문턱과 승강장문 문턱 사이의 간격 : **35mm** 이하

정답 01 ② 02 ③ 03 ④ 04 ④ 05 ③

06 도어 인터록에 관한 설명으로 옳은 것은? ★★★

① 도어 닫힘 시 도어 록이 걸린 후, 도어 스위치가 들어가야 한다.
② 카가 정지하지 않는 층은 도어 록이 없어도 된다.
③ 도어 록은 비상시 열기 쉽도록 일반공구로 사용 가능해야 한다.
④ 도어 개방 시 도어 록이 열리고, 도어 스위치가 끊어지는 구조이어야 한다.

- 도어가 닫힐 때(Close) : 도어록 걸림 → 도어 스위치 닫힘
- 도어가 열릴 때(Open) : 도어 스위치 열림 → 도어록 해제

암기) **CLS**(Close–Lock–Switch), **OSL**(Open–Switch–Lock)

② 도어 록은 카가 정지한 층에서만 열리게 하고, 정지하지 않은 층에는 승강장 도어가 닫히도록 한다.
③ 도어 록은 전용 열쇠를 사용하지 않으면 쉽게 열리지 않도록 한다.
④ 도어록 장치가 확실히 걸린 후 도어 스위치가 접속되도록 한다.

07 주차구획이 3층 이상으로 배치되어 있고 출입구가 있는 층의 모든 주차구획을 주차장치 출입구로 사용할 수 있는 구조로서, 그 주차구획을 아래·위 또는 수평으로 이동하여 자동차를 주차하도록 설계한 주차장치는? ★★★

① 수평순환식
② 다층순환식
③ 다단식 주차장치
④ 승강기 슬라이드식

08 승객이나 운전자의 마음을 편하게 해 주는 장치는? ★★★

① 통신장치
② 관제운전장치
③ 구출운전장치
④ BGM(Back Ground Music)장치

09 승객(공동주택)용 엘리베이터에 주로 사용되는 도르래 홈의 종류는? ★★★

① U홈 ② V홈
③ 실홈 ④ 언더컷트홈

언더커트홈은 시브 홈의 밑을 도려낸 형태로, 마찰계수를 향상시키기 위한 것이다.

10 과속조절기(조속기) 로프 인장 풀리의 피치직경과 과속조절기 로프의 공칭 지름의 비는 얼마 이상이어야 하는가? ★★★

① 20 ② 30
③ 36 ④ 40

[엘리베이터 안전기준] **과속조절기(조속기) 로프**

- 과속조절기 도르래의 피치직경과 로프의 공칭직경의 비는 **30** 이상
- 조속기 로프의 최소파단하중은 트립 시 작동하는 인장력에 대해 최소 **8** 이상의 안전율을 확보해야 함

11 기계실에서 이동을 위한 공간의 유효 높이는 바닥에서부터 천장의 빔 하부까지 측정하여 몇 m 이상이어야 하는가? ★

① 1.2 ② 1.8
③ 2.0 ④ 2.5

[엘리베이터 안전기준]

- 작업구역 간 이동통로의 유효 높이(바닥에서 천장의 가장 낮은 충돌점 사이)는 **1.8 m** 이상이어야 한다.
- 작업구역 간 이동통로의 유효 폭은 0.5m 이상이어야 한다.(움직이는 부품이나 고온의 표면이 없는 경우 0.4m까지)

※ 알아두기) 작업구간의 유효 높이 : 2.1m

12 펌프의 출력에 대한 설명으로 옳은 것은? ★

① 압력과 토출량에 비례한다.
② 압력과 토출량에 반비례한다.
③ 압력에 비례하고, 토출량에 반비례한다.
④ 압력에 반비례하고, 토출량에 비례한다.

"전동기 동력(펌프 출력) = 유량(토출량)×압력"이므로
압력 , 유량(토출량) 모두에 비례한다.

13 교류 2단속도 제어에서 가장 많이 사용되는 속도비는? ★★★

① 2 : 1 ② 4 : 1
③ 6 : 1 ④ 8 : 1

교류 2단 속도제어방식에서 속도비에 따른 착상오차 이외에 감속도, 감속 시의 충격, 크립(creep) 시간(저속에서 주행하는 시간) 및 전력회생의 균형 등을 고려하여 **4 : 1**이 가장 많이 사용된다.

정답 06 ① 07 ③ 08 ④ 09 ④ 10 ② 11 ② 12 ① 13 ②

14 엘리베이터를 3~8대 병설하여 운행관리하며 1개의 승강장 부름에 대하여 1대의 카가 응답하고 교통수단의 변동에 대하여 변경되는 조작방식은? ★★★

① 군관리방식
② 단식 자동방식
③ 군승합 전자동식
④ 방향성 승합 전자동식

- 군관리방식 : **3~8**대가 병설되었을 때 주로 사용한다.
- 군승합 전자동식 : **2~3**대가 병설되었을 때 사용되는 조작방식으로 1개의 승강장 부름에 대하여 1대의 카가 응답하며, 일반적으로 부름이 없을 때에는 다음의 부름에 대비하여 분산대기하는 복수 엘리베이터의 조작방식

15 일반적으로 사용되고 있는 승강기의 레일 중 13K, 18K, 24K 레일 폭의 규격에 대한 사항으로 옳은 것은? ★

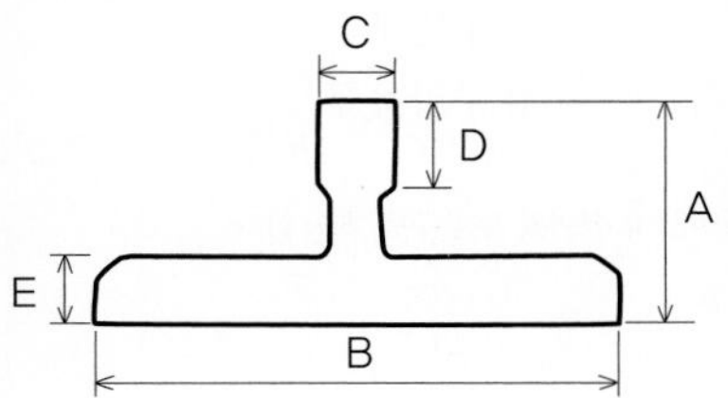

① 3종류 모두 같다.
② 3종류 모두 다르다.
③ 13K와 18K는 같고 24K는 다르다.
④ 18K와 24K는 같고 13K는 다르다.

승강기의 레일 규격

공칭 / [mm]	8kg	13K	18kgf	24K	30kg
A	56	62	89		108
B	78	89	114	127	140
C	10	**16**			19
D	26	32	38	50	51
E	6	7	8	12	13

16 엘리베이터의 속도가 규정치 이상이 되었을 때 작동하여 동력을 차단하고 비상정지를 작동시키는 기계장치는? ★★★

① 구동기
② 조속기
③ 완충기
④ 도어스위치

조속기는 카 속도가 정격속도 이상일 때 안전스위치를 작동(1차 동작)시켜 전자브레이크 동력을 차단하여 승강기를 정지시킨다. 또한, 비상정지장치와 연결되어 안전스위치가 작동되어도 카가 감속하지 않을 경우 비상정지장치를 작동(2차 동작)시켜 기계적으로 강제 정지시킨다.

17 가요성 호스 및 실린더와 체크밸브 또는 하강밸브 사이의 가요성 호스 연결장치는 전 부하 압력의 몇 배의 압력을 손상 없이 견뎌야 하는가? ★

① 2　　② 3
③ 4　　④ 5

[엘리베이터 안전기준]
가요성 호스 및 실린더와 체크밸브 또는 하강밸브 사이의 가요성 호스 연결장치는 전 부하 압력의 **5**배의 압력을 손상 없이 견뎌야 한다.
※ 전 부하 압력이란 카가 최상층에 위치할 때 유압은 최대가 되며, 이때 연결된 호스(배관), 실린더 및 각종 밸브에 작용하는 압력을 말한다.

18 에스컬레이터와 무빙워크의 일반적인 경사도는 각각 몇 도 이하 인가? ★★★

① 20°, 5°　　② 30°, 8°
③ 30°, 12°　　④ 45°, 20°

[에스컬레이터 안전기준] 에스컬레이터와 무빙워크의 경사도
- 에스컬레이터 : **30°** (층고 6m 이하, 공칭속도 0.5 m/s 이하일 때 35°까지 증가)
- 무빙워크 : **12°**

19 파괴검사 방법이 아닌 것은? ★★

① 인장 검사　　② 굽힘 검사
③ 육안 검사　　④ 경도 검사

- 파괴검사 : 재료에 충격을 주거나 파괴를 하여 재료의 인장, 강도, 기계적 성질 등을 검사
- 비파괴검사 : 재료나 제품, 구조 등 검사 대상물에 손상을 주지 않고 성질이나 상태, 내부 구조 등을 알아내기 위한 검사 전체를 말한다.

정답 14 ① 15 ① 16 ② 17 ④ 18 ③ 19 ③

20 안전 작업모를 착용하는 주요 목적이 아닌 것은?

① 화상방지
② 감전의 방지
③ 종업원의 표시
④ 비산물로 인한 부상 방지

21 휠체어 리프트 이용자가 승강기의 안전운행과 사고방지를 위하여 준수해야 할 사항과 거리가 먼 것은?

① 전동휠체어 등을 이용할 경우에는 운전자가 직접 이용할 수 있다.
② 정원 및 적재하중의 초과는 고장이나 사고의 원인이 되므로 엄수해야 한다.
③ 휠체어 사용자 전용이므로 보조자 이외의 일반인은 탑승하여서는 안된다.
④ 조작반의 비상정지스위치 등을 불필요하게 조작하지 말아야 한다.

휠체어 리프트를 이용자가 직접 조작하지 않아야 하며, 승강기 안전관리자 등 관리자의 도움을 받아 이용한다.

22 전기재해의 직접적인 원인과 관련이 없는 것은?

① 회로 단락
② 충전부 노출
③ 접속부 과열
④ 접지판 매설

23 재해의 발생 과정에 영향을 미치는 것에 해당되지 않는 것은? ★

① 개인의 성격적 결함
② 사회적 환경과 신체적 요소
③ 불안전한 행동과 불안전한 상태
④ 개인의 성별·직업 및 교육의 정도

24 승강기시설 안전관리법의 목적은 무엇인가? ★

① 승강기 이용자의 보호
② 승강기 이용자의 편리
③ 승강기 관리주체의 수익
④ 승강기 관리주체의 편리

승강기 안전관리법의 목적
승강기의 안전성을 확보하고, 승강기 이용자 등의 생명·신체 및 재산을 보호함을 목적

25 재해 조사의 목적으로 가장 거리가 먼 것 은?

① 재해에 알맞은 시정책 강구
② 근로자의 복리후생을 위하여
③ 동종재해 및 유사재해 재발방지
④ 재해 구성요소를 조사, 분석, 검토하고 그 자료를 활용하기 위하여

26 감전과 전기화상을 입을 위험이 있는 작업에서 구비해야 하는 것은? ★★★

① 보호구 ② 구명구
③ 운동화 ④ 구급용구

감전과 전기화상에 대비하여 절연용 보호구를 착용한다.

27 감전에 의한 위험대책 중 부적합한 것은? ★

① 일반인 이외에는 전기기계 및 기구에 접촉 금지
② 전선의 절연피복을 보호하기 위한 방호 조치가 있어야 함
③ 이동전선의 상호 연결은 반드시 접속기구를 사용할 것
④ 배선의 연결부분 및 나선부분은 전기절연용 접착테이프로 테이핑 하여야 함

28 '엘리베이터 사고 속보'란 사고 발생 후 몇 시간 이내인가?

① 7시간
② 9시간
③ 18시간
④ 24시간

• 승강기 사고 속보(빨리 알림) : 사고가 발생한 때부터 **24**시간 내
• 승강기 사고 상보(상세한 보고) : 사고가 발생한 때부터 7일 이내

정답 20 ③ 21 ① 22 ④ 23 ④ 24 ① 25 ② 26 ① 27 ① 28 ④

29 에스컬레이터의 스커트 가드판과 스텝 사이에 인체의 일부나 옷, 신발 등이 끼었을 때 에스컬레이터를 정지시키는 안전장치는? ★★★

① 스텝체인 안전장치
② 구동체인 안전장치
③ 핸드레일 안전장치
④ 스커트 가드 안전장치

30 유압장치의 보수 점검 및 수리 등을 할 때 사용되는 장치로서 이것을 닫으면 실린더의 기름이 파워유니트로 역류하는 것을 방지하는 장치는?

① 역지 밸브
② 스톱 밸브
③ 안전 밸브
④ 럽처 밸브

스톱밸브(정지밸브, 게이트밸브)
유압파워유닛에서 실린더로 통하는 압력배관 사이에 설치된 수동밸브로, 유압장치의 보수·점검 또는 수리 시 실린더의 작동유가 파워유닛으로 역류하는 것을 방지하는 역할을 한다.

① 역지밸브 : 체크밸브(역방향 흐름을 제한하여 자유낙하 방지)
③ 안전밸브 : 릴리프밸브(규정압력 이상을 오일탱크로 복귀)
④ 럽처밸브 : 압력배관이 파손되었을 때 작동유의 누설에 의한 카의 하강을 제지하는 장치로, 밸브 양단의 압력이 떨어져 설정한 방향으로 설정한 유량이 초과하는 경우 유량 증가에 의하여 자동으로 회로를 폐쇄시킨다.

31 피트 정지 스위치의 설명으로 틀린 것은?

① 이 스위치가 작동하면 문이 반전하여 열리도록 하는 기능을 한다.
② 점검자나 검사자의 안전을 확보하기 위해서는 작업 중 카의 움직임을 방지하여야 한다.
③ 수동으로 조작되고 스위치가 열리면 전동기 및 브레이크에 전원 공급이 차단되어야 한다.
④ 보수 점검 및 검사를 위해 피트 내부로 "정지" 위치로 두어야 한다.

피트 정지 스위치
보수점검·수리 또는 청소를 위해 피트로 들어가기 전에 작동시켜 작업중 카가 움직이는 것을 방지하는 스위치로, 스위치가 작동되면 전동기 및 브레이크에 투입되는 전원이 차단된다.
①은 문 닫힘 안전장치에 대한 설명이다.

32 유압식 엘리베이터의 카 문턱에는 승강장 유효 출입구 전폭에 걸쳐 에이프런이 설치되어야 한다. 수직면의 아랫부분은 수평면에 대해 몇 도 이상으로 아랫방향을 향하여 구부러져야 하는가? ★★★

① 15° ② 30°
③ 45° ④ 60°

[전기식 엘리베이터의 구조]
카 문턱에는 승강장 유효 출입구 전폭에 걸쳐 에이프런(apron)이 설치되어야 한다. 수직면의 아랫부분은 수평면에 대해 **60°** 이상으로 아랫방향을 향하여 구부러져야 한다. 구부러진 곳의 수평면에 대한 투영길이는 20 mm 이상이어야 한다

33 도어에 사람의 끼임을 방지하는 장치가 아닌 것은? ★★

① 광전 장치
② 세이프티 슈
③ 초음파 장치
④ 도어 인터록

34 승강기 정밀안전 검사기준에서 전기식 엘리베이터 주로프의 끝 부분은 몇 가닥 마다 로프소켓에 바빗트 채움을 하거나 체결식 로프소켓을 사용하여 고정하여야 하는가?

① 1가닥 ② 2가닥
③ 3가닥 ④ 5가닥

주로프의 끝부분은 **1**가닥마다 로프소켓에 바비트 채움을 하거나 체결식 로프소켓을 사용하여 고정하거나 하고 체인의 끝부분은 1가닥마다 강제 고정구를 사용하여야 한다.

35 정전으로 인하여 카가 층 중간에 정지될 경우 카를 안전하게 하강시키기 위하여 점검자가 주로 사용하는 밸브는? ★★★

① 체크 밸브
② 스톱 밸브
③ 릴리프 밸브
④ 하강용 유량제어 밸브

유압 엘리베이터는 펌프 유압을 이용하여 실린더의 플런저를 밀어올려 상승시킨다. 하지만 정전 등으로 인해 실린더가 정지되었을 때 카를 하강하려면 하강용 유량제어 밸브를 수동으로 작동시켜 실린더에 공급된 유압을 강제로 오일탱크로 배출시켜 플런저(카)를 서서히 하강시킨다.

정답 29 ④ 30 ② 31 ① 32 ④ 33 ④ 34 ① 35 ④

36 유압펌프에 관한 설명 중 틀린 것은? ★★★

① 압력맥동이 커야 한다.
② 진동과 소음이 작아야 한다.
③ 일반적으로 스크류 펌프가 사용된다.
④ 펌프의 토출량이 크면 속도도 커진다.

> 압력 맥동
> 펌프의 운전 중에 압력계기의 눈금이 어떤 주기를 가지고 큰 진폭으로 흔들림과 동시에 토출량은 어떤 범위에서 주기적으로 변동이 발생하고 흡입 및 토출배관의 주기적인 진동과 소음을 수반하는 현상을 말하며, 최소화해야 한다.
> ※ 맥동·진동 감소 장치 : 어큐뮬레이터, 사일런스(Silenser)

37 유압식 엘리베이터 자체 점검 시 피트에서 하는 점검항목 장치가 아닌 것은? ★★★

① 체크밸브
② 램(플런저)
③ 이동케이블 및 부착부
④ 하부 파이널리미트 스위치

> 체크밸브는 유압파워유닛 내에 포함된다.

38 전기식 엘리베이터 자체점검 시 기계실, 구동기 및 풀리 공간에서 하는 점검항목 장치가 아닌 것은? ★★★

① 조속기
② 권상기
③ 고정 도르래
④ 과부하 감지장치

> **과부하 감지장치**
> 카 바닥하부 또는 와이어로프 단말에 설치하여 승차인원 또는 적재하중을 감지하여 정격무게 초과(105~110%) 시 경보음을 발생케 하고, 동시에 카 도어의 닫힘을 저지시키고 카를 출발시키지 않도록 한다.

39 자동차용 엘리베이터에서 운전자가 항상 전진방향으로 차량을 입·출고할 수 있도록 해주는 방향 전환장치는? ★

① 턴 테이블 ② 카 리프트
③ 차량 감지기 ④ 출차주의등

> 엘리베이터 내 협소한 장소에서 자동차의 원활한 출입을 위해 방향을 전환할 수 있도록 한 장치가 턴 테이블이다.

40 승강장에서 스텝 뒤쪽 끝부분을 황색 등으로 표시하여 설치되는 것은? ★★★

① 스텝체인
② 테크보드
③ 데마케이션
④ 스커트 가드

> **데마케이션**(Demarcation) – '경계'를 의미
> 스텝과 스커트가드 사이의 틈새에 신체의 일부 또는 물건이 끼이는 것을 방지하기 위해 표시된 노란색(또는 붉은색) 마크로 경계선을 말한다.
> ※ 테크보드 : 스커트 가드 위의 난간의 일부분으로 손잡이와 외측판 사이의 긴 금속판재

41 에스컬레이터 자체점검기준에서 전기안전장치의 점검내용으로 틀린 것은?

① 전류/온도 증가 시 전동기 전원차단 상태
② 정지스위치 설치상태 및 작동상태
③ 이동케이블 연결 콘센트의 설치상태
④ 구동 및 순환장소의 정지스위치 설치 및 작동상태

> [자체점검기준]
> ③은 운전장치(점검운전 제어반)의 점검에 해당한다.

42 기계실에는 바닥 면에서 몇 lx 이상을 비출 수 있는 영구적으로 설치된 전기 조명이 있어야 하는가? ★★★

① 2 ② 50
③ 100 ④ 200

> [전기식 엘리베이터의 구조]
> 기계실에는 바닥 면에서 **200 lx** 이상을 비출 수 있는 영구적으로 설치된 전기 조명이 있어야 한다.

43 콤에 대한 설명으로 옳은 것은?

① 홈에 맞물리는 각 승강장의 갈래진 부분
② 전기안전장치로 구성된 전기적인 안전시스템의 일부
③ 에스컬레이터 또는 무빙워크를 둘러싸고 있는 외부 측 부분
④ 스텝, 팔레트 또는 벨트와 연결되는 난간의 수직 부분

> ② 안전회로, ③ 외부패널, ④ 스커트

정답 36 ① 37 ① 38 ④ 39 ① 40 ③ 41 ③ 42 ④ 43 ①

44 로프의 미끄러짐 현상을 줄이는 방법으로 틀린 것은? ★★★

① 권부각을 크게 한다.
② 카 자중을 가볍게 한다.
③ 가감속도를 완만하게 한다.
④ 균형체인이나 균형로프를 설치한다.

미끄러짐 감소방법
- 권부각을 크게
- 가감속도를 완만하게
- 로프나 시브의 마찰계수가 크게
- 균형체인, 균형로프 설치

※ 카의 자중을 가볍게 하면 균형추의 무게도 가벼워져야 하며, 미끄럼은 동일해진다.

45 균형체인과 균형로프의 점검사항이 아닌 것은? ★★★

① 이상소음이 있는지를 점검
② 이완상태가 있는지를 점검
③ 연결부위의 이상 마모가 있는지를 점검
④ 양쪽 끝단은 카의 양측에 균등하게 연결되어 있는지를 점검

균형체인과 균형로프
카와 균형추 및 로프 상호간의 위치변화에 따른 무게를 보상하기 위한 체인으로 주로 행정거리가 긴 경우나 정밀한 착상을 요구하는 고속엘리베이터 등에 사용되고 승차감, 착상오차 및 트랙션비(카측 와이어로프가 매달리고 있는 중량과 균형추측 와이어로프가 매달고 있는 중량의 비)를 개선하기 위한 장치다.

46 변형량과 원래 치수와의 비를 변형률이라 하는데 다음 중 변형률의 종류가 아닌 것은? ★★★

① 가로 변형률
② 세로 변형률
③ 전단 변형률
④ 전체 변형률

변형률의 종류 : 가로 변형률, 세로 변형률, 전단 변형률

47 고장 및 정전 시 카 내의 승객을 구출하기 위해 카 천장에 설치된 비상구출문에 대한 설명으로 틀린 것은? ★★★

① 카 천장에 설치된 비상구출문은 카 내부 방향으로 열리지 않아야 한다.
② 카 내부에서는 열쇠를 사용하지 않으면 열 수 없는 구조이어야 한다.
③ 비상구출구의 크기는 0.3m×0.3m 이상이어야 한다.
④ 카 천장에 설치된 비상구출문은 열쇠 등을 사용하지 않고 카 외부에서 간단한 조작으로 열 수 있어야 한다.

카 지붕에 **0.5m×0.7m** 이상의 비상구출문이 있어야 한다. 다만, 정격용량이 630kg인 엘리베이터의 비상구출문은 0.4×0.5m 이상으로 할 수 있다.
비교) 기계실, 승강로, 피트 출입문 : 높이 1.8m 이상×폭 0.7m 이상
비상문 : 높이 1.8m 이상×폭 0.5m 이상
점검문 : 높이 0.5m 이하×폭 0.5m 이하

48 한쌍의 기어를 맞물렸을 때 치면 사이에 생기는 틈새를 무엇이라 하는가? ★★★

① 백래시
② 이 사이
③ 이뿌리면
④ 지름피치

백래시(backlash) : 한 쌍의 기어를 맞물렸을 때 치면 사이에 생기는 틈새를 말한다.

49 직류 전동기에서 전기자 반작용의 원인이 되는 것은? ★★★

① 계자 전류
② 전기자 전류
③ 와류손 전류
④ 히스테리시스손의 전류

전기자 반작용은 전기자(회전자) 도체의 전류에 의해 발생된 자속이 계자(고정자)의 자속(주자속)에 영향을 주는 현상이다. ※195페이지 참조

정답 44 ② 45 ④ 46 ④ 47 ③ 48 ① 49 ②

50 공작물을 제작할 때 공차 범위라고 하는 것은? ★

① 영점과 최대허용치수와의 차이
② 영점과 최소허용치수와의 차이
③ 오차가 전혀 없는 정확한 치수
④ 최대허용치수와 최소허용치수와의 차이

공차 = 최대허용치수 − 최소허용치수

51 논리식 A(A+B)+B를 간단히 하면? ★★★

① 1　② A
③ A+B　④ A·B

불대수 법칙

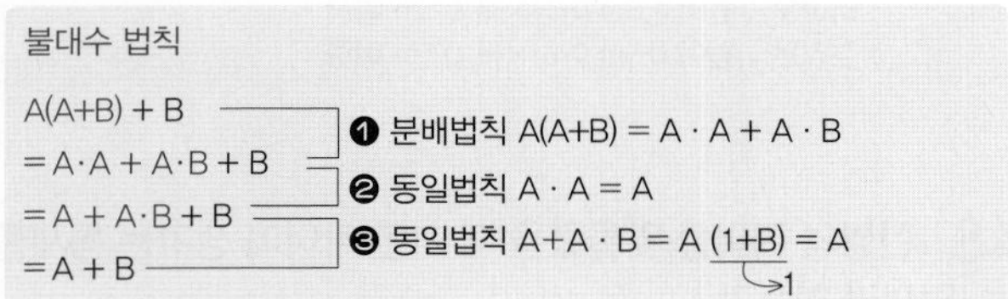

A(A+B) + B
= A·A + A·B + B
= A + A·B + B
= A + B
❶ 분배법칙 A(A+B) = A · A + A · B
❷ 동일법칙 A · A = A
❸ 동일법칙 A+A · B = A (1+B) = A
1

52 전압계의 측정범위를 7배로 하려 할 때 배율기의 저항은 전압계 내부저항의 몇 배로 하여야 하는가? ★★★

① 7　② 6
③ 5　④ 4

전압계 내부저항을 A, 배율기 저항을 B, 측정 저항을 C라고 할 때
❶ 배율기가 없는 경우 : A = C (범위가 작다)
❷ 배율기가 있는 경우 : A + B = 7C (범위가 크다)

$\frac{❷}{❶} = \frac{A+B}{A} = 1 + \frac{B}{A} = 7 \rightarrow \frac{B}{A} = 7-1 = 6$

∴ B = **6**A (배율기 저항은 내부저항의 6배)

※ 배율기의 기본 원리 : 배율기 저항을 추가로 직렬연결로 측정범위를 확대한다.

53 논리회로에 사용되는 인버터(inverter)란? ★★★

① OR회로
② NOT회로
③ AND회로
④ NOR회로

NOT회로의 출력 : 입력과 반대되는 값을 가지는 논리소자이다. 반전회로 즉, 인버터(Inverter)라고 한다. (Invert : 반대로 하다)

54 물체에 하중을 작용시키면 물체 내부에 저항력이 생긴다. 이 때 생긴 단위면적에 대한 내부 저항력을 무엇이라 하는가? ★★★

① 보
② 하중
③ 응력
④ 안전율

어떤 물체에 외력(하중)이 가할 때 물체 내부에는 이 외력에 의한 변형을 막기 위해 발생되는 힘을 '응력'이라 한다.

55 100V를 인가하여 전기량 30C을 이동시키는데 5초 걸렸다. 이때의 전력(kW)은? ★

① 0.3
② 0.6
③ 1.5
④ 3

이 문제는 2개의 공식을 적용해야 한다.
❶ 전류 : 1 암페어(A)는 1초당 1쿨롱(C)의 전하가 흐르는 것

$I = \frac{C}{t} = \frac{30}{5} = 6[A]$

❷ 전력(P) = 전압×전류 = 6[A]×100[V] = 600[W] = 0.6[kW]

56 다음 중 측정계기의 눈금이 균일하고, 구동토크가 커서 감도가 좋으며 외부의 영향을 적게 받아 가장 많이 쓰이는 아날로그 계기 눈금의 구동방식은? ★

① 충전된 물체 사이에 작용하는 힘
② 두 전류에 의한 자기장 사이의 힘
③ 자기장내에 있는 철편에 작용하는 힘
④ 영구자석과 전류에 의한 자기장 사이의 힘

지문은 아날로그 미티미터의 가동코일형에 대한 설명이다.
※ 기본 원리 : 영구자석에 의한 자계 속에 놓여진 가동코일에 전류가 흐르면 플레밍 왼손법칙의 전자기력에 의해 자계 및 전류 사이에 지침이 움직여 계측한다.

정답 50 ④ 51 ③ 52 ② 53 ② 54 ③ 55 ② 56 ④

57 RLC직렬회로에서 최대전류가 흐르게 되는 조건은? ★★★

① $\omega L^2 - \frac{1}{\omega C} = 0$

② $\omega L^2 + \frac{1}{\omega C} = 0$

③ $\omega L - \frac{1}{\omega C} = 0$

④ $\omega L + \frac{1}{\omega C} = 0$

RLC 직렬회로의 공진
저항(R), 코일(L), 콘덴서(C)를 직렬로 연결한 회로에서

- L의 유도 리액턴스 $X_L = \omega L = 2\pi fL$
- C의 용량성 리액턴스 $X_C = \frac{1}{\omega C} = \frac{1}{2\pi fC}$

※ 리액턴스 : 코일이나 콘덴서가 전기의 흐름을 방해하는 정도

두 식을 그래프로 표현하면 다음과 같다.

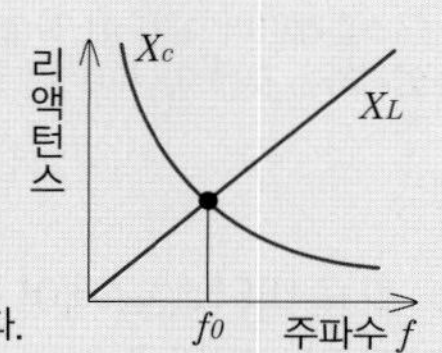

R, L, C가 직렬일 때 임피던스 Z는

$Z = \sqrt{R^2 + (X_L - X_C)^2}$ 이며

$X_L = L_C$ 일 때를 직렬공진이라 하며, 저항이 최소가 되므로 전류가 최대가 된다.

$\therefore \omega L = \frac{1}{\omega C} \rightarrow \omega L - \frac{1}{\omega C} = 0$

참고) 공진($X_L = L_C$)일 때 $Z = \sqrt{R^2} = R$이 되며, 이 때의 주파수를 '공진주파수'라 한다.

58 발전기의 유기기전력의 방향과 관계가 있는 법칙은? ★★

① 플레밍의 왼손법칙

② 플레밍의 오른손법칙

③ 패러데이의 법칙

④ 암페어의 법칙

- 플레밍의 왼손법칙 : 전동기
- 플레밍의 오른손법칙 : 발전기

59 3상 유도전동기의 회전방향을 바꾸기 위한 방법으로 옳은 것은? ★★★

① 3선을 차례대로 바꾸어 연결한다.

② 회전자를 수동으로 역회전시켜 기동한다.

③ 3선을 모두 바꾸어 결선한다.

④ 3선의 결선 중 임의의 2선을 바꾸어 결선한다.

3상 교류는 단상 교류 정현파 3개가 위상각 120°를 갖는 교류를 말하며, 각각 상을 'R상, S상, T상'라고 한다. 전동기를 역회전 하려면 R-S-T 상태를 'R-T-S', 'S-R-T'와 같이 임의의 2선을 바꾸어 결선한다.

60 웜(Worm)기어의 특징이 아닌 것은? ★★★

① 효율이 좋다.

② 부하용량이 크다.

③ 소음과 진동이 적다.

④ 큰 감속비를 얻을 수 있다.

웜기어와 헬리컬기어의 상대적 비교

방식	웜 기어	헬리컬 기어
전달효율	나쁘다(치면의 마찰손실이 큼)	좋다
소음 및 진동	적다	크다
역구동	어려움	쉬움
감속비	크다	적다

※ 부하용량 : 부하(하중)가 걸리는 정도
※ 소음 : 웜기어 < 헬리컬 기어 < 평기어

정답 57 ③ 58 ② 59 ④ 60 ①

공개기출문제 - 2016년 3회

01 유압식엘리베이터에서 T형 가이드레일이 사용되지 않는 엘리베이터의 구성품은? ★★★

① 카
② 도어
③ 유압실린더
④ 균형추(밸런싱웨이트)

유압식 엘리베이터의 가이드레일은 카 또는 평형추(균형추)의 주행안내를 위해 설치된 고정부품이다. 또한 간접식 유압엘리베이터의 경우 유압잭 가이드레일이 있어 플런저의 이동안내를 위해 설치된다.
※ 유압잭 : 실린더와 플런저(램)의 조합체
※ 도어에는 도어레일이 사용

02 전기식 엘리베이터에서 기계실 출입문의 크기는? ★

① 폭 0.7m 이상, 높이 1.8m 이상
② 폭 0.7m 이상, 높이 1.9m 이상
③ 폭 0.6m 이상, 높이 1.8m 이상
④ 폭 0.6m 이상, 높이 1.9m 이상

출입문, 비상문 및 점검문의 치수 (폭×높이)
- 기계실, 승강로 및 피트 출입문 : **0.7m×1.8m** 이상 (주택용의 경우 0.6m×0.6m 이상 가능)
- 풀리실 출입문 : 0.6m×1.4m 이상
- 비상문 : 0.5m×1.8m 이상
- 점검문 : 0.5m×0.5m 이상 – 엘리베이터 안전기준 [별표22], 6.3.2

03 엘리베이터의 도어머신에 요구되는 성능과 거리가 먼 것은? ★

① 보수가 용이할 것
② 가격이 저렴할 것
③ 직류 모터만 사용할 것
④ 작동이 원활하고 정숙할 것

승강기 안전부품 안전기준에서 승강장문 잠금장치는 직류모터 및 교류모터가 사용된다.

04 건물에 에스컬레이터를 배열할 때 고려할 사항으로 틀린 것은? ★★★

① 엘리베이터 가까운 곳에 설치한다.
② 바닥 점유 면적을 되도록 작게 한다.
③ 승객의 보행거리를 줄일 수 있도록 배열한다.
④ 건물의 지지보 등을 고려하여 하중을 균등하게 분산시킨다.

에스컬레이터 설치 시 하중을 고려해야 하며, 반드시 엘리베이터 근처에 설치하는 것은 아니다.

05 교류 이단속도 제어 승강기에서 카 바닥과 각 층의 바닥면이 일치되도록 정지시켜 주는 역할을 하는 장치는? ★★

① 시브 ② 로프
③ 브레이크 ④ 전원 차단기

교류 2단속도 제어방식 (고속권선 모터와 저속권선 모터 사용)
- 기동 및 주행 시 : 고속권선 모터
- 감속 및 착상 시 : 저속권선 모터
- 정지 시 : 모든 접점이 끊어지고 동시에 제동기(브레이크) 작동

06 에스컬레이터의 안전장치에 해당되지 않는 것은? ★

① 스프링(spring) 완충기
② 인레트 스위치(inlet switch)
③ 스커트 가드 안전 스위치(skirt guard safety switch)
④ 스텝 체인 안전 스위치(step chain safety switch)

스프링 완충기 : 엘리베이터의 안전장치
② 인레트 스위치 : 핸드레일 인입구에 손이나 이물질 등이 끼었을 경우 즉시 정지시킴
③ 스커트가드 안전스위치 : 스텝과 스커트 사이에 이물질이 끼었을 때 정지시킴
④ 스텝체인 안전스위치 : 스텝체인이 파손되거나 규정 이상으로 늘어날 경우 정지시킴
※ 기타 에스컬레이터 안전장치 : 구동체인 안전장치, 비상정지버튼 및 조작스위치, 스텝주행 안전장치, 이상속도 안전장치, 구동벨트 안전장치 등

정답 01 ② 02 ① 03 ③ 04 ① 05 ③ 06 ①

07 유압식 승강기의 밸브 작동 압력을 전 부하 압력의 140%까지 맞추어 조절해야 하는 밸브는? ★★★

① 체크 밸브
② 스톱 밸브
③ 릴리프 밸브
④ 업(up) 밸브

[유압식 엘리베이터의 구조]
압력 릴리프 밸브는 압력을 전부하 압력의 **140%**까지 제한하도록 맞추어 조절되어야 한다.

08 문 닫힘 안전장치의 종류로 틀린 것은? ★★★

① 도어 레일
② 광전 장치
③ 세이프티 슈
④ 초음파 장치

문 닫힘 안전장치 : 접촉식(세이프티 슈), 비접촉식(광전 장치, 초음파 장치)
도어 레일 : 도어를 고정시킨 행거가 레일을 따라 슬라이딩 하도록 하여 도어가 개폐되는 장치

09 군관리 방식에 대한 설명으로 틀린 것은? ★★★

① 특정 층의 혼잡 등을 자동적으로 판단한다.
② 카를 불필요한 동작 없이 합리적으로 운행 관리한다.
③ 교통수요의 변화에 따라 카의 운전 내용을 변화시킨다.
④ 승강장 버튼의 부름에 대하여 항상 가장 가까운 카가 응답한다.

군관리방식
- 대규모 건물에 3~8대의 엘리베이터를 병설하여 군(group)으로 묶음
- 출퇴근 또는 특정 층이 혼잡할 때 교통수요 변동에 효율적으로 대응하고 실내에서 미리 호출신호를 보내 탑승 대기시간을 줄이는 등을 할 수 있는 운전방식이다.

④는 '승합방식' 중 '군승합 전자동 방식'에 해당한다.

군승합 전자동 방식 : 호출 신호 1개로 병설된 2~3대의 엘리베이터 중 가장 가까운 카가 응답한다.
알아두기) 양방향승합 전자동식 : 호출 신호를 분리하여 각각의 엘리베이터가 각 호출신호에 개별적으로 응답한다.

10 기계실 바닥에 몇 m를 초과하는 단차가 있을 경우에는 보호난간이 있는 계단 또는 발판이 있어야 하는가? ★★★

① 0.3
② 0.4
③ 0.5
④ 0.6

엘리베이터 안전기준
기계실 바닥에 **0.5 m**를 초과하는 단차가 있는 경우, 고정된 사다리 또는 보호난간이 있는 계단이나 발판이 있어야 한다.

11 다음 중 조속기의 종류에 해당되지 않는 것은? ★★★

① 웨지형 조속기
② 디스크형 조속기
③ 플라이 볼형 조속기
④ 롤 세이프티형 조속기

조속기의 종류 : 디스크형, 플라이볼형, 롤세이프티형

12 엘리베이터용 전동기의 구비조건이 아닌 것은? ★

① 전력소비가 클 것
② 충분한 기동력을 갖출 것
③ 운전상태가 정숙하고 저진동일 것
④ 고기동 빈도에 의한 발열에 충분히 견딜 것

전력소비가 작을 것

13 승강기의 안전에 관한 장치가 아닌 것은? ★★★

① 과속조절기(overspeed governor)
② 비상정지장치(safety gear)
③ 용수철 완충기(spring buffer)
④ 누름버튼 스위치(push button switch)

① 과속조절기(조속기) : 미리 설정된 속도에 도달할 때 엘리베이터를 정지시키도록 하고, 필요 시 추락방지안전장치를 작동시키는 장치
② 비상정지장치 : 과속 또는 로프(체인)가 파단 될 경우 가이드 레일 상에서 엘리베이터 카, 균형추 또는 평형추를 정지시키고 그 정지 상태를 유지하기 위한 기계적 장치
③ 용수철 완충기 : 카, 균형추 또는 평형추의 충격을 흡수하기 위한 제동 수단

정답 07 ③ 08 ① 09 ④ 10 ③ 11 ① 12 ① 13 ④

14 가이드레일의 규격과 거리가 먼 것은? ★★★

① 레일의 표준길이는 5m로 한다.
② 레일의 표준길이는 단면으로 결정한다.
③ 일반적으로 공칭 8, 13, 18, 24 및 30K 레일을 쓴다.
④ 호칭은 소재의 1m 당의 중량을 라운드번호로 K레일을 붙인다.

- 가이드 레일의 표준길이는 **5m** 이다.
- T형 레일은 **1m**당 중량으로 **8, 13, 18, 24, 30K** 등으로 구분한다.

15 승강기의 카 내에 설치되어 있는 것의 조합으로 옳은 것은? ★★★

① 조작반, 이동 케이블, 급유기, 조속기
② 비상조명, 카 조작반, 인터폰, 카 위치표시기
③ 카 위치표시기, 수전반, 호출버튼, 비상정지장치
④ 수전반, 승강장 위치표시기, 비상스위치, 리미트 스위치

16 엘리베이터 카에 부착되어 있는 안전장치가 아닌 것은? ★★★

① 과속조절기 스위치
② 카 도어 스위치
③ 비상정지 스위치
④ 세이프티 슈 스위치

과속조절기 스위치(Overspeed S/W)는 조속기 내에 부착되어 카의 속도가 정격속도의 **115%** 이상의 속도로 상승 시 조속기 스위치가 작동되어 모터 전원을 차단시킨다.
② 카 도어 스위치 : 카도어 구동장치에 부착되어 문이 완전히 닫혀야만 카를 출발시킨다.
③ 비상정지 스위치 : 카 상부에 위치하여 점검 중 승강기의 이상운전 혹은 위험이 발생되었을 때 긴급하게 승강기를 정지시킨다.
④ 세이프티 슈 스위치(문닫힘 안전장치) : 도어의 끝에 설치하여 물체와 접촉 시 도어의 닫힘을 방지하고 문을 개방시킨다.

17 다음 장치 중에서 작동되어도 카의 운행에 관계없는 것은? ★

① 통화장치
② 조속기 캐치
③ 승강장 도어의 열림
④ 과부하 감지 스위치

18 비상용 승강기에 대한 설명 중 틀린 것은? ★★★

① 예비전원을 설치하여야 한다.
② 외부와 연락할 수 있는 전화를 설치하여야 한다.
③ 정전 시에는 예비전원으로 작동할 수 있어야 한다.
④ 승강기의 운행속도는 0.5m/s 이상으로 해야 한다.

비상용(소방구조용)의 기본 요건
- 소방운전 시 모든 층이 정지가 가능해야 한다.
- 주전원 공급과 예비전원(보조전원공급장치) 공급이 분리되어야 하며, 예비전원장치는 방화구획된 장소에 설치되어야 한다.
- 소방운전 호출 스위치 및 카 내 소방운전 스위치
- 휴대용 사다리
- 소방관이 조작하여 엘리베이터 문이 닫힌 이후부터 **60**초 이내에 가장 먼 층에 도착이 가능해야 한다.
- 운행속도는 **1 m/s** 이상이어야 한다.

19 승강기 안전관리자의 직무범위에 속하지 않는 것은? ★★★

① 보수계약에 관한 규정 작성
② 승강기 고장에 대비한 비상연락망의 작성
③ 중대한 사고 또는 중대한 고장의 통보
④ 승강기 운행 및 관리에 관한 규정 작성

20 재해의 직접 원인에 해당되는 것은? ★★★

① 물적 원인 ② 교육적 원인
③ 기술적 원인 ④ 작업관리상 원인

재해의 원인
- 직접 원인 : 물적 원인(불안전한 상태), 인적 원인(불안전한 행동)
- 간접 원인

관리적 원인	• 안전관리의 조직 결함, 계획 미수립, 규정 미흡 • 작업지시 불충분, 인원배치 부적당
기술적 원인	• 건물·기계설비의 설계 결함 • 구조 재료의 부적합 • 생산 방법의 부적합 • 점검, 정비, 보존 불량 등
교육적 원인	• 안전지식 부족 • 안전수칙의 오해 • 경험·훈련 미숙 • 작업 방법이나 위험작업에 대한 교육 불충분 등
신체적 원인	• 신체적 결함
정신적 원인	• 성격적 결함, 지능적 결함 등

정답 14 ② 15 ② 16 ① 17 ① 18 ④ 19 ① 20 ①

21 사고예방대책 기본 원리 5단계 중 3E를 적용하는 단계는? ★

① 1단계 ② 2단계
③ 3단계 ④ 5단계

> 사고예방대책 기본 원리 5단계(하인리히의 사고예방 5단계)
> 1단계. 안전관리조직 : 사업장에 적합한 조직유형, 조직계층별 안전직무 및 책임 부여, 안전규정
> 2단계. 사실의 발견 : 불안전한 행동, 불안전한 상태
> 3단계. 분석평가 : 재해의 원인 분석, 위험 분석
> 4단계. 시정책의 선정 : 3E (기술, 교육, 관리)
> 5단계. 시정책의 적용 : 3E 세부시행 (계획 → 실시 → 평가)
> ※ 3E : Engineering(기술), Education(교육), Enforcement(규제, 관리)

22 피해의 발생과정에 영향을 미치는 것에 해당되지 않는 것은? ★★★

① 사회적 환경 및 유전적 요소
② 개인의 성격적 결함
③ 불안전한 행동과 불안전한 상태
④ 개인의 성격·직업 및 교육의 정도

> **재해의 요인(하인리히의 5요소)**
> • 1단계 : 사회적 환경과 유전적 요소
> • 2단계 : 개인의 성격적 결함
> • 3단계 : 불안전한 행동과 불안전한 상태
> • 4단계 : 사고의 발생
> • 5단계 : 재해(상해 및 손실)

23 재해 발생 시의 조치내용으로 볼 수 없는 것은? ★★★

① 안전교육 계획의 수립
② 재해원인 조사와 분석
③ 재해방지대책의 수립과 실시
④ 피해자를 구출하고 2차 재해방지

> 재해 발생 시 조치순서
> 산업재해 발생 → 긴급 조치(긴급 처리) → 재해 조사 → 원인 분석 → 대책 수립 → 대책실시계획 → 실시 → 평가
> ① 사업장 안전교육 계획 수립 및 교육은 안전관리자의 직무에 해당하며, 재해발생의 조치에는 포함되지 않는다.

24 관리주체가 승강기의 유지관리 시 유지관리자로 하여금 유지관리중 임을 표시하도록 하는 안전 조치로 틀린 것은? ★★★

① 사용금지 표시
② 위험요소 및 주의사항
③ 작업자 성명 및 연락처
④ 유지관리 개소 및 소요시간

> **승강기 수리 및 보수 시 안전수칙**
> 승강기 유지관리 시 관리주체는 작업자로 하여금 유지관리중임을 표시(사용금지표지, 유지관리 개소 및 소요시간, 작업자 성명 및 연락처)하도록 하는 등 안전조치를 취한 후 작업을 실시하도록 관리·감독해야 한다.

25 전기에서는 위험성이 가장 큰 사고의 하나가 감전이다. 감전사고를 방지하기 위한 방법이 아닌 것은? ★★★

① 충전부 전체를 절연물로 차폐한다.
② 충전부를 덮은 금속체를 접지한다.
③ 가연물질과 전원부의 이격거리를 일정하게 유지한다.
④ 자동차단기를 설치하여 선로를 차단할 수 있게 한다.

> ③은 화재 방지 방법이다.

26 재해의 간접 원인 중 관리적 원인에 속하지 않는 것은? ★★

① 인원 배치 부적당
② 생산 방법 부적당
③ 작업 지시 부적당
④ 안전관리 조직 결함

> 생산 방법 부적당은 기술적 원인에 해당한다.

27 안전점검 시의 유의사항으로 틀린 것은? ★

① 여러 가지의 점검방법을 병용하여 점검한다.
② 과거의 재해발생 부분은 고려할 필요 없이 점검한다.
③ 불량 부분이 발견되면 다른 동종의 설비도 점검한다.
④ 발견된 불량 부분은 원인을 조사하고 필요한 대책을 강구한다.

28 안전점검 중에서 5S 활동 생활화로 틀린 것은?

① 정리 ② 정돈
③ 청소 ④ 불결

> 3정 5S활동
> 3정(정품, 정량, 정위치)와 5S(정리, 정돈, 청소, 청결, 습관화)

chapter 04

정답 21 ④ 22 ④ 23 ① 24 ② 25 ③ 26 ② 27 ② 28 ④

29 전기식 엘리베이터의 정기검사에서 하중시험은 어떤 상태로 이루어져야 하는가?

① 무부하
② 정격하중의 50%
③ 정격하중의 100%
④ 정격하중의 125%

하중시험은 무부하, 정격하중의 100% 및 110% 하중을 실은 경우가 있으며, 정기검사 시에는 하중을 싣지 않고(무부하) 검사한다.

30 엘리베이터의 과부하방지장치에 대한 설명으로 틀린 것은? ★

① 과부하방지장치의 작동치는 정격하중의 10%를 초과하지 않아야 한다.
② 과부하방지장치의 작동상태는 초과하중이 해소되기까지 계속 유지되어야 한다.
③ 적재하중 초과 시 경보가 울리고 출입문의 닫힘이 자동적으로 제지되어야 한다.
④ 청각 및 시각적인 신호에 의해 관리자에게 알려야 한다.

[엘리베이터 안전기준]
- 과부하는 정격하중의 10%(최소 75kg)를 초과하기 전에 검출되어야 한다.
- 청각 및 시각적인 신호에 의해 카 내 이용자에게 알려야 한다.
- 자동 동력 작동식 문은 완전히 개방되어야 한다.
- 수동 작동식 문은 잠금해제 상태를 유지해야 한다.
- 예비운전은 무효화되어야 한다.
- 과부하감지장치 작동 시 문닫힘안전장치는 무효화되어야 한다.

31 균형추를 구성하고 있는 구조재 및 연결재의 안전율은 균형추가 승강로의 꼭대기에 있고, 엘리베이터가 정지한 상태에서 얼마 이상으로 하는 것이 바람직한가? ★★

① 3　② 5
③ 7　④ 9

[엘리베이터 안전기준]
보상 수단(로프, 체인, 벨트 및 그 단말부)은 안전율 5로 보상 수단에 가해지는 모든 정적인 힘에 견딜 수 있어야 한다. 주행구간의 꼭대기에 카 또는 균형추가 있을 때 갖는 보상 수단의 최대 매달린 무게와 전체 인장 도르래 조립체(있는 경우에 한정한다) 무게의 1/2이 포함되어야 한다.
참고) 과속조절기(조속기)가 작동될 때 로프에 발생하는 인장력에 8 이상의 안전율을 가져야한다.

32 에스컬레이터의 스텝체인의 늘어남을 확인하는 방법으로 가장 적합한 것은? ★

① 구동체인을 점검한다.
② 롤러의 물림상태를 확인한다.
③ 라이저의 마모상태를 확인한다.
④ 스텝과 스텝간의 간격을 측정한다.

스텝체인은 스텝롤러에 연결되므로 늘어날 경우 스텝간격이 벌어진다.

스텝
콤
스텝체인
(step track)
인너 트랙
(inner track)
아우터 트랙
(outter track)

33 레일을 죄는 힘이 처음에는 약하게 작용하고 하강함에 따라 점점 강해지다가 얼마 후 일정한 값에 도달하는 추락방지안전장치(비상정지장치) 방식은? ★★★

① 즉시 작동형 비상정지장치
② 로프이완 비상정지장치
③ FGC형 비상정지장치(Flexible guide clamp)
④ FWC형 비상정지장치(Flexible wedge clamp)

점차 작동형 (중고속)	• FGC(Flexible Guide Clamp) : 동작 시점부터 정지할 때까지 레일을 죄는 힘이 일정 • FWC(Flexible Wedge Clamp) : 동작시점에는 레일을 죄는 힘이 약하지만 하강함에 따라 강해지다가 이후 일정치로 도달
즉시 작동형 (저속)	• 블록과 레일 사이에 롤러가 물려 카를 정지 • 작동시 정지력이 급격히 작용하고, 카 또는 균형추를 거의 순식간에 정지시킨다. • 로프이완 비상정지장치(slake rope safety) : 소형 저속용에 사용되며 로프에 걸리는 장력이 없어져 로프의 처짐현상이 생겼을 때 바로 운전회로를 열어 비상정지장치를 작동시키는 구조

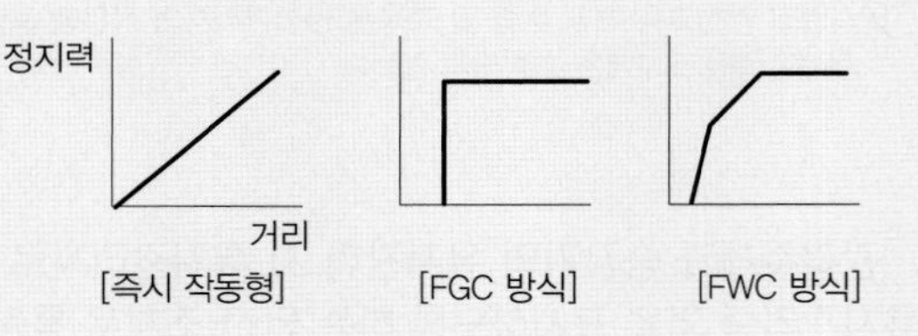

정답 29 ① 30 ④ 31 ② 32 ④ 33 ④

34 제어반에서 점검할 수 없는 것은? ★★★

① 결선단자의 조임상태
② 스위치접점 및 작동상태
③ 조속기 스위치의 작동상태
④ 전동기 제어회로의 절연상태

조속기 스위치는 조속기 내에 위치하며, 기계실에서 점검하며 유압식 엘리베이터의 경우 카 위에서 점검한다.

35 전기식 엘리베이터에서 카 지붕에 표시되어야 할 정보가 아닌 것은? ★★★

① 최종점검일지 비치
② 정지장치에 "정지"라는 글자
③ 점검운전 버튼 또는 근처에 운행 방향 표시
④ 점검운전 스위치 또는 근처에 "정상" 및 "점검"이라는 글자

카 지붕에서의 정보
- 정지장치 위 또는 근처에 "정지(STOP)"라는 글자
- 점검운전 스위치 위 또는 근처에 "정상" 및 "검사"라는 글자
- 점검운전 버튼 위 또는 근처에 운행 방향이 표시
- 보호난간에 주의표지 또는 경고

36 조속기의 점검사항으로 틀린 것은? ★★

① 소음의 유무
② 브러시 주변의 청소상태
③ 볼트 및 너트의 이완 유무
④ 조속기 로프와 클립 체결상태 양호 유무

브러시는 전동기의 부속품이다.

37 승강기 정밀안전검사 시 전기식 엘리베이터에서 권상기 도르래 홈의 언더컷 잔여량은 몇 mm 미만일 때 도르래를 교체하여야 하는가? ★★

① 1　　② 2
③ 3　　④ 4

도르래 마모 한계
권상기 도르래홈의 언더컷 잔여량은 **1mm** 이상이어야 하고, 권상기 도르래에 감긴 주로프 가닥끼리의 높이차 또는 언더컷 잔여량의 차이는 2mm 이내이어야 한다.

38 이동식 핸드레일은 운행 중에 전 구간에서 디딤판과 핸드레일의 동일 방향 속도 공차는 몇 % 인가? ★★★

① 0~2　　② 3~4
③ 5~6　　④ 7~8

각 난간의 꼭대기에는 정상운행 조건아래에서 스텝, 팔레트 또는 벨트의실제 속도와 관련하여 동일 방향으로 **0~2%**의 공차가 있는 속도로 움직이는 핸드레일이 설치되어야 한다. 핸드레일은 정상운행 중 운행방향의 반대편에서 450N의 힘으로 당겨도 정지되지 않아야 한다.

39 유압식 엘리베이터에서 실린더의 점검사항으로 틀린 것은? ★★

① 스위치의 기능 상실여부
② 실린더 패킹에 누유 여부
③ 실린더의 패킹의 녹 발생 여부
④ 구성부품, 재료의 부착에 늘어짐 여부

실린더 점검
- 실린더 패킹 및 실(seal)에 녹, 누유가 있는 것
- 구성부품, 재료의 부착에 늘어짐이 있는 것

40 에스컬레이터의 스텝구동장치에 대한 점검사항이 아닌 것은? ★

① 링크 및 핀의 마모상태
② 핸드레일 가드 마모상태
③ 구동체인의 늘어짐 상태
④ 스프로켓의 이의 마모상태

스텝구동장치와 핸드레일 가드와는 거리가 멀다.

41 전기식 엘리베이터의 기계실에 설치된 고정 도르래의 점검내용이 아닌 것은? ★★★

① 이상음 발생여부
② 로프 홈의 마모상태
③ 브레이크 드럼 마모상태
④ 도르래의 원활한 회전여부

고정도르래는 균형추에 설치되어 있으며, 브레이크 드럼은 전동기에 연결된 제동기의 부속품이다.

정답 34 ③ 35 ① 36 ② 37 ① 38 ① 39 ① 40 ② 41 ③

42 가이드레일 또는 브라켓의 보수점검사항이 아닌 것은? ★★★

① 가이드레일의 녹 제거
② 가이드레일의 요철제거
③ 가이드레일과 브라켓의 체결볼트 점검
④ 가이드레일 고정용 브라켓 간의 간격 조정

가이드레일 또는 브라켓의 점검
- 레일과 브라켓에 심하게 녹, 부식, 요철 제거 등
- 부착에 늘어짐이 있는 것
- 비틀림, 휨 등이 발생한 것
- 가이드레일 브라켓 및 앙카볼트 시공 상태

43 엘리베이터에서 현수로프의 점검사항이 아닌 것은? ★★★

① 로프의 직경
② 로프의 마모 상태
③ 로프의 꼬임 방향
④ 로프의 변형 부식 유무

로프의 점검사항
- 로프의 직경 및 상태(마모, 손상, 변형, 신장, 녹 발생, 부식)
- 로프의 장력 불균등, 단말처리
- 2중너트, 핀 등의 조임 및 장착상태

참고) 손상의 종류
- 킹크(kink) : 원형의 로프이 급격한 하중으로 영구 변형되는 현상
- 부풀림 : 도르래와 마찰로 인해 불균일한 비틀림에 의해 발생
- 압착 : 과하중에 의해 연속적인 두드림으로 발생
- 훑음 : 다른 물체와의 마찰로 인해 소선이나 스트랜드가 탈선되는 현상

44 유압식 엘리베이터의 점검 시 플런저 부위에서 특히 유의하여 점검하여야 할 사항은? ★★★

① 플런저의 토출량
② 플런저의 승강행정 오차
③ 제어밸브에서의 누유상태
④ 플런저 표면조도 및 작동유 누설 여부

표면조도란 표면의 거칠기를 표시하는 요소로, 플런저의 이동이 잦으므로 작동이 원활하게 하기 위해 표면의 거칠기가 없어야 하며, 표면조도가 규정값 이상이면 연마를 해야 한다.
또한 플런저에서 작동유가 누설 여부를 확인하여 패킹의 교체 여부를 체크해야 한다.
①, ②, ③은 유압파워유닛(오일탱크, 전동기, 펌프, 유량제어밸브 등을 통합한 것) 및 유압라인의 점검대상이다.

45 비상정지장치가 없는 균형추의 가이드레일 검사 시 최대 허용 휨의 양은 양방향으로 몇 mm인가? ★

① 5 ② 10
③ 15 ④ 20

가이드레일의 최대 허용 휨량
- 추락방지안전장치(비상정지장치)가 작동하는 가이드 레일 : 양방향 5mm
- 추락방지안전장치(비상정지장치)가 없는 가이드 레일 : 양방향 10mm

46 전동기의 점검항목이 아닌 것은? ★★★

① 발열이 현저한 것
② 이상음이 있는 것
③ 라이닝의 마모가 현저한 것
④ 연속으로 운전하는데 지장이 생길 염려가 있는 것

라이닝은 제동기의 부속품이다.
※ 라이닝은 브레이크 슈에 장착되어 브레이크 드럼과 마찰력으로 제동하는 역할을 한다.

47 18-8 스테인리스강의 특징에 대한 설명 중 틀린 것은? ★★

① 내식성이 뛰어난다.
② 녹이 잘 슬지 않는다.
③ 자성체의 성질을 갖는다.
④ 크롬 18%와 니켈 8%를 함유한다.

18-8 스테인리스강 ※ 최근 출제되지 않음
- 철 74%, 크롬 18%, 니켈 8%
- 비자성체의 오스테나이트계 스테인리스강
- 내식성이 우수하고 녹이 잘 슬지 않는다.
- 냄비 등의 주방용구에 적합

48 기계요소 설계 시 일반 체결용에 주로 사용되는 나사는? ★

① 삼각나사
② 사각나사
③ 톱니나사
④ 사다리꼴나사

- 체결용 : 삼각나사(미터나사, 관용나사, 유니파이나사)
- 운동전달용 : 사각나사, 톱니나사, 사다리꼴나사, 너틀나사, 둥근나사, 볼나사

정답 42 ④ 43 ③ 44 ④ 45 ② 46 ③ 47 ③ 48 ①

49 3상 유도전동기의 회전방향을 바꾸는 방법은? ★★★

① 전원의 주파수 변환
② 전원의 극수 변환
③ 두 선의 접속 변환
④ 기동보상기 이용

3선 중 2선의 접속을 변환시킨다.

50 다음 논리회로의 출력값 표는? ★

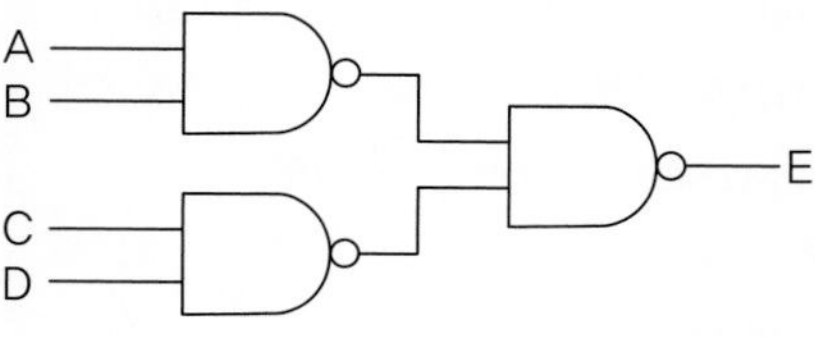

① $\overline{A \cdot B} + \overline{C \cdot D}$
② $A \cdot B + C \cdot D$
③ $A \cdot B \cdot C \cdot D$
④ $(A+B) \cdot (C+D)$

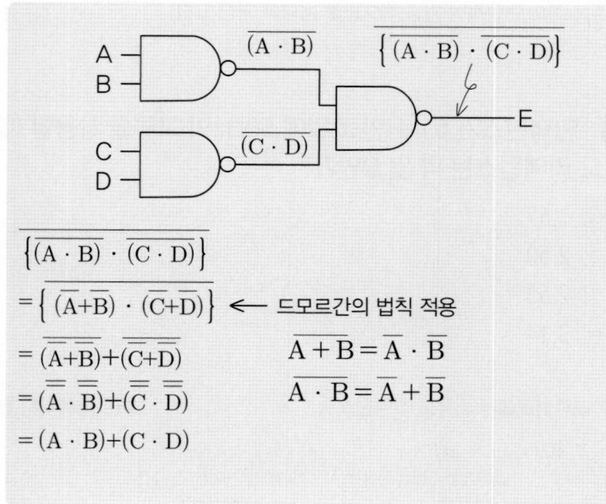

A
B
C
D
E
$\overline{(A \cdot B)}$
$\overline{(C \cdot D)}$
$\overline{\{\overline{(A \cdot B)} \cdot \overline{(C \cdot D)}\}}$
$\overline{\{\overline{(A \cdot B)} \cdot \overline{(C \cdot D)}\}}$
$= \overline{\{(\overline{A}+\overline{B}) \cdot (\overline{C}+\overline{D})\}}$ ← 드모르간의 법칙 적용
$= \overline{(\overline{A}+\overline{B})} + \overline{(\overline{C}+\overline{D})}$
$= (\overline{\overline{A}} \cdot \overline{\overline{B}}) + (\overline{\overline{C}} \cdot \overline{\overline{D}})$
$= (A \cdot B) + (C \cdot D)$
$\overline{A+B} = \overline{A} \cdot \overline{B}$
$\overline{A \cdot B} = \overline{A} + \overline{B}$

51 직류전동기에서 자속이 감소되면 회전수는 어떻게 되는가? ★★

① 정지
② 감소
③ 불변
④ 상승

유기기전력 $E = \frac{PZ}{60a}\phi N = K\phi N$

$\frac{PZ}{60a}$는 이미 설계된 요소이므로 변경하기 어려우며, 상수 K로 표시한다.

직류전동기의 속도(회전수) $N = K \times \frac{E}{\phi}$

※ 속도는 자속에 반비례한다.

- P : 극수
- Z : 전기자 도체 총 수
- a : 병렬회로수
- ϕ : 자속
- N : 회전수

52 회전하는 축을 지지하고 원활한 회전을 유지하도록 하며, 축에 작용하는 하중 및 축의 자중에 의한 마찰저항을 가능한 적게 하도록 하는 기계요소는? ★

① 클러치
② 베어링
③ 커플링
④ 스프링

① 클러치 : 회전하는 축의 연결을 이어주거나 차단시키는 요소
② 베어링 : 회전하는 축을 지지하며, 회전을 원활하게 하는 요소
③ 커플링 : 관을 연결하는 요소

53 계측기와 관련된 문제, 환경적 영향 또는 관측 오차 등으로 인해 발생하는 오차는? ★

① 절대오차
② 계통오차
③ 과실오차
④ 우연오차

- 계통오차 : 특정 원인에 의해 측정값이 치우치는 오차
  - 이론오차 : 복잡한 이론식을 실제로 적용시키기 편리하도록 사용한 근사식에서 오는 오차
  - 계기오차 : 측정계기의 불완전성 때문에 생기는 오차
  - 환경오차 : 환경조건에 의해서 발생하는 오차
  - 개인오차 : 측정자의 습관, 버릇 등에 따른 오차
- 과실오차 : 계기의 취급 부주의로 생기는 오차
- 우연오차 : 환경이 기온의 미소한 변동, 기기의 미세한 탄성적 진동, 측정자의 주위 산만 등이 원인인 오차

정답 49 ③ 50 ② 51 ④ 52 ② 53 ②

54 '유도기전력의 크기는 코일의 권수와 코일을 관통하는 자속의 시간적인 변화율과의 곱에 비례한다'는 법칙은 무엇인가? ★

① 패러데이의 전자유도 법칙
② 앙페르의 주회 적분의 법칙
③ 전자력에 관한 플레밍의 법칙
④ 유도 기전력에 관한 렌츠의 법칙

패러데이의 전자기 유도 현상

코일 속에 자석을 넣었다 뺐다를 반복하면 코일에 자기장이 형성되며 코일에 전류가 흘러 유도기전력(코일 양끝에서 발생한 기전력)이 발생하는 현상을 말한다. 이때 자기장은 많은 유도선으로 이루어져 있고 이러한 면적을 통과하는 유도선 다발을 '자기력선속'이라 한다.

유도기전력은 코일에 도선을 많이 감을수록, 자기력선 속의 시간적 변화율이 클수록 즉, 코일 또는 자석의 운동이 빠를수록 증가한다.

유기기전력 $V = -n\dfrac{\Delta\phi}{\Delta t}$

- n : 권수
- $\Delta\phi$: 자속 변화
- Δt : 시간 변화

※ (–)부호 : 자기력의 변화 방향과 반대로 기전력의 방향이 발생한다는 의미

55 직류 전동기의 속도 제어 방법이 아닌 것은? ★★★

① 저항 제어법
② 계자 제어법
③ 주파수 제어법
④ 전기자 전압 제어법

주파수는 교류전원에서 발생하며 교류전동기의 속도제어방법이다.
※ 직류전동기의 속도제어 : 저항제어, 계자제어, 전기자 전압제어

56 그림은 마이크로미터로 어떤 치수를 측정한 것이다. 치수는 약 몇 mm인가? ★★★

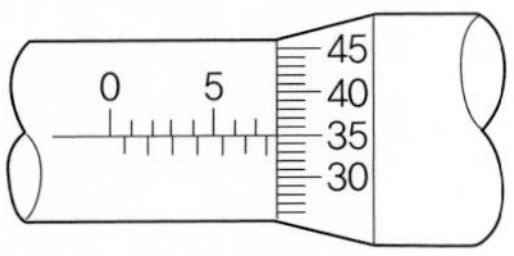

① 5.35
② 5.85
③ 7.35
④ 7.85

버어니어캘리퍼스는 1/100단위까지 측정하는 측정도구로, 슬리블의 눈금에 딤블의 눈금을 합한다.

- 슬리브 눈금 : 7 + 0.5
- 딤블 눈금 : 35/100

∴ 7 + 0.5 + 0.35 = 7.85 mm

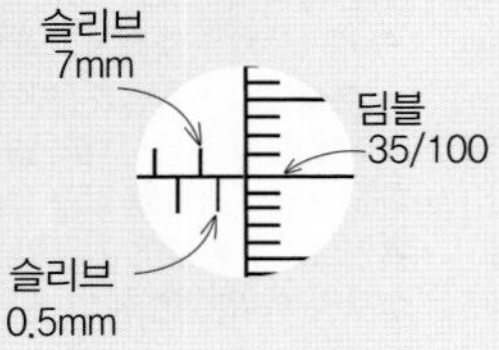

※ 딤블의 눈금은 1/100이다.

57 다음 중 응력을 가장 크게 받는 것은? (단, 다음 그림은 기둥의 단면 모양이며, 가해지는 하중 및 힘의 방향은 같다.)

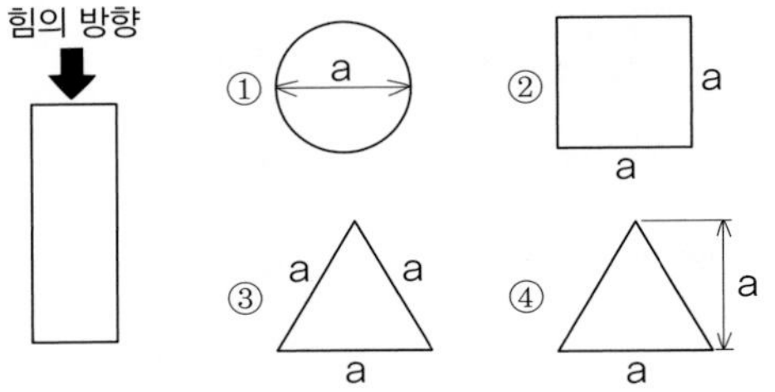

응력 $= \dfrac{\text{힘(하중)}}{\text{단면적}}$ 이므로, 단면적이 적을수록 응력이 커지므로 보기 중 단면적이 가장 작은 것을 찾는 문제다.

① 원의 단면적 $= \pi \times \text{반지름}^2 = 3.14 \times (\dfrac{a}{2})^2 = 0.785a^2$

② 사각형의 단면적 $= a \times a = a^2$

③ $a^2 = x^2 + (\dfrac{a}{2})^2$ 이므로, $x^2 = a^2 - (\dfrac{a}{2})^2 = \dfrac{3}{4}a^2$

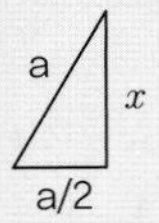

$\rightarrow x = \sqrt{\dfrac{3}{4}a^2} = \dfrac{\sqrt{3}}{2}a$

단면적 $= \dfrac{\sqrt{3}}{2}a \times \dfrac{a}{2} = \dfrac{\sqrt{3}}{4}a^2 = 0.433a^2$

④ 삼각형의 단면적 $= \dfrac{1}{2}a^2 = 0.5a^2$

∴ ③의 단면적이 가장 적으므로 응력이 가장 크다.

58 인덕턴스가 5 mH인 코일에 50Hz의 교류를 사용할 때 유도 리액턴스는 약 몇 Ω인가? ★

① 1.57
② 2.50
③ 2.53
④ 3.14

교류회로에서의 유도 리액턴스 X_L 　　최근 출제되지 않음

$X_L\,[\Omega] = \omega L = 2\pi f L$
$= 2 \times 3.14 \times 50 \times (5 \times 10^{-3})$
$= 1.57\,[\Omega]$

- ω : 각속도
- L : 인덕턴스 [H]
- f : 주파수 [Hz]

※ 인덕턴스의 단위 : H(헨리), mH = 10^{-3}H)

※ 리액턴스는 교류회로에 저항(레지스턴스), 코일(인덕턴스), 콘덴서(캐퍼시턴스)를 연결했을 때의 전체 저항을 말하며, 인덕턴스는 리액턴스 중 코일에서 발생하는 저항(전류의 흐름을 방해하는 요소)을 말한다.

정답 54 ① 55 ③ 56 ④ 57 ③ 58 ①

59 다음 그림과 같은 제어계의 전체 전달함수는? ★★★
(단, H(s) = 1이다.)

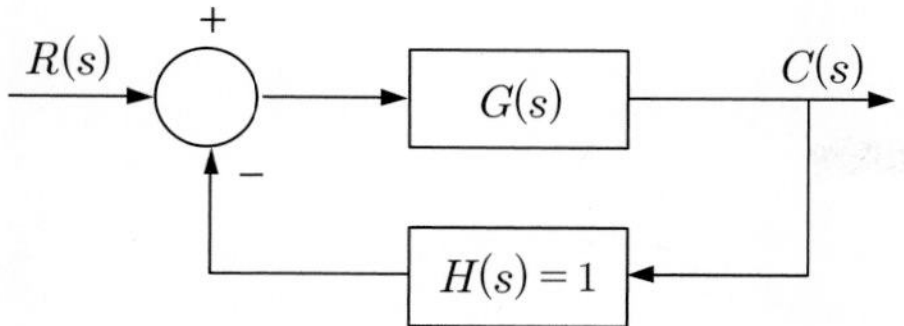

① $\dfrac{1}{G(s)}$

② $\dfrac{1}{1+G(s)}$

③ $\dfrac{G(s)}{1+G(s)}$

④ $\dfrac{G(s)}{1-G(s)}$

블록선도(신호흐름선도)의 전체 전달함수 T(s) 구하기
피드백 신호흐름선도는 그림과 같이 표현하며 전체 전달함수를 구하는 공식은 다음과 같다.

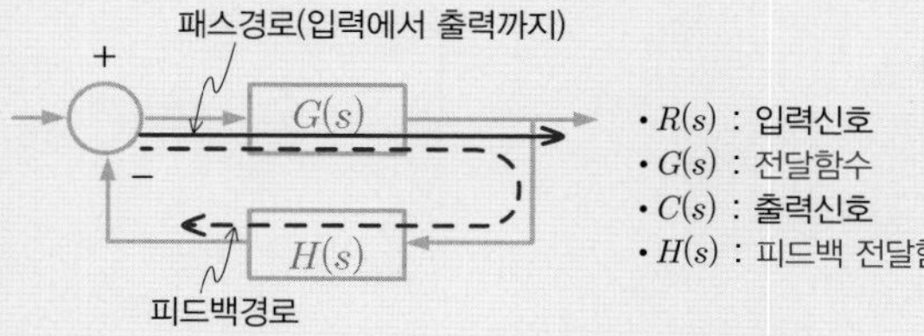

$T(s) = \dfrac{\text{패스경로에 포함된 전달함수}}{1-\text{피드백경로에 포함된 전달함수}} = \dfrac{G(s)}{1-G(s)\cdot H(s)}$

피드백 신호가 − 값이고, $H(s)$가 1이므로

$\therefore T(s) = \dfrac{G(s)}{1-[-G(s)\cdot 1]} = \dfrac{G(s)}{1+G(s)}$

블록선도가 직렬종속일 때 두 전달함수를 곱한다.

※ 피드백 신호흐름선도의 전체전달함수 유도과정은 다소 복잡하여 생략하며, 위의 공식을 암기하자.

60 저항 100Ω의 전열기에 5A의 전류를 흘렸을 때 전력은 몇 W인가? ★★★

① 20
② 100
③ 500
④ 2500

전압 $V = I_{전류} \times R_{저항} = 5\times100 = 500\,[V]$ − 오옴의 법칙
전력 $W = I_{전류} \times V_{전압} = 5\times500 = 2500\,[W]$

정답 59 ③ 60 ④

chapter 04

Craftsman Elevator

TRIAL
EXAMINATION

CHAPTER

05

CBT 시험대비 실전모의고사

CBT 시험대비 실전모의고사 제1회

해설

▶ 실력테스트를 위해 문제 옆 해설란을 가리고 문제를 풀어보세요.

□□□

01 승강기의 기계실에 설치되어 있는 제어반의 기기가 아닌 것은?

① 도어스위치
② 릴레이
③ 폐선용 차단기
④ 제어반 PCB

□□□

02 승강장의 문이 열린 상태에서 모든 제약이 해제되면 자동적으로 닫히게 하여 문의 개방상태에서 생기는 2차 재해를 방지하는 안전장치는?

① 도어 클로저
② 시그널 컨트롤
③ 도어 인터록
④ 도어 컨트롤

□□□

03 엘리베이터의 도어인터록에 대한 설명으로 틀린 것은?

① 문이 닫혀있지 않으면 운전이 불가능하도록 하는 도어스위치가 있어야 한다.
② 승강장에 설치된 자물쇠가 일반 공구로도 열려지게 설계되어야 한다.
③ 시건장치 후에 도어스위치가 ON되고, 도어스위치가 OFF후에 시건장치가 빠지는 구조로 되어야 한다.
④ 카가 정지하고 있지 않은 층계의 문은 전용열쇠로만 열리도록 한다.

□□□

04 전환 스위치가 있는 접지저항계를 이용한 접지저항 측정 방법으로 틀린 것은?

① 전환 스위치를 이용하여 내장 전지의 양부(+, −)를 확인한다.
② 전환 스위치를 이용하여 E, P간의 전압을 측정한다.
③ 전환 스위치를 이용하여 절연저항과 접지저항을 비교한다.
④ 전환스위치를 저항값에 두고 검류계의 밸런스를 잡는다.

01 도어스위치는 승강장 문 상단에 설치되며, 도어 인터록에 의해 개폐된다.

02 [15년 2회]
- 도어 클로저 : 승강장문이 스스로 닫히게 하기 위한 장치(self-closing)
- 도어 인터록 : 도어가 close되지 않으면 카 운행을 중지하는 역할

03 [13년 1회] 승강장 문의 인터록장치는 로크가 확실히 걸린 후에 도어 스위치를 닫고, 반대로 도어스위치가 확실히 열린 후가 아니면 로크는 해제되지 않아도 된다.
승강장문의 자물쇠는 삼각형 모양으로 일반 공구로 쉽게 열지 못하도록 되어 있다.

04 [13년 2회] 접지저항을 측정하고자 하는 피측정 접지극(E)을 접지저항계의 E에 연결하고, 피측정 접지극에서 5~10m 떨어진 곳에 전압용 보조전지극(P)를 박은 후 각 저항값을 읽는다.

정답

01 ① **02** ① **03** ② **04** ③

해설

05 동력전원이 어떤 원인으로 상이 바뀌거나 절상이 되는 경우 이를 감지하여 전동기의 전원을 차단하고 브레이크를 작동시키는 장치는?

① 역결상 검출장치 ② 록다운 정지장치
③ 파킹 스위치 ④ 리미트 스위치

06 전기식 엘리베이터의 주행안내(가이드) 레일 설치에서 패킹(보강재)이 설치된 경우는?

① 주행안내 레일이 짧게 설치되어 보강할 경우
② 레일 브래킷의 간격이 필요 이상 한계를 초과하여 레일의 뒷면에 강재를 붙여 보강하는 경우
③ 레일브래킷의 간격이 필요 이상 한계를 초과할 경우 레일의 앞면에 강재를 붙여서 보강하는 경우
④ 주행안내 레일 양 폭의 너비를 조정 작업할 경우

07 안전점검표(check list)를 작성할 때 주의할 점이 아닌 것은?

① 중점도가 높은 것부터 순서대로 작성할 것
② 점검표는 전문 용어로 작성할 것
③ 내용은 구체적이고 재해 방지에 실효가 있도록 할 것
④ 점검표는 가능한 일정 양식으로 작성할 것

08 일반적으로 사용되고 있는 승강기의 레일 중 13K, 18K, 24K 레일 폭(C)의 규격에 대한 사항으로 옳은 것은?

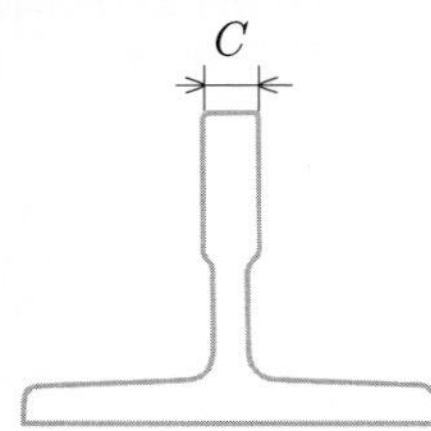

① 18K와 24K는 같고, 13K는 다르다.
② 13K와 18K는 같고, 21K는 다르다.
③ 3종류 모두 다르다.
④ 3종류 모두 같다.

09 전기식 엘리베이터에서 트랙션 권상기의 특징으로 틀린 것은?

① 소요동력이 적다.
② 주로프 및 도르래의 마모가 일어나지 않는다.
③ 권과(지나치게 감기는 현상)을 일으키지 않는다.
④ 행정거리의 제한이 없다.

05 역결상 계전기 : 역·결상 시 전원을 차단하여 모터의 역회전 방지를 위해 전원을 차단시킨다. (제어반에 설치됨)

06 [13년 2회]

07 생략

08 13K, 18K, 24K의 폭은 16mm로 동일하고, 나머지는 차이가 있다.

※ 레일 종류

기호	레일 종류 (1m당 중량)	각부 치수(단위 : mm)			
		A	B	C	D
8K	8kgf	56	78	10	26
13K	13kgf	62	89	16	32
18K	18kgf	89	114		38
24K	24kgf	89	127		50
30K	30kgf	108	140	19	51

09 [16년 2회] 트랙션 권상기는 주로프와 도르래 사이의 마찰로 인해 카가 운행되므로 마모가 일어난다.

정답

05 ① 06 ② 07 ② 08 ④ 09 ②

10 단식자동방식(single automatic)에 관한 설명으로 옳은 것은?

① 같은 방향의 호출은 등록된 순서에 따라 응답하면서 운행한다.

② 1개 호출에 의한 운행 중 다른 호출 방향이 같으면 응답한다.

③ 주로 승객용에 사용한다.

④ 승강장 버튼은 오름, 내림 공용이다.

해설

10 [15년 2회] 단식자동방식은 승강장 버튼이 하나로 공통이다.
①, ② 사용자가 직접 조작하며, 승강장 호출신호로 자동 시동/정지하는 방식으로 운전 중 호출은 운전종료시까지 응답하지 않는다.
③ 주로 화물용 및 자동차용 엘리베이터에 사용한다.

11 유압식 엘리베이터의 실린더 보수 점검항목에 해당되지 않는 것은?

① 실린더 뒷부분의 리크 오일링 적정 유무

② 고압 고무호스의 연결기구 상태 양호

③ 실린더의 기울어짐 여부

④ 실린더 내의 공기 발생 유무

11 실린더 내의 공기 유무는 점검할 수 없다.

12 평면의 디딤판을 동력으로 오르게 한 것으로, 경사도가 12° 이하로 설치된 것은?

① 에스컬레이터

② 덤웨이터(소형화물 엘리베이터)

③ 경사형 리프트

④ 수평보행기(무빙워크)

12
- 에스컬레이터의 경사도 : 30° 초과하지 않도록(높이가 6m 이하이고 공칭속도가 0.5 m/s 이하인 경우에는 경사도를 35°까지 증가)
- 수평보행기의 경사도 : **12°** 이하

13 록다운(lock down) 정지장치에 관한 설명으로 틀린 것은?

① 순간정지식이어야 한다.

② 균형로프가 사용되는 경우에 필요한 장치이다.

③ 비상정지장치(추락방지안전장치) 작동 시에 필요한 안전장치이다.

④ 비상정지장치(추락방지안전장치) 작동 시 카가 튀어 오르지 않도록 설치한 안전장치이다.

13 록다운(lock down) 정지장치는 카의 비상정지장치(추락방지안전장치)가 작동할 때 균형추나 와이어로프 등이 관성에 의해 튀어 오르는 것을 방지하기 위한 안전장치다.
록다운 정지장치는 210m/min 이상의 엘리베이터에 반드시 설치하여야 하며 순간정지식이어야 한다.

14 직접식 유압엘리베이터에서 실린더와 플런저가 들어가는 부분은?

① 스텝(디딤판)

② 플레트

③ 보호관(케이싱)

④ 유니트

14 직접식 유압엘리베이터는 카가 플런저와 직접 결합되어 있어, 카가 1층 또는 지하에 위치하려면 실린더와 플런저가 그 아래에 있어야 하므로 보호관(케이싱)을 땅에 묻고 그 안에 실린더와 플런저가 삽입되는 구조이어야 한다.

10 ④ **11** ④ **12** ④ **13** ② **14** ③

15 에스컬레이터 제어회로의 절연저항은 최소 몇 MΩ 이상이어야 하는가?

① 0.25　② 0.1
③ 0.5　④ 0.3

16 승객용 승강도어의 보수점검에 대한 설명으로 <u>틀린 것</u>은?

① 활동부는 주유하여 소음을 없애고 원활하게 동작을 하게 한다.
② 레일의 이물질을 제거한다.
③ 도어 롤러의 이상유무를 확인하여 불량품을 교체한다.
④ 도어의 열림이 원활하도록 시건장치를 제거한다.

17 기계식 주차설비를 할 때 승강기식인 경우 시브 또는 드럼의 직경은 와이어로프 직경의 최소 몇 배 이상으로 하는가?

① 10
② 15
③ 20
④ 30

18 에스컬레이터의 스텝(디딤판)은 스텝 체인에 의해 연결되어 순환되는 스텝의 구동롤러와 추종롤러를 안내하는 것은?

① 라이저
② 레일
③ 스프링
④ 트러스

19 전기식 엘리베이터에서 도어 가이드 슈에 대한 점검사항이 <u>아닌 것</u>은?

① 도어 개폐 시 실(문턱 홈)과의 간섭상태 점검
② 도어 가이드 슈의 마모상태 점검
③ 도어 가이드 슈 고정볼트의 조임상태 점검
④ 가이드 롤러의 고무 탄성상태 점검

해설

15 승강기 검사기준 – [별표3] 에스컬레이터 및 무빙워크의 구조

전기설비의 절연저항
- 동력회로 및 안전회로 : 0.5 MΩ 이상
- 기타 회로(제어, 조명 및 신호 등) : **0.25** MΩ 이상

16 승강장 문 잠금장치(시건장치)는 카가 정지하고 있지 않은 층의 승강장 문이 열리는 것을 방지하기 위하여 잠금기능을 갖고 있으며, 승강장 문이 완전히 닫혀 있는지 여부를 제어반에 전달하여 만일 전층의 승강장 문 중 어느 한층의 승강장 문이라도 확실히 닫히지 않아 도어 스위치가 ON되지 않았을 경우는 안전회로를 차단시켜 운행을 중단시키는 기능을 한다.

카가 정지하지 않은 승강장에서 승강장 문을 열려면 특수한 전용키로만 열려야 한다.

17 [16년 1회, 03년 4회 기출]

기계식주차장치의 안전기준 및 검사기준 등에 관한 규정

승강기식주차장치·승강기슬라이드식주차장치 또는 평면왕복식주차장치에 사용하는 시브 또는 드럼의 직경은 와이어로프직경의 **30**배 이상으로 한다.

18 스텝 롤러(구동롤러, 추동롤러)은 각각 레일에 따라 이동한다.

19 [11년 1회]

①은 승강장문 이탈방지장치의 점검사항이다.

※ 실(sill, 문턱 홈) : 카 및 승강장 출입문의 바닥문턱(홀 실과 카 실로 구분됨). 도어의 하부에 위치하여 도어의 레일 역할을 하는 장치

15 ①　**16** ④　**17** ④　**18** ②　**19** ①

20 전기식 엘리베이터 리미트 스위치(감속 스위치 포함)의 교체기준이 아닌 것은?

① 누름버튼의 보호링이 파손된 경우
② 스위치 롤러가 심하게 마모된 경우
③ 스위치 레버가 심하게 손상되거나 유격이 심한 경우
④ 스위치 박스가 녹 발생, 마모 및 변형된 경우

21 균형로프의 주된 사용 목적은?

① 카의 적재하중 변화를 보상
② 카의 밸런스를 보상
③ 카의 위치변화에 따른 주로프 무게를 보상
④ 카의 소음진동을 보상

22 승강기 관리주체가 행하여야 할 사항으로 틀린 것은?

① 승강기를 안전하게 유지관리를 하여야 한다.
② 안전관리자를 선임하여야 한다.
③ 승강기 검사를 받아야 한다.
④ 안전관리자가 선임되면 관리주체는 별도의 관리를 할 필요가 없다.

23 그림과 같이 주로프가 주 도르래(main sheave) 및 보조 도르래를 거쳐 각각 카와 카운터 웨이트(counter weight)에 고정되는 로핑방식은?

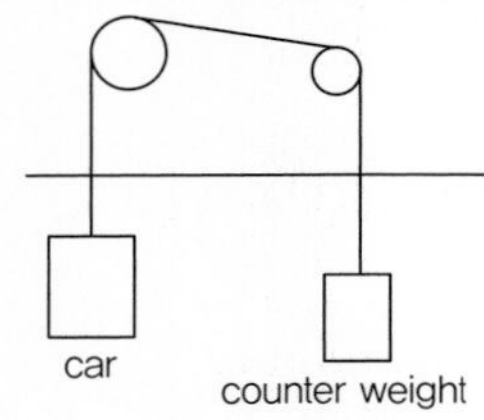

① 1 : 1
② 2 : 1
③ 3 : 1
④ 4 : 1

24 유압식 엘리베이터에 주로 사용되는 펌프는?

① 기어펌프
② 축류펌프
③ 스크류펌프
④ 베인펌프

해설

20 누름버튼은 카 내에 설치된 비상정지버튼을 말하며, 리미트 스위치와 무관하다.

▶ **리미트 스위치의 교체기준**
- 스위치의 접점 노화로 정상 동작하지 않을 경우
- 습기 등으로 스위치에 부식이 발생한 경우
- 스위치(롤러, 레버)가 파손 및 변형된 경우
- 스위치 박스가 녹 발생, 마모 및 변형된 경우

21 균형로프는 카의 위치변화에 따라 주로프의 무게 불균형이 커질 때 이를 보상하기 위한 보상로프이다.

22
- 승강기 관리주체는 승강기의 기능 및 안전성이 지속적으로 유지되도록 법에 정하는 바에 따라 해당 승강기를 안전하게 유지관리하여야 한다.
- 승강기 관리주체는 승강기의 안전관리자가 안전하게 승강기를 관리하도록 지휘 · 감독하여야 한다.

23 1 : 1 – 카를 1m 이동시키기 위해 모터가 로프를 1m 이동시킴
2 : 1 – 카를 1m 이동시키기 위해 모터가 로프를 2m 이동시킴 (즉, 1:1에 비해 카가 로프 속도의 1/2 속도로 이동함)

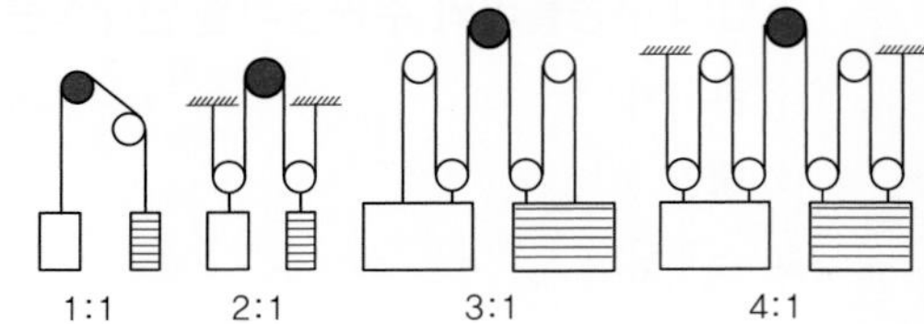

24 유압식 엘리베이터에는 기어펌프, 베인펌프, 스크류펌프 등이 사용되며, 이 중 스크류펌프가 많이 사용된다.

▶ **스크류 펌프의 장점**
- 저유량, 고압의 양정에 적합하다.
- 유체를 연속적으로 배출하므로 맥동이 적다.
- 회전수가 낮아 마모가 적다.
- 구조가 간단하고, 개방적이어서 운전·보수가 쉽다.

정답
20 ① **21** ③ **22** ④ **23** ① **24** ③

25 비상구출문에 대한 설명으로 틀린 것은?

① 카 천장에 비상구 출문이 설치된 경우, 유효 개구부의 크기는 0.3m × 0.3m 이상이어야 한다.
② 카 천장의 비상구 출문은 카 내부에서 비상잠금해제 삼각열쇠로 열려야 한다.
③ 카 천장의 비상구 출문은 카 외부에서 열쇠없이 열려야 한다.
④ 카 천장의 비상구 출문은 카 내부 방향으로 열리지 않아야 한다.

26 엘리베이터의 자체점검기준에서 카 상부에 대한 점검내용으로 틀린 것은?

① 점검운전 제어시스템 작동 상태
② 점검운전 조작반, 정지장치 및 콘센트의 작동상태
③ 유압탱크 설치상태 및 유량상태
④ 비상등의 조도 및 작동상태

27 엘리베이터 자체점검기준에서 승강로 내의 보호에 대한 점검내용으로 틀린 것은?

① 문닫힘 안전장치의 설치 및 작동상태
② 승강로 환기 상태
③ 밀폐식 승강로 개구부 등 설치상태
④ 출입문·비상문 및 점검문의 설치 및 작동상태

28 엘리베이터의 자체점검기준에서 과부하감지장치의 작동감지에 대한 점검주기(회/월)는?

① 1/1　　② 1/2
③ 1/3　　④ 1/6

29 에스컬레이터(무빙워크) 자체점검기준에서 디딤판에 대한 점검내용으로 틀린 것은?

① 디딤판과 스커트 각 측면의 틈새
② 전류·온도 증가 시 전동기 전원차단 상태
③ 트레드 홈의 설치상태
④ 연속되는 2개의 스텝/팔레트의 틈새

해설

25 카 천장에 비상구출문이 설치된 경우, 유효 개구부의 크기 **0.4m×0.5m** 이상이어야 한다.
– 엘리베이터 안전기준

26 카 상부에 대한 점검
- 점검운전 조작반, 정지장치 및 콘센트의 작동상태
- 점검운전 제어시스템 작동상태
- 비상등의 조도 및 작동상태
- 보호난간의 고정상태
- 청결상태

※ ③은 유압탱크는 주로 피트에서의 점검에 해당한다.
– 자체점검기준

27 **승강로 내의 보호**
- 밀폐식 승강로 개구부 등 설치상태
- 균형추(평형추) 칸막이 설치상태
- 피트 내 카간 칸막이 설치상태
- 반-밀폐식 승강로 접근방지 및 보호수단
- 승강로 환기 상태
- 풀리의 로프 고정장치 설치상태
- 도르래, 풀리 및 스프로킷의 보호 조치상태
- 균형추(평형추) 추락방지안전장치 작동상태
- 타 설비 비치 여부
- 출입문·비상문 및 점검문의 설치 및 작동상태
- 편향 도르래 등의 추락방지안전장치 설치상태

※ ① : 승강장문 및 카문의 시험
– 자체점검기준

28 [15년 5회] 과부하감지장치와 같이 안전에 밀접한 항목은 월 1회 점검한다.
– 자체점검기준

29 에스컬레이터의 디딤판
- 연속되는 2개의 스텝/팔레트의 틈새
- 디딤판과 스커트 각 측면의 틈새
- 트레드 홈의 설치상태

※ 전동기와 디딤판 점검과는 거리가 멀다.
– 자체점검기준

25 ①　**26** ③　**27** ①　**28** ①　**29** ②

해설

30 엘리베이터 자체점검기준에서 풀리실에 대한 점검내용으로 틀린 것은?

① 과부하 감지장치 설치 및 작동상태
② 바닥 개구부 낙하방지수단의 설치상태
③ 출입문의 잠금 및 작동상태
④ 조명의 점등상태 및 조도상태

31 엘리베이터 자체점검기준에서 전기배선에 대한 점검사항으로 틀린 것은?

① 전기배선(이동케이블 등) 설치 및 손상상태
② 이상 소음 및 진동 발생 상태
③ 카문 및 승강기문의 바이패스 기능
④ 모든 접지선의 연결상태

32 덤웨이터(소형 화물용 엘리베이터) 자체점검기준으로 카에 대한 점검내용으로 틀린 것은?

① 카의 재질 및 변형상태
② 자동 받침대 문턱이 설치된 경우 작동상태
③ 배관, 밸브 등의 이음 부위 및 누유상태
④ 승강로 벽과 충돌방지 수단의 상태

33 무빙워크의 공칭속도가 0.5 m/s인 경우 정지거리는?

① 0.50~0.60 m
② 0.20~0.60 m
③ 0.20~1.00 m
④ 0.10~1.00 m

34 정전 시 비상용(소방구조용) 엘리베이터의 예비전원으로 최소 몇 시간 이상 운행시킬 수 있어야 하는가?

① 1시간 ② 2시간
③ 3시간 ④ 4시간

30 풀리실의 자체점검 사항
- 출입문의 잠금 및 작동상태
- 바닥 개구부 낙하방지수단의 설치상태
- 조명의 점등상태 및 조도상태
- 콘센트의 설치상태

– 자체점검기준

31 전기배선과 이상소음 및 진동 발생과는 거리가 멀다.

– 자체점검기준

32 **소형 화물용 엘리베이터의 카 점검내용**
- 카의 재질 및 변형상태
- 에이프런의 설치상태
- 자동 받침대 문턱이 설치된 경우 작동상태
- 승강로 벽과 충돌방지 수단의 설치상태

– 자체점검기준

33 **무빙워크의 정지거리**

공칭속도	정지거리
0.50 m/s	**0.2m~1m** 사이
0.65 m/s	0.3m~1.3m 사이
0.75 m/s	0.4m~1.5m 사이

– 승강기안전부품 안전기준 및 승강기 안전기준 [별표17] (에스컬레이터) 구동기 안전기준

34 정전 시에는 다음 각 항의 예비전원에 의하여 엘리베이터를 가동할 수 있도록 하여야 한다.

① 60초 이내에 엘리베이터 운행에 필요한 전력용량을 자동적으로 발생시키도록 하되 수동으로 전원을 작동할 수 있어야 한다.
② 2시간 이상 작동할 수 있어야 한다.

– 승강기검사기준

30 ① **31** ② **32** ③ **33** ③ **34** ②

35 장애인용 엘리베이터의 경우 호출에 의하여 카가 정지하면 최소 몇 초 이상 문이 열린 채로 대기하여야 하는가?

① 8 ② 10
③ 12 ④ 15

36 다음에서 안전점검의 중요성이 아닌 것은?

① 승강기 품질유지
② 보수자의 편리도모
③ 승강기의 안전 운행
④ 승강기의 수명 연장

37 유압식 엘리베이터에서 유압파워 유니트와 유압잭 사이의 압력배관에 설치되고 보수나 점검할 경우 유압잭에서 불필요하게 작동유가 흘러나오는 것을 방지하는 것은?

① 압력밸브 ② 스톱밸브
③ 럽쳐밸브 ④ 스트레이너

38 안전상 허용할 수 있는 최대응력을 무엇이라 하는가?

① 사용응력
② 허용응력
③ 안전율
④ 탄성한도

39 전기 접촉이나 방전에 의해 사람이 충격을 받는 경우에 해당하는 것은?

① 협착 ② 전도
③ 감전 ④ 비래

40 정전작업 시 취하여야 할 조치사항이 아닌 것은?

① 단락접지기구를 사용하여 단락접지
② 근로자가 위험이 없다고 판단되면 즉시 작업
③ 잔류전하의 방전 조치
④ 통전금지에 관한 표지판 부착

해설

35 장애인용 엘리베이터의 경우 호출버튼 또는 등록버튼에 의하여 카가 정지하면 **10**초 이상 문이 열린 채로 대기하여야 한다.

– 승강기검사기준

36 [16년 1회] **안전점검의 중요성**
- 승강기의 안전한 운행
- 승강기의 품질 유지
- 승강기의 수명 연장
- 이용자의 편리 도모

37 ① 압력밸브 : 오일압력을 조정하여 힘을 제어한다.
② 스톱밸브 : 유로를 개폐하는 역할을 하며, 보수·점검 시 유압라인 내의 작동유(유압)의 흐름을 차단시킨다.
③ 럽쳐밸브 : 유압파워유닛과 유압실린더를 연결한 호스가 파단될 경우 실린더 로드의 급강하(추락)을 방지하기 위해 카의 정격속도가 0.3m/s에 이르기 전에 작동하여 카를 감속·정지시키는 안전장치이다.
④ 스트레이너 : 오일탱크 내에 설치하여 펌프에 유입되는 오일의 큰 입자의 불순물을 걸러내는 필터 역할을 한다.

38
- 사용 응력(working stress) : 실제로 안전하게 오랜 시간 운전 또는 사용 상태에 있을 때 각 재료에 작용하고 있는 응력
- 허용 응력(allowable stress) : 안전하게 여유를 두고 제한한 탄성 한도 이하의 응력, 즉 재료를 사용하는데 있어서 허용할 수 있는 최대응력

∴ 사용응력 ≤ 허용응력 < 인장(극한)강도

39 ① 협착 : 물건에 끼인 상태, 말려든 상태
② 전도 : 사람이 평면상으로 넘어졌을 때를 말함(과속, 미끄러짐 포함)
④ 비래 : 물건이 주체가 되어 사람이 맞는 경우를 말함

40 생략

정답

35 ② **36** ② **37** ② **38** ② **39** ③ **40** ②

해설

41 부하전류의 변화가 있을 때, 속도 변화가 가장 큰 직류전동기는?
(단, 전원 전압은 일정하다)

① 직권 전동기 ② 분권 전동기
③ 복권 전동기 ④ 타여자 전동기

41 • 직권전동기 : 토크 ↑ 속도변화 ↑
• 분권전동기 : 토크 ↓ 속도변화 일정

42 유도전동기에서 슬립이 1이란 전동기가 어떤 상태를 말하는가?

① 유도전동기가 동기속도로 회전한다.
② 유도전동기가 정지상태이다.
③ 유도전동기가 전부하 운전 상태이다.
④ 유도제동기의 역할을 한다.

42 슬립(S) = $\frac{Ns - N}{Ns}$ (Ns : 동기속도, N : 회전속도)
• **S = 0** : 손실 없음 ($Ns = N$)
• **S = 1** : 손실 100% ($N = 0$) → 정지
• 정상적인 손실의 범위 : 0 < S < 1

43 나사의 호칭이 M10일 때 다음 설명으로 옳은 것은?

① 관용테이퍼 수나사로, 호칭 지름이 10mm이다.
② 미터보통나사로, 호칭 지름이 10mm이다.
③ 유니파이 보통나사로, 나사로서 호칭 지름이 10mm이다.
④ 미터 사다리꼴 나사로, 호칭 지름이 10mm이다.

43 • 관용테이퍼나사의 ㉮ – 수나사 : R 3/4, 암나사 : Rc 3/4
• 유니파이 보통나사의 ㉮ – 3/8–16 UNC
• 미터 사다리꼴 나사의 ㉮ – Tr 10×2

참고) 미터가는나사의 ㉮ – M10×1
– 출제빈도 낮음

44 안전대의 등급과 사용구분이 올바르게 짝지어진 것은?

① 1종 : U자걸이 전용
② 2종 : 1개걸이, U자걸이 공용
③ 3종 : 안전블록
④ 4종 : 1개걸이 전용

44 • 1종 : U자걸이 전용 (전주에 주로 사용)
• 2종 : 1개걸이 전용 (발판 확보 경우)
• 3종 : 1개걸이, U자걸이 공용
• 4종 : 안전블록 (안전그네만 사용)
• 5종 : 추락방지대

45 화학물질 취급장소에서 순수 경각심을 높이기 위한 경고 또는 주의를 표시하기 위한 색상은?

① 파란색 ② 노란색
③ 녹색 ④ 백색

45 • 파랑 : 조심
• 노랑 : 주의
• 녹색 : 안전, 진행, 구급, 구호
• 백색 : 통로, 정리

46 전기기구를 점검하는 작업방법으로 가장 옳은 것은?

① 전기기구는 정지 시에 아무나 만져도 된다.
② 전기기구는 담당자 부재 시에는 주의해서 다룬다.
③ 퓨즈가 끊어지면 만져도 된다.
④ 스위치를 넣거나 끊는 것은 정확히 한다.

46 생략

정답

41 ① **42** ② **43** ② **44** ① **45** ② **46** ④

해설

47 직류 승강기(DC Elevator)에서 전동기의 전류를 측정하고자 할 때 측정 방법으로 옳은 것은?

①
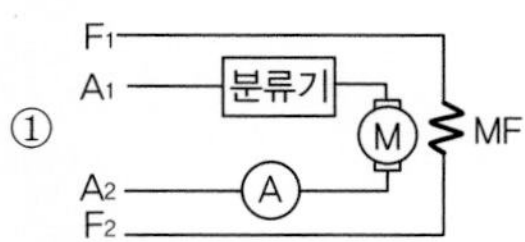

②
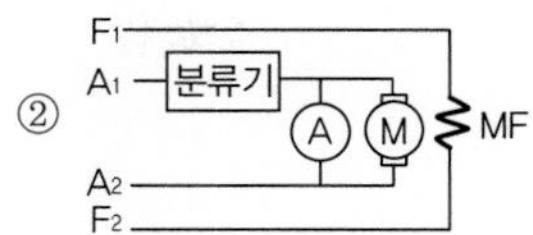

③
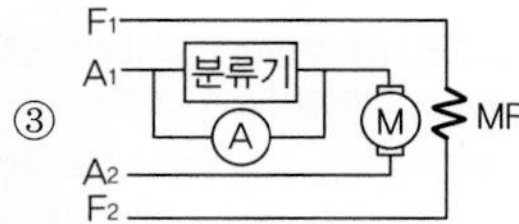

④
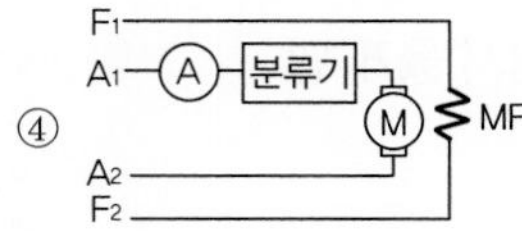

48 전기장의 세기를 나타내는 단위는?

① H/m ② F/m
③ AT/m ④ V/m

49 자계 내의 운동도체에 유기되는 기전력 방향을 결정하는 것은?

① 플레밍의 왼손법칙
② 오른나사의 법칙
③ 패러데이의 법칙
④ 플레밍의 오른손 법칙

50 직류전동기의 속도제어방법이 아닌 것은?

① 저항 제어법 ② 전류 제어법
③ 계자 제어법 ④ 전압 제어법

51 가변전압-가변주파수 제어에서 교류를 직류로 변환하는 부분을 무엇이라 하는가?

① 컨버터(converter)
② 인버터(inverter)
③ PWM(Pulse Width Modulation)
④ PAM(Pulse Amplitute Modulation)

---

47 전류계는 전동기(부하)에 직류로 연결하며, 분류기는 전류의 측정 범위를 넓히기 위한 것으로 전류계에 병렬로 연결한다.

전압계는 전동기(부하)에 병렬로 연결하며, 배율기는 전압의 측정 범위를 넓히기 위한 것으로 전압계와 직렬로 연결한다.

48 전기장의 세기 : 어떤 지점에서 단위전하당 작용하는 힘을 말하며, 두 지점 사이의 전압(V)을 거리(m)로 나눈 값으로, 단위는 **V/m**이다.

- H/m (헨리/미터) : 자속밀도
- AT/m (암페어턴/미터) : 자속의 크기
- F/m (패럿/미터) : 유전율의 단위

※ 참고 : Wb (자속의 단위)

49 ① 자계에 의해 전류 도체가 받는 회전력 방향(자기력의 방향)을 결정하는 규칙(전동기의 작동원리)
② 전류와 자기장의 방향의 관계를 나타내는 법칙으로, 도선에 전류가 흐를 때 자기장의 방향은 오른쪽 방향이다.
③ 코일에 발생하는 유도전류의 크기와 방향을 알 수 있다.
④ 자계 내 도체의 운동에 의한 유도 기전력(유도 전류)의 방향을 결정하는 법칙(발전기의 작동원리)

50 회전수 $N = \frac{E}{K\phi} = \frac{V - I_a R_a}{K\phi}$

- ϕ (자속) → 계자 제어법
- R_a (저항) → 저항 제어법
- V (전압) → 전압 제어법

51
- 컨버터 : 교류 → 직류 (※ 암기 : 인직교 컨교직)
- 인버터 : 직류 → 교류
- PWM(펄스폭 변조) : 디지털 신호의 펄스 폭을 조절
- PAM(펄스진폭 변조) : 디지털 신호의 펄스 진폭을 조절

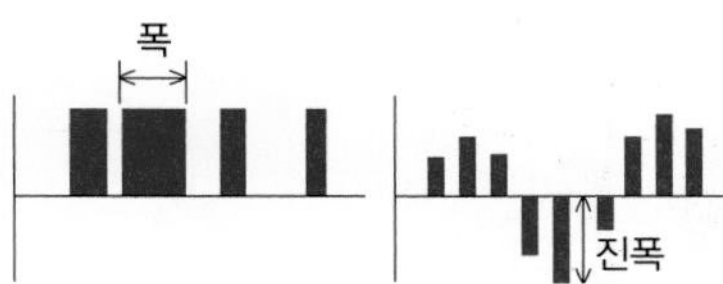

47 ③ 48 ④ 49 ④ 50 ② 51 ①

해설

52 물체에 하중을 작용시키면 물체 내부에 저항력이 생긴다. 이때 단위면적당 발생하는 저항력을 무엇이라 하는가?

① 응력 ② 힘
③ 장력 ④ 하중

53 되먹임 제어계 목표값의 성질에 의한 분류이다. <보기>에서 옳게 연결한 것은?

㉠ 목표값이 시간적으로 변하지 않고 정한다. ㉡ 목표값이 시간적으로 임의로 변한다. ㉢ 목표값의 변화가 미리 정해져 있어 정해진대로 변한다.	ⓐ 추종제어 ⓑ 프로그램제어 ⓒ 정치제어

① ㉠ − ⓑ, ㉡ − ⓒ, ㉢ − ⓐ
② ㉠ − ⓑ, ㉡ − ⓐ, ㉢ − ⓒ
③ ㉠ − ⓒ, ㉡ − ⓐ, ㉢ − ⓑ
④ ㉠ − ⓐ, ㉡ − ⓑ, ㉢ − ⓒ

54 버니어캘리퍼스로 알 수 있는 것은?

① 무게를 정확하게 알 수 있다.
② 50m 이상 되는 길이를 정확히 알 수 있다.
③ 외경, 내경, 단차 등을 정확히 알 수 있다.
④ 각도를 정확하게 알 수 있다.

55 버니어캘리퍼스를 사용하여 현수로프의 직경을 측정하는 방법으로 옳은 것은?

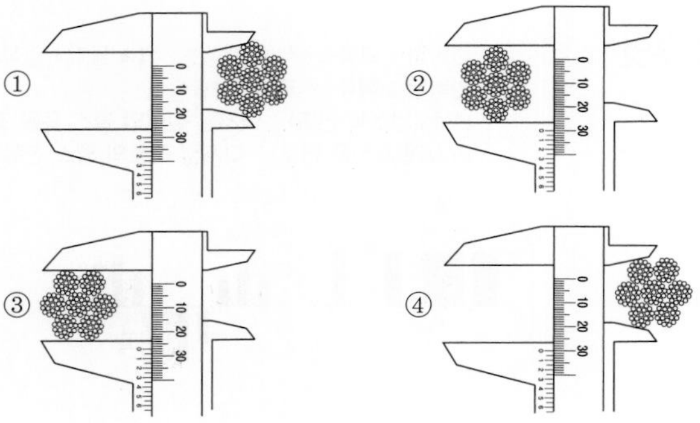

52 응력이란 외력(외부에서 물체에 작용하는 힘)에 대한 물체 내부에서 발생하는 저항력이다.

53 • 추종 제어 : 목표의 변화를 추종하여 목표값이 변화하는 제어로, 목표값이 시간에 따라 변화한다.
• 프로그램 제어 : 미리 정해진 프로그램에 따라 제어량을 변화시키는 제어 예 열차 운전, 산업로보트 운전, 엘리베이터 자동조정
• 정치 제어 : 목표값이 시간에 대하여 변화하지 않는 제어(어떤 일정한 목표값으로 유지하는 것을 목적으로 함)

– 난이도 상, 출제빈도 낮음

54 버니어캘리퍼스는 외측, 내측, 단차, 깊이 등 길이를 측정하며, 최대 30cm의 길이를 측정한다.

55 [07년 2회] 직경은 버니어캘리퍼스 아래의 외측용 조(jaw) 사이에 넣어 측정하며, 이때 전체 스트랜드를 포함한 외접원의 지름을 측정한다.

정답

52 ① 53 ③ 54 ③ 55 ②

해설

56 10Ω의 저항에 20A의 전류가 흐른다면 여기에 가한 전압은 몇 V인가?

① 2 ② 0.1
③ 200 ④ 20

57 재해 원인 분류 중 간접적 원인이 아닌 것은?

① 불안전한 행동 ② 신체적 원인
③ 교육적 원인 ④ 관리적 원인

58 높은 곳에서 전기 작업을 하기 위한 사다리작업을 할 때 안전을 위해 절대 사용해서는 안되는 사다리는?

① 도전성이 있는 금속제 사다리
② 미끄럼 방지장치가 있는 사다리
③ 니스(도료)를 칠한 사다리
④ 셀락(shellac)을 칠한 사다리

59 High 전압을 1, low 전압을 0일 때, 그림에서 Vi를 1 이면 A, B, C, D 각 단자의 출력은?

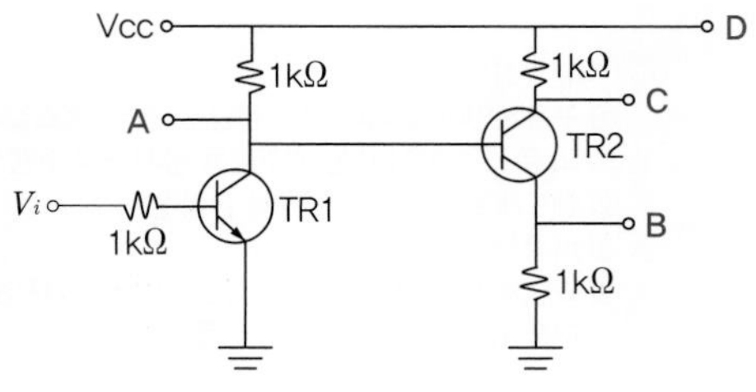

① 0 1 0 1
② 1 1 0 0
③ 0 0 1 1
④ 1 0 1 0

60 18-8 스테인리스강에 대한 설명으로 틀린 것은?

① 녹이 잘 슬지 않는다.
② 내식성이 우수하다.
③ 자성체의 성질을 갖는다.
④ 크롬 18%와 니켈 8%를 함유한다.

56 옴의 법칙 $V = IR = 20 \times 10 = 200$V

57 • 간접적 원인 : 기술적 원인, 교육적 원인, 신체적 원인, 정신적 원인, 관리적 원인
• 직접적 원인 : 불안정한 상태, 불안정한 행동

58 전기와 접촉 위험이 있을 경우는 도전성이 있는 금속제 사다리를 사용하지 않는다.
※ 셀락(shellac) : 천연도료로 주로 목공용 마감재로 사용된다.

59 이 문제는 전압강하와 트랜지스터의 작동을 묻는 것으로 작동순서는 다음과 같다. – 난이도 상, 출제빈도 낮음

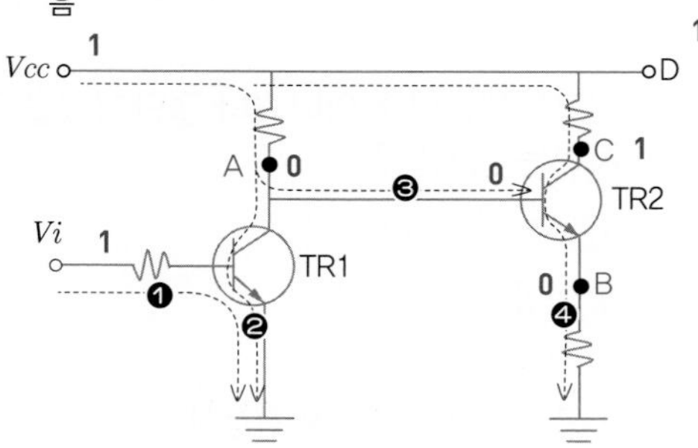

❶ TR1의 베이스로 전류가 흘러 스위칭 작용을 하면 ❷ Vcc의 전류가 저항–TR1–접지로 흐른다. 이 때 저항에서 전압이 소모되므로 전압강하에 의해 A 지점은 0V가 된다. 그러므로 ❸ TR2의 베이스에 전류가 흐르지 못하므로 C(1)에 대기하고 있던 전압은 ❹ 방향으로 흐르지 못한다. 그러므로 B 전압은 0이 된다.
또한, 'Vcc–D' 라인은 전원선이므로 항상 1이다.

60 18–8 스테인리스강은 비자성체 성질의 오스테나이트계이다. – 출제빈도 낮음

56 ③ **57** ① **58** ① **59** ③ **60** ③

Final Check – 최신 출제경향을 반영한 기출문제와 예상문제를 엄선하다!

CBT 시험대비 실전모의고사 제2회

▶ 실력테스트를 위해 문제 옆 해설란을 가리고 문제를 풀어보세요.

□□□

01 유압식 엘리베이터의 속도제어 방식 중 유량제어밸브에 의한 제어회로인 것은?

① 교류궤환 제어회로
② 워드레오나드 제어회로
③ 미터인 회로
④ VVVF 제어회로

□□□

02 릴리프 밸브에 대하여 옳게 설명한 것은?

① 송유관이 파손되었을 때 정지시켜 주는 안전밸브이다.
② 유량을 조절하여 카의 속도를 조정하는 밸브이다.
③ 일정 압력 이상 상승하지 않도록 조정하는 안전밸브이다.
④ 밸브가 작동되면 카가 하강하지 못하도록 하는 밸브이다.

□□□

03 구동체인이 늘어나거나 절단되었을 경우 아래로 미끄러지는 것을 방지하는 장치는?

① 구동체인 안전장치
② 인입구 안전장치
③ 정지스위치
④ 스텝(디딤판) 체인 안전장치

□□□

04 일반적으로 승강장의 신호장치로 사용되지 않는 것은?

① 램프식 ② 버튼식
③ 디지털식 ④ 홀랜턴식

□□□

05 승강로의 벽 일부에 한국산업규격에 알맞은 유리를 사용할 경우 다음 중 적합한 것은?

① 감광유리 ② 방탄유리
③ 일반유리 ④ 접합유리

해설

01 유압회로의 속도는 유량을 제어하며 미터인 회로, 미터아웃 회로, 블리드오프 회로가 있다.
① : 교류승강기의 제어방식 (전압 제어)
② : 직류승강기의 제어방식
④ : 유도전동기의 전압과 주파수를 동시에 제어

02 ① 유압퓨즈
② 유량제어밸브 – 속도제어
④ 체크밸브 – 상승 운전 중 펌프 정지 시 작동유가 역류해 카가 하강하는 것을 방지

03 [14년 2회]
① 구동체인이 늘어나거나 절단될 경우 에스컬레이터의 운행을 정지 또는 역주행을 방지 – 역주행장치
② 핸드레일의 입구에 이물질 삽입 방지
③ 비상시 카 정지
④ 스텝체인이 늘어나거나 이상원인으로 감겨지는 경우 이를 감지하여 에스컬레이터를 정지

04 [02년 1회]
승강장의 신호장치 : 램프식, 디지털식, 홀랜턴식

05 [12년 1회]

01 ③ 02 ③ 03 ① 04 ② 05 ④

06 평면의 디딤판을 중력으로 오르내리게 한 것으로, 경사도가 12° 이하로 설계된 것은?

① 수평보행기(무빙워크)
② 경사도 리프트
③ 에스컬레이터
④ 덤웨이터(소형화물용 엘리베이터)

07 옥내 전동선의 절연저항을 측정하는데 사용되는 계측기는?

① 메거
② 켈빈더블 브리지
③ 휘트스톤 브리지
④ 콜라우시 브리지

08 케이블의 단말처리가 완전하지 못할 경우 일어나는 현상 중 관계가 없는 것은?

① 절연불량　② 단락
③ 통전　④ 지락

09 와이어로프를 구성하는 요소가 아닌 것은?

① 스트랜드　② 소선
③ 심강　④ 소켓

10 전기식 엘리베이터에 사용되는 과속조절기(조속기) 로프는 가장 심한 마모부분의 와이어로프의 지름이 마모되지 않은 부분의 와이어로프 직경의 몇 % 미만일 때 교체해야 하는가?

① 95　② 97
③ 92　④ 90

11 레일의 규격은 어떻게 표시되는가?

① 레일 1개의 길이
② 1m 당 중량
③ 레일의 높이
④ 1m 당 레일이 견디는 힘

해설

06 [15년 4회] 주요 비교

	경사도	정격속도
수평보행기(무빙워크)	**12°** 이하	0.75 m/s 이하
경사형 휠체어리프트	**75°** 이하	0.15 m/s 이하
에스컬레이터	**30°** 이하	0.75 m/s 이하
	30° 초과	0.5 m/s 이하

07 ① : 고저항(절연저항) 측정
② : 저저항
③ : 중저항
④ : 접지저항

08 케이블의 단말처리의 주목적은 절연물의 부식을 방지하여 케이블의 절연불량을 방지하며 단락, 지락을 방지한다.
※ 지락 : 전선이 땅에 떨어져 전류가 대지(땅)으로 흐르는 것

09 [16년 1회] 와이어로프의 구성 요소
중심, 심강, 심, 소선, 스트랜드, 심선

10 마모부분의 와이어로프의 지름은 마모되지 않은 부분의 와이어로프 직경의 **90%** 이상이어야 하므로 **90%** 미만일 경우 교체해야 한다. (즉, 와이어로프 직경이 **10%** 이상 마모되거나 와이어로프 소선의 파단이 일정 수준 이상 마모가 되면 교체해야 함)

11 [13년 5회]
레일 규격은 1m당 무게(중량)가 얼마인가를 나타낸다.

정답

06 ① **07** ① **08** ③ **09** ④ **10** ④ **11** ②

해설

12 단식자동방식(single automatic)에 대한 설명 중 옳은 것은?

① 1개 호출에 의한 운행 중 다른 호출 방향이 같으면 응답한다.
② 주로 승객용에 사용된다.
③ 승강장 버튼은 오름, 내림 공용이다.
④ 같은 방향의 호출은 등록된 순서에 따라 응답하면서 운행한다.

13 자동동력 작동식 문에 대한 설명으로 틀린 것은?

① 문이 닫히는 중에 사람이 출입구를 통과하는 경우 자동으로 문이 열리는 장치가 있어야 한다.
② 문이 닫히는 것을 막는데 필요한 힘은 닫히기 시작하는 1/3 구간을 제외하고 150 N을 초과하지 않아야 한다.
③ 문닫힘안전장치의 기능은 문이 닫히는 마지막 25mm 구간에서는 무효화 될 수 있다.
④ 승강장문 및 문에 견고하게 연결된 기계부품의 운동에너지는 평균 닫힘 속도에서 계산되거나 측정했을 때 10J 이하이어야 한다.

14 벨트식 무빙워크의 경우, 경사부에서 수평부로 전환되는 천이구간의 곡률반경은 최대 몇 m 이상으로 하여야 하는가? (단, 팔레트(디담판)식이 아닌 경우이다.)

① 0.1　　② 0.2
③ 0.3　　④ 0.4

15 소방구조용(비상용) 엘리베이터에 사용되는 권상기의 도르래 교체기준으로 틀린 것은?

① 도르래 홈에 로프자국이 심한 경우
② 도르래에 균열이 발생한 경우
③ 도르래 홈의 마모로 인해 슬랙이 발생한 경우
④ 제조사가 권장하는 크리프량을 초과하지 않는 경우

16 재해 발생 시 사고조사의 목적으로 가장 중요한 것은?

① 기계적, 전기적 결함을 찾아 제작자의 책임 부여
② 사고자 책임 여부를 확인하기 위해
③ 관리자와 운행자의 업무 수행자 책임
④ 사고원인을 규정하여 유사 재해 대책 수립

12 [15년 2회] 모의고사 1회 10번 참고

13 문닫힘안전장치의 기능은 문이 닫히는 마지막 **20mm** 구간에서는 무효화 될 수 있다.
– 엘리베이터 안전기준

14 [07년 2회, 05년 2회]
벨트식 무빙워크의 천이구간 곡률반경 : **0.4m** 이상
※ 천이구간 : 경사주행구간에서 수평주행구간으로 바뀌는 구간으로 디딤판과 디딤판의 경계부분
– 엘리베이터 안전기준

15 [14년 5회]
- 시브홈의 언더컷이 마모 되었을 경우(잔여량이 1mm 이상이어야 함)
- 불균일 마모(편마모로 인해 각 로프 간의 높이편차가 2mm 이내이어야 함)
- 로프홈에 로프 자국의 흔적이 확인될 경우
- 시브에 균열·진동·소음이 발생한 경우
- 정지시 로프와 시브간 심한 슬립이 발생하는 경우
- 시브와 로프의 크리프량 확인 (→크리프량 : 변형량)
  (가) 층고 30m 이하일 경우 : 슬립량 20mm 이내
  (나) 층고 50m 이상일 경우 : 슬립량 30mm 이내

16 생략

정답
12 ③ **13** ③ **14** ④ **15** ④ **16** ④

해설

17 시브 홈의 편마모의 원인에 해당하는 것은?

① 로프장력의 불균일
② 기동빈도의 증가
③ 적재하중의 불균등 배치
④ 정격속도 미달

17 [11년 2회]
승강기가 운행될 때 카와 균형추에 걸려있는 로프의 텐션 차이가 발생하며, 로프간의 인장력의 차이로 시브와 슬립이 발생하고 이는 시브의 로프홈의 편마모를 발생시킨다.

– NCS 학습모듈 (엘리베이터 부품교체)

18 주행안내(가이드) 레일에 대한 점검사항이 아닌 것은?

① 세이프티 링크 스위치와 캠의 간격
② 이음핀 조립부의 볼트, 너트 이완 유무
③ 브래킷 용접부의 균열 유무
④ 주행안내 레일의 급유 상태

18 **가이드 레일, 브라켓의 점검**
가이드 레일의 손상이나 용접부의 불량 여부, 주행 중 이상음 발생 여부, 가이드 레일 고정용 레일 클립이 올바르게 취부되어 있는지의 여부, 볼트 너트의 이완 여부, 가이드 레일 이음판의 취부 볼트 너트의 이완 여부, 가이드 레일의 급유 상태, 가이드 레일 및 브래킷의 녹 발생 여부, 가이드 레일과 브래킷의 오염 여부, 브래킷 취부용 앵커 볼트의 이완 여부, 브래킷 용접부의 균열 여부 등

19 수직형 휠체어리프트 현수로프의 안전율은 최소 얼마 이상이어야 하는가?

① 6
② 8
③ 10
④ 12

19
- 현수로프의 안전율 : 12 이상
- 현수체인의 안전율 : 10 이상

– 엘리베이터 안전기준

20 과속조절기(조속기) 로프의 안전율은 최소 얼마 이상이어야 하는가?

① 2
② 4
③ 8
④ 10

20 과속조절기 로프의 최소 파단하중은 8 이상의 안전율을 확보해야 한다.

– 과속조절기 안전기준

21 에스컬레이터(무빙워크) 자체점검기준에서 주변장치에 대한 점검내용으로 옳은 것은?

① 전류/온도 증가 시 전동기 전원차단 상태
② 콤 교차점 바닥에서의 조도
③ 구동 및 순환장소의 정지스위치 설치 및 작동상태
④ 정지스위치 설치상태 및 작동상태

21 ①, ③, ④는 에스컬레이터(무빙워크)의 전기안전장치에 대한 점검사항이다.

– 자체점검기준

17 ① **18** ① **19** ④ **20** ③ **21** ②

22 엘리베이터 도어 사이에 끼이는 물체를 검출하기 위한 안전장치로 틀린 것은?

① 세이프티 슈
② 초음파 장치
③ 도어클로저
④ 광전장치

23 엘리베이터 자체점검기준에서 카 상부에 대한 점검내용으로 틀린 것은?

① 점검운전 제어시스템 작동상태
② 점검운전 조작반, 정지장치 및 콘센트의 작동상태
③ 비상등의 조도 및 작동상태
④ 유압탱크 설치상태 및 유량상태

24 엘리베이터 자체점검기준에서 피트 내 설비에 대한 점검내용으로 틀린 것은?

① 도르래 홈의 마모상태
② 피트 내 누수 및 청결상태
③ 튀어오름 방지장치의 설치 및 작동상태
④ 콘센트 및 조명점멸장치 작동상태

25 엘리베이터 자체점검기준에서 비상운전 및 작동시험을 위한 장치에 대한 점검내용으로 틀린 것은?

① 자동구출운전의 설치 및 작동상태
② 오일쿨러 설치 및 작동상태
③ 조명의 점등상태 및 조도
④ 수동 비상운전수단의 설치 및 작동상태

26 엘리베이터 자체점검기준에서 기계실 내의 기계류에 대한 점검내용으로 옳은 것은?

① 보호난간의 고정상태
② 과부하감지장치 설치 및 작동상태
③ 양중용 지지대 및 고리에 허용하중 표시 상태
④ 균형추의 고정 및 설치상태

해설

22 [16년 1회] 도어 안전장치 : 세이프티 슈, 초음파 장치, 광전장치

23 **카 상부의 점검**
- 점검운전 조작반, 정지장치 및 콘센트의 작동상태
- 점검운전 제어시스템 작동상태
- 비상등의 조도 및 작동상태
- 보호난간의 고정상태 및 청결상태

※ ④는 유압시스템의 점검사항이다.

– 자체점검기준

24 **피트 내 설비**
- 점검운전 조작반의 작동상태
- 피트 내 정지장치의 설치 및 작동상태
- 피트 점검운전스위치 작동 후 복귀상태
- 튀어오름 방지장치의 설치 및 작동상태
- 피트 내 누수 및 청결상태

※ 도르래는 기계류 공간에서의 점검사항이다.

– 자체점검기준

25 **비상운전 및 작동시험을 위한 장치**
- 조명의 점등상태 및 조도
- 기능 및 작동상태
- 수동 비상운전수단의 설치 및 작동상태
- 자동구출운전의 설치 및 작동상태

– 자체점검기준

26 ① 카 상부의 점검
② 카의 점검
④ 완충기의 균형추 점검

– 승강기 안전운행 및 관리에 관한 운영규정 [별표 3] 자체점검기준

정답

22 ③ 23 ④ 24 ① 25 ② 26 ③

해설

27 엘리베이터 자체점검기준에서 전기배선에 대한 점검 내용으로 틀린 것은?

① 이상 소음 및 진동 발생 상태
② 카문 및 승강장문의 바이패스 기능
③ 전기배선(이동케이블 등) 설치 및 손상상태
④ 모든 접지선의 연결상태

27 전기배선 점검과 소음·진동 발생과는 다소 거리가 멀다.
– 자체점검기준

28 유압식 엘리베이터에서 전동기 및 펌프의 시동 중 카가 출발되지 않는 원인으로 틀린 것은?

① 실린더 내부의 공기가 완전히 제거되지 않은 경우
② 카가 주행안내(가이드) 레일 또는 기타 부위에 끼는 경우
③ 릴리프의 조절변의 압력이 낮게 세팅되어 있는 경우
④ 차단밸브가 닫혀 있는 경우

28 실린더 내에 공기가 일부 포함되더라도 출발에는 영향이 없으나, 공기의 압축성 때문에 플런저의 작동이 지연되고 부드럽게 움직이지 않으며 정밀한 제어가 어렵다.

- 릴리프 밸브의 조절변은 압력을 조정하는 조절밸브를 말한다. 압력을 낮게 설정하면 낮은 압력에서 유압이 탱크로 복귀된다. 그러므로 플런저에 작용하는 압력이 낮아져 출발이 불가능해진다.
- 차단밸브(shut off valve)는 유압장치 내에 유체 흐름을 허용/차단한다.

29 승강기 운전자가 준수하여야 할 사항으로 틀린 것은?

① 술에 취한 채 또는 흡연하면서 운전하지 말아야 한다.
② 질병, 피로 등을 느꼈을 때는 즉시 약을 복용하고 근무한다.
③ 운전 중 사고가 발생할 때에는 즉시 운전을 중지하고 관리주체에게 보고한다.
④ 정원 또는 적재하중을 초과하여 태우지 말아야 한다.

29 생략

30 유압식 엘리베이터의 점검 시 플런저 부위에서 특히 유의하여 점검하여야 할 사항은?

① 제어밸브에서의 누유상태
② 플런저의 토출량
③ 플런저 표면조도 및 작동유 누설 여부
④ 플런저의 승강행정 오차

30 [16년 3회] 표면조도는 거칠기를 말하며, 작동유 누설에 영향을 미친다.
다른 보기도 연관이 있어보이나, 문제에서 플런저에 국한하므로 ③번이 적합하다. 플런저의 토출량, 승강행정 오차는 제어밸브 또는 오일 특성과 관련이 있다.

31 승객이나 운전의 마음을 편하게 해주는 장치는?

① BGM(Back Ground Music) 장치
② 관제운전장치
③ 구출운전장치
④ 통신장치

31 생략

27 ① 28 ① 29 ② 30 ③ 31 ①

해설

32 사이리스터의 점호각을 바꿔 유도전동기의 속도를 제어하는 방식은?

① 교류궤환 제어
② VVVF 제어
③ 교류2단제어
④ 교류1단제어

32 [15년 1회] **교류궤환 제어**
카의 실속도와 미리 정해진 지령속도를 비교하여 사이리스터의 점호각을 바꿔 유도전동기의 속도를 제어하는 방식으로 45~105 m/min 이하에서 적용된다.
체크하기) 직류 엘리베이터의 정지레오나드 방식 : 사이리스터(정지형 반도체 소자)를 이용하여 교류를 직류로 변환시킴과 동시에 점호각을 제어하여 직류전압을 변화시켜 속도를 제어한다.

33 카 내에서 범죄를 예방하기 위하여 승강장과 카 내가 서로 보이도록 투명한 창을 설치한 것으로 주로 공동주책에 많이 설치되는 것은?

① 방범 카메라
② 각층 강제정지장치
③ 열추적 감지기
④ 방범창

33 방범창 : 엘리베이터에서의 범죄를 예방하기 위해 승장강에서 내부가 확인되는 유리창을 설치한 것

34 카 비상정지장치(추락방지안전장치)의 작동을 위한 조속기(과속조절기)는 정격속도의 몇 % 이상의 속도에서 작동해야 하는가?

① 105 ② 110
③ 115 ④ 120

34 카 비상정지장치를 위한 조속기는 적어도 정격속도의 **115%** 이상에서 작동하여야 한다.
– 전기식 엘리베이터의 구조

35 정격하중의 카가 최하층에 정지하고 있을 때 매다는 장치 1가닥의 최소 파단하중(N)과 이 로프에 걸리는 최대 힘(N) 사이의 비율을 무엇이라 하는가?

① 하중율
② 파단율
③ 안전율
④ 절단율

35 안전율 : 정격하중의 카가 최하층에 정지하고 있을 때 매다는 장치 1가닥의 최소 파단하중(N)과 매다는 장치에 걸리는 최대 힘(N) 사이의 비율

36 전기식 엘리베이터 리미트 스위치(감속 및 스위치 포함)의 교체기준이 아닌 것은?

① 스위치 롤러가 심하게 마모된 경우
② 누름버튼의 보호링이 파손된 경우
③ 스위치 박스가 녹 발생, 마모 및 변형된 경우
④ 스위치 레버가 심하게 손상되거나 유격이 심한 경우

36 실전모의고사 1회 20번 참조

정답
32 ① 33 ④ 34 ③ 35 ③ 36 ②

37 에스컬레이터의 구동 체인이 규정값 이상으로 늘어져 있을 경우에 나타나는 현상은?

① 안전회로가 차단되어 구동되지 않는다.
② 상승만 가능하다.
③ 브레이크가 작동하지 않는다.
④ 하강만 가능하다.

38 에스컬레이터의 역회전 방지장치로 틀린 것은?

① 기계 브레이크
② 구동체인 안전장치
③ 조속기(과속조절기)
④ 스커트 가드

39 회전운동을 하는 유희시설은?

① 비행탑
② 코스터
③ 매드마우스
④ 워터슈트

40 전기식 엘리베이터에서 자동 착상장치가 고장났을 때의 현상으로 볼 수 없는 것은?

① 최하층으로 직행 감속되지 않고 완충기에 충돌한다.
② 호출된 층에 정지하지 않고 통과한다.
③ 어느 한쪽방향의 착상오차가 발생한다.
④ 정확한 위치에 착상할 수 없다.

41 다음 설명 중 틀린 것은?

① 저항은 전기의 흐름을 방해하는 역할을 한다.
② 전압과 전류는 서로 반비례한다.
③ 전압의 단위는 볼트이고, 기호는 V를 쓴다.
④ 전기의 흐름을 전류라 하고 단위는 A를 쓴다.

해설

37 [12년 5회] 주로프 또는 체인이 이완된 경우에 이완감지장치가 이를 감지하여 동력을 차단시키고, 카를 정지시킨다.

38 [16년 1회, 09년 1회, 07년 4회]
① 기계 브레이크 : 전원 OFF 시 모터의 관성을 제지시켜 역회전 방지
② 구동체인 안전장치 : 체인 이상이 있을 때 전원 차단 및 라쳇 휠에 브레이크 래치가 걸려 하강방향 회전을 제지
③ 조속기(과속조절기) : 전원 결상 또는 모터 토크 부족으로 하강 방지를 위해 조속기를 모터 축에 연결하여 전원 차단 및 기계 브레이크 작동

39 [14년 1회]
- 매드마우스 : 롤러코스터의 일종
- 워트슈트 : 물경로를 따라 미끄러져 내려가는 시설

40 [13년 5회] **자동착상장치**
정전 시 승객이 카에 갇히는 사고를 방지하기 위해 비상전력을 통해 카를 가까운 층으로 이동시킨 후 자동으로 문을 열게 하는 역할을 한다.

41 오옴의 법칙($V = IR$)에서 저항이 일정할 때 전압과 전류는 비례한다.
이해) $R = 1$이라고 가정했을 때 V가 커질수록 I도 커진다.

37 ① **38** ④ **39** ① **40** ① **41** ②

chapter 06

42 플레밍의 왼손법칙에서 엄지손가락의 방향은 무엇을 나타내는가?

① 자장
② 전류
③ 기전력
④ 힘

43 P형 반도체와 N형 반도체 또는 반도체와 금속을 접합시키면 전류가 한쪽 방향으로는 잘 흐르나 반대 방향으로는 잘 흐르지 않는 정류작용을 한다. 이와 같은 원리를 이용한 것은?

① 다이오드
② TR
③ 서미스터
④ 트라이액

44 후크의 법칙을 올바르게 표현한 것은?

① 응력과 변형률은 비례 관계이다.
② 변형률과 탄성계수는 비례 관계이다.
③ 응력과 변형률은 반비례 관계이다.
④ 응력과 탄성계수는 반비례 관계이다.

45 직류기에서 전기자반작용을 보상하기 위한 것은?

① 복권기
② 균압환
③ 분권기
④ 보상권선

46 전기장의 세기에 해당하는 단위는?

① F/m ② H/m
③ AT/m ④ V/m

해설

42 [07년 2회] 플레밍의 왼손 법칙

힘이 작용하는 방향 / 자력선 방향 / 전류가 흐르는 방향

- 전 : 중지
- 자 : 검지
- 력 : 엄지

43 [11년 2회] 다이오드는 체크밸브와 같이 전류의 흐름을 한쪽 방향으로만 허용하여 정류작용에 이용된다.

- TR : '트랜지스터'를 말하며, 스위치 작용·증폭작용을 한다.
- 서미스터 : 온도변화에 따라 전압이 변한다.
- 트라이액 : AC전력제어를 위한 스위칭 소자

44 후크의 법칙 : 비례한도 내에서 응력과 변형률은 비례 관계이다.

45 전기자 반작용이란 전기자 권선의 자속이 계자 권선의 자속에 영향을 주는 현상을 말하며, 방지대책으로는 보상권선과 보극을 설치한다.

46 전기장 : 전기력(접촉하지 않은 전기의 힘)이 작용하는 공간을 말하며, 1m당 전압(V)으로 나타낸다. 즉, **V/m**이다.

① F/m : 유전율
② H/m : 투자율
③ AT/m : 자기장의 세기

정답

42 ④ **43** ① **44** ① **45** ④ **46** ④

47 유도전동기의 동기속도가 Ns, 회전수가 N이라면 슬립은 몇 % 인가?

① $\dfrac{Ns}{Ns+N} \times 100$　　② $\dfrac{Ns-N}{Ns} \times 100$

③ $\dfrac{Ns}{Ns-N} \times 100$　　④ $\dfrac{Ns-N}{N} \times 100$

48 주파수 60Hz, 슬립 0.02이고 회전자 속도가 588rpm 인 3상 유도전동기의 극수는?

① 12　　② 16

③ 4　　④ 8

49 그림에서 지름 400mm의 바퀴가 원주방향으로 25kg의 힘을 받아 200rpm으로 회전하고 있다면, 이 때 전달되는 동력은 몇 kg·m/sec인가? (단, 마찰계수는 무시한다)

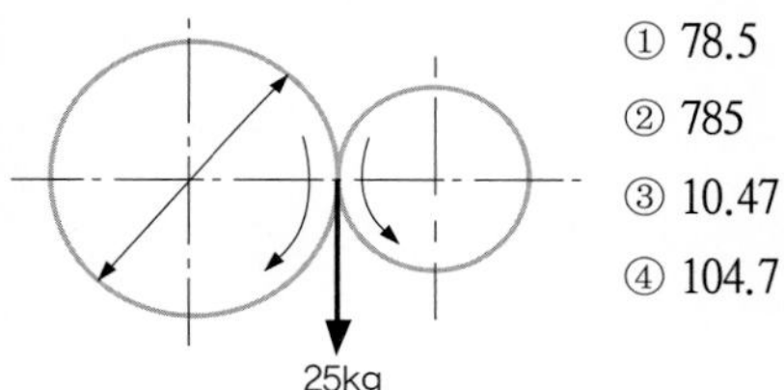

① 78.5
② 785
③ 10.47
④ 104.7

50 감전사고의 원인이 되는 것과 관계없는 것은?

① 기계기구의 빈번한 기동 및 정지
② 정전작업 시 접지가 없어 유도전압이 발생
③ 전기기계기구나 공구의 절연파괴
④ 콘덴서의 방전코일이 없는 상태

51 운전 중인 유도전동기의 선로를 끊지 않고 전류를 측정하려고 할 때 가장 편리하게 사용할 수 있는 계기는?

① 캘빈 더블 브리지
② 클램프 미터
③ 스트로보 스코프
④ 콜라우시 브리지

해설

47 [15년 1회]

$$\text{슬립} = \frac{\text{동기속도} - \text{회전수}}{\text{동기속도}} \times 100\%$$

48 슬립 $S = \dfrac{Ns-N}{Ns}$

$\rightarrow 0.02 = \dfrac{Ns-588}{Ns} \rightarrow Ns = \dfrac{588}{1-0.02} = 600$

$Ns = \dfrac{120f}{P} \rightarrow P = \dfrac{120 \times 60}{600} = 12$

(Ns : 동기속도, N : 회전자 속도, f : 주파수, P : 극수)

49 동력은 어떤 토크가 얼마나 빨리 회전하냐를 말한다.

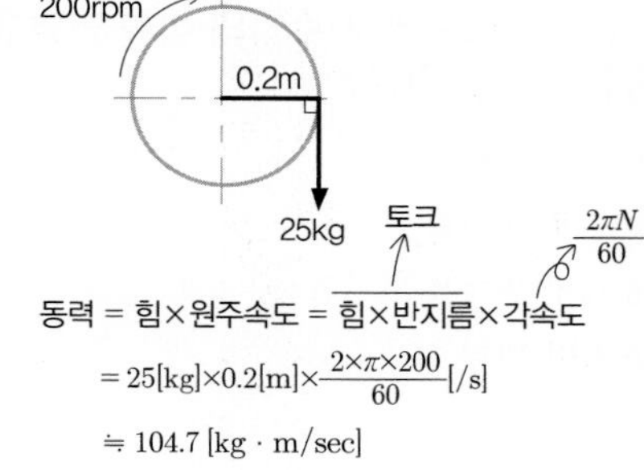

동력 = 힘×원주속도 = 힘×반지름×각속도

$= 25[\text{kg}] \times 0.2[\text{m}] \times \dfrac{2 \times \pi \times 200}{60}[/\text{s}]$

$\fallingdotseq 104.7\ [\text{kg} \cdot \text{m/sec}]$

50 [12년 5회] 기계기구를 빈번한 ON/OFF 한다고 감전의 직접적인 원인은 되지 않는다.

② 정전작업이란 전기기계·기구 또는 전로의 설치·해체·정비·점검으로부터 감전 또는 설비 오동작을 방지하기 위해 작업 구간을 정전시켜 수행하는 작업을 말한다. 정전작업 시 접지는 예기치 못하게 전원이 투입되는 것을 방지하고, 유도전압으로부터 보호한다.

④ 콘덴서의 방전코일은 기기 OFF 시 콘덴서에 축적된 잔류전하를 빠르게 방전시켜 감전의 위험으로부터 보호한다.

51 **클램프 타입 전류계(후크미터)**
전선을 절단하지 않고 전류 측정이 가능하다. 측정 시에는 하나의 전선만 통과시켜야 한다.

정답

47 ② **48** ① **49** ④ **50** ① **51** ②

해설

52 출력단의 신호를 입력단으로 되먹임하는 제어는?

① 시퀀스 제어
② 피드백 제어
③ 열린 루프 제어
④ 정성 제어

53 웜과 웜기어의 전동효율을 높이려면?

① 진입각을 작게 한다.
② 마찰각을 크게 하여야 한다.
③ 마찰계수를 크게 하여야 한다.
④ 웜의 리드를 크게 하고 지름을 작게 한다.

54 변형량과 원래 치수와의 비를 변형률이라고 한다면 다음 중 변형률의 종류가 아닌 것은?

① 가로 변형률
② 전체 변형률
③ 세로 변형률
④ 전단 변형률

55 다음 중 일상점검의 중요성이 아닌 것은?

① 승강기의 품질유지
② 보수자의 편리도모
③ 승강기의 안전운행
④ 승강기의 수명연장

56 안전보호기구의 점검·관리 및 사용방법으로 틀린 것은?

① 적어도 한달에 1회 이상 책임 있는 감독자가 점검한다.
② 청결하고 습기가 없는 장소에 보관한다.
③ 한번 사용한 것은 재사용하지 않도록 한다.
④ 보호구는 항상 세척하고 완전히 건조하여 보관한다.

52 **시퀀스 제어와 피드백 제어**

제어	회로 특성	제어량	
시퀀스 제어	열린 루프	정성적 제어	논리판단 제어
피드백 제어	닫힌 루프	정량적 제어	되먹임 제어

시퀀스 제어의 예 엘리베이터, 자판기, 세탁기 등

53 웜기어의 효율을 높이려면 웜 진입각을 크게, 마찰계수를 낮게 하거나 웜의 줄 수를 늘려서 리드각을 크게해야 한다. 진입각을 크게 하기 위해서는 웜의 피치원 지름을 작게 하여야 하고 웜 휠의 피치원 지름을 증가시킨다.

- 웜 진입각을 크게 할 경우 – 웜 진입각을 치면의 접촉 마찰각보다 작게 하면 웜을 회전시킬 수 없다.
- 마찰계수가 증가하면 효율이 감소한다.

54 변형률의 종류 : 가로, 세로, 전단

55 생략

56 보호기구는 상시점검하여 이상이 있을 경우 수리·교체하며, 청결을 유지하도록 관리해야 한다.

정답

52 ② 53 ④ 54 ② 55 ② 56 ③

57 현장 내에 안전표지판을 부착하는 이유로 옳은 것은?

① 작업방법을 표준화하기 위해
② 비능률적인 작업을 통제하기 위해
③ 기계나 설비를 통제하기 위해
④ 작업환경을 표준화하기 위해

58 사고예방의 기본 4원칙이 아닌 것은?

① 예방 가능의 원칙
② 대책 선정의 원칙
③ 원인 계기의 원칙
④ 개별 분석의 원인

59 감전과 전기화상을 입을 위험이 있는 작업에서 구비해야 할 것은?

① 구명구
② 운동화
③ 구급용구
④ 보호구

60 연결대의 등급과 사용구분이 옳게 짝지어진 것은?

① 2종 : 1개걸이, U자걸이 공용
② 3종 : 안전블록
③ 1종 : U자걸이 전용
④ 4종 : 1개걸이 전용

해설

57 [14년 1회] 안전표지판은 작업안전을 위해 지시하는 역할을 하므로 작업환경을 표준화 한다.
※ 오답률이 크므로 주의할 것

58 [09년 1회] **사고예방의 기본 4원칙**
(→ 암기법 : 손예(진) 대원)
① 손실 우연의 원칙 : 사고의 결과 생기는 손실은 우연히 발생함
② 예방 가능의 원칙 : 천재지변을 제외한 모든 재해는 예방이 가능
③ 대책 선정의 원칙 : 재해는 적합한 대책이 선정되어야 함
④ 원인 계기의 원칙 : 재해는 직접 원인과 간접 원인이 연관되어 일어남

59 [16년 1회] 보호구 – 안전모, 보안경(보안면), 절연장갑, 절연화 등

60 [빈출]
- 1종 : U자 걸이 전용
- 2종 : 1개 걸이 전용
- 3종 : U자 걸이, 1개 걸이 공용
- 4종 : 안전블록
- 5종 : 추락방지대

57 ④ **58** ④ **59** ④ **60** ③

Final Check – 최신 출제경향을 반영한 기출문제와 예상문제를 엄선하다!

CBT 시험대비 실전모의고사 제3회

▶ 실력테스트를 위해 문제 옆 해설란을 가리고 문제를 풀어보세요.

□□□

01 균형로프(Compensating Rope)의 역할로 옳은 것은?

① 주로프가 열화되지 않도록 한다.
② 균형추의 이탈을 방지한다.
③ 카의 낙하를 방지한다.
④ 주로프와 이동케이블의 이동으로 변하는 하중을 보상한다.

□□□

02 에스컬레이터의 안전장치에 해당되지 않는 스위치는?

① 업다운키 스위치(up down key switch)
② 비상정지 스위치(emergency switch)
③ 인렛트 스위치(inlet switch)
④ 스커트가드 안전스위치(skirt guard safety switch)

□□□

03 워드레오나드 방식의 속도를 제어할 때 주로 사용하는 방법은?

① 전동발전기의 계자를 제어
② 발전기의 출력전압을 저항을 이용하여 제어
③ 권상전동기의 전기자 저항을 제어
④ 권상전동기의 회전자 전압을 조정

□□□

04 속도별에 의한 분류에서 고속엘리베이터는 몇 m/s를 초과하는가?

① 1.5 ② 2.0
③ 3.0 ④ 4.0

□□□

05 전기식 엘리베이터에서 현수로프의 교체시기에 대한 판정방법으로 틀린 것은?

① 재질 ② 마모
③ 부식 정도 ④ 단선

해설

01 [15년 4회] 균형로프는 카의 위치에 따라 메인로프의 무게 불균형이 커질 때 이것을 보상하기 위한 로프를 말한다.

02 [16년 2회]
② 비상 시 수동 정지 스위치
③ 손잡이 부위의 안전스위치
④ 디딤판과 스커트 가이드 사이에 이물질 등이 낄 경우 정지

03 워드레오나드 방식은 직류발전기의 계자 저항를 제어함으로써 자계전류를 제어하여 권상전동기의 속도를 제어한다.

04 **속도에 의한 분류**
- 저속 : 0.75 m/s 이하
- 중속 : 1~4 m/s
- 고속 : 4~6 m/s
- 초고속 : 6 m/s 이상

05 **로프의 수명판정** : 소선 마모, 단선, 부식상태, 형태파괴, 편심 등으로 판단한다.

01 ④ **02** ① **03** ① **04** ④ **05** ①

06 유압식 엘리베이터에서 파워 유니트의 보수, 점검 또는 수리를 위해 실린더로 통하는 오일을 수동으로 차단시키는 것은?

① 레벨링 밸브 ② 역지밸브
③ 스톱밸브 ④ 스트레이너

07 엘리베이터 도어 사이에 끼이는 물체를 검출하기 위한 안전장치로 틀린 것은?

① 도어클로저 ② 광전 장치
③ 세이프티 슈 ④ 초음파 장치

08 소방구조용(비상용) 엘리베이터는 소방관 접근 지정층에서 소방관이 조작하여 엘리베이터 문이 닫힌 이후부터 최대 몇 초 이내에 가장 먼 층에 도착되어야 하는가?

① 30 ② 60
③ 90 ④ 120

09 소방구조용(비상용) 엘리베이터의 운행속도는 최소 몇 m/s 이상이어야 하는가?

① 1 ② 1.5
③ 0.75 ④ 0.5

10 에스컬레이터 자체점검기준에서 전기안전장치의 점검내용으로 틀린 것은?

① 전류/온도 증가 시 전동기 전원차단 상태
② 정지스위치 설치상태 및 작동상태
③ 이동케이블 연결 콘센트의 설치상태
④ 구동 및 순환장소의 정지스위치 설치 및 작동상태

11 에스컬레이터(무빙워크) 자체점검기준에서 6개월에 1회 점검하는 사항이 아닌 것은?

① 진입방지대, 고정 안내 울타리 등의 설치상태
② 에스컬레이터와 방화셔터의 연동 작동상태
③ 출구 자유공간의 확보 여부
④ 승강장 추락위험 예방조치의 설치 및 고정상태

해설

06 [빈출] 스톱밸브는 유압 파워유니트에서 실린더로 통하는 배관에 설치되어 유압장치의 보수, 점검, 수리 시 사용되는 수동 조작 밸브이다.

07 [16년 1회] 도어클로저 : 승강장 문이 열려 있는 상태에서 모든 제약이 해제되면 자동적으로 닫히게 하여 문의 개방상태에서 발생할 수 있는 2차 재해를 방지하는 안전장치
※ 도어 선단의 이물질 검출장치 : 광전 장치, 세이프티 슈, 초음파 장치

08 비상용 엘리베이터는 소방관이 조작하여 엘리베이터 문이 닫힌 이후부터 **60초** 이내에 가장 먼 층에 도착하여야 된다. 다만, 운행속도는 **1 m/s** 이상이어야 한다.
– 엘리베이터의 안전기준
– 승강기 검사기준 [별표1] 전기식 엘리베이터의 구조

09 08번 해설 참조

10 ③은 운전장치(점검운전 제어반)의 점검에 해당한다.
– 자체점검기준

11 ④는 1개월에 1회 점검사항이다.
– 자체점검기준

06 ③ **07** ① **08** ② **09** ① **10** ③ **11** ④

chapter 06

□□□

12 엘리베이터 자체점검기준에서 기계실의 주개폐기에 대한 점검내용으로 옳은 것은?

① 오일쿨러 설치 및 작동상태
② 베어링 및 관련 부품의 노후와 작동상태
③ 설치 및 작동상태
④ 윤활유의 유량 및 노후상태

□□□

13 층고가 6m 이하이고, 공칭속도가 0.5m/s 이하인 경우 에스컬레이터의 경사도는 몇 도까지 증가시킬 수 있는가?

① 30 ② 40
③ 33 ④ 35

□□□

14 수직 개폐기 승강장문인 경우에 승강장문이 닫혀 있을 때 문짝 사이의 틈새는 최대 몇 mm까지 허용하는가? (단, 관련 부품이 마모되지 않은 경우이다.)

① 4 ② 6
③ 8 ④ 10

□□□

15 수평안내(가이드) 레일의 보수점검 사항 중 틀린 것은?

① 레일 브래킷의 조임상태를 점검한다.
② 녹이나 이물질이 있을 경우 제거한다.
③ 레일 클립의 변형 유무를 체크한다.
④ 과속조절기(조속기) 로프의 미끄럼 유무를 점검한다.

□□□

16 기계식주차장의 안전기준 및 검사기준 등에 관한 규정상 다음 설명에 해당하는 주차정지 종류는?

【보기】

주차구획에 자동차를 들어가도록 한 후 그 주차구획을 수직으로 순환이동하여 자동차를 주차하도록 설계한 주차장치이다.

① 수직 순환식
② 수평 순환식
③ 다층 순환식
④ 승강기 슬라이드식

해설

12 ①, ② 기계류 공간
④ 기계류 공간의 감속기
– 자체점검기준

13 에스컬레이터의 경사도는 30°를 초과하지 않아야 한다. 다만, 층고가 6 m 이하이고, 공칭속도가 0.5 m/s 이하인 경우에는 경사도를 **35°**까지 증가시킬 수 있다.
– 에스컬레이터 구조 – 5.2.2 경사도

14 승강장문 및 카문이 닫혀 있을 때, 문짝 간 틈새나 문짝과 문틀(측면) 또는 문턱 사이의 틈새는 **6 mm** 이하이어야 한다.
– 엘리베이터 안전기준

15 **가이드 레일, 브라켓의 점검**
- 가이드 레일의 손상이나 용접부의 불량 여부
- 주행 중 이상음 발생 여부
- 가이드 레일 고정용 레일 클립이 올바르게 취부되어 있는지의 여부
- 볼트 너트의 이완 여부
- 가이드 레일 이음판의 취부 볼트 너트의 이완 여부
- 가이드 레일의 급유 상태
- 가이드 레일 및 브래킷의 녹 발생 여부
- 가이드 레일과 브래킷의 오염 여부
- 브래킷 취부용 앵커 볼트의 이완 여부
- 브래킷 용접부의 균열 여부 등

– NCS 엘리베이터 점검

16
- 수평순환식 : 주차구획에 자동차를 들어가도록 한 후 그 주차 구획을 수평으로 순환이동하여 자동차를 주차하도록 설계한 주차장치
- 다층순환식 : 주차구획에 자동차를 들어가도록 한 후 그 주차 구획을 여러 층으로 된 공간에 아래·위 또는 수평으로 순환이동하여 자동차를 주차하도록 설계한 주차장치

12 ③ 13 ④ 14 ② 15 ④ 16 ①

17 빈 칸의 내용으로 옳은 것은?

【보기】

덤웨이터(소형화물용 엘리베이터)는 사람이 탑승하지 않으면서 적재용량 (　　) kgf 이하인 것을 소형화물 운반에 적합하게 제작된 엘리베이터이다.

① 200　　② 300

③ 400　　④ 500

18 유압식 엘리베이터에서 압력배관이 파손되었을 때 자동으로 밸브를 닫아 카가 급격히 하강하는 것을 방지하는 장치는?

① 럽처 밸브　　② 릴리프 밸브

③ 스톱 밸브　　④ 게이트 밸브

19 보행장애가 있는 사람이 의자 또는 휠체어에 앉아 경사면을 이동할 수 있도록 설치되는 장치는?

① 수직형 휠체어리프트

② 간접식 유압엘리베이터

③ 소형화물용 엘리베이터

④ 경사형 휠체어리프트

20 엘리베이터의 안전율 기준으로 틀린 것은?

① 2가닥 이상의 로프(벨트)에 의해 구동되는 권상 구동 엘리베이터의 경우 : 16 이상

② 체인에 의해 구동되는 엘리베이터의 경우 : 10 이상

③ 로프가 있는 드럼 구동 및 유압식 엘리베이터의 경우 : 12 이상

④ 3가닥 이상의 로프(벨트)에 의해 구동되는 권상 구동 엘리베이터의 경우 : 10 이상

21 승강기의 안전장치가 아닌 것은?

① 파이널 리미트 스위치

② 조속기(과속조절기)

③ 주전동기용 과전류계전기

④ 운전반 자동수동 장치

해설

17 **덤웨이터** : 사람이 탑승하지 않으면서 적재용량이 **300 kg** 이하인 것으로서 소형화물(서적, 음식물 등) 운반에 적합하게 제작된 엘리베이터일 것

18 럽처 밸브(rupture valve, 낙하방지 밸브)는 일종의 안전 밸브로, 유압 실린더와 유압 배관 사이에 미리 설정한 방향으로 설치한다. 배관 파손으로 인해 밸브를 통과하는 유압유 압력이 설정치 이상 되었을 때 자동으로 차단시켜 카의 낙하를 저지시킨다.

19 경사형 휠체어리프트의 구조(제15조 관련)

20 매다는 장치(로프, 벨트)의 안전율

3가닥 이상의 로프(벨트)에 의해 구동되는 권상 구동 엘리베이터	**12** 이상
3가닥 이상의 6mm 이상, 8mm 미만의 로프에 의해 구동되는 권상 구동 엘리베이터	16 이상
2가닥 이상의 로프(벨트)에 의해 구동되는 권상 구동 엘리베이터	16 이상
로프가 있는 드럼 구동 및 유압식 엘리베이터	12 이상
체인에 의해 구동되는 엘리베이터	10 이상

21 ① 리미트 스위치를 지나쳐서 현저하게 초과 승강하는 경우 정지
② 과속 방지
③ 과전류 방지

17 ② **18** ① **19** ④ **20** ④ **21** ④

22 다음 중 엘리베이터 피트에 있어야 하는 장치가 아닌 것은?

① 점검운전 조작반
② 승강로 조명의 점멸수단
③ 콘센트
④ 상부 리프트 스위치

23 엘리베이터용 와이어로프의 특징이 아닌 것은?

① 내구성 및 내부식성이 우수해야 한다.
② 소선의 재질이 균일하고 인성이 우수해야 한다.
③ 로프 중심에 사용하는 심강의 경도가 낮아야 하며, 구조적 신율이 적어야 한다.
④ 유연성이 좋아야 한다.

24 다음 ( )에 들어갈 내용으로 옳은 것은?

【보기】
카의 벽, 바닥 및 지붕은 ( )로 만들거나 씌워야 한다.

① 난연재료 ② 내화재료
③ 준불연재료 ④ 불연재료

25 엘리베이터의 주개폐기를 차단하였을 경우 회로차단이 되어야 하는 것은?

① 승강로 조명
② 카 지붕의 콘센트
③ 카 조명
④ 제어반의 신호전원

26 실린더에 이물질이 흡입되는 것을 방지하기 위하여 펌프의 흡입측에 부착하는 것은?

① 필터
② 더스트 와이퍼
③ 스트레이너
④ 싸이렌서

해설

22 피트는 승강로의 바닥 부분이므로 상부 리프트 스위치는 해당되지 않는다.
※ 피트 내 설비 : 피트 점검운전스위치, 정지장치, 튀어오름 방지장치, 콘센트, 조명점멸장치, 침수탐지장치

23 소선의 재질이 균일하고 인성이 우수하며, 로프중심에 사용되는 심강의 경도가 우수하고, 지름이 균일하며 그리스 저장능력이 뛰어나다.
로프의 구조적 신율은 로프에 반복하중이 가해짐에 따라 시공 초기보다 길이가 늘어나는 것을 말한다.

24 근거) 승강기 안전검사기준 –
[별표1] 전기엘리베이터의 구조(제3조 관련) 8.3.3

25 주개폐기가 차단하지 않아야 하는 장치 – (비상 시에도 작동이 되어야 함)
- 카 조명 또는 환기장치(있는 경우)
- 카 지붕의 콘센트
- 구동기 공간 및 풀리 공간의 조명
- 구동기 공간, 풀리 공간 및 피트의 콘센트
- 엘리베이터 승강로 조명
- 비상통화장치

26 더스트 와이퍼(더스트 씰)는 실린더에 이물질이 흡입되는 것을 방지한다.
※ 더스트 : dust(먼지)

정답

22 ④ 23 ③ 24 ④ 25 ④ 26 ②

27 전기식 엘리베이터 리미트 스위치(감속 및 종점 스위치 포함)의 교체기준이 아닌 것은?

① 스위치 박스가 녹 발생, 마모 및 변형인 경우
② 스위치 레버가 심하게 손상되거나 유격이 심한 경우
③ 스위치 롤러가 심하게 마모된 경우
④ 누름버튼의 보호링이 파손된 경우

28 휠체어리프트 이용자가 승강기의 안전운행과 사고방지를 위해 준수해야 할 사항으로 틀린 것은?

① 휠체어 사용자 전용이므로 보조자 이외의 일반인은 탑승하지 않아야 한다.
② 조작반의 비상정지스위치 등을 불필요하게 조작하지 말아야 한다.
③ 전동휠체어 등을 이용할 경우에는 운전자가 직접 이용할 수 있다.
④ 정원 및 적재하중 초과는 고장이나 사고의 원인이 되므로 엄수하여야 한다.

29 메다는(현수) 장치 중 로프의 공칭 직경은 최소 몇 mm 이상이어야 하는가? (단, 행정안전부장관이 안정성을 확인한 경우는 제외한다)

① 4 5
③ 8 ④ 10

30 안전을 유지하기 위한 주로프 단말처리부분의 주요 점검항목이 아닌 것은?

① 로프의 균등한 장력
② 2중 너트의 풀림
③ 분할핀의 유무
④ 바빗트의 재질

31 전기식 엘리베이터의 제어반에 사용되는 접촉기의 교체기준으로 틀린 것은?

① 접촉스프링 및 복귀스프링이 파손이나 변형된 경우
② 우레탄에 박리나 균열이 발견된 경우
③ 보조접촉기의 접점에 이상 마모나 스프링이 파손 또는 변형된 경우
④ 마모로 인해 가동관의 반분 및 대각선으로 이상 마모가 발생된 경우

해설

27 **리미트 스위치, 감속 및 종점 스위치 교체기준**
- 스위치의 접점 노후(산화)로 정상 동작하지 않을 경우
- 습기 등으로 스위치에 부식이 발생한 경우
- 스위치(롤러, 레버)가 파손 및 변형된 경우
- 스위치 박스가 녹 발생, 마모 및 변형된 경우

※ ④는 운전반 비상버튼에 해당한다.

28 전동휠체어 등을 이용할 경우에는 관리자가 리프트를 작동시켜야 한다.

29 로프는 공칭 직경이 **8mm** 이상이어야 한다. 다만, 구동기가 승강로에 위치하고, 정격속도가 1.75m/s 이하인 경우로서 행정안전부장관이 안전성을 확인한 경우에 한정하여 공칭 직경 6mm의 로프도 허용된다.

※ 함께 알아두기) 로프 또는 체인 등의 가닥수 : 2가닥 이상

– 엘리베이터의 안전기준

30 [08년 1회] 주 로프 점검에서는 로프의 마모와 파손 여부, 로프의 변형, 신장, 녹 발생·부식 여부, 장력의 불균등 여부, 2중 너트 및 분할핀 등의 조임 및 장착 상태, 단말 처리 상태 등을 점검한다.

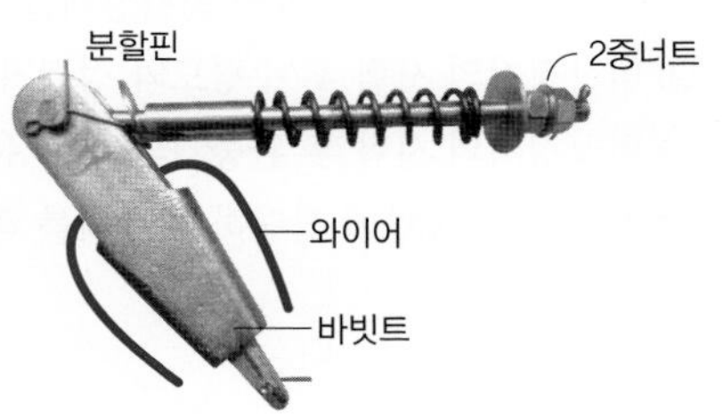

31 우레탄은 완충기에 해당한다.

27 ④ **28** ③ **29** ③ **30** ④ **31** ②

해설

32 카를 승강장에서 휴지조작, 재개조작이 가능하도록 지정층의 승강장에 설치하는 장치는?

① 신호장치
② 비상전원장치
③ 파킹장치
④ 관제운전장치

33 엘리베이터 안전장치 중 로프이탈방지장치를 설치하는 목적으로 틀린 것은?

① 급제동 시 진동에 의해 주로프가 벗겨질 우려가 있는 경우
② 주로프의 파단으로 이탈할 경우
③ 기타의 진동에 의해 주로프가 벗어나 있는 경우
④ 지진의 진동에 의해 주로프가 벗어나 있는 경우

34 가이드(주행안내) 레일에 관한 설명 중 틀린 것은?

① 카의 기계적 강도를 보강
② 카의 승강로 평면내의 위치 규제
③ 카의 자중이나 하중의 중심에 관계없이 기울어짐을 방지
④ 비상정지장치(추락방지안전장치) 작동 시 수직하중을 유지

35 비상정지장치(추락방지안전장치)의 성능시험에 관한 설명 중 틀린 것은?

① 주행안내(가이드) 레일의 윤활상태를 실제 사용상태와 같도록 한다.
② 비상정지의 시험 후 수평도와 정지거리를 측정한다.
③ 비상정지의 시험 후 완충기의 파손 유무를 확인한다.
④ 적용 최대 중량에 상당하는 무게를 적용한다.

36 간접식 유압엘리베이터의 특징이 아닌 것은?

① 비상정지장치(추락방지안전장치)가 필요하다.
② 부하에 의한 카 바닥의 빠짐이 비교적 작다.
③ 실린더를 수납하는 보호관이 필요없다.
④ 실린더의 점검이 용이하다.

32 파킹스위치(키 스위치)는 승강장(주로 1층)·중앙관리실 또는 경비실 등에 설치되어 엘리베이터 운행의 휴지조작과 재개조작이 가능하여야 한다.

33 [15년 3회] 급제동 시, 지진 및 기타의 진동에 의해 주 로프가 벗어나지 않도록 한다.

34 [14년 2회]
가이드 레일은 승강로의 기계적 강도를 보강해주지 못한다.

35 [09년 1회, 03년 1회, 02년 5회]
비상정지장치는 카 하부에 위치하여 카의 추락을 방지하므로 피트의 완충기와는 무관하다.

36 [14년 2회] 간접식 유압엘리베이터는 직접식과 달리 플런저 선단에 도르래 또는 체인을 통해 카를 승강하며, 로프의 늘어남과 오일의 압축성으로 인해 부하에 의한 카의 빠짐은 크다.

정답

32 ③ 33 ② 34 ① 35 ③ 36 ②

37 화재 시 조치사항에 대한 설명 중 틀린 것은?

① 비상용 엘리베이터는 소화활동 등 목적에 맞게 동작시킨다.
② 빌딩 내에서 화재가 발생할 경우 반드시 엘리베이터를 이용해 비상탈출을 시켜야 한다.
③ 승강로에서의 화재 시 전선이나 레일의 윤활유가 탈 때 발생되는 매연에 질식되지 않도록 주의한다.
④ 기계실에서의 화재 시 카내의 승객과 연락을 취하면서 주전원 스위치를 차단한다.

38 아파트 등에서 주로 야간에 카내의 범죄활동 방지를 위해 설치하는 것은?

① 파킹스위치
② 슬로다운 스위치
③ 록다운 비상정지 장치
④ 각층 강제 정지운전 스위치

39 작업 시 이상상태를 발견할 경우 처리절차가 옳은 것은?

① 관리자에 통보 → 작업중단 → 이상상태 제거 → 재발방지대책 수립
② 작업중단 → 이상상태 제거 → 관리자에 통보 → 재발방지대책 수립
③ 작업중단 → 관리자에 통보 → 이상상태 제거 → 재발방지대책 수립
④ 관리자에 통보 → 이상상태 제거 → 작업중단 → 재발방지대책 수립

40 감전사고의 원인이 되는 것과 관계없는 것은?

① 콘덴서의 방전코일이 없는 상태
② 기계기구의 빈번한 기동 및 정지
③ 전기기계기구나 공구의 절연 파괴
④ 정전작업 시 접지가 없어 유도전압이 발생

41 직류기에서 전기자 반작용을 보상하기 위한 것은?

① 보상권선
② 분권기
③ 복권기
④ 균압환

해설

37 [16년 1회] 화재 발생 시 엘리베이터 전원 차단 우려가 있으므로 비상계단을 이용해야 한다.

38
- 파킹스위치 : 승강장·중앙관리실 또는 경비실 등에 설치되어 카 이외의 장소에서 엘리베이터 운행의 정지조작과 재개조작이 가능
- 슬로다운 스위치(스토핑 스위치) : 최상층 또는 최하층에서 카를 자동 정지
- 튀어오름방지장치(록다운 장치) : 균형추 로프 및 와이어 로프 등이 관성에 의해 튀어 오르지 못하도록 한다.

39 [14년 5회]

40 기계의 작동/정지는 감전사고와 관계가 없다.

41 전기자 반작용 : 직류기에 부하를 접속하면 전기자 전류에 의해 생기는 자속이 계자의 자속 분포를 왜곡시켜 전동기 속도나 발전기의 전압 변동율 등에 영향을 미치는 현상으로, 이에 대한 방지대책으로 보상권선 또는 보극을 설치한다.

37 ② 38 ④ 39 ③ 40 ② 41 ①

chapter 06

□□□

42 그림과 같은 콘덴서 접속회로의 합성정전용량(F)은?

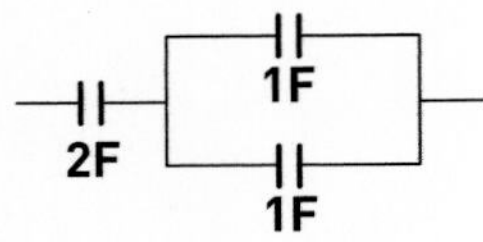

① 1　　② 2
③ 3　　④ 4

□□□

43 다음 논리회로의 출력 X는?

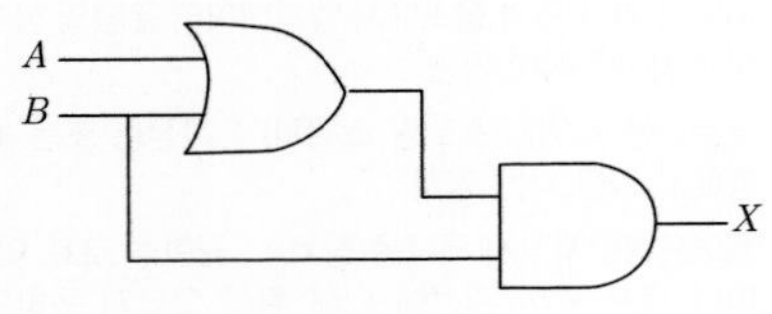

① A　　② B
③ A+B　　④ A·B

□□□

44 유도전동기의 명판에 다음과 같이 기록되어 있는 경우 전동기의 극수는 몇 극인가?

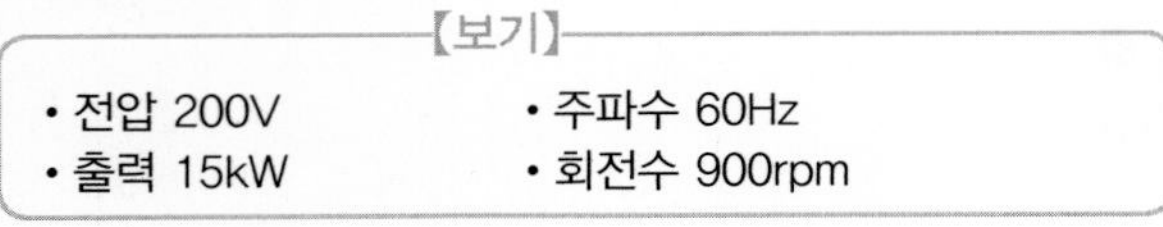

【보기】

- 전압 200V
- 주파수 60Hz
- 출력 15kW
- 회전수 900rpm

① 4　　② 6
③ 8　　④ 10

□□□

45 그림의 회로에서 전체의 저항값 R을 구하는 공식은?

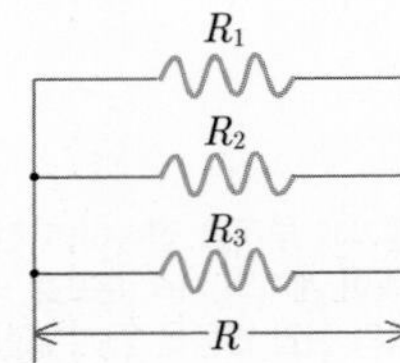

① $R = R_1 + R_2 + R_3$

② $R = \frac{1}{R_1} + \frac{1}{R_2} + \frac{1}{R_3}$

③ $R = \frac{1}{\frac{1}{R_1} + \frac{1}{R_2} + \frac{1}{R_3}}$

④ $R = R_1 \times R_2 \times R_3$

해설

42 ① 콘덴서의 병렬접속 : 1F+1F = 2F

② 콘덴서의 직렬접속 : $\frac{2F \times 2F}{2F+2F} = 1F$

43 불대수 법칙(235p)에 의해

(A + B)·B — 분배법칙
= AB + BB — 동일법칙
= AB + B — 분배법칙
= (A + 1)·B — OR회로(+)에서는 A에 관계없이 입력(1)이 있으면 출력은 1이다.
= 1·B — AND회로(•)에서는 B가 1이면 1, 0이면 0이므로 출력은 B와 같다.
= B

44 회전수 $Ns = \frac{120f}{P}$ (f : 주파수, P : 극수)

→ $P = \frac{120 \times 60}{900} = 8$

45 병렬합성저항의 전체 저항값 공식은 ③에 해당한다.

42 ①　43 ②　44 ③　45 ③

46 배선용 차단기의 기호는?

① THR ② DS

③ S ④ MCCB

47 어떤 전열기의 저항이 200Ω이고, 여기에 전류 15A가 흘렀다면 소비되는 전력은 몇 kW인가?

① 25 ② 55

③ 35 ④ 45

48 직류전동기에서 자속이 감소되면 회전수는 어떻게 되는가?

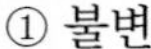

① 불변

② 정지

③ 감소

④ 증가

49 다음은 재료의 역학적 성질에 관한 식이다. 잘못 표현한 것은?

① $응력 = \frac{하중}{단면적}$

② $변형률 = \frac{변형량}{원래의\ 길이}$

③ $포아송비 = \frac{세로의\ 변형률}{가로의\ 변형률}$

④ $안전율 = \frac{인장강도}{허용응력}$

50 잇수가 60개, 피치원의 지름이 180mm 일 때 모듈은 몇 mm인가?

① 2

② 3

③ 4

④ 5

해설

46 [11년 5회, 09년 1회]

- MCCB(Molded Case Circuit Breaker) – 배선용 차단기
- THR – 열동형 과부하 계전기
- DS – Door Switch
- S – Switch

47 전력 $P = VI = (I \times R) \times I = I^2R$
$= 15^2 \times 200$
$= 45,000$ [W]
$= 45$ [kW]

48 직류전동기 속도(회전수) $N = \frac{V - I_a R_a}{K\phi}$

이 식에서 속도는 전압(V)에 비례, 저항(R_a)에 반비례, 자속(ϕ)에 반비례함을 알 수 있다. 즉, 자속이 감소할수록 회전수는 증가한다.

49 포아송비 $\nu = \frac{가로\ 변형률}{세로\ 변형률} = \frac{가로\ 변형률}{축\ 변형률}$

※ 암기: 포가세

50 $모듈(m) = \frac{피치원\ 지름(D)}{잇수(Z)} = \frac{180}{60} = 3$

정답

46 ④ **47** ④ **48** ④ **49** ③ **50** ②

chapter 06

51 물체에 외력을 가해서 변형을 일으킬 때 탄성한계 내에서 변형의 크기는 외력에 어떻게 나타나는가?

① 탄성한계 내에서 변형의 크기는 외력에 대하여 반비례한다.
② 탄성한계 내에서 변형의 크기는 외력에 대하여 비례한다.
③ 탄성한계 내에서 변형의 크기는 외력과 무관한다.
④ 탄성한계 내에서 변형의 크기는 일정한다.

52 캠이 가장 많이 사용되는 경우는?

① 요동운동을 직선으로 할 때
② 회전운동을 직선으로 할 때
③ 왕복운동을 직선으로 할 때
④ 상하운동을 직선으로 할 때

53 웜과 웜휠에 대한 설명으로 틀린 것은?

① 헬리컬 기어에 비해 효율이 떨어진다.
② 다른 기어에 비하여 소음이 크다.
③ 큰 감속비를 얻을 수 있다.
④ 역구동되기 힘들다.

54 구름베어링이 회전 중에 견딜 수 있는 최대 하중을 무엇이라고 하는가?

① 동정격 하중
② 경정격 하중
③ 경등가 하중
④ 동등가 하중

55 재해 누발자의 유형이 아닌 것은?

① 미숙성 누발자
② 자발성 누발자
③ 습관성 누발자
④ 상황성 누발자

해설

51 [15년 2회] 탄성한계(또는 비례한도) 내에서는 변형은 외력에 비례한다.

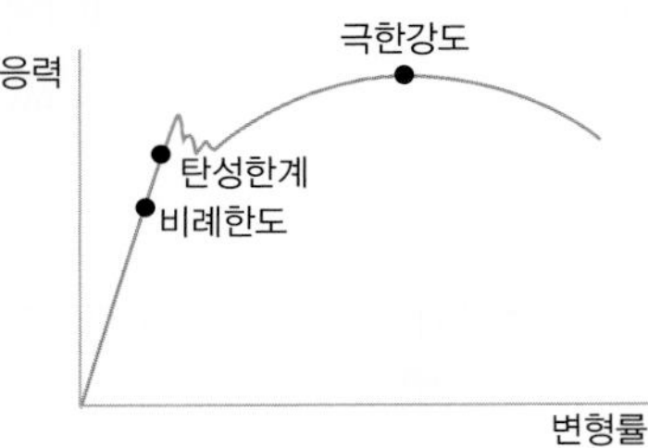

52 캠의 종류 중 판 캠, 정면 캠, 삼각 캠, 원통 캠, 원뿔 캠, 경사 캠은 회전운동을 직선왕복운동으로 변환된다.

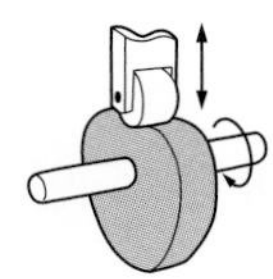

53 ① 미끄럼 마찰운동을 하는 구조이므로 다른 기어에 비해 전달효율이 떨어진다.
② 접촉에 의해 동력을 전달하므로 소음이나 진동이 적다.
④ 치면의 진행각이 적을 경우 웜휠로 웜을 회전할 수 없어 역구동되기 힘들다.

웜
웜 휠

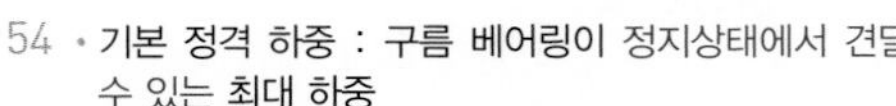

54 · 기본 정격 하중 : 구름 베어링이 정지상태에서 견딜 수 있는 최대 하중
· 동정격 하중 : 구름 베어링이 회전 중에 견딜 수 있는 최대 하중

55 재해 누발자 유형 – 출제빈도 낮음
· 상황성 누발자 : 작업의 어려움, 기계설비의 결함, 주의력 집중 혼란, 심심에 근심 등
· 습관성 누발자 : 재해경험으로 인한 재발우려에 의한 불안상태(슬럼프)
· 소실성 누발자 : 재해의 소실적 요인을 지님
· 미숙성 누발자 : 기능미숙이나 환경에 미적응할 경우

정답
51 ② 52 ② 53 ② 54 ① 55 ②

56 회전 중의 파괴 위험이 있는 연마반의 숫돌은 어떤 장치를 사용해야 하는가?

① 덮개장치
② 개폐장치
③ 차단장치
④ 전도장치

57 사고예방의 기본 4원칙이 아닌 것은?

① 대책 선정의 원칙
② 원인 계기의 원칙
③ 예방 가능의 원칙
④ 개별 분석의 원칙

58 그림과 같은 표지는 무엇을 의미하는가?

① 출입금지
② 비상구
③ 사용금지
④ 직진금지

59 정전기 제거 방법으로 틀린 것은?

① 설비의 주변에 자외선을 쏘인다.
② 설비 주변의 공기를 가습한다.
③ 설비의 금속제 부분을 접지한다.
④ 설비에 정전기 발생을 방지하는 도장을 한다.

60 보호구 중 머리보호용 장구는?

① 안전모 ② 안전대
③ 안전화 ④ 귀마개

해설

56 연삭기의 덮개장치

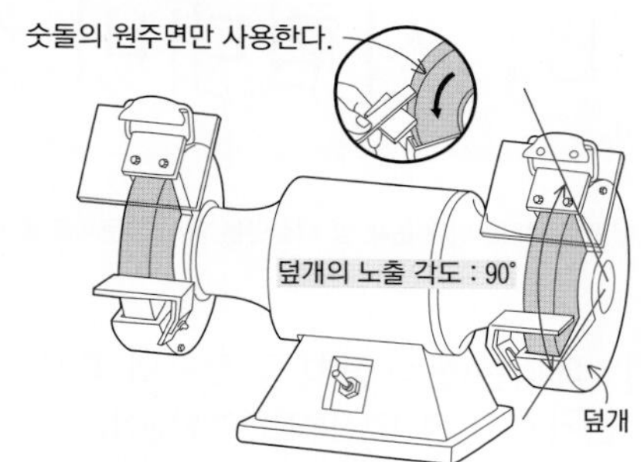

57 사고예방의 기본 4원칙
- 손실우연의 원칙
- 예방가능의 원칙
- 대책선정의 원칙
- 원인계기의 원칙

58 출입금지와 직진금지와 혼동하지 말 것

56 ① **57** ④ **58** ① **59** ① **60** ①

CBT 시험대비 실전모의고사 제4회

▶ 실력테스트를 위해 문제 옆 해설란을 가리고 문제를 풀어보세요.

□□□

01 매다는(현수) 장치 중 로프의 공칭 직경은 최소 몇 mm 이상이어야 하는가? (단, 행정안전부장관이 안전성을 확인한 경우는 제외한다)

① 4　　② 5
③ 8　　④ 10

□□□

02 엘리베이터의 안전율 기준으로 틀린 것은?

① 로프가 있는 드럼 구동 및 유압식 엘리베이터의 경우 : 12 이상
② 3가닥 이상의 로프(벨트)에 의해 구동되는 권상 구동 엘리베이터의 경우 : 10 이상
③ 2가닥의 로프(벨트)에 의해 구동되는 권상 구동 엘리베이터의 경우 : 16 이상
④ 체인에 의해 구동되는 엘리베이터의 경우 : 10 이상

□□□

03 조속기(과속조절기)에 대한 설명으로 틀린 것은?

① 과속조절기는 비상정지장치(추락방지안전장치)의 작동과 일치하는 회전방향이 표시되어야 한다.
② 과속조절기의 로프 풀리의 피치 직경과 과속조절기의 로프의 공칭 직경 사이의 비는 30 이상이어야 한다.
③ 과속조절기 로프는 비상정지장치로부터 쉽게 분리되면 안된다.
④ 과속조절기 로프는 인장풀리에 의해 인장되어야 한다.

□□□

04 엘리베이터 자체점검기준에서 전기안전장치의 점검내용으로 틀린 것은?

① 구동 및 순환장소의 정지스위치 설치 및 작동상태
② 전류/온도 증가 시 전동기 전원차단 상태
③ 이동케이블 연결 콘센트 설치상태
④ 정지스위치 설치상태 및 작동상태

해설

01 • 로프의 공칭 직경이 **8 mm** 이상 (다만, 구동기가 승강로에 위치하고, 정격속도가 1.75 m/s 이하인 경우로서 행정안전부장관이 안전성을 확인한 경우에 한정하여 공칭 직경 6 mm의 로프가 허용된다.)
• 로프 또는 체인 등의 가닥수는 2가닥 이상

승강기안전기준부품 안전기준 및 승강기 안전기준 – [별표 22] 엘리베이터의 안전기준

02 **안전율 기준**
• 3가닥 이상의 로프(벨트)에 의해 구동되는 권상 구동 엘리베이터의 경우 : **12** 이상
• 3가닥 이상의 6mm 이상 8mm 미만의 로프에 의해 구동되는 권상 구동 엘리베이터의 경우 : 16 이상

– 엘리베이터의 안전기준

03 조속기 로프는 비상정지장치로부터 쉽게 분리될 수 있어야 한다.

– 승강기 검사기준 [별표1] 전기식 엘리베이터의 구조

04 ① 전기안전장치 중 유지점검/보수용 정지스위치
② 전기안전장치 중 과부하
③ 운전장치 중 점검운전 제어반 점검
④ 전기안전장치 중 정지스위치 설치상태 및 작동상태

– 승강기 안전운행 및 관리에 관한 운영규정 [별표 3] 자체점검기준

01 ③　**02** ②　**03** ③　**04** ③

05 승강장문 잠금장치의 잠금 부품은 문이 열리는 방향으로 몇 N의 힘을 가할 때 잠금 효력이 감소되지 않는 방법으로 물려야 하는가?

① 150 ② 300
③ 450 ④ 1000

06 엘리베이터 주개폐기를 차단하여도 별도의 회로에 의해 전원 공급이 유지되어야 하는 것은?

① 피트의 콘센트
② 승강장의 카 위치표시장치
③ 브레이크 전원
④ 안전회로 전원

07 전기식 엘리베이터에서 기계실 출입문의 크기는?

① 폭 0.7m 이상, 높이 1.9m 이상
② 폭 0.7m 이상, 높이 1.8m 이상
③ 폭 0.6m 이상, 높이 1.9m 이상
④ 폭 0.6m 이상, 높이 1.8m 이상

08 소방구조용(비상용) 엘리베이터의 운행속도는 최소 몇 m/s 이상이어야 하는가?

① 0.75 ② 0.5
③ 1 ④ 1.5

09 소방구조용(비상용) 엘리베이터의 정전 시 예상전원의 기능에 대한 설명으로 옳은 것은?

① 30초 이내에 엘리베이터 운행에 필요한 전력용량을 자동적으로 발생하여 1시간 이상 운행시킬 수 있어야 한다.
② 30초 이내에 엘리베이터 운행에 필요한 전력용량을 자동적으로 발생하여 2시간 이상 운행시킬 수 있어야 한다.
③ 60초 이내에 엘리베이터 운행에 필요한 전력용량을 자동적으로 발생하여 1시간 이상 운행시킬 수 있어야 한다.
④ 60초 이내에 엘리베이터 운행에 필요한 전력용량을 자동적으로 발생하여 2시간 이상 운행시킬 수 있어야 한다.

해설

05 잠금 부품은 문이 열리는 방향으로 **300** N의 힘을 가할 때 잠금 효력이 감소되지 않는 방법으로 물려야 한다.

※ 잠금장치는 문이 열리는 방향으로 다음과 같은 힘을 가할 때 영구변형 없이 견뎌야 한다.

가) 수직 수평 개폐식 문: 1,000 N
나) 경첩이 있는 문: 3,000 N

– 승강기 검사기준

06 주개폐기가 회로차단을 하지 않아야 하는 장치
- 카 조명 또는 환기장치(있는 경우)
- 카 지붕의 콘센트
- 구동기 공간, 풀리 공간의 조명
- 구동기 공간, 풀리 공간, 피트의 콘센트
- 엘리베이터 승강로 조명
- 비상통화장치

– 승강기 검사기준

07
- 기계실 출입문은 폭 **0.7 m** 이상, 높이 **1.8 m** 이상의 금속제 문이어야 하며 기계실 외부로 완전히 열리는 구조이어야 한다. 기계실 내부로는 열리지 않아야 한다.
- 출입문은 열쇠로 조작되는 잠금장치가 있어야 하며, 기계실 내부에서 열쇠를 사용하지 않고 열릴 수 있어야 한다.

– 승강기 검사기준

08 소방구조용 엘리베이터는 소방관이 조작하여 엘리베이터 문이 닫힌 이후부터 **60**초 이내에 가장 먼 층에 도착하여야 된다. 다만, 운행속도는 **1 m/s** 이상이어야 한다.

– 승강기 검사기준

09 정전 시 **60**초 이내에 엘리베이터 운행에 필요한 전력용량을 자동적으로 발생하여야 하며, **2**시간 이상 운행시킬 수 있어야 한다.

승강기안전기준부품 안전기준 및 승강기 안전기준 – [별표 22] 엘리베이터의 안전기준

승강기 검사기준 – [별표1] 전기식 엘리베이터의 구조

05 ② **06** ① **07** ② **08** ③ **09** ④

해설

10 소방구조용(비상용) 엘리베이터는 소방관 접근 지정층에서 소방관이 조작하여 엘리베이터 문이 닫힌 이후부터 최대 몇 초 이내에 가장 먼 층에 도착되어야 하는가?

① 30 ② 60
③ 90 ④ 120

11 에스컬레이터(무빙워크) 자체점검기준에서 6개월에 1회 점검하는 사항이 아닌 것은?

① 승강장 추락위험 예방조치의 설치 및 고정상태
② 출구 자유공간의 확보 여부
③ 에스컬레이터와 방화셔터의 연동 자동상태
④ 진입방지대, 고정안내 울타리 등의 설치상태

12 엘리베이터의 주로프(main rope)에 대한 설명으로 틀린 것은?

① 강선 속의 탄소량이 많아야 한다.
② 소선의 재질이 균일하고 인성이 우수하여야 한다.
③ 구조적 신율이 적어야 한다.
④ 반복적인 휨을 받아도 소선의 파단이 쉽게 되지 않아야 한다.

13 전기식 엘리베이터의 제어반에 사용되는 주 접촉기의 교체기준으로 틀린 것은?

① 우레탄에 박리나 균열이 발견된 경우
② 보조접촉기의 접점에 이상 마모가 복귀용 판 스프링이 파손 또는 변형된 경우
③ 접촉스프링 및 복귀스프링이 파손이나 변형된 경우
④ 마모로 인해 가동관의 반분 및 대각선으로 이상 마모가 발생된 경우

14 전기식 엘리베이터의 리미트 스위치(감속 및 종점 스위치 포함)의 교체기준이 아닌 것은?

① 스위치 롤러가 심하게 마모된 경우
② 누름버튼의 보호링이 파손된 경우
③ 스위치 박스가 녹 발생, 마모 및 변형된 경우
④ 스위치 레버가 심하게 손상되거나 유격이 심한 경우

10 비상용 엘리베이터는 소방관이 조작하여 엘리베이터 문이 닫힌 이후부터 **60초** 이내에 가장 먼 층에 도착하여야 된다. 다만, 운행속도는 **1 m/s** 이상이어야 한다.

승강기안전기준부품 안전기준 및 승강기 안전기준 – [별표 22] 엘리베이터의 안전기준

승강기 검사기준 – [별표1] 전기식 엘리베이터의 구조

11 ①은 1개월에 1회 점검사항이다.

– 승강기 안전운행 및 관리에 관한 운영규정 [별표 3] 자체점검기준

12
- 강선 속의 탄소량을 적게 하여 유연성이 좋을 것
- 로프 중심에 사용되는 심강의 경도가 높을 것
- 그리스 저장 능력이 좋을 것
- 구조적 신율이 적어야 한다.

※ 탄소량이 많다는 것은 강도는 크나 유연성이 떨어지고 취성(깨짐)이 약하다는 의미이다.

※ 신율 : 와이어로프는 사용에 따라 마모와 피로가 누적되며 연속적인 하중(힘)을 받아 로프가 늘어나는 성질

– NCS 엘리베이터 부품교체

13 우레탄은 완충기에 해당한다.

14 누름버튼의 보호링은 카 내 비상정지스위치에 설치된다.

10 ② **11** ① **12** ① **13** ① **14** ②

15 엘리베이터 자체점검기준에서 기계실의 주개폐기에 대한 점검내용으로 옳은 것은?

① 베어링와 관련 부품의 노후 및 작동상태
② 윤활유의 유량 및 노후상태
③ 오일쿨러 설치 및 작동상태
④ 설치 및 작동상태

16 주행안내(가이드) 레일의 보수점검 사항 중 틀린 것은?

① 레일 브라켓의 조임상태를 점검한다.
② 레일 클립의 변형 유무를 체크한다.
③ 과속조절기(조속기) 로프의 미끄럼 유무를 점검한다.
④ 녹이나 이물질이 있을 경우 제거한다.

17 승강기 관리주체가 행하여야 할 사항으로 틀린 것은?

① 승강기를 안전하게 유지관리를 하여야 한다.
② 승강기 검사를 받아야 한다.
③ 안전관리자를 선임하여야 한다.
④ 안전관리자가 선임되면 관리주체는 별도의 관리를 할 필요가 없다.

18 엘리베이터의 균형추는 보통 빈 케이지의 하중에 적재하중의 35~55%를 더한 값으로 하는데 이때 추가되는 값은?

① 케이지 부하율
② 추가 전부하율
③ 추가 마찰율
④ 오버밸런스율

19 기계식 주차장치의 안전기준 및 검사기준 등에 관한 규정상 다음 설명에 해당하는 주차장치의 종류는?

【보기】
주차구획에 자동차가 들어가도록 한 후 그 주차구획을 수직으로 순환이동하여 자동차를 주차하도록 설계한 주차장치

① 수직순환식 ② 수평순환식
③ 승강기 슬라이드식 ④ 다층순환식

해설

15 베어링은 모터 등에 사용되며, 윤활유는 감속기에 사용되며, 오일쿨러는 유압식 엘리베이터의 점검사항이다.
– 승강기 안전운행 및 관리에 관한 운영규정 [별표 3] 자체점검기준

16 **가이드 레일, 브라켓의 점검**
가이드 레일의 손상이나 용접부의 불량 여부, 주행 중 이상음 발생 여부, 가이드 레일 고정용 레일 클립이 올바르게 취부되어 있는지의 여부, 볼트 너트의 이완 여부, 가이드 레일 이음판의 취부 볼트 너트의 이완 여부, 가이드 레일의 급유 상태, 가이드 레일 및 브래킷의 녹 발생 여부, 가이드 레일과 브래킷의 오염 여부, 브래킷 취부용 앵커 볼트의 이완 여부, 브래킷 용접부의 균열 여부 등

17 관리주체는 승강기 운행에 대한 지식이 풍부한 사람을 승강기 안전관리자로 선임하여 승강기를 관리하게 하여야 한다. 다만, 관리주체가 직접 승강기를 관리하는 경우에는 그러하지 아니하다.
관리주체가 승강기 안전관리자를 선임하는 경우, 관리주체는 승강기 안전관리자가 안전하게 승강기를 관리하도록 지도 · 감독하여야 한다. – 승강기 안전관리법

18 오버밸런스율
균형추의 총중량은 빈 카의 자중에 그 승강기의 사용용도에 따라 정격적재하중의 몇 %를 더할 것인가를 말한다. (약 35~55%)

19 ② 주차구획에 자동차를 들어가도록 한 후 그 주차구획을 수평으로 이동하여 자동차를 주차하도록 설계한 주차장치
③ 승강기식 주차장의 승강기가 상하 및 수평으로 자동이동하여 주차하도록 설계된 주차장치
④ 주차구획에 자동차를 들어가도록 한 후 그 주차구획을 여러 층으로 된 공간에 상하 또는 수평으로 순환이동하여 자동차를 주차하도록 설계한 주차장치

15 ④ **16** ③ **17** ④ **18** ④ **19** ①

□□□

20 카가 어떤 원인으로 최하층을 통과하여 피트에 도달했을 때 카에 충격을 완화시켜 주는 장치는?

① 리미트 스위치
② 조속기(과속조절기)
③ 비상정지장치(추락방지안전장치)
④ 완충기

□□□

21 카가 정지하고 있지 않은 층의 문이 열리지 않도록 하고, 각 층의 문이 닫혀 있지 않으면 운전을 불가능하게 하는 장치는?

① 도어 클로저
② 도어 인터록
③ 도어 세이프티
④ 도어 강제닫힘 스위치

□□□

22 작동유의 압력맥동을 흡수하여 진동, 소음을 감소시키는 것은?

① 필터
② 펌프
③ 역류제거 밸브
④ 사일렌서

□□□

23 교류엘리베이터의 제어방식이 아닌 것은?

① 워드레오나드 방식
② 교류일단 속도제어 방식
③ VVVF 제어 방식
④ 교류귀환 전압제어 방식

□□□

24 1분간 수송인원이 150명, 1인의 중량은 75kg, 층높이가 3.6m, 에스컬레이터의 총합효율이 0.5일 때 이 에스컬레이터에 사용하여야 할 전동기의 소요동력은 약 몇 kW인가?

① 11.0
② 13.3
③ 8.8
④ 24.5

해설

21 [12년 2회]
- 도어 클로저 : 승강장문이 스스로 닫히게 하기 위한 장치
- 도어 세이프티 : 도어 열림을 감지하여 도어가 열린 채 카가 작동하지 않도록 함

22 사일렌서(silence)는 오일 흐름의 변동이 클 때 발생하는 맥동을 흡수하여 진동 및 소음을 감소시킨다.

23 워드레오나드 방식은 직류 엘리베이터의 제어방식이다.
참고) 비상용 엘리베이터의 전동기는 워드레오나드 방식이어야 한다.

24 **에스컬레이터 모터의 소요동력**

$$\text{모터의 소요동력} = \frac{\text{1분간의 수송인원} \times \text{1명의 중량} \times \text{층높이}}{\text{엘리베이터 총합효율}}$$

$$= \frac{150/\text{min} \times 75\text{kg} \times 3.6\text{m}}{0.5}$$

$$= 81{,}000\ [\text{kg}\cdot\text{m/min}]$$

$$= \frac{81{,}000}{60} = 1350\ [\text{kg}\cdot\text{m/s}]$$

$$= \frac{1350}{102} = 13.3\ [\text{kW}]$$

1 [kW] = 102 [kgf·m/s], 1 [ps] = 75 [kgf·m/s]

※ 승강기 분야에는 통상 kgf를 kg으로 표기하며, 이 문제는 기능사 시험에서는 다소 난이도가 높습니다.

20 ④ **21** ② **22** ④ **23** ① **24** ②

해설

25 유압식 엘리베이터에서 파워유니트의 보수, 점검 또는 수리를 위해 실린더로 통하는 기름을 수동으로 차단하는 것은?

① 스트레이너
② 스톱밸브
③ 역지밸브
④ 레벨링 밸브

26 안전을 유지하기 위한 주로프 단말처리부분의 주요 점검항목이 아닌 것은?

① 바빗트의 재질
② 분할 핀의 유무
③ 2중너트의 풀림
④ 로프의 균등한 장력

27 무빙워크(수평보행기)의 경사도는 일반적인 경우 최대 몇 도(°) 이하이어야 하는가?

① 10 ② 11
③ 12 ④ 13

28 에스컬레이터의 구동체인이 절단되었을 때 승객의 하중에 의해 갑자기 하강방향으로 움직일 수 있는 사고를 방지하는 역회전 방지장치는?

① 스커트 가드 안전장치
② 핸드레일(손잡이)
③ 스텝(디딤판) 체인
④ 구동체인 안전장치

29 동력전원이 어떤 원인으로 상이 바뀌거나 결상이 되는 경우 이를 감지하여 전동기의 전원을 차단하고 브레이크를 작동시키는 장치는?

① 역결상 검출장치
② 리미트 스위치
③ 파킹스위치
④ 록다운 정지장치

25 스톱밸브는 유압파워 유니트에서 실린더로 통하는 압력배관 도중에 설치되는 수동밸브로서, 이것을 닫으면 실린더의 기름이 파워유니트로 역류하는 것을 방지하는 것으로 유압장치의 보수, 점검 또는 수리 등을 할 때 사용된다.

26
- 끝부분은 1가닥마다 로프소켓에 바빗트 채움을 하거나 체결식 로프소켓을 사용하여 고정하여야 한다.
- 로프의 단말은 견고히 처리되거나 또는 주로프가 바빗트 채움 방식인 경우 끝부분은 각 가닥을 접어서 구부린 것이 명확하게 보이도록 되어 있어야 한다.
- 주로프를 걸어 맨 고정부위는 2중너트로 견고하게 조이고, 풀림방지를 위한 분할핀이 꽂혀 있어야 한다.
- 모든 주로프는 균등한 장력을 받고 있어야 한다.

– 승강기 정밀안전검사기준 (2013년)

27
- 에스컬레이터의 경사도 : **30°** 이하
- 무빙워크의 경사도 : **12°** 이하

– 승강기 검사기준
[별표3] 에스컬레이터 및 무빙워크의 구조

28 **에스컬레이터의 전기적 안전장치** (S/W = 스위치)

구분	내용
구동체인 S/W	구동체인이 끊어질 경우 역회전 방지
스탭체인 S/W	스탭체인이 늘어난 경우 작동
스탭주행 S/W	스탭 간 이물질이 낀 경우 작동
스커트가드 S/W	스커트와 스텝 간 이물질이 낀 경우 스커트 가드 패널에 일정 압력 이상이 가해져서 동작
전자제동 S/W	동력이 끊어질 경우 동작
과전류 S/W	전동기에 과부하 전류가 흐를 시에 동작
역전감지 S/W	과부하로 인한 역전 운행을 막아주는 안전장치

29 **역결상 검출장치**
동력전원 투입 시 모터에 걸리는 역상(상이 바뀜), 결상(하나 이상의 상이 빠짐), 불평형의 3가지를 검출한다.

25 ② **26** ① **27** ③ **28** ④ **29** ①

30 다음 중 엘리베이터 피트에 있어야 하는 장치가 아닌 것은?

① 승강기 조명의 점멸 수단
② 점검운전 조작반
③ 콘센트
④ 상부 리미트 스위치

31 추락방지안전장치(비상정지장치)의 성능시험에 관한 설명 중 틀린 것은?

① 비상정지 시험 후 수평도와 정지거리를 측정한다.
② 주행안내(가이드) 레일의 윤활상태를 실제의 사용 상태와 같도록 한다.
③ 적용 최대 중량에 상당하는 무게를 사용한다.
④ 비상정지의 시험 후 완충기의 파손 유무를 확인한다.

32 한쪽 방향으로만 기름이 흐르도록 하는 밸브로서, 상승방향으로는 흐르지만 역방향으로는 흐르지 않는 것은?

① 안전밸브 ② 상승용 제어밸브
③ 체크밸브 ④ 스톱밸브

33 엘리베이터를 동력 매체별로 구분한 것이 아닌 것은?

① 유압식 ② 래크-피니언식
③ 웜기어식 ④ 전기식

34 전기식 엘리베이터에서 현수로프의 교체시기에 대한 판정방법으로 틀린 것은?

① 부식 정도 ② 재질
③ 마모 ④ 단선

35 아파트 등에서 주로 야간에 카 내의 범죄활동 방지를 위해 설치하는 것은?

① 파킹스위치
② 각층 강제 정지운전 스위치
③ 슬로다운 스위치
④ 록다운 정지장치

해설

30 피트는 카가 정지하는 최하층의 바닥면에서 승강로의 바닥면까지의 완충 공간이므로 상부 리프트 스위치는 해당되지 않는다.

※ 안전기준 상 피트 내 구비장치
- 피트 출입문 및 피트 바닥에서 잘 보이고 접근 가능한 정지장치
- 피난 공간에서 0.3m 떨어진 범위 이내에서 조작할 수 있는 영구적으로 설치된 점검운전 조작반
- 콘센트
- 피트 출입문 안쪽 문틀에서 수평으로 0.75m 이내 및 피트 출입층 바닥 위로 1m 이내에 설치된 승강로 조명의 점멸수단

31 [09년 1회, 03년 1회]

32 체크밸브는 한쪽 방향으로의 흐름만 허용하고, 역방향 흐름을 차단한다.

33 웜기어는 권상기의 감속기에 사용하며 동력의 매체가 아니다.

34 와이어로프의 손상은 크게 마모, 부식, 단선, 변형로 구분한다.
※ 변형 : 구부러짐(kink), 압착, 소선이나 스트랜드의 탈선, 부풀음 등

35 ③ 슬로다운 스위치(스토핑 SW) : 최상·최하층에서 감속정지하지 못할 경우 강제적으로 카를 정지(리미트 SW 이전에 설치)
④ 록다운 정지장치 : 정격속도 210m/min 초과하는 엘리베이터는 설치해야 함

30 ④ **31** ④ **32** ③ **33** ③ **34** ② **35** ②

36 보기의 (　　) 안에 들어갈 내용으로 옳은 것은?

【보기】

카가 유입완충기에 충돌했을 때 플런저가 하강하고 이에 따라 실린더 내에 기름이 좁은 (　　)을(를) 통과하면서 생기는 유체저항에 의해 완충작용을 하게 된다.

① 오일게이지　② 실린더
③ 플런저　④ 오리피스 틈새

37 유압식 엘리베이터에서 압력배관이 파손되었을 때 자동으로 밸브를 닫아 카가 급격히 하강하는 것을 방지하는 장치는?

① 럽처 밸브
② 릴리프 밸브
③ 게이트 밸브
④ 스톱 밸브

38 높은 곳에서 전기작업을 위한 사다리 작업을 할 때 안전을 위하여 절대 사용해서는 안되는 사다리는?

① 미끄럼 방지장치가 있는 사다리
② 니스(도료)를 칠한 사다리
③ 도전성이 있는 금속제 사다리
④ 셸락(shellac)을 칠한 사다리

39 다음에서 일상점검의 중요성이 아닌 것은?

① 승강기의 안전 운행
② 승강기의 수명 연장
③ 보수자의 관리 도모
④ 승강기 품질 유지

40 기계 부품 측정 시 각도를 측정할 수 있는 기기는?

① 사인바
② 옵티컬 플랫
③ 마이크로미터
④ 버니어캘리퍼스

해설

36 [12년 2회] 완충기는 충격이 발생했을 때 실린더 내 오일이 오리피스 틈새를 통과할 때 발생하는 저항에 의해 완충된다.

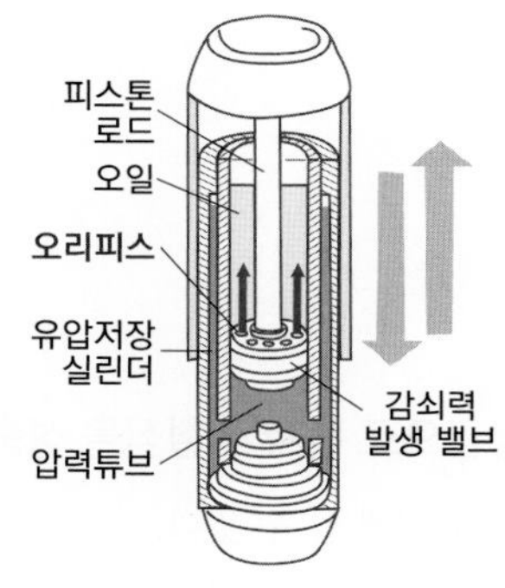

37 [중복] 지문은 럽처 밸브에 대한 설명으로 유압식 E/V가 급하강하여 정격속도가 0.3m/s에 이르기 전에 작동하여 감속 정지시키기 위한 안전장치이다.

38 [기출 중복]

39 [생략]

40 사인바는 삼각법을 이용한 각도 측정기구다.

- 옵티컬 플랫 : 평면도 측정
- 마이크로미터·버니어캘리퍼스 : 길이 측정

36 ④　37 ①　38 ③　39 ③　40 ①

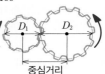

41 모듈이 4이고, 잇수가 20, 30인 한 쌍의 스퍼기어의 두 축의 거리(mm)는?

① 50
② 75
③ 100
④ 200

42 규소강판으로 전자기 철심을 성층하는 이유는?

① 기계손을 적게 할 수 있다.
② 철손을 적게 할 수 있다 .
③ 가공하기 쉽다.
④ 취급이 용이하다.

43 $V_1 = 100sin(\omega t - \pi/6)$, $V_2 = 150sin(\omega t - \pi/3)$에서 어느 쪽이 얼마만큼 위상이 뒤져 있는가?

① V_1이 V_2보다 $\pi/6$ rad 만큼 위상이 뒤진다.
② V_2가 V_1보다 $\pi/6$ rad 만큼 위상이 뒤진다.
③ V_1이 V_2보다 $\pi/3$ rad 만큼 위상이 뒤진다.
④ V_2가 V_1보다 $\pi/3$ rad 만큼 위상이 뒤진다.

44 화학물질 취급장소에서 순수 경각심을 높이기 위해 경고 또는 주의를 표시하기 위한 색상은?

① 검정색 ② 녹색
③ 노란색 ④ 흰색

45 되먹임제어에서 반드시 필요한 장치는?

① 입력과 출력을 비교하는 장치
② 응답속도를 느리게 하는 장치
③ 응답속도를 빠르게 하는 장치
④ 안정도를 좋게 하는 장치

해설

41 중심거리 $C = \frac{D_1+D_2}{2} = \frac{m(Z_1+Z_2)}{2}$
$= \frac{4(20+30)}{2} = 100$

- D_1, D_2 : 두 기어의 직경
- Z_1, Z_2 : 두 기어의 잇수
- M : 모듈

D_1 D_2 중심거리

42 철손은 시간 변화로 인해 철심에 열이 발생하며 생기는 철심의 전력 손실을 말하며, 얇은 철심을 쌓아 철손을 줄일 수 있다. (※ 196페이지 참조)

43 '−'는 위상이 뒤지고, '+'는 위상이 앞선다는 의미이다. 즉, V_1에서는 $\pi/6$만큼 뒤지고, V_2에서는 $\pi/3$만큼 뒤지므로 $V_2-V_1 = \pi/3 - \pi/6 = \pi/6$, 즉 V_2가 V_1보다 $\pi/6$ [rad]만큼 위상이 뒤진다. 대략적인 그래프는 다음과 같다.

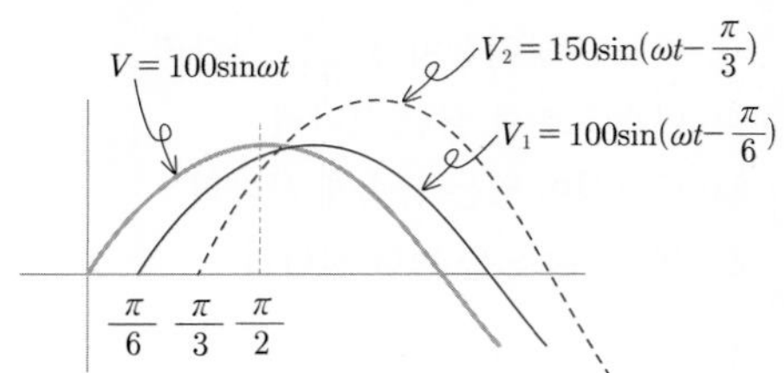

44
- 노랑 : 주의, 경고
- 빨강 : 금지, 위험
- 파랑 : 지시
- 녹색 : 안전, 안내

※ 검정 : 문자 및 빨간색이나 노란색에 대한 보조색으로 사용

45 되먹임 제어(피드백 제어) : 시스템의 출력값을 다시 입력 신호값으로 하여 입력과 출력을 비교하여 입력값을 보정하는 제어를 말한다.

41 ③ 42 ② 43 ② 44 ③ 45 ①

46 그림은 마이크로미터로 어떤 치수를 측정한 것이다. 치수는 약 몇 mm 인가?

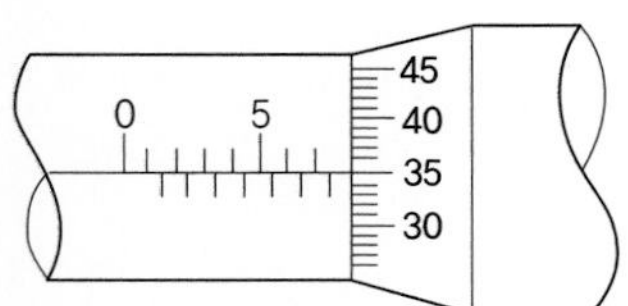

① 5.35
② 7.85
③ 5.85
④ 7.35

47 안전상 허용할 수 있는 최대응력을 무엇이라고 하는가?

① 안전율
② 탄성한도
③ 사용응력
④ 허용응력

48 다음 설명 중 틀린 것은?

① 전류의 방향과 전자의 이동방향은 반대이다.
② 전류계는 부하 또는 전원과 병렬로 접속한다.
③ 전류는 전하가 이동하는 현상이다.
④ 전류의 크기는 단위시간에 통과한 전하량과 같다.

49 배선용 차단기의 기호는?

① S
② DS
③ THR
④ MCCB

50 중량물을 들어 올리거나 내릴 때 손이나 발이 중량물과 지면 등에 끼어 발생하는 재해는?

① 비래
② 파열
③ 전도
④ 협착

해설

46 슬리브(어미자)의 눈금은 7.5이며, 딤블(아들자)의 눈금은 0.35(= 35/100) 이므로 7 + 0.5 + 0.35 = 7.85

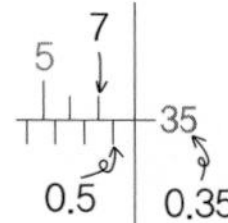

47 지문은 허용응력에 대한 설명이며, 사용응력은 실제 작용하는 응력으로 허용응력보다 작게 설계한다.

※ 극한강도(인장강도) > 항복점 > 탄성한도 > 허용응력 > 사용응력

48 전류계는 부하(또는 전원)에 직렬로 접속, 전압계는 병렬로 접속한다.

49
- S : 스위치(개폐기)
- DS : 단로기 – 무부하 전로개폐(Disconnecting S/W)
- THR : 열동계전기 (과부하 시 과전류로 인한 전동기 소손 방지)
- MCCB : 배선용 차단기(Molded Case Circuit Breaker)

50
- 비래 : 날아온 물체에 맞는 경우
- 파열 : 용기 또는 장치가 외력에 의해 파열되는 경우
- 전도 : 사람, 장비가 넘어지는 경우
- 협착 : 물체의 사이에 끼인 경우

46 ② **47** ④ **48** ② **49** ④ **50** ④

51 구름 베어링이 회전 중에 견딜 수 있는 최대하중을 무엇이라고 하는가?

① 정등가 하중
② 동등가 하중
③ 정정격 하중
④ 동정격 하중

52 직류전동기의 속도제어방식이 아닌 것은?

① 주파수 제어
② 계자 제어
③ 전압 제어
④ 저항 제어

53 키르히호프의 제1법칙(전류법칙)과 관계가 있는 것은?

① $I=\frac{E}{R}$
② $\Sigma I = W$
③ $\Sigma IR = \Sigma E$
④ $\Sigma I = 0$

54 "공칭응력"이란?

① 평면응력
② 기구의 사용 시 실제로 각 부분에 발생하는 응력
③ 탄성한도를 넘은 응력
④ 하중이 작동하기 전 재료의 초기 단면적에 작용하는 단위면적당 하중의 크기

55 안전대의 등급과 사용구분이 옳게 짝지어진 것은?

① 1종 : U자걸이 전용
② 2종 : 1개걸이, U자걸이 공용
③ 3종 : 안전블록
④ 4종 : 1개걸이 전용

해설

51 [중복] 구름 베어링이 회전 중에 견딜 수 있는 최대 하중을 동정격 하중이라 한다.

52 직류전동기의 속도(N) 공식

$$N = \frac{V - I_a R_a}{K\phi}$$

(전압: V, 저항: R_a, 자속(계자): ϕ)

53 키르히호프의 전류법칙은 어느 한 분기점을 기준으로 들어오는 전류량과 나간 전류량의 합이 같다. 즉, 모든 전류의 합은 '0'이 된다.

예 I_1, I_2가 유입되고, I_3가 유출될 경우
$I_1+I_2 = I_3 \rightarrow I_1+I_2-I_3 = 0 \rightarrow \Sigma I = 0$

※ ③은 키르히호프의 제2법칙(전압법칙)에 해당

54 응력의 구분
- 공칭응력 : 하중이 작동하기 전에 재료의 초기 단면적으로 외부 하중을 나누어 응력값을 계산하는 방법
- 진응력 : 변형에 의해 감소된 실제 단면적으로 응력값을 계산하는 방법

※ 공칭 : 실제 값과 동일하지는 않지만 근접한 값

55
- 1종 : U자걸이 전용
- 2종 : 1개걸이 전용
- 3종 : 1개걸이, U자걸이 공용
- 4종 : 안전블록
- 5종 : 추락방지대

51 ④ 52 ① 53 ④ 54 ④ 55 ①

56 전기기구를 취급하는 작업방법으로 가장 옳은 것은?

① 스위치를 넣거나 끊는 것을 정확하게 한다.
② 전기기구는 담당자 부재 시에는 주의해서 다룬다.
③ 전기기구는 정지 시에 아무도 만져도 된다.
④ 퓨즈가 끊어지면 만져도 된다.

57 재해 원인 분류 중 간접적 원인이 아닌 것은?

① 신체적 원인
② 교육적 원인
③ 불안전 행동
④ 관리적 원인

58 토크가 크고 무부하가 되어도 위험한 속도가 되지 않기 때문에 크레인, 엘리베이터, 공장기계, 공기 압축기 등의 운전에 적합한 전동기는?

① 직권 전동기
② 복권 전동기
③ 분권 전동기
④ 타여자 전동기

59 정전작업 시 취하여야 할 조치사항이 아닌 것은?

① 단락 접지 기구를 사용하여 단락 접지
② 전류전하의 방전 조치
③ 통행금지에 관한 표지판 부착
④ 근로자가 위험이 없다고 판단되면 즉시 작업할 것

60 안전검검표(check list)를 작성할 때 주의할 점이 아닌 것은?

① 내용은 구체적이고 재해방지에 실효가 있도록 작성
② 중점도가 높은 것부터 순서대로 작성
③ 점검표는 가능한 일정 양식으로 작성
④ 점검표는 전문 용어로 작성

해설

56 생략

57 • 간적적 원인 : 기술적 원인, 교육적 원인, 신체적 원인, 정신적 원인, 관리적 원인
• 직접적 원인 : 불안정한 상태, 불안정한 행동

58 직류전동기의 구분

직권전동기	• 기동력이 크고 부하에 따라 자동적으로 속도가 증감될 뿐 아니라, 유입전력이 제한되기 때문에 전차, 전철, 공작기계 등에 이용 • 무부하 회전 시 위험속도에 도달될 수 있으므로 무부하 운전을 금지한다.
분권전동기	• 부하에 의한 속도 변화가 작고, 또 계자조정기에 의하여 쉽게 광범위로 그 속도를 제어할 수 있다. • 압연, 제지, 권선기 등에 이용
복권전동기	• 가동복권전동기는 속도변동률이 분권 전동기보다 큰 반면, 기동토크가 크고 무구속속도에 도달할 염려가 없기 때문에 크레인, 엘리베이터, 공작기계, 공기압축기 등에 널리 이용

56 ① 57 ③ 58 ② 59 ④ 60 ④

CBT 시험대비 실전모의고사 제5회

해설

▶ 실력테스트를 위해 문제 옆 해설란을 가리고 문제를 풀어보세요.

□□□

01 전기식 엘리베이터에서 자동 착상장치가 고장났을 때의 현상으로 볼 수 없는 것은?

① 정확한 위치에 착상할 수 없다.
② 호출된 층에 정지하지 않고 통과한다.
③ 최하층으로 직행 감속되지 않고 완충기에 충돌한다.
④ 어느 한쪽방향의 착상오차가 발생한다.

01 [13년 4회] 자동 착상장치는 정전 시 비상전력을 통해 카를 가까운 층으로 이동시켜 자동으로 문을 열게하는 역할을 한다. 갑작스러운 정전으로 이용자가 엘리베이터에 갇히는 사고를 막는 장치이다.

□□□

02 균형로프(compensating rope)의 역할로 옳은 것은?

① 주로프가 열화되지 않도록 한다.
② 카의 낙하를 방지한다.
③ 주로프와 이동케이블의 이동으로 변화된 하중을 보상한다.
④ 균형추의 이탈을 방지한다.

02 [15년 3회] 균형체인이나 균형로프는 카와 균형추 와이어로프 상호간의 위치변화에 따른 무게를 보상한다.

□□□

03 로프 상태가 소선의 파단이 균등하게 분포되어 있는 경우 가장 심한 부분에서 검사하여 1구성 꼬임(스트랜드)의 1꼬임 피치 내에서 파단수가 최대 몇 개 이하이면 교체할 시기가 되었다고 판단하는가?

① 1개
② 2개
③ 3개
④ 4개

03
- 소선의 파단이 균등하게 분포되어 있는 경우 : 1구성 꼬임(스트랜드)의 1꼬임 피치 내에서 파단 수 **4** 이하
- 파단 소선의 단면적이 원래의 소선 단면적의 70% 이하로 되어 있는 경우 또는 녹이 심한 경우 : 1구성 꼬임(스트랜드)의 1꼬임 피치 내에서 파단 수 2 이하

※ 마모부분의 와이어로프의 지름 : 마모되지 않은 부분의 와이어로프 직경의 90% 이상

– 승강기안전부품 안전기준 및 승강기 안전기준 [별표 22] 엘리베이터 안전기준

□□□

04 자동차용 엘리베이터에 주로 이용되는 운전방식은?

① 양방향 승용 전자동식
② 하강 승용 전자동식
③ 단식 자동식
④ 군 승합 전자동식

04 단식 자동식 (single automatic)
- 가장 먼저 호출한 부름에만 응답하고, 그 운전이 완료되기 전에는 다른 호출을 받지 않는다.
- 화물용, 자동차 리프트 등에 사용

01 ③ 02 ③ 03 ④ 04 ③

05 스텝(디딤판)체인이 과도하게 늘어났을 경우 이를 검출하여 에스컬레이터를 안전하게 정지시키는 장치는?

① 역전주행 검출장치
② 스텝(디딤판) 처짐 안전장치
③ 스텝(디딤판) 체인 안전장치
④ 스텝(디딤판) 인장 안전장치

06 카 추락방지안전장치(비상정지장치)가 작동될 때, 무부하 상태의 카 바닥 또는 정격하중이 균일하게 분포된 부하 상태의 카 바닥은 정상적인 위치에서 최대 몇 %를 초과하여 기울어지지 않아야 하는가?

① 3
② 5
③ 7
④ 10

07 승강기에 사용하는 가이드(주행안내) 레일 1본의 길이는 몇 m 인가?

① 1 ② 3
③ 5 ④ 7

08 전기식 엘리베이터에 사용되는 과속조절기(조속기) 로프는 가장 심한 마모부분의 와이어로프의 지름이 마모되지 않는 부분의 와이어로프 직경의 몇 % 미만일 때 교체해야 하는가?

① 60 ② 70
③ 80 ④ 90

09 엘리베이터의 자체점검기준에 따라 기계실 내 기계류에 대한 점검 내용을 올바르지 않은 것은?

① 용도 이외의 설비 비치 여부
② 피트 탈출 수직틈새의 확보상태
③ 조명 점등상태 및 조도
④ 바닥 개구부 낙하방지수단의 설치상태

해설

05 스텝체인 안전장치
스텝체인이 파손되거나 과도하게 늘어날 때 즉시 작동하여 에스컬레이터를 정지시키는 장치

06 카 추락방지안전장치가 작동될 때, 무부하 상태의 카 바닥 또는 정격하중이 균일하게 분포된 부하 상태의 카 바닥은 정상적인 위치에서 **5%**를 초과하여 기울어지지 않아야 한다.

– 엘리베이터 안전기준

07 가이드 레일 1본의 표준길이는 **5 m**이며, 단위길이 1m 당 중량에 따라 5K, 8K, 13K, 18K로 구분한다.

08 마모부분의 와이어로프의 지름 : 마모되지 않은 부분의 와이어로프 직경의 **90%** 이상이어야 한다.

– 엘리베이터 안전기준

09 기계실 내 기계류에 대한 점검
- 용도 이외의 설비 비치 여부
- 출입문의 설치 및 잠금상태
- 바닥 개구부 낙하방지수단의 설치상태
- 환기상태
- 조명 점등상태 및 조도
- 콘센트의 설치상태
- 양중용 지지대 및 고리에 허용하중 표시상태

– 승강기 안전운행 및 관리에 관한 운영규정 [별표 3] 자체점검기준

05 ③ **06** ② **07** ③ **08** ④ **09** ②

10 엘리베이터 자체점검기준에서 완충기에 대한 점검내용으로 옳은 것은?

① 로프, 체인이완감지장치 설치 및 작동상태
② 소화설비 비치 및 표적 상태
③ 잭 및 관련 부품의 설치 및 작동상태
④ 전기안전장치 작동상태

11 엘리베이터의 자체점검기준에서 카 상부에 대한 점검내용으로 틀린 것은?

① 유압탱크 설치상태 및 유량상태
② 비상등의 조도 및 작동상태
③ 점검운전 제어시스템 작동상태
④ 점검운전 조작반, 정지장치 및 콘센트의 작동상태

12 에스컬레이터(무빙워크) 자체점검기준에서 추락방지수단에 대한 점검내용으로 틀린 것은?

① 기어오름 방지장치 설치상태
② 미끄럼 방지장치 설치상태
③ 진입방지를 위한 접근방지대 설치상태
④ 접금금지 장치 설치상태

13 에스컬레이터(무빙워크) 자체점검기준에서 끼임방지수단에 대한 점검내용으로 옳은 것은?

① 기어오름 방지장치 설치상태
② 스커트 디플렉터 설치상태
③ 손잡이와 구조 부품관의 간섭 여부
④ 디딤판과 구조 부품관의 간섭 여부

14 엘리베이터의 자체점검기준에서 전기배선에 대한 점검내용으로 틀린 것은?

① 카문 및 승강장문의 바이패스 기능
② 이상 소음 및 진동 발생상태
③ 모든 접지선의 연결상태
④ 전기배선(이동케이블 등) 설치 및 손상상태

해설

10 ①~③은 유압시스템의 점검 사항

– 자체점검기준

11 **카 상부의 자체점검기준**

- 점검운전 조작반, 정지장치 및 콘센트의 작동상태
- 점검운전 시스템의 작동상태
- 비상등의 조도 및 작동상태
- 보호난간 고정상태
- 청결상태

– 자체점검기준

12 **추락방지수단의 자체점검기준**

- 기어오름 방지장치 설치상태
- 접근금지 장치 설치상태
- 미끄럼 방지장치 설치상태

※ ③은 쇼핑카트의 점검에 해당

– 자체점검기준

13 스커트 디플렉터(안전 브러시, 끼임방지장치) : 끼임 사고를 방지하기 위해 스커트 가드와 스텝 사이에 브러시를 설치

※ 기어오름 방지장치 : 에스컬레이터 아래층 바닥에서 약 1m 높이의 난간 바깥쪽에 설치하는 장치로, 아이들이 핸드레일 손잡이에 매달려 올리가다 떨어지는 것을 예방하기 위해 설치

14 전기배선 점검과 소음·진동 발생과는 무관하다.

– 자체점검기준

10 ④ **11** ① **12** ③ **13** ② **14** ②

해설

15 승강기를 보수 점검할 경우 보수점검의 내용으로 틀린 것은?

① 레일 가이드 슈의 오일을 확인하여 부족 시 보충하고 도어구동체인에는 그리스를 주입한다.
② 도어슈, 도어클로저, 체인 등에서 소음이 발생할 때 링크부위를 그리스로 주입하고 볼트와 너트가 풀린 곳을 확인하고 조인다.
③ 권상기의 기어오일을 확인하고 부족 시 주유한다.
④ 브레이크의 마모를 줄이기 위해 그리스를 브레이크 패드에 주기적으로 충분히 주입한다.

15 브레이크의 목적은 마찰력을 통해 정지시키는 것인데 패드에 그리스를 바르면 마찰력이 저하된다.

16 과속조절기(조속기) 로프 및 기타의 당김 도르래의 점검사항으로 틀린 것은?

① 카의 주행 중 동요, 소음 등 기능에 문제가 없어야 한다.
② 스프링식에서는 스프링이 손상되지 않아야 한다.
③ 인장차의 틈새가 양호해야 한다.
④ 로프 등이 벗겨질 염려가 없어야 한다.

16 **조속기 로프 및 기타의 당김 도르래 점검사항**
- 카의 주행 중 동요, 소음 등 여부
- 인장차의 틈새 여부
- 로프 등이 벗겨질 염려가 없을 것

– 승강기 검사 및 관리에 관한 운용요령

17 플러깅(plugging)이란 무슨 장치를 말하는가?

① 전동기의 기동을 빠르게 하는 장치
② 전동기의 속도를 조절하는 장치
③ 전동기를 정지시키는 장치
④ 전동기의 속도를 빠르게 하는 장치

17 **플러깅이란**
직류 전동기에 가해지는 직류전압의 극성을 바꾸거나, 교류 전동기에 가해지는 교류전압의 상(相) 순서를 바꾸어 제동 토크를 발생시켜 전동기를 정지시키는데 이용된다.

18 엘리베이터에 사용되는 로프에 대한 설명으로 틀린 것은?

① 한 가닥 내의 모든 와이어는 같은 방향의 꼬임이어야 한다.
② 완성된 로프는 균일하게 꼬여있어야 하며, 느슨하거나 변형된 가닥 또는 기타 불규칙한 와이어가 없어야 한다.
③ 로프를 풀 때, 무부하에서 로프는 기복이 없어야 한다.
④ 로프와 로프 단말 사이의 연결은 로프의 최소 파단하중의 70% 이상을 견뎌야 한다.

18 로프와 로프 단말 사이의 연결은 로프의 최소 파단하중의 **80%** 이상을 견뎌야 한다. (전기식 엘리베이터의 구조)

– 승강기안전부품 안전기준 및 승강기 안전기준 별표 8. 매다는 장치 안전기준 – 4.2 로프 제조

15 ④ **16** ② **17** ③ **18** ④

해설

19 기계식 주차장치의 안전기준 및 검사기준 등에 관한 규정상 기초 및 구조 검사항목에 대한 검사기준으로 틀린 것은?

① 볼트의 이완·탈락 및 부식이 없을 것
② 기초 콘크리트의 과도한 균열이나 파손 및 침하가 없을 것
③ 브러시의 상태가 양호할 것
④ 주차철골의 균열·파손 및 침하가 없을 것

19 ③은 에스컬레이터에 대한 설명
– 기계식주차장치의 안전기준 및 검사기준 등에 관한 규정

20 장애인용 엘리베이터는 호출버튼 또는 등록버튼에 의하여 카가 정지하면 최소 몇 초 이상 문이 열린 채로 대기하여야 하는가?

① 8　　② 10
③ 12　　④ 15

20 [15–1] 장애인용 엘리베이터는 호출버튼 또는 등록버튼에 의하여 카가 정지하면 **10**초 이상 문이 열린 채로 대기하여야 한다.
– 전기식 엘리베이터의 구조

21 엘리베이터 완충기의 용도에 따라 적용하는 부품이 아닌 것은?

① 플런저
② 유량조절밸브
③ 완충고무(우레탄)
④ 스프링

21 완충기는 스프링식, 유압식, 우레탄식으로 구분되며, 플런저는 유압식의 부품에 해당한다.
※ 유량조절밸브는 유압식 엘리베이터의 파워유닛 구성요소이다.

22 에스컬레이터의 경사도가 30° 이하인 경우 공칭속도는?

① 0.5 m/s 이하
② 0.75 m/s 이하
③ 1 m/s 이하
④ 5 m/s 이하

22 **에스컬레이터의 공칭 속도**
- 경사도 30° 이하 – **0.75 m/s** 이하
- 경사도 30° 초과, 35° 이하 – 0.5 m/s 이하

– [별표 24] 에스컬레이터 및 수평보행기의 구조 5.2.2 경사도

23 아파트 등에서 주로 야간에 카 내의 범죄활동을 방지하기 위해 설치하는 것은?

① 록다운 정지장치
② 각층 강제정지운전 스위치
③ 파킹스위치
④ 슬로다운 스위치

23 [16년 1회] **각층 강제 정지운전 스위치**
엘리베이터를 이용한 범죄의 방지를 목적으로 설치한 안전장치로, 카가 목적층에 도달하기 까지 중간에 버튼을 누르지 않더라도 각 층마다 카를 정지시키고 문이 개폐되도록 한다.

19 ③　**20** ②　**21** ②　**22** ②　**23** ②

24 간접식 유압엘리베이터의 특징이 아닌 것은?

① 실린더를 수납하는 보호관이 필요없다.
② 실린더의 점검이 용이하다.
③ 비상정지장치(추락방지안전장치)가 필요하다.
④ 부하에 의한 카 바닥의 빠짐이 적다.

25 기계실에 승강기를 보수하거나 검사시의 안전수칙에 어긋나는 것은?

① 전기장치를 검사할 경우는 모든 전원스위치를 ON 시키고 검사한다.
② 규정복장을 착용하고 소매끝이 회전물체에 말려 들어가지 않도록 주의한다.
③ 가동부분은 필요한 경우를 제외하고는 움직이지 않도록 한다.
④ 브레이크 라이너를 점검할 경우는 전원스위치를 OFF시킨 상태에서 점검하도록 한다.

26 엘리베이터의 신호장치 중 그 표시방법이 나머지 셋과 다른 것은?

① 홀 랜턴 ② 인디케이터
③ 방향램프 ④ 비상통화장치

27 기계식 주차장치 중 2단식 주차장치의 특징으로 틀린 것은?

① 공사기간이 짧고 설치가 용이하다.
② 조작이 간단하고 유지보수가 용이하다.
③ 입출고 시간이 짧다.
④ 대규모 주차장에 적용한다.

28 유압식 엘리베이터에서 가장 많이 사용되고 있는 유압펌프는?

① 스크류 펌프 ② 기어펌프
③ 가변토출식 펌프 ④ 축류펌프

29 전기식 엘리베이터에서 트랙션 권상기의 특징으로 틀린 것은?

① 소요동력이 적다.
② 주로프 및 도르래의 마모가 일어나지 않는다.
③ 권과(지나치게 감기는 현상)을 일으키지 않는다.
④ 행정거리의 제한이 없다.

해설

24 [03년 4회, 09년 1회, 14년 2회, 15년 3회 변형]

직접식	• 플런저 끝에 카를 설치하여 동력을 직접 전달 • 소요 승강로 평면이 작으며, 구조가 간단 • 부하에 의한 카 바닥의 빠짐이 적다. • 비상정지장치가 불필요 • 실린더 수납을 위한 보호관이 필요하므로 설치가 어렵다.
간접식	• 플런저의 동력을 로프를 통해 간접적으로 카에 전달 • 카 바닥의 빠짐이 큼 (로프의 이완 및 오일 압축성 때문) • 비상정지장치가 필요 • 실린더 수납을 위한 보호관이 불필요, 설치 간단 • 실린더 점검이 용이 • 승강로는 실린더를 수용할 부분만큼 더 커짐

25 [14년 3회] 전기장치를 점검할 때는 부득이한 경우가 아니면 전원스위치의 OFF 상태이어야 한다.

26 ① 홀 랜턴 : 승강장에서 승강기의 도착 예보
② 인디케이터 : 승강기의 위치를 표시
(승강기 내부 및 승강장 설치)
③ 방향램프 : 운전방향 표시
(승강기 내부 및 승강장 설치)

27 2단식 주차장치는 자동차 주차 공간인 운반기(파레트)가 상하 2층으로 배치되고, 파레트를 아래·위 또는 수평으로 이동하여 자동차를 입·출고하는 방식이다. 소규모 주차장에 적용한다.

28 스크류 펌프는 적은 맥동, 균일한 유체흐름, 고속운전, 저진동·소음, 운전 및 보수의 용이함 등으로 유압식 엘리베이터에 가장 많이 사용된다.

29 [16년 2회] 트랙션 권상기는 주로프와 도르래 사이의 마찰로 인해 카가 운행되므로 마모가 일어난다.

24 ④ 25 ① 26 ④ 27 ④ 28 ① 29 ②

해설

□□□

30 유압식 엘리베이터의 점검 시 플런저 부위에서 특히 유의하여 점검하여야 할 사항은?

① 플런저의 승강행정 오차
② 플런저의 토출량
③ 제어밸브에서의 누유상태
④ 플런저 표면조도 및 작동유 누설 여부

30 [16년 3회] 표면조도란 표면의 거칠기를 표시하는 요소로, 플런저의 이동이 잦으므로 작동을 원활하게 하기 위해 표면의 거칠기가 적당해야 하며, 표면조도가 규정값 이상이면 연마를 해야 한다.
※ ①, ②, ③은 유압파워유닛 및 유압라인의 점검대상이다.

□□□

31 유압식 엘리베이터에서 전동기 및 펌프의 시동 중 카가 출발되지 않는 원인으로 틀린 것은?

① 실린더 내부의 공기가 완전히 제거되지 않은 경우
② 카가 주행안내(가이드) 레일 또는 기타 부위에 끼는 경우
③ 릴리프의 조절변의 압력이 낮게 세팅되어 있는 경우
④ 차단밸브가 닫혀 있는 경우

31 실린더 내에 공기가 일부 포함되더라도 출발에는 영향이 없으나, 공기의 압축성 때문에 플런저의 작동이 지연되고 부드럽게 움직이지 않으며 정밀한 제어가 어렵다.
- 릴리프의 조절변은 '조절밸브'를 말하며 압력을 조정한다. 압력을 낮게 설정하면 유압회로에 압력이 낮아지기 때문에 출발이 불가능해진다.
- 차단밸브(shut off valve)는 유체 흐름을 허용/차단하는 양방향 수동밸브이다.

□□□

32 승강기의 방호장치에 해당하는 것은?

① 권상기
② 파이널 리미트 스위치
③ 릴레이
④ 주행안내 레일

32 [16년 1회] 방호장치
과부하방지장치, 권과방지장치, 비상정지장치, 제동장치, 파이널 리미트 스위치, 속도조절기, 도어인터록 등
※ 방호장치의 의미 : 위험상황 또는 사고를 미연에 예방하기 위한 장치

□□□

33 에스컬레이터의 구동 전동기의 용량을 결정하는 요소로 가장 거리가 먼 것은?

① 경사각도
② 적재하중
③ 디딤판의 높이
④ 디딤판의 속도

33 [14년 1회] E/S 모터의 출력 = $\frac{GVsin\theta\times\beta}{120\times\eta}$

- G : 적재하중 [kgf]
- V : 에스컬레이터 속도 [m/s] → m/min일 경우 120 대신 6120
- θ : 에스컬레이터 경사도 [°]
- η : 종합효율
- β : 승객 유입률

□□□

34 과부하 감지장치의 작동에 따른 연계 작동에 포함되지 않는 것은?

① 경보음이 울린다.
② 통화장치가 작동한다.
③ 문이 닫히지 않는다.
④ 카가 움직이지 않는다.

34 정격 적재하중을 초과하여 적재(승차) 시 경보음이 울리고, 카가 정지상태이며, 문이 열린다. 또한 해소될 때까지 문 열림이 유지된다.

30 ④ 31 ① 32 ② 33 ③ 34 ②

35 에스컬레이터의 안전장치가 아닌 것은?

① 플런저 이탈 방지장치
② 역회전 감지장치
③ 스커트가드 안전장치
④ 구동체인 안전장치

36 VVVF제어에 대한 설명으로 옳은 것은?

① 주파수를 변환한다.
② 전압과 주파수를 일정하게 유지시킨다.
③ 전압과 주파수를 동시에 변환시킨다.
④ 전압을 변환시킨다.

37 카(car) 내에 위치하는 장치가 아닌 것은?

① 카 위치 표시기
② 카 운전조작반
③ 환기팬
④ 인터록 장치

38 승강장 도어가 열려 있으면 카의 승강이 불가능하게 하는 안전장치는?

① 인터록
② 조속기(과속조절기) 스위치
③ 리미트스위치
④ 도어스위치

39 도르래의 로프홈에 언더 컷(under cut)을 하는 목적은?

① 도르래의 경량화
② 로프의 중심 균형
③ 윤활 용이
④ 마찰계수 향상

40 유도전동기의 동기속도가 Ns, 회전수가 N이라면 슬립은 몇 %인가?

① $\frac{Ns}{Ns+N}\times 100$
② $\frac{Ns-N}{Ns}\times 100$
③ $\frac{Ns}{Ns-N}\times 100$
④ $\frac{Ns-N}{N}\times 100$

해설

35 ①은 간접식 유압 엘리베이터의 장치이다.(고장 시 실린더로부터 플런저가 이탈되어 추락할 수 있음)

- 로프식 엘리베이터의 주요 안전장치 : 과부하감지, 도어스위치, 도어 인터록, 완충기, 문닫힘안전장치, 비상정지장치, 조속기, (파이널) 리미트 스위치, 브레이크
- 유압식 엘리베이터의 주요 안전장치 : 로프식 엘리베이터의 안전장치 + 럽처밸브, 안전밸브, 로프이완안전장치, 체크밸브, 플런저 이탈방지장치, 수동하강밸브
- 에스컬레이터의 주요 안전장치 : 핸드레일 인입구 안전장치, 구동체인안전장치, 스커트가드 안전장치, 스텝체인 안전장치, 이상속도 안전장치, 역회전 감지장치, 핸드레일 이상검출장치

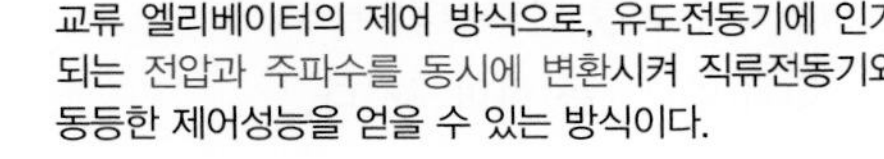

36 VVVF(Variable Voltage Variable Frequency) 제어는 교류 엘리베이터의 제어 방식으로, 유도전동기에 인가되는 전압과 주파수를 동시에 변환시켜 직류전동기와 동등한 제어성능을 얻을 수 있는 방식이다.

37 인터록 장치는 승강장 문 위쪽에 설치된다.

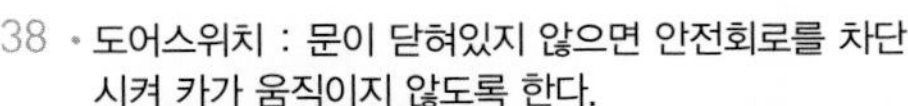

38
- 도어스위치 : 문이 닫혀있지 않으면 안전회로를 차단시켜 카가 움직이지 않도록 한다.
- 인터록 : 카가 정지하지 않은 층의 도어는 비상키를 사용하지 않으면 열리지 않도록 한다.

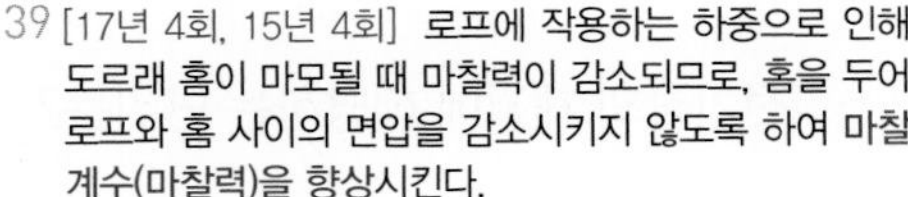

39 [17년 4회, 15년 4회] 로프에 작용하는 하중으로 인해 도르래 홈이 마모될 때 마찰력이 감소되므로, 홈을 두어 로프와 홈 사이의 면압을 감소시키지 않도록 하여 마찰계수(마찰력)을 향상시킨다.

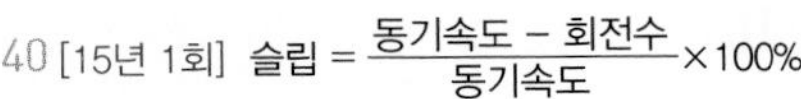

40 [15년 1회] 슬립 $= \frac{\text{동기속도} - \text{회전수}}{\text{동기속도}} \times 100\%$

35 ① **36** ③ **37** ④ **38** ④ **39** ④ **40** ②

chapter 06

41 유도전동기에서 슬립이 '1'이란 전동기의 어느 상태인가?

① 유도전동기가 동기속도로 회전한다.
② 유도전동기가 전부하 운전상태이다.
③ 유도전동기가 정지상태이다.
④ 유도제동기의 역할을 한다.

42 유도전동기의 속도를 변화시키는 방법이 아닌 것은?

① 용량을 변화시킨다.
② 슬립 s를 변화시킨다.
③ 극수 P를 변화시킨다.
④ 주파수 f를 변화시킨다.

43 자기저항의 단위로 옳은 것은?

① Wb
② AT/Wb
③ Ω
④ ϕ

44 메거(Megger)로 측정하는 것은?

① 절연저항
② 유도저항
③ 자기저항
④ 접지저항

45 전기장의 세기에 해당하는 단위는?

① AT/m
② V/m
③ F/m
④ H/m

해설

41 '슬립'이란 동기속도에 대한 동기속도와 회전자 속도의 차이 비율을 말한다.

슬립 $S = \frac{N_s - N}{N_s}$ (N_s : 동기속도, N : 회전자 속도)

여기서, S가 '1'이 되기 위해 N이 '0'이어야 한다. 이것은 전동기가 회전자가 회전하지 않은 상태 즉, 정지된 상태를 말한다.

42 유도전동기의 속도 $N = (1-s)N_S = (1-s)\frac{120f}{p}$

f : 주파수[Hz], p : 전동기의 극수, s : 슬립

∴ 전동기의 속도를 변화시키려면 전동기의 극수 P, 전원주파수 f, 슬립 s를 변경하여야 한다.

43 자기저항(R_m)은 전기회로의 옴의 법칙과 유사하게 자기회로의 옴의 법칙을 적용하여 구한다.

즉, $R_m = \frac{NI\,[\text{A}]}{\phi\,[\text{Wb}]}$ $R = \frac{V}{I}$

자기회로의 옴의 법칙 / 전기회로의 옴의 법칙

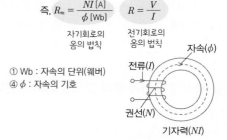

① Wb : 자속의 단위(웨버)
④ ϕ : 자속의 기호

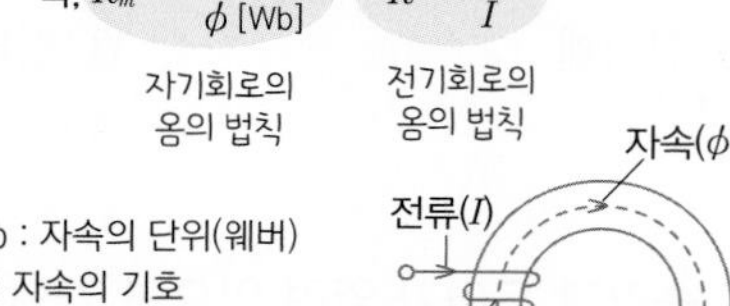

44 메거(Megger)는 대표적인 절연저항 측정기이다.

45 전기장 중에 +1[C]의 전하가 놓여있을 때, 여기에 작용하는 전기력의 크기를 전기장의 세기라고 하고, Q[C]의 전하로부터 r[m]의 거리에 있는 지점에서의 전기자 세기는 다음과 같다.

전기장의 세기 $E = \frac{Q}{4\pi\varepsilon r^2}$ [V/m] ← 쿨롱의 법칙에서 유도

- AT/m (암페어턴/미터) : 자기장의 세기
- F/m (패럿/미터) : 유전율의 단위
- H/m (헨리/미터) : 자속밀도

정답

41 ③ **42** ① **43** ② **44** ① **45** ②

해설

46 물체에 하중이 작용할 때, 그 재료 내부에 생기는 저항력을 내력을 말하며, 단위면적당 내력의 크기를 응력이라 한다. 이 때 응력을 나타내는 식은?

① 하중 + 단면적 ② 단면적 × 하중

③ $\frac{단면적}{하중}$ ④ $\frac{하중}{단면적}$

47 포아송의 비(ν)를 올바르게 표시한 것은?

① $\nu = 1$ ② $\nu < 0$

③ $\nu < 1$ ④ $\nu > 1$

48 레버 크랭크를 이용한 것은?

① 송풍기

② 수동절단기

③ 발 재봉틀

④ 선반

49 물질 내에서 원자핵의 구속력을 벗어나 자유로이 이동할 수 있는 것은?

① 중성자 ② 분자

③ 양자 ④ 자유전자

50 2진수 1101를 10진수로 변환하면?

① 11 ② 12

③ 13 ④ 14

51 그림은 마이크로미터의 눈금 확대도이다. 측정값(mm)으로 가장 옳은 것은?

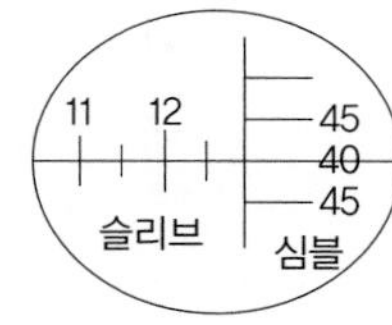

① 12.40

② 12.90

③ 13.40

④ 12.50

46 응력은 외력을 가할 때 변형된 물체 내부에 발생하는 단위 면적당 힘을 말하며 압력(하중을 단면적으로 나눈 값)과 동일하다.

47 포아송의 비(ν)는 어떤 재료가 축 방향으로 인장 또는 압축되었을 때 횡방향으로 압축 또는 인장이 발생하여 일정한 비율로 체적 변화가 발생한다.

대부분의 재료는 0에서 0.5 사이에 포아송 비를 갖는다. ($0 < \nu < 0.5$)

48 발 재봉틀은 현재 사용하는 모터식이 아닌 회전기구를 통해 발 페달을 밟아 왕복운동을 회전운동으로 바꾸어 재봉틀에 동력을 전달하는 방식이다.
참고) 발재봉틀의 원리 – 3분 이후 시청할 것
※ 수동절단기 – 지렛대 원리

49 원자의 구조 중 자유전자는 원자핵의 구속력을 벗어나 자유로이 이동할 수 있다.

50 $1 \times 2^3 + 1 \times 2^2 + 0 \times 2^1 + 1 \times 2^0$
$= 8 + 4 + 1$
$= 13$

51 슬리브(어미자)의 눈금은 12.5이며,
딤블(아들자)의 눈금은 0.40(= 40/100) 이므로
12.5 + 0.40 = 12.90

46 ④ **47** ③ **48** ③ **49** ④ **50** ③ **51** ②

chapter 06

52 안전보건 표지의 종류가 아닌 것은?

① 금지 ② 방향
③ 안내 ④ 경고

53 안전사고발생 빈도가 영향을 미치지 않는 것은?

① 작업자의 연령 ② 작업시간
③ 작업 숙련도 ④ 작업자의 학력

54 다음 그림과 같이 제어계의 전체 전달함수는? (단, H(S) = 1 이다.)

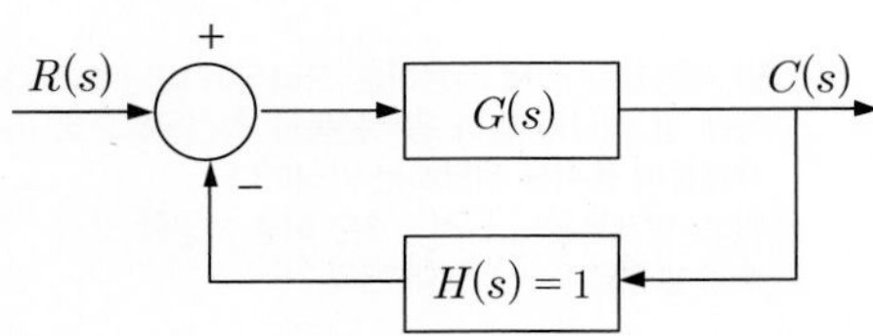

① $\frac{1}{G(s)}$

② $\frac{1}{1+G(s)}$

③ $\frac{G(s)}{1+G(s)}$

④ $\frac{G(s)}{1-G(s)}$

55 정전기로 인한 화재폭발 방지에 필요한 조치는?

① 개폐기 설치 ② 역률 개선
③ 전선은 단선 사용 ④ 접지 설비

56 승강기 보수 작업 시 승강기의 카와 건물의 벽 사이에 작업자가 끼인 재해의 발생 형태에 의한 분류는?

① 협착 ② 접촉
③ 전도 ④ 압착

해설

52 안전보건 표지의 종류 : 금지, 안내, 경고, 지시 (암기법 : 안경금지)

53 생략

54 [16년 3회] 블록선도(신호흐름선도)의 전체 전달함수 T(s) 구하기
피드백 신호흐름선도는 그림과 같이 표현하며 전체 전달함수를 구하는 공식은 다음과 같다.

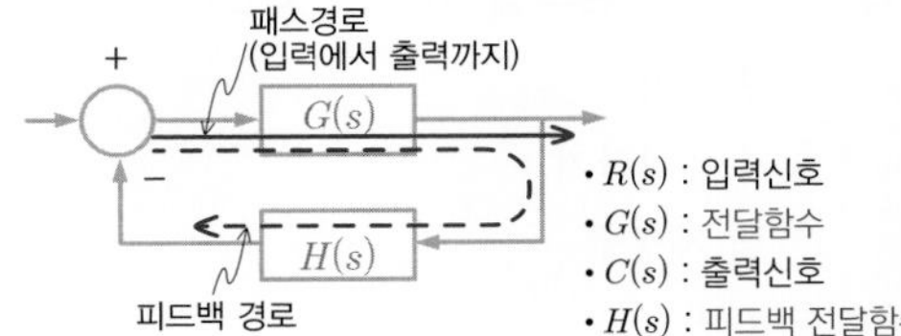

$T(s) = \frac{\text{패스경로에 포함된 전달함수}}{1 - \text{피드백경로에 포함된 전달함수}}$

$= \frac{G(s)}{1 - G(s) \cdot H(s)}$

→ 블록선도가 직렬종속일 때 두 전달함수를 곱한다.

피드백 신호가 - 값이고, $H(s)$가 1이므로

$\therefore T(s) = \frac{G(s)}{1 - [-G(s) \cdot 1]} = \frac{G(s)}{1 + G(s)}$

※ 피드백 신호흐름선도의 전체전달함수 유도과정은 다소 복잡하여 생략하며, 위의 공식을 암기하자.

55 정전기 발생 억제 대책
- 접지
- 제전복, 제전화 착용
- 전도성 바닥재 마감

56 생략

정답

52 ② 53 ④ 54 ③ 55 ④ 56 ①

57 감전과 관계없는 것은?

① 기기의 정격전류
② 통전전류의 크기
③ 인체 저항
④ 전압의 크기

58 불안전한 행동이 아닌 것은?

① 안전장치의 무효화
② 위험한 상태의 조장
③ 방호조치의 결함
④ 안전조치의 불이행

59 추락에 의한 위험방지 중 유의사항으로 틀린 것은?

① 카 상부 작업 시에는 신체가 카 상부 보호대를 넘지 않도록 하며 로프를 잡을 것
② 카 상부 작업 시 중간층에는 균형추의 움직임에 주의하며 충돌하지 않도록 할 것
③ 승강장 도어 카를 사용하여 도어를 개방할 때에는 몸의 중심을 뒤에 두고 개방하고 반드시 카 유무를 확인하고 탑승할 것
④ 승강로 내 작업 시에는 작업공구, 부품 등이 낙하하여 다른 사람을 해하지 않도록 할 것

60 감전사고로 의식불명이 된 환자가 물을 요구할 때의 응급처치 방법으로 적당한 것은?

① 냉수를 준다.
② 의사처방없이 물을 주어서는 안된다.
③ 온수를 준다.
④ 물을 천에 묻혀 입술에 적셔준다.

해설

57 [14년 3회 변형] **전격(전기 충격)에 영향을 주는 요인**

1차 요인	통전전류 크기, 전원 종류(AC·DC), 통전경로, 통전시간, 주파수 및 파형
2차 요인	전압의 크기, 인체의 조건(저항), 주변환경

- 출제빈도 낮음

58 **불안전한 행동**
- 안전조치의 불이행
- 안전장치의 무효화
- 위험한 상태의 조장(만듦)
- 불안전한 상태 방치
- 운전 중인 기계장치의 손질
- 보호구, 복장 등의 결함
- 위험한 장소에 접근
- 운전 등의 실패(속도 등)
- 잘못된 동작 등

※ 방호조치의 결함은 불안전한 상태(물적 원인)에 해당한다.

59 신체가 카 상부 보호대를 넘지 않도록 하며 보호대 손잡이를 잡아야 하며, 로프는 절대 잡아서는 안된다.

57 ① **58** ③ **59** ① **60** ④

Final Check – 최신 출제경향을 반영한 기출문제와 예상문제를 엄선하다!

CBT 시험대비 실전모의고사 제6회

▶ 실력테스트를 위해 문제 옆 해설란을 가리고 문제를 풀어보세요.

01 유압식 엘리베이터에서 파워 유니트의 보수, 점검 또는 수리를 위해 실린더로 통하는 기름을 수동으로 차단하는 것은?

① 레벨링밸브 ② 스톱밸브
③ 역지밸브 ④ 스트레이너

02 도어머신(door machine) 장치가 갖추어야 할 요구조건이 아닌 것은?

① 고빈도의 작동에 대한 내구성이 강해야 한다.
② 소형·경량이고 가격이 저렴하여야 한다.
③ 대형이고 무거워야 한다.
④ 동작이 원활하고 소음이 적어야 한다.

03 엘리베이터 자체점검기준에서 전기안전장치의 점검내용으로 틀린 것은?

① 구동 및 순환장소의 정지스위치 설치 및 작동상태
② 전류/온도 증가 시 전동기 전원차단 상태
③ 정지스위치 설치상태 및 작동상태
④ 이동케이블 연결 콘센트의 설치상태

04 무빙워크(수평보행기)의 경사도는 최대 몇 도 이하이어야 하는가?

① 10 ② 11
③ 12 ④ 13

05 3상 유도전동기의 회전방향을 바꾸는 방법은?

① 전원의 주파수 변환
② 전원의 극수 변환
③ 두 선의 접속 변환
④ 기동보상기 이용

해설

01 [기출 반복] 스톱밸브는 유압 파워유니트에서 실린더로 통하는 배관에 설치되어 유압장치의 보수, 점검, 수리 시 사용되는 수동 조작 밸브이다.

02 생략

03 ④는 운전장치의 점검운전 제어반에 대한 설명이다.
– 자체점검기준

04 [기출 반복] 수평보행기의 경사도는 **12°** 이하이어야 한다.

05 [기출 반복] 3선 중 2선의 접속을 변환시킨다.

01 ② 02 ③ 03 ④ 04 ③ 05 ③

해설

06 교류 엘리베이터에서 사용하지 않는 제어방식은?

① 교류 귀환 전압제어방식
② 가변용량 가변전류제어방식
③ 교류 2단 속도제어방식
④ 가변전압 가변주파수 제어방식

07 릴리프 밸브에 대하여 옳게 설명한 것은?

① 일정 압력 이상 상승하지 않도록 조정하는 안전밸브이다.
② 송유관이 파손되었을 때 정지시켜 주는 안전밸브이다.
③ 유량을 조절하여 카의 속도를 조정하는 밸브이다.
④ 밸브가 작동하면 카가 하강하지 못하도록 하는 밸브이다.

08 유도전동기에서 슬립(slip) s의 범위는?

① $2 > s > 1$　② $0 < s < 1$
③ $0 > s > -1$　④ $-1 < s < 1$

09 에스컬레이터에서 난간의 끝부분으로 콤 교차선부터 손잡이 곡선 반환부까지의 난간구역을 무엇이라고 하는가?

① 콤
② 뉴얼
③ 스커트
④ 난간데크

10 엘리베이터 피트 출입에 사용되는 피트 사다리에 대한 설명으로 틀린 것은?

① 사용 위치에 고정된 사다리의 높이는 승강장문 문턱 위로 1.1m 이상 연장되어야 한다.
② 승강로에서 제거되거나 엘리베이터 이외의 다른 용도로 사용되지 않도록 피트에 영구적으로 보관되어야 한다.
③ 피트 사다리의 강도는 한 사람의 무게에 해당하는 1500N의 힘을 견뎌야 한다.
④ 피트 사다리는 알루미늄 또는 목재로 된 것이어야 한다.

06 [기출 변형]

교류 엘리베이터	• 교류 1·2단 속도제어방식 • 교류 귀환 전압제어방식 • 가변전압 가변주파수 제어방식
직류 엘리베이터	• 워드레오나드 방식 • 정지레오니드 방식

07 [기출 변형]
② 럽처밸브
③ 유량제어밸브
④ 체크밸브

08 [기출 반복] 일반적인 슬립(s)의 범위는 ②이다.
• s가 0일 때 손실이 없다 → 동기속도 = 회전자 속도 (실제 속도)
• s가 1이면 정지된다 → 회전자 속도 = 0

09 뉴얼(Newel) : 에스컬레이터 또는 무빙워크의 난간이 승강구에서 반원의 형상으로 돌출하여 핸드레일이 뒤집히는 부분을 말한다.

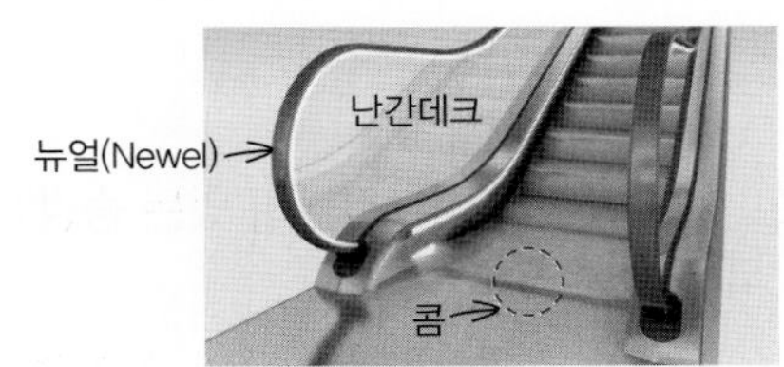

10 **피트 사다리**
• 피트 사다리는 승강로에서 제거되거나 엘리베이터 이외의 다른 용도로 사용되지 않도록 피트에 영구적으로 보관되어야 한다.
• 한 사람의 무게에 해당하는 1,500N의 힘에 견뎌야 한다.
• 알루미늄 또는 부식방지 조치가 된 철 재질이어야 한다. 어떠한 경우에도 목재 사다리는 피트 사다리로 사용되지 않아야 한다.
• 사용 위치에 고정된 사다리의 높이는 승강장문 문턱 위로 1.1m 이상 연장되어야 한다.

– 엘리베이터 안전기준

06 ② 07 ① 08 ② 09 ② 10 ④

해설

11 주행안내(가이드) 레일 또는 브라켓의 보수점검사항이 아닌 것은?

① 주행안내 레일과 브라켓의 체결볼트 점검
② 주행안내 레일 고정용 브라켓 간의 간격 조정
③ 주행안내 레일의 요철 제거
④ 주행안내 레일의 녹 제거

12 빈간의 내용으로 옳은 것은?

【보기】
덤웨이터(소형화물용 엘리베이터)는 사람이 탑승하지 않으면서 적재용량 ( )kg 이하인 것으로 소형화물 운반에 적합하게 제작된 엘리베이터이다.

① 100 ② 200
③ 300 ④ 400

13 카 내에 승객이 갇혔을 때의 조치할 내용으로 틀린 것은?

① 반드시 카 상부의 비상구출구를 통해서 구출한다.
② 우선 인터폰을 통해 승객을 안심시킨다.
③ 카의 위치를 확인한다.
④ 층 중간에 정지하여 구출이 어려운 경우에는 기계실에서 정지층에 위치하도록 권상기를 수동으로 조작한다.

14 엘리베이터의 유리판이 있는 승강장문의 유리판에 표시되어야 할 정보로 틀린 것은?

① 판매자명 및 상표 ② 가격
③ 두께 ④ 유리의 유형

15 전기식 엘리베이터에서 자동착상장치가 고장났을 때의 현상으로 볼 수 없는 것은?

① 정확한 위치에 착상할 수 없다.
② 최하층으로 직행 감속되지 않고 완충기에 충돌한다.
③ 어느 한쪽방향의 착상오차가 발생한다.
④ 호출된 층에 정지하지 않고 통과한다.

11 가이드 레일·브라켓의 점검
가이드 레일의 손상이나 용접부의 불량 여부, 주행 중 이상음 발생 여부, 가이드 레일 고정용 레일 클립의 취부 여부, 가이드 레일 이음판의 체결볼트·너트의 이완 여부, 가이드 레일의 급유 상태, 가이드 레일 및 브래킷의 녹 발생 여부, 가이드 레일과 브래킷의 요철 여부, 브래킷 취부용 앵커 볼트의 이완 여부, 브래킷 용접부의 균열 여부 등

12 덤웨이터는 사람이 탑승하지 않으면서 적재용량이 **300 kg** 이하인 것으로서 소형화물(서적, 음식물 등) 운반에 적합하게 제작된 엘리베이터일 것
다만, 바닥면적이 0.5제곱미터 이하이고 높이가 0.6미터 이하인 엘리베이터는 제외한다.

13 정지된 카의 문턱이 승강장의 문턱보다 60cm 이상 120cm 미만의 위치에 있는 경우에는 승강장 도어와 카 도어를 열고 승강장에서 접사다리를 카 내에 넣어서 구출할 수 있다.

14 **유리판이 있는 승강장문 또는 카문의 표시**
- 판매자명 및 상표
- 유리의 유형
- 두께(예시: 8/8/0.76 ㎜)

– 엘리베이터 안전기준

15 [13년 5회 기출변형]
자동착상장치 : 정전 시 비상전력을 통해 엘리베이터를 가까운 층으로 옮겨 자동으로 문을 열게 하는 역할을 한다. 갑작스러운 정전으로 이용자가 엘리베이터에 갇히는 사고를 막는 장치다.
※ ②는 파이널 리미트 스위치의 고장에 관한 현상이다.

11 ② **12** ③ **13** ① **14** ② **15** ②

해설

16 자동차용 엘리베이터나 대형 화물용 엘리베이터에 주로 사용하는 도어 개폐방식은?

① UP　② SO
③ CO　④ UD

17 간접식 유압 엘리베이터의 특징이 아닌 것은?

① 비상정지장치(추락장치안전장치)가 필요하다.
② 실린더의 점검이 용이하다.
③ 실린더를 수납하는 보호관이 필요 없다.
④ 부하에 의한 카 빠짐이 작다.

18 기계설비의 기본적인 안정화 방안은?

① 보호구 비치　② 경고색상 사용
③ 외부 위험성의 제거　④ 잠금장치의 설치

19 보조 전원공급장치와 비상등에 대한 설명으로 옳은 것은?

① 정전 시에 보조 전원공급장치는 60초 이내에 엘리베이터 운행에 필요한 전력용량을 자동으로 발생시키도록 하되 수동으로 전원을 작동시킬 수 있어야 한다.
② 비상등은 BGM 장치와 연동되어야 한다.
③ 정전 시에 보조 전원공급장치는 30분 이상 운행시킬 수 있어야 한다.
④ 비상등의 밝기는 바닥면에서 1.0 lx 이상이어야 한다.

20 안전점검의 주목적으로 옳은 것은?

① 법 기준에 대한 적합 여부를 점검하는데 있다.
② 시설설비의 설치를 점검하는데 있다.
③ 위험을 사전에 발견하여 시정하는데 있다.
④ 안전작업표준의 적절성을 점검하는데 있다.

21 기계실에서 점검할 항목이 아닌 것은?

① 완충기　② 주개폐기
③ 전동기　④ 감속기

16 [13년 5회, 09년 2회]
- CO : 중앙 개폐형
- SO : 측면 개폐형

17 [기출 변형] **간접식 유압엘리베이터의 특징**
- 승강로의 소요 면적이 커진다.
- 실린더를 설치할 보호관이 불필요하며 설치가 간단하다.
- 비상정지장치가 필요하다.
- 부하에 의한 카 바닥의 빠짐이 크다.
- 실린더 점검이 용이하다.

18 기계설비의 가장 근본적인 대책은 위험성을 제거하는 것이다. 만약 위험해지는 상태를 제거할 수 없다면 간접적인 대책으로 방호덮개나 울타리 등을 통해 위험한 상태가 되는 것을 억제하는 것이다. 그 다음으로 보호구 착용 등이 있다.

19 ② 비상등은 BGM 장치와 관련이 없다.
③ **2**시간 이상 운행시킬 수 있어야 한다.
④ 카에는 자동으로 재충전되는 비상전원공급장치에 의해 **5 lx** 이상의 조도로 **1**시간 이상 전원이 공급되는 비상등이 있어야 한다.

– 엘리베이터 안전기준

20 **안전점검**
사고가 발생하기 전에 적절한 예방대책을 강구하기 위해 불안전한 작업방법 및 행동, 유해·위험한 물질, 기계·기구 등의 상태를 조사하여 위험의 정도와 범위를 발견하여 시정하는 것을 말한다.

21 [13년 5회] 완충기는 피트에서의 점검항목이다.

16 ①　**17** ④　**18** ③　**19** ③　**20** ③　**21** ①

22 FGC(Flexible Guife Clamp)형 비상정지장치(추락방지안전장치)의 특징이 아닌 것은?

① 레일을 죄는 힘이 초기에는 약하다가 시간이 지남에 따라 강해진다.
② 작동 후의 복구가 용이하다.
③ 설치공간이 적다.
④ 구조가 간단하다.

23 엘리베이터에서 추락방지안전장치(비상정지장치)의 점검사항으로 틀린 것은?

① 주행안내(가이드) 레일과 클램프 사이의 간격
② 캠의 동작
③ 링크의 자유로운 움직임
④ 각 부의 볼트, 너트의 이완

24 유도전동기에서 1차측에 전류가 흐르고 있으나 전자음만 발생하고 기동하지 않을 경우의 원인은?

① 1차측 전선이 접지되어 있다.
② 전동기의 브러시가 마모되어 있다.
③ 1차측 전선 또는 접속선 중 한 선이 단선되어 있다.
④ 공급전압의 전압강하가 크다.

25 건물에 에스컬레이터를 배열할 때 고려할 사항으로 틀린 것은?

① 승객의 보행거리를 줄일 수 있도록 배열한다.
② 건물의 지지보 등을 고려하여 하중을 균등하게 분산한다.
③ 바닥 점유면적을 되도록 적게 한다.
④ 엘리베이터 가까운 곳에 설치한다.

26 엘리베이터 자체점검 기준상 승강장문 및 카문의 시험 시 점검내용이 아닌 것은?

① 문 열림버튼의 작동상태
② 로프의 이완감지 작동상태
③ 문닫힘안전장치의 설치 및 작동상태
④ 승강장문의 설치 및 작동상태

해설

22 **점차작동형의 종류**
- FGC (Flexible Guide Clamp)형 : 동작시점부터 정지할 때까지 레일을 죄는 힘이 일정
- FWC (Flexible Wedge Clamp)형 : 동작시점에는 레일을 죄는 힘이 약하지만 하강함에 따라 강해지다가 얼마 후 일정치로 도달함

23 비상정지장치에 캠은 사용되지 않는다.

※ 캠은 카에 부착하여 리미트 스위치의 접점을 개폐하는 역할을 한다.

24 기동하지 않을 때의 원인
- 공극의 불균등
- 고정자 권선 내부의 오접속
- 3선 중 1선이 단선된 경우
- 큰 전압강하로 인한 기동토크의 부족
- 기동기의 고장
- 회전자 도체의 접속불량
- 결선의 오접속 결선
- 코일의 단선 및 소손

※ 기동하지 않을 때의 원인은 위와 같으나 1차측에 전류가 흐르는 경우는 공급전압의 전압강하가 클 때가 원인이 된다.

※ 공극 : 회전자와 고정자 사이의 간극

25 [16년 3회] 에스컬레이터 설치 시 건물 하중을 고려해야 하며, 반드시 엘리베이터 근처에 설치하는 것은 아니다.

26 ②는 "매다는 장치, 보상수단, 제동 및 권상"의 점검항목이다.

– 자체점검기준

22 ① 23 ② 24 ④ 25 ④ 26 ②

해설

27 매다는(현수) 장치와 매다는 장치 끝부분 사이의 연결은 매다는 장치의 최소 파단하중의 최소 몇 % 이상을 견딜 수 있어야 하는가?

① 70　② 80
③ 90　④ 100

27 로프와 로프 단말 사이의 연결은 로프의 최소 파단하중의 **80%** 이상을 견뎌야 한다.
– 전기식 엘리베이터의 구조

28 엘리베이터의 정격속도가 1m/s를 초과 시 주로 사용하는 완충기는?

① 가스유압식 완충기　② 스프링 완충기
③ 공압 완충기　④ 유입 완충기

28 에너지 축적형(우레탄, 스프링식)은 주로 정격속도가 **1.0 m/s**를 초과하지 않는 곳에서 사용하며, 에너지 분산형(유입식)은 정격속도에 상관없이 사용한다.

29 승강장문 잠금장치의 전기안전장치는 잠금 부품이 최소 몇 mm 이상 물리지 않으면 작동되지 않아야 하는가?

① 5　② 7
③ 9　④ 11

29 승강장문 잠금장치의 전기안전장치는 잠금 부품이 최소 **7 mm** 이상 물리지 않으면 작동되지 않아야 한다.
– 별표 11. 출입문 잠금장치 안전기준

30 다음 (　)에 들어갈 내용으로 옳은 것은?

【보기】
카의 벽, 바닥 및 지붕은 (　)로 만들거나 씌여야 한다.

① 내화재료　② 불연재료
③ 난연재료　④ 준불연재료

30 카의 벽, 바닥 및 지붕은 불연재료로 만들거나 씌워야 한다.
- 불연재료 : 가열을 해도 연소하지 않는 재료 (콘크리트, 벽돌, 석재 등)
- 준불연재료 : 연소가 확대되지 않는 재료 (목모보드, 펄프시멘트판)
- 내화재료 : 고온에도 구조를 유지시키는 재료 (내화점토, 내화벽돌, 내화모르타르, 규석, 고토 등)
- 난연재료 : 불에 잘 타지 아니하는 성능을 가진 재료 (난연합판, 난연 플라스틱)

– 엘리베이터 안전기준

31 다음 그림과 같은 논리회로는?

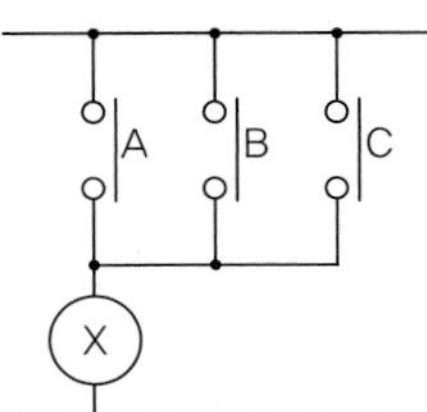

① OR 회로
② AND 회로
③ NOT 회로
④ NAND 회로

31 A·B·C는 스위치, X는 출력(램프나 전동기)을 표시한다. A·B·C 스위치 중 하나만 닫혀도 램프나 전동기가 동작되므로 OR회로이다.
※ 입력이 병렬형태이면 OR회로이다.

32 엘리베이터가 최상층 또는 최하층에서 엘리베이터가 과행(over travel)하였을 때 동작하여 상행, 하행 어느 방향으로도 운행할 수 없도록 회로를 차단하는 스위치는?

① 슬로다운 스위치　② 파킹 스위치
③ 파이널 리미트 스위치　④ 피트 정지스위치

32 [14년 5회]

27 ②　**28** ④　**29** ②　**30** ②　**31** ①　**32** ③

chapter 06

해설

33 기계·기구 또는 설비의 신설, 변경, 이동 또는 고장 수리 등 부정기적인 점검을 말하며, 관리감독자나 안전관리자 등 기술적 책임자가 시행하는 점검은?

① 특별 점검　　② 수시 점검
③ 정기 점검　　④ 임시 점검

34 와이어로프의 꼬는 방법 중 보통꼬임에 해당하는 것은?

① 스트랜드의 꼬는 방향과 로프의 꼬는 방향이 반대이다.
② 스트랜드의 꼬는 방향과 로프의 꼬는 방향이 같다.
③ 스트랜드의 꼬는 방향과 로프의 꼬는 방향이 전체 길이의 반은 같고 반은 반대이다.
④ 스트랜드의 꼬는 방향과 로프의 꼬는 방향이 일정 구간 같았다가 반대이다.

35 유도전동기의 슬립 S = 1 일 때의 회전자의 상태는?

① 발전기 상태이다.
② 무구속 상태이다.
③ 동기속도 상태이다.
④ 정지 상태이다.

36 전기식 엘리베이터에서 카 비상정지장치(추락방지안전장치)의 작동을 위한 조속기(과속조절기)는 정격속도 최소 몇 % 이상의 속도에서 작동되어야 하는가?

① 100
② 105
③ 115
④ 120

37 에스컬레이터(무빙워크) 자체점검기준에서 옥외용 추가요건에 대한 점검내용으로 틀린 것은?

① 지지설비의 부식상태
② 강수에 대한 보호조치 설치 및 작동상태
③ 기어오름 방지장치 설치상태
④ 야간조명의 작동상태

---

33 • 수시 점검 : 작업 전·중·후 수시로 실시하는 점검
• 정기 점검 : 일정한 기간을 정하여 점검
• 임시 점검 : 기계설비의 갑작스런 이상 발견 시 실시

34 ① : 보통꼬임　② : 랭꼬임

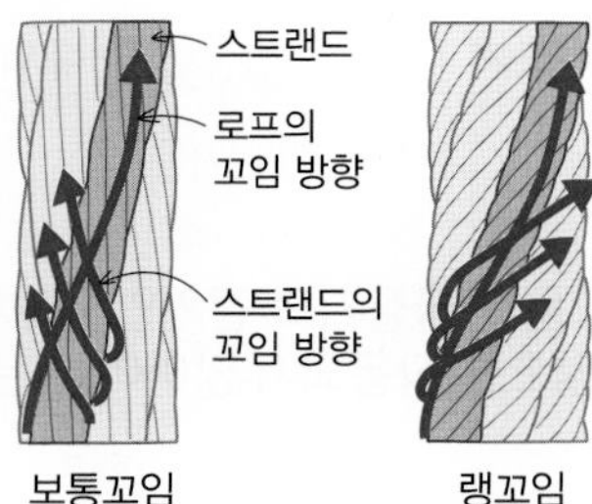

35 슬립은 유도전동기의 손실율을 의미하며 다음 식으로 나타낸다.

슬립(S) = $\frac{N_S - N}{N_S}$ (N_S : 동기회전, N : 회전속도)

회전속도 $N = N_S(1-S)$에서 $S=1$이면 $N = 0$, 즉, 정지상태가 된다.

※ 동기속도 : 회전자계가 만드는 회전수
※ 회전속도 : 회전자계를 따른 회전수

36 [기출] 추락방지안전장치 등의 작동을 위한 과속조절기는 정격속도의 **115%** 이상의 속도에서 작동되어야 한다.

37 ③은 추락방지수단에 대한 점검내용이다.
– 자체점검기준

33 ①　**34** ①　**35** ④　**36** ③　**37** ③

해설

38 엘리베이터 자체점검기준에서 카에 대한 점검내용으로 틀린 것은?

① 과부하감지장치 설치 및 작동상태
② 비상등 조도 및 작동상태
③ 비상통화장치의 작동상태
④ 손잡이의 속도편차 감지의 작동상태

39 엘리베이터 자체점검기준에서 전기배선에 대한 점검으로 틀린 것은?

① 카문 및 승강장문의 바이패스 기능
② 전기배선(이동케이블 등) 설치 및 손상상태
③ 이상 소음 및 진동 발생상태
④ 모든 접지선의 연결상태

40 승강장 및 중앙관리실 또는 경비실 등에 설치되어 엘리베이터 운전의 휴지 조작과 재운행 조작이 가능한 것은?

① 파킹 스위치
② 피트정지 스위치
③ 슬로다운 스위치
④ 리미트 스위치

41 주차설비의 검사 시 통신설비 및 안전장치에 대한 설명으로 틀린 것은?

① 사람과 동승하는 승강기식의 경우에는 비상 시 외부와 연락할 수 있는 통신설비가 정상적으로 동작되어야 한다.
② 동승방식이 아닌 주차설비라도 각 팔레트에는 외부와 연락할 수 있는 통신설비가 잘 동작되어야 한다.
③ 비상 시 운전을 즉시 정지시킬 수 있는 비상정지스위치의 동작이 원활하여야 한다.
④ 간접 유압장치의 경우에는 플런저 이탈방지장치의 동작이 원활하여야 한다.

42 감전과 전기화상을 입을 위험이 있는 작업에서 구비해야 하는 것은?

① 보호구
② 구급용구
③ 운동화
④ 구명구

38 카에 대한 점검 내용 중에는 손잡이에 대한 것은 '유리가 사용된 카 벽의 손잡이 고정 설치'가 있다.
– 자체점검기준

39 전기배선과 이상소음 및 진동 발생과는 다소 거리가 멀다.
– 자체점검기준

40 파킹스위치는 승강장·중앙관리실 또는 경비실 등에 설치되어 카 이외의 장소에서 엘리베이터 운행의 정지조작과 재개조작이 가능하여야 한다.
※ 피트정지 스위치 : 보수점검·수리 또는 청소를 위해 피트에 들어가기 전에 작동시켜 작업 중 카가 움직이는 것을 방지한다. (전동기 및 브레이크의 전원공급을 차단)

41 운전자가 동승하지 않는 차량의 주차설비는 통신설비가 없어도 된다.

42 생략

38 ④ 39 ③ 40 ① 41 ② 42 ①

chapter 06

해설

43 유압식 엘리베이터의 점검 시 플런저 부위에서 특히 유의하여 점검하여야 할 사항은?

① 제어밸브에서의 누유상태
② 플런저의 승강행정 오차
③ 플런저의 토출량
④ 플런저 표면조도 및 작동유 누설 여부

44 재해와 발생원인 중 가장 높은 빈도를 차지하는 것은?

① 과중한 업무
② 작업자의 작업수행 소홀 및 절차 미준수
③ 설비·기계 및 물질의 부적절한 사용
④ 설비의 배치 착오

45 작업 감독관의 직무에 관한 사항이 아닌 것은?

① 작업자 지도 및 교육 실시
② 산업재해 시 보상금 기준 작성
③ 사고보고서 작성
④ 작업감독 지시

46 길이 측정에 사용되는 측정기의 설명 중 틀린 것은?

① 옵티미터 : 광학 확대장치 이용
② 미니미터 : 전기용량의 변화를 이용
③ 마이크로미터 : 나사를 이용
④ 다이얼게이지 : 기어를 이용

47 안전율에 대한 설명으로 옳은 것은?

① $\frac{\text{탄성한도}}{\text{허용응력}}$ ② $\frac{\text{극한강도}}{\text{허용응력}}$

③ $\frac{\text{허용응력}}{\text{탄성한도}}$ ④ $\frac{\text{허용응력}}{\text{극한강도}}$

43 [16년 3회] 표면조도는 거칠기를 말하며, 작동유 누설에 영향을 미친다.
다른 보기도 연관이 있어보이나, 문제에서 플런저에 국한하므로 ④번이 적합하다. 플런저의 토출량, 승강행정 오차는 제어밸브 또는 오일 특성과 관련이 있다.

44 안전대책이 원인이 되는 경우
- 작업공정 · 절차의 부적절 24.9%
- 방호조치의 부적절 19.6%
- 작업상의 기타 고유위험요인 19.5% 등

재해자가 사고원인이 되는 경우
- 작업수행 소홀 및 절차 미준수 24.6%
- 작업수행 중 과실 19.2%
- 복장·보호장비의 부적절한 사용 17.6%
- 설비·기계 및 물질의 부적절한 사용·관리 15.6% 등

45 생략

46 **미소 이동량의 확대 지시장치**

측정기	이용 원리
마이크로미터	나사
다이얼 게이지	기어
미니미터	레버 확대기구
옵티미터	광학 확대장치
전기 마이크로미터	전기용량의 변화
공기 마이크로미터	공기 유출량에 의한 압력변화

47 **안전율** $= \frac{\text{기준강도}}{\text{허용응력}}$

※ 기준강도 : 극한강도, 인장강도

43 ④ **44** ② **45** ② **46** ② **47** ②

48 안전상 허용할 수 있는 최대응력을 무엇이라고 하는가?

① 허용응력
② 탄성한도
③ 사용응력
④ 안전율

49 안전계수 6인 로프의 파괴하중이 180kg 일 경우 이 로프는 몇 kg 이하로 화물을 매달아야 하는가?

① 20 ② 30
③ 50 ④ 60

50 산업안전보건에서 안전표지의 종류가 아닌 것은?

① 위험표지 ② 금지표지
③ 지시표지 ④ 경고표지

51 운전 중인 유도전동기의 선로를 끊지 않고 전류를 측정하려고 할 때 가장 편리하게 사용할 수 있는 계기는?

① 켈빈 더블 브리지
② 스트로 스코프
③ 콜라우시 브리지
④ 클램프 미터

52 수직형 휠체어 리프트 현수로프의 안전율은 최소 얼마 이상이어야 하는가?

① 6 ② 8
③ 10 ④ 12

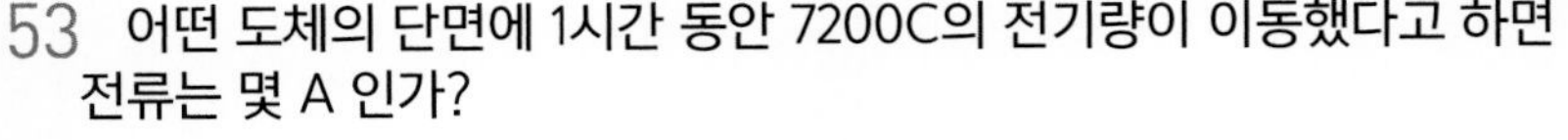

53 어떤 도체의 단면에 1시간 동안 7200C의 전기량이 이동했다고 하면 전류는 몇 A 인가?

① 1 ② 2
③ 3 ④ 4

48 ② 탄성한도 : 외부의 힘에 의해 변형된 물체가 그 힘을 제거하면 본래의 형태로 되돌아가는 힘의 범위
③ 사용응력 : 재료(또는 제품 및 부재)에서 실제 운전 간 작용하는 응력

49 **안전계수** = 안전율

안전율 $= \frac{\text{인장강도}}{\text{허용응력}} = \frac{\text{로프의 파괴하중}}{\text{로프의 안전하중}} = 6$ (로프의 파괴하중 → 절단하중, 로프의 안전하중 → 허용하중)

∴ 로프의 안전하중 $= 180/6 = 60$

50 **안전표지의 종류** (암기 : 금지안경)
금지표지, 지시표지, 안내표지, 경고표지

51 보통 전류계로 전류 측정 시 회로에 직렬로 연결해야 하므로 배선을 끊어야 한다. 하지만 클램프 미터는 배선을 끊지 않고 측정할 수 있다.

52 • 현수로프의 안전율 : **12** 이상
• 현수체인의 안전율 : 10 이상

53 전기량 $Q = I \times t$ (전류×시간)

$\rightarrow I = \frac{7200[\text{C}]}{3600[\text{s}]} = 2[\text{A}]$

※ 1시간 = 60분 = 3,600초

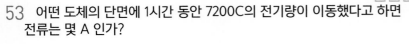

48 ① **49** ② **50** ① **51** ④ **52** ④ **53** ②

해설

54 Q(C)의 전하에서 나오는 전기력선의 총수는?

① Q

② εQ

③ $\dfrac{\varepsilon}{Q}$

④ $\dfrac{Q}{\varepsilon}$

55 화재 시 조치사항에 대한 설명 중 틀린 것은?

① 비상용 엘리베이터는 소화활동 중 목적에 맞게 동작시킨다.

② 빌딩 내에서 화재가 발생할 경우 반드시 엘리베이터를 이용해 비상탈출을 시켜야 한다.

③ 승강로에서의 화재 시 전선이나 레일의 윤활유가 탈 때 발생되는 매연에 질식되지 않도록 주의한다.

④ 기계실에서의 화재 시 카 내의 승객과 연락을 취하면서 주전원 스위치를 차단한다.

56 피해의 발생과정에 영향을 미치는 것에 해당되지 않는 것은?

① 사회적 환경 및 유전적 요소

② 개인의 성격적 결함

③ 불안전한 행동과 불안전한 상태

④ 개인의 성격·직업 및 교육의 정도

57 과도응답 특성에서 "최종값의 특정 백분율 이내의 오차에 장착되는데 필요한 시간"은?

① 지연시간

② 정정시간

③ 전달시간

④ 상승시간

54 가우스의 정리
전하와 전기력선과의 관계를 정리한 것으로, 전체 전하량 Q[C]를 둘러싼 폐곡면을 통과하여 나가는 전기력선의 총수(N)는 다음과 같다.

$N = \dfrac{Q}{\varepsilon}$ 개 (ε : 전하 주위 매질의 유전율)

점 전하(Q)로부터 전기력선의 수는 전기장의 세기와 같으므로 가우스의 정리를 통해서 전기장의 세기를 구할 수 있다.

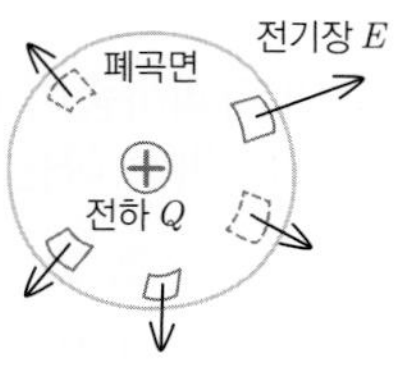

55 화재가 발생할 경우 엘리베이터 내 유독가스 유입 가능성이 높고, 정전으로 엘리베이터가 멈출 수 있으므로 계단(비상출구), 사다리, 완강기 등을 이용할 수 있으며, 엘리베이터 이용 시 피난전용 엘리베이터를 이용한다.

56 **재해의 요인** (하인리히의 5요소)
- 1단계 : 사회적 환경과 유전적 요소
- 2단계 : 개인의 성격적 결함
- 3단계 : 불안전한 행동과 불안전한 상태
- 4단계 : 사고의 발생
- 5단계 : 재해(상해 및 손실)

57
- 지연시간 : 최종값의 50%에 도달하는데 필요한 시간
- 상승시간 : 최종값의 10%에서 90%에 도달하는데 필요한 시간
- 정정시간 : 최종값의 특정 백분율 이내에 들어가는데 필요한 시간 (보통 ±2~5%)

54 ④ **55** ② **56** ④ **57** ②

58 스프링 상수가 2 kgf/mm인 원통형 코일 스프링에 20kgf의 인장하중이 걸려있다. 스프링이 늘어난 길이는 몇 mm인가?

① 5
② 10
③ 15
④ 20

59 승강기의 안전성에 대한 자체점검기준에서 공정심사 중 에스컬레이터 구동기의 공정명과 심사항목의 연결로 틀린 것은?

① 안전스위치 조립 – 스트로크
② 브레이크 조립 – 제동 토크
③ 모터 조립 – 절연 저항
④ 원자재 조립 – 사양 확인

60 도체에 전류가 흐를 때 자기력선의 방향은 어떤 법칙에 의하는가?

① 렌츠의 법칙
② 플레밍의 왼손 법칙
③ 플레밍의 오른손 법칙
④ 앙페르의 오른나사 법칙

해설

58 **스프링 상수**
스프링에 작용하는 힘과 스프링 변형량의 비

$$\text{스프링 상수} = \frac{\text{인장하중}}{\text{변형량}} = \frac{20\ \text{kgf}}{x\ \text{mm}} = 2\ \text{kgf/mm}$$

$\therefore x = 10\ \text{mm}$

59 승강기안전부품의 안전성에 대한 자체심사기준
- 안전스위치 조립 : 접점상태
- 브레이크 조립 : 제동 토크, 스트로크, 접촉상태
- 감속기 조립 : 백래시 측정
- 모터 조립 : 절연저항, 무부하 전압, 전압/전류, 소음/진동, 내전압 등

※ 스트로크(stroke, 행정) : 실린더와 같은 왕복운동장치에서 피스톤이 실린더 안의 한 끝에서 다른 끝까지 움직이는 거리 또는 브레이크의 열림/닫힘 동작 사이의 간격을 말한다.

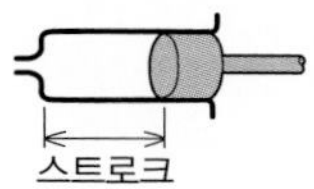

60 앙페르의 오른나사 법칙

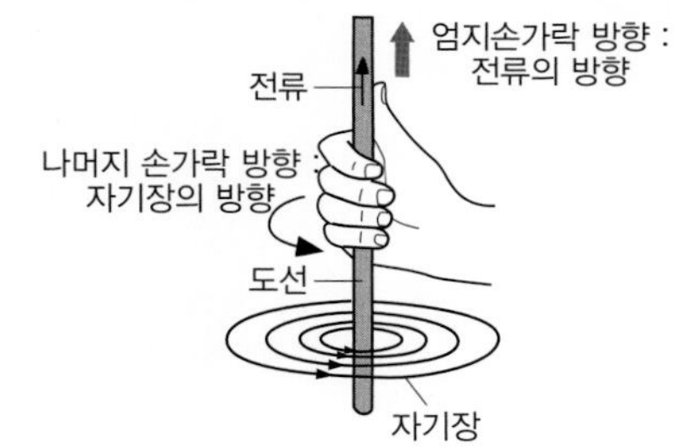

58 ② 59 ① 60 ④

Craftsman Elevator

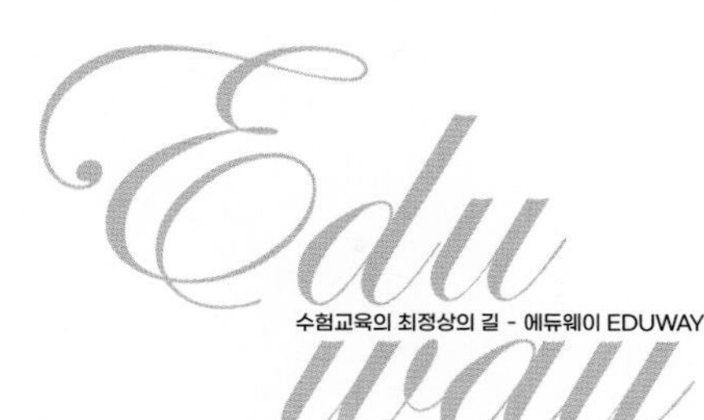

(주)에듀웨이는 자격시험 전문출판사입니다.
에듀웨이는 독자 여러분의 자격시험 취득을 위한 교재 발간을 위해 노력하고 있습니다.

2025 기분파
승강기기능사 필기

2025년 02월 01일 3판 1쇄 인쇄
2025년 02월 10일 3판 1쇄 발행

지은이 | 에듀웨이 R&D 연구소(기계부문)
펴낸이 | 송우혁

펴낸곳 | (주)에듀웨이
주 소 | 경기도 부천시 소향로13번길 28-14, 8층 808호(상동, 맘모스타워)
대표전화 | 032) 329-8703
팩 스 | 032) 329-8704
등 록 | 제387-2013-000026호
홈페이지 | www.eduway.net

기획, 진행 | 신상훈
북디자인 | 디자인동감
교정교열 | 이병걸
인 쇄 | 미래피앤피

책값은 뒤표지에 있습니다.

ISBN 979-11-94328-06-3

이 도서의 국립중앙도서관 출판시도서목록(CIP)은 서지정보유통지원시스템 홈페이지(http://seoji.nl.go.kr)와 국가자료공동목록시스템(http://www.nl.go.kr/kolisnet)에서 이용하실 수 있습니다.

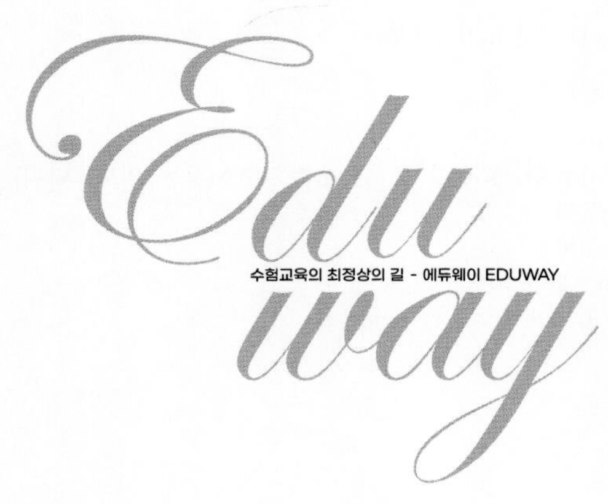
Edu
수험교육의 최정상의 길 - 에듀웨이 EDUWAY
way